智慧巨人书系

不可抹灭的印记 之

人类的由来及性选择

【英】查尔斯·达尔文 著

【美】詹姆斯·D.沃森 导读

潘光旦 胡寿文◎原译 李绍明◎校订

CSK 湖南科学技术出版社

湖南科学技术出版社通过博达著作权代理公司获得本书中文简体版中国大陆出版发行权。

著作权合同登记号：18－2009－045

出版者启：由于一直无法联系本书原译潘光旦、胡寿文两位先生及其著作权代理人，在此致歉！并请知其联络方式的读者告知我们，以便支付稿酬。

1871 年《名利场》杂志的封面人物漫画，显示《人类的由来及性选择》初版后踌躇满志的达尔文

唐恩老屋

达尔文的书房

目录

第三篇　性选择与人类的关系，并结论

图版目录

《人类的由来及性选择》导读

詹姆斯·D. 沃森

在达尔文看来，"对一个自然学家，最高的也是最有兴趣的问题"，就是人类的起源和本质这个问题。让人类有别于其他动物的那些品性——智慧，道德和自我意识——从自然规律的运作来看是那么不同寻常、无从索解，于是，莫非人类真的是特别创造的？达尔文不这样想。他相信，通过自然选择而进化是一条普遍规律，适用于所有有机体。人的智慧，语言的使用，利他行为，等等一切，都可能从见于低等动物的那些基本品性演化出来。

然而，在达尔文写作《人类由来》的时候，他并没有打算正面迎战这一课题。他深知，他要在《由来》中提出的观点，即令不明说人也是进化而来的，也足够引起一场论争。于是，他采取了从前惯用而管用的策略：让同伙打头阵。

起先，达尔文曾对他的朋友查尔斯·赖伊尔写的那本《人类祖先的地质学证据，兼论人类之变异起源说》寄予厚望。该书出版于 1863 年。说到底，赖伊尔的地质学思想对达尔文理论的发展毕竟起过重要作用。尽管对于进化论，赖伊尔表现得比达尔文小圈子的任何人都更加沉默寡言，而私下的交流却让达尔文认为，赖伊尔早已完全皈依了进化论。然而，达尔文错看了他的朋友。《祖先》并没有走的够远，能为己所用。该书发表后，达尔文写信给赫胥黎说，"赖伊尔关于人类的成种或起源太过谨慎，不敢轻下一辞，真让我失望透顶。"

在同一封信中，达尔文表扬赫胥黎新近发表的《人类在自然界位置的证据》，说"我宣布这辈子还没读到过比它更辉煌的书。"不过，这样的盛赞也没有妨碍达尔文指出其中的不足之处。赖伊尔和赫胥黎都没有满足达尔文的愿望：从进化论的视角研究那个最为有趣的问题。最后，又是华莱士激发达尔文动笔写作。

1869 年，华莱士就赖伊尔《地质学原理》第十版发表书评，在这个新版里，赖伊尔公开宣布认可进化论。可是，华莱士声称，人类的智力如此特殊，单用进化不足以作出解释，还说，"我们必须……承认这样的可能性：在人类发展的过程中，有某种更高的智慧，把同样的规律引向更为高尚的目的。"

达尔文写信给华莱士说，他两人在这件事上存在"令人痛心的"分歧。他告诉赖伊尔，他对华莱士如此处理人类课题"失望透顶，这件事在我看来离奇到不可思议。"实际上也许并不离奇。华莱士早就对唯灵论备感兴趣，早在 1866 年就出过一本书，题为《超自然事物的科学观》。终其一生，他一直都既倡导进化论，又倡导超自然现象研究。

华莱士书评一出，达尔文知道，他再也不能等待了："我考虑写一篇关于人类起源的小文章，因为一直有人讥笑我隐瞒自己的观点。"像往常一样，他仍然改不了那种边写作边研究的老路子，于是，他的"小文章"成长为他部头最大的一本书。1871 年，《人类的由来》以两卷本发表。这本书是他最为成功的著作之———第一年就印行了七千五百部，为他带来一千四百七十英镑的进账。出乎意料的是，许多书评家轻松放过了他那些颇有争议性的观点。时移世易，撇开人和猴子的公案不论，进化论毕竟没那么吓人。

……

《由来》以一篇总论收尾，其中有几百字的一段论及选择的社会含义。他特别提到育种者挑选并配对牲畜的时候有多么小心，"可是，"他说，"一到他（育种者）自己的婚姻大事，却极难得、或从来不肯费上任何这一类的心思……然而，他本可以通过选择，来改良自己的子息，不但改良他们的体制和身材，也改良他们的智力和德行等品性。"达尔文是主张对人种加以规范的。他写道，"为未来的子女设想，凡是没有能力养育他们、无法使他们免于赤贫生活的人全都应该放弃结婚，因为贫困不但本身是件大坏事，而且通过对婚姻的率意进行，不负责任，还倾向于滋长更多的贫困。"他进而说道，听之任之的话，"社会上较差的成员势将取较好的成员而代之。"这些话在我听来那样耳熟，因为，一位早我七十年许的老前辈，冷泉港（Cold Spring Harbor）的查尔斯·D. 达文波特，就是一位倡导像培育优良畜种那样改良人种的领袖人物。

是达尔文的表弟弗兰西斯·高尔顿在 1883 年炮制出"优生学 eugenics"一词。Eugenics 来自希腊文 eugenes，意思是"品种优良，天生禀有高贵品质。"1907 年，优生教育学会（优生学会的前身）在伦敦成立，然而，优生学家最有影响的国度却是美国。1906 年，美国育种者联合会设立优生学分支委员会，达文波特任书记。可是，达文波特还嫌步子太慢，于是，在铁路大王哈里曼的遗孀、哈里曼夫人的资助下，又成立了优生学统计所，在冷泉港开张。优生学统计所的宗旨，是对美国家庭展开大规模调查研究，确定各种各样人类品性的遗传基础，尤其注重优生学家认为降低美国人民适应性的那些品性。那时候，极其关注所谓的"弱智"，那是对于形形色色精神障碍问题的一个笼统说法；那时候，各地有很多大型医疗机构，比如王园国立医院（Kings Park State Hospital），接纳数千名患者，离达文波特的研究所仅二十英里之遥。达文波特和他的同事们对人类遗传学尽管做出了有用的贡献，比如发现了亨廷顿氏病和白化病的遗传规律，然而，他对于涉及许多基因的复杂特征的分析尝试却注定要失败。优生学运动于1930年代渐趋消歇，不为无因。它对社会的主要影响，在于导致了对数万名"有缺陷者"的强制绝育和基于偏见与种族歧视的移民限制法的推行。而纳粹党人利用优生学观点来支持其灭绝所谓低等民族的恶行则彻底终结了这个初衷为增进人类福利的运动。（优生学在其他国家又坚持了一些时日；瑞典的强制绝育政策迟至1976年才告终止。）

······

达尔文的同代人、社会学家赫伯特·斯宾塞把生物进化思想应用于人类社会，这一学派称作"社会达尔文主义。"其学说影响所及以美国为著，在那里，斯氏的用语"最适者生存"被用来为无限制的社会竞争作辩护。然而，在我看来，达尔文不是一个社会达尔文主义者；他没有忽视环境的重要性："过去的生存斗争虽然重要，而就在今天，也还并不是不重要，可是，若就人性中最高的一部分的发展而言，还有比它（生存斗争）更为重要的一些力量在"，他说。"因为，各种道德品质的进展，直接间接通过习惯、各种推理的能力、教导、宗教，等等的影响而取得的，要比通过自然选择而取得的多得多。不过我们可以有把握地把各种社会性本能的出现归功于自然选择，而这些本能又为道德感的发展提供了基础。"

正如我在前言里所说的，社会生物学和进化心理学，还没有像进化论给生物学带来革命性变化那样，给人类行为研究带来革命性变化。不过我对此是乐观的。困扰着人类的各种精神疾患，都有着生物学的根源，而只有彻底修正我们对于精神疾患的态度，我们才有望在理解这些棘手疾患上有所进步。人类的确跟其他有机体不同，尽管这种不同不是因为我们曾经假想的特别创造。我们不同，因为我们对周围世界的探索已经给我们提供了减轻苦难的知识和机会。遗传的骰子，也就是我们从父母那儿接受的基因组合，它们所引起的一些悲剧性后果，并不是某种超自然力量的表现，而是一些可悲的偶然，我们应该尽可能预防它们。

校订者言

达尔文著作中，篇幅最长的是 The Descent of Man and Selection in Relation to Sex，初版于 1871 年，二版于 1874 年，以二版通行于世。在我国有少数几个汉文译本，都是从二版翻译的。盖因二版经达尔文本人以数年之功，修订增补，其学术价值之优于初版，殆无异议也。

我国的汉文译本，以马君武先生的为最早，1930 年由商务印书馆初版，题为《人类原始及类择》；其次是叶笃庄、杨习之二先生的本子，题为《人类的由来及性选择》，1982 年科学出版社初版。其三是潘光旦、胡寿文二先生的译本，1983 年商务初版，题为《人类的由来》；潘、胡二先生的译本，其主体工程是在 1956 至 1966 年期间完成的，因文革故，出版推迟了十余年；我们取的是潘、胡本，题目却取叶、杨的译法，因其于原书的意思，更能涵盖周全也。

潘光旦先生（1899～1967），在社会学，优生学，民族学等方面，著述很多；曾任清华大学及西南联大教务长，是功勋卓著的教育家和社会活动家，又是著名的翻译家，译作霭理士《性心理学》译笔化工，被张中行先生誉为"可以打一百二十分"。这部《人类的由来》，译法略显生硬，句法常嫌拖沓，然而犹不能尽掩潘先生的学力、慎思与文采。偶有妙语，即所谓"谈言微中"，名士风流自见。我在校订时，"战战兢兢，如履薄冰"，除那些过于"欧化"，不可卒读的句法外，尽量保留原译的风格，连那些现今的读者会略嫌陌生的字眼，也尽数保留，因属于时代特色和个人特色，不敢妄加雌黄。此书原有大量注解，校订时对于所提及的一些作品题目，酌情添注了原文；译注旁征博引，开人眼界，全部原样保留；原译本的三个译名对照表，别具一格，也全数保留，内容上仅做了少量的改动，特别是动植物学名，于原译本阙疑不详之处，多方查考增补，然囿于学识，仍未克尽善，不能无憾焉。

原译本附有著名社会活动家费孝通先生的长跋，对于读者了解潘先生其人，此译其事，极有价值，故保留之；至于文字上或有欠通之处，因既无碍于理解达尔文，亦无碍于理解潘先生，故全按原样，一字不改，还请读者朋友见谅。

附志：1. 译注改排在页脚；2. 附录 2 为校订者所加。

高密李绍明　谨识

2013 年 9 月 19 日

于威海寓中

第二版序言

　　本书第一版印行于 1871 年，在屡次重版的时候,[1] 我已经有机会提出若干点重要的改正。到现在，更多的时间过去了，在这段时间里，本书经历了烈火一般的考验;[2] 我也曾尽力吸取这番考验的教训，并且把所有我认为合理的一些批评加以利用。对那些和我通信而把数量大得惊人的种种新事实、新见解告诉我的大群人士，我也大为感激。这些事实与见解实在是太多了，我所能利用的只是其中比较更为重要的一部分罢了。关于这些用到了的新东西，以及上面所说的一些比较重要的改正，我准备在本版里附加一张清单,[3]

---

　　[1]　根据伦敦约翰·墨尔瑞（John Murray）书店所经销的历次印刷出版的版本，本书第一版于 1871 年 2 月第一次印刷出版后，曾于同年 3 月、4 月、12 月重印三次。第二版，亦即本版，于 1874 年 11 月初印出版，截至 1913 年 11 月，前后曾重印二十三次。1913 年以后和别处所印销的次数不详。

　　[2]　本书内容和西方自犹太教以来宗教传统中上帝造人的教条根本冲突，所以出版之后曾备受顽固派的肆意攻击，其中包括许多笃信基督教教义的博物学者。序言中所说的"烈火一般的考验"就是指的这种情况。

　　[3]　清单作表格状，题为"本版内容主要增改表"。表分三栏：第一栏列出第一版书中页数；第二栏列出本版书中页数，均注明内容所在是正文还是注文；第三栏列出增改内容。这份增改表只见于较早的、版面与页数相同的几次重版中，例如 1887 年 1 月的一次重版；较晚的重版则删去了，如 1913 年 11 月的一版；但究竟从哪一次重版起删去，则不详。本译本亦略去未译，因为除了意义不大而外，前后版本的版面既然不同，页数也已经变动，即使读者想不厌繁琐地加以核对，也难于下手；较晚的几次重版根本不列，其原因恐怕也就在此。

以示前后两版所以不同的原委。在这第二版里，有几幅插图是新添的，另有四幅旧的是换上了新而更好的，都是 T. W. 伍德先生根据活标本的写生手笔。我必须特别提请读者注意，关于人脑和高等猿猴的差别是属于甚么性质的一些观察，也是新的，是赫胥黎教授①推爱而提供给我的（今作为一个"附录"编在本书第一篇之末），②我要在此向他表示谢意。我特别高兴地把这些观察提供出来，因为在最近几年之内，欧洲大陆上出现了关于这题目的好几本专题论著，它们的重要性，被某些通俗作家过分地夸大了，理应加以纠正。

我不妨利用这个机会说明一点。外间对我的批评时常假定，我把身体结构与心理能力的一切变化全都归因于自然选择对时常被称为自发变异（spontaneous variation）的那一类变异所起的作用，这是不对的。因为，早在《物种起源》一书的第一版里，我就已经清清楚楚地说到，无论是身体方面的变化，还是心理方面的变化，我们都必须把很大的分量归之于用进废退的遗传影响。我也曾把某些分量的变化归因于生活条件的改变所产生的直接而长期持续的作用。我也曾说到，我们还必须留一些余地给间或发生的结构上的返祖遗传。我们也不能忘记我称之为"相关"生长（"correlated" growth）的这一现象，那就是说，由于生物有机体的各个部分在组织上有着我们现在还理解不到的某种方式的联系，只要一个部分发生变异，其他某些部分也牵连着发生变异；而如果一个部分所发生的变异通过选择而得到积累，其他部分也就会随而经历一些变化。在这，有若干批评我的意见说，当我发现人身上许多结构方面的细节无法用自然选择作出解释的时候，我就发明了性选择（sexual selection）。然而，我在《物种起源》的第一版里，就已经对性选择的原理作出了相当清楚的一番勾画，并

①　赫胥黎（1825～1895），英国生物学家与进化论者，对达尔文学说的传播有特别的贡献。曾任英国皇家矿工学校古生物学专家与自然史讲师达三十一年。著作很多。1893 年所著的《进化论与伦理学》曾由严复于 1895 年译成汉文，名《天演论》，可以说是进化论的学说在我国比较有系统的传播的开始。1971 年，又由科学出版社出版了一种新的译本。
②　查原书目录第一篇第七章下并没有列入，译本已按达尔文原意照补。

且我也曾在那里说道，这原理也未尝不适用于人。性选择这一题目之所以到本书第二版才得到充分的处理，占有足够的篇幅，那只是因为到此我才获得机会罢了。有许多对性选择的批评是表示了相当程度的同意或同情的，它们和自然选择在初期里所受到的批评颇为相似，这一相似之点曾经很引起我的注意。例如，有人说，这一原理要说明某些少数几个琐碎的事实是可以的，但肯定不能像我那样的拿来漫无边际地加以应用。尽管如此，我对性选择的力量的信念至今一直没有动摇。但我也承认，我作的许多结论中，今后将发现有若干点大概会是，乃至几乎可以肯定会是错了的。一个题目第一次有人承当下来，加以处理，这样的前途也是难以避免的了。我相信，等到自然学者对性选择的观念变得熟悉的时候，他们一定会在比现在大得多的程度上接受它的。即使在今天，好几位有能力的、善于作出判断的学者也已经充分同意地把它接受下来了。

于肯特，伯根汉，唐恩老屋，①

1874 年 9 月

---

① 原文是 "Down，Beckenham，Kent"。肯特，伯根汉，离伦敦很近，实际上构成了伦敦东南郊区的一部分。

引　　论

　　为了使读者易于了解本书的性质，我最好把本书所由写成的经过简单地先叙述一下。多年以来，我一直在搜集关于人类起源或由来的种种资料，起初我完全没有在这个题目上发表任何东西的意向，甚至可以说恰恰相反，我倒是决心不发表任何东西，因为我想到发表的结果无非是火上添油似的增加外界对我的成见罢了。我在我的《物种起源》的初版里已经说到，通过那本书，"人类的起源，人类历史的开端，将会得到一线光明"，我那时以为这样点一下也就够了，因为这意味着，任何一个关系到人如何在地球上出现的概括性的结论，都不可能不把他和其他生物种类一起包括进去。如今，情况完全改观了。如果像卡尔·沃格特这样的一位博物学家也敢于以日内瓦国家学会会长的身份在会议上致辞时（1869 年）说，"人们，至少是在欧洲的人们，现在已不再敢坚持物种的各自独立而逐个创造的特创论了"，则显而易见的是，整个博物学界里一定已经有为数不少的学者承认各个物种都是其他物种的经历了变化的子孙。对于比较年轻而正在兴起中的博物学家，这话尤其适当。博物学家中总有半数以上把自然选择作为一种手段接受下来了，认识到它是一股力量，尽管其中有些人说我太过夸大了它的重要性；实际是不是如此，也只有未来才能断定了。可惜的是，自然科学的富有经验和受人尊敬的首脑人物中间，至今还有不少人反对任何形式的进化学说。

如今大多数的博物学家既然采纳了这方面的一些见解，而这些见解，像其他的科学原理一样，最后也将为不从事科学研究的人们所认识，所以我终于改变了想法，着手把我的资料札记收拾在一起，整理了一番，为的是要看一看，我以前在其他著述里所已达成的一些一般性的结论究竟能不能适用于人，能适用到何种地步。这样试一下似乎特别值得，因为，在以前，我一直没有存心把一个物种特地挑出来，作为这些见解的适用对象而加以研究。当我们把注意力集中到任何一种生物类型身上，我们当然要吃些亏，因为这样一来，我们将无法利用从联系大类群的生物种类的亲缘关系的性质方面所取得的一些很有分量的证据——大类群的生物种类在古代和今天的地理分布状态，和它们在地质上的前后承接关系。我们有可能注意到的一个物种，人也好，任何其他动物也好，都有它的同源结构，它的胚胎发育，和它的一些残留器官，这些都留待我们去加以考虑，而在我看来，这几个方面的大量事实也可以提供足够的和结论性的证明，有利于这个逐步进化的原理。至于上面所说的那些大有分量的证据所能提供的强有力的支持，则无论如何应当随时记在心上，以供参考。

本书的唯一目的是要考虑，首先，人是不是像每一个其他物种一样从先于他出世的某一种生物类型传下来的；其次，人出现以后，又是怎样发展成为今天的状态的；第三，人类中有所谓种族之分，而种族与种族之间的一些差别究竟有什么意义。既然有此三点需要我集中精力加以讨论，则对于各个种族之间的种种差别，我就没有必要去作过细的叙述——这本身就是一个庞大的题目，并且已经有好多有价值的著作充分的讨论过了。人类的高度古老性，近年以来，通过以布歇·德·佩塞先生为前驱的许多杰出的著作家的工作，已经得到了指证，而为了理解人类的起源，这是一个必不可少的基础。因此，我将直截了当地接受这个现成的结论，而可以让我的读者去参阅一下赖伊尔爵士、约翰·卢伯克爵士以及其他著作家所作的值得赞赏的专题论著。即使是人与各种类人猿之间的差别，我也只能大概地提到一些，而不可能有机会讲得更加深入。据多数有权威有眼光的学者的判断，赫胥黎教授在这方面已经作出了无可置疑的结论性的证明，指出在每一个看得见的性状上，人与各种高等猿猴之间的差别，比起这些猿猴与同属于灵长类（Primates）这一目的各个低级的成员之间的差别，是更少而不是更多。

关于人类，本书几乎拿不出任何第一手而未经发表过的事实来。不过，草草的初稿整理出来之后，我发现我所达成的一些结论也还是有点意思，想到读者之中也许有一些同样感到兴趣的人，因而值得把它们公开出来。时常有人毫不迟疑地断言，人的起源是永远无法知道的。但无知比知识往往更容易产生自信之心；那些断言科学将永远不能解决这一问题或那一问题的人大都是一知半解之辈，而不是富有知识之人。人类和其他物种同是某一种古老、低级，而早已灭绝了的生物类型的同时并存的子孙这一结论，其实在任何程度上都不算新鲜。很久以前，拉马克就得出了这个结论，而近年以来，好几位杰出的博物学家和哲学家也一直主张这一点；例如，华莱士、赫胥黎、赖伊尔、沃格特、卢伯克、比希纳、罗尔，等等，[1] 而尤其是海克尔；这最后一位博物学家，除了早先的那本巨著《普通形态学》（*Generelle Morphologie*，1866 年出版）之外，不久以前又发表了他的《自然创生史》（*Natürliche Schopfungsgeschichte*，1868 年初版，1870 年再版），书中对人类的谱系作了充分的讨论。如果他这本书早在我写完本书之前出来，我想我就会中途搁笔，再也不写下去了。我在本书所得出的种种结论，我发现几乎全部都得到了这位博物学家的证实，而在好些地方，他的知识要比我丰富得多。我曾从他的著作里采用了一些事实和看法，补进我的原稿，凡是这种地方，我都在正文中说明了这是来自海克尔教授的。但也有些话是我的原稿中早就用了的，对于这些，我没有再加以改动，只是为了进一步证实某些比较可疑或有趣味之点，间或在注文中说明参考他的某一种著作而已。

多年以来，我一直有个看法，认为在人类分化成为若干所谓种族的过程之中，性选择似乎曾经发挥过重要的作用，不过在我的《物种起源》里，我只满足于把这个信念提了一下。现在专把这个观点应用到人类身上，却发现非得把整个题目充分细致的处理一下不可。[2]结果是，本书中专门处理性选择的那一部分，即第二篇，就引申得非常之长，比起第一篇来，像是有些过分，但这是不能避免的。

我本来打算于本书已有的篇幅之外，加上有关人和低于他的各类动物如何表达它们的各种情绪的问题的一篇文章。好多年以前，在读过 C. 贝尔爵士的那本值得称赞的著作之后，①我就注意到这个题目。这位声誉卓著的解剖学家主张，我们人为了表达他的情绪，是单独赋有某几条肌肉的，这样一个看法，显然是和我们的信念，即人是从某种别的低级类型传代而来的，正相抵触，因此我感觉到有必要在这里加以申论。本来我还想重申一下，人的各个不同族类或所谓种族，在表情的时候，所用的方式是否相同，相同到何种程度。但由于本书的篇幅已经够多，我想我还是把这篇文章保留起来，另外发表，更为恰当一些。②

原　注：

[1] 因读者对这些著作家中的前面几位的著作已经十分熟悉，所以我就用不着再提这些著作的题目了，但后面几位，在英格兰大家不那么熟悉，因此我要提一提：Dr. L. Büchner 著有《达尔文学说六讲》（Sechs Vorlesungen über die Darwin'sche Theorie），第二版，1868 年；其法文译本，称《达尔文学说讨论集》（Conférences sur la Théorie Darwinienne），1869 年版。Dr. F. Rolle 则著有《在达尔文学说的启发下看人》（Der Mensch, im Lichte der Darwin'schen Lehre），1865 年版。我不准备把所有对于这个问题采取同样立场的著作家的著述一一列举，只再提一提意大利方

---

① 见下文第二章原注 46。
② 后来另成一书，《人和动物的情感表达》，于 1872 年出版，比本书初版的时间晚一年多。

面的一两位：G. Canestrini 曾经发表过一篇很奇特的文章，专论与人类起源问题有关的一些残留的性状，载摩德纳城（Modena，位于意大利北部——译者）《自然学人协会年报》（Annuario della Soc. d. Nat.），1867 年，81 页。另一种发表了的著述是 Dr. Francesco Barrago 用意大利文写成而题为《按照上帝的形象所造成的人也曾按照了猿猴的形象》（Man，made in the image of God，was also made in the image of the ape），1869 年版。

[2] 自《物种起源》发表之后，当本书第一版问世之初，对性选择已经作过讨论而充分看到了它的重要性的唯一著作家是海克尔教授；而他在他的几种著作中对于这个问题的一些议论也谈得很出色。

第一篇 人类的由来或起源

第一章

人类从某些低级类型诞降^①而来的证据

有关人类起源的证据的性质——人和低等动物的一些同源的（homologous）结构——其他各色各样在结构上的相应之点——发育——一些残留的结构、肌肉、感官、毛发、骨骼、生殖器官，等等——上面这三大类事实同人类起源问题的关系

————————————

① 本书书名，书中第一篇篇名、第一篇第一章章名中，都用到 descent 一字，直译应为"诞降"，意译则"由来"已足，今于书名、篇名用"由来"，章名中用"诞降"，略存原文意味。"诞降"、"降生"原是封建文化所留传下来的字眼，且涉及迷信，有上天生人，人自天降之意；中国如此，西方亦然。达尔文于行文时，自不能不袭用此字，然亦颇存深意：西方世代相传，说上帝造人，人自天降，而进化论者则主张人自低等动物嬗递演变而来，自时间先后言之，"传下来"或"降生"的意思也未尝不适用；字眼虽是一个，涵义则根本不同。当时西方宗教界竭力反对进化论，尤其是反对人从低等动物递降而来的主张，迟至本世纪 20 年代，美国尚为此发生过对中学教师撤职查办的案件；即在大体上已被迫接受进化论观点的牧师或神学家之流也认为"下降"的意思总是不妙，干犯了人的尊严，总想加以抵销；1894 年，一个苏格兰的"布道家"Henry Drummond 写了一本《人的上升》(The Ascent of Man)，书名恰恰与达尔文此书针锋相对，内容大意也说人虽"自物而降"，终将"上跻于天"，因其颇能迎合当时西方资产阶级的思想口味，也曾畅销一时，现在由我们看来，则大是心劳日绌了。

任何一个想对人类究竟是不是某一种先期存在的动物类型的经过变化了的后裔这一问题做出决定的人，大概首先都要问，人在身体结构和心理能力上是不是也发生变异，哪怕是最轻微的变异，而不是一成不变？果真如此，则再要问，这些变异是不是也按照在低等动物中所流行的一些法则而遗传给他的子孙？也还要问，这些变异又是怎样来的？我们固然无知，但即使在这种无知的情况下，我们是不是可以作出判断，认为它们所由造成的一般原因，和所由制约的一般法则，同其他生物的并无二致，例如，相关变异的法则，用进废退的法则，等等？人是不是也会由于发育中止、由于身体某些部分结构的重叠，而发生畸形变态，而在这些畸变之中有没有退回到某些前代和古老的结构型式的情况？自然也可以问到，人是不是像其他许多动物一样，也会产生一些彼此之间差别很小的变种和亚种，或者，产生一些差别大到足以列为人种或种族的可疑物种；这些人种或种族在全世界的分布又如何？人种与人种交配，在第一代和后来世代的子女身上会不会互相影响，等等；同样还可以提出诸如此类的其他许多问题。

提问题的人接着大概会提到这样一个重要的问题，就是，人在数量上会不会倾向于增加得很快，快到足以随时引起严酷的生存竞争的地步，而这种竞争的结果是否足以导致身心两方面的一些有利的变异得到保持，而有害的变异受到淘汰？有的人种①是不是由于数量扩大而侵犯到别的人种，甚至于取代了别的人种，使后者趋于灭绝？我们将要看到，所有这些问题，实际上都会得到肯定的回答；说实在话，其中的大多数也是不言而喻会得到这种回答的，而这也和在低等动物中间所得到的回答一样。不过我们不妨把这一类考虑暂时搁置一下，留待将来讨论，这样做似乎有它便利的地方。我们现在首先要看一下，人在身体结构上所表现的种种迹象，清楚的也好，不那么清楚的也好，究竟能在何种程度上说明他是从某种低级

---

① 原文于此对"人种"一词同时用"races of man"和"species of man"来表达，并说明两者可以互用；我们在译文中既然把"race"和"species"二字同样的译成"种"字，就比较省便了，省却了"可以互用"的一句话。

类型传下来的。至于人的种种心理能力同一些低等动物的心理能力的比较，则留到后面的若干章里去考虑。

人的身体结构。——众所周知而颇有人引为遗憾的一件事是，人在构造上是和其他哺乳动物按照同样的模式或样板的。人身骨骼系统中所有的骨头都可以拿来一根根的和猴子、蝙蝠或海豹身上相应的骨头相比。就他的肌肉、神经、血管和内脏来说，情况也是一样。根据赫胥黎和其他解剖学者的证明，在重要性上大于一切器官的脑，在结构上所遵循的是同一个法则。比肖夫，[1] 作为一个敌对方面的证人，也承认，人脑中的每一个主要的裂（fissure）和襞（fold），都可以在普通猩猩（orang）的脑里找到对应物；但他又添上一句话说，在双方脑的发育过程中，没有任何一个阶段是完全一致的；我们当然也不能指望它们完全一致，因为，如果一致，双方的心理能力也就不会有什么差别了。于尔皮安说，[2] "人脑和高等猿猴的脑之间的真正差别是很小很小的。在这方面抱任何幻想都是不行的。人脑在解剖学方面的一些特征，和各种类人猿的极为接近，不但比一般其他哺乳动物为近，并且比某些四手类动物，如普通的猴类、如猕猴，也更近些。"但人与高等哺乳动物之间，在脑和身体的其他一切部分的结构方面，彼此互相呼应，处处可供类比，这是最为明显的事，在这里似乎没有必要列举比此更多的细节。

但也还值得在这里具体的提出和结构不直接有关或不明显相连的几点事实，来更好地说明这种相应和类比的关系。

有某几种疾病，如狂犬病、天花、马鼻疽、梅毒、霍乱、水疱疹等，[3] 人容易从低于他的动物身上传染到，也容易传染给它们；这一事实足以证明，人和这些动物的细胞组织和血液，在细微的结构上和在内容的组分上，都有密切的相似之处，[4] 而这一证明方法，要比在最良好的显微镜下面作比较的观察，和用最好的化验方法来作化学分析，都远为更能够说明问题。猴子容易患我们人类所患的各种非传染性疾病中的好多种；仑格尔[5] 对土生土长的阿扎拉氏泣猴（乙 185）作过长期仔细的观察，发现它容易感染鼻黏膜炎，表现着同人一样的一些症候，而如果再三感染，屡发不已，也会引起肺痨症。这一个种的猴子也吃脑溢血、肠炎、眼球上白内障诸病的苦头。幼猴在换牙齿的年龄里，往往因有所感染，发热而死。药物在它们身上所产生的效果也是同我们人类一样的。好多种猿猴对茶、咖啡和各种烧酒表示强烈的爱好，而我自己亲眼看到过，它们也会从抽烟中得到乐趣。[6]布雷姆说到，东北非洲的土著居民把装着烈性啤酒的容器放在外边，用此来捕捉喝醉了的野狒狒（baboon）；他自己也在笼里饲养过几只，看到过它们的醉态；他又曾把它们醉中的行径和各种奇怪的鬼脸写成一篇报告，读之令人不禁失笑。酒后的第二天早上，它们脾气很不好，怏怏不乐，两手支着大概是正在作痛的脑袋，露出一副十足的可怜相；再给它们酒喝时，它们掉头不顾，并且表现出厌恶神情，但对柠檬汁却很欢迎，可以喝上不少。[7]一只美洲产的，蛛猴属（乙102）的猴子，在一次喝白兰地醉酒之后，从此不再沾唇，看来倒比许多人要聪明一些。这些事实虽属琐碎，却足以说明猿猴和人之涉及一些嗜好的神经一定是多么相似，而在嗜好一度满足之后，双方的全部神经系统所受到的影响又是多么的相仿了。

人受到体内种种寄生动物的骚扰，有时候可以闹到送命的地步；也为体外寄生动物所袭扰；而这些寄生动物和骚扰着其他哺乳动物的那些寄生动物在分类上都隶属于同一些属或同一些科，至于造成疥癣的寄生动物，则更隶属于同一些种。[8]人像其他哺乳动物、鸟类，乃至昆虫一样，[9]也受制于那一条我们还不甚了解而显得神秘的法则，就是，某些正常的生理功能过程，如妊孕，以及各种疾病的发展成熟和持续的期限，是同月亮的周期性运行有着密切联系的。人的创伤的修补完整所经历的愈合过程，也是和其他许多低于人的动物一样的；而人的肢体的切断，尤其是如果发生在胚胎时期的较早阶段，有时候也一样的会表现一些再生的能力，和最低等的动物没有分别。[10]就那一桩最为重要的功能，即种族所由繁衍的生殖功能而言，整个的过程，从雄性方面进行求爱的第一步动作开始，[11]到年轻一代的出生和养育为止，在所有的各类哺乳动物里，是如出一辙得令人惊奇的。初生下来的小猿猴，其微弱不能自存的状态，和我们的婴儿几乎一模一样，而在某些属的猿猴里，幼年猿猴和成年猿猴之间在外表形态上的差别之大，也和我们的孩子们和壮年的父母之间的差别完全可以相比。[12]有些著作家认为不然，他们着重的提出了这样一个差别，就是，就人来说，到达成熟的年龄比任何其他动物都要晚得多。但这也不是没有问题的，如果我们看一下生活在热带地区的一些人种，就可以知道这方面的差别实际上并不大，而普通的猩猩据信也要到十岁与十五岁之间才进入成年。[13]男人和女人之间，在身材、体力、毛发，等等方面，以及在心理上，都有差别，而许多哺乳类动物的两性之间也未尝没有同样的情况。总之，人与高等动物之间，尤其是人与各种类人猿之间，无论在总体的结构上、在细胞组织的细微构造上，在身体的化学组分上，在一般体质上，都表现着十分密切的相关相应（correspondence）。

胚胎期的发育。——人是从直径约为一百二十五分之一英寸的一颗受精卵发育而成的，这颗受精卵看来和其他动物的受精卵没有任何方面的差别。受精卵发育而成为胚胎，在很早的一个阶段里，人的胚胎和脊椎动物界里其他成员的胚胎也几乎是无法分辨的。在这个阶段里，动脉作一种弓形分枝的状态，像是要把血液分送到两鳃似的，而在各种高等的脊椎动物，尽管在这阶段里脖子两侧各保有一系列狭长的裂口（图1，f、g），标明着鳃的原来的部位，但却是不长鳃的。在稍后的阶段里，四肢开始发育出来，这时，正如声誉卓著的拜尔所说的那样，"蜥蜴类和哺乳类的脚，鸟类的翅膀和脚，同人的手脚一样，全都是从同样的一个基本形态长起来的。"而赫胥黎教授说，[14]要到"胚胎发育的很晚的阶段里，胎期的小人才呈现出不同于胎期小猿的一些显著差别，而后者，即胎期的小猿，和胎期的小狗相比，也是如此，至于人狗之间，也是到了后期才表现了同样多的差距。后面这句话也许有些骇人听闻，但这是可以证明的真理。"

想到我书的读者之中大概总有几个从来没有看到过胚胎的模样，我在这里提供了一张插图，共两幅，一幅是人的，一幅是狗的，代表着一个大致相同的初期发育阶段；它们是分别根据在精确程度上无可置疑的两种作品中的原图仔细复制而成的。[15]

介绍了这样几个权威著作家的议论之后，我就没有画蛇添足的必要再列举种种引借的详细事例，来说明人的胚胎与其他哺乳动物的胚胎是多么相似了。但我不妨补充如下的一些事实，它们所涉及的各方面的结构都是以人的胚胎为一方，而以低于人的某些动物的成年形态为又一方，其间也不乏相应而可以类比的地方。例如，人胎的心脏原本是一根简单而能跳动的血管；人胎里的排泄物是从一条单孔的腔道（cloacal passage）排出体外的；人胎的尾骨向后伸展得像一条真的尾巴那样，并且"伸展得相当远，超出到未成熟的后肢之外"；[16] 而在某些动物里，这些却是正常的成年状态，在所有呼吸空气的脊椎动物的胚胎里都存在着某一种腺体，称为吴夫氏体或中肾（corpora Wolffiana），而这些腺体是和鱼类中成鱼的肾脏相应的，两者具有相同的功能。[17] 即使在一个比较后来的胚胎发育阶段里，在人和低于他的动物之间也还可以观察到一些突出的相似之处。比肖夫说，满七个月的胎儿的脑，其脑回所达到的发育程度大致相当于狒狒在成年时所达到的程度。[18] 据欧文教授说，[19] 脚上的大拇趾，"作为直立和迈步的支点，也许是人体结构中最能表明人的性质的一大特点。"但在长约一英寸的一个胎儿的脚上，瓦伊曼教授发现，[20] 大拇趾要比其他的脚趾反而短些，长得也不和其他的各趾并行，而是横出在脚板之外，和它成一个角度，而这样一来，倒和四手类动物这部分的正常而贯彻终身的情况恰好相应了。我将引赫胥黎教授的一段话[21]来结束这一部分的讨论。他先摆出这样一个问题：人的起源所经过的途径或所遵循的方式是不是和狗的、鸟的、蛙的或鱼的有所不同？之后，他说："对这问题的答案是直截了当、丝毫不用迟疑的。没有问题，人的起源的方式，以及他的发育过程中起初的一些阶段，是和在进化阶梯上直接低于他的一些动物的相一致的。而丝毫也不容怀疑的是，在这些方面，他和猿猴的距离，比起猿猴和狗的距离来，要远为接近得多。"

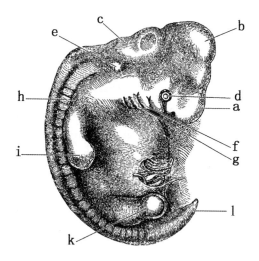

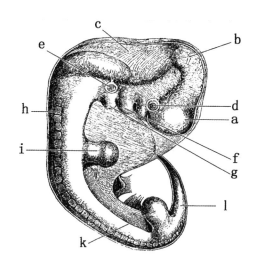

图 1　上幅——人的胚胎，采自埃克尔

下幅——狗的胚胎，采自比肖夫

a. 前脑，大脑的半球，等等。
b. 中脑，小髓结节体。
c. 后脑，小脑，延髓。
d. 眼。
e. 耳。
f. 第一内脏拱。
g. 第二内脏拱。
h. 正在发育中的脊柱和肌肉。
i. 前肢。
k. 后肢。
l. 尾或尾闾骨。

　　种种残留结构。——这个题目在实质上虽并不比上面两个题目，即相应的结构和胚胎发育，更为重要，但由于其他的若干理由，我们却准备比较详细地加以处理。[22]高等动物的一切物种都有某些结构代表着一些残留的状态，不在身体的这一部分，就在身体的那一部分，例外是没有的，人也不在这条通例之外。残留的器官必须同初生而未发达的器官区别开来，尽管在有些情况下，区分并不是容易的事。前者，即残留器官，有的是绝对没有用处的,例如雄性四足类动物的乳房,又如反刍类动物中从来不发育出穿破牙龈的门牙;有的则对当前拥有它们的动物用处极少,少到使我们很难设想它们是现今的生活条件下发展出来的。这些用处极少的器官,严格说来,还不是残留性的,但它们正朝着这个方向前进。至于新生而未发达的器官,则与此相反,它们虽还没有充分发育出来,却对拥有它们的动物已经很有用处,并且还会继续发育下去。残留器官有高度的变异性,而这是不难理解的,部分理由就是它们没有用处,或几乎等于废物,因此而不再成为自然选择作用的对象。它们也往往会完全受到抑制,而不发育出来。但抑制并不等于消失,它们会通过所谓返祖遗传(reversion)的情况而不时再度出现——这一种情况也是很值得注意的。

促使一些器官变为残留的主要力量似乎是,对某一个有关器官,在原该使用得最多的生命阶段(而这一般说来总是成熟的那一阶段)里,搁过一边,不加使用,以及,通过遗传,这种废而不用的效果,又在后一代的相应的生命阶段里,重复一番。"废而不用"这一个词的含义不仅仅牵涉到某些肌肉的活动的减少,并且,由于张力的增加和张弛的更迭愈来愈稀疏,或者由于某种原因而不经常活动,身体某一部分或某一器官从血液循环中所接受到的流量日见削弱。但在有些情形下,两性之中,一性的某些部分或器官变为残留,而在另一性,这些部分或器官却正常存在。这一类的残留,我们将在下文看到,往往是另有来源的,与上面所说的残留有所不同。在有些例子里,一些器官,由于生活习惯的改变而变得不利于种的生存,则通过自然选择的作用而变得愈来愈缩减。缩减的过程之所以得到推进,似乎往往通过两条原理的作用,一条是代偿,一条是生长所要求的经济或节约。但要理解缩减过程的一些后来的阶段却是困难的,因为这些阶段的发生在时间上是在"不用则废"已经尽量发挥了作用之后,而一到这个时候,经济原理所要节约的东西或分量也就没有多少了。[23]身体的某一部分,既已废而不用,或已经缩减得很小,使代偿和节约的两条原理都不再能对它有所作为,则我们对它的最后而完全的抑制也许就要借助于泛生论的假设(hypothesis of pangenesis)才能有所理解了。不过对残留器官这一问题，我在我以前的几种著作中[24]已作过一番通盘的讨论，并举例加以说明，在这里就无须说得太多了。

人们曾经在人体上的许多部分观察到各种肌肉的残留。[25]有不少条肌肉，在某些低于人的动物身上是常备的，在人身上也间或可以找到，只不过瘦小得多。每一个人一定都注意到过，许多动物，尤其是马，具有抽动皮肤的能力，而这是通过一大片叫做肉质膜（panniculus carnosus）的肌肉来进行的。在人身上，这片肌肉的某些残余部分也还保持着一些效用，它们分散在不止一处，额角上用来伸展双眉的那条肌肉就是残余之一。我们脖子上很发达的那条颈阔肌（platysmamyoides）也属于这个系统。爱丁堡大学的特纳教授告诉我，他曾经在五个不同区域，腋下、肩胛骨附近，等等，发现一些肌肉纤维束，全都得划归这个肉质膜的系统。他又指出，[26]在性质上不是腹直肌（rectus abdominalis）的一个引伸而是和肉质膜有着密切联系的胸骨肌（muscllus sternalis，亦称 sternalis brutorum）的出现，在六百多个检验过的人体里，约占百分之三。他又补充说，这条肌肉提供了"一个出色的例证，证明如下的一句话是对的，就是，间或出现而属于残留性质的种种结构，在布置上是特别不稳定而容易发生变异的。"

有很少数的一些人能抽缩头皮下面的一些肌肉，而这些肌肉正处于变异不定并趋于局部残留的状态。德康多尔先生写信给我，说到这方面的一个奇特的例子，奇就奇在这一特点维持得特别久，那就是说，已经遗传了好几个世代，并且抽缩的能力异常强大。他认识一家人家，其中的一个成员，即这家的家长，在年轻的时候，光是通过头皮的抽动，就能把顶在头上的好几册很笨重的书抛落下来，并且用这技艺来和别人打赌，不止一次赢了赌注。这人的父亲、叔叔（或伯伯）、祖父，和他自己的三个孩子都有这套本领，并且都是同样高强；这个家族有两个支派，是八代以前开始分开的，刚才说到的那个人是其中一支之长，他和另一支的家长是七世的族弟兄关系。这个远房的族弟兄住在法国的另一部分。有一次彼此相遇，刚才说的那一支的家长就问起他是不是也有这分本领，他就立刻表演了一下。这个实例提供了一个良好的证据，说明来源甚远，有可能远到我们的半人半猿的祖先，而到现在早已变得绝对没有用处的一种性能（faculty），在遗传上会表现得何等顽强了。我们说来源悠久，因为今天许多种的猿猴都有这种广泛上下抽动头皮的能力，并且还时常用到它。[27]

用来挥动耳朵的一些身体表面的肌肉，以及用来蠕动不同部分的一些体内肌肉，就人来说，都已进入残留状态，也全都属于肉质膜这一系统，它们在发育上也很变异不定，至少在功能上是如此。就耳朵来说，我曾经看到过一个人会把整个外耳向前挥动，另几个人则会向上伸展，而另一个人则会向后摇晃。[28]而据其中的一个人对我说，我们中间多数的人，只要时常摩弄自己的耳朵，从而把注意力调动到这方面来，再不断的加以尝试，这种抽动的力量就有可能得到几分恢复。就许多动物来说，能够把外耳挺得很直，用它来转向罗盘的任何一方，无疑是极有用处的一种能力，因为只有这样，它们才能发现危险来自何方，而得以及时走避。至于人，在这方面有确凿证据的例子我还一个都没有听到过，尽管这种能力对他来说也未尝没有几分用处。整个的外耳壳不妨作为一个残留看待，其间所包括的一些折叠和隆起（耳轮与对耳轮，耳屏与对耳屏，等等），在低于人的动物，是用来加强和支撑挺直时的耳朵的，同时对耳朵也不增加太多的分量。但有些著作家认为，外耳的软骨是用来把声波的颤动传达给听觉神经的；但托因比先生，[29]在把这方面所已知的证据收集在一起之后，得出结论，认为外耳并没有说得清楚的用途。黑猩猩（chimpanzee）和猩猩（orang）的耳朵和人的耳朵相像得出奇，它们耳朵上的一些正常肌肉也是发育得很差的。[30]动物园的管理人员也确凿地向我谈到，这些猿类的耳朵从来不会动，也不会竖起来，由此可知，至少就功能而论，它们也是处于一种残留状态，完全与人的耳朵一样。这些动物，以及人的老祖先，为什么会把竖起耳朵的本领丢掉，我们说不上来。也许是这样：由于它们有树居的习惯，力气又大，它们所要应付的危险局面并不多，因此，在很长的时期以内，它们挥动耳朵的机会太少了，不用则退，于是就把这方面的能力丢失了。但对这一看法，我是不满意的。因为果真如此，那就等于说，许多身材高，体重大的海鸟，由于居住在远洋岛屿之上，受不到猛兽的袭击，因而终于把用翅膀来飞行的本领都丢失了。事例虽然不同，道理是一样的。但人和若干猿种不能挥动耳朵这一笔损失是部分得到了补偿的，就是，由于整个头部能在横面上左右转动，他们还是可以收听各个方面发来的声响。有人指出，只有人的耳朵才有个小叶，即有个耳垂，但"在大猩猩（gorilla）的外耳上这只是一个残留"；[31]而据我从普瑞尔教授那里听说，在黑人的外耳上，这片小叶不存在的情况，也不算太少。

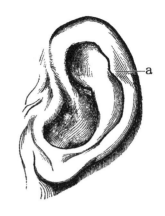

图2　人的外耳，伍尔纳
先生制模并绘图
a. 示突出的钝角。

负有盛名的雕塑家伍尔纳先生向我说到外耳上的一个小小的特点，他在男子和女子耳朵上都时常观察到这一特点，并且充分地看出了它的意义所在。当他为"促狭鬼"（"puck"）① 造像而进行工作的时候，他第一次注意到这个题目，他为"促狭鬼"雕出了一双有尖头的耳朵。由此他就检视各种猿猴的耳朵，更进而尤为仔细的注意到人的耳朵。这特点究竟是什么呢？外耳有向里边卷的一条边缘，即上文所称的耳轮，这特点就是从耳轮向里突出的一个小小的钝角。凡有此特点的人，总是一生出来就已经长好了的，而据 L. 迈耶教授说，有此特点的男子要比女子为多。伍尔纳先生曾就有此特点的一个例子塑成一个逼真的模型，又绘制成图，赠送给我，即附图（图2）。这特点或钝角不但向里突出而对着耳朵的中心，并且也往往从它自己的平面略微向外转侧，因此，无论我们对面正视有此特点的人，或从背后看这人，都可以看到它。在大小上它是有变异的，即因人而有些不同，部位也似乎不完全一样，可以高一些，或低一些，在有的例子里，

---

① Thomas Woolner, 1825～1892，达尔文并时人："促狭鬼"是一具小雕像，鬼蹲在一支菌上，正在用足趾挑醒一只睡眠中的青蛙，这是当时英国人所熟悉的一件艺术作品，所以达尔文没有作出更为详细的说明。

一只耳朵有，而另一只没有。表现这特点的也不限于人，在我们的动物园里，我就在一种蛛猴（spider-monkey），毛蛛猴（乙103）的耳朵上观察到这一情形；而兰克斯特先生告诉我，在德国汉堡的动物园里，有一只黑猩猩也有这情形，那就是又一个例子了。耳轮显然是由向里卷的耳朵的边缘构成的，而这一番卷折看来和整个外耳受到向后压抑的经久的趋势总有某些联系，就许多种在本目里地位并不高的猴类、如各种狒狒和几种猕猴来说，[32]耳朵的上部是有些尖的，耳边则全无向里卷折的迹象，但若这部分的耳边真要向里卷折的话，在卷边之上，势必会有一个小小的尖端，或钝角，一面指向耳朵的中心，而一面也可能略略超出耳朵的平面之上，并且有些向外。依我看来，这个特点，就许多例子说，就是这样来的了。但也有不同的意见：迈耶教授，在不久以前发表的写得很聪明的一篇论文里，[33]主张整个问题不过是一个变异性的问题，认为那尖端或钝角并不是一个真正的突出，而是由于皮下的软骨发育得不完整，恰恰在尖端所在之点的上下两边有些缺陷，于是造成了尖端的假相。就许多例子说，我很有心理准备来承认这未尝不是正确的解释，即如在迈耶教授文中所绘出的一些例子里，有的表现着不止一个小尖端，有的则整个耳边呈波折状。由于唐恩博士惠予的方便，我自己也看到过一个头小型白痴（microcephalous idiot），其耳朵上的尖角是在耳轮之外，而不在向里卷折的边缘之上，由此可知，这种尖端就未必和原先的耳朵的尖端有什么关系了。尽管如此，就另外一些例子来说，我认为我原先的看法，即，这尖端或钝角是早期直竖而尖长的耳朵的顶尖的残存，似乎还是接近事实而站得住的。我所以这样想的根据是，一则这方面的例子实在不少，经常可以碰到，再则这特点的部位和原先尖耳朵的尖顶的部位，一般说来，总是相符的。在我所看到的有一个例子，而这是有一幅别人赠给的相片为证的，这尖端或钝角特别发达，如果按照迈耶教授的看法，认为完整的耳朵边缘需要有完整的软骨发育来做支撑的话，那么，在这个例子里，软骨的发育就得占有并掩盖外耳的全部面积的三分之一，而事实并不如此，尖端尽管大，支撑的软骨却并不一般大。有人用通信方法寄给我两个例子，一个是北美洲的，一个是英格兰的，在这两个例子里，外耳上部的边缘完全不向里卷折，而是平直的，而平直之中却也有一个尖端或向上指的钝角，所以，在轮廓上，看上去就和一只寻常的四足类动物的直长而有顶尖的耳朵很相像。这两个例子中，一个是个幼年的孩子，它的父亲把它的耳朵和我所提供的[34]一幅插图中所示的一种猿猴，黑犬猿（乙 322）的耳朵，两相比较以后，写信对我说，两者在轮廓上确实是十分相像。如果，在这两个例子里，耳朵的边缘，像正常的情况那样，也向里卷折的话，则向上的这个突出的尖端势必转而向里了。我不妨再补充另外两个例子，在这两个例子里，耳朵在轮廓上照样有一个向上的相当钝的尖角，而外耳上部的边缘则已正常的向里卷折——尽管其中一例的卷折还不厉害，只是窄窄的一条而已。下面的木刻图（图 3）是根据尼茨博士所惠赠的一帧猩猩胎儿的照相精确复制而成的，从这里我们可以看到，在胚胎期之内的带有尖端的耳朵的轮廓和成年的形态有着何等的不同了。一般说来，猩猩耳朵的成年形态是和人的耳朵十分近似的。根据这木刻看来，除非在进一步的发育中发生巨大的变化，这样一只边上带尖角的耳朵逐渐向里面卷折的结果，便势必会导致产生一个向里突出的尖端或钝角。总起来说，尽管有不同的意见，我还是认为，这个尖端，在有些例子里，人的也罢，猿类的也罢，似乎都有可能是一种早先的状态的遗迹。①

眼睛里的瞬膜（nictitating membrane），亦称第三眼睑，加上它的一些附属肌肉和其他结构，在鸟类是特别发达的，而由于可以很快地把它拉开，遮住整个眼球，它显然对鸟类有着很重要的功用。在有些爬行类和两栖类，以及某些鱼类里，例如几种鲨鱼，我们也可以找到这个结构。在哺乳动物中间，在两个较低的部门里，即在单孔类（乙 629）和有袋类（乙 600），它也相当发达，而在少数几种高等的哺乳动物，如海象（walrus），

---

① 这突出之钝角后来即取得了"达尔文结节"（Darwin's tuberclc）之名。这是别人叫出来的，达尔文著书时似已通行，不过达尔文自己大概是由于谦逊，觉得不便引用罢了。当时德国自然学界称之为"Darwinische Spitzohr"，可译作"达尔文耳尖角"，参看本章原注 33。

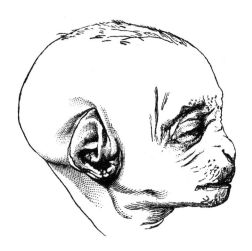

图3　一只猩猩的胎儿的头
据一幅照片精摹而成，示早在胚胎期以内的
耳朵的形态

也是如此。至于人、各种四手类动物，以及大多数其他哺乳动物，则所有的解剖学家全都承认，它只是以一种残留的形态出现，即所谓的半月折（Semilunar fold）。[35]

嗅觉，对更大数量的哺乳动物来说，有着比视觉更大的重要性——对有些动物，例如反刍类，它可以警戒它们及时躲避危险；对另一些动物，例如食肉类，可以用于寻找所要捕食的动物；而对又一些动物，例如野猪，则兼备上面所说的趋利避害两种作用。就人来说，皮肤颜色比较深暗的一些种族，嗅觉比肤色白皙而文明的一些种族要发达得多，[36]但即使在前者，嗅觉的用处，如果有一点的话，也是微不足道的。它既不能提出警告，使人避开危险，也不能把人导向食物所在的地方，也没有能教爱斯基摩人不在最臭恶的空气里睡觉，也没有能教许多野蛮人不吃半已腐烂的肉。据一位本人嗅觉很发达、对这题目又作过研究的著名博物学家告诉我，在欧洲人中间，嗅觉的强弱在不同的人身上差异是很大的。凡是相信渐进的演化原理的人都不会轻易承认，人身上目前所存在的那种嗅觉，究其由来，是由现存的人自己取得的。不是这样；那不是他自己取得的，而是从早期的某一个祖先那里遗传而来的，并且获得的只是一种减弱而残留的状态，而对当初的远祖来说，这种能力原是大有用处，并且不断地被用来为他自己服务的。嗅觉高度发达的那些动物，如狗和马，对人、对地点的记忆辨认是同有关的人和地所散发的气味有着强烈而不可分的联系的。而因此我们也许可以理解，为什么，真有像莫兹利博士肯定地说过的那样，[37]人的嗅觉，"在生动地追忆早已遗忘了的一些景色和境地的概念和形象的时候，会有奇特的作用。"

人在毛发上跟其他所有灵长类的动物有鲜明的不同，人几乎是赤裸无毛的。不过也不是完全光秃，男子在身体多半的表面上有着疏疏落落的几根短毛，而在女子身上则有很细密的茸毛。毛发的情形因种族而大有不同；在同一种族的个人与个人之间，差异的程度也很高，在分量的多少上如此，在分布的部位上也如此。例如，有些欧罗巴人，肩膀是很光秃的，而另一些，则浓密得成撮成丛。[38]可以认为无疑的是，这样分得很散的体毛状态是低于人的动物的那个通体有毛而分布得很均匀的状态的残留。我们知道，四肢和人体其他部分的又细又短而颜色浅淡的毛，有时候会"由于靠近发炎过久的一带皮肤的关系以致营养失常"，而变得发达起来，"成为又浓又长而又粗糙的大量黑毛。"[39]这一类的事实使上面所说的残留之说越发见得合乎事理了。

佩吉特爵士告诉我，有这样的事情：一家之中，往往有好几个成员在眉毛里长出几根比眉毛要长得多的毛来。由此可知，即便这样一个细微的特点，似乎也可以遗传。而这些眉中长毛似乎也并不孤立，而在别方面有其代表，例如，在黑猩猩和某几种的猕猴（乙581），眼眶上方的光皮肤上也有一些分散而相当长的毛，可以和我们的眉毛相应，有几种狒狒（乙311），眉梁上是满盖着毛的，而从这里面也总有几根特长的毛挺拔出来，和上面所说的情况一样。

人类的胎儿，长到第六个月时，会长出一身又细又密的羊毛般的所谓"初生毛"或"胎毛"（lanugo）来，这种毛所提供的情况就更为奇特了。在第五个月里，胎毛在眉毛的部位上，在脸上，尤其在嘴的周围，首先发育出来，而在嘴边的长得很长，比同时的头顶上的毛要长得多。埃舍里希特[40]观察到一个上唇长着这种髭毛的女胎儿。这事初看像是很奇怪，其实不然，因为在早期的生长过程里，两性在一切外表的特征上，除非有什么特殊的情况，一般总是彼此相像的。胎儿身上各部分的胎毛的走向和安排和成年人的毛一样的，不过它们的变异性很大。胎毛密密的长满了全身，连额上和耳朵上都不免。但值得深思的一个事实是，两只手掌和两只脚底却是很光秃的，而这一点又和大多数低于人的哺乳动物的四肢肢端表面的情况是一样的。这大概决不是一个偶然的巧合，既然不是，则可知胎儿的一身软绵绵的羊毛般的装束也许就代表着生下来就有毛的那些哺乳动物的第一套永久性的毛衣了。文献上记录着三四个生下来全身和满脸都长满了氄氄的细长毛的人的例子，而这一奇异的情况有强烈的遗传倾向，同时又和牙齿的一种畸形状态相关连。[41]勃兰特教授告诉我，他曾经把有此特点的一个人的脸上的毛取下来和胎儿的胎毛相比，发现彼此在构造上是很相同的；胎儿是没有生出来的，而这人已三十五岁了，因此，他说，这个例子不妨归因于体毛的发育中止和继续生长。有一个儿童医院的外科医师肯定的对我谈到，许多经常瘦弱的儿童背上长满了相当长的细丝一般的毛；这一类的例子大概也得归纳到这个题目之内。

在文明比较发达的一些人种里，看来尽头的那几只臼齿，或称智齿，长期以来，已趋向于变成一种残留。这些臼齿似乎总要比其他的臼齿小一些，在人如此，在黑猩猩和猩猩也是如此，每只智齿也只有两个分得出来的根。大约一个人要到十六岁的时候，它们才穿破龈肉而出，而有人肯定地告诉我，它们也容易腐蚀，比其他牙齿容易得多，也比它们掉落得早；但有些著名的牙科医师是不承认这一点的。它们也比别的牙齿更加容易发生变异，在结构上如此，在发育的时期上也是这样。[42]但在另一方面，在黑皮肤的一些种族里，智齿通常具有三个分得开的牙根，而一般是正常无病的，它们也和其他的臼齿在大小上有些差别，但差别的程度比高加索诸种族的为小。[43]沙夫豪森教授对这一点种族之间的差别作过一个解释，他指出，在文明的种族中间，"颚骨后面长牙齿的部分总是比较短窄"，[44]而颚骨后部之所以短窄，依我的愚见，可能是由于文明人习惯于吃软的和煮熟的东西，而使劲用牙床的机会减少了的缘故。勃瑞斯先生告诉我，在美国，越来越通行而相习成风的一种做法是把儿童的某几只臼齿预先拔掉，因为牙床都长得不够大，不能应付正常数目的臼齿的完整发展。[45]

关于消化道，我所接触到的有关叙述只限于一种残留，就是盲肠的阑尾。盲肠是肠的分枝，是一头不通的死胡同，在低于人的许多草食的哺乳动物身上是很长很长的。在考拉（Koala），它的长度确乎是达到身长的三倍以上。[46]在有些动物身上，它不但延伸得很长，并且越到后面越是尖削，而有的则一路有些收缩之处，像是分了几节的样子；由于食物或其他生活习惯的改变，在各种不同的动物里，盲肠像是变得短了许多，那缩短了的部分保存了下来，作为一种残留，就是所谓的阑尾了。我们说这阑尾是个残留，这当然是推论得来的。推论的根据，一是它的体积小，二是卡奈斯特里尼教授就人的阑尾的变异性所收集的种种例证。[47]由于变异性大，间或有人几乎不长这个阑尾，也间或有人长得很大。阑尾中间的管道，通塞也各有不同，有的只通一半，甚或只通全长的三分之一，末梢成为扁扁的、实心的那么一片。在猩猩，这阑尾是长而打转的，在人，它却很短，从短短的盲肠的尽处伸出来；一般有四英寸到五英寸长，直径大约只有一英寸的三分之一。它不但没有用处，并且有时候可以成为致命的原因，不久以前我就听说过两个这样的例子：由于小而硬的东西，如带壳的种籽之类，掉进了管道，引起了发炎。[48]

在有几种较低等的四手类动物（乙816）、在各种狐猴（乙542）和肉食类动物，以及许多种有袋类动物，肱骨靠近下端有个小孔和过道，称为髁上孔（supra-condyloid foramen），上肢或前肢的主要神经就从这里穿过，而大动脉往往也走这个过道。如今在人的肱骨上一般也还可以找到这小孔和过道的痕迹，并且有时候还相当发达，其所由构成的部分包括一个下垂的钩状骨质隆起和一根韧带。斯特茹瑟斯医师[49]一向密切注意这个题目，他新近指出，这个特点有时候是可以遗传的，因为在有一个例子里，父亲和七个子女中的至少四个，都表现有此特点。在有这特点的例子里，上肢的大神经一定从它里面穿过，没有例外，而这就表明它是低于人的动物的髁上孔的一个同源结构，也即是一个残留的结构了。特纳博士作过估计，据他告诉我，在所看到的近时人的骨骼里，有着这种残留的例子大约占百分之一。但如果认为这个残留结构在人身上的偶一出现是一个返祖遗传的现象，而看来大概是这个现象，这就倒退得很远而回到很古的一套了，因为在比较高等的四手类动物里，它是不存在的。

在人的肱骨上间或还发见另一个小孔，不妨叫做髁间孔（inter-condyloid foramen)。这在各种不同的类人猿及其他猿类身上也有，但也并不是普遍的；[50]在许多低于人的其他动物也有同样现象。值得注意的一点是，古代人有此小孔的频数似乎比近代人要高得多。巴斯克先生[51]曾经把这方面的证据收集在一起，略如下述：布罗卡教授"在巴黎'南郊公墓'所收罗在一起的骨殖里，看到百分之四点五的膊骨上有这个小孔；而其埋藏的内容远溯到青铜器时代的'奥罗威窟穴'①（Grotto of Orrony），所提供的三十二根肱骨中，有此小孔的多到八根，但布罗卡教授认为，这个大大高出于寻常的比例可能是由于这个洞窟原是一种'族墓'，所埋葬的大都是血缘相近的人的缘故。再如，杜邦先生在莱塞河（Lesse，在比利时——译者）岸的洞穴里发现这小孔的比例是百分之三十，而这些是属于驯鹿时代的；而勒盖先生在阿让多伊（Argenteuil，法国北部市镇，近巴黎——译者）的一种'自然巨石架构'（dolmen）周围所观察到的这种小孔占百分之二十五；而卜吕奈尔贝先生从沃雷阿尔（Vauréal，未详，应是法国地名——译者）掘出的骨殖里所找到的是百分之二十六。我们也不应该不理会，卜吕奈尔贝先生也曾说过，在古安歇人（Guanche)②的骨骼里，这一情形是不稀奇的。"古代的族类，在这里和其他若干例子里，所表现的一些结构，常常要比近代的族类更为接近于低于人的动物的一些相应的结构，这也是一件有趣的事实。这里面的一个主要原因似乎是，古代的族类，在长长的世代传递的过程中，总要比近代人更加靠拢荒远而接近于兽类的老祖先。

在人，尾骨（os coccyx），以及下面还要叙到的另外几节脊椎，虽不再发挥什么尾巴的作用，却清清楚楚代表着其他脊椎动物的尾巴的部分。在胚胎发育的初期，这一部分原是自由地伸展在身体下端之外的，恰如我们在人的胚胎图（图 1）上所看到的那样。我们知道，即使在出生之后，

---

① "奥罗威窟穴"，洞穴名，在法国。查 Orrony 应作 Orrouy，原文拼法误。
② 古安歇人，非洲西北加那利群岛（Canary Islands）的古代居民，为西班牙殖民者所征服，久已灭绝，族源关系与今北非的柏柏尔人（Berbers）为近。

在某些极少数异常的例子里，[52]它构成一根露在体外的尾巴的残留。正常的尾骨是不长的，寻常由四节脊椎构成，虽是四节，却是胶着在一起的。而这些脊椎也已进入残留的状态，因为，除了最底下的一节而外，其余都只剩下一个光光的椎体（centrum）。[53]它们也配备有几条小肌肉；据特纳教授告诉我，其中的一条是泰伊勒①曾经把它作为伸肌（extensor）的一个残留性的再现而特地加以描述过的。而这条伸肌，在许多哺乳动物是很发达的。

　　在人，脊髓或脊神经索只向下伸展到脊柱的最后一个背脊椎或第一个腰脊椎，但自此以下还有一段线状组织，即所谓的脊髓终丝（filum terminale），继续循着脊柱管道的骶骨部分的轴线下行，甚至走上诸尾骨的另一面。这条脊髓终丝的上部，据特纳教授告诉我，和脊髓无疑是同源的，不过它的下部却显然只是由软脑脊膜（plamater）或布满着血管的薄膜所构成，没有别的东西。尽管这样，即使下降至尾骨，我们也还可以说它仍具备着脊髓这样一种重要的结构，哪怕它只是脊髓的一点点残迹，也哪怕它已经是暴露在外，而不再包藏在一段骨质的管道之内。下面这一件也是承特纳教授惠予提供的事实，说明人的尾骨和低等动物的真正尾巴，彼此的相应关系是何等的密切：路希卡不久以前曾经在人的诸尾骨的尽头发现一个奇特的结构，这结构作回旋状卷曲，并与骶中动脉相连，而这一发现又曾诱使克劳斯和迈耶进而把猴子（猕猴）和猫的尾巴检验一番，结果，他们在这两种动物身上都找出了这个回旋状的物体，所不同的只是不在尾骨的尽头罢了。

　　生殖系统也提供了若干不同的残留结构，但这些和上面所列举的例子比起来，有一个重要的不同之点。在上面的例子里，我们所注意的是对有关的物种现在已经不发生效用的某一身体部门的残迹，而在这里，我们所注意的是，一样是身体的某一个部门，在一性的身上只剩下一个残留，而在另一性身上，却发展得很正常而有其效用。尽管如此，如果我们相信物

───────────────

①　19世纪初叶德国著名的解剖学家。原书索引未列，今已补入"译名对照表"。

种在当初是逐个创造出来的话，要解释这一类残留的发生就和解释上文的种种残留同样的困难。不过我在下文还要回到这些残留上来，到那时候我将指出，残留之所以存在，一般要凭借遗传，那就是说，凭借一性所取得的一些部分或结构，通过遗传，被局部的、或在较差的程度上，分移到了另一性身上。在这里，我准备只列举几个这方面的残留的例子。谁都知道，在一切哺乳动物的雄性，包括人在内，都存在有乳房的残留。在若干例子里，这种雄性的乳房居然变得很发达，并且流出丰富的乳汁来。两性的乳房基本上是相同的这一点从另一方面也可以得到证明，就是，在受到麻疹侵袭的时候，两性的乳房有时候都会发生交感性的膨胀现象。在许多种哺乳类的雄性动物身上都曾经观察到的摄护囊或前列腺（vesicula prostatica），如今已普遍认为相当于雌性动物的子宫，彼此所连属的管道也是一样。洛伊卡特曾对此腺体作出一番练达的叙述，并提出理论上的看法，我们读到之后，要想不承认他的结论，是不可能的。就某些哺乳动物来说，这一点尤其清楚，因为，在这些动物里，雌性的子宫的一头是两分而作丫叉形的，而雄性的前列腺也是这样。[54] 属于生殖系统的残留结构不止于此，其他的还有一些，但不在这里一一列举了。[55]

上文叙述的三大类事实所要阐明的意义是清楚而不可能引起误解的。但若把我在《物种起源》一书里的一系列逐步深入的论点详细的重复一遍，那就是多余的了。属于同一个纲的各个成员，在整个体架上有着同源构造的这一事实，除非我们承认它们是从一个共同的始祖传下来，而后来又因适应各种不同的环境条件而各自起过一些变化，否则是无法理解的。根据任何别的看法，人或猿猴的手、马的脚、海豹的足鳍、蝙蝠的翅膀等之间的所以在格式（pattern）上彼此相像则是绝对无法解释的。[56] 说它们的形成是全都根据同一个出于主观意念的设计，那是一个不科学的解释。至于发育这一方面，我们根据在胚胎期中变异发生得相当晚的原理，再根据这种变异会在相应的年龄期中遗传的道理，就不难清楚地理解，为什么差距远得出奇的各种动物形态的胚胎会在多少不等的完整程度上，把它们共同的远祖的结构一直保持了下来。人、狗、海豹、蝙蝠、爬行动物等的胚胎，在发育的初期里，是几乎无法辨别的；对这样一个奇迹般的事实，从来没有人提出过任何其他的解释。为了理解各种残留器官之所以存在，我们只要设想，某一个早期的远祖原先就具备这些器官，而且在结构与功能上都十分完整，但后来，在改变了的生活习惯之下，由于单纯的废而不用，或通过自然选择对于最不受这些到此已经成为多余的器官或结构所连累的那些个体所进行的挑选，再加上上文所已指出的一些其他的方式，它们才变得大大的缩减了。

这样我们就可以懂得，为什么人和其他一切脊椎动物的构造会按照同样的一个总的模式，其间经过一个什么样的过程，为什么它们会经过一些同样的早期发育阶段，又为什么它们会共同地保持某一些残留的器官或附件。因此，我们应该坦率地承认，人和其他动物是来自一个共同的祖系的；不承认这个，而采取任何其他的看法，就等于承认，我们自己的身体结构，以及围绕着我们的其他动物的身体结构，只是一个陷阱，是一个用来把我们的判断能力坑在里面的陷阱。如果我们再进而纵观一下，让我们看看整个动物界里的所有成员，考虑到它们之间的亲疏关系或分门别类的关系所提供的各种证据，考虑到它们在地理上的分布和在地层间的承接，刚才所说的这个结论就大大的加强了。不是别的，而只是我们习惯成了自然的偏见，我们的自高自大，使我们历代的祖辈宣称他们是从半神半人的东西传下来的，而这又使我们对这个结论裹足不前，甚至提出异议。不过我相信，这样的一天不久就会来到，到那时候，如果对人和其他哺乳动物的比较结构和比较发育原是很熟悉的一些博物学家还会相信人和这些动物是逐个创造出来的话，相信有多少物种，便得有多少次分别的创造活动的话，那在人们心目中才将是一件莫大的奇事。

原　注：

[1] 见所著《人的大脑在结构上的回旋折叠》（Grosshirnwindungen des Menschen），1868 年，96 页。这位著作家、以及 Gratiolet 和 Aeby 关于脑神经的一些结论，将

由赫胥黎（Huxley）教授在本书《序言》中所提到的《附录》里加以讨论。

[2] 见 M. Dally，《灵长目与演变论》（L'Ordre des Primates et le Transformisme），1868 年，29 页，引 Vulpian，《生理学演讲集》（Leç. sur la Phys.），1866 年，890 页。

[3] Dr. W. Lauder Lindsay 曾两次比较详细的处理过这个题目，一次在《心理科学刊》（丙 82），1871 年 7 月，又一次，更早，在《爱丁堡兽医学评论》（丙 54），1858 年 7 月。

[4] 一位评介家［《不列颠评论季刊》（丙 37），1871 年 10 月 1 日，472 页］曾就我在这里所说的话提出批评，态度很严厉，也很轻蔑；但我在我的话里既然并没有用"雷同"、"一致"这类的字样，我还是看不出来我究竟大错特错在什么地方。在两种不同的动物身上，同一种病菌感染，或传染，产生着同样的效果，或十分相似的效果，而对这两种动物身上所取出的液体点以同一化学试剂所引起的反应结果又是一样，或很相近似——既有这种情况，我就认为，这两种不同的动物之间存在着一些扎扎实实的可以类比之处。

[5] 见所著《巴拉圭哺乳动物自然史》（Naturgesch der Säugethiere von Paraguay），1830 年，50 页。

[6] 在进化阶梯上地位比猴子低得多的一些动物对这些刺激物也有共同的爱好。Mr. A. Nicols 告诉我，他在澳洲昆士兰（Queensland，澳大利亚东北隅的一个州——译者注）时，饲养过三只袋熊；他说他根本没有教过它们抽烟喝酒，而它们自己学到了对红酒和吸烟的强烈的嗜好。

[7] 见 Brehm，《动物生活图说》（Thierleben），第一卷，1864 年，75 页、86 页。关于正文中下面的蛛猴，见同书，105 页。尚有其他可以比类而观的记录，见 25 页，107 页。

[8] 见 Dr. W. Lauder Lindsay 文，载《爱丁堡兽医学评论》，1858 年 7 月，13 页。

[9] 关于昆虫，见 Dr. Laycock 文，《关于生命力的周期性的一条一般的法则》（On a General Law of Vital Periodicity），载《不列颠科学促进协会》会刊（丙 35），1842 年卷。又见 Dr. Macculloch 文，载《西氏北美科学杂志》（丙 133），第十七卷，305 页，文中叙述了作者所看到的一条患隔日疟的狗的例子。下文我还将回到这个题目，续有讨论。

[10] 关于这方面的证据，我在我的《家养动植物的变异》，第二卷，15 页上已经举过了。实际上可举而不必尽举的例证是很多的。

[11] 长期在动物园里从事兽医工作，对动物具有可靠而又敏锐的观察力的 Mr. Youatt，曾经很为肯定地向我证明：各种四手类动物的公兽，无疑地都能将女人，首先是根据她们的气味，然后是根据她们的外貌，与男人区别开来；这个动物园里的看守人和其他一些工作人员，也曾向我坐实过这一点。Andrew Smith 爵士和 Brehm 观察到狒狒就有这种能力。大名鼎鼎的居维叶（Cuvier）也讲到过许多类似的事情。可以说，在他遇到过的这类事情中，最不堪入目的莫过于人与四手类动物之间表现出来的此类牵连。因为他曾讲到，有一只狒狒，在看到几个女人的时候，十足地表现出某种狂躁的情欲；然而，并非所有的女人都可以刺激它发生这么强烈的欲望。它总是看中一些年轻的女人，从人群中把她们识别出来，对着她们作出种种丑态，连喊带叫地招引她们。

[12] 这话是 Geoffroy Saint-Hilaire 和居维叶就狒狒（乙 311）和几种类人猿说的，见二人合著的《哺乳类动物自然史》（Hist. Nat. des Mammifères），第一卷，1824 年。

[13] 见赫胥黎，《人在自然界的地位》（Man's Place in Nature），1863 年，34 页。

[14] 上注引书，67 页。

[15] 人的胚胎图（上幅）系来自 Ecker，《生理图解》（Icones Phys.），1851～1859 年间陆续出版，图解片第三十，图 2。这胚胎原长十英分（一英分为一英寸的十二分之一——译者），所以图中所示是放大了很多的。关于狗胚胎的一幅（下幅）则来自 Bischoff，《犬卵发育史》（Entwicklungsgeschichte des Hunde-Eies），1845 年，图片第十一，图 42，B。这图比原物放大了五倍，所示为受精后第二十五天的狗胎。狗胎图中的脏腑部分省略未绘，而两图中有关和母体子宫联接的一些东西如脐带之类也概从删节。关于此事，赫胥黎教授给了我启发；他的著作《人在自然界的地位》打动了我，使我决意把这两幅图附载在这里。海克尔所著的《创生史》（Schöpfungsgeschichte）中，也附有相类似的插图。

[16] 见 Prof. Wyman 文，载《美国科学院院刊》（丙 111），第四卷，1860 年，17 页。

[17] 见欧文（Owen），《脊椎动物解剖学》（Anatomy of Vertebrates），第一卷，533 页。

[18] 同上注 1 中引书，95 页。

[19] 同上注 17 中引书，第二卷，553 页。

[20] 见所著文，载《波士顿自然史学会纪事刊》（丙 113），1863 年，第九卷（按卷数应列年份前，此疑倒误——译者），185 页。

[21]《人在自然界的地位》，65 页。

[22] 在我读到 G. Canestrini 的重要论文《人所属的科目和他在演进过程中所表现的一些残留性的特征》（Caratteri rudimentali in ordine all'origine del uomo，载摩德纳《自然学人协会年报》，1867 年卷，81 页）之前，我已经写出了本章的初稿，读了之后，乃得加以订补，为此应当表示我的谢意。关于这个题目，海克尔（Häckel）也曾作过一番通盘的讨论，并且讨论得卓有见地；全部讨论以"反目的论"（Dysteleology）为题，见其所著《普通形态学》（Generelle Morphologie）和《创生史》（Schöpfungsgeschichte）两书中。

[23] 在这题目上，Messrs. Murie 和 Mivart 曾经提出过一些好的批评，见所著文，载《动物学会会报》（丙 151），1869 年，第七卷，92 页。

[24] 见《家养动植物的变异》，第二卷，317 页与 337 页。亦见《物种起源》；第五版，535 页。

[25] 例如 M. Richard［法文《自然科学纪事刊》（丙 9），第三组，动物学之部，第十八卷，1852 年，13 页］叙述并画出了他所称的"手上的脚肌"，他说这条肌肉有时候"非常之小"。另一条被称为"后胫肌"的肌肉一般在手上是不存在的，但间或也出现，或多或少是个残留状态。

[26] Prof. W. Turner 文，载《爱丁堡皇家学会会刊》（丙 121），1866～1867 年卷，65 页。

[27] 见我所著《人与动物的情感表达》，1872 年，144 页。

[28] 见 Canestrini 引 Hyrtl 的话（载上注 22 中所引文、刊物、卷，97 页），意思和我在这里所说的相同。

[29] 见皇家学会会员 J. Toynbee 著《耳病总论》（The Diseases of the Ear），1860 年，12 页。一位名望很大的生理学家 Prof. Preyer 告诉我，他最近曾就外耳的功用进行过一些实验，所得的结论几乎和这里所说的完全一样。

[30] 见 Prof. A. Macalister 文，载《自然史纪事与杂志》（丙 10），第七卷，1871 年，342 页。

[31] 见 Mr. St. George Mivart，《初级解剖学》（Elementary Anatomy），1873 年，396 页。

[32] 关于这一点，也可以参看 Messrs. Murie 和 Mivart 在其合著的出色论文（《动物学会会报》，第七卷，1869 年，6 页与 90 页）中关于狐猴类（乙 545）的耳朵的

一些话和几幅插图。

[33] 《关于"达尔文耳尖角"》(Ueber das Darwin'sche Spitzohr),载《病理学、解剖学、与生理学文库》(丙 25),1871 年卷,485 页。

[34] 见《人与动物的情感表达》,136 页。

[35] 见 Müller, J.,《生理学要义》(Elements of Physiology),英译本,1842 年,第二卷,1117 页,又欧文,《脊椎动物解剖学》(Anatomy of Vertebrates),第三卷,260 页;关于海象,见同著者文,载《动物学会会刊》(丙 122),1854 年 11 月 8 日。又参看 R. Knox,《大艺术家和大解剖学家》(Great Artists and Anatomists),106 页。这一残留,在黑人和澳大利亚土著居民身上,似乎要比欧罗巴人略为大一些,见 Carl Vogt,《关于人的演讲集》(Lectures on Man),英译本,129 页。

[36] 洪堡(Humboldt)所提供的关于南美洲土著居民的嗅觉能力之强的记录是很多人所熟悉的,并且已经得到别的著作家的进一步证实。M. Houzeau(文载《心理能力……研究丛书》(Études sur les Facultés Mentales, &c.),第一卷,1872 年,91 页)说,他做过好几次实验,足以证明黑人和印第安人能在黑暗中通过对臭气的觉察来辨认人。Dr. W. Ogle 曾就嗅觉能力和嗅官部分的黏膜中的有色物质,以及皮肤中色素之间的联系作过一些奇特的观察,因为这些,我才在正文中作此提法,即,皮肤颜色深暗的族类所具有的嗅觉要比皮肤白皙的族类更为细致敏锐。Dr. W. Ogle 的观察,见所著文,载伦敦《医学与外科学报》(丙 93),第五十二卷,1870 年,276 页。

[37] 见所著《人心的生理学与病理学》(The Physiology and Pathology of Mind),第二版,1868 年,134 页。

[38] 见 Eschricht,《关于人体上的毛发的趋势》(Ueber die Richtung der Haare am menschlichen Körper),载《缪氏解剖学与生理学文库》(丙 98),1837 年卷,47 页。这篇论文很有奇特之处,我在下文将有必要再三的参考到它。

[39] 见 Paget,《外科病理学演讲集》(Lectures on Surgical Pathology),1853 年,第一卷,71 页。

[40] Eschricht,同上注 38 引书,40 页、47 页。

[41] 见我所著《家养动植物的变异》,第二卷,327 页。Prof. Alex. Brandt 新近寄给我关于另一个例子的资料,是父子两个,都出生在俄国,都有这个特点。我又从巴黎收到这父子两人的画像。

［42］见 Dr. C. Carter Blake 文［载《人类学评论》（丙 21），1867 年 7 月，299 页］中引 Dr. Webb《人和类人猿的牙齿》(Teeth in Man and the Anthropoid Apes) 中的话。

［43］见欧文，《脊椎动物解剖学》，第三卷，320 页、321 页、325 页。

［44］见所著文，《关于颅骨的原始形态》(On the Primitive Form of the Skull)，英译本，载《人类学评论》（丙 21），1868 年 10 月，426 页。

［45］Prof. Montegazza 从意大利佛罗伦萨写信给我，说，他最近一直在研究不同族类人的牙床尽头的智齿的问题，并且已达成结论，而这结论和我在文中所提出的相同，就是在高等或文明的族类里，它们已经踏上萎缩和被淘汰的道路。

［46］欧文，《脊椎动物解剖学》，第三卷，416 页、434 页、441 页。

［47］同上注 22 中所引文，94 页。

［48］参看 M. C. Martins 文，《有机的统一》(De l'Unité Organique)，载《新旧两世界评论》（丙 128），1862 年 6 月 15 日，16 页。又海克尔，《普通形态学》(Generelle Morphologie)，第二卷，278 页。这两个著作家都说到这一独特的事实，即，这个残留有时候可以引起死亡。

［49］关于这残留的遗传，见 Dr. Struthers 文，载《柳叶刀》（丙 86），1873 年 2 月 15 日，和另一篇重要的论文，同上刊物，1863 年 1 月 24 日，83 页。有人告诉我，Dr. Knox 是解剖学家中第一个把注意引到人身上这个奇特结构的人，见他所著《大艺术家和大解剖学家》，63 页。关于这里所说的骨质隆起，又可参看 Dr. Gruber 文，载法文《圣彼得堡皇家学院公报》（丙 39），第十二卷，1867 年，448 页。

［50］见 Mr. St. George Mivart 文，载《哲学会会报》（丙 149），1867 年卷，310 页。

［51］见所为文《关于直布罗陀地区的几个洞穴》(On the Caves of Gibraltar)，载《国际史前考古学会议第三次大会报告》（丙 146），1869 年，159 页。Prof. Wyman 最近指出，在美国西部和在佛罗里达州古老的坟山里所发掘出来的一些人的骨殖中间，百分之三十一有这个小孔。黑人的肱骨上也往往有这个小孔。

［52］Quatrefages 不久以前把有关这题目的证据收集在一起，见法文《科学之路评论》（丙 127），1867～1868 年卷，625 页。1840 年，Fleischmann 展出了一个带有尾巴的胎儿，这尾巴也是超出体外而不受拘束的，并且在结构上包括一些脊椎和其他附属于脊椎的物体，而这是一个不常有的情况；这一胎儿是在埃朗根（Erlangen，德国南部城市——译者）举行的一次博物学家会议上展出的，因此，它的尾巴得到了在场解剖学家的鉴定性检查；见 Marshall 文，载《荷兰动物学文库》（丙

103），1871 年 12 月。

[53] 欧文，《四肢本质论》(On the Nature of Limbs)，1849 年，114 页。

[54] Leuckart 文，载 Todd's《解剖学大辞典》(Cyclop. of Anat.)，1849～1852 年，第四卷，1415 页。在人，这腺体只长三英寸到六英寸，不过像其他的残留部分一样，它在发展上和其他特征方面都有相当大的变异性。

[55] 关于这题目，参看欧文，《脊椎动物解剖学》，第三卷，675 页、676 页、706 页。

[56] Prof. Bianconi 在新出的一本法文著作里［《达尔文学说和物种各自创生论》(La Théorie Darwinienne et la création dite indépendante)，1874 年］，附有许多有说服力而画得很好的雕版插图，试图证明我在正文中所列举的有关同源结构的例子，乃至其他在这方面的事例，只要用机械的原理，再根据有关结构各自的用途，就可以充分的加以解释。结构总是适应于它的最终用途，此种适应的完美无缺，历来的著作家大都有所指陈，但都没有像他在这本书所指陈的那么清切；而这种适应，依我的愚见，是可以通过自然选择来得到解释的。在讨论蝙蝠的翅膀时，Prof. Bianconi 提出（218 页），在我看来，用 Auguste Comte 的词句来说罢，只是一个形而上学的说法，就是，对"这种动物的哺乳类的本质的保全。"他也讨论到了残留的问题，但只举了很少几个例子，而这些例子也还不是真正的残留，而只是半残留，如猪和牛的不落地的小蹄；而他清楚地指出这些对有关动物来说还是有用的。不幸的是，他没有考虑到：始终埋在牙床里的牛的小牙齿、四足类的雄性动物的乳房、长在像焊住了的翅盖下的某些甲虫的翅膀，乃至各种植物花朵中的雌雄蕊的遗迹，以及其他许多诸如此类的残留。我虽大大的称赏 Prof. Bianconi 的这本著作，却还须指出，单单用适应的原理是无法把各种同源的结构解释开的；大多数博物学家目前所持的信念似乎依然很牢靠，并不因他的主张而有所动摇。

第二章

关于人类是怎样从某种低级类型发展而来的

人类在身心两方面的变异性——遗传——变异性的起因——无论人类或低等动物，变异的法则是一样的——生活条件的直接作用——对身体各部分增强使用和不使用的影响——发育中止——返祖遗传——相关变异——增殖率——对增殖的限制——自然选择——人是世界上最占优势的动物——人体结构的重要性——人所以能变得直立的原因——直立姿势所引起的结构上的改变——犬齿的由大变小——颅骨的加大与其形状的改变——身体光秃无毛——无尾的状态——人没有爪牙以自卫之利

人类今天具有很大的变异性是一件很明显的事，即在同一个种族之内也没有两个个别的人是很相像的。我们可以把数以百万计的面孔比较一下，结果是各自分明，没有全然相同的。在身体各部的大小和比例上，变异多端的现象也是一样的大量。腿的长短便是其中变异最大者之一。[1]尽

管世界某些地区的人以长颅为多，或另一些地区以圆颅为多，在同一地区之内，甚至在同一种族的范围之内，颅形可以有很大的分歧，例如美洲和南澳洲的土著居民——而后者，南澳洲的土著居民，作为一个种族，"在血缘、习俗和语言的纯而不杂的程度上，是不亚于当代的任何其他种族的"——然即便在这样一个与世隔绝而范围狭小的地面如桑维奇群岛①上，情况也未尝不是如此。[2]一位负有盛名的牙科医师肯定地告诉我，人齿的不同与每个人的面目都不相同的情况几乎是一样的。几根主要动脉的走向往往如此的不合常规，致使有人认为，为了供以后的外科手术的参考，不妨把所累积起来的有关一千零四十具尸体的资料进行统计分析，看各种不同走向的动脉各占多少比例。[3]肌肉也是变异得很厉害的；例如特纳教授[4]发现，在五十具尸体上，没有两具其脚上的肌肉是完全相似的；而在其中的若干具里，各种不合常规的歧变则是相当大的。

他还补充说，作出适当活动的能力势必要受到这些歧变的限制而有所变化。J.伍德先生有过不止一批的记录：[5]一批是在三十六个人体上出现了二百九十五处肌肉变异，而另一批，也是三十六人，这方面的变异更多到不少于五百五十八处，而在这两批里，凡属发生在身体两侧而彼此对称的变异还是两件作一件算的哩。在后一批里，三十六例之中，"完全合乎解剖学教科书上所述的标准肌肉系统而一点参差也没有的例子简直是一个也没有。"其中有一例所表现的变态特别多，凡二十五处，都很清楚而不含糊。同是一条肌肉，而变异可以多样：例如麦克利斯特教授[6]仅就手掌中的附掌肌（palmaris accessorious）来说，便描述了不下于二十项很分明的变异。

著名的老解剖学家吴夫坚持说，[7]内脏的变异要比躯壳的各部分为多：在各个不同的人身上，几乎任何一个细微的部分都有着各种很不相同的状态。他甚至还写过一篇专题论文，来讨论如何选取一些内脏作为典型的例子，来说明这一点。他那一番关于合乎美好理想的肝、肺、肾等的话，我

---

① Sandwich Islands，即今美国的夏威夷群岛，位于北太平洋。

们现在听来，就跟讨论怎样的脸孔合乎神圣标准一样可怪。

在心理能力方面，人的变异性和多样性如此之大，即在同一种族之内，已经是习见得令人生厌，更不必论分属于不同种族的人之间的差别了，因此，即便我们在这里只字不提，也不算是个疏漏。其实在低于人的动物中间，情况已经如此。凡有过管理动物园或马戏团之类的经验的人都承认这一事实，而我们一般的人，在所畜养的狗和其他家畜之中，也能清楚地看到这一点。布雷姆特别喜欢说到，他在非洲所养驯的那么多猴子里，每一只都有其特殊的性情和脾气；他谈到其中的一只狒狒（baboon），说它以高度的聪明而特别引人注意。而动物园的管理人员也曾指给我看一只属于新世界①的猴子，说它特别聪明。仑格尔在巴拉圭畜养过与此属于同一个种的猴子，也坚决地认为，它们的各种心理特征是变异多端、不名一格的；他还说，这种变异和分歧一半是由于内在的天性，一半也来自所受到的待遇和训练。[8]

关于遗传这题目，我在别处[9]已经作过足够充分的讨论，在这里几乎用不着再补充什么了。不过应该指出，关于各种特征的遗传，从最微不足道的那些特征到极关重要的那些特征，就人这方面来说，所收集到的事实，要比低于人的任何动物方面为多，尽管在其他动物方面，资料也是够多的，却究不如人这一方面。心理品质的情况也是如此，心理品质的遗传，在我们的狗、马，以及其他家畜身上，是显而易见的。除了特殊的爱好和习性之外，大概的智力、勇怯的程度、坏脾气和好脾气，等等，肯定是遗传的。至于人，我们可以在几乎每一个家族里看到同一类的事实。而通过高尔顿先生的值得称赞的努力，[10]我们现在知道，由种种高度才能之极其复杂的结合而形成的所谓"天才"的东西也有遗传的倾向。而在另一极端，疯癫和各种心理能力的衰退肯定的也会传代，即使说得再肯定些，也不为过分。

---

① 即西半球。

关于变异性形成的原因，无论就什么例子来说，我们都是很无知的。但我们可以看到，无论就人还是低于人的动物来说，这些原因同某一个物种在连续的若干世代之中所处的生活条件有某种关系。家养的动物要比生活在自然状态中的动物变异得多些快些，而这显然是由于它们所处的生活条件或所接触的生活条件在性质上不但有了改变，并且发生了许多新的变化。在这方面，人的各个不同的种族就和养驯了的各种家畜很相像，而就同一族中的个人来说，如果他们居住在一个很广大的地区，像美洲土著居民那样的话，情况也是如此。我们在一些较为文明的国族里看到了生活条件日趋变化繁多的影响，因为属于各个不同社会等级的成员和从事各种不同职业的人所表现的品性（character）差异的幅度比半开化民族的成员要大。不过，后者的差异幅度比较小这一点，往往被人夸大，而就某些例子来说，这种一律性几乎可以说根本不存在。[11]但是，如果我们只看到人所处的种种生活条件，而说他比任何其他动物"因家养而更为驯化得多"，[12]那却是一个错误。有些野蛮的种族，例如澳大利亚的土著居民，比起许多分布范围广泛的物种来，他们所处的环境条件并不见得更为繁变复杂。而另一方面，也是远为重要的一方面则是，人和任何严格受到家养的动物之间有着这样一个差别，就是，人的繁育从来没有长期地受到过选择的控制；属于有计划的选择的固然没有，属于不自觉的选择的也没有。从来没有过一个种族，或一个由多人结合起来的集体，受到过别人的百分之百的控制，使其中的某些个人，由于对他们的主子来说多多少少有些用处而被保存下来，也就是说，受到了不自觉的选择。也从未有过这样的情况，就是，某些男子和女子被有意识地挑选出来而合成配偶，只有一个例外，即举世皆知的普鲁士的榴弹队士兵的那种情况。在这个例子里，料想起来，人是顺从了有计划的选择的法则而办事的。因为有人说到，从这些士兵和他们身材高大的妻子所居住的村子里，培育了不少的高个子出来。又一例外是在古代的斯巴达，在那里也曾进行过某种方式的选择，当时颁行的法律责成一切初生的婴儿要受检查，只有长得完整而壮健的才许保留下来，其余一概抛弃，由它们死去。[13]

如果我们把人的一切种族都看作一单个物种，他的分布实在是广大得可以。但也有些分得开的种族，如美洲的土著居民，即印第安人，和波利尼西亚人（Polynesians），他们的分布也已经是很宽的了。分布广的物种比分布范围狭隘的物种更容易发生变异，这是大家所熟悉的一条法则。因此，人的变异性，与其和家养动物的变异性相比，不如和分布很广的一些物种的变异性相比，大概更加近乎真实。

人和低于人的动物相比，看来不但变异性的发生是由于同样的一般原因，并且身体发生变异的一些部分也是彼此相似得可供类比的。这在戈德隆与夏特尔法宜的手里已经得到足够细致的证明，我在此只须就他们的著作[14]参考一下，就可以了。各种畸形变态，由大而小，小至轻微的变异，在人与低于人的动物之间也都很相似，唯其如此，所以适用同样的分类，适用同样的一套名词，这是 G. 圣迪莱尔早就指出了的。[15]我在《论家养动植物的变异》一书里，也曾试图把有关变异的法则粗略地整理了一下，把它们归纳为如下的几类：——改变了的生活条件所产生的直接与确定的影响，这是同一物种之中的一切个体或几乎是所有个体都有所表现的，并且只要境遇相同，表现得也就大致一样，此其一；对身体的某些部门的经久的连续使用或搁置不用所产生的效应，此其二；同原部分的融合，此其三；重复部分的变异性，此其四；生长的补偿，此其五；不过关于这一法则，我在人身上没有能找到比较好的例证。身体的一部分对另一部分的机械性压力所产生的影响，母体骨盆对婴儿头骨的压力就属于这一类，此其六；发育中止，导致一些部分的减缩或完全抑止，此其七；通过返祖遗传，一些久已不见的特征重新出现，此其八；相关变异，此其九，这也是最后的一类了。所有这几类原因或所谓的法则，既适用于人，也同样适用于低于人的各种动物，而就其中的大多数而言，甚至也适用于植物。在这里，我没有一一加以讨论的必要，[16]但其中有几条是太重要了，不能不在这里加以比较详细的论述。

　　条件的改变所产生的直接与确定的作用。——这是一个最伤脑筋的题目。不能否认，对一切种类的有机体，生活条件的改变会产生一些影响，有时候还是相当大的影响。而未经研讨的初步看法总以为只要时间够长，这种影响的结果都是确定的、无可避免的。但对于这样一个结论，我一直没有能取得清楚肯定的证据。相反，至少就为了适应一些特殊目的或用途而形成的许许多多结构而言，我们倒可以提出一些有效的理由来否定这个结论。无论如何，不容怀疑的是，改变了的生活条件可以引出在分量上几乎是无法计算的波动不定的变异性，使有机体的全部组织在一定程度上变得更富有可塑性。

　　在美国，在最近一次战争①中服兵役的一百多万士兵受到过体格测量，并且记录了他们所从出生和成长的各个州的州名。[17]从这一大堆多得惊人的观察和记录里，我们可以得到证明，某一类的地方性影响直接对身材起了作用。我们还更进一步看到，一个士兵所居住而"在那里成长的时间最长的那个州，以及他所从出生、也就是他的祖籍所在的那个州，似乎都对他的身材施加过一些显著的影响。"例如，已经得到肯定的一点是，"在成长的年龄期间，在西部各州定居下来这一事实就倾向于造成身材的增高。"在与此相反的另一方面，就水兵或水手来说，他们的生活肯定有使成长放慢的影响，这从"十七岁和十八岁的陆军士兵和水兵之间的身材的巨大差别"上可以得到证明。在身材上起作用的究竟是些什么影响，其性质如何，B. A.古尔德曾试图加以确定，但他所得到的只是一些消极的结果，就是，这些影响所关系到的既不是气候，又不是陆地的高度，即海拔，又不是土壤，甚至也不是"在任何可以控制的程度上"的衣、食、住、行一类在生活便利方面的丰裕或匮乏。这样一个结论与维勒美就从法国各地征来的兵员所作的关于身高的统计所得到的结论恰好针锋相对。居住在同一些岛屿上的波利尼西亚人的首领们和各下层之间、太平洋上分布在肥沃的火山性岛屿上的居民和分布在低而贫瘠的珊瑚岛上的居民之间，[18]又在同一

---

　　①　指与解放黑人有关的南北战争。

火地岛上的生活资料供应情况很不相同的东岸火地人和西岸火地人（Fuegians）之间，在身材上都存在一些差别。我们只须两两比较一下，就几乎不可能躲避这样一个结论，即是，更好的食物和生活上的种种便利是对身材有影响的。但上面的好几种说法也表明，要达成任何比较精确的结论又是何等的困难。比多博士最近著文论证，就不列颠的居民说，城市定居和某几种职业对身高有减损的影响；他又推论说，在一定程度上这种减损的结果是遗传的，而在美国也存在同样的情况。比多博士又认为，"凡是一个种族，当它在体格方面的发展达到顶点的时候，它的精力和道德方面的强劲之气也就攀上了最高峰。"[19]

身材而外，环境条件对人身的其他方面有没有什么直接影响，我们就不知道了。料想起来，气候的差别也许会产生一些显著的影响，因为我们至少知道，气温一低，肺和肾脏的活动能力就加强，而气温一高，肝脏和皮肤就更为活跃。[20]以前有人认为，皮肤的颜色和头发的特性是由太阳的光和热决定的。尽管我们很难否认光和热多少总要在这些方面产生一些影响，但今天几乎所有的观察者却一致认为，这种影响是很小的，即便在同样的光度与热度之下暴露了许多世代之久，这种影响也还是很有限的。在下文论述人的不同种族时，我们要更为充分地讨论到这个题目，现在且不多说。就我们的家畜来说，我们有根据可以相信，寒冷和潮湿直接影响体毛的成长，但就人说，我在这方面没有碰到过任何足以证实的例子。

使用得多与停止使用对有关身体部分的影响。——我们都熟悉用进废退的道理，经常使用可使有关部分的肌肉加强力量，而停止使用，则和损坏有关神经的作用相同，使这些肌肉趋于衰弱。眼睛受到破坏，视神经就往往会变得萎缩。一根动脉受到结扎，近旁其他动脉不但内径会加大，即脉管加粗，并且管壁也会加厚加强。如果一对肾脏中的一只因病而失去机能，余下的一只会变得更大，一只肾就兼做两只肾的事。由于负担的分量加重，骨头不但会加粗，还会加长。[21]不同职业的人，经久习惯于各自的职业之后，身体各部分之间的比例会发生一些改变。例如，美国征兵督办公署[22]就曾查明，最近一次战争中的水兵的腿比陆上的士兵的要长出0.217英寸，而水兵的身材却平均比陆军的士兵为矮；至于手臂则比陆地上的士兵为短，短1.09英寸，因此，和他们较矮的身材对照之下，是不那么合乎比例的。他们的手臂之所以短，显然是由于使用得多，比陆地士兵多，这却是出乎意料的结果：因为水兵用手臂，主要是用来拉东西或拖东西，而不是用来承重。再就水兵说，颈围和脚背的厚度比陆军士兵的要大些，而胸围、腰围和髋围则要小些。

上面所说的若干变化，如果这一类职业性的生活习惯延续得足够长久，长久到好几个世代，是不是就会成为遗传的特征，这我们不知道，但也许会是这样。巴拉圭的印第安人两腿细小，而手臂则粗壮，仑格尔[23]认为，这是由于世世代代以来，他们的一生几乎完全消磨在独木舟或小划子里，而下肢经常不动的缘故。其他著作家，就不同而可以类比的例子，也作出了同样的结论。曾经和爱斯基摩人长期生活在一起的克兰兹说，[24]"当地土著居民相信，捕猎海豹（当地最高的艺术，也是最大的美德）的才干和灵巧是遗传的。这里面实在有些道理，因为一位著名的海豹猎手的儿子，尽管幼年丧父，也会在这方面崭露头角，成为一个名手。"但在这个例子里，看来所传得的是一些心理才能，同时也是一些身体结构，身心两方面都有，并且心理方面的分量不见得少于体格方面。有人说过，英国工人的手，一生出来，就比士绅阶层（gentry）的为粗大。[25]至少在有些例子里，[26]根据存在于四肢的发展与上下颚的发展之间的相关或牵连的关系，可以设想，在这些不大用手脚来劳动的阶层里，由于同一个原因，上下颚有可能也要缩小一些。受过教育而变得文明的人，比起辛勤劳动或野蛮的人来，上下颚一般要长得小些是肯定的。但就野蛮人而言，这是比较容易理解的，斯宾塞先生说过，[27]他们吃粗糙而未经煮过的东西须要大力咀嚼，这一来，上下颚就使用得多了，这就对有关的肌肉和这些肌肉所由维系的骨头起些直接的作用。在婴儿，远在它们出生以前，脚掌心上的皮肤比身体的任何其他部分都要厚。[28]而这是一长串的祖祖辈辈以来，全身的压力和行动时的摩擦所产生的遗传的结果，几乎是无可怀疑的。

谁都知道制表和镌版的工人容易变得近视，而经常在户外生活的人，尤其是野蛮人，一般都能看得很远。[29]近视和远视肯定是倾向遗传的。[30]欧罗巴人，在视力以及其他感官的能力上，都比野蛮人为差，其原因无疑是由于许多世代以来使用得不那么多，而其积累的影响又逐代遗传了下来。仑格尔说到，[31]他曾屡次观察到，在朴野的印第安人中间长大而一辈子和他们生活在一起的欧罗巴人，在感觉的敏锐上，还是赶不上印第安人。这同一位博物学家也看到，并且也说到，美洲土著居民颅骨上容纳感觉器官的一些腔穴，如眼腔，也确实比欧罗巴人的要大些，而这就标志着各感觉器官本身也比欧罗巴人更为发达一些。布鲁门巴赫也说到过，美洲土著居民颅骨上的鼻腔比较大，并且把这一事实和他们嗅觉的特别灵敏联系了起来。在亚洲北部平原的蒙古人，据帕拉斯说，各种感觉发达得十全十美，令人称奇不已，而普里查德也认为，他们颅骨上两颧之间的宽度之所以特大，是各感觉器官高度发达的必然结果。[32]

印第安人中的奇楚亚人（Quichua Indians）世居秘鲁的特高的高原地带，据道尔比尼说，[33]由于长期呼吸高度稀薄的空气，他们取得了非常宽阔的胸腔和肺脏。肺脏的细胞也比欧罗巴人的大，数量也多。有人怀疑这些观察；但福布斯先生曾经仔细测量过与奇楚亚人血缘关系相近的亚马拉人（Aymaras），这一种族也住得很高，在海拔一万到一万五千英尺之间；据他告诉我，[34]在身围和身高上，他们和他所看到过的所有其他种族的人都有着鲜明的不同。在他的测量表里，他把每一个男子的身高作为1 000，而其他部分的测得数则以此为标准按比例折计。这样，他看到在双臂左右伸直的宽度方面，亚马拉人的要比欧罗巴人的小，而比起黑人来则小得更多。他们的腿也短些，并且还呈现这样一个突出的特点，就是，在每一个被量过的亚马拉人身上，股骨，即大腿骨，反而比胫骨，即小腿骨，要短些。平均的说，股骨的长度和胫骨的长度是211与252之比；而在同时测量的两个欧罗巴人，这个比数是244对230；同时也量了三个黑人，他们的比数是258对241。上肢的肱骨也相对的要比前臂短些。为什么四肢靠近躯干部位的几根大骨要变得短一些，解释何在，福布斯先生是向我提出过一个说法的，他认为这是一种补偿，和整个躯干有关，这一个人种躯干特别长，于是这几根大骨就得短些。亚马拉人在结构上也还表现一些别的独特之点，例如，他们的脚后跟很小，虽突出而不显。

这个种族的人早已完全适应他们的高寒环境，迁移反倒引起了问题。当早期西班牙人把他们掳下山来，下到东边低平的原野的时候，或近来为淘取金沙的高工资所引诱而下迁之后，他们所遭受的死亡率是高得吓人的。然而福布斯先生发现有少数几个纯血统的家族，在连续两代之内，都存活得很好，并且观察到，他们原有的肢体上的特点还在遗传，并无变动。但即便不加测量，也能看得出这些特点全都有了些减损，而后来经过测量，他发现他们的躯干不像高原上的人那么伸得长了，同时他们的股骨则似乎和胫骨一样也加长了些，但不如胫骨加得多。测定所得的数字都可以在福布斯先生的报告中查考得到。根据这些观察，我认为在海拔很高的地区长期定居而经历了许多世代之后，会直接间接地倾向于在身体各部门的比例上引起一些遗传的变化。[35]

人在地球上出现以来的稍后阶段里，通过身体各部门的用进废退而引起的变化尽管不一定多，上文所列举的事实已经足以说明他在这方面的倾向却没有丢失，而我们肯定地知道有关这一倾向的法则对低于人的动物是同样适用的。因此，我们进而作出推论，认为在一个荒远的古代，当人的祖先还在某种过渡状态之中、而正从一种四足动物转变为两足动物的时候，自然选择的进行从身体各部分的用进废退的遗传影响这一方面所得到的帮助，大概是很多的。

发育中止。——发育中止和生长中止是有区别的，有些发育中止的身体部分并不停止生长，而是接着它在发育中止时的早期状态继续生长下去。各式各样的畸形都可以归在这个题目之下，而有些，如腭裂（cleft-palate），我们知道有时候是可以遗传的。为了这里的目的，我们只须根据沃格特的报告中的叙述，[36]说一下尖头型或头小畸型性白痴（microcephalous idiots）脑神经的发育中止，也就够了。这种白痴的颅骨比正常的要小，而脑神经的回旋折叠也不那么复杂。额窦，或眉上面的隆起处，发展得很厉害，而上下颚的向前突出，所称凸颚（prognathism）或称颌凸畸形，则达到了一个"可怕"的程度，从而使这一类白痴和人类的一些低级类型有几分相像。他们的智力，以及其他大多数的心理秉赋是极度微弱的。他们无法取得语言的能力，也完全不能对事物进行持续的注意，但很喜欢模仿。他们倒是强壮有力，特别爱动，不断地蹦来跳去，随时做着鬼脸。他们爱爬梯子，真是爬，手脚并用，特别喜欢爬上家具，或上树。这就让我们联想到几乎一切男孩子通常的爱好，爬树；又教我们想到小绵羊、小山羊之类，原本是高山动物，是怎样地喜欢在高低不平的地方跳上跳下，连一个小土墩子也不放过。在其他一些方面，白痴也有和低等动物相似之处。例如有人记录到过几个例子，说他们在吃东西的时候，每吃一口，先要用鼻子仔细的闻一闻。有人描写到一个白痴，说他寻找和捕捉虱子的时候，往往用嘴来帮手的忙。他们往往不怕肮脏，不修边幅，不识体面，见于已刊文字里的另一些白痴例子的特点是体毛特别发达。[37]

返祖遗传。——我在这里准备举出的许多例子也未尝不可归到刚才所讨论的发育中止的题目中去。如果身体上的某一结构在发育上发生中止，而生长的过程并不停顿，终于成长得和同一类群中某一低等物种的成年成员所具备的相关结构十分相像，这样一来，这个结构，在某种意义上，就可以当作一个返祖遗传的例子看待。一个类群中的一些较低级的成员，对于这一类群的共同祖先的原有的构造如何，大概可以给我们一个相去不远的概念。而一个复杂的身体部分，除非在生存的某一较早的时期，也就是说，在当时，目前那种特殊或中止的结构形态还是正常的情况之下，就取得了一种继续向前生长而发挥其作用的能力，我们就很难相信，时至今日，这样一个身体部分，在胚胎发育的初期既已中止不前，而居然还能继续不断地生长，以至终于能发挥本来是属于它的功能。一个头小畸型白痴的简单脑子很像猿的脑子，在这样一个意义上，便不妨说它是一个返祖遗传的例子。[38]此外，说来更为恰当地属于返祖遗传这一题目以内的例子也还有一些。某些正常发生在人所隶属的那一类群中的一些低等成员身上的结构，尽管在正常的胎儿身上找不到，间或也在人身上出现。或者，如果在胎儿身上也正常出现，后来却畸形地发达起来，而在同一类群的某些低级成员身上，这些结构却是正常的。在看到了下面的一些例证之后，这些论述就显得更清楚了。

在各种不同的哺乳动物里，比如有袋类的情况那样，子宫是从各有入口、各有通道的一对器官，逐渐变成为一单个器官的，此后不再成双而只是在子宫的内部还保留一条小小的折缝，比如高等猿猴和人的情况。各种啮齿类动物就表现着从前一种极端情况到后一种极端情况的一个完整的阶梯系列。在所有的哺乳动物，子宫本是由两根简单而原始的管子发展起来的，其下部各自构成一个所谓的角宫（cornua），而用法尔博士的话来说，"人的子宫体是由两管下端的角宫合并而成的；而在那些没有中间部分或中间子宫体的别种动物，这两只角宫还是分开的。在子宫进一步向前发育的过程中，这两只角宫变得越来越短，最后终于不再存在，或者说，仿佛是被子宫体吸收掉了。"即便在进化阶梯上已经攀登得很高的像较低级的各种猿猴和狐猴，角宫仍在子宫的两角上伸展出来，没有完全消失。

如今在人类的女性身上，这一方面畸形的例子是不算太少见的。有人的成熟子宫附有这种角宫，有的子宫体还部分有些分隔，多少成为两个器官，而这一类的例子，据欧文看来，是重复了某几种啮齿类动物所已到达的"集中发育（concentrative development）的那一级"的。在这里，我们也许就碰上了一个单纯的胚胎发育中止的例子，但发育虽中止，生长和完整功能的发展却并不停止，因为这种部分划成两个的子宫，每一边都有能力来完成正常孕育的任务。在其他更为难得的例子里，则子宫果真还分成两个腔，各有各的口子和向外的通道。[39]在寻常的胚胎发育过程里却并没有这样的一个阶段，而如果原先那两根简单、细小而原始的管子以前没有经历过像上面所说的发育过程，亦即像今天存活的有袋类动物所实际经历的那样，它们，这两根管子，又怎么会懂得（如果容许我用这种口气来说的话）成长为截然分明的两只子宫，而每一只又都配备有构造得很完整的出口、通道，以及许多肌肉、神经、腺体、血管，真是应有尽有呢？这一点在事理上虽然也许不是不可能的，实际上却总是很难教我们相信。没有人敢于设想，一个女子身上的不正常的双子宫那样完整的结构会是凑巧碰上的结果，而无其必然的原因可言。但是返祖遗传这条原理，亦即一种失传已久的结构（即便失传的时期已经久得难以估计）可以被召回而重新出现的原理，也还有可能提供一种指引的力量，使这一结构充分地发展出来。

卡奈斯特里尼教授，在讨论了上列的以及其他各种可以类比的例子之后，达到了和上面所说的同样的结论。他又援引了另一方面的一个例子，即有关颧骨（malar bone）的例子。[40]有几种四手类动物和其他哺乳动物，正常的颧骨是由两个部分构成的。人类的两个月的胎儿，情况也是如此，而由于发育中止，它有时候可以停留在这个状态之中，直到成年。在低等而凸颚的一些种族里尤其是这样。因此，卡奈斯特里尼教授得出结论，认为人类的某一辈古老的祖先的颧骨一定是正常地分为两部分，后来才合成一块的。在人，额骨（frontal bone）是由一块整片的骨头构成的，但是在胎儿，在儿童，在几乎所有低于人的哺乳动物身上，它是由两块骨头构成的，中间有条明显的合缝。这条合缝有时候会保持下来，在成熟了的人的颅骨上，它以各种不同的明显程度出现；而它在古代人的颅骨上又比近代人的表现得更多，据卡奈斯特里尼的观察，从第四纪的流积（drift）里所发掘出来而属于圆头型（brachycephalic type）的颅骨上表现得尤其多。在这里，他所达到的结论和他在颧骨方面可以相类比的一些例子上所达到的一样。在这个例子里，以及下面就要说到的其他例子里，我们看到，古代种族的人，在某些特征上，比起近代的种族来，往往更为接近低于人的动物，有此差别的原因大概是，在从早期半人半兽的老祖先往下传的长长的世系之中，后者比起前者来与老祖先的距离总要更远一些。

和上文所举的例子多少可以类比的人体上的其他各式各样的变态也曾被各方面的著作家作为返祖遗传的事例提出来，但这些例子的可疑之处就很多了，因为如果要把有关的一些变态或不合常规的结构加以追溯，追溯到它们属于正常状态的那个阶段，我们就得在哺乳动物的进化阶梯上下降到最低的几级才行。[41]

在人，犬齿依然是个充分有效的切割与咀嚼的工具。但作为犬齿，它的真正的特性，犹如欧文所说，[42] "是由如下的特点表示出来的：齿冠作圆锥形，但尖端钝而不锐，牙的阳面凸而阴面扁平或略凹，阴面接近龈肉处有一个轻微的隆起。在黑皮肤的各个族里，尤其是在澳大利亚的土著居民，犬齿的圆锥状最为显著。比起门牙来，犬齿在牙床里扎根扎得更深，那牙根也更为强大有力。"话虽如此，对人来说，犬齿已不再是一种特殊的武器，用来对敌人或猎物进行扯破或撕碎的动作。因此，就它原有的正常功能来说，我们不妨把它看成为一种残留。在每一处藏有大宗人颅骨的地方，我们总可以找到，像海克尔所说的那样，[43]若干具犬齿特性的例子，它们显著地突出在其余牙齿的平线之上，模样和类人猿的相同，只是程度差些罢了。在这些例子里，上下颚的一方的牙齿之间留有空隙，以便容纳对方的犬齿。瓦格纳所描绘的一个喀菲尔人①的颅骨上的这样一个空隙宽大得令人吃惊。[44]试想古代人的颅骨，比起近代人的来，能有几个受到了检视的，而居然就有三个例子表现有特别突出的犬齿，这也不能不说是一个有意味的事实了。至于在瑙雷特②所发掘出来的颚骨上的几只犬齿，据有人描写，那可真是庞然大物。[45]

在类人猿，只有雄猿的犬齿是充分发展了的：但在雌的大猩猩（goril-la）和雌的猩猩（orang），这些牙齿也突出得很，很可观地挺拔在其余牙齿的水平线之上，雌猩猩的略为差些，但也很显著：因此，在人，有些女子有相当突出的犬齿这一我所确知的事实并不构成一个严重的理由，来反对这样一个信念，就是，人类中偶然发现的犬齿的特别发达是退回到了类猿先辈的返祖遗传的一个例子，任何人用轻蔑的态度来反对这个信念，或否认他自己的犬齿的形状，以及少数别人身上这种牙齿的特别发达，是由

---

① Kaffir，南非洲的黑人种族。
② La Naulette，洞窟名，在比利时。

于我们早期的老祖先原本有过这种非同小可的武器装备，大概就会在他表示轻蔑的态度的当儿，把自己的悠远的家世暴露出来。为什么呢？因为，在他目前的情况之下，尽管他并不准备并且也不再有此能力，把大牙当武器来使用，他却还会不自觉的把"猗猗声中备斗的几条肌肉"（"snarling muscles"，这是贝尔爵士对这些肌肉的一个叫法）[46]向后抽缩一下，而这一来，就把剑拔弩张般的犬齿，活像备斗的一条狗那样，露了出来。

在四手类动物或其他哺乳动物身上正常而应有的许多肌肉，有时候也会在人身上发展出来。弗拉科维奇教授[47]检查了四十具男尸，发现其中的十九具有一条前所未见的肌肉，他给它命名为"坐耻骨肌"（ischio-pubic muscle）。三具在这肌肉的地位上有一根韧带，代表着这条肌肉，其余十八具则全无痕迹可寻。在三十具女尸身上，只有两具有这条肌肉，左右两边都有，三具有残存的韧带。由此可知，备有这条肌肉的男子似乎要比女子多得多。而根据人是从某种低级类型传代而来的这一信念，这一事实是可以理解的。因为在若干种低于人的动物身上发现有这条肌肉，而在所有这些动物，它只有一个用途，就是帮助雄性实现交尾的动作。

J.伍德先生，在一系列重要论文里，[48]细腻地叙述了人身上肌肉方面的巨量变异，而这些变异却和低于人的动物身上的一些正常结构是相像的，有些变异和与我们关系最近密的四手类动物身上所经常而正常具备的肌肉十分相似；然这些例子数量太大，因限于篇幅，就是简单地列举一下，我们也难做到。光是在一具身体壮健、颅形齐整的男性尸体上，这位作者就观察到了不下于七处肌肉方面的变异，而这些都代表着各种猿猴所应有而正常的一些肌肉。举例来说，这个男子的脖子两旁各有一条在一切猿猴身上一样能找到的所谓"锁骨上提肌"（levator claviculæ），一点也不含糊，而且十分有劲，而据解剖学者们说，约六十个人中有一个人有这种肌肉。[49]再如，这个人有"转动第五趾的蹠骨的一条特殊的外展肌，如赫胥黎教授和弗劳尔先生所指出的在一切高低等级的猿猴身上都存在的那样。"我只再举两个补充的例子：肩峰基底肌（acromio basilar muscle）是一切低于人的哺乳动物身上全都有的一条肌肉，这似乎是和用四只脚走路的姿态相关连的，[50]在人身上，则大约六十个中有一个；在下肢或后肢方面，布雷德利先生[51]在人的双脚上都发现一条第五蹠骨的外转肌（abductor ossis metatarsi quinti），在人身上，这条肌肉是在他以前一直未经记录过的，而在各种类人猿身上则是没有例外地存在的。手和臂是人身上大有标志意义的一些部分，它们上面的肌肉也极容易发生变异，从而和低于人的动物的一些相应的肌肉相似。[52]相似的程度有的极高，几乎达到一样的程度，有的差些，但差些的也无非表示它们在性质上属于过渡而已。某些变异或畸变以男子身上出现的为多，有些则女子为多，理由何在，我们还未能有所说明。J. 伍德先生在叙述了大量的这方面的变异之后，说了如下一段意味深长的话："在肌肉结构方面不合于常型的一些显著歧变，是走着一些一定的沟道（grooves）的，或者说，朝着一些一定的方向走的；我们必须把这一点看成是个标志，标志着一个未知的因素，它对一套普通的和科学的解剖学的包罗广泛的知识有很大的重要性。"[53]

这里所谓的未知因素不是别的，就是返祖遗传，返回到一个早期的生存状态。我认为我们不妨把这一点作为一个有极高度的可能性、即接近真实的说法而接受下来。[54]如果人猿之间本来不存在生物发生上的前因后果的联系（genetic connection），① 而如上文所说的那个人竟然会完全由于碰巧而在肌肉的畸形变态方面转而与某些猿猴的正常情况相似，而且不下于七处之多，那是太不可思议了。反之，如果人是从某一种猿猴似的生物世代嬗递而来，则我们也找不到有效的理由来提出异议，硬说某些肌肉，在已经不见了数以千计的世代之后，绝对不可能突然重新出现。野马、毛驴和骡子，在它们的腿上、肩膀上，有时候会突然出现一些黑色的条纹，而这种条纹原是数以百计的世代、乃至是数以千计的世代以前，在它们共同的祖先身上早就有过的，所以所谓出现，也同样地是重新出现，这和人身

---

① 此处原文为 genetic connection，以今日 genetic 一字的用法来说，可直接译为"遗传的联系"，于义也通；然而"遗传学"称为"genetics"，"遗传学的"或"遗传的"作"genetic"，在英语中毕竟是本世纪初叶以来的事；距今百年前无此用法，故斟酌文义，译为"生物发生上的前因后果的联系"。

上某些肌肉的再度发生，道理是完全一样的。

这里所说的种种返祖遗传的例子，与上文第一章里所说的那些有关残留器官的例子有极为密切的关系，其中有许多几乎是可以等量齐观，无分彼此地放在第一章里，或者放在这里，都讲得通。例如，在人身上带着两只角的子宫也未尝不是某些哺乳动物的状态正常的同一器官的代表，只是以残留的姿态出现而已，这样说是完全可以的。人身上有些残留的部门是长期而一贯存在的，例如男子和女子的尾骨，以及男子的乳房乳头，而另一些，如前面提到过的髁上孔，则间或一见，因此也不妨在返祖遗传的题目之下介绍出来。总之，这一类返祖遗传的结构，以及那些比较严格的残留性结构，清楚无误地揭示了这一点，即人是从某种低于人的生物类型传下来的。

相关变异。——在人，像在低于人的动物一样，许多结构联系得极为密切，一个发生变化，另一个也就牵连着发生变化，理由何在，就大多数的例子而言，我们是说不上来的。我们不能说，是不是其中的一个控制着另一个，也不能说，是不是两者都受到另一个先于它们发育的第三者的控制；各种不同的畸形，正如 G. 圣迪莱尔所再三坚持的那样，都是这样的紧密牵连着的。同源的一些结构特别容易一道改变，我们在身体左右两边对称的部分，和上下肢或前后肢上相应的部分之间，都可以看到这种情况。很久以前，梅克尔就说过，如果胳膊上的肌肉发生变异而离开了它们原有和应有的型式，它们几乎总是以腿上相应的肌肉作为模拟的对象。倒过来，腿上的肌肉也看胳膊的样儿。视觉和听觉器官之间、牙齿与毛发之间、皮肤颜色与毛发颜色之间、皮肤颜色与体制（constitution）之间，或多或少都有些关联。[55]沙夫豪森教授首先注意到显然是存在于肌肉发达的躯体与特别突出的眉脊梁之间的关系，而我们知道，特高的眉脊梁是较低级人种的一个重要特点。

除了那些可以大致不差地归入上列若干方面的变异之外，还有无可归纳的大宗变异，我们无以名之，姑且名之为自发的变异，因为在我们知识贫乏的情况之下，它们的产生像是不靠什么激发的力量的。但仍可以指出的是，这一类的变异，无论是一些轻微的个人与个人之间的个体差异也罢，或特别显著而截然分明的结构上的歧变也罢，所由发生的背景，属于生物体质方面的，比属于所与打交道的环境条件的性质的，要多得多。[56]

增殖率。——文明的人口，据有人知道，在有利的条件下，例如在美国，在二十五年之内可以增加一倍，而根据尤勒的计算，这还可以加快，快到略略多于十二年就行了。[57]照二十五年加一倍的速率，今天美国的人口（三千万）会在六百五十七年之内增加到把这个水陆合成的地球塞得满满的，满到每一平方码地面上要站四个人。对人的不断增殖的第一性限制或根本的限制是取得生活资料的困难，是要过舒舒服服的生活的困难。我们看到了目前美国的情景，过日子既容易，空地方又多，就不妨作出对一般前景的这样的推论：在大不列颠，如果生活资料有法子突然增加一倍的话，我们的人口数量也就很快地会添上一倍。在文明的国族里，这个第一性的限制主要是通过对婚姻的限制而发挥作用的。最贫穷的各阶层的婴儿死亡率要高出一般之上，这一点在这方面也很重要。而不论年龄大小，一般居民，由于房屋狭隘、家口拥挤、疾病频仍而引起的较大的死亡率也一样重要。在处境比较有利的国族，瘟疫的影响，战争的损失，尽管严重，很快就被新增加的人口抵销了，并且抵销之后，还有富余。向外移民，作为一种暂时性的限制，可以有助于人口压力的减轻，但就各个极端贫穷的阶层而言，这种缓和的影响不大。

我们有理由可以设想，像马尔萨斯所说的那样，未开化与半开化的种族，生殖能力实际上要比文明的种族差些。但在这方面，我们知识太少，无从作出任何确切的判断，因为在野蛮人中间从未进行过人口普查，但根据传教士和其他在这些种族的人间长期居住过的人所提供的异口同声的证词看来，他们每一家的家口或子女数量是不大的，大的居极少数。有人认为，作为一部分的解释，这是由于妇女把哺乳的时期拖长了的缘故；但也很可能是，野蛮人的生活既往往十分艰苦，又不像文明人那样能够得到很多的富有营养的食物，生殖的能力实际上要差一些。我在早先的一种著作里[58]曾经指出，我们所有的家畜和家禽，以至所有的人工培养的植物，其繁殖力都要比在自然状态中的、即野生的那些相应的物种为大。食物供应突然增加得太多的动物、或喂得太肥胖的动物，和从很贫瘠的土壤突然移植到很肥沃的土壤的植物，会变得或多或少的不能生育或不结果实，这是事实，但这是另一回事；我们不能据以对刚才的结论提出有效的反驳。因此，我们有理由认为，在某种意义上也未尝不是家养或驯化了的、并且还是高度驯化了的文明人，比起野蛮人来，会有更大的生殖能力。并且也可以大致不差地想到，文明国族的这种提高了的生育力，像我们的家畜一样，也会成为一个遗传的特征，而我们至少知道，在人类，生产孪生儿的倾向是传代的。[59]

尽管野蛮人的繁殖能力看来不如文明人的大，他们无疑也会增殖得很快，如果没有一定的手段对他们的数量施行严格控制的话。关于这一事实，印度的一部分山区部落，桑塔尔人（Santali），最近就提供了一个良好的例证。因为，据 W. 亨特先生指出，[60]自从种痘的医术传到这一地区，天花和其他瘟疫趋于减少、而部落间的战争又受到禁止以来，他们的人口增加得非常之快。不过，若不是同时因为这些粗野的人有机会分散到旁近的一些地区，提供雇佣劳动，这种增加也还是不可能的。野蛮人几乎是没有一个不结婚的，但他们也还有些利害的考虑，有几分克制，一般不会结得太早，也不是一有能力就结婚。一般往往要求青年男子能表明有养活一个妻子的能力，而常常总得首先赚取足够的身价，才能向一家的父母买取他们的女儿。由于一切部落不免经受周期性的严重饥荒，觅取生活资料的困难所不时引起的对人口数量的限制，对野蛮人来说，要比对文明人直接得多。一遇到饥荒，野蛮人就不得不吃些很坏的东西，从而不可避免地使他们的健康受到损害。历年以来，我们看到不少发表了的记载，说在饥荒期间和饥荒之后，他们的肚子是如何的膨胀而突出，而四肢又是如何的瘦削如柴。在这期间里，很多人被迫过着流浪的生活，而有人确切地告诉我，像在澳大利亚的土著居民中间那样，大量的婴儿不免要死亡。饥荒既然是周期性的，主要发生在冬春两个季节之间，所有部落的人口必然都会发生一些波动。他们对食物既不能作出任何人为的增加，他们的人口当然也就无法取得稳定而有规律的增长了。在生活困难的压力之下，野蛮人彼此之间又势所不免地要发生侵夺，而越入别人的境界，结果就是战争。但说实在话，他们是几乎无时无刻不和他们的东邻西舍处在战争状态之中的。他们在觅取食物的时候，无论在陆上或水里，又容易遭遇许多不测之祸，而在有的地域里，他们也时常吃较大的鸷禽猛兽的亏。即便在印度，由于虎害，整片的地区会弄得荒无人烟。

马尔萨斯对这若干个人口增殖的限制因素都有过讨论，但他对其中也许是最为重要的一个，溺婴或杀婴，尤其是溺杀女婴，以及人工流产或打胎的习惯，强调得不够。这些习俗今天在世界各地还很流行，而在以前，溺婴的风俗，如麦克勒南先生[61]所指出的那样，似乎曾经流行得更为广泛。这些习俗之所以发生，看来是由于野蛮人认识到了要把出生的婴儿全部养大是有困难，乃至根本不可能的。我们也不妨把男女关系的混乱或淫乱补进这些限制的行列里去，但应该注意，这和生活资料的日渐缺乏并没有一定的联系，尽管我们有理由相信，在有些例子里（比如在日本），作为把人口数量控制在一定限度之内的一个手段，这种关系是有意识地得到鼓励的，这却并不等于说，食物一减少，这种关系就不免于混乱。

如果我们回头看一下一个极为荒远的古代，回到人还没有达成人的尊严身份的时代，我们可以设想，他的行为，比起今天最低级的野蛮人来，要更多地受到本能的驱使，而更少地受到理智的指引。我们早先的半人半兽的远祖不会实行溺婴或一妻多夫的婚配这一类的事，原因是他在本能上还和低于他的动物很相接近，还没有走上歪路，[62]或歪到经常杀害自己的子孙或几乎完全不受妒忌心理的支配。他也不会瞻前顾后，而不进行婚配；反之，他只会在一个早的年龄里自由自在地进行结合。因此，人的远祖原是倾向于很快地增殖的，但不是这一种限制，便是那一种限制，有的是周期性的，有的是经常性的，一定会把他们卡住，不让数量闹得太大，甚至卡得比对今天的野蛮人还要紧。这些限制究竟是什么性质，我们说不上来，像我们对大多数其他动物所受到的限制的性质说不上来一样。我们知道，家养的马和牛原不是繁殖得特别快的动物，但当它们初次在南美洲的原野上自由奔放而成为半野的时候，它们的繁殖率是大得惊人的。大象在一切已知的动物之中是生育得最缓慢的，但如果没有限制，短短的几千年之内，它也会把整个世界填满起来。每一个种的猿猴的增殖一定也是受到了这一种或那一种力量的限制的，但诚如布雷姆所说的那样，鸷禽猛兽的攻击与捕食还不算在内。谁也不会假定，美洲返野的马和牛的实际的生殖能力，当它们返归原野之初，有过任何可以觉察得出的提高；也不会假定，当一个地区因它们的增殖而被填满的时候，实际的生殖能力就又降低起来。总之，在这个例子里，以及在其他一切的例子里，不一而足的限制无疑是会合在一起而施展压力的，而一些不同的情况之下会产生一些不同的限制。不过，在种种限制之中，由于季节与气候的不利而造成的周期性食物缺乏这一限制，大概是最关紧要的了。对一般动物如此，对人的早期祖先，当初的情况大概也曾经是如此。

自然选择。——我们现在已经看到，人是在身心两方面都会发生变异的，而这些变异也是直接或间接地能遗传的，其间所通过的一般原因与所遵循的一般法则，也和其他动物所通过与遵循的并无二致。人自出世以来，已经在地球上散布得很为广泛，而在他不断移徙的过程中，[63]一定和至为多样的环境条件打过交道。南半球的居民如南美洲火地岛的、非洲好望角的，和澳洲塔斯马尼亚岛上的，以及北冰洋地带的居民，在到达而定居在他们现在的乡土之前，一定经历过许多种气候，改变过许多次习惯。[64]人的早期祖先，像所有其他动物一样，一定也曾倾向于增殖得太快，超过了生活资料所能支持他们的程度，因此，他们一定也曾不时地面临和经历生存斗争，和受到由此而活跃起来的自然选择法则的刻板而无情的制裁，这样，各种有利的变异会一时地或惯常地被保存下来，而有害的则被淘汰。我在这里所说的这类变异并不指那些结构上的特别突出的歧变，那是要经过长时期才偶尔发生一两次的，而只是个人与个人之间的一些个体差异。例如，我们知道决定我们行动能力的手和脚上的一些肌肉，像低于人的动物的一样，[65]是倾向于不断发生变异的。既然如此，则任何一个地区的人的祖先，尤其是在生活条件正在发生变迁的地区里，就可以分为人数相等的两半，一半所包括的个体，行动能力的强度全都大，因而都能适应觅食和防卫的要求，从而，一般地和平均地说，有较大的数量能存活下来而生育更多的子孙，而另一半则与此相反，天赋既差些，自己存活与生育子孙的机会也就少些了。

人，即使今天还生活在最旷野的状态之中的人，是地球上自有生物以来所曾出现的最占优势的动物。他散布得比任何其他有高度有机组织的生物形态更为广泛，而所有的其他生物形态都在他面前让步。他这种高于一切的优越性显然是得力于他的各种理智方面的性能，得力于他的种种社会习性，而这些性能和习性使他能在同类之间进行互助互卫，这里面他的特殊的身体结构当然也有一部分力量，这些特征的极度重要性已经在生存战斗之中得到了证明，得到了最后的裁决。通过他的种种理智的能力，演化出了有音节的语言，而语言是他所以能神奇地突飞猛进的主要的基础和力量。正如 C. 赖特先生所说的那样：[66] "语言能力的心理学分析表明，在语言方面，哪怕是最细小的一个熟练之点所要求的脑力，都要比任何其他方面最大的熟练之点所要求的为多"；人发明了、并且能运用各式各样的武器、工具、捕捉禽兽的机关等等，以此来保卫自己、捕捉禽兽，或取得其他方面的食物。他制造了筏子，或独木舟，用来捕鱼和渡越到旁近的肥沃岛屿上去。他发现了生火燃烧的艺术，用来使坚硬而多纤维的根茎变软而易于消化，并使有毒的根块茎叶变得无害于人。语言而外，这火的发现，在人的一切发现中，大概是最大的了，而其发现的时期可以追溯到历史的黎明期之前。这几个发明或发现，也就是今天最粗野的人所以变得如此卓越而无敌的那些发明或发现，是他的观察、记忆、好奇、想象和推理能力等发展的直接结果。因此，我就无法理解，为什么华莱士先生会说出这样的话：[67] "自然选择所曾经能够做到的不过是赋予野蛮人一个脑子，比赋予猿猴的略微优越一些罢了。"

尽管人的理智能力和社会习性对他有至高无上的重要性，对他的身体结构的重大意义，我们却也决不要低估。本章剩余的篇幅将完全用来讨论这一方面，而理智、社会与道德等禀赋的发展，则留归后面的另一章去讨论。

任何尝试过学木工的人都承认，即使要把锤子锤得准确，每一下都不落空，也不是容易的事情。扔一块石子，要像火地人为了保卫自己或投杀野鸟时那样对准目标，百发百中，要求手、臂、肩膀的全部肌肉，再加上某一种精细的触觉等等的通力合作，尽善尽美才行。在扔石子或投镖枪、以及从事其他许多动作的时候，人必须站稳脚跟，而这又要求许许多多肌肉的协同适应。把一块火石破碎成为哪怕是一件最粗糙的工具，把一根骨头制成一件带狼牙或倒刺的枪头或钩子，要求使用一双完整无缺的手。因为，正如判断能力很强的斯库克拉夫特先生所说的那样，[68] 把石头的碎片轻敲细打，使成为小刀、矛头或箭镞，标志着"非常的才能和长期的练习"。这在很大的程度上从这样一个事实得到了证明，就是，原始人也实行一些分工。从一些情况看来，并不是每一个人都制造他自己的火石用具或粗糙陶器，而是某些个别的人专门致力于这种工作，而用他们的成品来换取别人猎获的东西。考古学家已经一致地肯定，从这样一个时代，到我们的祖先想到把火石的碎片用磨或碾的方法制成光滑的工具，其间经历过一个极为漫长的时期，如果已经有几分像人的动物，已经具有一双发展得相当完整的手和胳膊，能把石子扔得很准，又能用火石做成粗糙的工具，那么，我们就很难怀疑，在有机会得到锻炼而取得足够熟练的情况下，此种熟练所要求的又只是一些机械的动作而不及其他，他就未尝不能制作出一个文明人所能制作出的几乎任何东西来。在这方面，不妨把手的结构和发音器官的结构比较一下，在猿猴身上，这后一器官是用来发出各种信号式的叫声的，或在有一个属里，用来发出有音乐意味的音节的。但在人，这一个在结构上十分近似的器官却已经通过经常使用所产生的遗传影响而变得能发出有音节的语言来。

至此我们就得转而讨论一下和我们关系最近的近亲，那也就是今天最足以代表我们远祖的四手类动物。我们发现这些动物的手的构造，在一般的格局或模式上，是和我们的手一样的，但在对各式各样使用方式的适应上，却大不相同，适应的完整程度远在我们之下。它们的手也还用来行走，但便利的程度已不如狗的前脚，这我们在黑猩猩（chimpanzee）和猩猩行走时就可以看到，它们是用手掌靠外面的一边或用指关节来行走的。[69]但对于爬树，它们的双手是适应得很美妙的。猴子抓住一根细树枝，或抓住一根绳，抓的方式是和我们人一样的，大拇指在一边，其他的手指和手掌在另一边。有了这种掌握的方式，它们也就能用手举起比较大件的东西，例如抓住瓶颈子把瓶子引到嘴边；狒狒能搬起大块的石头，和用手来刨取根茎根块之类。它们抓取干果、昆虫和其他小东西，抓取时也用拇指和其他手指相对成握的办法，从鸟窝里摸取鸟卵或鸟雏时无疑地也是这样。美洲的各种猴子用手来敲打树枝上的野柑子，打得柑皮开绽，然后用两手的手指把它撕落。在野生的情况下，它们用石子来敲开带硬壳的果实。其他种类的猴子用两手的拇指来剖开蚌蛤之类的介壳。它们用手指来拔除芒刺，彼此觅取身上的寄生虫，也是如此。它们能把较大的石头推滚下坡，扔出较小的石子来打击敌人。尽管如此，它们这一类的动作却都很笨拙，而它们扔石子的时候总是扔得很不准，这是我自己所亲眼见到过的。

有人说，猴子"抓东西，既抓得如此笨拙不灵，则别一种专门化程度差得多的把握器官"可以同样顶用，[70]何必一定要用手呢？我觉得这话太不对了。我的想法与此相反，只要猿猴的手的更完善的构造不使它们更不适合于爬树，我看不出有什么理由来怀疑为什么这不是一件好事，不是对它们的一个便利。我们可以设想，如果手的完善程度高到像人的那样，那就反而不便于爬或攀的动作了。世界上最不能离开树而生活的猿猴，有如美洲的几种蛛猴（乙 102）、非洲的几种疣猴（乙 269）和亚洲的几种长臂猿（乙 494）有的就没有拇指，有的各指趾部分地连在一起，无法握物，因此，它们的四肢变成了只供攫取东西之用的大钩子。[71]

当灵长类这一大系列的动物的某个古老成员，由于觅取生活资料的方式有了改变，或由于环境条件有了某种变动，变得不那么离不开树的同时，它原有而久已习惯了的行走方式也就不免发生变化。而这些变化的方向不外两个，一是变得更为严格地四足行走，二是更稳定在两足行走的方式之上。各种狒狒大都居住在嶙岣多石的山区，只在有必要时才攀登大树，[72]因此它们所取得的步伐的姿势几乎是和狗的一样。只有人才变为真正地用两足来行走，而我认为我们从此可以部分理解到，他为什么终于取得了构成他的最为显著的特征之一的直立姿势。人所以能在世界上达成他今天的主宰一切的地位，主要是由于他能运用双手，没有这双手是不行的，它们能如此适应于人的意向，敏捷灵巧，动止自如。贝尔爵士[73]力持这样一个说法："手供应了一切的工具，而又因其与理智表里相应的缘故，给人带来了统理天下的地位。"但若双手和双臂始终习惯于行走，习惯于支撑全身的重量，或者，如上面所说，更专门地习惯于攀枝爬树，而不能摆脱这些习惯，它们就无法变得足够完善来制造武器，来扔石子、投梭镖，而完全命中。手的妙用当然不全由于触觉锐敏，但这毕竟是主要的。若是用来支持体重与行走攀援，就不免使手的触觉弄得越来越迟钝。只是根据这些原因来说，人变得能用两足行走，对他来说，已经是一个便利，而为了许多动作，两根胳膊和整个上半身的解放更成为必不可少，而为此目的他必须在两只脚上站得很稳，为了取得这个巨大的便利，两脚变得平扁了，大拇趾也起了一番奇特的变化。当然，这样一来，原有的把握能力就不得不几乎全部放弃。双手既变得越来越善于把物，双脚也就变得越来越善于负担全部的体重和善于步履，这是和动物界中普遍通行的生理分工的原理完全符合的。但就有些野蛮人说，脚的把握能力却并没有完全消失，①这在他们爬树和用脚来进行其他活动的方式中就可以看出来。[74]

---

① 译者于此感觉到有必要就亲眼看到的一个例子添此一注，来说明不仅在所谓"野蛮人"，而且在所谓"文明人"中，脚的这种把握能力也远没有完全消失。1923 年，译者在纽约博览各式各样畸形人的地方（！）看到一个法国女子，完全没有胳膊，两手虽完好，却直接长在肩头，绝大部分把握的动作无法进行，不得不由两脚承担，曾当场看到她用脚趾来表演穿针引线，灵便的程度几乎不下于一般人的用手。据这女子说，这种情况家传已有七代之久。

如果就人来说，能够在脚上站稳，而两手两臂能从此自由活动，是一个便利，而他在生存战斗中的卓越成就也已经证明其为便利，那么，就他的远祖来说，我就看不出有任何理由教我们怀疑，站得越来越直，走起来越来越专凭双脚，为什么不是一种便利。直立而用双脚行走之后，他们就能更好地用石子、棍棒之类来进行自卫；来进攻所要捕食的鸟兽，或从别的方面觅取食物。构造得或生长得最完善的一些个人，总起来说，或经过较长的时期来看，也就是最成功的一些人，存活下来的数量总要多些。如果大猩猩（gorilla）和少数同它关系相近的几种猿类今天已经灭绝，那有人就可以振振有词、并且表面上很像有些道理地提出争辩，认为一只四足类的动物要逐步变成一只两足类的动物是不可能的，因为在转变的过程之中，所有在中间状态的个体全都不良于行，步履异常艰苦，从而削弱了生存的机会。不过我们知道（而这是很值得深思的一点），各种类人猿今天恰恰是处在这中间状态之中，而谁也不怀疑，总的说来，它们很能适应它们的生活条件。例如大猩猩走起路来有些蹒跚得东倒西歪，不过它的更普通的走法是一面走，一面随时用弯屈着的两手在地上撑持。胳膊特长的几种猿猴随时把手膀子当双拐用，撑一步，就把身子在拐中间摇曳而前进一步；而有几种长臂猿，并没有人教它们，会专凭双脚而比较直立地走或跑，速度也还过得去；但比起人来，它们的步履总是笨拙而不雅观，并且不牢靠、不踏实得多。总之，今天各种猿猴的步法正是四足步法和双足步法之间的一个居中的状态；但，正如一位不怀成见而富有判断能力的著作家[75]所郑重申说的那样，各种类人猿在结构上更接近双足行走型的一端，而距四足行走型的一端则远些。

当人的远祖变得愈来愈能直立，加上他们的手和臂变化得愈来愈适合于握物和其他目的，而他们的脚和腿又变化得更适合于支持体重和步履往来——的同时，数不清的在其他结构方面的改变也就成为必要。骨盆有必要放宽，脊柱有必要取得一种特殊的弯曲方式，头颅安装的位置有必要有所改动，所有这些变化，人终于都完成了。沙夫豪森教授[76]力持这样一个说法："人的颅骨上的强大有力的颞骨乳突（mastoid process）是他取得直立姿势后的结果"，而这些隆起在猩猩、黑猩猩等是没有的，大猩猩虽有，却比人的小。其他可供在这里提出的和人的直立姿势有联系的结构还不一而足，但我们不准备一一列举了。要判定这些相关或相牵连的变化究竟在何种程度上是自然选择的结果，而又在何种程度上是某些有关部门愈用愈强而其效果又得以遗传，或由于这一部门对另一部门施加了压力或发挥了其他作用，是很不容易的。无疑的是，这些引起变化的手段往往彼此合作。例如，如果某些肌肉和它们所由维系的骨尖骨角由于经常使用而变得加大，这就说明某些动作是经常在进行而一定是有用处的。因此，那些最能进行这些动作的个体、进行得最成功的个体，会以更大的数量存活下来。这里面就有自然选择，也有使用得多的影响，也有此一部门对彼一部门所起的作用。

臂与手的自由运用，就人的直立姿势而言，它一半是因，一半也是果，而就其他结构的变化而言，看来它也发挥了间接的影响。人早期的男祖先，上文说过，也许备有巨大的犬齿，后来由于慢慢取得了利用石子、木棒或其他武器来和敌人或对手斗争的习性，牙床和牙的使用就愈来愈少了。在这种情况下，牙床和牙齿就趋向于缩减而变小；我们虽没有看到它们变，但根据其他无数的可以类比的例子，我们认为这一点是几乎可以肯定的。在下面的有一章里，我们将遇到一个可以类比的很相似的例子，就是，在反刍类动物，显然是因为发展了角的关系，原有的犬齿也缩减了，甚至完全消失了。又在马类，由于改用了门牙和蹄来厮打的新习性的关系，也发生了同样的情况。

吕蒂迈耶[77]和其他的几个著作家力持一个看法，认为各种猿类的雄猿的颅骨之所以在许多方面同人的有很大的差别，以及"他们的相貌之所以如此狰狞可怕"，是受了颚部肌肉强大发展的影响。由此可知，在人的远祖的牙床和牙齿变得越来越削减的同时，成年人的颅骨也就变得越来越像今天的人的颅骨。这里所说的当然是男子，但我们在下文将要看到，男子犬齿的大大削减几乎可以肯定会通过遗传而影响到女子的牙齿。

在各种心理性能逐渐发展的同时，脑子也几乎可以肯定会变得更大了。我敢说，没有人会怀疑，人的头脑在全身中所占的比例之所以比大猩猩或猩猩在这方面的比例为大，是同他的更高的心理能力有着密切的关系的。在昆虫方面，我们可以遇到与此很相近似而可以类比的一些事实；例如在各种蚂蚁，大脑神经节（cerebral ganglion）的体积非常之大，不仅是蚂蚁，而在所有的膜翅类昆虫，这些神经节比起不那么聪明的昆虫类的各目，如各种甲虫（即鞘翅类，乙 266）所属的目来，[78] 要大好几倍。反过来，当然谁也不会设想，任何两只动物之间或任何两个人之间的聪明智慧，可以据他们脑壳里的立方体积的大小而准确地较量出来。可以肯定的是，神经物质的绝对体积可以极小，而它所进行的心理活动却可以极不相称的多而且大，例如就蚂蚁说，各种本能的繁变、心理能力的复杂，以及同类之间的感情联系，是脍炙人口的，然而它们的大脑神经节才一个小小针尖的四分之一那么大。用这样一个观点来看，蚂蚁的脑子是宇宙间物质的各种原子组合中最为奇妙的一种，也许比人的脑子还要奇妙。

在人脑的大小和他的理智能力的发达之间大概存在某种关系的这一信念是得到了支持的，这种支持来自多方面的比较研究，如野蛮族类与文明族类的颅骨的比较，古人与今人颅骨的比较，又如整个脊椎动物体系内部的类比研究。J.戴维斯博士，通过许多仔细的测量，证明[79] 欧罗巴人的平均脑量是 92.3 立方英寸，亚美利加人的是 87.5，亚细亚人的是 87.1，而澳大利亚人的才 81.9 立方英寸。布罗卡教授[80] 发现，巴黎一带坟墓里所取出的属于十九世纪的颅骨比从礼拜堂地下墓窟里取出来的属于十二世纪的颅骨要大些，两者的比数是 1484 对 1426；而根据测量，前者之所以大于后者，完全是由于前额部分的发展，——而前额部分无疑是各种理智性能的部位所在；普里查德终于为事实所说服，承认今天不列颠的居民有着比它的古代居民"容积要大得多的脑壳。"尽管如此，我们必须承认，有些古老程度很高的颅骨，例如在尼安德特①所发现的那有名的颅骨，也是发展得很好而容积很大的。[81] 就低于人的动物来说，也有可以类比的情况，

① Neanderthal，谷名，在德国莱茵省境内。

拉尔代，[82]取前后属于同一些类群的两宗哺乳动物的头骨相比，前一批是属于第三纪的，第二批是近代的。他达到了一个有点令人吃惊的结论，就是，一般地说，在近代的各个类型，脑量要大些，脑壳内壁所留下的脑回的痕迹要复杂些，在另一方面，我曾经指出，[83]家兔的脑要比野兔的小些，小得相当可观；家兔世代代过的是禁锢的生活，它们施展理智、发挥种种本能和感官功能、随意运动的机会，都趋于减少；不用则退，脑子变小的原因大概在此。

人的脑子和颅骨的分量之逐渐加重，势必对支持着它们的脊柱的发展要产生一些影响，在人变得越来越能直立的情况之下，尤其如此。当这种由横平而变为纵直的变化正在进行之际，脑子的压力也不免从内部影响颅骨的形态。也确乎有许多事实说明，这方面的影响是很容易产生的。一般人种学者都相信，婴儿所睡的摇篮的种类或方式可以在颅骨上引起变化，某些肌肉的习惯性抽搐，和严重的烫伤所造成的伤疤，我们知道，都曾经使脸部的骨头发生变化，而再也不能复原。在年轻人中间，也曾发现，在因病而头形变得横扁，或后脑包变得向后突出，并且既变之后不再复原的情况之下，两眼之一的部位也发生了改变，整个颅骨的形式也走了样，而这显然像是由于脑子的分量与压力转变了一个新的方向的缘故。[84]我曾经指出，在长耳朵的家兔，即便一个小小的原因，比如两耳之一的向前倒垂，会把颅骨有关一边的几乎所有骨块一起向前拉，结果是使左右两边的骨块，严格说来，不再对称，或者说，破坏了原有的左右相应的格局。最后，如果任何动物在总的身材或体格上有所加大或有所减缩，并且加或减得很多，而在心理能力方面，却无所改变，或与此相反，在心理能力方面有所增进，或有所削弱，并且增进或削弱得很多，而身材或体格则变化不大，无论在哪一种情况下，颅骨的形状都几乎可以肯定地会发生变动。我是从我自己对家兔的一些观察作出这个推论的：比起野兔来，有些种类的家兔变得大了许多，有的则几乎维持野兔原有的大小，但无论在哪一种情况下，它们的脑子和体格大小相对来说，都减缩了不少。当我发现所有这些家兔的颅骨都变长而成了长颅型（dolichocephalic）的时候，起先是大吃一惊的。我举个例来说罢。有两具宽度几乎相等的兔颅骨，一具是野兔的，又一具是一种大型家兔的，如今两者的颅宽虽大致相等，而颅长则前者为 3.15 英寸，后者却多至 4.3 英寸。[85]在人的不同族类中，彼此所以区分的最显著的特点之一是，有的头比较窄而长，有的则比较宽而圆，对此，兔子的例子所提示的解释或许也讲得通，因为韦尔克尔发现，"身材矮些的人更倾向于圆头型或圆颅型（brachycephaly），而高些的则更倾向于长头型或长颅型（dolichocephaly）"，[86]而身材高的人便可以与上面所说的大型而身躯较长的家兔相比，所有这些家兔的颅骨都是加长了的，即都属于长颅型的。

从以上这些事实，我们可以在某种程度上理解到人是通过了什么方式而取得较高较大的身材和不同程度的圆形头颅的；而这些特征不是别的，正是他所以大大地有别于低于他的各种动物的所在。

人和低于他的动物之间另一个最为显著的差别是皮肤的光洁少毛。普通鲸和海豚（porpoise，与普通鲸同属游水类，亦即鲸类）、人鱼（属海牛类，乙 878）、和河马（乙 484）都是没有体毛的，这也许对它们有利，在水中更滑溜些，便于行动；同时，在保持体温方面，对它们也没有什么害处，因为凡是分布在比较寒冷地带的物种都有一层厚厚的保护性的脂肪，同海豹和其他动物的体毛一样地有保温之用，象和犀牛是几乎完全不长毛的；而某几个以前生活在北寒带而今天久已灭绝的象和犀种是遍体有粗细不等的长毛的；古今对比，我们就很难不想到，今天这两个属的物种是由于和炎热的气候打交道才把毛丢失了的。今天在印度的一些象种中，生活在高寒地带的那些，比起生活在低洼地带的那些来，体毛还是多些，[87]这一情况使上面的想法显得更有可能了。我们是不是可以就这一点加以推论，认为人体之所以变得光滑无毛是由于他的最早的原籍是在热带地面的呢？人的体毛，在男子，主要是保留在胸部和脸部，而腋下和胯间、即四肢和躯干连接处的毛，则男女同样，这一情况是有利于刚才所说的推论的。因为，我们可以假定，一般体毛的丢失是在人取得直立姿势之前；而现在保持体毛最多的那些部分在那时候正好是掩护得最好而最不受日光熏灼的部分，但照此说法，头发却成了问题，成了一个难以解释的例外，因为，无论在什么时候，头顶总丛暴露得最多的部分之一，而毛发的分布恰恰以这部分为最多最密。不过，且慢：体毛之所以失落是由于阳光的作用这一假定根本还有问题。人属于灵长类这一目，而我们知道，这一目里的其他成员，尽管生活在各个不同的炎热地区，却都遍体有毛，而一般说来，在包括背部的那一半身体上面尤为浓密。[88]这显然是和上面的假定相矛盾的。贝尔特先生相信，[89]在热带地区以内，没有体毛对人反而是个便利，因为这样他就可以躲开经常骚扰他的扁虱（乙3）和其他寄生虫，从而少生一些疗疮或皮肤溃疡。但这种虫害是不是够大，足以通过自然选择而构成全身所以光秃少毛的原因，还是值得怀疑的，因为，就我的知识所及，在许多生活在热带地区的四足类动物中，没有一种取得了任何特殊的手段，来摆脱这一祸害。据我看来，最近乎实情的看法是，人，或基本上是人中间的女人，之所以没有体毛，是为了美观的目的，我们在下文讨论性选择的时候就会看到这一点，而根据了这一点再来看这问题，即，为什么人和其他一切灵长类动物在体毛上会有这么大的差别，就不觉得奇怪了。因为，凡是通过性选择而取得的特征，即使在关系很相近的生物类型之间，也往往可以有超出常度的差别。

照一个通俗的看法，人的无尾状态标志着人之所以为人的一个巨大特点；不过同人类关系最为近密的几个猿种也是没有这一件器官的，尾巴的消失所牵涉到的物种不限于人。即便在同一个属的动物里，尾巴的长短可以有很大的出入：例如在猕猴属（乙581）里，有几个种的尾巴比全身还长，所由构成它的脊椎多至二十四节；而在另外几个种，则短得只是一个残根，中间只有三四个脊椎。有几种狒狒的尾巴，脊椎多至二十五节，而在大狒狒，即山魈，则只有十节小而发育不全的尾脊椎，而据居维叶说，[90]有时候只有五节。尾巴无论长短，几乎总是越到后面越尖，而据我猜想，这大概是末梢肌肉、加上和它们一起的动脉和神经，由于不用则退，归于萎缩的结果，最后并且导致了末梢各节脊椎骨的萎缩。但对于时常看到的尾巴在长度上的长短不一，究应如何解释，目前还说不上来。不

过，在这里，我们所特别关心的是尾巴在外表上的完全消失。布罗卡教授
新近指出，[91]所有四足类动物的尾巴都是由两个部分构成的，这两部分之
间一般都有一个截然划分的界限，靠近身体的一部分，即根部，所由构成
的各个脊椎，在不同的完整程度上，都备有中心的管道和四角的突起，像
寻常的脊椎一样；而梢部的各个脊椎则不然，中心既无管道，外面又几乎
平滑得全无凹凸之处，看上去几乎不再像真正的脊椎。人和几种猿类在外
表上虽看不出有尾巴，但尾巴实际是存在的，并且彼此在结构的格式上是
完全一样的。在这尾巴的末梢部分，构成了尾骨（os coccyx）的各节脊椎
已经进入相当深的残留状态，大小和数目都已经大有缩减。其在根部，脊
椎也只是寥寥的几节，并且牢牢地胶结在一起，早就中止了发育，但比起
其他动物的相应的几节尾脊椎来，它们却变得宽了些、扁了些，从而构成
了布罗卡所称的附属的骶骨脊椎（accessory sacral vertebræ）。这些脊椎支
撑着身体内部的某些部分，并且还有一些其他用途，因此，在结构上虽不
显得重要，在功能上却还是重要的；而它们的这种变化也是与人和猿类的
直立或半直立的姿势有着直接的联系。这个结论是比较更为可靠的；以前
布罗卡持有不同的看法，现在他已经把它放弃，而接受了这个结论。因
此，我们可以说，人和高等猿类的尾根部分的若干尾脊椎的变化的发生，
是直接或间接通过了自然选择的。

　　但对于尾巴梢部的几节残留而变异很多的脊椎，即构成尾骨的那几
节，我们又将说些什么呢？历来常有这样一个受人嘲笑的看法，而无疑地
将来也还会有，就是，露在身外的那部分尾巴之所以消失，似乎多少和日
常的磨擦有些关系。然而这个看法乍听起来虽有些可笑，实际上却未必太
可笑。安德森博士说，[92]短尾猕猴（乙582）的极短的尾巴是由十一节脊椎
构成的，包括在体内的根部几节在内。末梢之内没有脊椎，而由肌腱构
成；更上面的一段包括五节残留的脊椎，极小，合起来也不过一线半长
（line，此处译为"线"，长为一英寸的十二分之一），而这些又总是弯向一
边，作钩状。露在外面的尾巴，总长度不过一英寸挂零，在上面所说的各
部分之上，再加四节小脊椎，这就一切都在内了。平时这条短尾巴总是竖

着的，但全长的约四分之一是向左边倒折，跟其余的尾巴的一小段合成折叠状，而这段倒折的尾梢，包括上面所说的钩状部分在内，是用来"填满臀部两边的老茧皮的两个上角之间的空档的。"因此，在坐下的时候，这猴子也就坐在这一段尾巴之上，使它变得很毛糙和长出老茧来。安德森博士用如下的话总结他的这些观察说："据我看来，这些事实只能有一个解释：这条尾巴，由于特别短，成为这种猴子就坐时的障碍物，猴子不坐则已，坐则往往不免把它压在屁股底下，而由于它短得在猴子坐的时候不能超出坐骨结节（ischial tuberosities）的尽头之外，看来，在起初，猴子每次坐下，都得自动地把它折起来，而安放在臀部的两片老茧皮的中间的空处，这才可以避免把它压住，压在地面与茧皮之间；这样，日子一久，逢到坐的时候，尾巴的弯曲而填空，就由习惯成了自然，由有意识而变为不假意识的一种行为。"在这一类情况之下，尾巴的表面会变得毛糙而胕胀，也就并不奇怪了；而默瑞博士[93]也曾仔细观察过这种猴子和同它关系很相近而尾巴略长的其他猴种，说，当猴子坐下来的时候，尾巴"必然是被甩在屁股的一边，而无论它的长短如何，结果总是要把它的根部压在底下而使它受到磨擦的。"我们到现在既然已经取得了一些证据，说明肢体方面的伤残有时候会产生一些遗传的影响，[94]则在各种短尾的猴子，伸出体外的那一段尾巴，既不派什么用处，又不断地要受到磨擦，经历的世代一多，通过遗传而变得走样，成为残留，看来也不是很不可能的了。我们在短尾猕猴身上就看到了这情况，而在无尾猕猴，亦称叟猴（乙584），则发育不全到了一个绝对的地步，成为若有若无了，而在有几种高等的猿猴，情况也是如此。最后，到了人和几种猿类，就我的见识所及，原先伸出体外的一段尾巴大概也是由于在拖延得很长的一个时期之内，因磨擦而受到损伤，而终于完全消失了。其埋藏在体内的尽根部分，也经过一番减缩和变化，从而与直立或半直立的姿势的要求相适应。

到此，我已尽力试图说明，人的若干最富有标志性的特征之所以取得，极有可能是直接或间接通过了自然选择的，而间接的例子尤为常见。

我们应该记住，那些结构上或体质上的变化，如果不能使一个有机体适应于它的生活习惯，使之适应于它所消耗的食物，或至少使之能被动地适应于环境中的一些条件，是不可能这样取得的。不过，我们也决不能过于自信地作出判断，认为哪些变化对每一个有机体一定有用，而哪些一定无用；我们应该记得，对于身体上许多部分的功用，对血液或细胞组织的哪些变化对一个有机体在适应一种新的气候或某些种类的新的食物方面可以有用，我们实在还知道得太少；我们也不要忘记那条叫做相关的原理，根据这样一条原理，像 G. 圣迪莱尔所曾指出的那样，人身在结构上的许多奇特的歧变是彼此牵连的，一处变化，许多处就不免跟着变化。此外还有与相关原理不相涉的一些变化：身体某一部分的改变，往往影响到其他一些部门，有的因多用或常用而进，有的因少用或不用而退，而通过这些，这一变动会导致其他一些完全意料不到的改变。由于昆虫的毒液，植物会长瘤或瘿；用某几种鱼来饲养的鹦鹉，或用蟾蜍的毒液在它身上接种，会使其羽毛的色彩发生显著变化；[95] 这一类的事实也值得我们深思，因为它们可以让我们看到，生理系统中的种种液体，如果由于某些特殊原因或为了某些特殊目的，而有所改变，就有可能挑起其他的变动来。我们应该特别记住，过去许多时代之中为了某些有用的目的而取得、并不断运用的种种变化，大概已经成为固定了的东西，并且有可能长期地遗传下去。

由此可知，我们不妨把一个很大而又不容易划出界限的范围，归之于自然选择所造成的种种直接间接的结果；不过，尽管如此。在读到了奈盖利论植物的那篇文章，以及其他许多不同的著作家关于各种动物的议论、尤其是布罗卡教授新近所发表的那些之后，我现在承认，在我的最初几版的《物种起源》里，我也许把太多的东西划归了自然选择和适者生存这一原理的范围之内，认为全都是它们的作用所致。所以我在《物种起源》的第五版里，已经作了一些修订，只把我的议论限制在一些适应性的结构改变之上。不过，根据即便是最近少数几年之内我所得到的启发，我仍有这样一个坚定的想法，认为我们目前看作没有什么用处的很多很多的结构，将来会被证明有它们的用途，而因此也还可以被纳入自然选择作用的范围之内。尽管如此，我还是承认，我以前对一些结构之所以存在考虑得不够，只就一时的判断能力所及，认为它们大概既没有什么用处，也没有什么害处，而不再加以深究；我相信，这是到现在为止我在我自己的著作里面所发现的若干疏漏失察处中的最大的一个。也许可以允许我这样说，作为我的辩解，我当时思想中有两个清楚的目的：第一是，我要指出，世间的物种当初不是逐个逐个地创造出来的，而第二是，自然选择曾经是一切生物变迁的主要力量，其间也曾得力于生活习惯的种种遗传影响，这一方面的力量也不太小，然而是次要的；至于环境条件的直接作用，则所出的力就很少了。但当时我还没有能消除我早年的信仰的影响、也就是那时候人们所持有的几乎普遍的信仰的那种影响，认为物种是有意旨地被创造出来的，而这种信仰使我不假思索地默认，结构上的每一个细节，除了那些属于残留性质的而外，都是有某种特殊用途的，只是我们一时还认不出来罢了。任何人思想中有了这样一个假设或默认，就会很自然地把自然选择无论过去还是现在所起的作用引申得太广了。有些只承认进化论的原理而不承认自然选择的人，在批评我的书的时候，似乎忘记了我所怀抱的上面所说的两个目的，忘记了我是本着这个目的而发表看法的；因此，不管我的错误在哪里，若说错在把生物变化的伟大力量划归自然选择，那我是坚决不承认的，若说错在把这股力量夸大了，那也许是事实，我可能把话说过了火——不管怎样，我希望我可以说，我至少对生物是由逐个创造而来的那个武断的教条的终于被推翻，尽了我的绵薄之力。

我现在可以看到，事实大概是这样：一切有机体，包括人在内，都具有或则现在已不再有用、或则以前就对它们没有任何用处、因而在生理上不关紧要的一些结构上的特点。我们不知道，每一个物种的个体之间所表现的数不清的轻微差别究竟是怎样产生出来的，因为返祖遗传的说法不解决问题，而只是把问题往上倒推了几步；我们应知，每一个特点一定有它所由发生的所谓有效动因（efficient cause）。如果这些原因，不管它们是什么，作用得更前后一律些、更强劲有力些，长时期的锲而不舍的话（而对于这一点人们是想不出什么可以反对的理由的），则所造成的结果就不会只是一个细小的个体之间差异，而是一个显著而经久的变化了，哪怕它在生理上只是一个无关痛痒的变化，也不要紧。一些变化了的结构，如果对有机体没有什么好处可言，是不会通过自然选择而维持稳定的，即不会经久一律的，如果有坏处，那就会被自然选择所淘汰。不过，由于这些把变化激发出来的原因自有其一律性，至少是被假定为有其一律性，又由于许多个体的自由交配，特征的一律性也是理所当然的事情。只要这些有激发力的原因维持不变，自由交配照常进行，则同一种有机体，在连续的时期里，可以连续不断地取得一些变化，而把它们几乎是一样的、即在大体上一律的状态，传给下一代。至于这些有激发力的原因是什么，我们只能说，像我们所说到过的那些被称为自发的变异那样，它们和变异不定的有机体的自身的体质，以及和它所与打交道的生活条件的性质都有些关系，而和前者的关系更为密切得多。

　　结论。——在这一章里，我们看到了，今天的人，像其他每一种动物一样，既然容易发生各式各样的个体差别或轻微的变异，则设想起来，他的早期的祖先一定也有过这种情况，而当初诱发出这一类变异的一些一般的原因，和控制着它们的一些复杂的法则，也和今天的没有分别。一切动物既然倾向于增殖得很快，快得超出了生活资料所能维持的限度，则人的祖先一定也曾经是这样；而这又一定曾导致了生存竞争，而为自然选择提供了条件。身体的各部门会因使用得多而取得进展，而此种进展又会产生一些遗传影响，自然选择的进行过程，又会从这方面得到很大的助力，实际上这两种过程是不断交相为用的。此外，我们将在下文看到，人所以能取得上面所说的各种无关紧要的特征，看来是通过了性选择的。把这些都说明了之后，还剩下一小部分未曾解释过的变化，这一部分只好暂时留下，留给我们现在还不知道而只能假定为作用起来必有其前后一律性的力量。我们在家畜中偶然会碰到一些来得很突然而又十分显著的歧变，要了解这些歧变的来源，恐怕就得求之于这些未知的力量了。

从野蛮人和大部分四手类动物的习性来判断，原始人，甚至人的半人半猿的远祖，大概是群居的，即生活在社群之中的。就严格的社会性动物来说，自然选择，通过对有利于社群生活的一些变异的保存，有时候也对个体发生作用。一个包括着大量天赋良好的个体的社群会增殖得快些，而在和其他不那么幸运的社群的竞争中取得优胜，这优胜是一种总的优胜，和社群之中各个成员之间的成败优劣是两回事，并不相干。群居生活的若干种昆虫就是这样地取得了许多显著的结构，而这些结构，对个体来说，是用处极少或全无用处的，例如蜜蜂中工蜂身上的花粉收集器或螯，或兵蚁（soldier-ant）的大颚。就比较高等的社会性动物说，我没有觉察到有什么专为社群的利益而发生了变化的结构，但兼顾到社群利益的倒是有一些的。例如，反刍类动物的角和各种狒狒的犬齿，主要虽用于为争夺雌性而进行的斗争，却也用来保护整个的群体或队伍。至于某些心理能力，情况则与此完全不同，因为这些能力之所以取得，主要是为了社群的利益，甚至专为社群，不作别用，而由于社群得到保障，同群的成员也就同时间接地得到一份好处。

对上面所说的一些看法往往有人提出异议，认为既然如此，为什么以体质而论，人却是世界上最不能自助与自卫的动物之一，而当其幼稚而没有发育成熟的情况下，更是处处需要外力扶持，例如，阿盖尔公爵就坚持这样一个说法：[96]"人的身体已经同兽类的身体结构分道扬镳，朝着一个在体力上更不能自助、更软弱的方向走去。那也就是说，这是在一切分歧之中最不可能用自然选择来解释而可以了事的。"他援引了人不能自助自卫的许多方面，如身体光秃无毛、没有大牙利爪、体力不强、走动欠快，而由于嗅觉的微弱，觅食困难，避祸不易。在这些缺陷之上还可以添补尤为严重的一个，就是他不善于攀登或向高处爬，来快速躲避敌人的袭击。不过，我们知道，体毛的丢失并不是一件什么了不起的坏事，尤其是就居住在温暖地区的人来说，而不穿衣服的火地人（Fuegians）还能在极为寒苦的气候里存活下来哩。当我们把人的不能自卫的状态和猿类的相比的时候，我们也不要忘记，后者所具备的强大的犬齿也只是雄性才得到充分发展，并且主要是用来和其他雄性进行斗争的，而雌性虽不具备此种大犬齿，却也还应付得不坏，同样维持了生存。

关于身材大小和体力强弱，我们还不知道人到底是从哪一种类人猿传下来的，是身材矮小的猿种比如黑猩猩，还是体力强大的猿种比如大猩猩。因此，我们说不上来，人比起他的远祖来，已经变得更大而强壮了呢，还是更小而软弱了。但我们应该记住，一种身材高大、体力强壮、而性格凶猛到足以像大猩猩那样善于抵御一切敌人的动物，也许不会变得有合群性或社会性；并且这会最有效地阻碍着种种高级的心理品质的取得，例如同情心和对同类的友爱。因此，人如果是从某一种比较软弱的动物中兴起的话，这倒是对他极为有利的一件事。

人的较弱的体力、较慢的奔走速度、以及天然武器的缺乏，等等，实际上是得到了补偿与平衡的，并且得失平衡之后，还有盈余。第一，他有了种种理智的能力，可以用来为自己创制武器、工具，等等，尽管他还停留在半开化状态之中，也无碍于这种能力的运用；第二，他有了种种社会品质，使他可以向同类，即其他的人，提供援助，或从他们那里接受援助。在今天的世界上，毒虫猛兽之多莫过于南非洲，物质生活的艰苦莫过于北极地区，然而，在南非洲，世间最弱小的种族之一，布什曼人（Bushmen），一直不假外力地维持着自己，北极地区的爱斯基摩人的情况也是如此。人的远祖，在理智能力上，在社会性方面，无疑地比存在于今日的最低等的野蛮人还要差些，但我们很可以设想，只要他们在理智方面已有所提高，尽管一些近乎兽类的能力，如爬树的能力等，渐趋于消失，他们的生存是不应该成为问题的，甚至还相当地繁盛起来。尽管这些远祖在自助和自卫能力上远不及今天存在着的任何野蛮人，如果他们最初居住的地方是某一个比较温暖的大陆或某一个大岛，比如澳大利亚、新几内亚，或今天还是猩猩的故乡的婆罗洲，① 他们所遭遇到的特殊困难和危险

---

① 新几内亚和婆罗洲即今马来语的伊利亚和加里曼丹。

也不会太多太大。而在诸如此类的一个面积比较宽广的场合里，由于部落与部落之间的竞争而引起的自然选择，加上生活习惯所导致的遗传影响，在种种有利的条件之下，也就足够把他们和他们的子孙，即人类，在整个有机界的阶梯之上，提升到今天他所占有的很高的地位上来。

原　注：

[1] 见 B. A. Gould，《美国士兵的军事的与人类学的统计调查》(Investigations in Military and Anthropolog. Statistics of American Soldiers)，1869 年，256 页。

[2] 关于《美洲土著居民的颅形》(Cranial forms of the American aborigines)，见 Dr. Aitken Meigs 文，载费城《自然科学院院刊》(丙 110)，1868 年 5 月的一期。关于澳洲土著居民，见赖伊尔（Lyell）辑入《人的古老性》(Antiquity of Man) 一书中的赫胥黎所著文，1863 年，87 页。关于桑维奇岛民，见 Prof. J. Wyman，《关于颅骨的观察》(Observations on Crania)，波士顿版，1868 年，18 页。

[3] 见 R. Quain 著，《动脉的解剖学》(Anatomy of the Arteries)，序言，第一卷，1844 年。

[4] 文载《爱丁堡皇家学会会刊》(丙 121)，第二十四卷，175 页、189 页。

[5] 见所著文，载《皇家学会会刊》(丙 120)，1867 年卷，544 页；又 1868 年卷，483 页、524 页。尚有早于此的一篇论文，见同一刊物，1866 年卷，229 页。

[6] 见文，载《皇家爱尔兰学院院刊》(丙 119)，第十卷，1868 年，141 页。

[7] 见所著文，载《圣彼得堡学院院刊》(丙 4)，1778 年卷，第三篇，217 页。

[8] Brehm，《动物生活图说》(Thierleben)，第一卷，58 页、87 页。Rengger，《巴拉圭的哺乳动物》(Säugethiere von Paraguay)，57 页。

[9] 见我的《家养动植物的变异》，第二卷，第十二章。

[10] 见所著《遗传的天才：对它的法则与推论结果的探讨》(Hereditary Genius：an Inquiry into its Laws and Consequences)，1869 年版。

[11] Mr. Bates 说 [《博物学家在亚马孙河上》(The Naturalist on the Amazons)，1863 年，第二卷，159 页]，就南美洲属于同一个部落的印第安人而论，"没有两个人在头和脸的形态上是说得上完全一样的；一个人是椭圆脸，眉清目秀，而另一个

却很像蒙古利亚人，两颊宽而突出，鼻孔张得很开，眼梢斜出向上。"

[12] 见 Blumenbach，《人类学论文集》（Treatises on Anthropolog），英译本，1865 年，
205 页。

[13] 见 Mitford《希腊史》（History of Greece），第一卷，282 页。从色诺芬（Xeno-
phon）所写的《回忆录》（Memorabilia）第二卷第四节中的一段话（我所以能注
意到这段话是由于 J. N. Hoare 牧师的提示）看来，希腊人大都承认这样一层道
理，就是，在选择妻子的时候，应该着眼到未来儿女的健康与精力。生活在公元
前 550 年前后的希腊诗人 Theognis 清楚地看到，选择这件事，如果做得恰当，对
人类的改进具有何等的重要性。他也看到财富往往阻碍了性选择的正常活动。因
此他在诗里写道：

"我友库尔努斯兮，

我今诉说君其听：

孳息牛马有理法兮，

人咸知所遵行，

畜唯蕃慝利唯大兮，

劳瘁在所不计，

所贵唯在良种兮，

无缺陷亦无恶癖。

胡独今人之议婚兮，

唯货财是尚？

男称娶兮，

女则称归而登夫家之堂，

鄙夫与恶棍之子若女兮，

一身铜臭，

乃得与名门之息作配兮，

泾渭合流。

凡百杂糅而纷乱兮，

贵贱于是不分！

形神举措难得而名状兮，

不类不伦。

我之族吁其没落兮，

如江河之日下，

我之族亦日即于驳杂兮，

云亡大雅！

因缘亦自由渐而分明兮，

君其莫怪，

种因斯食果兮，

其亦毋为此而伤怀。"

（录自 J. Hookham Frere，全集，第二卷，1872 年，334 页。）

[14] Godron，《人种论》（De l'Espèce），1859 年，第二卷，第三篇。Quatrefages，《人种同一论》（Unité de l'Espèce Humaine），1861 年。又同作者，《人类学演讲录》（Lectures on Anthropology），陆续载《科学之路评论》（丙 127），1866～1868 年诸卷。

[15]《组织畸变史：通论与各论》（Hist. Gén. et Part. des Anomalies de l'Organisation），凡三卷，此为通论的一部分，见第一卷，1832 年。

[16] 关于这些法则，我在《家养动植物的变异》，第二卷，第二十二、二十三两章作过详尽的讨论。不久以前（1868 年），M. J. P. Durand 又发表了一本有价值的论著，《关于环境的影响》（De l'Influence des Milieux），可以参看。对于植物，他很强调土壤的性质这一方面。

[17] 同上注 1 所引《……调查》（Investigations…），93、107、126、131、134 页。

[18] 关于波利尼西亚人（Polynesians），见 Prichard，《人类体质史》（Physical Hist. of Mankind），第五卷，1847 年，145、283 页。亦见 Godron，《人种论》，第二卷，289 页。居住在恒河上游的印度人和孟加拉人，虽同为关系十分相近的印度人，在形貌上也存在着显著的差别；见 Elphinstone，《印度史》（History of India），第一卷，324 页。

[19] 文见《人类学会报告》（丙 94），第三卷，1867～1869 年，561、565、567 页。

[20] 见 Dr. Brakenridge 文，《疾病素质论》（Theory of Diathesis），载《医学时报》（丙 92），1869 年 6 月 19 日与 7 月 17 日。

[21] 这一段里的许多话都有出处，已见我所著《家养动植物的变异》，第二卷，297、300 页。Dr. Jaeger 文，《论骨的纵长生长》（Ueber das Längenwachsthum der

Knochen），载《耶纳时报》（丙 71），第五卷，第一分册。

［22］见上注 1 所引书，288 页。

［23］见上注 3 所引《巴拉圭的哺乳动物》一书，1830 年，4 页。

［24］见所著《格陵兰史》（History of Greenland），英译本，1767 年，第一卷，230 页。

［25］Alex. Walker，《通婚论》（Intermarriage），1838 年版，377 页。

［26］《家养动植物的变异》，第一卷，173 页。

［27］见所著《生物学原理》（Principles of Biology），第一卷，455 页。

［28］见 Paget，《外科病理学讲义》（Lectures on Surgical Pathology），第二卷，1853 年，209 页。

［29］一个奇特而出人意料的事实是，在视力上，即在看得清楚的最远距离上，水手的平均点，要比惯居陆上的人反而低些。Dr. B. A. Gould［《平叛战争中卫生情况的报告》（Sanitary Memoirs of the War of the Rebellion），1869 年，530 页］曾经证实这一情况，而他的解释是，水手的视线所及，不免"受舰只的长度和桅杆的高度的影响而有所限制。"

［30］《家养动植物的变异》，第一卷，8 页。

［31］见上注 8 所引《巴拉圭的哺乳动物》一书，8、10 页。我有过良好的机会观察到火地人（Fuegian）超越寻常的强大视力。关于这同一个题目，也可以参考 Lawrence，《生理学、……讲义》（Lectures on Physiology, &c.），1822 年，404 页。M. Giraud-Teulon［《科学之路评论》（Revue des Cours Scientifiques），1870 年卷，625 页］新近收集了大量有价值的证据，证明近视是"用眼过度所致"。

［32］Prichard，《人类体质史》，据 Blumenbach 书（见本章注 12——译者），第一卷，1851 年，311 页。（按此注欠清楚，1851 或是 Blumenbach 书出版之年，然据上注 12，Blumenbach 书的英译本出版于 1865 年，则此成为德文原本出版之年；然亦有问题，Prichard 自己的书，《人类体质史》，据上注 18，其第五卷于 1847 年即已出版，又何得征引 1851 年方出版的书；1851 或有可能指普里查德自己的书的出版年份，然其书的第五卷既已于 1847 年出版，则此第一卷不可能反而后出，亦成问题。更有一个可能是，1851 为普里查德书第一卷的再版出书的年份。这些都是西方百余年前文献，查核不易，姑存疑——译者）。关于帕拉斯的话，亦转引自普里查德书，第四卷，1844 年，407 页。

［33］转引自普里查德，同上引书，第五卷，463 页。

[34] 后来 Mr. Forbes 所写出的重要论文已载《伦敦人种学会会刊》（丙 79），新编，第二卷，1870 年，193 页。

[35] Dr. Wilckens（《农业周报》，丙 88，1869 年卷，第十期）最近发表了一篇有趣的文章，指出生活在高山地区的家养动物会如何地在体格方面发生一些变化。

[36]《关于头小畸型白痴的报告》（Mémoire sur les Microcéphales），1867 年，50、125、169、171、184—198 页。

[37] Prof. Laycock 把接近于兽类的白痴的性格用一个新创的词"兽相"（theroid）总结了一下，见所著文，载《心理科学刊》（丙 82），1863 年 7 月。Dr. Scott［见其所著《聋哑人》（The Deaf and Dumb），第二版，1870 年，10 页］时常观察到智力低下近于白痴的人爱用鼻子来闻食物。关于这同一题目，以及白痴的体毛特盛，亦见 Dr. Maudsley，《身与心》（Body and Mind），1870 年，46—51 页。Pinel 也曾提供过一个很突出的体毛特多的白痴的例子（Pinel 何人，所举例出自何书，原书此处及他处均未详。查 Pinel 是法国第十九世纪末及二十世纪初有名的医学家，所著有《心理变态的医学哲学论》，1791 年，《哲学的病理志》第六版，1818 年，等书。达尔文写书时，此人或尚为生物科学界所熟知，达尔文只举其名，而不及其余，原因或在此——译者）。

[38] 在我的《家养动植物的变异》里（第二卷，57 页），我把那些在数量上还不算太少的具有过多乳头或乳房的女子的例子归因于返祖遗传。我所以作出这个有可能接近于事实的结论，是因为这些过多的乳头一般总是在胸脯上安排得两两对称；而尤其是因为有这样一个例子，就是，有一个女子，只长一个能用的乳头，而这唯一的乳头是长在鼠蹊部、即腹股沟地带的，同时这一例子的母亲又是一个乳头过多的例子。不过我现在发现（近顷讨论这题目的不止一二人，Prof. Preyer 即是一例，见所著《生存竞争》（Der Kampf um das Dasein），1869 年，45 页。这种不规则的乳头（mammæ erraticæ）所在之处不一而足，背上、腋下、大腿上都可以长出乳头来，而在大腿上的一例出乳汁甚多，竟然把一个婴儿喂大了。因此，乳头过多是由于返祖遗传这一论断的可靠性不免要打上一个不小的折扣；尽管如此，我认为这一论断可能还是对的，理由是，在乳头过多的情况中，碰到的往往是两对，在胸前对称地摆着，而关于这种情况，我自己就收到过若干个例子的资料。很多人熟悉，有几种狐猴胸前有两对乳头，而这是一个正常的情况。男子有一对以上乳头的例子（当然是残留性的），见于记录的有五个；其中的一例见

《解剖学与生理学刊》（丙77），1872年卷，56页，是Dr. Handyside所提供的，是弟兄两个都表现有这个特点；又见Dr. Bartels所为文，载《赖氏与杜氏文库》（丙125），1872年卷，304页。在Bartels所提到的各例中，有一例是一个男子有五只乳头，两对之外，一只在正中，在脐孔上方；Meckel von Hemsbach认为，这一例子有前例可资说明，就是，某几种蝙蝠（乙237）里也有不成对而居中的乳头的情况。总之，我们很有理由怀疑，如果早期的老祖先根本没有被配备过不止一对的乳头，那么，后世人类女子与男子身上又怎会有可能发生乳头过多的这一个特点呢？

在《家养……》这书里（第二卷，12页），我又曾把常见的人和各种动物的指趾过多（pelydactylism）的例子归因于返祖遗传，但我自己也很有几分迟疑。我当初之所以这样做，部分也因为看到欧文教授说过，爬行类中已经灭绝的鱼龙类或鱼鳍类（乙511）里，有几个种的指趾就不止五根；我就认为指趾过多是这一原始状态的重演或保留；但Prof. Gegenbaur〔《耶纳时报》（丙71），第五卷，第三册，341页〕对欧文的结论提出异议。在另一方面，Dr. Günther根据澳洲肺鱼（乙193）的鳍的情况，就是，这种鳍，在中心的一串小骨的左右，各有几根有骨节而可以屈曲的骨质鳍刺，提出意见，认为，通过返祖遗传，六个或六个以上的指趾有可能在中心串骨的一边、或两边，重新出现，他并且说，要承认这一可能的情况似乎也没有多大的困难。Dr. Zouteveen告诉我，文献上记录着一个男子的例子，手指和脚趾各有二十四个！我作此返祖遗传的结论，主要的根据是，指趾过多这一特征不但有强烈的遗传倾向，并且，我当初还相信，截断以后有再生的能力，像其他较低级的脊椎动物的相应而正常的指趾一样。但后来我在《家养……》一书的第二版里已经有所说明，为什么我现在对这一类记录下来的再生的例子认为很不可靠。尽管如此，发育中止和返祖遗传既然是两个关系十分密切的过程，如下的情况还是值得注意的，就是，停留在胚胎期以内的状态或中止状态的各种结构，有如腭裂、子宫分叉等等，往往伴随着指趾过多的情况而同在一个人身上出现。这一点，Meckel和Isidore Geoffroy St.-Hilaire都曾加以强调，认为不能放过。但话还得说回来，眼下，最好是完全放弃原有的看法，就是，认为在指趾的发展过多和在有机组织上比人更为简单的某一辈人的远祖的特征之间，有任何返祖遗传的关系。

［39］见Dr. A. Farre撰写的大家所熟悉的文章，载《解剖学与生理学大辞典》，第五

卷，1859年，642页。又欧文，《脊椎动物解剖学》，第三卷，1868年，687页。又见 Professor Turner 文，载《爱丁堡医学刊》（丙52），1865年2月。

[40] 见所著文，载摩德纳（Modena，意大利北部城市——译者）《自然学人协会年报》（丙19），1867年，83页。在这篇论文里，Prof. Canestrini 提供了不同著作家在这个题目上的议论的一些摘要：——Laurillard 说，他在好几个人和某几种猿猴头上所发现的这两片颧骨的形态、比例和关系既然彼此完全相似，他就无法认为它们的这一特性，即分而不合，是一个单纯的偶然巧合。关于颧骨的发育中止的另一篇论文是由 Dr. Saviotti 发表的，载都灵（Turin，意大利西北部城市——译者）《临床公报》（丙63），1871年卷；他在论文里说，约在百分之二的成年人的颅骨上可以找到颅骨原先分成两部分的痕迹；他又说，在有凸颚的颅骨上比不凸颚的要发生得多些，但雅利安（Aryan）族类的凸颚颅骨不在此限。亦见 G. Delorenzi 在这题目上所著文，《颧骨异常的三个新例子》（Trenuovi casi. d'anomalia dell'osso malare），都灵版，1872年；又，E. Morselli 文，《关于颧骨的一个罕见的变态》（Sopraunarara anomalia dell'osso malare），摩德纳版，1872年。此外，更新近一些，Gruber 在颧骨的分而不合的问题上又写了一本小册子。有一位书评家曾毫无根据地对我的说法横加责难，所以我把这些参考文献列举出来。

[41] 在这方面，Isid. Geoffroy St. -Hilaire 就曾提出过一连串的例子，见所著《组织畸变史……》（Hist. des Anomalies），第三卷，437页。有一位书评家［《解剖学与生理学刊》（丙77）1871年卷，366页］很责备我，为的是我没有能把见于记录的有关身体各部分发育中止的许许多多的例子提出来讨论。他说，按照我的理论，"一种器官在它发展过程中的每一个暂时的状态不仅是达成一个目的的一个手段，并且，在一定时间之内，本身就是一个目的。"据我看来，这句话不一定对。我看不出来，为什么和返祖遗传并无关系的一些变异就不能在发育初期里发生出来。并且，这一类的变异，如果有任何用处，例如，容或有助于缩短和简化发育的进程，又为什么不能得到保存而积累起来呢？还可以问，为什么有害的一些畸变，例如某些部分的萎缩（atrophy）或过度发展（hypertrophy），根本和以前的任何生存状态没有关系，而也会在发育的一个初期，乃至在成熟的年龄内，发生出来呢？

[42]《脊椎动物解剖学》（Anatomy of Vertebrates），第三卷，1868年，323页。

[43]《普通形态学》(Generelle Morphologie)，1866 年，第二卷，罗马数字 155 页。

[44] 见 Vogt，《关于人的讲演集》(Lectures on Man)，英译本，1864 年，151 页。

[45] 见 C. Carter Blake 论来自 La Naulette（见本章译注 5——译者）的一具颚骨，载
《人类学评论》(丙 21)，1867 年，295 页。又见 Schaaffhausen，同前引文（见第
一章注 44——译者），1868 年，426 页。

[46] 见所著《表情的解剖》(The Anatomy of Expression)，1844 年，110、131 页。

[47] 见引于 Prof. Canestrini 文，即上注 40 中引文，90 页。

[48] 任何人如果愿意知道我们的肌肉是如何的容易发生变异，而在变异之中是如何转
而和四手类动物的肌肉相似，都值得把这些论文仔细研读一下。和这段正文中所
提到的少数几点有关的还有如下的一些参考文献：《皇家学会会刊》(丙 120)，第
十四卷，1865 年，379－384 页；又第十五卷，1866 年，241、242 页；又第十五
卷，1867 年，544 页；又第十六卷，1868 年，524 页。我在这里还不妨补充一
点，Dr. Murie 和 Mr. St. George Mivart 在他们合作的关于狐猴类的报告里［《动
物学会会报》(丙 151)，第七卷，1869 年，96 页］指出，在这些灵长类中地位最
低的动物里，某些肌肉的变异倾向之大是何等的超乎寻常。在狐猴类里，肌肉结
构由高而低的各种层次也很多，从其最低的一些结构循序渐退，就可以到达在进
化阶梯上更低于狐猴的动物所具有的一些结构了。

[49] 亦见 Prof. Macalister 文，载《皇家爱尔兰学院院刊》(丙 119)，第十卷，1868
年，124 页。

[50] 见 Mr. Champneys 文，载《解剖学与生理学刊》(丙 77)，1871 年 11 月，178 页。

[51] 见文，载《解剖学与生理学刊》(丙 77)，1872 年 5 月，421 页。

[52] Prof. Macalister（同上注 49 中引文，121 页）曾经把他所作的观察列成表格，发
现在肌肉方面最容易发生畸变的身体部分是前臂，其次是脸部，又其次是脚，
等等。

[53] 牧师 Dr. Haughton，在提出了［《皇家爱尔兰学院院刊》(丙 119)，1864 年 6 月
27 日，715 页］一个有关人身上的拇指长屈肌 (flexor pollicis longus) 的奇特的
例子之后，补充说，"这个引人注意的例子说明，在拇指和其余手指的肌腱的部
署方面，人身上有时候会出现猕猴 (乙 581) 一类的猴子所独具的那种部署；但
我们究竟应当如何看待这一情况，是猕猴上升到人了呢，还是人下降到猕猴了
呢，或只是造化弄人、弄出来的一个先天畸变呢，我无法把说明的责任承担起

来。"能听到这样一位有才能的解剖学家、这样一位切齿痛恨进化论的反对人物这样说，甚至承认到所提出的三个说法中的前两个的可能性，即人与猕猴之间，可能有些上升或下降的关系——这可是令人满意的。Prof. Macalister（《皇家爱尔兰学院院刊》，第十卷，1864 年，138 页——查本章上文已两度引此论文及有关刊物，见注 6 及 49，刊物第十卷出版的年份两处都是 1868，而此处忽作 1864，必有一误，而误在此处的可能性较大——译者）也曾叙述到这条拇指长屈肌的一些变异，也认为把它们联系到四手类动物身上的同一条肌肉来看，是值得注意的。

[54] 自从本书第一版问世以来，Mr. Wood，J. 曾就人身上颈、肩、胸各部分的各种肌肉，在《哲学会会报》（丙 149），1870 年卷（83 页起）里发表了又一篇报告。他在报告中指出，这些肌肉是如何地变异百出，而一经变异，就和低于人的某些动物身上的一些正常的肌肉又是如何地随时可以相比而表现出何等近密的相似程度来。他用如下的话总结说："在这个解剖科学的部门（肌肉结构——译者）里，有些比较重要的肌肉形态，如果在人身上作为肌肉的变异而发生出来，就会倾向于作为达尔文的返祖遗传的原理或法则的证据或实例而展示出来，并且展示得足够彰明较著——如果我成功地说明了这一层，我写这篇论文的目的也就充分地达到了。"

[55] 这一段中若干论述的出处已见我的《家养动植物的变异》一书，第二卷，320—335 页。

[56] 在这一方面，我在《家养动植物的变异》，第二卷，第二十三章中，已作过比较通盘的讨论。

[57] 见那本永远值得怀念的《人口论》（Essay on the Principle of Population），马尔萨斯牧师（the Rev T. Malthus）著，第一卷，1826 年，6、517 页。

[58] 《家养动植物的变异》，第二卷，111—113、163 页。

[59] 见 Mr. Sedgwick 文，载《不列颠国内外医学与外科学评论》（丙 36），1863 年 7 月，170 页。

[60] W. W. Hunter 著，《孟加拉农村志》（The Annals of Rural Bengal），1868 年，259 页。

[61] 见所著《原始婚姻》（Primitive Marriage），1865 年版。

[62] 一位著作家，在《旁观者》（丙 138，1871 年 3 月 12 日，320 页）上，对我这一

节话提出了如下的评论：——"达尔文先生发现自己被逼到一个地步，不得不把关于人的堕落的教义推陈出新地再度介绍出来。他指出，一些高等动物的本能要比野蛮种族的人的习惯远为高贵得多，而这一来，他就发现他自己不得不在事实上重新把正统的教义实质相同而形式不同地介绍了出来。关于两者实质相同这一层，看来他本人未必自觉，他自觉的是，他是在第一次把一个科学的假设向人推荐。这以科学假设形式出现的教义就是：人对知识的取得是他在道德上所由堕落的原因。这堕落虽是暂时的，最后终须得救，但在得救以前，也就够他长期消受了。野蛮部落的许多恶浊的风俗习惯，尤其是在婚姻这一方面，就是他必须消受的一部分。这教义源出犹太教的传统，说人，由于他抓取了他的最高的本能所禁止他抓取的一个智慧［之果］，从此就在道德上堕落下去：传统中这一部分所要申说的恰好就是这么多？（详见基督教徒所辑犹太文献，《旧约全书》中《创世记》的第三章——译者。）

[63] 参看 W. Stanley Jevons 说得相当好的一些意思相同的话。见所著文，《达尔文学说的一个推演》（A Deduction from Darwin's Theory），载《自然界》（丙 102），1869 年卷，231 页。

[64] 见 Latham，《人和他的迁徙》（Man and His Migrations），1851 年版，135 页。

[65] Messrs. Murie 和 Mivart 在合写的《狐猴类的解剖学》（Anatomy of the Lemuroidea）一文［载《动物学会会报》（丙 151），第七卷，1869 年，96－98 页］里说，"有些肌肉在分布上极不规则，要把它们分类而纳入上面所列的各组里的任何一组是难于下手的。"这些肌肉甚至在同一个人的左右两肢上都不一样。

[66] 见所著文《自然选择的限度》（Limits of Natural Selection），载《北美评论》（丙 104），1870 年 10 月，295 页。

[67] 见所著文，载《评论季刊》（丙 37）1869 年 4 月，392 页，但华莱士先生（Mr. Wallace）对这题目的更充分的讨论是在他的《对自然选择论的一些贡献》（Contributions to the Theory of Natural Selection）一书里；这书出版于 1870 年；本书所征引的他的所有论文全都在这书里重新发表了出来。Prof. Claparède，今天欧洲声望最大的动物学家之一，曾在发表在《万有文刊》（丙 33）1871 年 6 月号里的一篇文章中对华莱士先生这一文集中的一篇，《论人》（Essay on Man），进行了精明有力的批判，凡是读过华莱士先生的驰名论文，《从自然选择的学说推演而得的人类种族起源论》［The Origin of Human Races Deduced from the Theory of

Natural Selection，原载《人类学评论》（丙 21），1864 年 5 月，罗马数字 158 页〕的人，都会对我在这里所引的他的这段话表示惊异。关于这一篇论文，我不禁要援引一下 Sir J. Lubbock 的一段最为公平的话〔《史前时代》（Prehistoric Times），1865 年版，479 页〕：华莱士先生"用他一贯而代表他的性格的无私精神，把它（指自然选择的概念）毫无保留地归功于达尔文先生，尽管大家都知道，他独立地想出了这个概念，并且，虽不如达尔文先生的那么详细，却也在同一个时候把它发表了出来。"

[68] 见引于 Mr. Lawson Tait 文，《自然选择的法则》（Law of Natural Selection），载《都柏林医学季刊》（丙 50），1869 年 2 月。此文也引到 Dr. Keller 的意思相同的一些话。

[69] 见欧文所著，《脊椎动物解剖学》，第三册，71 页。

[70] 见《评论季刊》（丙 37），1869 年 4 月，392 页（按这也是评华莱士的话，参看上注 67——译者）。

[71] 属长臂猿的一种，骈趾猿或联趾猿（乙 499），像它的名称中所说的那样，指或趾中有两只是经常骈合的，而在这一猿类的另几个种，即普通的长臂猿亦称敏猿（乙 495）、白掌猴（乙 497）、银猿（乙 498），据 Mr. Blyth 告诉我，这两指或两趾只是间或有骈合的，一般不骈合。疣猴是严格以树为家的，而又非常活跃，见 Brehm，《动物生活图说》（Thierleben），第一卷，50 页；但比起其他关系相近的几个猴属的种来，疣猴爬树的本领是不是更为高强，我就不知道了。在这里值得提到一下，世上最离不开树的动物，各种树懒（sloth），脚长得极像钩子，像得出奇。

[72] Brehm，《动物生活图说》，第一卷，80 页。

[73] 见文，《论手……》（The Hand），辑入《布里奇沃特论文集》（Bridgewater Treatise），1833 年，38 页。（"论文集"，原文作 "Treatise"，单数，显系脱一 "s"，查阅，果然，兹补正后译出——译者。）

[74] 关于人从四足行走变成两足行走的若干步骤，海克尔有过一番出色的讨论，见《自然创造史》（Natürliche Schöpfungsgeschichte），1868 年，507 页。Dr. Büchner 在《达尔文学说评议》（Conférencessur la Théorie Darwinienne），1869 年，135 页里，举了一些良好的例子，说明人也还有能把脚作为把握器官来使用的；他对高等猿猴的把握方式也有所叙述，我在下面一节文字里所引的一些话就是他的。关

于猿猴的把握方式，亦见欧文著，《脊椎动物解剖学》，第三卷，71 页。

[75] 见 Prof. Broca 文，《尾部脊椎的结构》（La Constitution des Vertèbres caudales），载《人类学评论》（丙 126），1872 年，26 页（别有单行本）。

[76] 见所著文，《关于颅骨的原始形态》（On the Primitive Form of the Skull），英译本，载《人类学评论》（丙 21），1868 年 10 月，428 页。又欧文论高等猿类的颞骨，见《脊椎动物解剖学》，第二卷，1866 年，551 页。

[77] 见所著《动物世界的界限：对达尔文学说的一个看法》（Die Grenzen der Thierwelt，eine Betrachtung zu Darwin's Lehre），1868 年版，51 页。

[78] 见 Dujardin 文，载《自然科学纪事刊》（丙 9），第三组，动物学之部，第十四卷，1850 年，203 页。亦见 Mr. Lowne，《大苍蝇（乙 637）的解剖与生理》（Anatomy and Phys. of the Musca vomitoria），1870 年，14 页。我的儿子，F. 达尔文先生（Mr. F. Darwin）特为我这段讨论把赤蚁（乙 415）的大脑神经核剖视了一番。

[79] 见文，载《哲学会会报》（丙 149），1869 年卷，513 页。

[80] M. P. Broca，《论几种选择》（Les Sélections），载《人类学评论》（丙 21），1873 年卷；又见 C. Vogt，《论人讲义》（Lectures on Man，英译本，1864 年，88、90 页）所援引的资料。又 Prichard，《人类体质史研究》（Phys. Hist. of Mankind），第一卷，1838 年，305 页。

[81] 在已一度援引的那篇有趣的论文（应即上注 80 中所引文——译者）里，Prof. Broca 说得好，在文明的国族里，由于数量很可观的身心两个方面俱软弱的人得到了保全，平均的脑量不免有所降低；而在野蛮状态之下，这种人是等不到长大就会受到淘汰的。反过来，就野蛮人说，所谓的平均实际上只包括那些更为精干、虽在极度艰苦的条件下也还能存活下来的人。在洛泽尔（Lozère，省名，法国东南部——译者）境内所发现的穴居人（Troglodytes）的颅骨比当代法国人的要大些：这一事实一向无法解释，如今 Broca 的这段话就能把它解释开了。

[82] 见文，载《科学……汇报》（丙 47），1868 年 6 月 1 日。

[83]《家养动植物的变异》，第一卷，124—129 页。

[84] Schaaffhausen 根据 Blumenbach 和 Busch，列举了一些肌肉抽搐与烫伤的例子，见《人类学评论》，1868 年 10 月，420 页。Dr. Jarrold〔《人类学报》（丙 20），1808 年卷，115、116 页〕，根据 Camper 和他自己的一些观察，列举了一些例子，说明由于头部姿势固定位置不自然而引起了颅骨的变化。他认为，某些行业，例

如鞋匠，由于头部经常伸向前，前额倾向于变得更圆、更突出。

[85] 关于颅骨的加长，见《家养动植物的变异》第一卷，117 页；关于两耳之一倒垂的影响，见同书、卷，119 页。

[86] 见引于 Schaaffhausen 文，载《人类学评论》，1868 年 10 月，419 页。

[87] 欧文著，《脊椎动物解剖学》，第三卷，619 页。

[88] Isidore Geoffroy St. -Hilaire 说到〔《自然史通论》（Hist. Nat. Générale），第二卷，1859 年，215—217 页〕人的头顶上有长发；也说到猿猴和其他哺乳动物的背部的毛要比腹部的更为浓密。其他许多著作家也都观察到这一层。不过 P. Gervais〔《哺乳动物自然史》（Hist. Nat. des Mammifères），第一卷，1854 年，28 页〕说起，由于容易磨掉的关系，大猩猩背部的毛实际上比腹部的毛要稀疏些。

[89] 见所著《博物学家在尼加拉瓜》（Naturalist in Nicaragua），1874 年，209 页。多少可以作为对 Mr. Belt 这一看法的一个确证，我不妨在此援引 Sir W. Denison 的一段话〔《总督生涯的形形色色》（Varieties of Vice-Regal Life），第一卷，1870 年，440 页〕如下："有人说起，在澳大利亚人中间有这样一个习惯，就是，当毛发里的虫子多得引起麻烦的时候，他们就用火来把自己烧灼一下。"

[90] 见 Mr. St. George Mivart 文，《动物学会会刊》（丙 12），1865 年卷，562、583 页。又，Dr. J. E. Gray，《不列颠博物馆目录：骨骼之部》（Cat. Brit. Mus.：Skele-tons）。又，欧文著，《脊椎动物解剖学》（Anatomy of Vertebrates），第二卷，517 页。又，Isidore Geoffroy《自然史通论》（Hist. Nat. Gén.），第二卷，244 页。

[91] 见文《尾部脊椎的结构》（La Constitution des Vertèbres caudales.），载《人类学评论》，1872 年卷。

[92] 见文，载《动物学会会刊》，1872 年卷，210 页。

[93] 见文，载《动物学会会刊》，1872 年卷，786 页。

[94] 我指的是 Dr. Brown-Séquard 就豚鼠（guinea-pig）所作的关于一次由手术引起的癫痫（epilepsy）所产生的遗传影响的一些观察；同时也指比较新近的一个例子，就是，颈部交感神经的切断也曾产生与此可以类比的影响。（关于此二例，原注注文中都未说明出处。——译者）下文（第二十章中。——译者）我将有机会援引到 Mr. Salvin 所提出的关于修尾鸟（motmots）的一个有趣例子，这种鸟会自己修剪它的尾羽，就是把尾羽上的羽枝啄掉，而这种啄落的影响看来像是遗传的。关于这个所谓后天获得性的遗传的总问题，我在《家养动植物的变异》中也

　　曾有过讨论（第二卷，22—24 页），可以参看。

［95］《家养动植物的变异》第二卷，280、282 页。

［96］见所著《原始人》（Primeval Man），1869 年版，66 页。

第三章

人类和低等动物在心理能力方面的比较

在心理能力上，最高等的猿类与最低等的野蛮人之间的差别异常巨大——两者某些共同的本能——各种情绪——好奇心——模仿力——注意力——记忆力——想象力——推理力——逐渐的进步——动物所使用的工具和武器——抽象能力、自我意识——语言——审美的感觉——对上帝、鬼神及其他神秘力量的信仰

我们在上面两章里已经看到，人在身体结构方面保持着他从某种低级类型代传而来的一些清楚的痕迹；但也许有人会提出意见，认为人在心理能力方面既然和其他一切动物有偌大的差别，这样一个结论一定有误。不错，心理方面的差别是极其巨大的。一个最低等的野蛮人连表达高于四的数目的字眼都没有，又几乎没有任何抽象的名词来表达一些普通的事物或日常的感情，[1]然即便拿他的心智来和最高级猿类的心智相比，差别还是十分巨大的。再退一步说，即便这样一只高等的类人猿得到一些改进，或

接受一些"开化"，所接受的分量大致相当于一只狗所以别于它的祖先形态（parent-form，即狼或胡狼 jackal）的那个分量，它和最低等野蛮人之间的差距无疑地还是非常巨大。南美洲极南端的火地人（Fuegians）是在最低等的半开化人之列的，但我想起我在女王陛下的"贝格尔号"（H. M. S."Beagle"）上遇见三个这个族的人，他们曾经在英国住过几年，能说一些英语，从和他们的接触之中，我发现他们在一般性情和大多数心理性能上同我们如此近似，使我不断地发生惊奇。如果一切生物之中只有人才备有任何心理能力，或者，如果人的心理能力在性质上完全和低等动物不一样的话，我们将永远不能理解、或无法说服自己，我们这些高度的能力是逐步逐步发展出来的。但我们可以指出，人和其他动物的心理，在性质上没有什么根本的差别，更不必说只是我们有心理能力，而其他动物完全没有了。同时我们也必须承认，就这种能力的差距而论，存在于一种最低等的鱼，有如八目鳗（lamprey）或文昌鱼（lancelet）和某种猿类之间的，比存在于某种猿类和人之间的，要大得多，而无论差距大小，中间都存在着无数的由浅入深的层次。

在人的德性方面，差距也不见得小，一端是一个半开化的、残忍得像老航海家拜伦所描述到的那个人，因孩子把一筐子海胆（sea-urchin）掉落在海里，竟把他向石头上一摔，摔死了；另一端是文明人的仁慈，像一个霍伍德或一个克拉克森那样。① 在理智方面也是如此，一端是几乎不会使用任何抽象名词的野蛮人，另一端是一个牛顿或一个莎士比亚。最高族类的最高成员和最低的野蛮人这种差别，并不是截然两码事，而是由一系列差别极为微小的高低层次联系起来的。因此，每一个极端和层次都不是固定不移的，而是可以发展而过渡到、或退回到其他层次的。

我在本章中的目的是要说明，人和其他高等哺乳动物之间，在各种心

---

① 这是当时英国社会一般所知道的两个社会改良主义者或所谓慈善家。前一个是 John Howard（1726～1790），以主张监狱改革和改善犯人待遇著称；后一个是 Thomas Clarkson（1760～1846），是一个努力于反对欧洲的黑奴买卖的鼓动家，在当时资产阶级改良主义的眼光里，所谓道德高尚，此类个人的努力已是顶峰，故达尔文举以为例。

理秉赋上，是没有根本差别的。这个题目的每一个部分都可以扩充而单独成为一篇论文，但在这里，我们只能合起来做一番概括的处理。关于各种心理能力，目前既然还没有大家所公认的分类，我就准备把我的话，按照最便利于我的目的的要求，排个先后，逐段的说出来；同时列举给我最深刻印象的一些事例，我料想，对我既如此，对读者也大概会产生一些印象。

在本书下文讨论性选择的时候，我准备再多举一些关于在进化阶梯上一些很低的动物的例子，来说明它们的各种心理能力比我们所可能意料到的要高得多。同一物种中的各个成员所表现的每一种官能并不一律，而有很大的变异性；这对我们来说是一个重要之点，我在这里要略举几个例子。但在这一点上，我们也用不着说到太多的细节，因为我曾经多方探问，发现凡属长期从事于观察或饲养各种动物的人，包括注意于鸟类的人在内，一致认为同种的个体与个体之间在每一个心理特征上都有差别。至于各种心理能力，在最低等的有机体身上，最初是怎样发展出来的问题，那就像生命本身是怎样起源的问题一样，一时是没有找到答案的任何希望的。这一类问题，如果人有能力加以解决的话，也是遥远的未来的事情，眼下只好搁过一边。

人所具备的几种感觉既然和低等动物的相同，则他的基本的直觉能力一定也是和它们一样的。人也有和它们相共同的少数几种本能，如，自我保全、两性之爱、母亲对新生子女之爱、母亲喂乳的欲望，等等。但人所具备的本能，比在进化系列中仅次于他的一些动物来，似乎已经少了一些。东方诸岛（the Eastern Islands）上的猩猩、非洲的黑猩猩都会构造平台供睡眠之用；两种不同的猩猩既有此同样的习性，我们不妨提出论点，认为这是出乎同一种本能的，但对这一论点，我们也感觉到有些拿不稳，因为我们也可以想到，两种猩猩有着同样的需要，又具备着同样的推理能力，来满足这个需要，而平台就是所得的结果了。我们可以设想，这些类人猿，也会回避热带的许多种有毒的果实，而人却没有这方面的知识；但我们知道，我们的家畜，当它们被转移到一个陌生的地方、而到了春天初次被放到野外去生活的时候，它们往往会吃到有毒的植物，这后来它们虽知有所回避，但当初是中过毒的：因此我们就想到，猿类之所以不食有毒的果实，安知不是由于自己的经验教训，或它们父母的经验教训，而因为有过这种教训，才知有所选择的呢；不过我们在下面就要看到，有一点是可以肯定的，就是，猿类对各种蛇，乃至可能对其他有危害性的动物，有着出乎本能的畏惧心理。

高等动物的本能之少，和少数本能的性质之单纯，与低等动物在这方面的情况，相形之下，颇成对照，这是值得我们注意的。居维叶有一个主张，认为本能和理智是彼此对立的，此消彼长，成反比例；而有些著作家认为，高等动物的各种理智性能便是从它们的各种本能逐渐发展出来的。但布谢在一篇有趣的论文里指出，[2] 这种反比例实际上并不存在。他说，他所观察到的备有种种最奇妙不过的本能的各种昆虫，肯定也是最有智慧的几种昆虫。在脊椎动物的系列里，最缺乏智慧的一些成员，如各种鱼类和两栖类，并不具备任何复杂的本能；而在哺乳动物中间，以其各种本能而最引人注目的一类，海狸（beaver），却有着高度的智慧，凡是读过摩尔根先生的出色著作的人谁都会承认的。[3]

理智的最早一线曙光——尽管如斯宾塞先生所说的那样，[4] 是通过反射活动的增繁和协调而发展出来的，也尽管这些反射活动是从许多简单的本能逐步转变而成，并且彼此十分相像，很难辨别，例如正在哺乳中的一些小动物所表现的那样—— 一些比较复杂的本能之所由兴起，却似乎和理智是截然的两件事，各不相涉。但是，我一面虽远没有这种意思，想否认一些本能活动有可能丢失其固定与不教而能的性质，并由依靠自由意志而进行的其他一些活动所代替；一面却也认为，有些发乎理智的活动，在进行了若干世代之后，也未尝不可以转变为一些本能而成为遗传的一部分；海洋中孤岛上的鸟类终于懂得躲开人，似乎就是由习惯而成为本能的一个例子。这一类的活动不妨说是从此在性质上降了级，因为它们的进行是可以不再通过理智，或不再根据经验了的。但更大一部分的比较复杂的本能之所以取得，看来不是这样，而是通过一条完全不同的途径，就是，通过自然选择对一些比较简单的本能活动所发生的变异所进行的取舍的作用。这些变异所由兴起的原因，看来不是别的，也就是平时在身体的其他部分诱发出种种轻微变异或个体差异、而至今还是属于未知之数的那些原因，只是在这里，它们是在大脑神经的组织上起了作用而已；而所有这一类的变异，由于我们的无知，往往被说成是自发的变异。当我们深深的意识到自己不能生育的工蚁和工蜂所表现的种种奇妙的本能，想到它们由于不能生育而无法把一些经验的效果和变化了的习性遗传下去的时候，我想，我们对于一些比较复杂的本能的来源，除了上面所说的结论之外，怕不可能有任何其他的结论。

我们从上面所说的昆虫和海狸的例子里看到，一种高度的理智肯定可以和一些复杂的本能同时并存，而没有什么不相和谐之处，也看到了起初原是有意识而学习到的一些动做，不久之后通过习惯和熟练，可以和一种反射活动进行得同样的快当和准确——尽管如此，我们也必须看到不是不可能的另一个方面，就是在自由理智的发展与本能的发展之间，存在着一定分量的相互干扰——而这种干扰在后来势必牵涉到脑子方面的某种遗传的变化。关于脑子的功能，我们现在还知道得很少，但我们可以看到，当理智能力变得高度发展之际，脑子的各个部分一定要由一些曲折复杂的渠道联系起来，以保证彼此之间畅通无阻的交流；而这一来的结果是，每一个原先各有职掌的部分也许会变得越来越不适合于应答一些特定的感觉或联想的要求，即应答得恰如其分，合乎原有的、遗传已久的——也就是合乎本能的——那一个方式。甚至在低级的理智与正在趋向于固定而还不到足以遗传的程度的一些习惯之间，似乎也存在着某些关系；因为正如一位识见过人的医师对我说的那样，某些智力低下而接近于白痴的人，在一举一动上都倾向于停留在一成不变或例行的方式之上，而如果有人鼓励他们这样做，他们会表示十分高兴。

我的话是说得岔开了，但这段岔路是值得走的，因为，当我们把人与高等动物之建立在对过去事物的记忆之上，建立在远见、推理与想象力之上的一些活动，与低等动物依据本能而进行的恰恰是同样的一些动作相比

较的时候，我们有可能容易把人和高等动物的种种心理能力，特别是人的
这些能力，看低看轻了；在低等动物方面，进行这些活动的能力是通过各
个心理器官的变异性和自然选择的作用而一步一步取得的，而在取得之
际，有关的动物，在每一个连续的世代中，是无所用心于其中的，即用不
着任何自觉理智方面的努力的。不错，像华莱士先生所曾提出的论点那
样，[5] 人所做的种种牵涉到智力的工作中，有很大的一部分是由于模仿，
而不是由于推理。不过，在人的一些动作和低等动物所进行的许多动作之
间，有着这样一个巨大的分别，就是，人在他第一次尝试的时候，这尝试
的活动是决不可能通过模仿而作出的。譬如一具石斧的制造，或一只独木
舟的制造罢。他必须通过练习来学到如何进行工作，而反之，一只海狸第
一次尝试堆筑堤坝、或挖掘渠道，或者，一只鸟第一次营巢，可以和它们
后来在老练的时候所营造或挖掘的一样的好，或几乎是一样的好，而一只
蜘蛛尝试织网，第一次的美好程度也和后来的不知多少次的完全一样。[6]
现在回到我们更直接有关的题目上来。低等动物，像人一样，显然也感觉
到愉快和痛楚，懂得什么是幸福，什么是烦恼。最能表现出幸福之感的，
大概无过于像若干小孩似的正玩得高兴的几只小狗、小猫、小绵羊等等。
甚至昆虫也懂得一起玩耍。那位出色的观察者，迂贝尔看到蚂蚁彼此追来
逐去，并且装作彼此相咬，像许多小狗那样，并且把所看到的描写了
下来。[7]

　　低等动物，和我们一样，也受同样的一些情绪所激动，这是早经确立
而尽人皆知的一个事实，无须我在这里提到太多的细节而使读者厌倦了。
恐怖在它们身上也像在我们身上一样起着同样的作用，足以使肌肉颤动、
心跳加快、括约肌松弛，而毛发纷纷直竖。由恐惧而产生的猜疑，是大多
数野兽的一大特点。我们读过坦南特爵士所作关于猎取野象时用来作为囮
兽的几只母象如何行为的那段记述之后，我想我们不能不承认她们懂得有
意识的进行哄骗，并且充分认识到自己是来做什么的，就是，诱致野象。
在同一物种之内，勇和怯是差异极大的品质，个体与个体之间差别很大，
这我们在家犬中间就可以清楚地看到。有些狗和马的脾气很坏，动不动生

闷气，另一些则总是和易近人，而这些品质肯定也是遗传的。谁都知道动物容易暴怒，并且表示得十分清楚。各种动物把怨气积压了很久、而突然报复得很巧妙的复仇故事是很多的，并且时常有人发表出来，看来未必不是实有其事。一向观察准确的仑格尔和布雷姆都说到，[8] 他们所驯养的各种美洲和非洲猴子肯定是有仇必报的。另一位以精密细致在同辈中著称的动物学家，史密斯爵士，告诉我，他和另外几个人正好因在场而得以目睹如下的一件事：在南非洲好望角，一个军官时常欺侮某一只狒狒。有一个星期天，狒狒远远地看到这个军官带了队伍耀武扬威的快要走过来，它就立刻把水灌在一个小洞里，赶快地和成一堆稀泥，等军官走近，就很准确地向他没头没脑的扔过去，引起路边的许多人哈哈大笑。后来在很长一段时间里，只要望见这个挨过它泥巴的家伙，它就眉飞色舞的表示高兴。

狗爱主人，是无人不知、无人不晓的；一位老著作家风趣地说道，[9] "地球上爱你比爱它自己还笃的东西没有别的，只有一条狗。"

有人知道这样一个例子：一条垂死而正在痛苦挣扎中的狗还起而拥抱它的主人。另一个大家都听说过的例子是，一条躺在解剖桌上的狗，一面忍受着刀剪所给它的痛苦，一面却不时的舐着动手术的人的手；我想，除非这一次手术关系重大，牵涉到我们科学知识的增加而确有进行的充分理由，或除非施手术的人有一副铁石的心肠，否则，这人直到他自己临死以前，会不时追悔这一件事。

休厄尔[10] 曾经问得很好："凡是读到过有关母爱的例子的人，无论所叙述的是各个国族的妇女也罢，或各种动物的雌性也罢，有谁能疑心，这种行为所根据的原理会因人兽之分而有所不同呢？"我们看到，母爱的表现是无微不至的。例如，仑格尔观察到一只美洲母泣猴（乙 183）细心关切地为她生下不久的小猴子赶走骚扰着它的蝇子；而杜瓦塞尔看到一只母长臂猿在水边替她的几只小猿一个一个的洗脸。小猿或小猴不幸而死，母猿或母猴因不胜哀伤而死的例子也时有所闻，而在布雷姆在北非洲所畜养的许多种猿猴里，有某几种简直老是这样以母殉子的。失去了父母的小猿猴总有别的猿猴抱养，义父母有公的，也有母的，并且保护得很周到。有一只母狒狒，胸怀特别宽大，她所抱养的小一辈不但有其他猴种的小猴子，并且还有偷来的小猫小狗，为了怕有闪失，还不断把它们带来带去。不过，她的仁慈还是有限，她不让她的养子养女分享她的食物。布雷姆对这一点大为不解，因为他所畜的猿猴总是和她的子女分享一切的，并且每只一份，很是公平。这只母狒狒抱养了几只小猫，有只小猫偶尔用爪子将义母抓了一把，义母开头一怔，但她毕竟是一只很聪明的狒狒，便立刻把小猫的脚检视了一下，随即毫不迟疑地把爪甲一口咬了下来。[11]在动物园里，我从管理人员那里听说，一只老狒狒（属狒狒类中的"山都"的一种，乙314），抱养了一只幼小的恒河猴（乙832），但后来当两只大狒狒或山魈，一壮一幼，被放进同一间笼屋的时候，她似乎认识到，新来的客人虽和她不属于一个种，在亲属关系上总要近一些，于是立刻把恒河猴推开，而把这两只山魈当作养子看待。我看见，恒河猴既被突然摈弃，便表现出大为不满的情态，而像顽皮的孩子一样，一有机会，在保证自己不吃亏的限度以内，便向两只山魈捣麻烦，甚至向它们进攻，这自然也在雌性老狒狒方面激起了很大的恼怒。据布雷姆说，各种猴子也懂得在敌人攻击之下保护主人；像狗在别的狗的攻击前面保护它们所依恋的人一样。但我们这些话不免岔到了同情心和忠诚等心理方面去了，目前姑且不再说，把话留给下文。布雷姆所畜的猿猴中，有几只特别喜欢向某一只它们所讨厌的老狗，以及其他同被豢养的动物，用种种巧妙的方式，进行嘲弄，引以为乐。

　　大多数比较复杂的情绪是各种高等动物和我们所共有的。每一个人都看到过，如果主人在别的动物身上表示太多的恩宠，狗会表现出何等妒忌的心情，而我自己在一些猴子身上也曾观察到同样的情况。这表明动物不但能爱，并且也有被爱的要求。动物也显然懂得争胜而不甘落后。它们也喜欢受到称赞。一只替主人用嘴衔着筐子的狗会表现高度的自鸣得意和骄傲的神情。我认为还有一点也是无可怀疑的，就是，狗也懂得羞耻，而这一情绪的表示和畏惧分明是两回事，而在索取食物过于频繁的时候，也似乎表现得很像有些羞涩不前，有些难以为情。一只大狗瞧不起一只小狗的咆哮，而不与计较，这也不妨说是器量大。有几个观察者说到猴子肯定地不喜欢有人嘲笑它们；它们有时候也会假装受到委屈。在动物园里，我看到一只狒狒，每当管它的人取出一封信或一本书，对着它高声朗诵，它总要大发雷霆，而有一次我亲眼看到，它在盛怒之下，无可发泄，便把它自己的腿咬得流出血来。狗也表现有一种可以名副其实称为幽默的感觉，而这又和单纯的闹着玩分明不是一回事；如果主人向它丢一根小木棍或其他类似的东西，它往往会把它衔起来，跑一段路；然后蹲下来，把小木棍摆在前面地上，等上一会儿，看主人是不是走过来把棍子取走。等主人真的走得很近了，它又突然跳起来，衔上棍子，跑得远远的，大有胜利而洋洋自得之意；如是者可以重复上好几次，显然表示它的所以高兴，不是因为玩得痛快，而是因为它开了主人一个玩笑。

现在我们转到更有理智性的一些情绪或秉赋；这些是很重要的，因为一些更高的心理能力的发展要以它们为基础。动物显然喜欢热闹，喜欢声色的刺激，而生怕闲着无聊，我们看到狗就是如此，而据仑格尔说，猴子也是如此。一切动物都会感觉**惊奇**而表示出来，而许多种动物也表现着对事物的**好奇心**。由于好奇，它们有时候会吃大亏，例如猎人为了把它们诱引出来，玩些把戏，它们爱看把戏，就上了当，我亲眼看到过几只鹿就这样上了当，而羚羊的一种，平时极为小心的臆羚（乙230），以及某几个种的野鸭，也是如此。布雷姆曾经就他所畜养的猴子所表现的对蛇的一种出乎本能的畏惧心情作过一段富有奇趣的记录，说它们一面怕，而一面却又十分好奇，会十足的像人那样，为了想把畏惧心情平息下来，几次三番情不自禁地要把装着蛇的那只箱子盖揭开一条缝瞧瞧。布雷姆的这份记录很是打动了我，我在惊异之余，把一条做成标本而蟠着的蛇送进动物园豢猴的笼屋里。猴子一见蛇，顿时张皇失措，大叫大嚷，闹成一团；我平生所见的奇特场面不算太少，而这也是绝无仅有的一个。有三个种的长尾猴（乙199）怕得最厉害，它们在笼屋里东奔西窜，不断发出其他猴子都懂得的作为危险信号的怪叫，只有少数几只幼小的猴子和一只上了年纪的埃及尖嘴狒狒（乙312）没有理睬这条蛇。随后我又把这条蛇放在笼屋中较大一间的地上。过了些时候，所有猴子全都集中到这一间屋里来，围成了一个大圈子，全都盯着蛇看个不停，构成了一个极为可笑的场面。它们都变得极度的神经过敏，一个它们经常玩弄的木球，一半在草堆底下，一半露在外面，偶然转动了一下，都把它们立刻吓得跳起来。但别的新东西被送进笼屋时，例如一条死鱼、一只死鼠、[12]一只活鳖，或其他物品，这些猴子的反应便与此很不相同。当然起初也有点害怕，但一下子就走过来把玩一番，看看究竟是怎么一回事。接着，我换一个方式进行试验，我把一条活蛇放进一只纸口袋，松松的封上袋口，然后放进笼屋的较大一间里。第一只猴子立刻走了过来，轻轻的把口袋打开了一点，向里面张望了一下，立刻一溜烟似的跑开了。再接着我就亲眼看到了布雷姆所曾描绘到的一切：一只一只的猴子，头抬得高高的，脸侧向了一边，都按捺不住要向竖立在地上而张开了口的袋子里窥探一下，看看袋底躺着不动的那件可怕的东西究竟是什么。似乎还有这样一个情况，就是，猴子似乎也理会到物类之间的亲疏远近的关系，因为布雷姆所畜养的猴子，一见到毫无毒害的几种蜥蜴和蛙类，也表现出一种发乎本能的恐惧心理，它们把无害认作有害，那是错了的，错用了一次本能的反应；但也许它们也看到这些动物和蛇有一点点接近之处，亦未可知。有人知道，有一只猩猩在初次看到一只鳖的时候，也曾大吃一惊。[13]

人的**模仿性**（principle of imitation）是很强的，而根据我所目睹的一些情况而言，野蛮人尤其如此。在脑子发生某些病态的情况之下，模仿的倾向会取得变本加厉的发展，难于抑止。有几个偏瘫或患其他脑病的病人，当其由于发炎而脑质变得局部软化的初期，会不自觉的对每一个所听到的字学舌，本国语言的学，外国的也学，也模仿在近旁所看到的别人的每一个姿态或动作。[14]德索尔[15]说过，在动物进化的阶梯之上，一直要上升到猴子的阶段才自动的对人的一举一动看样学样，低于猴子的动物是不会的，而猴子的擅长此道，令人发笑，这是谁都熟悉的。但动物有时候也在彼此之间看样学样，例如，有两种由狗出力养大的狼，也学会了吠，像有的胡狼或豺狗那样，[16]但这究竟是不是可以称为随意的模仿则是另外一个问题。鸟类会模仿它们父母所唱的歌曲，有时候也会仿效别种鸟的歌声。而鹦鹉能仿效一切它们所经常听到的声音，是个模拟专家，这是一向有名的。马尔叙述过[17]由猫喂养大的一只狗。说它学会了猫所时常进行的用舌头来舐脚爪的那个动作，并且在舐了之后，又用脚爪来洗刷耳朵和脸。名气很大的博物学家奥杜因也曾亲眼看到过这种例子。我在这方面也曾收到过可以用来进一步加以证实的若干条记录。其中有一条说，有一只狗，虽不是由猫用她的乳汁喂大的，却是由她同她自己的一窝小猫一道带领大的，也这样的学到了这个习惯，并且在它十三年的生命之内，一贯维持，始终没有忘记。马尔自己养的一条狗也从一起长大的小猫那里学到了玩球，先用前脚爪拨球，使转个不停，然后自己向球上面蹦。一位时常和我通信提供资料的朋友肯定地告诉我，他家里养的一只猫惯于把前脚爪伸进牛奶瓶子，因为瓶口大小，头伸不进，只好用脚爪来蘸取奶汁。她所生的一只小猫也学会了这手法，从此以后，只要有机会，总要这么来一下。

许多动物，做父母的一辈，凭借着小动物所具有的模仿的原理，尤其是凭借着它们的种种本能的或遗传的倾向，来进行可以说是对它们的教育。当一只猫把一只活的小老鼠交给她的小猫的时候，我们就看到了这一点。而马尔有一段根据他自己观察所得的很奇特的记载，说到老鹰是怎样把行动敏捷和对距离的判断教给儿女的，它们先用死耗子、死麻雀从高处往下放坠，这在小鹰一般开头都不大抓得住，演练一段时期之后，再放活的小鸟作为捕捉的对象，慢慢就行了。

人在理智方面的进步所依凭的各种心理性能之中，在重要的程度上，几乎没有一个是比得上**注意力**的。动物也表现有这种能力，这是很清楚的，一只蹲在洞口准备着一跃而把钻出洞来的老鼠捉住的猫在这方面表现得十分清楚。野生动物为了捕捉其他动物来吃，有时可以专心致志或全神贯注到这样一个程度，可以弄得像螳螂捕蝉、黄雀在后那样，连猎人的走近都没能理会。巴特勒特先生曾经给我一些资料，令人意想不到地证明，在猴子中间，这一性能的变异性可以大到何等程度。一个专门训练猴子使它们能在舞台上参加演出的人，经常向动物学会购买一些普通种类的猴子，每一只付五个英镑；但他有一次请求在购定之前，让他先把三四只猴子取走几天，挑选一下，选定的猴子他准备每一只付十个英镑。当有人问他怎么能这样快的就知道一只猴子究竟是不是一个好演员的时候，他回答说，这全看它的注意力强不强，如果当他向一只猴子讲话而说明一些什么的时候，这只猴子喜欢东张西望，连墙上的一只苍蝇或其他类似的不关紧要的东西都可以把它的注意力扯过去，这样的猴子是没有希望的。用惩罚的方法来加强它的注意力，是无效的，它只会沉着脸生闷气。反之，一只能悉心注意他的话的猴子则一定可以被训练出来。

　　动物对它所接触过的人和地有着出色的记忆，这一点是几乎不待烦言的。史密斯爵士告诉我，在好望角，一只狒狒，在他离开了九个月而再度彼此见面的时候，还认识他，并且表示了久别重逢的心情。我自己有过一只狗，很桀骜不驯，厌恶一切来访的陌生人；有一次，在我离家五年又零两天之后，我故意试它一下，看对我还记得不记得，我走近它所住的马厩，用我习惯于呼唤它的方式高声喊了一下，它虽不表示有什么高兴之处，却立刻跟着我一起出门散步，处处听我的吩咐，真像是我们重逢前的分别那样，好像这分别不是五年前的事，而是半个钟头以前的事。一大串旧时的联想，仿佛是熟睡了五年之久以后，一下子突然觉醒过来，涌上了它的心头，使今和昔挂上了钩。即便在蚂蚁，迁贝尔[18]曾经明白指出，在分离四个月之后，和同一社群中的成员也还能彼此认识。动物对于来回往复的事件中间所经历的时期长短肯定有些判断的方法，只是我们还无从知道罢了。

　　想象力是人的最高特权之一。通过这一种心理性能，他可以把过去的一些形象和意念连结在一起，而无需乎意志居间作主，即这种连结的过程是独立于意志之外的，而一经连接就可以产生种种绚丽而新奇的结果。一个诗人，像里希特所说的那样，[19] "如果必须先深深的思考一下，他究竟要不要让他诗中的一个角色说一声是，或说一声不——说话的对象是和他在一起的一个魔鬼——的话，那它就不成其为诗人，而是一个笨伯了。" 做梦最能使我们懂得，想象力是一种什么东西，而里希特又说过，"梦是一种不自觉的诗的艺术。" 我们想象力的产品的价值大小当然要看我们种种印象的多少、精确不精确、清楚不清楚，要看我们对许多印象的这个或那个不自觉的结合进行取舍的时候所用的判断力或鉴赏力，而在某种程度上，也要看我们把印象结合起来的一些自觉的能力和努力。狗、猫、马，以及可能所有的高等的兽类，甚至鸟类，[20] 都会做生动的梦，它们在睡眠中的某些动作和所发出的某些声音就可以说明这一点。既然如此，我们就得承认它们也多少有些想象的能力，而不是完全没有。狗在夜间要嗥，尤其是在月夜，而且嗥得很奇特、很凄厉，称为犬吠月（baying，在我国南方有些地区，亦称"狗哭"——译者）；这里面一定有些特殊的道理，使得狗有这种行径。不是所有的狗都是这样。据乌泽说，[21] 凡是不吠月的狗，一到月夜，往往两眼避开月亮不看，而是盯着靠近地平线的某一个固定之点。乌泽认为，在月夜，狗的想象力为四周事物模糊不清的轮廓所干扰，并且这种光景会在它们眼前召唤出种种离奇古怪的幻像来；如果这话是真的，那狗的感觉中也许还有几分可以被称为迷信的成分哩。

在人的一切心理才能中，我敢说，谁都会承认，**推理**是居于顶峰地位的。动物也有几分推理的能力，对于这一点目前也只有少数几个人提出不同的意见。我们经常可以看到动物在行动中突然停止、然后仿佛有所沉思、然后作出决定。一件颇为有意义的事实是，对任何一种特定动物的生活习惯进行研究的一个博物学家，研究越是深入，他所归因于推理的东西就越多，而归因于不学而能的本能的就越少。[22] 在后来的几章里，我们将要看到，有些动物，尽管在进化阶梯上地位极低，却似乎也表现出某种分量的推理能力。当然，要在推理的力量和本能的力量之间作出清楚的辨别，划出分明的界限，也往往是有困难的。例如，黑斯博士，在他所著的

《敞开的北极海面》（The Open Polar Sea）一书中，几次三番的说到，他的几条狗本来一直是靠拢成很紧凑的一队来拉雪橇的，如今走近了海面冰薄的地方，它们便开始岔开或分开，各拉各的雪橇前进，显然为的是把重量分配得平均一些，免得陷进水中。旅行到此，这往往是对旅客的第一个警告，说冰越来越薄，前途危险。如今要问，各条狗的所以这样的改变走法，是由于每一条狗自己的经验呢，还是由于老一些或比较聪明些的同辈的榜样呢，还是由于习惯的遗传、也就是由于本能呢？如果是由于本能，这本能的来源可能很早，早到当地土著居民当初开始用狗来挽雪橇或冰橇的时候；或者，北极地带的一些狼种，也就是今天爱斯基摩人的狗的祖先，有可能取得了一种本能，驱使它们不要用密集合伙的方式在冰薄的季节里在海面上袭击所要捕食的动物。

　　人所以进行一种动作，究竟是由于本能，抑或是由于推理，抑或只是由于一些意念的联合，我们只能根据当时当地的情境来加以推断，而意念的联合这一原理是和推理有着密切联系而难于划分的。默比乌斯教授举过关于一条梭子鱼（pike）的例子，[23] 取一只养鱼器，用玻璃片隔成两格，一格里放这一条鱼，只有它一条，另一格里养满了多种其他的鱼；梭子鱼为了捉食其他的鱼，时常向玻璃片猛力冲去，有时候简直是把自己撞晕了。如是者凡三个月。但它终于学到了乖，不再干了。到此，做试验的人把玻璃撤了，尽管它从此和原先分格而居的别的几种鱼混在一起，却不再向它们进行攻击，而后来另外放进养鱼器的别种鱼它却照样吞食。这条鱼的行径之所以前后不同，显然是由于，在它还不发达的心理状态中，它把撞得头昏脑暗和吞食邻居的尝试两种事强有力地联系了起来，因而有所警戒。如今可以设想，如果一个从来没有见过大玻璃窗的野蛮人，遇上一个相类似的情境，只要撞过一次，就会好久地把撞脑袋和窗格子两事联系在一起；这是和鱼相同的，但有一点很不相同，他大概会对障碍物的性质进行一些思索，而在前途再遇到相类似的情境时，会更小心一些，不至于再撞第二次。至于猴子，我们在下文就要看到，一次行动所产生的痛苦或仅仅是不愉快的印象，有时候就已经足够使它不再重复这种行动，用不着太多的次数就能接受教训。如果我们说，鱼和猴子之间的这一点差别是完全由于猴子心理上所发生的意念联合比鱼心理上所发生的要强大得多、深刻得多，尽管鱼所受的痛苦、乃至创伤，要比猴子远为严重——人和鱼或猴之间也有同样的差别，我们能不能说在此种差别之中隐含着人具有一种根本不同的心理呢？

乌泽叙述到，[24]在美国得克萨斯横越一片广阔而干旱的平原的时候，他的两条狗渴得要死，一路只要见有坎坎洼洼之处，它们就冲过去找水，如是者约有三四十次。这些低洼之处并不是小谷或河槽，其中不长什么植物，或虽长而和四周的植物没有分别；它们是干得一点水也没有的，因此，也不可能有什么潮湿的土味向外散布。而这两条狗的行动似乎说明它们懂得凡是坎坎洼洼的地方就最有提供水源的机会。乌泽在别种动物方面也曾时常直接观察到同样的行为。

我看到过并且敢说别人也看到过，在动物园里，如果向大象丢一件小东西而大象还是够不着的话，它会举起鼻子吹气，让气流超过东西所在的地点而从多方面推动它，使移向自己可以够得到的距离之内。一位知名的人种学家，威斯特若普先生告诉我，他在维也纳的动物园里观察到一只熊，从笼屋的栅栏里伸出掌来，有意地，乃至用心地把栅外小池中的水搅出一个旋涡，好让浮在水面的一块面包可以移动到它能抓得到的距离以内。大象和熊的这一类动作很难归结到本能或习惯的遗传上去，因为在自然状态之中它们是用不着这样做的。如今要问，这一类动作，高等动物有，一个未受文化熏陶的人也有，在相同之中究竟有没有什么相异之处呢？

野蛮人和狗都时常在低洼之处发现水，境遇和效果的两相符合就在他们的心理上联结了起来。在同样的这类事情上，一个受过文化熏陶的人也许要进而提出一个有些概括性的说法来；但在野蛮人，就我们见闻所及，是不是会这样做则是十分十二分地可以怀疑的，而狗则肯定是不会的。不过一个野蛮人，以及一只狗，尽管失望的机会要多些，都会同样地寻找水源，而这一动作看来同样都是从推理出发，且不论他们的心眼里对这类事情有没有任何自觉的概括性的说法。[25]这话也适用于上面所说的会噓出气流的象和搅出旋涡的熊。野蛮人肯定不知道，也不想理会，能满足他的要求的一些动作有没有法则可循，或遵循着什么法则；然而他的动作还是按照着一个粗陋的推理过程而进行的，精粗的程度尽管有所不同，就其受这样一个过程所指引而言，却和一个能作出最冗长的一系列逻辑推演的哲学家并无二致。在野蛮人和一只高等动物之间，又无疑的有着这样一个差别，就是，前者会注意到周围更多和远为微小的情况和条件，也无须乎太多次的重复或经验，便会观察到这些情况和条件之间的联系，而这一点是极关重要的。我对我自己的孩子之一，当婴儿时期，每天都把他的活动记录下来，当他约满十一个月的时候，在他开始咿呀学语之前，我对他把各式各样东西和声音在他心理上联系起来的那种越来越快的速度，不断地得到很深刻的印象，那比我生平所曾看到的最聪明的狗要快得多。不过在这种把事物联系起来的能力上，高等动物和等级低的相比，也同样地相差得很远，上面所说的梭子鱼就是比较低级的了。在作出推论和进行观察的能力上，情况也是这样。

经过很简短的一些经验之后，推理就可以发挥指引或提示的作用，这一点从下面所要说的美洲产的几种猴子的行径里就可以得到说明，而这些猴种在它们所属的目里地位还是不高的。仑格尔是一个谨密的观察者，说到他在巴拉圭时，当他第一次把鸡蛋给猴子吃的时候，它们是把蛋向地上砸破了再吃的，这一来就不免有所损失。后来它们就懂得把蛋的一头轻轻的敲在硬东西上面，破了，再用指头把碎片摘掉，这就没有损失了。只须一次被任何尖利的工具所刺伤或割破之后，这些猴子也就不再接触这种工具，或接触时特加小心。给它们吃的方块糖往往是用纸包着的。有时候仑格尔在同样的纸包里放上一只活的黄蜂，猴子在急于打开的时候就不免被螫一下，但也只要一次被螫，再拿到纸包时就一定先放到耳边，听听其中的动静。[26]

下面要说的一些例子是关于狗的。考尔孔先生[27]射中两只野鸭，但只射中翅膀，伤而未死，掉在河的彼岸；他的回猎犬（retriever）过河捡取，试图一下子就把两只鸭子都衔回来，但实际上不可能，于是从来在衔拾猎物时连鸟的羽毛都不会弄乱的这条狗，却一口先咬死了一只，留在那里，先衔回活的另一只，然后再回去取死的。哈钦森上校叙述到，两只鹬鸪同时被射中，一死一伤，伤的正脱逃中，为猎犬所截获，① 猎犬在归途中又碰上了那只死了的鹬鸪，于是一面停止前进，一面却表现出不知如何是好的神情。它试了又试，发现要衔取死的，就不得不先把那只伤了翅膀的活的放下，那就等于让它逃脱；它沉吟了一下之后，将衔在嘴里的那只狠狠的咬上一口，把它杀了，终于把两只同时衔归。就这条猎犬说，这是它把猎获的活物故意伤害的唯一的例子。这里显然有推理的存在，尽管这番推理并不很完全，因为这只猎犬也未尝不可以像衔取那两只野鸭的例子那样，把活的先取归，然后再回去取归死的。我举出上面这两个例子，一则因为它们证据确凿，而又来自两个各不相谋的证人，再则因为两例中的主角是同一种猎犬，同样地在通过一番沉思之后，临时突破了遗传已久的一个习性（即不杀害所取归的猎获物），三则因为它们都表明具有相当强的推理能力，否则是不可能突破一个早经固定下来的习性的。

我引声誉卓著的洪堡的一段话[28]来结束这一节讨论："南美洲经营骡马的人说，'我不准备把步子最轻快的骡子给你，我给你那最有理性的一只——也就是说，最能推理的一只'"；他又说，"这句俗话无疑是长期经验的昭示，它反驳了认为动物无非是有生命的机器的那一种想法，这种反驳，比起不务实际的哲学所提出的一切论点来也许更为有力。"尽管如此，有些著作家至今还在否认，高等动物会有任何推理的能力，认为连一丝一毫都不会有。他们总是竭力想把诸如上述的一些事实解释掉，但议论虽多，看来也不过是废话罢了。[29]

到此，我想我们已经表明，人和其他高等动物，特别是灵长类的动

---

① 此例与上一例中的猎犬，原文中说明乃属于 retriever 的品种，即最善于将猎获物衔归的一个品种，未得恰当译名，姑译"回猎犬"；又揣这两例有关文义，这种猎犬平时像是从不伤害所猎获的东西的，可见这里所叙述到的他的临时的行径是一种"急中生智"，是颇具推理能力的一个明确的表示。

物，在少数几个本能上，是彼此共同的。彼此也都具有相同的一些感觉、直觉和知觉——而各种情欲、恩爱、情绪，甚至其中比较复杂的几种，比如妒忌、猜疑、争胜、感激和器量，也都是一样，都懂得彼此进行欺骗，也都懂得报仇。高等动物有时候也会挪揄或奚落人家，甚至也有些幽默之感；它们对事物也会感觉惊奇，也有好奇心；模仿、注意、沉思、抉择、回忆、想象、联想、推理等才能，它们也都同样地具备，只是程度很不整齐罢了。同一物种里的个体，在智力上，下自绝对的痴愚，上至高度的机灵或伶俐，各种程度都有。它们也会失去常度而变成疯癫，但比起人来，这种倾向要少得多。[30]事实尽管这样，许多著作家却还在坚持，人和一切低于他的动物之间，在各种心理秉赋上，存在着一道不可逾越的鸿沟。从前我曾经在这方面收集了大约二十条有关人兽之别的"经典"论断，但几乎是全无用处；由于数量太少，又且彼此说法不一，要从这种尝试中取得什么结果是困难的，甚至是不可能的。甲说，只有人才会逐步的改进；乙说，只有人才会使用工具或火，驯养别的动物，和占有财产；丙说，没有一种动物有抽象的能力和构成一般性概念的能力，也没有一种动物有任何自我意识和自知之明；丁说，没有任何动物使用语言；戊说，只有人才有审美观念，才反复无常，难于捉摸，才懂得知恩必报，才有神秘之感，等等；才信仰上帝，有个良心。我准备就其中比较重要和有趣味的几点冒昧再略谈几句。

萨姆纳主教以前主张过，[31]只有人才能逐步的改进。人改进起来，比其他任何动物又大又快，悬殊得难于相比，是无可争辩的，而这主要是由于他有语言的能力，和把已得的知识一代一代往下传的能力。在动物方面，首先就一个物种的个体而言，任何于张设网罟陷阱有些经验的人都知道，幼小的动物比老成的动物容易捕获得多；它们不大戒惧逼近的敌人。就老成一些的动物个体而言，便不可能在同一时间地点，用同样的一种捕捉器，或用同样的一种毒药，进行比较大数量的捕捉或消灭；那大概也不是因为每一只以前都尝过这一种毒药，更不可能是因为每一只都被一种捕捉器捉住过，而知所警惕。它们是懂得警惕的，但这种警惕一定是由于它们看到过同类遭受过陷害或毒害。在北美洲，凡属长一身好皮毛的动物都久已成为逐取的对象，而据所有观察者的一致的见证，它们所表现的机灵、谨慎和狡猾，说出来几乎令人难于相信；但在这里，由于各种用机关设陷阱的捕捉方法通行已久，遗传有可能已经发生一些作用，亦未可知。我曾经收到过好几宗通信资料，说当电线最初在任何一个地区敷设起来的时候，许多鸟不免因碰线而触电死去，但在短短几年之内，它们就都懂得规避这一危险，其所以懂得，看来大概是由于看到了同类是怎样遭过难的。[32]

上面说的只是就物种中的个体立论；如果我们就物种的一代一代来看，也就是就整个种类来看，无疑的一点是，鸟类和其他动物在和人及别的敌人发生关系之后所产生的戒惧心理，一面既逐步取得，一面却也未尝不逐步消失。[33]这种心理的主要组成部分是遗传的习惯，也就是本能，而另一部分则是个体经验的结果。一位良好的观察者，勒鲁瓦[34]说，在狐狸时常被猎的地方，第一次离开洞穴的小狐狸，比起不大受人猎取的地方的老成的狐狸来，无可争辩的要小心得多。

我们的家犬是从狼和豺狗传下来的，[35]家养以来，尽管在狡黠方面没有得到什么增加，而在戒慎和猜疑方面还不免有所损失，但在某几种道德品质上，例如恩爱、诚信可靠、性情脾气，以及也许一般的智力，却都有了进步。普通的家鼠，在欧洲全境，在部分的北美洲，新西兰，不久以前在台湾，以及在中国大陆上，都征服和打败了若干种其他鼠类。斯温赫先生，[36]在叙述台湾和中国大陆上的这一情况时，把普通老鼠之所以能战胜当地原有的一个大型的鼠种，国姓爷鼠（乙635），① 归因于它的更为狡黠

---

① 此处原文及索引均作 Mus coninga，显然是 Muscoxinga 的刊误。这种鼠汉语动物学词书未有专名，只说是"鼠之一种"（《动物学大辞典》，商务1933年缩本版，西文索引，78页），或只列西文分类专名，而全无说明（以上引书，1777页）。按这一鼠种应即台湾省地方原有而为普通鼠所战胜或取代的鼠种，而正文中所引的 Swinhoe 教授也就是发现而为它定名的人，故全名为 Muscoxinga Swinhoe；推测他命名之由，大概和郑成功的一段历史有联系。南明唐王曾赐成功姓朱，故当时成功在闽、台一带有"国姓爷"之称，西文译音即为 Koxinga 或 coxinga；今借用为鼠种之称，意谓这种鼠虽曾擅胜一时，终于为别一鼠种所制服或取代，好比明亡以后，延平一系也终于被清王朝所镇压。这种鼠今天是否尚有遗种，当地作何名称，一旦台湾回归，当不难查明究竟，目前姑译称为"国姓爷鼠"。

的品质。人总是千方百计想消灭它，它总是竭尽智能地想避免被人消灭，而长期以来，同种之中一切智能低下或不那么狡黠的个体也已经几乎全部受到人力的淘汰，普通鼠之所以特别狡黠，原因大概在此；但也有可能，普通鼠的祖先，在开始和人打交道之前，早就具备这一品质，即比其他鼠种更为狡黠，也未可知。如果没有什么直接的证据，而说在过去漫长的各个时代里，在和人打交道之前，之外，家鼠便未曾有过理智或其他心理性能方面的进展，那是讲不通的，那是根据一个未经证实的假设来否定物种的进化。我们已经看到，根据拉尔代的见解，今天属于好几个目的哺乳类动物的脑子，比起它们古老的属于第三纪的各个祖先类型的脑子来，都要大些。

常有人说，没有任何动物会使用工具，这又不然；黑猩猩在自然状态下就懂得用石块或石子来弄开当地所产的类乎核桃的一种干果。[37]仑格尔[38]教一只美洲种的猴子用同样的方法把椰子敲开，很容易就教会了；这只猴子后来自己用石子来打开其他种类的硬壳果实，并且也打开过木箱子。它也用同一方法来刮去果实外面味道不好的一层软的皮肉。它还教另一只猴子用棍子来打开大木箱的盖子，而后来它就会把木棍作为杠杆来移动比较笨重的东西。我自己也曾亲眼看到一只年轻的猩猩把一根棍子的一头塞进一条裂缝，然后把手滑向另一头，而使它发生杠杆的作用，用得很恰当。在印度，很多人都知道，养驯了的大象会把树枝折下来，用来驱散身上的蝇子；而有人观察到过，在自然状态下的一只大象也有同样的行径。[39]我又亲眼看到一只年轻的母猩猩，当她认为也许要挨鞭子的时候，拿起一条毯子或一把稻草之类来保护自己。在这若干个例子里，石子和棍子都是用来作为工具的，但也还有用来作为武器的例子。布雷姆[40]根据一位有名的旅行家，欣佩尔的话，说到，在阿比西尼亚，① 在当地称为"格拉达"的一种狒狒（乙 315）结队下山抢劫田里的作物的时候，它们有时候会碰上另一种狒狒，树灵狒狒（乙 316）的队伍，双方就会开仗。"格拉

---

① 即今之埃塞俄比亚。

达"狒狒先把大石头从山坡上推滚下来，树灵狒狒就竭力躲开，然后双方短兵相接，喊声震天，彼此猛力冲击。布雷姆自己曾随同柯堡-哥达公爵到非洲，并帮他在阿比西尼亚的门沙山口①用火器向一队狒狒袭击。狒狒还击，也从山坡上推滚下许许多多的卵石，有的像人头一般大，逼使进攻的人不得不迅速后撤，并且实际上在一段时期里把山口堵塞得无法通行，阻挡了公爵一行的前进。值得注意的是，这些狒狒是一起通力合作的。华莱士先生[41]前后三次看到带着小猩猩的母猩猩"显然是满腔怒气地把'榴莲'树（durian）的树枝和带刺的硕大的"榴莲'果打得像一阵大雨点似的纷纷下落，尽量使我们不敢太向树靠近。"我自己也曾屡次看到，黑猩猩会对冒犯他的人扔任何手边抓得到的东西；而上文已经说过的好望角的那只狒狒还懂得预先准备好稀泥来对付得罪过它的人哩。

在伦敦的动物园里，一只牙齿不好的猴子惯于用一块石头来砸开干果，而管理人员向我确言，用过之后，他把石头在草堆下藏起来，不让其他猴子碰它。到此，我们又看到了财产的观念。但这也并不希奇，每一只取得了一块骨头的狗、大多数乃至全部会营巢的鸟类都有这种观念。

阿盖尔公爵[42]说，为了一种特殊的目的而造作出一件工具来是人所绝对独具的一个特点，而他认为这构成了人兽之间的一道宽广得无法衡量的鸿沟。这无疑地是人兽之间的一个重大的区别；但依我看来，卢伯克爵士所提到的一点里[43]包含着不少的真理，就是，当原始人为了任何目的而第一次使用到火石的时候，他大概是偶然地把大块火石砸成碎片，然后把有尖锐边角的几片用上了。从这一步开始，再进而有目的地砸碎火石，那一步就不大了；更进而有意识地造作成毛糙的工具的那一步也许大些，但也不会太大。但后面较大的一步也许经历了很长的一些时代才终于达成；新石器时代的人在懂得用打磨的方法来制作石器之前，也曾经历过一个极为漫长的时期的，我们以彼例此，可知这较大的一步所跨越的时间也不可能太短。卢伯克爵士也说到，在砸碎火石的时候，火星会爆出来，而在打磨

---

① Mensa，埃塞俄比亚东北部，同时也是当地部落之名。

108

它们的时候，它们会发热，而两种通常用来"取火的方法也许就起源于此。"至于火的性质或作用，则由于在许多火山地区间或有喷射出来的熔岩流经附近的森林而燃烧起来，原始人大概是早就有所认识的。几种猿类，大概是由于本能的指引，会为自己构造临时居住的平台。但很多的本能既然要受到理智的很大的控制，比较简单的一些本能比如平台的堆筑，可能很容易从比较纯粹的本能动作过渡成为自觉而有意识的动作。有人知道，猩猩到了夜晚，会用露兜树（Pandanus）的叶子来掩盖身子。而布雷姆说，他所养畜的狒狒中，有一只习惯于拿一条草席顶在头上，使自己免于炎日的熏灼。从这若干种习性的例子之中，我们也许可以看到走向某几种比较简单的技艺的第一步，人的祖先的粗陋建筑和服装有可能就是这样兴起的，正未可知。

抽象的意识、一般的概念、自我意识、心理的个性。——要判定动物在这些高级的心理能力上究竟有无表现、表现到何等程度，即使比我渊博得多的人也是大有困难的。其所以困难，一则由于我们对于动物在脑子里究竟转些什么念头，根本不可能有所判定，再则著作家们用到这些高级的心理能力这一名词时，大都各有各的用法，彼此的意义可以相差很远。如果我们可以根据近来所发表的各方面的论文而作出判断的话，看来大家所强调得最多的一点是，动物被假定为完全缺乏抽象的能力，亦即构成一般概念的能力。但我们知道，当一只狗远远地看到另一只狗的时候，我们往往可以清楚地看出，它心目中的那一条狗是在抽象之中的一条狗，因为，当它们走近而这条狗发现另一条狗是个相熟的朋友的时候，它的整个态度和行为会突然改变。新近有一位著作家写道，如果就这一类例子说动物的心理活动在性质上根本和人的不相同，那只能是一个毫无根据的假设。如果两者之一，人也罢，兽也罢，会把他用感觉所觉察到的东西联系到一个心理概念，那就是两者都会这一套，不分人兽。[44]我养有一只㹴犬，①当我

①　terrier，一种小型而伶俐的猎犬。

用恳切的声音对她说"嘿，嘿，那东西在哪里?"的时候（而这是我试过许多次的），它就立即把我的话当作一个信号，认为有东西可以猎取，于是一开始它一般总是很快的向周围看一圈，然后冲进最靠近的树丛中去，用嗅觉来探寻有没有可以猎取的动物，如果没有，它就抬头看附近的树，看有没有松鼠。如今要问，是不是这一类的动作清楚地表明它心理上有这样一个观念或概念，就是，有某种动物可供发现而加以猎取呢?

如果所谓自我意识指的是一种动物能够深思而把念头转到它过去是从哪儿来的、前途又将向哪儿去，或生是什么、死是什么这一类的问题之上，那我们很容易承认，它，任何低于人的动物，是没有自我意识的。但对于一条久有阅历的老猎犬，记忆力既极好，又有一些想象的能力，他能做梦就说明了他有这些能力，既然如此，我们能一口咬定地认为，他对他过去多次行猎中种种甘苦、悲欢的经历会忘记得一干二净而从不加以追思么? 否则，那这就是自我意识的一种方式了。而反过来，我们不妨问，在某些情况之下，人又何尝有太多的这一方式的自我意识? 比希纳说过，[45]一个地位被压得很低的澳大利亚土著居民的老婆，辛勤劳动了半辈子，既用不上几个抽象的字眼，数目又数不到四以上，试问她又有多少自我意识可供表达出来呢? 或者说，又有多少时间精力来对她自己的身世、自己生命的意义作些思考呢? 一般都承认，高等动物，尽管在程度上可以有很大的不同，却都具有记忆、注意、联想，乃至少量的想象和推理的能力。如果这种种能力不是一成不变，而多少可以增进，那我们就看不出来，为什么更高级的能力，诸如对事物的抽象化和自我意识等，不能通过上面所举的各种比较简单的心理能力的发展与结合而演变出来，或比较保守地说，这种演变出来的不可能性至少也是不太大的。有人不同意我们在这里所提出的看法，转过来非难说，在逐步上升的进化阶梯之上，究竟在哪一步或哪一级上，动物才开始变得在心理上能抽象化、能意识到自我的存在等等，是谁也说不上来的；那我们倒要问，我们自己的孩子究竟到了什么年龄，几岁几个月，这种高级的心理能力才露出苗头来，这又有谁说得上来呢? 在儿童，我们至少看到，这些能力的发展是通过了一些细微的瞧不见的阶段一步步来的。

　　动物有其心理上的个性，并且能保持它，是不成问题的。我自己在上面所说的那条别离了五年的狗的心理上便曾唤起一连串的过去的联想，这一番唤起就说明了他保持着他的心理个性，非此就不能解释，尽管在以往五年之内，他脑子里的每一个原子都有可能经历过不止一次的改变，他的个性却还是完整的一个。这条狗也许会提出不久以前有人提出而旨在粉碎一切进化论者的那个论点，而学作人语说，"一切心理情态变了，一切物质条件变了，而在其间的我却没有变，依然故我，……新老原子交替，老原子把自己身上的种种印象像遗产似的递交给接替它们而占有它们位置的新原子：这一番教训是和意识所说的话相矛盾的，因此，也就是不真实的，但既有进化之说，就不得不有这一套教训，因此，进化主义的假设是一个不真实的假设。"[46]但这条狗没有这样说。

　　语言。——这一才能被认为是人与低于人的动物之间的主要区别之一，那是公平合理的。不过，据一位卓有见识的评论家伍德利主教说，"使用语言而把自己心上所经过的东西表达出来，又或多或少地理解到一个第二者用语言来表达的东西——有这种能力的动物不限于人。"[47]巴拉圭所产的一种泣猴，阿扎拉氏泣猴，在感情激动的时候，至少会发出六种不同的声音，而这些声音能在同类的其他猴子身上激发出同样的一些情绪。[48]像仑格尔和其他一些著作家所宣称的那样，各种猴子脸部的一些动作和一些姿态、手势，同类固然懂，我们人也懂，而我们自己的，猴子也懂一部分。更值得注意的一个事实是，狗自从被人家养以来，吠的音调已经因学习而至少增加到四五种，各有所不同。[49]尽管吠是狗的新艺术，但它的野生祖种无疑也用过各式各样的叫声来表达情感。就家犬说，我们可以发现如下的几种吠声：切望之吠，例如在行猎时所用的；愤怒之吠，狺狺的叫声也是用来表达愤怒的；失望之吠，别称为噑，狗受到禁闭则发出此种吠声；夜吠或月夜之吠，其声凄厉；得意之吠，例如将随主人出发散步时的叫声；而呼吁或有所要求的吠声又显然和上列的几种吠声有别，例如要求开窗或开门时所发的叫声。乌泽对动物的发声有过特别的研究，据他说，家养的鸡至少能发出十二种有意义的声音来。[50]

但惯于使用有音节的语言毕竟是人所独有的一个特点；而同时，他又和较低等的动物一样，也用无音节的各种叫声，助以各种姿态、手势、和脸部肌肉的种种活动，来表达他的意思。[51]就他那些和高级的智力没有多大联系的比较简单而生动的情感而言，这话尤其适用。我们为了表达痛苦、恐惧、惊奇、愤怒而发出不同的叫声，加上那些各自相称的动作，和我们做母亲的在心爱的婴儿面前所发出的如慕如诉的种种声音，要比任何字眼、语句更能把心情表达出来。人之所以有别于禽兽，不在他能理解有音节的各种声音，因为，我们都知道，狗也懂我们的许多字眼和语句。在这方面，狗的理解力大致相当于婴儿发育到第十个以至第十二个月之间的理解力，能听懂许多字眼和简短的语句，但自己却连一个字或词还都说不出来。人之所以有别于禽兽也不仅仅在我们能发出有音节的声音，因为各种鹦鹉和其他一些鸟类也未尝不具备这种能力。人兽之间的区别也不仅仅在我们能把一定的声音和一定的意念连结起来，因为，我们确知，有些受过说话训练的鹦鹉也会没有遗误的把字眼与事物、人物与事件连结起来。[52]人与其他动物的差别只在于，在人一方面，这种把各式各样的声音和各式各样的意念连结在一起的本领特别大，相比起来，几乎是无限大；而这套本领显然是有赖于他的各种心理能力的高度发达。

语言学这门高贵科学的奠基人之一图克说，语言是一种艺术，好比酿酒，又好比烤面包，不过用写作来做比喻，也许更恰当些。它肯定不是一种真正的本能，因为每一种语言都得经过学习，才能使用。但它又和寻常的艺术有很大的不同，因为人有说话的本能倾向，我们看到每一个婴儿都会咿哑学语，同时却并没有酿造、烤制或写作的本能倾向。再者，今天的语言学者之中，谁也不再认为语言是有人有意创造出来的，而是慢慢地、不自觉地、通过了许多步骤发展起来的。[53]鸟类所发出的各种声音，在好几个方面，最可以和人的语言比类而观，因为，同一个鸟种之中，所有成员都发出同样的本能的声音来表达情绪；而一切能歌唱的鸟类之所以能施展这方面的力量，也是以本能为根据的；但具体的歌曲，甚至具体的召唤声，却是由父母或义父母教出来的。这些歌唱或召唤的声音，正如巴林顿所已证明的那样，[54]"比起人的语言来，并不见得更内在，更属于天赋。"小鸟歌唱的第一次尝试"可以和婴儿咿呀学语的初步而不完整的努力相仿佛。"雄性雏鸟从此不断练习，或者，像捕鸟人的行话那样，不断地"唪"，一直要唪上十个或十一个月。从它们最初的几次试唱里，我们几乎听不出来所唱的和未来完整的曲调有什么相同之处；但它们一面长大，一面继续练唱，我们会看出来它们的目的所在，而最后，它们终于，再用捕鸟人的行话来说，"把歌唱圆了。"学唱别的鸟种的歌曲的鸟雏，例如人们在蒂罗尔（Tyrol）① 所教养的金丝雀（canary-bird），在学到这种歌曲之后，会把它们传授给自己的下一代。分布在不同地区的同一个鸟种，其歌曲当然不会一律，而是大同小异，而这种天然的小异，也正如巴林顿所说的那样，也可以恰当地和人的"方言"的小异相比，而近缘种鸟类各自的歌曲则可以和人的一些族类的不同语言相比。我这一段话说得比较详细，为的是要说明，习得或发展一种艺术的本能倾向并不是人所独具，而是人禽同有的。

至于有音节语言的起源问题，我一面读了威奇伍德先生、法拉尔牧师和施莱歇尔教授[55]所著的几种大有趣味的作品、而一面又看到了 M. 穆勒教授的著名的演讲集之后，认为无可怀疑的是，它来自对各式各样自然的声音，包括其他动物的喉音在内的模仿和变化，而其所以能模仿，也是由于人自己原有一些发乎本能的叫唤之声，而其间得力于种种表情、姿态的地方也不少；下面我们处理性选择的时候，我们将要看到，原始人，或者更确切他说，人的某一辈的远祖，首先用喉音来发出真正有音乐意味的抑扬的调门，那也就是歌唱了，今天某几种的长臂猿（乙 494）就是这样。而我们根据一些范围更为广泛的可以类比的资料，不妨得出结论，认为这种歌唱的能力，一到两性求爱的季节，会变本加厉的施展出来——会用来

---

① Tyrol，奥地利西部省区名。

表达各种不同的情绪，诸如恋爱、妒忌、胜利的欢欣——会成为应付对手们挑战的手段。因此，有可能的是，用有音节的喉声来模仿动物的音乐性叫唤声这一活动，终于产生了可以用来表达各种复杂情绪的一些字眼。在和我们关系最为近密的高等动物，即各种猿猴，在头小畸型白痴（microcephalous idiots），[56] 和在人类的一些半开化的种族方面，都可以看到听到什么就学什么的难以遏制的倾向。这一倾向是值得注意的，因为它涉及这里所说的模仿或模拟的问题。猴子肯定地能够了解人对它们所说的话的相当大的一部分，而当其在自然状态中生活的时候，又能向同类发出信号式的召唤，使它们免遭危险；[57] 再者，家鸡遇到地面上或空中有鹰隼之类的威胁时，也懂得发出两种不同的警告，让同类及时走避（此两种警告的叫声之外，尚有连家犬也懂得的第三种），[58] 既然如此，那么我们就不妨问一下：在当初，会不会有过某一只类似猿猴的动物，特别的福至心灵，对某一种猛兽的叫声，如狮吼、虎啸、狼嗥之类，第一次做了一番模拟，为的是好让同类的猿猴知道，这种声音是怎么一回事，代表着可能发生的何种危险？如果有过这种情况，那么这就是语言所由形成的第一步了。

喉音的使用既然越来越多，则通过凡属器官多用则进、而所进又可以发生遗传的影响这一原理，发音器官就会变得越来越加强，并且趋于完善；这也就会反映到语言的能力上面来。但语言的不断使用与脑子的发展之间的关系无疑地比这远为重要。即使在最不完善的语言方式有机会发展而得到使用之前，人的某一辈远祖的各种心理能力一定已经比今天任何种类的猿猴都要发达得多。但我们可以有把握地认为，语言能力的不断使用与持续推进会反映到心理本身上面来，促使和鼓励它去进行一长串一长串的思考活动。倘若不用数字，或不用代数，步骤多而冗长的演算是不可能的。如今思考也有同样的情况，如果没有字眼的帮助，复杂而需要逐步进行的深长思考，无论是说出来的也罢，或不说出来的也罢，也是不可能的。即便是寻常不太冗长、不太复杂的思考，看来也未必能离开某种方式的语言；语言是必要的，至少，在语言的帮助之下，思考要容易进行得多，因为，我们知道，有人观察到过，那个既哑、又聋、又盲的女子，布里奇曼，在睡梦中使用她的手指，[59]像是在逐步推演什么似的。尽管如此，长长的一连串生动而联结着的意念，在没有任何语言的帮助之下，还是可以在心理上或脑海里通过的，我们从狗在睡梦中的一些动作就可以推论到这一点。我们也已经看到，动物在某种程度上有些推理的能力，而这显然是没有语言的帮助的。已经发达了的脑子，像我们的那样，和语言能力的关系之密，可以从一些奇特的脑病病例方面得到很好的说明。在这些病例里，语言的能力特别受到影响，有的把记忆名词的能力丢了，凡是名词都记不起来，而其他的字眼则可以用得不错；有的所忘掉的只是某一类名词，有的则只记得名词和专称的第一个字母，其余全都想不起来。[60]心理和发音器官的持续使用会在它们的结构和功能上导致一些遗传的变化，这可以和书写的情况相比：书写的能力部分靠手的构造，部分靠心理的趋向；书写的能力肯定是遗传的，[61]以此例彼，则发音与语言能力的遗传的可能性应不在书写的能力之下。

好几个著作家，特别是穆勒教授，最近坚持说，[62]语言的使用隐含着一种内在的能力，就是形成一般概念的能力，而一切低于人的动物既被假定为不具备这种能力，则人兽之间便形成了一条不可逾越的高墙。[63]而关于动物，我已经力图有所说明，它们是有这种能力的，至少在一种粗糙而发轫的程度上有。至于十至十一月的婴儿，以及哑巴，除非他们在心理上早已形成这一类的概念或意念，我们很难相信他们在一有声音来到的当儿，竟然能把两方面连接得像他们所实际表现的那么快。我还可以把这句话引申到一些更为伶俐的动物身上；正如斯蒂芬所说的那样，[64]"一条狗对不止一只的猫、或对不止一只的羊，都构成一个一般的概念，猫的概念或羊的概念，而又懂得相应于这些概念的字眼，其懂得的程度并不下于一个哲学家。这种理解的能力，实际上和说话的能力一样，足以证明它是具有听取语音方面的智慧的，尽管这种智慧在程度上不高，却也还是有的。"

为什么我们现在用来说话的器官当初会逐步发育完善而供语言之用，而不是任何其他的器官，这是不难看到的。迁贝尔用整整一章的篇幅来讨论蚂蚁的语言，表明通过它们的触角，蚂蚁有相当大的彼此打交道、通情愫的能力。我们也未尝不能把我们的手指作为有效的工具，来达到人我交通的目的，因为我们知道，一个人在经过练习之后，可以用手指对一位聋人传达有人在公共集会场所所发表地很快的一篇演说，可以一字不差，但具有这种用途的一双手，如果受到损伤或损失，那将是一个严重的不方便。一切高等的哺乳动物既然都有一副发音器官，而在结构的一般格局上又全都和我们人自己的相同，并且早已用作彼此交通情意的工具，那么，如果这种交通的能力有必要推进与改善的话，最为现成的做法显然就是使这副已经发达了的器官取得更进一步的发展了；而通过旁近和相互适应的很好的一些部门如舌与唇的帮助，这是终于实际上做到了的。[65]高等猿猴之所以不能用发音器官来说话，无疑是由于它们的智力还没有进展到足够的程度。它们有的是适当的器官，尽管一直没有用来说话，但若有长期持续的练习，说话或许还是可能的。这一情况很可以和许多鸟类的情况相提并论，这些鸟类虽从来不歌唱，却未尝不具备一副适合于歌唱的器官。例如，夜莺（nightingale）和乌鸦的发音器官在结构上是一模一样的，而前者能用来唱出宛转繁变的歌声，而后者只能发哑哑的噪声。[66]但如果有人问，为什么猿猴的智力没有能发展得同人的程度一样，我们在答复里只能提到一些一般的原因，要指望比一般原因更为具体的任何东西，那是不太合理的，因为我们的知识毕竟有限，我们对于每一种生物在发展过程中所经历的一些连续的阶段，实在还是无知得很。

各种语言的形成和不同物种的演变而出，以及两者的发展都经历过一个渐进过程的种种证据，都有许多奇特的并行之处。[67]但就语言而论，我们可以往前追溯得更远一些，我们可以把许多字眼的形成，像我们在上文已经看到的那样，追溯到对各种自然的声音或天籁的模拟上去，这些字眼实际上就是从模仿中兴起的。我们在各种不同的语言之中，既可以发现由于共同的来源或祖系的原因而产生的同源的东西，也可以找到由于相同的形成过程而产生的可以类比的地方。在语言方面，由于一些字母或读音的改变而引起的其他字母或读音的变迁，是和物种方面身体部门的相关生长很相像的，两方面也都有种种部分或部门的重叠，都有长期持续使用的影响，等等。比这些更值得注意的是两方面所时常出现的各种残留。英语 am 一字中的字母 m 就已经是"我"的意思，因此，I am（我是）这句话里就保存着一个多余而无用的残留。在一些字的拼法里，也往往有一些字母，在这些字的古老的读音中有用，现在却不再读出，成为残留了。各种语言，像有机的生物一样，也可以加以分类或归类，大类下有若干小类，若干大类又可以合并而成为更大的大类；这些类别可以推本寻源地划分，成为一些自然的类别，也可以根据其他的特征来分，成为人为的类别。占优势的语言或方言传播得很广泛，导致了其他语言或方言的逐渐被取代而至于灭绝。赖伊尔爵士说得对，一种语言，像一个物种一样，一旦消灭，就再也不会重新出现。同一种语言也从未有过两个出生地。不止一种的语言有可能交流而发生混合。[68]我们在任何语言或方言中，都可以看到变异性，看到新字眼不断地冒出来；不过，由于我们的记忆力有个限度，记不了那么多，一些单字，像整个的一种语言一样，也会逐渐趋于灭绝。M. 穆勒说得好，[69]"在每一种语言的字汇和语法中间，生存竞争不断地在进行着。好些的、短些的、容易些的经常会占上风，而它们之所以胜利是由于它们自己的内在的长处；某些字之所以得以长期生存，穆勒所说的这些原因是重要的，但此外还不妨添上一两个次要的原因，就是单纯的新奇和时髦；因为，人在心理上有一种强烈的爱好，就是喜欢在一切事物上看到一些轻微的变化。某些受人爱好的字眼能够在生存竞争中存活下来或保全下来也就是自然选择。

许多半开化民族的语言在结构上有十分完密的规则，也复杂得出奇。时常有人把这一情况指出来作为证据，不是证明这些语言一定有其神圣的来源，就是证明这些民族的缔造者当初一定有过一个艺术和文明发展得很高的时代。例如，F. 施莱格尔写道："从理智的角度来看，在一些属于最低级的文化的民族里，我们往往观察到，在语言的语法结构方面，却有着高度而细致的艺术。巴斯克语（Basquc）、拉普语（Lapponian）① 和许多

---

① Basque，西班牙西部及法国西南部的少数民族巴斯克人的语言。Lapponian，挪威北部拉普人的语言，亦作 Lappic。

种美洲印第安人的语言尤其有这种情况。"[70]但，把任何语言说成是艺术、而且是在这样一个意义上的艺术，即有人细心而根据一定的规矩按部就班地搞出来的作品，那肯定是一个错误。语言学家如今一般都承认，动词的变化、名词与代名词的变格等等，原先是各自分明的一些字眼，后来才合而为一，略加变化；而这些字眼所表达的既然是事物与人物之间的一些最为显而易见的关系，则即便在最早的时代里，绝大多数民族的人都会使用它们，是不足为奇的了。至于说到完密或完整的程度，下面的例子最能说明我们是如何地容易在这方面犯错误：一只海百合（乙292）所由构成的石灰质板片可以多到不下于150 000片，[71]全都按照辐射的方式安排得十分对称，这种所谓的辐射对称真是尽了完整的能事；但拿它来比一种两边对称或左右对称的动物，所由构成的部分既比较少，而除了分布在左右两边、彼此因对称而相同的一些部分之外，又没有任何两个部分长得一模一样，一个博物学家却并不认为它是两种动物之中更为完密的一种。作为考验完密的标准，他合理地考虑到一种动物在各种器官上的分化和专化的程度。我们论语言也应该如此，对称得最为整齐和最为复杂的一种语言，排起等级来，不应该被放在内容不规则、有压缩简化和夹杂有其他语言的成分的语言之上；所谓夹杂，指由于族类彼此之间的征服、被征服和人口移徙等等关系，一种语言之中有了一些借来的更富于表达力的词汇和更为有用的结构形式。

从上面这些简短而不完全的议论里，我得出的结论是，许多半开化的种族的语言所表现的极度复杂性和结构上的格律性，并不证明这一类语言起源于特地的、一举而成的创造。[72]我们已经看到，有音节的语言这一种能力本身，对于认为人是从某种低级形态发展而来的这一信念，也并不构成一个不可克服的障碍。

审美观念。——有人宣称过，审美的观念是人所独具的。我在这里用到这个词，指的是某些颜色、形态、声音，或简称为色、相、声，所提供的愉快的感觉，而这种感觉应该不算不合理的被称为美感；但在有文化熏陶的人，这种感觉是同复杂的意识与一串串的思想紧密联系在一起的。当我们看到一只雄鸟在雌鸟面前展示他的色相俱美的羽毛而惟恐有所遗漏的时候，而同时，在不具备这些色相的其他鸟类便不进行这一类表演，我们实在无法怀疑，这一种雌鸟是对雄鸟的美好有所会心的。世界各地的妇女都喜欢用鸟羽来装点自己，则此种鸟羽之美和足以供饰物之用也是不容争论的。我们在下文还将看到，各种蜂鸟（humming-bird）的巢、各种凉棚鸟（bower-bird）的闲游小径，都用各种颜色的物品点缀得花花绿绿，颇为雅致；而这也说明它们这样做决不是徒然的，而是从观览之中可以得到一些快感的。但就绝大多数动物而论，这种对美的鉴赏，就我们见识所及，只限于对异性的吸引这一方面的作用，而不及其他。在声音一方面，许多鸟种的雄鸟在恋爱季节里所倾吐出来的甜美的音调也肯定受到雌鸟的赞赏，这方面的例证甚多，亦将见于下文。如果雌鸟全无鉴赏能力，无从领悟雄鸟的美色、盛装、清音、雅奏，则后者在展示或演奏中所花费的实际劳动与情绪上的紧张，岂不成为无的放矢，尽付东流，而这是无论如何难于承认的；至于为什么某些色彩会激发快感，那我只好说，像为什么某些味道或气味会通过我们的味觉、嗅觉而使我们有愉快之感这一问题一样，是不好答复的；但这种情况之所以形成，生活习惯是或多或少起过一些作用的，因为有些起先被认为是不大美妙而不受我们的感觉所欢迎的东西，后来也有被认为美妙而接受下来的；而我们知道，习惯是可以遗传的。至于声音，赫姆霍尔兹曾经根据生理学上的原理多少提出过一些见解，来解释为什么各种和声与某些音调听来悦耳。但除此之外，反复而间歇不一律的声音听去是很不舒服的，这是凡属在夜航中听到过船头巨缆不规则的拍打声的人都会承认的。这同一条原理似乎在视觉方面也起作用，因为我们的眼睛喜欢看对称的东西或若干图形的有规则的重叠或反复。即使在最低等的野蛮人也懂得用这一类图案作为装饰；而在有些动物，作为雄性之美的一部分，这种图案也曾通过性选择而得到发展。对于从视觉和听觉方面所取得的这类的快感，无论我们能不能提出任何理由来加以说明，事实是明摆着的，就是，人和许多低于人的动物对同样一些颜色、同样美妙的一些明暗浓淡和形态、同样的一些声音，都同样地有愉快的感受。

人的审美观念，至少就女性之美而言，在性质上和其他动物的并没有特殊之处，就其表现而论，这种美感也与其他动物一样，差异很大，不但族类与族类之间有很大的差别，即便在同一族类之中，各种族之间也不很一样。根据大多数野蛮人所欣赏而我们看了可怕的装饰手段和听了同样可怕的音乐来判断，有人可以说他们的审美能力的发达还赶不上某些动物，例如鸟类。显而易见的是，夜间天宇澄清之美，山水风景之美，典雅的音乐之美，动物是没有能力加以欣赏的；不过这种高度的赏鉴能力是通过了文化才取得的，而和种种复杂的联想作用有着依存的关系，甚至是建立在这种种意识联系之上的；在半开化的人，在没有受过多少教育的人是不享有这些欣赏能力的。

对人的进步发展起着难以估计的作用的种种心理性能，诸如想象、惊奇、探索、难于下定义的审美观念、模仿或摹拟的倾向，以及对刺激和新奇的爱好等，势必要引起风俗和一时习尚的变化无常，不可捉摸。我特别提到这一点，因为新近有一个著作家[73]忽发奇想，把心理上"反复无常、难于捉摸"盯住不放，认为是"野蛮人与野兽之间最突出与最典型的区别之一"。但人兽的分野并不在此；人之所以变得难于捉摸，是由于种种矛盾的影响，略如上文所说；我们对此虽不尽了解，至少可以了解到一部分。不仅如此，我们将在下文看到，动物在爱憎、好恶、辨别美丑等方面，也未尝不反复无常，难于捉摸。我们也有理由猜想，动物也未尝不爱好新奇，并且是为新奇而新奇，不夹杂其他作用。

信仰上帝——宗教。——我们没有什么证据，来说明人在最原始的时候便被赋予这样一个高贵的信仰，认为宇宙间存在着一个无所不能的上帝。与此相反，不是从那些匆匆忙忙过往的旅行家、而是从长期在野蛮人中间居住过的人那里得来的广泛的证据，说明许许多多一向存在而今天还存在的种族，并没有一神或多神的概念，他们的语言中也找不到表达这种概念的字眼。[74]这个问题当然是完全不同于另一个更高级的问题，就是宇宙间到底存在不存在一个创造者和统治者的问题，而历来存活过的在理智上造诣最高的贤哲之中，有些位所作出的答复是肯定的。

但若我们把对种种看不见的神秘或超自然力量的信仰包括进"宗教"这名词中去，情形就完全不同了，因为这在文明程度较差的一切族类里，这种信仰似乎是到处都有的。要理解这种信仰的所由兴起，也并不困难，一些重要的心理性能，想象、惊奇、探索和少许推理合在一道，一旦有了部分的发展之后，人对于他周围的事物和事物的经行活动，自然而然会迫切地要求有所理解，而对于他自己的生存，也会作出一些比较模糊空洞的臆测来。像麦克勒南先生所说的那样，[75]"对于生命的种种现象，一个人总得自以为有些解释，根据这种解释的要求的普遍性，我们可以作出的判断是，最简单而也是人们最先想到的假设大概是这样：自然现象的发生，是由于在动物、植物、自然的物体，以及自然的势力里，存在着一些精灵，精灵发号施令、颐指气使于内，现象就呈露而活动于外，正像人自觉到自己有一种内在的精神力量而外发为种种活动那样。"也有可能，像泰勒所指出的那样，精灵的观念最先是由梦引起的；因为野蛮人不大会辨别什么是主观印象，什么是客观印象。当一个野蛮人做梦的时候，在他眼前呈露的种种形象被认为是来自很遥远的地方，并且是超越在人之外、之上的一种东西；或者说，在睡梦之中，"梦者的灵魂出门旅行一番，又带了对所看到的东西的记忆回到家门。"[76]但到了后来，在想象、好奇、推理等能力得到更充分的发展之后，人尽管照样做梦，却不会再因此而引起对精灵鬼怪的信仰，像缺少这些才能的狗不会这么做一样。

野蛮人倾向于想象地认为，一切自然物体和自然力量，由于一种精神的或一种生命的元气从中起着作用，才显得活泼而有生机——这一倾向也许可以用我自己某一次所注意到的一件小事加以说明：我所畜的一只已在壮年而也颇识人意的狗，在夏季日长昼永、气候很热的一天，悄悄地在草地上躺着休息。离它不远有一顶张开着的阳伞，偶尔为微风吹动，要微微晃动一下，如果阳伞旁边有人，狗对这顶伞的动静大概不会作什么理睬。

但这时候没有人，四周一切静寂，狗看到伞动一下，它就要吠一下，每次先则狺狺，继则狂吠几声。我想，当时狗脑子里一定经历过一段很快而不自觉的推理，认为没有什么看得出的原因使伞晃动，而竟然动了起来，这只能说明某种奇怪、陌生而活的力量来到了草地之上，而在它自己的守护之下，任何陌生的力量是无权进入禁地的。

对一些精灵力量的信仰会很容易过渡到对一种或多种神道的信仰。原因是，野蛮人会自然而然地把自己身上所感觉到的一些情欲、一些复仇的愿望或最简单的还牙还眼的公平观念、一些恩爱和友好的情绪，整套而原样地归给这些精灵。在这方面，上文所已叙到过的火地人似乎正处在一个中间状态之中，因为，当"贝格尔号"船上的外科医师，为了制作标本，打下几只小鸭子的时候，明斯特①极其严肃地宣告说，"啊哟，拜诺先生，雨多、雪多、吹得多"，意思显然是，糟蹋了可以供人享用的食物是要受到这些报复性的惩罚的。他又追叙到，当他的哥哥有一次杀死了一个"野人"的时候，当地如何的刮了好久的暴风，下大雨，又下了雪。然而我们一直没有能发现火地人相信任何类似我们所称为上帝的神，或举行任何宗教仪式，而杰米·纽儿②理直气壮地坚持说，他的家乡地方没有魔鬼。他的理直气壮、他的自豪，是很有理由的，尤其是因为，在野蛮人中间，对邪恶的精灵的信仰比对善良精灵的信仰要普遍得多。

宗教的虔诚是高度复杂的一种感情，中间包含有爱，有对一个崇高而神秘的在上者的无条件的顺从，有一种强烈的托庇之感，[77] 有畏惧，有虔敬，有感激，有对未来的希望，可能还有其他的成分。除非一个人在理智与道德能力上已经进展到一个相当高的水平，他是不可能感受和表现这样一种复杂的情绪的。尽管如此，在一只狗的身上，从它对主人的深情，混有百分之百的服从、一些畏惧，以及也许还有其他的一些情感，我们也还

---

① 在船上服务的火地人之一。（此注误。此火地人和下注所指的火地人，均为贝格尔号舰前次考察期间舰长所掳的火地人，而于此次考察送还本土者。详见达尔文《贝格尔号航海志》，第十章。下注同此，亦误。——校改者注）

② 在"贝格尔号"船上服务的又一个火地人。

可以看到，这已经是朝向上述那种心理状态迈进的最初一步。一只狗在别离之后，再度和主人相见时的态度和行为，是与它和同类相见时的态度和行为大不相同的。而我还应该补充说到，猴子和守护它的人别后重逢的情况也是如此。布劳巴赫教授甚至于说，一条狗仰面看它的主人像瞻仰上帝一样。[78]

　　最初把人引导到对各种看不见的精灵力量发生信仰，从而产生了当时的物灵崇拜、① 后来的多神崇拜和最后的一神崇拜的那些高级的心理性能，在推理的能力发展迟缓或停滞不前的情况之下，也会导致种种奇怪的迷信和风俗的产生。在这些迷信或风俗里，有许多是骇人听闻的——例如，用人作牺牲品来餍足一个嗜血的鬼神；又如用毒物、用火的酷刑来考验无罪的人；又如巫蛊之术，等等——但这些迷信有时候也还可以使我们深深地追思一下，今昔对比，文野悬殊，我们又该多么感谢我们理性的发达，感谢科学，感谢知识的积累。卢伯克爵士说得好，[79]"在野蛮人的生命之上，一直像一片浓密的乌云似的笼罩着所谓'殃祸之变未知所以'的那一种恐怖心情，使每一分有生之乐都带上了苦味，我们这样说是并非言过其实的。"高度发展的心理性能所带给我们的这些愁苦和间接的结果，和低于人的动物的本能所偶然而间或造成的一些错误，也有可以相比之处。

原　注：

[1] 关于这几点的证据，见 Lubbock，《史前时代》（Prehistoric Times），354 页等。

[2] 见文《昆虫的本能》（L'Instinct chez les Insectes），载《新旧两世界评论》（丙 128），1870 年 2 月，690 页。

[3]《美洲的海狸和它的作品》（The American Beaver and His Works），1868 年版。（作者即著名的《古代社会》一书的同一个著者。——译者）

[4]《心理学原理》（The Principles of Psychology），第二版，1870 年，418—443 页。

---

　　① fetishism，一般译作"拜物教"，不合，今改译。

[5]《对自然选择论的一些贡献》(Contributions to the Theory of Natural Selection), 1870年, 212页。

[6] 关于这方面的证据, 见 Mr. J. Traherne Moggridge 所著的最为有趣的那部书,《农蚁和螲蟷》(Harvesting Ants and Trap-door Spiders), 1873年版, 126、128页。

[7]《蚂蚁习性的研究》(Recherches sur les Mœurs des Fourmis), 1810年, 173页。

[8] 这里和下面一些采自这两位博物学家的话都见于他们的著作: Rengger《巴拉圭哺乳动物自然史》(Naturgesch. der Säugethiere von Paraguay), 1830年, 41—57页; 布雷姆,《动物生活图解》(Thierleben), 第一卷, 10—87页。

[9] 见引于 Dr. Lauder Lindsay 文,《动物心理的生理学》(Physiology of Mind in the Lower Animals), 载《心理科学刊》(丙82), 1871年4月, 38页。

[10] 见《布里奇沃特论文集》(Bridgewater Treatise), 263页。

[11] 有一位评论家, 只是为了贬低我的著作, 毫无根据地提出异议(《评论季刊》, 1871年7月, 72页), 认为布雷姆在这里所描写的母狒狒的这一举动是不可能的无稽之谈。因此, 我自己在一只生了将近五个星期的小猫身上试了一下, 我发现很容易用我自己的牙齿把它的尖利的小爪甲咬住。

[12] 在《……情感表达》, 43页上, 我有一小段话说到猴子见到死鼠时的反应。

[13] 见 W. C. L. Martin,《哺乳类动物自然史》(Nat. Hist. of Mammalia), 1841年版, 405页。

[14] Dr. Bateman,《失语症专论》(On Aphasia), 1870年版, 110页。

[15] 见引于 Vogt,《关于头小畸型白痴的报告》(Mémoire sur les Microcéphales), 1867年版, 168页。

[16] 参阅《家养动植物的变异》, 第一卷, 27页。

[17] 见文, 载《自然科学纪事刊》(丙9), 第一组, 第二十二卷, 397页。

[18] 同上注7中所引书, 150页。

[19] 见引于 Dr. Maudsley,《心理的生理学与病理学》(Physiology and Pathology of Mind), 1868年, 19、220页。

[20] 见 Dr. Jerdon,《印度的鸟类》(Birds of India), 第一卷, 1862年, xxi页。Houzeau 说, 他所饲养的几种长尾小鹦鹉(parokeet)和金丝雀(canary-bird)也做梦, 见所著《动物心理能力论》(Facultés Mentales), 1872年, 第二卷, 136页。

[21] Houzeau，同上注 20 中引书、卷，181 页。

[22] 摩尔根先生（Mr. L. H. Morgan）在他的著作《美洲的海狸》（The American Bea-
ver，1868 年）中，对海狸的研究就提供了足以证实这句话的一个良好的例子，
但我又不得不认为，他对于本能的力量未免估计得太低了一些。

[23] 见所著《动物的活动……》（Die Bewegungen der Thiere, &c.），1873 年，11 页。

[24] 同上注 20 中引书、卷，265 页。

[25] 赫胥黎教授曾就一个和我在这里所提出的例子可以相类比的例子，对人，也对
狗，如何达成一个结论的几个步骤作过一番分析，条理分明，令人赞赏。见所著
文，《对达尔文先生的一些批评家》（Mr. Darwin's Critics），载《当代评论》（丙
48），1871 年 11 月，462 页，后又辑入他的文集，《评论和议论》（Critiques and
Essays），1873 年，279 页。

[26] Mr. Belt 在他那本最为有趣的著作里（《博物学家在尼加拉瓜》，1874 年，119 页
也叙述到一只驯化了的泣猴的种种活动，这些活动，据我看来，清楚地表明这一
种猴子也是有些推理能力的。

[27] 见所著《泽地与湖沼》（The Moor and the Loch），45 页。又见 Col. Hutchinson，
《驯狗经》（Dog Breaking），1850 年，46 页。

[28] 见《考察随笔》（Personal Narrative），英译本，第三卷，106 页。

[29] 我高兴的看到，以推理精辟见称的 Mr. Leslie Stephen［《达尔文主义与神道论：
自由思想论文集》（Darwinism and Divinity, Essays on Free-thinking），1873 年，
80 页］，在论到人与低等动物的心理之间被假定为不可逾越的鸿沟时，说，"说实
在话，有人［在这两者之间］所划出的种种区别，据我们看来，是建筑在极为浅
薄的根据上的，而其为浅薄，比其他许许多多形而上学的区别的基础并不见得更
好一些；那也就等于说，你为两件东西起了两个不同的名字，因而你就得假定这
两件东西的性质也就必然有些不同。真难理解，任何养过狗的人，或看到过大象
活动的人，怎么对一种动物未尝没有能力来进行一些推理的基本过程这一点，还
会抱有任何怀疑的态度。"

[30] 见 Dr. W. Lauder Lindsay 文，《动物中的疯癫》（Madness in Animals），载《心理
科学刊》（丙 82），1871 年 7 月。

[31] 见引于赖伊尔爵士，《……人的古老性》，497 页。

[32] 如需要更多的例证，更详的细节，可参阅 Houzeau，《动物的心理能力》（Les

Facultés Mentales），第二卷，1872 年，147 页。

[33] 关于生活在远洋岛屿上的鸟类，见我所著《贝格尔号航海志》，1845 年，398 页。又《物种起源》，第五版，260 页。

[34] 见《关于动物智慧的哲学书信集》（Lettres Phil. sur l'Intelligence des Animaux），新版，1802 年，86 页。

[35] 关于这方面的证据，见《家养动植物的变异》，第一卷，第一章。

[36] 见文，载《动物学会会刊》（丙 122），1864 年卷，186 页。

[37] Savage 和 Wyman 合著文，载《波士顿自然史刊》（丙 34），第四卷，1843～1844 年，383 页。

[38]《巴拉圭的哺乳类动物》（Saugethiere von Paraguay），1830 年版，51—56 页。

[39] 见《印度田野》（丙 67），1871 年 3 月 4 日。

[40]《动物生活图说》，第一卷，79、82 页。

[41]《马来群岛》（The Malay Archipelago），第一卷，1869 年，87 页。

[42] 见所著《原始人》（Primeval Man），1869 年版，145、147 页。

[43]《史前时代》，1865 年，473 页，等。

[44] 见 Mr. Hookham 致 Prof. Max Müller 的公开信，载《伯明翰新闻》（丙 32），1873 年 5 月。

[45]《达尔文学说评议》（Conférences sur la Théorie Darwinienne），法文译本，1869 年，132 页。

[46] 见牧师 Dr. J. M'Cann 著，《反达尔文主义》（Anti-Darwinism），1869 年，13 页。

[47] 见引于《人类学评论》（丙 21），1864 年卷，158 页。（见引于此刊物中的哪一篇具体论文，原文未详。——译者）

[48] 仑格尔，同上注 38 所引书，45 页。

[49] 参阅《家养动植物的变异》，第一卷，27 页。

[50] 同上注 32 所引书、卷，346—349 页。

[51] 关于这个题目，参阅泰勒先生（Mr. E. B. Tylor）的一番讨论，见他所著的那本很有趣的著作，《人类初期历史研究论集》（Researches into the Early History of Mankind），1865 年，第二至第四章。

[52] 鹦鹉确有这种能力，我收到的好几笔详细的记录都能加以证明。Admiral Sir J. Sulivan 是我所熟悉的一位细心的观察者，他确凿地告诉我，他父亲家里养了很

久的一只来自非洲的鹦鹉，对家里的某几个人，以及对某些来访的客人，总是用名字相呼，一次也不例外。早餐时相见，他对每个人都要说声"早安"，而夜晚分别，当每个人离开坐憩间的时候，他也都要说一声"明儿见"，早晚两次相见相别的口头礼数，他一次也没有颠倒过。对沙利文爵士的父亲，每晨除了说声"早安"之外，还要添上一句短短的话，而自从父亲死后，这句话他一次也没有再说过。有一次，一只陌生的狗从窗子里跳进他所在的屋子，他狠狠地把它骂了一顿；另一只鹦鹉从笼子里跑了出来，偷吃了厨房桌子上的苹果，他又破口相骂，说"你这顽皮的泊利。"（polly，英语对鹦鹉的昵称。——译者）乌泽也曾叙说到鹦鹉的这一类的情况，见同上注 32 所引书、卷，309 页，亦可参看。Dr. A. Moschkau 博士告诉我，他知道一只欧椋鸟（starling）能用德语对每一个来客说声"早安"，而对每一个离开的人说声"老朋友，再见"，一次都没有错过。我还可以补充好几个这一类的例子，但没有必要了。

[53] 在这一方面，Prof. Whitney 说了一些值得参考的话，见所著《东方学与语言学研究论丛》（Oriental and Linguistic Studies），1873 年，354 页。他说，人要和别的人通情愫、打交道的愿望是一种活的动力；在语言的发展过程中，"它的活动一半是自觉的，一半是不自觉的；就当时当地所要达成的目的而言，是自觉的；就这一行为的更进一步的后果而言，是不自觉的。"

[54] 见文，载《哲学会会报》（丙 149），1773 年卷，262 页。又，Dureau de la Malle 文，载《自然科学纪事刊》（丙 9），第三组，动物学之部，第十卷，119 页。

[55] H. Wedgwood 著，《语言起源论》（On the Origin of Language），1866 年版。F. W. Farrar 牧师著，《语言散论》（Chapters on Language），1865 年版。这两种著作都是写得极有趣味的。Albert Lemoine，《物理与语言》（De la Phys. et de Parole），1865 年版，190 页，亦可参考。Prof. Aug. Schleicher 在这题目上的著作已经由 Dr. Bikkers 译成英文，英译本的书名是《达尔文主义经受了语言科学的考验》（Darwinism tested by the Science of Language），1869 年版。

[56] 见 Vogt，《关于头小畸型白痴的报告》，1867 年，169 页。关于下文所说的野蛮人在这方面的强烈倾向，我曾在《贝格尔号航海志》（1845 年，206 页）中举过一些事实。

[57] 关于这一点，本书上文所已屡次援引的 Brehm and Rengger 所著的两种作品中都列有一些确凿的例证，我在此不再作具体的征引。

[58] 在这一点上，Houzeau 曾就他的观察所及，提出了一段很奇特的记载，见同上注 32 中所引书、卷，348 页。

[59] 参看 Dr. Maudsley，《心理的生理学与病理学》，第二版，1863 年，199 页。

[60] 见于记录的这方面的古怪例子不在少数。姑举一二：Dr. Bateman，《论失语症》（On Aphasia），1870 年，27、31、53、100 等页；Dr. Abercrombie，《关于理智能力的探讨》（Inquiries Concerning the Intellectual Powers），1838 年，150 页。

[61] 参阅《家养动植物的变异》，第二卷，6 页。

[62] 见《关于达尔文先生语言哲学的演讲集》（Lectures on Mr. Darwin's Philosophy of Language），1873 年版。

[63] Prof. Whitney 在这方面说过一些话。以他这样一个有名望的语言学家，他的判断在分量上要远远超出我所能说的任何东西之上。在谈到（见《东方学与语言学研究论丛》，1873 年，297 页）Bleek 的见解的时候，他说："因为，在广大的范围之内，语言是思想的一个必要的助手，它对于思考能力的发展，对于事物的认识的清晰性、多样性和复杂性、对于整个意识的充分的控制，都是少不得的；因此，如果没有语言、没有使能力和发挥能力的工具表里一致起来的语言，那他（应是指 Bleek——译者）就没有办法，只好让思想成为绝对的不可能。如果他这样一个看法是合理的话，那么，他也就可以不算不合理地说，如果没有工具，人的手就一样也做不出来。从这样一套理论出发，他势必比 Max Müller 所持的最坏不过的僻论或自相矛盾之论还要走得远些，而欲罢不能；Max Müller 认为婴儿还不能算是一个人（婴儿，英语为 infant，拉丁语 in fans，是不语或无语之意——按拉丁语似应作 infans，一字，而不是两字的短语。——译者），而哑巴在没有学到能把手指扭成字眼的模样之前是不能算为具有推理能力的，——Max Müller 的僻论就是这样。"穆勒在《关于达尔文先生语言哲学的演讲集》的第三讲里，又曾用斜体字提出这样一句在他认为是金科玉律的话："世间没有'没有字眼的思想'，也没有'没有思想的字眼'，无其一即不能有其二。"要根据这话而为思想下个定义，那定义一定是怪不可言！

[64] 见《……自由思想论文集》，82 页。（书名全文、等已见上注 29。——译者）

[65] 参看 Dr. Maudsley 在这方面所说的意思相同而说得很好的一些话，见《心理的生理学与病理学》，1868 年，199 页。

[66] 见 Macgillivray，《不列颠鸟类史》（Hist. of British Birds），第二卷，1839 年，29

页。一位出色的观察者 Mr. Blackwall 说，在几乎所有的不列颠产的鸟类里，喜鹊学习单字、乃至短句的发音，学得最为快当；然而，据他补充说，在他长期而仔细地研究它的习性之后，他发现，在自然状态之下，喜鹊从来没有表现过任何突出的摹仿本领，至少他自己从未遇到过。见所著《动物学研究》，1834 年，158 页。

[67] 赖伊尔爵士对这两者的很有趣的并行现象的介绍，见《人的古老性的地质上的证据》（The Geolog. Evidences of the Antiquity of Man，即《人的古老性》。这里是书名全文，——译者），1863 年版，第二十三章。

[68] F. W. Farrar 牧师在这方面说过一些意思相同的话，见所著以"语言学与达尔文主义"（Philology and Darwinism）为题的一篇有趣的论文，载《自然界》（丙 102），1870 年 3 月 24 日，528 页。

[69] 见文，载《自然界》，1870 年 1 月 6 日，257 页。

[70] 见引于 C. S. Wake，《人论》（Chapters on Man），1868 年版，101 页。

[71] 见 Buckland，《布里奇沃特论文集》，411 页。

[72] 关于语言的简化，Sir J. Lubbock 说过一些很好的话，见《文明的起源》（Origin of Civilization），1870 年，278 页。

[73] 见文，载《旁观者》（丙 138），1869 年 12 月 4 日，1430 页。

[74] 关于这个题目，参看 F. W. Farrar 牧师的一篇出色的文章，载《人类学评论》（丙 21），1864 年 8 月，罗马数字 217 页。如要求更多的例证，可阅卢伯克爵士，《史前时代》，第二版，1869 年，564 页；更值得参考的是，他的《文明的起源》（1870 年版）一书中关于宗教的几章。

[75] 见所著文，《动植物崇拜》（The Worship of Animals and Plants），载《双周评论》（丙 60），1869 年 10 月 1 日，422 页。

[76] 泰勒著，《人类初期史》（Early History of Mankind），1865 年版，6 页，参看卢伯克，《文明的起源》（1870 年版）中论宗教的发展的那突出的三章。又斯宾塞先生（Mr. Herbert Spencer）也有类似的议论，见他写得很巧妙的一篇论文，载《双周评论》（丙 60，1870 年 5 月 1 日，535 页）；他也把全世界宗教信仰的最早的一些形态归结到梦境、影子和其他原因上面，他认为，人通过这些，把自己看成为肉体和精神两种素质的结合物。精神这一部分既被认为能存在于肉体死亡之后，并且很有威力，人们便可以用礼品和仪式向它献媚和乞求它的保佑。他然后进一步

指出，当初根据某一种动物或其他物体而得名的一个部落的远祖或始祖的名字或绰号，长期以后，就被认为直接可以代表远祖或始祖本人，而这一有关的动物或物体也就很自然地被信仰为一直以精灵的身份存在，被推尊为神圣，而以鬼神的资格受到崇拜。尽管如此，依我看来，我不能不疑心到，在此以前，应该还有更早和更粗野的一个阶段，当其时，任何能表现为力和能移动的东西都被认为是活的、是有某种形式的生命的，并且也有种种心理能力，可以和我们自己的相类比。

[77] 参看 Mr. L. Owen Pike 写得很干练的文章，《宗教的若干物质的因素》（Physical Elements of Religion），载《人类学评论》 （丙 21），1870 年 4 月，罗马数字 63 页。

[78] 见所著《达尔文物种论中的宗教、道德……观》Religion，Moral，&c.，der Darwin'schen Art-Lehre，1869 年，53 页。据说（见 Dr. W. Lauder Lindsay 所著文，载《心理科学刊》，1871 年，43 页），很久以前培根有过这样的意见，而诗人彭斯（Burns）也有同样的看法。

[79]《史前时代》，第二版，571 页。在此书此页，我们可以看到有关野蛮人的许多离奇古怪而不可捉摸的风俗的一篇出色的记录。

第四章

人类和低等动物在心理能力方面的比较（续）

人类和低等动物在心理能力方面的比较——续道德感——基本的命题——社会性动物的一些品质——社会性的起源——相对立的一些本能之间的斗争——人是一种社会性动物——比较坚韧的一些社会性本能战胜了其他不那么坚韧的本能——野蛮人唯独重视社会德操——一些个人德操的取得是进化过程中较晚阶段里的事实——同一社群的成员的判断对人的行为有重大关系——道德倾向的遗传——三、四两章总说

有些著作家[1]持有这样一个判断，认为在人和低等动物之间的种种差别之中，最为重要而且其重要程度又远远超出其他重要差别之上的一个差别，是道德感或良心。我完全同意这一点。正如麦金托什[2]所说的那样，道德感"作为人类行动的一个原则，理应居于其他每一条原则之上"；有一个简短而专横的字眼或词可以把它概括起来，就是"应"或"应该"，

这真是一个充满着崇高意义的字眼。在人的一切属性中，它是最为高贵的，它导致人毫不踌躇地为他的同类去冒生命的危险，或者在经过深思熟虑之后，在正义或道义的单纯而深刻的感受的驱策之下，使他为某一种伟大的事业而献出生命。康德解释说，"道义！你这令人惊奇的思想呀！既无需婉转示意、曲意奉承，更不用威力胁迫，而只要在灵魂里把你赤裸裸的法则高高举起，从而不断地用虔敬的心情、乃至委顺的心情，激励你自己；在这个法则面前，一切情欲，尽管暗地里反抗，却终于成为哑巴，销声匿迹；你究竟是从哪里来的呢？"[3]许多极有才学的著作家[4]都讨论过这个大题目，我在这里也要把它略略地提一下；我这样做的唯一借口，是我不可能把它忽略过去；同时也因为，据我见闻所及，截至目前为止，任何人还没有完全从自然史的角度考虑过它。作为一个尝试，我还想看看低等动物的研究对于人的这些最高的心灵秉赋是不是会有所发现，从这一点来看，我这一番探讨也还有它的一些独立的意义。

据我看来，如下的这样一个命题是大有可能而近乎事实的——就是，不论任何动物，只要在天赋上有一些显著的社会性本能，[5]包括亲慈子爱的感情在内，而同时，又只要一些理智的能力有了足够的发展，或接近于足够的发展，就不可避免地会取得一种道德感，也就是良心，而人就是这样的一种动物。因为，**第一**，一些社会性的本能会使一只动物在它的同类的群体中或社会中感觉到舒服，即所谓乐群之感；会对同类感觉到一定分量的同情心，会进而为它们提供各式各样的服务，有些服务是具体而显然属于本能性质的；而有的，像大多数高级的社会性动物所表示的那样，只是一种意愿，一种心理准备，想在某些一般的方面帮助同类中的成员。但这些感觉或服务所达到的对象，只限于群体中一些日常来往的成员，而并不是同一物种中的全部的个体。**第二**，各种心理能力一旦变得高度发达之后，在每一个个体的脑子里，过去的一切动作和动机的意象或映像会不断地来来去去，而我们将在下文看到，由于任何本能的未能得到满足，没有例外地会产生一种空虚不满之感，甚至是一种穷愁苦恼之感。社会性的本能是经久的，无时无刻不存在的，而某一种其他的本能，尽管一时强大有力，胜过了社会性的本能，使它暂时屈从而让路，却在性质上既不经久，事后也并不留下一个很生动的印象。每当有关的个体看到这一层，看到社会性的本能曾经被其他本能所战胜过，它都会感觉到难过。所谓不经久的本能，指的是许多发乎本能的情欲，例如饥则思食，它们在时间上是短暂的，一经满足，后来追忆起来，也不太容易，不太生动活泼，这一点是容易明白的。**第三**，在语言的能力既经取得、而社群的意愿得以表达之后，对每一个成员应如何动止举措才对公众有利这一种共同的意见，就在极高的程度上成为行动的指针。但我们也应该记住，无论公众意见有多么重要，无论我们把多大的分量划归给它，我们对同类对我们的赞许或不赞许的重视总是建立在同情心之上的，因为，我们在下文将要看到，同情心毕竟是社会性本能的一个主要的组成部分，并且，说实在话，是它的基石。

最后，对每一个成员的行为的指引，这成员自身的习惯会最后起一番很重要的作用；因为，社会性的本能，连同同情心，像任何其他本能一样，也通过习惯而得到大大的加强，终于成为一种顺从，顺从于社群所共同表示的一些意愿和判断，在这里有必要把这若干从属的命题进一步加以讨论，而有些还需要讨论得比较详细。

　　首先，我不妨提出这样一个前提，就是，我无意认为，任何确有社会性的动物，如果它的一些理智才能变得像人那样的活跃、像人那样的高度发达，就可以取得同人完全一样的那种道德感。这和许多动物有些审美的能力的情况可以相比，尽管它们所欣赏的事物大大的不一样，它们是懂得一些美不美的。同样的，它们有可能懂得一些什么是对、什么是不对，尽管由此而产生的种种行为也各有各的大不相同的趋向。试举一个极端的假设的例子罢。如果人所由培养而长大的种种条件恰恰和蜜蜂的一模一样，则所得的结果几乎一定是这样，就是，我们所有的不结婚的女子，会像工蜂一样，把杀死她们的弟兄作为神圣的天职，而凡是做母亲的女子又会竞相把有生育能力的女儿除掉，而谁也不会想到加以干涉。[6]尽管如此，蜜蜂，或任何其他社会性动物，在我们这个假设的例子里，依我看来，也会取得一些什么是对、什么是不对的感觉，也会取得良心。因为每一只蜜蜂会有一种内心的感觉，感觉到在它所具备的种种本能之中，某些更为有力、更为持久，而另一些则不那么有力、不那么持久；因此，这里面就往往有些斗争，在不止一个本能的冲动之中，究竟顺从哪一个本能办事，便是斗争需要解决的问题，也因此，事后追思，或过去的印象不断地在脑海里来回往复而相互比较的时候，就不免引起满意、不满意，或甚至苦恼的感觉。在这种情况下，内心像有一个警戒的力量对这动物说，你当初如果顺从这一个冲动，而不是那一个冲动，那就好了。也就是说，它当初应该走这条路，而不应该走那条路；这条路才是对的，那条路却是错的；但对于对与错这些名词我在下文还要谈到，目前姑且说到这里。

社会性或合群力。——许多种类的动物都有社会性。我们发现甚至不同种的动物也会生活在一起，例如，某几种美洲猴子；又如，不同一种的白嘴鸦（rook）、穴乌（jackdaw）、欧椋鸟（starling）等，都会合成一群。人对狗有强烈的喜爱，狗也更加以恩义报答人，所表现的都是同样的一种感情。每一个人一定都看到过，马、狗、绵羊等等，在失群或与同伴分隔的情况下，是如何的苦恼，而至少在马与狗这两类动物，在与同伴重新会合的时候，又是如何地表示出强烈的相互的情谊。一只狗，在主人或家庭中其他成员的陪伴下，即便完全不被人理睬，也可以静悄悄地在屋子里耽上几个钟头，一动也不动；而如果家中人让它独自留在屋子里，哪怕只是片刻，它就会吠、会号，声音很是愁苦。它这种前后的感情变化就很值得我们深思一下，其中必有道理，我们在这里准备把注意限制在有社会性的比较高等的几种动物方面，而把昆虫类搁过不提，尽管其中有几种是有社会性的，并且在生活的许多重要方面能够进行互助。在高等动物里，最普通的一种互助是通过大家的感官知觉的联合为彼此提供对危险的警告。像耶格尔博士所说的那样，[7] 每一个猎手都知道，要追踪而靠近成群成队的动物有多么困难。据我所知，野马和野牛是不发任何危险信号的，但任何一只马或一只牛，在首先发现危险之后所表示的姿态就是对大家的一种警告。野兔用后脚在地上使劲踩，踩出声来，作为信号；绵羊和臆羚则用前脚踩地，同时又发出一种啸声。许多鸟类和某些哺乳类动物会放哨，其中就海豹来说，据说[8]这种哨兵一般都是由母海豹承当的。一队猴子的领队也起岗哨的作用，危险一来临，危险一过去，它都要发出叫声表达这些情况。[9]社会性动物彼此之间也进行一些很小的服务活动：身上任何地方发痒，马会彼此轻轻的啃；牛会彼此相舐；猴子会彼此搜捉体毛丛中的外寄生虫，如虱蚤之类；而布雷姆说到，一队青灰猴（乙203），在冲出一片有荆棘和长有芒刺的果实的树丛之后，每一只猴都在大树枝上平躺下来，让另一只猴坐在旁边"细心地"检视它周身的皮毛，起出每一根芒刺，择掉带有芒刺的果壳的碎片。

社会性动物也彼此之间进行一些更为重要的互助活动：例如，狼和其他猛兽会合伙出猎，在攻击猎物时，会互相帮忙。鹈鹕（乙733、734）会合在一起捕鱼。树灵狒狒（乙316）会搬开石头，来搜寻昆虫之类；而当它们遇到一块特大的石头时，彼此会通力合作，把石头搬开或翻转，石头旁边容得下多少只狒狒，就有多少只一起出力，也就由这多少只分享所搜获的东西。社会性动物也会彼此保卫。北美洲的野牛（乙116）遇有危险，公牛合成一个圈子，把母牛和牛犊赶进圈子中心，而自己在外围负起保卫的任务。我在下文的一章里，还将叙述到奇林根（Chillingham）地方两只年轻的雄野牛协力攻击一只老野牛，以及两只牡马合作，把另一只牡马从一群牝马那里赶跑的例子。在阿比西尼亚，布雷姆碰上一大队狒狒正在越过一个山谷，前锋已经爬上对面的山坡，而后殿还在谷里；在谷里的受到了猎犬的攻击，在山坡上的老成一些的雄狒狒便立刻从石丛中赶下来，张开大嘴，吼声震耳，将猎犬吓得急向后退。在猎人的激励下，猎犬再一次进攻，但这时候全队的狒狒已经登上高坡，谷里只留下一只大约六个月大的小狒狒，正大声呼救，同时爬上一块大石的顶上，受到了猎犬的包围。在这当儿，山坡上最大的一只雄狒狒，一位真正的英雄，再一次赶下坡来，很镇定地跑到小狒狒身边，抚慰了一番，把它胜利地带走了——猎犬们一时惊得发了呆，没有能进行攻击。到此，我情不自禁地要介绍这同一位博物学家所曾目击的另一个场面：一只老鹰抓住了一只幼小的长尾猴，由于小猴缠住树枝不放，老鹰没有能把它立刻带走，小猴大声呼救，猴队的其他成员闻声赶到，一时叫声大起，包围了老鹰，拔下了它的大量的羽毛，老鹰情急，只想逃命，再也顾不到所要捕食的小猴了。布雷姆说，这只老鹰肯定再也不会向成队成伍中的一单只猴子进行袭击了。[10]

　　可以肯定的是，凡属有社会性的动物，彼此之间都有一些相爱的感觉，而这在没有社会性的动物是没有的。至于对同类中其他成员的痛苦和快乐实际上能表示同情到什么地步，就大多数的例子来说，就不那么容易肯定了，就快乐这方面说，尤其如此。不过，也还是有种种出色的办法来观察的。[11]巴克斯顿说，他所畜的几只鹦鹉①，是可以在诺福克（Norfolk——英格兰东部郡名）境内自由生活的，它们对其中有窝的一对特别注意，"感到无限的兴趣"，每当雌鸟离巢外出，就成群地围绕着她，"作出种种怪得可怕的叫声为她捧场。"要判断动物对同类中其他成员所受的痛苦究竟有没有任何感觉，往往是困难的。当好几只牛围绕而瞪着眼睛看一只垂死或已死的同类的时候，谁能说它们心里究竟想些什么，感觉到些什么呢？但表面上看去，像乌泽所说的那样，它们是没有怜悯心的。而动物之间这方面的心情有时候可以离开同情心很远，倒是很可以肯定下来的；因为它们会把一只受了伤的同伴从群里赶出去，或虽不驱逐，却会用角刺它一下，或用其他搅扰它的方法，终于把它弄死。在自然史上，这几乎是最黑暗的事实了。说实在话，除非真如有人所提出的解释那样，它们的本能、或是它们的理智，导致它们把一只受了伤的同伴排除出去，因为，不如此，肉食的鸷禽猛兽，包括人在内，就不免受到诱引，追踪而来，对整个群体造成灾难。根据这样一个解释，可知野牛的这种行为并不比北美印第安人的行为坏得太多：北美印第安人从前是要把一些疲癃残疾的同伴遗弃在草原之上而死活不管的；也不比斐济人②坏得太多：斐济人

---

① Macaw，产于南美洲的一种鹦鹉。
② Fijians，南太平洋美拉尼西亚区斐济群岛上的土著居民。

是要把年老或有病的父母活活埋掉的。[12]

　　但许多种类的动物是肯定对彼此的苦难或危险表示同情的。即使在鸟类也有这种情况。斯坦斯伯里上尉[13]在犹他①的一个咸水湖上发现一只老而完全失明的鹈鹕（乙 732），很肥胖，这说明，长期以来，他的同伴一定一直把他喂得很好。据布莱斯先生告诉我，他在印度看到乌鸦喂两三只瞎眼的同伴吃东西；而我自己也听说过一只公鸡的类似情况。如果我们愿意的话，我们可以把这一类的行为划归本能，说它们是本能的行动；但这一类的行为是很少很少的，既然少，要指望它们积累而成为一种特殊的本能，显然是个问题。[14]我自己看到过一只狗对一只猫所表示的同情：这只猫病了，躺在一只筐子里；狗每次走过筐子，一定要对它病中的老朋友用舌头舐上几下，而舐的行动，就狗来说，是表达情谊的最为可靠的标志。

　　有一股动力使一只勇敢的狗，在主人受到任何人攻击的时候，肯定会跳起来向攻击的人反击，这股动力不可能有别的叫法，只能叫做同情心。我看到过这样一个情况：一个人装着打一个贵妇人，这妇人怀里有一只很胆小的小狗，而这妇人以前从来没有这样地挨过打，这是第一遭。小狗当然信以为真，就立刻从怀里跳了出来，但打过以后，它又立刻跳了回来，息心静气地舐它的女主人挨过打的脸庞，竭力试图安慰她，那场面看去真是缠绵悱恻，动人得很。布雷姆说到[15]受人豢养的一只狒狒，因故要挨主人的惩罚，正在躲来躲去的时候，其他的几只狒狒都试图保护它。上文所已经说过的狒狒和长尾猴的两个例子，一则从狗的包围中，一则从鹰的爪子里，救出幼小的同类来，导致它们这样做的那分动力，也只能是同情心，而不可能是其他的东西。我只再举另外一个出乎同情而行为英勇的例子，是关于美洲的一种小型的猴子的。若干年以前，伦敦动物园的一位管理人员给我看他自己脖子后面的几缕很深而还没有完全长好的伤痕，说那是当他有一天跪在笼屋地板上工作的时候，被一只凶狠的狒狒所伤害而造成的。所说的那只小型的美洲猴子是这位管理员的热情的朋友，它和这只

————————————
　　①　Utah，美国西部的一个州。

体型巨大的狒狒住在同一间宽大的笼屋里，一向最害怕这只狒狒。但那天它一看到它的老朋友陷在危险之中，就立即赶过来相助，它一面大叫，一面咬这狒狒，狒狒一分神，管理员乃得乘间逃脱，否则，据医师认为，他可能遭到生命的危险。

除了恩爱和同情心之外，动物还表现与社会性本能有联系的其他品质，而这些，在我们人，就配得上"道德的"这个形容词。而阿加西斯[16]认为，狗是具有很像我们所谓的良心这样东西的；我同意他的这个看法。

狗也具备一些自制的能力，而这种能力的由来，看来并不完全是因为惧怕惩罚。布劳巴赫[17]说，主人不在，它们也能自己克制，不偷东西吃。长期以来，狗一直被公认为是忠实与善于服从的典型动物。但大象对驱策它或饲养它的人也很忠诚，而在它的心目中，这人有可能是象群的首领。胡克博士告诉我他在印度所骑的一只大象的事：有一次这只大象陷进了一个泥沼，陷得很深很牢，到第二天才由人们用大绳子拖拔出来。凡遇到这种下陷的情况时，大象总要用长鼻子卷取周围可以够得着的任何东西，死的也好，活的也好，把它们垫塞在双膝的下面，使自己免于陷得更深；所以当时赶这只象的象奴非常害怕，怕它把胡克先生也卷去垫空，从而把他压个粉碎。不过，据有人肯定地告诉胡克先生，象奴本人是不会遇上这种风险的，因为象奴对它有恩。一只分量极重的大动物，在事关存亡的危急时刻，竟然会有这种自我克制的力量，而有所不为，这不能不说是它的高贵忠诚品质的一个令人惊奇的证据了。[18]

凡是群居的动物，总是共同地保卫着自己，或共同地向敌人施行攻击的；在这种情况下，成员彼此之间，说实在话，一定会在某种程度上以忠诚相见；而在追随着一个领队的群体则除此而外，还会有一定程度的服从领导的品质。阿比西尼亚的狒狒，[19]当它们结队抢劫一个园子的时候，是静悄悄地追随着它们的领队的，而如果一只年轻而不识相的狒狒漏出一点声音来，旁边的狒狒就会给它一巴掌，好让它遵守安静和服从的纪律。高尔顿先生有过出色的机会来观察南非洲的半家半野的牛群，他说，[20]它们是离不开群的，哪怕是片刻半晌的离开也受不了。它们根本上有几分奴性，接受任何共同的决定，任何一只有着足够自恃的力量来担当领导地位的公牛都可以带领它们，它们除了乖乖地被带领之外，不追求其他更好的命运，凡试图驯服这种牛而加以羁勒的人，必先仔细地从旁观察，寻找几只吃草时能比较离开牛群而表现着更有自恃性格的公牛，然后把它们训练成为"头牛"。高尔顿先生又说，这种公牛是难得的、贵重的；如果在牛群中生得多了，就很快地要被除掉，因为狮子就在暗中窥视，不断地搜寻那些趋向于从群体游离开去的成员，不让他们发展。

至于导致某些种类的动物实行合群而多方互助的内在动力是什么，我们不妨作出这样的推论，就是：就大多数的例子说，凡进行一种顺乎本能的动作，动物会感觉到满意或愉快，而反之，如果这种动作受到阻碍，它们会感觉到失意或痛苦。其他的本能活动既如此，如今就合群互助的活动而言，也有种种情况，动物同样地受到感觉顺逆和趋顺避逆的要求的驱策。这一点我们在许许多多例子中可以看到，而我们家养动物所取得的一些本能更能突出地对此加以说明。例如，一只年轻的牧羊狗就爱赶羊，爱在绵羊群周围绕来绕去，而并不和绵羊们捣麻烦；又如，一只猎狐犬爱猎取狐狸，而一些其他的猎狗品种，我亲眼看到过，完全对狐狸不感兴趣，见到了也不理睬。平时活动能力极强的一只鸟，居然能日复一日地稳稳地孵她所产的卵，这其间驱策着她的、或维系着她的一种称心如意的感觉必然是十分强烈，否则这是不能想象的。惯于季节性迁移的候鸟，如果受到限制，不克迁移，会感觉到很苦恼。它们对整队出发、作远程飞行，大概会感觉到高兴，但很难设想，奥杜邦所描写的那只雁或鹅，翅膀已经被剪短而不适于飞行，它在迁飞的季节里，踏上征途，步行一千几百英里，它这样做的时候竟会有任何快活的感觉。有些本能是完全由痛苦的感觉所决定的，例如恐惧的感觉，其结果有助于自我或一己的生命保全，在有些情况下，这种本能与恐惧之感还以某些特殊的敌人作为专门的对象。到底什么是快乐之感，什么是痛苦之感，恐怕至今还没有人能加以分析。不过，在许多例子里，情况大概是，动物一贯地按照本能行事，其所依据的只是单纯的遗传的力量，其间不牵涉任何快乐或痛苦的刺激。一只年轻的指猎犬，① 当它用嗅觉发现猎物的时候，显然就会情不自禁地用鼻尖指示猎物的方位，这里也说不上什么苦乐之感。一只养在笼子里的松鼠轻拍着一些吃不得的干果，像是要把它们埋进地下那样，它这种行动也很难说是受到了苦乐之感的驱使。因此。普通认为人的一举一动一定都受到苦乐之感的驱策，这样一个想法有可能是错了的。一个习惯性的动作，尽管不假思索、盲目进行，而在当时和苦乐之感会不相干，但如果受到突然而强烈的阻碍，不能继续前进，则一种模糊的不满意的感觉一般地也会油然而生。

时常有人假定，有社会性的动物首先变得有了社会性，然后，在和同类分离的情况下，才会感觉到不舒服，而在会合的情况下，才会感觉到舒服；事实怕不是这样，更有可能的是，这些因离合而悲欢的感觉发展在先，为的是好诱使那些能从群居生活中得到好处的动物彼此靠拢，而生活在一起。这和饮食之事可以相比，饥渴之感和饮食的快乐之感的取得无疑地是在前面，有了这些感觉之后，动物才受到诱引，进行饮食。群居的欢乐，这种感觉大概是亲子之间情爱的引伸或扩充，因为，凡是在幼年时代里，亲子不相离的关系维持得更长久些的那些动物，在一些社会性的本能上也更发达一些，而这种引伸或扩充，部分虽可以归功于习惯，主要的原因还是自然选择。在因群居而受惠的各种动物之中，那些最能以群居为可乐的个体便最能躲开种种危害，而那些对同类的祸福利害最漠不关心而离群索居的个体则不免于大量死亡。显然是构成了一些社会性本能的基础的亲子之间的情爱又是怎样起源的，其所由取得的步骤又如何，我们还不知道；但我们不妨作出推论，认为它们的由来在很大程度上也是通过了自然选择的。就那些很不寻常而和这些情爱恰好相反的感情，即近亲之间的厌恶或憎恨而言，其起源与由来几乎可以肯定就是这样。例如，就蜜蜂而言，工蜂们所杀死的雄蜂是它们自己的弟兄，而蜂后们所杀死的其他可以为后的蜜蜂是她们自己的女儿；近亲相杀，显然是发乎一种与恩爱相反的感情，而在这里，这种相杀的感情或愿望却是对整个社群有利的。亲子之

---

① pointer，发现猎物时即停留在它的附近而用鼻子来指示猎物的所在的那种猎犬。

爱，或替代了它的某种其他的感情，甚至在进化阶梯的若干极低阶层的动物中间也有所发展，例如海星（star-fish）和蜘蛛。在整个的生物群如蚯蚓属（乙414），也间或可以找到一些表现这种情况的成员，但只以这少数的成员为限。

同情与恩爱都是极为重要的情绪，彼此不同，不应相混。一个母亲可以热爱她的只会睡觉而在在需人抱守的婴儿，但在这一段时期里我们很难说她对婴儿有什么同情。一个人爱他所畜的狗，这种爱也和同情心不是一回事；狗对它主人的爱也是如此。从前亚当斯密提出论点，而近来贝恩先生也有同样的看法，认为同情心的基础在于我们对过去种种甘苦的心理状态的坚强的记忆。由于这种牢记不忘，我们在"见到别人忍受着饥饿、寒冷、或劳苦倦极的时候，就会在我们心理上唤醒对这些旧时所经历的状态的一些回忆，而这些状态，即便作为意念，也是痛苦的。"这样我们就从内心上受了逼迫，要为别人解除痛苦，为的是好从而同时解除自己心理上的痛苦的感觉。我们之所以能乐人之乐，分享别人的愉快，情况也是这样。[21]但我看不出来，这样一个对同情心的看法将如何解释如下的事实，就是，一个我所心爱的人在我身上所激发出来的同情，比一个不相干的人所能激发的，在强烈的程度上，不知要大出多少。不论有没有原先存在的恩爱关系，只要看到别人苦难的光景，便足以在我们心理上唤起一些生动的回忆和联想，这说明恩爱与同情是分得开的两回事。但这也许可以用这样的事实来解释，就是，在一切有社会性的动物，同情心的活动是仅仅指向同一社群之中的成员的，因此，是指向平时所认识，即，或多或少有些情分或恩爱的个体，而不是同一物种之中所有的个体。这并不奇怪，和许多动物的恐惧心理的活动只指向某些特殊的动物这一事实同样不足为奇。没有社会性的动物物种，例如狮子和老虎，对它们自己的幼仔所遭受的苦难，无疑也有同情之感，但对于任何其他动物的幼兽就不然了。就人类而言，自私心、生活经验、模仿别人，像贝恩先生所指出的那样，对同情心的加强，大概也起了些作用；因为，人们都抱有希望，在对别人做了些同情的活动而有惠于别人之后，迟早会收到友好的报答，而通过习惯，同情心所得到加强的分量，亦复不少。对所有实行互助互卫的动物来说，同情心既然是极关重要的情绪之一，它的由来一定是错综复杂的，但无论它的来源如何复杂于前，它一定曾经通过自然选择而得到加强于后，这是可以肯定的；因为，社群与社群相比，同情心特别发达的成员在数量上特别多的社群会繁荣得最大最快，而养育出最大数量的后代来。

但，就许多例子说，某些社会性本能的取得，究竟是通过了自然选择的呢，还是其他一些本能和才能比如同情、推理、经验，以及模仿的倾向之类所间接造成的结果，是无法断言的；或者，它们也有可能是长期持续的习惯的结果，而别无其他复杂的来历，然而要肯定这一点，也是不可能的。即如放哨而为社群戒备不虞这样一个奇特的本能，就很难说是这些心理才能中的任何一个的间接的结果，因此，它的所以被取得只能是直接的。在另一方面，另一种习性，即某些社会性动物的雄性共同担当起保卫社群、进攻敌人、或围捕猎物的任务，也许起源于相互的同情心；但这些任务中所需要的勇气，以及在大多数例子里所要求的体力，一定是早就取得了的，并且大概是通过了自然选择取得的。

在各种本能与习性之中，有些要比其他一些强有力得多；那也就是说，有些，比起别的来，在进行活动时可以提供更大的快乐，而在受到阻碍时，要引起更大的痛苦。或者，还有一点也许是差不多同样重要的区别，就是，通过遗传，它们要比别的更能坚持不懈地发生作用，而于作用之际，并不引起什么特别的苦乐之感。我们在我们自己身上可以意识到，有些习惯，比起别的来，要难治得多，或难于改变得多。因此，在动物生活里，在不同的本能之间，或在某一个本能与某一种习性之间，时常可以观察到一些矛盾。例如狗与主人出行之际，突然追逐起一只野兔来，挨了主人的骂，停了下来，迟疑了半晌，又追逐了起来，或退回到主人那里，有些羞愧的神情；再如，一只母狗，一面爱她的一窝小狗，一面也爱她的主人，这其间也有矛盾——因为，我们有时候可以看到她偷偷的跑去张望她的小狗，而这样做的时候，神色上总有几分忸怩，所忸怩的是她没有能全神贯注地和主人作伴。但我所知道的关于一个本能战胜另一个本能的最为奇特的例子，是迁徙的本能战胜了母爱。迁徙的本能是强有力得出奇的；一只被饲养而关在笼子里的候鸟，到了应该迁徙的季节，会用胸脯在笼子的铁丝栏上乱冲乱撞，弄得胸前羽毛尽脱，血渍斑斑。这本能使鲑鱼（salmon）从暂时用来养活它们的淡水里跳出来，从而造成了不是出乎自己意愿的自杀。谁都知道，母爱的力量是极强的，甚至平时性情畏怯的母鸟，尽管起初有些犹豫，也尽管和自我保全的本能两相抵触，却终于会临难不苟，为下一代而牺牲自己。虽然如此，迁徙本能的强烈有时候会比此更胜一筹，一到秋末，燕子、普通的家燕（house-martin）和褐雨燕（swift）往往丢下幼弱不能自存的小燕不管，让它们在巢里悲惨地死去。[22]

　　我们不难看到，一种本能的冲动，比起另一个或许和它有些抵触的本能冲动来，只要在任何方面对有关物种有更多的好处，就会通过自然选择而变为两个之中更为强劲有力的一个；原因是，在这本能上越是发达的个体就越有机会存活下来，而在数量上越来越占优势。但就迁徙的本能和母爱的对比关系而言，情况是否确是这样，是可以怀疑的。迁徙本能的力量虽大，行动起来虽稳健扎实，却不是经常活动的，而是一年只有一次，而这一次所牵涉到的时间也不过一整天，也就是在这一整天之内，它的威力表现得至高无上、压倒一切罢了。

　　人是一种社会性动物。——谁都会承认人是一种社会性的生物。不说别的，单说他不喜欢过孤独的生活，而喜欢生活在比他自己的家庭更大的群体之中，就使我们看到了这一点。独自一人的禁闭是可以施加于一个人的最为严厉的刑罚。有些著作家设想，原始人的生活是以一个一个的家庭为单位的，但即在今日，在野蛮人的地区，尽管还有单一的家庭，或两三个人一起，东游西荡，不常定居，而据我见闻所及，在同一地区的家庭与家庭之间却一直经常往来，维持着友好的关系。这些家庭不时集会相聚，也不时为了共同的防御而联合起来。居住在毗邻地区的一些部落经常处在战争状态之中，往往兵戎相见，这是事实，但这不能用来作为否认野蛮人是一种社会性动物的论据。因为，上面说过，一些社会性本能的活动是从来不引伸或扩充到同一物种之中的所有成员的。根据过半数的四手类动物的可以类比的情况而加以推断，人早先的类猿始祖大概也是有社会性的，但这一点，对我们来说，关系并不如何重要。尽管今天的人已经不具备什么特殊的本能，尽管他已经把他的远祖所可能有过的任何这种本能早就丢得精光，这也不构成一个理由，用以推断自从极为荒远的年代以来，他就不能保有某种程度的发乎本能的对他同类的友爱和同情。说实在话，我们自己都能意识到我们是具备这些同情的感觉的，[23]但我们的意识并不告诉我们，这些感觉究竟是不是发乎本能，即很久很久以前就在低于我们的动物身上同样兴起来的本能，抑或是由我们每一个人在幼年的时候各自取得的。人既然是一种社会性的动物，我们几乎可以肯定地认为，他会遗传一种倾向，一面对他的同伴表示忠诚，而一面对他的部落的领导表示服从；因为，就大多数有社会性的动物来说，这些品质是共同的。他也因此会具备一些自制的能力。根据一种遗传的倾向，他会乐于和别人一道进行对同类的保卫工作；并且，在不太妨碍自己的利益或自己的强烈欲望的情况之下，准备随时对他们进行任何方面和任何方式的帮助。

在对同一社群中的成员进行帮助的时候，在进化阶梯上处于最低几层的社会性动物是几乎完全受到一些特殊本能的指引的，而所处级层高些的，虽然不是完全受到却也在很大程度上受到这种本能的指引，但除此之外它们还部分受到彼此友爱和相互同情的驱策，并且其间还显然得到一定分量的推理能力的协助。尽管像刚才所说的那样，人没有什么特殊的本能教他如何如何地来对他的同类进行帮助，但他们仍然具备这方面的一般性的冲动，而随着种种理智能力的提高，这种冲动就会自然而然地得到推理与经验的很多的指引。发乎本能的同情心也会使他高度珍视他的同类对他所表示的赞许；正如贝恩先生所曾明白指出的那样，[24]对称誉的爱好、对光荣的强烈的感受，以及对侮蔑，对恶名声的更为强烈的惧怕，"全都是同情心活动的结果"。因此，在极高的程度上，人会受到旁人用姿态和语言所表达出来的对他的愿望、称许和责备的影响。由此可知，人的一些社会性本能，来源虽必然是很早，早到他的原始时代，甚至可以更早地追溯到和猿猴难于分辨的远祖时代，却直到今天还在对他的一些最好的行为提供动力。但我们也看到，他的种种行动，在更大的程度上，是由旁人所表达出来的愿望和判断所决定的，而同时不幸的一点是，他自己的一些强烈的自私自利的欲望也很经常地做出或参加了这种决定。但由于恩爱、同情、自我克制等越来越因习惯而得到加强，也由于推理的能力变得越来越明确，使他对旁人的判断能作出公平合理的估价，这样一来，他就会自己感觉到，他有必要，在不计较一时的任何苦乐利害的情况之下，遵从一些一定的行为路线。到此，他可以宣称——而这是任何半开化的人或未受文化熏陶的人连想都不能想的——我是我自己的操行的至高无上的裁决者，而用康德的话来说，我决不会亲身冒犯人类的尊严。

更坚韧不拔的一些社会性本能战胜了不那么坚韧的那些本能。——不过，到现在为止我们还没有考虑到主要的论点，而就我们在本章的观点来说，整个道德感的问题都要以这论点为转移。我们先试回答如下的几个问题。一个人为什么会感觉到他应该听从这一个出自本能的欲望，而不是那一个呢？如果他屈从了保全自己生命的那一个强烈的情感，而没有能冒险来营救同类中另一个人的生命，为什么他会感觉到深切而苦恼的遗憾呢？因饥饿而偷吃了人家的东西，为什么他会追悔不已呢？

首先，这一点是清楚的：就人类说，本能冲动的力量也是程度不齐的。一个野蛮人可以为同一社群的一个成员的生命而冒丢失自己生命的危险，而对于一个陌生人的遭遇则可以完全无动于衷；一个年轻而畏缩不前的母亲，在母爱的驱策之下，可以毫不犹豫地为她自己的婴儿冒天大的危难，而对于一个普通的路人则不会这么做。尽管如此，也还有不少在文明中生活的人，甚至儿童，生平虽没有为别人的生命而冒过牺牲自己的危险，却充满着勇气和同情心，全不理会自我保全的本能的呼声，而突然跳进一股急流，来搭救一个素昧平生而行将没顶的人。在这种情况下，驱策人这样行事的那股本能的动力是和上文所说的驱策着那只小型的美洲猴子的动力一般无二的，那只猴子，在同样的动机之下，英勇地打击那只又大又可怕的狒狒，而搭救了动物园的管理员。如此看来，上面所说的这类行为，像是社会性本能或母性本能的力量大过了任何其他本能或动机的力量的结果，简单而并不复杂；因为这一类的动作总是进行得极快，其间没有时间可供反复思量，也不容许有任何苦乐之感的机会；而反之，如果由于任何原因而受到阻挠，使不能遂其营救之心，当事人倒反而会感觉到苦恼，甚至悲伤。与此相反，在一个胆怯而畏缩不前的人，自我保全的本能也许是大于一切，因而他就不可能迫使自己来冒这样的一场风险，即使在危难中的不是别人，而是他自己的孩子，恐怕也不行。

我当然知道，有些人认为，根据冲动而进行的一些行为，如上面所说的一些情况，是不能归属于道德感的领域之内的，这些行为不适用"道德的"这个形容词，这些人把这个形容词的适用只限于经过考虑而有意识的行为，亦即情欲之间进行过斗争而有所胜负之后的行为，或者，由一些崇高的动机所激发出来的行为。但据我看来，要在行为之间划出任何一条这类清清楚楚的界线是几乎不可能的。[25]就出乎崇高动机的这一部分行为来说，文献记录中也包括许多野蛮人的例子；野蛮人是完全说不上我们所称的对全人类的一般的仁爱的感觉的，也是不受任何宗教动机的指引的，而他们在陷入敌手之后，宁愿牺牲自己的生命，[26]而不肯出卖同伴；他们这种行为肯定地应该被看成是合乎道德的。至于经过反复思量和内心斗争之后的这一类行为，我们也可以看到，在动物，当拯救它们的后代或同伴的时候，起初也不免因不同而相反的本能斗争于内而有所踌躇不决；然而它们的这种行为，尽管也是为了别的个体的利益，却不能以合乎道德见称。还有一层，我们所时常进行的任何动作，日久以后，进行时就用不着思量，用不着迟疑，而和发自本能的动作难于分辨；然而没有人敢于说这种行为，由于习惯成自然，而不再成为合乎道德的行为。实际上我们的想法又正好与此相反，我们都感觉到，除非一种行为的做出，是当机立断而带有冲动性，不假思索，不用努力，好像此种行为所要求的种种品质都是内在固有的一般，否则这一行为就不算完善，不够高贵。其实，从另一个角度来看，一个人在行动之前，能被迫来克服他的畏惧之情，提高他的同情

146

之感，比起只凭内在的情趣、一时的冲劲，不用努力而作出一件好事来的另一个人，要更为难能可贵，值得称赞。总之，动机既然是隐藏在内而无法加以辨别或划分的一些东西，我们只能把出自一个有道德性的动物的某一类所有的行为看作是合乎道德的。所谓有道德性的动物就是这样一种动物，他既能就他的过去与未来的行为与动机作些比较，而又能分别地加以赞许或不赞许。我们没有理由来设想任何低于人的动物具备这种能力。因此，如果一只纽芬兰狗①会把一个小孩从水里打捞出来，或一只猴子冒了危险来搭救另一只猴子，或担当起抱养失去了父母的一只小猴子的任务，我们宁不用道德这一名词来称呼这一类行为。不过，一到了人，我们既可以肯定地把他列为一种有道德的动物，则某一类的行动或行为，无论是通过了内心的动机之间的斗争而深思熟虑之后才作出的也好，或通过本能而出乎冲动的也好，或由于逐渐取得的习惯的影响或成效也好，我们一概称之为合乎道德的。

但折回到我们的更为直接的题目罢。尽管有些本能比别的更为强劲有力，因而会导致相应的种种行动，但我们不能因此而认为，就人类说，一些社会性的本能（包括好誉惧毁的心情在内），比起自我保全、饥饿、性欲、复仇等等的本能来，本来就具有更大的力量，或通过长期的习惯，取得了更大的力量。既然如此，那么，人在一次作出行动之后，为什么会由于听从了这一自然冲动，而不是那一自然冲动，而感觉到有所遗憾，乃至想驱遣此种遗憾而有所不能呢？又为什么他会进一步感觉到他对他的行为应该知所抱憾呢？在这一方面，人是和低于人的动物有着深刻的差别的。但尽管深刻，我想我们还是能够，在一定的程度上，看到这一差别的理由所在。

由于种种心理能力的活跃，人总是不可避免地要进行思考，过去生活里的种种印象、种种形象要不断地和清楚地，在他的脑子里来回往复地通过。如今，我们知道，就那些长期生活在集体里的动物来说，一些社会性

---

① 一种大型而善游泳的狗，产于北美洲东北隅的英属纽芬兰岛。

的本能是一直存在而坚持不懈的，这些动物总是按照着向来的习性，随时随地地有所准备，来发出危险的信号，来保卫社群，来帮助同类。在不需要任何特殊的热情或欲望的刺激的情况之下，它们对同类同群的个体，无时无刻不感觉到一定程度的恩爱和同情；如果和同伴们分离得太久，它们会感觉到不快活，而当别后重逢的时候，又总会十分高兴。我们人也是这样。试想即便只是在相当孤独的时候，我们会多么容易想到别人对我们的想法，想到他们是赞成我们，还是有所不赞成，而一面想，一面还不免有喜愠苦乐之感——所有这些都是从同情的要求产生出来的，因为同情心毕竟是各个社会性本能中的一个根本的成分。如果一个人丝毫不具备这一类的本能，他将是一个违反自然的怪物了。在另一方面，饥则思食的欲望，或任何热情，比如有仇必报的热情，在本身的性质上是暂时的，而一有机会，也不难得到充分的满足。唯其是暂时的，而不是经常持续的，我们也不容易，甚至也许不可能，来特地而故意地唤起对这一类情欲的十分生动的感觉，例如，在并不饥饿的时候，而要揣摩饥饿的感觉如何，至少是很不容易的；即便对过去的苦难，正如常常有人说到的那样，要凭空唤起生动活泼的感觉，也是一样的困难。自我保全或怕死的本能，除了遇到危险，平时是感觉不到的；有不少的懦夫，在没有和敌人发生面对面的接触之前，是自命为十分勇敢的。对别人的财产的觊觎，在许多情欲之中，要算是很经常而持续的了，其欲罢不能的程度恐怕不在任何其他可以提名的情欲之下，但即便在这里，偷窃或抢劫而有所得的那种满意的感觉，比起贪婪的情欲本身来，在力量上，一般地说，也还是比较薄弱的。不少做贼的人，如果不是惯窃的话，在偷窃有得之后，对于自己为什么要偷某几种东西，宁会感觉到嗒然若失，莫名其妙。[27]

一个人无法教过去的种种印象不在脑海里时常来来去去。这样，他就不得不在这些印象，如满足了的饥饿呀，报过了的仇呀、自己躲开而别人承当了的危险呀，等等之间，作出一些比较，而在比较的时候，会不断参考到心底里几乎无时无刻不存在的同情的本能，以及童年时代所学习到的关于什么应该称赞与什么应该责怪的一些知识。这一点善恶的知识是牢牢记在心头而无法排遣的，而由于发乎本能的同情心的关系，实际上也是得到他自己的很高的估价的。想想过去，看看现在，他会感觉到他刚才按照了某本能或某习惯而干出的事是一个失算、是一个失败，而这一点，在凡有社会性的动物，不仅在人，会引起对自己的不满，或甚至苦恼的。

上面所说的南飞的燕子的例子就是一个证明，尽管在性质上相反，[①]也同样的可以说明问题，说明了一个暂时而在当时却很坚强有力的本能战胜了平时一直占优势而地位在其他一切本能之上的另一个本能。正常的迁徙季节将要降临的时候，这些候鸟似乎是整天的被迁徙的欲望搅得心神不宁，它们的生活习惯也变了，它们变得不安、嘈杂、爱成群结队的起哄。当其时也，做母亲的燕子，有的在喂小燕子，有的在巢里守着它们，说明在这时候，她的母性本能的力量还是比迁徙本能的为强。但不久以后，这后一种本能变得越来越有劲，占了上风，而最后，当小燕子们不在眼前的一个时刻，她就振翅南飞，不管它们了。等后来到达了长征的终点、而迁徙的本能停止了活动的时候，而如果，由于在心理方面有着天赋的巨大的活跃能力，她无法驱遣脑海里种种意象的憧憧往来，包括雏燕们嗷嗷待哺以及终于不免在苦寒的北方气候里饥冻而死的意象在内，我们不难设想，她又将如何地呼天抢地、追悔莫及了。

在进行一种动作的时刻，人无疑地会倾向于顺从当时心理上存在着的比较强有力的那个冲动；这有时候虽可以激发他做出些崇高的业绩来，但更为普遍的是，无非导致他餍足自己的一些情欲，而在这样做的时候，还不免侵犯到旁人的利益。不过在既经餍足之后，一时已成过去而变得微弱了的一些印象是要受到裁判的；经常持续的社会性本能要出来裁判，平时他对旁人对他的毁誉的重视也要出来裁判；而到此裁判的时刻，报应就不可避免的临头了。到此他会感觉到遗憾、懊恼、悔恨或羞愧：其中最后面的一种情绪是几乎完全关系到旁人对一己的毁誉的判断的。因此，他多少要下一个决心，以后的行为要改弦易辙；而这不是别的，就是良心了；因

---

① 短暂的本能一时战胜了经久的本能，故曰相反。

为良心是回头向过去看的，看了以后，才能服务于未来，才能作为前途的指引，往者虽不可谏，来者犹是可追的。

我们所谓遗憾、羞愧、悔恨或懊恼等情绪的性质与强度不一，一面显然要看所侵犯了的本能的强度有多大，一面也要看外来事物的诱惑力又有多强，而往往更要看旁人的评论如何。至于对旁人的评论，对旁人的毁誉，每一个人珍视或尊重的程度也各有不同，这一面既要看每一个人先天所固有或后天所取得的同情心的感觉的强度有多大，而一面也要看他对于自己行为的长远后果能够推断得清楚到什么程度。此外还有一个极为重大而却又并不是必要的因素，就是每个人对所信仰的鬼神的虔敬或畏惧心理，而这一点对追悔不及的那一种情绪尤其适用。有几位评论家曾经提出异议，认为尽管有些轻微的抱憾或追悔的情绪可以用本章所提出的看法来解释，真正严重到可以震撼灵魂的那种懊丧的情绪却不可能用它来解释。但我看不出来这异议究竟有多大的分量。批评我的这几位著作家并没有为懊丧下过什么定义，而我所看到的一些定义，除了说明这种情绪中包含一种压倒一切的悔恨的感觉之外，也更无其他的东西。依我看来，存在于懊丧和悔恨之间的关系，似乎和存在于盛怒与愤怒之间的、或存在于惨痛与寻常痛苦之间的关系，没有分别。一个如此强烈而又如此受人公认的本能比如母性本能或母爱，一度受到压抑或违背之后，当所由引起违背的原因所遗留的印象趋于消退的时候，那个当事的母亲会感觉到极度的苦恼，这是很容易理解而一点也不奇怪的。即使一种举动并不和任何一个特殊的本能相抵触，我们只要知道我们的朋友或其他同侪因此而厌恶我们，这就已经足够在我们身上引起巨大的苦恼。两人相约决斗，而一人由于怕死而不践约、不到场，这是时常发生的事，谁能怀疑那些怯于践约的人不因羞愧而受到半辈子的折磨呢；据有人说，不少的印度人，由于吃了"不洁"的食物，以致神魂不安，像是灵魂深处受到了震荡。这里还有一个我认为必须以懊丧相称的例子，兰德尔医师在西澳洲当过地方官，叙述到[28]他农庄上有一个土著居民，在她的妻子之一因病死去之后跑来说："为了满足对他的妻子的责任感，他将到一个遥远的部落去，用矛刺杀一个妇女。我对他说，如果他这样做，我要把他终身监禁起来。他没敢走，在农庄上又耽了几个月，但人变得非常之瘦，并且诉说，他睡不好，吃不下，他老婆的鬼魂一直在他身上作祟，因为他没有能为她找到一个替身。我坚决不听，并且向他申说，他如果杀人，则法网森严，万无宽容之理。"尽管如此，这人终于偷跑了。一年多以后回来，则精神焕发，前后判若两人，而据他的另一个妻子告诉兰德尔医师说，她的丈夫果真杀死了一个属于远方部落的女子，但由于无法得到法律上的证据，这事也就算了。据此看来，可知一个部落的神圣戒条是不容侵犯的，而此种戒条的违犯似乎会引起当事人情绪上极深刻的动荡不安——而这种不安，除了戒条的形成要以社群的众意为基础这一层而外，是和一些社会性本能并不太相干的。我们真不知道，诸如此类的离奇怪诞的迷信，世界之大，究有多少；我们也说不上来，某些真实而重大的犯罪行为，比如亲属相奸，究竟通过了一些什么情况，而在最低等的野蛮人中间会成为一件谈虎色变的事（但这一情况并不太普遍）。我们甚至可以怀疑，在某些部落里，人们对亲属相奸，是不是比同姓不同宗①的男女相婚，看得更为可怕。"触犯同姓相婚的戒律，对澳大利亚土著居民来说，是最可怕的极恶大罪；北美洲某些部落也有这种情况，并且完全相同。如果有人在这个地区提出这样一个问题：杀死另一个部落里的女子，与同本部落的一个女子相婚，两事之间，哪一件更要不得？我们所得到的毫不迟疑的答复是和我们自己所惯于做出的答复恰好相反的。"[29]因此，我们可以否定近年来有些著作家所坚持的一个信念，认为人们之所以极度害怕亲属相奸是由于我们具备一颗上帝所手植的良心。总起来说，无须乞灵于上帝，问题还是可以理解的，就是，懊丧情绪的兴起虽如上文所说，一个人在这样一种强烈情绪的驱策之下，仍会像习俗所教导他相信的那样，如此这般地作出一些表示，例如向法院自首之类，从而解除罪障，摆脱内心的压力。

人在良心的指点与激发之下，通过长期的习惯，会终于取得这样一个

---

① 即同姓之类。

比较完善的自我克制的能力，使他的一些愿望和情欲不费功夫和不用斗争地听命于他的一些社会性的同情和本能，包括旁人对他的毁誉所引起的情绪在内。挨饿的人、对人怀恨的人，从此都能隐忍，不想偷东西吃，不想对人进行报复。这种自我克制的习惯，像其他习惯一样，看来有可能，甚至，我们将在下文看到，真的会变成我们的遗传品质的一部分。这样，总有一天，人会感觉到，通过所已取得而将来也许还会遗传的习惯，听命于更为强毅而持续的冲动毕竟是为他自己设想的最妥善的办法。表面上很专横的那个字眼，**应该**，不管它是怎样兴起的，如今看来，所包含的无非是对行为所应遵守的准则的存在有所意识而自觉地加以服从而已。在以前，一定时常有人激烈地主张，一个有身份的人，一个"君子"，如果受到了侮辱，**应该**来一次决斗。我们还甚至于说，一只指猎犬**应该**指点猎物之所在，而一只回猎犬**应该**把猎物衔回来。如果不这样做，它们就没有尽到它们的责任，而在行为上犯了错误。

在"应该"的概念演出之后，如果导致违反旁人利益的行为的任何愿望或本能仍然出现，而事后追思，当事人发现它的强度并不减于、甚至超过了社会性本能的强度，那么，当事人虽一度顺从了它，事后却不会感觉到深刻的追悔情绪，而所意识到的只是，如果旁人知道他作出过这种行为，他将不免于受到他们的谴责，从而感觉到很不舒服而已，而真正缺乏同情心到一个程度，以致在意识到这一点之后而竟然丝毫无动于衷的人，是很少很少的。如果一个人真缺乏同情心到上述的程度，如果他纵而败度的欲，临事既十分强烈，而事后追思又不感觉到有接受经常而持续的一些社会性本能的控制的必要，而对于旁人的毁誉，又置若罔闻，更说不上受其约束——那么，他根本上就是一个坏人，[30] 对他来说，唯一剩下来的可以约束他而使他不为非作歹的动机是对刑罚的畏惧，和一种万不得已的认识，认为为了他自己的私利，最好的办法还是多照顾些旁人的利益，而少照顾些自己的。

如果人们不违犯他们的一些社会性本能，也就是说，不侵犯旁人的利益，那么，显而易见的是，每一个人都可以满足他自己的愿望，而在良心

上无所愧怍，但为了免于自己责备自己，或至少免得心有不安，他几乎有
必要首先避免旁人对他的责备，无论这责备是合理的也罢，不合理的也
罢。这并不要求他突破他自己生活中的一些固定的习惯，尤其是那些受到
理性所支持的习惯，否则他也会感觉到不快。他也必须避免根据他的知识
程度或迷信程度所信仰的一个或不止一个神道的谴责；不过在这种情况之
下，在上文所说的种种之外，往往还须添上一种情绪，就是对威灵显赫的
神谴的畏惧。

起初只有严格的社会性的德行才受重视。——上文所说关于道德感的
起源与性质的看法，其中向我们说到我们应该如何行事，又说到那颗违反
不得、而一有违反就要谴责我们的良心，是和我们所看到的人类这一能力
的初期而尚未发达的情况相符合的。原始的人所必须履行、哪怕只是一般
性的履行而使集体生活得以进行无阻的一些德操，也正好是即在今天还被
认为是最重要的那些德操。但在当时，履行的范围几乎只限于同一部落之
内或同部落的成员的关系之间，而在此范围以外，就是，在和其他部落的
成员所发生的关系之中，即便所履行的恰恰相反，也不作犯罪行为看待。
如果谋杀、抢劫、叛逆等等成为通常发生的事情，任何部落都无法维持于
不败。因此，在同一部落范围以内的这些犯罪行为"是被打上了烙印，被
认为是万劫不复的耻辱的。"[31]但如果发生在本部落范围之外，这类行为便
激发不出如此深恶痛绝的情绪来。一个北美印第安人，如果成功地把属于
另一个部落的人的头皮剥取下来，他不但自鸣得意，并且还在别人面前显
得很有光彩，而一个达雅克人（Dyak，婆罗洲土著居民中的一个族——译
者）可以把一个与己无忤的人的头割下来，晾干了，作为一种战利品。溺
婴或杀婴在世界各地均有过极为广泛的流行，[32]而一直没有受到过谴责。
不仅如此，溺婴，特别是溺女婴，还一直被认为是对部落的一件好事，或
至少没有什么坏处。自杀，在过去的一些时代里，一般不被认为是犯罪行
为，[33]而反之，由于死者所表现的勇气，还被看作很有光彩的举动，而至
今在有些半文明和野蛮的民族里，还时常有人自杀而不受到斥责，因为它

并不明显地牵涉到部落或社群中的别人的利益。文献上记录着，印度一个以杀人越货为业的帮会的会员（an Indian Thug），因为他没有像他父亲一样，于往来客商中杀那么多的人、越那么多的货，自愧不如，引为终身一大憾事；在文明尚属早创状态的种族里，说实在话，对陌生人进行抢劫一般是被认为颇有光彩的事情。

蓄奴制，在古老的一些时代里尽管在某些方面有些好处，[34]却是一个重大的犯罪行为；然而，直到不久以前，即便在最称文明的国族里，人们却不是这样看待它的。而由于当奴隶的人一般和奴隶主不属于同一个种族，或不属于人种中的同一个亚种，情况尤其是如此，就是，更不以犯罪行为论。由于半开化的人不重视他们的妇女和她们的意见，他们的妻子一般也是被当做奴隶看待的。大多数野蛮人对陌生人的苦难是完全漠然无动于衷的，有的甚至袖手旁观，引为笑乐。很多人知道，在北美印第安人中间，妇女和儿童也出力来对俘获的敌人进行虐待或施加酷刑。有些野蛮人虐杀动物，别人看了发指，他们却引以为快，[35]他们根本不知道人道是一种美德。尽管如此，除了家庭的恩爱之外，同部落成员之间的善意相待还是很普通的，遇有疾病，尤能相互扶持，而有时候，这种善意也还能伸展到这些限度之外。帕克的那篇动人的记载，叙述一个非洲内地的黑人妇女对他如何爱护备至，是很多人都熟悉的。我们可以列举许多例子，来说明野蛮人彼此之间所表示的崇高的忠贞不贰，但这和外来的陌生人是不相干的。西班牙人有句格言说，"千万千万不要信赖一个印第安人"，根据族外人普通的经验，这话是讲得过去的。但没有"真"，就不可能有忠诚；而在同一部落的成员之间，这"真"的美德并不是稀有的事，例如，帕克就亲耳听见一个黑人妇女教育她的孩子要喜爱真实。正因为这一美德，对真实的喜爱，在心理上如此深深地扎了根，有些野蛮人也能对外来的陌生人以忠实相待，甚至为此而付出高昂的代价，也在所不惜，但对敌人说谎话却很少被看作是罪过，近代的外交史就说明了这一点，并且真是说得太清楚了。在部落有了公认的领袖之后，不服从或违命就成为犯罪行为；而反之，奴颜婢膝般地顺从却被看成是高尚的美德。

在草昧初开的时代里，一个没有勇气的人是对部落既无用处，而又不可能忠诚的人，因此，勇敢这一品质是普遍地被列在首要的地位的；今天在文明国家里，尽管一个善良但却胆怯的人，比起一个勇敢的人来，对所属的社群要有用得多，我们还是发乎本能而情不自禁地要钦佩一个勇士，而瞧不起一个懦夫，初不论这懦夫是如何的慈爱为怀。在另一方面，谨慎寡过，尽管是一个很有用的德行，却因为它是一桩和别人的福利不太相干的品质，而从来没有被看得太高太重。许多品德都和整个部落的福利有关，都缺少不得，但若没有自我牺牲、自我克制，以及坚忍的毅力，一个人就不可能发挥这些品德的作用，因此，后面这几种美德，古往今来，一直受到高度而最为理所应得的重视。美洲的野蛮人自动而心甘情愿地忍受许多对肉体极为痛楚的残虐，而一声不哼，为的是证明和加强他的毅力和勇气，而我们对此也不禁暗暗赞赏。印度的一个托钵僧，从愚蠢的宗教动机出发，把自己吊在钩子上，钩子深深的扎进筋肉里面，我们光是看到他，也自不免兴起一些佩服的心情。

其他一些所谓独善其身、即不牵涉到别人的德行，表面上和部落的福利没有关系而实际上不可能没有关系的，尽管今天在一些文明的国族里得到高度的评价，在野蛮人心目中，却从来没有受到过重视。酗酒一类缺乏节制的行为，即便漫无限度，在野蛮人中间也不算罪过。纵淫和种种违反自然的属于性方面的邪恶在他们中间也很流行，其广泛的程度令人吃惊。[36]然一旦婚姻制度，无论是一夫一妻的或一夫多妻的，通行以后，妒忌的心理便导致了对妇德的提倡与灌输，而对已婚妇女妇德的尊重又倾向于推广而适用于未婚的女子；至于更进而适用于男子，却是十分缓慢的事，其缓慢的程度，今天我们还可以看到。贞节的一个突出的先决条件是自我克制，因此，在文明人的道德史里，从很早的时代起，它就是一直受到推崇的美德。而也因此，独身到老那一种没有意义的行为，也从极为古老的时代起，就被人抬举得很高。[37]对淫猥的憎恶，即反对一切有伤风化的行为，在我们看来，虽像是十分自然，自然得至于被认为出乎天性，它对于贞节的维持也颇有好处，实际上却是一种近代的美德，而正如斯汤顿爵士所说的那样，[38]完全属于文明生活的东西。这一点，从各个不同民族的古老的宗教仪式里，从发掘出来的庞贝城①的壁画里，和从许多野蛮种族的人的行为里，都可以得到说明。

到此，我们已经看到，野蛮人对行为的判断，哪些行为是善、哪些是恶，完全要看它们是不是显然地影响到部落的福利，而不是整个人种的福利，也不是部落中个别成员的福利；看来当初原始人的判断善恶，大概也是如此。这个结论和"所谓道德感原本是从一些社会性本能派生发展而来的"这一信念很相符合，因为这两样东西，社会性本能和道德感，起先都只是和社群发生关系的。

野蛮人的道德之所以低，根据我们的标准来判断，主要原因大约有如下几个。第一是，他们把同情心的适用只限于本部落之内。第二是，推理的能力差，不足以认识到许多德行，尤其是那些独善其身的德行，和部落的一般福利未尝没有关系。例如，野蛮人认识不到种种影响部落生活的坏事可以追溯到饮酒无度、不守贞节等个人的行为上去。第三是，自我克制能力的薄弱；因为这种能力，似乎和别的能力不同，一直并没有通过长期持续而也许可以遗传的习惯、教诲与宗教而得到加强。

关于野蛮人道德的欠缺，[39]我在上文谈得比较详细，因为新近有些著作家对野蛮人的道德本性看得相当高，或者把他们的绝大部分犯罪行为归咎于对仁慈的误解。[40]看来这些著作家是把他们的结论建立在这样的一个看法之上的，就是，野蛮人具备着对家庭的维持和对部落的生存能有所贡献、乃至必不可少的那些美德——这是对的，他们无疑地备有这些品质，并且往往达到一个相当高的程度。

一些结束的话。——以前，所谓道德派生论[41]这一学派的哲学家们假定，道德的基础所在，是某种形式的自私自利。但在更近的年代里，道德

---

① Pompeii，罗马古城：公元 79 年为火山爆发所喷射的熔岩所埋没，遗墟在今意大利西南境。

哲学界更突出地提出来的是"极大幸福的原则"。但后面这一原则，与其说是行为的动机，毋宁说是行为的标准更为正确。尽管如此，我所参考到的所有著作家的著述，除去少数的例外，[42]写来都像是每一个动作的背后都得有一个不同的动机，而且都得和某种快感和不快之感有所联系。但人的有些动作往往发乎冲动，那就是说，出乎本能，或由于长期的习惯，而于动作之际，并不意识到什么快感，大概多少有些像蜜蜂或蚂蚁盲目地顺从本能而工作那样。在极度危险的情景之下，例如发生火灾，当一个人刻不容缓地试图救人出险的时候，怕是想不到什么快乐不快乐的，至于去考虑如果他目前不作赴救的尝试，事后或不免对自己感觉到不满，或追悔莫及，那就更为时间所不容许了。如果这个人事后对救人的行为有机会追思一下，他大概会感觉到，当时在他身体里面有一股冲动的力量，而远不是一种追求快乐或幸福的愿望，这股冲动的力量无它，似乎就是扎根扎得很深的社会性本能了。

就低于人的动物而论，说到它们的一些社会性本能时，似乎应当这样说才恰当得多，就是，这些本能之所以发展，目的是为了有关物种的总的利益或好处，而不是总的幸福。不妨为"总的利益"这一词下一个定义，那就是，在环境条件许可的情况之下，生养出最大数量的个体，精力充沛，健康具足，智能全备。人和低于人的动物的一些社会性本能的发展，所遵循的一些步骤，既然无疑地是大同小异，我认为，只要行得通，就不妨彼此通用这一个定义，而把社群的总的利益或康乐作为道德的标准，而不取总的幸福之说；但由于政治伦理的关系，这定义也许还需要加上一些限制。

当一个人冒了自己生命的危险来拯救一个同类的生命时，我们似乎也可以更正确地说他的行为是为了人类的总的利益，而不是为了总的幸福。就个人说，康乐和幸福往往无疑地是一回事。所以就一个集体说，一个知足而幸福的部落要比另一个悻悻不满而快快不乐的部落更容易走向繁荣昌盛。我们已经看到，即便在人类历史的一个很早的时期里，社群所表达出来的意愿自然而然地也在很大程度上会影响每一个成员的行为；而人们既然谁都要求幸福，则"极大幸福的原则"也就会变成一个极为重要的第二性的指针与目标。但在此以前，社会性本能，连同同情心一起（这我们在上面说过，是使人们重视旁人对自己的毁誉的一个动力），已经先一步完成了作为第一性的冲动与指针的任务。这样，人们就没有必要把天性中最为崇高的一部分的基石安顿在自私自利这个低劣的原则之上，而受到责怪了。如果有人硬要把自私自利的范围扩得很广，把每一只动物因顺从正常与恰当的本能而感到满意，或因受阻而感到不满这一类的情况也扯进这范围之内，那也只好听之任之了。

社群的成员们所表达出来的意愿或意见，无论起初口传的也罢，或后来用文字表达的也罢，有的构成我们行为的唯一指引，有的成为可以大大巩固我们的社会性本能的一种力量；但有的时候，社群的意见容或有和这些本能直接发生抵触的倾向。所谓的"同辈间体面的礼法"（Law of Honour）就是这种矛盾的一个好例子，这种礼法以社会地位相等的同侪的意见为根据，而并不以全国族的意见为根据。对这种礼法的一度违反，即便明知其为严格的合乎道德的要求，也曾在不少人身上引起比一件真正的犯罪行为所能引起的更为难堪的苦恼。在一度偶然违反过哪怕是很小但却是牢不可破的一种礼貌或礼节的规矩之后，即便事隔多年，一经想起，脸上便会因羞愧的感觉而发热，我们大多数人都曾经有过这种经验，而这就和违反了"同侪间体面的礼法"所造成的影响相类似了。社群对于好坏的判断一般也有些粗糙的经验作为依据，作为指导，就是，从长远看，到底什么是"对全体成员最为有利"的经验，但由于无知，由于推理能力的薄弱，这种判断也难保不发生一些错误。因此，在全世界各地，我们才会看到种种离奇怪诞得不可名状的风俗和迷信，尽管和人类真正的康乐与幸福完全背道而驰，却比什么都强大有力，控制着人们的命运。一个印度人，如果违反了种姓制度的戒律，越出了自己所属的种姓，会惊恐得失魂落魄，就是这方面的例子；诸如此类的例子是很多的。一个印度人，一时意志薄弱，受了诱惑，吃了"不洁"的食物，会感觉到懊丧。一个人偷了东西，也会感觉到懊丧，这两种懊丧的情绪是不容易辨别的，但比较起来，大概前一种要更为严重，更难忍受。

这么多荒谬的行为准则，以及这么多怪诞的宗教信仰，究竟是怎样发生的，我们不知道；它们又怎么会在全世界的各个角落里变得如此深入人心，牢不可破，我们也不理解。但值得指出的是，当一个人在年幼而脑子容易接受外来印象的时候，如果有一种信仰不断地向他灌输，这种信仰似乎便可以取得近乎本能的那种性质，而本能之所以为本能，其精要之点就在于人可以直接按照它行事，而无须乎通过推理。我们也说不上来，为什么有些野蛮人要比另一些人更能高度领悟某些极好的美德，例如，喜爱真实。[43]我们也同样不了解，在这一点上，即便在文明已经高度发展的国族，彼此之间，也有类似的差别，有的老实，有的诡诈。我们既然知道许多离奇怪诞的风俗与迷信是怎样会变得牢不可破的道理，则触类旁通，我们也就不会感觉到奇怪，为什么一些独善其身的德操，尽管在人类的初期状态之下，并不受人重视，而一到现在，在推理能力的推波助澜之下，竟然会在我们的心目中，见得如此自然，乃至于被看成为固有天性的一部分。

尽管有许多疑难之处有待推究，然一般地说，人对于哪些道德准则要高级些，哪些要低级些，是容易辨别出来的。高级的一些准则不是别的，正好就是建立在一些社会性本能之上，而能照顾到旁人的福利的那些；也不是别的，而正好是受到旁人所赞许和理性所支持的那些。至于比较低级的一些准则，情况又不尽一致。其中有几个，虽然牵涉到一些自我牺牲，而"低级"的称呼对它们却难说相称；因自我牺牲虽主要关乎个人，却出于众人的公意，而公意是通过了长期的经验与文化熏陶之后，才渐臻成熟；因为在草昧初开的部落里，人们是不根据这些准则行事的。

当人进展得愈来愈文明、而小部落结合成更大的社群的时候，最粗浅的推理能力也会告诉每一个人，他应该从此把他的一些社会性本能和同情心扩充到同一个大社群或民族的全体成员，对其中他所不认识的一些人也是一样。在达到这一点之后，前途阻碍他把同情心推广到一切民族与种族的障碍，只剩下人为的一个了。说实在话，到目前为止，如果人和这些不同族类的人还因形貌与习惯的巨大差别而彼此分隔，过去的经验不幸正好向我们说明，在我们有朝一日一视同仁地把这些异族的人看作同类之前，还需要多么漫长的一段时间呀。至于超越人的世界以外的同情心，那就是说，把人道推及低于人的动物，那是人类在道德领域里最晚近才取得的一种东西。看来，在野蛮人中间，除了对他们所心爱的一两只小动物之外，这种同情心显然是感觉不到的。即便在古代的罗马人，这方面的认识也极为有限，他们的角斗士的种种令人发指的表演就说明了这一点。据我个人的观察所及，就居住在潘帕斯①的绝大多数的高乔人②说，人道（humanity）的观念是一个新鲜的东西。这个美德，人类所被赋予的最为崇高的美德之一，看来是在我们的同情心变得越来越细腻柔和、越来越广泛深透的过程中偶然兴起的，而其发展的结果，终于广被到一切有知觉的生物。起初只是少数几个人尊重而实行这个美德，但通过教诲和示范的作用，很快也就传播到年轻的一代，而终于成为公众信念的一个组成部分。

道德文化可能达到的最高阶段是这样一个阶段，当其时，我们将认识到我们应该控制我们自己的思想，而"甚至在我们内心的最深处再也不想到在过去的年月里曾经如此引人入胜的那种种罪孽。"[44]人们对一件坏事，越是心理上熟悉，就越容易再干出来。正如罗马皇帝奥瑞流斯早就说过的那样，"你的习惯思想是什么样，你的心理的品格（character of mind）也就是什么样；因为灵魂是染上了思想的颜色的。"[45]

我们伟大的哲学家斯宾塞新近对他关于道德感的一套看法作了说明。他说：[46]"我认为，人类在过去一切世代之中所组织而巩固起来的有功用的经验，一直在我们心理上产生一些相应的变化，而这些变化，又通过不断的遗传与积累，在我们里面成为某些直觉的道德能力——某些对是非、好坏的行为分别作出反应的情绪，而这一类的情绪，在一个人的寻常日用的经验里，却看来像是没有什么基础的。"依我看来，一些德行的倾向或多或少、或强或弱地都可以遗传这一点，在事理上是没有什么不可能的。

---

① Pampa，南美洲亚马孙河流域的诸大草原，主要在阿根廷境内。
② Gauchos，早期西班牙殖民者和印第安人的混血种，自成为族。

因为，即便不提我们家畜中许多品种所传给后辈的种种不同的性情和习惯，而只讲人，我就听到过一些可靠的例子，说明在上流社会的某些家族里，便似乎世代相传的表现着偷东西的欲望和说谎话的倾向。富裕的阶层中出来的人既难得犯偷窃的罪行，我们就难用偶然巧合的说法，来说明为什么一家之中会出现两个或三个有偷窃欲的成员这样一个倾向。如果不良的倾向可以遗传，那么，善良的倾向大概也可以遗传了。身体的生理状态，通过对脑子的影响，对道德的倾向有着巨大的左右的力量，这一点，对大多数长期患有严重消化紊乱或肝功能失调的人来说，并不是一件陌生的事。"道德感的歪曲或破坏往往是精神错乱的最初期的症候之一"，[47]这一点也同样说明了这一个事实，而各种疯癫，我们知道，是出名地时常遗传的。不通过"道德倾向可以遗传"这一原理，我们对存在于人的各族类之间的这方面的一些差别——而这些差别人们一般相信是有的——就无法理解。

各种德操倾向的遗传，即使是局部的而不是全部的，对直接或间接从一些社会性本能派生出来的第一性的冲动来说，也将是莫大的帮助。如果我们暂时承认德行的倾向是可以遗传的，那么，至少就贞操、节制、对动物的人道，等等而言，其所以变得能遗传，首先应该是由于这些倾向，在一个家族的若干世代之间，通过长期的习惯、教诲和示范等作用，在心理组织上留下了深刻的印象，而不是由于具备这些德行的一些个人在生存竞争之中取得了更大的胜利。这两种因由之中，后一种也许完全没有份，或虽有份而分量不大，只居一个次要的地位。但这看法终究是有问题的。我是怀疑任何这一类的遗传的，而我所以怀疑的一个主要缘由是，如果这些良好的倾向可以遗传，那么，那些毫无意义的风俗、迷信、爱好，如上文所说的那个印度人的怕吃"不洁"食物之类的倾向，根据同一个原则，也就应该可以遗传了。我从来没有遇到过任何证据来支持这一点，从来没有见过迷信风俗与无谓习惯的遗传，尽管，就事理本身来说，这种遗传的可能性也许并不少于动物对某几种食物的爱好或对某几种敌人的畏惧那一类情绪的遗传的可能性。

最后，人之所以取得一些社会性本能，和动物之所以取得一样，既然是为了社群的利益，则这些本能一开始大概也就把一些帮助旁人的意愿，把一些同情心的感觉，交付给他，并且迫使他重视旁人对它的毁誉。在很早的时期里，这一类冲动大概也就作为一些粗糙的辨别是非的准则而为他效劳。但从此以后，人在理智能力上逐渐向前推进，使他对行为的后果可以估计得更为远到，他所取得的知识也一直在增加，使他足以认识到一些风俗与迷信的有害无益，而加以放弃，他又对他的同类越来越懂得重视，而所重视的不止是他们的生活平安无恙，并且是他们的幸福。他的一些同情心的活动，原是固定在习惯之上的，遵循着一定的有利的经验、教诲和榜样的，也变得越来越细腻，越来越广被，及于一切种族的人，及于智能薄弱的人、肢体伤残的人，以及社会中其他不中用的成员，而最后乃及于低于人的各种动物——与这些同时，他的道德标准也就发展得越来越高。而派生论派的道德学者以及直觉论派的一部分学者都承认，从人类历史的初期阶段以来，道德的标准是提高了。[48]

不同本能之间的斗争有时候既然可以在低于人的动物身上看到，到了人，以他的一些社会性本能，加上从其中派生出来的种种德行，为斗争的一方，他那些比较低级而暂时可以变得比社会性本能更为强烈的种种冲动或情欲，为又一方，两方也会进行斗争的这一情况，就不足为奇了。这一层，高尔顿先生曾经说过，[49]尤其值不得大惊小怪，因为人从半开化状态中崭露头角原是比较晚近的事。我们在一度屈从于某种诱惑之后，会有一种不满、羞愧、追悔、或懊丧的感觉，这种感觉是和其他强有力的本能或欲望得不到满足或受到阻碍后所产生的感觉可以比类而观的。我们也在过去的诱惑之已经衰退了的印象和随时存在的一些社会性本能之间，或就此种印象和幼年所取得、幼年以来又得到巩固、而已经变得几乎同本能一样坚强的一些习惯之间，进行比较。如果诱惑当前，而我们不屈从，那是因为当其时社会性本能或某一种习尚的力量特别强大，占了上风，或者，当时虽不强大，我们却已经懂得，而预见到，诱惑一经过去而其印象变得淡薄的时候，那个力量会见得强大起来，而依然要向我们算账，换言之，我们认识到它是干冒不得的，干冒了要自作自受而感到痛苦。展望未来的世代，没有什么原因可以使我们发生杞人之忧，认为这些社会性本能会趋于衰退。反之，我们可以指望，良好而合乎道德的一些习惯会变得越来越坚强、巩固，甚至有可能通过遗传而变得固定下来。到此，高级的冲动与低级的冲动之间的斗争也将不那么尖锐，而德行终将取得最后的胜利。

两章总说。——没有疑问，在心理方面，最低级的人和最高级的动物之间，存在着极其巨大的差别。一只猿，尽管它能够图谋划策来掠取一块园地里的果实，也尽管它能够用石块来进行战斗，来砸破干果，或者把石块搞得成为一种工具，然而，如要它能对它自己的情况作出平心静气而真正客观的看法的话，它会承认，那却很远地越出了它的思虑与能力范围之外了。它也会承认，要它逐步作出一套哲学的推理，或解决一个数学的问题，或沉思上帝的存在，或欣赏大自然的美景，那就更谈不上了。但有几只猿也许会宣告说，它们能够欣赏，事实上也时常欣赏，和它们结成配偶的对方的肤色和毛色的美丽。它们也会承认，尽管它们能够通过一些叫声，使伴侣们理解到它们自己的所见所闻或其他的知觉，理解到它们自己的一些简单的欲望，但要把一些具体的意念用一些具体的声音表达出来的这样一个想法却从来没有在脑海里经行过。它们可以诉说，它们随时准备多方面地帮助本队伍中的其他的猿，甚至为它们而死，也随时准备把失去了父母的幼猿抱养成长，但它们不得不承认，对人的那种最崇高的属性，爱及众生，不问亲疏，不计利害，它们却全不理解。

尽管如此，人和高等动物在心理上的差别虽大，这种差别肯定是个程度上、而不是种类上的差别。我们已经看到，各种感觉，一些直觉，各式各样的情绪和才能，例如人用来夸耀自己的仁爱、记忆、专注、好奇、模仿、推理，等等，在低于人的动物身上，都可以找到一些，有的只是一些苗头，有的甚至已经很发达；它们也能通过遗传而得到一步一步的改进，只须把家养的狗和狼或豺狗比较一下，我们就可以看到这一点。如果我们有法子可以证明，某些高级的心理能力，比如概念的形成，比如自我意识，等等，是绝对地只有人才具备的东西（而这一点似乎是极度可疑的），那大概也还别有解释，就是，这些高级的品质也无非是其他一些高度发展了的理智能力的一些偶然而附带的结果而已；而这些高度发展了的才能本身，其由来还须归功于一套完整的语言的不断使用。人的新生婴儿，要长大到甚么年龄，才算具备了抽象或概括的能力，才变得有了自我意识，才能对一己的所以生存作出些思考呢？对这样一个问题，我们无法回答，而在整个有机进化的阶梯上面，在各个级层逐步上升之际，也同样发生这个问题，而我们，不用说也是回答不出的。半是艺术而半是本能的语言至今在它的身上还表现着逐步进化的烙印。能使人变得崇高而贵重的那番对上帝的信仰实际上并不普遍，不是尽人皆有的，而一般对鬼神或精灵的信仰则是从其他一些心理能力派生而来，不难得到一些合乎自然的解释。道德感也许提供了一个最好而最高度的差别，足以把人和低于人的动物区别开来；但在这一点上，我无需再说什么，因为我在上文刚刚试图说明过，种种社会性的本能——而这是人类道德的基本大法（prime principle of moral constitution）[50]——在一些活跃的理智能力和习惯的影响的协助之下，自然而然地会引向"你们愿意人怎样待你们，你们也要怎样待人"这一条金科玉律，① 而这也就是道德的基础了。

在下一章里，我将就人的若干心理与道德能力所由逐渐进化的一些可能的步骤与方式再说一些话。我们不应该否认，这种进化至少是可能的，因为我们每天都可以看到这些能力在每一个婴儿身上的发展，于是，我们又可以从理智能力比低等动物还低的一个十足的白痴的心理作为起点，以牛顿的心智作为终点，而从中追索出一系列完整而高低有序的层次来。

原 注：

[1] 在这题目上，可参看的著作家不一而足，例如 Quatrefages，《人种的统一》（Unité

① 基督教经典，《新约全书》中《马太福音》，第七章，第十二节，或《路加福音》，第六章，第三十一节。

de l'Espèce Humaine），1861 年，21 页，等。

[2] 见所著《伦理哲学专论》（Dissertation on Ethical Philosophy），1837 年版，231
页，等。

[3] 见所著《伦理的形而上学》（Metaphysics of Ethics），J. W. Semple 英译本，爱丁堡
版，1836 年，136 页。

[4] Mr. Bain［《心理与道德科学》（Mental and Moral Science），1868 年版，543—725
页］开列了一张包括二十六个不列颠著作家的名单，他们在这个题目上都有所著
述，这些著作家的姓名也是每一个读者所熟悉的；二十六人之外，贝恩先生自己
的姓名，以及 Mr. Lecky、Mr. Shadworth Hodgson、卢伯克爵士和其他一些著作
家的姓名还可以补上。

[5] Sir B. Brodie，在谈到人是一种社会性动物之后［《关于心理学的一些探讨》（Psy-
chological Enquiries），1854 年版，192 页］，提出如下的意义深长的问题："这对
（动物中）有没有道德感的存在这样一个争议纷纭的问题应该可以提供解答了罢？"
很多人也许有过同样的想法，很久以前的奥瑞流斯（Marcus Aurelius，古罗马统
治者，在位时期为公元 161 年～180 年——译者）就是一个例子。穆勒先生（Mr.
J. S. Mill）在他的名著《功利主义论》（Utilitarianism，1864 年版，45、46 页）里
把一些社会感觉说成是"强有力的自然情操"，又说成是"功利主义道德情操的自
然基础。"他又说，"像上文所说的后天获得的其他能力一样，道德能力这样东西，
如果不是我们天性的一部分的话，至少也是天性的一个自然滋生之物；而也像其
他获得的能力一样，在某种不大的程度上，会自发地勃兴起来。""如果像我自己
所相信的那样，一些道德的感觉不是天赋而固有的，而是后天获得的，它们也并
不因此而成为了自然、或不那么自然。"对他这样一个深邃的思想家敢于表示任何
异议，在我是有所迟疑的；但我认为，低等动物中间的一些社会性感觉是发乎本
能的，是内在而固有的，对这一点我们该不容再有所争议。在低等动物既如此，
何独人就不能如此了呢？贝恩先生［有关的著述不止一种，姑举一种，《情绪与意
志》（The Emotions and the Will），1865 年版，481 页］和其他一些著作家认为，
道德感是每一个人在他一生之中所取得的东西。根据一般的进化学说，这种看法
至少是极度地与事实相违背的。后来的人评论穆勒先生的著述，依我看来，将不
能不把他对一切遗传的心理性能的熟视无睹认为是最为严重的一个缺点。

[6] Mr. H. Sidgwick 在有关本题的一篇很精干的讨论里说［《学院》（丙 2），1872 年 7

月 15 日的一期，231 页]，"我们可以肯定地感觉到，一种比现有的蜜蜂更为高级的蜜蜂，对它自己的'人口'问题，大概会想出一个更为和平的解决办法。"不过，根据许多或大多数野蛮人族类的习俗来说，人是用溺杀女婴、一妻多夫和乱交杂婚的办法来解决问题的；因此，所谓比较和平或和缓的方式之说是很值得怀疑的。Miss Cobbe [《道德领域中的达尔文主义》(Darwinism in Morals)，载《神学评论》(丙 141)，1872 年 4 月，188—191 页] 也曾对这个假设的例证有所评论，说，这样，社会责任或义务的一些原则就不免倒转过来；而所谓倒转过来，据我揣测，她的意思是，社会义务的完成不免倾向于对个体的伤害。她如有这个意思，表明她忽略了一个事实，而如果她看到的话，她无疑也决不会否认，就是，蜜蜂之所以取得它的这些本能，原是为了社群的福利，而不为其他。考勃女士甚至说到，如果我在这一章里所提倡的伦理学说有一天被大家所接受的话，"我不能不认为，学说宣告胜利之日，就是人类德操的丧钟轰鸣之时！"我们希望，在许多人的心目中，"人类德操在地球上自有其经久性"这一信仰所由树立的基础要比考勃女士所见的牢靠得多。

[7] 见所著《达尔文学说》(Die Darwin'sche Theorie)，101 页。

[8] 见 Mr. R. Brown 文，载《动物学会会刊》(丙 122)，1868 年卷，409 页。

[9] 见 Brehm，《动物生活图说》(Thierleben)，第一卷，1864 年，52、79 页。关于本注正文下面所说猴子会彼此挑取皮肤上所触的芒刺，亦见此书，54 页。至于同书 76 页所说到的树灵狒狒会把石块翻转这一事实是以 Alvarez 为依据的，Brehm 认为这人的观察很是可靠。关于老成的雄狒狒攻击猎犬的几个例子，见同书 79 页；关于老鹰的例子，56 页。

[10] Mr. Belt 提供了尼加拉瓜的一只蛛猴的例子。有人听到这猴子在森林里尖声叫喊，喊了大约有两个钟头，赶去看时，发现它旁边有一只老鹰，躲着不动。看来，只要猴子一直面对着它，它就不敢进行攻击；而贝尔特先生，根据他对这种猴子的习性的观察所得，认为它们防御老鹰的方法之一，是至少要有两三只猴子耽在一起。见《博物学家在尼加拉瓜》(The Naturalist in Nicaragua)，1874 年版，118 页。

[11] 见所著文，载《自然史纪事与杂志》(丙 10)，1868 年 11 月，382 页。

[12] 见卢伯克爵士，《史前时代》，第二版，446 页。

[13] 见引于摩尔根，《美洲的海狸》(The American Beaver)，1868 年版，272 页。

Capt. Stansbury 又曾提供一段有趣的叙述，说一只很幼小的鹈鹕，在被一股急流冲走之后，在试图回到海岸上来的努力里，如何受到大约五六只老鹈鹕的指点与鼓励。

[14] 而 Mr. Bain 说："对一个受苦难者的有效的援助，不可能发乎别的，而只能发乎不折不扣的同情心本身"；此语出自所著《心理与道德科学》（Mental and Moral Science），1868 年版，245 页。

[15] 《动物生活图说》，第一卷，85 页。

[16] 见所著《论生物的种与纲》（De l'Espèce et de la Classe），1869 年版，97 页。

[17] 见所著《达尔文的物种学说》（Die Darwin'sche Art-Lehre），1869 年，54 页。

[18] 亦见 Hooker 所著《喜马拉雅山区旅行日志》（Himalayan Journals），第二卷，1854 年，333 页。

[19] 见 Brehm，《动物生活图说》，第一卷，76 页。

[20] 见他所写的极为有趣的那篇文章，《论牛的合群性，兼论人的群居》（Gregariousness in Cattle, and in Man），载《麦氏杂志》（丙 90），1871 年 2 月，353 页。

[21] 见亚当斯密（Adam Smith）所著《道德情操论》（Theory of Moral Sentiments）的第一章，也是全书中很突出的一章。亦见贝恩先生所著《伦理与道德科学》（Mental and Moral Science），1868 年版，244、275－282 页。Mr. Bain 又说，"同情心，对表示同情的人来说，也间接地是快乐的一个源泉。"而他对这一点的解释是，受到同情的人会投桃报李。他说，"受惠的人，或其他在他的地位上的人，会通过同情心的报答和其他答谢或回敬的方式，来补偿表示同情的人所曾作出的牺牲。"这话值得商榷。我认为，如果同情心是一种严格的本能的话，而依我看来它确是这样的一种本能，则它的活动便会直接提供快乐之感。我在上文已经说过，几乎每一种本能的活动都可以提供快感，其他的本能如此，同情心该不例外。

[22] L. Jenyns 牧师说〔见其所编《怀特氏塞尔彭自然史》（White's Nat. Hist. of Selborne），1853 年版，204 页〕，最先把这件事实记录下来的是名望卓著的 Jenner（应即爱德华·隋纳，种牛痘的发明者——译者），见文，载《哲学会会报》，1824 年卷，而从那时以来，已经有好几位观察者予以证实，特别是 Mr. Blackwall。这位仔细的观察者，在连续两年的晚秋季节里，检查了三十六个燕巢，发现十二个有死了的小燕子在内，五个有将孵出而未孵出的卵，三个有正在孵化而

中途停止的卵。许多小燕子，不够老练、不能胜任长途飞行，也都被遗弃而留在后面［见 Mr. Blackwall 文，《动物学研究集》（Researches in Zoology），1834 年版，103、118 页］。（关于怀特及其著作，参见第十四章，译注④。——译者）这些证据已足够说明问题了，但如果要求更多的资料，可参见 Leroy，《哲学书信集》（Lettres Phil.），1802 年，217 页。关于褐雨燕，见 Gould，《大不列颠鸟类引论》（Introduction to the Birds of Great Britain），1823 年，5 页。Mr. Adams 在加拿大也曾观察到类似的事例，见文，载《大众科学评论》（丙 108），1873 年 7月，283 页。

［23］休谟（Hume）说［《关于道德原理的一个探索》（An Enquiry Concerning the Principles of Morals），1751 年版，132 页］，"我们似乎有必要来作出这样一个自白，就是，别人的快乐和苦恼并不是只供我们旁观、而我们可以完全漠然无动于衷的，而是，前者，一经看到，会在我们身上……传达到一种不露声色的愉快；而后者的出现……会在我们的想象之上笼罩一层忧伤沉闷的阴影。"

［24］《心理与道德科学》，1868 年版，254 页。

［25］我这里所说的界线，是存在于有人所谓实质的道德与形式的道德之间的界线。我很高兴看到赫胥黎教授（《评论与演讲集》，1873 年版，287 页）在这题目上所取的看法是和我的看法相同的。Mr. Leslie Stephen 说［《自由思想与老实说话论集》（Essays on Freethinking and Plain Speaking），1873 年，83 页］："实质道德与形式道德这一个形而上学的区分，像其他这一类的区分一样，是不切问题的实际的。"

［26］我曾经在别处举过这样的一个例子，是出自巴塔哥尼亚的印第安人的（Patagonians，南美洲大陆南端的一个土著族类，亦径称巴塔哥尼亚人，今已被消灭垂尽——译者），他们宁愿一个一个地被拉出去枪杀，也决不出卖同伴的战争计划［《……研究日志》（Journal of Researches），1845 年版，103 页］。

［27］仇恨或憎恶似乎也是一种高度坚持的感觉或情绪，也许比我们所能提名的任何其他情绪更能长期持久。有人为妒忌下了个定义，认为是对别人的优点或成功的憎恨；而培根（Bacon）早就郑重地说过［《随笔集·第九》，（Essay ix.）]："在所有其他的情感之中，妒忌是最重要的，也是最持久的。"狗对陌生的人和陌生的狗很容易表示憎恨，尤其是如果他们住得很近而却不属于同一个家庭、部落，或氏族的话。由此看来，这种憎恨的情绪似乎是内在而固有的，并且肯定是最能坚

持的情绪之一。它和真正的社会性本能的关系似乎是既相反而又相成的。从我们
所听到的关于野蛮人的情况而加以推断，甚至在他们的生活里似乎也有与此很相
类似的情形，不独狗而已。如果真有这种情形，那么，只要甲部落的任何一个成
员对乙部落的任何一个成员有所伤害而前者成为后者的敌人，则后者原是一个人
的憎恨的情绪就很容易转移到同部落的任何成员身上。如果一个人加害于他的敌
人，看来原始人的良心也不会对此人有所谴责。反之，他如果不加害，即不报
复，那倒要受到谴责。以善报恶，以爱加于敌人，是道德的一种高度的境界，我
们的一些道德性本能是不是有任何一天会自然而然地把我们引向这样一个高度，
是可以怀疑的。在诸如此类的金科玉律有朝一日成为人们思想的一部分而为人遵
守以前，这些社会性本能，连同同情心在一起，有必要通过推理、教诲，以及对
上帝的爱或敬畏等等方面的帮助，先接受一番高度的训练和广泛的扩充才行。

[28] 见所著《疯癫与法律的关系》（Insanity in Relation to Law），加拿大安大略（Ontario）版及美国版，1871 年，14 页。

[29] 见泰勒文，载《当代评论》（丙 48），1873 年 4 月，707 页。

[30] Dr. Prosper Despine 在他 1868 年出版的《自然心理学》（Psychologie Naturelle）一书中（第一卷，243 页；第二卷，169 页）列举了许多罪大恶极的罪犯的例子，这些罪犯看来是所谓"丧尽天良"的，就是没有良心的。

[31] 语出一篇写得很干练的文章，载《北不列颠评论》（丙 105），1867 年卷，395 页。又可参看 Mr. W. Bagehot 以《论服从与团结对原始人的重要性》（On the Importance of Obedience and Coherence to Primitive Man）为题的几篇文章，载《双周评论》（丙 60），1867 年卷，529 页，及 1868 年卷，457 页等。

[32] 关于溺婴，我所看到过的最为详尽的记载，当推 Dr. Gerland 所著《土著民族的灭绝》（Ueber dan Aussterben der Naturvölker）一书，1868 年版。但在本书未来的有一章里，我还有机会回到这溺婴的题目上来（第十二章——译者）。

[33] 关于自杀，Lecky 作过一段很有趣味的讨论，见《欧洲道德史》（History of European Morals），第一卷，1869 年版，223 页。关于野蛮人的自杀，Mr. Winwood Reade 告诉我，西非洲的黑人往往自杀。很多人都知道，西班牙人把南美洲征服之后，困苦无告的土著居民的自杀，是何等寻常的一种事情。关于新西兰土著居民在这方面的情况，见《诺伐拉号航海志》（The Voyage of the "Novara"）；而关于阿留申群岛（the Aleutian Islands）上的土著居民（群岛在阿拉斯加之南与西

南，土著居民即称阿留特人，Aleuts——译者），Müller（本书所引 Müller 不一，此究竟是哪一位 Müller，原文未详——译者）曾有所叙及，见引于 Houzeau，《动物的心理才能》（Les Facultés Mentales），第二卷，136 页。

[34] 见 Mr. Bagehot（参上注 31——译者），《物理与政治》（Physics and Politics），1872 年版，72 页。

[35] 这种例子不少，例如 Mr. Hamilton 曾叙述到喀菲尔人（Kaffirs，以此名称见称的族类有两个，一在南非洲，一在中亚细亚，这里所说的应是南非洲的——译者）有这种行径，见文，载《人类学评论》（丙 21），1870 年卷，XV 页。

[36] Mr. M'Lennan 曾在这方面提供很可观的一宗事实，见所著《原始婚姻》（Primitive Marriage），1865 年版，176 页。

[37] 见 Lecky，《欧洲道德史》（History of European Morals），第一卷，1869 年版，109 页。

[38] 见所著《出使中国记》（Embassy to China），第二卷，348 页。

[39] 在这方面，Sir J. Lubbock《文明的起源》（Origin of Civilisation）一书（1870 年版）的第七章中载有大量的例证，可参看。

[40] 例如，Lecky，《欧洲道德史》，第一卷，124 页。

[41] "派生"这个词，1869 年 10 月一期的《威斯敏斯特评论》（丙 153，498 页）所载的写得很干练的一篇文章中曾经用到。关于本注正文下面所说到的"极大幸福的原则"，见穆勒，《功利主义论》，17 页。

[42] 穆勒再清楚不过地认识到［《逻辑的体系》（System of Logic），第二卷，422 页］，人们可以通过习惯而进行一些动作，而预先并不计较它所带来的苦或乐。Mr. H. Sidgwick 在他的关于《快乐与欲望》（Essay on Pleasure and Desire）的那篇论文［《当代评论》（丙 48），1872 年 4 月，671 页］里，也说："总之，有人主张，我们的一些有意识而自动行为的冲动，总是指向在我们身上产生一些舒适或愉快的感觉。我的看法与此学说相反，我要提出的是，我们在意识里到处可以发现照顾到别人的冲动，而所指向的，不是快乐，而是些别的东西。我并且认为，在许多情况下，那导致行为的冲动和独善其身的冲动是如此地互相矛盾，以致二者很难在同一个时刻里在意识中并存共处。"我们确乎有这样一种隐约不清的感觉，即，感觉到我们的一些冲动并不总是起于对愉快的要求，当时的也罢，未来的也罢，而我不能不认为，这一种隐约不清的感觉是一个主要的原因，足以说明为什么人

们乐于接受直觉论的道德学说，而不接受功利论或"极大幸福论"。在这后一种学说里，行为的标准和行为的动机往往无可否认地被混淆了起来，但也得承认，这在某种程度上也确乎是不容易划清的。

[43] 华莱士先生曾举出一些好的例子，见文，载《科学众家谈》（丙 131），1869 年 9 月 15 日的一期；而后来在他的《对自然选择论的一些贡献》一书（1870 年版，353 页）里列举得更为详细。

[44] 语出诗人丁尼生（Tennyson）《君王田园诗》（Idylls of the King），244 页。

[45] 见《奥瑞流斯·安东尼皇帝的思想》（The Thoughts of the Emperor M. Aurelius Antoninus），英译本，第二版，1869 年，112 页。安东尼生于公元 121 年。（按即甲 439，这个罗马统治者的全名是 Marcus Aurelius Antoninus。——译者）

[46] 见他写给穆勒的书信，载入贝恩，同上注 14 所引书，722 页。

[47] 语出 Maudsley，《身与心》（Body and Mind），1870 年版，60 页。

[48] 有一位很能做出健全判断的著作家在《北不列颠评论》，（丙 105，1869 年 7 月，531 页）的一篇文章里大力表示同意这个结论。Mr. Lecky［《欧洲道德史》（Hist. of Morals），第一卷，143 页］的见解似乎在一定程度上也与此相符。

[49] 见他的引人注目的著作，《遗传的天才》，1869 年版，349 页。Argyll 公爵［《原始人》（Primeval Man），1869 年版，188 页］，对人性中存在着是非斗争这一点，也有些话说得很不错。

[50] 同上注 45 引书，139 页。

第五章

历经原始与文明诸时代，种种理智与道德能力的发展

理智能力通过自然选择而得到进境——模仿的重要——社会的与道德的种种能力——这些能力在同一个部落的界限以内的发展——自然选择对文明国族的影响——文明国族曾经一度经历过半开化阶段的证据

本章中所要讨论的几个题目都有极为重要的意义，但我在这里只作了一些浮光掠影而零星片段的处理。华莱士先生在上文已经征引过的那篇值得称赞的文章里，[1]提出论点，认为人在部分取得那些把他和低于他的动物区别开来的理智的和道德的能力之后，在体格方面通过自然选择或任何其他方式而发生变化的倾向就几乎停止了。因为，从此，通过这些心理能力，人能够"用他的不再变化的身体来和不断变化中的宇宙取得和谐，而可以相安。"他从此有了巨大的能力，足以使他的种种习性适应于新的生活条件。他发明了武器、工具与觅取食物和保卫自己的各式各样的谋略。

当他迁徙到气候寒冷的地区的时候，他会使用衣服，搭造窝棚，生火取暖，而利用火的力量，他又能把原来消化不了的食物烤熟煮烂；他能多方面帮同伴的忙，能预见一些未来的事态发展；即在距今很荒远的时期里，他已经能实行某种程度的劳动分工。

在低于人的动物则不然，为了能在大大改变了的条件下生存下来，它们必须在身体结构方面起些变化。它们必须变得更强壮些，或者取得效率更高的牙和爪，否则就不足以抵御新的敌人而保卫自己，要不然，就得把体格变得小些，以免于被敌人发觉而陷于危险之地。当迁徙到一个寒冷的地区时，它们的皮毛有必要长得浓厚些，或内部的生理组织不得不有所改变。如果不能起这一类的变化，或变化不成，它们就得停止生存。

但正如华莱士先生持之有故而言之成理地说过的那样，一到了人，由于种种社会和道德能力的关系，情况就大大不同了。这些能力是有变异的，而我们有一切理由可以相信，这种变异是倾向于遗传的。因此，如果它们在以前对原始人，乃至对他的类猿远祖很有用处的话，它们就会通过自然选择而发展得更为完整，或更向前推进一步。关于理智才能的高度重要或大有用处这一点，是无可怀疑的，因为，主要是由于它们的功劳，人才能在世界上占有他所占的卓越地位。我们可以看到，在最原始的社会发展的初期，最聪明的一些个人、能发明与运用最好的武器或陷阱网罗的人、最善于自卫的人，就会生养最大数量的子女。许多部落之中，有这种天赋的人数越多的一些部落，人口就越会繁殖，而终于取代其他的部落。人口的数量第一要靠生活资料的来源，而生活资料的来源部分要靠所在地区的自然性质，而在更高的程度上要靠人们在这地区里所实行的种种生活与生产艺术。繁荣与胜利的部落，往往会通过对其他部落的吸收合并而变得更为繁荣昌盛。[2]一个部落的成功，在一定的重要程度上也要靠部落成员的身材与体力，而这些，部分要看所能取得的食物的质与量。在欧洲，青铜器时代的人被另一个族类所取代，这另一个族类在体力上要强大些，而根据他们所遗留下来的刀柄推断，双手也要粗壮些，[3]但他们的所以成功，大概更多地要归因于各种生活与生产技艺的优越。

关于野蛮人，我们所知道的一切，或根据关于他们的传说以及古老而可供凭吊的物品所能推断出来的种种——尽管这些物品所在地的现存居民根本不知道它们的来历或对它们的历史已经遗忘殆尽——都说明了这一点，就是，从极为荒远的时代起，成功的部落总是取代了其他部落。在全世界的各个地区，从一些开化而文明的地区，到美洲荒野的大平原，再到太平洋上孤立的岛屿，人们都发现过已经灭绝而完全被遗忘了的一些部落的遗物。在今天，除了气候对健康与生存太不相宜的地方还能对外力的侵入提供一些障碍而外，文明的国族到处正在取代半开化的民族，而它们的所以成功，虽不全靠各种生活与生产的艺术，却主要是通过了这些艺术，而这些艺术无它，全都是智能的产物。因此，就人类的过去而言，有着高度可能而接近于事实真相的情况是，各种理智性能主要是通过了自然选择而逐步变得越来越完善的，而这样一个结论，为了我们在这里的目的，也就足够了。如果能把每一种能力的发展追溯一下，从它存在于低于人的动物身上的那种状态起，直到它今天存在于人的身上的状态止，无疑地将是一件很有意义的事，但我的才能和我的知识都不容许我作这个尝试。

值得注意的是，人的远祖一旦变得有社会性之后（而此种变化大概是发生在一个很早的时期里），模仿的原则、推理和经验的活动等都会有所增加，从而使各种理智能力起很大的变化，而此种变化的方式，我们在低于人的动物中间只能看到一些零星的迹象而已。各种猿猴是很会模仿的，而最低级的野蛮人也是如此；上文所曾提到的一个简单的事例，叙述到猎人在某一地点行猎，在过了一些时候之后，要在这同一个地点，用同一种类的陷阱或网罟，他是一只也捉不到的，这也说明动物会接受教训，并且会仿效其他动物的小心谨慎。如今说到人，如果一个部落中有某一个人，比别人更聪明一些，发明了一种新的捕杀动物的机械或武器，或其他进攻或自卫的方法，即便只是最简单明了的自我利益，而用不着推理能力有多大的帮助，也会打动部落中其他的成员来仿效这个人的做法，结果是大家都得到了好处。每一种手艺的习惯性进行，在某种轻微的程度上，也可以加强理智的能力。如果一件新发明是很重要的一个，这发明所由作出的部落在人数上就会增加，会散布得更广，会终于取代别的部落。在这样一个变繁的部落里，总会有比较多的机会来产生其他智慧高而有发明能力的成员；如果这些成员留下孩子，而孩子们又遗传到了他们的心理方面的长处，那么，这一部落就会有比较好的机会来产生多上加多的这一类聪明的成员，而如果这部落原是一个很小的部落，这机会就肯定地更见得好些。即便这些人不留下孩子，也不碍事，部落里还有和他们有血缘关系的人。农牧业方面的专家已经把握有可以与此相比的知识，[4]就是，屠宰了一只动物之后，才发现这动物身上有某种优良的特征；也不要紧，只要从它的家族成员中精心保育和选种，这一特征还是可以捞回来的。

现在转到一些社会和道德的能力。原始人，或人的更远的类猿祖先，为了要变得有社会性，一定曾经首先取得当初迫使其他动物聚居在一起而成为一体的那样本能的感觉；而无疑地是，他们一定曾经表现和它们同样的一些性情趋向。如果和同伴们分开，他们会感觉到不安稳，对这些同伴们他们会感觉到某种程度的情爱；遇有危险，他们会彼此警告，而在向敌人进行攻守的时候，也会彼此相助。所有这些也说明，背后还有某种程度的同情心、忠诚，和勇敢等品质。这一类的社会品质，其在低于人的动物中间，原是极关重要，是我们所认为无可争论的；至于人，我们的远祖也无疑地取得了这些品质，而取得的方式也正复相同，就是，通过自然选择，再加上习性的遗传。当两个居住在同一片地区的原始人部落开始进行竞争的时候，如果其他情况与条件相等，而其中的一个拥有更大数量的勇敢、富有同情心而忠贞不贰的成员，随时准备着彼此告警，随时守望相助，这一个部落就更趋向于胜利而征服另一个。让我们牢记在心：在野蛮人的族类之间无休无止的战争里，忠诚和勇敢是何等无可争辩的极关重要的品质。纪律良好的军队要比漫无纪律的乌合之众为强，主要是由于每一个士兵对他的同伴怀有信心。贝却特指出得很对,[5]服从的品德有着极高的价值，因为任何形式的政治组织都要比没有的好。自私自利和老是争吵的人是团结不起来的，而没有团结便一事无成。一个富有上面所说的种种品质的部落会扩大而对其他的部落取得胜利，但在时间的推移中，我们根据过去一切的历史说话，这同一个部落又会转而被另外某一个具有更高品质的部落所制胜。社会与道德的种种品质就是这样地倾向于缓缓地向前进展而散布到整个世界。

但我们不妨问一下，在同一个部落的界限以内，比较多数的成员又是怎样取得或被赋予这些社会与道德的品质的呢？而衡量它们好而又好的标准又是怎样提高的呢？在同一个部落之内，更富有同情心而仁慈一些的父母，或对同伴最忠诚的父母，比起自私自利而反复无常、诡诈百出的父母来，是不是会培养更大数量的孩子成人，是极可以怀疑的一件事。任何宁愿随时准备为同伴牺牲自己的生命、而不愿出卖他们的人，而这在野蛮人中间是屡见不鲜的事，往往不留什么孩子来把他的高尚品质遗传下来。最为勇敢的一些人，由于在战争中总是愿意当前锋，打头阵，总是毫不吝惜地为别人冒出生入死的危险，平均地说，总要比其他人死得多些。因此，若说赋有这些美德的人的数量，或他们的那种出人头地的优异标准，能够通过自然选择，也就是说，通过适者生存的原理，而得到增加或提高，看来是大成问题的。要知道，我们在这里说的不是部落与部落之间的成败，而是一个部落之中这一部分人与那一部分人之间的成败。

在同一部落之内，导致有这种天赋的人数量增加的种种情况虽然过于复杂，难以一一分析清楚，其中有些可能的步骤是可以追溯一下的。首先，当部落成员的推理能力和料事能力逐渐有所增进之际，每一个人会认识到，如果他帮助别人，他一般也会受到旁人的帮助，有投桃，就有报李。从这样一个不太崇高的动机出发，他有可能养成帮助旁人的习惯；而这种助人为乐的习惯肯定会加强同情的感觉，因为仁爱行为的第一个冲动或动力便是由这种感觉提供的。还须看到一点：连续履行了许多世代的一些习惯大概是倾向于遗传的。

但是，使一些社会德操得以发展的另一个而更为强大得多的刺激，来自同侪对我们的毁誉。我们习惯于向旁人表示赞许或提出责备，而同时也喜爱旁人对我们的赞许而畏惧旁人对我们的责备，这一个事实，我们在上文已经看到，是首先要推本穷源到同情心这一本能的；而这一本能的取得，像其他所有的社会性本能一样，原本是通过了自然选择的。人的远祖，在发展的过程中，究竟在多么早的时期里变得能感觉到同伴的毁誉，而又能因毁誉而受到激动和劝戒，我们当然说不上来。但即便在狗，看来也懂得鼓励、称赞和责怪。草昧初开的野蛮人也感觉到什么是光彩或光荣，他们对角力斗智所取得的各种胜利品的储存、他们之习惯于在人前大夸海口、甚至他们对自己形貌与装饰的极度讲究，都清楚地说明了这一点，因为，除非他们懂得珍视同伴的意见，这些习惯便成为无的之矢，全无意义。

在违反了一些次要的规矩之后，他们也肯定地感觉到羞愧，而至少从表面上看去，也像感觉到有些懊丧。上一章中说到的那个澳洲土著，由于未能及时地杀死另一个女人，来向他已故的妻子的鬼魂取得和解，把自己搞得形容憔悴，坐卧不安。我虽没有能在文献中见到任何其他的例子，却也很难相信，一个野蛮人，既然宁愿牺牲自己的生命，而不愿出卖他的部落，或者，宁愿继续当俘虏，而不愿宣誓认罪而邀释放，[6] 他在未能完成一种他所认为神圣的义务的情况下，会不从灵魂深处感觉到十分懊丧。

因此，我们不妨作出结论，认为原始人，在很荒远的一个时代里，是受到同辈的毁誉的影响的。显然，同一部落的成员对他们认为是对大家有利的行为会表示赞许，而对被认为是邪恶的行为表示谴责。对别人行善事——你们愿意人怎样待你们，你们也要怎样待人——是道德的奠基石。因此，爱誉和恶毁之情在草昧时代的重要性，是说得再大些怕也不会言过其实的。在这时代里的人，即便不为任何深刻的出乎本能的感觉所驱策，来为同类中人的利益而牺牲生命，而只是由于一种光荣之感的激发也作出了这一类利人损己的行为，这种行为也会对其他人提供示范作用，并在他们身上唤起同样的追求光荣的愿望，而同时，通过再三的习练，在自己身上，也会加强对别人的善行勇于赞赏的那种崇高的心情。这样，他对他的部落所能作出的好事，比起多生几个倾向于遗传他的高尚品性的孩子来，也许远为有意义得多。

经验与理性有所增加之后，人对他自己的种种行动的后果看的更远了，而从此，在前一些时代里原是完全无人理会的那些独善其身或专属于个人的操守如节制、贞洁等等，开始得到高度的重视，甚至被推崇为超凡入圣。但我无需在这里重复我在上面第四章中在这方面已经说过的话。总之，我们最后可以说，我们的道德感或良心，始于一些社会性的本能，中途在很大程度上受到了旁人毁誉的指引，又受到了理性、个人利害的考虑，以及在更后来的一些时代里、受到一些深刻的宗教情绪的制裁约束，而终于，通过教诲与习惯，取得了稳定与巩固。

我们千万不要忘记，一个高标准的道德，就一个部落中的某些成员以及他们的子女来说，比起其他的成员来，尽管没有多大好处，或甚至没有好处，而对整个部落来说，如果部落中天赋良好的成员数量有所增加，而道德标准有所提高，却肯定地是一个莫大的好处，有利于它在竞争之中胜过另一个部落。一个部落，如果拥有许多的成员，由于富有高度的爱护本族类的精神、忠诚、服从、勇敢，与同情心等品质，而几乎总是能随时随地进行互助，且能为大家的利益而牺牲自己，这样一个部落会在绝大多数部落之中取得胜利，而这不是别的，也就是自然选择了。在整个世界上，在所有的时代里，一些部落总是在取代另一些部落。而道德既然是前者所由取胜的一个重要因素，道德的标准，就会到处都倾向于提高，而品质良好的人的数量也会到处倾向于增加了。

然而，要作出判断来说明为什么这一个部落，而不是那一个部落，终于成功，终于在文明的阶梯上攀登起来，也还是一件很困难的事。有许多野蛮人的族类，好几个世纪以前被人发现的时候是什么情形，到今天还是这样一个情形。像贝却特先生所说的那样，我们总爱把进步看成是人类社会中一种正常而经常的事物，但历史是驳斥了这一点的。古代西方人脑子里根本没有进步的概念，而东方的国族到今天还没有。① 根据另一个有高度权威的著作家，梅因爵士，[7] "绝大部分的人类，对各种社会制度的应需改进，从来没有表示过一丝一毫的愿望。"进步这样东西似乎要依靠许多因缘凑合的有利条件，太错综复杂了，要弄清楚是不容易的。但时常有人说到，比较冷的气候，由于可以使人们生活得比较勤劳，从而产生了种种生活与生产的艺术，是高度有利于进步的。爱斯基摩人，迫于生活的万不得已，成功地发明了许多巧妙的东西，但他们的气候毕竟是太酷寒了，不适宜于长期持续的进步。流浪和频频迁徙，无论是在广大的草原上，或通过热带地区浓密的丛林，或沿着荒凉的海岸，都是对进步有妨碍的。当我在火地岛②观察当地半开化的居民时，我深深感觉到，一些财产的占有、一个固定的住所、许多家族结合在一个首领之下，是文明所由开始的万不可少的条件。而这些条件或习惯又要求把土地开垦出来而在上面有所种植；而种植的最先步骤的由来有可能是偶然的，例如，我在别处说明过，[8] 一颗果树的种子掉进了一堆朽腐，而终于产生了一个特别良好的新品种。但野蛮人如何走向文明而迈进了第一步的问题，到现在还是一个太困难的题目，一时还不能解决。

自然选择对文明国族的影响。——到目前为止，我只考虑到了人从半

---

① 这话也不尽然，单就东方而论，《礼记》中《礼运》一篇里"大道之行也，天下为公……"这一段话就足以予以反驳。在欧美，资产阶级学者们宣称，从希腊的年代到今天，西方文明可以分成三个阶段，每个阶段围绕着一个中心思想：第一个阶段，希腊罗马时代，是"命运"（Fate）；第二个阶段，基督教统治时代，是"神惠"（Providence），就是一切靠上帝、靠老天爷的意旨与恩赐；自第十七世纪以来，才进入第三阶段，"进步"（Progress）这个中心思想才逐渐占了上风。贝却特和达尔文的话所指的就是前面的两个阶段，人类社会文化的进步，在劳动人民的努力下，一直是个事实。正是由于反动统治阶级的压制与剥削，这种进步有的时候要缓慢些，甚至造成了停滞、退步，但总起来说进步是一个无可争辩的事实。历代的反动统治阶级，到处一样，当然是看不到，也是不愿意看到这一事实的，所愿意看到而不断加以宣扬的，总是他们所统治的一个时代是有史以来最好的时代，值得而必须无限期地维持下去，来一个千秋万古，而为了这个目的，还主观唯心地捏造出"命运"、"神惠"这一类的说法，来麻痹人民对变革的要求，扼杀人民中间一切革命的苗头！事实是一回事，反动统治阶级的说法又是一回事，一百年前的贝却特与达尔文不达此，显然是受了历史与阶级的局限，也是可以理解的。

② Tierra del Fuego，南美洲极南端。

人半兽状态向近代野蛮人状态进展那一段的情况，但自然选择对文明的国族起些什么作用，似乎也值得在这里一并谈一谈。以前，格瑞格先生曾经讨论过这个题目，[9]而在他以前，还有华莱士先生和高尔顿先生，[10]都谈得很好。我在这里要说的话，绝大部分是来自这三位著作家的。在野蛮人，身体软弱或智能低下的，是很快就受到了淘汰的，而存活下来的人一般在体质上都表现得精力充沛，而我们文明的人所行的正好相反，总是千方百计阻碍淘汰的进行；我们建筑各种医疗或休养之所，来收容各种痴愚的人、各种残废之辈，和各种病号。我们订立各种济贫的法律，而我们的医务人员则竭尽心力来挽救每一条垂危的生命。我们有理由相信，接种牛痘之法把数以千计的体质本来虚弱而原是可以由天花收拾掉的人保存了下来。这样，文明社会里的一些脆弱的成员就照样繁殖其种类。凡是做过家畜育种的人，谁都不怀疑，这种做法是对人类的前途有着高度危害性的。在家畜的育种工作里，只要一不经心，或经心而不得其当，就很快地会导致一个品种的退化，快得令人吃惊；但除了人自己的情况没有人过问而外，几乎谁也不会那么无知或愚蠢，以至于容忍他的家畜中的最要不得的一些个体进行交配传种。

我们感到不得不向无告的人提供的那种援助，主要是同情心的一个偶然而意外的结果，而同情心原是首先作为社会性本能的一部分而取到了手、而后来通过像上文所已说过的那些过程，才变得更为柔和、更为广泛散布的一种东西。即便在刚性的理性的督促下，同情心也是抑止不住的，横加抑制，势必给我们本性中最为崇高的一部分造成损失。外科医师在进行手术的时候，可以硬得起心肠，因为他知道他所进行的工作是为了病人的利益；但若我们故意把体魄柔弱的人、穷而无告的人忽略过去，那只能是以一时而靠不住的利益换取一个无穷无尽的祸害。因此，我们不得不把弱者生存而传种所产生的显然恶劣的影响担当下来；但在同时，看来至少有一种限制是在进行着稳健而不停的活动的，那就是，社会上一些软弱而低劣的成员，比起健全的来，不那么容易结婚；而如果能使身心软弱的人索性放弃结婚，这个限制的作用是可以无限制地扩大的。但在今天，这只能是一件希望中的事，而不是指日可待的事。

在维持着一个庞大常备军的国家里，最优秀的青年大都应征应募而参加了军队。这样，他们可能在战场上很早就死去，或往往沾染上淫邪的恶习，而全都不能在身强力壮的年龄里结婚。而一些矮小些或软弱些的人，体质根本不行的人，反而留在家里，从而得到大得多的机会来结婚生子，繁育在体质上和他们属于一类的人。[11]

人积累了财产而把它传给自己的子女，因此，富人的子女，不论身心品质方面有无优越之处，在奔向胜利的竞赛中，已经要比穷人占便宜。另一方面，寿命短促的父母，平均说来，也正是健康与精力有欠缺的父母，死得既然早些，他们的子女，比起别家的子女来，承继财产的机会也就来得快些，因此，也就更容易早婚而留下更大数量在体质上有欠缺的子女来。但财产的继承本身远远不是一件坏事情，因为没有资本的积累，各种生活与生产的艺术就不能进步；文明的族类主要是通过资本积累的力量，才得以扩张势力，并且如今还在到处扩张，使势力范围越来越大，而势将取代一些低等族类的地位。财富之比较适中而不太急剧的积累也并不干扰选择的过程。当一个穷人变得比较富有，他的子女便可以进入各种职业或某些自由职业，而一经进入，其间也有足够的竞争使身心健壮的分子可以取得更大的成功。社会中拥有一批教育与训练良好的人，一批无须用劳动来换取一日三餐的人，是极其重要的一件事，重要得难以估计过分。因为一切需要高度理智的工作都是由他们来进行的，而一切方面的物质进步主要要依靠这一类工作，至于其他而更高的一些好处可以不必说了。财富太多太大，无疑倾向于使有用的人变为无用，游手好闲，不事劳动，像蜜蜂中的雄蜂一般。但他们在数量上从来是不大的，而在这里，也会发生某种程度的自然淘汰，因为我们可以每天看到一些富人子弟，恰巧也是一些愚蠢或奢淫放浪的分子，白白把祖遗的财富糟蹋得精光。

长子继承制和在此制度下所取得的大宗财富，尽管在以前，在一个优越的阶级的产生方面，又从而在形成一种政府方面，可能有过一些好处，因为任何政府总比没有政府要强些；① 尽管如此，在现在看来，却总是一个更为直接的祸患。绝大多数的长子，身体或心理方面虽不健全，却照例结婚，而其他的儿子，无论在身心品质方面如何优越，结婚的比率就不那么大。而这些形同废物的长子也不可能把偌大的财富花个精光，从而产生一些淘汰的作用。但在这里，像在其他一些方面一样，由于文明生活中的种种关系如此其错综复杂，难以推究，某些补偿性的限制还是起了些干预作用的。通过长子继承制而变得富裕的人一般总是世世代代地有机会选取在形貌体态上最为美丽的女子为妻，而这种女子，一般地说，也是身体健康而心灵活跃之辈。有爵位的人总要维持自己的传统于不断不杂，于是，不问选择所可能产生的那一类恶劣的后果，便可以得到一些限制或预防，因他们总想在财富与权力方面继长增高。原来，为了财富与权力的不断增长，他们的办法是专娶作为继承人的女子为妻，也就是人家的独生女儿为妻。但这种独生女儿本人，正如高尔顿先生所指出的那样，[12]是生育能力不旺的，甚至倾向于根本生不出孩子来。一些名门贵族的嫡系不断地中绝而传不下去，而它们的财富终于转入旁支的手里，道理就在这里了。旁支也不要紧，但不幸的是，这种旁支之所以取得这笔财富，并不因为它在任何方面有什么优越之处。

尽管文明生活这样多方面地限制了自然选择的作用，总的看来，通过更好的食物供应和对一些不时要发生的灾难的规避，它对于一般体格的发展，却还是有利的。这一点是由推论得来的：凡是作过比较的地方，人们都发现文明人要比野蛮人更为强壮一些。[13]文明人的毅力和耐性，看来也和野蛮人的不相上下，这从许多的探险性长征中可以得到证明。甚至富人的那种高度奢侈放纵的生活，所造成的损害也不算太大，因为我们的贵族，在人口统计学上所谓的平均寿命方面，无论男女，也无论在哪一个年

---

① 这指历史上的贵族政权，特别是英国的，而尤其是公元 1215 年《大宪章》颁布以前的英国。英国是实行所称长子继承制（Primogeniture）的，就是只有大儿子才能继承爵位和最大部分的财产。这样，国家的政权财权便集中在若干贵族家庭的长房长子手里，像这里所说的那样，"形成一种政制"。

龄，比起阶级或阶层地位较低的健康的英国人来，虽然差些，却差得很有限。[14]

我们现在转而看看理智能力方面的情况如何。如果我们把社会中每一个阶层的成员都分成人数相等的两半，前一半是智能上比较卓越的，而后一半则比较低劣的，可以几乎没有疑问的是，前一半会在所有的各行各业中取得更大的成功，而生养更大数量的子女。即便在一些最低级的行业里，能力强些与技巧熟练程度高些的人一定会占些便宜，尽管在许多行业里，由于劳动分工太细，这种便宜是很小的，却总还有些。因此，在文明的国族里，在理智能力一方面，无论智能较高的人的数量也好，或智能高低的标准也好，都或多或少地有些增加或提高的趋势。我不愿意说，这一趋势一定不会受到其他一些方面的影响的抵销，而且抵销有余，例如，麻木不仁，毫无远见的人之越来越多就是一种抵销的力量；不过，我也承认，即便对人口中的这一类分子而言，智能的有所增进总是有些好处的。

对如上所说的一些看法，常常有人提出异议，他们指出，历史上出现过的奇才异禀的人中间，多数没有留下子女把他们的高超智慧传递下来。高尔顿先生对此作过答复，说：[15]"我很抱憾，我无法解决这样一个简单的问题，就是，赋有奇才异禀的天才，男的也好，女的也好，究竟是不是艰于生育，或艰于生育到什么程度。但我已经指出，杰出的人事实上并不如此。"伟大的立法家、一些与人为善的宗教的创立者、大哲学家，和科学发现者或发明家，其业绩之有助于人类的进步，比起留下许许多多的子孙来，要远为高明博厚得多。在身体结构方面，真正导致一个物种前进的，是对天赋上略微好些的个体的积极选择，和对天赋上略微差些的个体的消极淘汰，而少数有突出而罕见的畸形变态的个体，即便保留下来，也不关宏旨，不影响人类的前进。[16]如今在理智秉赋方面也有这种情况，因为，在社会的每一个阶层中，聪明能干些的人要比不那么聪明能干的人总见得更容易成功些，因而，如果不受来自其他方面的阻碍的话，在人数上也会增加。在任何民族或国族里，如果理智的标准有所提高，而富有理智的人的数量有所增加，则我们可以指望，根据"偏离平均值"的这一条法则（law of deviation from the average），赋有奇才异禀的天才的出现的频率似乎要比以前为大，这也是高尔顿先生曾经指出过的。

关于各种道德品质，即便在最文明的国族里，一些最恶劣的性情与行为倾向的淘汰是或多或少一直在进行着的。为非作歹的分子有的被处死刑，有的受到长期监禁，因此，他们就无法随心所欲地把恶劣的品质传递下来。忧郁性和疯癫性神经错乱的人，有的被禁闭起来，有的自杀，容易暴怒而爱吵架的人往往彼此凶杀，不得善终。冒失而乱跌乱闯的人，由于缺乏恒心，一般是难于安居乐业的——而这是从半开化时期遗留下来的情况，对文明时代大有阻碍的[17]——不过，他们往往会迁徙到新开拓的移民地区，而终于成为有用的拓荒者。酗酒无度是高度伤身的，酒徒的寿命是短促的，据有的统计，他们的平均寿命，以三十岁的人为例，只可望再活13.8 年；而同年龄的一个英格兰的农村劳动者则可望再活上 40.59 年。[18]淫乱的女子生育不蕃，而淫乱的男子则难得结婚；而这一类的人，无论男女，大都有病。① 在家畜的育种工作中，要取得成功，淘汰那些数量虽有限而有显著弱点的个体，也不算不是一个重要的因素。这话对那些有害而倾向于通过返祖遗传而在后代重新出现的特征，例如绵羊的黑色，尤其适用；而在人类，在某一些家族里，有些偶然出现而来源不明的最恶劣的性情与行为倾向，也许就是返祖遗传的表现，而这里所说的"祖"有可能要追溯到当初的野蛮状态，而这状态和我们，相去的世代毕竟还不算太多。这一看法看来不止是我们的推论，而实际上也为一般的经验所承认，所以某家出了败子，俗语就说这人是家里的一只黑绵羊。

在文明的国族里，单单就道德标准较高和品质较好的人数的增加这一方面而论，至少从表面上看，自然选择的作用是很有限的；尽管自然选择当初原是一些基本的社会性本能所由取得的途径，到此，它的作用似乎是不大了。但我在上文，处理低等族类的时候，对他们的道德所由进展的种种原因已经说得够多了，这些原因是：旁人的毁誉——同情心通过习惯而

---

① 这里所说的病意指各种性病。

得到加强——榜样与模仿——推理的能力——经验教训，乃至单纯的个人私利——幼年所受的教诲，和宗教情感；进入文明以后，这些原因，而不是自然选择，就越来越见得关系重大了。

格瑞格与高尔顿两先生都强调，[19]在文明国家里，品质优良的人的数量所以不容易增加，最为重要的一个障碍是，一些穷苦而又冒失的人，一面既往往因种种恶习而容易沦于下流，一面又几乎没有例外地进行早婚，而同时，一些小心谨慎而又克勤克俭、而在其他德操方面一般也是比较良好的人，为了使自己和子女可以过比较安适的生活，反而结婚得迟。那些习惯于早婚的人，在一定时期之内，不但要传更多的世代，并且，像邓肯博士所指出的那样，[20]要产生多出许多的子女来。而早婚所生的子女也是成问题的；大抵正在壮年的妇女所生的子女，比起在别的年龄里所生的，在体重与身材上要大些，因而在精力上也要充沛些。这样，社会上一些性情冒失、言行下流、而往往沦于邪恶的成员，比起能瞻前顾后、善自照管、而一般说来在其他德操方面也比较良好的成员来，倾向于以更快的速率来增殖。或者像格瑞格先生所刻画的那样，"马虎、龌龊、不图上进的爱尔兰人繁殖起来像兔子一般；而刻苦节俭、能绸缪未雨、自尊向上的苏格兰人，道德上既严肃、信仰上又虔诚、理智上又聪明而久经锻炼，却把他生命中最好的岁月消磨在生存竞争与独身生活之中，结婚既晚，留下的孩子也就少，甚至生不出孩子来了。假设有一片地面于此，一开始就由撒克逊人（Saxons）和凯尔特人（Celts），各一千人，在此成家立业。而经过大约十二个世代以后，全部人口的六分之五将是凯尔特人，而财富的六分之五、权力的六分之五、聪明才智的六分之五，却将属于那剩余的六分之一的撒克逊人。（按撒克逊人中包括苏格兰人，凯尔特人中包括爱尔兰人，前后两个对比，实质上，在格瑞格的看法里，只是一个。——译者）在永恒的'生存竞争'之中，过去曾经得胜的倒是那一个比较低劣而天赋次一些的族类，而其所以取胜，不是得力于优良的品质，而是得力于缺点和错误。"

但对于这样一个下降或恶化的趋势，也并不是完全没有制约的。我们已经看到，酗酒的人遭受高度的死亡率，而纵淫无度的人生育很少，或根本绝后。最穷苦的阶层蜂拥移入城市，而斯塔克博士，根据苏格兰十年之中的统计数字，[21] 提出证明说，在所有年龄里，城市人口的死亡率要比乡村地区为高，"而在生命的最初五年里，即在满五岁以前的孩子，城市的死亡率所高出于乡村的死亡率的，几乎正好是一倍。"这些统计数字所包括的，既不分富人或穷人，则要维持城市中很穷苦的一部分居民的数量于不变，这部分居民的婴儿出生数无疑地势必要比农村贫民的出生数多出一倍以上才行。就妇女来说，结婚太早是非常有害的；因为，在法国，有人发现，"同样是不满二十岁而数目相等的两群女子，一群是结了婚的，一群还没有结婚，前者在一年之内的死亡数要比后者的多出一倍。"不满二十岁便已做了丈夫的男子的死亡率也是"极高的"，[22] 但这一点的原因究竟何在，似乎是个疑问。最后，能事先考虑后果的男子，如果自问要到能力足以养家活口而全家的生活又能过得相当舒适才选择一个正在壮年的女子结婚，而实际上这也是人们常做的事，则在年龄上虽若迟了一些，总起来说，品质上较好的阶层的增殖率事实上也只是略略有所减低罢了。

以 1853 年间收集的大量统计数字为根据，有一点是已经确定了的，就是，在法国全国，在从二十岁到八十岁的全部不结婚的男子中间，死亡的比例要比已婚的男子大得多：举一部分的年龄组为例，在每一千个二十与三十岁之间的未婚男子中，每年要死亡 11.3 人，而在同年龄的已婚男子中，一千个里只死亡 6.5 个人。[23] 这同一条法则也被证明适用于 1863 至 1864 年间、苏格兰的年在二十以上的全部人口：例如，每一千个二十到三十岁之间的未婚男子中，每年要死 14.97 人，而在已婚的男子中，只死 7.24 人，还不到未婚者死亡率的一半。[24] 斯塔克博士对此有所议论，说"男子不婚，对生命的损害，比起从事最不卫生的职业，或定居在一向没有最起码的卫生条件的房屋或居民区来，更是严重。"他认为男子死亡数的减少是"婚姻和婚姻所带来的较有规则的起居习惯"的直接结果。但他也承认，酗酒、纵淫和惯于犯罪的那几类人，年寿既短，一般都不结婚；而实际上也必须承认，体质虚弱、多病、或身心上有严重缺陷的人，往往不是自己不想结婚，便是别人拒绝同他们结婚。斯塔克博士，由于发现上了年纪而尚在婚姻状态中的人比同年龄而不婚的人在平均寿命上要占些便宜，似乎达成了这样一个结论，就是，婚姻本身就是延年益寿的一个主要原因。但每一个人一定都碰到过不一而足的例子，就是，有的男子，由于年轻时身体不好，没有结婚，但终于活到了老，无疑是一种带病延年的老，因而也是寿命的期望值一直不高而婚姻的希望越来越消失的老；然而他们以独身的资格活到了老，总是一个事实。但另一个值得注意的情况似乎是可以支持斯塔克博士的结论的，就是，在法国，寡妇与鳏夫的死亡率，比起同年龄而在婚姻状态中的男女来，要高得多。但对于这一点，法尔博士认为原因别有所在，就是，丧偶以后，有的变得贫穷了，有的染上了淫邪的恶习，有的哀伤过了分。总起来说，我们不妨追随法尔博士之后而得出如下的结论，认为，婚姻状态中的人死得少些而失婚状态中的人死得多些，似乎构成了一条法则；而之所以如此，"主要是由于一些有缺陷的类型不断地受到淘汰，也由于，在连续的若干世代的每一个世代之中，一些最良好的个人受到了干脆利落的选择"，而这种选择只与婚姻状态有关，而所发生的作用则涉及体格方面、理智方面和道德方面的一切品质。[25]因此，我们便不妨推论说，健全而善良的男子，由于考虑周到而暂不结婚，并不因此而升高其死亡率。

　　如果在上面两节文字里所列举的各式各样的制约，以及其他也许尚待发现的制约，对那些冒失、淫恶，或在其他方面品性低劣的社会成员不起什么作用，而他们的数量一直在比品性比较良好的那一类成员以更快的速率增加着，那么，有关的民族或国家就要衰退，而这在世界史上已经是屡见不鲜的事，并且可以说是见得太多了的事。我们必须记住，进步并不是一个万古不变的准则；很难说明，为什么某一个文明的国族兴起了，更强盛了，而扩张得更为广大了；也很难说明，就同一个国族而言，为什么在这一段时期里进步得快，而在那一段时期里停滞不前。我们只能说，这是由于总的实际人口数量有了增加，由于拥有足够数量的赋有高度理智与道德能力的人，同时也由于他们对所谓美好的标准有了提高。除了精壮的身体导致精壮的心理状态这一层而外，身体的结构在这问题上的影响似乎不大。

有好几个著作家曾提出异议说，高度的理智能力既然对一个国族有好处，那么，古希腊人怎么样？他们在智慧才能上，比任何存在过的族类要高出不止一两级，[26]而如果自然选择的力量确实存在的话，他们应该不断地有所提高，提得比他们所已达到的地位更高，人口也应该有所增加，而满布到欧洲全境才是。在这话里，我们看到一个关涉到一些身体结构、而时常有人作出而不明白说出的假定，就是，身心两方面的持续发展是具有某种内在而不可遏制的趋势的。但应知一切发展有赖于许多有利情况的同时凑合。自然选择只是暂时起作用。个人也罢，族类也罢，也许曾经取得了某些无可争辩的优胜之处，然而由于其他特征的不足或欠缺，而依然不免于死亡。古希腊人之所以衰退，可能是由于许多小城邦之间不能团结起来，或由于整个国家的幅员太小，或由于实行了奴隶制度，或由于生活淫佚过度，因为一直要到"他们断丧了自己，虚耗、腐化深入到了他们的核心"，[27]他们才终于败亡。今天无可衡量地超越了野蛮时代的祖先而高踞着文明顶峰的西欧国族，其所以优越，在生物遗传上是与古希腊人没有什么直接关系的，可以说几乎是全无关系的；当然，就遗留下来的文献或文化关系来说，饮水思源，西欧人所要感谢这一个非凡民族的地方是很多的。

谁又能肯定地加以说明，为什么西班牙这一个国族，虽曾如此盛极一时，称雄称霸，却终于在赛跑中被人远远地抛在后面了呢？欧洲各个国族又何以会从黑暗时代觉醒过来，则更是一个令人难以索解的问题。高尔顿先生说到过，在黑暗时代里，几乎所有本性柔和的人，也就是那些专心致志于宗教上的沉思默想或其他理智功夫的人，除了投入教会的怀抱之外，别无栖身避祸的场所，而教会却是以独身的戒律相责的；[28]这对连续一系列世代中的每一个世代几乎不可避免地要产生一些败坏的影响。在这同一个时代里，宗教法庭又细皮薄切地专找思想上最不受约束与最胆大敢言的人，而加以烧杀或禁锢。仅在西班牙一国，在三个世纪之内，一些最好的好人——也就是那些最能怀疑而提出问题的人，而没有怀疑，也就不可能有进步——每年要以一千人的频率横遭淘汰。天主教会通过这些所造成的罪孽真是无法计算。尽管，无疑地，从别一些方面，这种祸害得到了某种程度、甚至也许是很大程度的抵销，大错总是铸成过了的。但自从这时代过去以后，欧洲还是进步了，并且以前所未有和别处所未有的速率进步了。

比起其他的欧洲国族来，英格兰人作为殖民者的成功是最为突出的，有人把这一点归功于"他们的勇敢和毅力"，这从加拿大人中间的英格兰籍人和法兰西籍人在进步方面的比较就可以知道，不过谁又能说明英格兰人的勇敢又是怎样取得的呢？有人相信美国的奇快的进步，以及美国人的性格，是自然选择的结果，看来这信念是很有一些道理的；因为在过去十个或十二个世代之内，欧洲各个地区比较精力旺盛、不肯因循守旧、而敢于冒些风险的人，都集中到了那个巨大的国家，并且在那里取得了最大的成功。[29]瞻望遥远的未来，我并不认为牧师津克先生在下面的话里所提出的看法有什么夸张之处，他说，[30]"所有其他一串串的事件——比如希腊的精神文化所产生的那些，或造成了罗马帝国的那些，都要用这样一个眼光来看才能发现它们的目的和价值所在，就是，它们是和……盎格鲁撒克逊人（Anglo-Saxons）向西方逐步迁徙的洪流有着联系，或者，更确切地说，是这一迁徙过程的一个附带的产品。"文明的进展这一问题虽然隐晦不明，我们至少可以看到，在比较长的时期之内，一个拥有最大数量的智能高、精力盛、勇气大、爱国心强、而仁爱的胸怀广博些的个人的国族，比起在这些方面情况差些的国族来，一般会占到优势。

自然选择是跟随生存竞争而来的，而生存竞争又是跟随人口的快速增殖而来的。人口倾向于增加得快，要为此而不感觉到痛心疾首的遗憾，是不可能的。因为，在半开化的部落里，它导致溺婴和其他许多恶习，而在文明的国族里，它导致赤贫、独身，和谨慎聪明的人的晚婚，但是否值得为此而抱憾，则是另一个问题。因为，人像低于人的各种动物一样，会遭受同样的种种物质上的祸害，生存竞争所产生的一些祸害当然也在此列，他没有理由在这方面指望可以豁免。如果在各个原始的时代里，他没有受到过自然选择的磨炼，他就肯定地永远不可能达到他现在所已达到的卓越地位。由于我们看到，在世界的许多部分，存在着大片肥沃得足以维持许许多多幸福家庭的土地，而眼下实际上只有少数几个浪荡的野蛮人族类住在那里，也许就有人要提出论点，认为生存竞争的严厉劲儿太不够了，没有迫使人提升到他的最高标准。根据我们所已有的关于人和低于人的动物的知识而加以判断，他们在种种理智与道德能力方面一直有着足够的变异性，使他们可以通过自然选择而取得稳健的进展。这种进展无疑要求许多有利情况的一时凑合，但很值得怀疑的是，如果人口的增加不够快，而由此产生的生存竞争又不十分严酷的话，这种情况的凑合是不是就足以促成进展。不仅如此，从我们实际看到的情形来说，例如，在南美洲的某些地区，甚至在可以被称为有文明的民族，比如西班牙的移民，看来还不免由于生活条件的优惠，而倾向于变得懒惰，而趋于退化。就文明高度发展的国族说，持续的进步只在某种次要的程度上有赖于自然选择的作用；因为，这些国族，和野蛮人的部落不一样，彼此之间，并不发生甲取代乙或丙灭绝丁的问题。不过，在这些国族内部，在同一社群之中，智能强些的成员，从长远来看，要比智能差些的容易走向成功，而留下更多的后辈来，而这也就是一种形式的自然选择了。进步的更为有效的一些原因似乎包括青年时代当脑子最能接受印象的时候所得到的良好教育，也包括一个高尚的道德标准，这标准一面既见于最精干、最贤良者的示范与耳提面命，一面又寓于这国族的法律、习尚、与一切传统之中，而随时随地发生影响，同时又得到舆论的护持推进。但应须记住，舆论的推进又得靠我们对旁人的毁誉能有所领悟，而这种领悟也自有其基础，就是我们的同情心，而同情心也者，作为社会性本能中最为重要的因素，当初无疑地是通过自然选择而发展起来的。[31]

关于说明一切文明的国族一度经历过半开化阶段的证据。——卢伯克爵士、[32]泰勒先生、麦克勒南先生都曾探讨过这个题目，并且论述得如此详尽而透辟，使我在这里只须把他们的成果极为简短地总括一下也就够了。不久以前，阿盖尔公爵、[33] 在更早些的时候，伍德利大主教曾提出一些论点，赞成这样一个信念，认为人进入世界之初便是以文明的姿态出现的，而所有的野蛮人都是经历过堕落才变为野蛮的；据我看来，这种从高级倒退到低级的论点，与上面各家的从低级进展到高级的论点相形之下，是软弱而站不住脚的。不错，在历史上，许多国族曾经从文明状态倒退了，而有的甚至有可能退回到了不折不扣的半开化状态，尽管就后面这种完全倒退的情况说，我举不出什么例证来，这情况是曾经有过的。火地人也许是碰上了其他一些能征惯战的群体才被迫迁移到现在的那种极为贫苦荒凉的地段，并且有可能因此而变得比以前更为低级了些。但如果要证明他们曾经从高级倒退到低级，并且比波托库多人（Botocudos，原大西洋沿岸巴西境内的一个印第安人族类——译者）堕落得还要深，那是困难的，而波托库多人所居住的土地还是巴西最好的一部分哩。

一切文明的国族是由一些半开化的族类传递而来的证据包括两个方面，一方面是，这些国族现存的风俗、信仰、语言等之中还保留着以前那种低级状态的明显痕迹；而另一方面是，一些野蛮的族类，在不受任何外来影响的情况下，也能沿文明的阶梯向上，自己提升几步，也确乎有这样提升了的例子。属于前一个方面的证据是十分奇特而有趣的，但这里不能举太多的例子，我只说诸如有关计数技艺这一类的。泰勒先生，通过在某些地方还通用着的一些字眼，明白指出这种技艺始于数手指和脚趾，先是一只手的手指，然后第二只手的，最后数到了脚趾。在我们自己的十进制里，我们还可以看到这种痕迹，在罗马数字里亦然：罗马数字里的 V，有人认为就是简化了的手的图案，所以数到 V 以后，到 VI 等等，就得用上第二只手的指头，加上 I，等等。再如，"我们说三个念（score，英语"二十"，我国吴语中有"念"，似可用以相译。——译者）加一个十（用以表达"七十"。——译者），我们是在用二十进制来数数。而这样在意象上作出的每一个"念"便代表着二十，而正如一个墨西哥的印第安人或一个加勒比人（Carib，亦印第安人的一个族类，原居加勒比海中诸岛及南美洲东北沿海，今诸岛上的已遭灭绝——译者）所说的那样，也代表着"一个人"。（两手十指，两脚十趾，合成二十，故云——译者）[34]根据一个本来很大而一直还在扩大的语言学学派的意见，每一种语言都保有它缓慢而逐步进化的一些标志。文字书写的艺术亦复如此，因为各个字母是一些象形图案的残留。我们在读了麦克勒南先生的著述[35]之后，就很难拒绝承认，在几乎所有文明的国族里，至今还保留着如此粗暴的习俗有如劫掠婚之类的痕迹。这同一位著作家还问到，有过哪一个提得出名字来的古代的国族从一开始就实行一夫一妻的婚姻制度呢？见于战争的约法以及其他风俗中至今还存在的一些痕迹，都说明原始的法律观念也是极其粗鲁的。许多今天还流行的迷信，追溯起来，也是早先一些邪僻的宗教信仰的残余。最高形式的宗教——痛恨罪孽而热爱正义的上帝这一伟大观念——在各个原始的时代里是没有人知道的。

如今转到第二方面的证据。卢伯克爵士曾经指出，有几个蛮族，近年以来，在某些比较简单的生产技艺方面取得了少量的改进。根据他关于全世界各地野蛮人族类中间所通用的武器、工具、技艺等所作的极其有趣的记载，我们有理由相信，也许除了生火的艺术而外，几乎所有这些全都是他们独出心裁、不假外力的发明。[36]澳大利亚土著居民的"回收飞镖"①就是这种独立发明的一个好例。塔希提人，②当他们最初被外人访问到的时候，在许多方面，比起其他波利尼西亚群岛区里的大多数岛屿上的居民来，见得进步而超居前面。有人认为，秘鲁的土著居民和墨西哥的土著居民，其高度的文化是从外界传播而来的，但这是没有合理依据的[37]（前者指印加人的文化，Inca culture，后者指阿茨提克人的文化，Aztec culture的遗留；印加人和阿茨提克人都是印第安人族类。——译者）。好几种当

---

① boomerang，一种曲形硬木制成的兵器，投出后如未击中目标能自循一条大曲线而终于回到投掷人的手中；字典中一般译作"飞去来器"，一则未能说明它是兵器，再则译法殊欠明了，今试改译此名。（亦不妨译作"回手镖"——校改者）

② Tahttians，南太平洋塔希提（Tahiti）诸岛的土著居民。（或译作大溪地和大溪地人。——校改者）

地土生的植物是在那里首先得到人工种植的，而少数几种当地土生的动物也是在那里首先成为家养的。① 我们应该记住，根据我们所知道的一些传教士对土著居民的十分有限的影响而加以推断，除非他们在文化上已经有些进展，打下了一些底子，即使当初真有过一整批云游的水手从某一半文明地区出发，因缘凑巧，被冲到美洲海岸上来，在土著居民的文化上也产生不了任何显著的影响。再转眼回看一下人类史上很荒远的时期，我们发现，用卢伯克爵士所创造而已为大家所熟悉的名词来说，当初有过旧石器时代和新石器时代；没有人敢于说，当新旧两时代交替之际，把粗糙的火石制成的旧石器磨成新石器的艺术是从外界假借而来或模仿而来的。在欧洲所有地方，东至希腊，在巴勒斯坦、印度、日本、新西兰，在非洲，包括埃及在内，人们都曾发现大量的火石制的石器，而使用这些石器的传统却早已断绝，当地现有的居民对它们也早已是一无所知。关于中国人和古代犹太人以前也曾使用过石器，我们也有一些间接的证据。因此，我们几乎可以毫不迟疑地说，这些国家或地区的居民，而这也就包括了几乎全部的文明世界的居民在内了，都曾一度处于半开化的状态。认为人一开始就是文明的，而后来，在这么多地方，才各自发生十足的堕落，那未免把人性看得太低，低到了一个可怜的地步。反之，如果承认进步要比退化更为普通得多；承认人是从低微的状态，通过哪怕是缓慢的，甚至还有所间断的步骤，在知识、道德与宗教上，上升到他以前从未达到过的至高的标准，那倒显得是一个更为真实而也是更令人鼓舞的看法。

原　注：

[1] 载《人类学评论》(丙 21)，1864 年 5 月，罗马数字 158 页。(正文"上文已经征引过……"云云，甚欠明白，经核对，知在第二章及其注 67。又第三章注 47 与此亦似有涉，且所引出在同一页上，只是把罗马数字的页数不经心地写成阿拉伯数字

---

① 植物指马铃薯、红薯、烟草、番茄、奎宁等，动物指骆马、驼羊等。

而已。又，这两次征引，在原书各版篇末"索引"中，或根本漏列，或排版虽已有不同，而所注页数仍沿前一版之旧，未予照改，故核对颇为不易。——译者）

[2] 过了一些时候，被吸收进另一个部落的一批批人口或一个个部落，像 Sir Henry Maine 所说的那样［《古代法律》（Ancient Law），1861 年版，131 页］，会自己假定，他们和吸收者都是同一些祖先的不同支派的后裔。

[3] 见 Morlot 文，载《佛杜沃宗信徒自然科学会会报》（丙 41），1860 年卷，294 页。

[4] 我在别处已经举过一些具体的例子，见《家养动植物的变异》，第二卷，196 页。

[5] 见所著关于"物理与政治"的一系列引人注目的文章，历载《双周评论》（丙 60），1867 年 11 月、1868 年 4 月 1 日、1869 年 7 月 1 日；此后又辑入即以《物理与政治》为书名的文集中。

[6] 华莱士先生在他的《对自然选择论的一些贡献》（1870 年版，354 页）里提到过几个这样的例子。

[7] 同上注 2 引书，22 页。关于 Mr. Bagehot 的话，见论"物理与政治"的几篇文章之一，载《双周评论》（丙 60），1868 年 4 月 1 日，452 页。

[8] 见《家养动植物的变异》，第一卷，309 页。

[9] 见文，载《弗氏杂志》（丙 61），1868 年 9 月，353 页。这篇文章似乎打动了许多人，并且在同年 10 月 3 日和 17 日的两期《旁观者》（丙 138）上引出两篇引人注目的文章和一篇商榷性的讨论。次年，1869 年卷（152 页）的《科学季刊》（丙 123）上也有所讨论，而 Mr. Lawson Tait 在《都柏林医学季刊》（丙 50，1869 年 2 月）和 Mr. E. Ray Lankester 在他的《寿命比较论》（Comparative Longevity）一书（1870 年版，128 页）里也讨论到了。在这些以前，在 1867 年 7 月 13 日的一期《澳亚杂志》（丙 31）里，已曾有人在文章中谈到一些相类似的见解。我在本书里吸收了这几位著作家的一部分看法。

[10] 关于华莱士先生的见解，见文，载《双周评论》，上文已一再引过。关于高尔顿的，见文，载《麦氏杂志》（丙 90），1865 年 8 月，318 页；亦见他的大著《遗传的天才》一书，1870 年版。

[11] Prof. H. Fick，在他的《自然科学对法律的影响》（Einfluss de Naturwissenschaft auf das Recht，1872 年 6 月）一书中，在题目上以及其他有关的方面，有些话也说得很不错。

[12] 见《遗传的天才》（Hereditary Genius），1870 年版，132—140 页。

[13] 见 Quatrefages 文，载《科学之路评论》（丙 127），1867～1868 年卷，659 页。

[14] 又见 Mr. E. R. Lankester 在《寿命比较论》，1870 年版，115 页上，根据良好的可靠资料来源，所编的那张统计表的第五与第六两栏。

[15]《遗传的天才》，1870 年版，330 页。

[16] 见我所著《物种起源》（第五版，1869 年），104 页。

[17] 同上注 15 所引书，347 页。

[18] 见 Mr. E. R. Lankester《寿命比较论》，1870 年版，115 页。书中关于酗酒者的统计表系采自 Neison，《生命统计学》（Vital Statistics）。关于淫乱者的情况，见法尔博士（Dr. Farr），《婚姻对……死亡率的影响》（Influence of Marriage on Mortality），全国社会科学促进会版，1858 年。（参阅下注 22——译者）

[19] 两人的议论见文，分别载《弗氏杂志》（丙 61）1868 年卷，353 页与《麦氏杂志》（丙 90），1865 年 8 月，318 页。但 F. W. Farrar 牧师（文载《弗氏杂志》，1870 年，264 页）的见解和这两个人的不同。

[20] 见文，《论关于妇女产育量的一些法则》（On the Laws of the Fertility of Women），载爱丁堡《皇家学会会刊》（丙 120），第二十四卷，287 页；后又辑入《生殖力、产育量，与不孕性》（Fecundity, Fertility, and Sterility）一书，1871 年版。高尔顿先生（Mr. Galton）的一些同样的看法，见《遗传的天才》（Hereditary Genius），352—357 页。

[21]《苏格兰出生、死亡……的第十次年度报告》（丙 16），1867 年，xxix 页。

[22] 这些引文都采自我们在这一类问题上最高的权威，就是，法尔博士（参阅上注 18——译者），见他所著而于 1858 年的全国社会科学促进会会议上宣读的论文，《婚姻对法国人口死亡率的影响》。

[23] 见同上注引法尔博士文。正文下文关于苏格兰的资料也出自这篇引人注意的论文。

[24] 采自《苏格兰出生、死亡、……的第十次年度报告》，1867 年。报告中按每五年计算出一个平均数（mean），我在这里用的是这些平均数的平均值。正文下面的一段引文录自 Dr. Stark 文，载 1868 年 10 月 17 日的《每日新闻》（丙 49）；Dr. Farr 认为他这篇文章写得很严谨。

[25] Dr. Duncan 在这题目上说（《生殖力、产育量，与不孕性》，1871 年版，334 页），"在每一个年龄里，健康而美貌的一些个人从不婚的一边转向婚姻的一边，抛撇

了那充塞着多愁善病而命运不济的人群的不婚的队伍。"

[26] 关于这一点，参看高尔顿先生的自出心裁而十分巧妙的论点，《遗传的天才》，340—342 页。（按高尔顿认为，古希腊人的智力比今天的英国人高出两级，而比今天的黑人高出四级——译者。）

[27] 语出 Mr. Greg 文，载《弗氏杂志》，1863 年 9 月，357 页。

[28] 见《遗传的天才》，1870 年版，357—359 页。F. W. Farrar 牧师（见文，载《弗氏杂志》，1870 年 5 月，257 页）提出了与此相反的论点。在此以前，赖伊尔爵士在一段很突出的文字里（《地质学原理》，第一卷，1868 年版，489 页），提请读者们注意宗教法庭的影响，指出它通过反向的选择，曾经把欧洲人的一般智力标准降低了。

[29] 见高尔顿先生文，载《麦氏杂志》，1865 年 8 月，325 页。又同作者文，《论达尔文主义与国民生活》，载《自然界》（丙 102），1869 年 12 月，184 页。

[30] 见所著《去冬留居美国记》（Last Winter in the United States），1868 年版，29 页。

[31] 我在这方面要向 Mr. John Morley 多多地表示谢意，因为他曾经提出过一些很好的批评；亦见 Broca 文，《论几种选择》，载《人类学评论》（丙 126），1872 年卷。

[32] 见文，《论文明的起源》，载《民族学会纪事刊》（丙 116），1867 年 11 月 26 日的一期。

[33] 见所著《原始人》，1869 年版。

[34] 见所著文，载《大不列颠皇家学社》社刊（丙 130），1867 年 3 月 15 日；又见他的《人类初期历史研究丛刊》（Researches into the Early History of Mankind），1865 年版。

[35] 《原始婚姻》，1865 年版。又见虽佚名而肯定也是这位著作家所写的一篇出色的文章，载《北不列颠评论》（丙 105），1869 年 7 月。摩尔根先生文《亲属称谓分类制的起源问题的一个猜测性解决》（A Conjectural Solution of the Origin of the Class，System of Relationship），载《美国科学院院刊》（丙 111），第七卷，1868 年 2 月，也可以参看。Prof. Schaaffhausen［文载《人类学评论》（丙 21），1869 年 10 月，373 页］也说到"在荷马（Homer）的古希腊史诗中和《旧约全书》中所找到的用人来作为祭品的一些遗迹。"

[36] 卢伯克爵士，《史前时代》，第二版，1869 年，第十五、十六章，以及别的章节

里。亦见泰勒，《人类初期历史研究丛录》(Early History of Mankind，第二版，1870 年)，第九章，此章写得十分出色。

［37］Dr. F. Müller 也不同意这个看法，他有些话说得很好，见《诺伐拉号航海志·人类学之部》(Reise der Novara：Anthropolog. Theil)，第三分册，1868 年版，127 页。

第六章

关于人类的亲缘关系和谱系

人类在整个动物系列中的地位——自然系统有谱系性—— 一些适应性的性状价值不大——人类与四手类动物之间种种细微的相似之点——人类在自然系统中的级位——人类出生的地点及其历史的古老——表示联系环节的化石的缺乏——第一根据人类的亲缘关系，第二根据人体结构，推断人类谱系中的一些低级阶段——早期脊椎动物中雌雄两性难辨的状态——结论

即令我们承认，在身体结构上，人和他最近密的亲族之间的差别真是大得像某些博物学家所主张的那样；尽管我们不得不承认，在心理能力上，人和他的这些近亲之间的差别大得难以衡量，上文几章里所提供的种种事实看来还是再清楚没有地向我们宣示：人是从某种低级形态传下来的，尽管到目前为止，人和这低级形态之间一些联系的环节还没有被发现，这个断言还是站得住的。

人的身上容易出现在数量上很多而在花样上很繁的种种轻微的变异，而和低于他的各种动物比较起来，诱发出这些变异的一般原因和控制这些变异、传递这些变异的一般法则，都是彼此相同的。人的繁殖既然如此的快，他也就不可避免地要为生存而进行竞争，也从而势必要受到自然选择的摆布。人化分出了许多的种族或族类，其中有些彼此相差很远，以致博物学家们往往把他们列为不同的种。人体和其他哺乳动物的身体都是按照同样的同源格局构造而成的。在胚胎发育方面他也经历着同样的分期。他保存着许多残留而无用的结构，而在当初，这些结构无疑是一度有过用处的。在他身上，又有一些偶然出现的性状，对于这些，我们有理由相信原是人的远祖身上曾经有过的，所以实际上是久经中断后的重新出现。如果人的起源和其他一切动物全不相同而是别有来历的话，那么，上面所说的种种现象就变成空虚的变戏法一类的东西；但这话说来是谁也不会相信的。倘若人和其他各种哺乳动物都是我们现在还不知道的某种低级形态的不同支派的子孙的话，则这些现象，至少在很大程度上，就可以得到理解。

有些博物学家，由于对人的心理能力和精神能力怀有特别深刻的印象，把整个有机世界分成三个界，人界、动物界、植物界，使人有别于其他生物，而自成一界。[1]博物学家对种种精神能力是无法作出比较或分类的；但他可以试图证明，像我在上文所已经做过的那样，在种种心理能力上，人和低于人的动物之间，尽管在程度上有着极其巨大的差别，但在性质上却是相同的。程度上的差别，无论多大，不能构成一个理由让我们把人列入一个截然不同的界；关于这一点，我们只须比较一下一些昆虫的例子，就可以了然了：介壳虫（scale-insect）的一属，胭脂虫（乙 264）的心理能力很低，而蚂蚁则很高，两者虽大相悬殊，却无疑地属于同一个纲。这两种昆虫的心理能力，在性质上虽与人和一些高等动物的有所不同，在程度上的差距，却比人和人以外的最高级的哺乳动物之间，还要大些。雌的胭脂虫，在幼龄的时候，就用她的长吻叮在一棵植物之上，从此就专以吸取植物的汁液为事，一动也不再动，就在这不动弹的状态下受精下卵，而这就是她的毕生的历史了。而反之，要描写工蚁的习性与心理能力，正如迁贝尔用事实来说明的那样，却需要厚厚的一本书，但我们不妨在这里简短而具体地说明几点。蚂蚁肯定能彼此传递信息，而好几只蚂蚁可以联合起来，共同进行一种工作，或一道玩耍。它们在分离了几个月之后，还能彼此相认，也能彼此表示同情之感。它们能营构巨大的建筑物，维持建筑物的清洁卫生，晚上把门关好，并安排值勤的哨兵。它们能修造道路，在河底下挖掘隧道，在河面上临时搭桥，搭桥的办法是连一接二地互相纠在一起，成一道线。它们能为社群收集食物，而如果收集来的一件食物太大，进不了窝门，它们会把门拆得大些，事后再修复原状。它们把植物的籽粒储藏起来，有法子防止它们发芽，如果籽粒潮湿，又会把它们搬到地面上晾干或晒干。它们畜养几种蚜虫（aphld）和其他昆虫，作为奶牛之用。它们以有规则的队伍出发作战，并且为了公众的共同利益而毫不顾惜地牺牲自己。它们根据预先商定的计划进行转徙。它们掠取俘虏作奴隶。它们会把蚜虫的卵，与自己的卵和茧壳，转移到窝里比较温暖的部分，好让它们孵化得快些。诸如此类的事实可以举个没完，[2] 但这些也就够了。总之，在心理能力上，蚂蚁和胭脂虫之间的差别是大得难以形容的，然而谁也没有梦想到过要把这两类昆虫放进两个不同的纲，更不必说两个不同的界了。它们之间的距离虽大，这距离无疑地不是一段长长的空白，而是有其他的昆虫填上了的，而人与高等猿猴之间的差距则不然。不过我们有一切理由可以相信，人与猿猴之间的这一空白或间断也不是真正的空白或间断，而只是由于许多中间形态已经灭绝了的缘故。

欧文教授主要根据脑的结构，把哺乳动物的整个系列分成四个亚纲。他把其中的一个专门奉献于人，而在另一个里纳入了有袋类和单孔类；这一来，他就把人从其他一切哺乳动物中截然划分了出来，而对合并了起来的有袋类与单孔类来说，也是如此。这一看法与分法，据我所知，没有得到任何能作出独立判断的博物学家的承认，因此我没有必要在这里再作进一步的考虑。

我们不难了解，为什么单凭任何一单个性状或器官——哪怕这一个器官是复杂得出奇而关系重大得像脑那样，也不行——或单凭心理能力的高度发展这一点而作出的分类，是几乎肯定迟早会见得不能令人满意的。说实在话，以前就有人用这样片面而孤立的原则来试图对膜翅类昆虫作出分类，但单凭一些习性或本能而这样地一分之后，人们终于发现这种安排是十足牵强而不合自然的。[3] 当然，生物分类可以根据任何性状来进行，谁也没有提出过什么限制，例如，根据身材大小、颜色，或根据水栖或陆栖等生活情况；但长期以来，博物学家们一直深深地相信，这里面自有一个天然的系统，不烦人为的造作。这一系统，如今已得到一般的公认，必须是一个尽可能显示出谱系性的安排——那就是说，同一生物形态的不同支派的子孙一定得维系在同一个群之内，而跟任何另一个生物形态的不同支派的子孙有别，而如果这两个始祖形态并不彼此孤立，而有亲族关系，因而它们各自的子孙也就有了亲族关系，那么，这两个群合起来，就可以构成一个更大的群。群与群之间差别的多寡——那也就是每一个群所经历的变化的多寡——是用属、科、目、纲这一类的分类名词来表达的。关于生物群的世代相传，亦即谱系中的一个个系统，我们既然不可能像人类家族的家谱一样有什么记录，我们只能对所要分类的生物，就其彼此之间各种不同程度的相肖的情况，加以观察，才能发现它们所合成的一幅谱系图大概是怎样一回事。为了这个目的，相肖或相似之点越多，其重要性就越大，只是少数几点有所相似，或不相似，往往可以不关宏旨。这和语言的情况相同，如果我们发现两种语言之间，在词汇上，在语法结构上，有大量相似的地方，它们就会普遍地被认为可以追溯到一个共同的来源，尽管在少数几个字眼上，或少数几点结构上，它们表现着巨大的差别，也不妨事。但就有机物来说，这些相似之点不得包括由于生活习惯相同而出现的一些适应性性状。例如，两种动物，由于都生活在水里，整个身体体格都会发生彼此相像的变化，但它俩却并不因此而在自然系统中变得更为接近一些。因此，我们可以看到，为什么有些相似之点，它们所牵涉到的虽然只是几个不重要的结构，或者只涉及一些不再有用而属于残留性的器官，或者虽非残留而目前在功能上也已经不再活跃，或者只是胚胎发育时期的一个状态——凡此种种，却都对分类工作有莫大的用处，远非一般性状可比，因为它们之所以出现很难归因到后期对环境的适应上去。既然不是，则它们所揭露出来的要么是世代传递的一些老世系，要么是一些旁近的真正的亲族关系。

我们还可以进一步看到，为什么某一个性状在甲乙两种有机体身上各自的变化虽大，我们却不应该因此而把这两种有机体在分类上安排得远远的。一种动物的身体的某一部门，和另一种关系相近的动物身上的同一个部门有所不同，这说明，按照进化的学说，它已经发生了不少的变异，并且也说明（只要这动物所处的环境中的一些有激发性的条件维持于不变的话）它还要继续向前变异，而这一类变异，如果对有机体有好处，就会得到保持，并且会不断得到加强。在许多例子里，身体的某一部门，例如，一种鸟的喙，或一种哺乳动物的牙齿，它们的持续发展，对有关物种的取得食物或其他目的，并不能提供什么帮助；但就人来说，我们看不出来脑子和种种心理能力的持续发展会有什么一定的限度，至少就有利的一点来说是如此，越是发达，就越是有利。因此，在断定人在自然系统或谱系中的地位时，脑子的极度发展这一方面的分量，不应该被看作比一大堆其他次要的、乃至很不重要的相似之点所合成的另一方面的分量更重或更有价值。

较大多数博物学家，在把人体的全部结构，包括他的心理能力在内，作了通盘考虑之后，都追步布鲁门巴赫和居维叶的后尘，而把人分作一个目，叫作两手目（乙114），因而和四手类、食肉类（乙176）等等几个目处于同等的地位。不久以前，在我们的最出色的博物学家中间，有许多位又回到林奈最先阐述的那个看法，把人和四手类都放进同一个目，而称之为灵长目，可见林奈当初的见地是何等卓越了。这一个结论的合情合理是会得到公认的。因为，第一，我们必须记住，为了分类，人脑的巨大发展的意义是比较不太大的，而人与四手类的颅骨之间十分突出的差别（尽管最近有人坚持这一点，如比肖夫、伊贝和另几个人）看来是脑子发展程度不同的结果，别无其他意义。第二，我们也不该忘记，人与四手类动物之

间的其他而更为重要的差别，显然几乎全都在性质上属于适应性的一类，
而所适应的主要是人的直立姿势。他的头、脚、骨盆的结构，他的脊柱的
弯曲情况，他的头的直而不垂的安顿方式，都是所以适应直立的姿势的。
海豹这一科提供了一个良好的例证，说明一些适应性性状对分类用处不
大，实际上并不重要。海豹类的动物，在躯干的形态上，在肢体的结构
上，和其他所有食肉类动物都不相同，而其不同的程度远远超过人与高等
猿猴之间在这些方面所存在的差别。然而在大多数分类系统里，上自居维
叶的，下至最近弗劳尔先生所制订的，[4] 都只把海豹类列为食肉目中的一
个科。如果人自己不是分类者而有把自己也归类的任务的话，他决不会想
到创立一个专门的目，单单把自己容纳进去。

要深入到存在于人和其他灵长类动物之间在结构上的种种不胜枚举的
相似之点，即便只是把它们名称列举出来，也不免超出本书的范围，并
且也完全超过了我的知识的限度。赫胥黎教授，我们伟大的解剖学家和哲
学家，曾经充分地讨论过这个题目，[5] 而且作出结论说，人的身体结构的
一切部分跟几种高等猿猴的比较起来，其不同之处，要比存在于这些猿猴
与同一生物群中的更低级的成员之间的为少。因此，"把人放在一个截然
划分的目里，是没有理由的。"

在本书上文比较早的一部分里，我提出了种种事实，说明人在体制上
同一些高等哺乳动物的何等地彼此相符，而这种相符的程度一定有它的根
据，那就是人和这些动物在细微的结构上，在化学的成分上，也有着近密
的相似之处。作为例子，我也举出过，我们人与这些动物，倾向于感染同
一些疾病，受到彼此之间关系相近的寄生虫的侵扰；我们之间对某些刺激
品有共同的爱好，这些刺激品在我们身上产生同样的影响；我也谈到了对
一些药物的反应，以及其他一些相类似的事实。

人与四手类动物之间的一些微小而不关重要的相似之点，在一些讨论
系统分类的著述里一般得不到注意，而这些相似之点如果很多的话，又能
清楚地揭示出双方之间的关系，所以我准备在这里列举少数几点，加以说
明。我们人与四手类动物，脸上各部分的相对部位清清楚楚是相同的，而

各式各样的情感都由一些肌肉和皮肤的几乎是同样的活动来表达的，所牵涉到的皮肉都以眉毛以上和嘴巴周围的为主。有少数几种情感的表达实际上几乎是一模一样的，例如，某几种猴子在哭泣的时候，或另几种猴子在发出哭声的时候，便和人没有什么不同，当其时，嘴巴的两角都要往后拉，而下眼皮都要挤出皱纹来。耳朵或外耳也相像得出奇。人的鼻子要比大多数猿猴的高耸得多；但在"胡洛克长臂猿"（乙496，长臂猿的一个种，产于印度阿萨姆，"胡洛克"当是土名的译音。——译者）的鼻子上，我们就可以追查到那种弯弯的高鼻子，或所谓鹰钩鼻的发端；而到了天狗猴（乙870），鼻子的这一个特点就发展到了令人发噱的极端地步。

许多种猴子的脸上饰有须髯或颊胡，或上唇有髭。在细猴属（乙866）里，有几种猴子头上的毛发长得很长；[6]而在"女帽猴"（乙587，一种猕猴），头毛从头顶的一个中心点向四周辐射式地发出，而到了前额，则中分为两撮。一般人常说，巨额广颡给人以高贵之相与理智清明之相；但"女帽猴"的一头"痴发"是向下披而突然截止的，而一到额部，就由一片又短又细的毛接替，短细得除了眉毛之外，使一部分的前额像是很光秃干净似的。有人说，任何种类的猴子都是没有眉毛的，那是错了。就刚才所说的"女帽猴"而言，额部光秃的程度因不同的个体而有所不同；而埃希里希特说，[7]在我们的孩子额上，头发的尽处，或所称发脚，有时候界线是划分得不很清楚的；与上面的"女帽猴"对比来看，我们在这里似乎遇到了一个小小的返祖遗传的例子，返回到了前额还没有变得很光秃的老祖先的那种情况。

很多人都知道，我们手臂上的毛倾向于从两头集中指向中段，集中指到肘部的某一点上。这个奇特的安排是和大多数比较低的哺乳动物很不相同的，然而和大猩猩、黑猩猩、猩猩、某几种长臂猿，甚至少数几个种的美洲产的猴子，却是相同的。不过在长臂猿属的一个种，敏猿，亦称猨，前臂的毛是向前、即朝着手臂下垂的方向、亦即腕部所在的方向的，这是好几种长臂猿的一种正常的状态；而在又一个种的长臂猿，白掌猿，这一部分的毛几乎是直立的，只略略向前倾斜，因此，就这一个种的长臂猿说，这部分的毛正处于一个中间状态。在大多数哺乳动物，背毛的浓密度和指向，是适应于去掉落在身上的雨水的；即使狗的前腿上的横长的毛，当它蹲伏而睡觉的时候，也能提供这样一个用途。对猩猩的习性作过仔细研究的华莱士先生说，猩猩的臂毛之所以指向肘部，可以用便于摆脱雨水这一目的来解释，因为，当下雨的日子，猩猩总爱坐着，两臂弯转，两手抱住一根树枝，或抱护着自己的头。据利文斯通说，大猩猩"在倾盆大雨之中，用两手护住头顶坐着不动。"[8]华莱士先生的解释大概是正确的；如果是正确的，则我们手臂上的毛的指向正好提供了一个奇特的记录，说明着洪荒时代我们某一部分祖先的生活状态；因为，到了今天，谁也不会想到它对摆脱掉雨水还有什么用处，而在我们今天惯于直立的情况之下，毛的指向也根本和摆脱雨水的要求不相适应了。

但关于人或他的远祖的体毛的指向，如果过于信赖适应的原则，也是欠斟酌的。因为我们在研究埃希里希特所提供的胎儿体毛如何安排（而这在胎儿身上与成年人身上是一模一样的）的一些插图之后，我们就不得不对这位出色的观察者表示同意，认为这其间还有其他而更为复杂的原因起着作用。体毛所集中指向的几个点似乎和胎儿身上最后停止发育的几个点有些关系。四肢上汗毛的部署和髓动脉（medullary arteries）的走向之间，看来也存在一些关系。[9]

我们决不要以为人与某几种猿猴的一些相似之点，比如上面所说的以及许多其他的点——如光秃的前额、头上一绺绺长长的毛发，等等——全都要么是从一个共同的远祖世世代代毫无间断地遗传下来的，要么是曾经中断而后来通过返祖遗传而又取得的东西，两者必居其一。不是这样，而是在这些相似之点中间，有许多也许是由于不谋而合的类似的变异。这种变异的产生，我曾经在别处试图说明过，[10]一则是由于有关的双方是同源异流的支派，有着类似的体制，再则由于类似的一些外因在双方身上起了作用，诱发出了类似的变化。至于前臂上的毛的指向相同，就一般猿猴论，则有几种与人相同，而就几种类人猿论，则全部与人相同——这一点大概可以归因于世代嬗递而从未中断过的遗传；但这一层也还不能肯定，因为有几种在关系上分明是很远的美洲产的猴子也有这个特点。

我们已经看到，人没有合理的权利来自成一目，而单单把他自己安放进去；尽管如此，他也许有理由要求自成一个亚目或自成一科。赫胥黎教授，在他最新的那本著作里，[11]把灵长类这一目分成三个亚目，就是：人亚目（乙55），只包括人；猿猴亚目（乙877），包括一切种类的猿猴；与狐猴亚目（乙544），包括种类繁多的各个狐猴属。就结构上的某些重要之点的差别而论，人无疑地有理由要求亚目这一级位；而如果我们主要着眼于他的心理能力，则这个级位还见得太低了哩。但若我们从谱系学的观点来看，这个级位却见得太高了些，而认为人只应该构成一个科，甚至可能只是一个亚科。如果我们设想，一个祖系传下三个支系或三派来，三派之中的两派，经过了若干漫长的世代之后，很有可能没有发生多大的改变，因而仍是同隶于某一个属下面的两个种，而第三支则有可能起了巨大的变化，大到够得上被列为一个亚科、一个科、或甚至一个目。但即便在这种情况之下，我们还几乎可以肯定地发现这第三支仍然通过遗传而在许许多多细小的地方保持着和其他两支的相似之点。谈到这里，我们就碰上一个目前还无法解决的困难问题，就是，在分类工作里，我们应该把多少分量划归少数几个差别特别显著之点——那就是，把着重点放在所经历变化的分量的轻重大小之上，而又把多少分量划归数量很大而并不重要的种种很近密的相似之点，因它们足以标志支派远近的关系或谱系的关系。两种情况相比，前者着重数量不多而强度显著的差异之点，是一条最为明显而或许也是最为稳妥的路线；然而更为正确的路线，看来还是应当把更大的注意力放在许多微小的相似之点上，因为根据它们而得出的分类，才是真正合乎自然情况的。

要在这一层上对人类作出判断，我们有必要浏览一下猿猴科的分类情况。几乎所有博物学家都把这一科分成两类：第一是狭鼻类（乙179）或旧世界猿猴类，其中所有的猿猴种都具有这样两个特点，一是，如这一类的名字所示，鼻孔的特殊结构，二是上下颚各有四枚小臼齿（promolar）；第二是广鼻类（乙783）或新世界猿猴类（其中包含两个分明的亚类），其中所有的猿猴都有如下的两个特点，一是鼻孔的构造宽而平，与上一类不同，二是上下颚各有六枚小臼齿。两类之间其他若干较小的差别可以不必提了。到此应该指出，就牙齿的状态、鼻孔的结构，和若干其他性状而言，人是毫无问题地属于狭鼻类或旧世界猿猴类的；就任何性状而言，除了少数几个不关紧要而显然是属于适应性质的而外，他与广鼻类相近似的程度全都赶不上他和狭鼻类相近似的程度。因此，若说新世界的某一个猴种，在以前某一个时期里，发生变异而产生了一种近似于人的动物，而这一动物居然一面具备旧世界猿猴类所专有的一切标志性性状，而一面又能抛弃它所原有的一切标志性性状，那是完完全全与事理相违反的。也因此，我们可以几乎全无疑问地认为，人是旧世界猿猴类这一支上的一个旁支，而从谱系学的观点来看，在分类关系上，他必须和狭鼻类的猿猴放在一起。[12]

各种类人猿，即，大猩猩、黑猩猩、猩猩，和各种长臂猿，在大多数博物学家手里，都被从旧世界的猿猴类里划分出来，而成为一个分明的合乎自然的亚类。我当然注意到了格拉休雷是个例外。他根据脑子的结构，不承认这个亚类的存在，而无疑的是，这亚类是不完整的。例如，对于猩猩，米伐特先生就说，[13]它"是这一个目里所能发现的最为特别而不合常规的形态之一。"至于其余不属于类人猿一类的各种旧世界猿猴，有几位博物学家又把它们分成两个或三个亚类；备有一系列囊形的奇特胃脏的细猴属就是这几个亚类中之一的典型形态。但根据高德瑞先生在非洲的一些惊人发现看来，早在中新世（Miocane）时期，非洲生存着可以把细猴和狝猴这两个猴属联系起来的一个形态。而这大概就可以提供一个例证，说明别的和更高级的一些猿猴类在有一个时候是相混而分不清楚的。

如果我们承认几种类人猿确乎构成一个合乎自然的亚类，而人又既然和它们有许许多多相符的地方，不但在彼此所共有而标志着整个狭鼻类的那些性状上相符，并且在一般狭鼻类所无而为他俩所独有的一些性状上也相符，而这后一类性状包括没有尾巴、没有皮肤上的重茧，和一般体貌相同等等，那么，我们就不妨作出推论，认为类人猿这一亚类中的某一个古代成员是人所由产生的根源。通过类比的变异这条法则，要其他更低级的猿猴亚类中的一个成员产生出一种近似于人的动物来，而这种动物居然在许多方面会和高于它们的类人猿相像，那大概是没有这回事。不错，人比起他的大多数亲族来，曾经经历过非常巨量的变化，而这些变化主要是他的脑子的非常发达和直立姿势的结果；但我们总该记住，他"也无非是灵长类中几个特殊形态之中的一个而已。"[14]

每一个相信进化原理的博物学家都会承认，猿猴类的两个主要部门，就是，狭鼻类猿猴和广鼻类猿猴，包括各自所有的一些亚类，全部可以推本穷源到某一个极为古老的始祖。这个始祖的早期子孙，当它们还没有分道扬镳到彼此距离得太远的时候，还一直构成着一单个自然类群；但即使在那个时候，便已经会有一些种、或一些正在孕育中的属，通过它们的一些分歧性状，开始冒出将来所由区分为狭鼻与广鼻两大部门的那些标志来。因此，我们有理由设想，这个假想的古老猴群的一些成员，在牙齿的安排上，或在鼻孔的结构上，大概不会像后来的狭鼻类或广鼻类各自的那么整齐划一，而是更近似于亲族关系比较远些的狐猴类。我们知道，在狐猴类，在口鼻部分的形态上，种与种之间有着巨大的差别，[15]而在牙齿的安排上，此种差别更大得异乎寻常。

狭鼻与广鼻两类猿猴之间当然也有大量的性状是彼此相符的，它们之所以毫无疑问隶属于同一个目就说明了这一点。它们所共有的许多性状，推究其由来，极不可能是由那么多的不同猴种不约而同地各自取得的；既然不是，那么这些性状一定是世世代代遗传下来的了。但假定有一只古老的猿猴形态在此，一面具有狭鼻类与广鼻类双方所共有的许多性状，一面又具有介于两类之间的其他性状，而此外也许还有目前两类猿猴中任何一类都已不再有的少数几个性状；一个博物学家，在碰上这一形态之后，还是会把它列为一种猿，或一种猴，看情况而定；而从谱系学的观点来看，人既然是属于狭鼻的或旧世界的这一个支系，我们就不得不得出结论，当初我们的远祖也会这样地被列为一种猿或一种猴，反正是什么，就叫什么。[16]这样一个结论是大大地触犯了我们的尊严的，但无论如何触犯，这结论是无可避免的。① 不过我们也决不要陷入这样一个错误，认为包括人在内的整个猿猴类的早期祖先是和现今所存在的任何猿种或猴种一模一样的，或退一步说，是近密地相似的。

人的出生地点和年寿的古老。——到此我们很自然地要问，人的出生地是哪里，也就是说，我们的远祖辈是在什么地方从狭鼻类的祖系分歧出来的呢？我们的远祖辈属于这一祖系的这个事实，清楚地说明了他们的原籍是在旧世界之内，但根据地理分布的法则而加以推论，旧世界的澳大利亚洲和任何远洋岛屿却没有份。在世界上的每一个大区域里，现今存在的各种哺乳动物跟同区域之内已经灭绝了的物种有着密切的渊源关系。因此，有可能的是，有几种跟今天的大猩猩与黑猩猩有着近密关系而早就灭绝了的类人猿曾经生存在非洲；而这两种猩猩现在既然是人的最为近密的亲族，则比起别的大洲来，非洲似乎更有可能是我们早期祖先的原居地。但在这题目上多作臆测是没有多大用处的，因为当中新世的时期里，欧洲大陆上也曾存在过两三种类人猿，其中的一种是拉尔代的榭林猿② （Dryo-pithecus）[17]，身材高大得几乎与人相等，而和今天的长臂猿有着近密的亲缘关系。然而自中新世这样一个荒远的时代以来，我们的地球肯定已经历过许多次地质上的巨大变迁，而最大规模的生物迁徙运动也已进行过不知多少次，出生地究竟在哪儿，是难于判定的。

---

① 这一点，就一般中国读者来说，是一个过虑；就一百年前绝大多数的欧美读者来说，却是一个必要。当时的欧美读者还大都笃信《旧约·创世记》中上帝造人之说，人有人的独特的尊严，绝不能和动物相提并论，更不必说是从猿猴进化而来的了。即便当时多数的读者信教已不甚笃，对这一点未必有太强烈的反应，达尔文却还须对付大量卫道的神学家和其他宗教界的首脑人物。中国一般读者的思想中却没有这一类的迷信传统，我们只说："人为万物之灵"，"灵"虽出万物之上，身犹在万物之中，"灵长类"的译名有可能就从这里来的；有此比较合乎常识的看法，要接受这一部分尽管是牵涉到自己的进化学说，也就容易得多了。就今天的中国读者说，固然如此，即就百年前的中国读者说，译者认为问题也不大。

② 查拉尔代为法国古生物学家，生1801年，卒1871年，一生从事发掘工作，此当是他发掘所得而为之定名的，所以说"拉尔代的"；又，"榭林猿"，动物学辞典作"类人猴"，与"类人猿"的通称几乎雷同，兹按照本字原义改译。

当人最初失却体毛的时候，无论这时候是什么，也无论他在什么地方丢失的，比较可以设想的是，他当时所居住的大概是个气温很高的地区。根据与其他动物类比的情况而加以判断，他当时大概是以果实为生的，而这样一个气候也自有利于提供这一方面的食料。人最初从狭鼻类的祖系分歧出来的时间究竟要早到什么时代，我们固然是茫然无知；但这事的发生，有可能要早到始新世（Eocene），因为，我们知道，各种高等猿猴之从低等猿猴分歧出来，是不迟于中新世前期的事情，槲林猿的生存就说明了这一点。各种有机体，无论在进化阶梯上是高是低，在种种有利的情形下，究竟能变化得多快，我们也很无知，但我们知道的是，有些生物能在极为长久的一段时期里保持原状不变。根据家养条件下所发生的情况，我们认识到，在同一个时期之内，从同一个物种所分出来的许多支系之中，有的完全不发生变化，有的略有变化，有的则发生了很大的改变。人可能也有过这种情况，比起几种高等猿猴来，他曾经在某些性状上经历过大量的变化。

人和他的最近的亲族之间这条链索中存在着一大段空白，而我们又没有任何灭绝了的或现今还存活的物种可以把它填上，这是事实，而这一事实便时常有人提出来，作为一个严重的异议，驳斥关于人是从某种低级形态传下来的这个信念。但对那些根据种种一般的道理而相信进化原理的人来说，这种异议是不见得有多大分量的。这一类空白并不希奇，在生物大系里到处可以碰上，有的是很宽的一大段，中断处界限分明，一点也不含糊，有的则模糊不清，而不清楚的程度各各不等——比如在猩猩和它的近亲之间——在跗猴（乙922）和其他狐猴类之间——在大象与其他一切哺乳动物之间，而鸭獭（现通译为鸭嘴兽，乙681）和针鼹（乙361）与其他一切哺乳动物之间的差距就更显著了。但这些空白不是真的空白，而只是由于中间一些有亲族联系的形态已经归于灭绝，这才露出了空白来。在某个不很远的未来的时期里，大概用不了几百年，各个文明的族类几乎可以肯定地会把全世界野蛮人的族类消灭干净而取代他们的地位。与此同时，几种类人猿，像沙夫豪森所说的那样，[18]也无疑会被弄得精光。这一来，

210

人和他的最近的亲族之间的空白差距势将变得更为广廓，因为这差距的一端将是更加文明的一种人，甚至，我们可以希望，比今天的高加索人更要文明，而另一端将是低得像狒狒一类的猿猴，而不是现在这样，一端是黑人或澳大利亚土著居民，而另一端是大猩猩。

赖伊尔爵士讨论到过，[19] 就脊椎动物所有的几个纲来说，化石遗物的发现一直是很缓慢而要碰运气的过程；凡是读过这一段讨论的人，对于因化石遗物的缺乏而无从把人跟他的类猿祖先连接起来这一件事，根本不会予以过分的重视。同时我们也不应当忘记，那些最有希望提供这一类足以把人与某种已经绝灭了的类猿动物联系起来的遗物的地区，至今还没有得到地质学家的访查与发掘。

人类谱系中的一些低级的阶段。——我们在上文已经看到，在猿猴类里，先是狭鼻而属于旧世界的那个部门从广鼻而属于新世界的猿猴中分歧出来，然后人似乎又从前者之中分歧出来。我们现在要试图就他的谱系，根据种种迹象，追溯得更远一些，所依凭的主要是各个纲与目相互之间的一些亲族关系，而在追溯之际，也稍稍参考到这些迹象先后在地球上出现的时期，有的时期尚未经学者确定下来，则从略。狐猴类的级位是低于猿猴类而又靠近猿猴类的，它自成灵长类中一个界限分明的科，或者按照海克尔和其他一些学者的分法，自成一个目。狐猴类的内容很繁杂、又异常不完整，又包括许多不合常态的种。因此，在进化过程中，中途灭绝的怕不在少数。其剩余下来的狐猴种，如今大都存活在一些岛屿上，如马达加斯加①和马来群岛，因为在那里，比起在物种充塞的各大洲的大陆来，生存竞争的严酷程度要差一些。狐猴类在进化阶梯上也表现着许多层次，正如赫胥黎教授所说的那样，[20] 上自"动物创造的绝顶或高峰，不知不觉地一步步下降，而达到某些低级的形态，如果由此再往下降，似乎只消一步，就可以到达有胎盘的哺乳动物中的最低级、最矮小、和最不伶俐的一

---

① 即今马尔加什。

些其他物种了。"根据这些考虑，可知猿猴类有可能是从今天的狐猴类的一些祖先那里作为分支而传下来的，而这些远祖本身所处的地位，在整个哺乳动物的大系里，是很低很低的。

从许多重要的性状看来，各种有袋类动物所处的地位，还在有胎盘的各种哺乳动物之下。它们的出现也似乎是在一个更早的地质时代之内，而在以前，它们的分布也要比今天广泛得多。因此，一般认为有胎盘类（乙777）是从无胎盘类（乙515）、亦即有袋类派生出来的；但所出自的祖先形态与今天存活的有袋动物不会很相像，而这些祖先本身也就是今天有袋动物的更早些的远祖。单孔类动物是很清楚地和有袋类动物有亲族关系的，在庞大的哺乳动物系列里成为第三个而更为低级一些的部门。在今天，代表着它们的只有两种动物，就是上面所说到过的鸭獭和针鼹。我们很有把握地认为，这两个形态当初是一个大得多的类群的后裔，由于一些有利条件的凑合，算是在澳洲保留了下来，作为这一类的绝无仅有的代表。单孔类动物在某一方面是特别有意义的，就是，从结构的若干重要之点上，我们可以推本寻源到爬行类动物（乙826）这一个纲。

在追溯哺乳动物的谱系、也就是追溯人的谱系在哺乳动物大系中更低级的一个阶段的尝试中，我们越是向前追溯，就越有堕于五里雾中之感。但正如一位最有判断能力的著作家帕克尔先生所说的那样，我们有良好的理由可以相信，在把人的世系直线向上追溯的时候，也就是在人的直系祖辈里，不会有一只真正的鸟或真正的爬行动物穿插进来。有谁愿意知道人的智巧和知识在这题目上能作出什么来，可以参考一下海克尔教授的几种著述。[21]我在这里只能满足于提供几点比较一般的说明。每一个进化论者都会承认，脊椎动物类（乙995）中的五个大的纲，就是，哺乳类、鸟类、爬行类、两栖类和鱼类，都是从某一个原始类型传下来的。因为这五类有许多共同的地方，在其胚胎状态的时期里尤其如此。鱼类这一纲既然是在组织上最为低级，而又比其他几个纲早在地球上出现，我们不妨作出结论，认为脊椎动物门的全部成员，都是从某一种类鱼的动物派生出来的。对那些没有能注意近年以来我们在自然史方面的进步的人来说，把如此各不相同的几种动物如猴子、大象、蜂鸟、蛇，蛙、鱼，等等，一股脑儿地认为是从同一对父母或从同一个娘胎里蹦出来，那将是天大的怪事，因为这样一个信念意味着，以前曾经存在过把所有这些现在看来是全不相同的形态联结在一起的种种环节。

尽管有人觉得奇怪，然一群群足以把脊椎动物的几个巨大的纲联系起来的动物却肯定是存在过的，或者今天还存在，只是联系的紧密程度各有不同罢了。我们已经看到，从鸭獭一步步后退，就可以退向爬行类动物。而赫胥黎教授发现，后来又得到科普先生和另外几位著作家的证实，在许多重要的性状上，恐龙类的动物（乙 349）所处的，是介乎某几种爬行类动物和某些鸟类之间的一个中间状态——这里所说的某些鸟指的是鸵鸟的一类（而现在的几种鸵鸟显然是原先一大鸟类的分散了的几种残余）和始祖鸟（乙 82），后者生存于第二纪，具有一根蜥蜴般的尾巴。又如，据欧文教授说，[22] 鱼龙类的动物（乙 512）——备有划水用的鳍状肢的大型水蜥蜴——呈现出许多和鱼类有亲缘关系的相似之点，而赫胥黎教授则进而认为，那类动物似乎与两栖类更为相近；而两栖类这个纲，包括它的最高级的部门蛙类和蟾蜍类在内，很清楚地和鱼类中的硬鳞鱼类（ganoid fishes）有着亲族关系。硬鳞鱼类在早些的地质时代里是颇为繁伙的一类动物，并且其构造是以一种所谓一般化的类型为依据的，那就是说，它们和其他的动物群都可以发生一些关系，不限于这一群或那一群而已。肺鱼（例如南美肺鱼，乙 547）也是既和两栖类又和鱼类都有密切关系的动物，而正因为这样，长期以来，博物学家对于究竟把它放进哪一个纲，曾不断地发生争论；肺鱼和少数几种硬鳞鱼，由于生活在河流的环境里，得以保存下来，未遭灭绝，原来河流之于海洋，正好比岛屿之于大陆，可以提供避难所的用途。

最后说到广大无垠而形色繁变的鱼类这一纲中的一个单独的成员，文昌鱼（乙 28），它和其他鱼类是如此的大不相同，以致海克尔主张它应该在脊椎动物门里别成一个纲。文昌鱼的特殊之处在于，它有种种和一般鱼类相反的性状；它很难说得上有一个脑子、或一条脊柱、或一个心脏，等等，因此，老一辈博物学家，在分类的时候，把它归入蠕形动物之列。好多年以前，古德瑟教授看出来文昌鱼呈现出某些特点，标志着与生活在海水里的、黏着在一定的支持物之上而一辈子不移动的、雌雄同体的一类无脊椎动物，即海鞘类（乙99）有些亲族关系。从它的外貌看去，海鞘很不像动物，它的躯体由一个简单而坚韧的类似于革质的皮囊构成，皮囊上有两个突出的口子。在赫胥黎的分类系统里，海鞘属于拟软体类动物（乙624），是软体动物（乙623）这一巨大的动物门类的比较低级的部分。不过新近有些博物学家又把它纳入蠕形动物（乙994）之列。海鞘的幼虫在形状上有几分像蛙类的蝌蚪，[23]能自由地游来游去。M. 柯瓦列夫斯基先生[24]不久以前说到，海鞘的幼虫是和脊椎动物有关系的，而这从它发育的情况、神经系统所处的相对部位，有着和脊椎动物的脊索（chorda dorsalis）极为相像的结构，都可以看出来，而这一番观察与说法后来得到了库普弗尔教授的证实。柯瓦列夫斯基先生近来从那不勒斯（Naples）写信给我说，他现在已经把这些观察继续有所推进，而如果他所取得的一些结果可以确立的话，综合起来，将构成一个具有莫大价值的发现。胚胎学一直是分类工作的最为可靠的指南，而如果我们信赖胚胎学的昭示，看来我们就可以对脊椎动物的由来终于取得了一个探本穷源的线索。[25]既然如此，我们就有理由相信，在一个极其荒远的时代里，存在着在许多方面和今天海鞘的幼虫相类似的一类动物，而后来这一类动物分化成为两大支——一支在发展上有了退化，产生了今天的海鞘类这一纲，而另一支，通过孕育出了脊椎动物，上升到了动物界的顶峰而成为群伦的冠冕。

到目前为止，我们已经试图通过一些相肖或相类似的情况所表示的亲疏关系，很粗略地把脊椎动物门的谱系追溯了一番。现在我们要看看人自己，不是过去的人，而是现存的人类；而我想我们有办法把我们早期祖先的身体结构在先后不同期间里的形态部分地还原一下，但所叙述的先后不一定就是在时代上确当的先后罢了。我们可以利用许多东西来做到这一点，一可以利用人至今还保持的一些残留器官或结构，二可以借助于通过返祖遗传而在人身上偶尔出现的一些性状，三是运用形态学与胚胎学的一些原理。我为此而要在这里提到的种种事实，在上面的几章里已经有所介绍。

人的早期祖先以前一定全身都长过毛，而不分男女，都长胡须；祖先的耳朵大概是尖尖的，而且能挥动；身体后面也都有一条尾巴，配备着一些适当的肌肉。祖先的四肢和躯干也具有许多条如今在人身上只是偶尔重新出现而在四手类动物的肢体上一直正常存在而各有其职能的肌肉。在这同一个或某个更早些的时期里，祖先的肱骨上的大动脉和神经是穿过一个髁上孔（supra-condyloid foramen）的。肠子上所分岔出去的盲肠当初比现在的要大得多。当时的两只脚，我们根据胎儿的大拇趾的情况加以推断，也是能把握东西的。而由此可知，我们的远祖在种种习性上是树居的，而经常来往的地方是某一个温暖而林木葱郁的区域。男祖先备有巨大的犬齿，可用来作为令敌人望而生畏的武器。在比此早得多的一个时期里，女祖先的子宫是双骈的；粪是通过一个泄殖腔排泄的；而眼睛的保护，除了上下眼皮之外，还有第三层眼皮，称为瞬膜（nictitating membrane）。在比此更要早些的一个时期里，人的远祖在生活习性上一定是水居的；因为形态学明白地告诉我们，我们的肺脏是由一个浮胞，即鱼鳔，改变而成的，说明他们曾在水里生活过一段时期，而这一结构是供浮沉之用的。人的胚胎在脖子上有一系列的罅口，说明在这里以前长过鳃。在我们某些生理功能每月一次或每星期一次的周期性现象方面似乎还保存着一些痕迹，说明我们原始的出生地是潮汐所冲刷的一条海岸。大约在这同一个很早的时期里，我们的肾脏还不是现在的肾脏，而是两个吴夫体。[①] 心脏原先只是以一条简单而能搏动的血管的形态出现的；当时也还没有脊柱，而只有脊索。这些"人的始祖"们，隐隐约约地躲在荒远的时间角落里，如今看去，在身体组织的简单程度上，一定和文昌鱼相等，甚至比文昌鱼还要简单。

---

① Corpora Wolffiana，吴夫，德国解剖学家与生理学家，生 1733 年，卒 1794 年，被认为是胚胎学的奠基人之一，吴夫体是他的发现，因名。

另有值得我们多作一些讨论的一点。很久以来，我们知道，在脊椎动物界里，两性之一的身上，具有正常属于另一性的生殖系统的种种附加部分的残留；现在我们已经可以确定，在胚胎发育的很早的一个阶段里，无论哪一性，都兼具真正的雄性与雌性的生殖腺体。因此，整个脊椎动物界的某些远祖看来是雌雄同体的或男女双性的。[26] 但到此我们碰上了一个独特的困难。在哺乳动物一纲里，雄性动物具有一个子宫的残留，外加一条通道，就是一串前列腺（vesiculæ prostaticæ）；雄性动物也有乳房的残留，而有些有袋类的雄性动物肚子上也有袋的痕迹。[27] 其他可以类比的例子还有一些，就不一一列举了。既然有这些事例，我们是不是就可以认为，某种极其古老的哺乳动物，在取得这一纲的一些主要特点而足以自别于其他脊椎动物之后，那也就是说，从其他低于它的脊椎动物各纲岔分出来之后，就不再保有雌雄兼具的状态呢？看来很不可能是这样，因为，在今天的脊椎动物里，我们得向下追查到最低的一纲，鱼类，才能找到一些雌雄兼备的形态。[28] 一性的生殖器官的应有的种种附加部分，都可以在异性身上找到一些残存的状态，这一事实可能要这样来解释，就是，一性在把这些附加的结构逐渐取得之后，又以不同的完整程度传给了后辈的另一性。将来我们处理性选择问题的时候，将碰上难以数计的这一种形式的遗传——例如雄鸟为了战斗或装饰的目的而取得的足距、羽毛、彩色之类，也未尝不传给雌鸟，只是所传的往往是一些不完整或残留的状态罢了。

　　雄性哺乳动物备有结构上虽不完整而功能上却又起些作用的乳房，也就是能分泌乳汁，这一件事在某些方面显得特别出奇。单孔类的动物有正常的能分泌乳汁的乳腺，也有出乳的口子，只是没有奶头；而这一类动物既然是哺乳类大系中属于最低的级位，低到了最底层，则我们有理由认为，这一纲，即全部哺乳动物的共同祖先，也曾有过能分泌乳汁的腺体，而没有乳头。这一个结论并不是凭空的，我们所知的乳房所由发育的情形就能提供一些支持；特纳教授，以克利克尔和兰格尔为依据，告诉我，在胚胎时期里，在乳头露出任何苗头之前，乳腺已有所发展而能一步步地追溯得到；而在胚胎学里，动物个体身上各个部门的先后发展，一般地说，

216

正好代表着、并且也符合于这个动物所属的支系中各种动物的先后推演而出的顺序。有袋类动物则与单孔类动物不同,是有乳头的。因此我们不妨推断,这一部分的结构是由有袋类,在从单孔类岔分出来而演化得高出于单孔类之后,首先取得的,而在取得之后,又传给了有胎盘的哺乳动物。[29]没有人会认为,有袋类动物,在已经取得接近于今天的结构形态之后,还保持一身兼备雌雄两性的情况。既然如此,则我们又怎样解释各种哺乳动物的雄性都有乳房呢?一个可能的说法是,乳房是在雌性身上首先发展出来,而后来才通过遗传而分移到了雄性身上的;但在下文我们将要看到,这虽有可能,却大概是不会的。

作为另一个看法,我们不妨提出:整个哺乳纲的祖先,在放弃了一身兼具雌雄的状态之后很久,还是不分性别地会产生乳汁的,因而,也是不分性别地都有喂养下一代的任务;而就有袋类的情况说,父母两方都能把下一代装在肚子上的口袋里带来带去。如果我们联想一下今天癒颚鱼类(syngnathous fishes)的雄鱼把雌鱼所下的卵放进自己腹上的皮囊里,把它们孵化出来,而后来,据有人认为,还喂养小鱼成长,[30]这一点也就不见得完全不可能了;而诸如此类的例子尚多:如某些鱼类的雄鱼能把鱼卵放在自己的嘴巴里或鳃腔里孵化;又如某几种蟾蜍的雄蟾会从雌蟾那里把一串串的卵取过来,绕在自己的大腿上,直到蝌蚪出世;又如某些鸟类的雄鸟承担起孵卵的全部任务,有几种鸽子的雄鸽和雌鸽一样地用嗉囊的一种分泌液来喂养雏鸽。但我之所以提出如上的看法,首先还是因为我看到,在有几种哺乳动物,而不是其他几个级位低的纲的脊椎动物,雄性方面的乳腺,远远说不上是应该属于异性的附属生殖器官的残留:它们比那要发展得多,完整得多。有些哺乳动物的雄性今天仍具备的乳房和乳头,说实在话,很难说是一种残留,而只能说是发育不充分,不足以发挥功能而已。在某些疾病的影响之下,它们也会因交相感应的关系,而起些变化,像雌性动物的这些器官一样。在出生和春机发轫的时候,它们也会分泌出几滴乳汁来。这后一事实发生在上文已经提到过的一个奇特的例子身上,就是备有两对乳房的一个青年男子。在男子,以及有几种哺乳动物的雄性，据有人知道，这些器官，在成熟的年龄期间，也间或有颇为发达而能提供相当多的乳汁的。现在如果我们设想，在以前很漫长的一个时期里，雄兽是要帮助雌性来喂养和照管子女的；[31] 再设想，到了后来，由于某种原因（例如一次产生的幼兽在数量上有所减少），不再需要雄性的帮助，这样，雄性身上这方面的器官，由于在成熟年龄期内不受到使用，就逐渐变得不活跃了，而根据大家所熟悉的两条遗传法则，这种不活跃的状态大概也会传给下一代的雄兽，而让它在相应的成熟年龄期内表现出来，即，也是表现为不活跃。但在到达这个年龄之前，这些器官是不受这一份遗传的影响的，因此，它们在幼兽的两性身上发育程度几乎是相同的，分不出什么性别来。

结论。——拜尔对有机阶梯的进展或进步所下的定义，要比任何别人下得好，这定义的依据，是一种生物个体身上各个部分的分化和特化的分量多寡——我还倾向于更清楚地添上一笔，就是，在到达成熟年龄时的分化与特化的分量。如今，当一切有机体通过自然选择而对各种不同的生活路线慢慢地变得越来越能适应的时候，它们身体的各部分也就由于生理分工所提供的好处而变得越来越分化，越来越特化，而更适合于发挥各种不同的功能。同一个身体部分或部门，往往起初像是专为某一种目的而起了些变化，而很久以后，我们却又会发现这些变化所服务的是另一种而很不相同的目的；身体所有的各部门就是这样地变得越来越复杂。但每一个有机体，一面发生这一类的分化与特化，一面却也一直保持着他从远祖那里一开始就取得的一般结构的类型。根据这个看法，如果我们再转而看一看地质学所提供的证据，世界上的所有有机结构，总起来看，似乎都是通过了缓慢与间断的步骤而一直有所进展的。在庞大的脊椎动物一门里，这种进展终于达到了以人为归宿的顶点。但我们也不要以为，一切有机的类群都不免于为别的类群所取代，即，一个类群，在孕育出另一个或不止一个更为完善的类群之后，自身就非消亡不可。新生的类群虽然取得了胜利，它在整个的自然经济的范围之内却未必到处都能适应。有些古老而至今还存在的生物形态，其所以还能存活，看来是由于所居的区域比较偏僻隐蔽，得到一些掩护，还由于，在这种区域里，所遭遇的生存竞争也不太严酷。而这些生物形态往往会提供对过去而已经灭绝了的一些类群的大致近情的概念，有助于我们建立谱系的工作。不过，我们在建立的工作里也必须避免这样一个错误，就是，把组织比较低级的任何类群之现存成员，看成是它们古代祖先留传至今的完整无缺的代表。

我们所能眺望而隐约加以一瞥的脊椎动物界最为古老的祖辈，如今看来，是由一批海生动物构成的，[32]它们和今天海鞘的幼虫相似。从这批海生动物，后来大概就演化出了一批鱼，在组织上和文昌鱼一样低级，而从这些里面又肯定地出了硬鳞鱼，以及像肺鱼之类的其他鱼类。从诸如此类的鱼再前进，不消多大的一步，就可以把我们带到两栖类的境界。我们已经看到，鸟类和爬行类一度是很密切地联系在一起的。而单孔类动物，即在今天，在某种轻微的程度上，还和爬行类有联系。但到现在为止，还没有人能有所说明：三个高级而相互之间有亲族关系的纲，即，哺乳类、鸟类，和爬行类，究竟是通过什么样的直线关系而从两个低级的脊椎动物的纲，即，两栖类和鱼类，派生而来。在哺乳类内部，从古老的单孔类到古老的有袋类，以及从这两类到有胎盘的哺乳动物的早期祖先，其间所经历的步骤是不难想见的。这样，我们就可以上升到狐猴类；而由此再前进到猿猴类，中间的距离也不算太大。猿猴类又分为两大支，新世界猿猴和旧世界猿猴；而从后者之中，在一个距今很荒远的时期里，人这个宇宙的奇观和宇宙的光荣，终于迈步而出。

我们就是这样地替人推寻出了他的谱系，这谱系真是长得出奇，但若论遥遥华胄，则也不妨指出，也并不算太华贵。有人常说，这个世界像是为了人的来临作了长时期的准备似的；在某一种意义上来理解，这话是严格地正确的，因为他要把他自己的所以能出生归功于长长的一大串祖先。如果这一大串之中有任何一单个环节根本没有存在过，人就不会恰恰像他今天所具有的这个模样。除非我们存心闭上眼睛不看，从我们已有的知识出发，我们总可以把我们的祖先认识清楚，虽不中，也就相去不远了。我们也用不着因此而感觉到辱及门楣。世界上即便是最低级的有机体，也要比我们脚底下的无机的尘土高明得多，而任何不存偏见的人，在研究任何生物的时候，不论此种生物卑微到什么程度，要对它的奇迹一般的结构与品性漠然无动于衷而不发出由衷的热诚来，是不可能的。

原　注：

[1] 许多博物学家，在作分类的时候，对人各有不同的安排，关于这一层，Isidore Geoffroy St. -Hilaire 作过详细的介绍，见所著书，《普通自然史》（Hist. Nat. Gén），第二卷，1859 年版，170－189 页。

[2] 关于蚂蚁的种种习性的记录，近年来屡有发表，我所见到的最有趣味的一些事实中包括 Mr. Belt 所提供的那些，见他所著《博物学家在尼加拉瓜》，1874 年版。又 Mr. Moggridge 的值得赞赏的著述，《农蚁……》，1873 年版，和 M. George Pouchet 文，《昆虫的本能》（L'Instinct chez les Insectes），载《新旧两世界评论》（丙 128），1870 年 2 月，682 页，都值得参看。

[3] 见 Westwood，《昆虫的近代分类》（Modern Class of Insects），第二卷，1840 年版，87 页。

[4] 见文，载《动物学会会刊》（丙 122），1863 年卷，4 页。

[5] 《关于人在自然界中的地位的证据》（Evidence as to Man's Place in Nature），1863 年版，70 页及书中其他地方。

[6] 见上注 1 所引书、卷，217 页。

[7] 见所著《论毛发的趋向……》（Ueber die Richtung der Haare），载《缪氏解剖学与生理学文库》（丙 98），1837 年卷，51 页。

[8] 见引于 Reade，《非洲拊掌录》（The African Sketch Book），第一卷，1873 年版，152 页。

[9] 关于长臂猿的体毛，见 C. L. Martin，《哺乳动物自然史》（Nat. Hist. of Mammals），1841 年版，415 页。关于美洲的几种猴子和其他猴种，见同上注 1 所引书，第二卷，1859 年版，216、243 页。Eschricht 的话，见同上注 7 所引书，46、55、61 页。又，欧文，《脊椎动物解剖学》，第三卷，619 页，及华莱士，《对自然

选择论的一些贡献》，1870 年版，344 页，也可以参看。

[10]《物种起源》，第五版，1869 年，194 页；《家养动植物的变异》，第二卷，1868 年，348 页。

[11]《动物分类学引论》（An Introduction to the Classification of Animals），1869 年版，99 页。

[12] 这里所说的分类情况和 Mr. St. George Mivart 所暂时采用的分类［《哲学会会报》（丙 149），1867 年卷，300 页］几乎是相同的；他在把狐猴类分出去而搁过一边之后，把余下的灵长类动物分成如下的几个科：人科（乙 489）、猿猴科，这两科相当于狭鼻类；泣猴科（乙 182）、狨科（乙 464），这两科相当于广鼻类。Mr. Mivart 到今天还维持这个分法，没有改变，见文，载《自然界》（丙 102），1871 年卷，481 页。

[13] 见文，载《动物学会会报》（丙 151），第六卷，1867 年，214 页。

[14] 语出 Mr. Mivart 文，载《哲学会会报》（丙 149），1867 年卷，410 页。

[15] 见 Murie 与 Mivart 两先生合著的关于狐猴类的文章，载《动物学会会报》（丙 151），第七卷，1869 年，5 页。

[16] 海克尔所达成的结论与此相同，见文，《人类的创始》（Ueber die Entstehung des Menschengeschlechts），载 Virchow 所辑《普通科学言论选集》（Sammlung. gemein. wissen. Vorträge），1868 年版，61 页；亦见他所著书，《自然创造史》（Natürliche Schöpfungsgeschichte），1868 年版；在这本书里，海克尔对于人的谱系的看法谈得很详细。

[17] 参 Dr. C. Forsyth Major 文，《意大利境内所发现的猿猴化石》（Sur les Singes Fossiles trouvés en Italie），载《意大利自然科学会》会刊（丙 137），第十五卷，1872 年。

[18] 见文，载《人类学评论》（丙 21），1867 年 4 月，236 页。

[19]《地质学精要》（Elements of Geology），1865 年版，583—585 页；又，《人的古老性……》，1863 年版，145 页。

[20]《……人在自然界的地位……》，105 页。

[21] 他列有若干详细的表，见他的《普通形态学》（Generelle Morphologie）（第二卷，罗马数字 153 页，及普通 425 页）；和人特别有关的部分，见他的《自然创造史》（Natürliche Schöpfungsgeschichte），1868 年版。赫胥黎教授在对《自然创造史》

作评介［《学院》（丙 2），1869 年卷，42 页］时说，他认为海克尔对脊椎动物门或脊椎动物的全部谱系中的支分派别作出了很值得赞赏的讨论，尽管在某些地方他并不同意。他也表示他对这本书全书的格调与精神有着高度的评价。

[22] 《古生物学》（Palæontology），1860 年版，199 页。

[23] 当我在福克兰诸岛（Falkland Islands，在南大西洋——译者）的时候，在 1833 年 4 月间，那也就是要比任何其他博物学家要早几年，我引为满意地看到一种复海鞘（compound Ascidian，应即 Ascidia composita。——译者）的行动自如的幼虫；这种复海鞘与所谓合一海鞘（乙 911）有近密的亲族关系，但在分类上显然是不同一属的。幼虫的尾巴很长，比它的长方形的头大约要长五倍，尾梢细得像一缕丝。在我的简单的显微镜下面，我清楚地看到并用线条加以描出，若干横的、半透明的隔层把它分成几格，而这些我认为就代表着 Kovalevsky 后来所画出的大细胞。在发育的一个早的阶段里，这尾巴就紧紧地裹在幼虫的头上。

[24] 见《圣彼得堡科学院报告》（丙 95），第十卷，第十五分册，1866 年。

[25] 不过我必须补上这一个注：有几位善于判断的专家对这个结论是有争议的，例如 M. Giard 在 1872 年卷的《实验动物学文库》（丙 22）中所发表的一系列文章里。但这位博物学家也说（281 页），"海鞘幼虫的组织，即令没有任何假设、任何理论，也向我们明示，只要通过适应这唯一的关键性的条件，大自然就能够从一种无脊椎动物身上，发动起一个足以产生有脊椎动物的根本倾向来（所云有脊椎指一根脊索的存在），而这样一个简单的从无脊椎通向有脊椎的可能性，就把存在于两个动物亚界之间的鸿沟给填上了，且不论实际上打通这两界的具体过程是什么。"（法文）

[26] 这是当代比较解剖学方面最高权威之一，Prof. Gegenbau 的结论，见所著《比较解剖学纲要》（Grundzüge der vergleich. Anat.），1870 年版，876 页。这结论主要是从两栖类方面的研究得来的；不过根据 Waldeyer 的一些研究（见引于《解剖学与生理学刊》，丙 77，1869 年卷所载文，161 页），甚至"比此还要高级的脊椎动物，在它们早期的发育状态里，性器官也是雌雄兼备的。"好久以来，有些著作家一直有类似的看法，但直到最近才有了牢靠的根据。

[27] 袋狼这一个属（乙 947）的雄性提供了最好的例证，见欧文，《脊椎动物解剖学》，第三卷，771 页。

[28] 具有雌雄同体现象的鱼类，经观察到的有几种鲈鱼（乙 873），还有其他几种鱼，

有的是正常的，身体两边都有，左右对称，有的是不正常的，只一边有。在这题目上，Dr. Zouteveen 向我提供了若干参考文献，其中尤有参考价值的是 Prof. Halbertsma 的一篇文章，载《荷兰科学院院报》（丙 144），第十六卷。Dr. Günther 对这一事实是有怀疑的，但现在这方面的记录已经很多，而且都是一些良好的观察者所作出的，并且可以说是太多了，似乎不应当再有什么争议。Dr. M. Lessona 写信给我说，对于 Cavolini 教授就鲈鱼所作的这一方面的观察，他自己也得到了证实。Prof. Ercolani 最近也指出，鳗鲡也是一身兼备雌雄的，见《博洛尼亚（Bologna，意大利北部城市——译者）科学院》院刊（丙 3），1871 年 12 月 28 日。

[29] Prof. Gegenbau 曾经指出，统观哺乳类动物的各目，乳头有两个不同的类型，但很难理解这两个类型怎样都会从有袋类的那一种类型的乳头派生而出，而有袋类的乳头又是从无到有地从单孔类变化而来的，见《耶纳（德国中部城市——译者）时报》（丙 71），第七卷，212 页。关于这点，Dr. Max Huss 关于乳腺的一篇报告，载同上书刊（当指《耶纳时报》——译者），第八卷，176 页，也可以参看。

[30] Mr. Lockwood，根据他对海马（乙 482）的发育所作的观察，认为［见引于《科学季刊》（丙 123），所载文，1868 年卷，269 页］，雄鱼腹外皮囊的壁上会提供某种方式的养料。关于雄鱼会在他们的嘴巴里孵化鱼卵，见 Prof. Wyman 的一篇很有趣味的文章，载《波士顿自然史刊》（丙 34），1857 年 9 月 15 日；亦见 Prof. Turner 文，载《解剖学与生理学刊》（丙 77），1866 年 11 月 1 日，78 页。根瑟博士也曾叙述到一些类似的例子。

[31] Maddle. C. Royer，在她的《人的起源……》（Origine de l'Homme）一书（1870 年版）里，提出了一个与此相类似的看法。

[32] 依傍海岸而居的生物必然会受到潮汐的很大影响；无论生活在平均高潮线上下的动物，或生活在平均低潮线上下的动物，每两星期都经历潮汐变化的一整个循环。因此，它们的食物供应也要经历显著的以一星期为一个周期的变化。生活在这些条件下的动物，生活了许多世代之后，在生理功能上，也就不可避免要遵循一条有规则的以星期为单位的周期来复的路线。我们知道，在级位高而现在生活在陆地上的脊椎动物，以及在其他的动物门类，许多正常和不正常的生理过程都以整星期为周期，有的以一个星期为一周，有的以几个星期为一周，不等。这原

先是一件神秘而无从索解的事，如今，如果脊椎动物真是从某种和今天生活在潮水涨落里的海鞘有亲族关系的动物传下来的话，那这一件事就变得容易理解了。我们可以举出许多周期性的生理过程的例子，如哺乳动物的妊孕、身体因病而发热的持续，等等。鸟卵的孵化也提供一个良好的例子，根据 Mr. Bartlett 所说［见文，载《陆与水》（丙 87），1871 年 1 月 7 日］，鸽蛋要两个星期，鸡蛋三星期，鸭蛋四星期，鹅蛋五星期，而鸵鸟蛋则七星期。根据我们所知而作出的判断，我们可以说，一个来复性的周期，如果适合于一种生理过程或功能在时间长短上的要求，而大致不差，则一经取得，就不容易再变动；因此，也就有可能照样地遗传下去，传上几乎是任何数量的世代。但若生理功能本身起了变化，那么周期也不得不改变，而且几乎总是突然地按一整个的星期来变。这个结论，如果健全而站得住的话，是值得我们高度注意的，因为每种哺乳动物的妊孕期也罢，每种鸟的孵卵期也罢，或其他许多的生理过程也罢，都能这样在无意之中把这些动物的发祥地的秘密向我们揭露出来。

第七章
论人的种族

标明种别的一些性状的性质和价值——将这些应用于研究人的种族——赞成与反对把人的所谓种族列为不同人种的一些论点——亚种——人种一元论者与多元论者——性状的殊途同归——明显不同的各个种族之间在身心两方面的相似之点很多——人类最初向全球散布的状态——每一个种族并不是只从一对祖宗传下来的—— 一些种族的灭绝——种族的形成——种族与种族交婚的影响——生活条件直接作用的影响不大——自然选择的影响很小，或不发生影响——性选择

在这一章里，我不准备把人的若干所谓种族（races）分别叙述一番。那不是我的用意。我只准备探讨一下，用分类学的观点看问题，它们之间的种种差别有什么意义或价值，而这些差别又是怎样起源的。在决定两个或两个以上有亲族关系的生物形态应不应该列为不同的种（species），或只是同一个种下面的一些不同的变种（variety），博物学家们在实际行动中

是受到下面一些考虑的指导的，就是，它们之间的差别的总量究竟有多大，这些所牵涉到身体结构之处的项目是多还是少，这些差别有没有生理上的重要性。但考虑得特别多的一点是，这些差别是不是经久维持不变。博物学家们所重视而热心于寻求的主要是性状的经常性，而不是别的。只要能指出来，或言之成理地说出来，有关的生物形态长期以来就是这模样，而有别于其他形态，这就成为一个很有分量的论据，有利于把它作为一个种来处理。两种生物形态初次交配，即表现艰于孕育，或它们的子女有此表现，即便表现的程度比较轻微，这一般也被认为是双方在种性上有所不同的一个决定性考验，而如果在同一地区之内，双方持久地不相混合，这就通常被接受下来，认为足够证明：要么彼此之间存在着一定程度的相互的不孕性，要么，单就动物而论，双方相互之间对交配都怀有某种反感，而彼此不易接近，二者必居其一。

与不交配而不相混合这种情况相近而又不相干的另一种情况是，在一个充分调查过的地区之内，人们可以找到一些关系很近密的种，而在任何两个种之间却找不到任何可以把它们联系起来的变种，这在一切种别的标准之中，大概是最为重要的了，说明这两个种是毫不含糊的真种；而这跟上面所说的仅仅是性状的经常不变这一点似乎并不是一回事，因为这两种生物形态都可能是变异性很大的生物形态，却还是彼此截然不同，从不产生出居间状态的变种来。人们也往往不自觉地，有时候也自觉地，运用地理分布所提供的资料。在两个分隔得很远的地面上，人们分别看到了绝大多数的生物形态是在种性上各自分明的，因此，他们在看到两地所共有的某一批相类似的形态时，通常要把它们作为两个不同的种看待。但这是有问题的。说实在话，在把地理族类（geographical races）和所谓好的或真正的物种区分开来的时候，这一层考虑提供不了什么帮助。

现在让我们把这些公认的原理应用到人的所谓种族上来；我们将以博物学家看待其他任何动物的精神来看待他们。说到人的种族之间的差别的分量大小方面，对于长期以来由于观察人类自己而取得的那种劈肌分理似地寻找差别的精细的习惯，我们先得有所谅解。在印度，像埃尔芬斯通所说的那样，尽管一个新到的欧洲人一开始无法辨别当地的许多各式各样的族类，不久以后，他们在他的眼光里，却又会见得极度地各不相似，[1] 而印度人对各个欧洲国族的人，一开始也看不出任何不同来。即便在最相殊异的人的族类之间，在形态上也有许多相似的地方，实际上要比我们起初意料所及的多得多。在这一点上，某一些黑人部落固然必须除外，而同时，另一些黑人部落，据罗尔夫斯博士写信告诉我，而我自己也看到过，在面貌上，却有些像高加索人。这种族类与族类之间的一般的相似性，我们可以从巴黎博物馆人类学部分所藏的法国相片里很清楚地看出来，这些相片中的人虽属于各个不同的族类，其中半数以上可以充欧洲人；我时常向人出示这些印片，其中许多人都有同感。尽管如此，这些相片中的本人，如果被当面看到的话，会显得很不相同，这说明我们的判断力显然受到不过是皮肤与毛发的颜色、面貌上的一些轻微差别、以及表情等的很大影响了。

但各个所谓种族，如果把他们仔细地比较和测量一下，彼此之间也无疑地表现很多的差别——例如，发的结构、身体各部分的相对比例、[2] 肺的容量、颅骨的形态和容量、乃至脑子的脑回等。[3] 但体格方面的差别太多了，要一一列举，将是无休无止的工作。各个所谓的种族，在素质上，在适应气候或水土的能力上，以及对各种疾病的感受性上，也各不一样。他们的心理特性（mental characteristics）也很有不同，主要的不同看来似乎是在一些情绪能力方面，而在理智能力方面也有一部分差异。每一个有机会作过比较的人，对于南美洲的土著居民①和黑人之间的对比，前者沉默寡言，以至于阴沉，后者无忧无虑而说话没有个完，不会没有深刻的印象。马来人和巴布亚人[4]②生活在同样的地理与物质条件之下，彼此相隔只海隅的一衣带水，而彼此之间也存在着与上面所说的几乎是同样的对比情况。

---

① 即各族印第安人。
② Papuans，新几内亚岛东部之土著居民，西与印度尼西亚的西伊里安的马来人为邻。

首先我们考虑有可能提出的，赞成或有利于把人的各个族类列为几个种的那些论据，然后再谈反对的一面。如果有一个人，以前从来没有见过一个黑人、霍屯督人、①澳大利亚人，或蒙古利亚人，一旦突然遇到他们而要加以比较，他的第一个反应是，他看到了大量的性状上的差别，有的不关宏旨，有的相当重要。经过一番调查，他会发现他们所居住的地域很不相同，水土不同，气候不同，因而各有各的适应方式，又进而发现在体质上和心理倾向上，他们也似乎不很一样。如果随后有人告诉他，这些人不是孤零零的几个，而从他们各自的家乡地还可以送几百个标本来让他多看一下，我们可以肯定他就会宣称，这些人各自代表着一个合乎条件的种，而其为合乎条件，与他所习惯于冠以种名的许多动物的类群不相上下。然后，一旦他确知这些人的类型或形态各自保持了他们原有的特性，千百年来如一日，而如果他又知道至少四千年前便已有黑人存在，[5]而这种黑人看上去和今天的黑人完全同一模样，他所达成的结论就更见得大大加强了。根据那位出色的观察者伦德博士所作的报告，[6]他也将会听到，在巴西洞穴里所找到的、跟许多已经灭绝了的哺乳动物的遗体埋藏在一起的人头骨，是和今天满布在美洲大陆全境的人②的头骨属于同一个类型的。

　　到此，我们这位博物学家也许会转向地理分布，并且大概会宣称，这些形态或类型不可能不是各不相同的人种，因为他们不但外貌各异，并且各自适应不同的气候地带，有热而潮湿的，有热而干燥的，也有苦寒的北极地带。为了增加他的结论的分量，他还可以乞灵于这样一个事实，就是，在仅次于人的动物群，即四手类中，没有任何一个种能够抵抗低温，或顶得住任何比较剧烈的气候变化。他还可以指出，即便在像欧洲那样的温和气候里，那和人最为靠近的猿种也从来没有能被人养活到成熟的年龄。他对阿加西斯所最先注意到的那个事实，[7]会有很深刻的印象，就是，

----

　　① Hottentot，南非洲黑人的一个族类。

　　② 指印第安人。按此语说得不确切，说今天，说全境，皆与事实不符，即在距今约百年前达尔文著书之日，在欧洲殖民者的掠夺屠杀下，北美印第安人已走向灭绝，而南美印第安人各族类，灭绝的而外，剩余的多半已成为混血种。

人的各个族类或所谓种族在世界上的分布，可以分成若干自然省区，可以称为动物区系，而这些省区也就是哺乳动物中一些已受到公认而无疑义的种和属所分布的一些同样的省区。就澳大利亚土著居民、蒙古利亚人、黑人等几个族类来说，情况很明显是这样。就霍屯督人说，也有这种情况，但不是那么显著。而在巴布亚人与马来人之间，这情况也是清楚而易见的，这两个族类所由划分的界线，像华莱士先生所指出的那样，几乎就是划分马来亚与澳大利亚两个巨大的动物省区的那一条界线。美洲的土著居民散布极广，跨这个洲的全部境界，乍然看去，这似乎与上面所说的规矩不合，因为北美和南美的土生土长的物产之中大多数是很不相同的。但也还有少数几种生物形态，比如负鼠（oppossum，乙348）的分布便跨及南北美，而在以前，有几种巨型的贫齿类动物（乙365）也是如此。爱斯基摩人的分布，像其他北极地带的动物一样，延伸而围绕着整个北极圈。应该指出，各个动物省区里的哺乳动物之间的差别的多寡和这些省区相互之间分隔的远近并不一一相应或相当，即分隔得远的差别未必多，而相去近的差别未必少。因此，在人的各个族类之间，比起其余的族类来，非洲的黑人要相差得多些，而美洲的印第安人反而相差得少得多，而以此与各个动物省区的哺乳动物相比，则比起其他几个省区的来，非洲的要相差得少些，而美洲的则要相差得多得多，情况似乎恰好与人的族类之间相比的情况相反——从上面所指出的道理看，这样一个形势，也就很难以不合常规论了。不妨再补充说明一点，人在原始时代里看来并没有分布而居住到任何远洋的岛屿，在这一方面，他和同一个纲里的其他成员也有相像之处。

在判断同一类的家养动物之被假定为变种的一些支派究竟是不是一些真正的变种抑或是真种——那就是说，一个变种或真种，它是不是从一个分明的野生种传下来的——的时候，每一个博物学家都要多多地强调这样一个事实，就是，它体外的寄生虫是不是自成一个分明的种。下述事实是尤其值得强调的，因为，如果存在的话，它确乎是一个例外：丹尼先生告诉过我，在英国的大多数狗、鸡和鸽子，无论品类如何不同，侵扰它们的虱子（乙730）总是同一个虱种。如今我们知道，A. 默瑞先生曾经就从世界各地的许多人种身上收集来的各种虱子加以仔细的检视。[8]他发现，它们不但颜色不同，并且肢体和爪子的结构也各有区别。在每一个收集到的标本比较多的例子里，他又发现这些差别是一致的，就是，有其经常性的。一只太平洋上的捕鲸船的外科医师确凿地告诉我，桑维奇诸岛的几个长满虱子的岛民上得船来，留下了几只虱子，它们跑到了几个英国水手身上，过了三四天，这种虱子就死了。这种虱子颜色比较黑，和他所给我的习惯于在南美洲奇洛埃①一带的土著居民身上生长的那种虱子标本有所不同。这些南美虱子又和欧洲虱子不同，似乎大些，身体也软些。默瑞先生为我从非洲弄到了四类虱子，分别来自东非沿海黑人、西非沿海黑人、霍屯督人、和喀菲尔人；又从澳大利亚土著居民那里弄到两类；南、北美洲那里也各两类。就南北美洲的而论，我们不妨假定，虱子的来源也不外是各地方的土著居民。昆虫和别的动物不同，小小的一些结构上的差别，只要是经常而不变的话，一般都受到重视，被认为有种别的价值。因此，不同族类的人为看来是不同一种的寄生虫所侵扰这一事实，可以提出来作为一个相当合理的依据，来论证人的各个族类本身，在分类的时候，应该被列为不同的种，而不是一个种之下的若干不同的族。

我们所设想的博物学家探讨到这一阶段之后，下一步所要进行的大概是，各个族类的人，如果实行交婚，是不是会表现任何程度的不孕性或艰于孕育的情况。为此，他也许要参考到那位谨严而有哲学意味的观察者，布罗卡教授的著述，[9]而他会在那里发现良好的证据，说明某几个族类可以彼此交婚而在生育力上并无减损，而在另一些族类之间，则所提供的证据表现着相反的性质。例如，有人说到，澳大利亚人和塔斯马尼亚人②的妇女难得从欧洲的男子生育子女，但后来已经有人指出，这几乎是全无价值的无稽之谈。原来混血的孩子是要被纯黑的土著杀掉而不留的。不久以

---

① Chiloe，智利省区名。

② Tasmanians，澳洲以南的塔斯马尼亚岛岛民，亦黑人族类之一，已为英国殖民者所灭绝，其最后一个人死于 1876 年，即达尔文此书初版问世后五年，而第二版，即本书所译版，问世后二年。

前还有人发表过一篇报道，叙述十一个混血的青年同时被杀，尸体也同时被烧掉，后来地方警察发现了烧剩的骨殖，事情才被披露出来。[10] 再如，常有人说，黑人与白人所生的混血的子女，所谓"缪拉托"（mulattoes），如果彼此通婚，就不能生孩子，或生得极少。而反之，查尔斯顿城的巴赫曼博士肯定地宣称，[11] 他认识不少的"缪拉托"家庭，它们之间相互通婚有好几代了，而平均地说，它们的生育量一直和纯白人或纯黑人的家庭不相上下。以前赖伊尔爵士在这题目上所作的探讨，据他自己对我说，也导致同样的结论。[12] 在美国，1854 年的人口普查，据巴赫曼博士说，列有405 751 个"缪拉托"。我们把这问题的一切有关情况加以考虑之后，觉得这数目是小了，怕不合于事实。但其所以小，部分可能是由于这一阶层的社会地位不正常，受人鄙视，为统计所漏列，部分也许是由于这阶层的女子大都淫滥，不生子女，或生而不育。一定数量的"缪拉托"被吸收进纯黑人之列的事也不可避免地一直在进行之中；而这更直接导致了这类人在统计表里见得数目不大。一种可靠的著述[13] 也谈到"缪拉托"体质差，活力不大，并且认为这是很多人所熟悉的现象；而这一点，尽管和生育力的降低不属于同一个问题，却也不妨提出来，作为一个证据，说明父母两方可能有种一级的差别。凡是种别距离太远的两类进行交配，无论动物也好，植物也好，所生的杂种倾向于早死，这一点是无疑的，但不能因此就说"缪拉托"的父母所从出的族类是属于两个远种的范畴。普通的骡子，尽管绝对不能生育，却是有名的寿命长而精力旺盛，这说明，在杂种身上，低生育力与一般的生命力或活力之间，并没有多大必然的关联：这一类例子还很多，不限于骡子，不必一一举出了。

即便将来我们能够证明人的所有族类之间的交婚都对生育力毫无不良影响，任何由于其他理由而倾向于把它们列为若干人种的人依然可以言之成理地提出争议，认为生育力与不孕性并不是划分种别的妥善标准。我们知道，这些性质很容易受到生活条件变化的影响，近亲繁殖对它们也容易起些作用；我们也知道，控制着它们的一些法则也是高度错综复杂而难以究诘的，例如，同样用两个种来交配，一是甲种的雌性配乙种的雄性，而另一则相反，两例交配所表现的生育力就不相等。两种生物形态，无疑是两个不同的物种，也无疑应该被分列为两个种，而一经交配，各种程度的结果都可以有，下自绝对地不能生育，上至几乎同样地可以生育，或完整无缺的生育，上下之间可以构成一个秩然有序的系列。不孕性或艰于生育的各种程度，和交配两方之间在外表结构、在生活习性上相差的远近，这两者之间并不严格相符，即，愈远的不一定愈不能生育，而愈近的不一定愈能生育。在许多方面，人可以和长期受到家养的那些动物相比，而大量的证据可以提出来替帕拉斯的学说[14]说话，就是，家养或人工驯育倾向于消除自然状态之下那种极为普通的种与种之间杂交而不孕的结果。根据以上的种种考虑，我们可以合乎情理地申说，人的各个族类的可以交婚而完全无碍于生育这样一个事实，即使确立无疑，也不足以绝对地使我们不把它们当作不同的种看待。

生育力而外，不同生物形态相交而产生的子息还呈现其他一些性状，有的被认为足以指证相交的双方应该被列为两个不同的种，有的则否，而被认为只能指证双方是同一个种的两个不同变种。但在把有关的证据一一仔细研究之后，我达到了一个结论，认为所提出的这一类一般准则全都靠不住。一次交配通常所得的结果是产生一个混合或中间的形态，但在某些例子里，子息中有若干个肖父母双方中的一方，而另有若干个则肖另一方。如果父母两方之间相异的性状，当它们以前初次出现的时候，是属于突然变异或畸形怪态[15]那种性质的话，这种专肖一方的情况就特别容易发生。我提到这一点，因为罗尔夫斯博士告诉我，在非洲，他时常看到，黑人与其他非黑人族类的成员相交而生出来的子女，要么全黑，要么全不黑，要么有极少数的几个是黑白斑驳的。而反之，在美洲，众所周知的是，"缪拉托"在外表的形态与颜色上普通都呈现一个中间的状态。

到此我们已经看到，一个博物学家可以自认为有着充分的理由来把人的各个族类列为若干不同的种，因为他已经发现他们之间在结构和素质上确有许多不同之处，其中有些还是相当重要的差异，足以把他们划分开来。并且，从很早的时期以来，这些差异一直保持其经常性，未尝有所改变。我们这个博物学家的思想，在某种程度上，一定也不免受到这样一个事实的影响，就是，如果全人类被看成只是笼笼统一单个种的话，将何以解释他的分布之宽广远大，因为，这在整个哺乳动物纲里，是绝无仅有的一件不合常规的事。人的某几个所谓种族的分布情况，也一定会给他深刻的印象，因为这种分布的情况和某些哺乳动物的分布彼此相符，而这些哺乳动物无疑地是一些种别分明的物种。最后，他也许会提出，人的所有族类之间的相互可孕性至今还没有能得到充分的证明，而即使得到了证明，对于人无二种这一点，也不能构成一个绝对的证据。

在这问题的另一个方面，如果我们假想的博物学家要设法知道，人的各类形态，各以巨大的数量聚居在同一个地区之内，虽交往频繁，却能不像通常动物的物种一样，合而不混，他会立刻发现，情况绝不是这样，而是合了就要混。在巴西，他会看到一个庞大的黑人与葡萄牙人的混杂人口；在智利的奇洛埃省区，以及南美洲的其他地区，他会看到，全部人口都是由印第安人和西班牙人混合而成，有着各种不同的混合程度。[16]在同一个大陆的其他地区，他还可以碰上黑人、印第安人和欧罗巴人三方面最为复杂的交混情况，而根据植物界的知识加以推断，这类三方面的交混对父母所属的形态是否能相互孕育，提供了最为严格的考验。在太平洋的一个岛屿上，他会发现波利尼西亚人（Polynesians）和英国人所混合而成的小小的一批人口；而在斐济（Fiji）群岛之上，所有的人口则由波利尼西亚人和矮黑人（Negritos）交混而成，各种不同程度的交混应有尽有。我们还可以添上许多可以类比的例子，例如，在非洲，但不必细说了。总之，由此可见，人的各个族类毕竟不是那么界限分明、能在同一地区之内相聚合而不相混杂的了，而我们知道，生物类群的不相交混，对于种的分异，提供了最普通而也是最良好的考验。

当我们的博物学家一看到所由辨认各个种族或族类的人的一些性状都具有高度的变异性的时候，他也不免感觉到忐忑不安。每一个人初次在巴西看到黑人奴隶时，就会有这个感觉，即，黑人也很不一样，他们原是从非洲的各个不同地区运进巴西的。对波利尼西亚人来说，这话也适用，而对其他许多族类，也莫不如此。我们有理由可以怀疑，我们究竟能不能指名一个性状，而说这是某一个族类所独有的特点，可供辨认之用，而这性状是经常不变的。野蛮人，即便在同一个部落的范围之内，在性格上，也不像我们所常说的那样千篇一律。霍屯督人的妇女是提供了某些特点的，并且这些特点要比发生在任何其他族类妇女身上的尤为突出。但据我们所知，这些特点并不经常发生，也就是，并不太普遍。① 在印第安人的各个部落之间，肤色和体毛的多寡有着相当大的差别；非洲各个族类的黑人中间，也有这种情况，在肤色上的差别少些，而在面貌上的差别则大些，在某些族类里，颅形有很多的歧异，[17] 而其他每一个性状也都是这样。所有博物学家到现在都已经通过高昂的代价换取经验而认识到，要想借助于一些不经常或不够经常的性状而定下一个种来，是何等轻率的一件事。

但在反对把人的一些族类作为几个种来看待的一切论点之中，最有分量的是，族类与族类之间，在性状上，都只是一些程度之差，性状的大小、浅深多寡之间，大都由此入彼，或由彼入此，而其所以有此种程度之差，在许多例子里，据我们的判断所能及，是和族类间的交婚并没有关系的。在一切动物之中，要推人所受到的研究最为细致精密了，然而在他究竟是不是一单个种的问题上，在有判断能力的专家们中间，真是众说纷纭、莫衷一是到了无以复加的地步；除了那些承认人只是一个种的学者而外，维瑞认为是两个；亚基诺，三个；康德，四个；布鲁门巴赫，五个；布丰，六个；亨特，七个；阿加西斯，八个；皮克林，十一个；圣文森特，十五个；德斯莫林，十六个；莫顿，二十二个；克劳弗德，六十个；而按照伯克，则多至六十三个。[18] 这种见解上的众说纷纭，倒并不证明人

---

① 这里所说的特点之一是脂肪臀（steatopygy）。达尔文生在英国的所谓维多利亚时代，当时的资产阶级虽一般地过着淫侈的生活，但对正常的男女性关系以及与此种关系有牵连的事物却讳莫如深，在语言文字上专搞假撇清（prudery），在人前连一个"腿"字都不敢说，而改用"肢"字。达尔文在这里也有意识地回避了"臀"字；"腿"已不雅，何况"臀"呢；下文中此类情况不一而足，这是初见之例，不妨略加说明如上。

的各个族类不应该分列为若干种，却正好说明了它们之间参差相入，而使我们几乎无法在它们中间找出一清二楚可供划分的性状来。

凡是有过这种不幸遭遇的博物学家，也就是说，不得不把一个包含着具有高度变异性的一些有机体的一个类群的描述工作承当起来的博物学家，都不免面对过恰恰和人的情况相同的一些例子（而我说这话，是以我自己的甘苦经验作根据的）；而如果一个博物学家是个谨慎小心的人，他辛勤了很久之后，不免终于把一切彼此相入的形态合在一起，而把它们纳入一单个种的范围之内，因为，他说，至少也是对自己说，他没有权利对他所不能作出界说或划定范畴的事物随便贴上一些标签。这一类情况在包括人在内的一个目里就发生过，就是，在某几个属的猴子里；而在另几个属，例如长尾猴属，其中大多数的种都可以确凿地肯定下来。在美洲产的泣猴属，有些博物学家把其中的各个形态列为不同的种，而有些则仅仅把它们列为地方性的族群而已，够不上种的地位。现在如果我们把南美洲各地的许许多多泣猴的标本收集在一起，通盘地看一看，那些迄今为止被看作可以分列为不同的种的形态实际上是彼此相入，并且以极密而渐进的步骤彼此相入，因而，以常理论，只能看成是一些族而已。而这一做法无他，也就是大多数博物学家对人的各个种族或族类所采取的做法。尽管如此，我们也必须承认，有些形态，至少在植物界里有，[19]我们还是不能避免以种的名号相称，但实际上它们是彼此相入，代表着无数的层次，可以串连在一起，而此种串连与中间层次的产生，是和杂交全不相干的。

近来有些博物学家提出用"亚种"（"subspecies"）这个名词来指称虽具有许多真种的特点而却还不大够得上真种地位的一些形态。如今，一面考虑到上面所已说过的把人的各个族类抬高到种的尊严地位的那些有分量的正面论据，而另一面又想到要在各族类之间划清界限、确定范围却又如此困难万状，无法克服，我们认为，我们在这里似乎也可以援用"亚种"这个名词，而没有什么不恰当的地方。但由于长期以来的习惯，"种族"（race）这一名词或许总要被沿用下去。名词的选择只有在这样一个意义上是重要的，就是，我们要尽可能地用同一个名词来指称同一种程度上的差别，力求不乱不滥。不幸的是这一点也很难得做到。因为范围较大的一些属，一般都包含许多关系极为近密的形态，要一一加以辨别是很不容易的，而同时，同一科之内的一些范围较小的属所包括的，是一些完全可以彼此辨别而划清的形态，然而无论在哪一类的属里，所包含的各个形态都得平等对待，而以种相称。再如，在同一个范围较大的属里面，所有的种在彼此之间相近似的程度上并不平衡。不，情况似乎恰好相反，就是，有些种，由于相似程度高，可以联成一个小小的核心，由其他相似程度低些的种围绕着它，像卫星围绕着一个行星一般。[20]

人类是由一个种或几个种构成的问题，是近年来人类学家们讨论得很多的问题。他们由此而分成两派，一元论者（monogenist）和多元论者（polygenist）。那些不承认进化原理的人，不得不把各个种看作逐一分别创造出来的东西，或者，总得这样或那样地把它们看成一些独立自在的本体；而他们又必须参考把其他有机体分列为物种时所通用的方法而搞出一些多少可以类比的办法，来决定究竟人的哪些类型或形态可以作为不同的种看待。但这种决定是绝无希望的一个尝试，除非大家关于"种"这个名词先有一个公认的定义，而这样一个定义又必须不包括有如神创之类的性质不明的成分才行。否则我们就无异在没有任何定义的情况之下试图对某一个数量的房屋或某种大小的居民点决定命名为一个村，一个镇、或一个城市。北美洲和欧洲的许多关系极为近密而在两洲之间又可以彼此相互代表的哺乳动物、禽鸟、昆虫究竟是些不同的种、或只是一些地方性的族类这样一个久悬不决而极为头痛的问题，就是这种困难的一个实际例证，而离大陆不太远的许多海洋岛屿上的生物也提出了同样的问题。

在另一方面，那些接受进化原理的博物学家，而如今大多数青壮年学者都已经接受了这一原理，无疑都会感觉到，人的一切种族都是从一单个原始祖系传下来的；至于他们是不是觉得最好进一步，为了要把各种族之间彼此相差的分量表达出来，而把它们称为不同的种，那又是另外一个问题。[21]就我们的家养动物说，不同的族系所从出的种是一个或不止一个的问题和我们眼前的问题似乎不很一样。尽管我们不妨承认，同一个属以内的所有族系，以及所有的天然种，都是从同一个原始祖系兴起的，我们还是可以适当地提出如下问题而加以讨论，就是，以狗为例，今天所有家养的各个族系之间的一切差异究竟是怎样来的：是完全从人最初家养的那某一种狗变化出来的呢，还是应当把一部分的性状或差别归因于不止一个种的遗传呢？而这不止一个的狗种，是早在自然状态之下而未经家养之前便已经分化出来的吗？就人来说，这一类问题是不可能发生的，因为我们不能说他在任何一个特定的时期里经历过由野生而变为家养的过程。

在人的各个族类（races）从一个共同的祖系分化而出的早期阶段里，族类的数目和族类之间的差别一定都是不多的。因此，就足以把它们辨别开来的那些性状而言，比起今天现存的各个所谓"种族（races）"来，更没有理由要求被列为若干个种。虽然如此，种这个名词既然如此难于论定，各人有各人的用法，而如果早期族类之间的差别，尽管极小，比起今天各种族之间的差别来，却更有其稳定性，并且也不那么逐渐地由此入彼而难于划清界线，有些博物学家也许就会把它们列为几个不同的种，正未可知。

但可能而很不会发生的一种情况是，人的早期祖先辈当初在形状上已经有了很多的分化，以致彼此之间不相像的程度比今天存在于任何两个种族之间的还要高些，但到了后来，像沃格特所提到的那样，[22]他们在性状上又重新由分而合了起来。我们知道，在育种工作里，如果人们为了同一个目的，而把两个不同种的子息挑选出来，单单就一般的外形而言，他们有时候可以诱导出分量不少的这种性状上的合聚或趋同来。像纳图休斯所指出的那样，[23]家猪的几个改良品种就是这样来的，而我们知道，家猪原是从两个不同的种传下来的；若干改良的牛的品种也有这种情况，但不如家猪品种那样显著。伟大的解剖学家格拉休雷持有这样一个说法，认为几种类人猿并不构成一个天然的亚类，而是各有来历；猩猩是一种高度发展了的长臂猿或细猴，黑猩猩是一种高度发展了的狝猴，而大猩猩是一种高度发展了的大狒狒，即山魈。如果这一个几乎完全以脑的性状为依据的结论可以被接受的话，我们在这里就可以有一个性状合聚趋同的例子，至少就外表性状而论是如此，因为在几种类人猿之间，彼此在许多点上，要比它们和其他猿猴之间更为近似。一切可以类比的相近之处，例如鲸鱼似鱼，其实也未尝不可以说成是性状的合聚趋同的例子，但我们从来不把这个词用在表面的和属于适应性的一些相似之点上。但如果我们把关系很远而很不相同的一些生物已经各自起了变化的子孙在结构上十分相似的许多性状也说成是合聚，是殊途同归的趋同，那也将是极为冒失的举动。一种结晶体的形态是完全由它内部的分子力决定的，因此，不相类似的物质有时候会产出形态相同的结晶体来是不足为奇的。但就生物有机体来说，我们应当记住，每一个生物之所以会有某种形态，所依凭的是无限复杂的种种关系，也就是，来源极其曲折而难以究诘的种种变异，也依凭那些长期保持了下来的变异的性质，而这又要看所处的物质环境中的种种条件如何，而尤其要看与这生物周旋竞争的其他有机体——而最后，还有无数的祖先所给它的遗传（这本身就是一个变动无常的因素），而这些祖先自己的形态的决定，也未尝不是通过了同样的种种复杂关系的。两个显然很不相同的有机体的子孙，由于经历了一番变化，后来竟然会越走越靠拢，至于在全部组织上变得十分相像，几乎接近于一模一样，乍然看来，是令人难于置信的。但实际上真有这事，即如上文所说的两类由分而合的家猪，它们从两个原始祖系传下来的证据，据纳图休斯说，依然在它们的颅骨的某几块骨片上保存着。如果人的几个种族真是从两个或两个以上的种传世而来的话，像有些博物学家所设想的那样，而这些祖种彼此之间相差的程度与猩猩同大猩猩之间相差的程度相等，或几乎相等，那么，应该几乎没有疑问的是，在今天的人的身上，在某些骨头或骨片的结构方面，一定可以看出一些显著的差别来。

今天存在着的人，各个种族之间尽管有着多方面的差别，比如肤色、毛发、颜形、身体各部分之间的比例，等等，如果我们对他们的结构通盘考虑一下，我们发现它们之间却有着大量的十分近似之点。在这些近似之点中间，好多在性质上极不重要，或极不普遍，不重要与不普遍到一个地步，使我们不可能设想它们当初是由不止一个原始的人种不谋而合地各自取得的。两个种族，即便外表上相差极大，心理上却总有许许多多相同之处；刚才所说的话对这一点是同等适用的，乃至尤其适用的。美洲的土著居民、黑人和欧洲人，在心理上可以说是再不同没有的了，任你举任何其他三个种族出来，我敢说，在这方面也不会赛过这三个。然而，当我在"贝格尔号"船上和几个火地人一起生活的时候，我曾经不断目击到他们性格上的种种细小的特征而衷心有所激动，因为这些特征说明，他们的心理是何等地和我们自己的如出一辙。我碰巧也一度和一个纯血统的黑人很相熟识，上面这话，对他来说，也一样适用。

　　凡是有机会读到泰勒先生和卢伯克爵士的富有趣味的著述[24]的人，对于一切族类的人在种种嗜好、性情趋向和生活习惯上所表现的近密的类似性，不可能不取得深刻的印象。他们都乐于从事舞蹈、粗糙的音乐、戏剧表演、绘画、文身绣面，以及其他方式的自我装饰或自我表现的活动。他们在同样的情绪的激发之下都可以通过姿态和手势之类的语言，通过同样的面部表情，和通过同样不连贯的叫声，而了解彼此的意思——这些全都能对类似性有所说明。如果把种别各不相同的猿猴的一些不同的表情和叫声取来和这些对比一下，则后者的，也就是人的种族与种族之间的这种类似性，或简直就是同一性，就更见得突出了。有良好的证据说明，用弓箭来射击的艺术并不是从人类的任何共同祖先那里一脉相传地嬗递下来的，然而，正像威斯特若普和尼尔逊所说的那样，[25]从世界各个地方收集来的石镞，无论两地相去多么远，也无论制作的年代相隔多么久，在形式上几乎是完全一致的。而这个事实只能有一个解释，就是，不同的种族有着相类似的发明能力或心理能力。就某些广泛流行的装饰图案，如工字形或锯齿形线条，等等来说，或就种种简单的信仰和习俗来说，如把死人埋葬在各式巨石结构下面，一些考古学家也曾作出同样的观察。[26]我记得在南美洲时观察到，[27]在那里，像在世界的许多其他地方一样，人们一般都爱选择在高高的小山顶上堆上一堆石头，或者作为纪念一件突出的大事之用，或用来标志死人的葬所。

如今当博物学家们看到，在两个或更多的家养动物的族系之间，或在不止一个关系有些相近的野生动物类型之间，在生活习性、嗜好和性情趋向等许多细节上有密切的相符之处，他们就利用这一点作为论据，说这些类型是从赋有同样一些特点的一个共同祖先传下来的；而因此，它们应该归列到同一个物种之内。对人的各个族类来说，这个论据可以同样地适用，并且适用得很中肯。

人的若干种族之间在身体结构上和心理品性上的不关重要的相似之点（我在这里不是说风俗习惯上的相似之点）既然不像是各自独立地取得的，那么，他们只能是从具有这些同样性状的一些祖先那里遗传而来的了。这样，我们也就对人的早期状态，早到他还没有一步步地遍布到地球上各处之前，窥测到了一些情况。人向远隔重洋的各个地域散布开来，在时间上，无疑地要在各个种族在特性上取得任何分量太大的分歧之前，因为，要不然，我们有时候就会在不同的大陆上碰到同一个种族的人，而这是从来没有的事。卢伯克爵士，在把世界各地的野蛮人种至今还习用的种种生活与生产艺术作了比较研究之后，特地把当人从他最早的原籍浪游而分散出来的时候还不可能懂得的那几种艺术具体地列举了出来；他可以这样做，因为我们知道，凡是被人学到了的艺术便再也不会被人忘掉。[28]这样，他指出，"所剩下的东西只有两件，一是矛，而那无非是刀尖的一个发展，二是棒槌，那也只是槌的一个延伸"罢了。但他也承认，生火的艺术也许是在分散以前早已发明了的，因为它是现今所存在的一切种族所共有的东西，而欧洲古代穴居的人也已经懂得。在未分散以前，制造粗糙的独木舟或筏的艺术或许也已经为人所掌握，但那时候的年代还很荒远，当时许多地方陆地出水的水平线（即海岸线）和现在很不一样，即便没有独木舟或桴的帮助，人也还能散布得很广。卢伯克爵士其次谈到数数，他说，"考虑到在今天存在的各个种族之中既然还有那么多的几个数不到四以上，要我们最早的祖先数到十"，看来该是何等不会有过的一件事了。尽管如此，在这样早的时期里，人的理智与社会品性，比起今天最野蛮的种族所具有的来，大概不会低得太多，否则原始人在生存竞争之中就不可能取得如此巨大的胜利，而此种胜利之所以称得上巨大，他的散布之早而且广就是一个证明。

根据存在于某几种语言之间的一些基本的差别，有些语言学家曾经作出推论，认为人在变得很广泛地分散在地面上之前，还不是一种能说话的动物。但我们也不妨加以猜测：认为当初也许已经有了语言，但这种语言远不如今天人们所说的任何种语言那样完善，而需要姿态和手势的很多协助，而这种原始的语言却没有能在后来更加高度发展的各种语言里留下什么痕迹来。任何不完善的语言总要比没有语言好，如果当初没有任何语言可供使用，人的理智是不是能发展提高到他在早期便已达成的优越地位所要求的那种水准，看来是成问题的。

原始人，当他还只具有很少几种生活与生产艺术、而这些又是十分粗糙的时候，当他的语言能力也极不完善的时候，是不是配称为人，那得看我们对"人"这名词所用的定义是什么了。在长长的一系列生物类型里，下自某种猿一般的动物起，上至现存的人，而在逐级上升之际，又没有太多的迹象可寻，要在这其间认定具体的一个点，而说从这一点而上我们应该用"人"这个名词来称呼，那将是不可能的。但这终究是一个很不重要的问题。再如，人的各个所谓种族（race），是不是就叫做"种族"，或列为几个"种"（species），或几个"亚种"（subspecies），也几乎是一个没有多大关系、不值得多所纠缠的问题，但若一定要用这些名词的话，最后一个，亚种，似乎比较恰当一些。最后，我们不妨作出结论说，当进化的原理得到一般地公认之后，而这种前途肯定是不远的，一元论与多元论的争议纷纭势将悄然而不受人理会地趋向于消亡。

此外，不应该略过而不予注意的一个问题是，有人假定，人的每一个亚种或"种族"是从一单对始祖传下来的：情况究竟是不是这样呢？就我们家养的动物说，通过对一单对配偶所产生的具有种种变异的子女仔细地配来配去，甚至仅仅通过具有某一个新发现的性状的一单只个体，人们可以很容易地培育出一个新的族系来；但就大多数家养动物品种来说，它们的形成，并不是有意识从选择一对配偶开始的，而是通过把许多具有一些哪怕是很微小而却有用或受人喜爱的变异的个体保存下来、而作为传种之用，而这个做法是不自觉的，即一些新品种实际上是于无意之中取得的。设以养马为例，两国对马的好尚不同，一国尚力强体重的马，而另一国则尚轻快的马，而习以为常，经久不变，我们可以肯定地认为，总有一天，就会产生两个马的亚品种，彼此截然分明。而无论在哪一国里，起初都用不着特地把一对肥壮的马或轻捷的马隔离开来，专供选种之用。许多家养的动物族类就是这样形成的，而其所由形成的方式实际上和物种在自然状态下所由形成的过程极为近似，可以比类而观。作为具体的例子，我们也知道，被运送到福克兰诸岛①的马匹，在若干世代之间，变得越来越弱小，而在潘帕斯平原②上放野了的那些却取得了更大与更粗壮的头，而这一类变化显然和任何一对特定的马匹无关，而是由于整个马群受到了同样的生活条件的支配，也许又加上了返祖遗传的一些辅助的影响。在这些场合中，新的亚种的祖先并不是任何一单对动物，而是许许多多正在变异之中的个体，其变异的程度虽各有不同，而变异的方式方向则大体一致：由此我们不妨作出结论，认为人的各个种族也就是这样产生出来的，他们各自的一些变化，即，有别于其他种族之处，有的是不同的环境条件所直接造成的结果，而有的是某种方式的选择所间接产生的影响。但关于选择这个题目，我们很快还要折回来加以讨论。

论人的一些种族的灭绝。——人的许多种族和亚族的部分或全部灭绝，是历史上一向有所闻见的事。洪堡在南美洲看到一只鹦鹉，它是当时能说某一种语言的个把字眼的唯一生物，因为说这种语言的那个部落已经

---

① Falkland Islands，在南大西洋。
② Pampa，南美洲中部。

消亡。世界各地所发现的种种古代的粗大建筑物、断碑残碣和其他供人凭吊的东西，以及种种石器，其来历虽已不为今天当地的居民所知，更说不上有什么保存下来的有关传说，都说明灭绝了的种族不在少数。某些弱小而零落的部落，亦即早先的一些种族的残余，今天还存活一般都是些山区的穷乡僻壤。在欧洲，据沙夫豪森的看法，[29] 所有的古代种族"在进化阶梯上都要比现今存活的一些野蛮人种族为低"，因此，在某种程度上，一定和今天所有的任何种族有着种种的差异。布罗卡教授所描述的从勒色齐①所掘出的穴居人的骨殖，尽管遗憾的是它们似乎是只属于一家人家，标志着把猿猴般的一些低级特点和一些高级特点结合在一起的一个十分独特的种族。②这个种族"是不同于我们以前所听说过的任何种族的，古代的也好，近代的也好。"[30]因此，它和在比利时的一些洞窟里所发现的属于第四纪的种族也不一样。

人能够长期抵抗看来是对他的生存极为不利的种种条件，[31]他在极北的一些地带已经住了很久，没有木材来制造独木舟或其他用具，只有鲸的脂肪当燃料，融化了的雪水当饮料。在美洲的极南端，火地人没有可资蔽体的衣服或任何一间够得上称为茅棚的小屋子，也存活了下来。在南非洲，土著居民在不毛的原野上流浪，到处可以碰上毒蛇猛兽。人也顶得住喜马拉雅山山脚的"泰拉依"③ 地带瘴疠之气的致命影响和赤道非洲沿海的瘟疫。

灭绝的主要原因是部落与部落，种族与种族之间的竞争。对于人口增加的种种制约也一直在起着作用，把每一个野蛮人部落的人数压住不让增长——例如周期性饥荒、流移转徙的习惯，和因此而招致的婴儿的大量死亡、哺乳期的延长、战争、造成伤亡的偶然事故、疾病、纵淫、窃掠女口、溺婴，而尤其是生育量的下降。只要这些制约之中的任何一个增加一

---

① Les Eyzies，法国西南部一个洞穴所在的地名。
② 按即克罗马农（Cromagnon）人，以这洞穴之名为名。
③ Terai，地区名，意为"潮湿之地"，跨印度与尼泊尔境。

些力量，哪怕是很小的一点点力量，受到影响的那个部落在数量上就会倾向于减少；而如果两个毗邻的部落之中有一个变得人数少些、力量差些，则其他的一个就通过战争、屠杀、啖食人肉、以俘虏为奴隶、兼并吸收等手段，而把两者之间长期以来的矛盾很快地给解决了。一个弱小的部落，即便不是这样突然地被人一扫而光，然一旦踏上人口减削的路途，一般就会一直减削下去，直到灭绝。[32]

一些文明的国族跟半开化的种族发生接触之后，所发生的斗争是不需要多少时日的，只是在当地那种性命交关的气候对土著种族有帮助的情况之下，斗争才会比较持久。文明的国族所以能取得胜利，原因不一而足，有的明显而简单，有的则复杂而弄不太清楚。我们可以看到，土地的垦殖对一些野蛮人的种族有着多方面的不利，甚至有致命的影响，因为他们对种种原有的习惯，不能改，或不想改。在有些例子里，经验证明，一些新的疾病和新的恶习有高度的破坏力。一种对他们来说是新的疾病看来往往会造成大量的死亡，一直要到对这种破坏的影响最有感受性的那些人逐渐被淘汰干净为止；[33]烈性酒类的恶劣影响似乎也会造成同样的情况，而糟糕的是，许多野蛮人对这些酒类又表示不可遏制的强烈爱好。还有看来是神秘莫测的一件事，就是，差别大而相隔远的两个种族的人初次相遇在一起，似乎容易产生疾病。[34]斯普若特先生，前在温哥华（Vancouver）岛①时，曾特别注意过种族灭绝的问题，他相信，欧洲人来到以后所引起的生活习惯上的种种改变，给土著居民的身心造成了很多不健康的状态。他又强调地说到在别人看来是微不足道的一个原因，就是，土著居民"看到了四周的新生活，莫名其妙，变得惘然，发了呆，他们把努力工作的一些旧有的动力全丢了，却又没有新的动力来接替它们。"[35]

各个国族进行竞争，所由取胜的因素不一，其中最主要的一个似乎就是文明所已达成的等级，越高就越有利。不多几个世纪以前，欧洲还深怕

---

① 按岛在加拿大西南境，土著居民是印第安人的两个族，一是努特卡人（Nootka），又一是夸丘特尔人（Kwakiutl）。

东方半开化人的入侵，如今如果还有人怕，那就成杞人忧天了。在以前，野蛮人的种族没有在古典的国族①面前衰亡下去，像他们今天在近代的文明国族面前那样。对于这一点，贝却特曾深以为怪。他认为，如果他们也不免于衰亡，古老的道德学家对这一类事件一定会有所思考、有所讨论。但在这时代的一些著作家的著述里，我们没有能看到对衰亡中的半开化人有任何痛哭流涕长加叹息的表示。[36]据我看来，就许多的例子来说，造成灭绝的一切原因之中，最有力的原因是生育力的下降和健康的减损，特别是由于生活条件的改变而引起的儿童的体弱多病，尽管这些改变了的条件本身并不坏，并不伤人，却依然会有这些情况。我在这里要向豪沃思先生深表谢意，因为他曾经关照我注意这个题目，并且为我提供了一些有关的资料。我前后收集到了如下的一些例子。

当塔斯马尼亚岛最初受到殖民影响的时候，有些人把岛上的土著居民粗略地估计为七千人，而另一些人则说约有二万人。无论如何，不久以后，他们的数目就有了很大的削减，主要是由于和英国人的战争与他们自己之间的相杀。在那次有名的由全体殖民者参加的围剿之后，而剩余的土著居民向政府投降的时候，他们一起只有一百二十个人，[37]到1832年，这些人又被转移到弗林德斯岛（Flinders I.），②这个岛介于塔斯马尼亚与澳大利亚之间，南北长四十英里，宽二十到十八英里，似乎是个适合于居住的地方，土著居民也得到政府的良好待遇。然而他们却健康恶化，死亡相继。到1834年，他们共有（见邦威克书，250页）成年男子四十七人，成年女子四十八人，儿童十六人，合一百一十一人。次年，1835年，剩一百人。政府看到他们减少得这么快，而他们自己也认为如果换个地方，情况会好一些，于是，到1847年，又把他们转移到塔斯马尼亚本岛南部的牡蛎湾。当时（1847年12月20日）他们一起是十四男，二十二女，和十个儿童。[38]但地点的迁移并不好。疾病和死亡依旧追逐他们不放，到1864年，

---

① 指古希腊及罗马之类。
② 在塔斯马尼亚岛东北隅。

只剩下一个男人（死于 1869 年）和三个上了年纪的妇人。① 疾病与死亡固然厉害，谁都容易病，而一病就要死，但妇女的艰于生育是尤其见得突出的一件事。当他们在牡蛎湾只剩下九个妇女的时候，她们对邦威克先生说（所著书，380 页），她们中间只有两个生过孩子，而这两个人一共也只生过三个孩子！

这一系列异乎寻常的事态，原因究竟何在？斯托瑞博士说，死亡之所以相继而发，是由于要把土著居民拉进文明的那一番试图。"如果不管他们，让他们按照他们的习惯东游西荡，不受干扰，他们就会多生些孩子，死亡率也会低些。"另一个仔细的观察者，戴维斯先生，也说，"他们生得少而死得多。这在很大分量上可能是由于生活和食物的改变，但更重要的是由于他们受到了放逐，被迫放弃了他们的故乡，即范迪门地②的本土，因而精神颓丧，生趣索然。"（邦威克书，388、390 页）

在澳大利亚境内两个相差很远的地区，有人观察到一些与此相同的事实。名气很大的探险家格里高利先生对邦威克先生说，在昆士兰，③ "即便在最近才有殖民者屯居的地方，当地黑人的艰于生育就已经可以觉察到，而衰落就从此开始。"在他所曾访问过的默奇森河（Murchison River）的鲨鱼湾，④ 十三个土著居民，在三个月之内，就有十二个死于肺病。[39]

芬顿先生曾仔细调查过新西兰毛利人（Maories）的人口减少，并已编写成一本值得赞赏的报告，我在下面所说种种，除了有一处外，全都采自这个报告。[40] 1830 年以来这些人在数量上的减削是谁都承认的，连土著居民自己也不否认，并且至今还在稳步地削减。尽管到当时为止，对土著居民还不可能进行真正的人口普查，许多地区的居民对他们在各地的人口数量也还有些正确的估计，总的结果似乎是可靠的，它说明在 1858 年以前的

---

① 最后一个老妇人死于 1876 年。

② Van Dieman's Land，即塔斯马尼亚岛，1642 年荷兰殖民主义者初发现此岛后所拟名，其后英殖民主义者又改今名。

③ Queensland，澳大利亚东北境地区名。

④ Shark's Bay，与默奇森河均在澳大利亚西境。

十四年之中，便已减少了 19.42％。一些经历过仔细查询的部落彼此相去很远，超过一百英里，有在海边的，也有在内地的，生活资料与生活习惯在某种程度上也有所不同（芬顿书，28 页）。在 1858 年，他们的总数被认为是五万三千七百人，而到了 1872 年，即过了又一个十四年之后，再一次普查的结果，发现而记录下来的总数只有三万六千三百五十九人，说明有了 32.29％的减缩![41]芬顿先生申说，通常用来解释这种惊人减缩的原因，比如新的疾病、妇女的淫滥、酗酒无度、战争等，实际上不足以充分解释；之后，又根据很有分量的理由，下结论说，主要的原因是：妇女的艰于生育和婴幼的死亡率非常之高（所著书，31、34 页）。为了证明这一点，他指出（33 页），在 1844 年，非成年人和成年人的比例是 1 对 2.57，而在 1858 年，这比例是 1 对 3.27，儿童死得太多了。而成年人的死亡率也是高的。此外他又提出一个人口所以减少的原因，就是性比例的不平衡，女的出生数量比男的少。关于这后面的一点，原因也许和这里所说的一些大有不同，我在下文的另一章里还须继续讨论，目前不谈。芬顿先生又把新西兰的这种人口减少和爱尔兰那里的人口增加作了对比，而不免引以为怪；因为这两地在气候上没有多大不同，而两地居民现在所有的生活习惯也几乎是一样。毛利人自己"把他们的衰落在一定程度上归咎于新的食物与衣着的传入，以及由此而引起的习惯的改变"（芬顿书，35 页）；当我们想起生活条件的变化足以影响生育力的时候，就会看到他们这话大概是对的。毛利人人口的减少开始于 1830 与 1840 年之间；而芬顿先生指出（40 页），大约在 1830 年左右，用水长期泡制玉蜀黍而使之变得腐臭的方法被发明而广泛通行起来；而这可以证明，即使在新西兰还只有很少的欧洲殖民定居下来的时候，土著居民的生活习惯已经开始受到影响而发生变化。我在 1835 年访问群岛湾①的时候，当地土著居民在衣食两方面已经有了很多变化，他们已种植马铃薯、玉蜀黍，和其他农作物，并且用它们来换取英国输入的工业品和烟草。

---

① Bay of Islands，在新西兰北岛北部的东海岸线上。

从帕特森主教传[42]中的许多话里，我们可以清楚地看到，为了培养当地的传教士，新赫布里底群岛（New Hebrides，在南太平洋，斐济岛群之西——译者）和邻近其他群岛的梅拉尼西亚人（Melanesians）被送到新西兰、诺福克岛①和其他适合于卫生的地方之后，健康却大大地恶化，一批批地死亡下去。

桑维奇诸岛土著人口的减少是和新西兰一样远近驰名的。一些最有能力作出判断的人曾经粗略地估计过，当库克在 1779 年发现这些岛屿的时候，岛民共有约三十万人。根据 1823 年的一次不细密的普查，总数是十四万三千零五十人。从 1832 年起，官方举办了几次不太定期的准确的普查，但我仅能查访到如下表所列的一些数字：

年度	土著居民人口总数（只 1832 与 1836 两年中有些例外情况，当时有少数外地人被包括在这里的总数之内）	每年人口减少的百分率（假定每两次的普查期间逐年的减少是一律的；这几次普查的举行并无一定的年期）
1832	130 313	4.46
1836	108 579	2.47
1853	71 019	0.81
1860	67 684	2.81
1866	58 765	2.17
1872	51 531	

我们在这里看到，前后四十年之内，1832 到 1872，人口总数减少了不下于百分之六十八。大多数著作家把这一情况归因于妇女的淫滥，于以前多次血腥的战争，于殖民者所强加于被镇压部落的严酷的劳役，于新传入的各种疾病，这后者确乎有好几次给了人口以毁灭性的打击。没有疑问，这些和其他类似的原因有高度破坏的效能，而可以用来说明 1832 至 1836 年间的那一段极不寻常的锐减，但一切原因之中最为有力的原因似乎还是

---

① New Hebrides 岛群，在南太平洋，斐济岛群之西。诺福克岛（Norfolk Island），在南太平洋，澳大利亚迤东。

生育力的下降。据 1835 至 1837 年间访问这个群岛的美国海军医官卢森堡博士说，在夏威夷主岛的某一个地区，在一千一百三十四个成年男子中，只二十五个各有一个三个孩子的家庭，而在另一地区里，六百三十七个之中，只十个有这样的家庭。八十个已婚妇女之中，只有三十九个生过孩子；而"官方报告所提供的是，全岛之上，每一对婚配的男女平均只有半个孩子。"这和牡蛎湾的塔斯马尼亚人所提供的平均子女数几乎恰恰一样。贾维斯于 1843 年发表他所写的夏威夷诸岛史，说，"凡有到三个孩子的家庭可以豁免一切赋税；而有到三个以上的可以得到土地和其他奖励品。"当地政府这样一个空前而独创的章程正好说明土著的民族在当时已经变得如何艰于生育了。在 1839 年，比肖普牧师在夏威夷的《旁观者》（丙 138）上发表文章说，夭殇在儿童总数中要占很大的比例，而斯泰雷主教告诉我，情况至今还是如此，像在新西兰一样。有人把这种情况归咎于妇女的不负责任，失于保育，但更大的原因大概是儿童内在的素质太差，而这是和父母生育力的下降有联系的。再者，夏威夷还有和新西兰相类似的一个情况，就是，出生的婴儿之中，男的要比女的多得多：1872 年的统计数字是，男 31 650 人，女 25 247 人，包括一切年龄在内，用比例数来说，就是每 100 个女子，便有 125.36 个男子，而同时在一切文明国家里，却都是女子多于男子。妇女的淫滥无疑对她们的低生育力提供了部分的解释；但土著人生活习惯的改变，怕是造成生育困难的更为重要的原因，而这原因同时也可以用来说明高死亡率，尤其是儿童死亡率。库克于 1779 年访问这个群岛，而温哥华（Vancouver）则于 1794 年，从此以后，时常有捕鲸船来此停泊。1819 年，首批传教士到达的时候，发现国王已把原有的偶像崇拜废除，并已完成其他一些改革。在这个时期以后，土著居民在几乎一切生活习惯上，都起了很迅速的变化，而他们很快地变为"太平洋上一切岛民中最为文明的人"。向我提供资料的人中有一位寇恩先生，是在这些岛上出生的人，说，土著居民在五十年之内所经历的生活习惯上的变化，比英国人在一千年之内所经历的还要大。根据从斯泰雷主教那里收到的资料来看，一些穷苦的阶层在饮食方面的改变似乎一直不太大，尽管好几种新的水果早经传入，而蔗糖已经普遍地成为日用品，他们的变化还是不多。但由于他们渴爱模仿欧洲人，他们很早就改变了衣着的方式，而酒精饮料的饮用也早就很普遍。尽管这些变化像是无关紧要，根据我所知道的关于一些动物的情况，我有理由相信，它们对土著居民的生育力，已经足够产生一些下降的影响。[43]

最后，麦克纳马拉先生说，[44] 孟加拉湾东部安达曼诸岛（Andaman Islands）上的低贱而堕落的居民"特别容易感受气候转变的影响。说实在话，只要一离开岛上的家，他们就几乎肯定要死亡，而这种死亡和饮食习惯或其他外来的物质影响全不相干。"他又说，夏季酷热的尼泊尔河谷里的居民，以及印度的山区各部落，一到平原上来，就容易闹痢疾和热病；而如果他们试图在平原地区住上一年，就要死在那里。

由此可见，人的粗野一些的种族，在生活条件或生活习惯改变时，就很容易受到疾病的侵扰，而并不只限于被转移到新地方，接触到了新的水土与气候，才会如此。只要习惯有所改变，尽管这些习惯本身看不出来有什么害处，似乎也可以产生这种不良的后果；而在有些例子里，儿童们特别容易受到侵害。正如麦克纳马拉先生说的那样，人们常说，人能够抵抗千变万化的气候以及其他各式各样的改变，而不虞什么后患，但这只是对文明的种族而言，才是正确的，一概而论就不对了。在野蛮状态下的人，在这方面似乎是和他的最近的近亲，即各种类人猿，几乎同样地敏于感受或感染，各种类人猿被转送而离开它们的乡土之后，是从来没有存活得太久的。

由于生活条件改变而产生的生育力下降，比如见于塔斯马尼亚人、毛利人，桑维奇岛民，以及，至少从表面看去，也见于澳大利亚土著居民中间的种种例子，比起他们之容易感受疾病和容易死亡来，似乎意义更为严重。因为，即便程度很轻微的难于生育，加之其他那些倾向于限制人口增殖的一般性制约力量，迟早总不免会导致有关人群的灭绝。至于生育力之所以下降或缩减，在有些例子里，也许可以用妇女性生活的淫乱来解释（不久以前的塔希提人就有过这种情况），但芬顿先生曾经指出，就新西兰的毛利人说，这解释是很不够的，而就塔斯马尼亚人说，也解释不了。

在上文已经征引过的一篇文章里，麦克纳马拉先生提出了一些理由来支持他的一个看法，就是，凡是受疟疾之害的一些地带，其居民倾向于不育；但就上面所举的例子来说，对其中的若干个，这个看法是不适用的。①有些著作家又提出过这样一个意见，认为岛居种族的所以艰于生育与体弱多病，是由于长期持续的近亲婚配；但再就上面的例子而论，他们之艰于生育的开始，不先不后，几乎恰恰和欧洲人的来临同时发生，这就使我们难于接受这个解释了。何况，目前我们也没有任何理由认为人对于近亲婚配的不良影响有什么了不起的敏感，而尤其值得注意的是，以地面之大如新西兰，以社会地位的形形色色、高下不齐如桑维奇群岛的居民，其间究竟发生过多大程度的近亲婚配，也还是个问题。而反过来，我们却知道，今天诺福克岛的岛民几乎全部是不同程度的表亲关系或其他近亲关系，印度的托达人（Todas）和苏格兰以西的西部群岛中若干岛屿上的居民，也是这样；然而他们在生育力上并没有受到什么损害。[45]

和低于人的动物的情况类比一下之后，倒可以提出一个大大接近于实际的看法。我们有法子指出，生殖系统对生活条件改变的感受力是非常强烈的，或者说，它的易感性是极大的（至于何以如此，我们不知道），而这种易感性所导致的结果有好的，也有不好的。在这题目上我在《家养动植物的变异》，第二卷，第十八章里提供了大量事实，在此我只能极为概括的作一介绍；任何读者如果对此有更多的兴趣，不妨参考上述的著作。有些很微小的生活条件的改变，就绝大多数、乃至一切的有机体说，都有增进健康、提高精力，和加强生育力的效用，而另一些改变，据有人知

---

① 疟疾对新移入一个疟疾地区的人群有增加死亡率的影响，而无减少生育力的影响，其对于当地居住已久的人群或种族，则在死亡率方面亦无大影响，因此，就当地人而言，疟疾就成为一种所谓地方病（endemic disease）。我国南方各兄弟民族的发展以及汉族向长江以南移徙的历史经验都说明了这一层。长江下游的皖南、苏南，历史上亦曾是瘴乡，当地人一生之中难免不患一次间歇热性的疟疾，俗谓之"胎疟"，意在形容它的不可避免性，仿佛是从胎中带出来的那样；然而一般不导致死亡。至于对生育力的影响，则未有所闻。至少长期的历史经验是反证了这一点的。达尔文对此有异词，是对的。

道，则可以使很多动物变得不能生育。大家最熟悉的例子之一是驯象的例子，在印度，驯象都不能生育，而在阿瓦①它们却往往能生育，在那里，母的驯象被容许在森林里在一定范围以内漫步往来，因而所处的环境与生活状态比较自然。各种美洲猴子的情况是比此更为恰当的例子，这些猴子都是雌雄并畜多年，而且并不离开它们的乡土，然而一般都极难得生育，有的根本不生育。我说这是一个更为恰当而可资比较的例子，因为它们和人在亲族关系上比大象更为密切。在被人捉住的野生动物中间，只要在生活条件上小小地有所改变，便往往足以引起不育，这不能不说是一件有些奇怪的事，而在我们联想到家养动物的情况之后，就不免觉得更奇怪了，因为一切家养动物，在家养的条件之下，比起在自然状态里，反而变得更能生育，而有些竟能在极不合乎自然的条件之下始终维持其生育能力。[46]禁闭生活所引起的这方面的影响也因物群而有所不同，有的所受的影响大些，有的小些；而一般说来，同一物群里的一切物种所受的影响大小却是一致的。但也有另一种情况，就是，一个物群之中只有一单个种变得不生育，而其余则否；而反之，也有只有一单个种能维持生育，而其余绝大多数则不复生育。有些物种的雌雄两性，在禁闭的情况下，或不甚禁闭而被容许在自己的乡土之上多少可以自由活动而不完全自由的情况下，就从此不再交配；有的在同样的情况之下，时常进行交配，而却不生子息；有的也生，但生得比在自然状态里少，而因其和上面所举的一些人的例子有些相似、有必要加以指出的一点是，这些子息往往是软弱多病，或有些畸形异态，而趋向于夭折。

既然看到生殖系统对生活条件的改变有其特殊的易感性这一条法则，又看到它也适用到我们最近的近亲，四手类动物，我也就很难怀疑，它也未尝不能适用到原始状态中的人了。因此，如果任何族类的野蛮人受到突然的引诱或胁迫，来改变他们的生活习惯，他们就会或多或少地变得不能生育，或所生的子女也是虚弱多病，而其所表现的方式，和所由造成的原

---

① Ava，用这个名称的地方不一而足，此当是缅甸古都阿瓦城。

因，是和上面所说的印度的大象和猎豹（hunting-leopard）、许多种美洲猴子，以及各种各样的动物在违离它们的自然条件之后的情况一般无二的。

我们可以看到，为什么长期居住在远洋岛屿之上而不得不一直和几乎千百年如一日的生活条件打交道的土著居民，一旦碰上任何习惯的改变，会特别地受到影响；事理上应该如此，而实际的情况也似乎确是如此。各个文明的种族肯定地能够抵抗各式各样的条件变化，不能与野蛮人同日而语。在这一方面他们和家养动物相像，因为，尽管后者，即家养动物，有时候在健康上也受些影响（例如，欧洲的狗到了印度），却难得变得不能生育，不生育的例子是有些的，也见于记载，[47]但只是个别的。文明种族和家养动物对许多外界条件的变化之所以能有抵抗力，大概是由于他们对各式各样而变化多端的环境条件，比起大多数野生动物来，要接触得多，因而也就变得习惯得多；也由于他们以前有过从外地转移而来或从这一地区被输送到那一地区的经验；也由于不同的家族之间，或更大一些、亚族之间曾经有过杂交繁殖。看来只要一度和文明种族进行交配与生殖，一个原始而土著的种族便立刻可以取得一些抵抗力，来应付条件改变的不良后果。例如塔希提人和英国人所生的混血子女，在移殖到皮特开恩岛①之后，增加得非常之快，以致不久以后岛上就有人满之患，而于 1856 年 6 月，不得不再转移到诺福克岛。当时这一批人包括六十个已婚的男女和一百三十四个孩子，共一百九十四口。在诺福克岛上，他们增加得也快，尽管其中有十六个人于 1859 年又返回皮特开恩岛，其余的，到 1868 年 1 月，增加到了三百人；男女恰好各占一半。试想，这和塔斯马尼亚人的例子相形之下，是何等的一个对照呀：诺福克岛上由杂合而来的岛民，在短短的十二年半之中，从一百九十四人增加到了三百人；而塔斯马尼亚人，在十五年之间，从一百二十人减少到了四十六人，而四十六人之中，只有十个是儿童。[48]

再如在 1866 年和 1872 年的两次普查之间，桑维奇诸岛上的纯血统土著居民减少了八千零八十一人，而在同一期限之内，被认为是比较健康的

---

① Pitcairn Island，在南太平洋。

混血人口却增加了八百四十七人。但我不知道所谓混血人口包括不包括第一代混血人口的子女，或仅仅指第一代而言。

我在这里所列举的例子所牵涉到的，全都是由于文明人移居其地、生活条件有所改变、而受到了新条件影响的土著居民。但野蛮人艰于生育与健康恶化的原因大概还不限于此。任何原因，例如旁近强大部落的入侵，只要在力量上足以使他们放弃原有的乡土、改变原有的习惯，就可以造成这些结果。在把捕获的野生动物驯化而成家养的工作中，人们所怕的是发生某些消极的制约的影响，而最主要的制约就包含对生育力的限制，使这种动物从此不能像在自然状态中那样繁殖。就野蛮人来说，一旦和文明接触之后，也会发生一些制约的影响，使其不能存活下来而自己形成一个文明的种族，而主要的制约之一也正好是一样，就是，由于生活条件的改变而不生育或艰于生育：野生动物与野蛮人在这方面大有相同之处，是值得引起兴趣的一个情况。

最后，尽管人的一些种族的日趋削减而终于灭绝是一个高度复杂的问题，而其所以复杂，正是因为造成这种结果的原因很多，而这些原因又因时因地而有不同；但问题的性质跟一些高等动物——例如化石马——之所以灭绝是一样的。这种马原产于南美洲，但终于灭亡了，而不久以后，在同一些地区之内，被无数的西班牙马的马群所接替了。新西兰的毛利人似乎自己觉察到人兽之间这样一个并行而可以类比的现象，因为他把自己未来的命运和当地一种老鼠的未来命运相提并论，这种老鼠，在移入的欧洲鼠的竞争之下，今天正接近于灭绝。要想肯定导致灭绝的确凿原因究竟是什么，而它们又是怎样起作用的，对我们的想象来说，是大有困难的，但对我们的理智来说，只要我们牢牢记住，每一个种与每一个种族的增长是经常地多方面地受到制约的；因此，只要在已有的一些制约之上，再添上任何新的制约，哪怕是很微小的一个，这有关种族就肯定会在数量上日益减少，而数量的不断减少迟早会导致灭绝；而在大多数例子里，最后的结局是归一些能征惯战的部落用入侵与吞并的方式摧枯拉朽似地加以决定的。

　　论人的各个种族的形成。——在有些情况下，不同种族的杂交曾导致一个新种族的形成。欧洲人和印度人属于同一个祖系，亚利安（Aryan）祖系，所说的也基本上是同一种语言，① 而在形貌上却很不相同；反之，欧洲人和犹太人在形貌上相差很少，而犹太人所属的却是另一个祖系，闪米特（Semitic）祖系，所说的语言也属于很不相同的一个系统——对这一类独特的事实，布罗卡的解释是，当初在属于亚利安祖系的人向四面八方大事散布的时期里，某些支派和所到之地的土著部落发生了大规模的交混。[49]当两个有着近密接触的种族进行杂交之初，初步的结果是一种杂七夹八的拌合物；例如，亨特先生，在描写桑塔尔人（Santalis，印度某地一山区部落）的时候，说，"从黧黑而矮胖的山居部落中人，到身材高大、皮肤作橄榄色、额高颡阔得像富有理智气息、双目肃静、而头颅则高而前后突出的婆罗门僧"，人们可以看到数以百计的难以明辨的层次。因此，在法庭上，法官有必要向证人先问一下，究竟他们是桑塔尔人，还是印度人。[50]一个杂拌性的人群，比如波利尼西亚诸岛中某些岛屿上的居民那样，大都由两个不同的种族杂交而成，所剩下的纯血统成员已经寥寥无几，或已经根本没有，他们究竟会不会融合而成为一色，直接的例证还没有看到过。但就我们的家畜来说，通过仔细的选择，[51]一个杂交而来的品种，在不多几个世代之后，可以固定下来，由夹杂而变为一致，成为一个真正的品种。既然如此，我们可以推断，一批杂拌性人口彼此之间的自由交配，经过了漫长的一大串世代之后，会提供一个选择的场合，而同时也会制止任何返祖遗传的倾向；而这样，这批杂交而来的人口会终于变得融通一色，只是在此一色之中，原先参与杂交的两个种族的种种性状未必恰好各居一半而已。

　　人的种族与种族之间的一切差别之中，最称鲜明的差别而也是标志性最强的差别之一，是皮肤的颜色。以前人们以为这一类差别可以用不同气候的长期而直接的影响来解释；但帕拉斯首先指出这解释是站不住的，而

---

　　① 　指同属印欧语系。

后来几乎所有的人类学家都同意他的意见。[52]这一个解释之所以被摈弃，原因在于不同颜色的种族的分布，并不和不同气候的分布一一相符，而绝大多数的种族在他们目前的乡土之内、也就是习惯了的气候区域之内，都一定是住过很久很久的。我们从杰出的权威那里听到，[53]一些荷兰家族，在南非洲已经住了上三个世纪，皮肤的颜色却丝毫没有改变：这一类例子是多少有些分量，可以相信的。吉普赛人（Gipsies）和犹太人，在世界上散布的地区虽各不相同，形貌颜色却到处一律，也同样地可以引来作为这方面的论据。犹太人的一律性有时候是被人夸大了的，[54]但也还可用。有人认为，一地的空气过于潮湿或过于干燥，而不仅仅是气温的冷热，对皮肤颜色的改变更有影响；但道尔比尼根据南美洲的材料、利文斯通根据非洲的材料，所达成的结论既然完全相反，任何有关空气干湿的结论不能不被认为是十分可疑的了。[55]

我在别处曾经列举种种不同的事实，证明皮肤和毛发的颜色有时候是彼此相关得出人意料之外的，而此种相关又包括一种完善无缺的抵抗力在内，足以应付某几种植物毒素的作用和某些种类寄生虫的侵扰。因此我想到过，黑人和其他肤色比较深暗的种族之所以晦暗可能是由于，相继多少世代以来一些灰黑程度比较深的个体，得力于肤发颜色之深，顶住了自己乡土上的瘴疠之气的致命毒害，而存活了下来。

后来我发现，韦尔斯博士很久以前就有过同样的想法。[56]很久以来，人们知道黑人，和甚至黑白混血的"缪拉托"，几乎完全可以免于黄热病（yellow-fever）的袭击，而这种病，在美洲热带地区，对其他种族的人，是有极其巨大的毁灭性的。[57]他们在很大程度上也能避免流行于非洲沿海至少有二千六百英里长的地带上的几种可以致命的间歇热，而在这一带殖民的白人，在它们的侵袭下，每年要有五分之一丧命，五分之一被迫回到欧洲的老家，终身病废。[58]黑人在这方面的免疫性似乎部分是先天的，即建立于身体素质上的某种我们还不了解的特点的，而部分是对当地水土取得了适应的结果。据布谢说，[59]从苏丹地区附近征募而从埃及总督那里借来参加墨西哥战争的黑人部队，在顶住黄热病方面，几乎与西印度群岛的黑人同等地有能耐，而西印度的黑人原是早年从非洲各地移来而久已服习了这一地区的水土的。对水土气候的服习或适应是有作用的，我们也从许多黑人的例子里看到了这一点，这些原在热带地方的黑人，后来在比较寒冷的地方住了一些时候回来，就似乎比以前更容易害热带的各种热病。[60]白人的各个种族长期以来所服习的气候的性质对他们也有某些影响，因为，当1857年黄热病以瘟疫的方式在德梅拉拉（Demerara，地区名，在南美洲英属圭亚那）猖獗之际，布莱尔医师发现，白人殖民者的死亡率是和他们所从来的地区所在的纬度成正比例的。就黑人来说，这种对黄热病的免疫性，单单作为服习水土的结果而言，暗示他们已经和这一类水土与气候打了不知多少岁月的交道，才能如此；因为美洲热带的土著居民，尽管在当地居住的岁月也已经长久得荒远难稽，① 对黄热病却并没有免疫性；而据特里斯特拉姆牧师说，在非洲北部也有类似的情况，在那里，在有些地段，土著居民②每年要被迫离开一段时间，而当地的黑人则可以平安地一直留在那里。

黑人的免疫力和皮肤的颜色有任何程度的相关这一说法，实际上只是一个猜测；和它发生相关关系的或许是另外一些差别，这差别可能在血液里，在神经系统里，也可能在其他的细胞组织里。尽管如此，根据上面所列的种种事实，又根据肤色与肺病的倾向之间似乎存在着某种联系，我认为这个猜测也未必全无着落。正因为这样，我才在上文费上这么多的功夫，试图确定它究竟有着落到何等地步，成功虽不大，[61]我希望这功夫还不是白费的。不久以前去世的丹尼尔医师在非洲西海岸耽过很久，对我说，他不相信这其间有任何关系。他自己是个肤发颜色极浅、见得特别白皙的人，他顶住了当地的气候，健康出乎意料的好。当他童年初到这海岸

---

① 按印第安人，作为蒙古利亚族的一支，从亚洲东北经白令海峡进入美洲的年代，近年来的估计是在一万五千年至两万年之间，据此，则黑人的服习于热带水土，其年代的悠远，更应在此之上。

② 应是指阿拉伯人，虽系土著，却于公元第七世纪起始从东方移来，言其"土著"，盖所以别于近百余年来移入的欧洲人。

来的时候，一个年老而有阅历的黑人酋长，根据他的形貌，预言他可以顶得住，后来果然如此。在安提瓜①行医的尼科尔森医师，在留心到这个题目之后，写信给我说，颜色深些的欧洲人比浅些的更能逃免黄热病的袭击。J. M. 哈里斯先生根本否认，发色深的欧洲人，比起其他的人来，能更好地顶住炙热的气候；反之，经验教育了他，在向非洲海岸选派士兵服役的时候，最好选头发发红的人。[62] 因此，单单根据这些分量都很不大的迹象来看，我们的假设，认为某些种族的肤发之所以黑，是由于越来越黑的一些个体，长期以来，在容易发生各种热病的瘴疬之乡存活得较好的缘故，似乎是没有根据的了。

夏普医师说，[63] 热带的太阳对白皮肤起烧灼的作用而使之起泡，而对黑皮肤则完全无害；而他又说，这是和个人的习惯并无关系的，因为六个到八个月的婴儿往往一丝不挂地在烈日之下被大人带来带去，而一样地不受影响。有一位医学界人士肯定地告诉我，几年之内，在热带地方，每到夏季，而冬季并不这样，他的双手上会长出一块块浅棕色的皮肤来，似雀斑而大，同时，皮肤上保持白色的那些部分有好几次还相当厉害地发了炎，起了泡；在低于人的各种动物里，白色毛羽所掩盖的皮肤，和皮肤的其他部分之间，对太阳作用的感受性，也存在着体质上的差异。[64] 皮肤免于太阳烧灼这一点的重要性究有多大，是不是足以说明黑人种族的黑色的由来，也就是说，自然选择把皮肤越黑而越不怕太阳烧灼的个体保存了下来，否则就受到了淘汰，那我就判断不来了。② 如果真是这样，那我们便

---

① Antigua，小岛名，在加勒比海内。

② 达尔文所"判断不来"的这一点，百年以来，似乎已经得到较好的判断。太阳所发出的光线中有一部分对动物身体有害；动物皮肤细胞中的色素细胞（pigment cells），可以吸收这种有害的光线，使不能射进身体内部；色素细胞越发达，这种保护能力就越强。除了少数"天老"之外，人的皮肤里都有这种细胞，但多少不等，一般说黑人各族最多，蒙古利亚各族的人次之，高加索各族的人最少；然无论哪一个种族，个体的变异性都相当大，和强烈的阳光打交道，日子一久，有的人会通身变得黑些（当然指暴露在外的部分而言），说明他们在这方面有发展的潜力；有的只会产生片片块块的棕色皮肤，如达尔文在文中所举某医师的例子，有人只会生些雀斑；如果连雀斑都生不出，那就得起泡，用体内的水分勉强招架一下，否则就简直可以晒死，英语说是死于"日射病"（sunstroke）。

得假定，热带美洲的土著居民在那里定居下来的年代，要比黑人在非洲的短得多，比起马来群岛南部的巴布亚人来，也是如此；正好比肤色较浅的天竺人在印度所耽的时间要比半岛中部与南部肤色黝黑的原始土著居民①的时间为短暂一样。

在目前的知识状况之下，我们对人的各个种族之所以有肤发颜色的差别，虽还不能作出解释，说那是深或浅的颜色有什么好处，或者说气候有若何直接的作用，然而我们也不该太忽视气候这一方面的力量，因为我们有良好的理由相信，这种力量也产生一定分量的遗传影响。[65]

我们在上文第二章里看到，种种生活条件可以直接影响身体机架的发育，而这种影响是可以遗传的。例如，而这也是一般人都承认的一件事，移居到美国的欧洲人，在形貌上，会经历一些程度很小而速度极快的改变。他们的躯干和四肢都会变得拉长一些；而我从伯尼斯上校那里听说，在美国的最近一次战争里，② 有一件事对此提供了一个良好的证据，就是，当一些德国队伍穿上了美国为美国士兵所制的现成军服的时候，发现全不配身，一切尺寸都长得太多，弄得十分可笑。在美国，也有相当多的证据，说明在南方诸州，在家庭里供役的第三代黑奴同田间劳动的黑奴在形貌上也呈现显著的差别。[66]

但若我们就分散在全世界的人种作一通盘的观察，我们还是不得不作出推论，认为他们的种种特性差异（characteristic differences）很难用生活条件的直接作用来解释，即便他们对各自的这些条件已经服习了不知多么漫长的年代。爱斯基摩人完全恃肉食为生，穿着很厚的带毛的兽皮取暖，终岁苦寒，半年摸黑，然而他们和中国南方的人并没有什么了不起的差别，而中国南方人却完全素食（完全二字不实——译者），经年几乎不穿衣服地跟酷热的气候与刺眼的阳光打交道。一丝不挂的火地人住在荒凉寒苦的海边，靠海产的食物糊口；巴西的布托库多人（Botocudos）住在比

---

① 主要指达罗毗荼人（Dravidians）。
② 指南北战争。

较内陆的炎热的深林里，主要靠采集到的蔬果维持生活；而这些部落彼此却如此地相像，以致在"贝格尔号"船上的几个火地人被某些巴西人错认为布托库多人。再者，布托库多人，以及热带美洲的其他土著居民是完全和黑人不相同的，两者之间虽隔着一片大西洋，一在东岸，一在西岸，然所服习的气候则大致相同，而所进行的日常生活也几乎一样。

除了在很微不足道的程度上有些关系而外，我们也不能用身体各部门用进废退的效果遗传来解释人的各个种族之间的种种差别。习惯于独木舟里过日子的人们，腿也许发展得短一些，住在高原或高山地区的人们，胸膛也许要扩大一些，而在那些经常使用某一种感官的人，容受这一感官的腔窍似乎要发展得宽大一些，从而使整个的容貌也发生少量的变化。就文明国族的人说，由于使用少而缩小了的下上颚——所说使用，指这一带的若干不同的肌肉，为了表达各种情绪，所惯于进行的一些活动——和由于理智活动的增加而扩大了的脑神经，联合起来，便在他们的一般容貌上产生了相当大的影响，而和野蛮人相形之下，显然地有所不同。[67]身材有了增高，而脑神经没有任何相应的加大（根据上文提到过的家兔的例子而加以推断），也许是人的某些种族所以取得了较长的颅骨，即长颅型的一个原因。

最后，我们还了解得很少的那条相关发展的原理有时候也起些作用。肌肉的特殊发达和眶上脊的强大突出，有其一必有其二，即其一例；肤色和发色是一清二楚地相关的，而在北美洲的曼丹人中间，发的结构和发的颜色也是有一定的相关的。[68]皮肤的颜色，和它所挥发出来的气味，也有某种联系。就绵羊的若干品种来说，皮肤上每单位面积毛的数量和分泌孔的数量也有关系。[69]如果我们可以根据家畜中的一些可供类比的情况而加以推断，我们就敢说，人在结构上的许多变化，大概是属于相关发展这一原理的范畴的。

到此我们已经看到，人的各个种族的一些外表的、有标志性的差别，用生活条件的直接作用来解释是不能令人满意的，也不能用身体各部分的用进废退的影响来加以说明，而通过相关发展原理来解释也没有多大用处。这些路子既不通，我们就得另作试探，就是，人所特别容易产生的种种细小的个别差异，就是每个人身上的一些变异，会不会在一长串的世代之内，通过自然选择的作用，得到了保存、积累、加大，而终于成为区分种族的特征。但在这条路上我们一开始就遇上困难，就是，只是对有机体有利的一些变异才受到保存与发展；而尽我们的力量所能作出的判断是（尽管在这方面的判断一直容易发生错误），人的各种族之间的差别虽多，却没有一个是对人有任何直接或特殊用处的。这句话当然不可能包括种种理智的、道德的，或社会的才能。人的种族与种族之间一切外表差别的巨大变异性，本身也就表示它们不可能有太大的重要性；因为，如果够重要的话，它们就不会多所变异，而是，要么早就被固定而保存下来，要么早已被淘汰掉。在这一方面，人和博物学家们所称"善变"（protean）或"多形"（polymorphic）的一些生物形态相像，这些形态身上的那些变异在性质上都是无关痛痒的一些，因而躲开了自然选择，没有成为它的作用对象，看来正是由于这些原因，它们才一直维持着一种高度变异不定的状态。

截至目前为止，我们对人何以有种族之别的解释的一切尝试都受到了挫折，没有能顺利地取得结果；但未经涉足的还有一条路，一股力量，那就是性选择了。看来性选择也曾在人身上起过强大有力的作用，一如在许多动物身上起过的那样。我这样说，却并不认为性选择足以解释种族之间的一切差别。总还会有无从解释的一个剩余部分，而对这一部分，在我们无知的情况下，我们只能说，有所不同的一些个人总是不断地在世间冒出来，例如，有的头圆些，有的头窄些，也就是前后长些，而就鼻子说，有的上下长些，有的短些，如果，所由把它们诱导而出，而我们还不知道的那些力量维持不变、甚或连续不断地发挥作用，加上长期持续交婚的影响，头型也罢，鼻形也罢，都有可能固定下来而趋于一律。这一类变异属于我们在上文第二章所一度提到的一个暂定的类别，由于没有更好的名称，我们往往把它们叫做自发的变异。我也不敢说，性选择的影响可以精确地指出来而完全合乎科学的要求；但我们能指出，如果有一股力量，通过这一股力量，像千千万万动物所曾通过，并且显得如此其无可抗拒而必须通过的那样，众生都要起些变化，那我们要问，人怎么会成为一个唯一的例外呢？这种例外的地位反而成为一个无法解释的问题；还可以进一步指出，人的种族与种族之间的一些比如在肤发颜色、毛发多寡、面貌形态，等等方面的差别，是可以被指望纳入性选择活动范围以内的那一类差别。但为了把这问题处理得恰当，我感觉到有必要把整个动物界检阅一周。我为此把本书的第二篇完全交给了它。到末了我还是要回到人，而在尝试说明人通过性选择的途径究竟在多大程度上经历过一些变化之后，还将就这第一篇里各章的内容作出一个简短的总说。

附录：皇家学会会员赫胥黎教授著：
论人与猿猴的脑在结构与发育上的异同

关于人与猿猴的脑的差别，性质如何，程度多大，论战开始于十五年以前，至今还没有结束，但到了现在，争议的主题已经和从前的完全不同了。原先有人说了又说，并且以少见的纠缠不清的执拗态度说个不停：所有的猿猴的脑，即便是最高级的，都和人的不一样：人脑的两个半球各有一个后叶（posterior lobe），而猿猴连这样显著的一些结构都有不起，同时猿猴也没有后叶所包容的侧脑室（lateral ventricle）的后角（posterior cornu）和小海马体（hippocampus minor），而这两个结构，在人脑里也是再清楚没有的。但事实并不是这样，在猿猴的脑里，刚才说的三个结构和人脑的一样发达，甚至更为发达；而实际上它们是一切灵长类（如果我们把各种狐猴除外的话）所共有的特征，而这些特征的富有标志性在现在已经是十分肯定的一点，其基础的稳固和比较解剖学里所提出并得到肯定的任何论点不相上下。再者，近年以来，长长的一大串解剖学家都对人和猿猴的大脑半球上面一些复杂的脑回（gyrus）和脑沟（sulcus）的安排部署下过一些特别的功夫，而每一个人都承认，在人也罢，在猿猴也罢，它们所遵循的格局只有一个，更没有第二个。黑猩猩大脑上的每一个脑回，每一个脑沟，都可以在人的大脑上看到，因此，一整套的名词，两者之间，全可以通用，可以呼应。在这一点上，谁也没有不同的意见。不多几年以前，比肖夫教授发表了一个报告，专论人和猿猴的大脑上的脑回（convolution，即上所云 gyrus）。[70] 我这位饱学的同行的目的既然肯定不在于低估人与猿猴之间在这方面的差别的意义，我引以为快地在这里转述他如下的一段话：

> "很多人所熟知而谁也没有异议的一件事是，多种猿猴，尤其是猩猩、黑猩猩和大猩猩，在它们的身体组织上和人很相接近，比任何

其他动物都接近得多。单单从组织的观点来看这个问题，大概谁也不会不同意林奈的见解，认为人，尽管有些奇特，只能被看成是一个种，而理所当然地放在哺乳类动物，包括这些猿猴在内的首席地位。人与猿猴，在一切器官方面所表现的近似程度是如此地高，只有极度精密的解剖学的调查研究才能把那些真正存在的差别指证出来，而这种精密的研究还有待于有人提供。彼此的脑也是这样。人、猩猩、黑猩猩和大猩猩的脑，无论有多少重要的差异，也是彼此很相接近的。"
（注 70 所引书，101 页。）

如此说来，对一般猿猴和人的脑，在种种基本性状的相似这一层上，不存在什么争论了；而在黑猩猩、猩猩和人之间的尤为近密得出人意料的相似，甚至包括大脑半球上许多脑回和脑沟的部署的细节，更不存在任何异议了。再转到几种最高级的猿类和人的脑之间的某些差别，究竟这些差别的性质如何，分量如何，这其间也不存在什么严重的问题。大家都承认，人脑的两个半球比猩猩与黑猩猩的为大，绝对的大，相对的也大；而由于眼眶的骨顶向上突出而造成的额叶（frontal lobe）的下陷，在人的脑半球上也不那么显著；人脑的许多脑回和脑沟，一般地说，在安排上也不那么两边对称，同时枝分出来的较小的一些皱纹却要多些。大家也承认，一般地说，那条介于颞叶（temporal lobe）与枕叶之间的称为"外纵裂"的脑裂（temporo-occipital fissure，或"external longitudinal" fissure），在各种猿猴的大脑上，通常总是一个十分显著之点，而在人则只是隐约可见而已。但大家也都清楚，人脑与猿猴脑之间，虽有到这些差别，却没有任何一个足以在彼此之间构成一条斩截的界线。外纵裂的名称原是格拉休雷教授叫出来的，关于它在人脑上的情况，特纳教授说过如下的话：[71]

"在有些人脑上面，它只简单地表现为半球边缘上的一条略微凹进的印痕，但在另一些人脑上，它或长或短地从横里引伸出来。在一个女子的脑的右半球上，我看到它引伸而出到两英寸以上，而在另一个标本上，也在右半球，它引伸出了一英寸的十分之四，然后又向下方延展，直到半球外面下部的边缘。在大多数四手类动物的过半数的大脑上，这条脑裂原是异常清楚而惹人注目的，但在人则界限很不分明，原因在于在人这一方面，存在着表面的、看起来很清楚的、一些枝分出来的脑回，把顶叶（parietal lobe）和枕叶给搭连了起来。这些搭了桥似的小脑回中的第一个脑回越是靠近外纵裂，则外顶枕裂（external parieto-occipital fissure）就见得越短。"（注71所引书。12页。）

由此可知，这条格拉休雷的外纵裂在人脑上受到抹杀而不显著，并不是一个经常而稳定的性状；而在另一方面，它在高等猿猴的脑上的充分发达，也并不是一个经常而稳定的性状。因为，就黑猩猩而言，罗尔斯顿教授、马歇尔先生、布罗卡先生和特纳教授，在它们的大脑上，不是在左半球，就是在右半球，都一次又一次地看到这条外纵裂由于"一些搭桥性的小脑回"的存在而受到不同程度的抹杀。在一篇专论的结论中，特纳教授说：[72]

"刚刚叙述过的一种黑猩猩的三个脑标本证明，格拉休雷所试图作出的概括，说第一个搭桥性的脑回的完全缺乏，以及第二个此种脑回的隐蔽不见，是这种动物的脑的一些基本上有标志性的特点——是不适用于一切黑猩猩的，仅仅在一个标本里，黑猩猩的脑在所说的这些特点上是遵循了格拉休雷所提出的法则的。至于上面一个、即第一个搭桥性脑回的存在，我倾向于认为，在过半数以上的这种动物的脑子上有，至少两个半球里的一个上面有，这是根据到目前为止所已有人叙述过或画过图的材料所作出的估计，此外就不敢说了。至于第二个搭桥性的脑回的不在隐蔽的部位而在表面上看得到，则例子显然地不那么多，而我相信，到现在为止，只在本文所记录的标明为（A）的脑插图上可以看到。以前观察者们在他们的叙述里所曾提到的两个半球上的一些脑回的安排，并不两两对称，在我这些标本上也可以清楚地看得出来。"（注72引书，8、9页。）

退一步说，即便介于颞叶与枕叶之间的那条外纵裂是高等猿猴所别于人的一个标记，这一标记的价值又由于广鼻类或新世界的各种猴子的脑的结构情况而变得大有疑问。事实上，这一条脑裂，就狭鼻类或旧世界的各种猿猴而论，尽管是最为经常与普遍的若干条之一，其在新世界的各种猴类却全都不很发达；它在几种小型的广鼻类猴子里根本找不到；在几种丛尾猴（乙 772），它只有一些痕迹；[73] 而在蛛猴属，则有所发展而或多或少地受到搭桥性折叠的抹杀。

在一单个类群的范围之内的这样一个变异不定的性状是没有多大分类学价值的。

人脑的两个半球上的一些脑回不但有些不相对称，并且此种不对称有着很大的个别变异，即往往因人而有所不同；而在受到检视的属于布什曼族的那批人脑，两半球上面的一些脑回和脑沟，比起欧洲人的来，显然要简单而对称得多，而同时，在有几只黑猩猩，它们的复杂性与不对称性已经发展到足以令人注意的地步。这些都是在进一步研究之后已经得到确定了的事实。而就黑猩猩的一些例子而言，尤其值得注意的是布罗卡教授所绘出的一只雄性年轻黑猩猩的脑子。（法文《灵长目总论》，165 页，插图 11。）

再者，关于脑子的绝对大小，已经确定了的是，最大的健全人脑和最小的健全人脑之间的差距，要比后者与黑猩猩或猩猩的最大的脑子之间的差距为大。

还有一点情况是，猩猩与黑猩猩的脑子和人脑相像，而和各种低等的猿猴则是不相像的，那就是它们有两个白纤维体（corpora candican-tia）——而类犬猿猴类（乙 321）只有一个。

因为看到了这些事实，今年，1874 年，我没有疑难地把我在 1863 年所提出的命题再度申说而坚持一番：[74]

"因此，就大脑的结构所能提供的知识而言，这一点是清楚的，就是，人和黑猩猩或猩猩之间的差别，要比后二者和甚至各种猴子之间的差别还要少，而黑猩猩的脑子和人脑之间的差别，比起前者和狐猴的脑子来，几乎是微小得没有多大意义可言。"

在上面所已提到过的那篇论文里，比肖夫教授并不否认刚才这段话的第二部分，但首先他说了一句并不相干的话，认为如果猩猩与狐猴的脑子很不相同，这也不值得大惊小怪；而其次，他进而说出如下的话：

> "如果把人脑和猩猩的比一下，把猩猩的和黑猩猩的比一下，把黑猩猩的和大猩猩的比一下，而这样一直下去，把长臂猿的、细猴的、狒狒的、长尾猴的、猕猴的、泣猴的、小泣猴（乙157）的、狐猴的、懒猴（乙899）的、狨（乙463）的，一个追一个地比一下，我们在如上所列的每先后两种猿猴之间，在脑回的发展的程度上的相差不会大于人脑与猩猩脑或黑猩猩的脑子之间的相差，甚至连同等程度的相差也碰不到。"

对这一段话，我的回答是，第一，无论这番断言是正确的，还是错误的，它和我在《人在自然界的地位》中所直说的命题完全不发生关系，那命题所关涉到的不仅仅是脑回的发展，而是脑的整个结构。如果比肖夫教授曾经不怕麻烦、而真的翻阅过一下他所批评的我那本书的第96页，他就该发现下面这一段话：

> "而值得注意的一个情况是，就我们目前的知识所及而言，在整个一连串的从猴到人的脑的形态之中，尽管确乎有一个属于结构性的中断或缺口，这缺口却不存在于人与各种类人猿之间，而存在于较低与最低的各种猴类之间，换言之，在新世界与旧世界的猿猴与狐猴之间。到今天为止，在每一个经人检视过的狐猴的脑子，小脑是实际上部分从上面看得到的，并没有完全被大脑掩盖住；而大脑的后叶，以及它所容受的侧脑室的后角和小海马体或多或少地只是一些苗头而已。而反之，在每一只狨、美洲猴子、旧世界猴子、狒狒，或类人猿，小脑的后部完全为大脑的几个脑叶所包围而隐蔽不露，而同时也具备脑室的后角和小海马体，它们都发展得很大。"

我这话，在我当初说出来的时候，是严格地以当时所已取得的知识为依据的；而从那时候以来，我们虽发现了合趾猿（Siamang，即乙499）和吼猴（howling monkey，即乙646）的后脑叶相对地不很发达，对我的说法表面上像是有所削弱，而依我看来，我这说法基本上还是难以动摇的。尽管在这两种猿猴里，后脑叶是特别短些，却没有人敢于说它们的脑，在哪怕是极轻微的程度上，和狐猴类的脑有靠近之处。而如果我们不像比肖夫教授那样，把狨摆错了地方，摆错了它自然而应有的地位（而他这一做法我认为是绝对没有理由的），而把他所挑选而提出的一连串的动物重新排一下队，并略加补充如下：**人、丛尾猴、非洲猩猩（乙970——含大猩猩、黑猩猩——译者）、长臂猿、细猴、狒狒、长尾猴、猕猴、泣猴、小泣猴、狨、狐猴、懒猴**，我敢于重申一下，在这个系列里，大缺口是在狨与狐猴之间，而这一缺口比存在于这一系列之中的任何其他前后两个之间的缺口，都要大得相当的多。比肖夫教授没有理会，在他写这篇论文以前，格拉休雷很早就提出把狐猴类从其他灵长类里分出去，而他所根据的理由，恰好就是存在于二者之间的在大脑一方面的一些性状；而也是在此以前，弗劳尔教授，在他叙述爪哇懒猴（乙571）的脑的过程中，曾经说过如下的一段话：[75]

> "而尤其值得注意的是，在普通认为在其他一些方面靠近狐猴这一科的那些猴种，那也就是说，在广鼻类中的一些更为低级的成员，在大脑后叶的发展上，却并无向它靠近的迹象，即两个脑半球并不短。"

既如上述，则过去十年之中，那么多的学者的研究对我们的知识所作出的在分量上很可观的补充增益，至少就成年脑的结构这一部分而言，充分地支持了我在1863年所提出的说法，丝毫没有抵触之处。但，有人说，即便承认人与猿猴的成年的脑子确乎彼此相似，彼此实际上却是相差很远的，因为它们在发育的方式上表现一些根本的差别。如果这种根本差别真正存在的话，我认为，承认起来，谁也不会比我更有心理准备。但我否认真有这种差别存在。恰好相反，人与猿猴的脑子的发育，从根本上来说，是彼此符合一致的。

人脑与猿猴脑在发育上根本不同的说法是格拉休雷首先提出的，不同在：就猿猴说，胚胎中最先出现的一些脑沟的部位是在大脑两个半球的后部，而就人的胎儿说，则最早的几条是在脑额叶上看出来的。[76]

这个概括的说法是以两笔观察材料作依据的，一笔是一只几乎就要生产而没有生产出来的长臂猿的胎猿，在这只胎猿大脑上，后脑的一些脑回已经"发育得相当好"，而在额叶上的那些则"几乎还没有迹象可寻"[77]（注76所引书，39页）；另一笔是在人的胚胎发育进入了第二十二或二十三个星期的胎儿，在这个胎儿脑上，格拉休雷看到，脑岛（insula）还露着，没有被盖住，而尽管如此，"在分散在前叶上的一些脑裂之中，有一条稍微深一些，而这就是把前叶从枕叶划分开来的标志了，而枕叶在这阶段里，由于一些别的理由，还长得很小。至于大脑表面的其他部分这时候还是绝对光滑的。"

在所引格拉休雷的著作里，附有三张脑的图画，即图片第二幅中的第1、2、3图，1示两个半球的上面，2示侧面，3示下面，但没有表示内面的图。值得注意的是，图中所示与格拉休雷的叙述并不相符，图中所示的是，半球后半面上的那条脑裂（即前叶与颞叶间的脑裂）比前半面上所显出的模糊隐约的那些条条中的任何一条都更为清楚。如果图是画得对的，那就并不能为格拉休雷的结论提供合理的根据，他的结论说："因此，在这些脑子和胎儿的脑子之间有着一点根本的不同：在胎儿方面，早在颞叶的一些脑裂出现以前很久，前叶的一些脑裂已经在争取它们的存在了。"

但自从格拉休雷的年代以来，施密特、比肖夫、潘希，[78]和埃克尔[79]等人经已把脑回与脑沟的发育作为一个专题而重新加以调查研究，而埃克尔的报告不但是最新近的，并且最为完整，远比别人的完整。

他们探讨所得的最后结果可以总括出来如下：

1. 在人的胎儿，大脑外侧裂（Sylvian fissure）是在胎期发育的第三个月中间形成的。在这个月和第四个月中（除了在这条脑裂的地位上脑皮层向下凹进而外），大脑的两个半球是光滑的、圆圆的，向后伸出很多，超过并掩盖了小脑。

2. 从胎儿生命的第四个月底到第六个月初之间，一些名副其实的脑沟开始出现，但埃克尔很仔细，他指出它们的出现，在时间的早晚上，在次序的先后上，胎儿与胎儿之间的个体变异相当大。但在所有案例中，额叶上的脑沟和颞叶上的脑沟谁也不见领先。

事实上，出现的第一条脑沟是在脑半球的内面（正因为是在内面，所以格拉休雷把它漏了，看来他并没有检查到他的胎儿的脑半球的这一面），或者是内纵裂（internal perpendicular fissure），亦即顶叶与枕叶之间的顶枕沟（occipito-parietal sulcus）或者是距状沟（calcarine sulcus），这两条脑沟起初靠得很近，后来又合而为一。两条之中，一般是内纵裂出现得更早些。

3. 在胎期的这一阶段的后半期里，另一条脑沟，即后叶与侧叶之间的那条，名为"后顶沟"（posterio-parietal sulcus）或名"中央沟"（fissure of Rolando）的，发展了出来，而接着，在第六个月内，额叶、顶叶、颞叶和枕叶的各条主要脑沟也都先后出现了。但，这几条之中，究竟哪一条经常地比其余几条先出现，我们还没有清楚的证据；而值得注意的是，在埃克尔所叙述而画了图（注 79 所引书，212—213 页，图片第二，图 1、2、3、4）的那一个阶段的胚胎的脑上，那条，就猿猴的脑子来说，最有特征性的折槽，即前叶与颞叶之间的脑沟（法文称为平行沟，scissure parallèle），是和中央沟一样地发达的，甚至更为发达一些，并且也比前叶本身的脑沟要表现得更为清楚得多。

接受这些现下摆在眼前的事实，依我看来，胎期人脑上各个脑沟与脑回的出现，在次序先后上，是完全符合于总的进化论的学说的，也是和人从某一种类猿动物形态演变而来的这个看法毫无矛盾的，尽管那种形态在许多方面和现存灵长类的任何成员无疑都有所不同。

　　半个世纪以前，拜尔教导我们，一些有亲族关系的动物，在它们的发展过程中，首先把它们所隶属的较大类群所共有的一些性状像穿衣戴帽似的穿戴上，而随后，又一步一步地将限制它们于有关科、属、种的范围以内的那些性状穿戴上身。他同时也证明，高等动物的任何一个发育阶段虽和一些低等动物的成年形态互相呼应，而和任何一定的动物的成年形态，却并不是完全相似，纹丝不差的。我们可以很正确地说，一只青蛙经历过一条鱼的状态，正因为，而也只因为，在它的生命史的一个阶段里，作为一条蝌蚪，它具备过一条鱼的所有性状，而如果它的发育到此为止，而不再前进，那我们就得把它归入鱼类了。但我们可以同样正确地说，蝌蚪是和我们所知道的任何一种鱼都很不相同的。

　　同样，我们可以正确地说，在胎期的第五个月中的人脑不但像一只一般猿猴的脑，并且像一只钩爪类猿猴（乙84）或狨类猿猴的脑，因为它的脑半球已经有了巨大的后叶[①]，而除了大脑外侧沟与深刻的距状沟之外，半球表面上是光滑的，而这些特点只有在灵长类的钩爪类猿猴里才可以找到。但也一样地可以说而不失其为正确，这也是格拉休雷所说到过的，它的大脑外侧沟是虽浅而张开得很宽的，在这一点上它是和任何真正的狨的脑有差别的。若说它和胚胎发育后期的狨脑要近似得多，那大概可以说是无疑的。但可惜我们对于狨类猿猴的大脑的胎期发育现在还一无所知，所以这也只是一个合理的推测罢了。就严格的广鼻类猿猴而言，我所接触到的唯一的一笔观察是来自潘希的，他发现，在有一个种的泣猴，卷尾猴（乙184）的胎儿脑上，除了大脑外侧沟与深刻的距状沟之外，只有一条很浅的前叶和颞叶之间的脑裂（亦即格拉休雷的平行折槽）。

　　现在，这一事实，再结合上这样一个情况，就是，诸如广鼻类猿猴里的松鼠猴（乙844），尽管在脑半球表面的前半仅仅有些脑沟的微不足道的痕迹，甚至一无所有，而前叶与颞叶之间的那条脑裂却居然不缺——无疑

---

　　① 此处原文，1887年和1913年的第二版印本均作"posterior lobster"，而"lobster"一字与文义全不相属，明显的是"lobes"的刊误。

的是，单单就这一点而言，对格拉休雷的假设便提供了一些相当好的有利证据，他的假设是，在广鼻类的脑子上，脑半球后半面的一些脑沟要比前半面的出现得早，这看来是对的——但我们不一定因此就能认为，适用于广鼻类猿猴的一条规则也就适用于狭鼻类的猿猴。就狭鼻类说，关于类犬猿猴类的脑的发育，我们真是什么都不知道，而关于类人猿猴类（乙56）方面，则除去上面所已提到的将近诞生的那个长臂猿的胎儿脑子的一篇叙述而外，我们也是一无所知。目前，能说明黑猩猩脑上、或猩猩脑上的一些脑沟的发育在次序先后上不同于人脑的证据，我们没有，连影子都没有。

在他论文的序言里，格拉休雷一开始就说了一句至理名言："在一切科学里下结论下得太快是危险的。"我恐怕，在他的著作的正文里，当他讨论到人猿差别的时候，他一定是把这句牢确的格言给丢在脑后了。无疑的是，对哺乳动物的脑子的应有理解作出过前所未有的最为突出的贡献之一的这位出色的著作家，如果他活得更长一些，而身受到这方面科学研究进展的好处的话，他一定会是承认他当初所依据的资料实在有所不足的第一个人。不幸的是，在学力上对他的结论所由建立的基础不足以有所领会的人们已经把这结论利用上了，利用来作为替蒙昧主义辩护的论据。[80]

不过，重要而应该说明的一点是，无论格拉休雷关于颞叶上的脑沟与额叶上的脑沟的出现孰先孰后的假设是对还是错，摆在我们面前的事实是，早在颞叶的或额叶的一些脑沟出现之前，胎期人脑所呈露的一些性状是只在灵长类（狐猴类除外）的最低的猴群里才能找到，而如果人所从逐渐变化而来的那种形态也就是其他灵长类所从来的形态，这正好是我们应该指望得到的一个情况。

原 注：

[1]《印度史》，1841年版，第一卷，323页。Father Ripa谈到中国人，说过恰恰是同样的话。（Ripa，查似应作Rippa，全名为Matteo Rippa，意大利人，1710～1723

年入我国，表面上任宫廷画师，暗中传播天主教，有汉名为马国贤。——译者）

[2] 在 B. A. Gould 所编著的《美国士兵的军事与人类学的统计调查》（1869 年版，298—358 页）里，我们可以看到测定白人、黑人和印第安人体格的大量数字；关于肺活量，见同书，471 页。亦见 Dr. Weisbac，根据 Dr. Scherzer 和 Dr. Schwarz 所作的观察，所编列的许多有价值的统计表，见《诺伐拉号航海志：人类学之部》，1867 年版。

[3] 此方面可供参考的资料不一而足，例如 Mr. Marshall 关于布什曼人（Bushman，南非洲的一个种族——译者）的一个女子的脑的叙述，载《哲学会会报》（丙 149），1864 年卷，519 页。

[4] 见华莱士，《马来群岛》，第二卷，1869 年版，178 页。

[5] 这指古埃及有名的阿部辛贝尔（Abou-Simbel）石窟寺庙中的一些雕像；M. Pouchet 说［《人类种族多源论》（The Plurality of the Human Races），原法文，英译本，1864 年版，50 页］，从这些雕像中，有些著作家认为他们可以认出十二个乃至更多的民族的代表来，但他自己远没有能认出那么多。即使是形态上最为突出的一些种族，尽管我们满心指望可以从关于这题目的一些著述里看到著作家们能尽量一致同意地把他们认出来，但事实并不是这样。即如 Nott 和 Gliddon 两先生［《人类的几个类型》（Types of Mankind），148 页］说，腊米西斯二世或腊米西斯人王（Rameses II., or the Great，古埃及统治者，即创建这些石窟寺庙以妄自尊大的人，他自己的雕像即为寺庙中崇拜的中心——译者）面貌极像欧罗巴人；而对人类可以分成若干个种的看法有着坚定信念的另一个著作家，Knox［《人的若干种类》（Races of Man），1850 年版，201 页］，在谈到年轻的 Memnon（据 Mr. Birch 先生告诉我，即腊米西斯二世）时，则不遗余力地主张他在形态上和住在安特卫普（Antwerp，比利时北境城市——译者）的犹太人一般模样。再如，我自己也注视过阿木诺福三世（Amunoph III）的雕像，我同意所在收藏机关中两位管理人员的看法，而这两位都是颇有鉴别力的人，认为他的面貌很显著地属于黑人的类型；但 Nott 和 Gliddon 两先生（同上引书，146 页，插图 53）则把他叙述为一个杂交种，但其中没有夹杂"黑人的成分"。

[6] 据 Nott 和 Gliddon 所引，见《人类的几个类型》，1854 年版，439 页。两人在这一点上也列举了一些旁证；但沃格特认为这题目还须进一步探讨，一时不能有定论。

[7] 见文，《各个人种的不同来源》（Diversity of Origin of the Human Races），载《基

督教审察者报》(丙 46)，1850 年 7 月。

[8] 见文，载爱丁堡《皇家学会会刊》(丙 121)，第二十二卷，1861 年，567 页。

[9] 《论人属（乙 486）中杂交的现象》(On the Phenomena of Hybridity in the Genus Homo)，英译本（原法文），1864 年。

[10] 见 Mr. T. A. Murray（与正文上文中的 Murray 不是一人——译者）的一篇有趣的通信，载《人类学评论》(丙 21)，1868 年 4 月，罗马数字 53 页。这篇通信还对 Count Strzelecki 的一个说法提出了反应，那说法是，澳洲土著女子，如果从白人生过孩子而再与本族人相婚，就不能再生育了。M. A. de Quatrefages 也曾收集过不少的证据，说明澳大利亚人和欧罗巴人进行交合，一样生孩子，并无不孕育的现象，见文，载《科学之路评论》(丙 127)，1869 年 3 月，239 页。

[11] 见所著《对 Agassiz 教授的动物区系划分草案的评阅》(An Examination of Prof. Agassiz's Sketch of the Nat. Provinces of the Animal World)，Charleston 版，1855 年，44 页。

[12] Dr. Rohlfs 写信给我说，他发现大撒哈拉沙漠地带的出自阿拉伯人、柏柏尔人（Berbers）和三个部落的黑人的一些混血族类具有非常强大的生育力。另一方面，Mr. Winwood Reade 告诉我，西非洲黄金海岸的黑人，一面赞赏白人和黑白混血的"缪拉托（mulattoes）"，一面却有一句戒律一般的话，认为"缪拉托"之间不应当交婚，因为其生不蕃，并且子女大都瘦弱。Reade 先生说，这一个流行的信念是值得注意的，因为白人在黄金海岸游历和居住已达四百年，当地土著居民已经有充分的时间来从经验中取得一些知识。

[13] 见同上注 2 所引书，319 页。

[14] 这我在《家养动植物的变异》已有所讨论，见第二卷，109 页。我在这里不妨更向读者提醒一点，就是，两种相交而表现的不孕性，并不是在进化过程中特别取得的一种品质，而是和某几种的树不能接枝一样，是其他一些所取得的差别的一个附带结果，这些差别的性质我们还不知道，但可以设想的是，它们大概特别牵涉到生殖系统，而和外表结构与身体素质上的一些寻常的差别则关系不大。两种相交而不育的现象之中看来有这样一个重要的因素，就是，相交的一方或双方，已经长期习惯于某些固定的生活条件；因为我们知道，这些条件的改变对生殖系统发生一些特别的影响，而我们又有很好的理由可以相信（上文已一度说到过），家养情况下种种生活条件的波动不定，倾向于把自然状态之下那种如此普

通的杂交而不育的状态消除掉。我在别处也指出过（同上引书，第二卷，185 页，
与《物种起源》，第五版。317 页），两种相交而不育这一特点之所以取得，是没
有通过自然选择的；我们可以看到，如果两个生物形态已经变得很不能生育，要
通过把越来越不能生育的一些个体保存下来的方法而越发增加这些形态的不孕育
性，那几乎是不可能的；因为，不孕性越是增加，所产生出来的可供繁殖之用的
子息就越来越少，而最后只能有寥寥可数的、每隔很长而还没有把握的一段时期
才产生出来的几只个体。但此外还有程度更高的一种不孕性。Gärtner 和
Kölreuter 两人都证明过，在包含着许多个种的一些植物的属里，种与种相交的结
果是，有的所长成的籽粒多，有的所长成的籽粒少，有的一粒也不长。从多到少
到无，可以构成一个整个的系列；不过，那些一颗籽粒也不长的种，也还受到对
方花粉的影响，它的胚子会有所膨大，而不是原封不动。在这里要把不孕性更强
的一些个体选择出来，显然是做不到的，因为它们已经生不出什么籽粒来；由此
可知，那种只能使一方胚子有些膨胀的极端不孕性之所以取得，是不可能通过了
选择的。这种极度的不孕性，和其他各种程度的不孕性或艰于孕育性无疑也是一
样，是相交的物种的生殖系统在素质上的某些我们现在还不知道的差别所引起的
一些附带的结果。

[15] 《家养动植物的变异》，第二卷，92 页。

[16] M. de Quatrefages［《人类学评论》（丙 21），1869 年 1 月，22 页］发表了一篇有
趣的叙述，专说巴西的所谓"保罗会士"（Paulistas，天主教的一个集团的成
员——译者）的精力与成功，而这些成员中很大的一部分是葡萄牙人和印第安人
的混血种，同时还有其他种族的血统夹杂其间。

[17] 例如，美洲的印第安人和澳大利亚的土著居民。赫胥黎教授说［《国际史前考古
学会议报告》（丙 146），1868 年，105 页］，许多德国的南方人和瑞士人的颅骨，
"其前后之短，与左右之宽，和鞑靼人的不相上下"，等等。

[18] Waitz 在这题目上有一段良好的讨论，见所著《人类学引论》，英译（自德文本），
1863 年版，198－208 页。我在正文中的有一些话则采自 H. Tuttle，《从体质上看
人的起源与古老性》（Origin and Antiquity of Physical Man），波士顿版，1866
年，35 页。

[19] Prof. Nägeli 曾经仔细地叙述过几个突出的例子，见所著《植物学通讯录》（Bota-
nische Mittheilungen），第二卷，1866 年版，294－369 页。Prof. Asa Gray 也曾就

北美洲的菊科植物（Compositæ）中的一些中间形态说过一些类似的话。

[20] 参《物种起源》，第五版，68 页。

[21] 赫胥黎教授也这么说，见文，载《双周评论》（丙 60），1865 年，275 页。

[22] 见所著《关于人的演讲集》（Lectures on Man），英译本，1864 年，468 页。

[23] 见所著《猪的各个族类》（Die Racen des Schweines），1860 年版，46 页。又，《猪颅骨历史、……的初步研究》（Vorstudien für Geschichte, &c., Schwei neschädel），1864 年，104 页。关于牛，见夏特尔法宜先生，《人种统一论》（Unité de l'Espèce Humaine），1861 年版，119 页。

[24] 泰勒，《人类初期史》（Early History of Mankind），1865 年版；关于以手势或其他姿态当语言，见此书，54 页。又见卢伯克爵士，《史前时代》，第二版，1869 年。

[25] 见 H. M. Westropp 文，《关于若干种可以类比的工具》（On Analogous Forms of Implements），载《人类学会报告》（丙 94）。又见，《斯堪的纳维亚的原始居民》（The Primitive Inhabitants of Scandinavia，原作者未详——译者），卢伯克爵士辑定的英译本。1868 年，104 页。

[26] 见 H. M. Westropp 文，《关于巨石阙（简单的石坊，以若干竖列的巨石上横置一巨石构成——译者）……》（On Cromlechs），载《民族学会会刊》（丙 79），此据《科学众家谈》（丙 131），1869 年 6 月 2 日的一期，3 页所引。

[27]《贝格尔号航海志》，46 页。

[28]《史前时代》，1869 年版，574 页。

[29] 见文，英译本载《人类学评论》（丙 21），1868 年 10 月，431 页。

[30] 见文，载同上注 17 所引的会议报告，172—175 页。又见布罗卡文的英译本，载《人类学评论》（丙 21），1868 年 10 月，410 页。

[31] 参 Dr. Gerland，《论一些原始民族的灭绝》（Ueber das Aussterben der Naturvölker），1868 年版，82 页。

[32] 同上注引书，12 页，著者列举了一些事实作为这句话的例证。

[33] Sir H. Holland 也说过一些同样意思的话，见所著《医学笔记与随感》（Medical Notes and Reflections），1839 年版，390 页。

[34] 在这题目上我收集了好多有关的例子，见《贝格尔号航海志》，435 页；亦可参格兰特，同上引书（见注 31——译者），8 页。Poeppig 说到，"文明的气息对野蛮

人是有毒的"。（此语出处，原注文未详——译者）

[35] 见所著《关于野蛮人生活的见闻与研究》（Scenes and Studies of Savage Life）1868 年版，284 页。

[36] 见所著文，《物理与政治》，《双周评论》（丙 60），1868 年 4 月 1 日，455 页。

[37] 这里所说的话全部采自 J. Bonwick，《塔斯马尼亚人的终结》（The Last of the Tasmanians），1870 年版。

[38] 这是塔斯马尼亚总督 Sir W. Denison 的话，见所著《总督生活的形形色色》（Varieties of Vice-Regal Life），1870 年版，第一卷，67 页。

[39] 关于这些例子的详情，见 J. Bonwick 的又一种著作，《塔斯马尼亚人的日常生活》（Daily Life of the Tasmanians），1870 年版，90 页；有些亦见同上注 37 所引书，386 页。

[40] 《对新西兰土著居民的一些观察》（Observations on the Aboriginal Inhabitants of New Zealand），新西兰政府出版，1859 年。

[41] 见 Alex. Kennedy，《新西兰》（New Zealand），1873 年版，47 页。

[42] C. M. Younge，《帕特森传》（Life of J. C. Patteson），1874 年版；尤其值得参看的是第一卷，530 页。

[43] 以上的许多话主要采自下列的几种著述：Jarves，《夏威夷诸岛史》（History of the Hawaiian Islands），1843 年版，400－407 页；Cheever，《桑维奇诸岛上的生活》（Life in the Sandwich Islands），1851 年版，277 页。Ruschenberger 的话引自 Bonwick 书，见《塔斯马尼亚人的终结》，1870 年版，378 页；Bishop 的话引自 Sir E. Belcher 书，《环球航行记》（Voyage Round the World），1843 年版，第一卷，272 页。那连续几年的人口普查数字是通过纽约的 Dr. Youmans 的转请，而得之于 Mr. Coan 的；我又曾把 Dr. Youmans 转来的数字的绝大部分和上列诸书中所载的数字核对过，以求尽量地可靠。我把 1850 年的普查数字删省未用，因为我看到了两个相差得很远的数字，无法利用。

[44] 见文，载《印度医学报》（丙 68），1871 年 11 月 1 日，240 页。

[45] 关于诺福克岛岛民（the Norfolk Islanders），见上注 38 所引书、卷，410 页。关于托达人（the Todas），见 Col. Marshall 的著作，1873 年版，110 页（著作名称，原注文未详，按即《托达人》，见下文第八章注 94 及第二十章注 15，然此处系初见，例应叙明，不应只说"著作"——译者）。关于西部诸岛（the Western

Islands of Scotland），见 Dr. Mitchell 文，载《爱丁堡医学刊》（丙 52），1865 年 3
月、6 月两期。

[46] 关于这方面的例证，见《家养动植物的变异》，第二卷，111 页。

[47]《家养动植物的变异》，第二卷，16 页。

[48] 这些详细的资料系采自 Lady Belcher（参上注 43——译者），《"丰盛号"船上的
哗变者》（The Mutineers of the "Bounty"），1870 年版；又采自 1863 年 5 月 20 日
议会下院所令编印的《皮特开恩岛》（Pitcairn Island）一书。正文下文关于桑维
奇岛民的一些话则采自《火奴鲁鲁报》（丙 65）和得诸 Mr. Coan。（火奴鲁鲁为夏
威夷主岛首府，亦即檀香山的首府。——译者）

[49] 见所著文，《关于人类学》（On Anthropology），英译本载《人类学评论》（丙
21），1868 年 1 月，38 页。

[50] 见所著书，《孟加拉乡村纪事》（The Annals of Rural Bengal），1868 年版，
134 页。

[51]《家养动植物的变异》，第二卷，95 页。

[52] 见论文，载《圣彼得堡学院院刊》（丙 4），1780 年卷，第二篇，69 页。接踵而起
的一个人是 Rudolphi，见所著《对人类学的几点贡献》（Beyträge zur Anthropolo-
gie），1812 年版。Godron 曾就这方面的证据作过一个总括的介绍，见所著《人种
论》（De l'Espèce），1859 年版，第二卷，246 页等。

[53] 出自 Sir Andrew Smith，见引于诺克斯，《人的若干种类》，1850 年版，473 页。

[54] 关于这一层，见 De Quatrefages 文，载《科学之路评论》（丙 127），1868 年 10 月
17 日，731 页。

[55] Livingstone，《南非洲的旅行和研究》（Travels and Researches in S. Africa），1857
年版，338、339 页。D'Orbigny 的话见引于戈德隆，《人种论》，第二卷，266 页。

[56] 见所著论文，1813 年在皇家学会会席上宣读，1818 年又辑入他的论文集中。我
又曾把 Dr. Wells 的一些见解作过一个总的介绍，纳入我的《物种起源》篇首的
"历史概述"中（该书罗马数字 16 页）。肤发颜色和身体素质上的一些特点也有
一些相关之处，我也曾举过种种例子，见《家养动植物的变异》，第二卷，227、
335 页。

[57] 此方面可看的文献不一，例如 Nott 和 Gliddon，《人类的几个类型》（已见于上
注 5——译者），68 页。

[58] 见 Major Tulloch 的一篇论文，初于 1840 年 4 月 20 日宣读于统计学会，后载《学艺》（丙 28），1840 年卷，353 页。

[59]《人类种族多源论》（The Plurality of the Human Race），英译本，1864 年版，60 页。

[60] De Quatrefages，《人种统一论》（Unité de l'Espèce Humaine），1861 年版，205 页。Waitz《人类学引论》（Introduct. to Anthropology），英译本，第一卷，1863 年版，124 页；利文斯通在他的《南非洲的旅行与研究》里也举了一些类似的例子。

[61] 1862 年春，我取得陆军军医总处主管人员的许可，把一份空白表格散发给在国外服役的各部队的军医官，表格上附有如下的说明；我虽没有能收到什么回答，现在还是把这段说明转录在这里："在我们的家养动物里，既已有若干见于记录的、标志鲜明的例子，说明皮毛之类之颜色和身体素质之间存在着某种关系；而在人的各个种族的肤色与各自所在的地区气候之间，又众口一词地认为存在着某种有限程度的关系，下面提出的调查似乎是值得大家考虑的。要查明的是，就欧洲人说，在他们的发色和对热带地区的各种疾病的感受性之间，究竟存在不存在任何关系。驻扎在一些不卫生的热带地区的部队的各位医官先生们如果能惠予相助，首先，定下个可据以比较的标准，把病人所从来的各个部队里的各种发色的人点点数，深色的多少人，浅色的多少人，不深不浅或颜色难于判别的又多少人；又，各位军官先生们如果平时能记一笔账，把一切患有各种疟疾、黄热病、或痢疾的人，一一记录下来；这样，不久以后，积累上数以千计的病例，列成表格，我们就可以看出，发色与身体素质上对种种热带病的易感性之间究竟有无关系了。这样调查的结果也许发现不存在这种关系，那说明调查也还是有了结果，值得进行的。如果取得了一些积极的结果，则将来在为了某几种特定的兵役而选派士兵的工作中，还可以有些实际的用途。而从理论方面来说，这种结果会有重大的意义，因为它指证了从远古以来生活在不卫生的热带气候里的人的某个种族，在一长串的世代之间，通过一些发色与肤色特深的个体的更好地被保存下来，而整个的变成了深色或黑色；演变的途径当然不止一条，而这就是一条了。"

[62] 见文，载《人类学评论》（丙 21），1866 年 1 月，罗马数字 21 页。Dr. Sharpe 也曾就在印度所见到的情况说［《人类特创论》（Man a Special Creation），1873 年版，118 页］，"有些军医官注意到，发色浅淡而肤色红润的欧洲人，比起发色灰

黑而肤色苍白的来，在热带地区的各种疾病面前，吃到的苦头要少些。而根据我的见闻所及，这样一个说法似乎是有良好的根据的。"而在另一方面，多年在塞拉利昂经商的 Mr. Heddle 由于在他的公司里，因西非海岸的气候恶劣，"死于疾病的职员比任何别的公司为多"［见 W. Reade，《非洲拊掌录》（African Sketch Book），第二卷，522 页］，则所持的看法恰恰与此相反；Capt. Burton 的见解也正好与此相反。（此末句原注未详出处——译者）

[63] 同上注 62 引书，119 页。

[64]《家养动植物的变异》，第二卷，336、337 页。

[65] 这方面的资料不一而足，例如，Quatrefages［文载《科学之路评论》（丙 127），1868 年 10 月 10 日，724 页］说到白人定居在阿比西尼亚（今埃塞俄比亚——译者）和阿拉伯后所受到的影响和其他一些可以类比的例子。又如 Dr. Rolle［《人，他的由来……》（Der Mensch, seine Abstammung），1865 年版，99 页］，根据 Khanikof 的资料，说，在北美佐治亚州定居下来的一些德国人的家族，一半以上，在两代之内，取得了黑色的头发和眼珠。又如，Mr. D. Forbes 告诉我，南美安第斯山区的奇楚亚人（Quichuas，印第安人的一个族。——译者）在肤色上有很大的变异，视所居山谷的地势高下而定。

[66] 见 Harlan，《医学研究丛录》（Medical Researches）。532 页（原注未详出版年份——译者注）。Quatrefages 在这方面也收集了不少证据，见《人种统一论》，1861 年版，128 页。

[67] Prof. Schauffhausen 文，英译本载《人类学评论》（丙 21），1868 年 10 月，429 页。

[68] Mr. Catlin 说［《北美洲的印第安人》（N. American Indians），第三版，1842 年，第一卷，49 页］，在整个部落里，不论男女老少，大约十个或十二个成员中间必有鲜明的银灰色的头发，而这特点是遗传的，这种头发很粗硬，像马鬃一般，而其他颜色的头发则又细又柔。

[69] 关于皮肤的气味，见 Godron，《人种论》（Sur l'Espèce），第二卷，217 页。关于皮肤上的细孔，见 Dr. Wilckens，《畜牧经济的若干问题》（Die Aufgaben der Landwirth. Zootechnik），1869 年版，7 页。

[70]《人的大脑上的沟回》（Die Grosshirn-Windungen des Menschen），载《巴音（Bdfyern，英语作 Bavaria——巴伐利亚）皇家学院文刊》（丙 1），第十卷，1868 年。

[71]《器官解剖学观点下的人的大脑的脑回》（Convolutions of the Human Cerebrum

Topographically Considered），1866 年版，12 页。

[72]《关于黑猩猩脑的一些札记，尤其是关于一些搭桥性脑回的情况》（Notes more especially on the bridging convolutions in the Brain of the Chimpanzee），载爱丁堡（皇家学会刊刊）（丙 121），1865～1866 年卷。

[73] Flower，《关于绵猴（乙 774）的解剖学》（On the Anatomy of Pithecia Mona-chus），载《动物学会会刊》（丙 122），1862 年卷。

[74]《人在自然界的地位》，102 页。

[75] 见文，载《动物学会会报》（丙 151），第五卷，1862 年。

[76]"在所有的猿猴里，大脑表面后半部的各个皱襞是首先发展出来的，而前半部的皱襞则比较晚；而因此，在猿猴的胎儿身上，后脑部分的脊椎和头颅的顶侧骨也同时相对地长得很大，至于人的胎儿，前半部的一些皱襞却呈现为一个特殊的例外，它们首先露出苗头，而额叶一般的发展，单单从体积大小的关系来看，则所遵循的法则是和各种猿猴一样的。"见 Gratiolet，《关于人和一般灵长类的大脑皱襞的报告》（Mémoire sur les plis cérébraux de l'Homme et des Primates），39 页，图片第四，图 3。

[77] Gratiolet 自己的话是：（同上注 76 引书、页）"在当前讨论中的猿猴胎，大脑后部的一些皱襞是已经相当发达的，而同时，额叶上的那些却还几乎没有什么苗头。但问题是，如图（图片第四，图 3）所示，中央沟和前脑叶上一些脑沟中的一条是足够清晰可观的。然而，M. Alix 在他的《关于格拉休雷的人类学研究工作的评介》[Notice sur les travaux anthropologiques de Gratiolet，载巴黎《人类学会报告》（丙 96），1868 年，32 页] 里写出了如下的话："格拉休雷所掌握的是一具长臂猿的胎儿的脑，而长臂猿在各种猿猴里是很高级的，高得和猩猩极为相近，而被老资格的博物学家们列为类人猿的一种。赫胥黎先生在这一点上就是很坚决的一个例子。好罢，如今，**当脑额叶上的一些皱襞还没有存在之前**，格拉休雷便已看到了**蝶形的颞叶**（此叶部位在颅骨和颞骨与蝶骨两片骨片之下，故西文亦称 temporo-sphenoidel lobe——译者）**上的一些皱襞**的那具胎期中的脑子正好不是别的，而是长臂猿的。因此，我们有良好的根据来说，在人，一些脑回的先后出现是从 α 到 ω，而在各种猿猴，是从 ω 到 α。"（α、ω 是希腊字母中首尾二字母，故二语意为从头至尾和从尾至头。——译者）

[78]《关于人与猿猴的大脑半球上脑沟与脑回的典型的安排》（Ueber die typische

Anordnung der Furchen und Windungen auf den Grosshirn-Hemisphären des Menschen und der Affen），载《人类学文库》（丙 24），第三卷，1868 年。

［79］《试论胎儿大脑半球上脑沟与脑回的发育史》（Zur Entwickelungs Geschichte der Furchen und Windungen der Grosshirn-Hemisphären im Fœtus des Menschen），载《人类学文库》（丙 24），第三卷，1868 年。

［80］例如，M. l'Abbé Lecomte 神父在他那本骇人听闻的法文小册子《达尔文主义与人的起源》（Le Darwinisme et l'origine de l'Homme）（1873 年）里所说的一些话。

第二篇

性选择

第八章

性选择的若干原理

第二性征——性选择——发生作用的方式——雄性个体在数量上超过雌性——一性多偶或一夫多妻的现象——一般只是雄性通过性选择而发生变化——雄性急于求偶的心情——雄性的变异性——雌性所施展的挑选作用——性选择与自然选择相比较——几种遗传形式：世代之间表现于同一生命阶段的遗传、表现于一年中同一季节的遗传、限于性别的遗传——这几种遗传形式之间的关系——两性之一和幼小动物所以不由于性选择而发生变化的一些原因——附论：整个动物界中两性数量的比例——性比例与自然选择的关系

凡是两性分开而雌雄异体的动物，雄性的一些生殖器官必然是和雌性的有所不同，而这些就是第一性征（primary sexual characters）。但两性之间还有和生殖的动作没有直接关系而被亨特所称为第二性征的一些差别。例如，雄性具有某些感觉器官和运动器官，好用来更容易地发现与接触到

雌性，而雌性则完全不具备，或虽也具备但不那么发达；再如，为了在交配时牢靠地抓住雌性，雄性又具有一些特殊的把握器官，而雌性也是没有的。刚才最后所说的一些器官种类繁多，千变万化，而每一种类又各有其程度的不同，其中发展得最为突出的一些通常就被列为第一性征，有些虽没有这样被列，却也和第一性征很难分辨；在某些昆虫的雄虫，腹部后面尖端上所具备的一些复杂的附肢或附丽结构就是我们所看到的这一类例子了。说实在话，除非我们把"第一的"这一词的用法只限于一些生殖腺体，要判定哪些应该是第一的，哪些是第二的，是几乎不可能的。

在具有喂养与保护幼小动物的一些器官方面，雌性动物往往和雄性动物有所不同，例如哺乳动物的乳腺和有袋类动物的肚兜。在某些很少数的例子里，雄性备有这一类器官，而雌性反而没有，例如某几种鱼的雄鱼有容纳雌鱼所排卵的器官，某几种蛙类的雄蛙也有，但这是暂时的，用过就消失了。大多数蜜蜂类的雌蜂备有收集和携带花粉的特殊装置，而她们原有的排卵管则变成了一根刺，用来保卫幼虫和整个蜂群。我们还可以举出许多诸如此类的例子，但再多就超出我们讨论的范围了。不过，此外还有一些和第一性的生殖器官很没有联系的两性差别，而这些才是我们的讨论应该特别关注的——例如，雄性的较大体型或身材、更强的体力、更狠的好斗性、他那应付对手的种种进攻性或防御性的武器、他的刺眼的颜色和种种装饰、他的歌唱的能力，以及其他诸如此类的性状。

除了上文所说的一些第一性和第二性的两性差别以外，某些动物的雌雄两性还有由于生活习惯的不同而产生的一些结构上的差异，有的和生殖机能全不相干，有的则只有一些间接的关系。例如某些蝇类（蚊科，乙298；与虻科，乙913）的雌虫是些吸血者，有大颚的装备，而恃花朵为生的雄虫的口部则完全没有这种装备。[1]某几种蛾类和一些甲壳类（例如异足水蚤属，乙918）的雄性虽有嘴而发展得不完全，闭而不张，不能取食。某些蔓脚类（乙261）甲壳动物的补雄（complemental males），像寄生的植物一样，或寄生在雌性躯体之上，或寄生在雌雄同体的本种的另一类型之上，也没有嘴和供把握用的附肢。在这些例子里，经历了变化而丢失了某些重要器官的是雄性，而雌性则不然。在另一些例子里，丢失了身体某些部分的却是雌性一方；例如，萤的雌虫就没有翅膀，而许多种蛾类的雌蛾亦然，其中有些从来没有离开过她们的茧壳；许多种甲壳类的寄生性的雌性已经丢失了她们的游泳肢。在有几种稻象虫（即象虫科，乙 299），雌雄虫在喙的长度上有着很大差异；[2] 但这种差异和其他许多可以类比的差异究竟意义何在，我们现在还全不理解。两性之间因生活习惯不同而产生的一些结构上的差别，一般地说，是只限于比较低等的动物才有的；但也不尽然，在少数几种鸟类，雌雄的喙也不一样。我们从布勒博士那里听说，[3] 新西兰有一种鸟，土名叫做"呼伊呀"（"huia"），雌雄鸟之间的这个差别大得出奇，雄鸟的喙很坚强，可以用来凿开松木，啄取昆虫的幼虫，而雌鸟的则远为细长，也钩曲而有弹性得多，用来搜索朽木较软的部分；雌雄鸟就是这样刚柔相济地进行互助。在大多数例子里，两性之间在结构上的一些差别是或多或少和种的繁殖有些直接联系的。例如，一种动物的雌性，如果有必要怀育大量的卵，就比雄性需要更多的食物，因此也就需要有获取食物的一些特殊手段。一种动物的雄性，如果生命的期限很短促，他的一些摄取食物的器官就有可能由不用而废弃，由废弃而终于消失，但也并没有什么损害，不过他的运动器官却须保持完善无缺，否则他就无法接触到雌性，而完成交配的任务了。而与此相反，雌性可以安然无恙地丢失她的飞翔、游泳，或步履的器官，只要她已经逐渐形成一些新的生活习惯，使这些行动的能力对她不再有用就行。

但我们在这里所关心的只是性选择的问题。性选择所依凭的，是一个物种中的某些个体，单单在生殖方面，比起属于同一性别的其他个体来，占有某种便利。如果，像在上面所说的一些例子里的情况那样，两性之间的一些结构上的差别所关涉到的只是不同的生活习惯的话，那只能说明它们，即两性的动物，无疑是通过自然选择而经历了一些变化，且又通过遗传，把这些变化递给了两性子孙之中的一性，并且这些子孙是和首先获得这些变化的祖先属于同一个性别的。再如一些第一性的性器官，以及供喂养或保护幼小动物之用的那些器官，所受的影响也与此相同。因为，在其他一切条件相同的情况下，那些于幼小动物生养得最好的个体势必留下最大数量的子孙来传授它们的这些优点，而那些生养得差些的就只能留下少数的子孙来传授它们的这些较差的能力。这也是自然选择。又如，雄性为了追求雌性，需要一些感觉器官和运动器官，但若就其他一些生活目的来说，这些器官也正复不可缺少，而一般的情况也确乎如此，那末，它们的所由发展也就得通过自然选择。当雄性动物找到了雌性的时候，在有的例子里，为了抓住她不放，就必不可少地要具备一些供把握之用的器官。例如华莱士①博士告诉我，某几种蛾类的雄蛾如果把一些腿搞断了，就无法和雌蛾交尾。许多种海洋甲壳类的雄性，一到成年，就会把一些腿和触须变化一下，变得十分奇特，来作为握持雌性之用。为此，我们不妨猜想，这是由于远洋浪大，它们不断地被冲来冲去，而为了繁殖自己的种类，就不得不具备这些器官；如果我们猜对了，那么，这些器官的发展也还是寻常的选择、即自然选择的结果。有几种在进化阶梯上地位极低的动物也曾为此目的而经历过一些变化。例如在有几种寄生性的蠕形动物的雄性，到了完全成熟的时候，他们身体尾部的腹面会变得十分粗糙，像大锉刀一般，而他们就用这个来把雌性缠住，再也不肯放松。[4]

如果两性所遵循的是完全同样的一些生活习惯，而雄性的一些感觉与行动器官还是比雌性的更为高度发达，则可能是由于这种更为完善的发展对雄性是必不可少的，否则他就找不到雌性作配偶；但就绝大多数例子来说，这些更为发达的器官也只能给某一只雄性动物一些便利，在争取和雌性交配的竞争中，比另一个雄性稍胜一筹而已。我们说稍胜一筹，因为，只须多费上一些时间，天赋差些的雄性还是一样地可以求得配偶；至于和日常生活习惯的关系，则根据雌性的结构说话，天赋好些的雄性也罢，差些的也罢，也大都可以适应得同样之好。在诸如此类的例子里，雄性之所以取得他们现有的更为发达的结构，目的所在，既然不是为了更适合于在

---

① 这里与上文所已再三引过的华莱士不是一人，那一个，书中称他为先生，此则称他为博士。

生存斗争之中取得胜利，而是为了在求偶的竞争之中占些便宜，而比其他雄性稍胜一筹，同时，也是为了他们把这种便利传给同性的子孙——在这里，而不在别处，我们说，起了作用的一定是性选择了。恰恰就是这么一点不同于通常的自然选择的重要差别，导致我把这一形式的选择定名为"性选择"。根据了这层道理再说话，如果雄性的一些供把握之用的器官的主要用途在于，当其他雄性赶到之前，或当经受到其他雄性攻击之际，使他足以防止雌性的逃脱，那我们就可以说，这些器官之所以趋于完善是通过了性选择的，那也就是说，它们之所以完善，是由于某些雄性个体占到了便宜，战胜了对手。但就大多数的这一类例子来说，要截然区分哪些是自然选择、而哪些是性选择的影响，是不可能的。关于两性之间在感觉、行动，和把握器官上的一些差别的细枝末节，是写上好几章也写不完的。但好在这方面的结构上的差别，并不比所以适应日常生活需要的那些差别更有趣味，我准备几乎全部把它们略过不提，而只在每一个类别之下举出少数几个例子来。

此外，还有许多其他的结构和本能，追溯由来，是不可能不通过了性选择的——例如，雄性为了和对手战斗和把对手赶走而具备的一些进攻性武器和防御性手段——他们的好勇狠斗——他们的各式各样的装饰——他们为了发出声乐或器乐的一些巧妙的结构——他们放散各种臭味的一些腺体——在所有这些结构之中，绝大部分是专门为了引逗雌性与激发雌性，而不作别用的。我们可以看得很清楚，这些性状是性选择的结果，而不是寻常的选择，即自然选择的结果，因为，如果没有天赋较好的雄性存在，那些没有武器、不会打扮、不讨雌性喜爱的雄性就会在寻常的生存斗争中，在遗留大量的子息方面，同样取得成功。我们可以作出推论，认为事实大概就是这样，因为一般雌性动物，既没有武装，又不事装饰，也能照样存活而生育子息。刚刚说过的这一类的第二性征将在下面几章里得到充分的讨论，因为在许多方面它们是很有意趣的，而尤其因为它们所依据的是一些个体的意愿、拣选，和彼此之间的竞争，雄的也罢，雌的也罢。当我们目睹两雄争取一雌的时候，或若干只雄鸟，在聚集了的一群雌鸟面前，展示他们华丽的羽毛和表现古怪的把戏，我们无法怀疑，这其间尽管有本能的驱策，使他们不得不尔，同时他们却也知道自己是在干些什么，而有意识地把他们的心理与体质方面的种种能力施展出来。

正如人能够通过对在斗鸡场上取得胜利的一些斗鸡的选择而改进斗鸡的品种那样，看来，在自然状态之下，最坚强和最精干的雄性动物，或武装得最好的那些，是一些优胜之辈，而终于导致了自然品种或物种的改进。一个在程度上很细小的变异倾向，无论如何细小，只要足以产生一些优势，就会在雄性动物之间不断的你死我活的竞争过程之中，替性选择提供足够的用武之地，而可以肯定的是，第二性征又正好是变异倾向特别大的一些性状。也正如人能够按照他自己的鉴赏标准对雄性家禽施加一些美色，或说得更严格一些，能够就一种家禽的祖种所原有的美观，加以变化——例如，在印尼矮鸡的一个品种（Sebright bantam）所原有的色相的基础之上，添上一套新颖而漂亮的羽毛和一种不同凡响的亭亭玉立的风采——那样，看来，在自然状态之下，鸟类的雌性，通过对色相较好的雄鸟的长期选取，而对各有关鸟种的雄性之美，或对其他一些惹人喜爱的品性，有所增益。无疑的是，这不言而喻地牵涉到雌性方面的一些辨别和鉴赏的能力。这骤然看去像是事理上极不可能的事，但通过下文所要提出的种种例证，我希望我能够表明，雌性动物实际上是真有这些本领的。但我们一面说一些低等动物具有美感，一面却千万不要以为这种美感可以和一个受过文化熏陶的人等量齐观，这样一个人的审美观念是和其他方面的观念有着千变万化而极度复杂的联系的，当然不能与此相提并论。若把低等动物的审美能力和最低级野蛮人的审美观念两相比较，则比较公平合理，因为野蛮人对颜色夺目、光芒四射、而形状古怪的任何东西都能表示欣赏，并且用来为自己点缀。

由于我们还有若干不明之点，我们对性选择究竟如何发挥作用，还有些不能肯定。尽管如此，我认为，那些已经相信物种可变的博物学家们，如果读到本书下面的几章，将会同意我的看法，承认性选择在有机界的历史里曾经充当过一个重要的角色。可以肯定的是，几乎在一切动物中间，雄性与雄性之间，为了占有雌性，都存在着一种不断的斗争，这是一件无人不知、无人不晓的事实，用不着再举出什么例证。因此，雌性有机会在若干雄性之中选取其一，而这一点当然是有所假定的，即，雌性具有足够的心理能力来进行挑选。在许多例子里，一些特殊的情况倾向于使雄性之间的争斗变得特别尖锐。例如，在我们英国人所时常接触的各种候鸟，雄鸟一般总是先期到达蕃育的地点，准备在后至的每一只雌鸟面前与其他雄鸟进行争竞。J. 威尔先生告诉我，专业捕鸟的人肯定地说，夜莺和英国人称为"黑帽"（black cap）的一种欧洲莺类每年都是这样，毫无例外，而就"黑帽"来说，威尔先生本人就可以加以证实。

籍居布莱顿①的斯威斯兰先生，在过去四十年之内，一直习惯于捕取最先来到这一地区的各种候鸟，而无论就何种而言，他从来没有碰见过雌鸟先于雄鸟到达的例子。有一年春天，他打下了三十九只雄的瑞氏鹬鸰（乙 148）之后，才看到唯一一只雌的。古尔德解剖了那些最初飞进英格兰境内的鹬，从而判定雄鹬比雌鹬到达得早。而就美国的大多数候鸟的种类而论，情况也是如此。[5]在我们英国河流内的鲑鱼，过半数的雄鱼，一离开海水而进入河流，便在雌鱼之先已经有了蕃殖的准备。蛙类和蟾蜍类看来也有同样的情况。在整个的昆虫这一大纲里，雄虫几乎总是首先从蛹的状态脱颖而出，因此，在一段时间里，在看到任何雌虫之前，人们所见的一般都是雄虫。[6]两性之间所以有这种到达先后与成熟先后之别，原因是够明显的。那些每年总是首先转徙到一个地区的雄性，或一到春天首先有了蕃育准备的雄性，或求偶的心情最为迫切的雄性，就会留下最大数量的子息；而这些子息又倾向于把同样的本能和素质遗传下来。至于雌性一方，我们必须记住，如果在性成熟时间上受到很大的实质上的改变，就势必同时干扰到蕃育的时期，要改变前者而使后者不受干扰，是不可能的——而蕃育的时期却受到一年之季节的决定与限制，不能多所伸缩。总起来说，无可怀疑的一点是，凡在两性分开而异体的动物，无论是何种

———————

① Brighton，英格兰东南隅的城市。

类，雄性与雄性之间，为了占有雌性，几乎全都要进行一年一度、周而复始的斗争。

关于性选择，我们所难于理解的问题是，战胜了其他雄性的一些雄性，或那些最惹雌性喜爱的雄性，怎么会比战败了的或不那么惹雌性喜爱的对手们留下更大量的子女来传授他们的优越性。除非真会有这样一个结果，则那些给予某些雄性以便利而使他们得以战胜其他雄性的性状便无法通过性选择而趋于完善与得到加强。如果两性在数量上恰好相等（除非有关的物种中通行着一夫多妻的配合），天赋最差的雄性也会终于找到雌性，留下同样多的子息，而这些子息，就一般的生活习惯而论，其为善于适应，就未必次于天赋最好的雄性。从前，根据种种事实和考虑，我一度有过这样一个推论，认为凡在第二性征发达的各种动物之中，在大多数例子里，总是雄性的数量超过雌性的数量，并且超过得相当的多；但现在看来，情况并不总是这样，如果雄与雌的比例是二比一，或三比二，或甚至比这个比例略微再低一些，那整个问题就好办了。因为，这样，武装得最好或最惹喜爱的雄性就会顺理成章地中选而留下最大数量的子息来。但在尽可能的对性比例的问题进行调查之后，现在我不再认为两性在数量上通常存在着任何巨大的不均等。就大多数例子而论，性选择是产生了些效果的，而其产生的方式大抵如下文所述。

让我们取任何一个物种为例，说一种鸟罢，而把居住在同一地区之内的这种鸟的雌性分成数目相等的两批，一批是精力强些和营养好些的，而另一批则精力较差而健康较次的。这两批之中，到了春天，第一批无疑地要比第二批先作好繁育的准备。J. 威尔先生多年以来一直细心观察鸟类的习性，而他的见解正好是这样。也无疑地是，精力最充沛、营养最良好、而开始繁育最早的一些雌鸟，平均地说，会产生最大数量健全的子息。[7]至于雄鸟，我们在上文已经看到，一般要比雌鸟早就作好蓄育的准备；其中最强壮的一些，而就某些鸟种说，武装得最好的一些，就会把瘦弱的轰走，然后和精力较强与营养较好的雌鸟相配，因为她们在雌鸟之中在蓄育上也是最著先鞭的一些。[8]这一类两方都属精壮的双双对对，肯定要比其

292

他配偶蕃育出更多的子息来；而如果有关鸟种的性比例是相等的话，其他由一季之中蕃育条件具备得迟的雌鸟和精力不足而在角胜争雄之中失败了的雄性配合所产生的子息，相形之下，肯定地要少些和差些；到此，需要有所说明的就只剩这末一点了，就是，这样下去，连续上若干世代，也就足够教雄鸟的体型、精力、勇敢之气质，或雄鸟的武装配备，有所增益或有所改进。

但在很多例子里，战胜了对手的雄性并不一定能占有雌性，那是和她这一方的挑选作用无干的。我们不要以为动物的调情求爱是件简单的短促的事情。最容易激发雌性和最惹她们喜爱而中配偶之选的是装饰得更美好的雄性，或最善于歌唱、或最擅长耍把戏的雄性；但显然也有可能的是，她们同时也喜爱精力较好而更为活泼的雄性，而这在有些例子里是得到了实地观察的证明的。[9]这样，精力较好而首先作好蕃育准备的雌性可以得到许多的雄性个体供她挑选；而尽管她们不一定专挑最强壮和武装得最好的雄性，她们所挑选的一般总是比较精壮、武装得比较好、而在其他一些方面却最惹喜爱的那几只雄性。因此，较早结成的一些配偶，如上文所述，在繁育上要比后来的占些便宜；而这在经过一长串的世代之后，看来就足够在雄性身上不但于体力和战斗能力有所提高，并且在种种装饰手段或其他惹雌性喜爱的性状方面取得进展。

在性的关系上与此相反而实例要少得多的那种情况，就是，雄性对雌性操挑选之权的那种情况里，道理是很清楚地一样的：最精壮而制胜了其他雄性的雄性会有最大的挑选余地；而也几乎可以肯定的是，他们会挑取精壮而最惹喜爱的一些雌性。这一类的配偶在繁育子息方面也同样地会占些便宜，而在有些高等动物里，雄性在交尾季节里还能对雌性提供一些保护，或在雏鸟出生之后，还能帮助雌鸟为它们提供一些食物，这种便宜就特别的大。如果在有些动物里，两性双方互相挑选，即，挑选之权不专操于一方，而如果所挑取的也是异性之中既美好可爱而又精力健壮之辈，则上面所说的一些原理也是同样地适用。

两性在数量上的比例。——我在上文说过,如果雄性在数量上比雌性超过得相当多,性选择的问题就简单了。因此,我就尽我的能力所及,对尽量多的动物种类,进行了一番性比例的调查,但材料很有限,我在这里只准备就所得的结果提供一个简短的摘要,把详细的情况留在章末附论中另行讨论,免得在这里纠缠不清,影响我所要阐述的论点。只有家养动物才能提供条件来确定幼畜出生时的两性比例数;但事实上没有人曾经为此目的而特别地记下一笔账来。但通过间接的方法,我还是收集到了相当多的统计数字,根据这些,我们看到,就大多数家畜而言,出生时的雌雄比例似乎是接近于相等的。例如,有一笔数字所记录的二十一年之间赛马的出生总数是 25 560,其中牡对牝的比例是 99.7 对 100。在称为灵猩(greyhound)的那种猎犬,出生时比例数的不均等比任何其他家养动物为大,因为在十二年内所出生的总数 6 878 只里面,公对母的比例是 110.1 对 100。但在某种程度上成为问题的是,我们有没有把握来作出推论,它们在自然状态中的出生比例和在家养状态中是一样的呢;因为一些细微而我们还未能了解的条件的变动会影响这种比例数。例如以人类而言,以女婴的出生数为 100,则英格兰的男婴出生数是 104.5,俄国的是 108.9,在利沃尼亚①的犹太人是 120。但关于雄性出生数的超越雌性这一有趣之点,我在下面附论里还将谈到,目前姑不多说。但也有相反的情况,在南非洲好望角,欧洲人所出生的子女,若干年以来,男对女的比例是 90 到 99 对 100。

为了我们当前的目的,我们所关心的不仅是出生时的性比例,而也是成年的性比例,而这又增添了另一个疑难因素。因为这其间牵涉到一个久经确定了的事实,就是,就人的情况说,男胎或男婴的死亡数,在出生以前,在出生之际,以及在出生后的少数几年之内,都比女胎或女婴要大得相当多。羊羔也几乎可以肯定的有这种情况,而某几种其他动物大概也是如此。某些动物种类的雄性自相残杀;有的彼此互相追逐,弄得筋疲力

---

① Livonia,地区名,跨拉脱维亚和爱沙尼亚两国之境。

竭，瘦削不堪。在心切于追寻雌性而四处流浪的过程中，他们也往往不免遭遇各式各样的危险。在许多种鱼类，雄鱼的体型比雌鱼小得多，而有人相信，雄鱼往往被自己本种的雌鱼或其他鱼类所吞食。某些鸟类的雌鸟看来比雄鸟容易夭折；而当坐窝或保育幼雏的季节里，又容易因敌害的袭击而遭到摧残。在昆虫，雌性幼虫往往要比雄虫肥大，因此更容易遭到敌害的吞食。在有些例子里，成熟的雌虫没有雄虫那么活跃，行动也比雄虫为迟钝，因而躲避灾难的能力也就差些。因此，就在自然状态中的各种动物来说，要判断两性在成熟年龄的比例，只能依靠估计一法，而除了那些不均等情况特别显著的例子之外，这办法是很难信赖的。尽管如此，在下文附论中所列举的事实所容许的情况下，我们还是不妨作出判断而提出如下的结论：在少数几种哺乳动物、在许多种鸟类，和在若干种鱼类和昆虫类，雄性的数量要比雌性的多出相当多。

在若干连续的年度之内，两性之间的比例是有些轻微波动的：例如，在赛马，每出生 100 只牝马，有一年的牡马的比数是 107.1，而另一年则为 92.6；而在灵猊，比数是从 116.3 到 95.3。但如果统计数字所包括的地区面积更广泛一些而不限于英格兰一地，马的出生总数也大些，这一类波动也许会消失不见；而即便如英格兰的数字所示，比数的相差毕竟有限，在自然状态之下亦殊不足以导致有效的性选择。尽管如此，就附论中所举出的少数几种野生动物的例子而言，这种比例的波动似乎既有年度之分，又有地区之别，而波动的幅度又相当大，足以导致性选择的作用。因为我们应当看到，在某些年度里，或某些地区里，那些能够制胜对手，或赢得牝马最大喜爱的牡马，所取得的任何优越性，大概是会传递给下一代，并从而世代相传而不至于受到淘汰的。而在此后若干连续的年度或蕃育季节里，由于两性的比数转趋相等，每一匹牡马可以配到一匹牝马，向隅的牡马是不再有了，然而在此以前所已产生的一些更为健壮与更能惹牝马喜爱的牡马，和那些更为孱弱和不大惹喜爱的牡马比较起来，觅取配偶和遗留子息的机会，纵不更大，至少也是相等。

一雄多雌的配偶习性。—— 一雄多雌或一夫多妻的配偶习性所导致的结果，是和雄多于雌的两性比例的实际不均等所造成的结果一样的；因为如果每一个雄性都想占有两个或两个以上的雌性的话，势必有许多雄性得不到配偶；而这些向隅的雄性肯定会是一些软弱而不惹雌性喜爱之辈。许多种的哺乳类和少数几种的鸟类是实行一雄多雌的配合的；但就比它们更低的几个纲的各种动物而言，我没有能找到这个习性的例证。这也许是因为这些低等动物的智能微薄，还不足以把许多个雌性拢在一起而守卫起来，以构成一个"后宫"。一夫多妻的习性和第二性征的发展之间存在某种关系，看来几乎是可以肯定的。而这种关系又支持一个看法，就是雄性在数量上的优势是一个突出的有利条件，使性选择得以发挥作用。尽管如此，许多种严格实行一夫一妻配合的动物，尤其是鸟类，却表现着特别显著的第二性征；而反之，少数几种一夫多妻的动物则又没有这些性征。

我们首先就哺乳动物巡回地看一下，然后转至鸟类。大猩猩似乎是一夫多妻的，雄性和雌性之间的差别是相当大的；有几个种的狒狒也是如此，它们以小群为生活单位，一群之中，成年的雌性要比雄性多出一倍。在南美洲，卡拉亚吼猴（乙647）的雌雄猴之间，在颜色、须髯、发音器官等方面表现着相当显著的两性差别；而雄猴一般总是和两只或更多的雌猴生活在一起；卷尾泣猴（乙186）则雌雄之间多少有些差别，而看来也是一夫多妻的。[10]关于多数其他的猿猴类，我们知道得太少，只知有几种是严格的一夫一妻的。反刍类动物是突出的一夫多妻的，而它们所表现的两性差别，就整个物群来说，几乎要比哺乳动物中其他任何别的物群为多；就雄性的武器一方面来说，这句话特别适用，同时也适用于其他一些性状。大多数种类的鹿，牛，绵羊是一夫多妻的；各种羚羊也大都如此，但有几种是一夫一妻的。史密斯爵士当讲到南非洲的一种羚羊时说，在大约有十二只上下羚羊的小队伍里，难得碰上一只以上成年的公羊。亚洲的一个羚羊种，亚北羚（乙68），是世界上最漫无节制的一夫多妻者；因为帕拉斯说，[11]公羚羊会把所有的对手赶走，而把一群一百只上下的母羊和小羊收罗在一起；母羚羊是不生角的，毛也要软些，但在其他方面和公羊分别不大。福克兰群岛和北美西部诸州的野马是一夫多妻的，但除了身材比较高大和身体各部分的比例略有不同而外，牡马所以异于牝马的地方实在有限。野猪的两性呈现着很显著的不同性状，公猪有特大的犬牙和一些其他不同之点。在欧洲和印度，除了蕃育季节而外，公猪都过着孤独的生活；但艾略特爵士在印度对这种动物有过许多观察的机会，据他的见解，公猪一到蕃育季节，便和若干只母猪有同居的关系；欧洲的野猪是不是有相同的情况是一个问题，但也不乏一些正面的证据；印度的成年公象，像公野猪一样，也在孤独中消磨着不少的光阴，但据坎贝尔博士说，当它和别的象在一起的时候，"全群之中，除他而外，几乎都是母的，难得看到第二只公的"；强大些的公象总要把弱小些的公象轰走或者除掉。公象有庞大的长牙，在身材、体力和耐劳性上也比母象强大。公母之间在这些方面的差别是如此之大，以致凡被捉而出售的象只，公的要比母的贵上五分之一。[12]在象以外的其他厚皮类（乙701）动物，两性之间的差别很少，甚至没有什么差别，而这些，据我们知识所及，都不是一夫多妻的。在翼手类、贫齿类、食虫类（乙517）、啮齿类（乙840）各目的动物里，我也没有听说过任何一个种是一夫多妻的，除了在啮齿类中间，据某些以捕鼠为业的人说，寻常的家鼠是一只公的和若干只母的同居的。不过在某几个种的树懒（属贫齿类）里，两性之间，在肩膀上某些毛片的特征和颜色上也还有些不同。[13]而在好多种蝙蝠（翼手类）里，两性性状的差别是很显著的，主要在雄的备有臭腺和臭囊，而毛色也比雌的要浅淡一些。[14]在啮齿类这一个广大的目里，据我了解所及，两性之间难得有什么差别，而如果有些不同的话，那也只是在毛色上略有深浅之分而已。

据我从史密斯爵士那里听说，南非洲的狮子有时候只和一单只母狮子同居，但一般是不限于一只的，而在有一个例子里，和他同居的母狮子多到五只，由此可知他是一夫多妻的。据我搜访所及，在所有陆居的食肉动物里，公狮子是唯一的一夫多妻者，而也只有他才呈现一些显著的有关性别的性状。但若我们转向海洋的食肉类，我们将在下文看到，情况就大为不同。因为许多种海豹便提供了一些异乎寻常的两性性状的差别，而这些海豹是突出的一夫多妻的。同样的，据贝隆说，南部海洋里的公海象总是占有若干只母象，而在福氏海狮（Sea-lion of Forster），据说一只公狮的周围总有二十到三十只母的。在北半球的海洋里，陪伴着一只雄性斯氏海熊（Sea-bear of Steller）的母熊何止二三十只。据吉尔博士说，[15]一件有趣的事实是，在那些一夫一妻的种里，"也就是那些以小群为生活单位的种里，两性之间在身材大小上没有多大的分别，而在那些社会性强些的种，或者，更确切的说，那些公的拥有'后宫'的种里，公的身材要远比母的为大。"

在鸟类中间，两性差别很大的那些鸟种是肯定的一夫一妻的。例如，在大不列颠，我们看到两性差别很显著的野鸭是一雌一雄相配的，普通的山乌（blackbird）也是如此，而照莺（bullfinch）则据说相偶终身，至死不贰。据华莱士先生告诉我，南美洲的黄连雀科（Chatterers，即乙 287），以及其他许多鸟种，也有同样的情况。对有几个鸟群，我一直没有能发现其中的鸟种究竟是一夫多妻的，抑或是一夫一妻的。莱森说，两性差别如此惹人注目的各种风鸟（birds of paradise）是一夫多妻的，但华莱士先生怀疑他所持的证据是不是够。沙尔文先生对我说，有些迹象使他相信，各种蜂鸟（humming-birds）是一夫多妻的。以尾羽引人注目的寡妇鸟（widow-bird），其雄鸟看来肯定是个一夫多妻者。[16] J. 威尔先生和另外几位确凿地告诉过我，三只欧椋鸟（starling）在同一只窝里出出进进似乎是寻常的事；但这种结合是一夫多妻的呢，还是一妻多夫的呢，却一直没有得到肯定。

鸡类所表现的两性差别，几乎和各种风鸟与蜂鸟所表现的同样显眼，而谁都熟悉，许多鸡种是一夫多妻的，其他一些鸡种却又是严格的一夫一妻的。一夫多妻的孔雀与雉所呈现的两性差别之大，和一夫一妻的珠鸡（guinea-fowl）与鹧鸪（partridge）所呈现的两性差别之微乎其微，两者之间的对照是何等鲜明！此外我们还可以列举许多同样的例子，例如在整个松鸡类里，一方面，一夫多妻的雄雷鸟和雄性黑松鸡（black-cock），是和雌的大有不同的；而另一方面，一夫一妻的红松鸡和林松鸡（ptarmigan），两性之间的分别却很小。在走禽类（乙 300）里，除了其中的鸨类（bus-tards）中间某些种之外，两性之间有着特别显著的性状差别的例子是极少的，而硕鸨（great bustard，即乙 697）据说是一夫多妻的。在涉禽类（乙 455）里，两性之间具有性状差别的鸟种是极少的，然而其中的流苏鹬（乙 590）提供了一个显著的例外，而这一鹬种，蒙塔古认为是个一夫多妻者。因此，在鸟类中间，在一夫多妻的习性与显著的两性差别的发展之间，看来往往存在密切的联系。掌管动物苑囿的巴特勒特先生对鸟类有很广泛的经验，我曾经问过他，牧羊神雉（tragopan，鹑鸡类的一种）究竟是不是一夫多妻的，他的答复给了我一个相当大的震动，他说，"我不知道，但根据雄雉的羽毛的绚丽，想来他应该是这样的。"

值得注意的一点是，在家养的情况下，单单和一雌或一母相配的本能是很容易丢失的。野鸭或凫是严格的一夫一妻的，但家鸭是高度的一夫多妻。福克斯牧师告诉我，在他寓所邻近的一个大池塘里，来往的野鸭群里有些是已经半驯了的，管禽苑的人有一次把大量的雄鸭打了下来，剩下的雄鸭很少，和雌鸭大约成一与七或八之比，然而这群鸭子还是留下了一大窝一大窝的小鸭子，比通常的还要大些。珠鸡也是严格的一夫一妻的，但福克斯先生发现，在他所饲养的珠鸡中间，如果他把一只公的和两三只母的养在一道，蕃育的成绩就最好。金丝雀（canary-bird），在自然状态下，是一雄一雌相搭配的，在英格兰，饲养这种鸟的人把一雄与四五雌放在一起，让它们配合，也成功了。我注意到这些例子，因为它们或许可以说明，野生的一夫一妻的物种可以变得暂时或永久的一夫多妻，这样的情形是会发生的。

关于爬行类和鱼类的习性，我们知道得实在太少，无从谈论它们的婚配安排。但丝鱼（乙 439）据说是个一夫多妻者。[17]而欧洲所产淡水鲈鱼的一种（ruff），其雄鱼在蕃育季节里是和雌鱼显然不相同的。

总说一下，性选择究竟通过了一些什么手段，就我们判断的能力所及，才导致了第二性征的发展。上文已经指出，最强壮、武装得最好、而在斗争中战胜了其他对手的雄性，和精力最旺盛、营养最良好、而在春季最先开始蕃育的雌性，两相配合，就会产生最大数量壮健的下一代。如果这一类的雌性对雄性有所选择，而所选择的是雄性中比较美观而同时也是精壮的个体，则它们所产生的下一代，比那些落后而不得不和精力较差，美观不足的雄性相配合的雌性所能产生的下一代，在数量上将会大一些。如果更为精壮的雄性选取更为美观而同时也健康而精壮的雌性，结果也是如此；而如果雄性能对雌性提供保护，又能对所生的幼小动物，帮同觅取食物，结果就更加如此。这种精壮对精壮的结合，和由此而产生的比较大量的子女，所提供的好处，看来就已经足以使性选择发挥效用。但雄性个体在比例上大大超过了雌性个体这一情况——无论这种超出只是偶然的和限于某一地区的，或者是经常而一贯的；也无论这种超出的情况发生在一种动物出生之初，即性比例一开始便不平衡，抑或是由于更大量的雌性后来遭到了毁灭；也无论是不是由于一夫多妻习性的间接结果——都会变本加厉地使性选择所能表现的效力有所增大。

雄性所经历的变化一般比雌性要多些。——在整个动物界里，凡是两性在外表上有所不同的物种，总是由于雄性发生了更大的变化才不同的，倒转来的例子是难得的。因为，一般的说，雌性对本物种的幼小动物总比雄性保有更为密切的相似程度，而对本物种所属的物群，小至于属，大至于科或目中的其他成年成员，也要相像得多些。这种情况的发生，似乎是由于几乎所有动物的雄性在情欲方面比雌性更为强烈，因此，在雌性面前，互相战斗的是雄性，而富于诱惑力地把种种色相展示出来的也是雄性；而其中的胜利者，就把他们的优越性传递给了下一代雄性。为什么只是雄性取得他们父亲的这些性状，而不是雌雄两性同样地取得，这一问题将留在下文考虑。在所有的哺乳动物里，总是雄性如饥似渴地追求雌性，这是尽人皆知而说来令人厌烦的一个事实。鸟类也是如此；不过许多鸟种的雄性倒不是真正的追逐雌性，而是在雌性面前展示自己的羽毛之美、表演种种奇妙莫测的小把戏，和把优美的歌声倾倒出来。在极少数几种经人观察到的鱼类，也似乎是雄性要比雌性急色得多；鳄鱼类也是如此，而蛙类看来也有这种情况。在整个昆虫这一庞大的纲里，像科比所说的那样，[18]"一律是雄性寻求雌性。"两位优秀的权威著作家，布莱克瓦尔（Blackwall）先生和贝特先生，对我说过，蜘蛛类和甲壳类的雄性，在生活习性上，要比雌性更为活跃和飘忽不定。在这两类动物里，凡是两性之间只有一性具有某些感觉或行动器官，而另一性并不具备，或者，更为常见的是，这些器官在这一性身上比在另一性身上更为高度发达，这一性，据我发现所及，几乎没有例外都是雄的，这说明在两性求爱的过程中，雄性是更为活跃的一方。[19]

反之，雌性动物，除了极难得的例外，总没有雄性那么着急。正如杰出的亨特很久以前便已说过的那样，[20]她一般总是"要求对方把殷勤献上去"，而她则是羞答答的。我们往往可以看到，她在很长一段时间内，老想从雄性那里溜掉。任何对动物习性作过观察的人都能够想起这一类例子。下文所要列举的种种事实，以及经过一番推寻之后满可以归结到性选择的一些结果，都说明雌性动物，尽管比较地被动，一般却施展某种程度的别择与拣选的作用，接受某一只雄的，而舍弃其他的，根据表面上所能看到的而言，她所接受的倒未必是雄性中最美好悦目的那一只，而是最惹她厌恶的那一只。雌性方面这种或多或少的选取对象的功夫似乎也构成一条法则，其为普通适用，几乎与雄性方面那种迫不及待的追求异性的努力相等。

到此我很自然地要追究一下为什么，在这么众多而各不相同的纲里面，雄性动物会比雌性变得更为迫切，以致要由他出来寻找雌性，而在求爱过程之中成为较为主动的角色。可以理解，如果两性彼此都进行寻找，实际上并没有什么好处，并且会白费一些精力，但不明白的是，为什么几乎总是雄性充当了追寻者？在植物，胚珠在受精之后需要一段吸取养分的时间，因此有必要把花粉带到雌性器官上面——就是，通过虫媒，或风媒，或雄蕊的自发活动把花粉放在雌蕊之上；而在藻类等植物，则通过雄精、亦称动子（antherozooids）的活动能力。在有机组织简单而比较低级的水生动物，既然是一辈子胶着在同一地点之上，不能行动，而两性又各自分开，雄性的精子绝无例外地要被带到雌性那里去。而这一情况的理由所在我们是懂得的，因为，即使卵细胞在受精之前能脱离母体，而于脱离之后又不需要一段营养或保护的时间，由于体积大于精细胞而在数量上不得不大大少于精细胞，转输起来，总要比精细胞困难得多。总之，由此可知，在低等动物中，在这方面，有许多物种是和植物可以比类而观的。[21]固定在一定地点而水居的动物，其雄性既然走上了这样一条把精子放射出来的道路，则后来在进化阶梯上逐步上升而变得有了行动能力的子子孙孙，就自然而然地会保有同样的习性，而会向雌性靠拢，靠得越拢越好，为的是使精子在漫长的水程中免于蒙受损失。在少数的低等动物里，只是雌性一方是固定不移的，那雄性就更不得不成为追寻者一方了。但也还难于理解的是，有些物种的祖先从一开始就是移动自由的，而它们的雄性子孙却还是绝无例外地取得了靠拢雌性的习性，而不是由雌性向他们迁就。不过这一点是肯定了的，就是，在所有的例子里，为了使雄性追寻得更为有效，他们有必要被赋予一些强烈的情欲；而同为雄性的个体，心情越是迫切的那些，就会比不那么迫切的留下更大数量的后辈；强烈的情欲之所以终于取得，就是这一过程的自然结果了。

　　雄性方面这种大为迫切的心情，就这样间接地使他们比雌性远为普遍地发展出了种种第二性征。但若雄性动物比雌性动物原本更倾向于发生变异——而我在长期研究了家养动物之后已经作出结论，肯定他们是这样的——这种性征的发展就得到了很大的助力，从而发展得更快当些。经验广泛的纳图休斯也坚持这样一个意见。[22]把人类的男女两性比较一下也足以提供有利于这结论的良好证据。在"诺伐拉号远征"[23]期间，有人做了关于若干不同族类成员的身体各部分的大量测定，发现在几乎每一个例子里总是男子的变异幅度要比女子为大；但这一题目我将留待下文另一章中再加讨论，目前且不多说。伍德先生[24]对于人体肌肉的变异有过仔细的研究，他把结论用斜体字模郑重地标出说："在每一个项目上，最大数量的畸形状态总是在男子身上发现的。"在此以前，他还曾说过，他"发现在一起102个人中，关于各式各样肌肉过于丰盈的情况这一方面，在男子中间，像在其他方面一样，要比女子多出一半，和上文所已叙述到的女子肌肉过于不足或欠缺的那种更高的频数恰好构成鲜明的对比。"麦克利斯特教授也说,[25] 在肌肉的种种变异方面，"大概男子要比女子表现得更为常见。"在人类身体上正常所不经见的某些肌肉，偶有发展，在男子身上的也比女子身上的为多。尽管据说例外也是有的，却不妨碍这个通例。瓦尔德[26] 曾经把 152 个生而多指与多趾的人的例子列成一表，其中 86 个是男子，而 39 个是女子，还不到男子的半数，其余 27 个的性别不详。但在这里我们应该注意到，女子比男子更倾向于把这一类畸形掩盖起来，不让人知道。此外，迈耶博士说，男子的耳朵在形态上也比女子更倾向于变异。[27] 最后，男子体温的变异也比女子为大。[28]

雄性动物中的一般变异性要比雌性动物中为大，原因何在，我们还不知道，只是由于种种第二性征总是那么非常倾向于变异，而这一情况通常又只限于雄性一方，我们虽说不知道，在一定程度以内，下文就要说到，却也多少懂得了一些。通过性选择和自然选择的作用，在很多例子里，雄性动物已经变得和本种的雌性动物大相悬殊，这是事实，但即使没有选择的影响，单单由于素质上的互异，两性发生变异的方式就倾向于多少有些不一样。一方面，在雌性，为了孕育卵细胞，得花费很多的有机物质，而另一方面，在雄性，为了和对手们进行凶狠的斗争，为了追寻雌性而往来流浪，为了高声歌唱，为了发放那些有臭味的分泌，等等，也得花费上不少的精力，而这种消耗一般总是集中在一个短暂的季节之内。无论两性之间在颜色上有何差别，一到恋爱的季节，雄性方面的旺盛的精力似乎往往会使原有的颜色变本加厉，见得更为浓厚而有光泽。[29] 在人类，甚至在有机进化阶梯上地位低得像鳞翅类的动物，雄性的体温也要比雌性的为高，而单就人类来说，伴随着这一点的，雄性的脉搏也要慢些。[30] 但总起来讲，两性所消耗的物质与力量，尽管消耗的方式与速率很不相同，大概是不太相上下的。

根据刚才所说明的一些原因，可知两性在素质上或体质上，不可能不有所不同，至少在蕃育季节里是如此；因而，尽管它们所与打交道的环境条件完全相同，也还会倾向于循着不同的方式而变异。如果这一类的变异对雌雄两性没有些各自的好处，它们就不会通过性选择或自然选择而得到积累和增长起来。尽管如此，只要激发它们出来的一些环境因素经常地发生作用，它们也就会得以经久而固定下来；而按照通常的遗传方式，也有可能被递交给下一代，当初取得它们的是哪一性，下代传受到它们的也就是那一性，不相逾越。在这种情况下，日子一久，两性之间就会在性格与性状上呈现经久而却又不关紧要的一些差别。例如，艾伦先生指出，分布在美国北方与南方的大量鸟类，尽管种别相同，然在南方的，比起北方的来，羽毛的颜色要深一些；而这似乎是南北不同的气温、光照等等所直接造成的结果。然而也有些例外的情况，在少数的例子里，同一鸟种的两性所起的变化见得与上面所说的不同；在莺类的一个种，红翼欧椋鸟（乙12），雄鸟的羽色，在南方的，果然是加深得多，而在莺类的另一个种，北美红雀（乙174），发生这种变化的却是雌鸟；在黄鸟科的一个种，所谓船形鸟（乙818），雌鸟的羽色变得极容易发生变异，而其雄鸟的羽色则保持不变，几乎彼此一律。[31]

在动物的各个不同的纲里，雌性一方取得了相当突出的一些第二性征，比如更鲜明的颜色，较大的身材、体力、或狠斗性，而不是雄性一方，这种例外的情况，在少数物种里也是有的。在鸟类，在少数例子里，雌雄两性寻常所各自应有的一些性状竟然发生了对调的情况，雌性在求爱过程中成为心情更为迫切的一方，而雄性则虽一直比较被动，我们根据结果而不妨作出的推论却是，他是对雌性有所拣选的，拣选了一些更为美好而有吸引力的雌性。某些鸟种的雌鸟，通过这一拣选过程，取得了高度鲜艳的羽色或其他方式的装饰，而也比雄鸟变得更为壮健有力，更好勇斗狠；而这些性状也照例会传给下一代的雌性，并且只限于雌性。

也许可以提出这样一点，就是，在有些例子里，一个双向性选择的过程一直在进行着；也就是，一面雄性选择比较更美好而能吸引他们的雌性，而另一面则雌性对雄性亦然，但这样一个过程，一面虽可以导使两性都发生一些变化，却不会使两性之间发生互异的种种差别，除非两方对于所谓美好的鉴赏标准各有不同；不过这一点设想，除了对人而外，对任何一种动物来说，是太不可能了，不值得考虑。但世界上也还有两性彼此之间很相像的许多种动物，双方都具备供装饰之用的一些色相，——可以相比，这一情况，我们追溯由来，也会想到性选择的作用。就这一类例子说，我们似乎可以有几分讲得通的提出上面所说的双向或相互的性选择的过程，作为一个解释，就是，比较健壮与比较早熟的雌性一直在选取比较美好与比较精壮的雄性，而雄性则除了比较美好的雌性而外，其余一概不予入选。但根据我们对动物习性的知识而言，这一看法是很不可能符合于实际的，因为，一般的说，雄性总是迫不及待地和任何雌性对象进行结合。更可能接近于事实的一个看法是，凡属两性所共同具备的一些装饰手段，起初都是由两性之一首先取得的，而这一性一般总是雄性，然后传递给下一代的雌雄两性。诚然，如果在一个拉得很长的时期里，任何物种的雄性个体在数量上大大超过了雌性，而后来，在另一个拉得很长而环境条件却已经变得与前不同的时期里，雌性个体在数量上却大占优势，前后两期结合了看，一个双向却并不同时的性选择过程便颇有进行过的可能；然而通过这样一个过程之后，一个物种的两性会变得大不相同，而不是彼此相像。

在下文，我们将要看到，动物界中也存在着许多物种，其中雄性也罢，雌性也罢，颜色都并不鲜艳，也都不具备什么特殊的装饰，然而两性的成员，或先是其中一性的成员，曾经取得一些单纯的色素，如白色或黑色，而这大概也是通过了性选择的。鲜艳颜色与其他装饰手段之所以缺如，或许是由于一些相应的变异根本没有发生过，或许是由于这些动物本身知所抉择，而喜爱黑白一类的纯素之色。一些晦暗的颜色往往是通过了自然选择才取得的，而其目的则在自我保护，而由于鲜明的颜色容易招来祸殃，这一类颜色之通过性选择而取得的过程似乎有时候不免受到限制。但在其他一些例子里，尽管在漫长的年代里，雄性与雄性之间一直在为了占有雌性而进行着斗争，而依然没有能产生什么结果，除非是其中比较成功的雄性，比起不那么成功的雄性来，曾经留下更大数量的后辈来遗传他们的优越性，而这一点，我们在上文已经指出过，要依靠一时凑合的很多复杂条件才行。

性选择发生作用的方式，比起自然选择的来，不那么严厉。自然选择是通过了对诸个体操纵生杀之权来产生效果的，胜者生而败者死，不拘年龄老少。而在性选择，诚然，雄性对手们相互厮打而生死立判，是屡见不鲜的事，但一般地说，比较不成功的雄性的下场，只是找不到一只作配的雌性，或者只是在繁育季节的晚期里找到一只、或若干只发育得不那么健全、体力不那么精壮的雌性而已，如果这物种是一夫多妻的话。因此，它们所能留下的下一代，数量就不免少些，精力也不免差些。通过通常的选择、即自然选择所取得的一些结构，就绝大多数例子而言，只要生活条件维持不变，其所能产生的、而目的在于满足某些一定用途的一些有利变化的分量是有限度的；而为了使一只雄性动物更适应于和对手们进行战斗、或对雌性进行诱引而取得的那些结构则不然，它们所能产生的有利变化的分量是没有一定限度的，所以只要一直有恰当的变异源源发生，性选择的工作便一直可以进行。这一情况对第二性征之所以频繁发生变异、与其变异性之所以非常之大，可以作出部分的解释。尽管如此，如果胜利的雄性身上所出现的某些第二性征被证明为高度有害，有害在消耗太多的精力，或有害在使当事者易于暴露而招惹任何巨大的祸殃，则自然选择会作出决定，不让他们取得这一类性征，而作为经久的东西。但某些结构的发展——例如某几种鹿的牡鹿的角——也还持续发展到了一个出奇的限度；而在有些例子里，更进展到了至少就所处环境中的生活条件而论对雄性不能不说是不无小害的一个极限。从这一事实我们认识到，有利于雄性的一些好处来自在斗争中、在对雌性的求爱中，对其他雄性取胜，并从而留下了更大数量的子孙；而这样得来的好处，长远看来，要比由于对一般生活条件能作出更完善的适应而得来的好处为大。我们将在下文进一步看到一点，而这也是事先无论如何无从预料到的一点，就是，雄性方面蛊惑雌性的能力，在有些例子里，要比在斗争中战胜其他雄性的能力更为重要。

~ ~ ~

遗传的一些法则

为了理解性选择是如何在许多纲的许多动物身上发生过作用，又如何在年代漫长的过程中产生了一番结果，我们有必要记住我们所已经认识到的一些遗传法则，认识到多少，就该记住多少。"遗传"这个名词之内包含两个不同的因素——一是世代之间的传递，二是性状的发展，但由于这两者一般总是联在一起的，两者之间的分别往往受到忽略。有些性状，传递的时间是在生命的初年，而发展出来的时间则当成熟或衰老的年龄，在这一类性状里，我们就可以看到两者的分别。就一些第二性征来说，我们对这个分别可以看得更为清楚，因为这些，就传递而言，是雌雄两性都有份的，而就发展而言，则只限于两性之一。传递的不分雌雄，只要把两个相近而各有其特别鲜明的性征的物种杂交一下，就可以明白，因为双方都把雌雄两性所各自应有的性状传递给了杂种的雌性或雄性，在另一种情况下也可以看清楚这一事实，就是，应该属于雄性的一些性状，间或会在老年或有病的雌性身上发展出来，例如普通的老母鸡有时候会发展出飘带似的尾羽，长长的颈毛、鸡冠、鸡距、啼声，甚至好斗的倾向，全都是雄鸡的性征。反过来，在阉过了的雄鸡身上，我们在不同的清楚程度上可以看到同一个原理。再者，衰老或疾病的原因而外，一些性状从雄性身上转移到雌性身上的事例也间或有所发生，例如，在某些家鸡的品种里，在雏鸡和健康母鸡的脚上也经常出现鸡距。但实际上这种母鸡的距只是具体而微地得到发展；因为在每一个品种里，鸡距的构造的每一个细节都得通过母鸡才能传递给下一代的雄性。下文还将举到许多例子，说明雌性动物，在不同的完整程度上，表现着正常属于雄性动物的一些性状，也说明这些性状一定是首先由雄性获得发展，而后来才分移到雌性身上的。与此相反的情况，即，一些性状首先在雌性身上获得发展，而后来才分移给雄性，是比较少见的；因此不妨在这里举出一个突出的例子。在蜜蜂类，为了幼虫的营养而用来收集花粉的器官是只有雌蜂才用得着的，然而在大多数的蜂种里，这器官在雄蜂身上也部分地有所发展，而对他来说这是很无用处的，至于蜜蜂类里的熊蜂属（bumble-bee，即乙 122），则这器官在雄蜂身上竟然发展得十分完整。[32] 膜翅类昆虫中既然没有任何另一个种备有这种花粉收集器，即便和蜜蜂很相接近的黄蜂也没有，我们就无从作出假定，认为蜜蜂类的雄性，当其在原始的年代，也曾收集过花粉，和雌蜂一样。尽管我们有些理由猜想到，哺乳动物的雄性在原始年代或许像雌性一样用自己的乳汁喂过幼兽，这理由也不能在此借用。最后，在一切返祖遗传的例子里，性状的传递可以先通过两代、三代，乃至更多的世代，然后在某些我们说不上来的有利条件之下才发展出来。要把传递与发展的重要区别牢牢记住，我们最好借助于泛生论（pangenesis）的假设。根据这个假设，身体中每一个单位或细胞都发放出一些胚芽（gemmule），即未发展的原子来，当遗传之际，这些胚芽是不分性别地全部传递给了下一代的，并且像细胞一样，能用分裂的方法繁殖自己的数量。在生命初期的若干年份里，甚至在连续的若干世代里，胚芽可以维持其不发展的状态；它们的能不能终于发展出来而成为和当初发放它们出来的单位与细胞同样的东西，那就要看在生长过程的适当阶段之内，它们和其他先前已经发展出来的单位或细胞的亲和关系（affinity）如何以及彼此能不能进行结合了。

异代之间同年龄的遗传。——这种遗传的倾向是已经很好地确定了的。一只幼小动物身上所出现的一个新的性状，无论是经久而终身的，或只是表现于一时，一般的说，会在下一代身上重新出现，出现的年龄既前后相同，出现时间的久暂也前后一样。换一个情况说，如果一个新的性状是在成年期乃至老年期内出现的，到了下一代，它也就倾向于在同样的年龄期内重新出现。可知异代同龄的遗传是一条通例。如果有与此通例相分歧的情况发生，即，第二次的出现与前一次的出现未必同龄，则错出于前、即早一些的情况要比错出于后、即晚一些的情况多得多。关于这个题目，我在别处既然有过充分的讨论，[33]在这里，为了使读者便于追忆，我只准备举出两三个实例。在家鸡的若干品种里，满身茸毛的雏鸡、长有第一次真羽的小鸡，以及成年的鸡是彼此很不相同的，而这三者和它们共同的祖先形态，原鸡（乙433），也都很不一样；而每一个品种都把自己的这些性状传递给下一代，而在相应、即相同的年龄期之内一模一样的重新发展出来。例如，星光闪烁的汉堡鸡品种（Hamburg）的雏鸡，一身茸毛之上，只在头部和尾部有少数黑点，而没有其他许多品种的雏鸡那样的横条纹；到第一次真羽出现时，"它们有了像铅笔画出一般的条纹，很是美观"，那就是说，每一根羽上画出了许许多多黑色的横条；到了换上第二次真羽时，全身的羽都变得星光闪烁似的，即，每一根羽的尖端都镶上了一个黑的小圆点。[34]由此可知，在这汉堡鸡品种里，变异曾经在生命的三个不同阶段里发生，并且也在同样的三个不同的生命阶段里通过遗传而在下一代身上发展出来。鸽子所提供的例子更为引人注目，因为原始的祖先鸽种，在年事渐长的过程中，并不改换羽毛，一次都不换，只是在到了成熟的年龄，胸部的羽毛更增添几分虹彩的光泽而已；然而也还有些鸽种，一直要经过两次、三次、以至四次的换毛之后，才取得各自所应有的标志性羽色，而这些羽毛方面的变化也是照例传递下去的。

异代之间同季节的遗传。——在自然状态中生活的各种动物里，性状作一年一度的季节性的出现，季节更替了，性状亦有所改变，这种例子是举不胜举的。牡鹿的角，北极地区各种动物的毛，一到冬天就变得又厚又白，便是我们所看到的一些例子。许多鸟种只是在蓄育的季节里才取得鲜明的颜色或其他打扮的手段。帕拉斯说，[35]在西伯利亚，家养的牛和马，一到冬天，毛色就会变得浅些；而我自己也曾看到和听人说过同样突出的一些毛色转变的例子，比如在英格兰的小型马种（pony）的若干匹马，毛色从带棕的乳酪色或带红的棕色一变而为纯白色。毛色因不同季节而改变的这种倾向会不会遗传，我不知道，但也许会遗传，因为马的一切浅深的颜色都有强烈的遗传倾向。并且，这种限于季节的遗传方式又是比较寻常的事，比起限于年龄或性别的遗传方式来，并不见得更为特别。

限于性别的遗传。——性状不因性别而分轩轾的遗传是各种遗传方式中最普通的方式，至少就两性差别不太显著的那些动物物种来说是如此，而这一类物种是不少的。但看来也多少有些普遍的一个情况是，有些性状所被移交①的对象只限于一个性，并且是当初这些性状所从出现的那一个性。我的《家养动植物的变异》一书中在这方面已经提出过很多证据，但这里不妨再举几个例子。在绵羊和山羊的有些品种，公羊的角在形状上和母羊的角有很大差别，而这些在家养情况下所取得的差别总是公归公、母归母地传递给下一代的。在猫类，一般的规矩是只有母猫才有玳瑁的花色，而其相对的公猫的毛色却是铁锈红。在家鸡的绝大多数品种里，雌雄两性各自传受到它们所应有的性状，从不相乱。这种限于性别的传递方式是如此普通，以致如果在某些品种里发生了一些变异世代传递、不分性别的情况，就不免被认为是一种变态。在家鸡中的某些亚品种里也还有如下情况，就是，各亚品种的雄鸡都长得差不多，彼此之间几乎无法辨别，而雌鸡则在颜色上相当清楚地各不一样。在鸽子，野生祖种的雌雄两性在任何外表性状上是没有分别的；然而在某些家鸽品种里，雌雄两性的颜色则各不相同。[36]英格兰传书鸽（carrier-pigeon）的垂肉和球胸鸽（pouter）的嗉囊，在雄鸽身上的要比雌鸽的更为高度发达。而尽管这些性状之所以取得是由于长期以来的人工选择，两性之间在这些性状上的一些轻微差别却完全可以推源到在这方面通行的遗传方式，即限于性别的遗传方式，而与育种者的愿望相左的。

---

① "移交"，按此处及本章下文的其他三四处原文都作"transferred"，颇疑这是达尔文原稿中的一个信手写出、勉可通用、而未曾纠正的一个错误。根据前后文义，及达尔文在全书中一般用字不苟的谨严态度，此字应作"transmitted"，译文则应作"递交"才合。统观全书，在涉及遗传的各个章节里，达尔文对这两个字是分得很清楚的：凡上代把一个性状交给下代，除用普通的"遗传"字样外，他用"transmit"一字；而凡属两性之一所首先取得而后来又通过遗传分移给另一性而成为两性所共有的性状，他就用"transfer"一字。准此，这里应当用"transmit"而非"transfer"无疑。后文也有几处同样的情况。

绝大多数家养动物品种之所由形成，是通过许多细致变异的积累而来的，而在积累的过程之中，有些连续的步骤只递给了两性之一，另有一些则兼及两性。既然如此，我们在同一物种的不同品种之中就会发现有的两性大相悬殊，而有的几乎一模一样，而其间各种同异的程度应有尽有。关于家鸡与家鸽品种的这方面的例子，上文已经举出一些了，而在自然状态之下，可以类比的例子也很普通。家养动物，两性之一有时候会丢失它所原有而应有的一些性状，转而在外表上和它的异性有些相似；例如，家鸡的有些品种的公鸡丢失了他之所以表示雄性的尾羽和颈毛；但在自然状态之下是不是同样有此情况，我还不敢说。反之，在家养情况之下，两性的差别也会有所增加，例如美利奴羊或螺角羊（merino sheep）的母羊，在这情况下，就丢失双角。在这情况下，两性之一所原有而应有的性状也会突然在另一性身上出现，例如某些亚品种的家鸡的母鸡，在幼小的时候，脚上会生距；又如在波兰鸡（polish）的某些亚品种，我们有理由相信，当初是母鸡首先取得了鸡冠，而后来才转移到公鸡头上的。所有这些例子都可以通过"泛生论"（pangenesis）的假设而得到理解；因为，它们都以身体某些部分所产生的胚芽（gemmule）做依据，尽管这些胚芽在两性身上都有存在，在家养情况的影响之下，在无论哪一性身上，有的发展了出来，有的始终维持着潜在的状态。

这里有一个难题需要解决，但以留待下面另一章里再作处理为便，就是，一开始在两性身上同样有所发展的一个性状，能不能通过选择而将其发展只限于两性之一的身上。例如，如果一个育种家看到他所养的鸽子里（在鸽子，性状的转移通常也是两性不分轩轾的），有几只发生了变异，原有的颜色变成了浅灰蓝色，他设想是不是能够通过一段长时期不断的人工选择使这一色的鸽子成为一个新品种，即，其中只是公鸽应该有浅灰蓝色，而母鸽则维持原有的颜色不变。在这里，我只准备说，这件事虽也许不是不可能，却是极其困难的，因为，把浅灰蓝色的公鸽用来蓄育，其自然的结果是整个品系（stock）都变成这个颜色，不分雌雄。但若这种不同颜色的变异的出现而发展，一开始就只限于雄性，要据此而蓄育出两性颜色各自不同的品种来，就毫无困难了，而实际上一个比利时的鸽子品种就是这样蕃育成功的，在这品种里，只公鸽有黑色条纹，母鸽是没有的。同样，如果一个变异首先出现在一只母鸽身上，而其发展又一开始就限于母鸽，那要形成一个只有雌性有此特征的品种也是容易的；但如果所发生的变异并没有这种性别的限制，则繁育成品种的过程势必万分困难，甚至不可能。[37]

论一个性状在一生中发展的早晚和它的传递所牵涉到只是一性抑或两性这两种现象之间的关系。——为什么某些性状被遗传给雌雄两性的后代，而另外一些则只传给两性之一，而这一性又总是这些性状首先所从出现的那性，这一问题就大多数的例子而言，我们是很答不上来的。我们甚至无法猜测，为什么在鸽子的某些亚品种里，黑条纹的遗传，尽管必须通过母鸽，却只在公鸽身上发展出来，而同时其他每一个性状却是不分轩轾地转移给雌雄两性；再如，为什么，就猫来说，玳瑁的花色几乎绝无例外的只在母猫身上发展出来；再如，同是一个性状，如短指趾、或多指趾、或色盲，等等，其在人类，在有一个家族里只是男子遗传到，而在另一个家族里只是女子遗传到，尽管无论在哪一个家族里，这种遗传都得通过和自己相异的一性与和自己相同的一性，即都得通过父与母。[38]尽管我们是如此的无知，下面的两条通例似乎往往是站得住的：一，凡属在两性之中任何一性身上首先出现而又出现得比较晚，即在生命的较后期才出现的一些变异，会倾向于只在下一代的两性之一身上发展出来，而这一性又是和首先发生这一变异的一性相同的；二，反之，凡属在两性之中任何一性身上首先出现而又出现在生命早期的一些变异，则倾向于在下一代的雌雄两性身上同样地发展出来。但应该说明，我决不认为出现的迟早是唯一的决定因素。不过这问题我既然在别处还没有讨论过，而它又和性选择的题目有着重要的关系，我不得不在这里不厌冗长和多少有些琐碎曲折地谈一个清楚。

在生命中早期便出现的任何性状会倾向于不分轩轾地遗传给下一代的两性，这一层，即就事理的本身来说，也是可能的，因为，当此早期，生殖的能力还没有发展，两性在体制上的差别还不大。反之，当生殖能力已经被取得而两性在体制上变得很不相同之后，两性之中的一性身上的每一个正在变异中的部门所抛出的胚芽（如果读者容许我再一次使用"泛生论"的语言的话）就远为更可能具备那种应有的亲和性，来和同一性别的细胞组织或体素（tissue）结合起来，并从而向前发展；其与异性的组织的关系便不然了。

当初我之所以推论到这一种关系的存在，是有个来历的，就是，我看到这样一个事实：无论在什么场合，也无论在什么方式之下，成年的雄性，大凡和成年的雌性有所不同，他也就同样的和雌雄两性的幼小动物有所不同。这一事实所具有的概括性是很值得注意的，它的适用范围几乎包括哺乳类、鸟类、两栖类、和鱼类动物的全部；同样也适用于许多种的甲壳类（乙297）、蜘蛛类（乙80）以及少数几种昆虫比如某几种直翅类昆虫（乙684）和几种蜻蛉（乙554）。在所有这些例子里，通过了长期积累而构成了使雄性终于表现其为雄性的种种性状的那些变异，当初一定是在生命的相当晚期才出现的；否则，幼小的雄性就不免和成年雄性具有相似的特征，而不是互不相同了；而这些变异，正和我们所说的通例相符，即，只是传递给下一代的成年雄性而只在他们身上发展出来。相反的情况是，如果成年雄性与雌雄两性的幼小动物很相近似（而这些，即雌雄两性的幼小动物，除了极少的例外，彼此之间自然也是相像的），则他和成年的雌性一般也就相像。而就这一类例子中的绝大多数而言，老的动物也罢，小的也罢，所由取得它们现有种种性状的那些变异，按照我们的另一条通例，大概是发生得比较早，早在这些动物的青年时期。但在这里我们还有些可以置疑的余地：因为，世代传递之际，有些性状在下一代身上的出现，有时候要比在上一代身上为早，因此，可以想到，在上一代，变异的发生有可能是成年期间的事，而下一代之传递到此种变异所形成的性状，却成为幼年的事。此外，在许多种动物里，成年的雌雄两性彼此很为相像，而和它们的幼小动物却又互有不同；在这里，我们就可以肯定地说，成年动物的一些性状当初是在生命的较晚年龄里才取得的。然而，这些性状，和我们的通例显得相反，却又是同样地传给了下一代的雌雄两性的。不过，我们也千万不要忽略一个可能发生、甚至极可能发生的情况，就是，由于和同样的环境条件打交道，同样性质的变异，可以接二连三地在雌雄两性身上并且都在生命的相当晚的时期里，同时发生。在这种情况下所取得的变异，就会传递给下一代的雌雄两性，而在相应的较晚年龄里发展出来，这样一来，就和我们所提出的通例或法则——即，生命较晚期间所发生的变异只会传递给下一代的两性之一，而这一性一定就是上一代里这种变异所从发生的那一性——没有真正的矛盾了。这一条通例，比较另外那一条——即，两性之中任何一性在生命早期所发生的变异，倾向于不分性别地传递给下一代——所适用的范围似乎更为广泛。在整个动物界里，这两条定理分别适用的范围究竟有多大，所能纳入每一条之下的究竟有多大数量的例子，我们显然是连估计都无法作出的，因此，我想把一些突出而有决定性的例子探索一下，并以探索之所得作为立论的依据。

一个出色的可供探索的例子是由鹿类这一科提供的。除了一个种——驯鹿种（reindeer）——而外，在所有的鹿种里，只牡鹿有角的发展，尽管角的遗传肯定要通过牝鹿，而在牝鹿身上有时候也会出现一些这方面的畸形发展，但只牡鹿有角这一点是肯定的。驯鹿种则与此相反，牝鹿也具有双角。因此，在这一个种里，按照我们的通则，角在生命的早期里，远在两性各自成熟而在体制上变得很不相同之前，便该出现。而反之，在所有其他的鹿种里，角应该出现在生命的较晚时期里，这一来，它在后代的发展就只能限于它在整个鹿科的祖先身上最初出现的那一性了。如今我发现，在分隶于鹿科的各个不同的属、分别散布在世界各地、而只牡鹿有角的七个鹿种里，角的出现时间也颇有不齐，三叉角鹿（roe deer，牡鹿为roebuck）最早是出生后九个月，其余身材较大的六个种的牡鹿则自十个月、十二个月，乃至更多的月份不等。[39]但驯鹿的情况则大不相同。承尼尔逊教授的雅意特别为我在拉普兰①查询了一番之后告诉我说，它们的角

---

① Lapland，瑞典挪威迤北地区。

在出生后四至五星期就出现了，而两性之间亦无迟早之别。因此，我们在这里便看到了在全科动物之中既只在一个种的身上发展得异乎寻常的早，而又构成了两性之间所共有的一个性状的这样一种结构。

在若干个种类的羚羊里，只公羊长角，而在更多的种类里，则雌雄两性都长角。至于角的出现年龄，则布莱斯先生告诉过我两个有关的例子。曾有一时，伦敦动物园里有一只幼小的纰角羚羊（koodoo，即乙 70），这种羚羊只雄的有角，同时又有一只和纰角羚羊关系很近密的另一种称为岬麇的大型羚羊（eland，即乙 67），而这一种是两性都长角的。如今，在前一种的幼羚羊，虽已出世十个月，角还长得异常短小，纰角羚成长之后原是一种比较大型的羚羊，型大角小，就见得更不寻常了；而在幼小的雄岬麇，虽出生只三个月，一对角却已经要比幼小的纰角羚的大得多：而这两例是和我们的通则完全相符的。值得注意的又一个事例是，在美洲叉角羚（prong-horned antelope），[40] 雌性只少数长角，约五只中有一只，已经是一种残留的状态，但有时候也可以长到四英寸以上。由此可知，至少就只有雄性备有双角这一点而论，这一个羚羊种所处的是一个中间状态，而角在雄性身上出现的时期也比较迟，要迟到出生后五六个月。因此，以此和我们所有涉及其他羚羊种的角的发展的有限知识相比，再根据我们所知的有关鹿角、牛角等等的资料，我们认识到，叉角羚羊的角的出现年龄所处的也是一个中间状态——那就是说，既不像牛和绵羊的那么早，又不像各个大型鹿种和大型羚羊种的那么晚。绵羊、山羊、牛的角是两性都发展得很好的，只是大小不完全相等，并且出现得也早，早到出生之初，或初生之后不久，就可以摸得出，甚至看得到。[41] 但在有几个绵羊的品种里，例如美利奴羊、即螺角羊，光是公羊有角，这似乎就和我们的通则发生些矛盾，因为，我在探访之下[42]并没有发现这一种绵羊的角的发展要比两性都有角的寻常绵羊为迟。不过，就家养的各种绵羊来说，角的有无已经不是一个十分固定的性状，即如在美利奴羊的母羊里，长有小小的角的就占有一定的比数，而有些公羊却反而不长角，而在大多数绵羊品种里，不长角的母羊也间或会产生出来。

不久以前，马歇尔博士对鸟类头部那种极为普通的隆起，特别进行了一次研究，[43] 他达到如下的结论：在只限雄鸟有这些隆起的鸟种里，它们要到生命的较晚时期里才发展出来；而在这些隆起为两性所共有的鸟种里，它们却在很早的时期里就出现了。对于我所提出的两条遗传法则，这肯定是一个突出而有力的坐实。

在漂亮的雉类这一科的绝大多数鸟种里，雄雉是大为显眼地不同于雌雉的，而他们之所以别于雌雉的一些装饰手段的取得，在整个生命时期里，是相当晚的。但有一个雉种，耳雉（eared pheasant，即乙295），却提供了一个引人注目的例外，因为它的雌雄两性都备有美好的尾羽、耳边的大撮羽毛，和头顶周围红丝绒似的茸毛。我发现所有这些性状在生命的很早阶段就都出现了，和我们的通则正相符合。但这一种雉的成年雄雉还是可以和成年雌雉区别开来，因为雄性足上有距，而雌性没有。而和我们的通则相符的是，据巴特勒特先生确凿地告诉我，距的开始发展不会早于出生后满六个月之前，而即便龄期已达六个月，雌雄两性还是分不清楚的。[44] 孔雀的羽毛，除了美丽的羽冠为雌雄两性所共有而外，在其他部分，两性之间几乎全都截然不同；而羽冠的发展是很早的，要比雄性所独具的其他装饰手段的发展早得多。野鸭提供了一个与此可以相类比的情况。在野鸭，两翼上美丽的绿色灿斑是雌雄两性所共有的，只是雌鸭的要暗些，也似乎小些，而这在两性都是很早就发展出来了的；至于雄鸭所独有的卷曲的尾羽和其他装饰手段，则到后来才长出来。[45] 在这两个极端的情况之间，一端是两性极为相像，如耳雉之例，另一端是两性大相悬殊，如孔雀之例，我们不难列举许多中间状态的例子来说明它们所具备的种种性状，在生命期内发展的先后次序上，是按照我们的两条通则行事的。

在昆虫类里，绝大多数物种从蛹的状态脱颖而出的时候就已经趋于成熟，因此，要用性状发展的先后来断定它们在遗传之际所传递到的只是两性之一，或是兼及两性，是一个困难的问题。例如，有两个种的蝴蝶在此，一个种的雌雄两性在颜色上不同，另一个则两性相似，我们就不知道这两种蝴蝶的有色的鳞片，当其在茧壳中发展时是不是在龄期上同样地相对有所先后。在同一个蝴蝶种之内，某些彩色的标记是只限于两性之一的，而另一些则为两性所共有；我们也不知道，构成翅膀上这些彩色标记的鳞片是同一个时候发展出来的呢，还是有所先后。这种发育期间的先后不同，初看像是不会发生，其实怕也未尝不会发生，姑且看一下直翅类昆虫的情况就可以明白。直翅类昆虫的进入成年状态，不是经过一单次蜕变，而是连续经过一系列脱壳的，有些种的直翅昆虫的幼小雄虫，起初是和成年雌虫相似的，而只在经过较晚的一次换壳之后才取得所以成其为雄性的那些性状。某几种甲壳类动物的雄性在历次换壳时所发生的情况也完全属于这一路，可以比类而观。

到目前为止，我们仅就自然状态下的一些物种的性状，在世代之间的传递或接受时所发生的或迟或早的情况，作了些讨论；现在我们该转向家养动物的情况了。首先提一提这些动物中的种种畸形和病态。多指趾的出现，和某几个指节或趾节的短缺，一定是在胚胎发育的初期里便已决定了的——血流不止的倾向至少是先天的，而色盲大概也是——而这些奇特的性状，以及其他一些类似的特征，在世代之间的传递上，往往只限于两性中的一性。因此，我们所提出的通则之一，说凡属在生命期中发展得早的一些性状倾向于不分轩轾的传递给下一代的两性，在这里就全垮了。[①] 但我们在上文也说过，看来这一条通则，比起相反的那另一条来，没有那么普遍有效，那另一条说，凡属在两性之一的生命期中出现得比较晚的性状，遗传起来，是只传给下一代的同一个性的，即，父只传子、母只传女的。这才是两条通则中更具有普遍性的一条。上面所说的那些变态的特征，远在性的机能发展成熟而开始活动之前，就和两性之一连结不解——这样一个事实使我们可以作出推论，认为，在极其幼小的年龄里，两性之

---

① 按此属又一种遗传方式，近代遗传学称为"性联遗传（Sex-linked inheritance），是 20 世纪初年以来性细胞、染色体、性染色体、基因、特别是性染色体上的基因等有关遗传（包括性别的决定）的种种细胞学的现象先后被发现与阐明以后的事，至今已成为遗传学的一部分常识。达尔文写本书，早于此将近五十年，只能用他当时所了解和自己所归纳而得的一些假定来作出解释，局限性自然很大，而一碰上诸如大都从外祖父传递给外孙男的色盲和血友病一类的性状时，就非"垮"不可了。

间便已存在一些差别了。关于那些限于性别的病理状态，我们对病理最初发生的时期知道得太少，无法提出任何稳妥的结论。但痛风（gout）这种病似乎是可以归入我们的通则之内的，因为它大都起因于成人时期的生活漫无节制，而父传与子的强烈程度要比父传与女的大得多。

在绵羊、山羊，和牛的各个不同的家养品种里，各自的雄性，在角、额部、鬃、垂肉（即牛胡）、尾、肩头的隆肉的形状或发育等方面，都和雌性有所不同；而这些特征都要到生命的一个相当晚的阶段才完全发展出来，这是和我们的通则相符合的。犬类的雌雄两性是模样相同的，只是在某几个品种里，特别是苏格兰产的猎鹿犬或猎鹿用的灵猺（deer-hound），公犬的体型要比母犬的大而结实得多。而我们将在下文另一章中看到，公狗的体型一直要增长到生命中晚得异乎寻常的一个段落，而这一点，根据通则，就可以解释为什么体型的加大这一性状只传子而不传女了。与此相反，只有雌猫才有的玳瑁花色是一生出来就见得很清楚，这一情况是和通则相冲突的。再有一种情况，在鸽类中有一个品种，只雄鸽才有黑色条纹，而这种条纹在雏鸽身上就不难辨认出来；但后来越是多换一次羽毛，就越显得分明；这样一个情况就一半和通则相矛盾，而一半对通则又提供了支持。在英格兰的传书鸽和球胸鸽，垂肉和嗉子的发展完成是相当晚的，而这两个性状的这种发展完善的程度只传与雄的后一代；这又和通则相符合了。下面所要叙述到的一些例子也许可以纳入上文一度提到过的那一类，就是，雌雄两性都在生命的一个相当晚的时期里发生了同样的变异，后来又把这变异传给了下一代的雌雄两性，而由它们在同样相当晚的生命阶段里发展出来。果真如此，则这些例子至少是和我们的通则不冲突的。至于具体的实例，不妨举诺伊迈斯特尔所叙述的鸽子的一些亚品种，[46] 在这些亚品种里，雌雄两性的鸽子，在两次或三次换羽之际，都要改变颜色（有一种翻飞鸽，almond tumbler，也是如此），然而这种改变，尽管在生命中出现得相当的晚，却又是雌雄两性所共同传到的。称为"伦敦锦标"的金丝雀的一个变种所提供的情况与此相近，可以类比地看待。

就家鸡的各个品种而言，各色各样性状之只传子或女，或兼传子与女，似乎一般取决于有关性状在生命中发展出来的阶段先后或年龄早晚。正因为如此，凡是在颜色上公鸡既与母鸡大不相同，而又与野生的祖种很有差别的所有许多品种里，其雄鸡也就和各自的幼小公鸡不一其色，由此可知这些新取得的性状，即鲜艳的羽色之最初出现，一定是在生命的一个相当晚的时期之内。反之，在大多数两性彼此相像的其他品种里，子女的颜色也就和父母的没有多大分别，由此可以得出推论，认为它们的颜色当初大概是在生命中出现得早的。这方面的例子不一而足，我们在一切黑色品种或白色品种里就可以找到。在这些品种里，雌雄老少全都是一色相似的；我们也不要以为一种黑色羽毛或白色羽毛有什么特殊的地方，足以使原先出现在一性身上的颜色后来分移到另一性，从而成为两性所共有。因为在自然状态下的许多物种里，只雄性是全黑色或全白色，而雌性则为别一颜色。在家鸡的一个称为"郭公"（"Cuckoo"）的亚品种里，羽上都有像铅笔画似的黑色横线纹，雌雄老少几乎全都一样。印尼矮鸡的一个品种班腾鸡（Sebright bantam），由于羽上有条镶边，是有花色的，也是雌雄一样，而在这品种的小鸡，两翼上的羽也是镶了边的，虽不完全，却也清楚。但另一品种，即由于小花点而像闪烁发光的汉堡鸡，则提供了一个不完全的例外；因为，它的雌雄两性虽不很一样，却还彼此相像，其相像的程度要在原始祖种鸡的雌雄两性之上。然而它们对这种富有特征性的花色的取得是不早的，因为它们的小鸡分明别有花色，而这花色是由横条纹构成的。关于野生祖种鸡和大多数家鸡品种除颜色而外的一些性状，首先我们可以提出鸡冠。一般只是公鸡有发展得完整的鸡冠，但在有一个品种，即西班牙鸡（Spanish fowl），小公鸡就长冠，并且一般都发展得甚早，而唯其在公鸡中发展得如此之早，成年母鸡的冠也比寻常或一般母鸡的为高大。在斗鸡的各个品种里，好斗性格的发展是早得出奇的，在这方面，如有必要，我们可以举出种种奇异有趣的例证来。而这一性状是雌雄两方都传受到了的，而正因为母鸡也极度好斗，如今在展览场合里，总把她们分开，各有各的圈或栏。在波兰鸡的各个品种里，用来支撑冠羽的头部骨质隆起也出现得特别早，甚至早到小鸡从蛋壳里出来之前，已有了部分的发展，而不久以后，冠羽也生出来，初期长势虽缓，开始的时间也是早的。[47] 而在这品种里，成年的鸡，不分公母，头上都有一个巨大的骨质隆起和蓬蓬松松的一大撮冠羽，作为特别的标志。

最后，根据我们到目前为止在许多野生物种和家养品类的动物身上所已经看到的存在于性状发展的早晚与性状遗传的方式之间的关系——例如，驯鹿的角生长得早，于是雌雄两性就都备有角，而其他鹿种的角生长得晚得多，于是只有牡鹿才备有角，两相比照、事实分明——我们不妨提出结论，认为，性状之所以只传给两性之一，原因之一而却非唯一的原因是，性状的发展晚，即，到动物比较年长的时候才出来，这是一点；第二点是，性状之所以兼传两性，原因之一，尽管效力似乎差些，是性状的发展早，早在两性在特征上还没有多大分别的龄期之内。但所说雌雄两性的体制起初相差不大，也不尽然，看来即便在胚胎发育阶段，两性之间便一定已经存在着一些差别，因为在这阶段里发展出来的一些性状后来也只和两性之一有联系，而这种情况也不是太希罕的。

总说和结束语。——基于上面有关遗传的各个法则的讨论，我们认识到，父母身上的性状往往、甚至一般的倾向于在与父或母同一性别的后一代身上、在同一年龄、和在一年之中的同一个季节里一年一度的发展出来，当初在父或母身上的发展年龄与季节是什么，子或女的也就是什么。但这些通则，由于至今未知的原因，还远不能确定下来。因此，当一个物种正在发生变化的过程中，接连发生的一些改变可以很容易地用不止一个方式向下传递；有的只传给两性之一，有的兼传给两性；有的只在后一代的某一年龄里相传授，有的则不拘任何年龄。这里面极度复杂的还不止是这些遗传的法则；引起变异性与控制着变异性的一些原因也是千头万绪，难以究诘。变异一经被引逗出来之后，是通过了性选择而得到保存与积累的，而性选择本身又是极其错综复杂的事，因为它既要凭借雄性方面的热情、勇敢，和雄性彼此之间的竞争，又要依靠雌性方面感官的灵敏、赏鉴的能力，和坚强的意志。另一方面，性选择，在很大程度上，也受到自然选择的制约，使它的影响不至于越出有关物种的总的福利的范围。因此，雌性、或雄性、或雌雄两性的个体，通过性选择之分别受到、或共同受到的种种影响，与从而分别或共同发生的变化，在方式上势必错综复杂得无以复加。

如果变异只在两性之一的较晚龄期中出现，而后来又传递给下一代中同一性别的个体，由它们在同一龄期中发展出来，则另外的一性和未成年的幼小动物是被搁过一边而不起变化的。如果变异发生得晚，而却又把下一代的两性都给传递到了，由它们在同样晚的龄期发展出来，则当然只有幼小动物才被搁过而不起变化。但有些变异的发生可以不受年龄小或壮的限制，有的只在一性身上，有的兼在两性身上，而其向下一代的传递与发展，既没有性别的限制，又不受年龄的拘束，则起变化、而所起的又是同样变化的将是一个物种的全部成员，没有任何一个被搁过一边。在下文的若干章里，我们将看到，所有这几类的例子在自然状态中都经常发生，应有尽有。

对任何尚未达到生殖年龄的动物，性选择是绝不可能发生作用的。由于雄性动物的情欲强烈，迫不及待，它所从发生作用的对象，一般总是这一性，而不是雌性。因此，雄性获得了种种武器，用来和其他雄性进行战斗，有了种种特殊的器官，用来发现和抱持雌性，使她不得挣脱，和用来激发她，蛊惑他，使她委身相就。在凡属两性之间在这些方面有所差别的动物物种，我们在上文已经看到，差别的存在势必远不限于此，而在成年雄性与幼小雄性之间也或多或少地存在，而这也未尝不是一条极具普遍性的法则了。而根据这个事实，我们又不妨作出结论，认为凡所以使成年雄性发生变化的种种接二连三的变异，是出现得比较晚的，一般的说，要略早于生殖年龄，而又不会早得太多。如果，在有的例子里，有些或为数不少的这种变异在生命的早期里便已出现，则幼小的雄性会或多或少地分享到成年雄性的一些性状；这一类由于分享不全而在雄性的老少之间所引起的差别，我们在许多动物物种里也可以观察得到。

年轻的雄性动物似乎往往会有这样一个倾向，就是，变异所取的方式不但在青年时期里对他们全无用处，并且实际上还有妨碍——例如，鲜明的颜色的取得适足以把他们暴露出来，为敌人所利用；又如某些结构的成长，比如庞大的双角，把发育期内所需要的精力白白消耗掉了。这一类发生在青年雄性动物身上的变异几乎可以肯定地会通过自然选择而受到淘汰；反之，在成年而已有阅历的雄性，这一类性状的取得是有好处的，而这些好处的分量足以抵销一些暴露所招致的危险和一些精力的浪掷而有余。

同样的变异，如果发生在雄性身上，固然可以给他更多的机会来战胜其他雄性，来对异性进行寻找、占有、或蛊惑；但若不期而然地发生在雌性身上，则对她没有什么用处，因而不会通过性选择而保持下来。关于变异的不易保持，我们在家养动物方面也有些良好的证据；在家养动物，无论哪一类的变异，如果不精心选取而有所松懈，就会通过血统的混杂和一些偶然事故所引起的死亡，而很快归于消失。因此，在自然状态下，如果上面所说的那一类变异，机缘凑合，竟然在雌性一系里出现，而又在雌性一系里传递上一些时候，它们是极容易丢失的。但若在她身上，既发生了变异，又把新取得的性状传给她所有的下一代，既传给女，也传给子，则那些对子有利的性状将会通过性选择而由他们保持下来。这样，雌雄两性同样地起了些变化，有了些新的性状，只是这些性状对雌性没有什么用处罢了。不过关于这些更为曲折复杂的偶发情况，我在下文将继续有所交代，目前且不多说。最后，雌性也可以通过从雄性那里分移的方式而取得一些性状，理论上可以，而就事实看来，也往往像是真的取得一些。

在物种的生殖与传代一方面，发生于较晚的年龄而只传递给两性之一的一些变异，既然不断地通过性选择而得到利用和积累；而在寻常生活习惯一方面，同样来历的一些变异却没有通过自然选择而经常得到增益，这骤然看去似乎是一个难以索解的情况。但如果后者真的有所发生而成为事实，即，这另一方面的变异居然也得到了增益，则雌雄两性所经历的变化就不可避免地会时常分道扬镳，例如，为了捕取其他动物作为食物，或为了逃避危害，就得各走各的路，各起各的变化……性之间这一类差别实际上是间或有些的，特别是在进化地位较低……些纲的动物中间。但这一情况有这样一个涵义，就是，两性在生……界之中各循各的道路，各有各的习性，而这就各类高等动物而论……乎是绝无仅有的事。至于在生殖与传代一方面，则情况与此大不……在一些有关生殖的功能上，雌雄两性必然是不相同的。有关而……着这些功能而发生的一些结构上的变异往往会被证明为对两性中……性有好处、有价值，而由于这些变异在生命中较晚一段才出现……又只向两性之一的身上传递下去，于是这一类经过保持……的变异终于产生了各个第二性征。上面所说雌雄两性在生殖功能方面必然不同，不能和一般生活习性所牵涉到的性状等量齐观，原因就在这里。

在下面的若干章里，我将就各纲动物的第二性征，分别加以处理，而在处理之际，将尽我的力量，把本章中所已说明的一些原则，逐纲逐纲地加以应用。进化地位最低的几个纲是不会占用我们太多时间的，但几类高等动物，特别是鸟类，必须从长处理，要多用一些篇幅。应须记住，为了已经说明过的一些理由，关于被雄性用来发现雌性、而在发现之后，将她把握住的那些数不胜数的结构，我只准备略举几个富有说明性的例子。在另一方面，被雄性用来战胜其他雄性、和用来诱惑或激发雌性的一切结构与本能，则会得到充分的讨论，因为从许多方面看来这些都是意味深长的。

附论：各纲动物中两性的比数

到目前为止，据我查考所及，还没有任何著作家注意到过整个动物界中雌雄两性相对的数量；既然如此，我准备在这里把我所能收集到的哪怕是极不完全的资料提供出来。只有在少数几个例子里，这些资料是有人用实地计数的方法取得的，数量都不很大。在各类动物中，我们能把雌雄或男女的比数弄个清楚而肯定下来的既然只有人类，我准备先举出人的例子，作为比较的标准。

人类。——在英格兰，在一个十年之内（1857 年到 1866 年），每年出生而出生时是活着的婴儿平均为 707 102 个，比例是，女婴 100，男婴 104.5。但就 1857 那一年而言，女婴 100，英格兰全境的男婴的比例却是 105.2，而在 1865 那一年，则是 104.0。分地区来看，在白金汉郡（Buckinghamshire，在那里，每年婴儿的出生数约为 5 000），男女婴儿在这同一个十年中的**平均**比例是 102.8 对 100；而同时在北威尔士（North Wales，在那里，每年婴儿的平均出生数是 12 873），则这个比例高到 106.2 对 100。再举一个较小的地区为例，即卢特兰郡（Rutlandshire，在那里，每年的平均出生数只有 739），1864 年的男婴比例高到 114.6，而前两年，1862 年，则又低到了 97.0，女婴的底数都是 100；但即便在这个小郡里，如果不分年而论，而就十年加以总论，则 7 385 个婴儿总数之中，男女的比例是 104.5 对 100，和整个英格兰的男女婴儿比例正好一样。[48]由于一些我们所未知的原因，这些比例有时候会受到轻微的扰乱。例如菲伊教授说："在挪威的某些地区，在某一个十年期内，男孩子的数量一贯地减损，而在另一些地区里，则存在着与此相反的情况。"在法国全国，在连续的四十四年之内，男女出生数的总比例是 106.2 对 100；但在同一时期之内，在有一个州（department）里，女婴出生数超过了男婴的，前后发生过五次，而在另一个州里，则有过六次。在俄国，平均比例高到了 108.9 对 100，而在美国的费城（Philadelphia），竟高到了 110.5 对 100。[49]比克斯根据了大约七千万个出生数而为欧洲全洲算出来的平均比例是 106 男对 100 女。在另一方面，就南非洲好望角的白人婴孩来说，男的比例是特别低的，历年之间，总是在 90 与 99 之间来往波动，女婴比例自仍以 100 为准。就犹太人而言，一个独特的事实是，男婴的出生比例肯定而一贯地要比周围的基督徒人口高出许多：例如，在普鲁士，一般是 113，在其中的布雷斯劳（Breslau）城，则为 114，而在利沃尼亚（Livonia），则高到

120，女的比数都作 100；至于这些地区基督徒人口的出生比例则和一般一样，例如，在利沃尼亚，是 104 对 100。[50]

菲伊教授说："如果，在胎期中和在出生的时刻，死亡即向胎儿或正在出生的婴儿发动攻击，而两性所遭到的毁灭彼此相等，则出生以后，男婴超出女婴的比数还要大。但事实是，凡有 100 个哑产（出生之际已死的胎儿——译者）的女婴，就若干个国度或地区来说，便有到从 134.6 到 144.9 个哑产的男婴，至于出生后最初的四五年之间，情形也是一样，男婴要比女的死得多，例如，在英格兰，出生后第一年之内，女婴每死 100 个，男婴要死到 126 个——这比例还算是低的，其在法国，则更要高，对男婴更不利。"[51]霍夫博士对这些事实提出过一个部分解释，认为这是由于男性在发育过程中所发生的缺陷要比女性为多，更为经常。我们在上文也曾看到，在身体结构上，雄性比雌性更容易发生变异，而一些重要器官所发生的变异，一般讲来，大都是有害无益的。但男婴的躯干与头颅比女婴的为大，分娩之际就更容易受到创伤。因此，在哑产的婴儿里，男的要比女的多；而据一位富有经验的专家 C. 布朗医师[52]的看法，男婴在出生后若干年内往往在健康上有些问题。由于男孩在出生之际和随后几年里死亡率高于女孩，又由于成年男子更容易遭遇到各式各样的危险，更倾向于向外方移徙，在所有的自古以来便有人聚居而一直保有统计记录的国度里，[53]我们发现女子的数量都要超过男子，而且超过得相当可观。

初看像是一个神秘莫测的事实是，在不同的国家里，在不同的环境与气候条件之下，发生如下的情况，即，在意大利的那不勒斯（Naples），在普鲁士，在德国的威斯特伐利亚（Westphalia），在荷兰，法国，英格兰和美国，在非婚生子或私生子的出生数里，比起婚生子来，男婴超出女婴的比数要小得一些。[54]不同的著作家对此作了许多不同的解释，如未婚的母亲一般比较年轻而少不更事，非婚生子中头生（即初产）的比例较大，等等。但我们已经看到，由于头颅比较大，在分娩的时候，男婴要比女婴吃更多的亏；而非婚生子的母亲，比起一般的母亲来，分娩的困难势必多些、大些，而所以困难的原因是多种多样的，例如，由于害怕暴露而过紧的束肚、平时为生活而辛苦的劳动、怀孕时期精神上的苦恼，等等，越是困难，男婴所受的灾难也就越重。非婚生子中活着出生的男婴超出女婴的比数之所以不及婚生子，原因虽多，大概要推这一个的效力为最高。在绝大多数的动物物种，成年雄性的身材之所以大于雌性，是由于在争取占有雌性的战斗中，更为壮健的雄性制胜了比较软弱之辈；如今，至少在某些动物物种里，雌雄两性一生出来便有大小长短之分，推究原因，无疑地要推到这一个优胜劣败的事实。到此，我们发现颇有意趣的一点，就是，男婴之所以比女婴有更多的死亡，尤其是在非婚生子中间，也未尝不可以，至少是局部地，归因于性选择。

时常有人作出假定，认为生男生女，是由父母的相对年龄决定的，而洛伊卡特教授[55]就人和某几种家养动物方面提出了他所认为足够的一些证据，来说明性别之所由决定，这虽不是唯一的因素，却是重要因素之一。又有些人认为，母亲在受胎期间的健康状态是性别所由决定的有效原因；但最近的一些观察否定了这个看法。据霍夫博士[56]的意见，一年中的季节、家境的贫富、居家的城乡之分、外来移民血缘的掺杂，等等，都足以影响两性的比数。就人类而言，一夫多妻的婚姻习俗也曾被假定为足以导致更多女婴的出生，使他们的比数超过了男婴；但坎贝尔博士[57]曾就暹罗贵族豪门留心考察过这一方面，而得出结论，认为在这些家族中，男女婴儿出生数的比例是和一夫一妻制下的情况相同的。说到一夫多妻的结合，在一切动物之中，牡牝比数之大，怕没有比得上英国赛马用的马种的了，而我们在下文立刻就要看到，在赛马所生的后一代里，牝牡的数量是几乎恰恰相等的。现在我准备把我所已收集到的有关各类动物两性比数的事实列举出来，然后再就性选择对于这一类结果的决定起过一些什么作用，作一个简短的讨论。

马。——特格梅尔先生曾经如此地推惠于我，至于根据了从1846到1867的二十一年间的《赛马历书》，为我把赛马的出生数列成一个表；其中只缺1849年，因为那一年没有发表有关的数字。二十一年中赛马出生的总数是 25 560,[58]其中包括牡马驹 12 763，牝马驹 12 797，比例是 99.7 牡对 100 牝。这些数字既然是差强人意的大，而又是从英格兰全境的各个地区汇集而来，且又跨到好多年之久，我们可以很有信心地作出结论，认为就家养的马而言，或至少就赛马用的家养马而言，牝牡两性的出生数是几乎相等的。两性的比数在历年之间所发生的一些波动和在人类中所发生的也很相像，至少如果所考虑到的只是一个较小而分布密度不大的人口面积，是很可以相比的。例如，在 1856 年，牡马与牝马的比例是 107.1 对 100，而在 1867 年，则为 92.6 对 100。波动是很有一些的。我们从列在表里的数字中可以看到，历年比数的波动是有些循环性的，因为牡马驹的数量曾连续六年超过牝马驹，而牝马驹的数量的超越牡马驹，则前后有过两次，每次连续四年。但这也许是偶然的事。至少就人类来说，我没有能在注册总监为 1866 年所提出的报告（丙 17）中，在以十年为期的表格里，发现属于这一类情况的任何迹象。

狗。——从 1857 到 1868 前后十二年的一个时期之内，英格兰全境以内一种称为灵猩（greyhound）的猎犬的大量出生数被送到《田野》消息报（丙 59）汇总登记；我在这里又得向特格梅尔先生表示谢意，因为他为我细心地把结果列成了表格。登记的总出生数是 6 878，其中有公的 3 605，母的 3 273，比例是 110.1 公对 100 母。比例上最大的两端波动发生在1864 年，当时公的只有 95.3，和 1867 年，当时公的多到 116.3，都对母的 100。上面所说的平均比例，即 110.1 公对 100 母，就灵猩来说，大概是接近于实际的，但是不是也适用于其他家养狗的品种，是多少成为问题的。科普尔斯先生曾经向若干个大规模养狗的专家打听过，发现他们无一例外地认为母狗要比公狗生得多；但他对此有怀疑，认为这里面可能有偏见，母狗不如公狗值钱，母狗的出生不免教人失望，失望的次数一多，他们对母狗的印象就特别深刻，于是数量虽未必一贯的多，也就显得多了。

绵羊。——农民对绵羊的性别起初是不加辨别的，一直要到出生后好几个月，到了行将把公羊阉割的时期，才加以注意。因此，下面列举的一些数字所提供的并不是出生时候的比例。再有一层：我发现每年养绵羊数以千计的好几个苏格兰大牧主坚决地认为，在出生后一两年之内，在夭殇的羊羔中，公的要比母的多。由此可知，在出生的时候，比起到了阉割的年龄来，公羔的比数略微要大一些，这和我们在上文所已看到的发生在人类方面的情况是一个引人注目的巧合，但名为巧合，所由造成双方情况的原因大概是一样的。我曾经从四位英吉利人士那里收到了一些数字，他们都是养所谓低地绵羊（Lowland sheep）的，主要是莱斯特①品种，前后已有十年到十六年之久。这四处积年所得的出生数，合起来总共为 8 965，其中 4 407 是公羔，而 4 558 是母羔，比例是 96.7 公对 100 母。关于在苏格兰所饲养的哲维厄特羊②和黑面羊这两个高地品种，我也曾从六个牧主那里收到了些数字，其中两个的放牧规模很大，这些数字主要是 1867 到 1869 年之间的，但有一部分要追溯到 1862 年。得到记录下来的总数是 50 685，其中 25 071 是公的，而 25 614 是母的，公与母的比例是 97.9 对 100。如果我们把来自英格兰和苏格兰的数字合并了看，则总共的数字是 59 650，包括公羔 29 478 和母羔 30 172，比例是 97.7 对 100。由此可知，就阉割年龄的绵羊而言，两性相比，母羊的数量肯定地要超过公羊，但这一结果对出生之初的情况也许不一定适用。[59]

关于**牛**，我曾经从九位人士那里收到 982 个出生的例子，太少了，无法加以处理；这数目里包括 477 只公犊和 505 只母犊，那也就是说，94.4 公和 100 母的比例。福克斯牧师告诉我，1867 那年，在德贝郡（Derbyshire，英格兰中部——译者）的一个农庄上所出生的 34 只牛犊中，只一只是公的。H. 威尔先生曾经向好几个养猪的人打听过，其中多半的人估计

---

① Leicester，原是英格兰郡县之名。
② Cheviot，跨英格兰与苏格兰两地的山脉名，山中所产的特种绵羊就袭用了这个名称。

公猪和母猪出生数的对比约为 7 对 6。H. 威尔先生自己多年养过**兔子**，他注意到，在出生的时候，雄兔要比雌兔多得多。但这一类的估计是没有多大价值的。

至于在自然状态中生活的各类哺乳动物，我所能了解的很是有限。关于普通的老鼠，我所收到的一些说法是彼此矛盾的。祖居在莱伍德（Laighwood，地名，应是在苏格兰境。——译者）的 R. 艾略特先生告诉我，一个专业捕鼠的人用十分肯定的语气对他说过，他总是发现公鼠在数目上要大大超出母鼠，即便在窝里的小老鼠也是如此。艾略特先生为此特地检视了好几百只已经长成的老鼠，证明捕鼠人的话是对的。F. 巴克兰先生曾经养过大量的白鼠，他也认为公鼠比母鼠多出许多。关于鼹鼠，据说"雄的比雌的多得多。"[60]鼹鼠的捕捉与消灭既然是一个专门的职业，这话大概是可靠的。史密斯爵士在叙述南非水羚羊（乙 528）时说，[61]在这一个种和其他一些种的羚羊群里，公羊在数量上比母羊为少，而当地的土著居民相信，它们生下来就是这样，公少母多；但另外有人认为，这是由于年轻的公羚羊被逐出而不能留在群里的缘故，而史密斯爵士说，他自己虽没有看到过这样被逐出而自己组合起来的只包括青年公羊的羚羊群，别人，不止一个，肯定地说这情况是有的。但据我看来，这种被逐出的幼公羊是难以维持生存的，因为当地有各种鸷禽猛兽，它们很容易为这些动物所猎杀。

鸟　类

关于**家鸡**，我只收到过一笔记录：斯特瑞奇先生饲养选种选得很精的一批交趾鸡（Cochin）的变种，八年之间，孵出了 1 001 只鸡雏，其中，后来看出来，有 487 只是公的，而 514 只是母的；那就是，94.7 公对 100 母之比。关于家养的鸽子，有良好的证据说明，公鸽比起母鸽来，不是出生的数量要大一些，便是寿命要长一些，二者必居其一。因为鸽子是没有不配对的，而独居无偶的公鸽，据特格梅尔先生告诉我，在市场上买到时，总比母鸽为便宜。寻常的情况是，同一个窝里的两个鸽蛋孵出来的时候，总是一公一母，但据富有养鸽经验的 H. 威尔先生说，他所得的结果往往是两只都是公的，而很少有两只都是母的那样的情况；再者，母鸽一般要比公鸽为弱，容易死亡。

至于在自然状态下生活的鸟类，古尔德先生和其他著作家或行家[62]都深信，雄的一般要比雌的为多；然而在许多鸟种里，幼小的雄鸟既然和母鸟相像，有时候难于辨别，从表面看去，很自然的像是雌鸟反比雄鸟为多，但实际怕不然。利登赫尔（Leadenhall）的贝克先生用从野地里收来的雄卵繁育过大量的雉，他告诉 J. 威尔先生说，雏雉中两性的比例大抵是四或五雄对一只雌。一个有经验的观察者说，[63]在斯堪的纳维亚，在一窝一窝孵出来的雷鸟（capercailzie）和黑松鸡（black-cock）里，雄的总要比雌的为多；而就与松鸡或雷鸟相近似而土名称为"达尔瑞帕"（Dal-ripa）的一种鸟而言，参加当地称为"勒克"（lek）① 的叫春或求偶集会场合的，雄鸟多于雌鸟。但有些观察者对这一情况有一个解释，认为在这个季节里，更多的雌鸟死于虫害，因此见得减少了。根据塞尔彭（Selborne）的怀特所提供的一些事实，[64]似乎清楚地可以看到，分布在英格兰南部的鹬鸻中，雄鸟所超过雌鸟的数量一定是可观的。威尔先生曾向习惯于在某些季节里收购大量流苏鹬的鸟贩子打听这种鸟的情况，得到的答复是，雄鸟比雌鸟要多得多。这同一位威尔先生也曾为我向一些以捕鸟为业的人探询，这些人每年要为伦敦市场捕捉数量大得惊人的各种体型较小的供玩赏的活鸟，其中老练而可靠的一个毫不迟疑地答复他说，以碛鹨（chaffinch）而言，雄的要大大超出雌的，他认为要多到二比一，至少也是五比三。[65]谈到山乌（blackbird），他很有把握地说，雄的比雌的多得多，无论用捕机来捉，或夜间用网来捉，捉到的都是雄的多。看来这些话是靠得住的，因为这同一个老人说，在百灵鸟（lark）、红鹀（twite，即乙 475）、金翅雀（goldfinch），雌雄两性的数量是接近于相等的。另一方面，他肯定地认为红雀（linnet）这一种鸟是雌多于雄，并且多出许多，只是每年多出的程

---

① 参看第十四章译注①。

330

度不一样罢了。在有几年里，他发现可以多到四雌对一雄。但我们不要忘记，捕鸟工作主要要到九月才开始，而在某些鸟种，到这时候也许已经部分地开始迁徙，暂留未迁徙的鸟群往往全部由雌鸟构成，也正未可知。沙尔文先生在对中美洲的蜂鸟的研究中，特别注意到两性的比例，他深信，就大多数蜂鸟种而言，是雄的多于雌的。例如，有一年，他一共收罗到了204只，分属于十个不同的蜂鸟种，其中 166 只是雄的，而只有 38 只是雌的。

此外就另外两个种而言，则雌多于雄，但在不同的季节和在不同的地段里，比例也很有变化，例如其中尾羽半白的一个种（乙 162）有一次被发现为五雄对二雌，而在另一次，[66]则这一比例恰好相反。关于后面这一点，即，时而雌多于雄，时而相反，我不妨再添几个例子：泊威斯先生发现在科孚①和伊庇鲁斯（Epirus）的碛鹬，雌雄彼此分群，而"雌鸟要比雄鸟多得多"，而同时特里斯特拉姆先生发现，在巴勒斯坦的这种鸟则与此相反，"雄群在数量上看起来比雌群大得多。"[67]再如在船形鸟，G. 泰勒先生说，[68]在美国佛罗里达州，"雌鸟很少，很比不上雄的"，而同时在洪都拉斯，则比例正与此相反，在那里的这一个种的鸟是个一夫多妻者，也正说明了这一点。

鱼　类

至于鱼类，雌雄两性的比数只能在它们已经成年或将近成年而人们进行捕捞的时候才能试图加以判定，而要达成任何正确的结论是有许多困难的。[69]根瑟博士向我谈到斑鳟鱼（trout），说凡属不能生育的雌鱼，都很容易被错认为雄鱼。在某些鱼种，人们认为雄鱼在对卵完成了授精任务之后不久就死了。在许多鱼种，雄鱼的体型要比雌鱼的小得多，因此，在用网捕捞的时候，雌鱼之外，大量的雄鱼会漏网。卡邦尼尔先生专门研究棱子

---

① 科孚（Corfu），地中海岛屿，属希腊。伊庇鲁斯（Epirus），地区，今分属于阿尔巴尼亚和希腊。

鱼（pike，即白斑狗鱼乙 391）的自然史，说[70]许多雄鱼，由于体型小，要被比他们大的雌鱼吞食；他并且认为，几乎在每一个鱼种里，雄鱼由于同样的原因而遭到的危险要比雌鱼为大。尽管如此，在两性比数实际上被观察到的少数几个例子里，看来总是雄鱼的数量大大地超过了雌鱼。例如斯托蒙菲尔德（Stormontfield）鱼类试验计划的主管人布伊斯特先生说，1865 那年，为了取卵而第一批捕捞起来的 70 条鲑鱼（Salmon）里，大约有 60 条是雄的。到 1867 年，他再一次"提醒大家注意这种鱼在雌雄比数上的大相悬殊，即，雄的远远超出了雌。开始捕捞时，这比例至少是十雄对一雌。"因此他过后才捞到足够的雌鱼，作为取卵之用。他又说，"因为雄鱼太多，他们在产卵的水槽里彼此厮打，闹个不休。"[71]这种比例上的悬殊无疑地可以用一个原因来部分地加以解释，就是，当产卵季节，鱼类向河流上游洄游，大抵雄的先于雌的，但这一原因能不能说明全部的现象，是可以怀疑的。F. 巴克兰先生谈到斑鳟鱼，说，"一个奇特的事实是，雄鱼在数量上要比雌鱼占有优势。每当第一批鱼向网冲来而终于落网，经过清点，总是雄的多于雌的，至少七、八雄对一雌，没有一次例外。我对此觉得很难索解；要么雄的生来就多于雌的，要么雌鱼善于自己保全，而保全的方法不是临事脱逃，而是事前藏匿。"然后他又说，通过对河流两岸的细心搜索，为了取卵之用的足够的雌鱼还是能够被找到的。[72]李先生就告诉过我，从朴茨茅斯勋爵的园地里一次所捞获的供取卵用的 212 条斑鳟鱼里，150 条是雄的，62 是雌的。这就不那么太悬殊了。

鲤科（乙 324）各种鱼的雄鱼也似乎多于雌鱼。但这一科中的普通鲤鱼（carp）、长命鱼（tench，欧洲的一种鲤鱼，据说以长命著称，故译此名——译者）、鲷鱼（bream）和鲫鱼（minnow）等一些成员，看来都似乎实行动物界中稀有的一妻多夫的习性；因为这几种鱼的雌鱼，在产卵的时候，总有两条雄鱼陪着，一边一条，而在鲷鱼，更多至三条或四条。养鱼的都懂得这一点，因此，在养长命鱼的时候，总建议在池塘里放上两雄对一雌的比数，至少也要三雄对两雌。关于鲫鱼，一个出色的观察者说，在产卵的槽床上，聚拢来的雄鱼要比雌鱼多十倍；当一条雌鱼游进来的时候，"她就立刻被两条雄鱼左右各一的紧紧夹住；如是者过了一些时候，便有另外两条雄鱼来接替他们。"[73]

昆 虫 类

在这个庞大的纲里，几乎只有鳞翅类（乙 546）能提供一些头绪，好让我们对它们的两性比数作一些判断；因为历年以来许多良好的观察者曾经特别细心的把它们收集起来，而如果自己加以饲养的话，是从卵或幼虫的阶段饲养起的。我本来希望有些养蚕的人也许会长期地作过一些正确的记录，曾为此向法国和意大利的从事于此的人发过一些信件，又曾查阅各种有关的文献，但都没能发现有人这样做过。看来一般的意见认为雌雄蚕蛾的比数大致相等，不过，在意大利，据我从卡奈斯特里尼教授那里听说，许多从事蚕业的人深信雌蛾比雄蛾多。但这同一位博物学家又告诉我，有人饲养椿蚕（Ailanthus silk-moth，即乙 125），连续养了两年，在第一年，雄蛾大大地占了优势，而到了第二年，则雌雄几乎相等，而雌的还略多一些。

关于自然状态下的各种蝴蝶，好几个观察者曾经因为雄蝶的数量显得特别庞大，远远超过了雌蝶，而颇为之吃惊。[74]例如，贝茨先生[75]在谈到分布在亚马孙河上游地区的大约一百个蝴蝶种时，说雄蝶要比雌蝶多得多，相比之下，甚至可以到百雄对一雌。在北美洲，在这方面富有经验的爱德华兹先生估计，在凤蝶（乙 710）这一个属里，雄与雌的比例是四对一，而把这话告诉我的沃尔什先生又对我说，就其中的一个种（乙 714）来说，情况肯定的是如此。在南非洲，特瑞门先生发现，在十九个凤蝶种里，雄蝶比雌蝶多，[76]而对其中常在空旷地方成群飞舞的一个种，他估计雄与雌的比例是五十对一。于某些地段里雄蝶特多的另一个种，七年之间，他只采集到了五只雌的。在波旁岛（Bourbon，在印度洋中，马尔加什以东，亦称统一岛——译者）上，据梅拉德先生告诉我，凤蝶属中有一个种的雄蝶，比起雌蝶来，是二十对一。[77]特瑞门先生又曾告诉我，据他自己目睹或从别人那里直接的耳闻所及，在任何种类的蝴蝶里，雌蝶在数量上超过雄蝶，是绝无仅有的事，只有南非洲的三个蝶种也许提供了一些例外。华莱士先生说，[78]在马来群岛的一种鸟翼蝶（乙680），雌蝶比雄蝶更为常见，更容易捕捉到手，但这是一个很稀有的蝶种。我在这里不妨再添一个例子：据盖内说，从印度送出的动物标本中，有一个属的蛾，红蛾（乙504），雌雄比例一般是四五只雌对一只雄，也是雌的多些。

当昆虫类的两性比数这一个题目在昆虫学会里提出来的时候，[79]一般都承认，在鳞翅类中，大多数被捕获的蝶种与蛾种的标本，成虫也好，蛹也好，总是雄的多于雌的，但当时各个不同的观察者把这一事实归因于雌虫在习性上比较隐退与雄虫较早的羽化。大多数鳞翅类的雄虫羽化得早，像其他一些昆虫一样，是大家所习知的一个情况。因此，正如贝尔桑纳先生说的那样，由于这种错前错后，两不相值，在寻常家养的日本天蚕种（乙128）繁殖初期的雄蛾和末期的雌蛾都是没有用处的。[80]但就那些在它们土生土长的地区里还是极为寻常的蝶种来说，我还是不能说服自己，认为上面所讲的那些原因对雄虫之所以大大的多于雌虫作出了足够的解释。斯坦顿先生多年以来一直对几种小型的蛾类作过很仔细的研究，他告诉我说，起初在他只采集蛹而加以培育的时候，他认为雄的要比雌的多到十倍，但自从他用幼虫大量的培养以来，他深信更多的还是雌蛾而不是雄蛾；有好几位昆虫学家是同意这个看法的。不过道博尔第先生和另外几位持相反的意见，并且深信，通过他们自己从卵或幼虫阶段起培养所得，是雄的比雌的为多。

除了雄虫有比较活跃的习性、羽化比较早，和在有些例子里、比较更喜欢在更空旷的地点出现之外，我们还可以提出一些别的原因，来试图说明，为什么，无论从采集到的蛹培育起来的也好，或从卵或幼虫阶段饲养起来的也好，在鳞翅类里，雌雄虫的比例总像是，或者确确实实的是，大有不齐。我从卡奈斯特里尼教授那里听说，在意大利，许多育蚕的人认为凡有新的病害产生，雌蚕吃的亏总要比雄蚕为大，而斯托丁格尔博士也对我说，在鳞翅类的培养过程中，死在茧壳中的雌虫要比雄虫为多。在许多蝶种或蛾种里，雌的幼虫体型比雄的幼虫为大，采集家当然爱挑最大最好的标本，这一来，就不自意识地挑上了更多雌的。有三个从事采集的人对我说，他们就是这样进行采集的。不过华莱士博士肯定地认为，就比较稀有的一些种类说，大多数从事采集的人总是把所有能找到的标本统统收集起来，不放过一个，因为只有这些稀有种类才值得费工夫来培养；鸟类在大量可供食用的幼虫面前，大概会挑最大的吃，而卡奈斯特里尼教授又对我说过，在意大利，有些育蚕的人，凭印象而未必凭足够的证据，认为在最初的几熟椿蚕里，黄蜂所蹂躏的雌蚕要比雄蚕为多。华莱士博士又进而说到，由于体型较大，雌的幼虫比雄的在发育上需要更长的时间，要消耗更多的食物和水分，这样，她们就难免在更长的时期里遭受到各种姬蜂（乙 510）和各种禽鸟等等的袭击，而有时候又不免遇上食物荒歉的季节，死亡起来，总会多一些，因此，在自然状态下，在鳞翅类，能到达成熟年龄而不夭折的雌虫要比雄虫为少，看来是很有可能的，而就我们的特殊目的来说，我们所关心的原是在成熟的年龄里它们两性之间的相对数量，因为到此年龄，它们对自己族类的蕃衍，才有了准备。

在某些蛾类，到了繁育的时候，满满的一大堆雄蛾包围着一单只雌蛾的情状，尽管这也许是由于雄蛾的成熟较早而先期羽化，看来也说明雄蛾的数量大于雌蛾。斯坦顿先生对我说过，在有一种筒蛾（乙 367），我们发现团团围住一只雌蛾的雄蛾往往可以从十二只到二十只。很多人都熟悉这样一回事：如果把栎枯叶蛾（乙 541）或鹅耳枥天蚕蛾（乙 852）的一只未经交尾过的雌蛾放在从外面可以看得到的一只笼子里，就会有大群的雄蛾飞聚在笼子周围；又或把她关在一间屋子里，雄蛾甚至可以通过烟囱，从天而降，和她相会。道博尔第先生自信看到过从五十到一百只的雄蛾在一天之内陆续包围着一只关起来的雌蛾，枯叶蛾或天蚕蛾的这一情况他都曾见到过。在外特岛①上，特瑞门先生有一次把一只雌枯叶蛾放在一只盒子里，然后，在第二天，把盒子放在户外，不久以后，便有五只雄蛾试图钻进盒子去。在澳大利亚，韦罗把一种体型不大的蚕蛾的一只雌蛾装在盒子

---

① Isle of Wight，英格兰南海岸附近。

里，又把盒子塞在衣服口袋里，接着就有一群雄蛾跟着他走，待得到家进屋，同他一起进屋的大约有两百只雄蛾。[81]

道博尔第先生曾经关照我注意一下斯托丁格尔先生所开列的鳞翅类的单子，[82]单子中列有各个种和具有显明特点的变种的蝴蝶（全是蝶类，乙835），凡三百个种，每一种的雌雄蝶下面都开具了价钱。对一些很普通的蝴蝶种，雌雄的价钱自然是相同的，但在比较少见的蝶类中，有114种是雌雄异价的，其中除一个种而外，其余都是雌的比雄的贵。113种雌雄蝶的价钱相比，平均起来，是雄蝶100对雌蝶149，而这至少在表面上说明了在数量上雌雄蝶的比例正好与此相反，多者价贱而少者价贵，越多越贱，越少者越贵。又有蛾类（乙478）的单子，包括真种和变种约2 000个，凡属雌蛾不长翅膀的那些蛾种是不列的，因为在这些蛾种里，雌雄的生活习惯各不相同：在这2 000个蛾种中，雌雄蛾价钱不同的有141个种，其中雄蛾贱于雌蛾的有130个种，而贵于雌蛾的只有11个种。雄贱于雌的130个种的平均价格比例是雄100对雌143。关于蝶类的价目单，道博尔第先生认为（而就英国来说，在这方面的经验上，谁也比不上他），就有关蝶种的生活习性来说，是找不到什么理由来说明为什么两性的价钱要有所不同，能作出说明的只有一点，就是，雄蝶在数量上超出了雌蝶。但我不得不在这里补充说明一点，据斯托丁格尔博士自己告诉过我，他的意见与此不同。他认为，由于雌虫在生活习性上不那么活跃，不容易遇到，又由于雄虫出世得早，各地为他采集的人就采集到了大量的雄虫，而雌虫则很有限，因此，两性的价钱也就随之而有所高下了。至于从幼虫状态培育出来的那些标本，斯托丁格尔博士认为，上文已经说过，在作为蛹而禁闭在茧壳中的那个阶段里，雌虫死得比雄虫多。他又曾说到，就某些蝶种与蛾种而言，在有些年头里，两性之一，雄的也好，雌的也好，在数量上都可以比另一性占些优势。

通过对卵或幼虫的饲养而直接观察到的有关鳞翅类的两性数量，我先后只收到了如下表所列的少数几宗：

	雄虫数	雌虫数
厄克西特（Exeter）的黑林斯牧师[83]，于 1868 年，从 73 个种的蛹取得 ················	153	137
艾尔塞姆（Eltham）的琼斯先生，于 1866 年，用 9 个种的蛹取得 ················	159	126
同上琼斯先生，于 1869 年，又用 4 个种的蛹取得 ················	114	112
罕茨郡（Hants）Emsworth 镇的巴克勒先生，于 1869 年，用 74 个种的蛹取得 ················	180	169
考尔柴斯特（Colchester）的华莱士博士，用一只椿蚕所产的卵培养出 ················	52	48
同上华莱士博士，于 1869 年，用从中国运到的柞蚕（乙 127）的一批茧子取得 ················	224	123
同上华莱士博士，于 1868 和 1869 年，从日本天蚕种的两批茧子取得 ················	52	46
总　　计················	934	761

从上表中七宗从茧或卵所取得的结果看来，可知雄蛾雄蝶比雌的产生得要多一些。其总比例是 122.7 雄对 100 雌。但各宗及总计的数量毕竟不够大，是难以信赖的。

总起来看，根据其来源各不相同而全都指点着一个方向的种种证据，我作出推论，认为就鳞翅类中大多数的蝶种和蛾种而言，不管它们最初从卵孵化而出的时候的两性比例究竟是什么，成熟的雄虫在数量上一般是超过雌虫的数量的。

至于昆虫类的其他几个目，我所能收到的可靠资料很为有限。在鹿角虫，一称锹虫，又称麜螂（乙 575），"雄虫看来要比雌虫多得多。"但据科内利乌斯在 1867 年说，当有一次这种甲虫在德国的某一地区以异常庞大的数量出现的时候，雌虫似乎是多于雄虫，多到六雌对一雄的比例；在叩头虫科（乙 372）的一个种，据说雄虫也比雌虫多得多，而"两只或三只雄虫往往可以被发现和雌虫结合在一起,[84]由此可知，在这里，似乎是通行着一妻多夫的习性。"在雄虫备有双角的扁螯这一个属（乙 875，乙 896），

"雌虫远比另一性为多。"詹森先生在昆虫学会的会议上说，在专以树皮为食物的髓虫的一个种多毛髓虫（乙952），雌虫多得成了灾，而雄虫则少得几乎不为人所知。

就昆虫类的某一些种和甚至大于种的一些类群而言，在性比例这一题目上，是几乎值不得再说什么的，因为其中的雄虫根本没有人见过，或者是很少很少，而雌虫则实行单性生殖，那就是，不经过性的结合也能生殖。没食子蜂科（乙310）中的好几种就在这方面提供了一些例证。[85]在凡属沃尔什先生所知道的能使树木长出树瘿的各个没食子蜂的种里，总是雌多于雄，要四、五只雌对一只雄，而据他告诉我，能制造树瘿的瘿蝇科（乙188，属双翅类这一目，乙353）也是如此。至于锯蜂这一科（乙924），史密斯先生曾经就寻常的几个种，用大大小小各不相同的幼虫，饲养出数以百计的成虫标本，结果全都是雌的，一只雄的也没有；在另一方面，柯蒂斯说，[86]就他所饲养的属于锯蜂科的某些种的芜菁蜂（乙107）而言，却是雄多于雌，是六与一之比，而在田间捉到的同一些芜菁蜂种的成虫，性比例则恰恰与此相反。关于蜜蜂类这一科，H. 穆勒[87]采集了好多个种的大量成虫标本，又从采集到的茧子培养了些别的，把两批合起来就雌雄的数目点了一下。他发现，在有几个种里，雄蜂大大超过了雌蜂；在另几个种里，情况正好相反，而在又一些种里，则两性的数量大致相等。但我们在上面已经看到，在大多数例子里，总是雄的首先蜕化而出，所以就蕃育季节的初期而言，雄的事实上是多于雌的，但就整个季节而言，就是另一问题了。H. 穆勒也观察到，在有一些蜂种里，两性相对的数量往往因不同的地域而可以有很大的差别。但穆勒自己对我说过，他这些话可听而未必可以尽信，因为在观察之际，这一性，或那一性会漏掉，即，躲开一边，为观察所不及。例如他的同胞弟兄，F. 穆勒曾在巴西看到，同一个蜜蜂种的雌雄蜂，在采蜜之际，有时候，所飞就的花的种类互有不同。至于直翅类，在两性相对的数量这一方面，我几乎是一无所知：不过克尔特说，[88]就他所检查到的500只蝗虫而言，雄虫与雌虫的比例是五雄对六雌。就脉翅类（乙655）而言，沃尔什先生说，就其中的一部分蜻蛉类（乙

661）而论，在很多的种、但决不是所有的种里，雄虫的数量大大超过了雌虫；而在宽角阁虫属（乙 477）的各个种里，雄虫一般至少要比雌虫多四倍。在岩蜓这一属（乙 451）的某些种里，雄虫也以同样的倍数超出雌虫，而在同属的另外两个种里，则雌虫比雄虫多两倍或三倍。在欧洲产的啮虫属这一个属（乙 810）的一些种，人们可以收拾起若干个雌虫而找不到一只雄的，而在同属的其他几个种，则雌虫雄虫都很常见。[89]英格兰，麦克拉克兰曾捉到过好几百个啮虫科（乙 809）的又一个种，异幻吸虫（乙 73）的雌虫，却从来没有见过一只雄的。至于假跳虫（即雪蝎蛉，乙 129），则在这里所曾看到的雄虫，前后也只有四、五只，[90]就这些昆虫种中的大多数而言（锯蜂这一科的各个种除外），现在还没有证据说明它们的雌虫是实行单性生殖的，而于此我们也可以看到，我们对于两性比例所以显得很不平等的种种原因是何等的无知了。

在关节动物（乙 98，Articulata）里的其他几个纲，我所能收集拢来的资料就更少了。就蜘蛛类而言，对它多年以来作过仔细研究的布莱克瓦尔先生写信告诉我说，雄的，由于他们的习性动定不常，容易被人看到，因而见得像是比雌的为多。就少数几个种的蜘蛛而言，确实有这个情况，但他也提到分隶于六个属的好几个其他蛛种，其中雌的却见得比雄的多出了许多。[91]雄蜘蛛体型比雌蜘蛛为小（这一特点有时候，即，在有些种里，可以发展到极度），再加之雄的状貌可以和雌的相差很远，在某些情况下，也可以说明为什么在公私博物馆的收藏里，雄蜘蛛是轻易见不到的东西。[92]

比较低级的甲壳类中，有若干个种是可以通过无性①生殖而蕃衍其族类的，这就可以说明为什么雄虫极为罕见了；例如塞保德曾经仔细地点查

---

①　按在本书第二版的一些印本里，例如北京大学图书馆所藏 1913 年 11 月的印本，392 页，此处"无性"一字的原文"asexually"，排版时脱落了第一个字母 a，成为"sexually"，于文义适成其反，变为"有性"，读者一望而知其必有误脱之处；当时虽照应有的"无性"字样译出，于心总若未安；不久以后，有机会看到比这印本早二十六年的另一印本，即 1887 年 1 月印本，则原文（225 页）果然一清二楚的 asexually 一字！又此处的"无性生殖"，亦即上文所已一再提到过的"单性生殖"，都指不经过两性结合的生殖。

过不下于 13 000 只来自二十一个地点的鳌虫（乙 78），而他所能发现的雄虫只有 319 只。[93] 就另外一些形态而言（如异足水虱属，乙 918，与腺状介虫属，乙 328），据 F. 穆勒对我说，有理由可以相信，雄虫的生命比雌虫短得多；如果两性的数量本来是相等的话，这也就可以说明雄虫的所以不可多得了。在另一方面，对内柱虫科（乙 345）和海萤一属（乙 323）的甲壳类虫，这同一位穆勒在巴西海岸上所捉到的总是雄的远比雌的为多，例如在海萤属的有一个种，同一天之内所捉的 63 只标本中，有 57 只是雄的。但 F. 穆勒自己提出一个看法，认为雄虫的所以独多，可能是由于两性之间在生活习性上有某些我们还不知道的差别。就巴西所产的各种比较高级的蟹类之一，即，招潮蟹（乙 444）的一个种而言，F. 穆勒发现雄蟹比雌蟹多。而据贝特先生丰富的经验来说，在不列颠所产的六个普通的蟹种，情况似乎与此正相反。这六个蟹种的名称他也向我提过。

两性比例与自然选择的关系

我们有理由可以猜测，在有一些情况下，或者在有一些例子里，通过选择的作用，人已经在生男生女的能力上间接产生了影响。某些女子，一生之中，倾向于生男多于生女，或生女多于生男。许多种的动物也有同样的情况，例如，牛与马。举一个具体的实例来说，耶尔德斯莱庄（Yeldersley House）的赖特先生告诉我，他所畜的阿拉伯马种牝马之一，虽一连七次和不同的牡马交配，七次所生的小马驹全都是牝的。尽管在这方面我所能提供的证据极为有限，通过类推的办法，我们可以认为这一个专生或多生这一性而不是那一性的后一代的倾向，其为可以遗传，是几乎和其他任何特点，是一样的，比如孪生的倾向；而关于多生雌或多生雄，或多生男或多生女的这一倾向，唐宁先生，一位良好的权威，曾经寄送给我一些事实，似乎可以用来证明，在某些短角牛的品系里，的确有这种情况。马歇尔上校[94] 经过仔细考察之后，最近发现印度的一个山区部落，托达人

(Todas) 的人口由 112 个男子和 84 个女子构成，老的小的，统统在内——那就是，133.3 男对 100 女。托达人是实行一妻多夫的婚姻制度的。在以前的一些年代里曾一贯的有溺杀女婴的习俗，但很长时期以来，这习俗已经废止。在最近若干年中所生的孩子里，男的比女的多，比例是 124 男对 100 女。马歇尔上校用如下的巧妙办法来解释这一个事实。他说："为了便于说明，让我们举三个家庭作为整个部落的代表，代表着一个平均状态。譬如说，第一家的母亲生了六个女孩，没有生男孩，第二家的母亲只生了六个男孩，而第三家的母亲生了三男三女。第一个母亲，按照部落的习惯，毁了四个女孩，留了两个。第二个母亲把六个儿子都保留了下来。第三个母亲把三个女孩中的两个毁了，只留了一个，三个男孩当然也是保留了的。这样，三家合起来就有九个儿子和三个女儿，来传宗接代，但一方面这些男孩所从出的一些家庭是有多生男孩的倾向的，而另一方面，那些女孩所从出的一些家庭的倾向则正好与此相反，这样，多传一代，这种偏向就加强一分，终于，到了后来，像我们实际看到的那样，这些家庭变得有了多生男孩和少生女孩的自然的潜质。"

有了上面所说的那种溺婴的方式，即专溺女婴，便会有这样的结果，这看来是几乎可以肯定的了；当然，这里面有一个假定，就是，生男生女的倾向是遗传的。但上面所援引的一些数字毕竟少得不足为据，因此，我又搜寻到更多证据；自己虽不能决定搜寻所得的一些事实究竟是不是可以信赖，把它们摊出来，我认为也许还是值得的。新西兰的毛利人（Maories），长期以来，一直有溺婴的习俗：芬顿先生说，[95] 他"在妇女中间遇到过一些例子，她们所杀自己的婴儿多到四个、六个，甚至七个，大多数是女婴。但有些最有资格作出判断的人，他们的普遍见证肯定地认为，多年以来，这风俗已经几乎完全绝迹，也许我们可以把 1835 那年提出来作为这个风俗停止存在的一年。"如今，在新西兰土著居民①中间，像在托达人中间一样，男婴对女婴的出生数，超出的数量是相当可观的。芬顿先生说

---

① 按即指毛利人。

（所著书，30 页），"有一桩事实是肯定的，即，两性比例失当这一个独特的状况所从开始的确切年月尽管无法指定，有一点却是很清楚的，就是，这一个削减的过程，从 1830 到 1844 年间，就已经十足地在进行了，而这期间不是别的，正是 1844 那年存活着的未成年人口逐年出世的期间，而自 1844 年到现在，这一过程一直以巨大的势头继续前进。"下面的一些话都采自芬顿先生（所著书，28 页），不过由于数字都不大，而进行的人口普查又不精确，我们不能指望整齐划一的结果罢了。应须记住，上面这一例子以及下文的一些例子原是不正常的，每一宗人口的正常状态是女多于男，至少在一切文明国度里是如此，而这主要是由于男子在幼、青年期间死亡得更多，部分也由于成年以后所遭遇到的各类不测之祸也多些。在 1858 年，新西兰的土著人口，根据估计，含有一切年龄的男子 31 667 和女子 24 303 人，也就是，130.3 男对 100 女，但在这同一年里，在某些范围不太大的地区，人口数字的确定做得比较仔细。在有一个地区里，一切年龄的男子数是 753，而女子数是 616，比例是 122.2 男对 100 女。对我们来说尤为重要的一点是，在这同一年里，即 1858 年里，在这同一地区之内，未成年男子数是 178，而未成年女子数是 142，以比例言之，是 125.3 男对 100 女。在此，不妨再补充说明一点，以资比较，就是，早在 1844 年，当时溺杀女婴的风俗废止得还不久，在有一个地区里，未成年的男子数是 281，而未成年女子数只有 194，而比例相差到 144.8 男对 100 女。

桑维奇群岛的人口也是男多于女。在这里，以前也流行过溺婴的习俗，并且曾发展到一个可怕的程度，只是，据埃利斯先生指出，[96] 又据斯泰雷主教和牧师寇恩先生先后告诉我，所溺杀的不限于女婴罢了。但又不尽然。贾维斯先生，[97] 另一位看来是可信的著作家，而其观察所及遍及群岛的全部，说，"这儿那儿都可以发现一些妇女，她们都承认曾溺杀过自己的婴儿，多到三个、六个、或八个不等"；接着他又说，"由于女孩子被认为不如男孩子有用，被毁坏的经常要更多些。"根据我们对世界上其他地区所知道的情况来判断，这话大概是对的；但我们还必须小心，不要轻易相信。到 1819 年，偶像崇拜被取缔了，基督教传教士开始在诸岛上住下来，溺婴的废止大概也就在这一年前后。到 1839 年，在诸岛中的卡那依（Kanai）岛上和奥阿胡①岛的一个区里，对成年而可以出赋税的男女进行了一次仔细的普查（见贾维斯书，404 页），查得男子 4 723 人，女子 3 776 人，比例是 125.08 男对 100 女。在同一时间里，也查出，在卡那依岛上，年在十四岁以下的男子，而在奥阿胡岛上那一个区里，年在十八岁以下的男子，合共 1 797，而两地同年龄的女子则合共 1 429 人，比例是 125.75 对 100 女。

1850 年举行了群岛全境的人口普查，[98]查得一切年龄的男子总人数 36 272，女子总人数 33 128，比例是 109.49 对 100 女。其中年在十七以下的男子凡 10 773 人，而女子则 9 593 人，比例是 112.3 男对 100 女。而根据 1872 那一年的人口普查，则一切年龄的男子（其中包括混血的在内）与女子的比例是 125.36 对 100。前后颇为参差不齐。但应该注意，所有这些涉及桑维奇诸岛的数字所提出的比例，指的都是活着的男和女，而不是出生之际的男和女；而根据一切文明国度的情况来判断，如果是出生之际的数字，则其中男子的比数，比上面所说的那些来，还要高出相当的多。[99]

根据上面的若干个例子，我们多少有些理由相信，像上文所说明的那一种溺杀婴儿的习俗倾向于造成一个多生男孩的族类，我们一面这样说，一面却决不认为，人类方面的这一个风俗或其他物种方面某些可以相比类的习惯作法，是男多于女、或雄性多于雌性的唯一决定因素。在那些数量正在趋于减少，也就是说，生育力已经变得多少有些减弱的族类里，这一结果的所由导致，其间容有我们还未能懂得的某种法则，亦未可知。除了上文所已提到的若干原因而外，在野蛮人中间，分娩比较利落快当，从而减少了男婴受伤的机会，也未尝不倾向于使活着生出来的男婴对女婴的比数有所增加。但这并不意味着，在野蛮人的生活和男婴数量的独多之间，似乎存在什么必然的联系；如果我们根据不久以前还存在而如今已经灭绝的塔斯马尼亚人（Tasmanians）艰于生育、或今天移居在诺福克（Nor-

---

① Oahu，诸岛中之主岛，岛上主要城市为火奴鲁鲁，即通常所称的檀香山。

folk）岛上的大溪地人（Tahitians）所生的混血子女的那一类悲惨光景，而作出判断，便知道其间不会有什么必然的联系了。

许多种动物的雌雄两性在生活习惯上既然多少有些不同，而其所可能遭遇到危险的程度又不尽一样，一种会发生的情况是，在某些例子里，雄性，或是雌性，不免更多地遭到毁灭，至于日久而成为惯例。但自从我在种种错综复杂而难以究诘的原因之中反复推寻以来，功夫也不为不大了，却没有能看到，对两性之一的不分青红皂白的毁灭，尽管在数量上很大，却未尝倾向于对一个物种的生雄或生雌的能力，造成什么偏向性的变化。就几种具有严格社会性的动物比如蜜蜂或蚂蚁而言，它们所产生的能生育与不能生育的雌性，比起雄性来，不知要多出多少，而对它们来说，这一番雌性优势真是天大的重要。我们从这里可以看到，同是一些蜂群或蚁群，而有的却包括一些雌性成员，具备着产生雌性后辈的强烈遗传倾向，从而能为本群产生越来越多的雌性成员，这样一个蜂群或蚁群势将变得最为兴旺、最为发达，而在这一类发达的例子里，一个不均等而有偏向的多生这一性而少生那一性的倾向就会通过自然选择而扎下根来，即，终于为它们所取得而成为一个性状。有些动物是成群结队生活的，而其中的雄性要当前哨、守外围，来保护自己的队伍，例如北美洲的野牛或骏犎和某几种狒狒，就它们而言，我们可以设想到，它们也有可能通过自然选择而取得多生雄性的倾向；原因是保护得更好的群或队里的成员势将遗留更多的后辈下来。至于人类，一个部落由于男子在数量上占优势而取得的好处，也有人认为，是溺杀女婴的风俗所由兴起的一个主要原因。

据我们理解所及，无论在什么情况之下，生雄生雌彼此均等的遗传倾向，或多生这一性而少生那一性的另一遗传倾向，对具有这些倾向的个体来说，比起不具有的来，并不构成直接的便宜，也不构成直接的损失；比如说，一个具有产生多雄少雌的倾向的个体，比起具有相反倾向的另一个体来，在生存竞争之中，并不会取得更多的成功，因此，这一类倾向就不会通过自然选择而接纳下来，虽然如此，在某些种类的动物（例如鱼类以及蔓脚类，乙261），雌性受精，看来所需要的雄性个体不止一只，而是两

344

只或两只以上。因此，在这些种类里，雄性的数量一般要占些优势；但这一个多产生雄性的倾向究竟从何而来，如何而为这些种类所取得，我们并不清楚。我以前一度认为，如果生雌生雄不分轩轾的倾向是对种族有利的话，它就会通过自然选择而顺理成章地被保持下来；但我现在看到，整个问题是如此的复杂曲折，难以究诘，看来还是把它的解决留待将来更为妥善。

原　注：

[1] 见 Westwood，《近代对昆虫的分类》，第二卷，1840 年，541 页。下面关于虾类的一个属的话是承蒙 Fritz Müller 提供给我的。

[2] 见 Kirby 与 Spence 合著的《昆虫学引论》（Introduction to Entomology），第三卷，1826 年，309 页。

[3] 见所著《新西兰的鸟类》（Birds of New Zealand），1872 年，66 页。

[4] M. Perrier 把这个例子提出来［《科学评论》（丙 129），1873 年 2 月 1 日］，作为对性选择的信念的一个致命的反证，原来他错误地认为我把两性之间的一切差异全都归结到了性选择。由此可知，这位有声望的博物学家，像其他那么多法国人一样，是一个太怕麻烦的人，连性选择开宗明义的最起码的原理都不求了解。有一位英国的博物学家坚持说，某些动物的雄性所具备的钳是不可能通过雌性的挑选而发展出来的：如果我在事前没有先碰上这句话，我决不会想到，竟会有这样的人，一面读到了本书的这一章，而一面还不免于设想，认为我主张雌性动物的挑选活动和雄性动物的把握器官的所由发展，其间会有任何关系。

[5] 见 J. A. Allen，《关于佛罗里达州东部的哺乳类和冬季鸟类》（Mammals and Winter Birds of Florida），载哈佛学院《比较动物学公报》（丙 38），268 页。

[6] 即便在雌雄异株的植物里，雄花的成熟一般要比雌花为早。C. K. Sprengel 最先指出，许多雌雄同花的植物是雌雄不同时成熟的（dichogamous）；那就是说，雌雄器官对蕃育的准备有所先后，因此它们不能自花受精。如今我们知道，在这一类的花里，雄蕊或花粉的成熟一般要先于雌蕊或柱头，雌蕊先于雄蕊的情况也有，但这种例外不多。

[7] 这儿可以从一位有经验的鸟类学家那里得到一些出色的见证，来说明这些子息的品质良好。Allen 先生（同上注 5 所引书，229 页）讲到在第一窝小鸟因突然的事故全部伤亡之后又蓄育出的几窝小鸟的情况时说，这些，"比起在季节的较早一些日子里孵出来那几窝体型要小些，而颜色也苍白些。在那些每年要生好几窝的例子里，一般的通例是，早生的几窝似乎在一切方面比晚生的特别长得饱满和精力旺盛。"

[8] Hermann Müller 在蜜蜂方面所得的结论与此相同，每年第一批从蛹的状态蜕变而出的雌蜂也有这情况，见所著引人注意的那篇论文，《达尔文学说对蜜蜂的应用》（Anwendung den Darwin'schen Lehre auf Bienen），载《自然科学协会会刊》（丙 152），第二十九卷，45 页。

[9] 关于家禽，我收到过一些证明这一点的资料，下文将加以具体的征引。即便在一生不再配的鸟类，比如各种鸽子，我从 Mr. Jenner Weir 那里听说，如果雄鸽受到伤损或变得瘦弱，雌鸽也会把他遗弃。

[10] 关于大猩猩，见 Savage 与 Wyman 合著文，载《波士顿自然史刊》（丙 34），第五卷，1845～1847 年，423 页。关于狒狒，见 Brehm，《动物生活图说》，第一卷，1864 年，77 页。关于吼猴，见 Rengger，《巴拉圭哺乳动物自然史》，1830 年，14 页，20 页。关于泣猴，见同上 Brehm 书，108 页。

[11] 见所著《动物学拾遗丛录》（Spicilegia Zoolog.，Fasc.），第十二分册，1777 年，29 页。又关于南非洲的那种羚羊，见史密斯爵士 Sir Andrew Smith，《南非洲动物图说》（Illustrations of the Zoology of S. Africa），1849 年，图片第二十九。又欧文，在他的《脊椎动物解剖学》（第三卷，1868 年，633 页）里列有一表，无意之中指出了哪几种羚羊是有合群性的。

[12] 见 Dr. Campbell 文，载《动物学会会刊》（丙 122），1869 年卷，138 页。又见 Lieut. Johnstone 所著的一篇有趣的论文，载《亚洲学会孟加拉分会纪事刊》（丙 112），1868 年 5 月一期。

[13] 见 Dr. Gray 文，载《自然史纪事与杂志》（丙 10），1871 年，302 页。

[14] 见 Dr. Dobson 的出色的论文。载《动物学会会刊》（丙 122），1873 年卷，241 页。

[15] 见所为文《诸种有耳的海豹》，载《美国自然学人》（丙 8），第四卷，1871 年 1 月。

[16] 关于那种体型最大的寡妇鸟（乙 996），见文，载《朱鹭》（丙 66），第三卷，

1861 年，133 页。又关于另一种寡妇鸟（乙 997），见同刊物，第二卷，1860 年，211 页。关于雷鸟和大鸨的一夫多妻的习性，见 L. Lloyd，《瑞典境内可供弋猎的鸟类》（Game Birds of Sweden），1867 年，18 与 182 页。Montagu 和 Selby 说到黑松鸡（Black Grouse）是一夫多妻的，而红松鸡（Red Grouse）则是一夫一妻的。

[17] 见 Noel Humphreys，《水乡园囿》（River Gardens），1857 年版。

[18] 见他和 Spence 合著的《昆虫学引论》，第二卷，1826 年，342 页。

[19] 有一种寄生的膜翅类昆虫构成了这一条通例的一个例外，因为雄性只有残留性的翅膀，而一辈子不离开他所从出生的窝房，而雌性则备有很发达的翅膀，见 Westwood，《昆虫的近代分类》。Audouin 认为这一种昆虫的雌性是要由雄性来授精的，而两性当初是在同一个窝房中出生的；但更有可能的是，为了避免太密近的系内婚配［inter-breeding，后来的生物学多作 inbreeding，以别于系外婚配（outbreeding）；inbreeding 一词更恰当——译者］，雌虫是飞到别的窝房里去受精的。在下文，我们将碰到一些雌性而非雄性是寻求者与求爱者的例子，这种例子在各纲动物里都有些，很少例外。

[20] 见欧文辑其所著的《论文与观察集》（Essays and Observations），第一卷，1861 年，194 页。

[21] Prof. Sachs［德文《植物学讲义》(Lehrbuch der Botanik)，1870 年，633 页］，在讲到雄性与雌性的生殖细胞时说，"在结合的过程中，一方居于主动的地位，……而另一方则显得被动。"

[22] 见所著《畜牧学讲演集》［Vortage über Viehzucht（德文）］，1872 年，63 页。

[23] 见《诺伐拉号航海志：人类学之部》，1867 年，216－269 页。这些结果是由 Dr. Weisbach 根据 Drs. K. Scherzer and Schwarz 所做的人体测定计算出来的。关于家养动物中雄性的变异性大于雌性，见我所著《家养动植物的变异》，第二卷，1868 年，75 页。

[24] 见文，载《皇家学会会刊》（丙 120），第十六卷，1868 年 7 月，512 与 524 页。

[25] 见文，载《皇家爱尔兰学院院刊》（丙 119），第十卷，1868 年，123 页。

[26] 见文，载美国《麻省医学会》会报（丙 91），第二卷，第三期，1868 年，9 页。

[27] 见文，载《病理学，解剖学与生理学文库》（丙 25），1871 年，488 页。

[28] Dr. J. Stockton Hough 最近所达成的关于男子体温的一些结论，见载于《大众科

学评论》（丙 108），1874 年 1 月 1 日，97 页。

[29] Prof. Mantegazza 倾向于认为〔意大利文《致达尔文的书札》（Lettera a Carlo Darwin），载《人类学文库》丙 26，1871 年卷，306 页〕，许许多多动物种类的雄性所共有的鲜美的颜色是由于雄性有精液而在体内长期保持这种精液所致；但情况不可能是如此。因为，许多鸟类的雄性，例如初生不久的雄雉，在第一年的秋季，羽毛便已长得很鲜美。

[30] 关于人类的这一点，见 Hough 博士所著文中提出的一些结论（文、刊物、页数已见上文注 28——译者）。关于鳞翅类的这一点，见 Girard 的一些观察与议论，载《动物学纪录报》（丙 156），1869 年卷，347 页。

[31] 见所著《佛罗里达州东部的哺乳类与鸟类动物》（Mammals and Birds of E. Florida），234 页、280 页、295 页。

[32] 见 H. Müller，《达尔文学说应用……》（Anwendung der Darwin'schen Lehre），载《自然科学协会会刊》（丙 152）。第二十九卷，42 页。

[33] 《家养动植物的变异》，第二卷，1868 年，75 页。在这书的倒数第二章里，我对上文所提到过的"泛生论"这一个临时性的假设也作过详尽的说明。

[34] 这些事实出自大育种家 Mr. Teebay，权威性很高；见 Tegetmeier《家禽经》（Poultry Book），1868 年，158 页。关于各个不同品种的家鸡的雏鸡所表现的性状，以及关于本节下文里所叙到的若干鸽子的品种，见《家养动植物的变异》，第一卷，160 页、249 页及第二卷，77 页。

[35] 见所著《出于睡鼠一目的一些四足类的新种》（Novæ species Quadrupedum e Glirium ordine），1778 年，7 页。关于下文马的毛色的传递，见《家养动植物的变异》，第一卷，51 页。关于"限于性别的遗传"，同书，第二卷，71 页上也有一段一般性的讨论。

[36] 见 Dr. Chapuis，《比利时的传书鸽》（Le Pigeon Voyageur Belge，法文），1865 年，87 页。又见 Boitard 与 Corbié，合著的《鸽舍中的鸽子……》（Les Pigeons de Volière，法文），1824 年，173 页。关于意大利摩德纳（Modena，意大利北部——译者注）居民所饲养的某些鸽子品种的两性之间的同一类差别，见 Bonizzi，《家养鸽子的变异》（Le variazioni dei Colombi domestici，意大利文），1873 年版。

[37] 本书第一版出版之后，我曾以高度满意的心情发现如下的〔见文，载《田野》

（丙57），1872年9月〕发自如此的富有经验的一位育种家如 Mr. Tegetmeier 之口的一段议论。在叙述了鸽子的一些奇特的例子，牵涉到羽色的传递只限于两性之一和由此性状而形成的一个新的亚品种的情况，之后，他说，"和此情况相同的是，达尔文先生竟然也提到有可能通过进行人工选择的过程而使鸟类的有关性别的颜色发生变化。当他这样提出的时候，他还不知道我所叙述的这些事实；但引人注意的是，他所提出的正确的进行方法是和实际上所已进行的何等的吻合。"

[38] 关于这些方面的参考文字，见我所著《家养动植物的变异》，第二卷，72页。

[39] Mr. Cupples 曾为我向 Breadalbane 侯爵的富有经验的园林主任 Mr. Robertson 探询关于三叉角鹿和红鹿（red deer）的资料，我谨在此多多致谢。关于小红鹿（fallow-deer），则我得感谢 Mr. Eyton 和其他几位提供资料的朋友。关于北美洲的麋（乙209），见文，载《陆与水》，1868年卷，221与254页；关于弗吉尼亚鹿，即白尾鹿（乙219）和同样分布在北美洲的九转角鹿（乙218），见 J. D. Caton 文，载《渥太华自然科学院》院刊（丙106），1868年卷，13页。至于佩谷（Pegu，缅甸南部地区、河流、都市名——译者）的艾尔第氏鹿，即缅甸鹿（乙214），则见 Lieut. Beaven 文，载《动物学会会刊》（丙122），1867年卷，762页。

[40] 学名为 Antilocapra Americana，见《译名对照表》乙58。关于这一个羚羊种的母羊的角的资料，我得感谢 Dr. Canfield，是他特别提供给我的；亦见他的论文，载《动物学会会刊》（丙122），1866年卷，109页。又见欧文《脊椎动物解剖学》，第三卷，627页。

[41] 有人确凿地告诉我，英国威尔士北部的绵羊的角，初生时全部摸得出来，有时候摸上去可以长到一英寸。Youatt 说〔《牛》（Cattle），1834年版，277页〕，牛的前额骨上鼓起的部分，初生之际便穿破了头皮，而不久之后，角质就把这脱颖而出的部分包满了。

[42] 我要大大地向 Prof. Victor Carus 表示我的感激之意：他曾向一些最有权威的人士那里为我探询有关德国萨克逊尼（Saxony）地区所产的美利奴羊的资料。话虽如文中所说，例外却也还有：非洲几内亚海岸有一个绵羊种，它和美利奴羊一样，也只是公羊有角；而据 Mr. Winwood Reade 告诉我，在他所观察到的一个例子里，一只于2月10日出生的小公羊，迟到3月6日才露出角的端倪，如此则就这个例子来说，他还是符合了通则的，他的角的发展的时期，比起两性都长角的威尔士绵羊来，是更晚而不是更早。

[43] 见文，《鸟类头颅上的骨质隆起》（Ueber die knöchernen Schädelhöcker der Vögel，德文），载《荷兰动物学文库》（丙 l03），第一卷，第二分册，1872 年。

[44] 在普通的孔雀（乙 727），只雄性有距，而爪哇孔雀（乙 728）独不然，两性都有距。因此，我在意料中满以为在后面这孔雀种里，距的发展定比普通种为早。但荷兰阿姆斯特丹（Amsterdam）城的 M. Hegt 告诉我，他于 1869 年 4 月 23 日，曾就前一年生的这两个种的幼鸟作过比较，没有能发现在距的发展方面有何不同。但在这时候，所谓距还不过是脚跟上的一个小疙瘩或轻微的隆起而已。如果在此之后的观察发现距的发展的速率并不一样，有快有慢，我想我是会得到通知的。

[45] 在鸭科的其他一些种里，灿斑虽也为两性所共有，但相差的程度要大些。但我一直没有能发现，是不是在这些鸭种的雄鸭，这一性状的发展完成要比普通家鸭的雄鸭为迟；如果我们的通则是正确的话，那是应该迟些的。但在和这些鸭种关系相近的另一个鸭种，镜冠秋沙鸭（乙 614），我们却看到了这一情况；在一般的羽毛上，这种鸭的两性是有鲜明的不同的，而在灿斑这一点上，则相差得少些，但也可观：雄鸭的是纯白的，而雌鸭的则是灰白的。如今我们知道，幼小的雄鸭起初和雌鸭完全相像，翼上也有一个灰白色的灿斑，后来才变而为纯白；但在这一点上的变化，在时间上，比起成年雄鸭的其他更为显著而所以别于雌鸭的那些性状来，却要早些；见奥杜邦（Audubon），《鸟类列传》（Ornithological Biography），第三卷，1835 年，249—250 页。

[46] 见所著《养鸽全书》（Das Ganze der Taubenzucht，德文），1837 年版，21 页、24 页。关于上文所举的有黑条纹的鸽子的例子，见 Dr. Chapuis，《比利时的传书鸽》（Le pigeon voyageur Belge，法文），1865 年版，87 页。

[47] 关于家鸡的若干品种的情况，读者如要求知道更详尽的细节和参考资料，可看《家养动植物的变异》，第一卷，250 页、256 页。更高于此的一些动物，如牛羊之类，在家养情况下，也发生了些两性的差别，关于这一方面，同书亦有所讨论，就不同的物种列有分题，读者也可以参阅。

[48] 见《注册总监的第二十九次年度报告，1866 年》（丙 17）。这报告里（罗马数字 12 页）特别列有以十年为期的一个统计表。

[49] 关于挪威和俄国，见 Prof. Faye 的研究文字中所作的摘录，载《不列颠国内外医学与外科评论》（丙 36），1867 年 4 月，343 页、345 页。关于法国，见法国政府

的《1867 年年度报告》（丙 15），213 页。关于费城，见 Dr. Stockton-Hough 文，载《社会科学协会》会刊（丙 136），1874 年卷。关于下文的好望角，见 Dr. H. H. Zouteveen 在他对本书的荷兰文译本（第一卷，417 页）中所引 Quetelet 的话；在这译本里，译者列举了不少的有关两性比例的资料。

[50] 关于犹太人，见 M. Thury，《两性出生的法则》（La Loi de Production des Sexes，法文），1863 年版，25 页。

[51] 见 Prof. Faye 文（已见上注 49），343 页。Dr. Stark 也说〔《苏格兰人口出生、死亡、……的第十个年度报告》（丙 16），1867 年，罗马数字 28 页〕，"这些例子也许已经足够说明，在生命的几乎每一个阶段里，苏格兰的男子要比女子更容易遭到死亡的袭击和有着一个更高的死亡率。这一事实本身已经足够奇特，而更奇特的是，当生命的婴幼时期，男女两性在衣着，食物以及一般生活待遇上，差别最少，而恰恰在这个时期里，男的死得特别多；这似乎可以证明，男子的较高的死亡率是一个内在而深刻的、自然而然的，和体制上的特点，完全由于性的差别而来。

[52] 见《西马场疯人院报告》（丙 154），第一卷，1871 年，8 页。Sir J. Simpson 曾提出证明，男婴头颅的围圆，简称颅围，要比女婴的大一英寸的十分之三到十分之八，而横里的直径，即颅宽，要大一英寸的十分之一到十分之八。Quetelet 也曾指出，女子生来就比男子为短小；参见 Dr. Duncan，《受孕力、生育量、不育性》，1871 年版，382 页。

[53] 据以谨严著称的阿扎拉（Azara）说，在巴拉圭的野蛮的瓜拉尼人（Guarany，今天都作 Guarani，是印第安人的一个族类——译者）中间，男女的比例是 13 对 14，见所著《南美洲航程记》（Voyages dans l'Amérique merid），第二卷，1809 年版，60 页、179 页。

[54] 见 Babbage 文，载《爱丁堡科学刊》（丙 51），1829 年，第一卷，88 页；又关于哑产婴儿，见 90 页。关于英格兰的非婚生子，见《1866 年注册总监的报告》（丙 17），罗马数字 15 页。

[55] 见所提供条目，载 Wagner 氏辑《袖珍生理学词汇》（Handwörterbuch der Phys）（德文），第四卷，1853 年，774 页。

[56] 见文，载费城《社会科学协会》会刊（丙 136），1874 年卷。

[57] 见文，载《人类学评论》（丙 21），1870 年 4 月，罗马数字 108 页。

［58］在此二十一年中，有十一年还把不能生育或胎期流产的母马的数目记录了下来；这是值得注意的，因为这说明，这些娇生惯养而血亲交配又相当近密的动物已经变得何等的缺乏生育能力，以致将近总数的三分之一的牝马生不下任何活着的马驹来。更具体地说，如 1866 年，一面虽有 809 匹牡马驹和 816 匹牝马驹出生，而一面根本生不出马驹的母马多至 743 匹。在 1867 年，一面出了 836 匹牡马驹和 902 匹牝马驹，而一面根本不育的母马有 794 匹。

［59］我很感激 Mr. Cupples，因为这里关于苏格兰绵羊的数字和下面关于牛的数字，都是他替我张罗来的。Laighwood（见正文下文——译者）的 Mr. R. Elliot 首先向我提醒，让我注意到雄性易于夭亡的现象——他这一说法后来得到了 Mr. Aitchison 和其他一些人的证实。Mr. Payan 曾向我供给大量有关绵羊的数字，我也该申谢。

［60］见 Bell，《不列颠的四足类动物史》（History of British Quadrupeds），100 页。

［61］见所著《南非洲动物图说》，1849 年版，图片第二十九。

［62］Brehm 达到了与此相同的结论，见《动物生活图说》（德文），第四卷，990 页。

［63］此据 L. Lloyd，《瑞典可供弋猎的鸟类》，1867 年，12、132 页。

［64］见所著《塞尔彭的自然史》中书札第二十九，1825 年辑本，第一卷，139 页。

［65］这次探询之后，到次年，Mr. Jenner Weir 又去探访，又收到了些类似的资料，可不再赘。为了说明所捉到的活碛鹩之多，我不妨在此提到，在 1869 那年，有两个捕鸟专家来过一项比赛，看一天之中能捉到多少，结果是一个捉了 62 只，一个捉了 40 只，都是雄的。一人一天之内能活捉这种鸟的最高纪录是 70 只。

［66］参见文，载《朱鹭》（丙 66）第二卷，260 页，亦见引于 Gould《蜂鸟科》（Trochilidæ，乙 969），1861 年版，52 页。但本文中的一些比例数字则来自 Mr. Salvin，他把他的一些结果列成一表，我要在此向他道谢。

［67］见文，分载《朱鹭》（丙 66），1860 年卷，137 页；及 1867 年卷，369 页。

［68］见文，载《朱鹭》，1862 年卷，187 页。

［69］Leuckart 引 Wagner 氏《袖珍生理学词汇》中（第四卷，1853 年，775 页）载 Bloch 所撰条，说，在鱼类，大抵两雄对一雌。

［70］见引于一篇文字，载《农夫》（丙 58），1869 年 3 月 18 日，369 页。

［71］见《斯托蒙菲尔德养鱼场试验》报告（The Stormontfield Piscicultural Experiments），1866 年，23 页。又参看《田野》报（丙 59），1867 年 6 月 29 日。

[72] 见文，载《陆与水》（丙 87），1868 年卷，41 页。

[73] 见 Yarrell，《不列颠鱼类史》（Hist. British Fishes），第一卷，1826 年，307 页；关于上文的鲤鱼（乙 327），见同书，331 页；关于长命鱼（乙 950），见同书同页；关于鲷鱼（乙 1），见 336 页。关于鲫鱼（乙 553），又见《娄氏自然史杂志》（丙 89），第五卷，1832 年，682 页。

[74] Leuckart 所撰的词条（Wagner 氏，《袖珍生理学词汇》，第四卷，1853 年，775 页）引 Meinecke 的话，说在各种蝴蝶，雄的比雌的要多出三倍或四倍。

[75] 见所著《博物学家在亚马孙河上》，第二卷，1863 年，228 页、347 页。

[76] 这十九个种中的四个见 Mr. Trimen 自著的《南非洲的蝶类》（Rhopalocera Africæ Australis，书题为拉丁文）。

[77] 见引于 Mr. Trimen 文，载伦敦《昆虫学会会报》（丙 145），第五卷，第四部分，1866 年，330 页。

[78] 见文，载《林奈学会会报》（丙 147），第十五卷，37 页。

[79] 见伦敦《昆虫学会纪事刊》（丙 114），1868 年 2 月 17 日。

[80] 见引于华莱士博士（Dr. Wallace）文，载《昆虫学会纪事刊》（丙 114），第三组，第五卷，1867 年，487 页。

[81] 见所著《蜕变，昆虫的习性》（Métamorphoses, Mœurs des Insectes，法文），1868 年版，225—226 页。

[82]《鳞翅类正副本联印价目单》（Lepidopteren-Doubletten Liste（德文）柏林，第十号，1866 年。

[83] 这一位博物学家对我特别的惠爱，甚至把他前此几年所得的一些结果也提供了出来。在这些结果里，似乎雌蛾的数量要占些优势；但其中过多的几笔数字是出于估计，使我不可能把它们列在本表里面。

[84] 见 Günther 辑，《动物学文献汇刊》（丙 124），1867 年版，260 页。关于鹿角虫的雌虫多于雄虫，见同书，250 页。关于英格兰所产的鹿角虫的雄虫，见 Westwood《昆虫的近代分类》第一卷，187 页。关于下文的扁蜚虫，见同书，172 页。

[85] 见 Walsh 文，载《美国昆虫学人》（丙 7），第一卷，1869 年，103 页。又关于下文的锯蜂，见 F. Smith 文，载《动物学文献汇刊》（丙 124），1867 年版，328 页（参看上注 84——译者）。

[86] 见所著《农庄昆虫》（Farm Insects），45—46 页。

［87］见所著文，《达尔文学说的应用》（Anwendung der Darwinschen Lehre），载《自然科学协会会刊》（丙152），第二十四卷。

［88］见所著《飞蝗，群集的或迁徙的飞蝗》（Die Strich，Zug oder Wanderheuschrecke，德文），1828年版，20页。

［89］见H. Hagen and B. D. Walsh合著文《对北美洲的脉翅类昆虫的一些观察》（Observations on N. American Neuroptera），载费城《昆虫学会会刊》（丙115），1863年10月，168、223、239页。

［90］见文，载伦敦《昆虫学会纪事刊》（丙114），1868年2月17日。

［91］关于这一个纲的另一位大权威，瑞典Upsala大学的Prof. Thorell的话似乎认为，在各个蜘蛛种里，雌的一般要比雄的尤为常见，见所著《论欧洲的蜘蛛》（On European Spiders），1869～1870年版，第一篇，205页。

［92］在这一方面，参看《科学季刊》（丙123，1868年卷，429页）上一篇论文中所引Mr. O. P. Cambridge的话。

［93］见所著《关于单性生殖的一些创获》（Beiträge zur Parthenogenesis，德文），174页。

［94］见所著《托达人》（The Todas），1873年版，100页、111页、194页、196页。

［95］见所著《新西兰的土著居民：政府报告》（Aboriginal Inhabitants of New Zealand；Government Report），1859年，36页。

［96］见所著《夏威夷诸岛经行记》（Narrative of a Tour through Hawaii），1826年版，298页。

［97］见所著《桑维奇诸岛史》（History of the Sandwich Islands），1843年版，93页。

［98］见引于H. T. Cheever牧师，《生活在桑维奇群岛》，1851年版，277页。

［99］Dr. Coulter在叙述1830年前后加利福尼亚（California）地方的情况时说（《皇家地理学会会刊》（丙81），第五卷，1835年，67页），当初被西班牙传教士们所挽救而保留下来的土著居民（指印第安人——译者）到此几乎全部死亡了，或正趋向于死光，尽管他们所受到的待遇并不坏，也没有被逐出自己的乡土，而且白人也不让他们和烈酒接触，却还是保留不住；他把这一情况大部分归因于这样一个无可置疑的事实，就是，男子的数量大大地超出了女子，但这一事实又因何而来，是女婴生得少呢，还是女孩子容易夭殇呢，他却不知道。根据一切可以比类或类推的事物来说，后面这一情况，即，女的容易夭亡，是很不可能的。他又

说，"溺婴，我们所称的地地道道的溺婴，并不常见，但堕胎却很普遍。"如果库尔特博士对于溺婴的说法是正确的话，那这一个例子就无法用来支持上面所说的马歇尔上校的见解。被挽救了的土著居民既然消减得如此的快，我们有理由猜测，像近年来有人提供的那些例子一样，由于生活习惯的改变，这些土著居民的生育力降低了。

在这题目上，我本来希望从狗的蓄育的经验中取得一些启发，因为，除灵猩这一品种也许是个例外，在其余大多数的品种，养狗的人所弄死的小母狗要比小公狗多得多，这情况正和托达人的婴儿一样。科普尔斯先生肯定地告诉我，苏格兰的猎鹿用的灵猩确乎是如此。不幸的是，除了灵猩之外，我对其他任何品种的狗的两性比例一无所知，其在灵猩，上文说过，是 110.1 公对 100 母。现在，根据从许多蓄育狗种的人那里探询所得，我认识到，母狗尽管讨厌，由于某些关系，她们还是受重视的，因此，就真正精选的优良品种的小母狗而言，有限程度以内的成批的弄死虽时或有之，然大规模、有系统的毁灭，比小公狗毁得更多，看来是不会的。因此，从上面所说的一些原理出发，我们究竟能不能对灵猩所出生的小狗公多于母这一情况作出解释，我委实无法决定。在另一方面，我们已经看到，在价值比狗为高而我们对其初生的幼小动物舍不得加以毁灭的马、牛和绵羊，如果两性的数量生而有所差别的话，母的是略微多一些。

第九章
动物界较低级的几个纲的第二性征

最低级的各纲中没有第二性征——鲜艳的颜色——软体动物——环节动物——甲壳类有很发达的第二性征；一性两型或双型现象；颜色；性征的取得不在成熟之前——蜘蛛类的雌雄异色；雄蜘蛛能唧唧作声——多足类

在比较低的几个纲的动物，雌雄同体是屡见不鲜的情形，因此，第二性征是无从发展的。在许多雌雄异体的例子里，两性又各自依附在某种物体之上，一生不移动，彼此势必不能相互寻觅或靠拢。再有几乎可以肯定的一层是，这些动物的感觉还太不完全，各种心理能力也差得太多，不足以来领略彼此的形貌之美，或接受其他方式的吸引，也不会懂得争奇斗胜。

因此，在这些动物纲或动物亚界，如原生动物（乙807）、腔肠动物（乙265）、棘皮动物、无环节蠕形动物（乙858）里，我们所准备考虑的那

356

一类第二性征是不发生的。而这样一个事实是和我们的信念相符合的，就是，高级的各个纲之所以取得这类的性征是通过了性选择的，而性选择却不能凭空进行，而有赖于两性之中某一性的意志、愿望和取舍。但在低级动物中，也还有少数看去像是例外的情形。例如，据我从贝尔德博士那里听说，在某几种脏虫类（乙 378），即体内寄生虫类，雄性在颜色上与雌性略微有些不同；但没有理由能使我们设想这一类的两性差别曾经通过性选择而陆续有所增加。至于雄性用来把握住雌性而非此不足以保证种族蕃殖的那些手段或机构，虽也有些，却与性选择无干，而是通过了通常的选择，即自然选择，就可以取得的。

低等动物中的许多种类，雌雄同体的也好，雌雄异体的也好，有的有极为鲜艳夺目的颜色，有的虽然朴素，却也淡妆浓抹，出浅入深，或备有漂亮的条纹，作为点缀，例如，许多种的珊瑚和许多种的海葵（sea-anemone，即乙 11）、若干种的水母（寻常水母，乙 602，与银币水母，乙 798，等等）、若干种的片蛭（乙 778）、以及许多种的星鱼、海胆（乙 362）、海鞘等等；但根据上面所已指出的一些理由，即，有些动物则雌雄同体，有些则雌雄虽异体而不能移动，而所有这些动物的心理能力又都很低下，我们不妨得出结论，认为这些颜色并不起什么性诱引的作用，不是通过性选择所取得的。我们应须记住，除非雌雄两性之中，一性的颜色比另一性特别艳丽或特别鲜明，又除非两性在生活习性上没有区别，无法或不足以说明两性的颜色之所以不同——除非有这些情况，我们，对任何例子来说，就没有足够的证据来指称它们的颜色是通过这一途径，即性选择而取得的。但若两性之中打扮得更为美好的一性的一些个体，几乎总是雄性个体，会自动的向另一性的个体展示或炫耀它们的色相，在这一情形下，也唯独在这一情形下，这方面的证据才算完整而确凿无疑，因为我们很难相信这种展示是无的放矢，是为炫耀而炫耀；而如果其间真有些好处的话，性选择就几乎无可避免地会接踵而来。我们还可以推广这个结论的适用范围，使同时包括两性中的另一性，如果两性的颜色虽并无不同，而却一清二楚可以和同一目或同一科中的另一个种的两性之一的颜色相类比的话。

然则我们对许多属于最低级的几个纲的动物的颜色之所以鲜美，甚至华丽夺目，又将作何解释呢？这一类的颜色是不是往往起些保护的作用，这一点，看来像，看来又不像；但凡是读过华莱士先生论这题目的那篇出色文章的人都会承认，我们在这方面是很容易犯错误的。例如，如果不谈到这个题目，谁也不会一下子想到，水母类的通体透明，对这些动物来说，起着再重要没有的保护作用，但一经海克尔的提醒，说有到这种玻璃一般的表相，并且往往又附带有像三棱镜般所发生的那种色彩的，水母之外，还有许多种在水里漂浮或游荡着的软体类和甲壳类动物，甚至若干种小型的海洋鱼类，我们就很难再怀疑，它们之所以能躲开远洋鸟类以及其他敌人的注意，所依靠的正是这一点了。贾尔先生也深信，[1]某几种海绵和海鞘的颜色鲜明也是为了保护之用。显眼的颜色对许多种动物还有另一种好处，就是，对前途有可能吞噬它们的敌人提出警告，说它们有怪味，吃不得，或者说，它们具有某种特殊的自卫手段，碰不得。但我对这一题目，在下文更为方便的段落里，将别作讨论，在这里且不多说。

由于我们对多数最低等的动物知道得太少，我们只能说，除了派生出某些好处之外，而实际上又和这些好处并不相干的它们这些鲜美的颜色，不外有两个来源，一是它们生理上的化学本质，一是它们细胞组织的细微结构。说起颜色，怕没有颜色比我们动脉管里的血液的颜色更为亮丽的了。然而并没有什么理由让我们设想血液的颜色本身构成什么便利，尽管它对于少女的两颊之美更能添上几分，却谁也不敢自作聪明地说，血液之所以为红是为了这样一个目的。再如，在许多种动物，尤其是一些比较低级的动物，胆汁具有很浓厚的颜色。例如，据汉考克先生告诉我，各种无壳的海蛞蝓（naked sea-slug，即乙379）之所以奇美，主要是由于它们的胆囊从透光的外皮里面映了出来而可以从外面看得到的缘故——而这一点美丽对这些动物大概也并没有什么用处。美洲森林里快要枯落的树叶谁都描绘得万分华丽，然而谁也不会认为这些颜色对有关的树木有任何好处。近年以来，化学家们制造出了不知多少种跟各种自然的有机化合物十分近似、可以比类而观，而又是彩色极美的物质，我们只须记住这一点，就会感觉到，如果具有同样一些彩色而根本不涉及有用无用这一目的问题的一些物质，却从来没有通过有机体的复杂的化学实验室而发展出来，那才是一桩怪事哩。

软体动物亚界。——数遍了动物界里这一个庞大的部门，就我见闻所及，我们在这里所正在考虑的那一类第二性征是完全没有的。在这个亚界的最低等的三个纲，即海鞘类、苔藓虫类（乙795）和腕足类（乙136，即有几个著作家所称的拟软体类），我们本来就不能指望这类性征的存在，因为这些动物中的多数不是一生固定在支撑着它们的一些物体之上，便是雌雄寄寓在同一个体之中，即雌雄同体。即便在瓣鳃类的软体动物（乙534），即外壳分为两瓣的贝壳类，雌雄同体也不算罕见。比此略高一筹的腹足类（乙438）这一个纲，即独瓣或不分瓣的贝壳类，雌雄有同体的，也有异体的，但在雌雄异体的腹足类，雄性也从不具备什么特殊的器官，专供发现、占有，或蛊惑雌性之用，也不具备和同性的对手们角胜的任何结构。据杰弗里斯先生告诉我，在这一类动物里，两性之间唯一的外表上的差别是壳的形态有时候略有不同；例如，在玉黍螺（periwinkle，即562），雄性的螺壳比雌性的窄一些，螺旋也拉得长一些。但这种性质的差别是和生殖的活动直接有联系的，也就是说，雌性有卵的培育问题，所以壳要宽大些。

腹足类虽能行动，而又备有不完全的眼睛，看来天赋的心理能力却是不高的，不足以使同一性别的成员之间发生彼此角胜的斗争，并从而取得一些第二性征。然而在有肺的腹足类，即蜗牛，两性在交配之前是有一个求爱的过程的；因为这些动物，虽也雌雄同体，却因身体结构的关系，不得不两两相配。阿加西斯说，[2]"凡属有机会观察到过蜗牛求爱的人，对于这些雌雄同体的动物在准备与完成两相拥抱的过程中的种种动作与姿态所表现的媚惑的力量，是不可能再有什么怀疑的了。"看来这些动物也似乎懂得某种程度的经久的彼此依恋，而不相舍弃：一位精确的观察者，郎斯代尔先生，告诉我，他曾经把一对罗马蜗牛（乙471）放在一个供应条件很差的小天井里，一对之中有一只很瘦弱。过了不久，比较强健的那一只失踪了，通过它的腹足所留下的那一线黏涎的痕迹，后来被发现它爬过了一道墙，进入隔墙的供应条件很好的另一个天井。当时郎斯代尔先生满以为它已经把体弱多病的配偶抛撇了；但别离了二十四小时之后，它返回了故园，并且看去像是把此行探险而有获的结果通知了它的配偶，因为接着它俩就沿着同一条黏涎的线路越过墙头不见了。

即便在软体动物的最高的那个纲、头足类（乙 189）或各种乌贼，虽全部已是雌雄异体，我们目下所注意的这一类第二性征，据我查考所及，也是不存在的。这是一个值得惊怪的情况，因为凡在看到这类动物会如何巧妙地试图从敌人威胁之下逃脱[3]的人都承认，它们有的是高度发达的各种感官，而它们的各种心理能力也不能算薄弱。但某几种头足类却有一个特色，一个超乎寻常的性征，就是，雄性把自己的精液聚集在他的许多触手之一的里面，然后自动地抛掉这只触手，而这支触手，一面通过一系列的吸盘，紧紧地把雌性缠住，一面，在这短期之内，维持独立的生活。这一条被抛掉的触手或触脚是如此像另一种动物，以致当初居维叶竟然把它列为一种寄生的蠕形动物，并且还替它起了一个学名；今天所谓的头足类的"交接脚"（hectocotyle 或 hectocotylus），还是沿袭了这个学名之旧。但这一出奇得惊人的结构与其说是第二性征，无宁说是第一性征，更为恰当。

尽管在软体动物中间性选择似乎没有出头而表演过一番，在许多种独壳和双壳的贝壳动物，比如各种涡螺（volute）、锥形螺（cone）、海扇（scallop）等等，却都具有美丽的颜色和形状。就多数例子而论，这些颜色看来并不起任何保护的作用，像最低级的几个纲的情况一样，它们大概是细胞组织的性质所直接造成的结果，并无意义可言；至于壳上的一些花样和形同雕琢的高下不平之处，则是生长的方式所决定的。光照的分量多寡似乎在一定程度上也有些影响：因为，尽管格温·杰弗里斯先生屡次说到生活在深水里的若干种贝壳动物是如何的颜色鲜明，我们却一般地看到，壳的底面或阴面、以及为外膜（mantle）所罩住的那些部分，在颜色上要比阳面或其他暴露出来的部分略微浅淡一些。[4] 在有些例子里，例如生活在珊瑚丛或颜色鲜艳的各种海草中间的贝壳，它们的彩色也许有些保护的作用。[5] 但在裸鳃类（乙659）的软体动物，即各种海蛞蝓里，有许多种的颜色之鲜美亦不下于任何贝壳，这我们在奥尔德和汉考克两位先生所合著的那部宏伟的著作里就可以看到。而从汉考克先生所直接见惠的这方面的资料看来，这些颜色通常是不是也有保护之用，是大可怀疑的；就其中有几个种而言，这用途也许是有的，例如生活在海藻的绿叶子上的一种，就是通身碧绿的。但许多颜色鲜美、或白皙、或因其他原因而显明易见的许多种海蛞蝓却并不隐藏起来；而同时同样显眼的另几个种，以及另一些颜色呆板的种类却生活在石头下面或一些黑暗的角落里，由此可知，就裸鳃一类的软体动物而言，颜色和它们居处的性质之间，并不存在什么密切的关系。

这些裸而无壳的海蛞蝓是雌雄同体的，但它们还是实行两两相配，像陆地上的蜗牛或蛞蝓一样，而在陆地上的蜗牛里，许多种的颜色是十分美丽的。当然可以设想，两只雌雄同体的个体，为彼此的高出于一般的美丽的程度所吸引，进行结合，从而产生了一些传受到了这种美丽程度的后辈。但一想到这些生物在有机组织上毕竟还很低级，这在实际上是极其不可能的。除非，一般的说，精力旺盛和形貌美丽是二而一的事，即健者必美，美者必健，我们也看不出来，一对更为美丽的雌雄同体的个体所生下的后一代，为何会比不那么美丽的另一对所生的后一代要多占些便宜，因而能蕃殖越来越多的后辈。在这里，也不存在这样一个情况，就是，一部分雄性个体成熟得比雌性为早，从而使比较健壮的雌性得以从中选取更为美丽的若干只。说实在话，即使鲜美的颜色就其在一般生活习惯中的关系而言，对一种雌雄同体的动物真有好处的话，则颜色更为美丽的个体当然会取得更大的成功而蕃殖更多的后裔；但这却是自然选择而不是性选择的例子了。

蠕形动物亚界；其中环节类（乙41，即海居蠕形动物）这一纲。——

在这一纲里，尽管有些雌雄异体的物种，由于两性在一些重要的性状上有着差别，而被列入不同的几个属，甚至不同的几个科，然而这些差别似乎不属于我们可以满有把握地把造因归到性选择的那一类。这些动物往往有很美丽的颜色，但两性在这方面却并无差别，因此，和我们的关系就不大了。即使有机组织如此低级的条虫类或丝虫类（乙652），"在颜色的多种多样和美丽的程度上，在无脊椎动物的整个系列里，可以和任何其他类群争一日之长"，麦金托什博士[6]却没有能发现这些颜色对它们有任何用处。据戛特尔法宜先生说，[7]那些固定而不移动的环节动物的物种，在蕃育季节过去之后，在颜色上要变得呆板一些；依我的看法，这也许是由于在此季节以后它们活动的劲头更趋于减少的缘故，此外便没有什么意义可言。总之，所有这些蠕形的动物在进化阶梯上所占有的地位太低，低得使两性中的任何一性的个体，在选取异性作为配偶的时候，或在同一性别的个体彼此争奇斗胜方面，都不可能有所作为。

节肢动物（乙97）**亚界：其中甲壳类这一纲。**——在这一个庞大的纲里，我们才第一次碰上无可置疑的第二性征的存在，而且往往发达得很惹人注目。不幸的是，我们对甲壳类动物的生活习性知道得过于零星片段，因而对于两性之一所独具的许多结构的用途无法作出解释；在其中低级而寄生的若干物种，雄性体型很小，并且只有他们才具备供游泳用的肢体，触须和感觉器官，而雌性则全无这些结构，余下的躯体也只是不成样子的那么一团东西。但两性之间这一类超乎寻常的差别无疑地和它们大相悬殊的生活习惯有关系，因此不在我们讨论范围之内。在分属于各个不同的科的形形色色的甲壳动物里，备有细长的线状体而被认为起着嗅觉作用的那前面几对触须，在雄性身上的要比雌性身上的多得多。在一般的雄性，在别无嗅觉器官的特殊发达的情况之下，既然也几乎可以肯定地迟早会找到他们的配偶，则这种嗅觉线体之所以加多，或此种加多的结果之所以取得，大概是由于原先在这方面天赋好些、即线体生得多些的一些雄性，通过性选择，在求偶和蕃殖子息方面，都取得了更大的成功的缘故。F. 穆勒曾经叙述到过属于异足水虱属的一个很值得注意的种（乙 918），其值得注意之处，在于这种动物的雄性是所谓两形的（dimorphic），即两类不同形态的雄水虱，而两者之间更无任何过渡的中间状态。其中一类形态的雄水虱备有更多的嗅觉线体，而另一类则备有用来抱持雌水虱的一对更长而有力的螯。F.穆勒的意见，同一种**异足水虱**，而有两类，各有其不同点，其不同的由来，大概是这样的：当初，有些雄性个体朝着嗅觉线体的数量增多的方向发生变异，而另一些个体则朝着另一个方向，就是，螯的形状与大小；这样，在前者，凡是通过嗅觉而最能发现雌水虱的那些，而在后者，凡是通过握力而最能拖住雌水虱的那些，各自留下了最大数量的后辈，而这些后辈又分别把两种不同的便利遗传了下来。[8] 在有几种低级的甲壳动物，雄性前一对触须的右边的一根在结构上和左边的一根大为不同，左边的一根结构很简单，逐节向尽头处尖削，和雌性的触须倒很相像。在雄性身上的那根右触须所发生的变异又有种种的不同，有的中段变得有些臃肿，有的中段弯成某一个角度，有的改成（图 4，a）一个苗条而有时候复杂得出奇的把握器官。[9] 我从卢伯克爵士那里听说，这一器官是用来抱持住雌性的，而为了同样的目的，胸部最后一对游泳肢与这把握器官属于身体同一边的那一根也改变成为钳子（图 4，b）。在另一个科的甲壳动物里，下面或后面一对触须，在雄性身上"作一串之字形，曲来曲去，颇为奇特"，而雌的则不然。

在高级的甲壳动物，前一对游泳肢发展成了一对螯；雄性的螯一般要比雌性的

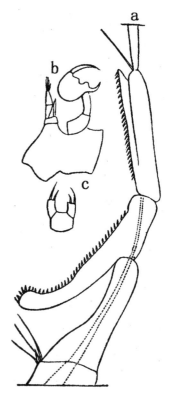

图 4　达尔文氏虾（乙 529）
　　　（采自卢伯克）

a. 构成把握器官的雄性的右前触须

b. 雄性胸部游泳肢的后一对

c. 同上雌性的那一对

大——有时候大得很多，足以使可供食用的黄道蟹（乙163）的雄蟹在市场上出售时，据贝特先生说，价钱比雌的高上五倍。在许多的种里，左右螯的大小是不相等的，也据贝特先生告诉我，一般总是右边的大得多，但也并非全无例外。而此种的不相等，在雄性身上所见的往往要比雌性的大

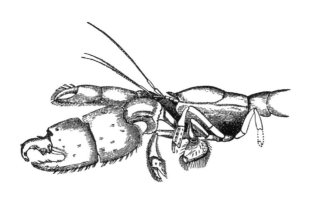

图5　异螯虾属（乙153），雄性的前部，示左右螯的大小不同与结构互异；采自米尔恩埃德沃兹。

附注：此图的绘制者弄错了，应该是右螯特大，他却把左螯画成特大了

得多。在雄性，左右螯的结构也往往不一样（图5、图6、图7），其中较小的一只更近似于雌性身上的螯。左右螯分大小，而此种大小在雄性的差距更为显著，这些究竟有什么好处，我们不知道；而如果左右螯大小相等，又何以雄性的双螯往往要比雌

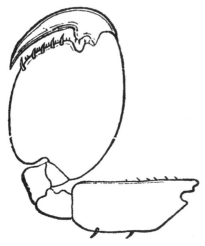

图6　示跳钩虾的一种（乙675）的雄性的第二游泳肢

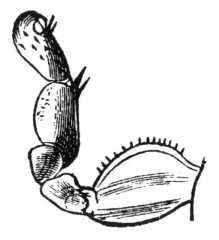

图7　示雌性的相应的一肢。采自 F.穆勒

性的大得多，我们也答不上来。我又从贝特先生那里听说，螯有时候可以

长大到一个程度，一望而知其为不可能用来把食物送到嘴里。在某几种淡水的长臂虾（乙 704），雄性的右边的一肢或一臂实际上比他的全身还要长。[10]这样一条长臂，再加上它尽头的螯，也许可以帮雄虾的忙，好同对手们作战；但这一点对于为什么雌虾的那一对相应的臂与螯也是长短不齐却不能有所解释。在招潮蟹，根据米尔恩埃德沃兹[11]所援引的一番话，雄蟹是与雌蟹同住在一个洞里的，这说明它们是实行两两相配的；而在洞里雄蟹用那只发展得奇伟的大螯把洞口堵住；这又说明螯也间接可以供自卫之用。但主要的用途大概还是在把雌蟹抓住不放，而这一点，在有些事例里，如在钩虾（乙 435），我们确知是如此；寄居蟹，即战士蟹（hermit crab、Soldier crab，即乙 703）的雄蟹，可以连续好几个星期把雌蟹和她所寄居的螺壳带来带去。[12]但在普通的岸蟹（shore-crab，即乙 173），据贝特先生告诉我，雌雄两性，在雌蟹脱去旧壳之后，就立刻进行交配；当其时雌蟹的新壳尚未变硬，通身柔软，如果在这时候要由雄蟹来把她抓住，用强大的螯一夹，那就未免受伤；但好在旧壳脱落之前，她就进入了雄蟹的掌握，并由他拖来拖去，因此，也就不发生这样一个受伤的问题。

F. 穆勒说，巴西的一个端足类（乙 29）的一个属（乙 606）中，有几个种和其他所有端足类动物有所不同，就是，在雌性身上，"倒数第二对游泳肢的基节薄片引伸而成为一些钩状的尖端，当雄性追求她时，就用他的第一对游泳肢的前掌把这些钩抓住。"这些钩状体的由来大概是这样的，即，当初凡属具有它们的那些雌性个体，在生殖活动的时期里，最容易被紧紧地抓住，因而有利于生殖，有利于繁殖最大数量的后一代。巴西的端足类动物的另一个种，达尔文氏跳钩虾（乙 674，图 8），提供了一个两形状态（dimorphism）的例子，像上文所说的那一个属（乙 918）的异足水虱一样，因为它的两类雄性个体，在螯的结构上各有不同。[13]双螯中的任何一螯既然肯定地已经足够把雌性抓住——实际的情况是两螯都可以这样用，不是这一只，就是那一只——看来这种动物之所以会有两类雄性，大概是由于当初有若干雄性个体向着某一个方式发生变异，而从这些变异所产生的同一器官上的不同形状，双方都取得了一些特殊而在分量上却几乎

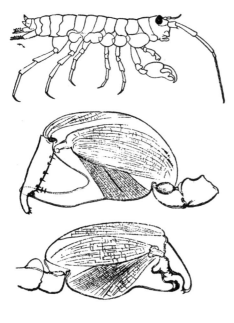

图8 达尔文氏跳钩虾，示两类雄性个体的螯在结构上的互异。采自 F. 穆勒

相等的好处，因而就各自被保存了下来。

甲壳类的雄性，为了占有雌性，是不是彼此进行战斗，我们不知道，但这情况大概是有的；因为，就大多数动物而论，如果雄性的体型比雌性为大，其所以大，似乎都可以追溯到当初他们的雄性祖先，世世代代以来，和其他的雄性一直进行过战斗。在甲壳动物的大多数的目里面，尤其是级位最高的短尾类这一目（乙 137）里，雄性的体型都比雌性为大，但其中有寄生性而两性生活习惯各不相同的几个属，以及切甲类（乙 377）这一目必须除外。许多甲壳动物的螯是一种武器，很适合于战斗之用，例如贝特先生的一个儿子目击过一只魔蟹（devil-crab，即 800）和一只岸蟹相斗，结果是岸蟹一下子被揪得背朝了天，而所有的脚全给扯掉了。F. 穆勒有一次把若干只巴西招潮蟹的雄蟹放进一只玻璃缸里，而这一个种的雄蟹是具有庞大的螯的，他们就互相厮杀，结果是一片伤残与死亡。贝特先生先把一对岸蟹放在一只有水的盘子里，让它们配对；后来他又把一只更大的雄蟹放进盘去，结果是，这只雄蟹不久就把雌蟹从原先的雄蟹那里抢了过去。贝特先生还补充说，他没有看到他们相斗，但"如果他们斗过，那这番胜利是用不流血方式得来的，因为我没有看到任何创伤。"这同一位博物学家又曾在一只容器里放了许多钩虾（sand-skipper，即乙 435，在我们英格兰海滩上是很充斥的），雌雄都有，当其中有一雌一雄正在交配之际，他硬把它们分开，并且把雄的取了出来。被迫离婚的雌蟹随后就和其他的同类混在一起。过了些时候，贝特先生又把那

只雄的放了进去，他游了一会儿之后，突然冲进钩虾群，不经过任何战斗就立刻把他的老婆带走了。这事实说明，在端足类这样一个进化级位很低的甲壳动物的目里，雌雄个体之间居然能彼此认识，并且还能互相依恋。

甲壳类动物的心理能力，初看像是不可能太高，现在看来，也许要比我们所设想的高了。热带海滩上的海岸蟹特别多，凡是尝试过捉一只看看的人都知道它们是何等的善于提防与捷于逃脱。有些珊瑚岛上有一种大蟹，叫桓螯，又名椰子蟹（乙 115），能在深邃的洞底用捡起的椰子壳的纤维铺上一层厚厚的褥子。它的食物就是成熟而自坠的椰子；它会把皮壳上的纤维一丝一丝的撕掉，并且在撕的时候总是从有三个略为凹进而作眼状的地点的那一头开始，一次也不会错。然后它用沉重有力的前螯一锤一锤地进攻三个眼状点之一，突破以后，就把身子转过来，用狭长的那对后螯掏出蛋白般的核心来吃。但这一系列的动作也许是属于本能性质的，因此，成熟而老练的蟹会，年轻的蟹也一样的会。但对于如下这样一个例子，我们却很难这样设想：一位很可以信赖的博物学家，加德纳先生，[14]有一次在注视一只招潮蟹掘洞的时候，故意向洞口丢了几个螺壳，一个滚进了洞，三个留在洞外，离洞口有几英寸。大约五分钟之后，那只蟹把滚到洞里的螺壳掏了出来，并且把它送到离洞口约有一英尺的远处；接着它又看到了洞外的三个螺壳，于是，看来像是深怕它们也会滚进洞去，它把它们一一送走，和前一个放在一起。我认为要把这样一些动作，和人借助于理智而进行的动作区别开来，是有困难的。

在不列颠境内的甲壳类动物中，两性之间在颜色上差别不大，差别大而明显的例子，据贝特先生所知，是一例也没有的，而在各个种类的高级动物，这是常有的事。在有一些例子里，颜色浅深之别是略微有一些的，但贝特先生认为，这些都是两性生活习惯不同所致，此外别无其他原因：比如说，雄性在外面漫游的机会多，所受光照的分量就大。帕沃尔博士曾试图根据颜色的不同来辨别毛里求斯岛①上的若干个种的甲壳类动物，但

---

①　毛里求斯 Mauritius，在印度洋中，马尔加什之东。

失败了，只有在虾蛄属（乙894）的一个种（大概是乙895）是成功的，在这个种里，雄虾蛄据称"作很美的青绿色"，一部分附肢作樱桃红色，而雌虾蛄的却是一种混浊的棕灰色，"虽也带些红色，却远没有雄的那样鲜明生动。"[15]在这个例子里，我们可以猜测，性选择是插过一手的。贝尔先生①把一群水蚤（乙338）放进用三棱镜射出各色光线的容器里，然后观察它们的反应。根据这些观察，我们有理由可以认为，即便在最低级的甲壳类动物也懂得辨别各种颜色。在切甲类的生长在海洋里的一个属，叶剑水蚤属（乙850），雄性具有极其微小的盾甲或类细胞体，在光照之下，发出美丽而变化不定的色彩，雌性则不具备，而在此属的有一个种，则两性都不具备。[16]但若我们据此而作出结论，认为这些奇特的小器官有诱引雌性之用，那就太过于冒失了。F.穆勒告诉过我，巴西有一个种的招潮蟹的雌蟹，通身几乎一色的棕里带灰。至于雄蟹，头胸部（cephalo-thorax）的后面是纯白的，而前面是浓绿色，并由浓绿逐渐转入深棕色，而引人注目的是，这些颜色会变得很快——几分钟之内，纯白的变成污浊的灰色，甚至乌黑，而"浓绿色则变得大为黯淡无光。"特别值得注意的是，雄蟹一直要到成熟的年龄才取得这些鲜明的颜色；在数量上，雄蟹似乎比雌蟹要多得多，雄蟹的螯也比较大。在招潮蟹属的有几个种，也许是所有的种，雌雄蟹都两两成配，并且每一对各有其共同生活的洞穴，我们在上面已经看到，作为动物，它们已经具有相当高度的智能；根据这种种不同的考虑看去，这一个种的招潮蟹的雄性之所以装饰得很俏，有可能是为了吸引和激发雌性的。

刚才说过，雄的招潮蟹，不到成熟而准备蓄育的年龄，是不会取得显眼的颜色的。不仅颜色如此，也不仅招潮蟹的一种如此，看来这是牵涉到两性之间许多特殊结构上的差别的一个通例，并且适用于甲壳类动物这整

---

① 对这一事例原文未注出处，大概是因为做观察的人和所观察的事当时为一般读者所熟悉，无庸再加说明。查 Paul Bert，法国生理学家，生1833年，卒1886年，作过许多有关动植物生理学的试验，并写过好几种初级的教科书。晚年从事政治活动，是资产阶级左派，以反对天主教并主张教育与教会分开著名。最后当过驻安南（今译越南）的总督，死在河内。

个一纲。我们在下文还将发现，这同样的法则在整个庞大的脊椎动物亚界里普遍通行；而在所有的例子里，在凡属通过性选择而取得的那些性状方面，表现得尤为彰明较著。F.穆勒[17]提出了若干个突出的例子来证实这一条法则；例如沙跳虫（即跳钩虫，乙673）的雄性，要到差不多完全长成的时候才取得巨大而和雌虫在结构上很不相同的那一副钳子或螯，而当其在长成之前，这些是和雌虫差不多的。

蜘蛛类这一纲。——雌雄两性在颜色上的差别一般不大，但雄的颜色往往比雌的要深一些，这我们在布莱克瓦尔先生的宏伟著作[18]里就可以看到。但在有些蜘蛛种里，两性在这方面的差别还是显眼的：例如，在有一个种，绿色遁蛛（乙887），雌的作灰暗的绿色，而成熟的雄蜘蛛则腹部作鲜明的黄色，再加上纵长的三根深红色的条纹。在蛛类的一个属即蟹蛛属（乙944）的某几个种里，雌雄两性十分相似，而在另几个种里，分别就很大，而在其他许多个属里，这种可以相比的情况也存在。每一个种必有其所隶的属，每一个属也必有其比较通常而基本的色泽，就一个种的两性个体而言，究竟哪一性更接近于此色泽，而哪一性违离的更多一些，往往是不容易讲的；但布莱克瓦尔先生认为，作为一个通例来说，总是雄的要违离得更远一些；而卡奈斯特里尼[19]说，在某几个蜘蛛属里，我们可以很容易地把雄性按种别辨认出来，但对雌性就困难了。布莱克瓦尔先生告诉我，雌雄两性在未成熟的时候一般都彼此相似；但在屡次蜕壳之际，在到达成熟之前，彼此在颜色上往往要经历很大的改变。在另一些例子里，看来只有雄性在颜色上有所改变。即如在上面雌雄颜色大为殊异的绿色遁蛛（乙887），雄性起初是和雌性相像的，而要到将近成年的时候，才取得特别的颜色。各种蜘蛛都具有灵敏的感觉，而表现的智能也高；而大家都熟悉的是，雌性往往对她们所下的卵爱护备至，总把它们放在一只丝络的口袋里带来带去。雄性也会情切地寻觅雌性，而卡奈斯特里尼和别人都亲眼见过，他们会为了占有雌性而彼此进行战斗。这位意大利著作家说，蜘蛛雌雄两性的结合，经人观察到的大约有二十个种；他又肯定地宣称，雌性对某些向她求爱的雄性会实行拒绝，张开了上颚吓唬他们，而最后，经过长时间推延犹豫，才把中选的那只雄蜘蛛接纳下来。根据这一系列的考虑，我们可以有些把握地承认：在某几个蜘蛛种，两性之间在颜色上的一些显著的差别是性选择的结果；尽管我们在这里还没有取得最好的那一类证据——比如雄性向雌性展示他的装饰手段，我们还是可以把这一点承认下来的。在有些蜘蛛种里，雄性的颜色有极大的变异性，例如有一个种的球腹蛛属蜘蛛（乙943），看来这似乎说明，雄性方面的这些性征至今还没有很好地稳定下来。卡奈斯特里尼根据另一个事实而达到了同样的结论，这事实是，有若干种蜘蛛的雄性有两类，即两个不同的形态，不同在上下颚的大小长短；而这一点又让我们想起甲壳类动物里的一些两形状态的例子了。

在蜘蛛类，雄性的体型一般要比雌性小得多，有时候大小之差可以发展到非常悬殊的一个程度，[20]这就迫使雄性，在向雌性进行调情求爱时候，要极端地小心，因为雌性是羞涩而要撑拒的，而此种撑拒往往会被推进到一个危险的程度。德吉尔看到过一只雄蜘蛛，"在进行拥抱的准备阶段中间，突然被他恋爱的对象一把抓住，被她用丝络成的网封闭起来，然后一口吞下肚去——这一光景，他又补充说，使得他毛骨悚然，满腔愤怒。"[21]有一个蜘蛛属即络新妇属（乙654）的雄性是小到了极度的，坎布里奇牧师对此作出了如下的解释：[22]"万松先生对这一类具体而微的雄蜘蛛如何以敏捷而灵活的行动来躲闪雌蜘蛛凶狠的反应，作了一番绘声绘色的叙述，说他在她的身上和沿着她的几条大得不可开交的腿溜来溜去，在她面前捉迷藏似的忽隐忽现：这样做，显而易见的是，体型越是渺小的雄蜘蛛，躲开被抓的机会就越多，而体型较大的雄性很早就会填进雌性的欲壑；这样，一批批越来越具体而微的雄性就一步步地被挑选出来，而到了最后，终于小得无可再小，再小就不能执行蕃育后代的任务了——事实上大概也就是小到我们所看到的那样，也就是说，小得像是雌性身上的一种寄生动物，也许是小得已经不为她的注意力所及，也许她虽然觉察得到，而他却又灵活有余，使她不得不大费周章才能把他抓住。"

威斯特仑作出了一个有趣的发现，就是，在球腹蛛属（乙942）里，[23]有若干个种的雄性能作出唧唧之声，而雌性则不会作声。发声的装置由两个部分构成，一是腹部下面有一条作锯齿状的横梁，一是胸部后端的硬甲边缘，两相磨擦，声音就出来了；而这样一个装备在雌性却毫无痕迹可寻。与此相关联而值得注意的是，好几位著作家，包括大家所熟知的蜘蛛学家瓦尔克纳在内，一直宣称蜘蛛是可以受到音乐的吸引的。[24]拿这一情况和我们将在下章中叙述到的直翅类与同翅类（乙487）相比较或相类推，我们不妨有这样一个想法，就是我们几乎可以肯定，这种唧唧之声的作用是在对雌性发出召唤或激发她的春情，而威斯特仑也相信这种作用；而就我知识所及，在动物界逐级上升的进化阶梯之上，这是为此目的而进发出声音来的破天荒第一遭的例子了。[25]

多足类这一纲（乙649）。——在这个纲的仅有的两个目，马陆类（millipede）和蜈蚣类（centipede）里，我都没有能发现和我们的问题特别有关的那一类两性差别的任何很明显的例子。但在球马陆属的一个种（乙450），以及或许在其他少数几个种里，雄性在颜色上是和雌性略微有些差别的；不过这一个种的球马陆是有高度变异性的一个种，在倍足类这一目（乙351）的雄性，属于身体前几个环节之一或身体后几个环节之一的若干对脚中的一对脚起了变化，而为一对能把握的钩子，供抱持雌性之用。在普通马陆属（乙522）中有几个种，雄性脚上的有些附节备有膜状的吸盘，也是为了这个用途。在蜈蚣类的石蜈蚣这一属（乙560），为了抱持异性而在身体尾部备有把握性的附肢的是雌性，[26]而不是雄性；我们在下面进而处理昆虫类的时候将要看到，这一点情况是很不寻常的，远为寻常的是雄性备有这一类结构。

原　注：

[1] 见文，载《实验动物学文库》（丙22），1872年10月，563页。

[2] 见所著《关于种与纲……》（De l'Espèce et de la Class，法文），1869 年版，106 页。

[3] 这方面的例子不一而足，我自己就曾提供过一个例子的记录，见《……研究日志》（Journal of Researches），1845 年版，7 页。

[4] 我在《对火山岛屿的一些地质学观察》[Geolog. Observations on Volcanic Islands（1844 年版，53 页）]里举出过一个奇特的例子，说明光照在这方面的影响：在阿森松岛（Ascension Island，在南大西洋——译者）上曾发现由贝壳粉末溶解而构成外壳、又被浪头冲上岸来，而成为海滨淤积物的一部分的一具叶子的化石模（frondescent incrustation），由于光照的影响，这由贝壳末构成的模子已经不是原来的颜色了。

[5] Dr. Morse，不久以前，在《软体动物的适应性的颜色变化》（On the Adaptive Coloration of Mollusca）这一篇论文里，对这一个题目进行过一番讨论，见《波士顿自然史学会纪事刊》（丙 113），第十四卷，1871 年 4 月。

[6] 见他写得很出色的单行的专题论文，《不列颠的环节动物》（British Annelids），第一编，1873 年，3 页。

[7] 见 M. Perrier 文《达尔文的人种由来论》（L'Origine de l'Homme d'après Darwin），载《科学评论》（丙 129），1873 年 2 月，866 页。

[8] 见文，《支持了达尔文的一些事实和论点》（Facts and Arguments for Darwin），英译本，1869 年，20 页。同时参看上文关于嗅觉线状体的讨论。Sars 曾就挪威的甲壳动物的一个种（乙 797）叙述了一个多少可以与此相比的例子[见引于一篇文章，载《自然界》（丙 102），1870 年卷，455 页]。

[9] 见 Sir J. Lubbock 文，载《自然史纪事与杂志》（丙 10），第十一卷，图片第一与第十；又第十二卷（1863 年），图片第七。又见同作者文，载《昆虫学会会报》（丙 145）新编卷第四卷，1856～1858 年，8 页。关于下文所说的作一串"之"字形的触须，见 Fritz Müller，《支持了达尔文的一些事实与论点》（Facts and Arguments for Darwin），英译本，1869 年，40 页，注。

[10] 见 Mr. C. Spence Bate 所著文并附图，载《动物学会会刊》（丙 122），1868 年卷，363 页；而关于这一个属的甲壳动物的专门词汇，见同文，585 页。我是大大地感激 Bate 先生的。因为上文有关高级甲壳动物的螯的议论几乎全部是从他那里来的。

[11] 见所著《甲壳类动物自然史》（Hist. Nat. des Crust. ，法文），第二卷，1837 年版，50 页。

[12] 见 Bate 先生文，载《不列颠科学促进协会：关于德文郡（Devonshire，英格兰西南部——译者）南部的动物志的第四个报告》（丙 35）。

[13] 同上注 8 所引 Müller 书，25—28 页。

[14] 见所著《巴西内地旅行记》（Travels in the Interior of Brazil），1846 年版，111 页。关于上文的桓螯的习性，我在我的《……研究日志》463 页上，也曾提供过一篇叙述。

[15] 见 Mr. Ch. Fraser 文，载《动物学会会刊》（丙 122），1869 年卷，3 页。Dr. Power 的这段话，我本来不知道，是 Bate 先生先向我说起的，我感谢他。

[16] 见 Claus，《非寄生性的桡脚类甲壳动物（乙 273）》（Die freilebenden Copepoden，德文），1863 年版，35 页。

[17] 见上注 8 所引书，79 页。

[18] 《大不列颠蜘蛛类史》，1861～1864 年版。下文所列的一些事实，见 77 页、88 页、102 页。

[19] 这位著作家不久以前发表了一篇有价值的文章，《蜘蛛类的第二性征》（Caratteri sessuali secondarii degli Arachnidi，意大利文），载威尼托-特伦蒂诺（Veneto Trentina，意大利北部行政地区名。——译者）《自然科学会会刊》，（丙 30），帕杜瓦城（Padova，即英文的 Padua。——译者）版，第一卷，第三分册，1873 年。

[20] Aug. Vinson 曾就近似于络新妇的一个蜘蛛种，黑蜘（乙 380）举例说明雄蜘蛛的体型之小，他举得很好；见他所著的《统一岛上的蜘蛛类》（Aranéides des Iles de la Réunion，法文），图片第六，图 1、2。关于这个种，我不妨补充说，雄性是带黄褐色的，而雌性则作黑色，脚上有些红色的横带纹。雌雄大小不均。比此更为突出的例子还有一些，已见于记录〔《科学季刊》（丙 123），1868 年 7 月，429 页〕；但我还没有看到这些例子的第一手叙述。

[21] 见 Kirby 与 Spence 合著的《昆虫学引论》，第一卷，1818 年版，280 页。

[22] 见文，载《动物学会会刊》（丙 122），1871 年卷，621 页。

[23] 这几个蜘蛛种的学名是 Theridion（即球腹蛛属，属名可作 Asagena，Sund. ）serratipes，4-punctatum 和 guttatum，见 Westring 文，载 Kroyer 辑《自然史时报》

（丙101），第四卷，1842～1843年，349页；又第二卷，1846～1849年，342页。关于其他的一些种，还可以参看《瑞典的蜘蛛类》（Araneæ Suecicæ，书名为拉丁文），184页。

[24] Dr. H. H. van Zouteveen，在他对本书的荷兰文译本里（第一卷，444页），收集了好几个这方面的例子。

[25] 话虽如此，Hilgendorf 最近提醒我们注意，在有几个种的高级甲壳类动物身上，有一些似乎是适应于发声之用而与此可以类比的结构，见文，载《动物学记录报》（丙156），1869年卷，603页。

[26] 见 Walckenaer 与 P. Gervais 合著的《昆虫类自然史：无翅类之部》（Hist. Nat. des Insectes：Apteres，法文），第四卷，1847年版，17页、19页、68页。

第十章

昆虫类的第二性征

雄性所具有的供抓住雌性之用的各式各样的结构——两性之间某些意义不明的差别——两性在体型大小上的差别——缨尾类——双翅类——半翅类——同翅类，只是雄性具有音乐能力——直翅类，雄性的音乐器官在结构上的多种多样；好斗性；颜色不一——脉翅类，两性在颜色上的差别——膜翅类，好斗性与颜色——鞘翅类，颜色；备有显然是为了装饰之用的大角：战斗；发声的器官一般为两性所同样具有

在浩如烟海的昆虫纲里，两性之间，在行动器官上，只是有时候有些差别，而在感觉器官方面则往往彼此互异，例如，在许多昆虫种的雄性，触须或作栉齿状，或作羽毛状，看去很美。在蜉蝣科（乙382）的一个属，牧女蜉蝣（乙245），雄性有巨大而用柱子撑出来的眼睛，而雌性则完全没有。[1]在某几个种的昆虫，雌性没有单眼（ocelli），例如蚁蜂科（乙645）

下面的一些种，而在这里，雌性也是不长翅膀的。但对我们所关心的来说，这些不是主要的东西，主要的是雄性的另外一些结构，一只雄性个体有了它们，通过他的体壮力强、好勇善斗，或通过装饰，通过音乐，才能在战斗之中，在向雌性求爱的过程之中，击败其他雄性，因此，我们不妨先把雄性用来抓住雌性的种种花样繁多难以计数的手段简括浏览一下。除了腹部末端也许应该列为第一性征的那些复杂的器官[2]不计外，"教人惊怪的是"，正如沃尔什先生曾经说过的那样，[3] "为了使雄性可以紧紧地抓住雌性而不放这样一个像是无关重要的目的，造化竟然会把这么多的不同器官组织了起来，而进行工作。上下颚有时候就被用来满足这个目的；例如脉翅类中有一个种（乙284，在某种程度上和蜻蜓等关系相近），其雄性具有奇大而弯弯的上下颚，比雌性的要长好多倍，而且颚面光洁而无锯齿，因此，在使用的时候，雌性不至于受伤。[4] 在北美洲的鹿角虫（stag-beetle）的一个种，亦即麋螂属的一个种，大锹甲虫（乙576），雄性的上下颚也比雌性大得多，用法也相同，但似乎也用来打架。在蟋蟀或细腰蜂属（Sand-wasp，即乙25）的一个种，两性的上下颚是十分相像的，而用法则大不相同，据威斯特伍德教授说，雄蜂"是非常热情的，用镰刀似的颚围绕着雌蜂的脖子将她一把揪住"；[5] 而雌蜂却把这器官用来在沙岸上掘洞做窝。

在许多种的甲虫（beetle）或鞘翅类昆虫（乙266），雄虫前脚的跗节，或则形状变成扁平，或则备有以细毛构成的宽平的垫子；在许多个属的水甲虫或具缘龙虱（water-beetle），雄虫的这些跗节上配备有圆而扁平的吸盘，好让他可以把雌虫滑溜的身体吸住，而不至于滑脱。在若干种的水甲虫（龙虱科的榜螂属，乙360），雌虫的翅鞘上有几条深沟，而在水甲虫又一个种（条纹龙虱，乙8），雌虫翅鞘上有一层浓浓的细毛，在拥抱时为雄虫助一臂之力：但这些情况，远没有雄性一方的变化多端，来得寻常多见。水甲虫的另几种（如水孔虫一属，乙490，的一些种），其雌虫则翅鞘上面穿了许多小孔，用处是相同的。[6] 在细腰蜂的一个种（乙289，图9），在雄蜂身上，变得铺开而成为一片宽平的角质硬板的不是肢上的跗节，而是胫节或第四个关节，板面上还有许多细小的由薄膜构成的小圆点，看去活像一具粗眼的筛子。[7]在霉蛰（乙738，甲虫的一个属）的雄性，触须中段的少数几节也变得扁平，而在它们的阴面则备有细毛垫子，和蚊科或步甲科（乙171）的跗节的情况恰好一样，"而其目的也显然相同。"在各种蜻蜓的雄虫，"尾尖上的一些附肢都有所变化，花样翻新，几乎多得没有穷尽，为的无非是把雌虫的脖子抱住不放。"最后，在许多种昆虫的雄性，脚或肢上又备有一些奇特的突起，或作棘刺状，或作半球形，或类鸡距；或全肢变作弓形，或变得特别粗大，但

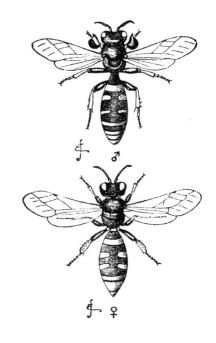

图9　细腰蜂的一个种（乙289），上图雄蜂，下图雌蜂

后面这两种变化未必全都属于性征的范畴；又或肢的一对、或所有的三对都变得很长，有时候长得太没有节制了。[8]

在昆虫类的所有的各个目里，为数不少的种都表现一些意义不明的两性差别。一个奇特的例子是，在有一个种的甲虫（图10），雄虫的左上颚或左上腮发展得特别的又长又粗，使嘴部大大地走了样。在另一个种的蚊科甲虫，广齿虫属（乙403）的一个种，[9]我们看到一个雌虫的头要比雄虫的宽大得多的例子，而这样一个例子，据沃拉斯顿先生知识所及，是独一无二的；尽管宽大的程度还没有太固定下来，却还是一个绝无仅有的事例。这一类意义不明的两性差别的例子还多得很，要多少有多少。在鳞翅类里就很充斥：其中最异乎寻常的是，在某几种蝴蝶里，雄蝶的前肢萎缩或退化了，胫节与跗节都成了瘤状的残留。在翅膀方面，两性也有所不同；翅上的脉络的不同是常有的事，[10]而翅的轮廓有时候也有相当大的差别，比如在有一个种（乙96），巴特勒先生曾经在伦敦博物馆里指给我看

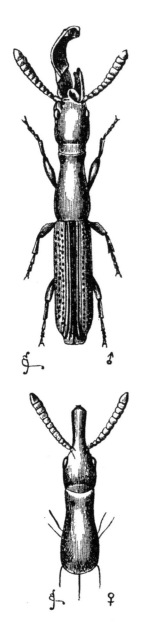

图 10 畸嘴虫（乙 921）：上图，雄虫；下图，雌虫（原形比此小得多）

过。在南美洲的某几种蝴蝶的雄蝶，翅膀的边缘上有一撮撮细毛，而后肢吸盘上有些角质的小疙瘩。[11]在不列颠产的若干种蝶类，翁福尔先生曾经指出，雄蝶在身体与翅膀的某些部分有一些奇特的鳞片，雌蝶则没有。

大家对雌萤（glow-worm）能发光而加以利用这一事有过很多的讨论。雄萤所发出的光很薄弱，幼虫的光也差，甚至萤卵也发些光。最后，贝尔特先生[12]似乎终于解决了这个难题：他发现凡在他所试过的属于萤科（乙 537）的所有的几个种，对专以昆虫为食的哺乳动物和禽鸟，都有很大的怪味，吃不得。因此，有一件事实是和下文将要说明的贝尔特先生的看法相符合的，就是，有不少几个的昆虫都在形态上模拟着各种萤类，并且模拟得很像，为的是要让敌人误认，从而避免自己的毁灭。贝尔特先生进而认为那些发亮的萤种，由于它们的不可口一下子就被敌人认出，是占了便宜的。这个解释大概可以推广而一样地适用于各种叩头虫，因为这些虫的两性都能高度发光。雌萤的翅膀不发达，原因何在，我们并不知道：但就她的现状而言，她既然和幼虫很相近似，而幼虫又是许多动物所最爱捕食的东西，我们就不难理解为什么她会比雄萤变得如此其更能发光和更加显著；也不难理解为什么幼虫也一样能发光了。

两性在体型大小上的不同。——在一切种类的昆虫，雄性的体型普通要比雌性的为小；而这一层差别，即便在幼虫的阶段中，也往往可以被发觉出来。普通蚕种（乙126）的雌雄蚕所作的茧在大小的差别上是相当可观的，而唯其如此，法国养蚕的人才能利用特别的磅称方法，把两种茧分别开来。[13]在动物界的比较低的几个纲里，雌性体型之所以较大，似乎一般是因为她需要培养大量的卵；而这点理由，在一定程度上，或许对一般的昆虫类都适用。不过华莱士博士曾经提出过在道理上要可能得多的另一个解释。在仔细研究了椿蚕蛾（乙125）和日本天蚕蛾（乙128）的幼虫的发育之后，尤其是通过对一批用一种不惯吃的树叶来饲养而长得特别矮小的所称"二蚕"的发育研究，他发现"个体的蛾越是发展得好些的，它为了蜕变而所需要的时间就越长，两者成正比例；正因为这个缘故，雌蛾，作为成虫，由于体内负担着大批的卵，体型大些，分量也重些，就要比体型小些而要求成熟的内容少些的雄蛾破茧而出得晚些了。"[14]大多数昆虫的寿命既然不长，而在存活期间又可以碰上许多危险，因此，雌蛾受精成孕的尽可能早，显而易见是一件有利的事情。通过大量雄蛾的先期成熟，为雌蛾来临作好准备，就保证了这个有利目的的达成；而这一点，正如华莱士先生所曾说过的那样，[15]又是自然选择的活动所能导致的不期然而然的结果。因为体型较小的雄蛾既然成熟得较早，便有机会产生大量遗传到了父亲的小体型的后一代，而反之，体型较大的雄蛾，由于成熟得迟，所遗留的子女就不免少些了。

但雄性昆虫体型小于雌性这一条规矩是有些例外的，而其中有几个例外是可以理解的。体型大与体力强，对那些为了占有雌性而在彼此之间进行战争的雄性，会是有利的，而在这一类的例子，比如在鹿角虫（即麋螂），雄性的体型确比雌性为大。但也还有其他一些雄性之间，据我们所知，并不进行战斗的甲虫种类却也有这情况，即雄性体型超过了雌性；这意义又何在，我们就不明白了；不过就这些例子中的某几个而言，比如雌虫体形很大的两个属，象甲虫（独脚仙科的一属，独角仙属，乙358）和巨躯虫（乙604），我们至少可以看到雄虫的体型没有什么要比雌虫长得小些的必要，这些甲虫的寿命都比较长，两性有充裕的时间进行交配，用不着雄性一方为此而抢先成熟。再如在各种蜻蜓或蜻蛉（dragon-fly，蜻科，乙 556），雄性的体型是没有比雌性小的，在有些种里，至少也看得出来的要略微大得一些；[16] 而据麦克拉克兰先生的见解，雄蜻蜓一般一直要在蜕变了一个星期或十四天而已经取得雄性应有的那些颜色之后，才和雌蜻蜓进行交尾。但下面是所有例子之中最为奇特的例子了，奇特在它能够说明，如此其微不足道的一个性状如两性之间的体型大小，也未尝不因缘于种种极为复杂而容易受人忽略的事项关系，这例子来自有螫刺的膜翅类：史密斯先生告诉我，在这一个庞大的昆虫群里，历数其中的科与属，几乎所有的雄虫，符合着上面所说的一般规矩，在体型上要比雌虫为小，而从蛹的状态蜕变而出的时间也要比雌虫提前约一个星期；但在蜜蜂这一科中间，则有寻常酿蜜的蜜蜂（乙 76），长袖切叶蜂（乙 49）与毛花蜂（乙 53）等三个种，而在掘沙蜂类（乙 416，似即今之姬蜂科。——译者）中间，则有一个种，艳蚁蜂（乙 618），雄虫都比雌虫为大。这一反常的情况又将如何解释呢？解释是，这几种膜翅类昆虫绝对的需要一次结婚飞行，而在飞行之中，为了携带雌虫在空中通过，雄虫有必要具备较强的体力和较大的体型。就这里的雄虫来说，较大的体型的取得，是违反了寻常存在于体型大小与发育快慢之间的关系的，那就是说，在这里，雄性的体型虽较大，而他的蜕变而出却早于体型较小的雌虫。

下文我们要就昆虫类中的各个目一个个的检阅一下，只选取和我们的问题特别关系多一些的事实加以考虑。至于其中的鳞翅类一目（即蝶类与蛾类），则暂时不拟细说，留待另章讨论。

缨尾类（乙 948）这一目。——在这个有机组织相当低的目里，成员们都是些既没有翅膀而颜色又呆板的昆虫，加上头部和躯干又都很丑恶，和一般昆虫相比，几乎都像有些不成样子。雌雄两性看去也没有什么分别。尽管在动物进化阶梯上的地位不高，它们却让我们看到了这样有趣的一点，就是，雄虫会向雌虫作富有诱惑性的调情求爱的工夫。卢伯克爵士说，[17]"看这些小生物（黄圆跳虫，乙 883）在一起调弄风情，是满有趣的。比雌虫小得多的雄虫围绕着雌虫打转，时而彼此顶撞，时而面对面的互为进退，像两只闹着玩的小绵羊相抵那样。然后雌虫装着逃走，雄虫在后面追赶，看上去很古怪，像是有几分怒意，雄虫迎头赶上后，又站到雌虫的前面，面对着她，然后她像是含羞的转身过去，而雄虫则比她更快而更活跃地赶到前面，用触须向她作出鞭打的样子；接着，一转瞬间，它们又面对面站着，用彼此的触须厮磨起来，从此，就像是两相情愿地打成一片了。"

双翅类（乙 353，即蝇类）这一目。——两性在颜色上差别不大。就 F. 沃克尔先生所知，这方面最大的差别出现在毛蝇这一个属（乙 113）中间，雄的带点黑色，或很黑，雌的作一种黯淡的棕黄色。华莱士先生[18]在新几内亚所发现的那个蝇属，角蝇属（乙 368），是大为突出的，雄性备有双角，而雌性头上是很光的。双角从眼部的后面长出，活像牡鹿的角，也有分叉，或作树枝状，或作手掌状。在其中有一个种，角特别长，和全身的长度相等。也许有人认为这种角适合于用来战斗，这恐怕不然，因为在其中的有一个种，角身作很美的桃红色，有黑色镶边，中心有一根灰色的纵条纹，而这一个属的蝇类一般看去都很漂亮，因此，把角看作装饰品，是更接近于事实的。某些双翅类昆虫的雄性彼此爱打架是肯定的；威斯特伍德教授[19]曾在蝎或大蚊属（乙 951）里屡次看到这个情况。其他一些双翅类的雄虫则像是试图通过音乐来赢得雌虫的欢心：H. 穆勒[20]有一次花了一些工夫注视过两只雄蜂蝇（乙 388）同时向一只雌蜂蝇求爱；他们都在雌蜂蝇的上面高下飞动，又时而飞到右边，时而飞到左边，一面飞，一面嗡嗡作声，声音很不小。蚋类与蚊类（乙 298）也似乎用嗡嗡之声来彼此吸引；而迈伊尔教授最近曾加考定，认为雄虫触须上的细毛能颤动而发出与音叉所发出的高低相同的几个音，而又不超出雌虫所发出的声音的幅度之外。较长的细毛彼此相应颤动，则发为比较低沉之音，而较短的细毛则发为比较高亢之音。兰杜沃也说，他曾经用发出某一个特定的音的方法，好几次把满天飞的整个蚋群从空中吸引下来。不妨在这里补充说到，就它们神经系统的高度发展[21]这一个情况来看，双翅类昆虫的各种心理能力大概要比其他多数昆虫为高。

半翅类（乙 472，即各种田虫）这一目。——道格拉斯先生对这一目中不列颠产的各个虫种特别有研究，由于他的惠爱，我才获得了关于它们两性之间种种差别的一番叙述。有若干个种的雄虫是有翅膀的，而雌虫则没有；两性之间在身体、翅鞘、触须和跗节等方面的形态也各不相同；但这些差别的意义何在，我们还不知道，因此，在这里不妨略过。雌虫一般要比雄虫大些，也强壮些。就不列颠产的各个种、乃至就道格拉斯先生所知的不列颠境外的一些种而言，两性在颜色上的差别一般都不大；但在大约有六个不列颠产的种，雄虫的颜色要比雌虫深得相当多，而在另外大约四个种，则雌虫反而深些。在有一些种，雌雄两性的颜色都很好看；但这些昆虫既然也发出一种极为难闻的臭气，它们这种显眼的颜色也许对习惯食虫的动物有提供警告或信号的作用，说自己是不合口味的。在少数的几个种，它们的颜色似乎直接提供一些保护之用：例如，霍夫曼教授告诉我，半翅类中有一个颜色又绿又粉红的种，体形很小，平时沿芸香树（lime-tree）① 的树干上下往来，要把这些小虫从树干上发出的嫩芽分辨出来，他认为有很大的困难。

食虫椿象科，即蟓科或猎蝽科（乙 824）中有几个种是会作出唧唧的声音的，而其中的一个种，唧蟓（乙 771）的这种声音，据说[22]是靠脖子在前胸腔（pro-thoracic cavity）里的活动发出的。据威斯特仑说，蟓的又一个种，盛装猎蝽（乙 825）也会发出这种磨擦之声。但我没有理由认为这个特点是一个性征或与两性关系有关的一个性状；在非社会性的昆虫里，看来发声的器官是没有什么用处的，而这些昆虫正好是非社会性的；除非这种唧唧之声专供两性之间彼此召唤之用，那就不能不以性征相看待了。

---

① lime-tree，查此字有二义，一为菩提树，一即芸香树，究为何一义，未详。

　　同翅类（乙 487）这一目。——凡是在热带丛林中漫游过的人，对各种蝉（乙 253）的大片噪声一定曾经感到过十分惊怪。雌蝉是不会作声的；正如古希腊诗人克塞那库斯所说的那样，"知了生活得真够幸福的，因为他们全都有不会出声的老婆。"当年"贝格尔号"在巴西离海岸四分之一英里处下锚的时候，我们在船上就可以清晰地听到蝉噪之声；而船长汉考克说，一英里之外还可以听得到。古代的希腊人和今天的中国人都把这些昆虫养在笼子里，为的是便于听他们歌唱，由此可知蝉唱对有些人来说一定是有些悦耳的。[23]蝉科的雄虫寻常总是在白天歌唱，而各种白蜡虫或光蝉科（乙 425）则似乎是夜间的歌手。据兰杜沃的意见，[24]这些昆虫的声音是由呼吸孔上面的一些唇片的颤动而产生的，而唇片之所以颤动则由于气管中所呼出的气流；但最近有人对这个看法提出了争议。鲍威尔博士似乎已经能证明这是由于一片膜的颤动，而此种颤动是由一条特殊的肌肉控制的。[25]在一只活虫身上，当其吱吱作声之时，这片膜的颤动是看得到的；而在死虫身上，如果把那条已经变得有些干而硬的肌肉用针尖刮过一下，我们一样可以听到这种声音。在雌虫身上，这一套复杂的音乐设备也有，但远不及雄虫的那样发达，并且也不拿来作发声之用。

　　至于这种歌唱的目的何在，哈特曼博士在谈到美国产的十七年蝉（乙 255）时说，[26]"现在（1851 年 6 月 6、7 两日）从各方面都可以听到鼓噪声了。这我相信是雄蝉发出的婚姻的号召。我站在今年新发而已有一人高的浓密的栗树丛中和数以百计的蝉相周旋，我看到了雌蝉一只只地向鼓噪的雄蝉围上来。"他又说到，"这季节（1868 年 8 月），我园子里的那棵矮梨树上，大约有五十条粉白蝉（乙 254）的幼虫孵化而出；而我好几次看到了当一只雄蝉正在抑扬歌唱的时候，不止一只的雌蝉飞来靠拢他。"F. 穆勒从巴西南部写信给我，他时常听到有一个蝉种的两、三只雄蝉，各在隔得相当远的树上，进行唱歌赛，声音特别响亮：第一只唱完了，第二只立刻接上，然后第三只。在这里，雄蝉之间的竞争既然很厉害，看来雌蝉不但凭噪声来发现雄蝉之所在，并且，像鸟类的雌性一样，她们在一般雄蝉的噪声之中，会受到发出最有吸引力的歌声的那一只的激发和媚惑。

在同翅类昆虫里，我没有听说到两性之间在装饰上有什么显著差别的例子。但道格拉斯先生告诉我，有 3 个不列颠产的这一类虫种有比较明显的两性差别，雄虫是黑的或标有黑带纹，而雌虫则颜色黯淡，不惹人注目。

直翅类（乙 684，即各种蟋蟀与各种蚱蜢类）这一目。——在这一目里，三个善于跳跃的科里的雄虫都有引人注意的音乐能力。这三个科是，蟋蟀科（乙 7，普通英语名为 crickets）、螽斯科（乙 565，英语中没有相当的习用的字）、和飞蝗科或蝗科（乙 10，普通英语称 grasshoppers）。属于螽斯科的若干个种，所作出的磨擦的音声是如此其宏亮，至于在夜间远在一英里之外也可以听到，[27] 而其中某几个种所发出的，即便用人的耳朵听去，也不无几分音乐的味道，因此南美洲亚马孙河流域的印第安人把它们用柳条编的笼子养起来。所有的观察者一致认为，这种音声的作用在于召唤不会作声的雌虫，或打动她们的春情。关于俄国的飞蝗，克尔特提供过[28] 一只雌蝗挑选一只雄蝗的一个有趣的实例。这个普通的飞蝗种（乙 702）的雄虫，如果正当他和雌虫调情或交尾之际有别的雄虫过来和它们靠近，就会由于愤怒，或由于嫉妒，而发出唧唧之声。普通的蟋蟀（house-cricket），如果夜间受到惊动，会用鸣声来使它的同类提高警觉；[29] 在北美洲，"嘉娣迪德"虫（土名 Katy-did，即穴居扁叶螽斯，乙 782）的雄虫，据有人描写，[30] 躲在树的高枝上，到了晚上，就开始"聒耳地高唱起来，而邻树枝头上的其他雄虫便随声应和，于是旁近所有的灌木丛中都一阵阵的唱起'嘉娣—迪德—嬉—迪德'① （Katy- did- she- did），通宵来个不停。"在谈到欧洲的田野蟋蟀或田蟋）（field-cricket，自是蟋蟀科的一个种）时说，"有人曾经看到雄蟋蟀一到晚上就在他的洞口耽着，唧唧的

---

① ② "Katy-did-she-did"，按这是对鸣声的摹拟，然而故意写成有些意义的两句话，Katy 是英美女子小名 Catharine 的简称；短语意为"嘉娣干的，是她干的"。这也像我国称蝉为"知了"，或鸤鸠为"郭公""布谷"之类。

高唱起来，一直要到一只雌蟋蟀来到，才把声音降低，于是这个唱出了结果来的歌手一面继续低吟浅唱，一面用触须向他赢来的配偶开始进行拥抱。"[31]斯卡德博士用一根羽毛管在一把锉刀上磨擦作声，居然能够把一只这一类的虫激动起来，而得到它的反应。[32]塞保德曾经在这一类昆虫的两性身上发现一套值得注意的听觉设备，发现它们是安在前肢里面的。[33]

直翅类三个科，其发声方法是不一样的。在蟋蟀科的雄虫，左右前翅上具有同样一种装备，其在田蟋（乙 459，图 11），据兰杜沃的叙述，[34]是由前翅的一根翅脉阴面所长的从 131～138 根横梁或排齿（图中 st）构成的。这条有排齿的翅脉和另一前翅阳面上的一条隆起、光滑而坚硬的翅脉可以急剧地两相磨刮。起初是左前翅在右前翅上面磨刮，接着是调转过来，如此不断地更

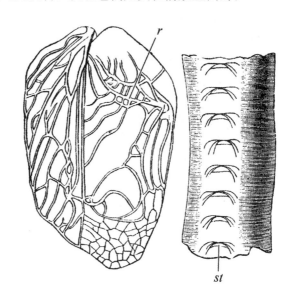

图 11　田蟋。(采自兰杜沃)

右图：放大了许多倍的，前翅翅脉的一部分，示发声用排齿 st。左图：前翅的阳面与其隆起而光滑的翅脉，右图中的 st 即与此相磨刮而成声

迭活动，就发出连续的鸣声来。而为了增加声音振荡的程度，两前翅在轮番磨刮之际，又略微抬高一些。在有几个种里，雄虫前翅的根上又备有一片发亮发滑得像是云母石制成的东西。[35]下面我就另一个种的蟋、家宅蟋或家蟋蟀（乙 460）提供一幅插图（图 12），所示的也是翅脉阴面的排齿。关于排齿的所由形成，格鲁伯博士曾经指出，[36]它们是从身体与翅膀上原有的一些细小的鳞片和茸毛，通过选择的帮助，发展而来的；而这和我就鞘翅类的发音器官所达成的结论不约而同。但格鲁伯博士进一步地指出，这种发展部分也未尝不直接由于两翅在不断磨擦的过程中所产生的刺激。

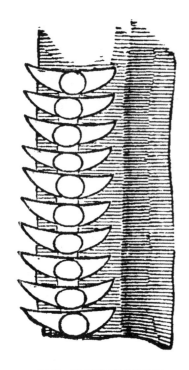

图 12　家宅蟋翅脉上的排齿
（采自兰杜沃）

在螽斯科的直翅昆虫，左右两前翅在结构上是有所不同的（图 13），因此，动作起来，不可能像上一科那样的相互更迭。好比演奏提琴，作为拉手或乐弓的左翅膀要放在右翅膀之上，而右翅膀等于提琴本身。左翅阴面的翅脉之一（图 13，a）是作很细密的锯齿状的，而相对的翅膀，即右翅，其阳面上的一些鼓出的翅脉就用来在这锯齿上面擦过，从而产生了声音。在我们不列颠的普通绿螽斯（乙 753），据我看去，这一条作锯齿状的翅脉所与磨擦的不是另一翅的一些隆起的翅脉，而是这翅膀的后缘的一角，这一段边缘成弧形，作棕色，变得很厚，而又很锋利，适合于磨刮之用；在这种虫的右翅、而不在翅上，有一个小小的板片，透明得像一片云母，四周满布着翅脉，称为镜斑（speculum）。在同一科而不同属的另一个种（乙 383），我们看到一点次要而却很奇特的变化，就是，前翅变得小了许多，但"前胸部的后面一段变得抬高了，成为盖住前翅的一个圆顶形的东西，这样一个变化可能和增加所发出的声音的宏亮程度有关。"[37]

我们从这里看到，螽斯科（其中我相信包括着全目中能力最强的歌手在内）的发音器官要比蟋蟀科的更加分化或专化，其在蟋蟀科，两只前翅上的此种器官，其结构与功能是一模一样的。[38]但兰杜沃曾在螽斯科的一个属、黑螽属（乙 340）里，在右前翅的阴面，发现短而窄的一排小齿，虽部位正常，却已只是一些残留而不再能作为乐弓之用。在普通绿螽斯（乙 753）的右前翅的阴面，我自己也曾看到过同样的残留性结构。因此，我们不妨有把握地作出推论，认为当初有过一个和现存蟋蟀科相近似的祖先形态，即，左右两前翅的阴面都有一根作锯齿状的翅脉、可以不分彼此

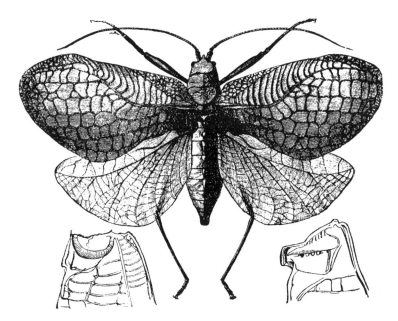

图 13　螽斯的一个种（乙 247）（采自贝茨）。
a，b，左右两前翅的各一叶（查 a 与 b 二字母，图中失于标明——译者）

地作为乐弓之用，而螽斯科的各种昆虫就是从这个祖先形态传下来的；但在这个科，在进化过程中，两只前翅，根据了分工的原理，逐渐分化，而越分越臻于完善，终于各有各的专司，一只作为乐弓，而另一只作为提琴。格鲁伯博士也持有这个看法，并且指出，这种残留性的排齿是在右前翅阴面常见的东西，并不稀罕。至于再向前推一步，蟋蟀科方面的那种更为单纯的发声装备又是怎样地一步一步兴起的，我们还不知道，但有可能的是，两只前翅的根部，像现在一样，原先就是彼此掩叠的；而彼此的翅脉上下相磨，当初也能发出一种碌碌的声音来，正如今天雌虫的两只前翅所能作出的那样。[39] 在雄虫方面，这样间或而偶然产生的碌碌之声，如果即便作为一种对雌虫求爱的召唤，而有到一小点点的用途，也就会，通过性选择，通过使翅脉增加其粗糙程度的一些变异之得到不断的保存与积累，而逐步加强起来。

在最后一科，即第三科，亦即飞蝗科或蚱蜢之类，唧唧之声所由产生

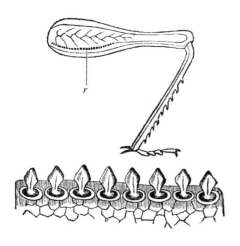

图14　蝈母的一种（乙898）的后肢：r 示发声用的排齿；下图示放大了许多倍的排齿之状（采自兰杜沃）

的方式是和前两科很不相同的，而据斯卡德博士的研究，其声音也不如前两科的那样尖得刺耳。在雄虫后肢的股节或腿节靠里边的面上（图14），我们看到纵列的一排细小、精致、柳叶刀状的、可以伸缩的齿状结构，齿的数目从85个到93个不等，[40]而这些就用来和两只前翅上面那些鼓起来的很锋利的翅脉相磨擦，使翅脉颤动而发为声音。哈里斯说，[41]当一只雄虫开始演奏的时候，他首先"把后肢的胫节弯到股节的下面，那里有一条专门把它容纳而安放下来的槽，然后全肢就倏上倏下的抽动起来，他在演奏时，左右两边的提琴并不同时进行，而是轮番的，先是这一只，后是那一只。"在好几个种里，腹部下面凹进而成为一个大空腔，据信可以起回响板或扩音板的作用。在南非洲所产的牛蝗属（乙788，图15）中，我们遇上了一个新的变化，很值得注意：在雄虫的腹部，左右各斜出一条横梁，梁上是一条凹槽，后肢股节上的排齿就用来和这条凹槽相摩刮而出声。[42]在这一个属里，雄虫是有翅膀的（而雌虫则没有），因此，值得注意的是，雄虫的股节所相与磨擦的却不是寻常的两只前翅，而是另有安排，但这也许可以从雄虫的后肢太小太短这一点得到说明，关于这一个属，不列颠博物馆中虽藏有标本，我却没有能把股节靠里的一面检视一下，但根据类推，这一面应该是很细致的作锯齿状的。这一个属的各个种，为了发出音声而发生的变化，在全部直翅类昆虫里，算是最为深刻的了。因为，在各个种的雄虫，整个躯干已经转变成为一件乐器，全部充满了空气，涨得大大的，像个透明的气囊，目的无非是为了使所发出的声音更为宏亮。特瑞门先生告诉我，在好望角，一到晚上，这些昆虫所造成的声音可以大得惊人。

在上面所列叙的三个科里，所有的雌虫几乎都没有比较有效率的音乐装备。但也还有少数几个例外，因为格鲁伯博士曾经指出，在上文所说前胸部有所抬高而把前翅盖住了的那一个螽斯种（乙383），尽管雌雄虫身上的发音器官在一定程度上有所不同，两性却都具备了有效率的装备。因此，我们不能认为，雌虫身上的这些器官，像许多其他动物身上一般所认为的一些第二性征一样，当初是从雄虫身上通过遗传而分移过来的。这些器官一定是在两性身上各自独立地

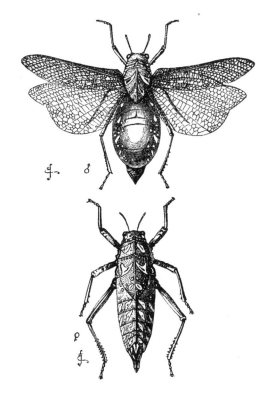

图15　牛蝗（乙788）（采自不列颠博物馆的标本）。上图雄虫；下图雌虫

发展出来的，因为每到恋爱的季节，向异性发出召唤无疑是双方都有需要的一件事。在螽斯科的其他多数的属与种里（但据兰杜沃的意见，黑螽这一属，乙340，不在此数），雌虫具有正常属于雄虫的一些发音器官的残留，这些，与刚才所说的不同，也许起初是从雄虫那里分移而来的。兰杜沃在蟋蟀科的雌虫前翅的阴面，以及在飞蝗科雌虫的股节之上，都找到过这一类残留。在同翅类昆虫，雌虫也具有音乐装备，结构虽也正常，却不发挥什么功能；而我们将在下文看到，在动物界的其他部门里，存在着许多例子，说明正常属于雄性的一些结构往往以一种残留的状态在雌性身上出现。

兰杜沃曾经观察到另一个重要的事实，就是，在飞蝗科的雌虫身上，股节上发音用的排齿，毕生如一，不起变化，即，起初在两性幼虫身上所

出现的那个状态，在她身上是始终维持于不变的。而反之，在雄虫身上，这些排齿会进一步发展，而到了最后一次脱壳之后，即雄虫变得成熟而准备蕃育的时候，就取得了应有的完善程度。

根据到现在为止所已提供的事实，我们看到，直翅类昆虫的雄虫所由发出声音的手段是极为多种多样的，并且和同翅类昆虫所用的那些完全不同。[43]但在整个动物界里，我们时常发现用千变万化的手段来达成同一个目的的情况。这似乎是由于在漫长的世代中，整个有机体的组织曾经经历过千差万别的改变，而每当组织的这一部分和那一部分先后发生变异，变异之所得总是为了一个总的共同目的而受到了利用。直翅类的三个科以及同翅类的昆虫所表现的发声手段的花样繁多，在我们思想上留下了深刻的印象，使我们认识到，为了召唤或诱致雌虫，对雄虫来说，这些结构真有其高度的重要性。自从不久以前我们根据斯卡德博士的发现，[44]而知道了过去进化的时间原是绰有余裕以来，我们对于直翅类昆虫在这方面所曾经历的变化的分量之大，也就用不着感觉到奇怪了。不久以前，这一位博物学家在纽布伦斯威克（New Brunswick，加拿大东部省区——译者）的属于泥盆纪的（Devonian）的岩层里发现了一只化石的昆虫，而这一只昆虫便已具备有"今天螽斯科昆虫的雄虫身上所有而为大家所熟悉的鼓膜（tympanum）或发音装置"；这一只昆虫，尽管更多的程度上和脉翅类昆虫分不开，看来，像一些很古老的生物形态所时常有的那种情况一样，可以构成一条桥梁，把脉翅类和直翅类这两个有亲缘关系的目联系起来。

关于直翅类，我余下要说的话已经不多了。有若干个种是很好斗的；当两只雄的田蟋蟀或田蟋被禁闭在一起，他们必要斗一个你死我活；而有人描绘过螳螂属（乙 598）的各种，会使它们的剑一般的前肢，像骑兵使佩刀一样。中国人把蟋蟀养在竹制的小笼子里，① 组织他们斗，像组织斗鸡那样。[45]关于颜色，有些非不列颠境内所产的蝗虫是装饰得很美的，后

---

① 畜蟋蟀用竹笼，而不言用特制的瓦盆，说明达尔文和他所援引的著作家对这方面的情况尚多未达之处。

翅上标有红、蓝、黑等颜色，但在整个直翅类里，雌雄两性在颜色方面的差别既然不大，差别较大的亦只极少数的几例，这些鲜明颜色的由来看来是和性选择没有什么关系的。显眼的颜色也许对这些昆虫有些用处，就是，通知可能的敌人它们是不中吃的。例如有人观察到过，[46]把一种印度的颜色华丽的蝗虫喂禽鸟和蜥蜴，总是被拒绝不吃。但在这个目里，两性在颜色上有差别的例子我们知道是有几个的。美国有一个种的蟋蟀，[47]据有人描写，雄虫白得像象牙一般，而雌虫则颇有花样，从几乎全白到带绿的黄色或淡墨色都有。沃尔什先生告诉我，在竹节虫科（乙757）的一个种（乙889），成年的雄虫"作发亮的棕黄色，而成年的雌虫则作暗淡的灰棕色，没有光泽；至于幼虫，则两性全是绿色。"最后，我不妨提一下，有一种奇特的蟋蟀，[48]雄虫头上备有"一条长长的膜状的附赘悬疣，可以挂下来把面部遮住，像一具面纱"；但用处何在，我们不知道。

脉翅类这一目。——关于这一个目，颜色而外，需要说明的很少。在蜉蝣科，两性灰暗的颜色大致相同，只略有浅深之别；[49]但看来雄虫并不因此而变得对雌虫有什么吸引的力量。蜻科，即蜻蜓类，饰有绿、蓝、黄、朱红诸色，并能发出金属一般的光采，很是漂亮，而两性之间也往往各有不同。例如，威斯特伍德教授说到，[50]豆娘科或色蟌科（乙16）里有几个种的雄虫"作浓蓝色，外加黑色的翅膀，而雌虫则一身翠绿，加上透明无色的翅膀。"不过在其中有一个种，称阮伯尔氏蟌（乙15），两性的颜色配备恰好与此相反。[51]在北美洲的蜻科里有一个范围很广泛的属，宽角阎虫属（乙477），光是雄虫在每只翅膀底部有一个很美的洋红色圆点，雌虫没有。在狸蜓属（乙38）的一个种（乙39），雄虫腹部尽处作一种鲜明生动的绀青色，而在雌虫，则作草绿色。在与此关系相近的另一个属，岩蜓属（乙451），以及其他几个属，则是另一种情况，两性在颜色上没有多大分别。在整个动物界中，在亲缘关系很相近密的形态之间，这一类两性之间在颜色上或则大不相同、或则差别不大、或则完全一样的例子是所在都有的事。在蜻蛉科的许多虫种里，尽管两性之间在颜色上有这么大的差别，究竟哪一个性见得尤为鲜美，是往往难于指出的；而我们刚才已经看到，在有一种豆娘或蟌，两性把寻常应有的色别对调了一下，究竟哪一性更为漂亮，就更不容易说了。在所有的例子里，种种不同颜色之所以取得，看来都不像是为了自卫的目的。麦克拉克兰先生对蜻科一直在作仔细的研究，写信和我说，各种蜻蜓——昆虫界的暴君霸主——在各类昆虫之中，是最容易受到禽鸟或其他敌人袭击的；他又表示相信，它们的鲜美的颜色在两性关系上是一种吸引的手段。某些种的蜻蜓似乎为某几种特定的颜色所吸引：帕特森先生观察到，[52]雄虫作蓝色的几种豆娘成群地停留在大渔网漂在水面的漆着蓝色的浮子上面；而另有两个种则为发亮的白色所吸引。

谢尔沃最先注意到如下的有趣事实，就是，在这一个科下面、属于两个不同亚科的若干个属，雄虫从蛹的状态（pupal state，原文如此——校改者）冒出来的时候是和雌虫在颜色上完全一样的，但不久以后，由于他们渗透出某一种油质的东西，雄虫的身体一变而为显眼的乳青色，不再与雌虫相同了，而这种油质是可以在乙醚和酒精里溶解的。麦克拉克兰先生认为，在有一个种的蜻蛉，窄腹蜻蛉（乙 555），雄虫的这一颜色的变化，一直要到蜕变后将近两个星期而两性准备交尾的时候才发生。

根据布劳尔，[53]在网翅属（乙 656）的某几个种里，存在着一种奇特的一性两形状态：在雌性个体中，有些具有寻常的翅膀，而其余的雌虫，则像本种的雄虫一样，有细密的网状的翅。布劳尔"根据达尔文学说的原理对这一现象提出了一个解释，认为翅脉的细密而作发网之状这一点，原是雄虫的一个第二性征，但后来通过遗传而分移给了雌虫，按照一般的情况说，本该分移给所有雌虫的，而在这里，见得突兀的是，只分移给了一部分雌虫，而不是全部。"麦克拉克兰先生告诉过我另一个一性两形状态的例子，就是，在豆娘或蟌属的若干个种里，有些个体作一种橙黄色，而凡属有此颜色的个体没有例外都是雌。但这也许只是一个返祖遗传的例子，因为凡属真正的蜻蛉科昆虫，如果两性的颜色有所不同，则雌虫全都作橙黄色或黄色；因此，如果我们假定豆娘或蟌这一个属是从在性征上与典型的蜻蛉相近似的某一个原始形态传代而来，则这样一个变异倾向之所以单单在雌性一方面发生，就不足为奇了。

许多种的蜻蜓尽管体型大、力量强，见得凶狠，据麦克拉克兰先生的观察所及，雄虫彼此战斗的情况是未经见过的，但他也相信，豆娘或螅属中有几个体型较小的种的雄虫也未尝不爱打架。在这一目里的另一个物群，即白蚁（乙 926），当其在交尾季节里云集而蜂拥的时候，雌雄虫都忙于东奔西跑，"雄虫追逐雌虫，有时候可以看到两雄追逐一雌，彼此相争相竞，迫不及待地要把锦标夺取到手。"[54] 这一目里有一个种，白书生（乙 108），据说能用它的大颚发出一种声音，而其他的同类则加以应答。[55]

膜翅类这一目。——谁也很难看齐的那位观察者法布尔，[56] 在描写形似黄蜂的那种昆虫——砂蜂（乙 196）的时候说，"两雄之间，为了占有某一只特定的雌蜂，时常进行战斗，而雌蜂呢，坐在枝头作壁上观，看上去像是全不相干似的，而当胜负一经决定的时候，便悄悄地和胜利的一方双双飞走了。"威斯特伍德说，[57] "有人看到锯蜂科（saw-fly，即乙 924）的一个种的雄蜂正在彼此战斗，双方的大腮锁在一起，拆也拆不开。"法布尔先生既然说到砂蜂的两只雄蜂为一只特定的雌蜂而大打出手，我们在这里不妨提醒一下，属于这一个目的昆虫都有久别重逢，彼此相识的本领，并且相互依恋之情也很重。例如，一向以准确著称而谁都信赖的迁贝尔有一次把若干只蚂蚁从它们的群里分离开来，过了大约四个月，它们碰上了以前一度也属于这个蚁群的另外若干只蚂蚁，立刻彼此相认，相互用触须来表示亲热。相反，不同群而陌生的蚂蚁相遭遇总是要打起来的。再如，当两个蚁群在战场相见，属于同一个群的蚂蚁，在一般混乱之中，有时候也互相攻击，但它们很快会发觉错误，而彼此转相抚慰。[58]

在这一个目里，两性在颜色上通常是有些轻微的差别的，但相差得很显眼的例子极少；只是在蜜蜂这一科里有些例外；然而在某几个科属里，两性的颜色都是美丽非凡——例如，在青蜂这一个属（乙 250）中最通行的颜色是朱红和发金光的绿色——以致我们情不自禁地想把这结果归因到性选择身上去。据沃尔什先生的观察，[59]在姬蜂这一科（乙510）里，雄蜂的颜色几乎是普遍地要比雌蜂浅淡一些。而反之，在锯蜂科（乙924），雄蜂的颜色一般比雌蜂为深。在树蜂一科（乙880），两性的颜色往往不一样，例如在其中的一个种钢青小树蜂（乙879），雄蜂身上有橙黄色的横带纹，而雌蜂则作深紫色；但两性之中究属哪一性装饰得更为美丽，是不容易说的。在树蜂的一个种鸽形树蜂（乙957），雌蜂的颜色要比雄蜂鲜艳得多。据史密斯先生见告，好几个蚁种的雄蚁是黑色的，而雌蚁则带黄褐色。

在蜜蜂这一科里，尤其是独居性的几个蜂种，我也从这位昆虫学家那里听说，两性的颜色往往不一样。雄蜜蜂一般要比雌的更为美好；而在其中的大蜂或虎蜂亦称熊蜂这一个属（乙122）以及另一个属（乙74），雄的在颜色上的变异趋向比雌的为大。在有一个蜜蜂种，青条花蜂（乙54），雄蜂作很深的暗黄色或棕褐色，而雌蜂则黑色；而木蜂属（乙1002）的各个种的雌蜂亦然，至于雄蜂则作鲜黄色。在另一方面，有些蜜蜂种的雌虫要比雄虫鲜艳得多，有一个颜色暗黄的种，金黄地花蜂（乙40），就是一个例子。这一类两性在颜色上的差别很难用自我保护的观点来解释，而认为雄蜂缺乏自卫的能力，因此需要一些保护色，而雌蜂则备有强有力的螫刺，可以不在乎。H. 穆勒[60]一向特别注意蜜蜂类的习性，他把这些颜色上的差别主要归因于性选择。蜜蜂类对颜色有敏锐的感觉，这一点是肯定的。他说雄蜂总是那么迫切地追求雌蜂，并且为此而彼此厮打；在某些蜜蜂种里，雄蜂的大腮要比雌蜂的为大，其所以大，他就用雄蜂之间的不断战斗这一点来解释。在有些例子里，雄蜂在数量上远远超出雌蜂，有的只是在蕃育季节的早期如此，有的只是在某些地区如此，有的则经常并且在各地都如此；但在其他一些例子里，也有雌蜂在比数上见得多于雄蜂的情况。在有些种里，更为美丽的一些雄蜂看去像是受到雌虫的选取；而在另一些种里，则更为美好的雌蜂得到雄蜂的选取。因此，在某些蜜蜂属（H. 穆勒文，42页），几个种的雄蜂彼此之间在外表上很不相同，而在其他的几个属，则情况正好与此相反。H. 穆勒认为（所引文，82 页），两性之一通过性选择而取得的颜色，往往会通过遗传而被分移到另一性的身上，正如雌蜂的花粉收集器往往被分移到雄蜂身上，而对他来说，这器官却全无用处。[61]

欧洲蚁蜂（乙 644）会作唧唧之声，而据古罗的了解，[62] 两性都具备这种能力。他认为，这种声音是由腹部的第三个环节与前面的一些环节互相磨擦而发出的，而我自己发现，这些环节的表面上都有一套隆起的同心圈，相磨而出声的大概就是这些了。但我又发现，接纳头部而与头部发生关节联系的前胸环（thoracic collar）的表面上也有这种圈圈，经针尖磨刮，也能发出同样的声音。在这一种膜翅昆虫，雄虫有翅，而雌虫则没有，因此，两性兼具这种发声的能力这一层是出乎意料的事。各种蜜蜂也能表达某些情绪，这一层是大家所熟悉的，如愤怒的情绪是用嗡嗡之声的音调改变来表达的；而据 H. 穆勒的了解（前引文，80 页），有些蜜蜂种的雄蜂，在追逐雌蜂的时候，会发出一种奇特的歌唱之音。

鞘翅类这一目（即各种甲虫）。——许多种甲虫的颜色和它们所时常来往的地点或场合的颜色相似，从而得以避免被敌人发觉。另有一些甲虫种，例如南美洲产的一种象虫（diamond-beetle），饰有很华丽的颜色，并且用条纹、斑点、十字形以及其他漂亮的花色作出各种图案的安排。除了某几种以花朵为食物的甲虫种之外，这一类颜色的安排很难提供什么直接的自卫作用，但它们也许可以用来作为一种警告，或一种标志，使敌人有所顾忌，是和萤的发放磷光出乎同一个原理的。在各种甲虫，两性在花色上既然是一般地彼此相似，我们就没有什么证据来资以说明这些花色是通过性选择而取得的，但这一层事实上虽怕不会，至少事理上还不无可能，就是，当初首先由两性之一把它们发展了出来，后来又通过遗传把它们分移到了另一性的身上，而就那些具有花色以外的其他显著的第二性征的甲虫科属来说，这样一个看法甚至在某种程度上符合于事实的发展，亦未可知。没有视觉的各种甲虫当然无法看到彼此的美色，因此它们之中，据我从小沃特豪斯①先生那里听说，尽管外表往往也很光滑，却从不表现什么好看的颜色。但它们这种颜色的灰暗也还可以有别的解释，就是，这一类甲虫一般都生活在洞穴里或其他阴暗的地方。在有几种长角甲虫（乙566），尤其是在属于锯蠮科（乙804）的某几个种，两性之间在颜色上是有差别的；上文所说的既然是这一目中的一个通例，这些却是例外了。其中多数的体型都比较大，而颜色也华丽。我在贝茨先生的收藏里看到，赤翅虫属（乙813）[63]的雄虫一般比雌虫红些，也暗晦些，而雌虫则是不同程度地显带金光的绿色，很是华美。而反之，在其中的一个种，情况却是对调了一下，雄虫绿色中发金光，而雌虫则红里带紫。在斑蛾属（乙390）中，某一个种的两性在颜色上的区别如此之大，以致一度曾经被列为两个不同的种；其中另有一个种的两性虽同样的是金碧辉煌，而雄虫的胸部却是红的。总之，据我的判断能力所及，在锯蠮（乙804）这一物群中，在凡属两性颜色上不同的几个种，总是雌虫一方面尤为秾艳，而这是和通过性选择而得来那一类颜色的通例不相符合的。

在许多甲虫种里，两性之间最值得注意的区别是雄虫有巨大的角，从头部、胸部、或唇基（clypeus），或在一些少数的例子里，从身体的下面，崭然突起；而雌虫则没有。在包罗很广的瓣角甲虫这一类（乙535）里，这些角和各种四足类动物的角，如鹿角、犀角等等有些相像，在大小长短上，在形状上，变化多得出奇。为了省去文字描写之劳，我把其中尤为引人注目的一些形态的雌雄虫制图列在下面（图16～图20）。一般地说，雌虫只表现有一些角的残留，有的是些圆疙瘩，有的只是一些隆起；而在有些例子里，连这些都不存在。然而在有一个种针角亮蜣螂（乙751），雌虫的角也很发达，几乎和雄虫的相等，而在属于同一个属和属于小犀头属（乙276）的若干个种，雌虫的角的发达比雄虫只略逊一筹而已。贝茨先生告诉我，在这一个科下面的若干部门之间，自各有其足以辨别彼此的重要

---

① 此处原文有"jun"字样，系"junior"一字的省文，英美姓名下往往有此用法，指同一姓名之人的子或弟。兹译作"小"字。

特征的差别，而就角的一点
而论，其为重要，赶不上其
他的一些特征。例如，在黑
团蛴（乙 669）这一个属的内
部，就有几个种是单角的，
另有几个种是双角的，这说
明它并不很关宏旨了。

　　在几乎所有的例子里，
关于角，还有值得注意的一
点，就是，它们的变异性非
常之大；正因为如此，所以，
从具有最高度发达的角的雄
虫起，到角已经退化得几乎和

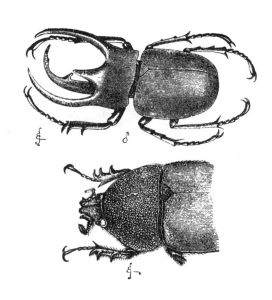

图 16　铜甲虫（乙 224）。上图，雄虫（较原形为
小）；下图，雌虫（原大小）

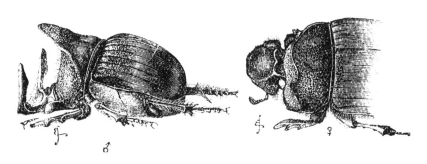

图 17　小犀头的一个种（乙 277）。左图为雄虫，下仿此

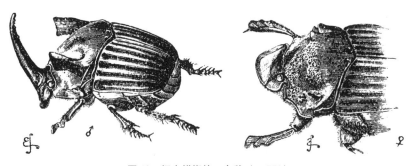

图 18　闪亮蜣螂的一个种（乙 750）

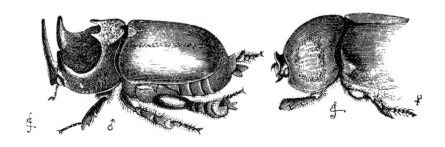

图 19　双犀角虫（乙 350）

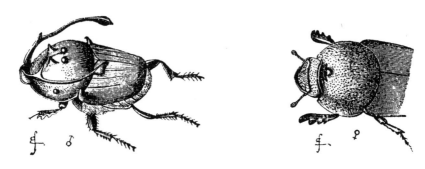

图 20　黑团蚨（乙 670，比原形为大）

雌虫无法分辨的雄虫止，其间各种不同的程度都有，构成一个渐进的系列。沃尔什先生发现，[64] 在有一个瓣角甲虫种闪亮蜣螂（乙 749），有些雄虫的双角要比同类长出三倍之多。贝茨先生在检查了一百多只黑团蚨（乙 670，图 20）的雄虫之后，认为他终于找到了双角的大小长短已成定局而不再变异的一个种；但后来的研究证明，变异还是有的。

　　这种角既特别巨大，而它们在血缘关系近密的各个种之间的结构又大为参差不齐，说明它们之所以形成是不无目的的；但在同种的雄虫之间，它们却又如此其变异不定，根据这些矛盾的情况来作推论，我们只能说，这种目的性是不可能太具体的。这些角上并不表现什么磨折过的痕迹，这说明它们并不被用来进行什么日常的工作，如掘地之类。有些著作家认为，[65] 雄虫在外边的走动既然要比雌虫多得多，他们就有角的需要，来保卫自己，抵御敌人；但这些角往往钝而不利，又似乎并不太适合于自卫之用。最明显而容易作出的猜测是，雄虫可以用它们来彼此进行战斗，但谁也没有见过雄虫互相打架；贝茨先生在仔细检查了许许多多的这些虫种之后，也没有能发现任何足够的证据，如伤残了的肢体之类，来说明它们确有这一个用途。如果雄虫真的是习惯于彼此战斗的话，他们的躯干大概会通过性选择而比现有的更为加大一些，从而超出雌虫的体型大小，但贝茨先生，在把小犀头所属的那一个科（乙 275）的一百多个种的雌雄虫逐一比较之后，在所有发育良好的个体之间，没有能在这方面发现任何显著的差别。不仅如此，在有一个甲虫属（乙 551），也是瓣角甲虫类这一大部门中的成员，据有人知道，雄虫之间是爱打架的，然而这一个属的雄虫却不长角，只是他们的大颚要比雌虫的大得多而已。

由此看来，角之所以被取得，最符合于各种事实的结论是，为了装饰之用。这些事实是，上面已经说过：一方面，在同一个虫种之中，它们虽大为发达，而却又并不成定局——它们的极度变异性就说明了这一点；而另一方面，在关系十分近密的各个虫种之间，它们又是极度的花样繁多，不拘一格，乍然看去，这样一个结论或看法未免与事实相去太远；不过我们将在下文发现，在比昆虫在进化阶梯上高出了很多的许多类动物如鱼类、两栖类、爬行类和鸟类，种种尖顶形的或球状的附赘悬疣，以及角呀、冠呀等等之所以发展出来，看来也不可能是为了别的，而只是为了这样一个目的。

残角甲虫（乙 668，图 21）与和它归入同一个属的其他几个种的雄虫在前肢节上各有一个角状的凸出，而在胸部的底面又有一副叉或一对角。根据别的昆虫的一些类似结构而加以判断，这些大概是用来帮助他把雌虫卡住的。尽管这种雄虫在全身的阳面没有丝毫角的痕迹，然而雌虫的头上却清楚地表现有一只独角的残留（图 22，a），而胸部又有一个顶尖的遗迹（同图 22，b）。看来相当清楚的一点是，雌虫胸部的这一个顶尖的残余，尽管在这个特定虫种的雄虫胸部现在完全不存在，当初却是他所正常具有的一个较大的凸起。因为，我们知道，在胸角甲虫（乙 140）所属的属〔和残角甲虫这一个属（乙 667）是最为近密而中间没有间隔的两个属〕，雌虫胸部也有一个同样的细小顶尖，而雄虫，在同一地位，却长着一个巨

图21　叉角蜣螂（乙668），
　　　示雄虫腹面

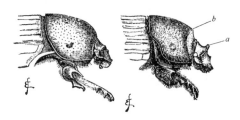

图22 同上图虫种，左示雄虫的侧面。右示雌虫：
a, 示头部独角的残留；b, 示胸部独角或尖顶的痕迹

大的凸起。由此我们再度看到，而很难再有所怀疑的是，上文所说那一个种的残角甲虫，叉角蜣螂（乙668）以及其他关系很近的两三个虫种的雌虫头部那个小尖端，乃代表着当初的一只独角的残留，而这一种独角，在今天，在这么多瓣角甲虫类虫种的头部依然是个普通的性状，其在雌虫的角也相当发达的那个属，亮蜣螂属（乙748）的一些虫种（图18）里，情况也是如此。

　　从前有个老想法或旧信念，认为残留这类东西是经过特别创造而来的，为的是要补足自然界预定的某种方案或格局；现在从这一个科的甲虫看来，这个想法不但站不住，甚至是大错特错的，因为我们看到这恰好是寻常事态的一个十足的倒转。我们有理由猜想，现在头上没有角的雄虫原先是有角的，并且把它作为一个残留状态分移给了雌虫，像在如此其多的其他瓣角类甲虫中间的情况一样。至于这些雄虫为什么后来又把这种角丢掉了呢，我们不知道，但这种丢失也许是根据了所谓补偿的原则，就是，由于身体底面上的大角与其他凸起的新发展，移东方才可以补西，头部的角就让位了，而大角与其他凸起的发展既然只限于雄虫，雌虫没有这问题，于是在她身体阳面的一些角与凸起的残留就没有被取消的必要了。

　　到目前为止，我们所举的例子都是属于瓣角一类甲虫的，但此外还有少数不属于这一类的甲虫种的雄虫也未尝没有角的装备，这些甲虫种分属于分隔得很远的两个科，一是象甲虫科（乙299），又一是隐翅虫科（乙896）——在前者，角长在身体的底面，[66]而在后者，则在头部与胸部的阳面。在隐翅虫科，在同一个虫种之内，雄虫的角有非常大的变异性，和我

们已经在瓣角甲虫类中间所看到的情况正好一样。在其中的扁螋（乙875）这一个属里，我们遇到一个一性两形状态的例子，因为雄虫可以分成两批，彼此在体型的大小上和角的发展上有着巨大的区别，而两者之间又没有什么中间状态的层次。在同一科的另一个属（乙119）里，有一个种（乙120）（图23），威斯特伍德教授讲到它的时候说："我们在同一地段里可以找到不相同的一些雄虫标本，有的胸部中央的那支角很大，而头部的双角则很小，是些残留，有的胸部的那支角短得多，而头部的两处隆起却延伸得比较长。"[67]看来我们在这里碰上了一个补偿的例子；我们刚才对残角甲虫（乙667）的雄虫曾经假定其为有过头部的角，而后来丢失了，之所以敢于作出这样一个假定，乃是由于这个例子的启发。

图23　隐翅虫的一个种（乙120）。左图，雄虫；右图雌虫。比原形扩大

战斗的法则。——有些甲虫种的雄虫，看去像是不适宜于战斗的，为了占有雌虫，却也进行同类之间的冲突。华莱士先生[68]看到过两只长吻虫（乙549）的雄虫，一种身体作条形而嘴吻拉得很长的甲虫，它们"为一只雌虫而战，而雌虫呢，就在旁边，忙于钻一个窟窿。他们相互用长吻推来挤去，时而抓，时而打，看去显然是带着满腔怒火。"但其中较小的一只"不久就退下阵来逃了，承认他打输了。"在少数几个例子的甲虫，雄虫的装备是很适合于战斗的，他们具有规模宏大的带齿的大腮或大颚，比雌虫的大得多。普通的鹿角虫或麋螂（乙575）就有这种情况；鹿角虫的雄虫从蛹的状态脱颖而出要比雌虫早约一个星期，因此，一雌出世，我们就往往可以看到好几只雄虫前来逐鹿，在这个季节里，他们的战斗很凶狠。A. H. 戴维斯先生[69]有一次把两只雄虫和一只雌虫放在一只盒子里，较小的

一只雄虫在被较大的那只重创之下，终于放弃了他的雄心。有一位朋友告诉我，他在童年的时候，时常把雄虫放在一起，看他们斗，看到他们要比雌虫勇敢和凶狠得多，像许多高等动物一样。如果从他的前面捉这种虫，雄虫就会把你的手指抓住，而雌虫，尽管具有更强大的颚，却不会这样。在鹿角虫所属的锹螂科（乙 573），以及上面所说的长吻虫属中，许多个种的雄虫都比雌虫体型大，气力壮。瓣角甲虫类中有一个种，大头粪金龟（乙 552），雌雄虫是同居在一个洞里的；而雄虫比雌虫备有更大的大腮。在繁殖的季节里，如果一只陌生的雄虫试图闯进洞内，他就会受到攻击；雌虫也不是消极无事，她会把洞口堵住，并且从后面不断的推动雄虫，鼓励他前进；这种洞口之战要坚持到入侵者被杀死或逃走为止。[70] 另一个种的瓣角类甲虫，疤痕金龟子（乙 106），雌雄虫也是成对生活的，看来彼此很有依恋之情；雄虫会激发雌虫，让她把里面下了卵的牛粪之类滚成粪球；如果把雄虫取走，雌虫就会放下一切工作，而像布律勒里先生[71] 所认为的那样，停留在原来的地点不动，直到死亡。

锹螂科（乙 573）的雄虫的锹，即巨大的大颚，在大小与结构上都有极大的变异性，在这一方面他们是和瓣角类甲虫与隐翅虫科中许多个种的雄虫的头角与胸角相像的。这种大颚，从发展得最全备的一些雄虫起，到长得最差或者是最退化的那些止，也可以构成齐齐整整的一个系列。普通鹿角虫的大腮，以及有可能还有其他许多甲虫种的大颚，尽管是有效的武器，可供战斗之用，而它们之所以变得如此规模巨大，是不是亦可用这一层来解释，却还是一个问题。我们在上文已经看到，在北美洲的一种麋螂（乙 576），其大颚是用来抓住雌虫的。这种大颚既如此显眼，又如此其桠杈四出，颇为漂亮，而又伸展得如此之长，实际上是不很适合于战斗之用的，因此，一种猜测就在我的思想上掠过，认为它们也许还有一个补充的用途，就是装饰，像上面所已叙述的许多甲虫种的头角和胸角峥嵘一样。在智利南部的一个种，格兰特氏交颚虫（乙 242）——属于这同一种的很漂亮的一种甲虫——雄虫具有发达而大得吓人的大颚（图 24）；他好勇斗狠，一遇威胁，就会转过头来，张开大颚，同时发出很响的轧轹之声。但据我自己的经验，他的大颚并不强，还不足以把我的指头夹得真正发痛。

性选择，意味着一些先决条件如相当多的感觉能力和足够强烈的情欲的性选择，在这一个目里的各科来说，似乎对瓣角一类的虫种，比起对其他任何的科来，起过更为有效的作用。在有些种里，雄虫备有战斗用的武器；有些种的雌雄虫生活在一起，并且表现有相亲相爱之情；许多个种，一经刺激，会发出唧唧之声；许多个种具有奇异非常的角，看去大概是为了装饰之用；而习惯于白昼活动的一些种则打扮得彩色缤纷，十分华丽；最后，应该指出，世界上最大的甲虫种中的若干个是属于这一科的，并且曾经被林奈和法布里修斯①排列为鞘翅目的魁首班头。[72]

发为唧唧之声的器官。——分属于许多关系远近不同的科的甲虫种都具备这种器官。由这种器官所发出的声音，有的几英尺之内可以听到，最近的可以到几码，[73]但这些声音和直翅目昆虫所作出的是无法比较的。受摩刮而出声的东西一般包括一片狭长而比较隆起的平面，上面刻画有许多很细而凸起的

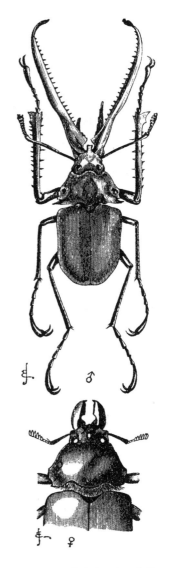

图 24　格兰特氏交颚虫，比原虫略缩小。上，雄虫；下，雌虫

并行的横条纹，有时候可以细致到足以发出带虹彩的反光来，而在显微镜

---

①　丹麦昆虫学家，全名为 John Christian Fabricius，1745～1808，曾受学于林奈；所业很庞杂，然独以昆虫分类著称，其分类主要以嘴吻的形态结构为准，而不靠翅的结构。

下面看起来相当漂亮。在有些例子，比如在歹粪金龟属（乙983），在这片平面上，又满布着极为细小的刚毛似的或鳞片似的凸起，也大致构成一条条并行的线路，而并行了相当距离之后又和凸起而并行的横纹混了起来。这一过渡是通过并行横纹的由分而合，由斜行而成为直行，而同时，在合流处，又变得更为隆起、更为光滑。这是一方面，是锉板的这一面；另一方面是，在身体的与此相邻的另一部分，有一条坚硬的脊梁，这就是刮具，用来刮锉板的，在有些例子里，这刮具还为此目的而经历过一番特殊的变化。用刮具很快地在锉板上划过，或者，反过来，用锉板在刮具上磨一道，声音就发出来了。

这些器官在虫身上所处的部位因不同的虫种而有不同，有的很不同。在以腐尸为食物的几种甲虫（蚋属或埋葬虫属，乙650），有两块并排的这种锉板（图25，r），在腹部的第五个环节的背面，左右各一，每块锉板[74]有凸起的并行横纹，或肋纹，126到140条不等。这些肋纹构成乐器的一部分，又一部分是翅鞘的后缘，后缘的一小部分突出在翅鞘的一般轮廓之外，以此与锉板上的肋纹相磨，就出声了。在羊角虫科（乙293）的许多个种，在金花虫的一个种，四星蝤（乙252属，金花虫科，乙263）和在拟蚊科（乙923）的若干个种，等等，[75]锉板坐落在腹部后尖的背面，在尾板（pygidium）或前尾板（pro-pygidium）之上，也由翅鞘磨刮而发声，

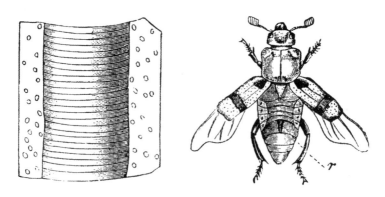

图25　埋葬虫（采自兰杜沃），r示两块锉板。
左图示锉板的一部分，高度放大之状

404

和上面所说的相同。在属于另一个科的异角虫属（乙479），剉板也是两片，安在第一个腹环节的两边，而所用的刮具却在股节或腿节之上，也是一条脊梁似的东西。[76] 在象甲虫科（乙299）和蚑科（乙171）[77] 的某些甲虫种，这套发声器官的两个部分在部位上正好调了个个儿，剉板是在翅鞘的阴面，靠近翅鞘的末梢，或沿着翅鞘的外缘，而一些腹环节的边缘却用来作为刮具。在赫氏龙虱（乙736，龙虱科，乙359的一个种），剉板是一条坚强的脊梁，在翅鞘上，靠近翅鞘的骑缝边缘而和它并行，梁上有许多横肋纹，中段的一些肋纹很粗糙，而两头则变得越来越细致，尤其是在上端；如果这种水甲虫被按在水底下，或半空举起，他腹部的角质边缘就会向这两块剉板，或剉条，进行磨削而发出轧轹之声。在很大一个数量的长角类甲虫种（乙566）里，发声器官的部位和上面所说的很不一样，剉板是在中胸部，而向它进行磨擦的是前胸部。在英雄天牛（乙192），兰杜沃曾经数得剉板上很细的肋纹多到238条。

许多个种的瓣角类甲虫也能作出磨剉之声，而其器官所在的部位也很不相同。有几个种的声音很响。史密斯有一次捉到一只瘤蚋（乙974），它发出的声音很大，站在旁边的一个管理动物的人员以为他捉到了一只耗子；但我没有找出这种甲虫的这套器官究竟在身体的什么部分。在蜣螂（乙447）和歺粪金龟属（乙983）这两个属，剉板是一条脊状隆起，斜斜的横过后肢的基节（图26，r），至于剉板上的肋纹，在蜣螂的一个种，推丸蜣螂（乙448），是84条，而磨具或刮具是一个腹环节上的特别伸展出来的一小部分。与此关系相近的一个种的小犀头，镰刀形角金龟子（乙278），剉板是很窄很窄的一条，安在翅鞘的骑

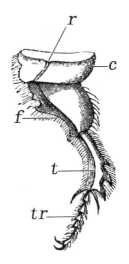

图26 蜣螂（Geotrupes stercorarius）的后肢（采自兰杜沃）r, 剉板。c, 肢基节。f, 股节。t, 胫节。tr, 跗节

缝边缘上，大致沿着边，靠近翅鞘底部的外缘另有一个短短的剀板，但在其他的小犀头种，据勒孔特说，[78] 剀板是安在腹部的背面的。在土掘虫属（乙 686），是在前尾板上；而据上面所说的同一位昆虫学家的话，在独角仙属（乙 358），则在翅鞘的底面。最后，威斯特仑说到，在褐绢金龟（乙 666）这一个种，剀板坐落在前胸片（pro-sternum）上，而刮具则在后胸片（meta-sternum）上，都在身体的底面或阴面，和长角甲虫相反。

由此可见，在鞘翅类的各个不同的科里，发为磨剀之声的器官在坐落上真是花样多端，不名一格，而在结构上则差别不大。在同一个科以内，有些种有这方面的装备，有的则完全没有。这种变化繁多的情况是不难理解的。我们可以这样设想，就是，甲虫是有"甲"的，即有套坚硬而粗糙的外衣的。这些坚硬而粗糙的部分，只要彼此偶然接触，有些磨擦，就会发出一些轻微的轧轹之声，或嘶嘶之声；这是出发点，有了这个出发点，再加上所偶然发出的声音居然可以派些用处，于是一些粗糙的平面就渐渐地得到发展，而终于成为发声器官。有些甲虫，即便没有什么正式的发声器官，即在现在，只要身体一动弹，便会有意无意地发出一些轧轹之声，或物件抖乱之声。华莱士先生告诉我，长臂虫（乙 395，一种长角甲虫，雄虫的前肢拉得奇长），在走动的时候，通过腹部的一伸一缩，就能发出嘶嘶之声；而如果被捉住，后肢和翅鞘边缘因挣扎而两相摩擦，更能发出轧轹之声。嘶嘶之声的来源是清楚的，就是，沿着每一只翅鞘的骑缝边缘，都有一条很窄的剀板；但轧轹之声的来源是一个问题。我曾试过，把这种甲虫的皱皮的股节来磨擦和它相当的那只表面作颗粒状的翅鞘，而取得了轧轹之声，但在这里我却找不到任何可以称为剀板的东西；而在这样一种体型很大的昆虫身上，要漏掉看不到是不大可能的。我在检查了一个种的驼蚁属（乙 303）的甲虫、并阅读了威斯特仑所写的关于它的情况之后，我认为这种甲虫究竟具备不具备任何真正的剀板是一个问题，尽管它有发出某种声音的能力，看来剀板是没有的。

根据直翅类和同翅类的先例，我本来指望鞘翅类的两性之间在发音器官方面会有差别；但兰杜沃检查过好些个种，没有看到这种差别；威斯特

仑也没有；而克罗契先生在加工整理要惠赠给我的许多标本的时候也没有
看到。但由于这一性状的变异性很大，如果两性之间有任何差别，而差别
却很细致的话，要觉察出来也不是容易的事。例如，在我所检查过的第一
对埋葬虫（乙650）的标本和第一对的一个种的水甲虫（乙735）的标本，
雄虫身上的剉板要比雌虫的大很多；但在后来检查到的几对，就不然了。
在蜣螂（乙447），我曾取雌雄虫各三只加以比较，我发现雄虫的剉板似乎
粗厚些、不那么透光，也更显然突出些；但究竟如何，终难肯定；因此，
为了发现两性在发声能力方面有无高下，我的儿子，F.达尔文先生收集了
五十七只活蜣螂，每一只用手指头同样地执持一下，方位相同，执持的松
紧程度也相同，然后根据它们发声的大小，把它们分成两批，接着再查性
别，他发现在这两批之中，雌与雄的比数都很接近于相等。史密斯先生养
过象甲虫科（乙299）中的有一个种（乙628），养了好多，他深信两性都
会"叫"，并且听去没有什么高下。

尽管如此，在有几个种的鞘翅类甲虫，发出磨刮之声的能力肯定地是
一个性征。克罗契先生发现，在感日虫属（乙467，隶拟蚊科，乙923）的
两个种里，只雄虫具有发声的器官。我为此检查了其中一个种（乙468）
的五只雄虫，看到五只全都有很发达的剉板，安在腹部最后一个环节的背
面，分成两块而不全分；而在五只雌虫身上，则连剉板的残留都没有，雌
虫腹部最后一个环节的膜是透明的，比在雄虫身上的薄得多。在其中的第
二个种（乙469），雄虫有和第一个种同样的剉板，但只是囫囵的一块，并
无部分地分而为二的情况，而雌虫也完全没有；雄虫在翅鞘末梢的边缘，
在骑缝的每一边，有三四条短短的纵行的脊状隆起，每条之上都有一些极
为细致的横肋纹，而这些肋纹是和在腹部剉板上的那些并行而相似的；这
些隆起是不是构成一个独立的剉板，抑或是腹部剉板的刮具，我就无法判
定了；雌虫则没有这些隆起。

再如，在瓣角甲虫之土掘虫属（乙686）的三个种里，情况几乎可以
和上面所说的并行。在第一个种（乙687）和第二个种（乙688）这两个
种，雌雄虫的前尾板上虽都有剉板，板上的肋纹却不很一样，雌虫的肋纹

没有雄虫的那么连续，那么清楚；但主要的差别在于，在雌虫，刲板所在的那一个环节的表面，在适当角度的光线之下看出，满是短毛，而在雄虫则没有这种毛或只有一些极细的茸毛。在这里我们应该注意，在全部鞘翅类里，凡属可用而有效的刲板所在之处是一概不生短毛的。在第三个种（乙689），两性在这方面的差别尤为显著，如果把刲板所在的那个环节洗刷干净而当作一件透明的东西、对着光看，这差别就见得最为清楚。在雌虫，整个表面长满了带刺的各自独立的小凸起，其在雄虫，这些小凸起虽也有，而越是前进而靠近腹部的末梢，它们却越是凑合在一起、越整齐，也越来越不带刺；因此，有关腹环节的四分之三上面所铺满的不是分立的小凸起，而是许多极细致的并行的肋纹，而这在雌虫是没有的。但所有这三个种的雌虫的标本，如果把腹部弄软了，再把它前后推动，也会发出轻微的磨刲声来。

就上面所说的两个属，感日虫与土掘虫来说，几乎可以肯定地是，雄虫之所以发出唧唧之声是为了召唤和激发雌虫；但在多数的其他各种甲虫，看来两性都能用这种声音作为彼此召唤的方式。甲虫的发声也因缘于各种不同的情绪，好比鸟类运用喉音，除了向异性歌唱之外，还有许多其他的目的一样，体型比较大的交颚虫（乙241）会因愤怒或反抗而发声，其他许多种的甲虫如果被捉住而无由脱身，也会因苦恼或恐惧而作出同样的反应；沃拉斯顿和克罗契两位先生，在加那利群岛（Canary Islands，近非洲西北海岸——译者）上，会叩击蛀空了的树干从而取得唧唧之声的反应，以此来发现仙人掌象虫属（乙2）的几种甲虫。最后，疤痕金龟子（乙106）的雄虫作唧唧之声来鼓舞他的配偶努力工作。而如果配偶被挪走，也会因伤心而发出同样的声音。[79] 有些博物学家认为，甲虫作声为的是把敌人吓跑；但我想不通，能一口把大甲虫吞下肚去的一只走兽或飞禽真会被这小小的鸣声所吓退？唧唧之声也是一种性的召唤这样一个信念也有一些事实的支持，就是称为番死虫或方格斑纹窃蠹虫（乙42）的一种壁虱或扁虱会用嘀嗒之声互相应答，而我自己曾观察到过，也会酬答人为的类似声音。道博尔第先生也告诉我，他有时候看到一只雌的扁虱正在发出这种声音，[80]而一两小时之后，他发现她已经和一只雄虫配合了起来；而另有一次，则她正被好几只雄虫团团围住。最后，还应指出，大概许多种类的甲虫起初都通过身体上某些坚硬的部分彼此磨擦所产生的轻微抖动声而能相互找到，而无论雄虫或雌虫，凡是能作出最大声的那些便最容易找到配偶，于是，身体上不同部分的一些皱折不平之处，就通过性选择而逐渐的发展了出来，而终于成为能发出轧轹或磨剉之声的器官。

原　注：

[1] 见 Sir J. Lubbock 文，载《林奈学会会报》（丙 147），第二十五卷，1866 年，484 页。关于下文的蚁蜂科，见 Westwood，《昆虫的近代分类》，第二卷，213 页。

[2] 雄性身上的这些器官，即使在关系十分近密的种与种之间也往往各不相同，在划分种别的时候，它们是些出色的性状。Mr. R. MacLachlan 对我说，从功能的观点来看，这些器官的重要性也许是被估计得太高了些。有人曾经提出看法，认为这些器官方面的那怕是微小的差别就足够使一些明显的变种，或潜在的真种，无法进行杂交，因而促使它们得以各自发展，而成为新种。但根据许多见于记录的例子［见，例如，Bronn 所著《自然史》（Geschichte der Natur），第二卷，1843 年版，164 页；又如 Westwood 文，载《昆虫学会会报》（丙 145），第三卷，1842 年，195 页］，说明有人观察到过，种别分明的雌雄两性也未尝不相交配，由此我们不妨作出推论，认为上面这一看法是很难符合于事实的。MacLachlan 先生告诉我［亦见《斯德汀昆虫学时报》（丙 139），1867 年卷，155 页；按斯德汀，Stettin，德国东北部城市。——译者］，在石蚕科（乙 760）里，有好几个种就有这种情况，就是在性器官方面有特别显著的差别；Dr. Aug. Meyer 曾经把这些种的雌雄虫关在一起，种虽不同，器官亦异，**他们却交了尾**，而其中有一对还产生了可以产生下一代的受精卵。

[3] 见文，载《实用昆虫学人》（丙 109），美国费城版，第二卷，1867 年 5 月，88 页。

[4] 同上注 3 所引文，107 页。

[5] 见《昆虫的近代分类》，第二卷，1840 年，205 页、206 页。Mr. Walsh 一面提醒我注意颚的这种形同而用则异的情况，一面又说到他曾经屡次观察到这些用法。

[6] 在这里我们碰上了奇特而无从解释的一个两形状态的例子，因为在榜螂属的欧洲产的四个种、以及水孔虫属的某几个种里，有些雌虫的翅鞘是光滑的，既没有深沟，也没有小孔；而在光滑的翅鞘与有沟或有孔的翅鞘之间，更没有看到过任何不同程度的中间状态。参看 Dr. H. Schaum 文，载《动物学人》（丙157），第五、六合卷，1847～1848年，1896页。又见 Kirby 与 Spence 合著《昆虫学引论》，第三卷，1826年，305页。

[7] 见 Westwood，《昆虫的近代分类》，第二卷，193页。下文关于霉蛰以及其他在引号中的一些话则采自 Mr. Walsh 文，载《实用昆虫学人》（丙109），美国费城版，第二卷，88页。

[8] Kirby 与 Spence 合著，《昆虫学引论》，第三卷，332—336页。

[9] 见所著《马德拉群岛的昆虫类》（Insecta Maderensia），1854年版，20页。（群岛在大西洋中，摩洛哥之西——译者。）

[10] 见 E. Doubleday 文，载《自然史纪事与杂志》（丙10），第一卷，1848年，379页。我还不妨补充一点，在膜翅类的某几个种的昆虫，翅脉也是因性别而异的；参看 Shuckard，《善于挖掘的膜翅类昆虫》（Fossorial Hymenop.），1837年版，39—43页。

[11] 见 H. W. Bates 文，载《林奈学会文刊与事志》（丙72），第六卷，1862年，74页。Mr. Wonfor 的一些观察见引文，载《大众科学评论》（丙108），1868年卷，343页。

[12] 见所著《博物学家在尼加拉瓜》，1874年版，316—320页。关于萤卵所发出的磷光，见文，载《自然史纪事与杂志》（丙10），1871年11月，372页。

[13] 见 Robinet，《蚕丝杂咏》（Vers à Soie，法文），1848年版，207页。

[14] 见文，载《昆虫学会会刊》，第三组，第五卷，486页。

[15] 见文，载《昆虫学会会报》（丙145），1867年2月4日，罗马数字71页。

[16] 关于这句话和涉及两性体型大小的其他的一些话，见上引 Kirby 和 Spence 合著的书，第三卷，300页；关于昆虫的寿命，见同书、卷，344页。

[17] 见文，载《林奈学会会报》（丙147），第二十六卷，1868年，296页。

[18] 见所著《马来群岛》，第二卷，1869年，313页。

[19] 见《昆虫的近代分类》，第二卷，1840年，526页。

[20] 见所著文，《达尔文学说的应用》，载《自然科学协会会刊》（丙152），第二十九

卷，80 页。又见 Mayer 文，载《美国自然学人》（丙 8），1874 年卷，236 页。

[21] 参看娄恩先生（Mr. B. T. Lowne）的一本有趣的著作，《大苍蝇（即乙 637）的解剖》（On the Anatomy of the Blow-fly, Musca vomitoria），1870 年版，14 页。他在 33 页上说，"被捉住的苍蝇发出一种奇怪而凄婉之音，而这种声音会使其他的苍蝇远走高飞。"

[22] 见同上注 19 所引书、卷，473 页。

[23] 这些零星事实都采自同上注 19 所引书、卷，422 页。关于下文的白蜡虫科（乙 425），亦见 Kirby 与 Spence 合著的《昆虫学引论》，第二卷，401 页。

[24] 见文，载《动物科学时报》（丙 155），第十六卷，1867 年，152－158 页。

[25] 见文，载《新西兰学院院报》（丙 148），第五卷，1873 年，286 页。

[26] 我要向 Mr. Walsh 表示谢意，因为他把 Dr. Hartman 所写的《十七年蝉的动态日志》（Journal of the Doings of Cicada septemdecim）中的这一部分摘录寄送给了我。

[27] 见 L. Guilding 文，载《林奈学会会报》（丙 147），第十五卷，154 页。

[28] 因为我虽经努力而一直未能找到 Körte 的著作，下文这一段话是以 Köppen，《关于俄国南部的飞蝗》（Ueber die Heuschrecken in Südrussland，德文，1866 年版，32 页）为依据的。

[29] 见 Gilbert White，《塞尔彭自然史》，第二卷，1825 年，262 页。（参看下文第十四章译注④——译者。）

[30] Harris，《新英格兰的昆虫》（Insects of New England），1842 年版，128 页。

[31] 见所著《博物学家在亚马孙河上》，第一卷，1863 年，252 页。Mr. Bates 在这部著作里对这一昆虫目中三个科的此种音乐器官由简入繁的各级不同的情况也作了一番很有趣的讨论。读者也可以参看威斯特伍德，《昆虫的近代分类》，第二卷，445 页、453 页。

[32] 见文，载《波士顿自然史刊》（丙 34），第十一卷，1868 年 4 月。

[33] 见《新编比较解剖学手册》（Nouveau Manuel d'Anat. Comp. ）法文译本，第一卷，1850 年，567 页。

[34] 同上注 24 所引书、卷，117 页。

[35] 见 Westwood，《昆虫的近代分类》，第一卷，440 页。

[36] 见所著《关于螽斯类的发音器官：对达尔文主义的一个贡献》（Ueber der Tonap-

parat der Locustiden, ein Beitrag zum Darwinismus），载《动物科学时报》（丙155），第二十二卷，1872年，100页。

[37] 见 Westwood，《昆虫的近代分类》，第一卷，453页。

[38] 同上注24所引书、卷，121页、122页。

[39] Mr. Walsh（沃尔什）也告诉我，他也曾注意到在称为"嘉娣-迪德"的穴居扁叶螽斯（即乙782），"当一只雌虫被捉住的时候，由于两只前翅的交相抖动，也会发出一种微弱的轧轹之声。"

[40] Landois，同上引书，113页。

[41] 见《新英格兰的昆虫》，1842年版，113页。

[42] 见 Westwood，《昆虫的近代分类》，第一卷，462页。

[43] Landois 最近发现，某些直翅类昆虫的残留结构和同翅类昆虫的发声器官有密切相似之处；这是一个值得惊奇的事实。见文，载《动物科学时报》（丙155）第二十二卷，第三分册，1871年，348页。

[44] 见文，载《昆虫学会会报》（丙145），第三组，第二卷。[《研究刊》（Journal of Proceedings），117页。]

[45] 见 Westwood，《昆虫的近代分类》，第一卷，427页；关于蟋蟀的部分，见445页。

[46] 见 Mr. Ch. Horne 文，载《昆虫学会会刊》（丙115），1869年5月3日，罗马数字12页。

[47] 即邯郸或树蟀的一个种，亦即译名表中的"乙663"，见 Harris《新英格兰的昆虫》，1842年版，124页。在欧洲产的另一个种的邯郸或树蟀（即乙664），据我从 Victor Carus 那里听说，两性在颜色上的差别几乎和这个美国种一样。（查这两个种的译名未详，也许还未有译名；但我国有一个蟋蟀种，名邯郸，学名 Oecawthus longicanda，是和这两个蟋蟀种隶于同一个属的——译者）。

[48] 此蟋蟀属的分类名见译名表"乙780"，详 Westwood，《昆虫的近代分类》，第一卷，447页。

[49] 沃尔什文，《伊利诺依州的拟脉翅类（乙808）昆虫》（Pseudo-neuroptera of Illinois），载费城《昆虫学会会刊》（丙115），1862年卷，361页。

[50] 见《昆虫的近代分类》，第二卷，37页。

[51] 沃尔什，同前引书，381页。关于下文中的伎蜓、狸蜓和岩蜓等几个属的事实也

是这位博物学家所惠予提供的，我在此表示谢意。

[52] 见文，载《昆虫学会会报》（丙 145），第一卷，1836 年，罗马数字 81 页。

[53] 见关于他的文章的摘要，载《动物学纪录报》（丙 156），1867 年卷，450 页。

[54] 见 Kirby 与 Spence 合著的《昆虫学引论》，第二卷，1818 年，35 页。

[55] 见 Houzeau，《动物的心理才能》（Les Facultés Mentales），第一卷，104 页。

[56] 见一篇有趣的文章，《法布尔的著述》（The Writings of Fabre），载《自然史评论》（丙 100），1862 年 4 月，122 页。

[57] 见文，载《昆虫学会纪事刊》（丙 83），1863 年 9 月 7 日，169 页。

[58] 见所著《关于蚁类的习性的研究》（Recherches sur les Mœurs des Fourmis，法文），1810 年版，150 页、165 页。

[59] 见文，载美国费城《昆虫学会会刊》（丙 115），1866 年卷，238 页、239 页。

[60]《达尔文学说在蜜蜂类方面的应用》（Anwendung der Darwinschen Lehre auf Bienen），载《自然科学协会会刊》，第二十九卷。

[61] M. Perrier 在他的文章《达尔文的性选择论》（La Sélection sexuelle d'après Darwin，载《科学评论》，丙 129，1873 年 2 月，868 页）里，在看来像是对这个题目考虑得很不够的情况下，提出驳论，认为有社会性的几种蜜蜂的雄蜂既然是人所共知的从未受精的卵产生出来的，则他们便不可能把所取得的新性状传给他们的雄性后一代。这真是一个异乎寻常的驳论。一只雌蜜蜂，受到一只表现着有助于两性结合或使其在两性关系中更受欢迎的某些性状的雄蜂所授的精以后，会产生一批孵出来全是雌蜂的卵；但这些新一代的雌蜂，到了明年，就会产生一些雄蜂：试问，这新一代的雄蜂，对于他们祖父的一些性状，竟然会遗传不到么？试就普通动物中举一个尽量可以与此并行而相比的例子看看：如果任何一种有色的四足类动物，或一种白色的鸟的雄性和黑色品种的一只雌性杂交，而如果它们所产生的子女又彼此进行配合，我们能不能设想，它们所生的后一辈，即孙儿孙女这一辈，会不从它的祖父那里传到黑色的倾向呢？在另一方面，不能生育的工蜂对于新性状的取得的问题比这个要困难得多，但我在《物种起源》一书里曾试图说明，这些不能生育的小动物会如何受到自然选择的威力的摆布。

[62] 见引于 Westwood，《昆虫的近代分类》，第二卷，214 页。

[63] 其中的一个种，多色的赤翅虫（乙 814）是两性之间差别很显眼的一个种，Mr. Bates 曾加以叙述，见文，载《昆虫学会会报》（丙 145），1869 年卷，50 页。我

在这里再具体地补充几个我听说到的两性之间在颜色上有所不同的甲虫的例子。Kirby 和 Spence（《昆虫学引论》，第三卷，301 页）提到过一个种的萤（属名见乙 164）、一个种的地胆（属名见乙 607）、一个种的空锥形甲虫（属名见乙 827）和褐黄花蠊（乙 550），其中最后一个种的雄虫作褐黄色，而胸部却是黑的，至于雌虫，则通身是暗红色。四个种中的后两个种都是属于长角类（乙 566）的。R. Trimen 和 Waterhouse 两位先生告诉我，有两个瓣角类甲虫（乙 535）种，一是旋毛蚨属（乙 740）的，一是毛蚨属（乙 958）的，在后面的一个种，雄虫的颜色比雌虫为灰暗。在裂口虫（乙 949），雄虫是黑的，而雌虫则被认为总是深青色，而胸部是红的。莽汉虫（乙 683）的雄虫，据我从 Mr. Walsh 那里听说，也是黑的，而雌虫（曾被错认为别是一个种而定名为"红颈莽汉虫"（O. ruficollis），则有一个褐赤色的胸部。

[64] 见文，载美国费城《昆虫学会会刊》（丙 115），1864 年卷，228 页。

[65] Kirby 与 Spence 合著，《昆虫学引论》第三卷，300 页。

[66] Kirby 与 Spence，《昆虫学引论》，第三卷，329 页。

[67] 见《昆虫的近代分类》，第一卷，172 页；关于扁蝱，见 172 页。在不列颠博物馆，我看到过一只属于中间状态的扁蝱的标本，因此，这里所说的一性两形状态毕竟还是不严格的。

[68] 见所著《马来群岛》，第二卷，1869 年，276 页。参看 Riley，美国《密苏里州昆虫类报告》[Report on insects of Missouri（第六次）]，1874 年，115 页。

[69] 见文，载《昆虫学杂志》（丙 55），第一卷，1833 年，82 页。关于这一个甲虫种的好斗，亦见 Kirby 和 Spence，同上引书，第三卷，314 页；又，Westwood，同上引书，第一卷，187 页。

[70]《自然史分类词典》（法文），第十卷，324 页，引 Fischer 的话。

[71] 原出法国《昆虫学会纪事刊》（丙 14），1866 年卷，见引于 A. Murray 文，载《旅行杂志》[Journal of Travel（丙 84）]，1866 年卷，135 页。

[72] Westwood，同上引书，第一卷，184 页。

[73] 见 Wollaston 文，《关于能作出音乐的几种象虫科（乙 299）甲虫》（On certain Musical Curculionidæ），载《自然史纪事与杂志》（丙 10），第六卷，1860 年，14 页。

[74] 见 Landois 文，载《动物科学时报》（丙 155），第十六卷，1867 年，127 页。

［75］ 我要向 Mr. G. R. Crotch 的盛意表示很大的感激。因为他送给我许多属于这两个以及其他甲虫科的各种制好了的标本，和若干有价值的情报。他相信金花虫的磨剉作声的能力以前是没有人观察到过的。我也很感谢 Mr. E. W. Janson，他也给了我一些情报和标本。我还不妨补充提到我的儿子 F. 达尔文，他发现有一个种的鳖蠹（乙 343）也能作唧唧之声，但没有能找出发声器官的所在。Dr. Chapman 最近叙述到杜松蚕这一属（乙 864）也是磨剉作声的表演者，见文，载《昆虫学人月刊》（丙 56），第六卷，130 页。

［76］ 出 Schiödte 文，译载《自然史纪事与杂志》（丙 10），第二十卷，1867 年卷，37 页。

［77］ Westring［文载 Kroyer，《自然学者》（Naturhist. Tidskrift）第二卷，1848～1849 年，334 页］叙述过这两科以及其他甲虫科用磨剉来发声的器官。其在蚑科（乙 171），我自己曾检查过 Mr. Crotch 寄送给我的两个种，一是拟斑蝥（乙 369），一是繁星虫（乙 121）。在后面的一个种，在腹环节的有槽道的边缘上的那些横向隆起，据我所能作出的判断，在磨刮翅鞘上的剉板时，并不起什么作用。

［78］ 美国伊利诺伊州的 Mr. Walsh 把 Leconte 所著《昆虫学导论》的一些资料摘抄寄给我，我要向他表示谢意。这里所说的一点见 Leconte 书，101 页、143 页。

［79］ 出 M. P. de la Brulerie，见引于 A. Murray 文，载《旅行杂志》（丙 84），第一卷，1868 年，135 页。

［80］ 据他说，"嘀嗒之声是这样发出的：虱子用它所有的腿把自己的身体尽量的抬高，然后用胸部向所在的物体的平面拍挞拍挞的快速不断的叩击五六次。"关于这一题目的参考，又见 Landois 文，载《动物科学时报》（丙 155），第二十六卷，131 页。Oliver 说（见引于 Kirby 和 Spence，《昆虫学引论》，第二卷，395 页），嘀嗒虫（乙 768）的雌虫会用她的腹部来叩击任何坚实的物体来产生一种相当响的声音，"而雄虫则闻声应命而至，不久就随侍左右，而终于成其配偶。"

第十一章
昆虫类的第二性征（续）：鳞翅目（蝶类与蛾类）

蝶类的求爱——战斗——嘀嗒作声——颜色，有两性相同的，也有雄蝶比雌蝶为艳丽的——一些例子——这与生活条件的直接影响无关——适应于自卫的一些颜色——蛾类的颜色——色相的显示——鳞翅类的感觉能力——变异性——两性在颜色上所以有差别的一些原因——拟态，雌蝶比雄蝶更为艳丽的一些例子——颜色艳丽的幼虫——关于昆虫类的第二性征的总述与结束语——鸟类与昆虫类的比较

在这一个昆虫类之中的大目（乙546）里面，我们兴趣的重点所在是同一物种之中两性之间在颜色上的种种差别。本章将把几乎全部的篇幅用在这个题目上，但在入题之前，我要先就其他一两点说几句话。我们时常可以看到好几只鳞翅类的雄虫追逐或围绕着同一只雌虫。它们的调情求爱看来是很费工夫的事，因为我不止一次地注视过一只或一只以上的雄虫围

着一只雌虫作回风之舞，我自己已经看得不耐烦了，而它们的求爱还不收场，我只好作罢不看了。巴特勒先生告诉我，他也好几次注视过一只雄虫向雌虫调情，一来就是整整的一刻钟，而雌虫总是执拗不肯，最后，还是降落到地面上，收起翅膀，好躲开他的殷勤纠缠。

蛱蝶尽管是些脆弱的活东西，却很好斗；有人捉到过一只"皇蝶"，[1]（即乙75）发现他由于和另一只雄蝶打架，翅膀都折断了。考林伍德先生在谈到婆罗洲蝶类经常打架的情况时说："他们彼此绕来绕去的飞舞，快得像旋风一般，看来像是为极其凶狠的心情所驱策着。"

南美洲的一个蛱蝶种（乙13）会作一种声音，像一只有齿的轮子在弹簧轮挡（spring catch）下面刮过所发出的那样，远到好几码以外还可以听到。我在里约热内卢的时候曾经注意到，只是在两只这种蛱蝶彼此追逐而飞经的线路时而左时而右的情况之下才作这种声音，因此，可以推想，这是两性求爱之际的一种表示。[2]

有些蛾类也会发出声音，例如窝茧蛾种（乙941）的雄蛾。F. 怀特先生[3]有两次听到草绿蛾（乙500）的雄虫所作出的又尖又快的声音，他相信这声音是从一条肌肉所控制的一片有弹性的薄膜所发出的，和蝉的发声情况大致相同。他又援引盖内的话说，魔神蛾属毛蛾（乙874）所发的声音像一只表的嘀嗒声，看来显然是在"位于胸部的两只相当大的鼓膜状的气囊"的协助之下作出的，而这种气囊"在雄虫身上的要比雌虫的发达得多。"由此可知，鳞翅类的发声器官看来是和性的作用有些关系的。我在这里不是指的人面蛾（death's head sphinx）所发出的大家所熟悉的那种声音，因为这声音一般在蛾从茧子里钻出来以后不久就可以听得到。

贾尔一直在说，两个种的人面蛾所发放出来的一种麝香似的臭味只限于雄蛾才有，是雄蛾的一个特点。[4]我们将在下文看到，在更高级的几个纲的动物中间，在许多例子里，也只是雄性会发放出臭味来。

每一个人一定都曾经赞赏过蝶类中的许多种和蛾类中的若干种的极度的冶丽。因此，我们不妨问一下，它们这些颜色和各种各式的花样，是不是它们所处的生活环境中一些物质条件的影响所产生的直接结果，而这种结果对它们来说难道真的什么好处都没有？也不妨问，是不是一些连续了若干世代的变异得以积累下来、而终于被决定为一种自我保卫的手段，或者其他我们还说不上来的某种目的，或者，为的是教两性之一对另一性更多吸引力？再可以问，在同一个属中间，在某些种，雌雄虫的颜色大不相同，而在另一些种，则雌雄虫的颜色彼此相似，这又是什么意思？在试图答复这些问题之前，有必要先列举一批事实。

在我们英格兰的一些好看的蛱蝶类中，凤蝶（英语俗称"海军司令"）、"孔雀"蝶以及许多别的种，两性都是同样花色的。富丽堂皇的神山蝶科（乙466）的整个科和热带的斑蝶科（亦称阿檀蝶科，乙337）中多数蝶种的情况也是如此。但在热带的某些其他蝶的科属，以及在我们英格兰的有些科属，如紫色的"皇蝶"（即闪紫蝶，乙75）、"橙尖"蝶（即黄衽蝶的一个种，乙50）等等，就不是如此，两性之间在颜色上大不相同，至少也有些微小的差别。就有些热带蝶种来说，要用文字来描绘雄蝶的美丽绝伦，逼真毕肖，是做不到的。即便在同一个蝶属之内，我们往往发现有些种的雌雄蝶在颜色与颜色的布局上，可以截然不同或彼此殊异，而另一些种则两性十分相似。例如在南美洲的一个属，宏伟蝶属（乙384），贝茨先生告诉我，那些雌雄蝶都在同一些地点或场合来来往往的蝶种（而就蝶类而言这一点并不是普遍的，即，在有些蝶种，两性各有其生活环境），他所知道的有十二个种，那就是说，就这几个种而言，两性所受的外界条件的影响不可能不是一样的。[5] 我在此应当说明，贝茨先生不是别人，正是下文大部分的事实所从来、而又曾把我这一部分书稿全部看过一遍的一位博物学家，我要向他表示谢意。在这十二个种中，有九个种的颜色之美在全部蝶类中都要列在第一流，而在这九个种里，雄蝶奇丽，而雌蝶则比较朴素，相形之下，大不相同，以致以前曾经有人把它们分进了不同的蝶属。九个种之中，雌蝶与雄蝶虽各自不同，而九个种的雌蝶在颜色的一般布局上却又彼此相像；不仅如此，并且和若干关系相近的其他蝶属中的一些种的雌雄两性也都相像，尽管这些蝶属分布得很广，全世界各地都有，也不碍这种相像的情况。因此，我们可以作出推论，认为这九个种，乃至同一个属中其他所有的种，大概都是从颜色差不多一样朴素的两个祖先形态传下来的。在十二个种中的第十个种，雌蝶也是比较朴素而保持着这种颜色的一般布局，但雄蝶和她没有多大分别，彼此相像，换言之，他在颜色上远不如前九个种的雄蝶那么华丽、那么深浅分明，对照强烈。在第十一与十二两个种，雌蝶的颜色便不同了，她们离开了这个寻常的格局或类型，也很鲜美，几乎与雄蝶一样，只是在程度上似乎稍差而已。因此，可以说，在这两个种里，雄蝶似乎曾经把鲜美的颜色分移给雌蝶；而在第十个种，雄蝶是把雌蝶的，也就是这一个蝶属的祖先形态的朴素颜色，一直保持了下来，或丢失之后又重新恢复了，二者必居其一。这样，这三个种，第十到第十二的两性，都变得彼此几乎一样，而所由变化的方式却是相反的。在与此关系相近的另一个属（乙394），有些种的两性，颜色几乎都一样朴素；而在其中更多的种，则雄蝶打扮得美丽得多，能发出各式各样金属般的光彩，因而和雌蝶很不相同。在整个属里面，所有雌蝶，不管是哪一个种的，在颜色上都保持了同一个一般的风格，因此，她们彼此之间相像的程度，要比她们和各自本种的雄蝶的相像程度高出许多。

在凤蝶属（乙710）中总称为"伊尼亚斯"①（Aeneas）的那几个种，全都在内，是以显眼而浓淡分明的颜色而惹人注意的，并为时常发生的两性差别在分量上的浅深多寡可以形成一个有层次的系列的那种倾向，提供了一个明显的实例。在其中少数几个种，例如小英雄蝶（乙711），两性的颜色是一样的；在其他几个种，或则雄蝶比雌蝶略为美丽一些，或则美丽得远过于雌蝶。和我们的各种蛱蝶或各种胥蝶种（乙993）关系相近的一个属，即赫胥、青胥所隶的那一个属（属名Junonia，乙523），所提供的情况和上面所说的大致相同，几乎可以并驾齐驱，因为尽管其中多数种的雌雄都很相似，都不称艳，而在某几种，例如酒胥（学名Junonia œnone，

① Aeneas，出自希腊传说，是一个英雄的名字。西方对动物分类命名，往往借用埃及、希腊、罗马神话传说中人或事物，此则非正式之一例。下文"小英雄"蝶，学名Papilio ascanius，Ascanius即希腊传说中伊尼亚斯的儿子，是分类命名正式袭用希腊传说之一例。

乙 525），雄蝶见得多少要比雌蝶美丽一些，而在另外少数几个种（例如乙 524），则雄蝶和雌蝶迥然不同，以至有可能被人错认而分列为两个不同的种。

巴特勒先生在不列颠博物馆里指给我看另一个突出的例子，就是美洲热带地区的蚬蝶属（乙 939）的一个种，就中雌雄蝶几乎是同样的奇丽；在另一个种，雄蝶也是彩色夺目，和刚才说的那一个种不相上下，而雌蝶的阳面却全部是一种呆板的棕色。小灰蝶属（乙 577）的一个种，我们英格兰所产的一种体型很小的普通青蝶，也能说明两性之间在颜色上的各式各样不同的差别，几乎可以说明得一样清楚，但究竟够不上上面所引的英国境外的那些蝶属的那样触目分明。在有一个种的小灰蝶，小丘灰蝶（乙 579），雌雄蝶的翅膀都作一种棕色，沿边加上一圈眼斑似的小橙黄点子，两性是一般模样的。在另一个种的小灰蝶，弹筝蝶（乙 580），雄蝶的翅膀作一种悦目的青色，镶有黑边，雌蝶的翅膀则作棕色，里边相同，倒和前一种小灰蝶的翅膀相像。最后，在第三个种的小灰蝶（乙 578），则雌雄蝶都作一种青色，彼此很相像，只是雌蝶翅膀的边缘见得略微暗些，所有的小黑点也见得清楚些；印度有一个种的小灰蝶与这个种差不多，只是青得更鲜美些，雌雄蝶更为接近于一色相同。

我在上文列举了一些具体细节，为的是要说明，首先，在蝶类中，如果雌雄蝶在颜色上有所不同，作为一个通例来说，一般总是雄蝶要比雌蝶为美，而和他所属的类群的寻常颜色布局或类型相违离的差距也比雌蝶为大。因此，在多数科属里，各个种的雌蝶之间的相像程度要比雄蝶之间高出许多。但我将在下文提到，在有些例子里，雌蝶的颜色要比雄蝶更为华美。其次，这些细节之所以提出，是要使我们看清楚，在同一个蝶属之内，两性之间在颜色上的差别可以有一切不同的程度，就是，从没有差别到差别大得足以使昆虫学家，在很长一个时期以内，把它们划归两个不同的蝶属，直到后来，才发现错误而改归同种同属。第三，我们已经看到，如果两性在颜色上彼此近似，其所以近似，看来不外由于这样的几种情况或原因，一是雄蝶把颜色分移给了雌蝶，二是雄蝶或则一直保持着这一个蝶群的原始颜色，或则于一度丢失之后，又把它重新恢复了。又值得注意的是，凡在两性颜色不同的蝶科或蝶属之中，雌蝶之于雄蝶也总多少有些相像之处，所以如果雄蝶真是奇丽的话，雌蝶总是没有例外地会表现某种程度的美观。根据许多例子所提供的两性之间的差别在分量上可以分为若干层次的那种情况，又根据在同一蝶群之内所普遍存在的那种同样的总体颜色布局，我们不妨作出结论，认为只雄蝶美而雌蝶不美的那些蝶种也罢，或两性都有美色的那些蝶种也罢，其所由决定的一些原因，一般地说，是相同的。

许多颜色华丽的蝶种既然是热带地区的土著，就时常有人以为，这些地带的特高的气温和湿度是形成它们颜色的原因；但贝茨先生[6]在把从温带地区和热带地区收集而来的亲缘关系彼此很相近密的各个昆虫群体作了比较之后指出，这种看法是站不住的；而一经看到，属于同一个种的颜色美丽的雄性和颜色朴素的雌性明明生活在同一地段，吃的是同一类食物，所遵循的是同样的生活习惯，这种看法，即颜色的华美和环境条件并无直接的因果关系，就见得确凿无疑了。即便就两性彼此相似的一些例子而言，如果说，它们的颜色之美，和颜色的布局之美，只不过是它们的细胞组织的性质和环境条件的作用里应外合所凑成的结果，其间无任何意义或目的可言，我们也难于相信。

无论哪一种动物，只要在颜色上起些有特殊目的的变化，这种目的，据我们所能作出的判断，大概不外两个：一是为了直接或间接地保护自己，二是作为两性之间吸引的手段。就许多蝶种而言，翅膀的阳面是暗晦而不鲜明的；此其意义所在，大概是为了可以避免被发觉，因而遭遇危险，此外很难有别的解释。但蝶类当其休止的时候特别容易受到敌人的袭击；而就大多数蝶种而言，当它们休止时，翅膀又垂直地敛在背上，反而只把阴面，即鲜美的一面，暴露了出来。因此，也就是这一面往往要有些摹拟的颜色，摹拟着它们经常休止所在的一些事物或背景的颜色。据我了解所及，罗斯勒博士，是注意到某几种蛱蝶与其他蝶类的收敛了的翅膀和一些树的树皮有相似之处的第一个人。在这方面我们可以列举许多可以类比而动人的事实。其中最有趣的要推华莱士先生所记录下来的那一个了：[7]印度和苏门答腊所产的一种普通蝴蝶（木叶蝶属，乙526），在飞到一个灌木丛而休止下来的时候，可以像变戏法似的突然消失不见；原来它一面把头和触发都隐蔽在收敛了的翅膀中间，而一面这些翅膀，在形状、颜色和脉纹上，竟和有叶柄的枯叶一模一样，无法分辨出来。在另一些例子，翅膀的阴面有很华丽的颜色，却也同样地有其保护作用；例如在翠蚬蝶的一个种红纹蚬蝶（乙940），收敛了的翅膀作绿柱石或绿宝石般的翠绿色，和一到春天这种蝴蝶经常被看到所惯于在上面休止的黑莓的嫩绿叶浅深相似。还有值得注意的一点是，在很多蝶种，两性翅膀的颜色，尽管在阳面是大不相同，而在阴面却十分相像或完全一样，而这也自有其保护的作用。[8]

许多蝶种背腹两面颜色的暗晦或呆板果然无疑地是旨在隐蔽自己，借以避祸；但这一看法也不能推得太广，而把阳面颜色美丽而显眼的一些蝶种，比如我们的"海军司令"和"孔雀"两种蛱蝶、白色的"莲花白"蝶（cabbage-butterfly，乙767）、或在开阔的沼泽地带盘桓的体型较大的燕尾蝶之类，也包括了进去——因为，一切活东西就都可以看到它们，它们躲不了。在这些蝶种里，两性有着同样的颜色，但在普通的硫黄蝶（brimstone-butterfly，即蚰蝶，乙453），雄蝶作一种深黄色，而雌蝶的黄色要黯淡得多；而在"橙尖"蝶，即黄衽蝶（乙50），只雄蝶的翅尖作鲜明的橙黄色，雌蝶没有。在这些例子里，雌雄蝶虽略有不同，却都很显眼，我们很难想象这种不同的显眼之处会和寻常的保护作用有任何关系。魏斯曼教授说，[9]有一种小灰蝶的雌蝶，当她在地面上休止的时候，会把棕色的翅膀张开而铺平下来，这样就几乎可以瞧不出来；而在同种的雄蝶则不然，他像是知道阳面是鲜明青色的翅膀会替他招来横祸，因此，在休息的时候，他要把翅膀收敛起来；这正好说明那种青或蓝的颜色是不可能有任何保护意义的。尽管如此，显眼的颜色，对许多蝶种而言，也还可能有些间接的好处，即作为一种对敌人的警告，说它们是不中吃的。因为，在某些其他例子里，美丽的颜色不是独立取得的，而是通过对其他美丽蝶种的恣意摹拟。这些被摹拟的蝶种是和摹拟者生活在同一地段的，并且，由于某种为敌人所厌恶、所规避的道理，对敌人的袭击享有一种"避难权"，因此，摹拟了有好处；但这样一来，被摹拟的一些蝶种的美色又是怎样来的，还须有所解释才行。

沃尔什先生对我说过，上面所曾一再提到的我们这里的黄衼蝶（乙50）的雌蝶，以及美洲的另一个种的黄衼蝶（乙51）的雌蝶，向我们提示了这一个蝶属的祖先形态的原始颜色；因为这一属中散布得很广泛的四五个种，不分雄蝶雌蝶，总起来说，在颜色与颜色的安排上是几乎相同的。像上文所已说过的若干例子一样，我们在这里不妨加以推论，宁是上面所提的两种黄衼蝶的雄蝶没有太保持本属的寻常格局或类型而背离得远了一些。在出自加利福尼亚的另一个黄衼蝶种（乙52），雄蝶翅膀上的橙黄尖端居然在雌蝶翅膀上也有了部分的发展，只是比雄蝶的要暗淡一些，而在其他方面也略微有些不同。和黄衼蝶关系相近的一个印度蝶种齿小蠹（乙519），这橙黄色的翅尖更是不分雌雄的同样发达，而巴特勒先生曾就标本指给我看，这个蝶种翅膀的阴面看去活像一张颜色黯淡的叶子，真像得出奇；而在我们这里的黄衼蝶，则翅膀阴面像野芹花的花头，而野芹花正好是黄衼蝶夜间所时常栖止的所在。[10] 同样的理由，一面迫使我们不得不相信翅膀阴面之所以变得有颜色是为了保护的目的，另一面却使我们不得不否认，翅尖之所以变成鲜美的橙黄色是为了同样的一个目的，尤其是如果这一性状只见于雄蝶而不见于雌蝶的话。

大多数蛾类总是整天或大半天地伏着，一动也不动，翅膀也总是抑而不扬，而翅膀阳面的颜色往往是灰暗阴沉得像华莱士先生所说的那样，适合于韬光养晦，而不被敌人发觉。蚕蛾科（乙123）和夜蛾科（乙658）的一对前翅，[11] 在休息的时候，一般是掩叠着而把后翅盖住了的，因此后翅可以有很鲜明的颜色而不冒太大的风险，而实际上它们的颜色往往是很美的。当其飞行的时候，蛾类虽也往往能躲开敌人的危害，而由于后翅的势不能不全部暴露出来，它们在这部分的一些鲜美颜色的取得，一般说来，当初一定是冒过一些小风险的。但下面要说的一件事实会向我们说明，我们要在这方面取得一些结论的时候应该如何的小心谨慎，才不至于出毛病。普通的"后翅黄"，或黄色后翅蛾属（乙 964，俗称 yellow underwing）往往在白昼或傍晚飞来飞去，而在这时候由于它后翅的颜色见得显眼，我们便因此而自然而然会想到这是对这种蛾不利的，是个祸根。然而 J. 威尔先生认为这想法正好错了，殊不知这实际上正是它们借以脱祸的手段，因为禽鸟袭击它们时只着眼在这些鲜艳而脆弱的平面之上，而放过了它们的身体。J. 威尔先生作了个实验，他把一只壮健的黄色后翅蛾（黄毛夜蛾，乙 965）放进他的养鸟室，一下子它就被一只知更鸟追上；但知更鸟所全神贯注的是它有颜色的翅膀，所以一直要到尝试了大约五十次之后，才把它啄住，而于此期间，翅膀的零星碎片不断地被啄落下来。J. 威尔先生又用另一个种的黄色后翅蛾（乙 964）和一只燕子作了同样的试验，但这次不在养鸟室，而在露天；这次蛾子终于逃脱，没有被抓住；但这种蛾子体型大，或许原也有助于逃脱。[12] 这就教我们联想到华莱士先生所讲的一段话，[13] 他说，在巴西丛林里和马来亚诸岛上，许多普通而打扮得很美的蝶种并不善于飞行，而翅膀却很宽阔，张开时成一大片，而人们把它们"捉到手的时候，翅膀往往已经残缺不全，有穿了洞的，也有折了边的，像是曾经被禽鸟抓住过而终于挣脱了似的。如果它们的翅膀，和身体相对地比起来，不是那么特别的大，而是小些的话，它们身体上的某个要害之处看来就不免更容易受到袭击或戳穿；因此，翅膀幅度的加大也许是间接地有利于它们的生存的。

色相的显示。——许多蝶种和若干蛾种的颜色之美是为了显示，为了卖弄，而特别安排出来的，因此是比较容易看到的。黑夜无光，颜色是瞧不见的，因此，习惯于夜间生活的蛾类，总起来说，无疑地远不如蝶类打扮得那么花枝招展——蝶类是全部习惯于白昼活动的。但有几个科的蛾类，如斑蛾科（乙 1004）的全部、天蛾科（乙 890）和燕蛾科（乙 987）的好几个属与种、灯蛾科（乙 83）和天蚕蛾科（乙 854）的一些属与种也在白天或薄暮飞动，其中就有许多种是极其美丽的，比严格的只在夜间活动的各种要美丽得多。但也还有少数几个颜色虽鲜美而却在夜晚活动的例子见于记录。[14]

　　关于色相的显示还有另一类证据。上面一度说过，蝶类在休息的时候，要把翅膀抬得高些，但当其在日光中沐晒的时候，它并不完全休止，而是把翅膀时张时翕，张则向下抑，翕则向上敛，这样就更迭地把阴阳面都暴露了出来，而为了自我保护的关系，阴面的颜色尽管往往有几分暗晦，在许多蝶种里，却装扮得和阳面一样的鲜明，而有时候花色又很不相同，各成其美。在有些热带地区的蝶种，阴面甚至比阳面更见得华丽。[15]在英格兰的贝母斑蝶（fritillary，即乙95，亦称豹蝶），只翅膀的阴面用银色作为装饰，闪闪发光。但作为一个通例来说，翅膀的阳面，即可能是暴露得更为充分的一面，比起另一面来，总是尤为彩色斑斓，花样也更为繁变。因此，一般的说，作为一个性状，阴面对昆虫学家所能提供的用处要比阳面为大，可据以发现不同蝶种之间的亲疏关系。F.穆勒告诉我，在巴西南部他的寓所附近有同隶于一个蝶属，蝶蛾属（乙177）的三个蝶种：在休息的时候，其后翅总是由前翅掩蔽而不露；但第三个种的后翅是黑色之上有许多红与白的斑点，很美，而这些后翅，一到休息的时候，就全部张开而充分显示出来。其他诸如此类的例子还有，无庸多举。

　　我们再转向蛾类这个庞大的类群。据我从斯坦顿先生那里听说，蛾类是不习惯于把翅膀的阴面全部暴露出来的，我们也确实发现这一面的颜色总是十分平淡，很难得有比阳面更为鲜美的情况，甚至和阳面同等鲜美的例子也极少。但我们也必须注意到某些少数的例外，不管它们是真正的例外，或仅仅像是例外：合欢蟘（乙506）就是这样的一个。[16]特瑞门先生告诉我，在盖内的宏大著作里，列有三个蛾种的插图，这些蛾种翅膀的阴面都比阳面美得多。例如，在其中之一，澳大利亚的一个蛾属枯叶蛾（乙442），前翅的阳面作灰溜溜的淡赭色，而阴面却装点得非常华丽，最中心是一个钴蓝色的眼斑，外面紧接着一个小黑圈，再外面是一圈橙黄，而最外围是一环淡蓝，淡得白多于蓝。但由于我们不知道这三个蛾种的生活习性，无法对这种不寻常花色的意义作出什么说明。特瑞门先生又告诉我，枪刺蛾（乙 445，尺蠖的一个属）[17]和前后翅四平分的地蚕（乙 657）中某几个其他的种也有这类情况，即翅膀阴面比起阳面来，不是更为美丽，便是花色更为斑驳；但这些蛾种之中有几个是习惯于"把翅膀在背上竖得笔直，并且要竖很久的"，因此就有机会把阴面暴露出来，可供观瞻。其他的几个种，则当它们在地面或丛草上休止时，会不时地把翅膀突然而角度不大地向上敛起，从而或多或少地把阴面显示出来。因此，在某些蛾种里，翅阴的美丽可观超过了翅阳这一事实，初看有些费解，一经说明，就不足为怪了，天蚕蛾科（乙 854），拥有若干个全部蛾类中最为美丽的蛾种，它们的翅膀都装扮得很好，例如在我们这里的不列颠皇蛾（British emperor moth），翅面上有若干个眼斑纹；而据 T. W. 伍德先生的观察，[18]它们在某些动作方面和蝶类很相像，"比如，把翅膀轻轻扬起，又缓缓放下，忽上忽下，像是存心卖弄似的，而这在鳞翅类中原是习惯于白昼活动的一些虫种的特征，在习惯于夜生活的虫种里是少见的。"

在不列颠产的颜色美丽的蛾类之中，两性之间在这方面的差别都不大，而据我访查所及，在不列颠境外的蛾类里，这方面差别大些的例子也几乎一个都没有：这和蝶类相比起来，实在是个不同寻常的事实，因为在许多美丽的蝶种，两性之间的差别是大的。但美洲有一种天蚕蛾河神天蚕蛾（乙 853），多少是一个例外，在这种蛾的雄性，据描写，前翅作深黄色，上面洒金一般的有许多古怪的红里带紫的斑点，而雌性的翅膀则一般紫棕色之上有若干灰色线纹。[19]不列颠境内的蛾类，凡是两性在颜色上有些差别的，全都作不同程度的棕色，或各种不同的呆板的黄色，或近乎白色。在有些蛾种，雄蛾的颜色，比雌蛾要深得多，[20]而这些蛾种是属于一般以午后为活动时间的蛾类之列的。在另一方面，在许多蛾属，据斯坦顿先生告诉我，雄蛾的后翅比雌蛾的更见得白皙——糖蛾的一个种，鸣夜蛾（乙 17）就是一个良好的例子。在蝙蝠蛾（ghost moth，即忽布蝙蝠蛾，乙 474），两性的差别比此更要显著一些：雄蛾白色，雌蛾则黄色，而斑纹之类也深些。[21]在这些例子里，雄蛾因此就变得更为显眼，而在黑暗中飞行的时候，更容易为雌蛾所看到，这大概是一个解释了。

根据上文所列叙的种种事实，我们再也不能承认，大多数蝶类和少数蛾类的颜色之所以美丽，或其美色之所以取得，通常是为了自我保护的目的了。我们已经看到，华丽的颜色和美妙的花样端的像是为了炫耀，为了卖弄，才安排而展示出来的。正因为这些，我才终于相信，雌蝶与雌蛾是懂得挑选更为美丽的雄性的，或者说，更美丽的雄性才更能激发她们的春情；因为，如果不这样想，而换任何另一个想法，则想来想去，总觉得雄蝶或雄蛾的装饰之美是没有目的，枉费了的。我们从前章的讨论里已经认识到，蚁类和某几种瓣角类甲虫在同类的彼此之间能有一种依恋不舍的感觉，而在蚁类，在别离了好几个月之后，还能彼此相认。取鳞翅类同蚁类或甲虫类相比，既然同是昆虫，在进化阶梯上的级位也相去不远，甚至几乎是不相上下，蚁类和甲虫类可以有到那些本领，而说鳞翅类就没有足够的心理能力来赏识美丽的颜色，单单抽象地从理论方面来说，也是讲不通的。它们肯定地是通过了颜色来发现各种花朵的。常有人看到，一种天蛾，蜂鸟天蛾（humming-bird sphinx），会突然从远处疾飞而降，而止息在绿叶丛中的一撮花朵之上。而两次有人确凿地向我谈到，这种蛾曾几次三番地探访一间房屋里的壁上所画的花朵，并且徒劳无益地试图用它们的吻刺进花心中去。F.穆勒告诉我，巴西南部有好几种蝴蝶肯定地、并且毫不含糊地，显示它们喜爱某几种颜色。他自己看到过它们在寻芳猎艳的时候，在同一个花园之内，很经常地只找五六个属植物的鲜红色花朵，而于这几个属以及一些其他的属中开白花或黄花的花种，则从不问津；而我还收到过其他的书面材料，说明着同样的情况。我从道博尔第先生那里听说，普通的白蝴蝶往往会降落在地面的一小片白纸上，无疑地是把它错认为一只同类。考林伍德先生[22]讲到在马来群岛收集某些蝶种的困难时说，"把一只死蝴蝶钉在容易看到的枝头上，往往会把冲飞而掠过的一只同类突然留住而把它引向捕虫网一下子就够得到的地方，这只飞蝶如果是一只异性的话，异于枝头上的标本，那就更有效了。"

上文说过，蝶类的调情求爱是一件费工夫的事。雄蝶为了争胜，有时候要互相厮打；也可以看到好多只雄蝶追逐或紧紧地围住同一只雌蝶。因此，除非雌蝶对雄蝶懂得挑取，要这一只，而不要那一只，则成双配对势不得不成为一种瞎碰的事，而这看来是不会的。因为，与此相反，如果雌蝶习惯于，或者只是偶一为之地把更美丽的雄蝶挑取下来，则假以时日，雄蝶的颜色花样就会逐步变得更为美丽，而会把所取得的美丽程度传递给下一代，至于传给所有的子女，或只传子，或只传女，就要看所遵循的是哪一条遗传法则了。如果上文第九章①之附论中根据种种证据所达成的结论——即，鳞翅类中许多虫种的雄虫的数量，至少在成虫阶段中，要比雌虫多出许多——可以站得住的话，那么，性选择的过程就会大大地加速进行。

但有些事实是和这一信念相抵触的，即雌蝶不一定挑取更为美好的雄蝶；例如，好几个收集标本的人确凿地对我说，新变为成虫的雌蝶时常可以看到和伤残、萎缩或颜色已经褪了的雄蝶搭配；但应知由于雄蝶出茧要比雌蝶为早，这一情况往往是势所难以避免的。在蚕蛾这一科（乙 123），由于吻的退化而成为一种残留，成虫不能饮食，所以一出茧就立刻进行交配。据好几位昆虫学家说，雌蛾一出茧就伏着不大动弹，呈一种几乎是麻木不仁的状态，究竟和哪些雄蛾配对，看来几乎全无取舍的表示。有几个大陆上和英格兰的饲蚕家对我说过，普通的蚕蛾（乙 126）就是这样。华莱士博士对椿蚕（乙 125）的饲养有丰富的经验，肯定地认为雌蛾是不作任何取舍的表示的。他曾经养过三百多只这种蛾子，放在一起。他往往发现最壮健的雌蛾和发育不良的雄蛾配对。但倒过来的情况似乎是少见的，因为，他认为比较精壮的雄蛾懂得绕过瘦弱的雌蛾，而会受到天赋活力最为优厚的雌蛾所吸引。尽管有上面所说的一部分情况，整个的蚕蛾科，颜色虽然素淡，而浅深相间之中，又有斑纹杂缀，在我们人的眼光里，也正复有它们的美丽可爱之处。

到目前为止，我只谈到了鳞翅类中的一部分蝶种和蛾种，即，雄性在颜色上要比雌性为美丽的那些，而我把这一情况归结到一个原因，就是，

---

① 应是上文第八章。

雌性世世代代以来挑选了更为美好的雄性作为配偶。但与此相反的情况也有，只是希罕得多，就中雌性要比雄性更见得冶丽；而在这里，据我看来，是雄性对雌性进行了挑选，从而逐渐地提高了雌性的美好程度。我们不了解，在不同的各个动物的纲里，何以会各有少数物种进行这一种挑选，即，雄性挑选最为美好的雌性，而不按照看来是动物界的通例那样，欣然地接纳任何雌性，作为配偶；但可以设想，在鳞翅类，如果雌性在数量上大大超过雄性，而不是现在的实际情况那样的雄多雌少，则挑选的行为就有可能一转而为雄性成为主选，而雌性成为被选，雌性中更为美丽之辈就更容易中选。巴特勒先生在不列颠博物馆里指给我看，在仙女蝶属（乙154）中的好几个蝶种里面，有几个的雌蝶之美和雄蝶不相上下，而在另几个，则雌蝶之美远胜雄蝶；因为，在后面这几种，只雌蝶的翅膀边缘作绯红和橙黄相混而不合的一种颜色，而其间又洒满了黑斑点。这几个种的雄蝶则比较素淡，而彼此之间十分相似，说明，在这里，发生了一番变化的是雌性，而在雄性之美胜过了雌性的那些物种里，则情况正好相反，即发生过一番变化的是他们，而不是雌性，因此，种与种之间的雌性一直是彼此十分相似。

在英格兰，我们也有些例子可以和上面所说的一些比类而观，但是不那么明显。有两个种的蚬蝶（乙939），其雌蝶在前翅上有一小片鲜明的紫色或橙黄色，而雄的没有。在马王蝶这一个属（乙480），两性的差别不大，只是其中有一个种，英国普通草地尺蠖（乙481），雌蝶翅上有一小片显眼的淡棕色，而其他几个种的雌蝶要比雄蝶见得鲜美一些。再如，粉蝶类（乙766）中有两个种，（乙267与乙268），"雌蝶翅上黑色边缘上面的橙黄点或黄点，一到雄蝶翅上，就只成为几条细线纹"；而在普通的粉蝶（乙767），雌蝶才在"前翅上装扮得有些黑点，而雄蝶翅上则只有寥寥可数的几处。"如今我们知道，蝶类中的许多种，当蜜月飞行的时候，雄蝶要把雌蝶携带着飞，而在刚才所说的一些蝶种里，情形正好相反，是雌蝶携带雄蝶；换言之，两性所扮演的角色调了个儿，像相对的美丽程度调了个儿一样。在整个动物界里，在调情求偶的过程中，一般总是雄性更为主动，更多出几分力量，因此，通过雌性对更为美好的雄性个体的挑取，雄性之美似乎是有所增加；而在这些蝶种，情况又似乎恰好相反，雌蝶对于整个婚姻过程的最后一个仪式即蜜月飞行，既然负有主动的责任，则我们可以设想，在这过程的前一阶段，即调情求爱阶段，扮演主动角色的大概也未尝不是她们了，而这一来，我们就不难理解为什么变得美丽的是她们而不是雄蝶了。上面的一些话是来自梅尔多拉先生的，而他在结论中又说，"在昆虫的种种颜色的产生过程中，性选择究竟起过什么作用，多少作用，对此我虽还未能说服自己，而这一类事实对于达尔文先生的一些见解确有突出的坐实之力，却是无法否认的。"[23]

性选择的活动既然首先要凭借变异性的存在，在这题目上我们有必要说几句补充的话。这在颜色方面是没有困难的，因为在鳞翅类（乙546）变异性特别大的例子尽有，要列举多少，就可以有多少。贝茨先生给我看过整整一系列的两个种的凤蝶（乙713与乙712）；在后一个种，雄蝶在前翅上美得发出珐琅光采的那一小片绿色，和白色斑记的大小，以及后翅上那根漂亮的绯红条纹等方面，变异的幅度都很大，大到使最华丽与最不华丽的雄蝶可以成为两个极端，形成鲜明的对照；前一个种的雄蝶在美丽程度上要比这后一个种的雄蝶差得多，但前翅上的那片绿色和后翅上那条红纹方面，也还有些歧异，绿色片是或大或小，红条纹则时有时无，并不一致；看来这红条纹是从雌蝶那里借来的，即分移而来的，因为在这一个种里，以及在普通被称为"伊尼亚斯"的一群蝶种中的其他好多个种里，雌蝶都有这根绯红的条纹。由此可知，在前一个凤蝶种的最为冶丽的个体标本与后一个种的最为呆板或暗晦的个体标本之间，只有一个小小的间隔；也不言而喻，单单就变异性这一点而论，而不问其他因素，这两个种的任何一个不难通过选择而没有止境地提高它的美丽程度。在这里，变异性的存在是几乎只限于雄性一方面的。但华莱士先生和贝茨先生都曾指出，[24]在有些蝶种里，雌蝶的变异倾向极大，而雄蝶则几乎是一成不变的。在下文的一章里，我将有机会指出，在许多鳞翅类虫种的翅膀上所发现的眼状斑点或眼斑纹是有幅度特大的变异性的。我在这里不妨预先补充地指出，这些眼斑纹对性选择的理论提出了一个难题，因为它们虽表现得如此其富有装饰的意义，却总是两性身上都有，只一性有而另一性没有的情况是从来没有的，而两性的眼斑纹又是大致相同，很少差别。[25]到目前为止，这一件事实还得不到解释，但我们将在下文看到，眼斑纹的形成，如果真是由于在发育的很早阶段里，翅膀上的细胞组织起了某种改变的话，那么，根据我们所知的一些遗传法则，我们可以指望，它的兴起与发展完成虽始于两性中的一性，却终于通过分移而不分性别地传递了下来。

尽管我们可以提出许多郑重的不同意见，然总的看来，鳞翅类中大多数美丽的蝶种之所以成其美丽，看来还是要归因于性选择。例外是有些的，下面就要提到，就是，通过摹拟，为了自我保护的作用，而取得了鲜明颜色的那些例子。在整个动物界里，在两性关系之中，总是雄性的热情要比雌性为高，正因为这一点，他一般会乐意接受任何雌性，不加挑剔，而施展取舍手段的通常总是雌性一方。因此，如果性选择在鳞翅类中发生过有效的作用，则凡在两性都美丽而雌雄蝶彼此相似的蝶种，则大抵是由雄蝶把自己所首先取得的一些性状，然后不分性别地传给了后一代。我们所以作此结论，是由于我们看到，即便在同一个蝶属之中，从两性之间在颜色的分量上大相悬殊的蝶种，到两性之间在分量上完全相等的蝶种，各种分量不同的等级或层次都有。

但也许有人要问，除了性选择而外，难道就没有其他的方法来说明两性之间颜色上的一些差别了么？例如说，我们知道有这样的情况，而且例子还不止一两个，[26]就是，明明是同一个蝶种的雌雄蝶，而经常生活的地点却不同，雄蝶爱在太阳光里来来往往，背上沐浴着阳光，而雌蝶则惯于在阴暗的丛林里飞飞躲躲。因此不同的生活条件就有可能在两性身上直接产生不同的作用；但这在事实上是不会的，[27]因为它们到了成年的时候才各自和不同的生活条件打交道，而这在时间上是很短的，至于在幼虫阶段，则两性的生活条件原是相同的。华莱士先生的看法是，两性在颜色上之所以会发生差别，与其说是由于雄蝶发生了变化，毋宁说是由于雌蝶，在所有的例子里，或几乎是所有的例子里，为了保全自己，取得了呆板或灰暗的颜色，至少可以说，两个原因之中，后面的这一个在分量上要大于前面的一个。据我的看法，情况正好与此相反，远为更接近于事实的是，雄蝶通过性选择而起了变化，而这是主要的，至于雌蝶，则比较地没有发生太多的改变。有此看法，我们才能理解，为什么关系相近的各个蝶种的雌蝶彼此之间的相像程度要如此其超出雄蝶彼此之间的相像程度之上。有此看法，我们也才能从雌蝶身上窥测到她们所属的那一群蝶种的祖先形态所具备的原始的颜色，虽不中，但亦不至于太远。但我们也承认，她们的颜色，通过从雄蝶方面分移而来的那部分连续变异，也不免或多或少地起了一些变化，至于雄蝶自己，则正复由于此种变异的世代积累，而变得更为美丽。话虽如此，我也无意于否认，在有些蝶种里，只有雌蝶由于自我保护的需要而发生了一些特殊的变化。再回看一下生活条件的影响，就多数例子而言，不同蝶种的雌雄蝶，在很长的幼虫发育阶段里，所处的生活环境是各不相同的，因此，不同蝶种也可能经受了不同生活条件的影响，但就雄蝶一方而论，这种由于环境影响而在颜色上产生的任何细微改变，一般不免为来自性选择的秾艳颜色所笼罩，而无从辨别出来。在下文处理鸟类的时候，关于两性之间在颜色上之所以不同究竟有多少是由于雄性方面为了装饰的关系而发生了来自性选择的一些变化，而又有多少是由于雌性方面因了自我保护的关系而经受了来自自然选择的一些变化——关于这一整个问题，我将有必要进行从长的讨论，因此在这里就无须说得太多了。

在两性均等遗传那种更为普通的遗传方式一向通行的所有例子里，对雄性一方颜色之美的选择也倾向于使雌性变得美些，而对雌性一方颜色呆板的选择也倾向于使雄性变得呆板些。如果这两个选择的过程同时进行，它们就倾向于彼此互相作用，而又互相抵销；而最后的结果如何，要看是不是因为得到了呆板颜色的良好保护而有更大数量的雌性存活了下来，或者，要看是不是因为颜色美丽而有更大数量的雄性被保留了下来，并分别地从而找到配偶，和胜利地留下大量的后辈来。

为了解释为什么性状的传递往往只交给两性中的一性，而不及另一性，华莱士先生所表示的看法是，更为普通的两性均等遗传的方式可以通过自然选择而改变为只限于一性的遗传方式，但我没有能找到什么证据来支持这个看法。根据家养条件之下所发生的情况，我们知道，新的性状一经出现，就往往一下子就传给下一代的两性之一；而通过对造成这些新性状的变异加以人工选择，我们可以毫无困难地把美丽的颜色只付与或留给雄性，而同时或者在较晚的时候把呆板的颜色只留给雌性一边。看来，在自然状态下的有一些蝶种或蛾种的雌性就是这样为了自我保护的关系而变得颜色呆板，而大大有别于其雄性的。

但在没有明显证据的情况之下，我不倾向于承认，在大量的物种之中，两套复杂的选择过程——每一套都要求把新性状只传递给两性中的一性—— 一直在自然界不断进行；也就是说，承认雄性通过打败了对手而变得更为美丽，而雌性通过躲开了敌人的毒手而变得更为呆板。例如，普通的硫黄蝶或蚍蝶（乙 452）的雄蝶，所着的黄色要比雌蝶浓得多，而雌蝶虽淡，却是同样显眼；就雄蝶一方而言，我们尽管可以说秾艳的黄色之所以取得，大概是由于在两性关系之中它可以增加几分吸引之力，而就雌蝶一方而言，我们却很难说浅淡的黄色之所以取得、而成为一个特殊的性状，大概是由于它起过保护的作用。又如，黄袏蝶的一个种（乙 50），其雌蝶的翅尖并不具有雄蝶所具有的那一点漂亮的橙黄色，因此她就很像普通在我们园子里飞来飞去的白蝴蝶或粉蝶（乙 767），但我们拿不出证据来说明这种相像对她有什么好处。而从另一方面来看，黄袏蝶属所包括的蝶种很多，其中有好几个是雌雄蝶的颜色都相当平淡，并且在全世界分布得很是广泛，而这种黄袏蝶的雌蝶在颜色浅淡一点上和它们都有几分相像，那我们岂不是就可以说，她只不过是在相当大的程度上保持了原始的颜色而已，与保护作用并不相干。

最后，我们在上文已经看到，种种不同的考虑所导致的结论是，就多半的鳞翅类中颜色美丽的物种而言，通过性选择而经历了一番变化的主要是雄性一方，至于经此变化之后两性之间所呈现的差别的分量大小，多半要看所通行的是哪一种遗传方式了。遗传这件事情是由如此其多而我们还不了解的法则所控制着的，因此它的活动总像是难于捉摸，[28]但也因此，我们也就在一定程度上得以理解，为什么在关系十分近密的物种之间，有的物种，两性在颜色上的差别可以大得惊人，而有的则雌雄相同，并无二致。而变异过程中的一切连续步骤既然不得不通过雌性的身体而传递给下一代，这些步骤就会或多或少而很容易地在她自己身上发展出来，因此我们也就可以理解，为什么在关系近密的一些物种里，在两性差别极大的那些和两性全无差别的那些之间，又有这么多的差别程度互不相同的层次了。我们不妨更补充地指出，这一类不同程度的层次或中间状态实在是太普遍了，普遍到一个地步，使我们难以设想，认为，在这里，雌性正一步一步地处在一个过渡的进程之中，而为了自我保护的关系正一步一步地丢失其美丽的颜色；这是无法设想的，因为所有的理由都使我们认定，在任何一定的时间之内，多半的物种都处于某种固定的状态之中。

　　论拟态。——这一原理的最初得到阐明，是在贝茨先生[29]的一篇值得称赞的文章里，经此一番阐明，许多一直是暗昧不明的问题获得大量的光明而见得清楚了。以前早就有人观察到，南美洲所产的分属于截然不同的几个蝶科的某些蝶种，都十分近似于神山蝶科（乙466）的蝶类，连每一根条纹，每一种颜色的浅深程度之类的细节都相似，以致只有经验充足的昆虫学家才能加以分辨。神山蝶的颜色既然是自己所具有的通常颜色，并无标新立异之处，而这些南美洲蝶种则和它们各个近缘的蝶科的通常色调都有所违异，我们一望而知神山蝶是本色，是被摹拟的一方，而这些蝶种是假借的一方，是摹拟者。贝茨先生更进一步观察到，摹拟者一方的蝶种为数比较稀少，而被摹拟者一方的蝶种则比较多，多得大为充斥，而两方在生活上是混在一起的。神山蝶是在颜色上既显眼又美丽的一类昆虫，而种别又特别多，个体的数量又特别大，贝茨先生因而又曾进而推断，它们身上一定能放出某种分泌或臭气，来保护自己，抵御敌人：而历年以来，这一推断已经取得足够的证明，[30]而贝尔特先生所提供的证明尤为肯定。

因此，贝茨先生推论说，那些摹拟着善自保护的一些蝶种的蝶种，终于通过了变异和自然选择，取得了现有的欺骗性高得出奇的外貌，足以使敌人错认其为那些保护得很好的蝶种，从而自免于横遭吞噬。这里所提出的只是试图解释摹拟者的美色究竟从何而来，与被摹拟者的颜色并不相干。对于被摹拟者的美色从何而来，我们只能提出一些一般性的说明，比如本章上文讨论中对另一些例子所已提出的那一类说明。自从贝茨先生的文章发表以来，华莱士先生在马来亚地区、特瑞门先生在南非洲、赖利先生在美国，[31]先后都观察到过类似而同样突出的一些事实。

有些著作家既然对摹拟过程的最初若干步骤究竟如何通过自然选择而达成的这一问题感觉到难以理解，我想我不妨在这里说明一下。这过程大概开始得很早，而发生在颜色上并不大相悬殊的一些形态之间。在当时那种情况之下，如果某种变异可以使一个形态，或一个种更近似于另一个形态，或另一个种，这种变异，即便极为细小，也是有好处的；而在此以后，被摹拟的那一个种有可能通过性选择或其他途径而经历到高度以至极度的变异，而如果这种改变又是逐步进行的话，则摹拟的一方便会很容易被引领上同一条道路，直到被摹拟与摹拟的两方都和它们原先的状态违异到远无可远的同等的地步，而最后终于在外貌上，或在颜色上，都变得和原先与它们属于同一物群的其他成员全不相似的程度。我们也应该记住，鳞翅类中的许多虫种是倾向于在颜色上发生相当多而突然的变异的。我们在本章中已经举出过一些这方面的例子，而在贝茨先生和华莱士先生的一些文章里，还可以找到更多的例子。

在好几个鳞翅类的虫种，两性彼此之间不但相似，并且都摹拟着另一个虫种的雌雄两性。但在上文援引过的那篇文章里，特瑞门先生举出了三个例子，其中被摹拟的那个形态的两性在颜色上是有差别的，而摹拟它的那个形态的两性也同样地有此差别。见于记录的还有若干例子，其中只雌性一方对颜色冶丽而又取得了自我保护之利的一个虫种有所摹拟，至于雄性，则一直保持着"他们一些直接的近亲所同具的正常色相。"在这里，显而易见的是，使雌性起了变化的那些连续变异是仅仅传给了她这一性的。但许多连续的变异之中，有些也有可能传递给了雄性，而在他身上发展出来，除非这一类雄性的个体由于传到了一部分的这种变异而变得不大受雌性的欢迎，从而受到了淘汰；因此，只有从一开始就在遗传上严格限于雌性一方面的那些变异才被保存了下来。关于上面这一些话，我们从贝尔特先生[32]那里获得了部分的实证，他指出，在粉蝶的一个属（乙 548）中，有些种的雄性一面摹拟着某些有保护色的种，而一面却还半隐半现地保持着某些原有的性状。例如，在雄性，"后翅的前一半作纯白色，而其他的翅和后翅的后一半上都有黑、红、黄三色的带纹和斑点，像他们所摹拟的蝶种一样。雌性的翅上则没有这一片白色，而雄性虽有，通常却用前翅掩盖起来，不露在外边；因此，我不由得不想到，这一片白色，除了一个用处——在求爱的时候作为一种吸引的手段，而向雌性展示一番，并从而满足他们对所从属的目，即鳞翅目，所具有的正常颜色还保有的根深蒂固的衷心爱好——而外，还会有什么别的用处。"

幼虫的冶丽的颜色。——当我就许多蝶种之美作种种思考的时候，我联想到许多蝶种的幼虫也有很冶丽的颜色；而在幼虫这个阶段里，性选择显然是不可能发生什么作用的，因此，如果一定要把成虫之美归因于这一股力量，而同时对幼虫之美不能作出一些其他说明，总像有几分轻率，使衷心有所未安。首先，不妨指出，幼虫的颜色和成虫的颜色之间并不存在任何密切的关联。其次，幼虫的颜色也不提供什么保护作用，至少不是我们通常所了解的那一种提供的方式。贝茨先生所向我谈到的他平生所目睹的最为刺眼的那个幼虫或蠋的例子（是一种天蛾的），在这一点上便能有所说明；这种蠋生活在南美洲空阔的草原上，专吃一种树的大绿叶子；约有四英寸长，通身有黑、黄两色相间的横带纹，而头、脚、尾则作一种大红色。因此，谁从那里走过，他的眼睛也不会把它错过，即便相距好几码以外，谁也漏不了它；人如此，飞鸟过，无疑的也是如此。

沃尔什先生天才内蕴，善于解决一切疑难问题，因此我就向他请教。经过一些思索之后，他回答说，"各种幼虫多半需要保护，有的长刺或惹

厌的毛，有的一身绿色，和所恃以为食的叶子相似，有的奇形怪状，和它
们所生活在上面的树枝模样相同：根据这些，我们有理由作出这个推论。"
威勒先生向我提供了另一个有保护性的例子，也不妨在此提出，就是，南
非洲有专以一种含羞草为食的一个蛾种的幼虫，会制造一只口袋把自己装
在里面，看去和周围的荆棘的刺很难分辨。根据这一类考虑，华莱士先生
认为，颜色显眼的幼虫大概另有自我保护的方法，就是，味道变得恶劣而
使敌人不爱吃。但这也有问题：幼虫的外皮是极薄极嫩的，如果有了伤
口，内脏就很容易突出来，因此，鸟喙对它们轻轻地一啄，其为足以致
命，根本和被一口吞掉没有分别。因此，华莱士先生说，"只是不合口味
这一点还不足以保护一条幼虫；它在外表上还须有一个信号向它可能的敌
人说明，它这区区的一小片食物是难以下咽的。"一经考虑到这些情况，
我们就不难想到，如果一条幼虫有办法让一切鸟类和其他动物立刻看到眼
里，确凿地被认出来它是不中吃的，那对它来说，真是大大有利。这一
来，最刺眼的一堆颜色就非常有用了，而唯其有用，才有可能通过变异、
通过最容易被认清楚的那些个体的适者生存，而被接纳下来，成为一个
性状。

华莱士先生的这一假设，乍然看去，像是十分突兀，勇敢有余，而事
实或不足，但当它被提到昆虫学会的议席上的时候，[33]得到了很多人的发
言支持。而家园里备有养鸟室而平时饲养着许多种禽鸟的 J. 威尔先生告诉
我，他已经试过许多次，而发现这样一条通例是没有例外的，就是，在各
种幼虫之中，凡属习惯于夜间生活或比较爱藏藏躲躲而外皮光滑的，凡属
一身绿色的、凡属摹拟树枝的形色的，他所养的鸟全都十分爱吃。而凡属
带毛带刺的几种，以及四种颜色刺眼的幼虫，则一概受到拒绝，无一例
外。当禽鸟拒绝一条幼虫而不吃的时候，它们总要摇摇头，总要把嘴尖刷
上几下，来明白的表示一下，它们讨厌这幼虫的味道。[34]巴特勒先生也曾
取三种颜色显眼的幼虫和蛾子来喂某些蜥蜴和蛙类，它们都受到了拒绝，
而其他的种类则很受欢迎，都给吃了。因此，华莱士先生的看法得到了肯
定，即，或有之事终于被证明为确有其事，也就是，某些种类的幼虫之所

以变得颜色显眼，或甚至刺眼，是为了它们自己的好处，为了使敌人容易认识它们，和药房里把有毒性的药物装在有色的瓶子里，便于人们辨认而不至于误服，几乎是同一个道理。但就许多种类而言，我们对于它们颜色的多种多样，各成其美，现在还不能统统用这一点来解释；但任何一个种的幼虫，或则由于摹拟周围的事物，或则由于气候等等的直接作用，在某一个前代里一旦取得了一个呆板的、斑驳的、或有条纹的色相，而随后身上不止一种的颜色又变得更深、更浓、更鲜艳，几乎可以肯定的是再也不会变得浑然一色；因为只是为了显眼而易于辨认这样一个目的，当然就不会依一定方向通过选择作用了。

关于昆虫类的总说和结束语。——回顾昆虫类的各个目，我们看到，两性往往在许多性状方面有所不同，而此种不同的意义何在，我们还一无所知。两性在感觉器官和行为方式方面也往往有些不同，因而雄虫得以很快地发现和赶到雌虫那里，而雌虫则不能。更经常碰到的一种差别是雄虫独具一些各式各样的手段，或机构，可以把找到的雌虫搂住。但这一类的两性差别，对我们来说，不是主要的，我们只是作为次要的东西予以考虑而已。

在几乎所有的各个目里，有些虫种的雄性，即使是一些很脆弱的种类也在内，据我们知识所及，都高度地好勇爱斗，而其中少数几个种的雄性还备有和同类对手进行战斗的特殊武器。但和各类高等动物相比，战斗的法则在昆虫类中间通行的广泛程度要略微差一些。在昆虫类中间，雄性的体型变得大于雌性而体力变得强于雌性的例子只有少数几个，原因大概就在这里了。而更普遍的情况正好相反，雄性通常要比雌性长得小些，因此，他们发育的时期得以短些，从而在雌性成虫蜕变而出世之前，他们已经大量成熟，作好了蕃殖的准备。

在同翅类的两个科和直翅类的三个科里，只雄性备有有效率的发声器官。在蕃育季节里，他们不断地使用这些器官，既用来召唤各自的雌虫，也似乎用来和同类中的其他雄虫互相竞赛，从而对雌虫进行蛊惑，而激发她们的春情。大凡承认了选择的力量的人，初不论哪一类选择，在阅读了上文的讨论之后，对这些乐器是通过了性选择才终于取得的这一事实，是不会再有什么异议的了。在其他四个目里，有的成员只一性有，但更普通的是两性都有发出不同声音的器官，但这些看来只能作为召唤之用。如果两性都具备这种器官，则凡属发声最响亮、最连续不断的个体，会比发声低弱的那些更优先地取得配偶，而由此看来，这种器官之所以取得是有可能通过了性选择这个途径的。昆虫类之中，或只雄虫有这种造作声音的手段，或两性都有，而且花样奇多，不限一格，而有到它的竟不下于六个目，即此一点，就已经值得我们深长思考。而思考所得的一点是，我们认识到，在导致变化这一方面，而这些变化有时候又关涉到有机体组织的一些重要部分，比如在同翅目中间的一些例子，性选择的作用是何等的卓有成效了。

根据前章里所归结的若干理由，我们说许多个种的瓣角类甲虫以及其他一些甲虫的雄性所具备的大角，大概是为了装饰之用才取得的。由于昆虫的体型小，我们容易低估它们的形貌。如果我们用一点点想象力，把一只铜甲虫（乙224，图16，第十章中）的雄虫带上他的全副磨得发亮的青铜色甲胄，和粗壮复杂的大角，放大得像马一般的尺寸，或仅仅狗一般的尺寸，他将是世界上最为神采奕奕、威武赫赫的动物之一了。

昆虫的颜色是一个复杂而不容易弄清楚的题目。如果雄性的颜色稍稍地有别于雌性，而双方都并不怎么华丽，这大概可以说明双方曾朝着不同的方向略微有过一些变异，而又曾各自把这些变异传递给和自己属于同一性别的后代，说不上什么好处或坏处。如果雄虫的颜色很美丽，而显然地有别于雌虫，比如若干种的蜻蜓和许多种的蝴蝶，这大概说明他的彩色是得力于性选择而形成的；而雌虫则一直保持着原始的或很古老的色调，只是通过上文所已解释过的一些途径而略微起过一些变化而已。但在有些例子里，雌虫之所以颜色灰暗，看来是由单单传给她这一性的一些变异所造成的，也是在生存竞争之中直接地有些保护作用的；而在另一些例子里，雌虫颜色之所以不但不灰暗，反而见得很是冶丽，我们几乎可以肯定地说明，那是由于摹拟了生活在同一地区之内的其他取得了保护色效用的一些虫种。又如果两性彼此相像而且同样地颜色暗晦不明，就大量的例子而言，就其颜色的由来而论，可以无疑地说是为了自我保护。而在两性都很冶丽的某些例子，这一结论同样适用，因为它们的颜色大都来自摹拟，有的是摹拟了其他收了自我保护之效的虫种，有的是摹拟了周围的物体如花朵之类；也有的借此直接向敌人提出告诫，说它们是不中吃的东西。也还有其他一些两性彼此相似而颜色都很华丽的例子，尤其是颜色的布局旨在炫耀的那些，对于这些，我们不妨作出结论，认为雄虫首先取得了这一套颜色，作为诱引雌虫的手段，而又通过遗传，把它分移到了雌虫身上。之所以得此结论，特别是因为我们看到了这样一种情况，就是，在凡属颜色上通行着同一种一般格调或类型的昆虫群，科也好，属也好，我们总会发现，在有些虫种，雄虫的颜色与雌虫大不相同，而在另一些，则所差不多，乃至完全一样，而在这些极端的虫种之间，又可以找到各个中间状态的层次。

鲜美的颜色既往往可以部分地从雄虫身上分移到雌虫身上，许多瓣角类甲虫和其他一些甲虫的奇形怪状的大角也未尝不是这样。再如，同翅类与直翅类的发声器官，虽正常来讲是个雄虫的性状，一般也分移给了雌虫，作为一种残留性的结构，其中甚至还有些发展得相当完好的，只是完好的程度毕竟不够，不能派什么用处而已。还有一个有趣的事实值得在这里再提一下，因为它和性选择有关系，就是，某些直翅类雄虫的发为磨刮之声的器官要到最后一次换壳之后才发展完成；而有些蜻蜓种的雄虫应有的颜色也要在从蛹的状态（pupal state，原文如此。——校订者）蜕变出来以后又过了一些时间、而在准备好蕃殖时才十足地表现出来。

性选择的涵义是，更为美好的个体会得到异性的垂青而中选；其在昆虫，如果两性色相不同，其中打扮得更俏的一般总是雄虫，例外是很少的，因而，违离了这个种所属的那个类型较远的也是雄虫；既然如此，而两性之间，主动而热情地进行追求的又正是雄虫一方，我们就不由得不想到，雌虫大概是习惯于，或至少是偶一为之地进行抉择的一方，而所选取

的总是一些更为美丽的雄虫了；而从此再进一步，也就想到，雄虫之所以
美丽，来源也就在这里了。在多半的昆虫类各目里，乃至所有的各目里，
雌虫不但能取，也确乎能舍，即拒绝某一只特定的雄虫，这一点看来也不
会不是事实，因为雄虫所具备而用来搂住雌虫的种种独特手段或机构如大
颚、有黏力的垫子、芒刺、拉长了的附肢等等，说明要把雌虫按住不动也
并不太容易，其间也有必要取得她的同意一个方面，而不是一件一厢情愿
的事。根据我们对各种昆虫的感觉能力和爱憎心理方面所已有的了解而加
以判断，性选择是大有用武之地的，说昆虫中间不会发生性选择怕是不符
合于实际的；但到目前为止，我们在这方面还没有什么直接的证据，而且
也还有些事实是和这一信念相抵触的。尽管如此，当我们看到好多只雄虫
追赶着同一只雌虫时，我们很难相信最后的成双配对会是一件瞎碰的
事——那就是说，雌虫会全无取舍，和全不理会雄虫用来打扮自己的种种
华丽的颜色和其他装饰手段。

　　如果我们承认同翅类和直翅类的雌虫懂得欣赏其雄性伴侣所发出的曲
调，而雄虫身上的各种乐器便通过这一途径，通过性选择，而趋于完善，
那么，触类旁通而言之，其他各目虫种的雌虫对体态与颜色之美大概也会
有所欣赏，而因此，她们的雄虫之所以取得那些美好的性状，看来也不会
不经由这同一条途径，即性选择了。但一面由于颜色是如此其容易发生变
异的一个性状，而它又往往因为自我保护的关系而经历过一些变化，我们
要判定，在许许多多的例子之中，究竟多大的比数上是因缘于性选择的活
动，则是困难的。就有几个目如直翅类、膜翅类，与鞘翅类而言，两性在
颜色上既难得有显著的差别，这种困难就特别大；因为除了类推而外，我
们并没有多少实际的依据。但鞘翅类则又略为不同。在称为瓣角类而被某
些著作家列于这一目之前茅的那一大群甲虫中间，我们在上文已经说过，
有若干个种的两性懂得表示一些相互依恋之情；而在有几个种里，我们又
看到有的备有武器，雄虫方面懂得彼此争雄，有的备有奇特的大角，而更
多的甲虫种又或则备有发为磨刮之声的器官，或则装饰华美，能发出金属
的光彩。如果说所有这一类性状，追溯由来，也未尝不得力于同一种手

段，即性选择，看来也不会是扑空的。就蝶类而言，则我们所有的证据自是最好、最差强人意的；因为有若干个种的雄蝶懂得费些心机，把美丽的颜色展示出来；而除非这种展示是属于卖弄的性质，在求爱的过程中对他们有些用处，我们就很难相信他们会这样做。后面处理到鸟类的时候，我们将要看到，鸟类在第二性征方面所表现的种种，最能和昆虫类的比类而观。比如说，许多鸟种的雄性高度地爱斗，而其中有些还备有特殊的武器，好和对手们周旋。他们备有一些器官，一到蕃育的季节，可以用来发出声乐或器乐。他们往往饰有冠、角、垂肉、长羽之类，千花万样，难以枚举，而在颜色上又打扮得花花绿绿，艳丽非凡，一切的一切，无非是为了显示，为了炫耀。我们也将要发现，像昆虫一样，在某些鸟的科属，两性是同样的美丽，同样地备有种种装饰的手段，而在其他鸟类里，则这些性状也同样地通常只限于雄性才有；又在另一些科属里，则两性是同样的素净，同样地不讲究打扮。最后，在少数几个不合于常规的例子里，雌鸟的美丽胜过了雄鸟。我们还将再三再四地看到，在同一个科、属之内，雌雄鸟之间的差别，从大到小，从有到无，两极之间，每一种程度都有。我们也将看到，雌鸟像雌虫一样，也往往会具有正常属于雄性而只对雄性有用的一些性状的痕迹或残留，有的很明显，有的不大明显；鸟类和昆虫类在所有这些方面之可以一一类比，真是逼近得有些出人意料之外。因此，适用于这个纲的任何解释，看来大概也会适用于那一个纲，而这同样适用的一个解释，我们将在下文更加仔细地指出，不是别的，正是性选择。

原　注：

[1] 即闪紫蝶的一个种，见《昆虫学人周报》（丙57），1859年卷，139页。关于下文婆罗洲的蝶类，见 C. Collingwood，《一个博物学家的漫游杂志》（Rambles of a Naturalist），1868年版，183页。

[2] 见我所著《研究日志》，1845年版，33页。Mr. Doubleday［《昆虫学会纪事刊》（丙114），1845年3月3日，123页］曾经在这种蝴蝶的前翅底部发现一只奇特的

由薄膜构成的小囊，这可能就是声音所由发出的来源了。关于下文的窝茧蛾属，见文，载《动物学纪录报》（丙 156），1869 年卷，401 页。Mr. Buchanan White 的一些观察，见文，载《苏格兰自然学人》（丙 132），1872 年 7 月，214 页。

[3] 见文，载《苏格兰自然学人》，1872 年 7 月，213 页。

[4] 见文，载《动物学纪录报》（丙 156），1869 年卷，347 页。

[5] 亦见 Mr. Bates 自己的文章，载美国费城《昆虫学会会刊》（丙 115），1865 年卷，206 页。又参看华莱士先生在这同一方面就冕蝶属（乙 344）所作的讨论，见文，载伦敦《昆虫学会纪事刊》（丙 114），1869 年卷，278 页。

[6] 《博物学家在亚马孙河上》，第一卷，1863 年版，19 页。

[7] 见所著一篇有趣的文章，载《威斯敏斯特评论》（丙 153），1867 年 7 月，10 页。华莱士先生又曾提供过关于木叶蝶的一幅木刻，载《哈氏科学闲话》（丙 64），1867 年 7 月，196 页。

[8] 见 Mr. G. Fraser 文，载《自然界》（丙 102），1871 年 4 月，489 页。

[9] 《隔离的影响与物种的形成》（Einfluss der Isolirung auf die Artbildung，德文），1872 年版，58 页。

[10] 见 Mr. T. W. Wood 所作的一些有趣的观察，载《学者》（丙 140），1868 年 9 月，81 页。

[11] 见华莱士先生文，载《哈氏科学闲话》（丙 64），1867 年 9 月，193 页。

[12] 在这方面也可以一看 Mr. Weir 的文章，载《昆虫学会会报》（丙 145），1869 年，23 页。

[13] 见文，载《威斯敏斯特评论》（丙 153），1867 年 7 月，16 页。

[14] 例如灯蛾科下面的虎蚱蜢属（乙 561）；不过 Prof. Westwood 似乎对这一个例子有几分惊怪，见《昆虫的近代分类》，第二卷，390 页。关于白天活动与夜间活动的两部分鳞翅类的颜色的相比，这位教授也有所讨论，见同书、卷，333 页与 392 页；亦见 Harris，《新英格兰的昆虫》，1842 年版，315 页。

[15] 在好几个凤蝶种的翅膀阴阳面上所表现的这一类的颜色上的差别，见华莱士先生文《马来亚地区凤蝶科的报告》（Memoir on the Papilionidæ of the Malayan Region）中所附的若干美丽的图片，文载《林奈学会会报》（丙 147），第二十五卷，第一篇，1865 年。

[16] 见 Mr. Wormald 关于这蛾种的文章，载《昆虫学会纪事刊》（丙 114），1868 年 3

月2日。

[17] 在此可以参考的还有关于南美洲的一个蛾属（乙387，亦枪刺蛾之类）的一篇记述，载《昆虫学会会报》（丙145），新编卷，第五卷，图片第十五、十六。

[18] 见文，载伦敦《昆虫学会纪事刊》（丙114），1868年7月6日，罗马数字27页。

[19] 见 Flint 编 Harris，《新英格兰的昆虫》，1862年版，395页。

[20] 例如，在我儿子收藏标本的橱里，看到雄蛾的颜色深于雌蛾的便有栎枯叶蛾（乙541）、一个种的竹蛄蛴，薯蛄蛴（乙662）、半裸蛾（乙505）、奈毒蛾（乙339）、和战神子蛾（乙304）。在最后这一个种，两性的色别是很显著的；而华莱士先生对我说，他认为这是只以一性为限的保护性摹拟的一个例子，对此下文将有更详细的说明。在最后这一个种，白色的雌蛾看去很像普通的樱截蛾（乙891，Spilosoma menthrasti。商务印书馆杜亚泉等辑《动物学大辞典》，此学名的后一字拼作 menthastri，疑原书有误——译者），在樱截蛾却两性都是白的；而 Mr. Stainton 观察到，一整窝的吐绶鸡的雏鸡都拒绝吃这种蛾，去之惟恐不速，但对别种的蛾则甘之若饴；因此，如果战神子蛾通常被不列颠的鸟类错认为樱截蛾，她就可以免祸，而伪装的白色对她是大有好处的。

[21] 值得注意的是，在设德兰群岛（Shetland Islands，在苏格兰迤北——译者）。这种蛾的雄蛾之于雌蛾，不但没有很大的差别，并且往往在颜色上很相雷同［见 Mr. MacLachlan 文，载《昆虫学会会报》（丙145），第二卷，1866年，459页］。Mr. G. Fraser 提出一个有关的看法［《自然界》（丙102），1871年4月，489页］，认为当蝙蝠蛾在这些北方岛屿上出现的季节，北极之夜的昏晓的曙光足以使雌蛾看到雄峨，雄蛾的白色就成为不必要的了。

[22] 《一个博物学家在中国海上的漫游丛录》（Rambles of a Naturalist in the Chinese Seas），1868年版，182页。

[23] 见文，载《自然界》，1871年4月27日。Mr. Meldola 在谈到蝶类交尾期间的蜜月飞行时，又曾引 Donzel 文中的活，文载《法兰西昆虫学会》会刊（丙135），1837年，77页。又关于若干不列颠的蝶种两性在这方面的一些差别，参看 Mr. G. Fraser 文，载《自然界》，1871年4月20日，489页。

[24] 见华莱士先生所论马来亚地区的凤蝶科，载《林奈学会会报》（丙147），第二十五卷，1865年，8页、36页。华莱士先生在文中举出了一个罕见的凤蝶的变种的例子，它的突出之点是，它所处的正好是另外两个色征分明的变种的雌蝶之间的

一个不偏不倚的中间状态。又见 Mr. Bates 文，载《昆虫学会纪事刊》（丙 114），1866 年 11 月 19 日，罗马数字 40 页。

[25] Mr. Bates 对我惠爱备至，曾为我把这个题目在昆虫学会的集会上提出，征求大家的观察所得，接着我就从好几位昆虫学家那里收到了一些答复，内容即如上述。

[26] 见 Mr. Bates，《博物学家在亚马孙河上》，第二卷，1863 年，228 页。又华莱士先生文，载《林奈学会会报》（丙 147），第十五卷，1865 年，10 页。

[27] 关于这整个的题目，看看我的《家养动植物的变异》，第二卷，第二十二章。

[28] 参看《家养动植物的变异》，第二卷，第十二章，17 页。

[29] 载《林奈学会会报》，第二十二卷，1862 年，495 页。

[30] 见文，载《昆虫学会纪事刊》（丙 114），1866 年 12 月 3 日，罗马数字 14 页。

[31] 华莱士文，载《林奈学会会报》，第二十五卷，1865 年，1 页；又文，载《昆虫学会会报》第三组，第四卷，1867 年，301 页。Trimen 文，载《林奈学会会报》，第二十六卷，1869 年，497 页。Mr. Riley 文，载美国《密苏里州关于害虫的第二个年度报告》，1871 年，163—168 页。最后这一篇文章是颇有价值的，因为作者也曾就大家对 Mr. Bates 的理论所提出的一切反对的意见，一一加以商榷。

[32] 见《博物学家在尼加拉瓜》，1874 年版，385 页。

[33] 见《昆虫学会纪事刊》（丙 114），1866 年 12 月 3 日，罗马数字 14 页；又 1867 年 3 月 4 日，罗马数字 80 页。

[34] 见所著论昆虫和食虫的鸟类的一篇文章，载《昆虫学会会报》，1869 年卷，21 页；又见 Mr. Butler 文，同上刊物、卷，27 页。Mr. Riley 先生也提供了一些可以类比的事实，见美国《密苏里州关于害虫的第二个年度报告》，1871 年，148 页。但华莱士博士和 M. H. d'Orville 也举出了一些反面的例子，见文，载《动物学纪录报》（丙 156），1869 年卷，349 页。

第十二章

鱼类、两栖类与爬行类的第二性征

鱼类：求爱与雄性之间的战斗——雌性体型较大——雄性鲜艳的颜色和装饰性的附器；其他奇异的特征——繁育季节雄性所获得的一些颜色和附器——两性颜色都鲜艳的鱼类——保护色——雌性颜色不如雄性鲜明不能用保护的原则来解释——有些鱼种的雄鱼能营巢、能保护和照料鱼卵及幼鱼。两栖类：两性在结构和颜色上的差别——发声器官。爬行类：龟类——鳄鱼类——蛇类，有些例子的颜色有保护性——蜥蜴类的战斗——爬行类的装饰性附器——两性在结构上的一些奇特的差别——颜色——两性差别之大几乎不亚于鸟类

我们现在来到了动物门的巨大的亚门，脊椎动物亚门；我们准备从最低的那一个纲，即鱼类，开始。横口类（Plagiostomous fishes，如鲨鱼）和银鲛类（Chimœroid fishes）的雄鱼都备有双钳，用来夹持雌鱼，这是和许多低于鱼类的动物相同的。双钳而外，许多种的魟鱼（ray）还有一丛丛

强劲有力的硬刺，在头上；而"沿着胸鳍的外上方也有好几排"。在其中的有些鱼种里，一面有这些刺，一面在身体的其他部分却是完全光滑的。只是到了繁育季节，这种硬刺才发展出来，而过后也就消失了，而据根瑟博士猜测，它们是用来作为把握器官的，而用法是把身体的两侧向里向下折叠起来，使刺尖发生钳制的作用。但说也奇怪，在有几个这一类的鱼种里，如魟的一种，刺背鳐鱼（乙821），背上长满着叉形大刺的是雌鱼，而不是雄鱼。[1]

在鲑科（乙849）的一个种，香鱼（capelin，即毛鳞鱼，乙594），光是雄鱼备有一系列排得很密而形同刷子的鳞，看去像一条脊梁；当雌鱼用高速度驰到沙滩上下卵的时候，两尾雄鱼，左右各一尾，就凭借这条鳞的力量，夹持着她一起前进。[2]和这种鱼分类关系很远的另一种鱼，毡毛单角鲀（乙626），身上有一部分结构多少可以与此相类比，不妨并论。据根瑟先生告诉我，雄鱼在尾巴两边各有一丛又硬又直的刺，像梳齿，相当长，有一个标本，鱼身总共长六英寸，而这些刺要长到将近一英寸半；而雌鱼在身体的同一部位也有一丛细刺，像刚毛，或刷子上的毛。在和它同隶一属的另一个种，贝朗氏鲀（乙627），雄鱼倒像刚才所说的雌鱼那样，尾巴上有刷子，而雌鱼则尾巴两边是光滑的。在鲀属的其他一些鱼种里，雄鱼的尾巴见得略微粗糙一些，而雌鱼的则是完全光滑的；而最后，在同属的又一些鱼种里，则两性的尾边都是光滑而不带刺的。

为了争夺雌鱼，许多鱼种的雄鱼会彼此相斗。有人描写到丝鱼的一种，光尾刺鱼（stickleback，即乙440）的雄鱼，说，当雌鱼从躲藏的地方出来而观察他为她所搭成的窝的时候，他真是"欣喜欲狂"。"他在雌鱼的周围像箭似的穿来射去，一会儿到他作窝而堆积起来的一些材料那边，一会儿又突然转回来；雌鱼姗姗来迟，不相昵近，他又忙于用嘴推她挤她；然后又咬住她的尾巴和侧面的硬刺把她拖到窝里。"[3]据说雄鱼是一夫多妻的，[4]非常好勇斗狠，而"雌鱼则很是和平。"雄鱼的战斗有时候是拼死拼活的；"战士们身材虽小，却彼此紧紧地纠缠在一起，好几秒钟不得开交，直到他们的体力似乎是完全耗竭为止。在尾巴很是毛糙的另一种丝鱼（乙

441），雄鱼在相斗的时候彼此围绕着游，转个不停，乘机把对方咬上一口和试图用竖起的侧刺在对方身上戳个窟窿。提供这笔资料的同一个著作家又说，[5]"这些小鬼的嘴很厉害。他们也用侧面的刺，来制对方于死命；我曾经看到过有一尾丝鱼在战斗中把对方毫不含糊地开膛破肚，使他沉到水底而死。"一尾丝鱼被打败以后，"他原先的趄趄昂昂之气全没了，鲜美的色彩也消退了，躲进不参加战争的同类中来遮掩他的耻辱，但在一定时期之内，胜利的一方并不放松他，经常地把他当作迫害的对象。"

　　雄的鲑鱼（salmon）也好斗，和丝鱼一样；而据我从根瑟博士那里听说，雄的斑鳟鱼（trout）也是这样。肖先生看到过两尾雄鲑鱼的一场恶斗，相持到一整天之久；而鱼池总监布伊斯特先生告诉我，他时常在珀斯①（Perth）的桥上观鱼，一到雌鱼下子的时候，一部分雄鱼要把其余的雄鱼轰走。雄鱼之间"不断地进行战斗，在雌鱼散子的底床之上相互撕咬，杀伤很大，死鱼累累；又可以看到许多鱼游向河边靠岸的地方，显然是疲惫不堪，去死不远。"[6]布伊斯特先生又对我说，1868年6月，斯托蒙特菲尔德②各鱼池的负责人到泰因河③迪北地段视察，发现有三百条鲑鱼死了，其中除一条而外全是雄的，他肯定地认为他们都是斗死的。

　　关于雄的鲑鱼，最奇特的一点是，在蕃育季节里，除了颜色略有改变之外，"下颚骨突然发展得很长；下颚骨的尖端上本有一个小小突出之点，不张嘴的时候，这一小点就嵌进上颚骨中间的一个骑缝处；如今这特别发达的部分就是从这一小点延伸出来的一段软骨，而延伸是向上向里的。"[7]（图27与图28。）在我们英国的鲑鱼或斑鳟鱼，这一个结构上的变化一过蕃育季节就消失了；但在西北美洲的一个种，狼鲑（乙846），劳尔德先生[8]相信，这个变化是经久的，并且在以前到过河流上游的老年雄鱼身上见得最为显著。在他们身上，下颚变得甚为发达，成为一个巨大的钩状突

---

① Perth，苏格兰中部郡城。
② Stormontfield，苏格兰珀斯郡内地名。
③ Tyne，英格兰北部小河。

448

出，而牙齿也加长到半英寸以上，成为整齐的一排，简直不是一般的牙齿，而是毒蛇那样的长牙了。在欧洲的鲑鱼，据劳伊德先生说，[9] 由于一尾雄鱼向另一尾冲锋的时候，用力奇猛，所以，这个临时性的结构，是用来加强和保护上下颚的；但在西北美洲那个种的雄鱼，这一结构可以和许多哺乳类的雄兽的长牙相比，与其说它的作用在自卫，无宁说是在进攻，更为恰当。

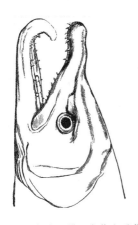

图 27　普通鲑鱼或斑鳟，在蕃育季节里的雄鱼的头（乙 847）
附识：这图和本章下文中所有的各幅插图是根据不列颠博物馆所藏的标本，在根瑟博士惠加指导之下，由大家所熟知的艺术家福特先生所绘制

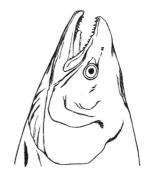

图 28　同图 27 中鱼种的雌鱼的头

　　鲑鱼在鱼类中并不是两性之间在齿牙上有差别的唯一鱼种。在许多魟鱼（乙 819）种，雌雄鱼在这方面也不相同。例如在刺背鳐鱼（thorn-back，即乙 821），成年雄鱼的牙齿是尖而锐利的，而雌鱼的则宽而扁平，像一条铺砌起来的东西，足见同一个种的雌雄两性之间在这方面的差别，有时候竟会比寻常在同一个科的两属之间所能看到的差别还要大些。但只是到了成年，雄鱼的牙齿才变得尖利；在此以前，是同雌鱼同样地又宽又扁的。但像在第二性征方面时常发生的其他情况那样，在更多的魟鱼种，例如又一种耙魟（乙 820），同一个种的雌雄鱼，一到成年，牙齿都会变得尖利。在这里，我们就看到了这样一个情况，就是，一个特征，原先是属

于雄性的，是雄性所应有的，雄性也是最先把它取到手的一方，后来似乎是不分性别地传了下来，成为两性所同具。在斑点虹鱼（乙822），雌雄鱼的牙齿也是同样地尖利，但都要到很成熟的年龄才如此，只是雄鱼要比雌鱼发展得略早一些罢了。在下文论鸟类时，我们将看到一些可以类比的情况，就是，在某些鸟种，两性的成年羽毛虽相同，而在取得的年龄上，雄鸟似乎要比雌鸟更早一些。在又一些虹鱼种，即便老成的雄鱼也不具备尖利的牙齿，因此，成年雌雄鱼的牙齿都是宽而扁的，同幼鱼一样，也同上面所说过的那种耙虹的成年雌鱼一样。[10]这一类的鱼既然很大胆、强悍，又很贪得无厌，我们猜想起来，雄鱼的利齿大概是用来和它的对手们进行斗争的；但同时在他的身体上又有不少部分起了变化，成为把握雌性的工具；我们认为齿牙之利在这方面可能也有一些用处，初不限于战斗的一途。

关于身材大小，卡邦尼尔先生肯定地认为，几乎在一切鱼类里，雌鱼比雄鱼为大；[11]而根瑟博士也说，雄鱼真正比雌鱼大的例子，据他所知，是一例也没有的。在软鳍鱼科（乙325）的几个鱼种，雄鱼还够不上雌鱼的一半大。在许多种类的鱼，雄鱼既然习惯于相互厮打，为什么他们一般地没有能通过性选择的影响而比雌鱼变得更大，更壮健有力，倒是一件奇怪的事。由于身材较小，雄鱼是吃亏的，因为，据卡邦尼尔先生说，如果本种是惯于食肉的话，他们就很容易被自己同种的雌鱼所吞噬，至于被别种鱼吃掉，更不消说了。看来，雌鱼身材的加大，在某种意义上，一定要比雄鱼的身材加大和体力加强尤为重要；雄鱼的加强加大应该有好处，但雌鱼加强加大的好处一定更多，鱼类的产卵量特别大，也许就是这种好处了：身材大，产卵就可以多。

在许多鱼种里，只是雄鱼饰有鲜艳的颜色，或，如果两性都有颜色，也总是雄鱼要鲜艳得多。在有些鱼种里，也只有雄鱼才备有一些附器，而就他们的日常生活来说，这些赘疣似乎像尾羽之于雄孔雀那样，全无用处。下面所要列叙的若干事例，都是承根瑟先生的雅意提供给我的。我们有理由可以猜想，在许多热带地区的鱼类，雌雄两性之间在颜色与结构上会有些差别；而即在我们不列颠的鱼类里，也还有若干差别很大的例子。

"宝石龙子"即琴鲻（gemmeous dragonet，即乙 156）之所以有此美称，就是"因为雄鱼色泽艳丽，发宝石光的缘故。"当他从海里被捕捞而初出水的时候，全身作各种浅深成晕的黄色，而在此黄底之上，头部则有生动的蓝色条纹和斑点，背鳍则以浅棕色作底，以纵长的灰暗板纹作花色，至于腹鳍、尾鳍、臀鳍则全部作带蓝的黑色。而别称为"土灰龙子"（sordid dragonet）的这种鱼的雌鱼则全身作暗棕色，微带红，背鳍作棕色，余鳍全作白色；由于两性截然不同，当初林奈和许多后来的博物学家都把她看作另一个种的鱼，和"宝石龙子"不相关涉。这鱼的两性，在头和身体的大小比例上，在嘴和头的大小比例上，和在眼睛的部位上，也有差别，[12]而最为突出的差别是雄鱼的背鳍长得异乎寻常（图 29）。肯特先生说："根据我对人工饲养下的这种鱼的观察，这个独特的赘疣是和鹑鸡类（乙 428）的雄鸟的垂肉、顶冠，以及其他不合常态的附丽结构服务于同样的一个目的，就是诱引和魅惑准备交配的对象。"[13]未成年的雄鱼在颜色与结构上和

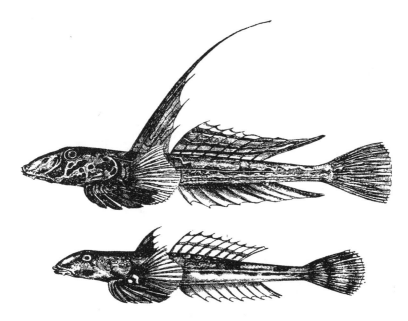

图 29　"宝石龙子"的雌雄鱼，上雄下雌

附识：图中二鱼都比原物为小，但雌鱼的缩减更多，原物雌鱼比雄鱼略大

成年的雌鱼相似。在整个的鼠鰌属（乙155）里，[14]雄鱼在斑点的颜色上一般要比雌鱼更为鲜艳，而在其中的若干个种里，雄鱼的背鳍、乃至臀鳍，也比雌鱼的长得多。

海蝎（sea-scorpion，即蝎杜父鱼，乙28）的雄鱼要比雌鱼来得瘦小。两性之间在颜色上的差别也很大。劳伊德先生[15]说到过这样的一点："这种鱼在别的方面天赋很差，只有散卵季节是它在颜色上最为鲜艳的时期；凡是没有在这季节里看到过这种鱼的人，对它那样色彩的搭配与调和之美、对它在这时候的丰容盛饰，是无法意会的。"在隆头鱼的一个种，杂种隆头鱼（乙531），两性的颜色虽不相同，却各成其美；雄鱼通体作橙黄色，外加一些鲜蓝色的条纹，而雌鱼则全身鲜红，背上添加了一些黑点。

在和上面所说的截然分得开的一个鱼科，软鳍鱼科（乙325）——全都是英国以外各地的淡水鱼——雌雄鱼在各式各样的特征上有时候也有很大差别。这科里有一个种，黑帆鳉（乙622）的雄鱼，[16]背鳍特别发达，并且上面还标志着一排又大又圆、作眼斑纹状的、颜色鲜艳的斑点；而雌鱼的背鳍则较小，形状也不相同，也有些斑点，但作棕色，并且曲曲弯弯地很不规则。这种鱼的雄鱼还有一点不同，就是臀鳍基部的底边有些向外伸展且颜色很深。在关系相近的另一个鱼种，尾剑鱼（乙1001，图30）的雄

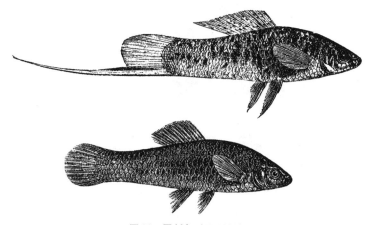

图30　尾剑鱼（乙1001）

上半幅示雄鱼，佩剑，下半幅示雌鱼

鱼，尾鳍的下沿发展成为一根缕状的东西，很长，而我从根瑟博士那里听说，缕上还有些颜色鲜丽的细条纹。这条长缕中间并没有肌肉，显然对鱼没有任何直接的用处。和上文所说的"宝石龙子"的情况一样，这种鱼的未成年雄鱼，在颜色和结构上，是和成年雌鱼相似的。诸如此类的两性差别，和我们在鹑鸡类鸟种身上所发现的那些，很是相像，几乎可以逐一相比。[17]

在南美洲属于鲇鱼或鲶鱼科（siluroid fish，即乙 876）的一个淡水鱼种，胡嘴鱼（乙 785，图 31）[18]，雄鱼的嘴边和中鳃盖骨的边缘上有一片由硬毛构成的胡须，而在雌鱼则几乎连胡须的痕迹都没有。① 这些丝须一类的东西实际上是鳞的性质。在同一个属的另一个种，雄鱼头部的前面，有些软而能弯曲的触角伸展出来，而在雌鱼是没有的，这些触角是真皮的延长，因此，和上一个鱼种的硬毛不属于同一性质，不是同源（homologous）的，但两者的作用相同则殆无疑问。至于这

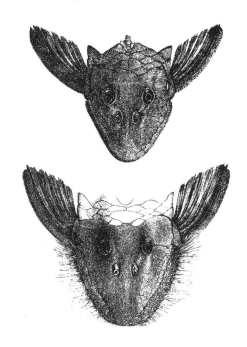

图 31　胡嘴鱼（乙 785）的头，上雄下雌

作用是什么，不容易猜测，说它们有装饰之用，在这里看来不像；若说日常生活中有某种用处，则雌雄鱼都有其日常生活，很难说雄的需要，而雌的不需要。在那个即以怪物为名的怪物鱼（乙 243）——怪鲨，雄鱼在头顶上有一根钩形的骨质的东西，弯向前，尽头处是圆的，上面满是尖刺，而"雌鱼则完全没有这样一顶王冠"；但这对雄鱼究有什么用处，我们也是惘然。[19]

---

①　查此说与图片所示不符，疑图或有误。

刚才所说的那些雄鱼头上的结构，一经在开始成熟时取得之后，就是经久的；但在鲇鱼属的某些鱼种，和与这一属关系相近的另一个属的一些鱼种里，[20]雄鱼所长的顶冠只限于一年一度的蕃育季节，而与此同时，身上的颜色也变得很鲜艳。在这里，由于雌鱼没有这顶冠，连痕迹都没有，我们几乎可以肯定地认为，它是临时性的、牵涉到性生活的一个装饰手段。在这一个属的另一些种里，两性却都具备这种山峰状的顶冠，而至少在有一个种，则两性都没有。在雀鲷科（乙248）的许多属、种里，例如，食土鱼属（乙446），尤其是南美洲产的一种淡水硬鳍鱼丽鱼属（乙257），据我听阿加西斯教授说，[21]雄鱼额上都有一个显著的隆起，而雌鱼和未成年的雄鱼则完全没有。阿加西斯教授又补充说："我时常对这些鱼进行观察，在下卵的时节，这隆起大到了顶点，而在其他时候，却又化为乌有，使雌雄鱼之间，在头部的轮廓上，从侧面看去，全不见半点差别。我始终没有能加以考定，这隆起究竟有什么特殊的用处，当地亚马孙河上的印第安人对此也全说不上来。"从一年一度而有季节性的出现这一点看来，这种隆起倒是和某些鸟种头上的肉质瘿瘤相像；但它们是不是也供装饰之用，现下只能是一个存疑的问题。

我从阿加西斯教授和根瑟博士那里听说，凡在雌雄鱼的颜色一贯不相同的那些鱼种，一到蕃育季节，雄鱼的颜色往往会变得更加鲜艳，在两性颜色经常一致的大量其他鱼类里，其实也有这种情况。欧洲淡水中的好几种鲷（tench），齿鳊（roach）和鲈鱼（perch），都可以举出来作为例子。鲑鱼的雄鱼，到此季节，"两颊会出现一些橙黄色的条纹，使他见得像一尾隆头鱼（乙530）而全身也会带上一种橙黄色，并且有点金光闪闪。而雌鱼则颜色黯淡，以致普通被称为黑鱼。"[22]另一种鲑鱼，牛鳟（bull-trout，即大南乳鱼，乙845），雄鱼在这时期里所起的变化与此可以类比，并且有过之而无不及；而另一种斑鳟（char，即乙848），雄鱼的颜色在这季节里也似乎要变得比雌鱼更为焕发一些。[23]美国的一种梭子鱼（pike，即乙392），尤其是雄鱼，一到蕃育季节，颜色变得特别浓而艳、并且发出虹彩。[24]许多突出的例子中的又一个例子是由丝鱼（stickleback，即乙

440）的雄鱼提供的。沃灵顿先生[25]说，他在这个季节里"简直是美得无法形容。"这种鱼的雌鱼，背部和眼睛是单纯的棕色的，而肚子是白的。但雄鱼的眼睛却作"最漂亮不过的绿色，焕发着金属光彩，如同有几种蜂鸟的碧绿的羽毛那样。喉部和腹部作一种鲜明的绯红色，背部则为一种灰绿色，而整个的鱼身望去像是透光的，并且从身体内部闪耀出萤光来。"一过蕃育季节，所有这些颜色全变了，颈部和腹部变成一种灰白的红色，背部变得更绿，而一些发光的色泽则消退了。

关于鱼类调情求爱的情况，自从本书第一版问世以来，除了已经举过的关于丝鱼的情况以外，观察者们又看到了一些其他的例子。肯特先生说，杂种隆头鱼（乙 531）雄鱼的颜色是和雌鱼有所不同的，这我们在上文已经看到，如今，他"在池底的沙上挖出一个深深的坎，然后竭尽劝诱的能事，试图把同种的一尾雌鱼引来和他分享新居之乐。他在雌鱼和沙坎之间来回游个不停，清清楚楚地表示着一种极其殷切的愿望，要雌鱼跟他走。"脚杯鱼（乙 165）的雄鱼，在蕃育季节里，先变作铅一般的深灰色；然后退出浅滩，掘坎作窝。窝成，"每一尾雄鱼就各自在上面警备着，把进入警戒范围的同种雄鱼打跑或轰走。但对于同类而异性的伙伴们，他的行为却大不相同；在这些伙伴之中，有许多如今已经因怀卵而肚子见得很大，对于她们，他就运用能力所及的一切方法一个一个地诱引到准备好的坎里，让她们把装在身子里的数以万计的卵倾倒在里面，然后他十分勤谨的执行保护与守卫的任务。"[26]

卡邦尼尔先生曾经仔细观察过人工饲养下的中国所产的火烧蝙（乙 591），① 对雄鱼的求爱，乃至如何卖弄风情，提供过一些记录，而这就比

---

① 这一鱼属，Macropus，遍查迄无所得，各种较大和比较专门的辞书或不载，或虽列而只说明是一类袋鼠的属名，和鱼类根本不相干。但文中根据卡邦尼尔论文，说明是一种中国所产的鱼，且久经人工饲养，中文译本中尤不应挂漏。最后通过友人向上海水产学院鱼类学教研组请教，承见复说：鱼类中没有 Macropus 一名，只有写法近似的 Macropodus，即斗鱼属，俗称"火烧蝙"，是一种小型的观赏鱼类，目前较大的花鸟商店均有出售；这种鱼侧面有些彩色条纹，看去非常鲜艳。友人还附来了一幅这种鱼的素描。译者谨在此向他们表示深切的谢意。本书原文在写稿与刊刻时的遗误，经发见者已有多起，这大概也是一例了。

上面所说的更为突出了。[27]雄鱼的颜色极为美丽，胜过雌鱼。在蕃育季节里，他们要为占有雌鱼而斗；而在求爱的动作中，会把全身的鳍张开，把上面所饰的斑点和辐射状的颜色鲜艳的线纹充分展示出来，那番光景，据卡邦尼尔先生说，和雄孔雀的开屏相仿佛。然后他们，像别的鱼种一样，也会在雌鱼周围穿来射去，活跃非凡，并且看来想通过"把他们的生动颜色陈列出来的方法，吸引雌鱼的注意；雌鱼对这一番马术般的表演，看来也不是无动于中，于是就姗姗地、若有情致地向雄鱼方面游过来，并且像是能同雄鱼在一起而感觉到怡然自乐。"雄鱼在把新娘赢取到手之后，就用吹气和唾液做成一个泡沫的饼子。他把雌鱼所下而业已受精的卵收集在一起，吸进嘴里，而这一举动使卡邦尼尔先生大为吃惊，误以为雄鱼把卵吞食了。但事实不是如此，他一下子又把卵吐出来，安放在泡沫饼子里，接着就守护着它们，饼子一有破损，又随时加以修补，到小鱼孵化出来之后，他还要照管它们。我在这里说到这些琐细节目，因为，我们一会儿就要看到，鱼类之中，还有雄鱼让卵就在自己嘴里孵出小鱼来的一些例子。这在不相信渐进的演化原理的人有可能要质难地问，这样一种习性又是怎样起源的；如今我们有机会知道，有些鱼种会这样地把卵先行收集起来，然后再作安置，这个疑难的问题就比较容易解决了。因为，如果由于某种原因，有了耽搁，在作出适应的安置以前，卵就在嘴里孵化了出来；我认为，卵在雄鱼口中孵化出来的习性或许就是这样取得的。

话岔开了，现在回到更为直接的本题。鱼类生活中有这样一个比较普遍的情况：据我的认识所及，除非有雄鱼在场，雌鱼是从来不会自愿下卵的；而与此相辅相成的一面是，除非雌鱼在场，雄鱼也不会放出使卵受精的精液的。雄鱼要为占有雌鱼而相斗。在许多鱼种里，未成年的雄鱼在颜色上像雌鱼；而一到成年则变，变得更为鲜美，而保持着此种颜色直到老死。在其他鱼种里，则只有在求爱的季节里，雄鱼才比雌鱼更美艳和在其他方面装点得更为好看。雄鱼总是竭尽勾引的能力来向雌鱼求爱，而我们已经看到，至少在一个例子里，雄鱼还会在雌鱼面前把色相卖弄一番。若说求爱之际他们这一整套行为举措全是无的放矢，我们能相信么？除非雌

456

鱼在这过程之中全不施展挑选的力量，而把最讨她喜欢和最能把她的情欲激发起来的雄鱼接纳下来，那才真正是无的放矢。事实却并不如此；既然不如此，则上文有关雄鱼装饰华美的一切事实，再结合上性选择推波助澜的力量，就立刻见得易于理解了。

　　其次我们要探究一下，某些鱼种的雄鱼通过性选择而取得了美好的颜色这样的情形，能不能，由于特征对两性的均等遗传这条法则，被引伸而也适用于雌雄鱼同等和同样地美好、或几乎同等和同样美好的另外一些鱼种。就诸如隆头鱼（乙 530）一属的鱼类来说，其中既然包括世界上一些最漂亮的鱼种——例如孔雀隆头鱼（乙 532），有人把他夸奖得天花乱坠，[28] 说他全身以黄金的鳞作衬底，磨得精光发亮，满嵌着天然琉璃、红宝石、蓝宝石、碧玉和紫水晶，虽然说得过分，却因这鱼确实美艳，可以原谅——我们可以接受上面所说的想法，认为很有可能；因为我们曾经看到，至少在这个属的有一个种里，雌雄鱼在颜色上确实有很大的差别。在有些鱼类，则像更低于鱼的许多动物一样，美好的颜色也许是它们的体素组织以及它们环境条件的性质所直接造成的，其间并没有任何选择的关系。即如金鱼（gold-fish，即乙 326），① 根据普通鲤鱼（carp）金红的那个支族所提供的类比而加以判断，也许就是这样一个例子，它的华美颜色的由来可能是，在长期人工饲养的种种条件之下，因缘凑合，突然发生了一单个变异。但更大的一个因素大概是，这种华美的颜色，通过人工选择，得到了变本加厉的发展，因为在中国，从古远的时代起，这一鱼种就一直受到精心的培育。[29] 在自然条件之下，有机组织的程度既高、而生活关系又很复杂的动物如鱼类，在这样一个巨大的变化之下，即，颜色从暗晦而突然变成明艳，而在生存上居然不遭受困难，或反而得些好处，从而使自然选择不因此而得到更大的用武之地——那恐怕是不大可能的；正面地说，在这种情况之下，自然选择势将出面加以干涉。

　　既然如此，我们对雌雄鱼颜色都华美的许多鱼类究竟能提出些什么结

---

　　① 如今定名为 Carassius auratus。

论呢？华莱士先生[30]相信，珊瑚岛，一面既盛产珊瑚及其他色彩绚丽的动植物，而另一面，生活和来往于其间的鱼类，为了避免为敌人所发觉，又总是长得很绚丽的；但根据我的记忆所及，它们这一来反而见得突出，容易被敌人看到。在热带地区的淡水里，根本不存在可以让鱼类在颜色上加以模拟的珊瑚或其他华美的动植物，然而许多鱼种却有很美丽的颜色，例如在亚马孙河流域，而印度肉食的鲤鱼科（乙324）饰有"各种颜色鲜明的纵长线纹"，[31]也未始不是一个例子。麦克勒兰德先生，在叙述这一科鱼的时候，竟至有过这样的设想，认为"它们颜色之独特的鲜美"足以提供"一个更好的标志，以便各种翠鸟（King-fisher）、燕鸥（tern）、以及其他鸟类得以行使造化为它们所注定的任务，就是，把这些鱼类限制在一定的数量之内"；但今日之下，怕已经不再有几个博物学家会认为，任何动物是为了有助于把自己毁灭，才在色相上变得彰明较著。与此相反，某些鱼类之所以变得显眼，为的是警告鸷禽猛兽不要来吞噬它们，它们的味道是不可口的，像上文处理昆虫的幼虫时所已解释过的那样——这一点倒是有可能的。但即就这一点来说，据我所知，以鱼为食的动物，就我们见闻所及，从来没有因味道不好而拒绝过任何鱼种，至少没有拒绝过任何淡水鱼种。总起来说，对两性颜色都美的一些鱼类，最近乎实情的看法是，雄鱼首先取得这些颜色，来作为与性生活有关的一个装饰，尔后把它同等地或几乎同等地传递给了雌者。

我们现在必须考虑的是，当雄者在色彩上或其他装饰上变得与雌者有显著差异时，雌鱼是不是也有她特殊的变化，而此种变化的目的是使得她不显眼而可以得到掩护，并且遗传起来也只传给后一代的雌鱼。就许多鱼种说，颜色之所以取得，是为了保护自己，这一点是无可怀疑的：例如比目鱼（flounder），朝天的一面满是驳杂的芝麻点，任何看到过它的人都不会不想到这和它所居住的海底沙床很是相像。比此更进一步的是，某些鱼种，通过神经系统的活动，可以根据周围事物的颜色而随时改变自己的颜色，以求适应，并且改变得很快。[32]一种动物由它自己的颜色以及形状得到一些掩护，奇特的例子很多，但最奇特的莫过于根瑟博士[33]所提供的关于杨枝鱼（pipe-fish）的例子；这鱼身上长有一缕缕带红色的东西，随波动荡，和它带有把握性能的尾巴所经常缠住的海藻几乎无法分辨。但这一问题之没有弄清楚的一点是，是不是只有雌鱼才为了保护自己而发生了这样的变化。我们可以看到，除非两性之中的一性在较长时期内随时要受到敌人的威胁，或者，在这种威胁面前，比起其他一性来，更缺乏躲避的能力，除非如此，又除非两性都会发生变异，这一性，为了保护自己，就不会通过自然选择而在特征上取得比另一性更大的变化；就鱼类说，看来两性之间在这些方面似乎没有多大的差别。如果有些差别的话，那大概是由于雄鱼的身材一般要小些，来回游荡又要多些，不免要比雌鱼更容易碰上危险，或碰上更大的危险。而说也奇怪，如果雌雄鱼有所不同，颜色更为显眼的几乎总是雄鱼一方。鱼卵一离母体而放在一定的地方之后，总是立刻被授精；这一个排卵与授精的过程，例如在鲑鱼（salmon）要持续到好几天；[34] 在此全部期间之内，雄鱼总是同雌鱼在一起，不离左右。受精后的鱼卵，就大多数的例子说，是被搁下不管的，父母两方都不再加以保护；由此可知，雌雄鱼两方，至少就排卵授精这一阶段而言，是同样不安全的，对于完成卵的受精过程，两方也是同样重要；因此，任何一性之中颜色鲜美程度不同的成员也同样容易遭到毁灭或得到保全，而对下一代的颜色来说，双方也有着同样的影响。

分隶于若干不同鱼科的某些鱼种会做窝，而其中有些，在鱼卵孵化之后，还会照管小鱼。在颜色鲜艳的两种隆头鱼，锯隆头鱼和圆齿隆头鱼（乙290，乙291），两性通力合作，用海藻、介壳等等来造窝。[35] 但在某些鱼种，做窝的全部工程，以及后来照管小鱼的任务，全都是雄鱼一方的事。颜色呆板，而据所知的资料，两性在这方面并无差别的虾虎鱼（go-by），[36] 就有这个情况；而在排卵季节里雄鱼变得很鲜艳的丝鱼（stickle-back，即乙440），雄鱼在很长一段时期内，执行保姆的任务，小心细致，可称到家，而戒备得也极周密，时常忙于把出游而离群太远的小鱼很和气地领回窝边。在此期间，他也勇敢地轰走所有来犯的敌人，包括同种的雌鱼在内。如果雌鱼在排卵之后立刻遭到外来敌人的吞噬，这对雄鱼来说，倒可以松一口气，因为，如果她活着，雄鱼就得不断地忙于把她从窝边赶跑：她是要吞食自己的卵和小鱼的。[37]

在另一些鱼种，例如分属于两个不同的目而生活在南美洲和锡兰的某几个种，雄鱼有一个特别奇怪的习性，就是把雌鱼所下的卵纳入自己口中，或两鳃的空隙中，让它们在那里孵出小鱼来。[38]阿加西斯教授告诉我，分布在亚马孙河流域的有这种习性一个鱼种，雄鱼"不但一般要比雌鱼色泽美好些，并且在下卵的季节里，这差别要比平时更见加大。"隶于食土鱼属（乙446）的各个种也有这种作为；而这属里的雄鱼，一到蓄育季节，额上会发展出一个显著的包包来。阿加西斯教授也对我说过，在雀鲷科（乙248）中的许多鱼种里，可以观察到两性在颜色上是有些差别的，"初不论下卵的习性如何，它们有的把卵直接下在水里，下在各种水生植物之间，有的下在洞坎里，下掉就算，不再过问，让它们自己孵化而出；有的在河泥中造个浅窝，止息在上面守着，像我们这里的雀鲷鱼属刺盖日鲈（乙796）一样。还有一点也应该注意，就是，这些能守卵的鱼种，在它们各自的鱼科之内，是在最为鲜明美好之列的。举例言之，湿生鱼属的鱼（乙492）一身鲜绿，带有很大的眼斑纹，斑是黑的，而外环是最艳的红色。"再就雀鲷科说，是不是其中所有的鱼种都只是雄鱼守卵，我们还不清楚。但有一点是已经明白的，就是，无论雌雄鱼两方对它们的卵进行守护也罢，不守护也罢，无论事实如何，对两方在颜色上的差别，是没有多大影响、或根本不发生影响的。再有一点也是清楚的：在所有这些雄鱼对鱼卵和小鱼负专责的例子里，颜色比较美好的雄鱼，如果遭到毁灭，其在种族的特征方面所产生的影响，比起颜色比较美好的雌鱼的毁灭来，要严重得多，因为雄鱼在这个时期内的死亡当然要影响孵育，引起小鱼的大量死亡，雄鱼的一些特点也就无从传下去了。尽管如此，恰恰就在这些例子中间，有许多鱼种的雄鱼却在颜色上要比雌鱼更为鲜明突出。

在总鳃类（乙567）的大多数鱼种，其中包括各种杨枝鱼、及各种海马（乙482）等，雄鱼肚子上有只口袋或半圆球形的空坎，可以把雌鱼所下的卵放在里面孵化。雄鱼对他们的小鱼也表示十分关切。[39]雌雄鱼在颜色上的差别一般不大；但根瑟博士认为，在各种海马，雄鱼多少要比雌鱼悦目一些。但剃刀鱼之属（乙 885）却提供了一个奇特的例外，[40]因为，在这里，颜色愈为生动、斑点更多、肚子上有口袋、而任孵卵之责的不是雄鱼，而是雌鱼；由此可知，在有肚袋而能孵卵这一方面，剃刀鱼或漂潮鱼之属既和所有其他属于总鳃这一目的鱼类不同，而在雌鱼的颜色胜过雄鱼这一点上，则又有别于几乎全部的其他鱼类，不限于总鳃一目而已。在雌鱼方面这一番出奇特征上的双重颠倒大概不是一个偶然的巧合。一方面，其他若干鱼种之承任孵育专职的雄鱼既然在颜色上比雌鱼更为鲜美，有如上述，而现在，在这方面，承任同样专职的雌鱼要比雄鱼更为鲜美，鲜美与专职之间颇若有所联系，那我们似乎不妨提出论点说，两性之中，对后一代的福利负有更重大责任的那一性，其鲜明的颜色决不是徒然的，而在某种方式上一定有它的保护作用；然在大量的鱼种里，雄鱼不是经久性的要比雌鱼鲜明，便是季节性地如此，而对种族前途的福利来说，他们的生命并不见得比雌鱼有任何更为重要之处，这样一看，上面的说法就很难成立了。我们在下文处理鸟类的时候，将碰上一些与此可以类比的例子，其中雌雄两性鸟的寻常属性竟至完全倒了个儿，到那时候，我们准备把看上去最近情理的解释详细地提出来，也就是，现在先简单地点一下，在这一类例子里，在两性偶合之际，是由雄性出头挑选更为美好的雌性，而不是按照动物界的常规，由雌性出头挑选更为美好的雄性。

　　总上所说，我们不妨这样归结一下：就大多数两性在颜色上或在其他有装饰意味的特征上有所不同的鱼类而言，雄鱼是首先发生变异的一性；他们把这些变异传给了下代跟他们自己属于同一性别的鱼，也就是雄鱼，而在传代之际通过吸引与激发雌鱼的活动中所产生的性选择的作用，这些变异又不断地得到了累积。但在许多例子里，这些特征也曾在遗传之际分移到雌鱼身上，有的只分移了一部分，有的则分移到了全部，而使两性见得无甚差别。又在另一些例子里，两性颜色之所以相同是为了保护的目的；但为了这个目的而仅仅雌鱼一方在颜色或其他特征上经历过一些特殊变化的例子，则似乎一件都没有。

最后需要注意的一点是，有人留意到，鱼类也会作出各种不同的声音，其中有些，据有人描写，还带有几分音乐性。杜福塞博士一直特别注意于这个题目，他说，这些声音是自动地发放出来的，不同的鱼类所用的方式也各不相同：有的通过食道口诸骨片的彼此磨擦；有的通过联系着鱼鳔的某些肌肉的颤动，而鱼鳔则起些共振和扩音的作用；而有的则通过鱼鳔本身的一些肌肉的震颤。通过最后这个方式，竹麦鱼（乙 959）能发出清纯而拖长的音声，高低几乎够得上一个八度音程。但对我们来说，最富有趣味的例子是响板鱼或蛇形鱼属（乙 672）的两个鱼种所提供的，这两种鱼的雄鱼，也只限于雄鱼，备有发音装置，由若干能移动而附有适当肌肉的小骨构成，而和鱼鳔有着联系。[41]欧洲沿海的石首鱼属（乙 984）鱼类的打鼓一般的声音，据说从深到二十㖊的地方还可以听见，而据洛谢尔①的渔民很认真地说，"光是雄鱼在下卵的季节里才发出这种声音来；在这时期里，可以用模拟这种声音的方法来捕捞它们，不须鱼饵。"[42]根据这句话，特别是根据响板鱼的例子，我们几乎可以肯定，在这个脊椎动物最低的纲里，像那么多的昆虫类和蜘蛛类一样，至少在有些例子里，发声的工具已经通过性选择而发展出来，从而取得了某种手段，好教两性得以彼此相就。

两 栖 类

　　有尾类（乙 989）。——我将以有尾巴的两栖类来开始。在蝾螈（salamander 或 newt），两性在颜色和结构上往往都有不少的差别。在有些蝾螈种里，到了繁育季节，雄性的前肢上发展出有把握能力的爪子来。也在这个季节里，蹼足螈（乙 967）的雄性的后腿上备有一片游泳膜，而这也是临时的，一到冬天，就被吸收而消失了，到此，他们的脚就和雌性的一般模样。[43]这一个结构，在雄性切心于寻觅和追逐雌性的过程中，无疑是一个帮助。在向雌性求爱的时候，雄性快速地颤动尾巴末梢。在我们这里的

---

　　①　Rochelle，法国西部沿海一地名。

462

图32　高脊蝾（乙966）。（为原物大小的一半，采自贝尔，《不列颠的爬行类》。）上，在蕃育季节中的雄性；下，雌性

普通蝾螈，斑点蝾和脊梁蝾（乙968和乙966，又称高脊蝾），到了蕃育季节，雄性的背脊上发展出一条高高的、上面作锯齿状的长梁，从项上直到尾尖，但一到冬季就消失了。米伐特先生告诉我，这条山梁状的结构里是不长肌肉的，因此无助于这动物的行动。由于在求爱季节里，这条山梁的边缘变得颜色冶丽，可见它是雄性所独具的一种装饰手段无疑。在许多个蝾螈种里，整个身体平时所呈现的各种富有火辣味而也还浓淡分明的颜色，一到繁育季节，就变得更为生动刺目。例如，我们这里的普通小蝾螈，即斑点蝾（乙968），其雄性平时背部作棕灰色，而转至腹部则渐渐地变成黄色，而到了春天，则黄色的部分变为浓厚而鲜明的橙黄，并且到处洒上黑色的圆点子。脊梁的顶边上也添注了颜色，有鲜红的，有淡紫的。雌性一般作一种橙黄色，带些疏疏落落的深棕色点子，腹部则一色素淡，没有什么点缀。[44]小蝾螈的颜色很是暗晦，卵一下来就受精，过后父母两方都不再过问。我们在这里可以作出的结论也是，雄的蝾螈首先通过性选择取得强烈的颜色标记和装饰性的附器，随后有的只传给雄性的后代，有的则在传递的时候不分性别。

无尾类，即蛙类（乙 72，即乙 110）。——在许多种的蛙和蟾蜍，颜色显然有保护的作用。几种树蛙（treefrog）的鲜明的绿色或普通称为青色，以及许多陆栖蛙种暗晦而浅深不一的麻栗色，都是这方面的例子。我平生所见到过的颜色最为鲜明触目的蟾蜍要推一种黑蟾（乙 761），[45]腹部以上黑得像墨汁，而脚底和腹部，有些部分则有许多鲜明的红点，红得像银朱。它们在拉普拉塔河流域①的沙原或草地上爬来爬去，在当地焦灼的阳光照射之下，是不会不引起行经其地的其他生物——无论是人或其他动物——的注目的。这些颜色，对蟾蜍来说，也许是有好处的，因为它们向一切肉食的鸷鸟提出警告说，这是一块令人作恶的肉，吃不得的。

在尼加拉瓜，有一个蛙种体格很小，"全身作鲜明的红蓝二色"；与其他蛙种不同，它不藏藏躲躲，白天到处蹦蹦跳跳，而贝尔特先生说，[46]当他看到它那种安闲自在的愉快神情的时候，他思想上闪过的第一个反应就是，这种蛙是吃不得的。他试过几次想教一只小鸭子抓一只幼蛙尝尝，但到口就扔下，唯恐不快，并且"一面走开，一面还要把头甩几下，像要使劲把怪味甩掉似的。"

关于颜色方面的两性差别，根瑟博士根据所知，认为雌雄蛙或雌雄蟾蜍之间差别特别显著的例子是没有的，但由于雄蛙或雄蟾蜍在颜色上总要略为浓一点，他还是可以把两性分别出来的。在外表的结构方面，他所知道的情况也是一样，两性之间没有太大的差异，但有一点是例外，就是，在蕃育季节里，雄性的前腿上要长出一个疙瘩来，有了这个，雄性就可以把雌性抱住，不致滑掉。[47]这一类动物没有取得更为显著的两性差别是有些可怪的；因为尽管它们还是冷血动物，它们的情欲也是很旺盛的。根瑟博士告诉我，他发现过好几次，一只不幸的雌蟾蜍，由于连续被三四只雄的拥抱得太紧，以致窒息而死。霍夫曼教授在吉森②观察到，群蛙在繁育季节里斗上一整天，斗得很凶，其中有一只的体腔都被撕开了。

---

① La Plata，在乌拉圭和阿根廷两国间。
② Giessen，德国西部市镇与大学城。

　　各种蛙与蟾蜍提供了一个有趣的两性差别的例子，就是，雄性有音乐能力，而雌性则无；但把牛蛙（bull-frog）和其他几种蛙类的雄性所发出的不和谐而喧闹得压倒一切的聒噪说成是音乐，那按照我们人的赏鉴标准来说，未免措词失当得有些出奇。尽管如此，某几种蛙的鸣声也确乎有几分悦耳可听。我在里约热内卢附近小住的时候，每到夜晚，曾静坐倾听栖止在水边丛草之上一大群雨蛙（乙 493）随风送来幽美而和谐的两部鼓吹声。各种鸣声主要是在蕃育季节里由雄蛙发出的，我们这里普通蛙的阁阁声就是这样。[48]因此，雄蛙的发音器官比雌蛙的更为发达。在有几个蛙属里，光是雄蛙备有气囊，和喉头相通。[49]例如，在可供食用的青蛙或田鸡（乙 823），"光是雄蛙有这种气囊，当阁阁的鸣声大作之际，会装满空气而变成两只又大又圆的口袋，突出在嘴角旁近，左右各一。"在一鼓作气之下，阁阁之声特别洪亮，而雌蛙则只能作出一种轻微的呻吟声。[50]在这一科的若干个属里，发音器官在结构上是各有相当大的差别的，而无论在哪一个属，它的所由发展都可以归结到性选择的作用。

爬 行 类

　　龟鳖类（乙 238）。——各种龟和鳖所提供的两性差别并不显著。在有几个种里，雄性的尾巴要比雌性的长些。在有一些种里，雄性的腹甲，为了适应雌性的背甲，略略有些凹。在美国所产的泥鳖（mud-turtle，即乙 249），雄鳖前足的爪子要比雌鳖的长一倍；这在交尾的时候有用处。[51]加拉帕格斯诸岛所产的大龟，象龟的一种，黑陆龟（乙 928），据说雄龟比雌龟体型要更巨大些；而在交配季节中，雄龟会发出一种粗糙的牛哞般的鸣声，远在一百多码以外都可以听到，在别的季节则不然，而雌龟则一贯地默不作声。[52]

　　在印度所产的又一种象龟丽陆龟（乙 927），据说"雄龟相斗之际，由于龟甲相互撞击所产生的声音很大，在相当距离之外都可以听得到而被认出来是什么一回事。"[53]

　　鳄鱼类（乙 294）。——两性在颜色上显得没有什么差别；雄性之间进行不进行斗争，我不知道，但这是可能的，因为有几种鳄鱼，雄鳄要在雌鳄面前夸耀一番，为此就不免彼此厮打。巴特兰姆[54]叙述到过雄的短吻鳄（alligator）如何在一个沼泽里用泼水和吼叫的手法竭力争取雌鳄的垂青，"全身脉张，充血到了快爆炸的地步。他高举头尾在水面上东西跳跃或左右扭转，活像一个印第安人的酋长把他的战绩重复表演一番似的。"在恋爱季节里，长吻的鳄鱼（crocodile）要从颚下腺里放出一种麝香般的臭味来，弄得所居的水面上充塞着这种气味。[55]

蛇类（乙671）。——根瑟博士告诉我，雄蛇总是比雌蛇小些，尾巴也一般细而长些；此外他不知道在外表结构方面有什么其他的差别。至于颜色，雄蛇总要比雌蛇浓厚而见得突出些，因此，他几乎总可以把它们分辨出来。例如在英国所产的蝮蛇（riper），雄蛇背上连续的之字形所构成的条纹要比雌蛇的更为界限分明；北美洲的响尾蛇（rattle-snake）在颜色方面的差别比此更要分明，动物园的管理人员曾经指给我看，由于雄蛇全身的黄色更有几分火辣味，雌雄的分别一看就可以知道。南非洲所产的一种骏马蛇（乙142）与此可以相提并论，因为雌蛇"身体两侧的黄色穿插在其他颜色之间而造成的驳杂的程度总要比雄蛇的差。"[56]印度的一种蛇，犬牙蛇（乙352）所表现的差别与此不同。雄蛇作棕黑色，而腹部则局部作黑色；至于雌蛇，则背上两侧作略带红色或黄色的绿褐色，而腹部则全黄或黄底上有一块块黑的，像大理石一般。在印度产的另一种蛇（乙956），雄的是鲜明的碧绿色，而雌的是青铜色。[57]有些蛇种的颜色无疑是有保护作用的；各种树蛇（tree-snake）的绿色，和居住在沙砾地带的其他一些蛇种的各式各样的麻栗花色，就可以说明这一点。但在许多其他蛇种，例如英国普通所见的蛇和蝮蛇的颜色能不能提供掩护的作用，是值得怀疑的；至于英国境外的许多颜色特别漂亮的蛇种，这一点就更成问题了。在某些蛇种，成年蛇和幼蛇颜色也很不相同。[58]

蛇类近肛门处有臭腺，一到蕃育季节，就会活跃起来而发挥功能。[59]蜥蜴类（乙533）也有这种臭腺，部位与作用相同；而我们在上文已经看到，鳄鱼类的颚下腺也有这种功能。在大多数动物，雄性既然是出头寻找异性的一方，这一类发臭的腺体大概是用来激发雌性和使她着魔的，而不像是用来把雌性诱致到雄性所在的地方的。各种蛇的雄性，看去虽像又笨又懒，求爱之际却是很活跃的，因为有人观察到，许多条雄蛇围绕着同一条雌蛇，相互拥挤倾轧，扰攘不堪，甚至在一条死了的雌蛇周围也有这光景。为了争夺雌蛇而互相战斗的例子则还没有人见到过。它们的理智能力比我们可能设想到的要高些。在动物园的笼屋里，它们很快就懂得不拿尾巴来抽打用来扫除笼屋的那根铁筋；而美国费城的肯特博士告诉我，他养的各种蛇，有些在经历过四五次被套住之后，终懂得躲开用来捉住它们的活套，从此就不容易捉它们了。一位出色的观察者，莱亚德先生在锡兰看到一条眼镜蛇（cobra）[60]把头伸出一个狭小的窟窿之外，而吞进了一只蟾蜍。但"嘴里有了这件鼓鼓囊囊的东西之后，它就无法从窟窿里退回去；它发觉了这一点，于是只好满心不愿意地把这块珍味吐了出来，眼看它爬走了；这从蛇的哲学观点来说，未免是太难以忍受了，于是它再一次把蟾蜍吞在嘴里，而在竭力撑持一番想从窟窿里缩回去而不成之后，只好再一次把捕获物吐出来。但到此，它已经取得了教训，再次进攻的时候，就只衔住蟾蜍的一条腿，把它拖进窟窿，然后再吞全身，而终于取得胜利。"

动物园的管理人员肯定地认为，某些蛇种的蛇，例如响蛇（乙296）和蚺蛇（乙815），认识他，可以把他和所有其他人分辨开来。在同一所笼屋里豢养的若干条眼镜蛇似乎彼此之间表现得有几分依恋。[61]

尽管蛇类有些理解能力，有些强烈的情欲，也有些相互的友爱，我们却不能因此而认为它们也有天赋的能力来欣赏对象身上的鲜明颜色，从而通过性选择使自己的种族取得一整套装饰。但如果不这样想，而要用别的途径来解释某些蛇种极度的彩色之美，也是有困难的。南美洲的珊瑚蛇（coral-snake），通体作浓艳的红色，加上一道道黑色与黄色相间的横带纹，就是这样极美的一个例子。我记得很清楚，当我在巴西第一次看到一条这种蛇溜着越过小径的时候，我对它的美感觉到怎样的惊奇。据华莱士先生说，[62]他从根瑟博士那里得知，具有这样奇异色彩的蛇类只能在南美洲找到，别处是没有的；而在南美洲，这一类蛇多到不下于四个属，四个属中的一个属，眼镜蛇属（乙370），是毒的；与此差别很大而截然分明的又一个属可能是毒的，但不肯定；其余两个属说不上有什么害处。这些属的各个蛇种居住在同一些地区之内，而外表上又很相似，"只有博物学家才能把无害的同有毒的分辨出来。"因此，据华莱士先生的看法，无毒的各个蛇种之所以取得艳丽的色彩是为了保护自己，它们的颜色是以模拟的原理为依据的一种保护色；因为，这样，敌人就会很自然地联想到它们是危险而碰不得的。但四个属中第一个有毒的属（乙370）何缘而取得它们艳丽的色彩，还有待于说明，这大概也是性选择所造成的。

蛇类发出的声响，除了普通的嘘嘘声之外，还有些其他声响。印度所产的咬人致死的龙骨蛇（乙364）在身体两侧有斜斜的几排鳞片，结构奇特，边缘作锯齿状；当这种蛇神情紧张的时候，鳞片彼此磨擦，而发出另一种拉长的嘘嘘声，颇为怪异。[63]至于响尾蛇（rattle-snake）的戛戛声，我们终于得到一些具体的资料：奥盖教授在一篇论文中说，[64]他在自己不被看到而却相距不太远的地点前后两次观看到一条响尾蛇蟠成一团，头部竖得很直，时断时续地发出戛戛声，前后约半点钟之久；然后他看见另一条蛇来了，两蛇相遇，便尔交尾。因此，他如愿以偿地认为，戛戛声的用途之一是把雌雄蛇搞到一起。可惜的是他没有能弄清楚那条蟠着不动而召唤另一条蛇前来的蛇究竟是雄的还是雌的。但根据上例，我们还无法断定戛戛声的用途只有这样一个，而没有其他，例如，它们为了警告其他动物不要向它们进攻，也会发出这种声响。历年来有若干篇文字说它们用这种声响将它们所要捕食的动物吓得不能动弹，形同瘫痪，对这些我也不能过于不加置信。其他蛇种会在周围的植物中间，用快速颤动尾巴来反复撞击植物叶茎的方法，来发出声响；就南美洲的蝮蛇属（乙960）的一个种来说，我自己曾经亲耳听到过这种声响。

蜥蜴类（乙533）。——有些、也可能很多蜥蜴类的雄性因彼此相竞而进行斗争。例如，南美洲所产的树居的一个种，冠饰安乐蜥（乙44），斗起来就极其凶狠："在春天和初夏，两只成年雄性蜥蜴不见则已，相见几乎总要斗一场。两雄初见，彼此点头三四下，同时各把项下的皮褶或皮囊鼓起或张开，双方的两眼都因暴怒而炯炯发光，彼此的尾巴左右摇摆，如是者约几秒钟，像是在集中精力，准备战斗，然后彼此猛冲，斗成一团，一面不断上下翻滚，一面各用牙齿把对方紧紧咬住，一场战斗一般以两方之一丢下他的尾巴而结束，而胜利的一方往往把这尾巴吞了。"在这种蜥蜴里，雄性在身材上要比雌性大得相当多；[65] 而据根瑟博士所能确定的来说，雄性比雌性大，是一切种类蜥蜴的通例。在所有的蜥蜴类里，只有一个种，安达曼（Andaman）诸岛①所产的弓趾蜥蜴（乙330），备有所谓的肛前细孔，而这些细孔，推类而言，大概是用来发放一种臭气的。[66]

在各种外表特征上，蜥蜴类的两性之间往往有很大差别。在上面所说的有一种蜥蜴（乙43，树蜥蜴），雄性背部长一条梁，沿着背脊直到尾梢，随时可以竖起；而雌性则完全没有这一结构，连痕迹都找不到。在印度所产的一种蜥蜴，称锡兰蜥蜴（乙274），雌性是有这条背脊的，但远不如雄性的那样发达；而据根瑟博士告诉我，鬣蜥类（乙513）、避役类（乙225）以及其他蜥蜴类，许多种的雌雄性之间这方面也有同样的差别。但在有些种里，例如瘤疣鬣鳞蜥（乙514），两性的这种鬣状背脊是同样发达，不分大小的。在有一个属，大喉囊蜥蜴（乙881），只雄性在喉部备有一个大皮囊（图33），不用时可以折叠起来像把折扇；颜色是又蓝、又黑、又红，

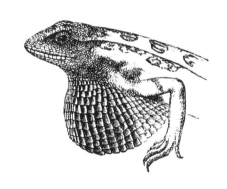

图33 大喉囊蜥蜴的一个种英雄蜥（乙881），雄性，示张大了的喉囊（采自根瑟，《印度的爬行类动物》）

但这些色彩要到交尾季节才表现出来，而雌性则没有这样一个附器，连残存的痕迹都没有。在上面所说的那种冠饰安乐蜥蜴（乙44），据奥斯汀先

① Andaman，在印度洋孟加拉湾中。

生说，雌性也有喉囊，作鲜红色，红里又有黄斑，但不发达，是个残留的状态。又，在某几种别的蜥蜴里，两性的喉囊是同样发达的。在这里，我们又看到了，像在上文所已看到的许多例子一样，属于同一个物群的许多物种之中，同一个特征，有的光是雄性才有，有的两性虽都有，而雄性的要比雌性更为发达，而有的则两性的发展程度相等。属于飞龙一属（乙354）的小型蜥蜴有许多特点，除能依靠由肋骨所支持的一种降落伞似的结构在空中滑翔，而颜色又美丽的难以形容之外，项下又备有由皮肤构成而"和鸟类中鹑鸡类的垂肉相像的"一种附器。当受到刺激而情欲发作之际，这个附属的赘疣会挺直起来。这赘疣是两性都具备的，并且都不止一条，但在雄性，一到成熟的年龄，会长得特别大，居中的一条有时候会发展到比整个头部还要长出一倍。这个属中的大多数种，脖子背面也都有一根不太高的鬣状脊梁，而在完全成长的雄性尤为发达，雌性和未成年的雄性则差得多。[67]

在中国所产的蜥蜴里，据说有一个种在春天是成双成对生活在一起的，"而如果一对中的一只被捉住，另一只就会从树上落到地上，泰然自若地接受捕捉"[68]——据我看来，大概是由于灰心绝望所致。

图34　斯氏角蜥蜴（乙195）的头角：上雄下雌

在某些蜥蜴类里，两性之间还有其他比上文所说的更为奇特得多的一些差别。粗糙角吻蜥（乙194）的雄性在吻尖的尽头有一个赘疣，很长，达整个头长的一半。这赘疣作圆筒形，满盖着鳞，有弹性，能弯曲，而看来也能硬挺起来；其在雌性吻上的则很短小，只是一种残留。在这一个属里的又一个种，顶尖上的一片鳞，在这个弯得转的赘疣之上，形成了一只小小的角；而在此属的第三个种（乙195，图34），整个赘疣转变成为一支大角，通常作一种白色，而在这动物受到激发的时候，则带有一种紫色。在这后一个种的成年雄蜥头上，这支角有半英寸长，而在雌蜥和幼蜥，则极为微小。这些赘疣，据根瑟博士对我说，可以和鹑鸡类各种鸟的冠相比，显然也是作装饰用的。

避役（乙 225）这一个属到达了两性差别之大的最高点。在马达加斯加所产的一种避役，叉头避役（乙 226，图 35），雄性的颅骨上部向前伸展而发展成为两根又大又坚实的骨质突出，上面有鳞盖着，像头部的其他表面一样；而这样一个结构上的奇特变化，在雌性的头上，只不过是一个小小的疙瘩而已。再如在又一个避役种，欧文氏避役（乙 227，图 36），非洲

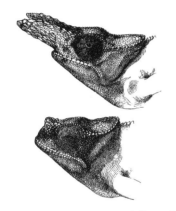

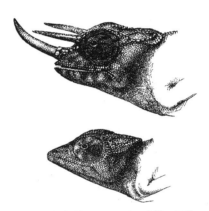

图 35　叉头避役（乙 226）。上雄；下雌　　　　图 36　欧氏避役（乙 227）。上雄；下雌

西部海岸所产，雄性的额角和上颚一起长出形状很奇怪的三支角，而在雌性则完全没有迹象可寻。这几支角也是些骨质的赘疣，外面的鞘是皮质的，是全身外皮系统的一部分，因此，在结构上，是和牛、羊和其他有鞘角的反刍类动物的角没有什么不同的。尽管这三支角在形态上和上文所说的叉头避役颅骨上的两根粗大的骨质突出很不相同，在这两种动物的生活需要上却有着同样的用途，大概是不容有多大怀疑的。至于这用途是什么，谁都会猜到的第一个是，雄性用来相斗。这几种动物既然都爱打架，[69] 这看法大概是正确的。伍德先生也告诉我，他有一次看到南非避役（乙 228）的两只雄性在一棵树的枝头彼此猛斗，各自把头摔来摔去，试图把对方咬上一口，然后休息了一会儿，接着再继续战斗。

有许多蜥蜴种的两性差别，在颜色方面是有限的，只是雄性在深浅上和条纹上比雌性要见得更为鲜明些，更清楚而不是模糊些。例如上文所已说到过的那种锡兰蜥蜴（乙274），以及南非洲所产的棘趾蜥（乙4）就有这种情况。南非洲另有一个种的蜥蜴，南非绳蜥（属乙280），雄性比雌性，不是红得浓些，便是绿得深些。在印度所产的另一种蜥蜴，黑吻蜥（乙160），两性之间的差别比这还要大些：雄性的上下唇颜色是黑的，而在雌性却是绿的。在我们这里普通所见的体型很小而胎生的那种蜥蜴（乙1003），"雄性的腹部和尾巴的阴面作鲜明的橙黄色，加上一些黑点，而在雌性，则这些部分是暗淡的灰绿色，并没有黑点。"[70]我们在上面已经看到的英雄蜥（乙881，图33），光是雄性有大喉囊，而这喉囊又是蓝、黑、红三彩的。在智利产的一个蜥蜴种瘦蜥蜴（乙806），则光是雄性身上有蓝、绿、赤铜色的斑点。[71]在许多蜥蜴种，雄性的颜色是常年一样而不变的，但在另一些种，则一到蓄育季节，要变得更为鲜艳；我不妨再举一个蜥蜴种，卡西树蜥（乙159）为例，这种蜥蜴的雄性，到此季节，头部是鲜红的，而头以下全是绿的。[72]

许多蜥蜴种雌雄的颜色之美是完全一样，不分高下的，我们不能因此，或因其他理由，而认为这种颜色有什么保护的作用。对那些居住在草木葱笼的环境里的颜色碧绿的种类来说，这颜色无疑有掩护之用；而在南美洲巴塔哥尼亚北部，我曾经看到一种蜥蜴，斑点蜥蜴（乙805），一遇风吹草动，就会把全身压缩得又宽又扁，闭上眼睛，身上的麻栗色和四周的沙砾打成一片，难于分辨。但其他许多蜥蜴类的鲜明颜色以及各式各样的赘疣结构，用途当然不在此，而在装饰；它们大概是作为一些性生活中富于诱惑力的手段由雄性首先取得，随后又单单地传给了下一代的雄性，或传给了所有的子息，不分雌雄。说实在话，性选择在爬行动物中所曾发挥的作用，和它在鸟类中所曾发挥的比较起来，似乎差不多同样重要，而雌性在颜色上之所以不如雄性的鲜明显露，其在爬行类动物，也不能像华莱士先生就鸟类动物所作出的解释那样，认为是由于雌性在伏卵或蓄育季节容易招致殃祸，

472

因而在颜色上更有韬光养晦的必要。

原　注：

[1]　见 Yarrell，《不列颠鱼类史》（Hist. of British Fishes），第二卷，1836 年，417 页、
　　425 页、436 页。又 Dr. Günther 也对我说，在刺背鳚鱼（乙 821），只有雌鱼才有
　　这些刺。

[2]　见《美国自然学人》（丙 8），1871 年 4 月，119 页。

[3]　见 Mr. R. Warington 的两篇论文，分载《自然史纪事与杂志》（丙 10），1852 年 10
　　月的一期和 1855 年 11 月的一期。

[4]　见 Noel Humphreys，《水乡园艺》（River Gardens），1857 年。

[5]　文见《娄氏自然史杂志》（丙 89），第三卷，1830 年，331 页。

[6]　见《田野》报（丙 59），1867 年 6 月 29 日的一期。至于 Mr. Shaw 的话，见《爱丁
　　堡评论》（丙 53），1843 年卷。另一位有经验的观察家 Scrope 说，这种雄鱼像牡鹿
　　一样，如果能力所及的话，最好是把其他的雄鱼全部赶掉［见所著《垂钓鲑鱼的
　　一些日子》（Days of Salmon Fishing），60 页］。

[7]　Yarrell，同上引书（见注 1）、卷，10 页。

[8]　《博物学家在温哥华岛（加拿大西南海岸——译者）》（The Naturalist in Vancouver's
　　Island），第一卷，1866 年，54 页。

[9]　《斯堪的纳维亚探险记》（Scandinavian Adventures），第一卷，1854 年，100 页、
　　104 页。

[10]　见 Yarrell 关于虹鱼类的论述，同上引书（见注 1）、卷，416 页、422 页、432 页，
　　416 页上还有一幅出色的插图。

[11]　见引于《农夫》（丙 58），1868 年卷，369 页。

[12]　这一段描述是我以 Yarrell 的叙述为底本而写出的，Yarrell 的话见《不列颠鱼类
　　史》，第一卷，1836 年，261 页与 266 页。

[13]　见《自然界》（丙 102），1873 年 7 月的一期，264 页。

[14]　参看 Dr. Günther，《不列颠博物馆所收硬鳍鱼类（乙 5）标本目录》（Catalogue of
　　Acanth. Fishes in the British Museum），1861 年，138—151 页。

[15]　《瑞典可供弋猎的鸟类……》，1867 年，166 页。（此书全名未见，疑所涉不限于

鸟类，至少尚有鱼类，故此章亦参考及之——译者）

[16] 关于此例与下文紧接着的两个鱼种的资料是 Dr. Günther 所见惠的；亦见他所著文，《中美洲的鱼类》（Fishes of Central America），载《动物学会会报》（丙151），第六卷，1868 年，485 页。

[17] Dr. Günther 作此说法，见《不列颠博物馆所收鱼类标本目录》（Catalogue of Fishes in the British Museum），第三卷，1861 年，141 页。

[18] 关于这一属的鱼，见 Dr. Günther 文，载《动物学会会刊》（丙122），1868 年卷，232 页。

[19] 见 F. Buckland 文，载《陆与水》（丙87），1868 年 7 月，377 页。雄鱼所独具而用途不明的其他结构的例子尚多，不能一一列举。

[20] Dr. Günther，《……鱼类目录》，第三卷，221 页与 240 页。

[21] 亦见 Agassiz 教授与夫人合著，《巴西行纪》（A Journey in Brazil），1868 年，220 页。

[22] 见 Yarrell，《不列颠鱼类史》，第二卷，1836 年，10 页、12 页、35 页。

[23] 见 W. Thompson 文，载《自然史纪事与杂志》（丙10），第六卷，1841 年。440 页。

[24] 《美国农艺学人》（丙6），1868 年卷，100 页。

[25] 《自然史纪事与杂志》（丙10），1852 年 10 月。

[26] 《自然界》（丙102），1873 年 5 月，25 页。

[27] 载《水土适应学会会报》（丙40），巴黎版，1869 年 7 月与 1870 年 1 月。

[28] 见 Bory de Saint Vincent 所写条，《自然史分类词典》（Dict. Class. D'Hist. Nat，法文），第九卷，1826 年，151 页。

[29] 由于我在另一本作品《家养动植物的变异》里在这题目上说过几句话，Mr. W. F. Mayers［《中华纪实探疑报》（丙44），1868 年 8 月，123 页］曾就中国古代的百科辞书进行查考。他发现饲养与蓄育金鱼，创自以公元 960 年为始的宋代。至 1129 年，这种人工培养的鱼就很盛行了。他参考所及的另一种文献说，自从 1548 年以来，"在杭州培养出一个新品种，色红如火，因名火鱼。在中国，金鱼到处受人爱赏，家家都有所培养，各以颜色相尚，同时也把它出售牟利。"

[30] 《威斯敏斯特评论》（丙153），1867 年 7 月，7 页。

[31] Mr. J. M'Clelland，《印度的鲤鱼科》（Indian Cyprinidœ），《亚洲研究》丛刊（丙

27)，第十九卷，第二篇，1839 年，230 页。

[32] 见 G. Pouchet 文，载《学社》（丙 69），1871 年 11 月 1 日，134 页。

[33]《动物学会会刊》（丙 122），1865 年，327 页，附图第十四、十五。

[34] 见 Yarrell，《不列颠鱼类史》，第二卷，11 页。

[35] 此据 M. Gerbe 的观察，见 Dr. Günther 文，载《动物学文献汇刊》（丙 124），
1865 年卷，194 页。

[36] 见居维叶，《动物界》（Règne Animal），第二卷，1829 年，242 页。

[37] 见 Mr. Warington 关于这种鱼的习性的一篇最富有趣味的描写，文载《自然史纪
事与杂志》（丙 10），1855 年 11 月。

[38] 见 Prof. Wyman 文，载《波士顿自然史学会纪事刊》（丙 113），1857 年 9 月 15
日。亦见 Prof. Turner 文，载《解剖学与生理学刊》（丙 77），1866 年 11 月 1 日，
78 页。Dr. Günther 博士也曾描绘到一些例子。

[39] 见 Yarrell，《不列颠鸟类史》，第二卷，1836 年，329 页、338 页。

[40] 自 Col. Playfair 在所著《桑给巴尔的鱼类》（The Fishes of Zanzibar），1866 年，
137 页中对这一鱼属（原注文中属字作种字，殊与正文不一致，疑误，兹改为属
字——译者）作过叙述之后，Dr. Günther 又把所藏的一些标本检看了一遍，再度
予以肯定，文中资料就是他提供给我的。

[41]《科学、……汇报》（丙 47），第四十六卷，1858 年，353。又第四十六卷，
1858 年，916 页。又第五十四卷，1862 年，393 页。石首鱼属（乙 984），或属中
更具体的一个种，黄梅鱼（乙 857）所作出的声音，据有几个著作家说，有些像
鼓声，而更像的是笛声或风琴声。Dr. Zouteveen 在本书的荷兰文译本（第二卷，
36 页）里又就鱼类发为声音的现象列举了更多的一些具体事实。

[42] 见 C. Kingsley 牧师文，载《自然界》（丙 102），1870 年 5 月，40 页。

[43] 见贝尔（Bell），《不列颠爬行类动物史》（History of British Reptiles），第二版，
1849 年，156—159 页。

[44] 贝尔，同上注引书，146 页、151 页。

[45]《"贝格尔号"航程中的动物学》，1843 年。又贝尔，同前引书，49 页。

[46]《博物学家在尼加拉瓜》，1874 年，321 页。

[47] 只在锡金蟾（乙 149），雄性在项下有夹在左右的两片老茧似的东西，而在前足的
各个足趾上有许多皱纹，见 Dr. Anderson 文，载《动物学会会刊》（丙 122），

1871 年，204 页；这些的用途也许是和正文中所说的疙瘩是一样的。

[48] 贝尔，《不列颠爬行类动物史》，1849 年，93 页。

[49] 见 J. Bishop 所写条，载 Todd 所编《解剖学与生理学词典》（Cyclop. of Anat. and Phys.），第四卷，1503 页。

[50] 贝尔，同前引书，112—114 页。

[51] 见 Mr. C. J. Maynard 文，载《美国自然学人》（丙 8），1869 年 12 月，555 页。

[52] 见我所著《"贝格尔号"航程中研究日志》，1845 年，384 页。

[53] 见 Dr. Günther，《英属印度的爬行类动物》，1864 年，7 页。

[54] 见所著《加罗赖那州……经行记》（Travels through Carolina），1791 年，128 页。

[55] 见欧文，《脊椎动物解剖学》，第一卷，1866 年，615 页。

[56] 这种蛇的形态见 Sir Andrew Smith，《南非洲的动物学：爬行类之部》（Zoolog. of S. Africa：Reptilia），1849 年，图片 10。

[57] 均见 Dr. Günther，《英属印度的爬行类动物》，瑞社（Ray Society）出版，1864 年，304 页、308 页。

[58] Dr. Stoliczka 文，载《孟加拉亚洲学会会刊》（丙 74），第三十九卷，1870 年，205 页、211 页。

[59] 欧文，同前引书、卷、页。

[60] 见其所作《锡兰浪迹录》（Rambles in Ceylon），载《自然史纪事与杂志》（丙 10），第二辑，第九卷，1852 年，333 页。

[61] Dr. Günther，《英属印度的爬行类动物》，1864 年，340 页。

[62] 见《威斯敏斯特评论》（丙 153），1867 年 7 月 1 日，32 页。

[63] 见 Dr. Anderson 文，载《动物学会会刊》（丙 122），1871 年卷，196 页。

[64] 载《美国自然学人》（丙 8），1873 年卷，85 页。

[65] Mr. N. L. Austen 饲养过这种蜥蜴，养了很久才死；见所著文，载《陆与水》（丙 87），1867 年 7 月，9 页。

[66] 见 Stoliczka 文，载上注 58 中所引刊物，第三十四卷，1870 年（卷数与年份，参阅上注 58，疑必有一误——译者），166 页。

[67] 这一段中所有的叙录（包括锡兰蜥蜴、大喉囊蜥蜴，飞龙等属）以及下文中的一些事实（包括角蜥蜴、避役），全部来自 Dr. Günther 本人的告语、或所藏资料、或他所著的那本宏伟的著作，《英属印度的爬行类动物》，瑞社出版，1864 年，

122 页、130 页、135 页。

[68] 见 Mr. Swinhoe 文,《动物学会会刊》(丙 122), 1870 年卷, 240 页。(原文,注号系在全段文字之后,应是误系,兹斟酌改系于所引斯温赫的文句之后——译者)

[69] 见 Dr. Bucholz 文,载《普鲁士皇家学院月报》(丙 97), 1874 年 1 月, 78 页。

[70] 见贝尔,《不列颠爬行类动物史》,第二版, 1849 年, 40 页。

[71] 关于这智利的一个种,见《"贝格尔号"航程中的动物学》中贝尔先生所著的爬行类部分, 8 页。关于南非洲的若干蜥蜴种,见 Sir Andrew Smith,《南非洲动物学:爬行类之部》,图片 25 与 39。关于印度所产的黑吻蜥蜴,见 Dr. Günther,《英属印度的爬行类动物》, 143 页。

[72] Dr. Günther 文,载《动物学会会刊》(丙 122), 1870 年卷, 778 页,附有彩色插图一幅。

第十三章
鸟类的第二性征

両性的差别——战斗的法则——特殊的武器——发声器官——器乐——求爱用的古怪动作与舞蹈——各种装饰，经久的和季节性的—— 一年一度或两度的换毛——雄鸟的各种装饰的展示

在鸟类一纲中间，种种第二性征要比其他各纲动物更为繁变、更为显著，但这里面看来倒并不牵涉任何更为重大的结构上的变化。因此，我准备对这个题目作比较详尽的处理。为了彼此进行战斗，有些鸟种的雄鸟备有特殊的武器，但这种例子比较少见。他们用极其多种多样的声乐和器乐来魅惑雌鸟。他们的装饰品也是各式各样的，有种种不同的冠、垂肉、隆起、角、气囊、顶结、羽毛、光秃的羽干、特别长的翎羽等，从身体的各个部分生长出来，大都很有几分美观。喙、头部光秃而无羽的皮肤和一些主要的羽翎往往有鲜艳夺目的颜色；有的雄鸟在求爱的时候，或则在地面上，或则在半空中，能作踊跃的舞蹈，或耍些奇形怪状的把戏。至少在有

一个例子里，雄鸟还会发放一种麝香般的臭气，这在我们看来大概也是用来迷惑雌鸟或激发其春情的，因为那位出色的观察者拉姆齐先生[1]在谈到澳洲的麝凫（musk-duck，即乙 118）的时候说："雄凫在夏天几个月里所放出的臭气是他们这一性所独有的，且只限于繁殖的季节里有，也不常年有的。至于雌凫，即使在繁育的季节里，我从来没有打到过一只带任何麝香味的。"在交配的季节里，雄鸟的这种臭气是异常强烈的，人们在看到这种鸟以前很久，就可以远远闻到它而辨认出来。[2]总的来说，在一切动物之中，看来鸟类是最懂得审美的，人类当然不在此限，而它们的鉴赏能力和我们人的也很相近似。这一点，从我们对鸟的鸣声的欣赏，从我们的妇女，文明社会的也罢，野蛮民族的也罢，都喜欢借鸟羽来作头饰，以及爱用各种有色的宝石，而此种宝石的光彩未必比某些鸟种的垂肉和不长羽毛的一些光皮肤更见得鲜艳——从这些，就足以得到说明。不过，在人类，经过文化的熏陶之后，美的感觉显然是远为错综复杂的一种心理反应，而且是和各种理智的观念联系了起来的。

在进而处理我们在这里所更为特别关注的性的特征之前，我不妨先简单地提一提显然是依存于不同生活习惯的某些两性之间的差别；因为这一类的差别，尽管在动物界较低等的几个纲里比较普通，在高等的若干纲比如鸟类里则是少见的，用不着太多的话就可以交代过去。归在同一个属（乙 404）而分布在胡安费尔南德兹岛（Juan Fernandez，在东太平洋，近智利——译者）上的两批不同的蜂鸟，以前一直被看作两个不同的种，而现在，据古尔德先生对我说，我们知道它们实在是一个种的雌雄两性，而两性之间在喙的形式上也略微有些差别。在另一个蜂鸟属（乙 461），雄鸟的喙在边上作锯齿状，而喙尖如钩子一般，和雌鸟的不一样。在新西兰的称为异喙属（乙 653）的蜂鸟，我们在上文已经看到过，由于啄食方式不同的关系，雌雄鸟的喙在形式上有着比此更大的差别。在金碛鹬或金翅雀（goldfinch，即乙 175）中间，我们也观察到大致相同的情况，因为 J. 威尔先生确凿地告诉我，捕鸟的人可以辨别雌雄鸟，而其根据是雄鸟的喙略微长一些。有人往往看到，成群的雄的金翅雀以起绒草（此种草的果球上布满钩棘——译者）的草子为食，而这是要用较长的喙才啄得到的，而雌鸟则普遍啄食一种藿香（betony，或 Scrophularia）的籽实。根据诸如此类生活习惯上的微小差别，我们可以看到，雌雄鸟的喙会怎样通过自然选择而分道扬镳，发生很大的差别。但在上面的若干例子里，有几个两性差别的由来还有另一个可能，就是，雄鸟的喙首先通过彼此竞争而取得了变化；而为了适应这个变化，啄食一类的生活习惯后来也就跟着有所改变。

战斗的法则。——鸟类中凡属雄鸟几乎都十分好斗，用喙、翅膀、腿来进行。每到春天，在我们的知更鸟（robin）和麻雀中间就可以看到这一点。鸟类中躯体最小的鸟，就是蜂鸟，是最爱打架的一个鸟科。高斯先生[3]描写过两只雄蜂鸟的一次战役，说他们如何交着喙，相互咬住不放，在半空中不断地打转，弄得彼此都快落到地面才罢休，而德奥卡先生谈到另一个属的蜂鸟时，说两只雄的要么不碰头，碰头则几乎总要来一次空中遭遇战，如果战斗发生在笼子里面，则"两雄之中必有一只的舌头要裂开，而从此由于不再能吃食，肯定地终于死亡。"[4]就涉禽类的鸟而论，普通的秧鸡或鹬（water-hen，即乙 429），其雄鸟"在交尾的时期里，为了争取雌鸟，斗得很凶；他们几乎笔直地站在水里，用脚来互相攻击。"有人看到过两只雄鹬在水里这样厮打，足足打了半个钟头，最后，一只把另一只的头抓住了，若不是观察的人出手干涉，后者是可以送命的；而在这全部时间里，雌鸟一直静悄悄站在一旁，作壁上观。[5]布莱斯先生向我说到，在和鹅有着亲属关系的另一种涉禽，凫翁属（乙 426）的一个种凤头董鸡（乙 427），雄鸟要比雌鸟大三分之一，在蕃育季节里特别爱斗，东孟加拉的当地居民习惯于把他们饲养起来，像斗鸡似的让他们相斗而赌输赢。在印度，为了这样一个目的而受到饲养的鸟是种类很多的，这就是一例；又一例是热带的夜莺，鹎的一个种（bulbul，即乙 810），"斗起来，真是精神抖擞。"[6]

一夫多妻的流苏鹬（ruff，即乙 590，图 37）是以极度好勇斗狠出名的；一到春天，比雌鸟要大得多的雄鸟就日复一日地聚集在雌鸟准备下卵

图 37　流苏鹬（乙 590）。采自布雷姆《动物生活图说》（德文）

的一个特定场合。捕鸟的人就根据地上草皮被踩得有些光秃的情况来发现
这种场合。在这里，雄鸟就进行战斗，那光景和斗鸡的对阵差不多，彼此
用喙把对方咬住，然后用翅膀来攻打。战斗的时候，脖子周围的一大圈颈
毛会竖起来，而据蒙塔古上校说，"作为一面盾牌横扫着地面来保护身体
上的各个软档"；而据我所知，这是鸟类中把身体上的任何结构用作盾牌
的独一无二的例子。但这一圈颈毛或颈羽，从它的富丽而繁变的颜色来
看，主要的用途大概是在装饰一方面，而不在保护一方面。流苏鹬的雄
鸟，和其他多数好斗的鸟种一样，像随时准备着战斗似的，所以如果关在
一起，活动的余地既不大，彼此就往往会斗死。但蒙塔古观察到，一到春
天，颈圈的长羽充分发展之后，好斗性会变本加厉地表现出来，在这段时
期里，只要一方有些风吹草动，就会激起一场混战。[7] 关于蹼足类的鸟，
只举两个例子就够了：在圭亚那，"在蕃殖的季节里，野生的麝凫（musk-
duck，即乙 152），其雄者之间要进行血腥的战斗；而凡在战斗的地方，河

流或池塘在相当大的范围以内要满漂着零落的羽毛。"[8]表面上看去不适于战斗的鸟种也会猛打一阵；例如鹈鹕（乙732），强有力的雄鸟会对懦弱的雄鸟，用他们硕大无朋的喙突然钳住，狠狠地用翅膀来扑打，然后把对方斗走。普通鹬（snipe）的雄鸟厮打时，"彼此用喙咬住，时而向后拖，时而往前顶，怪态百出，难以名状。"有少数几个鸟种是被认为从来不打架的，例如，据奥杜邦说，美国有一个鸳或啄木鸟种金黄啄木鸟（乙764），尽管"追随在每一只雌鸟之后的雄鸟多到半打，花花公子似的调情求爱"，[9]却没有争风吃醋的情事发生。

许多鸟种的雄鸟要比雌鸟高大，这无疑地是世世代代以来，强大些的雄鸟要比弱小些的对手占便宜的结果。在澳洲的若干个鸟种里，两性在身材上的差别发展到了一个极端；麝凫（又一个属，与在圭亚那者不同，即乙117——译者）的雄者和在分类关系上接近于我们的天鹨（pipits）的一个鸟种，褐鹨（乙258），其雄鸟都要比各自的雌鸟大到一倍，这是实地测定过的。[10]在其他许多鸟种里，雌鸟要比雄鸟为高大，关于这一点又该如何解释呢？上面说到过时常有人提出的那一个，就是，喂养子女的任务绝大部分要由雌鸟负担；但这是不够的。在少数例子里，我们在下文将会看到，雌鸟之所以取得更为强大的身材体力，是，为了占有雄鸟，她们有必要战败其他的雌鸟。

鹑鸡类（乙428）的许多鸟种的雄鸟，尤其是一夫多妻的那些，为了和对手们进行斗争，装备着一些特别的武器，就是距。距的使用可以造成可怕的结果。一位值得信赖的著作家写过如下的一篇纪实：[11]德贝郡[①]某地，一只鸢袭击了带领着一窝小鸡的一只斗鸡种的母鸡，公鸡瞧见了，立刻冲过来相救，迎头一击，就把距插进了鸢的眼睛，并且深入它的脑壳。鸢死了，但费了大劲，才把距从鸢的脑袋里拔出来，同时，由于鸢虽死，但一直抓紧未放，攻守两方绞做一团，相互钉住，难解难分，后来终于拉开了，发现公鸡只受到了一些很小的损伤。斗鸡种公鸡的不可战胜的勇气

---

① Derbyshire，英格兰中部。

是有名的。好久以前，一位有身份的人在目睹一场鸡斗之后对我说，在斗鸡场上，有一只准备参加战斗的公鸡因事受伤，两腿都折断了，但鸡主人打下赌，并且放好赌注，说只要在鸡腿上绑上夹板，使他可以站直，他还是可以斗的。当场就这样办了，战斗立即开始，这只鸡斗得很凶，全无退缩畏惧的表示，直到他最后受到了致命的一击。在锡兰，和这种斗鸡关系很近密的另一个野生的鸡种，斯坦雷氏鸡（乙 434）的公鸡，有人知道，斗起来是不顾死活的，"为的是要保护他的'后宫'"，其结果是总有一方以死亡告终。[12]印度的一个鹧鸪种，印度石鸡（乙 685）的雄鸟有坚强而锐利的距的装备，十分爱斗，"人们所猎获到的雄鸟，几乎没有一只的胸部不是瘢痕累累，不成样子，说明着他生前的频繁战事。"[13]

几乎所有鹑鸡类的雄鸟，在蕃育季节里，都进行凶狠的战斗，即便在不长距的那些也不例外。伞松鸡（即乙 934）和黑松鸡（blackcock，即乙 933）都是一夫多妻的，到此季节，要在一定的场合成群聚会，一面厮打，一面在雌鸟面前展示种种引逗的手法，如是者要持续许多个星期。柯瓦列夫斯基博士告诉我，在俄国，他看到凡是雷鸟斗过的场地上，总是积雪上一片殷红；而若干黑松鸡的"交斗，真认真得像劳于王事似的"，"使断羽散毛，满天飞舞。"老布雷姆①描述到，德国当地人对黑松鸡在求爱季节中载歌载舞的聚会所谓"巴尔兹"（Balz）的那种场面说得很引人入胜。雄鸟几乎不停地发生无法形容的怪声怪叫；同时"高高地竖起尾巴，把尾羽张开得像一把折扇，昂起头颈，这些部分的羽毛也都挺得很直，两翼也从身体分张开来。然后，在这个姿势之下，忽东忽西地跳上几跳，有时也打个转身，用喙的阴面死命地抵着地，把喉部的一些羽毛都抵得掉落下来。在这些动作的同时，他又不停地扑着两翅，有时还不断地打转。求爱的心情

---

　　①　老布雷姆，原文"the elder Brehm"。本书援引布雷姆的地方不一而足，但几乎全都指小布雷姆，只此一处指老布雷姆。大抵大小两布雷姆为当时读者所熟知，故达尔文不作清楚交代，只此一处多加上一个老字而已。查父子为德国人，父的全名为 Christian Ludwig Brehm，1787～1864，是个鸟类学家。子的全名为 Alfred Brehm，1829～1884，是个动物学家，作过广泛的观察旅行，担任过汉堡动物园园长和柏林水族馆馆长，著有《动物生活图说》（北京大学图书馆有藏书）。此父子二人一般人名辞书都失载，《英国百科全书》第十一版亦竟未列，故补注及之。

越来越迫切，他的活跃程度也就越来越增强，最后会变得像发了疯似的。"到此阶段，雄性黑松鸡是如此全神贯注，心无二用，弄得几乎是耳聋目盲，什么都顾不得的样子。雷鸟的雄鸟也有这光景，并且更厉害，因此，捕鸟的人可以当场把他们一只只地打死，甚至可以徒手活捉。歌舞完毕之后，雄鸟彼此之间开始战斗。而同一只雄鸟，为了证明他的能耐高出侪辈，在同一天的自晨至午，可以出现在好几个"巴尔兹"的场合；而这种场合的地点是历年不变的。[14]

拖着长裙子的雄孔雀，看去更像是个花花公子，而不是一个战士，但有时候也会斗得很凶：福克斯牧师告诉我，去哲斯特①不远，两只雄孔雀发生战斗，斗酣了，他们一路飞，一路斗，飞遍了哲斯特城的上空，最后在圣约翰教堂的钟楼顶上止息下来。

在这些备有距的鹑鸡类的鸟种里，每一条腿上只有一个距；但在同隶一类的孔雀雉属（乙790，见图51，本章下文），则不止一个，有两个或两个以上的；而在血雉（blood-pheasant）的一种（乙521），有人看到有五个距。一般只雄鸟有距，雌鸟则仅有距的象征或残留，有些鼓起的疙瘩而已。不过，据布莱斯先生告诉我，爪哇孔雀（乙728）和体格不大的火背雉（fire-backed pheasant，即乙401）这两个鸟种的雌鸟也有距。在鹑鸡类的鹧鸪鸡属（乙430），雄鸟每条腿上通常有两个距，而雌鸟则只有一个。[15]因此，我们可以认为，距本来是雄鸟的一种结构，但有时也或多或少地分移到雌鸟身上。像其他大多数的第二性征一样，距的变异性是很大的，在同一个鸟科之内，距在多寡与发达的程度上都可以有很大的差别。

许多鸟种在两翼上也有距，称为翼距。埃及鹅（Egyptian goose，即乙239）两翼上各有一个"角度相当钝的圆疙瘩"，这还不是真的距，而可能表示了在其他鸟种里翼距最初发展的一个步骤。在距翼雁（spur-winged goose，即786），公雁的翼距要比母的大得多；而据巴特勒特先生见告，公雁用它们来相斗，因此，在这个例子里，翼距也未尝不是和性生活有关

---

① Chester，英格兰西部的一个城市。

的一件武器；不过据利文斯通的意见，翼距的主要用途是保卫幼雏。在秧
鸡类的一个属翼距秧鸡属（乙708）（图38），左右翼上各装备有两个翼距，
威力巨大，有人知道，只消一击，就能教一只猎犬痛得狂叫而逃。但看来
在这一例，或在秧鸡类的其他一些例子里，雌雄鸟在翼距的大小上似乎没
有什么不同。[16]但在某几个种的鸻或千鸟（plover），我们一定得把翼距看
作一个性的特征。例如在我们普通的田凫（peewit，即乙992），雄鸟翅膀
拐角上的瘤状突出，到了蕃育季节，会变得更壮大，而他们之间也彼此相

图38　秧鸡的一种，翼距鸟（乙709），示翼上的两个距和头上的
线状细角（采自布雷姆）

斗。在有几个跳凫属（乙563）的种里，同样的瘤状突出，到此季节，就发展"成为一只短短的角一般的距。"在澳洲产的一种跳凫（乙564），雌雄鸟都有翼距，但雄鸟的要比雌鸟的大得多。在与此关系相近的铠翼属的一个鸟种，黑枕麦鸡（乙488），到了蕃育季节，翼距虽不加大；但在埃及，有人看到他们很能相斗，而斗法和我们的田凫（乙992）相同，就是，突然在半空中打个转，彼此从侧面攻击对手，有时候也可以致命。斗走其他敌人，他们也用同样的方式。[17]

恋爱的季节也就是战斗的季节。不过有些鸟种的雄鸟，像斗鸡、流苏鹬，而在野生的吐绶鸡和松鸡，甚至尚未成年的雄鸟也是这样，[18] 只要碰上，随时可斗，不论季节。在场有一二只雌鸟是最令人厌恶的战争起因。孟加拉的"巴布"们①喜欢养一种娇小玲珑的能斗的歌鸟，叫"阿玛达伐特"（amadavat，即梅花雀，乙393，实燕雀类的一个鸟种）；他们把三只小笼子摆成一排，两边两只里各放上一只雄的，中间放一只雌的，过一会儿把两只雄的放出笼来，他们就会立刻拼死地斗起来。[19] 当这种鸟的许多雄鸟集合在同一个特定的场合而像松鸡和其他鸟种一样争雄斗胜的时候，一般总有若干雌鸟在场，[20] 她们后来就和得胜的一些雄鸟相配。但在有些例子里，雌雄相配是在雄鸟彼此互斗之前，而不在其后：例如，据奥杜邦说，[21] 弗吉尼亚夜鹰，亦即蚊母鸟（Virginian goat-sucker，乙170），若干只雄鸟一同"向一只雌鸟求爱，神情动作十分令人发嗾，但当雌鸟作出抉择的时候，中选的雄鸟立刻发出对其他雄鸟的逐客令，把他们这些无事而闯入之辈全部轰出他的势力范围之外。"一般地说，在雌雄相配之前，雄鸟要把不中选的同辈赶走或杀掉；但看来雌鸟所看中而挑取的未必总是取得胜利的雄鸟。说实在话，柯瓦列夫斯基博士确凿地告诉我，雷鸟的雌鸟有时候偷偷地拉上一只年轻的雄鸟而溜走了，而这只雄鸟根本没有敢和其他的雄鸟进入战阵。这种情况是可以有的：苏格兰红鹿（red-deer）的牝鹿有时候也这么办。如果两只雄鸟在一单只雌鸟面前相争，后来如愿以偿

---

① baboo，意指有闲阶级分子。

486

的大概是胜利的一方，这是可以确定无疑的；但雄鸟的这些战役有时候是由外来而流浪的雄鸟所引起的，他们试图扰乱一对已经在交配中的鸟的安宁。[22]

即便在最好斗和能斗的鸟种，雌雄鸟的配合大概也不全凭雄鸟的单纯的体力和勇气；因为这种雄鸟一般也用各种不同的装饰品来打扮自己，而一到蕃育季节，这些装饰手段越发见得鲜艳，而要在雌鸟面前富有诱惑力地卖弄一番。雄鸟又努力用种种音声、曲调、一些把戏等来魅惑和激发他们的对象，而在许多例子里，整个求爱的过程是拖得相当长的一回事。因此，如果说雌鸟对来自雄鸟的这种种迷惑的事物完全无动于中，或者说，她们总是毫不例外地被迫而委身于斗争中取得了胜利的雄鸟，怕都是不合于事实的。更近乎事实的是，雌鸟是受到了某些雄鸟的激发的，有的在他们相斗之前，有的在相斗之后，并且是不自觉地看中了那些善于激发她们的雄鸟的。在伞松鸡（乙 934）的例子里，一位良好的观察者[23]甚至于认为雄鸟的各场战斗"全是伪装的，是种演出，为的是要在聚集在周围而欣赏他们的雌鸟面前最充分而有利地各显身手罢了，因为我从来没有能发现受伤的英雄，一个都没有，甚至连折断了的羽毛也找不到几根。"我在下文还要回到这题目上来，目前只再说一两个例子：就美国的另一种松鸡狂热松鸡（乙 930）说，大约有二十只雄鸟集合在一个特定的场所，一面各自趾高气扬地大踏步走来走去，一面大声怪叫，喧闹嘈杂，空气为之震荡。只要有一只雌鸟首先有所表示，作些兜搭，雄鸟们就立刻开始狠斗，斗了一阵，软弱些的雄鸟认输退出；但，据奥杜邦说，斗输的并不退出，而和胜利的一道寻找雌鸟，到此阶段，要么雌鸟作出抉择，要么战斗重新开始。美国的有一种田椋鸟（field-starling，即草地鹨，乙 904）也是如此，一群雄鸟起先是打得不可开交的，"但一见到一只雌鸟，便立刻收兵，一起跟着她飞，看去像发疯似的。"[24]

声乐与器乐。——在鸟类，鸣声是用来表达各种不同的情感的，诸如痛苦、畏惧、愤怒、得意，或简单的心情愉快。看来有时候也用来制造恐怖，例如有些鸟雏会作嘶嘶或嘘嘘之声。奥杜邦[25]叙述到他所养驯的一只夜鹭，一称苍鹨（night-heron），说它当一只猫走近的时候，惯于把自己藏起来，然后，"突然发作一声怪叫，怪得真是可怕，目的显然像要把猫吓跑，而其间还有几分自鸣得意的地方。"当发现一小块味美可口的东西时，一只普通家养的公鸡会向母鸡咯咯作声的打招呼，母鸡对小鸡也是如此。母鸡一下了蛋，"要在同一个音符上咯上半天，然后用上音程的第六音来结束，而这音要拖得更长，[26]而她是通过这个来表达她的高兴的心情的。合群性强的一些鸟种显然会用鸣声的呼唤来彼此相助。一群之中的成员各自从这棵树飞上那棵树，活动频繁，但作为一个群，是用啾唧相答的方式来维系的。雁和其他水禽，在夜间结阵飞行的时候，我们在黑暗中可以在头顶上听到它们的前锋所发出的震荡着空气的铿锵的鸣声，接着又听到从后卫发出的同样的鸣声，显然是首尾呼应，使队伍不至于散失。某些叫声是用作信号的，暗示着前途有危险，这在弋猎的人未必听得懂，有时弄得一无所获，而在这鸟种自己，乃至其他的鸟种，是懂得的。在打败一只对手之后，公鸡会喔喔的啼，蜂鸟会啾啾的叫，都所以自鸣得意。但大多数鸟种的真正的歌曲以及各式各样的奇声怪叫，要到蕃育季节里才鸣放出来，而那是专以异性的鸟为对象的，有的用来引逗她，有的只是用来向她打招呼。

鸟类为什么要鸣，目的何在，这是博物学家们议论纷纭、莫衷一是的一个问题。在过去的观察者里面，很少有比蒙塔古更为小心细致的了，而他的见地是，"能歌唱的鸟种以及其他许多鸟种的雄鸟一般不去寻觅雌鸟，而与此相反，一到春天，他们的任务是，找个显著的地点止息下来，把爱情的全部曲调毫无保留地倾倒出来，而雌鸟呢，从本能上就懂得这副曲调，一经听到，就赶到这场合来，进行她们对配偶的选择。"[27] J. 威尔先生告诉我，夜莺（nightingale）的情况确乎就是这样。一辈子喜欢养鸟的贝奇斯坦也说，"金丝雀（canary）的雌鸟总是挑取雄鸟中最好的一只歌手，而碛鹨（finch）的雌鸟，在自然状态里，对雄鸟是百中挑一，挑音调最讨她喜爱的那一只。"[28]没有疑问的一点是，鸟类对于彼此的歌唱能悉心倾听。J. 威尔①曾经向我谈过一只照莺（bullfinch）的例子，这只照莺被调教歌唱一支德国华尔兹舞的舞曲，他学得很好，演奏合拍，卖价高到十个畿尼。② 这只鸟被送进挂有其他许多笼鸟的屋子，其中大约有二十只红雀（linnet）和金丝雀；他一进屋子就歌唱起来，原在屋子里的鸟就都挨到各自笼子的最靠近歌声来源的一边，用极大的兴趣来倾听这位新来的歌唱家。许多博物学家认为鸟类的歌唱"几乎完全是彼此争胜和竞美的结果"，而不是为了引逗他们未来的配偶。巴林顿和塞尔彭的怀特的意见就是如此，而这两位都是特别留意过这个题目的。[29] 不过巴林顿承认，"歌唱的优异为某些鸟提供了比他们的侪辈远为卓越的地位，凡是捕鸟的人都熟悉这一点。"

　　雄鸟与雄鸟之间在歌唱方面的竞争是剧烈的，能耐也大不整齐，这一层也是肯定的。玩鸟的人用歌唱时间的长短来衡量鸟的优劣，而雅利尔先生向我谈到，第一等能歌的鸟有时候可以连续唱个不停，直到昏倒而几乎死去。而据贝奇斯坦，[30] 则真有唱死的，而死后检验，发现肺部有一根血管破裂了。不管这鸟究竟是怎样死的，据我从 J. 威尔先生那里听说，一些雄鸟在歌唱的季节里往往有突然倒毙的情事。歌唱的习性不一定总和恋爱有关，这从下面的一件事就可以看出来：有人叙述到[31]一只不能生育的杂种金丝雀在照着镜子歌唱，唱了一会儿，突然向镜中自己的照影撞去；有一次他被放进笼子，和一只雌的金丝雀一道，他狠狠地把她攻打了一顿。捕鸟的人也时常利用鸟的歌唱在别的雄鸟身上引起嫉妒的心理；他们将一只唱得好的雄鸟藏在某一个地点，听得见而瞧不到，保护得好好的，又用一只死鸟的标本，围上许多洒有石灰的乱树枝，放在外边，露着。用此方法，据 J. 威尔告诉我，有一个捕鸟的人一天之内捉了五十只糠碛鹨（chaffinch），而另一个竟捉到了七十只，全是雄的。能唱的本领和爱唱的性情，

────────────

① 本书引威尔有两人，一是 J. 威尔，一是 H. 威尔，此处据书末索引是 J. 威尔，原文未说明是哪一个，兹补一"J."。
② 即十个二十一先令，合十英镑半。
③ 见下文第十四章译注①。

在同种的雄鸟之间有巨大的参差不齐；一只普通的雄糠碛鹨只值六便士，而 J. 威尔先生看到捕鸟的人对有一只鸟索价高到三英镑。一只真正好歌手的测验是：在笼子里，笼子又在屋子里高高挂起，在主人头顶上晃着打转，他还是不停地唱。

雄鸟歌唱，有时是为了彼此争胜，有时是为了引逗雌鸟，两者之间其实毫无矛盾。意料所及，我们还可以想到，这两个习惯是殊途而同归的，好比喜欢卖弄和喜欢打架这两个习惯也是殊途而同归的一样。但有几位著作家争辩说，雄鸟的歌唱不可能起什么魅惑雌鸟的作用，因为，少数几个鸟种，有如金丝雀、知更鸟、云雀（lark）和照莺中的几个种，特别是在寡居的状态下，据贝奇斯坦说，雌鸟自己也会引吭高歌，而歌声亦复相当婉转动听。在这一类例子中间的某几个，雌鸟之所以也会有歌唱的习惯，部分原因也许是环境的高度改变，如食物的质和量有了很大的改变、笼居的活动范围太狭隘等，[32] 使原有的和生殖有关的一些功能受到了干扰。上文已经述及，在许多例子里，雄性方面的第二性征会通过遗传而局部地分移到雌性身上，因此，有些鸟种的雌鸟也具有歌唱的能力，本来是不足为奇的。又有人提出这样的争辩，说雄鸟的歌唱对雌鸟不起引诱的作用，因为某些鸟种的雄鸟，例如知更鸟，在秋天也歌唱。[33] 但这一点也并不奇怪，动物在一年的其他季节里，随着本能所指使，或自己能力之所及，也未尝不喜欢随时练习，且以此种练习为乐事，或从而得到一些别的好处，原是再普通没有的事。鸟明明很会飞，它们却有时候喜爱在空中滑翔和翱翔，显然是以此自娱，这不是我们经常看到的么？猫把捉住了的耗子、鱼鹰把捉住了的鱼，总要先玩弄一阵。关在笼子里的织布鸟（乙 787）的自娱活动是以一根根草为纬，以笼子周围的铁丝或竹条为经，而利落地交织起来。习惯于在繁殖季节里相斗的雄鸟，一般在任何季节里都随时动不动就会打架；而雷鸟（capercailzie）的雄鸟有时候在秋季也在原定的场合举行他们的"巴尔兹"或"勒克"。[34] 总之，雄鸟在过了求爱的季节之后还随时不断地歌唱，来自我消遣，是丝毫不值得惊怪的。

上文有一章里已经指出过，鸟类的歌唱在某种程度上也是一种艺术，通过练习，就会精进。人们可以把种种不同的曲调教给他们，甚至平时唱不成曲调的麻雀，也会学习而唱得像红雀一般。他们会学唱义父母的歌曲，[35]有时候也会学邻居的歌曲，[36]鸟种虽有不同，不碍彼此学习。鸟类中所有普通的歌手都属于鸣禽这一目（乙 518），而它们的发音器官比其他大多数鸟类的要复杂得多。但说也奇怪，这一目里的有些部分，如各种渡鸟（raven）、鸦（crow）、鹊（magpie），尽管也备有这种复杂的器官，[37]却从来不唱，它们的鸣声，在自然发出的情况下，也没有多大抑扬高下。据亨特说，[38]在真正的雄鸟歌手，喉头的一些肌肉比雌鸟的更为强大有力，但除了这一小点之外，尽管大多数鸟种的雄鸟远比雌鸟唱得好，唱得时间长，两性在发音器官上却并无其他的差别。

值得注意的一点是，只有身材较小的鸟种才真正地从事歌唱。但澳洲的一个琴鸟属（乙 608）肯定是一例外；阿尔伯特氏琴鸟（乙 609）身材很大，约有半只长足了的吐绶鸡那么大，他不但会模拟别的鸟种的鸣声，并且"自己有一套十分幽美和富有变化的啸声。"这种鸟的雄鸟聚集在一起，形成澳洲土著居民所熟悉的"山会"，竞相歌唱，像孔雀般的把尾羽竖起、张开，两翼则因此而更加下垂。[39]又一点值得注意的是，凡是善鸣的鸟种一般都不具备鲜艳的羽毛或其他装饰手段；那种情况不是绝对没有，但确是很少见。我们不列颠的鸟类里，除去照莺（bullfinch）和金翅雀（goldfinch）之外，最好的歌手都是没有什么打扮的。翠鸟、食蜂鸟（beecatcher）、佛法僧（roller）、戴胜（hoopoe）、几种啄木鸟等等，只会发出粗糙的叫声；而热带的颜色艳丽的鸟种中几乎找不到任何歌手。[40]由此可知，鲜美的颜色和歌唱的能力似乎是相互替代的。我们可以看到，如果羽毛的颜色不向鲜美的一方面变异，或如果此种颜色对种族生存有所妨碍，就得改用其他的方式来引逗雌鸟，而音调之美就提供了这样一个方式。

在有一些鸟种里，两性的发音器官有着很大的差别。在狂热松鸡（乙930，图 39），雄鸟在脖子两旁各有一只不长毛的、橙黄色的气囊，到了蕃育的季节，雄鸟要作奇怪的重浊的鸣声时，气囊就鼓得很大，气足声洪，老远就可以听见。奥杜邦曾经加以证明，这种鸣声的确和气囊有着极为密

图 39　用大气囊来发音的狂热松鸡（乙 930），雄鸟（伍德绘图）

切的关系（这使我们想起某些蛙种的雄蛙嘴边的气囊，也是一边一只），因为他发现，在一只养驯了的这种雄鸟身上，如果在气囊之一上用针戳一个小窟窿，鸣声就会低得很多，而如果两只气囊都戳一下，鸣声就完全发不出来了。雌鸟"在脖子两旁有差不多的两片皮，比雄鸟的要小些，但同样地不长羽毛，而这两片皮是不会鼓气的。"[41]另一个种的松鸡，雉尾松鸡（乙 937）的雄鸟，当他向雌鸟求爱的时候，"食道部分外面的黄色的不带羽毛的皮也能鼓气，并且鼓得奇大，足足有此鸟全身的一半大"，然后发出深沉、中空、或像硬物摩擦而出的各种不同的声音。接着，竖起颈毛，低垂两翼，踞地作营营声，加上张开得像掌扇般的尾巴，开始表演各种离奇古怪的姿势；而雌鸟的食管部分则绝无特别之处。[42]

　　欧洲产的硕鸨（bustard，即乙 697）和至少还有其他四个种的雄鸟，腮下都有一只大皮囊，前人不察，以为是盛水用的，现在似乎已经搞清楚，是和发出音声有关的。此鸟一到蕃育季节，喉部要发出有类于"喔克"、"喔克"的鸣声。[43]分布在南美洲的一种外表像乌鸦的鸟叫做顶伞鸟（umbrella-bird，即乙 190）（图 40），其所以有顶伞之名，是因为雄者有一

492

个大得出奇的顶结，顶结的中心是若干没有羽瓣的白色的羽干或羽管，外面围着一圈深蓝色的羽毛，一撑开来，可以构成直径足有五英寸的一个大圆顶，把整个的头盖住。这种鸟在腮下又有一条细长而作圆筒形的垂肉，但和一般鸟类的垂肉不同，通体有浓浓的一层作鳞状的蓝色羽毛。这个结构，大概除了供装饰之用而外，也还起一种扩音器的作用，因为贝茨发现它和"肺部的大气管的一个特殊发展的部分，以及和发音器官"，都有所联系。当此鸟发出他所独有的那种既深沉又嘹亮，而又能持续得很长的像笛音一样的鸣声的时候，这条肉也会放宽放大。在雌鸟，这种顶结和颈疣都只是一些残留，不成名堂。[44]

图 40　顶伞鸟，采自《皇家博物志》

蹼足类和涉禽类鸟种的发音器官是非常复杂的，两性之间也有一定程度的差别。在某些例子里，气管是弯弯曲曲得至于打转的，像一支法国号一般，并且深深地埋进到胸骨里面。在野生的天鹅或鹄（乙305），在成年的雄鸟身上，这种深埋的程度比成年的雌鸟和幼年的雄鸟都要厉害。在秋沙鸭（乙611），气管的较大一端比雌鸟的多一对肌肉。[45]但在有一个种的凫，斑凫（乙34），这较大而由骨质构成的部分，在雄鸟只比雌鸟的大得有限。[46]不过凫鸭科（乙37）的雌雄鸟在气管上的这些差别究竟有什么意义，我们却不了解，因为雄凫或公鸭，在两性之中，鸣声并不一定总是更多更大的。我们知道，在普通家养的鸭，公的只会吁吁作声，而母的却会嘎嘎地叫，声音十分洪亮。[47]鹤（crane）类中有一个种，蓑羽鹤（乙458），雌雄鹤的气管都穿进了胸骨，但也还有"某些有关性别的变化"。黑鹳（black stork）的雄鸟，在支气管的长度和弯度上也有一点显著地有别于雌鸟的地方。[48]从这些例子，我们可以看到，有着高度重要性的一些结构曾经按照性别而经历过一些变化。

　　雄鸟在蕃育季节里所发出的许多怪声怪叫和各种音调究竟是用来勾引雌鸟，抑或光是用来向她召唤，是往往不容易猜测的。雉鸠（turtle-dove）和许多种鸽子的温柔的咕咕声，设想起来，大概是可以教雌鸟感到愉快的。当野生吐绶鸡的雌鸟清早起来发出召唤的时候，雄鸟所用来酬答的音调是和他当初在求爱时节所发出的声音不同的，那时候，他在雌鸟面前，羽毛一根根伸得笔直，翅膀振动得沙沙作声，垂肉涨得又肥又大，吐气既粗且急，走路昂首阔步，带着几分摇摆——那时候的声音是咯落咯落的。[49]公的黑松鸡的"斯佩尔"、"斯佩尔"的鸣声肯定地是用来召唤雌鸟的，因为有人知道，一只笼中的雄鸟在作出这样的叫声之后，就有四五只雌鸟从远处飞来；但在此以后的若干天内，这只雄鸟还是不断地"斯佩尔"、"斯佩尔"地叫，每天要叫上好几个钟头，而雷鸟（Capercailzie）也有这种情况，他一面叫，一面在神情上充满着"热情得不到满足的痛苦"，这就使我们想到在场那些可望而不可接的雌鸟是受到了这类叫声的魅惑的，初不止听从召唤而已。[50]普通的白嘴鸦（common rook）的鸣声，有人知道，在繁育季节里是与平时不同的，这也说明在这季节里的鸣声是有某种性的意味的。[51]但对于某些鸟种的雄鸟的粗糙而力竭声嘶的怪叫，例

494

如南美洲的称为鹦鹉）（macaw）的几种鹦鹉，我们又将说些什么呢？这些鸟对颜色的鉴赏能力看来是不太高明的，鲜黄和宝蓝色的羽毛搞在一起，是个何等不和谐的对照，然而却受到欣赏，我们是不是可以因此而得出判断，认为它们对音调的欣赏也是很不高明的呢？但下面的这样一个看法怕还是近乎事实的，就是，雄鸟粗厉的叫声的由来并不是因为它带来了什么好处，而只是由于，长期以来，或多少世代以来，在恋爱、嫉妒、愤怒等感情的强烈刺激之下，发音器官不断地得到使用，声音就越来越粗，或越怪，而这种结果是遗传了下来的：但这一点，我们在下文处理四足类动物时还将继续加以讨论。

到此为止，我们所说的只是喉咙里发出来的鸣声，即所谓声乐；不过，不同的鸟种，在求爱季节里，也有奏出不妨叫做器乐的乐声的。雄的孔雀和风鸟，即天堂鸟（bird of paradise），会振动羽翮，使相互敲击，咽哒作声。雄的"吐绶鸡用翅膀刮地面发声，而有几种松鸡也这样做，发出营营之声。另一种北美洲松鸡伞松鸡（乙 934）的雄鸟，当他竖起了尾巴，蓬松了颈毛、而"向躲藏在附近的雌鸟炫耀他的美色"的同时，用他的两翼，像黑蒙德先生说的那样，在自己的背上，而不是奥杜邦所设想的那样，在自己身体的两侧，像打鼓般的敲出声来。这种敲打所发出的震荡之声，有人说像远处打雷，有人说像地面滚鼓，并且滚得很快。雌鸟从来不会这样做，而只是"当雄鸟这样敲打的时候向他那里笔直地飞去。"喜马拉雅山里的"卡立奇"雉（Kalij-pheasant）的雄雉也会这样地"鼓翼作声，鼓出来的声音往往很别致，很像摇晃一大幅粗硬布料的声音。"在非洲的西海岸，一种身材不大的黑色的纺织鸟（black weavers，是否隶织布鸟属，乙 787，不详）成群结队地会合在围绕着一块小空地的灌木丛里，边歌唱，边滑翔，滑翔时两翼震颤，"像小孩子的一种摇响器那样地发出急剧的胡胡之声。"一只一只雄鸟都要这样轮番地表演一通，先后要费上好几个钟头，但只是在求爱季节才如此。也在这季节里，一年之中也只限于这个季节，某几种欧夜鹰（night-jar，乙 169）的雄鸟也鼓动双翼，作一种奇特的隆隆之声。在啄木鸟的几个不同的种里，雄鸟用喙来敲打摇曳而中空的树枝，使发出震荡之声，敲击之际，头的活动频繁而急剧到一个地步，使仰首观看的人"觉得此鸟脖子上有两个头似的。"这样地敲打所发出的声响很大，相当遥远的地方都可以听到，但无法加以形容。我肯定地认为，如果一个人初次听到这样声响，对它的来源是无论如何也猜不出来的。这种粗厉的声响既然主要只发生在蓄育的季节里，便有人认为它也未尝不是一种爱情的歌曲；但更为严格地说，那也许只是一声声爱情的召唤而已。有人观察到过，如果一只这种鸟的雌鸟被从窝里逐出，也会作出这种唤声，在别处逗留的雄鸟便会同声呼应，不久之后，赶到现场。最后，戴胜（hoopoe，即乙986）是一身兼备声乐与器乐这两种音乐的。因为，在繁育季节里，据斯温赫先生的观察，这种鸟的雄鸟先深深地吸进一口气，继而用喙的尖端垂直地抵住，轻敲一块石头，或一根树干，"然后从管道似的喙里把气向下迸发出来，就会产生他所要求的正确的声音。"如果他的喙不这样地顶住某一种东西，那发出的声音就不一样。所吸的空气同时也有一部分被吞咽下去，所以这鸟的食管也鼓得很大，而看来这也起了一种共鸣器或反响器的作用，加强了所发生的声音；在各种鸽子以及其他的鸟种，也有这种情况，不限于戴胜。[52]

在上面所列举的例子里，声响的发出是借助于一些现成的结构，而此类结构平时还有其他必要的用途。但下面所要说的例子与此不同，即某一部分的羽毛起了变化，经过改造，发声之外，不作别用。普通的鹬（snipe，即860）所作的叫声像打鼓，像羊咩，像马嘶，又像雷鸣（不同的观察者所用不同的形容词就是如此），一定教听到过它的每一个人感觉到惊奇。在交配季节里，这种鸟要"飞腾到约摸一千英尺的高空"，在空中忽左忽右地飞翔一阵之后，便张开尾巴，颤动着翅膀，用奇快的速度曲线下降。上面所说的那种惊人的声音，就只是在快速下降之际迸发出来的。原因何在，一向没有人能加以解释，直到米弗斯观察到，这种鸟的尾羽，靠外边的几根在构造上有些特殊（图41）：

羽干作佩刀状，特别硬，斜斜排着的羽枝也特别长，它们所合成的靠

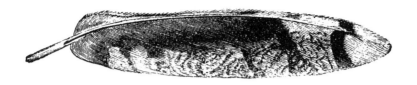

图 41　普通鹬（乙 860）的靠外边的一根尾羽。
（采自《动物学会会刊》，丙 122，1858 年卷）

外边的羽瓣相钩连得特别紧。他发现，如果向这些羽毛吹一口气，或把它们缚在一根长竿头上，在空气中快速摇晃，也可以使它们像在活鸟身上一般地发出打鼓似的声响来。普通鹬的雌雄鸟均备有这种尾羽，但雄鸟的一般要大些，所迸发的声响也深沉些。在另一个山鹬种（乙 859），这种起了变化的尾羽左右两边各有四根（图 42），而在又一个山鹬种，爪哇鹬（乙 861），则此种尾旁的羽毛左右各不下八根之多（图 43）。不同鹬种的尾羽，在空气中一摇晃，所发出的声调各有不同；而美国的威尔逊氏鹬（乙 863）在高空快速降落的时候作软鞭子抽击的声响。[53]

图 42　又一个山鹬种（乙 859）靠外边的一根尾羽

图 43　爪哇鹬（乙 861）靠外边的一根尾羽

在美洲，一个属于鹑鸡类的身材高大的鸟种，单色镰翅冠雉（乙 229），翼上的第一根初列拨风羽的羽梢，在雄鸟的是很弯的，作弯形，而比雌鸟的要细瘦得多。在与此关系相近的另一个鸟种（贞妇鸟属的一个种，黑山冠雉，乙 737），沙尔文先生曾经观察到过一只雄鸟，当他从高处往下飞的时候，"两翼张得很开，发出一种坍塌和冲撞的声响"，像一棵树倒地那样。[54]在印度产的鸨的一个种（乙912），两性之间只有雄鸟翼上的初列拨风羽是大大地变得尖削了的。而有人知道，与此关系相近的另一个鸟种，在向雌鸟求爱的时候，也会用这种羽毛作出嗡嗡之声。[55]在和这些鸟种关系很疏远的另一个鸟群，即各种蜂鸟，就其中某几个种而言，也只有雄鸟翼上的初列拨风羽，在羽的尖端，或则羽干变得宽平，或则羽瓣截然光秃，像是受到切除似的。例如，在其中的一个种，宽尾煌蜂鸟（乙865）的雄鸟，一到成年，第一根初列拨风羽的羽尖就是这样地没有了羽瓣的（图44）。当他从这一朵花飞向另一朵花的时候，他会发出"一种尖锐得近乎吹哨的声响"，[56]但据沙尔文先生看来，这种声响不是由雄鸟有意识地作出的。

图44 宽尾煌蜂鸟（乙865）的初列拨风羽
（采自沙尔文先生所作的素描）。示两性差别，上面是雄鸟的，下面是雌鸟翼上部位相当的那一根

　　最后，在侏儒鸟属（Manakin，乙769）的一个亚属里，有几个种的雄鸟翼上的次列拨风羽，据斯克雷特先生的叙述，所经历的变化就值得我们注目了。在其中有一个羽色鲜艳的种（乙770），前面三根次列羽的羽干特别粗壮，而靠近身体的一头是弯作弓形的；第四、第五两根（图45，a）变化更大，而一到第六、第七两根（图45，b、c），羽干"粗大的出奇，形成了一块坚实的角质的东西。"和雌鸟的地位相当的几根羽毛（图45，d、e、f）相比，我们可以看到羽枝方面所起的变化也很大。在雄鸟方面，甚至连支持着这些特殊的羽毛的翼骨，据弗雷泽先生①说，也变得很粗很厚。这些鸟的身材虽小，发出的声响却奇大，声响中的第一个"高音和空抽鞭子的劈啪声不能说不相像。"[57]

---

　　① 查本书援引的弗雷泽有二，此处所引是哪一个，未详。

总上所说，许多鸟种的雄鸟在繁育季节里所发出的形形色色的音声，属于声乐的也罢，属于器乐的也罢，以及用以产生这些音声的形形色色的手段或工具，是很值得我们注意的。通过这一番注意，我们对于音声在性的意义上的重要性，在认识上有了提高，同时也使我们回想到上文在昆虫方面我们所已经取得的结论。我们不难想象，一种鸟，原先为了召唤，或为了其他比较简单的目的，所发出的音声，通过了若干一定的步骤，而终于进展到一只富有音调而悦耳的爱情歌曲。就产生打鼓声、吹哨声、或咆噪声的变化了的羽毛而论，我们知道有些雄鸟，一到求爱的时候，本来就会把他们通常而未经变化的羽毛，作为一个整体，扑打、振动、摇

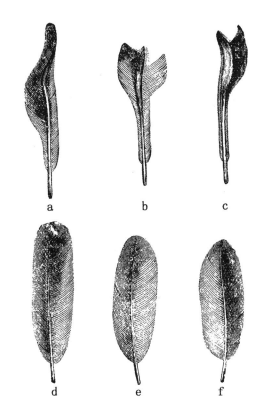

图 45　侏儒鸟的一个种（乙 770）的次列拔风羽（采自斯克雷特文，《动物学会会刊》（丙 122），1860 年卷）。上面的三根，a、b、c，是雄鸟的；下面的三根，d、e、f，是雌鸟的，在翼上的部位和雄鸟的完全相当

　a 和 d，皆第五根次列拔风羽，阳面
　b 和 e，皆第六根，亦阳面
　c 和 f，皆第七根，阴面

晃一番；如果雌鸟对此表示欣赏，而倾向于选取表演得最好的雄鸟的话，则在后者之中，凡属在羽毛上，初不论是身体上哪一部分的羽毛，发展得最有劲道、最浓密、或最细削的一些个体会最有胜利的希望和把握，而这样，逐步逐步地，这些羽毛就会发生变化，形势要求到什么地步，就变化到什么地步，几乎是没有限度的。至于雌鸟，她当然不会注意到这种在羽毛形式上的每一个连续的细小改变，而只能注意到由此而产生的声响上的

改变。同是在鸟纲里面，所发出的音声真是千变万化，其间有鹬尾的打鼓声，有啄木鸟喙的敲打声，有某些水鸟的粗厉的喇叭声，有雉鸠的鸪鸪或哥哥声；有夜莺的婉转的歌唱声，而不同鸟种的雌鸟竟然各自能为此而感觉到愉快——天地之大，无奇不有，这也未尝不是一奇了。但我们也必须注意，千万不要用同样的标准来衡量不同鸟种的鉴赏能力。也不要用人的鉴赏标准来衡量它们。即以人而论，我们应该记住，极其不和谐的音声，诸如铜锣的镗镗声、芦管的尖刻凄厉声，我们不爱听，而野蛮民族的人却听来悦耳。贝克爵士说，[58] "阿拉伯人的胃口既然可以爱吃直接从动物身上取下的生肉和热气腾腾的肝片，则他们的耳朵也就可以爱听同等粗糙而嘈杂的音乐，而不要其他的东西。"

求爱用的杂技和舞蹈。——某些鸟种为了求爱而作出的种种奇异的姿态，我们在上面已经附带地加以注意，陆续有所陈述，这里需要补充的不是太多了。在北美洲，有一个种的松鸡或雷鸟（乙931），在蕃育季节里，每天早上，要成群结队地聚集在一块选定的草坪之上，而在这里，各自兜着一个直径从十五到二十英尺的圈子跑个不停，像童话中的"仙女环舞"一般，以致把草皮都踩得很光。这就是当地猎人们所称的"鹧鸪舞"（partridge dance），鹧鸪也就是雷鸟、松鸡的又一个名称。在这鹧鸪舞里，参加的鸟都摆出各种最奇怪的姿态，大兜圈子，有的向左兜，有的向右兜。奥杜邦描写到大白鹭（乙89，即"风标公子"）的雄鸟如何用他们的长腿在雌鸟面前踱来踱去，同时对在旁的对手们表示一种傲慢而不买账的神情。这同一位博物学家又谈到兀鹰中令人作恶的专吃腐肉的一个种，兀鹫（乙181），说"雄鸟在恋爱季节的初期里装模作样的姿态，大摇大摆的步伐，大足令人发笑。"某些鸟种是在空中表演他们求爱用的杂技的，即一面飞，一面表演，例如我们在上文所已看到的非洲的黑色纺织鸟（乙787）那样，有的则在地面上。到了春天，我们的娇小的白颈莺（white-throat，即910）往往飞向半空，高出一个灌木丛几英尺或几码之上，然后一面"一阵阵地、奇形怪状地振动双翼，一面不断地歌唱，最后回到原来栖止的灌木上。"英格兰的身材巨大的鸨，据沃尔夫的描述，当他向雌鸟调情的时候，突然摆出一种古怪得无法形容的姿势。和他关系相近的印度的孟加拉鸨（乙 696），在这个季候里，会"急剧地拍动翅膀，高高地竖起羽冠，蓬蓬松松地把胸羽和颈羽全部鼓起，然后直线上升地飞向半空，又笔直地飞落地面"；如是者要重复好几回，同时还哼着某一种特别的音调。附近的雌鸟，如果正碰上"这样一个舞蹈的演出，就会应召而来"，而她们一到场，雄鸟就斜拖两翼，把尾羽铺张出来，像吐绶鸡的公鸡那样。[59]

　　不过，这方面最奇特的还是澳洲的三个关系相似的鸟属，即出名的凉棚鸟（bower-bird）——而这三个鸟属无疑是同源的，同源于最初取得为了表演爱情杂技而构造凉棚这一奇异本能的某一个祖辈鸟种。我们在下文将要看到，这种凉棚（图 46）是建筑在平地之上、用鸟羽、介壳、枯骨、树叶等布置装点起来而专为求爱之用的，它并不是巢，巢是营建在树上的。凉棚的工程是雌雄协同进行的，但雄鸟是主要的建筑工人。此种本能很是顽强，甚至在被人捕获而被禁锢的情况下，营建也照样进行。斯特仑

图 46　凉棚鸟与其凉棚（采自《皇家博物志》）

奇先生曾就他在新南威尔士（澳大利亚之一州，在澳洲东南境——译者）的禽苑中所畜养的几只绸光凉棚鸟（satin bower-bird）的习性有所叙述。[60]他说，"有时候雄鸟会追逐雌鸟，追来追去，跑遍了禽苑，然后走向凉棚，衔起一根颜色美好的羽毛或一片叶子，发出一声奇怪的音调，身上的羽毛都挺得笔直，在凉棚外边不停地打转，神态变得紧张到一个程度，使眼睛直瞪得像要从头面上抛射出来似的；他继续不断地时而舒展左翼，时而舒展右翼，同时发出低沉的呼啸声，有时候垂头向地，像公鸡那样仿佛在啄取什么东西似的，如此者很久，一直要到雌鸟心回意转，轻缓的走来相就为止。"斯托克斯上尉描写到另一个种，大凉棚鸟（Great Bower-bird）的习性和"耍房"，看到这种鸟"独自闹着玩，时而向前飞，时而向后飞，轮番在耍房两边啄起一片介壳，衔着它飞进耍房的穹形的门道。"这种专为群鸟会聚、玩耍、而雄鸟向雌鸟调情求爱之用的营构，一定是耗费了这种鸟不少的工力的。例如，胸部作淡黄褐色的那一个种所造的凉棚有将近四英尺长，十八英寸高，且是垫高了的，下面有由树枝堆成的厚厚的一个台基。

装饰。——我将首先就雌雄鸟之间只有雄鸟讲究打扮、或雄鸟要比雌鸟讲究得多些的那些例子加以讨论，而把雌雄鸟同等讲究的一些例子留待下文的另一章里讨论，至于雌鸟反而比雄鸟的颜色见得略微鲜美一些的极少数的例子，则留在最后。像野蛮人和文明人对人工造作的装饰物品的用法一样，鸟类使用它们的自然饰物时也以头部为主要的所在。[61]像本章开始时所说的那样，装饰物的花色是繁变得出奇的。头部前面或后面的羽毛形式繁多，有的还能竖起或张开，从而把各种不同的鲜美的颜色充分展示出来。有的在耳边有一撮漂亮的毛，称为耳总毛（图39，上文）；有的整个头部满盖着丝绒似的茸毛，例如雉；也有光秃无毛而皮肤呈生动的颜色的。有的脖子下面也有装饰，如须髯、垂肉、或肉瘤。这一类的附赘悬疣一般总是鲜艳夺目的，尽管在我们看去不一定都很美观，对有关的鸟种来说，无疑地有其装饰的作用。因为每当雄鸟向雌鸟求爱的时候，它们会胀得很大，颜色变得更生动，吐绶鸡的雄鸟就是如此。再如牧羊神雉（trag-opan，即乙205）的雄雉，到了这种时候，头部这一类的肉赘疣在腮下的则胀大得像片衣衿，在额上的则成为堂皇的顶结旁边的肉角，一边一只；而这些东西的颜色变为深蓝，浓艳得无以复加，为我生平所仅见。[62]非洲的垂肉犀鸟（horn-bill，即乙146）把他腮下的猩红色的垂肉鼓足了气，形成一只大皮囊，加上斜曳的双翼，广张的尾羽，合起来看"真有几分壮观"。[63]在有些例子里，甚至连眼球上的虹膜都表现着性别，雄鸟的颜色要比雌鸟的更为明艳，而喙的颜色也往往如此，我们普通的山鸟（black-bird）就是一个例子。在另一个犀鸟种，槽喙犀鸟（乙145），雄鸟的整个的喙、庞大的头盔，比雌鸟的颜色都更为鲜明夺目，而"下颚两边的斜槽是雄鸟所独具的"，雌鸟没有。[64]

再者，头部的装备之中，肉的附赘悬疣之外，往往还有成丝成缕的东西，和种种坚实的隆起或突出。这些，除了在极少数例子里两性都具备外，一般只限于雄鸟才有。马歇尔博士曾经详细地描写过头上的一些坚实的隆起，指出它们的结构有的是骨质的，中空而有海绵状的组织，外面罩上一层皮肤，有的则为皮细胞或其他的细胞组织。[65]在哺乳动物，真正的角是长在颅骨的前头骨上的，和颅骨不是一码事，而在鸟类，所称的角是由颅骨上不同部分的骨片变化而成，不限于前头骨；而在和犀鸟属于同一鸟群的若干鸟种里，在隆起的当中，有的有个骨质的核心，有的完全没有，而介乎两者之间的各种不同的程度也都有。因此，马歇尔博士说的有理，通过性选择而发展出来的这些装饰性的附赘悬疣，推究由来，盖得力于无其数的不同种类的变异。特别拉长了的长羽或一般的羽毛，可以从全身的任何部分脱颖而出似地发展起来。颈部和胸部的羽毛，在有的鸟种里，发展成为美丽的颈甲毛或项圈毛。尾羽往往特别加码地变长，这我们在雄孔雀的覆雨羽和百眼雉（Argus pheasant）雄雉的真尾羽上面都可以看到。就雄孔雀而言，为了支撑这些分量很重的覆尾羽，甚至连尾部一些骨头也起了变化。[66]百眼雉的身体并不大于公鸡；然而从喙尖起到尾梢止，总的长度不下于五英尺三英寸，[67]而其间在翅膀上的次列拨风羽就将近三英尺长。在一个种的非洲夜鹰（night-jar，即乙286），翼上初列拨风羽中的一根，在蓄育季节里，变得特别发达，要长到二十六英寸，而这种鸟的躯干本身只长十英寸。在另一个与此关系很近的夜鹰属，此种拉得特长的拨风羽是只有羽干而没有羽瓣的，只是在末梢有些羽枝构成了一个圆盘形的小片。[68]再如，在夜鹰的又一个属里，尾羽的发展比上面所说的翼羽的发展更要出奇。一般说来，尾羽的特别拉长要比翼羽更为常见，因为翼羽太长就不利于飞行。从这些例子里，我们看到，在关系很相近密的一些鸟种之中，通过一些羽毛的分道扬镳的发展，雄鸟所取得的种种装饰实际上是属于同一个类型的。

一个奇异的事实是，有些鸟种，尽管关系很疏远，属于很不相同的鸟群，而其羽毛所经历的变化，在方式上却几乎是一模一样。例如上面所说到的一种夜鹰，其拨风羽是光秃的，只羽梢上有个小圆盘，或者像有人所称的那样，羽梢是匙状的或球拍状的。这种同一类型的羽毛在下列的一些鸟种的尾羽上都有：一个种的樫鸟，即修尾鸟（motmot，即乙398），一个种的翠鸟、矶鹬、蜂鸟、鹦鹉，印度所产属于燕雀类而一总被称为"多隆哥"（drongo）的几个鸟种（实分隶于乙346和乙366即毛虫鹏属两个属，在后一属中，有一个种的羽梢的圆盘是翘起而与羽干成直角的），以及某几个种的风鸟或天堂鸟。在后面的这些鸟种里，头部也装扮有同样的羽毛，羽梢上还带着美丽的眼斑纹；某些鹑鸡类的鸟种也有这种情况。在有一个种的印度鸨（bustard，即乙912），构成耳总毛的若干根约摸四英寸长的羽毛也用小圆盘来收梢。[69]而最为奇特的事实是，据沙尔文先生很清楚地指出，[70]上面所说的那一个种的樫鸟是用把羽枝啄去的方法使尾羽的羽梢成为球拍形的，而我们可以更进一步地看到，这种久经世代的不断地残毁丧失，终于产生了一定分量的遗传影响。

此外，在许多不相联属而差别很大的鸟种里，一根根羽毛是作细丝或长缕状的，某几种的鹭（heron）、红鹤或朱鹭（ibis）、风鸟，以及鹑鸡类的一些鸟种都有这情况。在另一些例子里，羽枝完全消失，羽干从本到末完全光秃；而这样的羽干或羽茎，在有一个种的风鸟或天堂鸟（乙716）

的尾巴上的，竟长达三十四英寸，[71]完全成了一根根长缕；在又一个种，新几内亚风鸟（乙717，图47），则比此要短得多，也细得多。本来就比较短小的羽，这样变得光秃以后，看去像一根根刚毛，雄吐绶鸡胸口的羽毛就是如此。像我们人在服装上接受任何瞬息变化的时髦式样那样，鸟类中的雌鸟，对雄鸟羽毛在结构或颜色上的几乎任何变化，也似乎都能接受下来。明明是关系很远而差别很大的一些鸟群，而羽毛的变化可以相提并论，当然无疑地不是一个巧合，而基本上是由于一切羽毛具有几乎是同样的结构和同样的发展方式，因此，也就容易倾向于同样地发生变异。在家禽品种里，尽管所从来的鸟种不一，在羽毛的变化上，我们往往看到有一种可以相互类比的变异倾向。正因为如此，所以在好几个家养的鸟种的头上都出现了顶结。在吐绶鸡的一个已经灭绝的族派里，这种顶结包括中心的若干根光秃的羽干和外围的一圈茸毛，因此看去有点像上文所描写的网球拍形的羽毛。在某几个鸽子和家鸡的品种，羽毛也作细缕状，同时羽干

图47　大风鸟（采自《皇家博物志》）

也有着某种程度的光秃的倾向，在塞巴斯托波尔鹅（Sebastopol goose），肩胛上的一些羽毛变得特别长而弯曲，甚至弯得有些螺旋形，边缘作细缕状。[72]

关于颜色，我在这里几乎用不着再说什么，因为谁都知道许多鸟种在这方面是如何的美丽悦目，而各种颜色的配合又是如何的协调。这些颜色又往往能发出金属的光彩和虹的光彩。一些圆斑的外围，有时候会有一个或不止一个五颜六色而明暗不同的环带，有的更进而转变成为一些眼斑纹（ocellus）。许多鸟种的雌雄鸟之间在这方面的一些奇异的差别也用不着多所说明。普通的孔雀就提供了一个突出的例子。各种风鸟的雌鸟的颜色是暗晦不明的，并且什么装饰品都没有，而雄鸟却打扮得极为漂亮，有可能是所有鸟类中最为花枝招展的，而式样之多、变化之大，非亲眼看见不能领会。即如在上面所说的两种之中的一种（乙716）的雄鸟，从两翼底下脱颖而出的两根特长的、作橙金黄色的羽毛，会挺得很直，一起颤动，颤动的结果，有人形容说，构成一个所谓佛光一般的光圈，鸟头在圈的中心，"看去像一个用绿宝石雕成的小太阳，而太阳的辐射就由两根羽毛颤动而成。"[73]在又一个极为美丽的风鸟种，雄鸟的头总的说来是光秃的，"作浓厚的钴蓝色，却有几道黑色的丝绒似的茸毛横截而过。"[74]

各种蜂鸟（humming-bird，图48至图49），在美丽的程度上，几乎可以和各种风鸟（bird of paradise）相匹敌，这是每一个看到过古尔德先生的几本大著或他所藏的丰富标本的人都会承认的。这一路鸟在装饰上的五花八门，真可以教人惊奇。全身的羽毛几乎全被利用上了，几乎全都起了些变化；而据古尔德先生所指给我看的那样，在这科的若干种里，这些变化都发展到了令人叫绝的极端，而这些种并不集中在一两个属里，而是几乎每一个属都有代表。这一类走极端的例子和我们人所豢养而赏玩的品种所表现的一些情况很相像，可以说相像得出奇。在人们所饲养的鸟种里，同一个种的某些个体，本来在某一个特征上发生了些变异，而另一些个体则在另一些特征上起了些变化，于是饲养者就立刻抓住不放，使这些特征变本加厉地发展出来——例如扇尾鸽（fantail）的扇形尾、雅各宾（jaco-

bin）鸽或鸠的头兜、传书鸽的喙和垂肉，等等。两类例子相比，所不同的
只是，在这里，结果的取得是由于人工选择，而在那里，在蜂鸟、凤鸟，
等等，则由于雌鸟对更为美丽的雄鸟进行了挑选。

图 48　蜂鸟的一个种，缨冠蜂鸟（乙 570），
示雌雄鸟（采自布雷姆）

图 49　蜂鸟的又一个种（乙 288），示雌雄鸟
（采自布雷姆）

　　我准备只再举一个别的鸟种，值得举出的理由是，这鸟种的雌雄鸟，
在颜色上差别极大，成为最鲜明的对照，这鸟种就是南美洲的铃声鸟
（bellbird，乙 234）。这种鸟的又一个特点是鸣声甚大，人们远在几乎三英
里之外就可以听到，并且把它辨认出来，人第一次听到它，不免要吓一
跳。雄鸟是纯白的，而雌鸟则作暗绿色。在陆居、身材不太大、而又没有
什么惹人厌恶的一切鸟种之中，纯白色是很难得的。雄鸟，据沃特顿的描
写，头上有根螺旋形的管子，近三英寸长，从喙的基部伸展出来。管子的
颜色是漆黑的，上面洒满了由细小的茸毛所构成的一些点子。这管子内通
于腭，可以充气而竖起，否则就下垂而挂在脸部的一边。这一个种的铃声
鸟所隶的属共包括四个种，四个种的雄鸟是彼此分明，很容易辨别的，而
雌鸟，据斯克雷特先生在一篇很有趣的论文里的叙述，则彼此很相近似，
难于辨认，而这就提供了一个出色的例证，说明这样一条普通的准则，就

507

是，在同一个鸟群之内，不同的鸟属鸟种的雄鸟之间的差别要比雌鸟之间的大得多。在这个属的第二个种（乙235），雄鸟也是雪白的，只是在腮下和眼睛周围各有一片不长羽毛的皮肤，而这些，一到蕃育季节，都作美好的绿色。在第三个种（乙236），雄鸟只头部和颈部是白色的，其余作栗壳般的棕色，此外又有一个特点，就是，备有三根线缕状的突出，一根从喙的基部伸出，两根在嘴的两角，左右各一，各有身体的一半长。[75]

成年雄鸟的羽毛和某些装饰物，有的是终身的，有的每年到夏季和蕃育季节要更新一次。在这同一个季节里，喙和颈部不生羽毛的皮肤往往要变换颜色，有几种鹭、红鹤、鸥鸟，刚才说过的那一个种的铃声鸟，等等，就是如此。红鹤原是白的，但到此季节，两颊、可以鼓气的腮下的光皮肤，和喙的底部，都变作朱红色，[76]因此就有了"朱鹭"或"红鹤"之称。有一个秧翁种（rail，即凤头董鸡，乙427），在这个时期里，雄鸟的头上会长出一个红色的大肉瘤来。在鹈鹕的一个种，红喙鹈鹕（乙733），喙上会长出一个瘦削的角质的峰状突出来，情况与此相类，因为，蕃育季节过后，这种突出就脱落了，与牡鹿头上的双角的脱落无异，而在美国内华达州的一个湖泊中的一个小岛之上，滩头水际，满地可以找到这种角质的遗蜕。[77]

羽毛颜色的季节性改变是有一定的依据的：第一，有关的鸟种有一年换毛两次的特性；第二，羽毛本身要真正地改变为另一种颜色；而第三，颜色呆板的羽边要按季节定期地脱落；或者，所依据的是这三个过程的不同程度的结合。脱换性羽边的脱落是可以和很小的雏鸟脱换茸毛相比的，因为，就大多数例子说，茸毛原是从第一次的真羽的顶尖首先冒出体外而构成的。[78]

关于每年换毛两次的一些鸟类，可以分好几部分来说。第一，有些鸟群，如普通的几种鹬（snipe）、一些千鸟种（swallow-plover，隶燕鸻属，乙449）、和各种麻鹬（curlew），雌雄鸟彼此相像，而羽毛虽换，羽色则终年不变。我不知道是不是冬羽比夏羽要厚些暖些，但看来一年所以要第二度换毛的目的大概是为了保温，所以只换毛而不换色；第二，有些鸟群，如某几个种的鹬（红脚鹬属，乙953）以及其他的一些涉禽（乙455），雌雄鸟也彼此相似，但冬夏两羽在颜色上略有不同。不过不同的程度实在太小，很难说对它们有什么好处；也许只是因为冬夏两季的气候条件有所不同，对生活在其间的这一部分鸟类起了些直接的作用而已；第三，在另一部分鸟类，雌雄鸟也彼此相似，而冬夏两季的羽毛却前后大不相同；第四，在又一些鸟种，雌雄鸟的颜色彼此不同，但雌鸟，尽管也换毛两次，颜色却终年不变，而雄鸟则冬夏羽的颜色不同，而且有的相差很大，例如有几个种的鸨（bustard）；最后，第五，在又一些鸟种，雌雄鸟的冬夏两季羽毛都不相同，但雄鸟，每到换羽的季节，所经历的变化，在分量上要比雌鸟更为大些——在这方面，流苏鹬（乙590）就是一个很好的例子。

至于冬夏两季羽毛为什么要有不同的颜色，原故何在，目的何在，我们可以说，就有些鸟种而言，是要在两季之中都起些掩护的作用，例如木松鸡（ptarmigan）。[79]如果两季的羽色差别很小，那也许只是为了适应不同季节的生活条件而已，上文已经说到过了。不过就许多鸟种而论，夏羽是为了装饰的目的，这一点，即使雌雄鸟的色泽相似，也几乎是可以无疑的。对于许多种的苍鹭（heron）、白鹭（egret），等等，我们可以作出如上的结论，因为它们只是在蕃育季节里才取得美丽的羽毛；还可以指出，这种羽毛，以及顶结等等，尽管雌雄鸟都具备，雄鸟的，在某些例子里，要比雌鸟的略为发达一些，而和其他光是雄鸟具备这一类的羽毛和装饰物的一些鸟种相似。我们也知道，禁锢或笼居的生活，由于影响到了雄鸟生殖系统方面的正常功能，时常对一些第二性征的发展起些限制性的作用，而对于其他方面的特征，则并没有直接或紧跟着的影响。而据巴特勒特先生告诉我，在动物园里的一个鹬种（knot，即漂鹬，乙962）中，有八九只雄鸟没有换毛，全年保持着朴素的冬羽。从这样一个事实，我们可以推论，夏季的羽毛，尽管雌雄鸟都换上，实际上具有别的鸟种只限于雄鸟才有的羽毛的那种性质，是一个雄性的特征。[80]

根据上列的种种事例，特别是根据如下的几点观察：一，某些鸟种的雌雄鸟，在每年两度换羽的任何一度里，都不变色，或虽变而差别极小，说不上有什么用处；二，另一些鸟种的雌鸟虽也照例换羽两次，羽色却无改变，终年如一——我们可以得出结论，认为一年换羽两次这一习性之所以取得，其原因不在于使雄鸟得以借此机会好在蕃育季节里换上一套装饰性的装束，至少原先的目的不在于此，而是别有所在，但到了后来，在某些鸟种里，这一习性被很现成地利用上了，利用来为雄鸟重新装束一番，于是夏季羽毛才成为婚羽（nuptial plumage）。

在关系很为近密的若干种之中，有的一年换两次羽，有的只换一次，各按各的规矩办事，这一点，乍然看去，也不免有些奇怪。例如，上面说到的那一种木松鸡（ptarmigan）一年就换两次羽，甚至三次，而另一种松鸡（black-cock）的雄鸟却只换一次；又如在印度的吸蜜鸟（honey-sucker，属乙 651）里，有几个颜色很华丽的种，和颜色暗晦的木鹨（pipit，属乙 57）的几个亚属，都是一年换羽两次的，其他和它们分别有关系的种或属则一年只有一次。[81] 不过，许多不同鸟种在换羽的方式方面也表现一些渐进的程度上的差别，这种等差的现象向我们说明了这样的一点，就是，许多鸟种，乃至不止一个的整个鸟群，即鸟科或鸟属，原先有可能都取到过一年换羽两度的习性，但有的后来得而复失，回到了一年一度。就某几个鹬种和千鸟种（plover）来说，春天的那一次脱换是极其不完全的，有些羽毛是换上了新的，而另一些只是换上了新的颜色罢了。我们也有理由相信，在某几个鹬和类似秧鸡的鸟种，尽管正常的习性是一年换羽两次，而有些上了年岁的雄鸟却把婚羽保持了下来，经冬不换。在有些鸟种里，一到春季，只是添上少数几根高度变化了的羽毛，例如在印度称为"多隆哥"（drongo，即卷尾属，乙 112）属的某几个类似伯劳的燕雀类鸟种，就添上几根末梢带有圆盘的羽毛。又如某几种苍鹭，则在背上、脖子上、顶冠中添上几根特长的羽毛。很有可能，通过诸如此类的步骤，春季的那一次换羽才变得越来越齐全，终于成为一次完整的脱换，而使一年一次的换羽变成了两次。有几种风鸟或天堂鸟，也把婚羽经年地维持了下来，因此一年也只有一次换羽；有些风鸟种则在繁殖季节过去之后立即卸下这套羽毛，因而一年就有了两次；而更有一些风鸟种则今年这样卸了，而明年却不卸，乃至历年都不卸，因此，就成为上面两派之间的一个中间派。再如在一年换羽两次的许多鸟种，每次换羽之后，把新羽保持下来的时间久暂也大有差别，对两次中的一次可能维持上一整年，而对另一次则不久便完全放弃。例如，流苏鹬（乙590）春天的颈圈毛，即所谓流苏，只保持两个月，还很勉强。在非洲纳塔尔（Natal）的寡妇鸟（widow-bird，即乙240）的雄鸟，在每年十二月或一月间取得他的美好的羽毛和特长的一些尾羽，但一到三月就脱落了，只保持了大约三个月。大多数一年两度换羽的鸟种，对此种装饰用的羽毛大抵能保持约六个月。但野生的原鸡（乙433）的公鸡保持他的颈部的刚毛或梳齿毛，要到九个或十个月之久。而当这种羽毛脱落的时候，衬在它们底下的颈部的黑色羽毛就全部暴露了出来。但在家鸡的公鸡，亦即这种原鸡的远裔，颈部的旧的梳齿毛一脱落，便立刻有新的起而代替；因此，我们在这里看到，在一个从野生变为家养的鸟种里，在家养之后，就全身羽毛的一部分而言，原先的两度换羽又变成了一度。[82]

大家熟悉，普通鸭（乙32）的公鸭，一过蕃育季节，就把他的雄性羽毛卸了，而换上和母鸭同样的羽毛，如是者约有三个月。雄的针尾凫（pintail，即乙31）只卸六个星期到两个月，比公鸭时间更短；因此蒙塔古说，"在这样一个短短的期间里就来个第二度换羽真是太超出常理之外了，这是对人们一切理解能力的一个挑战。"但在相信物种的变化是循序渐进的人，当发现诸如此类的大小、高低、久暂的级别或层次时，却丝毫不会感觉到奇怪。如果雄的针尾是对新的羽毛的取得是比实际情况更快一些，即等不到上面所说的六个星期到两个月的话，则一些新出的雄性羽毛几乎不可避免要和一些还来不及脱落的旧的雄性羽毛相混，而两者也不免与同于雌性而正常也是属于雌性的一些羽毛穿插并存，而这恰好是同这个种关系并不疏远的另一种凫的情况，就是红胸秋沙鸭（乙612）的情况：因为，据有人说，这种鸭的公鸭"要经历一番羽毛上的变迁，而在此变迁期间，他们在一定程度上就和母鸭的色态相似。"如果把这样一个过程再稍稍加快一些，所谓的两度换羽就不成其为两度了。[83]

上文说过，有些鸟种的雄鸟的羽毛，到了春天，会变得鲜美，是并不由于一次春季换羽，而是，或则由于一批旧的羽毛转变了颜色，而颜色真的可以转变，或则由于有季节脱落性而颜色暗晦的一些羽边到此便脱落了。通过这些过程而造成的改变所能维持的时期长短不一。在鹈鹕（乙734），到了春天，全身是一种粉红色，胸口洒上一些柠檬一般的鲜黄色的斑记，很是美丽；但这些色彩，据斯克雷特先生说，"维持得并不久，一般在充分发展出来之后约六个星期到两个月，就消失了。"某几种碛鹨（finch），到了春天，会把一些羽毛的羽边卸掉，从而便颜色见得大为鲜美，而另一些碛鹨种则不经历这一番改变。例如其中的一个美洲种暗色燕雀（乙422）乃至其他许多北美洲的碛鹨种或雀科的鸟种，要在冬天过去之后才表现它们鲜美的羽色，而在习性上恰恰可以代表这一类鸟的我们欧洲的金翅雀（goldfinch），和我们这里在结构上更能代表它们的金雀，却不经历这样的一年一度的改变。但在关系相近的鸟种之间，这一类在羽毛上的差别是并不奇怪的，因为在和这些鸟种属于同一个科的普通的红雀（linnet），其在英格兰，前额和胸口的朱红色一直要到夏天才显示出来，而在马德拉①的红雀，这种颜色是终年不变的。[84]

雄鸟以羽毛相炫耀。——一切种类的装饰物品，无论是长期性的或暂时取得的，都被雄鸟富有诱惑力地用来向雌鸟进行刺激、引逗和施展魅力。但有的时候，虽无雌鸟在场，雄鸟也会炫耀他们的装饰物品和手法，例如在"巴尔兹"场合上的松鸡，就不一定总是在雌鸟面前夸耀；在雄孔雀中间也可以看到这种情况；但在孔雀，他显然是要向别一种观众显美一番，而据我所不止一次看到的而言，这种观众中有家禽，甚至有猪。[85]凡是细心留意到鸟类习性的博物学家，无论所留意的是自然状态中的鸟类，或人工饲养下的鸟类，均表示了完全一致的意见，认为雄鸟在自炫其美之中自寻乐趣。奥杜邦时常说到，雄鸟总是千方百计地向雌鸟进行诱引。古

---

① Madeira，诸岛，大西洋中，摩洛哥之西。

尔德先生，在描写一只雄蜂鸟的一些特点之后说，他认为没有问题的是，这只雄鸟有本领把这些特点向雌鸟展示得一清二楚，而捞到最大的好处。杰尔登博士[86]也坚持说，雄鸟美丽的羽毛"是用来魅惑和吸引雌鸟的。"巴特勒特先生，有一次在动物园现场，用最为坚定有力的词句向我表示同样的意思。

在印度的丛林里，如果人们能"突然碰上二十只或三十只孔雀，看到其中的雄鸟正在雌鸟面前炫耀着他们壮丽的长尾巴，踱着方步走来走去，容丰鬓盛，趾高气扬，而作壁上观的雌鸟也踌躇满志"——那真是一个令人叫绝的壮观。野生吐绶鸡的公鸡直挺着他闪闪发光的羽毛，广张着他色彩缤纷和条纹重叠的尾羽和翼羽，尽管在我们人的眼光里不无几分古怪的感觉，

图50　美洲巨冠黄鸟（乙842），雄鸟。据伍德所绘图

也是奇丽可观。关于各种松鸡在这一方面大致相类的一些事例，我们在上文已经介绍过了。如今转到另一个目的鸟类。美洲巨冠黄鸟（乙842）的雄鸟（图50）是世界上最美丽的禽鸟之一，全身作鲜艳的橙黄色，而一部分羽毛则很奇特地截去了末梢而作线缕状。雌鸟则绿色中带些棕色，又夹杂着一些红晕，羽冠要比雄鸟小得多。尚伯克爵士曾经描写过这种鸟的求爱活动；他发现了它们的聚会场所的一个，在场的有十只雄鸟和两只雌鸟。这场合的直径有五英尺，场上一根草都没有，像经人工平整过似的。雄鸟中的一只"正在蹦蹦跳跳地表演，若干只别的鸟观看着，显得有些欣

513

赏之意。接着，他时而张开两翼、抛头向上，或扇子般地展开尾羽，时而大踏步地走来走去，步履之中带有轮番地一足跳的姿势，显得疲乏了，咯咯地唱上几声，然后由另一只雄鸟把他换下。如是者我看到了三只雄鸟，先后上场，先后自鸣得意地退场休息。"当地的印度人，为了剥取它们带毛的皮张，先在这种场合附近躲着，等它们跳舞正酣，忘其所以之际，便用毒箭把它们射死，一箭一只，一次可得四五只。[87]就风鸟或天堂鸟来说，十二只或更多的羽毛丰满的雄鸟聚集在一棵树上举行一次"跳舞会"，而这正是当地居民用来称呼这种聚会的名字；在这里，他们飞来飞去，高举双翼，鼓起精美的羽毛，使它们不停地颤动，而霎时间，像华莱士先生所说的那样，整棵的树上像是长满了飞舞着的羽毛似的。在这个时候，他们，是这样地忙于所事，这样地全神贯注，一个高明的箭手几乎可以把与会的全部成员都射下来。这些鸟在马来群岛被人饲养的情况下据说也很爱惜自己的羽毛，收拾得很干净，往往把它铺开来，检查一番，剔除任何不洁之点。有一位饲养着好几对这种鸟的观察者也认为，雄鸟的显美是意在取悦于雌鸟无疑。[88]

锦鸡（gold pheasant）与阿姆赫斯特雉（Amherst pheasant），在求爱的时候，不但要把华丽的羽毛展开、竖起，并且，我自己曾经亲眼看到，要把它们特地斜斜地扭向雌鸟所站的一方，雌鸟在左，就扭向左，在右，就扭向右，目的显然是要让她看到各根羽毛所合成的更大的平面，让她看个饱。[89]他们也多少要把美丽的真尾羽和覆尾羽扭向雌鸟一方。巴特勒特先生曾经观察到一只雄的孔雀雉（乙790，图51）正在求爱，后来又向我出示这种鸟在求爱姿态中的一具标本。这鸟的尾羽和翼羽上都饰有美丽的眼斑纹，和雄孔雀尾羽上的相近似。我们知道，在雄孔雀，当他"开屏"的时候，全部尾羽通过展开与竖直而构成的屏风，对全身的直线来说，是横截的，因为他是正对着雌鸟而立的，他同时有必要显示他颈部与胸部的浓厚的蓝色之美，非正立不可。而在孔雀雉则情况不同，他胸部的颜色很暗晦，并不漂亮，而眼斑纹的分布又不限于尾羽。因此，他不面对雌雉，而是稍稍侧向一边地站着，张开而竖直的尾羽也略微偏向一边，同时，把

514

图 51 孔雀雉的一个种（乙 791），雄雉（据伍德所绘图）

靠近雌鸟一边的翅膀压低一些，而把另一翅膀高高举起。在这样一个姿势
之下，全身所有的眼斑纹就可以在雌鸟眼前全部同时暴露出来，像大幅洒
金或洒花的织锦似的，让正在观赏的雌鸟看一个满意。雌鸟有所转动，雄

鸟就带着张开的翅膀和斜竖的尾巴跟着转动，总是向着她，让她尽量地看。牧羊神雉（Tragopan）的雄雉的行径与此大同小异，所不同的是，在离开雌雉远些的那边，他不是把翅膀举起，而只是把翅膀上的羽毛竖起，使不被另一翅膀所遮掩，这样，他也就可以把几乎是全部的有斑点的羽毛的美好色相同时展览出来。

百眼雉（Argus pheasant）所提供的情况要比刚才这些更值得注目得多。只雄雉的翼上具有发展得特别巨大的次列拨风羽；每一根这种羽毛都饰有一连串的眼斑纹，二十个到二十三个不等，每一个的直径要在一英寸以上。这些羽毛上又有些旁行斜下的长条纹和一串串的斑点，都作灰黑色，看去也漂亮，兼具虎豹皮上的斑纹之美。这些美丽的饰品平时是掩盖起来的，要到他在雌雉面前夸耀时才展示出来。到此，他一面竖起尾羽，一面张开翼羽，张成圆圆的、几乎是垂直的一大片，像一柄又大又圆的掌扇，或一具盾牌，而尽量地伸向身体的前方。颈和头则侧向一边，反为广张而向前伸展的扇形的翅膀所遮掩；但为了可以看到他的对象，即那只正在观赏他的展览的雌鸟，他有时候把头在两根长的翼羽之间钻将出来（这是巴特勒特先生[①]，所曾看到的），这一来，就使整个的姿态见得很有几分古怪。在自然状态之下，这种"穴隙相窥"的办法，一定已经经常到成为一个习性的地步，因为巴特勒特先生和他的儿子曾经检看过从东方运来的一批这种鸟的皮张，都很完整，但发见有两根翼羽的某一部分总有些擦伤，像是雄雉的头时常在这里穿过似的；但伍德先生认为，雄鸟也可以把头伸得长些，超过掌扇的边缘，来偷看雌雉。

翼羽上的眼斑纹是些奇绝的东西；因为描影之美使观者取得一个立体的形象，而这立体的形象则有如阿盖尔公爵所说的那样，是个稍稍脱开的球白形大关节。[90]我曾在伦敦博物馆观看这种雉的一个标本，两翼是左右张开的，但有些下垂；我当时很失望，因为所看到的一些眼斑纹给我的印

---

① 此为又一个巴特勒特，与上下文所引的不是一个，据下文，二人是父子关系，但谁是父，谁是子，未详。

图 52 百眼雉，示雄雉在向雌雉显美（采自《皇家博物志》）

象是平面的，甚至是往下面凹的。但古尔德先生一下子就为我解决了问题，他把那些翼羽支了起来，像此鸟生前在显美时所要安放的部位那样；这一来就行了，在从上面下来的光线的照射之下，每一个眼斑纹就立刻鼓了起来，真像所称的球臼图案一般。这种羽毛也曾向好几个艺术家出示过，大家都对眼斑纹的描影之美表示赞赏。有人很可以问，难道这一类描影极之美丽的图案或花样之所以形成，也是通过了性选择的手段的么？但我们暂时保留对这个问题的答复，留待我们在下面紧接着的一章里把进化

517

分级或分层次的原理弄清楚了之后，因为这样作有它的便利之处。

上面的讨论所关涉到的，只是翅膀上的那些次列拨风羽；但在大多数鹑鸡类鸟种里总是一色的初列拨风羽，一到百眼雉，却和次列羽同样的奇妙。这种羽以一种柔和的棕色作底，加上许许多多的灰暗的圆斑，每个圆斑，细看起来，是以两三粒小黑点为中心和一个墨蓝色的外环构成的。但羽面上的有主要装饰意义的部分则是和深蓝色的羽干并行的左右两长条平面，和羽面的其他部分截然划分，看去完全像是羽中有羽、大羽上叠小羽似的。这在内的小羽作一种浅栗色，上面密布着白色的微点。我曾经向一些人出示这样的一根羽毛，其中好几个人都赞美不止，甚至认为比饰有球白形眼斑纹的羽毛更要美些，并且宣称，它不像自然的产品，而像艺术的创获。如今值得注意的是，这些羽毛，在平时，是掩盖得看不大见的，要到蕃育季节，或在其他特殊的情况下，才同比它们更长的次列拨风羽一道，充分地展示出来，即全部铺张开来，而形成上面所说的大圆掌扇或盾牌。

百眼雉雄雉的例子最是趣味盎然，因为它提供了一个良好的物证，说明一些极为精致的东西也可以取来作为性的禁方媚药之用，而此外更不作别用。次列拨风羽和初列拨风羽，既然要在雄鸟进行求爱而摆出求爱的架势之下才展示出来，其他时候则否，而球白的盛饰也要在这光景之下才和盘托出，不留余蕴，我们就不得不得出这样一个结论来了。百眼雉的颜色不能算鲜艳夺目，他在恋爱中的成功所依靠的也不在此，而在羽毛的宏伟和本来已经十分漂亮的花样变得越来越细致。许多人不免要说，一只雌鸟有能力领会这样幽美的浓淡和精细的花样，实在令人不能相信。不错，她竟然会有这种赏鉴的能力，几乎和人类的不相上下，无疑地是件奇事。一个自以为可以轻易而有把握地把低于人的动物的辨别力和鉴赏力衡量一番的人不妨否认百眼雉的雌雉会有这等细密的审美能力；但这样一来，他就得承认，雄雉在求爱的过程中所摆出的架势、所表现的姿态，和在这种架势与姿态之中所充分显示的羽毛之美，尽管奇异非常、出人意料，却是无的放矢，毫无用处；对这样一个结论，不说别人，至少我是再也无法接受的。

尽管有这么多的雉种和关系相近的其他鹑鸡类的鸟种会在雌鸟面前这样细到地显示他们的羽毛，可异的是，据巴特勒特先生告诉我，颜色呆板的耳雉（eared pheasant，即乙 295）和瓦氏雉（cheer pheasant，即乙 756）的情况就不是如此，并且颜色呆板到一个地步，连这两种雉自己也似乎意识到他们没有多大的美可以夸示。巴特勒特先生观察到耳雉的机会比较多而好些，而看到瓦氏雉的机会比较差些，但他从来没有看到这两种雉的雄雉相互斗争过。J. 威尔先生也发现，凡是羽毛美丽或有其他显著特点的雄鸟爱彼此打架，而属于同一鸟群的一些颜色呆板的鸟种则差些，不那么爱争吵。例如金翅雀（goldfinch）比红雀（linnet）远为爱斗得多；而山鸟（black bird）和鸫（thrush）之间也有同样的差别。凡是经春换毛的鸟种，一面既打扮得十分漂亮，而一面，在这季节里，也变得比平时爱打架得多。不错，有些颜色呆板的鸟种的雄鸟也未尝不爱斗，而且斗得很凶，但总的看来，如果性选择曾经发挥过深厚的影响，而使任何鸟种的雄鸟取得了鲜艳的颜色，它似乎同时也会使这个鸟种取得一种强有力的好斗的倾向。将来处理到哺乳类动物的时候，我们在这方面将要碰到一些几乎完全可以相比的例子。另一方面，在同一个鸟种之中，雄鸟既能歌唱而又擅羽毛之美的例子是极为少见的。但即使两美兼具，锦上添花，所赢得的好处也还是一样的，就是，无非是把雌鸟诱引而争取到手罢了。尽管如此，我们得承认，也还有若干个鸟种的雄鸟，一面羽毛既已很美，而一面又让他们的一部分羽毛发生了特殊的变化，使适合于奏出器乐之用。尽管这类器乐之美，至少在我们人的耳朵听来，不能和其他许多鸟种的雄性歌手所唱出的声乐相比，却总还构成一些说得上声容并茂、两美兼具的例子。

我们现在转到另一些鸟种，它们虽不很讲究打扮，在求爱过程中却也还能把一些有吸引力的东西抬出来，有什么就抬什么。从某些方面看，这些例子比上面所说的要见得更为奇特，但历来很少受人注意。J. 威尔先生一向饲养着许多鸟种，其中包括不列颠产的所有的雀科（乙 423）和鸫科

（乙376）在内，下面的一些例子都是从他那里来的，我为此向他表示谢意。他惠然借给我大量宝贵的笔记，下面的种种事实就是从中选取出来的。照莺（bull finch）求爱，是直截了当地在雌鸟前面进行的，他鼓起胸膛，让平时瞧不见的更多的绯红色羽毛可以同时暴露出来。一面他又把他的黑色尾巴扭来扭去，时而左，时而右，一边扭，一边上下弯弯地扇动作打躬状，姿态古怪，令人发笑。糠碛鹩（chaffinch）的雄鸟也直接站在雌鸟面前，让雌鸟可以清楚地看到他的大红的胸膛和所谓"兰铃"，也就是他的头，"兰铃"是玩鸟的人的行话，同时他把翅膀略略张开，使两肩的白板纹可以更好地显示出来。普通的红雀（linnet）也挺起粉红的胸膛，稍稍舒展棕色的翅膀和尾巴，让它们的白色边缘可以显露，从而使雌鸟领略到翼尾两部分的美的全貌。但我们在这里必须小心，不要以为雄鸟舒展双翼的目的光是为了显美，因为有些鸟种的雄鸟，两翼虽不美，却也照样舒展。家鸡的公鸡就是这样一个例子，但他所舒展的一贯地是不朝向母鸡那一边的那只翅膀，并且同时又要用它来刮擦地面作声。雄的金翅雀（gold finch）的行径同其他雀类都不一样；他的翅膀是很美的，两肩作黑色，拨风羽的灰暗的羽梢上有许多白点，而羽边则镶上一圈金黄色。当他向雌鸟求爱之际，先则身体左右摇晃或摆动，然后带着他舒展得不很开的两翅，一会儿转向左，一会儿转向右，而转动得极为敏捷，看去像一道道金光闪来闪去似的。J. 威尔先生对我说，在不列颠产的雀类中，没有第二种雀在求爱时会这样地左右转动，即便在分类关系和这种雀很为近密的金雀（siskin）的雄雀也不这样，因为这样做对他的美并不能有所增加。

大多数不列颠产的颊白鸟类或鹀类（bunting，即乙376）的鸟种都是很素色的；但到了春天，白领鹀（reed-bunting，即乙375）的雄鸟的头羽，由于灰暗色羽梢的剥落，呈现一种相当美好的黑色；到求爱时，这些头羽也会挺直起来。J. 威尔先生也一向饲养着从澳洲来的环喉雀属（乙22）的两个种：其中的一个（乙24），躯体很小，颜色素静，尾部灰暗，但尾梢作白色，而上层的覆羽则其黑如墨，但每一根上都有三个椭圆的大白斑，很是显著。[91]这种鸟向雌鸟求爱时，稍稍展开而不停地颤动这几根颜色斑驳的覆羽，颤动得很奇特。另一个种（乙23）的雄鸟，行径与此很不相同，向雌鸟展示的是他的艳丽而有斑点的胸部、猩红的尾梢和猩红的上层覆羽。我在这里不妨补充一些我从杰尔登博士那里听来的关于印度夜莺或鸲的一个种红鹛（bulbul，即乙811）的资料。这种夜莺的下层覆羽是绯红色的，但既在下层，我们设想起来，要展示得很好，是不可能的；但事实并不如此。"在激动的情况下，雄的夜莺往往把这些羽毛从横里舒展得很开，即便从上面往下看也可以看到。"[92]在其他一些鸟种，绯红色的下层覆尾羽无须特别显示，也可以看见，例如啄木鸟中的有一个种称作赤鸲（乙765）的就是这样。普通鸽子胸部的羽毛是能发出虹彩的；谁都一定看到过，当公鸽向母鸽调情的时候，他是怎样地鼓起胸腔，使这种光彩得以十足地显示出来。澳洲有几种两翼作青铜色的鸽子，其中冠毛野鸽（乙660）的行径，据 H. 威尔先生向我描述，是很不相同的：公鸽在母鸽面前站着，头低垂得几乎碰上地面，尾巴高举，尾羽张开，而两翼则半展半敛。然后他缓缓地把躯体时而抬高，时而压低，为的是让能发虹彩或金属光彩的羽毛都得以尽情呈露，一览无余，而在阳光的照射下，更显其灿烂动人。

我们已经提出了足够的事例来指陈，雄鸟在显示和施展他们各式各样诱致雌鸟的色相或手法时，是何等地细心谨密，又是何等地富有才能和技巧。当他们用喙整理自己羽毛的时候，他们经常有机会，一面自我欣赏，一面考虑怎样才可以把自己的色相最好地宣示出来。但属于同一个鸟种的雄鸟既然用完全同样的方式来夸耀色相，看来这一套夸耀的动作，尽管起初也许是有意识的，或需要用些心机的，却终于成为本能的一部分。果真如此，我们就不应该用自觉的虚荣心这一类的罪名来指控他们。这是对的；但当我们目睹一只雄孔雀趾高气扬踱来踱去，高张着尾羽，每一根还要不停地颤动，我们却又不禁想到，如果骄傲和浮夸能有一个化身，这化身一定是他。

雄鸟所具有的种种装饰手段，对他们自己来说，肯定地有着极度的重要性，因为，在有些例子里，为了取得这些手段，他们是付出了高昂的代价的，就是，这些手段成了负担，阻碍了飞翔，连累了行走。在非洲的夜鹰（属乙285），平时的飞行是以高速度引人注目的，但一到交尾季节，翼上初列拨风羽中的一根特别发展起来，成为一面狭长的旛，大大地影响了他的飞行速度。在百眼雉的雄雉，翼上的那一排次列拨风羽发展得如此其"大而无当，难于挥动"，以至，有人说，"把他的飞行能力几乎是全部给剥夺了。"天高风急，对各种天堂鸟的雄鸟来说，他们美丽的羽毛也很是累赘。南非洲的寡妇鸟（widow bird，属乙996）长得太长的尾羽使"他们的飞行有任重道远"之感，但一朝脱卸，他们就和雌鸟飞得一样快。鸟类蕃育的季节也总是食物充盈的季节，雄鸟的飞行受到阻碍，大概关系还不大，总还不至于挨饿；但在另一方面，行动的不便不免为猛禽鸷鸟创造机会，从而招来殃祸，这大概是可以肯定的。同样可以肯定的是，雄孔雀的长尾巴和百眼雉的长大的尾羽和翼羽，也使他更容易成为当地的一种猛兽、虎纹野猫（tiger-cat）的窥伺、袭击和吞噬；装饰物的显眼，和它所增加的分量、牵扯，到此都成为祸根。即便在一般鸟种的雄鸟，鲜美的颜色已经是一个麻烦，就是，容易使他们暴露，成为各式各样敌人的目标。因此，古尔德先生曾经说过，大概正是因为这种"冶容"的关系，这一类的雄鸟一般在性格上要比较地畏缩不前、深居简出，像是意识到了美貌是祸根这一点而有所自觉似的，因此，比起颜色朴素而性情比较驯良的雌鸟、或年轻而尚未取得盛装的雄鸟来，要更难发现，更难靠近。[93]

比这更为奇怪的是，有些鸟种的雄鸟，明明备有特殊的武器，可以战斗，也明明，在自然状态之下，很会战斗，甚至于会把同类中的其他对手杀死，而竟然也因其具备某些装饰物品之故，而吃亏受累。从事斗鸡的人惯于剪掉公鸡的刚毛或梳齿毛，割掉他的鸡冠、垂肉之类，经此一番手续，这鸡就被称为"受了封"（'dubbed'）[①] 的鸡。一只没有受封的公鸡，

---

① "dub'一字意义不止一个。欧洲中古时代，封建王侯授人以骑士称号，用此字，今英国国王授人以爵士称号，使其成为贵族，也用此字。这是一义。削木块使平滑、亦用此字，这又是一义。今斗鸡的人借用此字，盖兼采这两个意义，第二义很明显，其用第一义，则指如此受封之后，公鸡便成为骑士，可以上得战场了。斗鸡者用到这个字，今达尔文又特地说到这一点，这其间也可能有对英国贵族存心讽刺的意思，和下文第十五章中"blue blood"一词的用法相同，见第十五章译注。

据特格梅尔先生说，并且说得很坚定，"是处在一个可怕的不利地位，鸡冠和垂肉都很容易成为敌方利喙的把柄，被咬住不放。而公鸡相斗，总是要反复攻击被他咬住的身体部分，因此，一方一被咬住，就只好完全由对方摆布了。战斗终了，挨打的一方即便不死，凡是未经受封的公鸡所流的血要比受封过的多得多。"[94] 年轻的雄吐绶鸡相斗，彼此总是试图咬住对方的垂肉；成年的雄吐绶鸡相斗，想来也是如此。也许有人会提出异议，认为鸡冠与垂肉根本不好看，不能作为装饰之用；这话怕不尽然；即便用我们人的眼光来看，西班牙鸡种的公鸡，在油油然发出丝光的一身黑羽的美丽之上，再加白皙的脸庞和绯红的鸡冠，相映成趣，便越发见得漂亮；而无论何人，只要一次看到过牧羊神雉（Tragopan）的雄雉，在求爱活动中，如何把他的蓝色的垂肉鼓得又大又圆，光彩动人，便对于这一类结构的目的是在显美，而在雌鸟则为审美，就不可能有丝毫怀疑了。总之，从上文的种种事实，我们清楚地看到，雄鸟的羽毛和其他装饰，对他们来说，一定是万分重要，而我们又更进一步地看到，美这样东西有时候比战斗的胜利还要来得关系重大，割舍不得。

原　注：

[1] 见所著文，载《朱鹭》（丙 66），新第三卷，1867 年，414 页。

[2] 见 Gould，《澳洲鸟类手册》（Handbook to the Birds of Australia），1865 年，第二卷，383 页。

[3] 见引于 Gould，《蜂鸟科引论》（Introduction to the Trochilidæ），1861 年，29 页。

[4] Gould，同上引书，52 页。

[5] 见 W. Thompson，《爱尔兰自然史：鸟类之部》（Nat. Hist. of Ireland：Birds），第二卷，1850 年，327 页。

[6] Jerdon，《印度的鸟类》（Birds of India），1863 年，第二卷，96 页。

[7] Macgillivray，《不列颠鸟类史》（Hist. Brit. Birds），第四卷，1852 年，177—181 页。

[8] 见 Sir R. Schomburgk 文，载《皇家地理学会会刊》（丙 85），第十三卷，1843 年，

31 页。

[9] 见所著《鸟类列传》（Ornithological Biography），第一卷，191 页。关于鹈鹕和普通的鸬鹚，见同书，第三卷，138、477。

[10] Gould，《澳洲鸟类手册》，第一卷，395 页；又第二卷，383 页。

[11] 见 Mr. Hewitt 文，辑入 Tegetmeier，《家禽经》（Poultry Book），1866 年，137 页。

[12] 见 Layard 文，载《自然史纪事与杂志》（丙 10），第十四卷，1854 年，63 页。

[13] Jerdon，《印度的鸟类》，第三卷，574 页。

[14] 见 Brehm，《动物生活图说》，1867 年，第四卷，351 页。但这一段里的有一些是 L. Lloyd 的话，见其所著《瑞典可供弋猎的鸟类……》，1867 年，79 页。

[15] Jerdon，《印度的鸟类》。关于血雉（乙 520），见第三卷，523 页；关于鹧鸪鸡（乙 430），见同卷 541 页。

[16] 关于埃及鹅，见 Macgillivray，《不列颠鸟类史》（British Birds），第四卷，639 页。关于距翼鹅，见《利文斯通游记》（Livingstone's Travels），254 页。至于所说的翼距秧鸡属，见 Brehm，《动物生活图说》，第四卷，740 页。关于此属秧鸡，亦见阿扎拉，《南美洲水程记》（Voyages dans l'Amérique mérid.），第四卷，1809 年，179 页、253 页。

[17] 关于我们的田凫，见 Mr. R. Carr 文，载《陆与水》（丙 87），1868 年 8 月 8 日的一期，16 页。关于跳凫，见 Jerdon，《印度的鸟类》，第三卷，647 页，和 Gould，《澳洲鸟类手册》，第二卷，220 页。关于铠翼属，见 Mr. Allen 文，载《朱鹭》（丙 66），第五卷，1863 年，156 页。

[18] 见奥杜邦，《鸟类列传》，第二卷，492 页；又第一卷，4—13 页。

[19] 见 Mr. Blyth 文，《陆与水》（Land and Water），1867 年卷，212 页。

[20] 这里所说其他不同的鸟种包括：关于伞松鸡，乙 934，见 Richardson，《北美动物志：鸟类之部》（Fauna Bor. Amer.：Birds），1831 年，343 页。关于雷鸟和黑松鸡，见 L. Lloyd，《瑞典可供弋猎的鸟类……》，1867 年，22 页、79 页。然 Brehm（《动物生活图说》，第四卷，352 页）说，在德国，雄的黑松鸡举行"巴尔兹"（参看第十四章译注①——译者）时，灰色的雌的松鸡一般并不参加，这真是一个不符合常规的例外了。但雌鸟可能躲在四周的灌木丛里，从外面看不出来；我们知道在斯堪的纳维亚的这种灰色的雌松鸡，以及北美洲的其他鸟种的雌鸟就有这种情况。

[21] 《鸟类列传》，第二卷，275 页。

[22] 见 Brehm，《动物生活图说》，第四卷，1867 年，990 页。又奥杜邦，《鸟类列传》，第二卷，492 页。

[23] 所著文见《陆与水》，1868 年 7 月 25 日的一期，14 页。

[24] 奥杜邦，《鸟类列传》。关于松鸡，见第二卷，492 页；关于椋鸟，见同卷，219 页。

[25] 《鸟类列传》，第五卷，601 页。

[26] 见巴林顿（the Hon. Daines Barrington）文，载《哲学会会报》（丙 149），1773 年卷，252 页。

[27] 《鸟类学词典》（Ornithological Dictionary），1833 年，475 页。

[28] 《笼养鸟类的自然史》（Naturgeschichte der Stubenvögel），1840 年，4 页。Mr. Harrison Weir 同样写信给我说："有人告诉我，在同一个养鸟室里饲养的同一种鸟的雄鸟中，最善于歌唱的那几只一般总是先取得配偶。"

[29] 见 Daines Barrington 文，载《哲学会会报》，1773 年卷，263 页；及 White，《塞尔彭自然史……丛录》（Natural History of Selborne），1825 年，第一卷，246 页。

[30] 《笼养鸟类的自然史》，1840 年，252 页。

[31] 见 Mr. Bold 文，载《动物学人》（丙 157），1843～1844 年合卷，659 页。

[32] 巴林顿，《哲学会会报》，1773 年，262 页。Bechstein，《笼养鸟类……》（Stubenvögel），1840 年，4 页。

[33] 河鸒（water-ouzel）也有这种情况，见 Mr. Hepburn 文，载《动物学人》，1845～1846 年合卷，1068 页。

[34] 见 L. Lloyd，《瑞典可供弋猎的鸟类》，1867 年，25 页。

[35] 巴林顿，同上引文，264 页。又 Bechstein，同上引文，5 页。

[36] Dureau de la Malle 提供了一个奇特的例子［《自然科学纪事刊》（丙 9），第三组，动物学之部，第十卷，118 页］说，在他的巴黎的园子里有几只野的山乌（blackbird），从一只笼鸟那里很自然地学到了一只共和国歌曲。

[37] 见 Bishop 文，载 Todd 主编的《解剖学与生理学词典》，第四卷，1496 页。

[38] 此据 Barrington 同上引文中 262 页所说，非直接采自亨特。

[39] 古尔德，《澳洲鸟类手册》，第一卷，1865 年，308－310 页，又见 Mr. T. W. Wood 文，载《学者》（丙 140），1870 年 4 月，125 页。

[40] 古尔德说过一些意思相同的话，见《蜂鸟科引论》，1861 年，22 页。

[41] 见 Major W. Ross King 著，《行猎者与博物学家在加拿大》（The Sportsman and Naturalist in Canada），1866 年，144－146 页。又 Mr. T. W. Wood 在同上引文（见注 39 页，116 页）中有一段出色的文字，叙到这种鸟的雄鸟在求爱活动期间的姿态和习性。他说，耳边的一撮毛或脖子两旁的羽毛会竖得很直，至于可以在头顶上相会，见他所画的插图，即图 39。

[42] Richardson，《北美洲动物志：鸟类之部》，1831 年，359 页。又奥杜邦，同上引书，第四卷，507 页。

[43] 在这题目上，近年来有人写出过下列的几篇论文：牛顿教授（Prof. A. Newton），载《朱鹭》（丙 66），1862 年卷，107 页；Dr. Cullen，载同上刊物，1865 年卷，145 页；Mr. Flower，载《动物学会会刊》（丙 122），1865 年卷，747 页；Dr. Murie，载与上同一刊物，1868 年卷，471 页。在这最后一篇里，附有关于澳洲鸨种的雄鸟的插图一幅，画得极为出色，示他正在全盘展示的姿态之中，包括鼓满了气的皮囊在内。有些奇特的一点是，同属一个鸨种的雄鸟，此种皮囊不一定全部发达，间有不发达的。

[44] Bates，《博物学家在亚马孙河上》，1863 年，第二卷，284 页；又华莱士文，载《动物学会会刊》（丙 122），1850 年，206 页；不久以前，有人发现了这一类鸟的一个新种，定名为领巾鸟（乙 191），腮下的悬疣比文中所说的更要大些，见《朱鹭》，第一卷中所载文，457 页。

[45] Bishop 所撰条，Todd 编，《解剖学与生理学词典》，第四卷，1499 页。

[46] 牛顿教授文，《动物学会会刊》（丙 122），1871 年卷，651 页。

[47] 篦鹭（spoonbill，属乙 779）的气管是弯曲及打转成为 "8" 字形的，然而这种鸟（见 Jerdon，《印度的鸟类》，第三卷，763 页）是个哑巴；但 Mr. Blyth 告诉我，这种弯曲得打转的情况并不经常存在，看来如今正趋向于作为一种畸形状态而受到淘汰。

[48] 见 R. Wagner，《比较解剖学精要》（Elements of Comp. Anat.），英译本，1845 年，111 页。在此以前所谈到的野生的天鹅，则见 Yarrell，《不列颠鸟类史》（Hist. of British Birds），第二版，1845 年，第三卷，193 页。

[49] 这是 C. L. Bonaparte 所说，见引于《博物学家文库：鸟类之部》（Naturalist Library：Birds），第十四卷，126 页。

[50] L. Lloyd，《瑞典可供弋猎的鸟类》，1867 年，22 页、81 页。

[51] Jenner 文，载《哲学会会报》（丙 149），1824 年卷，20 页。

[52] 就上面的许多事例总注一下。关于天堂鸟，见 Brehm，《动物生活图说》，第三卷，325 页。关于松鸡，见 Richardson，《北美洲动物志：鸟类之部》，343 页、359 页；Major W. Ross King，《行猎者……在加拿大》，1866 年，156 页；Mr. Haymond，见引于 Prof. Cox，《印第安纳州地质调查报告》（Geol. Survey of Indiana），227 页；奥杜邦，《鸟类列传》（American Ornitholog. Biograph.），第一卷，216 页。关于"卡立奇"雉（the Kalij-pheasant），见 Jerdon，《印度的鸟类》，第三卷，533 页。关于纺织鸟，见《利文斯通赞比西河（非洲东部，入印度洋——译者）探险记》（Livingstone's Expedition to the Zambesi），1865 年，425 页。关于啄木鸟，见 Macgillivray，《不列颠鸟类史》（Hist. of British Birds），第三卷，1840 年，84 页、88 页、89 页、95 页。关于戴胜，见 Mr. Swinhoe 文，载《动物学会会刊》（丙 122），1863 年 6 月 23 日的一期；又见 1871 年卷，348 页。关于欧夜鹰，见奥杜邦，同上引书，第二卷，255 页；又《美国自然学人》（丙 8），1873 年卷，672 页。英格兰的欧夜鹰，一到春天，在快飞的时候也会发出怪声。

[53] 见 M. Meves 所写的那篇有趣的论文，载《动物学会会刊》（丙 122），1858 年卷，199 页。又见 Macgillivray，《不列颠鸟类史》，第四卷，371 页。关于威尔逊鹬，见 Capt. Blakiston 文，载《朱鹭》（丙 66），第五卷，1863 年，131 页。

[54] Mr. Salvin 文，载《动物学会会刊》（丙 122），1867 年卷，160 页。我很感激这位著名的鸟类学家，有关单色镰翅冠雉（乙 229）的羽毛的一些素描和其他资料都是他提供给我的。

[55] Jerdon，《印度的鸟类》，第三卷，618 页、621 页。

[56] Gould，《蜂鸟科引论》，1861 年，49 页；又 Salvin 文，《动物学会会刊》，（丙 122），1867 年卷，160 页。

[57] Sclater 文，载《动物学会会刊》（丙 122），1860 年，90 页；又另一文，载《朱鹭》（丙 66），第四卷，1862 年，175 页。又 Salvin 文，亦见《朱鹭》，1860 年卷，37 页。

[58] 《阿比西尼亚境内尼罗河的诸支流》（The Nile Tributaries of Abyssinia），1867 年，203 页。

[59] 关于鹧鸪与鹧鸪舞，见 Richardson，《北美洲动物志：鸟类之部)》，361 页；Capt. Blakiston 在《朱鹭》，1863 年卷，125 页，所叙更详，可以参看。关于兀鹰

和鹭，分见奥杜邦，《鸟类列传》，第二卷，51 页，与第三卷，89 页。关于白颈莺，见 Macgillivray，《不列颠鸟类史》，第二卷，354 页。关于孟加拉鸨，见 Jerdon，《印度的鸟类》，第三卷，618 页。

[60] 见 Gould，《澳洲鸟类手册》，第一卷，444 页、449 页、455 页。绸光凉棚鸟所造的凉棚，在动物学会所附设的各个动物园和伦敦的摄政公园（Regent's Park）里都可以看到。

[61] 参看 Mr. J. Shaw 文，《动物对美的感觉》（Feeling of Beauty among Animals），载《学艺》（丙 28），1866 年 11 月 24 日的一期，681 页，文中有与此意思相同的一段议论。

[62] 见 Dr. Murie 附有彩色插图的一篇叙述，载《动物学会会刊》（丙 122），1872 年卷，730 页。

[63] 见 Mr. Monteiro 文，载《朱鹭》，第四卷，1862 年，339 页。

[64] 见《陆与水》，（丙 87），1868 年卷，217 页。

[65] 见所为文，《关于头颅上的隆起……》（Ueber die Schädelhöcker），载《荷兰动物学文库》（丙 103），第一卷，第二册，1872 年。

[66] 见文，《论鸟尾》（Über den Vogelschwanz），载同上刊物（见上注——译者），第一卷，第二册，1872 年。

[67] Jardine 辑，《博物学家文库：鸟类之部》（Naturalist Library：Birds），第十四卷，166 页。

[68] 见 Sclater 文，载《朱鹭》，第六卷，1864 年，114 页。又 Livingstone，《赞比西河探险记》，1865 年，66 页。

[69] Jerdon，《印度的鸟类》，第三卷，620 页。

[70] 见所为文，《动物学会会刊》（丙 122），1873 年卷，429 页。

[71] 见华莱士文，载《自然史纪事与杂志》（丙 10），第二十卷，1857 年，416 页；又同一作者，《马来群岛》，第二卷，1869 年，390 页。

[72] 参我所著《家养动植物的变异》，第一卷，289 页、293 页。

[73] 引自 M. de Lafresnaye 先生文，载《自然史纪事与杂志》（丙 10），第十三卷，1854 年，157 页；华莱士先生对此作过一番远为详尽的叙述，载同一刊物，第二十卷，1857 年，412 页，后来又纳入他所著的《马来群岛》一书中，也可以参看。

[74] 华莱士，《马来群岛》，第二卷，1869 年，405 页。

[75] 见 Mr. Sclater 文，载《理智的观察者》（丙 70），1867 年 1 月。又《沃特顿氏漫游录》（Waterton's Wanderings），118 页。又 Mr. Salvin 的有趣论文，载《朱鹭》，1865 年卷，90 页，亦可参看。

[76] 见《陆与水》，1867 年卷，394 页。

[77] 见 Mr. D. G. Elliot 文，载《动物学会会刊》（丙 122），1869 年卷，589 页。

[78] 见 P. L. Sclater 编，《尼茨氏羽域志》（Nitzsch's 'Pterylography'），瑞社（Ray Society）版，1867 年，14 页。（"羽域"，指鸟类皮上生长羽毛的区域，英语为 pteryla；"pterylography"不见于普通辞书，应是由 pteryla 与 graphy 缀合而成。"瑞社"是一个出版地质学、动物学、植物学，即当时总称为"自然史"的专门著作的组织，成立于 1844 年——译者。）

[79] 这些松鸡的带棕色的麻栗色的夏羽，作为一种保护色，是和它们的白色的冬羽同样的重要；因为，在斯堪的纳维亚，一到春天，在冬雪消融之后，而在它们取得夏装之前，这种松鸡要在猛禽的袭击下吃到大亏，见 Lloyd，《瑞典可供弋猎的鸟类》（1867 年，125 页）引 Wilhelm von Wright 的话。

[80] 关于换毛这一段讨论的参考书文，合并注明如下：关于普通的鹬类，等等，见 Macgillivray，《不列颠鸟类史》，第四卷，371 页。关于千鸟的一属，麻鹬和鹬，见 Jerdon，《印度的鸟类》，第三卷，615 页、630 页、683 页。关于冬夏羽分别不大的几种鹬，同上 Jerdon 书、卷，700 页。关于苍鹭的羽毛，亦见同书、卷，738 页，和 Macgillivray 书，第四卷，435 页、444；又见 Mr. Stafford Allen 文，载《朱鹭》，第五卷，1863 年，33 页。

[81] 关于前一种松鸡的换毛，见 Gould，《大不列颠的鸟类》。关于吸蜜鸟，见 Jerdon，《印度的鸟类》，第一卷，359 页、365 页、369 页。关于木鹨的换毛，见 Blyth 文，载《朱鹭》，1867 年卷，32 页。

[82] 关于这一段讨论里所说到的局部换羽和老年雄鸟保持他们的婚羽的话，见 Jerdon 论鹬和千鸟，《印度的鸟类》，第三卷，617 页，637 页、709 页、711 页。又见 Blyth 文，载《陆与水》，1867 年卷，84 页。关于风鸟的换羽，见 Dr. W. Marshall 文，载《荷兰……文库》（丙 103），第六卷，1871 年。关于寡妇鸟（乙 996），见《朱鹭》，第三卷，1861 年，133 页。关于"多隆哥"伯劳（Drongo-shrikes），见 Jerdon，同上引书，第一卷，435 页。关于鹭的一种（乙 475），见

Mr. S. S. Allen 文，载《朱鹭》，1863 年卷，33 页（此条正文中似未见——译者）。关于原鸡，见 Blyth 文，载《自然史纪事与杂志》（丙 10），第一卷，1848年，455 页；关于同一题目，亦见我的《家养动植物的变异》，第一卷，236 页。

[83] 见 Macgillivray，《不列颠鸟类史》（第五卷，34、70 页、223 页）论鸭科的换羽，其中有援引 Waterton and Montagu 的话。亦见 Yarrell，《不列颠鸟类史》，第三卷，243 页。

[84] 关于鹈鹕，见 Sclater 文，载《动物学会会刊》（丙 122），1868 年卷，265 页。关于北美洲的各个碛鹬种，见奥杜邦，《鸟类列传》，第一卷，174 页、221 页，与Jerdon，《印度的鸟类》，第二卷，383 页。关于马德拉岛的红雀（乙 417），见Mr. E. Vernon Harcourt 文，载《朱鹭》，第五卷，1863 年，230 页。

[85] 参看 E. S. Dixon 牧师所著书，《供玩赏的家禽》（Ornamental Poultry），1848 年，8 页。

[86] 《印度的鸟类》，绪论，第一卷，序 24 页；关于孔雀，见同书，第三卷，507 页。Gould 的话，见《蜂鸟科引论》，1861 年，15 页、111 页。

[87] 见《皇家地理学会会刊》（丙 85），第十卷，1840 年，236 页。

[88] 见《自然史纪事与杂志》（丙 10），第十三卷，1854 年，157 页；又华莱士文，同上刊物，第二十卷，1857 年，412 页，与同一著作家，《马来群岛》，第二卷，1869 年，252 页。又见 Dr. Bennett 的议论，见引于 Brehm，《动物生活图说》，第三卷，326 页。

[89] Mr. T. W. Wood 曾对锦鸡和日本雉或东雉（乙 755）的这种显美的方式作过一番充分的叙述［《学者》（丙 140），1870 年 4 月，115 页］，他把这种方式称为侧面或单边的展示。

[90] 见所著《法的统治》（The Reign of Law），1867 年，203 页。

[91] 关于这两个鸟种的详细叙述，见 Gould，《澳洲鸟类手册》，第一卷，1865 年，417 页。

[92] 见《印度的鸟类》，第二卷，92 页。

[93] 再总注一笔。关于非洲夜鹰，见 Livingstone，《赞比西河探险记》，1865 年，66页。关于百眼雉，见 Jardine 编，《自然史文库：鸟类之部》，第十四卷，167 页。关于风鸟，见 Brehm，《动物生活图说》，第三卷，325 页所引 Lesson 的话。关于寡妇鸟，见 Barrow，《非洲旅行纪》（Travels in Africa），第一卷，243 页；又见

《朱鹭》，第三卷，1861 年，133 页。关于雄鸟的羞涩或畏缩，见 Gould，《澳洲鸟类手册》，第一卷，1865 年，210 页、457 页。

［94］见 Tegetmeier，《家禽经》，1866 年，139 页。

第十四章
鸟类的第二性征（续一）

雌鸟所发挥的挑拣作用——求爱时期的长短——未结成配偶的鸟——心理品质和审美能力——雌鸟对特定的雄鸟所表示的喜爱或厌恶——鸟类的变异性——有时变异突然发生——关于变异的一些法则——眼斑纹的形成——性状有显著程度不同的级别——孔雀、百眼雉与白梢尾蜂鸟的例子

凡是在美观上、在歌唱的能力上，或在发出我所称的声乐上，雌雄鸟之间有所不同，几乎总是雄鸟要比雌鸟为强。我们刚才在前一章里已经看到，这些品质显然地对雄鸟有高度的重要性。如果他们对这些品质的取得而有所表现，在时间上仅仅限于一年之中的某一个段落的话，这段落总是略早于蕃育季节的来临。情况总是由雄鸟，或在场地上，或在半空中，在雌鸟面前，把形形色色的富有诱惑力的东西悉心尽意地卖弄出来，有的往往还要表演一些奇形怪状的小把戏。简而言之，总是雄鸟是演员，而雌鸟

是观众。每一只雄鸟也总要把对手们轰走，或者，如果力所能及，把他们杀掉。因此，我们不妨得出结论，雄鸟的目的是在诱使雌鸟同他匹配；而为了这一目的，试图用各种不同的方式激发她，迷惑她，这已是凡属仔细研究过现存鸟类的习性的人所共同持有的见解。不过这里面还存在着和性选择极关重要的一个问题，就是，在同一个鸟种之内，是不是每一只雄鸟都同样地对雌鸟发挥激动和吸引的作用呢，或者雌鸟一方面是不是也发挥一些取舍的作用，而在众雄鸟之中只看中某一只特定的雄鸟呢？后面这一问题是可以通过许多直接和间接的证据而得到肯定的答案的。比此远为难于判定的一个题目是，雌鸟究竟根据一些什么品质来作出取舍的决定；幸而在这里我们也还有些直接和间接的证据，说明她所根据的在很大程度上还是雄鸟的外表的一些有诱引力的东西，尽管他的精力、勇气，以及其他一些心理品质也无疑地起些作用。我们且从一些间接的证据说起。

　　求爱时间的长短。——某些鸟种的两性日复一日地在指定的场合相会，所费的时间是长的，而其所以长，大概一则求爱是个拖沓而不干脆的玩意儿，再则它们也反复地实行交配。例如，在德国和斯堪的纳维亚，黑松鸡（black cock）的"巴尔兹"（Balz）或"勒克"（Lek）① 从三月中开始，一直要到四月或五月。一到"勒克"时节，在一个场合里啸聚的群鸟可以多到四五十只，或者更多一些，而同一场所往往可以被连续利用上好几年。雷鸟（capercailzie）的"勒克"从三月中开始，到五月中或五月底才结束。在北美洲，当地人所盛称的雉形鹧鸪（乙 931）的"鹧鸪舞"（partridge dances）要"持续到一月或一月以上"。北美洲和西伯利亚东部[1]的其他鹧鸪、雷鸟、松鸡之类所表现的这方面的习性几乎是一样的。

---

　　① "巴尔兹"是德语 Balz 的译音；"勒克"是瑞典语 Lek 的译音，意义都是"求爱与交配时期"。达尔文用此二字，当然是因为这种鸟出在德国和斯堪的那维亚，当地既有专用之词，直接加以援引，可以见得更为真切。译者体会到这点用意，故不译意而只译音，并在此略作说明。德语 Balz 已是一个名词，可以直接援用，作者误以为动词，别加"……ing"，是错了的，至少是没有必要的。

流苏鹬（ruff，即乙590）啸聚的场所，地面上的草皮可以踩得精光，捕鸟的人可据以发现这种鸟会集的一些小土阜，而这也说明了这种逐年进行的集会所用的是同一些地点。南美洲圭亚那的印第安人熟悉那些踩平和踩光了的战场，知道在这里可以找到白嘴鸦①的美丽的雄鸟。新几内亚的当地居民也认识风鸟所相与聚会的那些树，一聚总是十只到二十只羽翼丰满的雄鸟。在后面这个例子里，提供资料的人并没有明说雌鸟是不是在同一些树上相会，但由于雌鸟的皮毛是不值钱的，除非特别问到，捕鸟的人大概是不会说到她们的。非洲织布鸟（weaver，属乙787）的一种，在蕃育季节里，聚集成许多小队伍，像练兵似的，边练边变换阵势，要持续好几个钟头之久，很是可观。大批大批的独居鹬（solitary snipe，即乙862）黄昏时候聚集在一个沼泽里，连年到了同一季节，为了同一目的，都会在同一场合聚会；在这里，人们可以看到他们"不断地奔忙，像许多大耗子"，全身的羽毛像吹了气似的都张开得蓬蓬松松，翅膀不断地张翕，劈啪作声，夹杂着种种不可名状的怪叫。[2]

在上述一些鸟种里，有几个——黑松鸡（black cock）、雷鸟capercailzie、雉形松鸡（pheasant grouse，即上文雉形鹧鸪）、流苏鹬（ruff）、独居鹬，可能还有别的——据我所信，都是一夫多妻的。就这几个鸟种来说，有人也许会认为强有力的雄鸟只要把软弱些的雄鸟轰走，就可以立刻占有尽可能多的雌鸟。不过问题并不这么简单；这里面所要求于雄鸟的不只是体力，而尤为不可少的是激发雌鸟而取得其欢心的能耐，因此，我们可以理解，为什么要有那么多雌雄会聚在一个场合，而求爱的过程要花上那么多工夫了。某些严格的一夫一妻的鸟种也举行婚配的集会，斯堪的纳维亚的雷鸟的一种（ptarmigan）似乎就是这样一个例子，而它们的"勒克"，要持续到两个月，从三月中旬到五月中旬。在澳洲，琴鸟（lyre bird，即乙608）"堆筑一些小丘阜"，而另一种，阿氏琴鸟（乙609）则掏出一些浅坑，土著居民认为这些就是雌雄鸟会合的地方，并把它们形容为

---

① 原文作 rock，遍查未得，疑是 rook 之误，然未敢断定，姑暂作 rook 译出。

"舞余夜宴的场所"。（corroborying places）前一个琴鸟种（乙610）的聚会规模有时候是很大的。最近有一位旅行家发表了一篇有关的记述，[3]他说，在他所耽过的地方，下面有个小山谷，满谷是浓密的灌木。有一天，他突然听到灌木丛中"一片嘈杂之声，十分惊诧"之余，他悄悄地向前爬去，大大出乎意料之外，发现约摸有一百到一百五十只羽毛灿烂的琴鸟"排列成战斗的阵势，正在进行厮杀，凶狠激烈的程度，真是无法形容。"凉棚鸟（bower-bird）类的"凉棚"就是蕃育季节里雌雄鸟聚会的场所，在这里，"雄鸟集合在一起，彼此为了赢取雌鸟的青睐而进行斗争，也在这里，雌鸟也群聚而向雄鸟卖弄一些风情。就这类鸟的两个属来说，同一顶"凉棚"可以连续使用上好几年。[4]据福克斯牧师告诉我说，普通的喜鹊（magpie，即乙283）习惯于从德拉米尔森林（Delamere Forest，英格兰西部——译者）的各个角落聚集拢来，为的是开庆祝"喜鹊大婚"之会。若干年以前，这种鸟多得不得了，有一个捕鸟的人一个上午就打了十九只雄鸟，另一个一枪打死正在栖息中的七只鹊。当时的惯例是，一开春，它们就一批一批地在特定的一些地点聚集拢来，人们可以看到它们成群结队的唧唧嘶嘶地叫着，熙熙攘攘地绕着树飞来飞去，有时候也互相厮打。看来，对喜鹊自己来说，这真是一个非常重要的会，是一件极关重要的大事。会后不久，它们就各自分散，而据福克斯先生和其他的人观察所及，从此就安度它们的配偶生活，直到蕃育的季节终了为止。在任何地方，如果一种鸟的数量不大，则此种会聚也就不可能太大，因此，同一鸟种在不同的地方还可以有不同的习性。例如，上文说过，在德国和斯堪的纳维亚，黑松鸡是如此之多，求偶大会是如此为人们所熟悉和称道，以至于它们在当地语言中各已取得了专用的名词，而在苏格兰，这种经常的黑松鸡的集会，我从韦德伯恩先生那里却只听到过一个例子。

未结成配偶的鸟。——从方才举出的这些事实，我们可以得出结论说，分隶于若干很不相同的鸟群的许多鸟种所进行的求爱过程，往往是一个旷日持久、举足轻重、而也是十分麻烦的一件事。然而我们还可以设想，尽管乍看去这种设想似乎不大合乎情理，就是，居住在同一个地区之内的同一个鸟种之中，总是有些雄鸟和雌鸟不一定互相爱悦，而终于结不成配偶的。历来有人发表了许多记载，说一对之中的雄鸟或雌鸟被人打落之后所造成的空缺，很快就有别的鸟给补上了。这种情况以见于喜鹊这一种鸟的为多，见于其他鸟种的比较少，这大概是因为喜鹊的羽毛比较显著，而它们的窝也比较接近人居的缘故。名气很大的靳纳尔说，在英国威尔特郡有一对喜鹊每天挨枪打，接连不下于七天，每次总有一只要被打落，"但没有用，始终还是一对，原来剩余的喜鹊一下子就找到了另一只对象"，而最后结成的一对终于孵育了一窝小鹊。失去了的配偶一般要到第二天才补上新的，但汤姆森先生举出过一个喜鹊的例子，当天晚上就已经补上了。即便在小鹊已经孵出之后，而亲鸟有一只受到毁灭，遗缺也往往还是要得到补足的。据卢伯克爵士的守苑人所观察到的一个例子来说，从损失到补足，其间也只隔了两天。[5]最先而也是最明显的一个猜测是，雄鹊在数量上一定要比雌鹊多得多，而在上述和其他可举而不必举的例子里，所打落的大概全是雄鹊。这至少就一部分例子而言是合乎事实的，因为据德拉米尔森林里的守护鸟类的人肯定地告诉福克斯先生，以前在鸟巢周围连续而大批打下来的喜鹊和食腐肉的乌鸦，全都是雄的。而他们所提出的理由是，雄鸟要来回奔忙，为坐窝的雌鸟送喂食物，因而容易挨打。不过麦克吉利弗瑞，根据一位出色的观察者所提供的资料，所见与此不同，一例是，连续在同一只窝上被打落的三只喜鹊全都是雌的。另一例是，六只连续被打下来的喜鹊原是先后伏在同一窝卵上的，因此也有可能又全都是雌的。但据我从福克斯先生那里听说，雌鸟被打落后，雄鸟就替她坐窝。

卢伯克爵士的守苑人又曾屡次打落过樫鸟（jay，即松鸦，乙437），至于到底打落过几次，他们已经说不清楚，但他们发现，每次打落一对中的一只以后，在不长的时期内，维持独身而不再配对的情况是从来没有的。福克斯先生、邦德先生以及其他一些人都打落过食腐肉的乌鸦（乙281），也总是一对中打落一只，但随后仰望鸟窝，居停主人很快又成了一对。这些鸟种都是相当常见的，但不常见的鸟种也有这种情况。隼（乙 406）是少见的，而汤姆森先生说，在爱尔兰，"如果在蕃育季节里，一对中的一只，雌的或雄的，被打死了（而这不算是不常见的事），在短短的几天之内便可以找到另一只配偶，因此，虽有这一类的伤亡，雏幼的一代总得到保证，不怕不能成长起来。"J. 威尔先生对于沙滩头 ① 的隼所了解的情况也是这样。这同一位观察者告诉我，三只茶隼（kestrel，即乙 407）曾经接连被打落，都是雄的，打落以前所守护的是同一个窝，三只之中，两只的羽毛已经成熟，另一只的羽毛则还是前一年的，尚未脱换。即便在极为少见的鹫，即雕（golden eagle，即乙 79），一个说话可靠的苏格兰育鸟人向伯克贝克先生确凿地说，一只死了，另一只不久就会被物色到，而补上遗缺。白鸮或白鸥鸮（white owl，即乙 902）也是这样，"剩下的鳏鸟或寡鸟很容易再找一个配偶，而再鳏再寡的灾难可以周而复始。"

这个关于白鸮的例子系采自塞尔彭（Selborne）② 的怀特，而怀特又说，他认识的一个人，由于认为已经成对的鹀鸰受到其他雄鹀鸰的厮打的骚扰，老爱开枪把雄的打死，结果，他相信已经成了对的那只雌的也就成了寡妇，而且寡了好几次。但也不要紧，她在每次丧偶以后，不久总会找到一个新鲜的伙计。这同一个博物学家又说，由于屋外的麻雀老是霸占梁上燕子（house-martin）的窝，他教人把麻雀都用枪打了，只剩得一只，但这仅存的一只，不管它是雄是雌，很快就觅到了一个对象，后来又清除过不止一次，结果还是一样。我可以就糠碛鹀（chaffinch）、夜莺（night-ingale）和朗鹟（redstart）添上一些可以类比的例子。关于最后这一鸟种，朗鹟或凤尾朗鹟（乙 759），有一个著作家曾经表示，他实在不懂雌鸟究竟

---

① Beachy Head，地名，英格兰东南部。

② 塞尔彭，英格兰南部乡村名，旧属罕普郡（Hampshire），因怀特的生平和著作而出名；作者这样地提到怀特，一则表示此人此地有不可分割的关联，为当时的英国读者所熟悉，可以不烦作更多的说明；再则姓怀特而出名的甚多，叙明了地点，免与其他怀特相混。查怀特全名为 Gilbert White，生 1720 年，卒 1793 年，是个教区牧师，毕生致力于对当地自然和古迹的观察和记录，著有《塞尔彭自然史与考古丛录》，白猫头鹰之例即出于此。"塞尔彭的怀特"，这种写法对我们来说，是很不习惯的，故补此一段说明。

用什么方法来快速有效地把自己新寡的状态通报出去，因为，在附近一带，这种鸟根本就不多见。J. 威尔先生向我谈到几乎同样的一个例子，在黑石楠，①他从来没有看到过或听到过在野外飞鸣的照莺（bullfinch），然而每当笼子里所畜的的照莺有一只雄的死了之后，不多几天之内，一般总会有一只野的雄照莺飞来，依止在失偶的雌鸟旁边不去，而我们知道，雌鸟召唤的鸣声是不大的。我只再举一例，而这所据的也就是这同一位观察者，有一对欧椋鸟（starling，即紫翅椋鸟，乙906），其中的一只早晨被打落，而一到中午，剩下的一只已经找到了配偶；这新配偶又被击落，而在天黑以前单的又变成了双的，所以这里面的寡妇或鳏夫，一天之中，自朝至暮，得到了三次慰藉。恩格尔哈特先生也告诉我，也在黑石楠，有所房子里有一个洞穴，里面有一对欧椋鸟做着窝；他在几年之内，时常用枪打死其中的一只，而留下来的遗缺总是一下子就被补上了。在有一个季节里，他记了一笔账：他从这同一个窝里前后一起打死了三十五只，其中雌雄都有，但具体的比例他说不上来。尽管有这么大的损失，那季节中这个洞里还是孵出了一窝小鸟来。[6]

　　这些事实是很值得注意的。问题是怎么会有这样多的单身鸟随时准备立即填补成对鸟的任何一性方面的损失呢？喜鹊、樫鸟、食腐肉的乌鸦、鹧鸪和其他一些鸟种，一到春季和在一春之中，总是以成双成对的姿态出现，单个而孤零零地讨生活的例子是永远看不到的，如果有的话，乍然看去，也确乎提供了一些最难以索解的例子。但属于同一性别的鸟，尽管不是真的配对，当然不是，却有时候也有两两同居或结成小集体而生活在一起的，例如，我们知道，鸽子和鹧鸪就是这种情况。在欧椋鸟、食腐肉的乌鸦、鹦鹉和鹧鸪中间，人们观察所及，有时候也有三只鸟在一起的。就鹧鸪说，有人了解到，相与同居的，有两雌一雄，也有两雄一雌。在所有这一类的例子，结合大概是不巩固和容易瓦解的，而三只中的一只，一遇机缘，便会和一只寡鸟或鳏鸟配起对来。某些鸟种的雄鸟，在应届的季节

---

　　① Blackheath，地名，在英格兰东南部，属肯特郡。

过去之后很久，还在不断地把爱情的歌曲倾吐出来的情况，也不时有人注意到，这说明有关歌手不是新近丧偶，便是过时而未有所获。一对之中的一方，或因不测而死，或因疾病而亡，则其余一方便成孤零而不受拘束，而我们有理由可以相信，在繁殖季节里，雌鸟是特别容易不终其天年而死的。再则，窠巢被破坏了的鸟，或没有生育能力的鸟，或发育停滞而不全的鸟，大都容易走上抛撇配偶的道路，而在保育后一代的乐趣与任务之中，所处的大概也只好是甘心于从旁协助的一个地位，为别鸟的子女出些力量。[7] 诸如此类的可能情况对上文所说的大多数例子大概可以有所说明。[8] 尽管如此，在繁殖季节的高潮里，在同一个地区之内，为什么总会有这样多闲散的雌雄鸟随时准备补一些配偶之缺，依然是一个谜。为什么这些孤零的雌雄鸟，彼此之间，不自相匹配，而偏要等待候补的机会？在这里，我们是不是多少得到了一些理由，可以设想，而 J. 威尔先生确曾这样设想过，认为鸟类的求爱，在许多例子里，既然见得如此旷日持久，如此煞费周章，而不是一件轻而易举的事，看来，在这过程之中，是不是一定有某一部分的雄鸟和雌鸟，在应届的季节之内，终于没有能把异性激发起来，因而未能成其匹偶呢？这样一个设想，我们在下文看到了一些雌鸟有时候对特定的某些雄鸟所表示的一些强烈的厌恶心情或喜爱心情之后，就会见得不那么不近情理了。

鸟类的心理素质，和它们的审美能力。——雌鸟对于雄鸟，究竟是有所选择，而只选取更为美好的一只，还是把所碰上的第一只就接受下来，是需要进一步讨论的问题，而在此以前，我们不妨先考虑一下鸟类的心理能力。一般的品评是低的；这品评也许是公平的，但导向与此相反的结论的事实也还有些，要举出来也是可以的。[9] 然而像我们在人类中所看到的那样，低的理智能力并不是和深挚的情爱、锐敏的知觉，以及对美的赏识不相容的，而我们在这里所关心的正是后面这些品质。人们时常说到，鹦鹉是最重彼此之间的情爱的，一只死了，另一只要悲伤很长时期；但据 J. 威尔先生的意见，就大多数的鸟种来说，所谓情爱的深挚这一点是太过于被夸大了的。尽管如此，在自然状态中生活的鸟，如果一对之中有一只被击落，人们听到剩下的一只要哀鸣上好多日子。圣约翰先生也列举过许多不同的事实来说明成对的雌雄鸟之间的系恋。[10] 贝奈特先生说，[11] 在中国，一只美丽的雄鸳鸯（mandarin Teal）被人偷走了，雌鸳鸯，尽管有一只别的雄鸳鸯向她一心求爱，把所有的色相在她面前卖弄出来，来讨她的欢心，她却还是郁郁不乐。三个星期之后，被偷走的雄鸳鸯找回来了，彼此便立刻相认，破镜重圆，真是快活得无以复加。但在另一方面，我们在上面已经看到，欧椋鸟再三失偶之后，可以再三"取得慰藉"，而这都是一天以内之事。鸽子对所往来的地方有出色的记忆力；有人知道，有的鸽子在离开家乡九个月之后还能回来。然而说也奇怪，据另一位威尔，H. 威尔先生告诉我，如果一对已经配好而可以终身作伴的鸽子，在冬天突然被拆开几个星期之久，随后又各和别的鸽子相配，原配的雌雄鸽，如果再被带到一起，彼此可以几乎不相认识，甚至变得完全陌生。

鸟类有时候也表现一些仁慈的感情：它们会喂养被丢弃的幼雏，甚至是和它们自己不属于一个种的幼雏；但这应该被认为是本能的误用。① 像本书上文有一处所曾表明的那样，它们对同种中瞎了眼的成年鸟，也懂得喂它吃食。巴克斯顿先生叙述到过，他自己园子里的一只很奇特的鹦鹉如何护理着一只冻伤而折足的不属于同一个种的雌鸟，替她把羽毛弄干净，保护着她，使免于受到在园子里飞来飞去的其他鹦鹉的攻击。更出乎意料的是，这些鸟种显然的也能发出一些同情，而能乐人之乐。有一对白鹦（cockatoo）在一棵皂荚树上筑好了一座巢，周围的"同种的鸟都为这件事高兴，它们所表示的那股近乎起哄的高兴劲真教看到的人不禁失笑。"这些鹦鹉种也能表现无可怀疑的好奇心，而且不含糊地有些"财产和占有的观念"。[12] 它们也有良好的记忆力。在动物园里，它们对离职已经几个月的

---

① "本能的误用"，原文作"mistaken instinct"，意义殊欠明了。揣作者本意，应是幼雏，特别是关系相近的鸟种的幼雏，大小形状相差不多，难于辨认，或错认为自己的子女，才误用了它们的本能。

前任主管人能清楚地认识。

　　鸟类也具有锐敏的观察能力。每一只成了对的鸟当然认识它的配偶。奥杜邦说到，美国的效舌鸟（mocking-thrush，即乙621）的某一个数量不明的部分终年留在南部路易斯安那州境内，而其余的一部分则季节性地移到东部诸州，当后者飞回来的时候，前者会立即加以辨认而进行攻击，从不放松。在笼中畜养的鸟能认人，它们对某些人表现强烈的厌恶，或深切的依恋，而且经久不变，道理何在，虽说不清楚，它们能认人，是显然的了。关于樫鸟（jay），鹧鸪（partridge），金丝雀（canary），尤其是照莺（bullfinch），我所听说的这种例子不一而足。赫西先生曾经描述过一只养驯的鹧鸪，说它如何如何认识每一个接触到的人，而且爱憎分明，真是说得天花乱坠。这只鸟似乎特别"喜爱桃红柳绿一类绮丽的颜色，有人换上了新衣服、新帽子，就立刻会吸引到它的注视。"[13]休伊特先生描述过不久以前才从野鸭传下来的一些鸭子的习性，它们一见一只陌生的狗或猫，就立刻没头没脑地冲进水去，东西奔窜，为了逃命，搞得筋疲力竭。然而它们却认识休伊特先生自己的几只狗和猫，而且很熟悉，可以毫不畏惧地伏在它们近边，偎依取暖。有生人来，这些鸭子总要躲开，而对于照料它们的那个女管家，如果某一天她在眼色上有了太大的变化，它们也要回避。奥杜邦也叙述到他所驯养的一只野吐绶鸡，在见到一只陌生的狗的时候，总要赶快跑开；不久以后，这只鸟逃了，耽在一个树林里；又过了几天，奥杜邦看到了它，以为是另一只野吐绶鸡，就让猎狗追捕。但说也奇怪，这只鸟并不逃跑，而猎狗走近它的时候，也不施行攻击，原来它们彼此认出来是老朋友。[14]

　　J. 威尔先生肯定地认为，鸟与鸟之间对对方的颜色是特别注意的，有时候是出乎嫉妒的心理，有时候是通过它来辨认彼此之间的亲疏关系。他有一次把一只已经取得了黑色头羽的白领鹀（reed-bunting，即乙375）放进养鸟室里，室中原有的各种鸟，除了一只照莺之外，谁都没有特别注意这位新来的客人，原来照莺的头部也是黑的。这只照莺平时是很文静的，从来不和其他的鸟，包括一只头羽还没有变黑的白领鹀在内，发生纠纷；

今天却大不相同了，它毫不留情地向黑头客人进行攻击，主人弄得没有办法，只好再把白领鸦取出来。在蕃育季节里，靛蓝彩鹀（Spiza cyanea，乙892）是一身鲜明的蓝色的，这种鸟一般说来是不爱打架的，但遇了和它属同而种不同的丽色彩鹀（Spiza ciris，乙893），却毫不客气地狠啄一顿，把那可怜的家伙的头皮啄了个精光，看来为的是这种鸟只有头部是蓝色的。J.威尔先生又曾不得不把一只知更鸟，在放进养鸟室不久之后，又取出来，因为它把所有羽毛带点红色的各种鸟都狠狠的攻击到了，他实际上还杀死了一只红胸的交喙鸟（crossbill）；一只金碃鹀，即金翅雀（goldfinch），也几乎被它作践死，其他不带红的鸟则平安无事。反过来，他也观察到，有几种鸟，在刚被送进养鸟室的时候，总是飞向在颜色上和自己最为相像的其他鸟种，而在它们旁边止息下来。

雄鸟既然要在雌鸟面前把他们美好的羽毛和其他饰物悉心尽意地展示出来，看来雌鸟是显然懂得欣赏求爱者的美丽的色相的。不过这只是间接的证据，要觅取她们审美能力的直接证据，却不容易。鸟在镜子面前会注视它们自己的照影（见于记载的这种例子很多），但我们无法断定，它们所看到的，在它们的心目中，究竟是不是它们自己：它们之所以盯着看，安知不是因为把自己的照影错认为一只同类之中的对手，而注视正所以表示她们的妒忌心情呢？当然，我们知道，有些观察者认为这不是应有的结论。在另一些例子里，一种行为究竟是出乎单纯的好奇心，还是真正表示赞赏，也是难于辨别的。在希腊西部爱奥尼亚诸岛上，一只流苏鹬（乙590）"会向地面上铺着的一块五颜六色的手绢从半空直冲而下，全不管向她不断射出的子弹"，正如利尔福勋爵所指出的那样，[15] 大概是由于好奇心理的推动。普通的云雀（lark），即百灵，是用一面可以移动的小镜子，在太阳里不断地射出反照，而能从半空中吸引下来加以大量捕取的；而究竟什么导致喜鹊、渡鸟（raven），以及其他一些鸟种把明艳的东西，比如银器或珠宝之类，偷窃或隐匿起来？是欣赏呢？还是好奇呢？也是一个问题。

古尔德先生说，某几种蜂鸟把它们的巢的外表"装点得极为雅致；它们出乎本能地用一片一片很美的扁平的地衣贴在上面，大片在中间，小片在巢底与树枝联系的部分。在巢的更向外的部分，这里那里还要点缀上一根根美丽的羽毛，有的是缠住的，有的是粘住的，但总是把羽茎安排在一个角度之内，使羽尖得以伸展出巢的平面之外。"但鸟能审美的最好的证据，来自上文已经说到过的澳洲的三个凉棚鸟属（bower-bird）。它们的"凉棚"（见图46，第十三章中）是雌雄鸟会聚而演出种种奇特把戏的场合，造法和形式因鸟种而有不同，但我们在这里最关心的是它们的装点也各不一样，也各因鸟种而有所不同。羽毛光泽像花缎似的所谓缎光凉棚鸟（satin bower-bird）会收集许多五颜六色的零星物品，比如几种长尾鹦鹉（parakeet）的蓝色的尾翎，白骨，各种介壳，把它们插在构成"凉棚"的小树枝中间，或安排在"凉棚"的入口处。古尔德先生在一所"凉棚"里发现一件制作得光洁的石战斧和一绺染蓝的棉花，这些显然是从土著居民的营地上衔来的。这些点缀的物品也不是安置固定的，凉棚鸟往往要不断地将它们重新安排，在表演把戏的时候，还要带在身边，随身转移。有斑点的凉棚鸟（spotted bower-bird）的"凉棚"或"窝棚"（图46所示），"是用长得很高的草覆盖起来的，一根一根挨着，所有的草尖几乎都在棚顶上集中，整齐可观，而点缀的物品是很丰富的。"为了使这些草固定不移，又为了在"窝棚"外边划出若干有分岔的小径，导向"窝棚"，它们又能利用许多圆石子。这些石子，以及介壳，往往要从很远的地方搬来。据拉姆齐先生的描写，别墅鸟（regent bird）的矮小的"别墅"，是用五六种非海产的介壳类的介壳和"各种颜色的浆果，蓝、红、黑色都有，来装点的，只要浆果尚未干瘪，看去也很美观。此外还有一些新摘的绿叶和粉红色的嫩芽或嫩枝穿插其间，总的看起来，表明这种鸟是肯定地有些审美能力的。"古尔德先生确乎有很好的理由来作出如下的断语："这些装点得十分华美的大会堂，截至目前为止，不能不被看作我们所已发现的鸟类建筑术的最为奇异的例证。"而我们又看到，不同的鸟种还各有其不同的建筑风格哩。[16]

雌鸟对一些特定雄鸟的偏爱。——对鸟类的鉴别与审美能力既已作了如上的引论之后，我可以进而把我所知道的有关雌鸟对一些特定的雄鸟有所偏爱的所有事例加以介绍了。在自然状态中，不同种的鸟，有时候也相配合而产生杂种，这是一个已经肯定的事实。有许多例子可举：麦克吉利弗瑞叙述到，一只雄的山鸟和一只雌的鸫鸟（thrush）"彼此相爱"，而产生了一窝小鸟。[17]几年以前，文献上记录了十八个在不列颠境内所发生的黑松鸡和雉杂交而生育小鸟的例子；[18]但就其中的多数而言，其所以发生，可能是因为这些鸟在同种之中没有能找到配偶而又不甘孤零的缘故。就其他一些杂种的例子而论，J. 威尔先生认为有理由这样看，就是，不同鸟种的巢有时候筑得十分相近，因而不免弄错而发生杂交的情事。但这些解释对许多见于记录的养驯了的鸟或家禽的例子都不适用；这些不同种的雌雄鸟尽管各自与其本种的鸟住在一起，却有时候也会一见倾心，难分难舍。例如，沃特顿[19]叙述到，在一群二十三只加拿大雁（Canada goose，即乙46）中，一只雌雁和一只雄的白颊雁（bernicle goose）相交，而产生了一窝杂种雁，而这两种，尽管同是雁类，外貌与大小是很不相同的。一只雄的赤颈凫（widgeon，即乙599），一直和他的同种雌鸟住在一起，却有人发现他和一只雌的尖尾凫（pintail，即乙817）成了配偶。劳伊德描述到一只雄的楯凫（shield drake，即麻鸭，乙915）和一只普通母鸭的依恋。此外可举的例子还多。而迪克森牧师也说，"凡是把许多不同种别的鹅类养在一起的人都很清楚，它们彼此之间时常发生难以解释的两性狎昵的关系，而因此，杂交与生育杂种鹅的机会实际上并不少于同一品系（stock）的雌雄鸟之间的这种关系，而在有的时候，族系（race）或种别（species）之间的差别，至少在我们看来，是再大也没有的。"

福克斯牧师告诉我，他有一度同时饲养着一对原鹅或中国鹅（乙47）和四只普通的英国鹅，一雄三雌。这两种鹅本来是分开而各不相扰的，但后来中国鹅的雄鹅把三只雌的普通鹅中的一只勾引了过去，同居起来。不仅如此，从雌的普通鹅的卵所孵出来的小鹅，纯的只有四只，杂种倒有十八只，看来中国的雄鹅比普通鹅的雄鹅，就其对雌鹅的魅力来说，要更为强大。我只再举一个别的例子：休伊特先生说，一对被活捉而接受饲养的野鸭起初很安于自己的家室，"先后经已度过两个蕃育季节，孵过两窝小鸭；但当我把一只雄的尖尾凫放到水面时，雌的那只野鸭立刻把原来的老公抛撒了。就她来说，这显然是一个一见倾心的例子，因为尖尾凫一进水，她就不断地围着他转来转去，表示爱慕之意，而在尖尾凫却受宠若惊，对她的调情说爱明显地表示有些消受不了。从此以后，她完全把老公抛在脑后。冬天过去了，到了下年的春天，尖尾凫似乎终于回心转意，接受了她的殷勤，同居了，生下了七八只小的。"

除了新奇这一层而外，这种魅力或诱惑力，在这些来自不同鸟种的例子里，究竟是什么，我们连猜都无法去猜。但颜色有时候是起着一定作用的；因为，据贝奇斯坦说，想要教金翅雀（siskin，即北美白冠燕雀，乙420）和金丝雀交配而取得下一代的杂种，远比其他一切办法好得多的办法是把颜色相同的两种鸟放在一起。J. 威尔先生在养鸟室里先放进红雀（linnet）、金碛鹟（goldfinch）、金翅雀、绿碛鹟（greenfinch、亦称普通莺）、糠碛鹟（chaffinch）和其他鸟种，都是雄的，每种不止一只，然后再放一只雌的金丝雀进去，看她选中哪一只，她毫不犹豫的选中了绿碛鹟中的一只。它们交配了，产生了一窝杂种。雌鸟对雄鸟有取舍，只肯和某一只雄鸟配合，而不要其他雄的，这样一个事实如果对不同种的雄鸟发生，就见得很突出，有如上文所说，但若对同种的雄鸟发生，怕就不这么容易引起我们的注意了。关于这后一种情况的例子，最好是到家禽和笼鸟中去观察；不过这种例子往往受到人们强烈的感情渲染或干扰，有时候连鸟的原有的本能也受到极度的破坏。人们养鸽子，特别是养家禽，在这方面可以提供足够说明问题的例子，但这里不是列叙它们的适当地方。上面所说的不同种之间的杂交与杂种的产生也部分牵涉到这一问题，即有的例子也得用本能的歪曲或破坏来解释，但在许多这种例子里，雌雄鸟被容许在比较广大的范围之内、如面积宽阔的池沼之类，自由活动，因此我们没有理由设想，它们是受到了人们迫切的主观愿望的不自然的刺激的。

就在自然状态中生活的鸟类而论，每个人的第一个想法，也是最容易的想法是，雌鸟一到应届的季节，会把所碰上的第一只雄鸟接纳下来，而成其配偶；但实际上追求她的雄鸟一开始几乎总是许多只，而不是一只，她总可以进行一些哪怕是最起码的挑选。奥杜邦——而一提起这位著作家，我们必须记住他把长长的一生消磨在美国的各大森林里，踯躅往来，窥伺和观察不同的鸟类——对这一点就没有怀疑，他认为雌鸟对雄鸟的挑选是一种蓄意的行为。例如，谈到一种啄木鸟，他说，一只雌鸟总有六七只羽毛鲜美、鸣声嘈杂的求爱者追随着她，一路还不断地在她面前耍些奇形怪状的把戏，"一直要到她对其中的一只作出决定性的表示为止。"红翅膀的欧椋鸟（starling，即乙12）的雌鸟也总有好几只雄的追逐着，"后来，累了停下来，开始接受他们的一些情意，搭上腔，然后一下子作出了决择。"奥杜邦也描写到若干只雄的夜鹰（night-jar）如何三番四次奇快不可名状地突然向前飞去，又突然转身飞回，一转身之间，羽毛在空气中激荡，同时发出一种独特的声音，"但只要雌鸟一作出决定，他们在中选的雄鸟的驱逐下，便立即一哄而散。"就红头美洲鹫（乙180）来说，大抵八只、十只、或更多的雌雄鸟结成小队伍，聚止在倒了的大树干上，"雌雄之间都强烈地表现着要取得对方的欢心的愿望"，然后，经过一段时间的彼此交颈接喙，每一只雄鹰都带领了他的匹配飞翔而去。奥杜邦也仔细地观察到过一群群的加拿大雁或野鹅（乙46），并且就雄鸟在求婚时所耍的杂技作了一番写实的记录。他说，凡是以前成过对儿的旧相好"早在正月里就把求爱的过程重演一番，很快就结合起来了，而其余的则每天早上总要花费上好几个钟头，或则雄鹅之间为了争夺雌鹅而打架，或则雄鹅向雌鹅施展媚惑的手法，直到每一只鹅似乎各自取得了满意的对象，然后，尽管大家还是耽在一起，任何人都不难看出，它们的关系并不混乱，而是各自留神，守着自己的家室的。我也观察到，越是在老成的鸟，求爱的预备过程和内容就越来得简短。也看到，'童男'或'老处女'，或则由于失败而懊丧，或则生性恬静，不爱热闹，大都悄悄地移开而伏在一旁，和众鸟维持着一定的距离。"[20]从这同一位观察者的著作里，我们还可以援引关于其他鸟种的许多性质相同的事例来，但这些就已经够了。

现在我们转到家禽和笼养的鸟类，不妨从我所知道的关于家鸡求爱过程的为数很少的资料入手。我在这题目上曾经从休伊特和特格梅尔两位先生那里收到过不止一封的长信，而不久以前去世的布伦特先生所写并寄给我的简直是一篇文章。根据他们所发表的许多作品，我们每一个人都承认这几位先生都十分有名，因为他们都是谨严而经验丰富的观察者。这几位都不相信这一类鸟的雌性之所以看中某些雄鸟是由于他们有美丽的羽毛，而认为这些鸟长期以来所处的人为而不自然的生活环境肯定起着一些作用，而此种作用应该得到考虑。特格梅尔先生一口咬定，认为一只斗鸡用的公鸡，尽管因为要进入斗鸡场而经受过一番人工的修容，颈毛也被剪得齐齐整整，实际上是弄得破了相，却和一个未经修整而保持一切自然装饰的公鸡一样地容易为母鸡所接纳。但布伦特先生承认，公鸡的美丽，对于激发母鸡，也许起些辅助的作用，而在她一面，因受到激发而顺从，也是必要的。休伊特先生则肯定地认为，雌雄结合当然不是一件机缘凑巧的事情，因为母鸡几乎没有例外地会看中精力最旺盛、最能反抗、火气最大的公鸡。因此，照他说来，"在一个地段之内，如果有一只健康无碍的斗鸡种的公鸡自由来往，即便他和其他鸡种的公鸡可以相安，而不把他们轰开，要进行真正或纯洁的育种工作"也是几乎全无用处的，"原来在这一地段里，几乎每一只母鸡，清早一出鸡窝，就会一拥而上地奔向这只公鸡。"在日常的情况之下，家鸡的公、母鸡之间，通过某些姿势，似乎达成了一种相互的了解，到时候会彼此接近而结合。但母鸡往往躲开过于热衷而乱献殷勤的年轻的公鸡。据这同一位著作家对我说，老年的母鸡和性格上有些好斗的母鸡不喜欢陌生的公鸡，要斗上一阵，输定了才肯委身相从。不过弗格森叙述到过一只爱吵架的母鸡如何被一只上海种公鸡（Shanghai cock）用温柔的求爱方式勾引过去。[21]

有理由可以相信，鸽子的两性都喜欢和同一品种的异性配合，一般鸽舍里的鸽子对一切高度改良的品种都没有好感。[22] H. 威尔先生最近从一位可以信赖的观察者那里听说，他所饲养的蓝色鸽子把所有其他颜色的品种，白的、红的、黄的全都轰跑了。又从另一个观察者那里听到，一只暗褐色的雌传书鸽拒绝和一只黑色的雄鸽配合，好几次安排都归于失败，之后，却立刻和一只和她同色的公鸽配上了。再如，特格梅尔先生有一只蓝色的雌浮羽鸽（turbit）坚持拒绝和两只同品种（应是品种同而羽色不同，作者欠明白交代——译者）的雄鸽相配，这两只公鸽先后和她关了几个星期，终于无用；但放出以后，她却会立刻接受任何献殷勤的第一只蓝色的雄性鷃鸽（dragon）。因为她是一只名贵的鸽子，过后她又和一只银色（实际上是苍白一些的蓝色）的公鸽关在一起，关了好几个星期，终于配上了对。尽管如此，作为通例，对于鸽子的相配，颜色的影响看来是并不大的；特格梅尔先生，在我的请求之下，把他的若干只鸽子染上洋红，但并没有引起其他鸽子的多大注目。

母鸽有时候对某些公鸽会表示强烈的厌恶，原因何在，真是找不出来。在这方面有过四十五年经验的包伊塔和高比耶两位先生说，"如果一只母鸽对准备和她交配的公鸽感觉到厌恶，则无论恋爱的火力也罢，或为了加强营养、提高她的热情而多多地供应金丝雀草和大麻籽也罢，或把她和公鸽一道关上六个月乃至一年也罢，都不起作用，她对公鸽的调情、狎昵、媚惑、不断地来回打转、急色的咕咕作声，就是一个不瞅不睬，没有任何东西可以讨她的喜欢，动她的感情。她整日价躲在牢笼的一只角落里，赌着气，闷闷不乐，除了吃喝，除了公鸽逼人太甚，不得不出来峻拒一下之外，不越雷池一步。"[23] 在另一方面，H. 威尔先生自己观察到，也曾从另外几个育种家那里听说到，一只母鸽间或也会对一只特定的公鸽发生强烈的兴趣，一见钟情，而把自己原有的配偶抛撒了。据又一位经验丰富的观察者，瑞德尔先生说，[24] 有些母鸽是有水性杨花的性格的，她们几乎欢迎任何外来而陌生的公鸽，而宁愿把原来的公鸽丢弃。有些多情而泛爱的公鸽，即如我们英国的饲养玩鸽的行家们所称的"风流鸟"，在对母鸽的殷勤献媚方面总是那么得心应手，以致养鸽的人，像 H. 威尔先生所告诉我的那样，不得不把他们禁闭起来，以免造成损失。

据奥杜邦说，美国野生的吐绶鸡的雄鸡"有时候向家养吐绶鸡的母鸡进行求爱，而一般说来，他们是很受欢迎的。"由此可知，在野生与家养的雄性同种之间，这些雌性吐绶鸡是对前者有所偏爱的。[25]

下面要说的一个例子更为奇特。赫伦爵士多年以来饲养了大量的孔雀，并将它们的习性随时记录了下来。他说，"雌孔雀时常对某一只特定的雄孔雀表示很大的偏爱。她们全都爱上了一只杂色的老年雄孔雀。有一年，这只雄的被隔离在一个外面装有格子板的棚子里，可望而不可就，她们就老是聚集到棚外，像探监似地张望个没完，而同时却完全不让另一只羽毛漆黑的雄孔雀靠近她们。到了秋天，这只雄孔雀被放了出来，一出棚门，雌孔雀年龄最大的那一只就立刻缠上了他，向他求爱，成功了。第二年，这只雄的又受到隔离，这次是在一个马厩里，从外边瞧不到，于是群雌就全部转向而争取他的对手"，[26]那就是那只漆黑的或黑翅膀的雄孔雀，这用我们的眼光来看，实际要比普通的杂色孔雀更为美丽。

利希滕斯坦是个优秀的观察者，他在南非洲好望角又有过出色的机会进行观察，据他告诉鲁道菲，寡妇鸟（widow-bird，即乙 240，纺织鸟的一种）的雌鸟，当她看见雄鸟在繁殖季节里用来装饰自己的长尾羽被劫走而尾部见得光秃的时候，就翻脸不认他了。我相信这个观察一定是在笼养的这种鸟身上作出的。[27]另有与此可以相类比的一个例子：维也纳动物园主任耶格尔博士[28]说，一只雄的银雉（silver-pheasant），在和一切其他雄雉的争夺战中一直是个胜利者，久已成为许多雌雉所共同接受的恋爱对象；但当他的装饰性羽毛遭到损坏之后，他的对手就立刻替代了他，成为一群之主。

包尔德曼先生多年以来以搜集和观察美国北部的鸟类而知名于世，据他说，在他的长期阅历之中，他从来没有看到过一只白色的鸟和通常有色素的鸟配过对，然而他观察到白色的鸟的机会是满多的，它们属于若干不同的鸟种。[29]这是一桩值得注意的事实，因为它说明了颜色对鸟类的求爱过程具有何等的重要性。我们不可能持如下的见解，认为在自然状态中，白色的动物是没有繁殖能力的，因为在人工禁锢和饲养之下它们繁殖得非常之快。由此看来，我们不得不认为，白色之所以得不到配偶，是由于它们遭到了在颜色方面发展正常的同类的排斥。

雌鸟不但对雄鸟进行迎拒取舍，并且，在少数的鸟种里，会向雄鸟主动地求爱，甚至为了夺取雄鸟而在同性之间互相斗争。赫伦爵士说，就孔雀而言，在求爱过程中，发动而走第一步的总是雌鸟。而根据奥杜邦的说法，在野生的吐绶鸡中间，年龄比较老成的雌鸟也多少有同样的情况。其在雷鸟（capercailzie），当一只雄鸟正在聚会的场合炫耀色相的时候，若干只雌鸟就会飞围拢来，争相吸引他的注意。[30] 我们在上文已经看到，一只养驯了的雌野鸭把一只并不甘心情愿的雄性尖尾凫（pintail），在一个很长的求爱过程之后，终于勾引成功。巴特勒特先生相信，雉类的一个属，虹雉属（乙 568），像其他许多鹑鸡类的鸟种一样，是天然的一夫多妻者，但两只母的不能和一只公的放在一个笼子里，因为她们打得很厉害。下面关于照莺（bullfinch）的一个争风的例子就更可怪了，因为照莺寻常是一经偶合，终身不改的。J.威尔先生把一只颜色呆板而形貌丑恶的雌性照莺放进他的养鸟室里，刚一进门，她就对已经配对的另一只雌照莺毫不留情地攻打不休，结果，他只好把挨打的一只拉开。于是新来的雌莺就竭力向雄的求爱，终于成功，结成了配偶，但过了一些时候，她还是得到了报应，因为在她的好斗性像是过去而不再发作的情况下，原来的雌照莺还是把她顶替了，那只雄照莺也再不睬她而和旧的那只恢复了情好。

在一切寻常的例子里，雄鸟总是十分急色而会接受任何一只雌鸟，据我们所能作出的判断，他们是全不挑剔的。但我们将在下文看到，在少数几个鸟群里，不依照这一准则的例外显然也有一些。就家养的鸟种而言，我所听到过的雄鸟挑取雌鸟的例子只有一个，而这一例是以休伊特先生的大有分量的权威作后盾的，就是，一只家养的公鸡爱挑比较年轻的母鸡，而不爱比较年老的。而在另一方面，在进行雄雉和普通母鸡杂交的工作中，休伊特先生却肯定地认为，雄雉毫不例外地爱挑比较老成的母鸡。母鸡的颜色如何，看来对雄雉的挑选似乎完全不发生影响，但"他和母鸡的恋爱关系究竟根据一些什么，还是非常难于捉摸"；[31] 他对某几只母鸡表示了最坚决的憎厌，任凭育种的人用尽了心机，想尽方法，就是搞不到一起，原因何在，总琢磨不出来。休伊特先生告诉我，有几只母鸡实在很丑，连她们自己的同种的雄性都瞧不上眼，在整个蕃育季节里，尽管把她们和若干只公鸡关在一起，在所下的四五十枚蛋里，经过交配而可以孵出小鸡的蛋，是一个都没有，所谓瞧不上眼，竟然可以达到这样一个程度。在另一方面，在长尾凫（long-tailed duck，即乙465），埃克斯特伦说，"有人曾经说过，某一些雌凫，比起其他的来，成为大得多的求爱目标。说实在话，我们时常看到，某一只雌凫可以被六只、八只急色的雄凫所包围着。"这话是不是可靠，我不知道，但当地的猎人惯于把这些雌凫打下来，制成标本，放在野外，作为诱鸟，却是事实。[32]

　　说到雌鸟对某些特定的雄鸟感觉到有所偏爱，我们必须记住，我们只是通过思想上的一些类比的活动才作出判断，认为她们在这里正发挥着一些取此舍彼的作用，而从此又推测到她们在心理上还有一番爱或憎的感觉。如果另一个行星上也有人，而此人会看到在我们这个星球上，在一个乡村集市的场合里，一群青年农民围着一个美貌的小姑娘调情说爱，同时彼此之间，像上面所说的鸟在春季的聚会场中那样地吵吵闹闹，他在看到之后，尤其是通过这些青年为了取得姑娘的喜欢而表现的种种神情、展示的种种美好的事物或手段，他大概会作出推论：这姑娘是掌握了选择的权利的。如今，就鸟类说，可得而言的证据是这样：它们有敏锐的观察能力，它们对颜色和音声的美妙似乎真能领略到几分。可以肯定的是，雌鸟，根据我们如今还不了解的一些原因，有时候会对一些特定的雄鸟表示十分坚决的偏爱或十分强烈的厌恶。如果两性在颜色或在其他装饰手段上有所不同，除了极少数的几个例外，总是雄鸟打扮得更有花色一些，有的是长年如此，有的至少在每年的蕃育季节里是如此。他们总要在雌鸟面前富有诱惑力地把各种不同的装饰手段展示出来。即在武装得很好的雄鸟，在大多数的例子里，也还是丰容盛鬋，装饰得很是华美，这是我们初料所不及的；我们或许以为凭借武力，根据战斗的法则，也就足以保证他们的胜利，但事实并不如此。不过此类装饰手段的取得是有代价的，在这方面多消耗一分精力，战斗的能力就不免消减一分，这就是代价，而这也未尝不是事实。在另一些例子里，这种代价是，来自鸷禽猛兽方面的风险不免有所增加。在许多不同的鸟种，在这季节里，成群的个体会在一定的场合聚集拢来，进行求爱，而这一过程往往要持续很久。甚至有理由教我们猜想，在同一地段之内，同一个鸟种的所有的雌雄鸟在求爱和求偶中未必全都成功，而不免有向隅的少数。

从上面这些事实和考虑中，我们又可以得出什么结论呢？雄鸟用上这么多的排场来卖弄他的音声色相，同时又不免和对手们大力周旋，难道是全无目的的么？如果我们认为雌鸟操有取舍之权，而所取的只是那只最能讨得她欢心的雄鸟，难道是全无依据的臆测么？若说雌鸟会有意识地谋虑问题，那大概不是的；但在越是形色美丽的、鸣声婉转的、气魄爽朗的雄鸟面前，越是容易受到激动，为所吸引，却是不成问题的。我们也用不着设想，雌鸟会对雄鸟的羽色的每一条纹或每一斑点加以揣摩，例如说，雌孔雀会对雄孔雀灿烂的长尾上的细节目逐一加以欣赏——不，真正打动了她的怕只是一般的色相所产生的综合的印象；但关于这一点，我们还不应该过于自信：我们听说百眼雉（Argus pheasant）的雄雉在展示他的翅膀上的几条漂亮的主羽时，是如何地小心细致，而在竖起带有眼斑纹的那些羽毛时，又如何地要在方位上不偏不倚，都为的是全盘托出，不留余蕴。我们又听说，乃至看到，金碛鹩或金翅雀（goldfinch）的雄鸟是如何地要把他的金光闪烁的两翼时而左时而右地不断更迭地展示出来。这一类事例说明，雌鸟还是有可能注意到一些美的细节的。像上面所已说过的那样，我们只能通过类比来判定雌鸟是施展了取舍之力的，而我们之所以能做此类比或类推，是因为鸟类的心理能力在基本性质上和我们自己的没有分别。从这多方面的考虑，我们可以得出结论：鸟类的雌雄相配并不是一种碰巧的事；雄鸟之中，只有那些具有各式各样的诱引手段而最能运用这些手段来取悦于雌鸟和激发雌鸟的，才被接受下来而成为配偶的一方。如果我们承认这一点，我们就不难理解雄鸟的种种具有装饰作用的特征是怎样逐渐取得的了。一切动物都表现一些个体的差别，人们可以根据这些差别，通过对他们所认为最美好的一些个体的选择，使家养的鸟种发生一些变化。既然如此，则在自然状态之中雌鸟对更为美好的雄鸟所进行的习惯性的挑选，乃至即使不是习惯性、而是偶一进行的挑拣选择，也几乎可以肯定地会在雄鸟身上引起一些变化，而这些变化，在时间的过程里，在和有关鸟种的种族生存不相妨碍的限度以内，就不断地继长增高了。

鸟类的变异性，尤其是第二性征方面的变异性。——变异性和遗传是选择所由进行工作的基础。家养的鸟类，长期以来，业已经历巨大的变异，而各种不同的变异是遗传的——这是已经肯定了的。自然状态中的鸟类也曾经历过变异，并由此而分成若干种族——这到今天也已经得到了公认。[33]变异可以分为两类：一类，由于我们的无知，看去像是自然发生的、或曰自发的；另一类则直接与生活环境中的种种条件有关；因此，变化所及牵涉到同种之中的全部或几乎全部的个体，并且是同样地变化的。关于后一类例子，最近艾伦先生[34]作过一些仔细的观察，他指出，在美国，从北到南，许多不同鸟种的颜色是越来越浓艳，而自东往西，以达于腹地的沙漠平原，则颜色越来越浅淡。同种之中，雌雄鸟所受到的这种深浅浓淡的影响，一般说来似乎是相仿的，但也有一些程度不同的例子。这样一个结果，和认为鸟类的颜色主要是由于通过性选择而取得的一些连续变异的积累这样一个信念，是不相矛盾的。因为，即使在两性已经显著地有了分化之后，气候还是可以在它们身上产生一种同等的影响，不分性别，或者，由于两性体质上有些不同，一性所受的影响要比另一性大些。

在自然状态中，同一鸟种的成员之间可以发生种种个体的差别——这也是每一个人所承认了的。突然发生而特别显著的变异是难得的；这种变异，即使有益无害，是不是往往会通过选择而得到保持，并被传递给未来的世代，也有问题。[35]尽管如此，我想还是值得把我所能收集到的主要关系到鸟羽颜色的少数几个例子列举出来——但单纯的白色和全黑的不列。很多人知道，古尔德先生有个习惯，就是，他不大承认种别之下还有变种，而把一些轻微的差别看得很重，认为它们有构成种别的意义。然而他说，[36]靠近南美哥伦比亚首都波哥大（Bogota），有一个蜂鸟属，阔嘴蜂鸟属（乙 309）下面的某些鸟种，是可以细分为两个或三个族或支族的，划分的根据是尾巴颜色的不同——"有些的尾羽是全部蓝色的，其余的则尾羽中间的八根的末梢是美丽的绿色。"在这里，和在下面的几个例子里，似乎都没有观察到居间的不同程度的状态。在澳洲的长尾鹦鹉（parakeet）的一个种，"雄鸟大腿上的羽色，有的是猩红色的，有的是草绿色的，雌鸟则全没有这情况。"在另一种澳洲的长尾鹦鹉，雄鸟中"有些个体的覆羽上那条横带纹作鲜黄色，而在其他个体则带些红色。"[37] 在美国，猩红莺（scarlet tanager，即乙917）的雄鸟中，少数几只的"小覆羽上有一条美丽的红得发亮的横带纹"，[38] 但这一变异似乎是比较难得，因此，只有在特别有利的情况之下，才能通过性选择而把它保持下来。在印度孟加拉邦的蜜鸢（honey buzzard，即乙741），有的在头上只有小羽冠，小得像是一个残留，有的连这一点点都没有；要不是印度南部与此同属一个种的鸟"在脑后有相当突出的、由若干根长短羽挨次合成的一撮冠状的毛"，[39] 这一点微不足道的差别根本值不得受人注意。

下面的一例在有些方面是更有意味的。有一类羽毛斑驳的渡鸟（raven），头、胸、腹，两翼的某些部分、尾羽，都是白的；产地只限于费罗（Feroe）① 诸岛。在那里，数量还不太少，格拉伯造访这些岛屿时，看到了八只到十只活的标本。尽管这一类渡鸟在特征上并不十分稳定，若干有名望的鸟类学者还是把它们看成而命名为和别的渡鸟分得开的一个种。其中的一位，布吕尼赫，之所以得此结论，主要是由于这样一个事实，就是这些斑驳的渡鸟受到岛上其他类别的渡鸟的追逐迫害，大有不两立之势。但人们现在知道，这事实是不确的。[40] 不久以前，有人谈到白色的鸟受到同类的拒绝而无从获得配偶，看来这一个斑驳或斑白的渡鸟的例子，倒和白色的鸟可以比类而观。

在欧洲迤北诸海中的许多岛区，分布着一类很吸引人注意的普通海鸠

---

① 应即 Faeroe，亦作 Faroe，丹麦属岛，在北海中。Faeroe 或 Faroe 为英语，丹麦语作 Faroerne，德语作 Färo；Feroe 则未经见，查亦无着，疑原文拼法小误，或属百年前英语中的某种拼法，亦未可知。

(guillemot，即乙 988)，而在费罗诸岛，据格拉伯的估计，每五只中仅有一只呈现如下的一个变异：它在眼睛周围有一个纯白的圈子，又有一条一英寸半长的弯而窄的条纹从这圈子向后伸展。这一个显著的特征[41]曾经使若干鸟类学者把这类鸟划成一个不同于其他海鸠的种，并把它定名为泪斑海鸠（Uria lacrymans）；现在我们知道，它只是海鸠中的一个变种而已。它也和普通的海鸠相配，但在所产生的后代里，这一种特征的不同程度的居间状态是从来没有人看到过的。但这也并不奇怪，我在别处曾经指出过，[42]一些突然出现的变异，在往下遗传的时候，要么照样地传，不增不减，要么不传。从这海鸠的例子里，我们看到，在同一地段之内，在一个物种之中，同时存在两个不同的形态，而我们也不能怀疑，如果其中的一个比另一个对这鸟种更为有利，则不久以后，这一形态的数量就会蕃殖得越来越多，而另一形态就越来越少。例如，如果斑驳的渡鸟的那一点斑驳，所招来的不是同类的迫害，而是黑色的雌鸟的垂青，在雌鸟眼光里发现它新奇可爱（像上文所说雌孔雀对杂色的雄孔雀那样），则他们的数量就不会减少，而会很快地增加。而这就成为性选择的一个例证了。

至于那些微小的个体差别，则常见得多，而一个种中的成员个个都可以或多或少地有份，因此，我们有一切理由可以相信，作为选择的用武之地，它们的重要性要远在上面所说的那种个体变异之上。第二性征是特别倾向于发生变异的；自然状态中的动物如此，家养动物也未尝不如此。[43]在上文第八章里我们已经看到，我们也有理由可以相信，变异的发生，在雄性个体身上要比雌性个体身上更为容易。所有这些可能出现的情况都是对性选择十分有利的。至于由此而取得的种种特征在往下传的时候只传给两性中的一性，抑或兼传给两性，则我们将在下章看到，要看它们遵循的是哪一种遗传方式，未可一概而论。

雌雄鸟之间的某些微小的差别之所以发生，究竟是由于单纯的变异性的活动、外加限于性别的遗传、而没有选择作用的那一部分帮助，抑或得到了这种选择的一臂之力而有所加强，有时候是不容易加以判断而作出意见的。在许多例子里，雄鸟有种种漂亮的色彩或其他装饰手段可以展示，而雌鸟对于这些色相也在轻微的程度上分享到一些，对这些例子，我在这里刚说过的话是不相干的，因为这一类的两性差别的来源，几乎可以肯定地是由于雄的一性首先取得了有关这些色相的特征，而后来又分移给了雌的一性的。但就某些鸟种而言，雌雄鸟之间只是在身体的某一部分，说眼睛罢，在颜色上有些轻微的差别，我们所能作出的结论又是什么呢？[44]在有些例子里，两性的眼珠有着显著的不同，例如在异喙属黑颈鹳（乙1000）的几种鹳（stork），雄鸟的是带黑的榛子色，而雌鸟的则作藤黄色；其在许多种犀鸟（hornbill，即乙143），我从布莱斯先生那里听说，雄鸟有浓艳的大红眼，而雌鸟的却是白的。[45]在二角犀鸟（乙144），雄的头盔后部的边缘和喙上隆起的部分的那根条纹都是黑的，而雌鸟就不是这样。我们能不能设想，这些黑色的标记以及眼珠的大红色，都曾经通过性选择而在雄鸟身上得到了保存和加强了呢？这是很有问题的。因为巴特勒特先生在动物园里指点给我看过，这种犀鸟的口腔在雌雄鸟之间就有所不同，雄的是黑的，而雌的是肉色的，内部既有此分别，则外貌或美观上的不同，大概不是由于性选择的影响可知。我在智利时，观察到[46]神鹰（condor）的虹膜，在约摸一岁大的幼鹰是深棕色的，但到了成熟的年龄，雄的变成带黄的棕色，而雌的则变成鲜红色。雄鹰头上又有一个小小的、纵长的、铅一般颜色的肉峰或冠。许多鹑鸡类鸟种的冠是富有装饰性的，而在求爱的活动期间颜色要变得特别生动。但神鹰的冠的颜色却很呆板，用我们人的眼光看去，一点点也说不上有什么装饰的意味，这又是怎么一回事呢？关于其他许多不同的特征，比如中国鹅（乙47），在喙的尽根处的球状隆起，在雄鹅要比雌鹅的大得多，我们也可以提出同样的疑问。对于这些问题，肯定性的答复是拿不出来的；但如果我们想起，在人类的一些野蛮民族里，各式各样人为的破相——比如在脸上刻画深痕，使结出的伤疤成为肌肉的各式疙疙瘩瘩的隆起，在鼻中隔上戳个洞，洞里穿插上几根木制或骨制的小棍，在耳朵上、嘴唇上也穿上窟窿，拉得很开，也塞上东西——在我们看来是其丑难当，而在他们却每个人都认为是盛装美饰，则我们对于公鹅喙上的球状隆起以及其他雄鸟身上的垂肉之类的附赘悬疣对雌鸟说来究竟美观与否，就不应该妄作解人了。

　　无论刚才所缕述的两性之间的那一类不关宏旨的差别是不是通过性选择而得到保存，这些差别，以及其他的一切差别的产生，总不得不以变异的一些法则为依据，是没有问题的。根据相关发育（correlated development）的原理，身体上不同部分的羽毛，或全身的羽毛，往往按照同样的方式或格局而发生变异。我们在某几个品种的家鸡身上就可以看到很好的说明。在所有这些品种里，公鸡脖子上和腰部的羽毛都要发展得很狭长而被称为梳齿羽（hackle）。现在，如果雌雄两性都取得了一个顶结——而这是事实，是这一属的一个新特征——则公鸡头状的羽毛也变作梳齿状，这一变化显然是从相关的原理而来的，而母鸡头上的羽毛却还是照常不变。在公鸡，构成顶结的梳齿羽在颜色上也往往和颈部腰部的梳齿羽的颜色相关，我们只须把洒金和洒银的波兰鸡（gold-spangled 与 silver-spangled polish）、称为"大球冠"（houdan）和"伤心"（Crève-cœur）的两个法国品种的鸡比较一下，就可以理解这个情况。在自然状态中的鸟种里，在同一些羽毛的颜色上，我们可以观察到与此完全相同的相关现象：锦鸡（gold pheasant）和阿姆赫斯特雉（Amherst pheasant）就是例子。

　　每一根羽毛的结构，在颜色布局上的任何变化一般总是两边对称的，这我们在镶边的、洒点的、细线纹的各个家鸡品种里都可以看到。而根据相关的原理，全身的羽毛的颜色在格局上往往是一致的。这就使我们在蕃育家养品种的时候，比较容易地取得羽毛颜色和标记的对称，几乎和自然鸟种的对称一模一样。在镶边和洒点的家鸡里，各根羽毛的有色的边缘是有着截然分明的界限的。但我曾用一只黑中发绿色光泽的西班牙鸡（Spanish）的公鸡和一只斗鸡种的白色母鸡相配，所得的杂交种鸡的羽毛全部是黑中带绿，只是每根羽毛的尖端是白中带黄，而在此尖端与黑色的羽根之间，又有一道两边对称的深棕色的月牙状带纹。在有些例子，羽干或羽管决定着羽上颜色的布局，我也曾用上面所说的同一只黑中带绿的西班牙鸡的公鸡和一只洒银的波兰鸡的母鸡交配，所得杂种的羽毛在这方面就可以提供一些说明：这杂种鸡的躯干上的羽毛的羽管，以及羽管两旁的狭长条表面，合起来是黑中带绿的，其外围是很整齐的一圈深棕色，而边缘则作白中带棕的颜色。在这些例子里，我们看到，羽毛颜色的由浅入深、或由此色转入彼色，总是两边对称的：在自然状态中，许多鸟种的羽毛之所以美观，原因即在于此，而在这里，情况也是一样。我也曾注意到，普通家养的鸽子里有这样一个变种，两翼上各有两条横带纹，左右对称，带纹上下都有一道浅色的空间，凡三道，而带纹的颜色是由深入浅而没入这三道空间的。这就和同种的野鸽子不一样：野鸽的两翼是以石板石似的青灰色为底、加上单纯的黑色带纹，而底子与花色的界限是截然分明的。

在许多鸟群里，在同群的若干不同的鸟种之间，论羽毛的颜色虽各别，论某些斑点、标记、条纹却是大致相同的。自然的鸟种如此，在家养的鸽子品种里也找得到可以类比的例子。家养的鸽子尽管颜色不一，有红的、黄的、白的、黑的、蓝的，两翼上却都保有两条横带纹，与周围或衬底的颜色完全不同。尤为奇特的一个情况是，一面保持着某些标记，和自然状态中的鸽子一样，而一般的羽毛则几乎和野鸽的恰恰相反。在原鸽中有一条蓝色或青色尾巴，但最在外边的左右两根尾羽的靠外而靠羽梢一端的羽瓣却是白色的。现在我们知道，有一个鸽子的亚变种，尾羽的总的颜色是白的，而不是蓝的，而在原始鸽种的尾羽的白色的地方，在它却不多不少、不偏不倚地变成了黑的。[47]

鸟类羽毛上单眼斑纹的形成和它的变异性。——在动物身上的一切装饰手段之中，几乎什么都比不上见于某些鸟羽上、哺乳动物的毛上、爬行动物和鱼类的鳞上、两栖类的皮上，以及许多鳞翅类及其他昆虫翅膀上的眼斑纹（ocellus）那样美丽，这种斑纹是值得我们特别注意一下的。一个眼斑纹是这样构成的：以一个圆斑或圆点为中心，外边围绕着一个圈子，中心与外围的颜色是不同的，好比眼珠，中心是瞳人而外围是虹膜那样，所不同的是，中心与外圈之间往往还套有不止一个的同心圈。雄孔雀尾部覆羽上的眼斑纹是大家所熟悉的一个样板，孔雀蝶（peacock butterfly，属乙993）的翅上的此种斑纹也是谁都知道的。特瑞门先生曾经向我提供关于南非洲的一种蛾，虽在南非，和我们欧洲的蛾种还是有近亲关系的，他说，这种蛾的眼斑纹很宏伟，左右后翅上各一个，几乎把后翅的整个面积都占了；斑纹的中心是黑的，其间还包括一个半透明的新月形的标记，周围是连续的一整套颜色不同的圈子，赭黄、黑，再赭黄、粉红、白，再粉红、棕，再白而不纯白。我们虽不知道这些美丽而复杂得出奇的装饰手段是怎样一步一步发展出来的，整个的发展过程怕倒是简单的，至少在昆虫是如此。因为正如特瑞门先生写信告诉我的那样，"在鳞翅类，单单就标记或颜色一类的特征而言，最不稳定的莫过于眼斑纹，斑纹的数目和大小都不稳定。"最初唤起我注意这个题目的是华莱士先生，他曾经向我出示一系列的我们英国的普通草地尺蠖，即马王蝶的一个种（meadow-brown butterfly，乙481）的标本，表明从单纯的黑痣般的微不足道的一个小点开始、到一个美丽得像月华似的眼斑纹为止的许多由小到大、由简入繁的层次。在和这一种蝴蝶同属于一个科的南非洲的一种粉蝶，母后蝶（乙308），眼斑纹的变异比这更要动荡不定。在有几个标本里（图53，A），翅膀的阳面有几片黑色，而黑色的中间又含有一些不规则的白记；以这个情状为起点，而逐步进入一个差强人意的完整的眼斑纹（图53，A1），也构成一个全套。在另一套里，从包在几乎看不清楚的一个黑线圈里的一些小白点开始（图53，B），进入又大又圆而辐

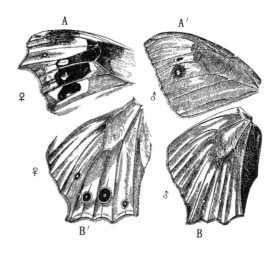

图53　母后蝶（乙308），据特瑞门先生所绘图，示眼斑纹的变异，自微入著，跨度极大

A，标本，来自印度洋西部毛里求斯岛，前翅阳面
A1，标本，来自南非洲纳塔尔，翅面同上
B，标本，来自爪哇，后翅阳面
B1，标本，来自毛里求斯岛，翅面同上

射性对称的一个个眼斑纹为止（图53，B1），我们也可以推数出一系列的步骤来。[48]在诸如此类的例子里，眼斑纹的发展所需要的变异与选择过程并不是太长的。

就鸟类和许多其他动物而言，我们比较若干关系相近的物种而加以推测，中心的圆点看来是由条纹演变而成的，原有的条纹，初则由合而分，成为零星点滴，继则由分而合，收敛而成圆形。在亚洲所产的一类短尾雉，牧羊神雉（Tragopan），在雌雉身上的隐隐约约的白浅纹，到了雄雉身上，就成了美丽的白圆斑，[49]而大致相类的一种情况也可以在百眼雉（Argus pheasant）的两性身上观察到。尽管有这些情况，从各方面的现象看来，又似乎强有力地支持这样一个信念，就是，一方面，在以小黑点为中心的此种斑纹，黑点的形成往往是由于四周色素的向心倾向，一面集中成点，一面使四周的颜色趋浅转淡，而成为一圈浅晕；而另一方面，在以白点为中心的此种斑纹，白点的形成是往往由于色素的离心倾向，一面中心成了空白，一面四周出现了个黑圈。无论在哪一样情况下，结果总是一个眼斑纹。此中所牵涉到的色素在分量上看来经常是不变的，只是在分布上有时而向心或时而离心之别而已。普通的珠鸡（guinea-fowl）的羽毛所提供的就是一个白点黑圈或白中黑外的例子，而凡属点子大而比较密集的地方，各自的黑圈轧汇合在一起。在百眼雉，同一根羽毛上可以出现黑点白圈和白点黑圈，而所谓黑白，有时候也只是在颜色上有明暗浅深之别罢了。依据了这些情况，我们可以说，眼斑纹的形成，就其最基本的情态而言，看来是简单的一回事。至于那些更为复杂的眼斑纹，中心斑点之外套上了一系列的大小圈子，各有不同的颜色，又是怎样来的，经历过一些什么步骤，我不敢强作解人地加以说明。不过根据不同颜色的家鸡品种的杂交而产生的杂种鸡的单根羽毛上的颜色分层分圈的情况，又根据鳞翅类中许多蝶种或蛾种的眼斑纹之自有其跨度极大的变异性，我们还是可以得出结论，认为它们的形成也并不是一个复杂的过程：是由于有关的羽毛所从生长的体素组织起了一些轻微而逐步浸润性的变动，如此而已。

第二性征有程度不同的级进。——这种级进的例子是重要的，因为它们向我们表明，一些装饰手段，虽然高度复杂，是可以通过微小而连续的步骤而取得的。为了发现存活在今天的任何鸟种的雄鸟，在取得它的光辉灿烂的颜色或其他装饰品的过程中，究竟走过哪些实际的步骤，我们应该把他的长长的一串已经灭绝了的祖先注视一下，而这显然是做不到的。但如果我们把属于同一个鸟群的所有鸟种作一个通盘的比较，而这鸟群又是数量够大而包罗够广的话，我们一般还是可以取得一个线索的。因为在这些鸟种之中，可能有一些至今依然保存着前代的一些特征的尽管很不完全的遗迹。特征分级的显著例子可举的很多，各个鸟群里都有些，但逐一加以介绍，不免过于烦琐，最好的办法还是举一两个特别显著的例子，比如雄的孔雀，来看，就这一种鸟而论，装饰之美之所以得有今日，大概经历了一些什么步骤，然后再看我们在认识上是不是可以收到举一反三之益。

雄的孔雀之所以值得我们注意，主要是他尾部的覆羽的长度大大地超越寻常，尾巴本身倒并不太长。这些尾羽上沿着羽干的羽枝几乎全都是各自分立的，或者说，不通过羽芒而相互钩连的。他这一点不算特别，许多鸟种和某些家鸡和家养鸽的某些品种或变种也有这情况。将近羽干尽头的地方和直到尽头，羽枝却又钩连了起来而成为一片，而且在中心联合构成一个椭圆形的图案，即所谓眼斑纹。世界上美丽的物品虽多，这肯定地是属于最前列的一件。就其构造而言，一个鸡心似的中心，除底处有个锯齿状的缺口外，通作深蓝色，烨烨发虹彩光，外围是一整套的颜色圈，最靠中心的是浓绿色，其次古铜色，比较宽，再其次是五个比较窄的圈子，各有其略微不同的能发虹彩光的色晕。整个圆盘形的图案里还有一个值得注意的小小的特点，即，两个圈子之间有一道空隙，当然，那也是一个圈子或半圈，是没有颜色的，但不止没有颜色，且由于构成它的有关的羽枝、在这圈空隙里多少有些光秃、即少生或不生寻常使羽枝能彼此钩连的羽芒、因而不挡光的缘故，看去几乎像是透明的，像是个透明的圈子，这样，画龙点睛，就使整个图案见得更其完美。不过我在别处也曾描写过[50]与此完全可以相类比的变异，就是斗鸡种的某一个亚变种的公鸡在梳齿羽上所表现的一个特点；这种羽的梢部会发出金属般的光彩，原来"这部分和同一根羽毛的下半部不同，它自成一节，在羽干两旁相对称，而由于构成它的那些羽枝是光秃的，即不长羽芒的，所以看去也是透明的。"回到孔雀，眼斑纹的深蓝色的中心的底部，沿着羽干的直线，有个很深的锯齿形的缺口。外围的各道圈子，环行到此，也表现着有些缺陷的痕迹，也可以说有些中断，正像图（图54）中所看到的那样。印度产的孔雀（乙727）和爪哇产的孔雀（乙728），虽不同种，却都表现这种

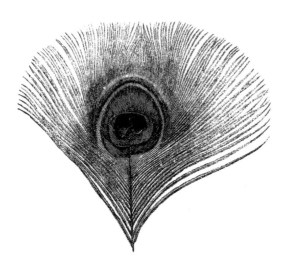

图54　雄孔雀的尾羽的末梢，大小约当原物的三分之二；据福特先生所绘原图。文中所说的透明的一个圈子即盘形图案中最外围的那道白圈子，实际上是个半圈，只限于靠近羽梢的一端

缺陷或中断，而这似乎是值得特别注意的，因为它可能和眼斑纹的发展过程有所联系，不过在很长的一段时间内，我没有能猜度出它的意义来。

　　如果我们承认事物逐渐进化的原理，那么，在雄孔雀的长得出奇的尾部覆羽和所有寻常鸟类的短的尾部覆羽之间，从前一定存在过备有各个长短度的这种尾羽的许许多多鸟种，而同样地，在前者的宏丽的眼斑纹和其他鸟种的比较单纯的眼斑纹、甚或只是一些颜色的斑点之间，也一定存在过逐步渐进的情况；雄孔雀身上的其他一切特征也没有一个能自外于这种情况。现在让我们转向和孔雀相近的鹑鸡类，看看上面所说的居间程度，不论哪一等，至今还有存在的没有。

　　孔雀雉属（乙790）的各个种和亚种，它们所居住的本土就在孔雀的家乡附近，它们和孔雀也颇有几分相像，以至人们对它们有孔雀雉之称。我又曾从巴特勒特先生那里得知，它们在鸣声和某些生活习性上也和孔雀

相似。一到春季，雄的孔雀雉，像上文所已描写过的那样，要在装束得比较朴素的雌鸟面前，昂首阔步地走来走去，把饰有许许多多眼斑纹的尾羽和翼羽张得唯恐不开，竖得唯恐不直。我请读者回过头去再看一看一种孔雀雉的插图（图51，第十三章）。在另一个种（乙794），光是尾羽上有眼斑纹，翼羽上则没有，但整个背部作浓郁的蓝色，发出金属般的光彩，在这些方面，这一个种的孔雀雉就和爪哇的孔雀相近。又另一个种（乙792）的头上有个奇特的顶结，这也是有些像爪哇孔雀的。在所有的孔雀雉的各个种里，翼羽和尾羽上的眼斑纹有圆的，也有椭圆的，每一个都是个盘形图案，中心是一片带绿的蓝色或带绿的紫色，美艳而发虹彩光，斑纹的外缘是黑的。在有一种（乙791），这圈黑边又逐渐转成棕色的一圈，而这个棕色圈子又有一道乳酪色的镶边，所以在这里的眼斑纹就有一套好几道同心的圈子围绕着，每一道的颜色虽不鲜艳，却是由深入浅，由晦转明，亦有风致。尾部覆羽特别长是这一属鸟的又一个引人注目的特征。在有几个种里，这种羽或翎要比真尾羽反而短些，有的只有真尾羽的一半长，特长的尾羽和这些相形之下，就更见得突出了。尾部的覆羽上都有眼斑纹，像孔雀一样。由此可知，这一属鸟的若干鸟种，在尾部覆羽的长度方面、在围绕着眼斑纹的圈子方面，以及在其他的特征方面，显然正朝着孔雀的方向逐步或逐级地往前推进。

　　尽管有上面所说的这种接近于孔雀的趋势，当我第一次检视孔雀雉的这一属的某一个种的时候，一种失望的心情几乎教我半途而废，不再往下探讨。当时我意外地发现两点：一是这种鸟的真尾羽上也饰有眼斑纹，而孔雀的却是素淡的；二是它的眼斑纹，不论在哪一类羽毛上，根本和孔雀的不同，一根羽上有两个，羽干左右各一（图55）。因此，我当时的结论是，孔雀的早期祖先不可能是一只孔雀雉一类的鸟。但在我继续探讨的过程中，我发现，在有几个种里，这两个眼斑纹靠得很近；又发现，在有一个种（乙792）的尾羽上，两个斑纹碰到了一起；而最后，更发现，在这同一个种的某些鸟身上，以及在凤冠孔雀雉（乙793）里，尾部覆羽的两个斑纹真的部分汇合了起来（图56）。所碰头而汇合的部分既然是两个斑

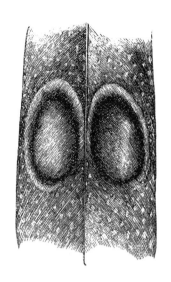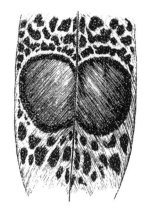

图 55　孔雀雉的一个种（乙 791）的尾部覆
雨羽的一部分，示一根羽上有两个眼斑纹；
大小与原物相同

图 56　凤冠孔雀雉（乙 793）的尾部覆雨羽
的一部分，示两个眼斑纹部分趋向于汇合；
大小与原物相同

纹中间鼓出的那一部分，则没有汇合的上下两头势必形成两个缺口，而周
围的有色圈带，到此也随之呈现一个缺陷。结果是，一单个眼斑纹终于在
每一根尾部的覆羽上产生了出来，尽管由于原先是两个，不免清楚地露些
马脚，却毕竟成一个了。这些汇合而成的眼斑纹和孔雀的单一眼斑纹有这
样一个差别，就是，斑纹上下各有一个缺口，而在孔雀，只下面或底部有
一个。但这一个差别是不难解释的：在有几个孔雀雉的种里，一羽之上的
两个椭圆形斑纹是彼此平行的；但在另外几个种里（如乙 791），它们有一
头是彼此相向的；如今这一类一端相向的两个斑纹部分汇合之后，在不相
向的一端，比起相向的一端来，势必留下一个更大而更深的缺口。还有一
点也是显而易见的，即，如果双方一端相向的程度很强，而汇合的又很完
密，那么，碰头而汇合的一端的缺口会倾向于消失不见。

　　孔雀，无论雄的或雌的，在真尾羽上是完全不长眼斑纹的，这显然是
和真尾羽受到特长的覆羽的掩盖和隐蔽有关。在这一方面，它们和孔雀雉
的真尾羽有着显著的不同，在后者的大多数鸟种里，真尾羽上饰有很大的
眼斑纹，比覆尾羽上的还要大些。因此，我就想起来对若干个种的真尾羽

再作仔细的检视，想发现它们的眼斑纹有没有任何倾向于消失的表示，结果是正中下怀，看来这倾向是有的。在有一个种（乙794），正中几根真尾羽上，羽干两边的各一个眼斑纹是发展得很完整的，但越是在靠外边的几根尾羽之上，靠羽干里边的那个斑纹就越来越趋向于暗晦不明，而一到最外边的左右两根尾羽之上，羽干里方的斑纹就剩下一个影子或残迹了。再如，在马六甲产的凤冠孔雀雉（乙793），覆尾羽上的两个眼斑纹，我们刚才已经看到，已经汇合起来（图56）；而这些覆尾羽也已经发展得特别长，已有真尾羽的三分之二那么长，所以在这两方面，即覆尾羽的长度和羽上斑纹的汇合为一，这一种孔雀雉的覆羽正在向孔雀的覆羽的方向靠拢。至于马六甲种的真尾羽，则只有正中的两根饰有鲜艳的眼斑纹，每根上有两个，而在所有其余几根上面，凡在羽干里方的那一个已经完全消失不见。结果是使这一种的孔雀雉，在覆尾羽和真尾羽方面，在结构和装饰上，和孔雀的情况靠拢得很近了。如果这一类的级别或渐近的层次对孔雀尾羽之所以会有今日的那样宏伟，对其在演进中所经历的一些步骤，能有所发现的话，上面所说的种种也几乎是足够满足我们的需要了。如果我们用想象描绘出孔雀的老祖先的一幅真容，而在描绘之际，用今天的孔雀和寻常的鹑鸡类的鸟这两个极端之间的几乎恰恰在正中的一个中间状态作为蓝本，则描绘出的结果将是和孔雀雉的容色很相近似的一只鸟。若更具体地各言其特征，则：在孔雀这一极端，有的是长得不可开交的覆尾羽，每根上面饰有一单个眼斑纹；在寻常鹑鸡类的另一极端，有的是短短的覆尾羽，上面只是简简单单的洒上几个有色的小斑点；而在接近于今天的孔雀雉的中间形态，则所具备的覆尾羽，不但能挺得很直、张得很开，而且每根上面都装点着两个部分已经汇合了起来的眼斑纹，而此种尾羽又已经引伸到几乎可以把真尾羽掩盖起来的长度，至于真尾羽本身原有的眼斑纹则已部分归于消灭。今天两个孔雀种[①]的眼斑纹的中心和外圈所表现的缺口或缺陷，都明明白白地为这样一个看法说了有利的话，而除此看法之外，这缺口究

---

① 指今天仅有的两个，印度产的与爪哇产的。

竟从何而来，也真是无法解释。孔雀雉的雄鸟确乎是很美丽的，但他们的美，近玩则可，若观赏的距离较远，究不能和孔雀之美相比。孔雀的许多女祖先，世世代代以来，一定是懂得欣赏这一点优越性的，因为通过对最美丽的雄孔雀的持续不断地拣选，她们业已不自觉地使雄孔雀成为现存鸟类之中最光辉的魁首。

百眼雉（Argus pheasant）。——另一个值得探讨的出色的例子是由百眼雉的翼羽上的眼斑纹所提供的，这种眼斑纹在结构与颜色浅深的安排上，出奇得像个松脱了的球臼大关节，一边是凸出的圆球，一边是凹进的臼槽，彼此虽已脱开，却还没有分离，因此，这种眼斑纹是不同于寻常的眼斑纹的。在此种球臼关节状的眼斑纹里，颜色上浅深明暗的调配，或画家所称的描影法，是为许多有经验的艺人所称道的。但它又是怎样来的呢？我想谁也不会把它看成是碰巧碰出来的事——或者说，由于风云际会，种种有色物质的原子凑在一起，并且凑得太巧，凑出了个图案来。若说这些装饰手段之所由形成，是通过了对许多连续变异的选择作用，而在这些变异之中，没有一个原先受到过什么调配，俾将来得以产生一个球臼关节形的图案印象——这说法大概也没有人会相信的；其为不可信，正好比说拉斐尔（Raphael）的圣母像（Madonnas）之所以造成，是通过了一长串的青年艺术家对满幅帆布上一大堆的乱涂乱抹之中作了一番选择拼凑，而在这些青年画师之中，当初谁也没有打过主意要画出一个人体像来那样。为了发现这一种眼斑纹的发展由来，在这里和在上面不一样，我们不能追查一长串的祖先，也不能拿许多关系近密的其他鸟类形态来作比较，因为这些现在都不存在。但幸而百眼雉自己翅膀上的若干根羽毛已经足够为我们提供一个线索，来解答这个问题，而这几根羽毛也足以明白地指证出来，从一个单纯的小点点、到一个完整无缺的球臼关节状的眼斑纹，其间也曾有过、至少也是可能有过，一些级别或一些渐进的层次。

带有眼斑纹的翼羽，眼斑纹本身而外，还遍布着一些颜色暗晦的长条纹（图57），或一串一串的同样暗色的黑点子（图59），每一根条纹或每一串点子，都从羽瓣的边缘斜斜地向羽干一边下行，而终于靠拢一系列眼斑纹中的一个。成串的小点子中，每一点一般都是左右长而上下扁，横截着串条所构成的直线，像一系列的算盘珠。它们也往往和旁近的点子发生汇合，则可以构成上下行的纵条纹，如果是属于异串的点子，即从横里发生汇合，则可以构成左右行的横条纹。一个点子有时候也可以分裂为一堆更小的点子但分而不散，依旧维持在串上原有的部位。

　　不妨先叙明一下一个完整的球臼关节形的眼斑纹是什么样的。它是这样组成的：外边是一个深黑色的环或圈子，环中的平面空间在光和影的配合上恰好给人以一个球的形象。福特先生对此所画出的图是值得称赞的，做板时也刻得很好，但木刻有它的限制，毕竟不能把极其细致的原状惟妙惟肖地表达出来。黑环一般总有一个小小的缺口或中断处（图57），在环的上半部，下对球的在描影上比较浅而明的一部分而略微偏右，但有时候在右边通向底部处也有中断的情况。这些小小的缺陷是有重大的意义的。黑环在左上方的一小段又总是粗壮的多，并且它的边缘也有些模糊不清（我们在这里说到上下左右，当然是指一根羽毛在手中持直而羽的阳面对着我们目光时的那些部位，文中各幅插图也是这样画出来的）。在这粗壮的一段的下面，在球面上，有一个斜斜的、几乎纯白的标记，而由此下行，纯

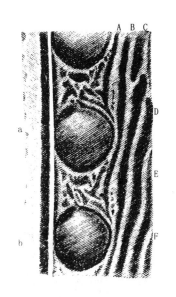

图57　百眼雉翼羽副羽的一部分，示两个完整的眼斑纹，a 与 b。A、B、C、D、……示旁行斜下的灰暗条纹，每一条引向一个眼斑纹。

附加说明：羽干两边的羽瓣都经割除，左边割除的尤多，故图所示只右羽瓣靠近羽干的一小长片而已

白又转而成为浅铅色、而浊黄色、而棕色，从此越向球面的底部，颜色就越是暗晦不明，而每两种颜色之间的过渡总是那么"潜移默化"，无丝毫痕迹可寻。恰恰就是这些绘影之妙，使我们取得了光线照射在一个凸面上

的印象，亦即一个圆球的形象，逼真逼肖。如果我们更仔细地把球面检视一下，我们会看到，它的下半部一般作一种棕色，上半部则更要黄些，更像铅一般的颜色，而上下半部之间实际上有一条弯弯的斜行的细线，像是提供了一条分界线，却又很不清楚；这条弯弯的斜行线，对于因光照而呈白色的一片球面所横截了的轴线，亦即对全部射影的轴线，成一个九十度的直角。但上面所说的在细线上下的颜色上的差别（这在木刻的插图里当然无法表示出来），对球面描影的浑成完整，是丝毫不发生不良的影响的。特别应该观察到的一点是，每一个眼斑纹，或则与一条颜色灰暗的蓝条纹，或则与一纵串灰暗色的斑点，清清楚楚地有着联系，而在同一根羽毛之上，这两种情况都可以有，即，所联系的不必全是条纹，也不必全是点串。这种联系，在图 57 中就可以看到：条纹 A 所走向的是眼斑纹 a；B 与 b 的关系也是这样；条纹 C 在上部中断，但走势还是很清楚的，即走向挨着 b 下面的一个眼斑纹，插图中已不及见；D 所联系的是更下面的一个；E、F 也都如此，各有所系。最后我们可以看到，每两个眼斑纹之间都有一小片颜色苍白的平面，衬托着一堆不规则的黑色斑记。

其次，我要叙述一下这一路眼斑纹所由发展的另一头，就是，它在开始发展时的一些迹象。翼羽上最贴近身体的短短的副羽（图 58），所具备的一些斑记是和其他的翼羽相似的，同样是不很规则的、旁行斜下的、一串串颜色很灰暗的斑点。在比较下面的五串（最下面的一串不在此数）的最底下的一个斑点，亦即最靠近羽干的那一点，要比同串的其他斑点大一些，在横里也宽阔一些。另一层和其他斑纹不同的是，在它的上面，对着和沿着横宽的一边，有一条新月形而作暗黄色的一抹。但除此以外，这一个斑点和其他许多鸟种的羽

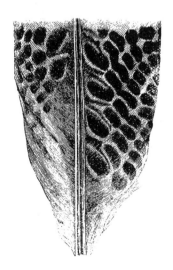

图 58　翼羽上最贴身的副羽的底部

毛上的斑点差不多，并无什么出奇之处，因此，很容易被看漏了，认为无足轻重。在它上面的最相挨近的那个斑点，就和同串而更在上面的其他斑点完全一样，一无特别之处了。而这最底下的一个斑点却不然，除了上面所说的差别而外，更须指出，它所处的地位，恰恰相当于更长的翼羽上的发展完整了的眼斑纹的地位。

上面所说的，是翼羽中最贴身的副羽；如果我们进而检视挨着它的那两三根副羽，我们可以发现，从上面所已叙述的底部斑点，带上最挨近它的那个同串的斑点，作一回事，到达一个很奇特的装饰性的花样，作又一回事，两回事之间也有一系列的渐进的层次，虽然渐进得几乎绝对令人察觉不到，却也还可以逐步推寻出来。至于所说的奇特的花样，一向既没有什么很好的名称，眼斑纹的名称又不适用，我为它起了一个，叫做"月蚀状花样"，盖取其形似月蚀时半蚀的情状，见插图（图59）。我们在这幅插图里看到好几条斜斜的串子，A、B、C、D等等（见右方附有字母的线图）。每一串都是由寻常的灰暗色斑记构成的，旁行斜下，接上一个月蚀状花样，和图57中每一根条纹的旁行斜下而接上一个球白形眼斑纹的情形完全一样。无论看图59中的哪一串，说B串罢，最底下的一个斑点或记（b）要比同串其余的各斑点粗壮些，也拉长得多，长而靠左的一头是尖的，并且向上勾。在这个黑色斑记之上，作为它的这一部分的边缘，是一片界限分明而相当宽大的空间，中间充满着好几层不同颜色的浅深相入的描影，首先是一窄条棕色，其次过渡到橙黄色，又其次过渡到铅一般的灰白色的一条，而此条之中，靠近羽干的一头灰白得特别厉害。这些深浅相入的颜色，合成一片，实际上是月蚀状花样的一个组成部分，填满了花样上面的一大半，下面的一小半就是那黑色的斑记了。这个斑记（即b），从任何方面看来，实际上相当于上一段文字（以及图58）中所描述的更简单的副羽上的那个最在底部的黑斑点，然而发达得多了，颜色也变得更为鲜艳了。这个斑记（仍b，图59）和同它可以算在一起的各个颜色层之上，而略偏右，但实际上是和b属于同一串的东西，是一条长而窄的黑色标记（同上图，c），两头有些向下弯，对b作覆盖状。这一条标记有时候是中断

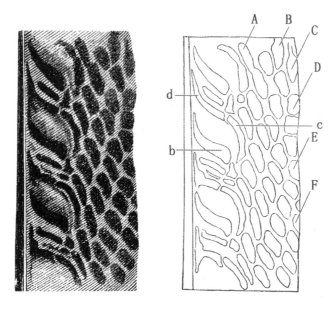

图59　比较贴身的翼羽的一根副羽的一部分，示所称"月蚀状花样"。右方的线图即从
左方的底图勾画而来，并列在此，借以用字母、线条说明底图的内容。线图中：——
　　A、B、C、D……，示各串斑点，旁行斜下，导向并构成了"月蚀状花样"
　　b 示 B 串的最底下的斑点或记
　　c 示 B 串中最挨近底斑的斑或记
　　d 指显然是 B 串中 c 斑的一段已经中断了的延伸

而成为两段的。这标记总的颜色虽是黑的，在下面却镶有一条很窄的暗黄
的边。在 c 的上面，偏左，和 c 向着同一个方向倾斜，而总是和 c 分得开
而不成一码事的，还有另一个黑色标记（即 d，图59）。这个标记一般成次
三角形（sub-triangle），不很规则，线图中所示的例子还算是规则的，不
过比一般的窄而长。它显然是标记 c 的中断了的横伸出来的那一段、与更
在上面的一个斑点的同样是延伸出来而中断了的另一段汇合而成的，但对
于后面这一段，我是不敢肯定的（在线图中也似乎看不出来——译者）。
现在可以更清楚地看到，这三个标记，a、b、c，再加上包括在它们中间的
各种颜色的描绘，全部合起来，才构成所谓的月蚀状花样。这些安排得和
羽干平行的一连串的花样，在一根羽毛上的部位，一清二楚地是和球臼形
眼斑纹相当的。它们的极度的美妙在插图上是领略不到的，因为橙黄同铅

灰等色与黑斑记的爽朗利落的对比，在图里是无法表现出来的。

以月蚀状花样为一方，以球臼状眼斑纹为另一方，相比而观，两者之间的层次或级别关系是再完整没有的，完整到使我游移不决，究竟在这里该不该用层次或级别的字样。从前者过渡到后者所要求的只是：花样下半部的黑记（b，图 59）向外的一头再拉得长些、而向右上方弯一下，使与原有的向左上方的弯子相对；原有的右上角的 c 尤其要拉长些、变得更弯些；至于那个次三角形的或窄长而一头尖的标记 d 则把尖长的一头收缩起来；最后，三方面合拢，就成为一个不规则的椭圆形的环了。接着就是这环变得越来越圆、越整齐、同时直径也逐步加大。我在这里准备了另一幅插图（图60，大小与原物同），以示这种外围的圈子或环当未发展得很完整而合了龙的眼斑纹的例子是真有其事的。在这种例子里，黑环的底部要比月蚀状花样的底部的斑记（b，图59）弯得多。环的上半是由两、三个不相连的段落构成的，而环的左上角的比较粗壮的一段也只还是个开头，但已有痕迹可寻。至少环以内的灰白色的描影部分也还没有集中和安排得太好，因而在这灰白部分之下的一片颜色要比一个完整眼斑纹的显得更为浓艳。这些都不足为怪，因为即便在最完整的眼斑纹里，周围的圈子或环虽无断缺，但当初由三四个拉长了的黑斑记连接起来的痕迹，在衔接点上，

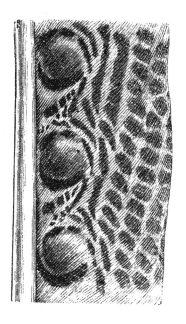

图60　介于月蚀状花样与完整的球臼形眼斑纹之间的一个中间状态的眼斑纹

也还往往可以侦察得出来。那个不规则的次三角形的狭长的斑记（d，图59），由于收缩而变得左右上下更为平衡，后来终于形成了一个完整的眼斑纹左上角、亦即灰白片描影上面的那一部分圈子的比较粗壮的一段，这一层也是清楚的。圈子底下的一小段，在一切例子里，都毫不例外地要比

其他部分略略粗壮一些（见图 57），这一层的由来也是清楚的，就是，构成月蚀状花样底部的那个黑色斑记 b，（图 59）本来就比上部的斑记（c）要粗大一些。关于汇合和变化的过程的每一个步骤都可以这样地推寻出来，而环绕着眼斑的圆球的那个黑圈，也是不成问题地由月蚀状花样的三个黑色斑记，b、c、d，联合变化而成的。至于每两个眼斑纹之间一些不规则的、七弯八曲的黑色斑记（再看图 57），是由原先的每两个月蚀状花样之间比较规则的同一类斑记分裂而成，这也是看得明白的。

球臼形眼斑纹的中心的描影之所由形成的各个步骤，推寻起来，也是一样地清楚。我们可以看出，月蚀状花样中镶配在底部黑斑记上面的窄窄的几层颜色，棕色、橙黄、铅灰，变得越来越柔和，其由深入浅之处越来越互相渗入、变淡而过渡于无形，而球面左上角比较浅淡的部分也变得更加浅淡，至于几乎成了白的，并且同时在范围上也收缩了些。不过，我们也可以看到，即便在最完整的球臼形眼斑纹里，在球面的上下两半之间，尽管描影都描得十分浑成，在颜色的配合上是可以有些小差别的，这我们在上文已指出过。我们也曾说到，上下半之间的分界线是倾斜的，而其倾斜的方向又和月蚀状花样中各个有色层的倾斜的方向正相吻合。总之，球臼形眼斑纹在形状和颜色方面的每一个纤小的节目，一经推寻指证，都可以被表明是从月蚀状花样所原有的内容逐渐递变而来；而月蚀状花样本身的发展也可以，通过同样的一些细小的步骤，追溯到几乎是两个单纯的黑斑的结合——我说几乎是单纯的，因为其中部位较低那一个黑斑（图 58），在它上部的边缘上还镶着一缕呆板的暗黄色，不算太单纯。

带有完整球臼形眼斑纹的较长副羽的末梢，是装点得很奇特的（图 61）。各根纵斜的长条纹，上行到此，突然停止，而变得纷纭凌乱，而在凌乱条纹的尽处、上至羽尖的一段，则是一片灰暗的底子衬托着许许多多有小黑环围着的白点子（图 61，a）。在这种副羽上面，联系着最高的那个眼斑纹的纵斜条纹是很短的，实际上已成一个不规则的黑记，但照样还有这种条纹一般都有的横扁而又弯弯的托底。这一根条纹既然是这样地突然截得很短，再根据上文所已说过的话，我们也许可以理解，为什么它所联系的眼斑纹的黑环的左上角是没有那粗壮的一节的，因为，上面也已经说过，这一节的来历显然和更在上面的一个斑的一段中断了的延伸有些关系。由于环的左上角缺此粗壮的一节，最在上面的那个眼斑纹，尽管在其他一切方面都十分完整，左上方看去却总像削掉了一片似的。我想对于任何相信万物是由创造而来、而百眼雉羽毛今日的色相便是当初创造时的色相、一成而未变的人，这最上面的眼斑纹的此种缺而不全的情状应该如何解释，不免成为一个为难的问题。我应该补充说明，在最不贴身的羽翼的副羽上面，所有的眼斑纹都比在其他羽毛上面的小些和不太完整些，并且黑环的左上角也都有一些缺陷，和刚才所说的情况一样。这种不完整和缺陷似乎和这样一个情况有关，就是，在这里，成串的黑斑点不大倾向于彼此汇合而成为纵条纹；不，它们不但不汇合，反而往往各自分裂，成为更小的斑点，更多的串串，以至有两串或三串旁行斜下，而和同一个眼斑纹联系上。

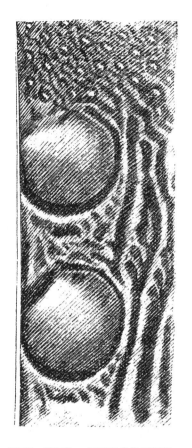

图 61　翼羽的一根副羽的靠近羽梢的一部分，带着两个完整的球臼形眼斑纹。a 示近梢无眼斑纹处的点缀。b 示最上面的那个虽完整而在左上角略有缺陷的球臼形眼斑纹（眼斑纹顶处白记上方的描影在这里画得太灰暗了些，应该还要浅淡些）。c 示完整无缺的眼斑纹

　　讨论到此，还剩下一点奇特的情况值得我们注意，而这是 T. W. 伍德先生最先观察到的。[51]当初沃尔德先生给我的那张照片，所摄的是已经制成标本而固定在展翅炫美的姿势上的一只百眼雉，在这里，在竖得笔直的翼羽上，我们可以看到，各个眼斑纹上左上角代表着光线照射在凸面之上

而所发出的反光的那些白记，在部位上要比我们在上文所说的更高一些，更靠近圆球的顶。这不奇怪，因为当此鸟平时在地面上赏弄他的美的时候，光线是从上面照下来的。下面才是奇特的所在：展翅的时候，左右靠外边的几根翼羽是张开得几乎放平的；既然放平了，而和竖得笔直的几根不一样，则它们的眼斑纹上反光的那一部分也应当表现出光线是从上面来，而不是从横里来的，也就是说，这里的眼斑纹上的白记应当在球的上半的侧面，而不会高至于顶。而惊人的是，事实确乎就是如此！因此，不同的翼羽在展示时的部位虽各有不同，就它们和光线来源的关系而论，却没有一根不表明光线是从上面照下来似的，真是和画师按照理想所要画出的描影一模一样。尽管如此，这些羽上的斑纹的白记，严格说来，也并不完全像事理所应有那样地、都反映着光线是来自同一个源头的。当有关羽毛在开屏时横放得几乎平的时候，这些白记所处的部位并不是恰如其分，而是偏到了另一头去，换言之，就是，横过了头，反而成为不够横了。不过，我们对通过性选择而变得有了些装饰意义的这样一个部分没有权利要求尽善尽美，正好比我们对通过自然选择而变化得有了些实际用途的另一个身体部分也没有权利要求百分之百的合用一样；人的眼睛，作为一个有用的器官，真是再奇妙也没有的了，然而也还不是完善无缺，就是一个例子。在专家的眼光里，人眼的毛病不是很少，而是太多。我们知道当今在这题目上的欧洲的第一把手赫姆霍尔兹说过的一句话：如果一个光学家或眼镜师把制造得这样马马虎虎的一件傢伙卖给他，他认为有充分的理由退货找钱。[52]

现在我们已经看到，从简单的一些斑点到令人叫绝的球臼形的装饰花样，一个完整无缺的由简入繁的系列或层次是可以推寻出来的。曾经以这些羽毛赠送给我的古尔德先生完全同意这个看法，认为这种层次或级别是应有尽有的。同一只鸟身上的羽毛，在发展的阶段上，当然不一定能够把这个鸟种的已经灭绝了的祖先辈所曾经历的各个步骤全都向我们表明出来，但它们会给我们一个线索，使我们得以窥测到前代所曾经历过的一些真实的步骤，而它们至少提供了许多真凭实据，说明一个发展的层次是可能有过的。任何人，一面既记住了雄的百眼雉是怎样小心翼翼地在雌雉面前炫耀他的羽毛，再记住使得我们有理由认为雌雉对更为美好的雄雉是懂得选择的许多事实，一面又承认性选择是一种力量而有其作用，就无论如何不会否认，一个简单的灰暗的斑点，边上带有一些暗黄色的彩晕，作为开端，有可能，通过向旁近的另一个同样的斑点逐步靠拢、逐步变化，连同在颜色的分量上略微有所增加，而终于转变为一个我所谓的月蚀状花样，作为成果。很多人看到过这些花样，他们全都承认它们实在是美，而有的人还认为它比球臼形眼斑纹要高出一筹。后来，有关的一些副羽通过性选择而变得长了些，而羽上的月蚀状花样的直径也随而有了增加之后，花样的颜色由于花样的铺开而不能不有所冲淡，亦即鲜艳的程度不能不有所减退，于是羽毛的装饰性就有必要通过格式和描影的改进而作出新一步的发展；而这一新发展的过程，一经发轫，终于归结到了奇美的球臼形眼斑纹的完成。这样——而依我看来也只有这样，而别无其他的途径——我们对百眼雉羽翼当前的装饰情况以及此种情况的由来演变，才能有所理解。

根据级别或层次的原理所给我们的启发——根据我们所知道的有关变异的一些法则——根据我们许多家养鸟种所已发生的种种变迁——而最后，更根据幼鸟的未成熟的羽衣的性状（关于这一层，我们将在下文另一章中更清楚地看到）——根据这些，我们有时候是可以有一定分量的把握、而敢于指证，雄鸟大概是经历了一些什么步骤才取得其美丽的羽毛和各式各样的装饰品的；我说"有时候"，是因为对许多例子或情况来说，我们至今还是如坠五里雾中，惘然不知所措。若干年以前，古尔德先生提醒我注意雌雄鸟之间有着一些奇异的差别的一种蜂鸟白尾梢蜂鸟（乙991）。雄鸟除了有漂亮的护喉的羽毛之外，还有黑中带绿的尾羽，而正中的四根尾羽的末梢是白色的；其在雌鸟，和其他许多关系相近的蜂鸟种一样，尾羽中靠外边的左右各三根的羽尖是镶白的；所以同样地在某些羽梢上装潢着一点白色，在雄的是中四根，而在雌的是外六根，相异而适相成。使得这个例子见得格外奇特的是，尽管在许多蜂鸟种里，雌雄鸟之间在尾羽的颜色上都有显著的差别，古尔德先生却一直没有发现过第二个这样的蜂鸟种，就是雄鸟的尾羽的正中四根是有白色的羽尖的。

阿盖尔公爵，在评论这一个例子的时候，[53]一面撇过性选择不提，一面作难地问道，"对于诸如此类的特殊的变种，自然选择的法则又能提供什么解释呢？"他的答复是，"不能，无论如何不能。"我倒很同意他的话。但对于性选择，我们也能这样斩钉截铁地说么？各种蜂鸟的尾羽既然可以如此变化多端，各不相袭，在这一个种的尾羽上的正中四根何独不能如此由变异而取得了一些白尖尖呢？这些变异的由来可能是渐进的，也可能是突然的，例如，不久以前，在波哥大①附近发现的一些蜂鸟的例子，其中有几只，而只有这几只，正中的几根尾羽有着绿得很美的羽梢。在上面所说的白尾梢蜂鸟（乙991）的雌鸟身上，我注意到，正中四根黑色的尾羽的靠外边的两根在羽梢上也有一些白色，不过很细微，像是一些残留。所以我们在这里也多少获得一个证明，说明这一个蜂鸟种的羽毛也还是经历过某种变迁的。如果我们承认此种雄蜂鸟的正中几根尾羽有可能正朝着白色的方向变异，那么，我们也可以一点也不以为奇地承认，这种变异是性选择造成的。尾羽上的白梢，像此种鸟耳边的一小撮白羽毛一样，肯定地增加了雄鸟的美丽，而这是阿盖尔公爵也承认的；而白色又显然是其他许多鸟类所欣赏的，铃声鸟（bell-bird）的皑皑白色为雌鸟所喜爱，是我们所确知的一些例子中的一个；以彼例此，则此种蜂鸟的雌鸟也有这种嗜好，正未可知。我们不应该忘记赫伦爵士说到过的一些话，就是，当他所畜的雌孔雀被禁止和杂色的雄孔雀打交道的时候，她就索性不和任何其他的雄孔雀结合，而在那一季里，她就没有孵育出小孔雀来。至于这种蜂鸟在尾羽上的一些变异会特别为了装饰的目的而成为被选择的对象，这也不足为奇，因为蜂鸟科中和此种蜂鸟关系近密而排列在一起的另一个属，由于尾羽的金光闪烁，即赢得了"五金尾"的称号（属名即为五金光尾属，乙617），除此以外，我们还有可靠的证据，说明各种蜂鸟，在炫耀他们的

---

① Bogota，南美哥伦比亚首都。

576

尾羽的时候，总是悉心尽意，不留余蕴；例如，贝尔特先生，[54]在描绘另一个蜂鸟种，白颈蜂鸟（乙413）的美丽之后，说，"我看到一只雌鸟止息在枝头，而两只雄的在她面前各显神通，展示色相。其中的一只会突然像火箭一般腾空而上，又突然张开他的洁白如雪的尾羽，望去像一把倒着张开了的降落伞，然后缓缓地下降，落到她的面前，又慢慢地把身子打个转，把通身前后的色相也展示一番……张开了的白色尾羽所占有的空间，要比他的全身的其他部分的总和大得多，而尾羽的一张一翕，无疑地是全部表演的最精彩宏伟的场面。当这一只雄鸟下降的时候，另一只雄鸟会照样地腾空而起，同样地张开尾羽徐徐降落下来。这全部表演最后以两位演员的一场全武行而告结束，但结束以后，受到雌鸟的赏识的究竟是哪一只雄的，是最美丽的一只，还是最能打的一只，我就不知道了。"古尔德先生，在叙述了上面所说的白尾梢的那种蜂鸟之后，也补充说，这里面"所追求的目的是装饰之美，是花样的新奇，而不落一般俗套，在我是可以说毫不怀疑的。"[55]如果我们承认这话，我们就可以认识到，在过去的若干时代里，凡是打扮得最漂亮和最新奇的雄鸟是占了便宜的，占便宜的场合不在日常的生活竞争之中，而在求偶之际与同类的其他雄鸟的争奇斗胜之中，而便宜的结果是留下了更大量的后代，传到了他们所新取得的一些优美的特点。

原　注：

[1] Nordman 曾叙述过黑龙江迤北地区准鸡尾雷鸟（乙935）的"巴尔兹"（参本章译注①），见莫斯科《皇家自然学人会公报》（丙42），第三十四卷，264页。据他估计，一时啸聚的众鸟有一百只以上，还不算躲在周围灌木丛里的雌鸟在内。这种鸟所发出的声音和鸡尾雷鸟（乙936）的有所不同。

[2] 关于上面所说的若干鸟群的聚会，见 Brehm，《动物生活图说》，第四卷，350页；亦见 L. Lloyd，《瑞典境内可供弋猎的鸟类》，1867年，19、78页。又 Richardson，《北美洲动物志》，鸟类之部，362页。关于其他一些鸟类的季节会聚的一些参考，

已见上文。关于风鸟类，见华莱士文，载《自然史纪事与杂志》（丙 10），第二十卷，1857 年，412 页。关于鹬类，见 L. Lloyd，同上引书，221 页。

[3] 这篇记述的一部分，为伍德先生（Mr. T. W. Wood）所征引，见《学者》（丙 140），1870 年卷，125 页。

[4] 见 Gould，《澳洲鸟类手册》，第一卷，300、308、448、451 页。关于上文所说到的那种雷鸟（ptarmigan），见 L. Lloyd，同上引书，129 页。

[5] 关于喜鹊，见 Jenner 文，载《哲学会会报》（丙 149），1824 年卷，21 页。又，Macgillivray，《不列颠鸟类史》，第一卷，570 页；汤姆森（Thompson）文载《自然史纪事与杂志》（丙 10），第八卷，1842 年，494 页。

[6] 关于隼，见汤姆森，《爱尔兰自然史，鸟类之部》，第一卷，1849 年，39 页。关于猫头鹰、麻雀、鹧鸪，见怀特（White），《塞尔彭自然史》（参本章译注④），1825 年版，第一卷，139 页。关于朗鹬，见《娄氏自然史杂志》（丙 89），第七卷，1834 年，245 页。Brehm（《动物生活图说》，第四卷，991 页）也谈到鸟类中一天重配三次（若以一天开始时的配偶为原配，则再配实两次——译者）的若干例子。

[7] 怀特（《塞尔彭自然史》，1825 年版，第一卷，140 页）叙述到春初一小群一小群的雄鹧鸪的存在；而我自己也听到过一些例子。关于某些鸟的生殖器官发育不全的状态，见靳纳尔文，载《哲学会会报》（丙 149），1824 年卷。关于三只鸟同居的情况，其有关欧椋鸟和鹦鹉的例子，我得之于 Mr. Jenner Weir，其有关鹧鸪的例子则来自 Mr. Fox，我都要表示我的谢意；关于食腐肉的乌鸦也有三鸟同居的情况，见《田野》（丙 59），1868 年卷，415 页。关于逾期还在为求偶而悲鸣的一些鸟种的例子，见 Rev. L. Jenyns，《有关自然史的一些观察》（Observations in Natural History），1846 年版，87 页。

[8] F. O. Morris 牧师，根据另一位更高的神职人员 O. W. Forester 牧师的观察，提供了如下的一个例子［《泰晤士报》（丙 142），1868 年 8 月 6 日］："今年，这里的禽鸟守护人发现一个鹰巢，其中有五只鹰雏。他取出其中的四只杀了，把剩余的一只的翅膀剪了，留下来作为诱鸟，好把老鹰引来，一起除掉。第二天两只老鹰果然来了，在喂雏鹰吃东西的时候，中弹而死，守护的人认为问题全部解决，就走开了。次日再来，发现又有两只老鹰在巢边，显然是以慈善家的姿态出现的，神情上也有几分义父母的意味；它们负起了救护孤雏的任务。守护人又把它们杀了，离开了。过后又回来探视，发现又来了两个大善士，负有同样的仁慈的差使。他

578

杀了其中的一只，另一只也中了枪，但没有能找到。从此绝迹，没有再来当这种徒劳的差使的了。"

[9] 我感谢牛顿教授，因为他向我指出了亚当先生（Mr. Adam）在《一个博物学家的游记》（Travels of a Naturalist，1870 年）278 页里所写的如下的一段文字。谈到笼养的日本产的属于鸦科的五十雀（nut-hatch），他说："饲养日本五十雀，寻常用它所惯于食用的紫杉实，比较不硬，易于啄开；在有一段时期里，我却改用了榛子，壳很硬。五十雀既无法把它啄开，就一颗颗的把它放进水盂里，用意所在，显然是到时候榛子壳会变得软些——这是这种鸟有其智慧的一个有趣的证明。"

[10] 见《色瑟兰郡行记》（A Tour in Sutherlandshire，色瑟兰郡地在英格兰北部。——译者），第一卷，1849 年，185 页。又 Dr. Buller，《新西兰的鸟类》（Birds of New Zealand，1872 年）56 页说，一只雄的朝霞鹦鹉（King Lory）被杀之后，"雌的时而暴怒，时而发呆，拒绝饮食，终于伤心而死。"

[11] 《新南威尔士浪迹记》（Wanderings in New South Wales），第二卷，1834 年，62页。（新南威尔士为澳大利亚之一州，在东南部。——译者）

[12] 见 C. Buxton, M. P.，《鹦鹉的水上驯习》（Acclimatization of Parrots），载《自然史纪事与杂志》（丙 10），1868 年 11 月，381 页。

[13] 文见《动物学人》（丙 157），1847～1848 年合卷，1602 页。

[14] Hewitt 论野鸭文，见《园艺学刊》（丙 80），1863 年 1 月 13 日，39 页。奥杜邦论野吐绶鸡，见《鸟类列传》，第一卷，14 页。关于效舌鸟，见同书同卷，110 页。

[15] 见《朱鹭》（丙 66），第二卷，1860 年，344 页。

[16] 关于蜂鸟的有装饰的巢，见古尔德，《蜂鸟科引论》，1861 年，19 页。关于凉棚鸟，见同作者，《澳洲鸟类手册》，1865 年，第一卷，444－461 页；Ramsay 文，载《朱鹭》，1867 年，456 页。

[17] 见所著《不列颠鸟类史》，第二卷，92 页。

[18] 见《动物学人》（丙 157），1853～1854 年合卷，3940 页。

[19] Waterton，《自然历史论文集》（Essays on Nat. Hist.），第二辑，42 和 117 页。此下关于赤颈鸟的叙述，见《娄氏自然史杂志》（丙 89），第九卷，616 页；又 L. Lloyd，《斯堪的纳维亚探奇录》（Scandinavian Adventures），第一卷，1854 年，452 页。又 Dixon，《玩赏与日用的家禽》（Ornamental and Domestic Poultry），137 页；Hewitt 文，载《园艺学刊》（丙 80），1863 年 1 月 13 日，40 页；

又 Bechstein，《笼养的鸟类》（Stubenvögel），1840 年，230 页。最近 Mr. Jenner Weir 又向我提供了牵涉到两种鸭或凫的一个例子。

[20] 奥杜邦，《鸟类列传》，第一卷，191、349 页；第二卷，42、275 页；第三卷，2 页。

[21] 见《珍稀家禽》（Rare and Prize Poultry），1854 年版，27 页。

[22] 参看《家养动植物的变异》，第二卷，103 页。

[23] 见两人合著的《论鸽类……》（Les Pigeons, &c. ），1824 年版，12 页。Prosper Lucas［《自然遗传学专论》（Traité de Héréd. Nat. ），第二卷，1850 年版，296 页］说他自己也曾就鸽子观察到几乎同样的事实。

[24]《养鸽经》（Die Taubenzucht），1824 年，86 页。

[25] 见《鸟类列传》，第一卷，13 页。参看 Dr. Bryant 所说的意义相同的话，见 Allen，《佛罗里达州的哺乳类与鸟类动物》（Allen's Mammals and Birds of Florida），344 页。（按 Dr. Bryant，据索引，所论为家鸽对野鸽的偏爱，而非吐绶鸡，今置此注下，交代殊欠明白。——译者）

[26] 见《动物学会会刊》（丙 122），1835 年卷，54 页。Mr. Sclater 认为此处的漆黑色雄孔雀是另外一种，并且为它别立种名为"黑羽孔雀"（乙 729），但依我看来，一些特点似乎只能说明它只能是同种中的一个变种罢了。

[27] Rudolphi 文，见《人类学贡献丛刊》（Beyträge zur Anthropologie），1812 年，184 页。

[28] 见《达尔文学说及其对道德与宗教的态度》（Die Darwin'sche Theorie, und ihre Stellung zu Moral und Religion），1869 年，59 页。

[29] 这一段话见 Mr. A. Leith Adams 所著《林原漫步录》（Field and Forest Rambles）一书，1873 年版，76 页，而亚当斯自己的经验也是如此。

[30] 关于孔雀，见 Sir R. Heron 文，《动物学会会刊》（丙 122），1835 年，54 页，和关于此文的评论。又见 the Rev. E. S. Dixon，《玩赏的家禽》，1848 年，8 页。关于吐绶鸡，见奥杜邦，同上引书，4 页。关于雷鸟，见 L. Lloyd，《瑞典可供弋猎的鸟类》，1867 年，23 页。

[31] Mr. Hewitt 的话，见引于 Tegetmeier，《家禽经》，1866 年，165 页。

[32] 见引于 L. Lloyd，《瑞典可供弋猎的鸟类》，345 页。

[33] 根据 Dr. Blasius［文载《朱鹭》（丙 66），第二卷，1860 年，297 页］，在欧洲境

内蕃育的鸟类，以种论，毫无疑问的凡四百二十五个，另有六十个，也往往被认为是可以划分得出的种，但还有问题。这六十个之中，Dr. Blasius 认为只有十个是真正可疑的，而其余五十个可以作为真种，而和它们最近密的亲属一并归入有关科属之内；不过这也说明，就我们欧洲的一部分鸟类说，变异的分量一定是相当可观的。博物学家还有一个未经解决的问题，就是，若干北美洲的鸟的类别，大致和欧洲的某几个种相呼应，而像是异地同种的鸟，但亦互有异同之点，是不是应该分划成另一些种，是不容易决定的。反之，从前被称为种的某些北美洲鸟类，现在看来不是，而只是地方性的变种或亚种而已。

[34] 见《佛罗里达州东部的哺乳类与鸟类动物》（Mammals and Birds of East Florida，即上注 25 中所引书，惟此多出"东部"二字，自是书名全文。——译者）；又见《堪萨斯州鸟类采访录》（Ornithological Reconnaissance of Kansas）等书。尽管气候对鸟类羽毛的颜色有所影响，要想用它来解释分布在某些地区的几乎所有的颜色呆板或暗晦的鸟种，似乎还是有问题的，这些地区——例如，赤道上及其迤南的加拉帕格斯（Galapagos）诸岛、南美洲处于温带以内宽广的巴塔哥尼亚（Patagonia）平原；而看来埃及也是这样一个例子，见 Mr. Hartshorne 文〔载《美国自然学人》（丙 8），1873 年卷，747 页〕——都很开敞，对鸟类不能提供多大的隐蔽；但这些地区之所以缺少颜色鲜美的鸟种，是不是就可以用保护的原理来解释似乎还有问题，因为就巴塔哥尼亚而言，迤北潘帕（Pampa）地区，地面是一样地开敞，尽管多上了一层绿草，其为缺乏隐蔽，容易招来危险，情况并无二致，然而在那里，颜色美丽或鲜明的鸟种是多而常见的。依我有时候的臆想所及，颇以为上面所说各个地区的自然景色的普遍呆板，是不是对分布其地的各个鸟种有所影响，使其对鲜美的颜色难于领会。

[35] 参见《物种起源》，第五版，1869 年，104 页。以前，我一直认为，那些罕见的、突出的、称得上畸形的结构上的歧变（deviation），是很难通过自然选择而保持下来的，即使是对生存大有益处的这种变异，其得以保持下来，在很大程度上也靠碰巧，就是偶然的。以前，我却又一向充分地理会到出现在个体身上的一些差别的重要性，这使我们对人们对动植物所进行的不自觉的选择方式看得异常重要，竭力加以吹嘘，认为重要之处是在把每一品种之中的最有价值的一些个体保存了下来，而不在蓄意地使品种的某些特征发生变化。但后来我在《北不列颠评论》（丙 105，1867 年 3 月，从 289 页起的若干页）读到了那一篇颇见才能的文

章，我的看法才有所纠正，从而认为，一夕话胜读十年书，这一篇评论要比其他任何"评论"对我有用得多；我终于看到，我以前并没有认识到，要把在少数单一的个体身上所出现的一些变异，微小的也罢，突出的也罢，保存下来，机会实在是太少了。（此注原文殊欠明了。达尔文自己有两点意见，第一点显然本来是对的，第二点则失诸过火；他读了人家的评论之后所得到的纠正，应是在后一点意见的过火的地方。——译者）

[36] 见所著《蜂鸟科引论》，102 页。

[37] Gould，《澳洲鸟类手册》，第二卷，32、38 页。

[38] 奥杜邦，《鸟类列传》，1838 年，第四卷，389 页。

[39] Jerdon，《印度的鸟类》，108 页；又 Mr. Blyth 文，载《陆与水》（丙 87），1868 年卷，381 页。

[40] 见 Graba，《费罗诸岛旅行日志》（Tagebuch Reise nach Färo），1830 年，51—54 页。又，Macgillivray，《不列颠鸟类史》，第三卷，745 页。又《朱鹭》，第五卷，1863 年，469 页上有一段文字亦与此有关。

[41] Graba，同上引书，54 页。Macgillivray，同上引书，第五卷，327 页。

[42]《家养动植物的变异》，第二卷，92 页。

[43] 关于这些论点，亦见《家养动植物的变异》，第一卷，233 页；与第二卷，73、75 页。

[44] 具体的例子，见论蹼足鸟或日鹛科的一个属（乙 789）和枭翁（乙 426）眼球中虹膜的文字，载《朱鹭》（丙 66），第二卷，1866 年，206 页；又第五卷，1863 年，426 页。

[45] 亦见 Jerdon，《印度的鸟类》，第一卷，243—245 页。

[46] 见《皇家船贝格尔号航程中的动物学》，1841 年，6 页。

[47] 关于"孟克氏"鸽（the Monck pigeon）的一个亚变种，见 Bechstein，《德国自然史》（Naturgeschichte Deutschlands），第四卷，1795 年，31 页。

[48] 图 53 的由来应在此说明一下。Mr. Trimen 惠然答应我的请求，特地描绘了这幅很美的画，然后据此作了木刻。他在所著《南部非洲的蝶类》（Rhopalocera Africæ Australis），186 页，对这种蝴蝶在翅膀的颜色与形状方面的多得出奇的变异，作了叙述，也可以参看。

[49] Jerdon，《印度的鸟类》，第三卷，517 页。

［50］《家养动植物的变异》，第一卷，254 页。

［51］见《田野》（丙 59），1870 年 5 月 28 日的一期。

［52］见所著《科学普及演讲集》（Popular Lectures on Scientific Subjects），英译本，1873 年，219、227、269、390 页。

［53］见所著《论法的统治》，1867 年，247 页。

［54］见所著《博物学家在尼加拉瓜》，1874 年，112 页。

［55］见《蜂鸟科引论》，1861 年，110 页。

第十五章
鸟类的第二性征（续二）

论何以某些种鸟只有雄性颜色鲜艳，而另一些则两性都鲜艳——就各种不同的结构和羽色的鲜艳论限性遗传——鸟巢的营构与羽色的关系——婚羽临冬脱换

我们在这一章里准备考虑，为什么许多鸟种的雌鸟没有能取得和雄鸟同样的各种装饰，在另一方面，为什么在许多其他鸟种里，雌雄两性又装饰得同样或几乎同样地美好？而在下一章里，我们将就雌鸟的颜色比雄鸟更为鲜明的少数例子加以考虑。

我在我的《物种起源》[1]里简短地提到，对正在孵卵期内的雌鸟来说，如有雄孔雀那样的长尾巴，大概是不方便的，而雌雷鸟（capercailzie）如有雄雷鸟那样显眼的黑色，更是有危险的，因此，通过自然选择，这些特征从雄鸟传递给下一代雌鸟的过程就受到了拦阻。我至今还认为，在某几个少数的例子里，这种情况有可能发生过。但当我就我所已能收集到的事

实加以深思熟虑之后，我现在倾向于这样一个看法，就是，如果两性在特征上有所不同，那是因为一些连续的变异，在向下代传递之际，一般地说，一开始就只传给和这些变异所从首先兴起的那一性的个体。自从我在《物种起源》里说那些话以来，华莱士先生[2]发表了几篇论文，对羽毛颜色的性的意义问题作了很有趣的讨论，认为，在几乎所有的例子里，这些连续的变异起初是倾向于同等的传递给下一代的雌雄两性的；但雌性一方，由于在取得这些显眼的颜色之后，在抱卵期间不免陷于危险的境地，自然选择才插手进来，搭救了她，没让她取得这些特征。

这一看法使我们有必要就一个困难的题目作一番厌烦的讨论，就是，通过自然选择这个手段，起初两性都可以传递到手的一个特征，到了后来，在向下传递的时候，究竟能不能只以一性为限。我们必须记住，如上文为性选择的讨论作准备的那一章所指出的那样，凡是在发展上只限于一性的一些特征，在另一性身上也总是潜伏着的。我们最好举一个假想的例子来帮助我们看到这问题的困难所在。我们不妨设想，一个饲养玩赏动物的人想搞出如下的一个鸽子品种来，公鸽要成为浅淡的蓝色，而母鸽则保持她们原有的石板石似的颜色。就鸽子说，一切种类的特征，寻常总是同等地传给雌雄两性的，既然如此，这个饲养师就得想些办法，试图把这个遗传方式转变为限于单性的遗传。他所能做的无非是坚持不懈地挑出每一只表现着哪怕是最轻微的苍白蓝色的公鸽；如果他坚持得够久，又如果苍白蓝这一个变异有强烈的遗传倾向或时常来复的倾向，则育种过程的自然而然的结果是使全部种系成为一色的浅蓝。不过我们这位饲养师在配种之际，总得一代一代地让苍白蓝的公鸽和石板石灰色的母鸽相配，因为他同时希望母鸽要保持这一个颜色，不与公鸽的颜色相混。这样一来，一般又可以有两种不同的结果，要么产生一批灰蓝相间作玳瑁状的杂种，要么，而这是更有可能的，导致苍白蓝的快速而终于全部的消失；因为，在遗传的时候，原始的石板石灰色总是元气足些，劲头大些。不过，我们还不妨假想，在每一代配种之后，居然真可以产生出若干只苍白蓝的公鸽和石板灰的母鸽来，而这些总是尽量地取来作为配种之用，这一来，石板灰的母鸽的血脉里就会有，恕我用到这个字眼，蓝色的血液，① 因为她们的父亲、祖父，等等全都是蓝色的鸟。在这些情况之下，可以设想，石板灰的母鸟身上，或许有可能对苍白蓝的颜色取得如此强烈的一个潜伏的倾向，使得她们再也不可能在她们的儿子身上把它毁掉（尽管就我的知识所及，没有任何分明而可资借鉴的事例使这种设想在实际上成为可能），而同时她们的女儿依然传到石板灰的颜色。果真如此，饲养师所要求的雌雄两性各有其经久不变的不同颜色的鸽子品种，就可以如愿以偿了。

在上述假想的例子里，极度的重要之点、乃至必要之点在于，所企求的特征，即苍白蓝，一定要在母鸽身上先行存在，哪怕只是潜伏的存在，然后在下一代公鸽身上才不至于消退而磨灭。为了最好地领会这一点重要性或必要性，让我们看一看下面的事例。赤翟雉（Sœmmerring's pheas-ant）的雄雉尾巴长三十七英寸，而雌雉的只八英寸；普通雉雄雉的尾巴长二十英寸，雌雉的长十二英寸。如今如果把有短尾巴的雌性赤翟雉和雄性普通雉交配，下一代杂交种的雄雉无疑地要比不杂的雄性普通雉尾巴长得多。反过来，如果把尾巴比雌性赤翟雉长得多的雌性普通雉和雄性赤翟雉相配，则下一代的杂种雄雉的尾巴要比不杂的雄性赤翟雉的尾巴短得多。[3]

我们的那位饲养师，为了搞出一个公鸽淡蓝而母鸽则维持本色不变的新品种，就得在公鸽一面在许多世代之内不断地进行挑选；又必须使每一个淡蓝的阶段或程度在公鸽身上固定下来，而在母鸽身上成为潜伏的东西。任务是极度困难的，从来也没有人尝试过，但如果有人进行，或许有可能取得成功。主要的障碍在淡蓝的颜色，由于必须和石板灰的母鸽逐代杂交，不免于很快地完全消失，因为在母鸽身上，原先并没有可以产生淡蓝后代的任何潜伏的倾向。

换一个方面看，如果一只或两只公鸽真的发生淡蓝一方面的变异，哪

---

① 蓝色的血液系原文"blue blood"的直译，在英语，本是一个惯用的词，意指贵族或高门华阀的血统；作者行文至此，一面有需要用这个词来率直表达他的意思，一面又可能怕字涉双关，开罪于英国的贵族阶级，所以有"恕我……"云云的一句声明。当然也可能是存心开个玩笑。

怕程度上极为轻微，而这种变异在往下遗传的时候一开始就只传给公鸽，则搞出一个合乎要求的新品种的任务就容易了，因为所需要做的只是把这种公鸽挑出来而让他们和寻常的母鸽交配就行了。真的有过一个可以与此相类比的例子：在比利时，有几个鸽子品种，就中只有公鸽在身上有些黑的线纹。[4]特格梅尔先生新近也指出，[5]瓢鸽（dragon）有时候会产生一些银色的鸽子，例子还不算太少，而这些银色鸽子几乎总是母的。他自己曾经蓄育出十只这样的母鸽。反过来，如果有人繁育出一只银色的公鸽来，那是一桩很不寻常的事件。因此，如果有人想搞出一个蓝色公鸽和银色母鸽的瓢鸽品种来，倒是不费吹灰之力就可以办到的。这银色的倾向看来确乎是很强烈，终于诱使特格梅尔先生，当他终于取得一个银色公鸽之后，把他拿来和一只银色母鸽相配，希望从而可以搞出一个两性都是银色的品种来，但是他失望了，因为下一代的公鸽回到了他的祖父的蓝色，仍旧只有母鸽是银色的。不过只要有耐心，由一只偶然的银色公鸽和一只银色母鸽相配而产生出来的幼公鸽的这种所谓返祖遗传的倾向是可以消除的，而一旦消除，公母两性就可以有同样的颜色了，而这一试验过程恰恰就是埃斯奎兰特先生用银色的浮羽鸽（turbit）一直在进行的，而且已经获得成功。

就家鸡说，在遗传上限于雄性一方面的颜色的变异是经常发生的。在上文所说的那种遗传方式流行的情况之下，某一些连续变异被分移到雌性身上的情事也可能时常出现，这一来，雌鸟就会有几分像雄鸟，而这在有些品种里是实际发生的事。更进一步的情况是，变异中大部分的步骤，但不是全部的步骤，有可能都被分移到雌鸟身上，即两性都得到分享，这样，则雌鸟就会很像雄鸟。在球胸鸽（pouter），母鸽的嗉囊只比公鸽的略为小些，而在传书鸽或信鸽（carrier pigeon），母鸽的垂肉比公鸽的也小得很为有限，看来几乎是不成问题地就是这样来的。因为这其间说不上什么选择的原因，饲养玩赏鸟类的人并没有在两性之间进行挑选，多挑些公的，或多挑些母的；他根本没有想到要使这些特征在公鸽身上比在母鸽身上表现得更为强烈一些，而这两个品种的鸽子却自己发生了这些情况。

上面所说的饲养师的企图是要把雄鸟搞成另一个颜色；于今，如果要把雌鸟搞成另一种新的颜色，从而形成一个新品种，其所要循行的过程，和所要碰上的种种困难，是一样的。

最后，我们的那位饲养师也许想搞出另一个新品种来，就中不但两性之间彼此不同，并且又各和所从来的原品种不一样。这样搞，困难也是极大的，除非先存在一种情况，就是，在这里所牵涉到的一些连续变异，一开始就在两性双方都是限于性别的，即两性各自有其不同的连续变异，果真如此，就没有困难了。在家养的鸡中间，我们就可以看到这种情况，例如，在有细线纹的汉堡鸡（Hamburgh），公鸡母鸡彼此是大有差别的，而又都和原鸡（乙 433）的公、母鸡不一样。通过持续的选择，今天这品种的雌雄两性都各自能把已经达成的出色的标准保持不变，而其所以能如此的原因，就在两性各自的特征在遗传上是限于性别的。西班牙鸡（Spanish fowl）提供了一个尤为奇特的例子：这品种的公鸡，鸡冠特别巨大，这原是通过许多连续变异的积累而取得的，但看来，通过分移，这些变异的一部分也转到了母鸡身上，因为母鸡的冠也不小，比雌原鸡的冠要大好多倍。不过她的冠和公鸡的冠有一点不同，就是不大竖得起来，时常要倒，而在最近的一个时期之内，玩赏的风尚无形之中提出了不可违拗的要求，认为这种倒冠别有风味，应该长期维持下去。这要求，也就是对饲养师的一个责成，很快地产生了效果，到今天，这种鸡冠侧倒的状态一定已经成为在遗传上限于雌性的一个特征，要不然，它就不免会影响公鸡的冠，使其不能完全直立，而这对每一个饲养玩赏动物的人来说是万难容忍的事。与此相对的一面，公鸡鸡冠的直立不倒，也一定变成了一个限于性别的特征，否则它就不免在母鸡鸡冠上引起故障，使它欲倒不能。

从上述旨在说明问题的例子，我们看到，要通过选择的途径把一种遗传方式转变为另一种遗传方式，即便有可能花费上几乎是无穷无尽的工夫，总是一个极度困难、复杂，甚至或许是做不通的过程。既然如此，既然在每一种情况之下都没有可资借鉴的明显证据，我碍难承认，在自然物种之中，这种遗传方式的转变是曾经发生过的事。与此相反，通过对一开始在遗传上就限于性别的一些连续变异的运用，使雄鸟在颜色上，或在任何其他特征上，变得和雌鸟大大的不同，却是丝毫没有困难；至于雌鸟，一般是被搁过一边，不发生改变，或只发生很少的改变，或为了自我保护的要求，经历一些特殊的变化。

各种鲜美的颜色，既然对雄鸟在与其他雄鸟争奇斗胜之中有其用处，这种颜色就会被选取下来，初不论它们在遗传上只限于一性或兼顾到两性。因为有这种兼顾的情况，所以我们可以指望，雌鸟往往或多或少地分享到雄鸟的一些鲜美的色彩，而这也正是大量鸟种里所发生的实况。如果所有的连续变异全部不分性别地向下传递，则雌雄两性将彼此完全相像，无从分辨，而这也是许多鸟种中所有的真相。但若为了雌鸟抱卵期间的安全而暗晦的颜色成为必不可少，比如许多在平地上讨生活的鸟种的情况，那么，凡属朝鲜美的颜色方向变异了的雌鸟，或通过遗传从雄鸟那边接受了些这种颜色而使显著的程度有所增加的雌鸟，迟早会遭到毁灭。不过在雄鸟方面，这种向下一代雌鸟传递他们的鲜美颜色的倾向是无限期地持续下去而不变的，除非遗传的方式起了变化，它才能变，才能被取消；而根据我们在上文的说明，这又是极其困难的事。因此，如果两性所得于上代的遗传本属相等，即所流行的本是两性均等的遗传方式，则此种表现有鲜美颜色的雌鸟的不断受到毁灭所造成的实际结果更可能是，连雄鸟的鲜美颜色也不免在程度上日就削减，或至于消失，因为他们总得和颜色比较呆板的雌鸟不断地进行交配。其他可能的结果还多，要一个一个地探索下去是令人厌烦的。不过我不妨提醒读者注意，如果有关鲜美色泽的一些变异，虽限于性别，而有时候也在雌鸟身上发生，又即便这种色泽对她们一无害处，因而不致遭受淘汰，应知这一类的色泽终究是不受欢迎的，或不是积极地被选取出来的，原因在雄鸟一般根本不挑，他可以接纳任何雌鸟，更为美好的雌鸟对他不起作用；因此，在雌鸟身上的这一类变异迟早会趋于散失而不至于影响有关种族的一般性格。我说明这一层，因为它可以帮助我们了解，为什么在鸟类里，雌鸟的颜色一般总要比雄鸟为呆板。

在上文第八章里，我们列举了些例子，而如果要的话，在这里可以补充的例子还多，都说明变异和年龄的关系，先代在一定年龄出现的变异，遗传到了后代，就会在同样的年龄发展出来。在那一章里，我们也曾指出，凡是在生命期中出现得比较晚的一些变异，一般只传给和这种变异最初所从出现的先辈同属于一性的后代，而在生命期中出现得比较早的一些变异，则倾向于传给所有的后代，不分性别；也指出，不是所有的性限遗传的例子都可以用晚期变异来解释开。也曾进一步指出，如果雄鸟在鲜美颜色方面的变异发生得过早，早在幼小的年龄，则这种变异，要在他进入生殖年龄而能和其他雄鸟争奇斗胜的时候，才有用处，在此以前是没有用的。而就生活在地面上而一般要靠呆板的颜色来掩护的鸟种来说，鲜美的颜色对年幼而不更事的幼鸟是非徒无益，而又害之的，其危害性要比对成年的雄鸟大得许多。因此，在鲜美颜色方面变异得过早的幼雄鸟不免于受到毁灭而为自然选择所淘汰；而那些在同一方面出现变异而出现的时候已接近于成熟年龄的雄鸟则不然，尽管这种变异也在他们生活里添了些危险性，他们却更容易存活下来，而，通过受到性选择的青睐，还可以蕃殖出同样的后代来。变异出现的生命时期与遗传方式之间既然往往存在着一些联系，而颜色鲜美的幼雄鸟又不免于遭到毁灭，而把求爱而取得胜利的机会只留给成熟的雄鸟，那么，势必的是，只有雄鸟才终于稳定地取得各种鲜美的颜色而把它们专门传给雄性的后代了。但应该说明，我一面这样说，一面却并不否认，许多鸟种的两性之间在颜色鲜美程度上的巨大差别，是由不止一个原因造成的，年龄对遗传方式的影响决不是唯一的原因。

如果一个鸟种的雌雄鸟有所不同，一个有意味的问题是，要判定是不是只有雄鸟一方经历了性选择所引起的变化，而雌鸟则留在一边，毫无改变，或者只是部分地和间接地有些改变；还要判定，为了自我保护的原因，雌鸟是不是曾经通过自然选择而经历过一些特殊的变化。因此，我准备比较详细地讨论一下这个问题，甚至比这问题本身内在的重要性所要求的更要详尽一些；因为这样就有方便把侧面而伴随着的若干论点一并考虑一下。

羽毛的颜色这一题目是要讨论的，特别是要联系到华莱士先生在这一方面的一些结论，但在此以前，用同样的观点先把几个其他的两性差别讨论一下，也许有些好处。以前在德国有过一个家鸡的品种，[6]母鸡脚上也有距。母鸡很能下蛋，但她们的距总是把鸡窝搞得乱七八糟，以致根本无法抱卵，人们也就不让她们抱了。因此我以前曾一度有一个看法，认为未经家养以前的野生的鹑鸡类（乙428）的母鸡，当初或许也有过距的发展，而后来由于它对鸡窝造成像上面所说的伤害，才通过自然选择受到了抑止。和翼上的距参照之后，我对这看法越想越觉得对头，因翼距在抱卵时不会引起损害，所以翼距是雌雄鸡都有的，而且往往是同样地发达，只是在不少的例子里，雄鸡的要略微大些。一般地说，凡雄鸟足上有距，雌鸟也几乎总是表现一些距的残留——有时候这残留可以小到只由一片鳞构成，家鸡一属（乙432）就是这样。因此，可以这样立论说，母鸡原先是备有发达的足距的，后来由于不用则废，或由于自然选择，而丢失了。但若我们承认这个看法，我们就不能到此而止，还得把它推广到无数的其他情况；而这一看法也还具有这样一个含义，就是今天还存在的备有足距的各个鸟种的共同祖妣，当初也曾为这样一个有害的赘疣所牵累。

在少数几个鹑鸡类的属与种，如鹧鸪鸡属（乙430）、团扇雉（乙9），和爪哇孔雀（乙728）等，雌鸟，像雄鸟一样，也有发达的足距。从这一个事实，我们是不是就可以推论说，这些鸟属鸟种所营构的巢和它们最为近密的亲缘种所营构的巢是不属于一个类型的，因此，它们的幼雏不至于受足距的伤害，也因此，此种足距就没有被取消的必要了么？甚至我们是不是可以设想，这些属或种的雌鸟为了保护自己而特别需要足距呢？和实际更为接近的一个结论是，雌鸟足距的有或无原是不同的遗传法则各自运行的结果，与自然选择并不相干。就许多表现着足距残留的许多鸟种的雌鸟而言，我们可以作出结论，认为在雄鸟身上发生得很早而终于发展成为足距的那些连续变异之中，有少数几个后来被分移到了雌鸟的身上。就另一些为数少得多的、雌雄鸟双方都有充分发展的足距的鸟种而言，我们可以作出的结论是，所有有关的各个连续变异全都被分移到了雌鸟身上，而她们又逐步取得了不扰乱窝巢的习性，并且把这习性传给了后代。

为了发出音声而经历了某些变化的器官和一些羽毛，以及为了使用它们所需要的一些相应的本能，在雌雄鸟之间往往是不同的，但也有些彼此相同的例子。在不相同的例子里，其所以不相同，是不是也可以这样加以解释，就是雄鸟先取得了这些器官和本能，而由于它们也有危害性，即音声发出之后，不免唤起鸷禽猛兽的注意，从而招来祸殃，于是雌鸟就被豁免，没有把它们传受下来呢？这看来大概不会，我们只要想到，"以鸟鸣春"，一到春天，成千上万的鸟毫无顾忌地用它们美妙的鸣声要为郊原平添几许愉快的景象，[7]就明白了。更为稳当的结论是，发出音声的器官和其他结构既然只对在求爱过程中的雄鸟特别有用，这些器官和结构是通过了性选择和不断的使用而只在雄鸟身上发达起来的——而有关的一些连续变异和经常使用的影响，从一开始就在遗传上或多或少地只限于后代的雄性一方。

我们不妨援引与此可以类比的许多例子来，其中的一个是，在许多鸟种里，雄鸟的冠羽比雌鸟的一般要长些，但也有同样长短的，也间或有雄鸟有而雌鸟没有的——而这些不同的情况可以在同隶于一个种或属的不同鸟种之中发现。这一些两性之间的差别很难用自然选择来解释，而说雌鸟由于冠羽比雄鸟的短些而在生活上占了什么便宜，因而通过自然选择变得越来越短，以至于全部取消。不过，我想再举一个对这种想法较为有利的例子，就是有关尾巴的长短的。雄孔雀那样的长尾巴对雌孔雀不但不方便，并且对抱卵和保育幼孔雀时期中的雌孔雀还有危险。所以即便自因推果言之，她的尾巴的发展是完全有可能通过自然选择而受到了抑制的。但也还有些问题，在各种雉类，雌雄所坐的既然是敞开的窝，其暴露给危险的程度显然不下于雌孔雀，然而她们的尾巴还是长得可观。在琴鸟的有一个种（乙610），雌鸟是和雄鸟一样有长尾巴的，而她们所营的巢是有顶的，对这样一种大鸟来说，这是大为可怪的事。博物学家们一直觉得费解，不知雌鸟在抱卵的时候是怎样处理她的尾巴的；现在我们已经了解到，[8]她"进窝时，头在前，然后转身过来，尾巴则反贴在背上，但更经常地是从横里把它弯过来缠绕在身体两侧。日子一久，尾巴就扭得有些弯曲，从弯曲的程度多少可以推测她抱卵时间的长短。"澳洲有翠鸟类的一个种白尾极乐翡翠（乙 920），雌雄鸟的尾羽，最中间的几根都发展得特别长，雌鸟营巢则利用一个天然洞穴，而据 R. B. 夏普先生告诉我，在抱卵期间，这几根尾羽变得曲屈不堪。

在刚说的这两个例子里，特长的尾羽对雌鸟来说在某种程度上总是个累赘。而在这两种鸟里，雌鸟的尾羽虽长，总还比雄鸟的短一些，人们似乎可以据以立论，认为它们的发展还是通过自然选择受到了几分限制。但若果真如此，则又何以解释雌孔雀的短尾羽呢？雌孔雀的尾羽的发展，如上文所说，是到了发生不方便和容易引起危害的程度时才受到抑制的，于今照此看法，则她的尾羽的长度比今天她实际上所具有的还不妨加大得多。因为，根据躯干的大小比例而言，她的尾羽还赶不上许多雉类的雌雉那么长，也并不比雌性吐绶鸡为长。我们还须记住，如果按照这个看法，认为雌孔雀的尾羽一旦变得长到一个足以发生危害的程度，就不免在发展上受到抑制，那么，势必她将在下一代的雄孔雀身上不断地发生反响，从而使他无法取得他现有的富丽堂皇的长尾羽。因此，我们可以作出的推论是，雄孔雀尾羽之所以长与雌孔雀尾羽之所以短，是由于雄孔雀为了发展长尾羽所必需的一些变异，从一开始就是只传给雄性后代的。

关于各个不同雉种的尾羽之所以长，我们所被引向的结论是几乎和上述的相同的。在耳雉（Eared pheasant，乙 295），雌雄雉的尾羽是一般长的，都是十六到十七英寸；其在普通雉，雄的长二十英寸，雌的长十二英寸；其在赤翟雉（Sœmmerring's pheasant，即乙 754），雄的长三十七英寸，而雌的才八英寸；而最后，在瑞氏雉（Reeve's pheasant），雄雉的尾巴有时候竟可以长到七十二英寸，而雌雉的才十六英寸。由此可知，在这若干雉种里，雌雉的尾巴和各自本种的雄鸟的尾巴，在长度上都有很大的差别。这种差别究竟从何而来，说法可以有两个：其一以遗传的一些法则为根据——那就是说，一些有关的连续变异，在向下代遗传的时候，一开始就多少很严格地只传给雄性一方——另一个则以自然选择为根据，认为长尾巴在不同程度上对这几个关系相近的雉种的雌鸟都有害处，自然选择的力量就把她们收拾了，留下了短尾巴的；二说相比，依我看来，前一说要更为近乎实情得多。

现在我们可以考虑华莱士先生关于鸟类羽毛的性别色彩的若干论点了。他相信，原先由雄鸟通过性选择而取得的种种鲜美的颜色，在所有的例子里，或几乎是所有的例子里，都会传到下一代雌鸟身上，除非这种分移的遗传通过自然选择而受到了抑制。我在这里不妨先向读者提醒一下，在上面论列爬行类、两栖类、鱼类、鳞翅类的各章里，反对这个看法的各种不同的事例我们是早已列举过了的。我们在下章里将要看到，华莱士先生的信念主要建立在、但也不是完全建立在下面这一说法之上：[9] 如果雌雄两性的颜色都很显眼，则这种鸟的巢在构造上会使坐窝的鸟被隐蔽起来；但若两性的颜色成显著的对比，雄鸟美艳，而雌鸟暗淡，则巢的上面是敞露的，坐窝的鸟从外面可以看到。这一层因缘凑合，从表面看来，似乎是肯定地有利于这样一个信念，就是，在露顶的巢上坐窝的雌鸟是为了自我保护的目的而经历过一些特殊的变化的；不过我们一下子就要看到，也还有另一个而更为近情的解释就是，营构有顶盖的巢也有本能的关系，而在取得此种本能的一些例子之中，颜色显眼的雌鸟为数要比呆板的雌鸟更多罢了。华莱士先生承认，而这也是我们意料所及的——他那两条规律各有一些例外，不过问题是，此种例外是不是太多了，多到了足以推翻他的规律的地步。

首先我们要提出阿盖尔公爵的一句颇有道理的话，[10] 他说，一个大而有顶盖的巢比一个小而露顶的巢更显著，更容易为敌人所发见，尤其是为所有的经常在林木中盘桓的食肉动物所注意。我们也决不要忘记，在许多营构露顶巢的鸟种，雄鸟也坐窝抱卵，并且帮助雌鸟来喂养幼雏，美国境内最华丽的鸟种之一，夏红雀（乙 812），[11] 就是这样的一个例子。这种鸟的雄鸟是朱红色的，而雌鸟则作浅的棕绿色。如果颜色的鲜艳真的对坐露顶窝的鸟有了不得的危险的话，那么这一类例子中的雄鸟早该吃过大亏了。事实怕是恰好相反，就雄鸟来说，为了制胜其他的雄鸟，这种华丽的颜色正复有其不少的重要性，而此种重要性是足以抵销上面所说的危险性而有余的。

华莱士先生承认，在俗称王鸦的一种伯劳（King-crow，属乙346）、各种金莺（Oriole）、八色鸫科（乙776）的一些鸟种等等，雌鸟的颜色是鲜明的，然而所造的巢却是露顶的，不过他辩解说，三类鸟之中，第一类的鸟高度地好斗，能保卫自己；第二类的鸟特别细心，不让窝暴露出来，但也并不老是这样，也有马虎的时候；[12]而第三类方面的雌鸟虽有鲜明的颜色，这种颜色主要是在腹部。这几类例子之外，还有各种鸽子，有的鸽种是艳丽的，而所有的鸽种几乎全都有鲜明的颜色，它们容易遭到鸷鸟的袭击是有名的。这对上面所说的准则就提出了一个严重的例外，因为，在自然状态下，它们所营的巢几乎总是没有顶盖而露天的。在另一个范围不小的科，蜂鸟科（乙969）里，所有的鸟种都营构露顶的巢，而就中最为华丽的几个种的鸟在颜色上还是雌雄不分的呐；而在这一科的大多数鸟种，雌鸟虽没有雄鸟那么艳丽，却还是有很鲜明颜色的。所有各蜂鸟种的雌鸟都是带几分绿色的，然而人们也不能因此而为她们辩解，说颜色尽管鲜明，却不易被敌人觉察；这辩解难于成立，因为有几种雌鸟的背部也有些红、蓝，以及其他颜色，不全是绿的。[13]

至于筑巢在洞穴里或筑圆顶巢的各个鸟种，像华莱士先生说的那样，除了易于隐蔽之外，还有其他便利之处，比如遮雨，更加暖和，在气候炎热的地方可以挡太阳等。[14]因此，许多雌雄鸟颜色都呆板的鸟种也未尝不营构有隐蔽性的鸟巢的这一情况[15]是不大好用来反驳华莱士先生的看法的。例如印度和非洲的犀鸟（hornbill，属乙143），雌鸟一到抱卵的季节，要把自己特别周到地掩护起来，用她自己的排泄物糊满她准备在里面坐窝的洞穴的口子，只留一个小小的窟窿，好让雄鸟从外面喂她；在全部抱卵时期，她就这样地把自己紧密的禁锢起来，[16]而我知道，犀鸟的雌鸟，比起躯干大小相同而只造露顶巢的其他许多鸟种的雌鸟来，在颜色上并不更为引人注目。在少数几个雄鸟艳丽而雌鸟暗晦的科属里，雌鸟虽暗晦，而用来抱卵的也是有圆顶的巢，这对华莱士先生的看法是一个更为严重的反驳，而他自己也承认这一点。这方面的例子有澳洲的几个鸟科和鸟属（包括鹊鹩，即乙456和细尾鹩莺，乙595，鸣禽类的琴鸟科）和太阳鸟（即绣眼儿科，乙651）的各个鸟种；还有澳洲吸蜜雀科，一称绣眼儿科（honey-sucker，即乙605）中的若干个鸟种。[17]

如果我们再看一下英国的鸟类，我们会看到，在雌鸟的羽色和她们所营造的鸟巢之间，并没有什么密切和一般性的关联。不列颠大约有四十个鸟种（不包括身材较大而能自卫的那些）把窝做在河岸、山石和大树的洞穴里，或构造有圆顶的巢。如果我们拿金磧鷉（goldfinch）、照莺（bullfinch），或山乌（blackbird）的雌鸟的颜色作为一个显眼程度的标准，而我们知道这种显眼的程度对坐窝的雌鸟来说是不算很危险的，那么，上述四十个鸟种之中，只有十二个的雌鸟是显眼到了一个足以引起危害的程度的，而其余二十八个种的雌鸟则在标准程度之下，可以说是不显眼的。[18]在同一个鸟属之内，雌雄鸟之间在颜色上的显著的差别和鸟巢的性状之间，也不存在什么密切的关系。家雀（乙724）的雌雄雀的差别是很大的，而树雀（乙725）的雌雄雀则几乎全无差别，而这两种雀所营构的窝却是一样的，都很隐蔽。普通食虫鹟（fly-catcher，即乙639）的雌雄鸟是很难分辨的，而斑鹟（pied fly-catcher，即乙640）则两性之间颇有差别，而这两种鸟却都在洞穴里构造隐蔽性的巢。山乌（blackbird，即乙976）的雌雄鸟相差得很多，环颈鸫（ring-ouzel，即乙980）的两性相差得少些，而普通鸫（common thrush，即乙978）的两性则几乎全无差别，然而它们都构造没有顶盖的巢。而另一方面，在和这几个鸟种关系不很远的鹩鸟（water-ouzel，即乙260），雌雄鸟相异的程度和颈圈鸫一样，而所营造的巢却又是有圆顶的。黑松鸡和红松鸡（red grouse，即乙933与乙932）都在隐蔽得好的地点营构没有顶的巢，而这两种鸟的雌雄鸟之间，一则差别很大，一则无甚差别。

尽管有上文所述的一些反面的意见，我在阅读华莱士先生出色的论文之后，又放眼把全世界的鸟类总起来看了一下，我不能怀疑，在雌鸟颜色显眼的鸟种之中，一个巨大的过半数（而此数之中，除了极少数的几个例外，雄鸟是同样地惹人注目的）是营造能隐蔽的巢而取得保护的。华莱士先生历数了[19]一长串可以用他的规律来说明的鸟群，但我们无须在这里全部转录，只须举如下的一些大家所比较熟悉的鸟群，也就可以概括了：鱼狗或翠鸟（King fisher）、巨嘴鸟或鵎鵼（toucan）、美洲的热带啄木鸟（trogon）、佛法僧或三宝鸟（puff-bird，科名乙 166）、食蕉鸟（plantain-eater，属乙 642）、普通的啄木鸟和鹦鹉。华莱士先生相信，在这些鸟群里，雄鸟一面通过性选择逐步取得鲜美的艳色，一面就随即把它们分移给雌鸟，而由于她们已经享受到那种特殊方式的鸟巢所提供的保护作用，它们在雌鸟身上就没有受自然选择的淘汰。根据这句话里的看法，则她们对现有营巢方式的取得，在时间上要早于对现有颜色的取得。但依我看来，更可能而近乎实情的是，在多数例子里，雌鸟一面通过从雄鸟方面来的遗传的分享而逐步变得越来越明媚，一面也就牵牵扯扯地为了寻求掩护而在本能上逐步改变她们营巢的习性，就是改营圆顶，或有隐蔽性的巢（假定原先她们是营构露顶巢的）。任何人只要研读过诸如奥杜邦所作的关于美国南北部一些种同而营巢方式有所不同的一些鸟的记载，[20]就不会感觉到有多大的困难来承认鸟类中的这一情况，就是，或则通过习性的改变（是在严格意义上的改变），或则通过自然选择对本能上的一些所谓自发变异所起的作用，它们有可能相当容易地被导引而走上使营巢方式有所变化的道路。

这样来看雌鸟颜色的鲜美和她们构巢的方式之间的关系，哪里有这种关系，哪里就这样看，是可以得到发生在撒哈拉沙漠地带的某些例子的一些支持的。在这里，像在多数的其他沙漠地带一样，各种不同的鸟种以及其他动物，长期以来，早已使它们的颜色和周围地面的颜色发生了我们所意想不到的适应。然而据牧师特里斯特拉姆先生告诉我，一般适应的通例之中也还有些奇特的例外，比如岩鸫（乙 630），雄鸟作鲜明的蓝色，很显眼，而雌鸟的羽毛作棕白相间的麻栗色，几乎是同样地显著；善走鸟属（乙 356）中有两个种的雌雄鸟都是黝黑得发光；所以就这三个鸟种说，它们从羽色上是得不到起码的保护的，但是由于它们已经养成在洞穴里或石缝里躲避危险的习性，它们还是有能力生存了下来。

关于上述那些雌鸟颜色鲜美而习于营构隐蔽性鸟巢的鸟群，我们并没有必要设想，每一个别鸟种的营巢本能要经历一番特殊的变化。所要设想的只是，每一个鸟群的早期祖先逐步被带上营构有圆顶式有隐蔽作用的鸟巢的路，习惯成了自然，成了本能，后来这个本能，连同鲜美的颜色，传给了下一代，从而使它们也起了变化。在某种可以信赖的限度以内，这样一个结论是有意趣的，就是，性选择外加两性的均等或几乎均等的遗传，间接地决定了一整群一整群鸟种的营巢方式。

据华莱士先生说，即便在雌鸟由于在抱卵时期得到了圆顶巢的保护而她们鲜美的颜色没有通过自然选择而遭受淘汰的那些鸟群里，雄鸟与雌鸟之间还往往有轻微的差别，而间或在少数例子里，这差别还很可观；这是一个有意义的事实，因为这种颜色上的差别只能有一个解释，就是，雄鸟身上的与此有关的变异，一部分从一开始就只传给下一代同性的个体，而雌鸟是没有份的。因为我们很难维持这一看法，认为这种差别，特别是程度上很轻微的那些，对雌鸟来说，会起什么保护作用。即如在美洲热带啄木鸟（trogon）所构成的整个漂亮鸟群里，所有的鸟种全都是营巢在洞穴里的。而古尔德先生也曾经提供一些数字，[21] 说明二十五个种的雌雄鸟之间，除去一个不完全的例外，在颜色上都有不同程度的差别，有的轻微，有的显著——尽管雌鸟也美丽，而雄鸟却总是更为美好。翠鸟（kingfishers）的所有的各个种也都是把窝做在洞穴里的，而在大多数的翠鸟种，雌雄鸟也同样艳丽：到此为止，是与华莱士先生的准则相符合的。但在澳洲的翠鸟中，有几种雌鸟在颜色上就赶不上雄鸟那样鲜明生动，而在有一个种里，尽管漂亮，雌雄鸟却相差很远，远到起初一度被人错认为属于两个不同鸟种的程度。[22] 夏普先生特别研究过这个鸟群，他为我指出，美洲有几个种的斑鸫属（即乙220）的雄鸟，胸部都有一条黑色的带纹。再如在翠鸟的又一个属（乙172），两性的差别也是显著的：雄鸟的背面作暗蓝色，加上黑色阔条纹，而腹面局部作淡黄褐色，头部有不少的红色；雌鸟的背面是红棕色加黑色阔条纹，腹面则白色加上一些黑记。在笑鸫属（乙332）里有三个种，雄鸟与雌鸟的不同之处，只在尾巴作暗蓝色，加上黑的阔条纹，而雌鸟的尾巴则作棕色，也有阔条纹，但不那么黑，这和上面那一个翠鸟属（乙172）的背面的情况完全可以比类而观——都能说明在关系相近的物种形态之间，与性别有关的花色的安排，自有它共同的奇特格调：这也是一个有趣的事实。

在也利用洞穴来做窝的各种鹦鹉里，我们也发现可以类比的种种例子。在多数鹦鹉种里，两性都是彩色缤纷而难以分辨的；但在不太少的几个种里，雄鸟的彩色要比雌鸟更见得鲜明生动一些，或甚至两性各有不同的花色。例如，朝霞鹦鹉（King Lory，即乙77），雌雄鸟就很不相同，除了其他方面显著的差别不论外，雄鸟整个的腹面作猩红色，而雌鸟的喉部与胸则作绿色而略微带些红色；在鹦鹉的又一个种（乙400），两性的差别也有与此相似的情况，更加上另一点不同，就是，雌鸟的脸部和两翼覆羽的蓝色要比雄鸟的苍白一些。[23] 在营构隐蔽性鸟巢的山雀科（tit，即乙718）里，我们普通的青山雀（tomtit，即乙720），雌雀"远不如雄雀颜色鲜美"；而印度产的被称为"速檀"① 的华丽的黄山雀（Sultan yellow tit），则两性间的差别比此还要大些。[24]

再如，在由普通啄木鸟所构成的广大的鸟群[25] 里，两性一般是几乎相同的，但在大啄木鸟（乙603），头、颈、胸等处，在雄鸟都作鲜艳的深红色的各部分，一到雌鸟，则全成素色，这使我想起，如果雌鸟在这些部分也作深红色，那只要她的头从隐藏着她的窝的洞穴中偶一探出，就随时可以引起敌人的注意而发生危险，因此，符合于华莱士先生的信念，这早先她可能有过的颜色就遭到了淘汰。根据马勒布所说的关于印度啄木鸟（乙516）的话，我这看法得到了支持，他说，雌的幼鸟，像雄的幼鸟一样，头上是有些深红的，不过一到成年就消失了，而在雄的则更加发达起来。

---

① Sultan，英语指伊斯兰教国家的政治首领，辞书译作"苏丹"，未免和非洲的一个国家的名称相混，未便照译，兹改用《明史》以来一部分史籍中所用的译音，"速檀"。

但下列的一些考虑又使这个看法大成问题：一则这类鸟的雄鸟也分担一部分抱卵的责任，[26]岂不是几乎同样可以发生危险？再则在许多个种里，两性成年鸟的头部是同等地深红色的，何以这些种的雌鸟却又未经受任何淘汰作用呢？三则，在其他一些种里，深红或猩红的程度虽有些差别，雌鸟的要淡一些，但所差极其有限，不能说这有限的一点点就足以对危险有所招架。最后，两性头部的颜色，除上面所说的而外，也还有些其他轻微的差别显眼的地方，初不限于深红色一端而已。

截至目前为止，我们所举的例子全都关系到营构圆顶巢或其他足供隐蔽的窝的鸟种；它们所属的各个鸟群，雌雄鸟之间在颜色上的差别都是轻微而渐进的，而雌雄鸟在外表上，一般地说，也是彼此相像的。但在其他一些鸟群里，一面此种渐进性的两性差别一样的可以看到，两性之间一般的在外表上也相近似，然而其所营构的巢却是没有顶而上面敞开的。

我在上面既然已经举过澳洲各种鹦鹉的一些例子，在这方面已有所说明，在这里，我不妨再举些有关澳洲各种鸽子的例子，但不准备深入细节。[27]值得特别注意的是，在所有这些例子里，两性之间在羽毛颜色上的差别，无论就轻微的大多数例子来说，或就很少数的差别较大的例子来说，差别的一般性质是一样的。很能说明这一点的例子很多，上面已经叙述到过几个翠鸟种的例子，两性之间，有的只是在尾巴上有些不同，有的在身体的整个上半面有些不同，而不同的方式与性质是一样的。如今在各种鹦鹉和鸽子里也可以观察到类似的情况。而同一个鸟种之中雌雄个体之间在颜色上的差别，和同群而不同种之间在颜色上的差别也可以相比，即，在一般性质上也未尝不是一样的。因为，在各个种的雌雄鸟一般相似的一个鸟群之中，即便在少数几个种里，雄鸟和雌鸟颇有一些不同，这种不同也不过是颜色程度上较大的出入，而并不构成另外一种风格，标新立异之事是说不上的。因此，我们不妨作出推论，认为：在同一个鸟群之中，如果雌雄鸟相似，则所相似的那些特殊的颜色，和如果雄鸟和雌鸟有所不同，无论轻微的也好，或比较大些的也好，则雄鸟所不同于雌鸟的那一部分颜色，就大多数的例子而言，都是由同一个一般的原因所决定的，这原因就是性选择。

我们在上面已经说过，两性之间在颜色上的差别，如果很微小，雌鸟所差的那么一点点大概起不了什么保护的作用。但假定它也还起些作用，而把这一类的雌鸟看作正在过渡之中的例子，行不行呢？大概不行；没有什么理由可以使我们认为，许多鸟种，在任何一个时期里，正在经历着改变的过程。因此，我们很难承认，在数量繁多的、两性之间在颜色上表现着很微小差别的鸟种里，雌鸟，为了要求保护，如今都在开始变得越来越暗晦不明。即便用两性差别略微显著一些的例子作为考虑的对象，比如，糠碛鹀（chaffinch）的雌鸟头部的颜色——照莺（bull finch）的雌鸟胸口的深红色——绿碛鹀，亦称普通莺（green finch）的雌鸟的绿色——黄冠欧鹪（wren）的雌鸟的羽冠，我们能不能认为，为了保护，通过自然选择的缓慢的过程，都已经变得不如以前的鲜明了呢？我认为不能；对这一类比较显著的差别既不能这样看待，对那些营构隐蔽性鸟巢的雌雄鸟之间更为轻微的差别显然是更不能了。从另一个方面来看这问题，两性之间在颜色上的不同，无论大小，在一个很大的程度上，却可以用另一个原理来说明，那就是，首先由雄鸟通过性选择而取得的一些有关的连续变异，在通过遗传而分移给雌鸟的时候，从一开始就或多或少地有些限制，即不是全部分移。至于这种限制的程度在同一鸟群的不同鸟种之间也不免高下不等，这对任何多少研究过各个遗传法则的人是并不奇怪的。这些遗传的法则是极其错综复杂的，只有在我们对它们一无所知的情况之下，它们的活动或运行才会见得不可捉摸，莫名其妙。[28]

据我所能发现，在各个鸟群之中，全部鸟种的雌雄鸟都彼此相像、并且都有华丽的颜色的情况是有的，但这样的鸟群的范围一般都不大，真正这样的大鸟群是几乎没有的；但我从斯克雷特先生那里听说，食蕉鸟（plantain-eater，属乙 642）就是这样的一个大鸟群。反过来，我也不相信，世上会存在另一方面的大鸟群，其中全部鸟种的雌雄鸟彼此在颜色上都大相悬殊；而据华莱士先生告诉我，南美洲的黄连雀科（chatterer，即乙287）提供了最好的例子之一。但这科里有几个种还只能算是例外，有的雄鸟的胸部是红色的，很鲜艳，而雌鸟的胸部也有几分红色；有的雌鸟也表现雄鸟颜色的一些痕迹，如绿色或其他颜色。无论如何，在若干鸟群之中，要在全群范围之内找到两性之间最近密的相似性或最悬殊的相异性，这两个群已经算得上是捷径了。联系到我们方才说过的话，认为遗传这样东西在性质上是如何地波动不定，难于捉摸，这种高度的一致性已经是一个有些值得惊奇的情况了。然而，同样的一些遗传法则大体上会在关系相近的动物之间流行无阻，亦是理所当然，无足惊怪。家养的鸡，自古以来，不知产生了多少品种和亚品种，而在这些品种里，公母鸡在羽毛颜色上一般有着相当大的差别，因此，如果在某些亚品种里居然出现一些两性相似的情况，就不免有人惊诧为不可多得的奇遇。在另一方面，家鸽的情况正好与此相反，鸽子也同样地产生了无数的分明的品种和亚品种，而除了极难得的例外，这些品种里公、母鸽总是彼此一模一样，难于分辨。

因此，如果鸡属（乙432）和鸽属（乙270）中的别的鸡种鸽种也有机会得到家养而在人工培育之下发生变异，我们敢于斗胆预断，控制着两性之间的相似性或相异性的那些法则，将以遗传的方式为依据而在这两个设想的例子中同样地发挥作用。在自然状态之中，同样的传递方式，也一般地在相同的一些鸟群中发挥作用；显著的例外尽管有些，却并不妨碍这个通例。例外是有的；在一科之内，甚至在一属之内，两性在颜色上有十分相似的鸟种，也有很不相同的鸟种。属于同一个属的这方面的例子，上文已经提过麻雀、鹟（fly-catcher），鸫（thrush）和松鸡（grouse）。在雉类这一科，几乎所有鸟种的雌雄鸟是不相似得出奇的，但在耳雉（eared pheasant，即乙295），两性却又很相近似。在雁类的有一个属，草雁属（乙246）中，有两个种的雌雄雁，除了身材大小不同而外，是无法分辨的，而在另外两个种，则两性的差别大到了一个地步，教人很容易把它们错误地分隶于两个不同的雁种。[29]

只有通过一些遗传的法则才能对如下的几个例子作出解释，在这些例子中，雌鸟在生命期的相当晚的一个阶段里会取得正常是属于雄鸟的某些特征，终于变得和雄鸟完全相像，或几乎完全相像，在这里，保护的因素是很难有活动的余地的。布莱斯先生告诉我，黑头黄莺或金莺（乙679）和几个关系相近的鸟种的雌鸟，一到足够成熟而能蓄育的年龄，在羽毛上和成年雄鸟可以有相当大的差别，但经过第二次或第三次换羽之后，她们所不同于雄鸟的只是喙上有些轻微的绿色而已。在鸭的一属，普通称矮麻鸭（dwarf bittern，即乙94），也据布莱斯先生说："雄鸟在第一次换羽之后就取得了他的正式服装，而雌鸟则要到第三次或第四次换羽之后，而在未取得以前，她的服装是介乎幼鸟和成年雄鸟的服装之间的一个中间状态。在已取得之后，则和雄鸟的一样地正式了。"普通隼（乙406）也有这情况，雌隼取得她的蓝色羽毛要比雄鸟晚些。斯温赫先生说，在伯劳（drongo shrike）的一个种，黑卷尾鸦（乙347），雄鸟几乎还在雏幼的年龄便把细软的棕色羽毛脱了，而换上一身润泽有光的墨绿色的新装，而雌鸟则在她的一些副羽上一直保持白色的线纹和斑点，要到三年之后，才完全换上一身和雄鸟一色的装束。这同一位出色的观察者又说到，中国的篦鹭（spoonbill，即乙779），雌鸟要到第二年的春天才跟第一年的雄鸟相像，而看来要到第三个春天才取得和雄鸟同样、而在他则久已取得了的那一身成年的羽毛。念珠鸟（乙124）雌鸟和雄鸟没有多大分别，但装点在翼羽上的一串串火漆似的红珠子[30]在她的生命期中的发展没有雄鸟的那么早。印度产的一种鹦哥，称爪哇鹦哥（parrakeet，即乙706），雄鸟的上嘴从小就作珊瑚红色，而在雌鸟，据布莱斯先生对笼居鸟和野生鸟的观察，上嘴起初是黑的，至少要到满岁才变红，而到此，她才和雄鸟在一切方面都变得相像。野生吐绶鸡的雌雄鸟最后都在胸前备有一撮刚毛，但雌雄鸟发展的迟早很不相同，其在雄鸟，满两岁时，这撮刚毛就大约有四英寸长，而在同岁的雌鸟身上，则几乎连踪影都还看不到，一直要到第四年，雌鸟胸部的刚毛才发展到四五英寸长。[31]

我们决不能把这些例子和有病或衰老的雌鸟因生理上发生变态而表现出一些雄鸟的特征混为一谈。蕃殖力强或良好的雌鸟，当她们幼年的时候，间或也通过变异或一些我们还弄不清楚的原因，[32]而取得一些雄鸟的特征，这些跟上面所说的也不是一回事。不过所有这一切的例子，不论哪一方面的，也有许多共同之处，这些共同之处是要依据泛生论（pangenesis）的假设来解释的：雌性身体里也未尝没有雄性的成分，而且每一部分都不缺，平时这些成分是潜伏不动、而无所表现的，但若雌性的体素组织（constituent tissues）在化学上所谓的选择亲和力（elective affinities）方面起些轻微的变动，某些潜伏的雄性部分就会活动起来，派生出一些胚粒子（gemmule），影响有关器官或结构，使终于表现出雄性的特征来。

关于羽毛的变迁和一年四季的关系，在这里有必要补一段简短的讨论。根据上文所已归结到过的一些理由，几乎不成问题的是，诸如几种鹭（egret, heron）以及其他许多鸟种的漂亮的通身性羽毛、长而下垂的一些翎羽、各式冠羽等，尽管两性身上都有，而由于它们只在夏季发展出来，而过此便尔脱换，是用来装饰和满足婚配的需要的。这样一来，雌鸟在抱卵时期就变得更惹人注目，不像冬季那样朴素了。不过在各种鹭（egret, heron），这也不打紧，它们有的是自卫能力。但由于这种装点性的羽毛大概多少是个累赘，更由于它们在冬天肯定没有用处，一年换羽两次的习性，夏天上装，冬天卸装，从而抛却累赘，有可能就是这样地通过自然选择而逐步地被取到手的。不过，这样一个看法有它的限制，要把它引伸到其他许多涉禽（即乙455）身上就说不通了，因为它们的冬夏两季羽毛在颜色上没有多大差别。就缺乏自卫能力的若干鸟种而言，它们中间，一到蓄育的季节，有的两性都变得十分显眼，有的只是雄鸟在羽毛颜色上特别突出——更有的，只是雄鸟临时取得些特长的翼翎或尾翎，长得成为飞行时的障碍，例如在夜鹰属（Cosmetornis）和寡妇鸟属（Vidua）——在这点上就没有问题了，一看就可以肯定，第二次的换毛、即换上冬装这一习性的取得，大概是专门为了卸脱盛装，免招殃祸。尽管如此，我们还须记住，别有一些鸟种，例如某几种风鸟、百眼雉（Argus）和孔雀，冬天是不脱换羽毛的；我们也找不到什么理由来说，这些鸟种，尤其是属于鹑鸡类（乙428）的雉和孔雀，在体质上有什么特殊，使它们不能一年之内换羽两次，因为我们知道，同属于这一类鸟的雷鸟（ptarmigan），一年要换三次之多。[33] 因此，我们对于许多到了冬季要脱卸装饰性羽毛或褪去鲜美颜色的鸟种，其所由取得此种习性，究竟是不是为了减轻负担或避免祸殃，还只能认为是个存疑待决的问题。

因此，我的结论是：一年换羽两次的习性，就大多数、甚至全部的例子来说，起初是为了某一个分明的目的而取得的，这目的也许是寒冬可以保温；而和产生夏季羽毛有关的一些变异，则是通过性选择而逐步积累起来的，随即又传给了下一代，让它们在每年的相应的季节里发展出来。至于传受到这些变异的后一代所包括的是子女双方，抑或只是雄性一方，那就得看遗传的方式而定，未可概论。另有一个看法是，所有这些鸟种本来趋向于保持装饰性的羽毛，一直过冬；但由于它是个包袱，既增添了麻烦，又不免招来横祸，于是自然选择便插手进来，使它们终于把它摆脱了。看来上面的结论比这个看法要更为符合于实际的情况。

有人持有这样的看法，认为今天只限于雄鸟身上才有的种种武器、彩色，以及各式各样的装饰手段，原先是两性身上都具备的，但后来，由于自然选择把遗传的方式变换了一下，把原先对两性的均等的遗传变换成只对雄性一方的遗传，于是才有今天的情况。他们也提出些论点支持这一看法。在本章里，我所已做的，就是试图指出这些论点是靠不住的。对许多鸟种的雌鸟的羽毛颜色，看法也有分歧，有人认为有关这些颜色的一些变异，一开始就从雌鸟传给雌鸟，而由于这种颜色有保护的作用，就一直保持了下来：这看法也是可疑的。但要在这方面作进一步的讨论，目前还不相宜，而留待我在下一章里对幼鸟和成年鸟在羽毛上的差别有所处理之后，再来进行，则更为方便。

原　注：

[1] 第四版，1866 年，241 页。

[2] 《威斯敏斯特评论》（丙 153），1867 年 7 月。又，《旅行杂志》（丙 84），第一卷，1868 年，73 页。

[3] Temminck 说，赤翟雉（乙 754）的雌雄的尾巴只有六英寸长，见《彩色图片集》（Planches coloriées，法文），第五卷，1838 年，487 与 488 页；这里的尺寸是 Mr. Sclater 为我测定的。关于普通雉，见 Macgillivray，《不列颠鸟类史》（Hist. Brit. Birds），第一卷，118—121 页。

[4] 见 Dr. Chapuis，《比利时的传书鸽》（Le Pigeon Voyageur Belge，法文），1865 年，87 页。

[5] 见《田野》（丙 59），1872 年 9 月。

[6] 见 Bechstein，《德国的自然史》（德文），1793 年，第三卷，339 页。

[7] Daines Barrington 的看法与此不同［《哲学会会报》（丙 149），1773 年卷，164 页］。他认为，雌鸟不鸣，或极少有鸣的，可能是因为在抱卵时期鸣声会带来危险。他又表示，雌鸟的羽毛之所以不如雄鸟美，这一看法也可能加以说明。

[8] 见 Mr. Ramsay 文，载《动物学会会刊》（丙 122），1868 年卷，50 页。

[9] 见 A. Murray 所编《旅行杂志》（丙 84），第一卷，1868 年，78 页。

[10] 同上引书，281 页。（按此注欠明瞭，所云"同上"，"上"指的是什么？是本章注 9 中的书或刊物么？大概不是。查第十四章近末，一再征引到阿盖尔，附注 53 又提到他所著书，《论法的统治》，同上之"上"，应指此书。——译者）

[11] 奥杜邦，《鸟类列传》，第一卷，233 页。

[12] Jerdon，《印度的鸟类》，第二卷，108 页。Gould，《澳洲鸟类手册》，第一卷，463 页。

[13] 例如，大尾蜂鸟（乙 399）的雌鸟，头和尾是深蓝的，而腰部是某一种不纯的红色；宝石蜂鸟（乙 536），雌鸟背部是墨绿的，而眼端与喉部两侧是深红色的；再一个种的蜂鸟，紫喉加利蜂鸟（乙 397），雌鸟只是头顶和背部作绿色，腰和尾则作深红。雌鸟羽毛美艳而不限于绿色的其他例子，可举而不必举的还有很多。见 Gould 先生关于这一科鸟类的宏伟的专门著作。（《蜂鸟科专论》。——译者）

[14] Mr. Salvin 在危地马拉看到［《朱鹭》（丙 66），1864 年卷，375 页］，各种蜂鸟遇到很炎热的天气时，比阴凉、多云或霖雨的日子，更不愿意离开它们的窝，因为太阳晒得厉害，像是要晒坏它们所下的蛋似的。

[15] 作为这方面的实例，即颜色呆板的鸟种也未尝不营构有隐蔽作用的巢，我可以具

体地提出 Gould 先生在《澳洲鸟类手册》（第一卷，340、362、365、383、387、389、391、414 页）里所叙述的分隶于八个澳洲鸟属的若干鸟种。

[16] 见 Mr. C. Horne 文，《动物学会会刊》（丙 122），1869 年卷，243 页。

[17] 关于澳洲的这些鸟种的营巢习性和羽毛颜色，见 Gould，《……手册》，第一卷，504、527 页。

[18] 在这问题上，我参考了 Macgillivray 的《不列颠鸟类史》；就四十个鸟种中的有几个而言，在鸟窝的隐蔽程度上，和在雌鸟羽色的显眼程度上，尽管令人心中存有怀疑，下列若干下卵在洞穴或有顶巢的鸟种的雌鸟，用上述的标准来衡量，却很难扯上显眼两字：燕雀属（乙 722），两个种；白头翁属（乙 905），属中的雌鸟在鲜艳的程度上要比雄鸟差得相当多；河乌属（乙 259）；黄鹂（乙 634）；䴗属（乙 389）；灌木鹪属（乙 424），两个种；岩鹪属（乙 855）；朗鹪属（乙 843），两个种；莺属（乙 908），三个种；山雀属（乙 719），三个种；长尾鸟属（乙 601）；三斜尾属（乙 45）；旋木雀属（乙 206）；鸸属（乙 884）；鹩鹪属（乙 999）；鹪属（乙 638），两个种；燕属（乙 485），三个种，和雨燕属（乙 329）。又下面十二个属或种的雌鸟，根据同一个标准，是可以被认为显眼的：白头翁的一个属（乙 726）；白鹡（乙 633）；荏雀（乙 721）和青山雀（乙 720）；戴胜属（乙 895）；啄木鸟属（乙 763），四个种，佛法僧属（乙 279）；鱼狗属（乙 20）；和蜂虎属（乙 616）。

[19] 见 A. Murray 所编《旅行杂志》（丙 84），第一卷，78 页。

[20] 见《鸟类列传》中许多有关的叙述。亦可参看 Eugenio Bettoni 所作关于意大利鸟类的一些有奇趣的观察，载《意大利自然科学会会刊》（丙 29），第十一卷，1869 年，487 页。

[21] 见其所著《美洲热带啄木鸟科（乙 973）专论》（Monograph of the Trogonidæ），第一版。

[22] 这一个种隶翠鸟的一个属（乙 301）。见 Gould，《澳洲鸟类手册》，第一卷，133 页；亦见 130、136 页。

[23] 在澳洲的各个鹦鹉种里，两性间在颜色方面的差别大小是各种程度都有的，可以逐步推排出来。见 Gould，《……手册》，第二卷，14—102 页。

[24] 见 Macgillivray，《不列颠鸟类史》，第二卷，433 页。又见 Jerdon，《印度的鸟类》，第二卷，282 页。

[25] 此处下文的各个事例，系采自 M. Malherbe 的宏伟的《啄木鸟科专论》（Monographie des Picidées），1861 年（法文）。

[26] 见奥杜邦，《鸟类列传》，第二卷，75 页。又见《朱鹭》（丙 66），第一卷，268 页。

[27] 详见 Gould，《澳洲鸟类手册》，第二卷，109－149 页。

[28] 参看我在《家养动植物的变异》，第二卷，第十二章中所说的意义相同的一些话。

[29] 见《朱鹭》，第一卷，1864 年，122 页。

[30] 当雄鸟向雌鸟求爱时，这些装饰品会在张开的两翼上颤动，雄鸟"用它来卖弄风情，效果很大"；见 A. Leith Adams，《林原漫步录》（Field and Forest Rambles），1873 年，153 页。

[31] 关于麻鹛属（乙 94），见 Mr. Blyth 对居维叶《动物界》（法文）的英译本，159 页，的附注。关于普通隼（乙 406），见 Mr. Blyth 文，载《查氏自然史杂志》（丙 44），第一卷，1837 年，304 页。关于伯劳的一个属（乙 346），见《朱鹭》（丙 66），1863 年卷，44 页。关于筐鹭（乙 779），见《朱鹭》，第六卷，366 页。关于念珠鸟（乙 124），见奥杜邦，《鸟类列传》，第一卷，229 页。关于印度产的爪哇鹦哥（乙 706），亦见杰尔登，《印度的鸟类》，第一卷，263 页。关于野生吐绶鸡，见奥杜邦，同上引书，第一卷，15 页；但我从法官卡顿（Judge Caton）那里听说，在美国伊利诺伊州的这种吐绶鸡，雌鸟极难得有此种刚毛撮。和这些例子可以相类比的还有一种鸟（乙 743）的雌鸟，Mr. R. B. Sharpe 曾有所提供，见《动物学会会刊》（丙 122），1872 年卷，496 页。

[32] 关于这方面的例子，Mr. Blyth（居维叶，《动物界》，英译本，58 页，附注）记录了一些，牵涉到的鸟类有鸥（乙 538）、朗鹬（乙 843）、红雀（乙 558）、凫（乙 30）等属。奥杜邦（《鸟类列传》，第五卷，519 页）也记录到有关夏红雀（乙 812）的一个例子。

[33] 见 Gould，《大不列颠的鸟类》（Birds of Great Britain）。

第十六章
鸟类的第二性征（续完）

未成熟时的羽毛与两性成年时羽毛的特性有关——六类例子——关于亲缘近密或有代表性的各个鸟种的雄鸟之间所表现出的性征方面的差别——雌鸟具有雄鸟的一些性状——幼鸟的羽毛与成年鸟冬夏两季羽毛的关系——论世间鸟类的美丽有所增加——保护色——颜色显眼的一些鸟种——禽鸟懂得领会新奇——鸟类四章总述

我们现在必须把受年龄限制的一些特征的遗传和性选择的关系来考察一下了。某些特征在上下世代同一或相应的年龄发展出来的这一遗传法则——简称异代同龄的遗传法则——的真实性和重要性用不着在这里讨论，因为我们在这题目上已经说得够多了。幼鸟和成年鸟在羽毛上的种种差别，就我的知识所及而言，是遵循着若干颇为复杂的法则的，或者说，所有的例子是可以分成几类的，但在列举这些法则或类别之前，我们不妨说几句别的但有关的话，作为预备。

在无论什么种类的动物里，如果成年和幼年之间在颜色上有所不同，而幼年动物的颜色，据我们所能看到的而言，又说不上有任何特殊的用途，那么，一般地说，我们不妨把这些颜色与许多不同的胚胎期中的结构同样看待，而认为是一个早先的特征的保留未变。但要毫不犹豫地维持这一看法，我们还须有一个条件，就是，若干有关而不同物种的幼小动物要彼此很相近似，而同时这些幼小动物又要和同一科属之内的其他一些物种的成年动物互相近似，因为后者，即成年动物，提供着活的证据，说明这一类事态在早先是可能存在过的。幼小的狮子和南美洲狮（puma）身上是有轻微的条纹或一排一排的斑点的，而我们又知道，和它们关系相近的许多物种，无论幼小或成年，都表现着这一类的标志；凡是相信进化论的人，在把这两宗事实联系起来之后，就会毫不怀疑地认为，狮子和南美洲狮的祖先是一种有条纹的动物，而在今天的狮与南美洲狮，只在幼小时还保存着这种条纹的痕迹，正像黑猫所生的小猫那样，小猫有条纹，而成长以后便泯然无迹了。鹿也有这情况，有许多种的鹿，幼小时是有斑点的，而一到成熟，就没有了，而另有少数的几种则进入成年以后还表现着这种斑点。同样地，在整个的猪这一科（乙907），以及和它关系相当远的某些动物，例如貘（tapir）中间，幼兽身上都有黑色的横长条纹；但在猪与貘，情形稍有不同，就是，这条纹的特征显然是来自一个今天已不再有直接子遗的祖先，所以在所有物种里，只有幼兽还保持着它。在所有这些例子里，成年动物，在漫长的年代里，都改变了它们的颜色，而幼兽则维持原状，极少变动，而这种情况之所以造成，是通过了异代同龄的遗传法则的。

这同一法则也适用于属于许多不同群体的鸟类，就中幼鸟彼此都很相像而和它们各自的成年父母却又很不相同。几乎所有的鹑鸡类（乙428）以及某些和鹑鸡类关系比较远的鸟类、例如鸵鸟的幼雏身上，都盖满了由幼毛或绒毛所构成的长横条纹；但这一特征是太古老了，它指向的那种状态简直渺茫得几乎和我们搭不上关系。交喙鸟（乙572）的幼鸟的喙或嘴，起初是和其他雀类的喙一样直的，而未成熟的羽毛标有线纹这一点却像成年的红冠鸟（redpole，小碛鹨之类）和雌的成年金翅雀（siskin），同时也像黄斑碛鹨（goldfinch）、莺（greenfinch）以及其他关系相近的鸟种的幼鸟。许多种的颊白鸟（bunting，隶鹀属，即乙 373），幼鸟彼此都相像，而在其中的一个种，即普通的颊白鸟（乙 374），成年鸟也和幼鸟没有什么不同。在称为鸫（thrush）的这一大类鸟里，几乎所有鸟种的幼鸟，胸口都有些斑点，而这一特征在许多种鸫里是终身保有的，在另一些种里则一到成年便几乎完全消失，例如候鸫或美鸫（乙 977）。也在鸫类里，有许多种鸟的背上的羽毛，在第一次换毛以前，也是有些斑驳或麻点的，换毛后便不然了，但是在东方的某几种的鸫里，背羽是终身斑驳不变的。好多种的䳭或伯劳（乙 538）、若干种的啄木鸟，一种印度鸽，一称金鸠（乙 222），幼鸟胸部和腹部有横条纹，而某几个和它们关系相近的鸟种，乃至整整的几个鸟属的成年鸟，也有这种条纹。在某几种关系很相近密而色彩很美的印度金色杜鹃或鸼鸠（乙 251）里，成年鸟在颜色上各自不同，差别相当明显，而它们的幼鸟却一模一色，无从辨认。印度瘤雁（乙 851）的雏雁，在羽毛上，和关系相近的一个鸟属、树鹄属（乙 341）的成年鸟十分相似。[1]关于某几种苍鹭的同样的一些事实下面还有机会叙述到。黑松鸡（乙 933）的幼雏和另外几种松鸡，例如红松鸡（乙 932），幼雏跟成年鸟都相像。最后，我引布莱斯先生的话来结束这一小段讨论，他周密地注意过这题目，他说，许多鸟种的自然亲缘关系的近密程度，最能在未成熟的羽毛上表现出来。这话说得好，而一切有机体的真正的亲缘关系既然是从一个共同的祖先一脉相承而来，这句话有力地证实了我们这一信念，就是，未成熟或幼鸟的羽毛所表示的，乃是有关物种的早先或祖辈的那个状态。

尽管分属于各个不同的科的许多雏鸟使我们能够窥测到它们远祖的羽毛状态、有如上述，却也还有好多的其他鸟种，无论羽毛暗晦的也好，或艳鲜的也好，幼雏和成年父母是十分相肖的。在这种例子里，不同鸟种的幼鸟之间的相像程度当然不可能高出亲子之间各自相像的程度之上，它们长大之后也不会像是属于关系十分近密的几个鸟种。至于它们祖先的羽毛作何花色，它们也就不能给我们什么窥测的便利了。不过如果在整个群体之内，如一科或一属之内，所有鸟种的幼鸟和成年鸟在羽毛的颜色和花样上表现得大致相同，那么，我们还可以作些窥测，认为它们祖先的羽毛大概也是这样或相差不多的。

现在我们可以考虑各类例子了：幼鸟和成年鸟之间，羽毛有同有异，此种同异有的牵涉到父母两方，即幼鸟和父母鸟都相像，或都不同；有的只牵涉到一方，或同于母而异于父，或与此相反，我们即以此作为划分的依据。最早提出这一类划分准则的是居维叶，但随着我们知识的进展，这些准则已不再完全适用，要求有所改订，有所增广。在问题的极度复杂的情形所能容许的范围之内，根据从许多不同方面所收集来的资料，我就作了这样一番尝试，但我认为，如果哪一位有专长而能胜任愉快的鸟类学家肯在这题目上提供一篇全面性的论文，他还是能满足一个很大的需要的。为了要明确每一条准则所通行的范围究有多大，我把四种大著作中所记载的事例归纳而列成表格，这四种是，麦克吉利弗瑞论大不列颠的鸟类，奥杜邦论北美洲的鸟类，杰尔登论印度的鸟类，和古尔德论澳洲的鸟类。我不妨在这里先说明两点：第一，各类例子或各条准则是循序渐进、逐步过渡的；第二，当我们说幼鸟像它们的父母，这并不意味着它们是和父母完全一模一样，因为虽说相像，它们的颜色几乎总没有父母的那样鲜明生动，一根一根的羽毛也总是比较软些，并在式样上也往往有所不同。

规则，或例子的类别

规则1——如果成年的雄鸟比成年的雌鸟更为美丽或更为显眼，则幼鸟，无论雌雄的初毛，即未经更换以前的羽毛，就和成年雌鸟的很相近似，例如普通家养的鸡，又如孔雀；或偶然也有这种情况，就是，虽不很像母亲，至少像母亲要比像父亲多得多。

规则2——如果成年雌鸟比成年雄鸟见得更为显眼，而这一情况尽管难得，却也还有，则雌雄两性幼鸟的初毛就和成年雄鸟的相似。

规则3——成年雄鸟和成年雌鸟彼此相像，而雌雄两性幼鸟的初毛则自成一格，不同于父母，例如知更鸟（robin）。

规则4——成年雄鸟和成年雌鸟彼此相像，而雌雄两性幼鸟的初毛也就和成年鸟一样，无甚差别，例如翠鸟、某几种鹦鹉、各种乌鸦、各种篱鹨（hedge-warbler）。

规则5——如果雌雄两性成年的鸟，冬夏两季都有两套不同的羽毛，不论两性之间在花色上有无差别，则幼鸟的羽毛一般像两性成年鸟的冬季的那一套；也有像夏季的一套的，但这种情况要少得多；也有单单像成年雌鸟而不像成年雄鸟的。幼鸟的羽毛也可以有一种中间的状态，就是介乎成年雌雄鸟的特征之间；也还可以有另一种情况，就是，幼鸟冬夏两季的羽毛和成年鸟的都有很大不同。

规则6——在若干个很少数的例子里，幼鸟的初毛因性别而异，雄的幼鸟或多或少地像成年雄鸟，而雌的幼鸟则或多或少地像成年雌鸟。

第一类。——在这一类里，雌雄两性的幼鸟或多或少地像成年雌鸟，而成年雌雄鸟之间则彼此互异，而且往往相差很远，极为显著。在鸟类的所有的几个目里，我们可以在这方面举出无其数的例子来，但我们只须想到普通的雉、寻常的鸭、家雀，就已经够了。这一类的例子在同异之间可以有各种大小不同的程度，而如果由大到小，排成一队，在小的一头我们可以看到，在一些例子里，雌雄两性成年鸟之间的差别，和幼鸟与成年鸟之间的差别，都已轻微到这样一个地步，使我不免发生疑问，这些例子究竟应该放在这一类里、还是放进下面要说的第三类或第四类呢。还有一种情况：这一类里的幼鸟，虽说两性之间很是相像，却也还有些轻微的差别，而这又不免和第六类的例子有些混淆不清。但这些过渡性的例子毕竟不多，或至少比起那些严格地应当归入这一类而毫无疑问的例子来，并不那么突出而引人注目。

当前这一条法则的力量，倒是在另一些鸟群里容易得到说明。在那些鸟群里，作为一个通例来说，两性的成年鸟和幼鸟原是彼此全都相像的（参规则 4 和第四类——译者），但如果，也是在那些鸟群里，成年鸟的两性之间确乎有些不同的话，例如某几种的鹦鹉、翠鸟、鸽子等等就真有这种情况，那么，幼鸟无论雌雄，也就会和成年的雌鸟相像。[2] 在某些循常规的例子里，我们也可以看到这一事实，并且看得更为清楚，即如在蜂鸟的一个种，黑耳仙蜂鸟（乙 470），雄鸟和雌鸟有显著的不同，不同在雄鸟脖子上有颈甲似的一圈羽毛而左右耳朵上又各有一撮细软的羽毛，而雌鸟的特色是她有一条比雄鸟长得多的尾巴，而在这样一个情况之下，雌雄两性的幼鸟依然是像它们的母亲（除了胸口的青铜色斑点这一层而外），一切方面都像，包括尾巴特长的一层在内，而雄的幼鸟，一到长成，原有的长尾巴反而真的变短了，这实在是一个极不寻常的情况。[3] 再如，秋沙鸭（goosander，即乙 615），雄鸭的羽毛在颜色上要比雌鸭更为显眼，同时肩胛部分的羽和两翼的一些次列拨风羽也比雌鸭的要长得多。但据所了解的而言，他和别的任何鸟种的雄鸟不同的是，成年雄鸭的冠羽虽比雌鸭的要宽些，却反而要短不少，只长一英寸多一点，而雌鸭的则长两英寸半。如今在秋沙鸭，雌雄两性的幼鸭是完全像它们的母亲的，而因此它们的冠羽，尽管窄些，却比父亲的实在要长些。[4]

如果幼鸟跟成年雌鸟彼此十分相像而都和成年雄鸟有别，则最显而易见的结论是，在进化的过程中只有雄鸟经历过变化。即便在上文所说的不循常规的黑耳仙蜂鸟（乙 470）和秋沙鸭的两个例子里，在进化中所经历的情况可能是这样的：就是成年的雌雄两性蜂鸟的尾羽，和成年的两性秋沙鸭的冠羽都是拉得特别长的；但后来由于某种我们还不能说明的原因，在雄的成年鸟方面部分丢失了这些特征，尾羽或冠羽都变得短些了，而随后又把这些打了折扣的状态单单传给他们的雄的后一代，让它们一到相应的成熟年龄时，也同样地发展出来。我们的这样一个信念，认为，在这第一类里，单就成年雄鸟为一方而成年雌鸟和幼鸟为又一方之间的一些差别而言，经历过变化的只是成年雄鸟一方，是得到了有力的支持的：这种支持来自布莱斯先生所记录下来的一些引人注目的事实，[5] 关涉到进化上关系很相近密而在世界各地又彼此能相互代表的一些鸟种。因为，在这些互有代表性的鸟种里，有好几种的成年雄鸟是经历过一定分量的变化而是彼此可以被辨别出来的，而这几个鸟种的雌鸟和幼鸟，尽管来自世界各个不同的地方，却是分辨不出来、而因此我们可以知道，是绝对没有经历过什么变化的。有这种情况的鸟种，是某几个种的印度的黄连雀（chats，即乙938）、某几个种的吸蜜鸟（honey-suckers，即乙651）、伯劳（shrike，即钩嘴林鵙，乙925）、仙翡翠属（乙919）中某几个种的翠鸟、卡立奇雉（Kalij）（即乙431）和树鹧鸪（tree-partridge，即乙81）。

在若干可以与上述相类比的例子里，即在冬夏羽毛不同而雌雄两性之间却分别不大的一些鸟种里，某几个鸟种，尽管关系近密，根据他们的夏羽或所谓婚羽，是容易分辨出来的，但若根据冬季羽毛或未成熟的幼鸟的羽毛，却还是认不出来。印度产的几个关系近密的鹡鸰属（wagtail，即乙632）的鸟种就是如此。斯温赫先生[6]告诉我，在彼此相互代表不止一个大陆的三个鹭鸶种（同隶于一个属，乙93），在夏季羽毛的装束之下，是"再清楚没有地不相同的"，但到了冬季，便几乎完全分不出来了。这三种鹭鸶的幼鸟的未成熟的羽毛也和成年鸟的冬季装束十分相像，难于辨认。这个例子特别有趣，因为在同隶这一属（乙93）的另外两个种里，雌雄两性的鸟，无论冬夏，都保持着几乎是和前三种鸟的冬季装束同样的打扮，而这一打扮，既然为若干分明是相同的鹭鸶种所共有，而且在不同年龄、不同季节里都可以表现出来，那就无异于向我们说明，当初这一属的共同祖先的羽毛大概是什么颜色的了。在所有这些例子里，我们不妨假定，原先由成年雄鸟在繁育季节里所取得、而随后，通过遗传的转移，又成为两性成年鸟在相应的季节里所同具的所谓婚羽是经历过变化的，而冬季羽毛和未成熟的羽毛则一直维持原状，未尝有所变化。

这样就很自然地引起了一个问题：为什么在后面这些例子里的两性的冬季羽毛、而在前面那些例子里的成年雌鸟的羽毛以及幼鸟的未成熟的羽毛，完全没有受到影响呢？那些互相代表着世界上不同地面的各个鸟种，所处的环境和所经受的生活条件总不免有所不同；但如果变化是由于环境条件的影响的话，我们就说不通，为什么这种影响只引起了雄鸟羽毛的变化，而把雌鸟和幼鸟放过不问。在这里我们看到了，几乎没有任何事实能够比鸟类的两性之间的惊人差别更足以说明：生活条件的直接作用，比起通过选择而日积月累的不可捉摸的一些变异来，是处于何种更为次要的地位了。因为，不言而喻，两性所食用的是同样的食物，所经受的是同样的气候。当然我们也并不排斥这样一个信念，认为在漫长的时间过程里，新的生活条件有可能产生一些直接影响，而影响所及，有的不分性别，有的，由于体质上的差别，则以两性中的一性为主。在这里我们只是看到，和选择所累积起来的结果相比，生活条件的地位居于次要罢了。但我们还可以从一个广泛的类比的角度来作出一些判断：如果一个物种迁移到一个新的地方（而在地方上有代表性的物种得以形成之前，这必然是个先行的条件），新地方有新的生活条件；这物种的成员在经受与适应新条件的过程中，势必要经历到一定分量的波动不定的变异性。在这样一个情况下，一贯要靠一个易变或善变的因素——即雌性动物的爱好和欣赏——来发挥作用的性选择，到此就会有一些新的颜色，或颜色的新的深浅度，或其他新的差别来作为新的用武之地，而把它们逐渐积累起来；而性选择既然是无往而不在活动的事情——又根据我们所知道的人们在家养动物身上所取得的种种不自觉选择的结果，而加以推论——生活在新地方的动物，在和旧地方业经隔绝之后，在新旧之间再也没有机会因交配而发生混合，从而把新取得的特征混合掉的情况之下，如果，经过一段足够长久的时期之后，还是依然故我，不发生一些和迁移以前不同的变化，那才是一件奇怪的事呢。这些话是泛泛地说的，但同样适用于若干鸟种的婚羽或夏羽，无论这羽毛只是雄鸟有，或为雌雄两性所共有。

尽管上述许多关系近密或有代表性的鸟种的雌鸟连同她们的幼鸟几乎是彼此全无差别，难以辨认，而只是雄鸟才分得清楚，然在和它们同隶一属的大多数的其他鸟种中间，不同种的雌鸟还显然是有差别的。不过这些差别毕竟要比雄鸟与雄鸟之间的来得小，差别一般大的例子是绝无仅有的。在整个鹑鸡类（乙 428）里，我们就清楚地看到这一点，例如在普通雉和日本雉（似即山鸡）之间、在银雉（即白鹇）和野生鸡之间，而尤其是在金雉（即锦鸡）和阿姆赫斯特雉（Amherst pheasant）之间，雌雉在颜色上是彼此很相近似的，但彼此的雄雉则大不相同。黄连雀科（乙287）、雀科（乙423）以及其他许多科中的多数鸟种的雌鸟也是如此。说实在话，雌鸟在进化中所经历的变化，作为一个通例来说，要比雄鸟为少，殆无可疑了。但也还有少数鸟种是独特的、是无法解释的例外，有如普通风鸟（乙716）和新几内亚风鸟（乙717）之间，雌鸟的互异的程度就要比雄的为大；[7]新几内亚风鸟的雌鸟，胸腹是纯白的，而普通风鸟的雌鸟在这部分是深棕色的。再如，我从牛顿教授那里听说，在毛里求斯岛（Mauritius）和波旁岛（Bourbon）① 上彼此可以相互代表的两个种的伯劳（shrike，即乙700），[8]雄鸟在颜色上彼此几乎没有分别，而雌鸟则相差很大。在波旁岛上的那种伯劳，雌鸟似乎是局部地保持了幼鸟的未成熟的羽毛状态，因为乍然看去，她"有可能被错认为毛里求斯岛那种伯劳的幼鸟。"这些差别的发生又显然和人工选择不相干了。[9]

我既然如此地借重于性选择来说明关系相近的各个物种的雄性一方的种种差别，试问，对刚说过的这些雌性之间的差别，即便就所有的寻常例子而言，又将如何解释呢？在这里，我们不需要考虑属于不同的几个属的鸟种，因为对于这些，不同的生活习惯以及其他环境的势力一定起过些作用。至于同一个属内的若干鸟种的雌鸟之间的差别，在把各个不同的大的鸟群逐一看过一道之后，依我的见解，我几乎可以肯定，造成这些差别的主要力量和过程还是，首先通过性选择由雄鸟取得了这些有关的特征，然后通过遗传，或多或少地分移到了雌鸟身上。在若干种不列颠产的碛鹨（finch）里，雌雄鸟之间，有的差别很小，有的比较大些，而如果我们把绿碛鹨（greenfinch）、糠碛鹨（chaffinch）、金碛鹨（goldfinch）、鸴（bullfinch）、交喙鸟（crossbill）和麻雀等等的雌鸟彼此比较一下，我们会看到，她们之间的主要不同之点也就是她们和各自本种的雄鸟局部相似之

---

① Mauritius 和 Bourbon 均为印度洋西部岛屿，今马尔加什之东。

点，而各个种的雄鸟的颜色，是可以归因到性选择而不会有多大问题的。就许多鹑鸡类的鸟种说，两性的差别是极大的，例如孔雀、雉、家鸡；而就同类中其他一些鸟种说，则雄鸟有把他的一些特征局部或全部分移给雌鸟和她共享的情况。若干种孔雀雉属（乙790）的雌鸟也表现有雄鸟羽毛上的那些漂亮的单眼纹（ocellus），只是要暗晦得多，并且主要是限于尾部。雌鹧鸪（partridge）所不同于雄鹧鸪的，只在胸口的红记要小一些，而雌的吐绶鸡所不同于雄鸡的地方，亦只在颜色要暗得多。珠鸡（Guinea-fowl）的两性是分不清楚的。这种鸡的朴素而又用珠斑来点缀得很别致的羽毛，追溯来源，看来也未尝不是由于雄鸟首先通过性选择取得了它，然后又把它不分性别地遗传了下来，因为这种珠斑与牧羊神雉（tragopan）身上鲜艳得多的羽毛所表现的斑点根本上没有什么分别，而在后者却只有雄的才有这副羽毛。

我们应该说明，在有一些例子里，特征之从雄鸟身上分移到雌鸟身上这一转变，显然是发生得非常之早，而事后雄鸟又历经种种特征上的巨大变化，此种后来变化而出的特征却完全没有被分移到雌鸟身上。举个例，黑松鸡（black grouse，即乙933）的雌鸟和幼鸟，与红松鸡（乙932）的雌鸟、雄鸟和幼鸟都相像，相像的程度相当高；因此我们不妨推论，认为黑松鸡是从古老的、类似红松鸡那样的雌雄鸟在颜色上几乎是相同的一个鸟种嬗递而来的；而在红松鸡，既然雌雄两性身上的横带纹在蓄育季节里要比任何别的时候表现得更为清楚，而雄鸟在颜色上又既然和雌鸟略有不同，即羽毛的红棕色更为显著，[10] 则我们不妨得出结论，认为雄鸟的羽毛至少在一定程度上是受到过性选择的影响的。果真如此，则我们又不妨进一步推论，认为与此几乎相同的黑松鸡雌鸡的羽毛，也是在某一个早先的时期里这样产生出来的，但自从这时期以来，黑松鸡的雄鸡却取得了美好的黑色羽毛，又加上尾部那几根分叉而向外卷的长羽，而除了雌鸟在尾羽上有一点点分叉和卷曲的痕迹而外，这种新取得的特征几乎是完全没有向雌鸟身上分移。

因此，我们不妨作出结论：关系相近而分得清的各个鸟种的雌鸟，羽毛之所以变得多少各有不同，关键往往在雄鸟的一些特征以不同的程度分移到了她的身上，而在雄鸟，这些特征原是通过性选择取得的，取得的时代有的很早，有的比较晚近。但值得特别注意的一点是，鲜艳或绚丽的颜色，比起其他颜色来，是极其难得这样分移的。例如，项下有一片红色的瑞士蓝胸雀（blue-breast，即乙302），其雄鸟的胸部作浓郁的蓝色，其中包含一个不正的三角形红记；其在雌鸟身上，差不多同一式样的标记倒也是有的，是分移到了的，不同的是中心不是红色，而是暗黄色，周围的羽毛也不是蓝的，而是麻栗的。鹑鸡类也提供许多可以类比的例子，因为其中如鹧鸪、鹌鹑、珠鸡等等，全都没有鲜艳的颜色，而雄鸟羽毛的花色是大都分移给了雌鸟的。雉类在这方面最能发人深省。一方面，一般雉种的雄雉要比雌雉更为明艳得多；但在耳雉（Eared pheasant，即乙295），两性却十分相像，颜色都很呆板。我们甚至可以相信，这两个雉种的雄雉，如果在羽毛色彩上有任何特别鲜艳的部分的话，这部分不会被分移到雌雉身上。这些事实有力的支持了华莱士先生的如下看法，认为就孵卵季节中处境富有危险因素的各种鸟来说，鲜明的色彩从雄鸟分移到雌鸟身上的这一过程是受到了自然选择的限制的。但我们也切不可忘记，上文所已经说到过的另一个解释也是有可能的，那就是，经历过变异而成为鲜艳的雄鸟之中，一些少不更事的个体，固然不免招摇惹祸，从而一般地遭到了毁灭，但另一方面，老成持重些的个体，尽管变异的方向与方式相同，都不但会生存下来，并且会在和其他雄鸟抗衡之中取得胜利。我们知道，在生命的较晚时期中所发生的变异，倾向于只传给同性的下一代，因此，在这里，十分艳丽的颜色在下传之际，是轮不到雌鸟的。与此相反，不那么显著的种种装饰，像耳雉和瓦氏雉所具备的那些，就不会惹祸招殃，而如果出现得早，早在成熟年龄之前，一般就会不分雌雄地遗传下来。

除了由于从雄鸟的特征向雌鸟部分转移所产生的影响而外，关系近密的若干鸟种的雌鸟之间的某一些差别，可以归因到生活条件的直接和具体的作用。[11]就雄鸟而言，这一类的任何作用一般会被通过性选择而取得的鲜艳的颜色所掩盖过去，而看不出来；而在雌鸟则不然。我们在家禽中所看到的羽毛花色上的万千变化当然不是偶然的，每一个变化都有其来历，都是某一个具体原因的结果。而在自然和更为一律的生活条件之下，各种颜色中的某一个颜色，如果在任何方面没有什么妨碍的话，就几乎没有疑问地会被保留下来而迟早成为最通行的颜色。交配当然也有它的影响；属于同一个种的许多个体的自由交配，最后又倾向于使这样引逗出来的颜色的变化在性质上更趋于一律。

谁也不怀疑，在许多鸟种的雌雄两性，颜色的发展是为了适应自我保护的要求；而在有几个鸟种里，有可能只有雌鸟才为了这样一个目的而经历过一些变化。我们在前一章里指出过，要通过选择把一种遗传方式转变为另一种遗传方式是个困难的过程，甚至是做不到的事。这是对的，但现下不是这样一个问题；现下的问题是，雌鸟单方面的，而与雄鸟的颜色不相为谋地要通过一些变异的不断积累，而使她自己的颜色对环境条件作出适应，这倒是轻而易举的事，因为这种变异的遗传，一开始就是只限于她这一性的一边的。如果许多变异不是这样地受到限制，那雄鸟方面的鲜明的颜色就有退化而被破坏的危险。但这是一番推理的话，许多鸟种的雌鸟，光是雌鸟，是不是真正这样特殊地经历过一些变化，以目前的知识而言，还是个很大的疑问。我但愿能追随华莱士先生的意见到底，因为接受了他的意见，有些疑难问题可以获得解决。这样，任何一些变异，只要对雌鸟不起什么保护的作用，就会立刻被磨灭掉，而不是由于得不到选择而单纯地丢失，也不必等到在自由交配中因混合才被消除，也不烦通过遗传而分移到了雄鸟身上、而由他发现其为有害无利之后，才终于被抛弃。也只有这样，雌鸟的羽毛才能在性状上维持一个不变的常态。我们也但愿承认，许多鸟种里雌雄两性所同具的黯晦的颜色，是为了自我保护的目的才取得和保存下来的，因为这样承认也可以解除一些困惑，或者松一口气——例如，在篱莺（hedge-warbler，即乙6）或普通欧鹪鹩（kitty-wren，即乙972），雌雄两性的颜色都是暗晦的，至于这种颜色是不是由于性选择的直接作用，我们还没有足够的证据。不过我们在作出所谓呆板或暗晦的结论时应该小心。因为在我们看去是呆板的花色，安知在某些鸟种

620

的雌鸟看来没有其可爱之处呢？我们应该记住诸如家雀一类的例子，就中雄鸟和雌鸟颇有不同，但雄鸟并不表现任何鲜艳的颜色。大概谁也不会出头争论，说许多习惯于在露天地面上生活的鹑鸡类之所以有今天的各种颜色，至少是部分为了保护自己。它们在这种颜色之下究竟得到了多少保护，我们是知道的。例如，我们知道，雷鸟（ptarmigan），当它们把冬季羽毛换成夏季羽毛的时候，总不免受鹰隼一类鸷鸟的袭击，大受茶毒。而这两季羽毛说来都是有保护作用的。难道我们相信，颜色上或斑纹上的一些微不足道的差别，诸如发生在黑松鸡和红松鸡的雌鸟之间的那些，真正起什么保护作用么？鹧鸪一类的鸟，就它们现有的颜色来说，是不是比备有另一种颜色的羽毛的鹌鹑类，真正多得到了些保护呢？如果它们和鹌鹑相像，是不是就少得些保护了呢？普通雉、日本雉和金雉的雌雉之间的一些微小差别，是不是也有保护作用，她们的羽毛是不是可以彼此互换而谁也不至于吃亏呢？华莱士先生根据他对东方某些鹑鸡类鸟种的生活习性所作的观察，认为这一类细微的差别是有好处的。依我的愚见，我只能说我还没有能被说服。

以前有一个时候，我也曾倾向于强调这种保护的作用，认为它足以解释雌鸟的颜色为什么大都这么呆板。当时我的想法是，在最初的时候，两性的成年鸟以及幼鸟可能都同样地有过鲜明的颜色，而后来，雌鸟则由于孵卵时期所难以避免的危险，幼鸟则因少不更事而容易招来殃祸，为了掩护和防患未然，颜色才变得呆板起来。但现在我知道，这一想法是得不到任何证据的支持的，因此是不近实情的；我们只是在想象里以为，从前的雌鸟和幼鸟的处境是如何如何的危险，因而有如何如何的必要来设法庇护她们的后代，而不经变化，是无法庇护的。接着我们又不得不设想，雌鸟和幼鸟的所被假定的颜色，又如何逐渐通过自然选择的过程而递减或简化到几乎是彼此恰恰相同的颜色和标记，并且把它们传给同一性别的后一代、而在相应的生命时期中发展出来。我们假想，雌鸟和幼鸟，对取得和雄鸟一样鲜明的颜色的这一趋势所经历的全部变化过程的每一个阶段，都参加了进去；在这一假想之下，有一桩事实也就见得有些奇怪，无法解释，就是，雌鸟的颜色变得呆板了，而幼鸟竟然也跟着变，同样地参加了这一改变的过程。雌鸟呆板、而幼鸟不呆板的鸟种，据我所能发现，是一个例子也没有的。只有某几种啄木鸟的幼鸟提供了一个局部的例外，它们"头部的上半是全部作红色的"，但一到成年，有的则无论雌雄，都缩减为光是一圈红线，有的，则在雌鸟头上，几乎完全消失不见了。[12]

最后，就我们现下的第一类例子来说，最近实情的看法似乎是，雄鸟在相当晚的生命时期里在身上所出现的关乎鲜明的颜色或其他装饰性的特征方面的一些连续变异，而且仅仅是这些变异，是保持了下来的；而所有这些变异，或其中的多数，由于在年龄上出现得较晚，一开始就只传给成年的雄鸟，既传给他们之后，也要到成年才发展出来。在雌鸟或幼鸟身上出现的任何关乎鲜艳颜色的变异，对它们来说，是没有什么用处的，因此也就没有被选取下来；不仅如此，如果能造成危害的话，还会被淘汰掉。这样，雌鸟和幼鸟要么一直没有经历什么变化，要么（而这是两者之中更为寻常得多的）通过分移的遗传途从雄鸟那里取得他的某一些连续的变异，从而局部地经历了一些变化。雌雄两性的鸟，在所处的环境里生活既久，都有可能接受过生活条件的一些直接作用的影响，但在雌鸟，由于她从别的方面所经受到的变化要少些，就最能把这方面的任何影响表露出来。这方面所引起的改变以及其他一切的改变，又通过许多个体之间的自由交配而得以长期维持其划一性。在有些例子里，尤其是一些专在地面讨生活的鸟种，雌鸟和幼鸟，为了自我保护的目的，有可能经受过和雄鸟一方全不相涉的一些变化，因此才取得了同样呆板的羽毛颜色。

第二类，如果成年雌鸟比成年雄鸟见得更为显眼，则雌雄两性幼鸟的初毛和成年雄鸟的相似。——这一类恰恰和上一类相反，因为在这里，雌鸟的颜色要比雄鸟更为鲜美或更为明显；而幼鸟，据我们的知识所及，不像成年的雌鸟，而像成年的雄鸟。但在这一类里，两性成年鸟之间的差别，比起第一类里的许多鸟种来，在程度上要小得多，大于第一类或和第一类勉强可以相比的程度是没有的，这第二类的例子实际上也比较少见。

华莱士先生是唤起我们对如下的一桩事实的注意的第一个人，就是，雄鸟颜色的比较呆板，和在孵卵期间雄鸟要执行一些任务这两事之间存在着一些联系，而这种联系是独特的。他极为看重这一层联系，[13]认为暗晦的颜色之所以取得是为了孵育幼鸟期间的自我保护，如有此联系，他这看法就经受了考验，可以十足地肯定下来。但我认为另一个看法似乎更接近于事实。这种例子既然奇特，而又不多，我准备把我所能发现的全部材料简短地介绍出来。

在鹑类的一个属，三斑鹑属（乙 981），和鹌鹑相似的一些鸟，有几个种的雌鸟是全无例外地比雄鸟为大。在澳洲的各个种里，有一个种雌鸟要比雄鸟几乎大一倍，这在鹑鸡类里是个很不寻常的情况。在这一个属的大多数鸟种里，雌鸟在颜色上也比雄鸟更为鲜明爽朗，[14]但在其他少数几个鸟种里，两性的颜色是相似的。就印度产的南鹑，即印度三趾鹑（乙 982）这一个种来说，雄鸟"在喉部和颈上缺乏雌鸟所有的那块黑的颜色，全身羽毛的色调，比起雌鸟来，也要淡些而不那么突出。"雌鸟的鸣声也见得粗大些，而好勇斗狠，无疑是远在雄鸟之上，因此当地人畜养而用来像斗鸡一般相斗赌胜的往往不是雄鸟，而是雌鸟。像英国捕鸟的人把雄鸟露放在外，作为媒鸟，来诱致和激发野外好斗的雄鸟，从而逮住他们那样，在印度捕捉南鹑，就用雌鸟当媒鸟了。雌的南鹑这样地被露放在外面之后不久，就'呜呜'的叫唤起来，叫得很响，很远都可以听到，在呜呜声所到达的距离以内的雌鸟很快地就会飞拢来，而开始和笼中的雌鸟相斗。"这样，一天之内，捕鸟的人可以捕到十二只到二十只，全都是准备蓄育的雌鸟。当地的人说，雌鸟下了蛋以后就和其他雌鸟合起群来活动，把蛋留给雄鸟来抱。我们没有理由来怀疑这一番话，而这话也得到了斯温赫先生在中国所作的观察的支持。[15]布莱斯先生相信，这种鸟的幼鸟，不分性别，都和雄的成年鸟相像。

玉鹬或彩鹬属（pointed snipe，即乙 836，图 62）的三个种的雌鸟比雄鸟不但要大些，并且颜色要浓厚得多。[16]在所有其他鸟类，如果两性之间在气管的结构上有所不同，总是雄鸟的比较发达，比较复杂。但是在彩

图 62　南非玉鹬，乙 839（采自布雷姆）

鹬的一个种澳洲玉鹬（乙 837），雄鸟的气管是单纯的，而在雌鸟，则气管
在进入肺脏以前要清清楚楚地打上四个转。[17] 由此可知，这一个鸟种的雌
鸟事实上取得了一个显然是属于雄鸟的特征。布莱斯先生检查过这属鸟的
好多个种，确认在孟加拉玉鹬（乙 838），雌雄两性的气管都是不打转的；
孟加拉玉鹬在外形上是和澳洲玉鹬极为相像的，要不是因为脚趾短一些，
就根本和后者分不出来。这一事实提供了又一个突出的例证，说明即使在
关系十分近密的动物形态之间，第二性征的殊异往往会达到多么大的程
度，尽管，在这里，这种殊异所关涉到的是些雌性动物，这一层倒是件希
罕的事。孟加拉玉鹬的幼鸟，无论雌雄，就它们未换羽毛以前的初毛而
言，据说是和成年的雄鸟相像的。[18] 也有理由可以相信，孟加拉玉鹬的雄
鸟负担起抱卵的责任，因为斯温赫先生[19]发现雌鸟在夏季结束以前进行着

成群结队的生活，和三斑鹑雌鸟中间所发生的情况是一样的。

鳍鹬（乙746）和红领鹬（乙747）的雌鸟比雄鸟大，而就夏季羽毛说也"装束得比较华美"。但两性在颜色上虽有差别，相差的程度却很不显著。据斯廷斯特拉普教授说，在鳍鹬，抱卵的任务是完全由雄鸟负责的，这一点从他们蓄育季节里胸部羽毛的特殊状态上也可以看出来。小味鸻（dotterel plover，即乙396）的雌鸟也比雄鸟大些，腹部的红色和黑色、胸部月牙形的白色标记、眉头的条纹等也比雄鸟的更为醒目。抱卵的任务，雄鸟至少要担当一部分；但雌鸟也参与对幼鸟的保育。[20]我没有能发现，在这些鸟种里，幼鸟是不是像成年雄鸟比像成年雌鸟更要多些，由于幼鸟要换毛两次，在这方面要作出比较是有些困难的。

如今我们转到鸵鸟这一目：任何人会把普通的食火鸡（cassowary，即乙178）的雄鸟错认为雌鸟，因为他身材小些，而身上的一些悬附的点缀品以及头部没有羽毛而光秃的部分，在颜色上远不及雌鸟的鲜艳；而巴特利特先生对我说，在动物园里所畜的普通的食火鸡，抱卵和保育幼鸟的任务肯定地是归雄鸟担负的，雌鸟完全不同。[21]又据伍德先生说，[22]在繁育季节里，雌鸟表现极度好斗的性情，同时她项下的垂肉充血扩大，颜色也变得更为浓艳。鸸鹋（emu）中的一个种，斑鸸鹋（乙355）的雌鸟也有这种情况，她比雄鸟要大得多，头顶上比雄鸟多一小撮球状的羽毛，但此外在花色上是和雄鸟不分的。但当她发怒或因其他原因而激动，至于像吐绶鸡的公鸡那样把脖子上和胸口的羽毛直竖起来的时候，"她见得比雄鸟更为强劲有力。她通常也比雄鸟更为勇敢，更善搏击。老拳一击，作中空而像出自一只大喉咙的轰隆声，又有几分像敲打小铜锣的震荡声，特别是在万籁俱寂的夜间，更其响亮。雄鸟身躯的机架比较细弱，性情也比较柔顺，在发怒的时候，也只能作半吞半吐的吁吁声，或咯咯声。"他不但负担抱卵的全部责任，并且还须保护幼鸟，使免于母亲的袭击，"因为母鸟只要一瞧见她的子女，就立刻会暴跳如雷，不管父鸟如何多方抵御防护，总像不遗余力地要把它们扑杀才甘心似的。抱卵后总要有好几个月，父母鸟不能耽在一起，在一起就一定要恶斗一场，而斗一场，雌鸟大概总要赢一场。"[23] 由此可见，就这一种的鸸鹋说，不但父母的天性、即父性或母性本能，包括抱卵的本能，完全对调，连两性寻常各自具备的一些精神品质（moral quality）也彼此互换，恰恰相反，雌性一方变得野蛮、好争吵、叫嚷得多，而雄性则是温良恭让的一方。但非洲鸵鸟的情况与此很不相同，雄鸟要比雌鸟大一些，羽毛也光亮些，不同颜色的对照也更为分明些，不过抱卵的全部责任还是由雄鸟负担起来的。[24]

我还要就我所知道的少数几个别的例子具体地叙述一下，就中雌鸟在颜色上比雄鸟要更为鲜明，但对于抱卵的责任究归何方，则全无资料。就福克兰（Falkland）诸鸟专食腐肉的白尾鹰（carrion-hawk，即乙 620）来说，我曾经解剖过不止一只这种鸷鸟，出我意料的发现是，一身羽毛的各种颜色都比较鲜明、而喙上的蜡膜和两腿都作橙黄色的几只鸟，竟然不是成年的雄鸟，而是成年的雌鸟；而羽色呆板、两腿作灰色的几只则全是雄鸟或幼鸟。在澳洲产的旋木雀（tree-creeper），红眉短嘴旋木雀（乙 262），雌鸟所不同于雄鸟的是"在喉部打扮得有一片辐射形的红棕色羽毛，而雄鸟在这一部分是很没有什么花色的。"最后，在澳洲产的一种欧夜鹰（night-jar），"雌鸟在身材上和颜色的鲜美上，总要超过雄鸟，没有例外，但也有一点不如雄鸟——雄鸟两翼的初列拨风羽上的两个白点比雌鸟要来得鲜明。"[25]

我们在上文看到了这一类的例子——即雌鸟在颜色上比雄鸟更为显眼、幼鸟未成熟的羽毛肖父而不肖母，恰好和前一类相反的例子——尽管在各个鸟目里都分布得有一些，在数量上终是不太多的。论两性之间所存在的差别的分量，则此一类也要小得多，几乎小得不能相比，至少和前一类中大量的例子相比是如此；因此可知所以造成这种差别的原因，姑不论这原因究竟是什么，在这一类中的雌鸟身上所起的作用，比起在前一类中在雄鸟身上所起的作用来，不是劲头使得差些，便是韧劲儿有所不足。华莱士先生认为，雄鸟在色彩上之所以比较平淡，是由于他在抱卵期间需要掩护。但两性的差别，在上述各例之中，几乎没有一例是大到了一个程度，足以使我们心安理得地接受他这一看法。在有几个例子里，雌鸟的比较鲜明的色彩几乎全都限于腹部，而如果雄鸟在这部分也有同样鲜明的颜色，他在抱卵的时候，岂不是正好可以把这部分盖藏起来而决不致惹祸招殃么？还有一点我们也应该记住，雄鸟不但在颜色的鲜明上比雌鸟要略微差些，在身材体力上也要小些、弱些。不仅如此，他们又取得了抱卵的母性本能，比起雌鸟来，又不那么好斗，鸣声也不那么多而响亮，而在有一个例子里，全部发音器官都要简单一些。总之，在这里已经形成了一个两性之间，在本能、习性、情趣、色彩、身材以及在某些结构方面几乎是全部颠倒的格局。

怎样加以解释呢？我们不妨假设，这第二类中的雄鸟已经丢失了雄性动物通常所具备的那种热情，使得他们不再有多方追求雌鸟的一股切切于心的愿望。或者，我们又不妨假定，在某一个时期里，雌鸟在数量上变得特别多了起来，大大超过了雄鸟的数量——而这是有事实根据的：在印度产的一个种的鹬或三斑鹑（乙 981），人们碰到雌鸟的机会"要比碰到雄鸟的寻常得多。"[26] 如果这些假设可以成立，那就有可能导致这样一个情况，就是，两性之间的追求，不再发自雄性，而发自雌性动物了。就一般鸟类而论，有几种鸟，在某种程度上，事实上已经有这种情况；我们已经看到过，孔雀、吐绶鸡、若干种的松鸡，就有些这样。根据鸟类中绝大多数雄鸟的习性，作为引导而加以推论，三斑鹑和鸻鹬的雌鸟之所以有较大的身材，较强的体力，以及很不寻常的好斗性，只能有一个意义，就是，为了争取雄鸟，可以用来把众多的对手，即其他的雌鸟，打败，轰走。而根据这样一个看法，一切事实就都变得清楚了，因为，在这里，需要被诱引或激发的是雄鸟，而最能诱引或激发他们的大概是通过她们的色彩、其他装饰手段、以及高大的鸣声而被认为最美的一些雌鸟了。性选择就在这基础上进行工作，点滴而稳步地把雌鸟的美继长增高起来，同时，雄鸟和幼鸟就被搁过一边，变化得很少，或完全不发生什么变化。

第三类，成年雄鸟和成年雌鸟彼此相像，而雌雄两性幼鸟的初毛则自成一格，不同于父母。——在这一类里，雌、雄鸟一到成年就彼此相像，

627

而和幼鸟则不一样。有这种情况的各种鸟为数不少。雄的知更鸟（robin）和雌的很难分辨，但幼鸟则很不相同，有暗晦的橄榄色与棕色相间的一套幼毛，看去是有些麻栗的。漂亮的绯红色的朱鹭（乙 508）即红鹤，雌鸟和雄鸟是相似的，而幼鸟则作棕色；而成年鸟的绯红色，尽管为两性所共有，也还显然是一个性的特征，因为在作为笼鸟而被拘禁的情况下，两性都发展得不太好，其在雄鸟，鲜红的颜色往往会部分消退。在许多种的鹭（heron），幼鸟和成年鸟之间差别很大；而成年鸟的夏季羽毛，尽管不限于一性，也分明有着婚羽的性质。天鹅（swan，即乙 307）的幼鸟是石板石似的青灰色的，而成熟的天鹅是纯白的。其他的例子没有再举的必要了。幼鸟和成年鸟之间之所以会有这些差别显然是由于，像上面所举两类例子中那样，幼鸟一直保持着早先的，即古老的羽毛状态未变，而两性的成年鸟则取得了一套新的羽毛。如果成年鸟有鲜美的颜色，我们不妨根据刚才说过的关于红鹤和许多种鹭的一段话，也可以取来和第一类里许多鸟种的情况类比一下，而作出结论，认为：这种色彩是首先由将近成熟年龄的雄鸟通过性选择而取得的；而和前两类的情况有所不同的是，在向下代遗传的时候，尽管年龄相应，即在同一年龄发展出来，接受这种遗传的却不限于雄鸟一方，而是兼顾了雌雄两方的。因此，两性一到成熟就表现为彼此相同而和幼鸟则相异了。

第四类，成年雄鸟和成年雌鸟彼此相像，而雌雄两性幼鸟的初毛也就和成年鸟一样。——在这一类里，幼鸟、成年鸟，雌鸟、雄鸟，颜色无论鲜美也罢，暗晦也罢，全都彼此相像。这一类的例子，依我估计，比上面第三类的例子要更为普遍一些。在英国，我们有的例子是翠鸟，又有几种啄木鸟、樫鸟（jay）、鹊、鸦以及许多躯干小而颜色呆板的鸟种有如篱鹪（hedge-warbler）或小欧鹪（Kitty-wren）。不过幼鸟与成年鸟之间在羽毛上相像的程度是从没有完全的，总是从相像逐步朝着不像的方向过渡。例如翠鸟一科中某些成员的幼鸟，不但颜色不如成年鸟那样明艳，而且具有许多根在底面镶有一条棕色边缘的羽毛[27]——而这一点大概是从前旧有的羽毛状态的遗迹。往往在同一科的鸟种里，甚至同一属的鸟种里，例如澳洲的玫瑰鹦鹉属（parrokeets，即乙 781），有几个种的幼鸟是酷似成年鸟的，而在另几个种里，则和父母鸟有着相当大的差别，而父母鸟自己之间则是相像的。[28] 在普通的樫鸟，两性的成年鸟和幼鸟是酷似的。但在加拿大樫鸟（乙 730），幼鸟和父母鸟差得很远，前人不察，竟有把它们作为两个不同的种而分别叙述的。[29]

　　在我接着往下讨论之前，不妨在此说明一句，在这一类和下面两类的例子里，所胪列的事实是如此复杂，而所提出的结论又是如此难于肯定，如果任何读者对这题目不感到特别的兴趣，宁可跳过不读也罢。

　　在这一类里，作为许多鸟种的特点的美丽或鲜明的各种颜色，很难以对它们有什么保护的作用，甚至是全无此种作用。因此，这些颜色大概还是由雄鸟首先通过性选择取得，然后分移给雌鸟和幼鸟的。但也有可能，雌鸟首先取得这些颜色，然后通过雄鸟对更为美好的雌鸟的挑选，从而从下一代起，传给了所有的子女，不分雌雄；这种结果是和雌鸟向更为美好的雄鸟进行挑选而取得的结果一样的，不过这一可能，作为一个设想，是可以的，若作为或然的事实，则就雌雄鸟大致相似的各个鸟群来说，例证是极难得、乃至找不到的；因为，这里有这样一个道理：在遗传之际，即使只有极少数的几个连续的变异漏掉了，没有能传给下一代的两性，则雌鸟的颜色之美将不免略微地胜过雄鸟。而在自然状态中所发生的实际情况恰恰与此相反。实际的情况是，在几乎所有的雌雄鸟大致相似的各大鸟群里，各有少数几个鸟种，就中在羽毛颜色的鲜美上稍胜一筹的总不是雌鸟，而是雄鸟。当然还可以提出另一个设想，就是，一开始雌雄鸟各自有其不同的美好程度，雌鸟选取更为美好的雄鸟，而雄鸟则选取更为美好的雌鸟。但这样一个双重而交互的选择是不是真有可能发生过，是可以怀疑的，因为两性对求偶的心情是不一样的，总是只有一性特为迫切；这种选择是不是比单方面的选择更富有效率，也是一个问题。因此，最近乎实情的看法是，在现下这一类例子里，只就有关装饰的一些特征而言，最近情的看法是，性选择是按照整个动物界一般的准则行事的，那就是说，它的作用是起在雄鸟一方的身上的，而他们又把逐步取得了的一些颜色，相等地或几乎是相等地传给了雌雄两性的后一代。

　　另有更为可疑的一点是，在雄鸟一方首先出现的连续变异，就年龄论，究竟出现在将近成熟的时候呢，还是幼小的时候呢。无论如何，性选择一定要到他不得不为争取雌鸟而和其他雄鸟角逐的时候才能在他身上发生作用，也无论如何，这样取到手的一些特征后来总是不分性别、不分年龄地传了下去。但这些特征，如果雄鸟在取得它们的时候已往壮年，则起初往下传的对象也许只是成年的下一代，即后者要到同样的壮年时才发展出来，又到了后来某一个时期才分移到幼鸟，即在幼年便能发展出来。因为我们知道，异代同龄的遗传法则如果失效，则子女遗传到而把特征发展出来的年龄就要提早，早于当初它们在父母身上出现的年龄。[30] 在自然状态中，显然是属于这一性质的例子，曾经有人在鸟类中观察到过。举例来说，布莱斯先生看到过伯劳类中赤褐鹃（乙 539）和潜水鸟的一个种绯色阿比（乙 272）的活标本，明明是幼鸟，却很违背常理地早已披戴上成年鸟的羽毛，和它们的父母一样。[31] 普通天鹅（乙 307）的幼鹅，寻常要长到十八个月以至两年，才脱去灰暗的初毛而换上一身白羽，但福勒尔博士曾经描写到过一窝很健壮的小天鹅，四只之中有三只一孵出来就是纯白的。这三只幼鹅决不是先天缺乏色素的天老（albino），因为它们的喙和腿都是有颜色的，和成年的天鹅差不许多。[32]

我们也许值得用燕雀一属（乙 722）的奇特的情况[33] 把现下这一类各个鸟种的父母子女的所以会变得彼此相像的方式——上面举了三个可能的方式——举例说明一下。在家雀（house-sparrow，即乙 724），雄雀是和雌雀、幼雀很不相同的。幼雀和雌雀则彼此相似，而在很大一个程度上和巴勒斯坦的短趾雀（乙 723）的雌、雄雀和幼雀相像，和另外几个关系相近的雀种也是一样。因此，我们不妨假定，家雀的雌雀和幼雀大致不差地表现了这一属的远祖的羽毛状态。说到树雀或琉雀（乙 725），这种雀的雌、雄雀和幼雀都很像家雀的雄雀，因此可知它们全都发生过同样的变化，而离开了它们远祖的典型的羽色。变化大概是从琉雀的某一代雄的祖鸟开始的，他是发生变异的第一只鸟，而变异发生的迟早则有几个可能：第一，是将近成熟的年龄；第二，是在很幼小的年龄，而无论是哪一个年龄，总是通过遗传把他的变化了的羽色递给了雌鸟和幼鸟；第三个可能是，变异发生在成熟的年龄之内，而通过遗传，把变化了的羽色递给了下一代的雌雄鸟，让它们在同样年龄中表现出来，但后来在某一个时期里，这条异代同龄的遗传法则失了效，于是就提早地在幼鸟身上发展了出来。

在现下这一类的全部例子里，要就这三个可能的方式之中判定究竟哪一个最为通行，是不可能的。不过第二个可能，即变异发生在雄鸟的幼年，然后传了他们的子女，这一方式还是比较最近情的。我不妨在此说明，为了想判定，在鸟类中，上一代发生变异的年龄或生命阶段，对特征向下一代遗传时所牵涉到的性别，即只限于一性，抑或兼及两性，一般究竟能起多大的决定性的影响这一问题，我曾经参考了许多文献，但收获极为有限。时常被引到的两条规则（即，在个体生命中发生得晚些的变异只能传给同一性别的下一代，而早期的变异则下一代的两性都能传到）对第一[34]、第二、和这第四类的例子显然是都有效的；但对第三类则无效，对下面的第五类[35]和较小的第六类，也往往是用不上的。但据我所能判断，这两条准则所适用的范围还是很广，包括所有鸟种的一个可观的大多数，而我们也决不能忘记马歇尔博士关于若干鸟种的头部所表现的一些隆起或赘疣所作出的动人视听的囊括性的论断。无论这两条规则是不是一般有效，我们根据上文第八章里所铺陈的事实，应可得出结论，认为变异在生命期中的迟早是决定遗传方式的一个重要因素。

就鸟类而言，一个困难的问题是，变异的出现，究竟用什么标准来作出迟早的判断，究竟怎样算迟，怎样算早，这标准该是用寿命作比照的年龄呢，还是生殖能力的有无呢，还是一个鸟种所经历的换羽的次数呢？鸟类的换羽，即便在同一个属之内，有时候可以有说不上任何理由的很大的差别。有几种鸟换羽换得如此的早，甚至在第一次的翼羽充分长好之前，全身的初毛便已经几乎完全卸下了。我们很难相信这是原先本来有的一种事物状态。在换羽的时期这样的加速而提前的情况之下，成年羽毛的颜色初次发展出来的年龄在我们看来也像是提早了，而实际却不然。我们可以用某些专门饲鸟的人的一些习惯做法来说明这一点：他们为了要确定幼鸟的性别，如在牛磺鹀（bullfinch），则在胸口拔去几根毛，又如在金雉或锦鸡（gold-pheasant），则在头部或颈部拔掉几根。原来，如果这些幼鸟是雄的，拔去的毛很快就会被有颜色的羽毛所补上。[36]关于鸟类的寿命，我们所知的只有很少的几个种，因此很难用来作为判断的标准。而说到取得生殖能力的年龄，则问题也很大；一件奇特的事实是，很多不同的鸟种有时候在还保持着未成熟的羽毛或乳毛尚未脱换的时候，便已开始蓄育下一代了。[37]

乳毛未脱便已生子这一事实，似乎和我们再三阐明的一个信念大有抵触；我们相信，至少我相信，在授予雄鸟以富有装饰性的色彩、羽毛等等的过程中，性选择曾经起过重大的作用，而在许多鸟种里，又通过均等遗传的道理，而分移到了雌鸟的身上。现在，人们就可以用这一事实来对这个信念提出驳论。如果年纪较轻而打扮得较差的小雄鸟，在赢得雌鸟和繁殖后代的竞争中居然能和更老成、更美丽的雄鸟取得同等的成功，那我承认这驳论是有效的。但我没有理由来设想实际的情况是这样的。奥杜邦

631

说到在朱鹭或红鹤的一个种，彩鹳（乙 509），未成熟的雄鹳也有能生殖的情况，但认为此种例子是极为难得的；斯温赫先生说到金莺一属（乙 678）的幼雄鸟，[38] 情况也是如此。如果任何鸟种的雄鸟，在羽毛尚未成熟的情况下，真的比成年鸟更能赢得配偶，那么，成年时期的那一套羽毛很快就会消失，因为，越是能保持未成熟的那一套羽而历久不换的雄鸟将越来越占上风，而有关鸟种在这方面的特征就会这样地经历一番变化。[39] 但反过来，如果年轻的雄鸟争取不到雌鸟，则提前生殖的这一习性大概迟早会受到淘汰，因为它终究是多余的，并且又牵涉到精力的无谓的消耗。

某些鸟种的羽毛，在充分成熟之后的好几年里，在美丽的程度上是不断有所增进的；孔雀的长尾、某几个种的风鸟（birds of paradise）的羽色，某几个种的鹭（heron），例如卢氏鹭（乙 90）的冠羽等，[40] 都是如此。不过这种羽毛之美的所以继续发展，究竟是由于连续而有利的一些变异得到了选择（尽管就风鸟来说，这是最近情的看法），还是由于单纯的生长，仍是一个没有定论的问题。鱼类中多数的鱼种，只要健康无碍而食物有余，是可以长得越来越大的，也许性质有些近似的一条法则也在鸟类的翎羽上起着作用，正未可知。

第五类，如果雌雄成年鸟都有冬夏不同的羽毛，不论两性之间在花色上有无差别，则幼鸟的羽毛一般像父母鸟的冬羽；也有像夏羽的，但例子极少；也有单单像母鸟一方的。幼鸟的羽毛也可以是一种中间状态，即介乎父母鸟的特征之间；也还可以有另一种情况，即冬夏的羽毛都和父母鸟的很不相同。——这一类中的例子是特别错综复杂的，这不奇怪，因为它们所凭借的遗传受到多方面的不同程度的限制，即性别的限制、年龄的限制、一年之中的季节的限制等。在有些例子里，属于同一个鸟种的成员至少要经历过五个不同的羽毛状态。在有些鸟种，雌雄成年鸟羽毛的有所分异只限于夏天一季，或者，更为难得的，冬夏两季都有所不同，[41] 则幼鸟一般总是像母鸟的，例如北美洲被称为金碛鹬（gold-finch）的一种鸟，就是这样；澳洲的羽毛灿烂的称为"麻路里"（Maluri）的一种鸟[42] 看来也是如此。在另一些鸟种，就中父母鸟的羽毛，论季节虽有不同，两性间却无分异，则幼鸟与成年鸟之间或同或异的情况有如下几种可能：第一，像成年鸟的冬装；第二，而这是远为少见的，像成年鸟的夏服；第三，处于中间状态，即介乎上述两种情况之间的状态；第四，和成年鸟任何季节的装束都大不一样。印度的一种白鹭（egret，即乙 151）就是四种情况中第一种的一个实例：白鹭的幼鸟和父母鸟在冬季是一色全白的，但成年鸟一到夏季就变作浅的金黄色。印度的张口鹳（gaper，即懒钳嘴鸭，乙 36）也有类似的情况，不过在颜色上和白鹭有些相反，即幼鸟和父母鸟在冬天全是灰黑的，而父母鸟一到夏季就转为白的了。[43]作为第二种情况的一个例子，我们举有剃刀形喙的一种海雀（英语即称"剃刀嘴"，razor-bill，林奈分类名见乙 19），这种鸟的幼鸟的早期羽毛是和成年鸟的夏季羽毛同一颜色的；再一例是北美洲的白顶雀或北美白冠燕雀（乙 420），这种鸟的幼鸟，一到长翼羽的时候，头部就同时会长出若干漂亮的白条纹，但一到冬天，无论老少，这些白条纹都没了。[44]至于第三种情况，即，幼鸟羽毛的特性介乎成年鸟冬夏两季羽毛之间的那一种情况，雅利尔坚决地认为，在能涉水的各个鸟种里是可以碰上不少例子的。[45]最后，幼鸟自成一格，和父母的冬夏羽毛都很不相同的情况，则见于北美洲和印度的某几种鹭和白鹭——只有幼鸟是白的。

我准备就这些复杂的例子只简短地说几句。如果幼鸟跟着夏装的母鸟相像，或跟着冬装的父、母鸟相像，这样的例子所不同于第一和第三类例子的只在于，原先由雄鸟在蕃育季节里所取得的一些特征，在向下一代遗传而表现出来的时候，只以同一的季节为限，这还是容易解释的。但若成年鸟的冬夏羽毛分明有不同的两套，而幼鸟又自有一套，和成年鸟的冬夏两套羽毛都不相同，这种情况就更难理解了。我们可以认为，幼鸟的羽毛有可能是一个古老的状态，一直保留了下来。我们也可以用性选择的道理来说明成年鸟的夏羽或婚羽的由来。但对成年鸟的分明是另成一套的冬季羽毛的由来，我们又能作些什么说明呢？如果我们可以承认这种冬装在所有的例子里起着保护的作用，则其所由来或所以取得的问题就简单了；可惜的是我们似乎没有什么良好的理由来这样承认。或许可以提出这样一个看法，说冬夏两季的生活条件大不相同，而这种不同的条件在成年鸟的羽毛上直接发生了作用。这也许产生过一些影响，但我们所看到的冬夏两季羽毛的差别有时候是如此之大，使我对这个追溯因由的说法难以置信。更为可能的一个解释是，先有一个古老的羽毛格调，作为底子，等到夏季羽毛出现之后，新的羽毛的某些特点，通过遗传的分移作用，在这底子上引起了局部的变化，而这个局部变化了的底子被成年鸟保留了下来，而在冬季表现为这一季节的装束。最后，在当下这一类的所有的例子里，一些特征的由来，除了首先由成年雄鸟取得这一层之外，表面上看来显然要依靠多方面受到限制的遗传，即年龄的限制、季节的限制，和性别的限制。但要把这其间一些复杂的关系试图来个寻根究底，怕是不值得的了。

第六类，幼鸟的羽毛因性别而异，雄的幼鸟或多或少地像成年雄鸟，而雌的幼鸟则或多或少地像成年雌鸟。——这一类的例子，尽管散布得很广，在许多不同的鸟群里都可以找到，数量却不太多；但幼鸟一开始就多少有些像同性的成年鸟，然后逐步变得和父鸟或母鸟一样，看来这是最符合大自然的实际了。黑冠莺（black-cap，即乙909）的成年雄鸟头是黑的，而成年雌鸟的则是红棕色的。布莱斯先生告诉我，我们对这种鸟的未成熟的雌雄鸟，即便在雏幼的阶段，也可以根据头部的这两种颜色而辨认出来。在鸫类（thrush）这一科里，我们看到许多同样的情况，多得有点出乎意外，例如山鸟（black bird，即乙976）的雌雄幼鸟在窝里就可以分得出来。效舌鸟（mocking bird，即乙979）的雌雄鸟差别很少，但是在很幼小的时候就容易辨别出来，因为雄鸟比雌鸟更为洁白。[46]林鸫（forest-thrush，即乙682）和石鸫（rock-thrush，即乙742），雄鸟的羽毛有很大一部分是纯正的蓝色的，而雌鸟则作棕色，至于这两种鸟的幼雏，则在翅膀和尾巴的几根主要的羽毛上各有一条边，雄的作蓝色，而雌的作棕色。[47]在山鸟的幼鸟，翼羽取得其成熟的特征而变成黑色，要在其他羽毛之后，而在刚才所说的两个鸟种里，幼鸟翼羽的变成蓝色都在其他羽毛之前。关于这第六类例子，最为近情的看法是，这一类里的雄鸟，和上文第一类所发生的情况有所不同，不同在把他们的颜色遗传给后一代雄鸟而在他们身上表现出来的年龄提早了，早于这些颜色第一次被取得的年龄。因为，如果当初有关这些颜色的变异发生得太早，早得像目前幼鸟表现它们的年龄一样的话，则遗传所及，怕不会只限于雄鸟，而将兼及雌雄两性的下一代了。[48]

在蜂鸟（humming-bird）的一个种，亮羽蜂鸟（乙18），雄鸟的颜色是黑绿相间，灿烂可观，而尾羽中有两根拉得特别的长，而雌鸟只有寻常的尾巴和不显眼的颜色。雄的幼鸟却并不按照普通的规矩，即，和雌的成年鸟相像，而是一开始就长上这一鸟种的雄鸟所应有的颜色，而且不久以后他的尾羽也就拉得很长。我要为这一笔资料向古尔德先生表示谢意，下面更为出人意料而尚未发表的例子也是他提供给我的。有两只鸟隶于一个属（乙404）的蜂鸟，颜色都很美丽，生长在胡安费尔南德兹诸岛①的同一个小岛之上，一向被认为是属于两个不同的蜂鸟种的。但后来终于得到确定，两只鸟实在是一种，其中全身作栗壳般深棕色而头部则作金红色的是雄鸟，而全身绿白色相夹杂、甚为漂亮、而头部是碧绿得发出金属般的光彩的，是雌的。至于这个鸟种

---

① Juan Fernandez，位于南太平洋。

的幼鸟，则一开始就有些像成年鸟，雄的像父，雌的像母，而年龄愈大，相像的程度就逐步地越来越完整。

在考虑这最后一个例子的时候，如果我们像以前一样，用幼鸟的羽毛作为一个指引，则看来情况是，雌雄两性的鸟一开始就是各自取得其羽毛之美的，而不是由一性首先取得、然后再局部地分移给另一性。雄鸟的彩色显然是通过性选择取得的，其取得的方式和上文第一类的例子如孔雀和雉一样，而雌鸟所由取得的方式，则和我们第二类例子里的那个玉鹬属（乙836）和三斑鹬属（乙981）的雌鸟一样。但要理解这两种方式怎样会在一个鸟种的雌鸟和雄鸟身上同时发生效果，还是有很大困难的。我们在上文第八章里已经看到过沙尔文先生的话，说分布在同一地方的许多种蜂鸟里，有几种是雄鸟特别多，而另外几种则雌鸟特别多，都大大超过了异性的数量。既然有这种情况，则我们不妨假定，从前在某一段漫长的时期里，胡安费尔南德兹岛上的蜂鸟种的雄鸟在数量上曾经一度大大超过了雌鸟，而在另一段漫长的时期里则雌鸟大大地超出了雄鸟，而这样，我们就有可能理解，雄鸟在一个时期里，而雌鸟在另一个时期里，先后通过对异性中更为美好的个体的选择，而彼此都变得各自不同地美丽起来、而随后双方在把自己的特征传给幼鸟而让它们表现出来的年龄，又要比寻常提早得相当多。至于这样一个解释究竟正确与否，我自己是不敢断言的，但这一例子实在是太惹人注意了，不容不加理会而轻易放过。

到此我们已经看到，在所有的六类例子里，幼鸟和成年鸟——或只一性，或兼及两性——的羽毛之间存在着一些密切的关系。根据如下的原理，即：两性之一——这就绝大多数的例子而言是雄性——通过变异和选择，首先取得了一些鲜明的颜色或其他装饰用的特征，然后按照一些公认的遗传法则，这样或那样地传给了后代。上述这些关系是可以得到相当好的说明的。至于种种变异为什么会在生命的不同阶段里发生，甚至在属于同一个鸟群的若干鸟种里有时候也如此参差不齐，我们就不知道了；我们只知道变异最初出现的年龄是决定遗传方式的重要原因之一。

根据异代同龄的遗传原则，再根据这样一层道理，就是：在雄鸟身上幼年发生的一些变异是得不到选择的——往往恰好相反，因其不免惹祸而遭受淘汰——而正逢或将近繁殖时期所发生的一些同样的变异则保存了下来，可知幼鸟的羽毛往往是被放过一边，不经历什么变化的，或至多只经历过分量很有限的变化；而因此，通过幼鸟，我们对现存鸟种的远祖的羽毛颜色作何情况，又得以窥测一二。在一个数量大得难以估计的鸟种里，也就是在六类例子的五类之中，成年鸟的两性之一，或两性都在内，都是有鲜明或鲜艳的颜色的，至少在蕃育季节是如此，而幼鸟则毫无例外的，或则鲜明或鲜艳的程度要差些，或则呆板得无法和成年鸟相比，因为，就我所能发现，在颜色呆板的鸟种里要找颜色鲜明的幼鸟，或在颜色鲜明的鸟种里，要找比成年鸟更为鲜艳的幼鸟，是一只也没有的。只有六类中的第四类可以提供一些例外，在这一类里，由于幼鸟和成年鸟彼此相像，有许多鸟种（但决不是全部鸟种）的幼鸟是有鲜明的颜色的，而这些鸟种既然合起来构成若干整个的鸟群，或则一科，或则一属，我们可以推论，认为它们早年的祖先也是颜色鲜美的。搁过这方面的例外不论，而纵览全世界的鸟类，我们似乎可以看到，自从它们的未成熟的羽毛为我们留下了不完全的记录的那个时代以来，它们的美丽有了很大的增长。

论羽毛颜色与保护作用的关系。——我们在上文已经看到，我不同意华莱士先生的信念，认为只限于雌鸟才有的呆板的颜色，就多数的例子而论，是专门为了保护才取得的。当然，像我以前说过的那样，我不怀疑有许多鸟种的雌鸟和雄鸟，为了避免敌人的注意，在羽毛颜色上起了些变化；或者，在另一些例子里，为了不让它们所准备捕捉的弱小动物觉察到它们的来临，而也发生了些变化，恰恰像猫头鹰那样，把羽毛变得异常轻软，好悄悄地飞行，不让这一类动物听到。华莱士先生说：[49]"只有在热带地区，在冬季不落叶的丛林中，我们才找到以绿为主要颜色的整科整属的鸟群。"不错，凡曾经尝试过的人都承认，要在绿叶成荫的树上认出一只鹦哥来是何等不容易的事。不过，我们还须记住，许多鹦鹉的打扮里也有深红、正蓝、橙黄等颜色，这些却很难说有什么保护的作用了。再如啄木鸟是树居鸟、即以树为家的鸟的一个突出的例子，绿色的而外，还有不少黑的和黑白色相间的种——而就环境中所可以遇到的各种危险而论，所

636

有的种显然全是一样的。因此，近乎实情的看法是，就树居的鸟种而言，鲜明的颜色还是通过了性选择才取得的，只不过由于绿色又有提供保护的好处，所以在所取得的各种颜色之中，绿的频数要大一些罢了。

关于习惯于在地面上生活的许多鸟种，谁都承认它们的颜色是以周围地面的颜色为蓝本而加以摹拟的。要看到伏在地上的一只鹧鸪（partridge）、鹬（snipe）、山鹬（woodcock）、某些千鸟（plover）、云雀（lark）、欧夜鹰（night-jar），原是很不容易的事。居住在沙漠地带的动物提供了最多突出的例子，因为沙面是光秃不毛的，不提供任何掩护，几乎所有较小的四足类、爬行类和鸟类动物，只有依靠自己的颜色来取得保护之一法。特里斯特拉姆先生曾经谈到过生活在撒哈拉沙漠里的动物，说它们全都受到它们自己的"淡黄色或沙色"的掩护。[50]我因此想起南美洲沙漠地带的一些鸟种，以及不列颠的生活在地面上的多数鸟种，记忆所及，在这类例子里，似乎雌雄两性的颜色一般都是相似的。为此我又就撒哈拉沙漠的鸟种这一方面，特地向特里斯特拉姆先生请教，承他惠然应允，向我提供了如下的资料。在这一地带的鸟类之中，在羽毛的颜色上明显地有保护意味的鸟种凡二十六个，分隶于十五个属，而由于这里面大多数鸟种的羽色和其他属同而种异的鸟不一样，所以见得更为突出，而说明它有此种用途。不过，二十六个种之中，十三个种的鸟是雌雄双方颜色相同的，但这十几种所分隶的几个属一般都是雌雄之间不存在多大差别的，因此它们对我们的用处不大，即，对沙漠中的鸟类，如果两性颜色相同，此种颜色便有保护的作用这一看法，未能有所说明。其他十三个种之中，有三个种，其所分隶的各个属一般是雌雄鸟不相同的，而在这里，三个种的雌雄鸟却是相同了。至于剩下的十个种，雌雄鸟是有差别的，但这差别主要是限于通身羽毛的下面的一部分，即胸腹部分，当这些鸟伏在地面上的时候是瞧不到的，而在头部和背部则两性都是共黄沙一色。由此可知，在这十个种里，因了保护的关系，通过自然选择，雌雄鸟的暴露在上面的身体部分都起了些变化，而成为彼此相似，而只有雄鸟的胸腹部分，为了装饰的关系，才通过性选择而和雌鸟有所差异。在这里，两性既然同等地得到了良好的保护，我们可以清楚地看到，雌鸟并没有因自然选择的阻碍，而得不到从父鸟一方递下来的那一份颜色的遗传。到此，我们就有必要求之于性限遗传的法则了。

在世界各地，许多备有软喙的鸟种的雌雄鸟，尤其是惯于在蒲苇里来往的那些，颜色都是暗晦的。无疑的是，如果不暗晦，它们就更不免于暴露在它们的敌人面前，但它们这种呆板的颜色是不是专为保护而取得，就我所能作出的判断而言，似乎还是很有疑问的。当然，若说这种呆板的颜色之所以取得是为了装饰，那就更不能不受到怀疑了。但我们也决不能忘记，雄鸟的颜色尽管呆板，却往往和同种的雌鸟有不少的差别（例如普通的麻雀），而这些颜色上的差别，由于总有几分漂亮之处，便诱使我们相信，它们还是通过选择而被取得的了。许多种软喙的鸟善鸣，是些歌手。我们该不至于忘记上文有一章里的一节讨论，指出最好的歌手是难得用鲜美的颜色来打扮自己的；看来雌鸟对雄鸟进行挑选，作为一个通例来说，所根据的不是妙音，就是美色，而不是兼而有之，即既要妙音，又要美色。有几个明显的备有保护色的鸟种，比如小真鹬（jack-snipe）、山鹬和欧夜鹰，呆板的羽色上也还有些标记，有些深入浅出，便用我们人的鉴赏标准来看，也是极其漂亮的；就这一类的例子说，我们可以作出结论，为了保护和装饰的双重目的，自然选择和性选择曾经并力合作地发挥过作用。世间是不是存在有任何鸟种，它的两性之一竟然全不具备足以诱引异性的任何美妙之处，是可以怀疑的。如果雌雄两性的颜色真是暗晦得无以复加，使我们实在无法援引性选择来说明它的由来，如果勉强援引，就不免见得过于轻率；而又如果从保护作用的角度来看，又提不出任何证据来加以证实，那么，我们最好是老老实实承认我们对其原因完全无知，或者，把结果归因到生活条件的直接作用上面去，而这样做实际上还是等于承认了自己的一无所知。

多鸟种的雌雄鸟，虽不艳丽，却很鲜明，有的黑、有的白，有的黑白相间像玳瑁，而这些颜色大概也是性选择的结果。寻常的山乌（black-bird）、雷鸟（capercailzie）、松鸡（black cock）、黑凫（black scoter-duck,

即乙 665），甚至风鸟类的一个种黑极乐鸟（乙 569），只有雄鸟是黑的，而
雌鸟则是棕色的或麻栗的。这些例子里的黑色，无疑地是由性选择而来的
一个特征。由此可知，有些鸟种的雌雄鸟的通体黑色或局部黑色，比如各
种鸦、某几种白鹦（cockatoo）、鹳（stork）和天鹅（swan），以及许多种
的海鸟，在某种程度上也可能是性选择的结果，外加遗传上又不限性别而
雌雄均等；所以这样说，是因为黑色是无论如何说不上有多大保护作用
的。有若干鸟种，有的只雄的是黑的，有的雌雄鸟都是黑的，而喙或头部
不生羽毛的皮肤的颜色却很鲜艳，与黑色两相对照，更增加了它们的美
丽；雄山乌的喙作蜡黄色，松鸡和雷鸟的眼睛上面都有一弯深红色的皮
肤，雌黑凫（乙 665）的喙，颜色不但鲜艳，并且不限一色，乌
（chough），即黄嘴山鸦（乙 282）、黑天鹅和黑鹳的喙都作红色——都让我
们看到了这一点。这使得我不禁要说，连鵎鵼、即巨嘴鸟（toucan）的无
与伦比的大喙，或许也得归功于性选择，不大就不足以炫耀喙上的既生动
而又繁变的彩色条纹，我认为我这一说法并没有扯得太远而令人难以置
信。[51]喙的尽根处和眼睛周围的光皮肤也往往有冶丽的彩色。而古尔德先
生在谈到巨嘴鸟的某一个种[52]的时候说，巨喙的色彩"无疑地是以交配的
一段时期最为漂亮、最为灿烂。"我们知道，印度的百眼雉（Argus pheas-
ant）和某些其他鸟种的雄鸟，由于翎羽特别长，飞行时成了一大负担；而
鵎鵼，为了展示他的美色（这一目的在我们看来却误认为无关宏旨），长
上这样的硕大无朋的喙，尽管内部结构是海绵状的，分量并不太重，推想
起来，其为行动的一个累赘，大概不下于印度百眼雉的翎毛，这推想大概
是不错的。

　　在许多不同的鸟种里，如果只有雄鸟是黑的，则雌鸟的颜色一般总是
呆板的；而与此可以相比的情况是，在少数几个鸟种里，例如南美洲的几
种铃声鸟（bell-bird，即乙 233）、南极雁（乙 111）、银雉（即白鹇）等，
如果只有雄鸟是通身白色或局部白色，则雌鸟便是棕色的或灰溜溜的麻栗
色的。参考到这一类事实，再根据上文所已说过的原理，可知许多种鸟的
雌雄鸟，比如各种白鹦，几种羽毛美丽的鹭、某几种朱鹭或红鹤、白鸥、

燕鸥（tern）等，都是通过了性选择而取得不同完整程度的白色羽毛的。在这些例子里，有的要到成熟的年龄羽毛才变白。有某几种塘鹅（gannet）、热带的海鸟（tropic-birds）等等，就是如此，而白雁或雪雁（snow-goose，即乙48）也未尝不是一例。白雁是在"光秃的地面"，即没有雪掩盖的地面上孵育小雁的，而它多少又是一种候鸟，到冬季要移徙他方，所以我们没有理由设想，成年鸟雪白的羽毛有什么保护的作用。而在张口鹳（即懒钳嘴鸭，乙36）身上，我们找到了更好的证据，说明这种白色羽毛是属于婚羽性质的，因为只是在夏季才发展出来，而幼鸟的不成熟的羽毛和两性成年鸟的冬装，分别是灰色和黑色的。在许多种的鸥鸟（乙540），到了夏天，头部和颈部变成纯白，而在冬天却是灰色或麻栗色的，像幼鸟那样。在另一方面，在身材较小的几种鸥鸟，即小海鸥（sea-mews，即乙443）和在某几种的燕鸥（tern，即乙900），情况恰恰与此相反：一岁以内的幼鸟和成年鸟到了冬季，头部都是纯白的，或虽不纯白，颜色要比蕃育季节里的苍白得多。刚才的这些例子提供了又一笔证据，说明性选择在发挥作用的时候，会见得如何地变化多端，不可捉摸。[53]

水鸟的羽毛多白色，在种类上要比陆鸟多得多，其故大概在水鸟的身材较大，飞行力较强，在鸷鸟前面容易自卫或脱逃，同时，遭逢鸷鸟的机会也要少些。因此，在这里，性选择没有受到干扰，或被引向起保护作用的那个方向。这一点是无疑的，即，在空阔的海洋面上浪游的各鸟种，如果备有显著的颜色，不是全白，就是深黑，雌雄鸟彼此寻觅，就要方便得多；因此，对它们来说，这些颜色所起的作用，可能相当于陆鸟彼此遥相呼应的鸣声。[54]当一只白色或黑色的水鸟发现水面上漂着、或在海滩上被波浪抛上来的一具腐尸的时候，人们从很远的地方就可以望见它啸聚着同种或异种飞驰而来，一下子就把腐肉收拾光了。这种情况，就最初发见腐肉的鸟来说，不但不占什么便宜，并且实际是吃亏的。一种之中最白的个体或最黑的个体，并不比不太白或不太黑的个体张罗到更多的食物。因此可知，显豁的颜色之逐步取得，是不可能为了这样一个目的而通过了自然选择的。

性选择所依仗的既然是如此波动不定的一个因素，叫做嗜好或鉴赏，我们就可以理解为什么在同一鸟群、如一个鸟属之内，生活习惯几乎相同，而居然会有全白、或相当白、以及全黑、或相当黑的鸟种——比如白鹦和黑鹦、白鹤与黑鹤、白鹳和黑鹳、白天鹅和黑天鹅、白燕鸥和黑燕鸥，以及白海燕和黑海燕（petrel）。在同一科或属里，黑色和白色的鸟种之外，有时候也还有玳瑁花色的，例如黑颈白天鹅、某几种燕鸥和普通的喜鹊。看来鸟是懂得欣赏颜色的强烈对照的，我们只要把任何规模较大的鸟类标本收藏参观一下，看到同种之中，一对雌雄鸟之间便存在着一些对照，例如在身体的同样的一些白的部分，雄鸟比雌鸟要更纯白一些，而如有深色的部分，雄鸟的颜色要比雌鸟更浓郁一些——我们只要看到这些，就可以得出这个结论了。

甚至还有这种情况，就是，像人们爱时髦的东西一样，一点点新鲜或新奇的变化，哪怕很小，哪怕没有多大意义，只是为变化而变化，似乎有时候对雌鸟也会起魅惑的作用。例如有几种鹦鹉的雄鸟，用我们的鉴赏标准来看，很难说比雌鸟要更为美丽，然而他和雌鸟还是小有不同，不同在一个玫瑰红的颈圈，而不是"一个鲜亮的像翡翠似的窄窄的颈圈"；或者是个黑颈圈，而不是个"黄色而只围着脖子前面的半颈圈"；凡有这样颈圈的雌雄鹦鹉，其头部也略有分别，雄的是半褪的蔷薇色，雌的则是青梅色。[55]有许多鸟种的雄鸟把特别拉长的尾羽或特别抬高的冠羽作为主要的饰物，而反过来，上文叙述到过的一种蜂鸟的雄鸟则以尾短见长，而雄的秋沙鸭则以冠低擅胜，这似乎就和我们在我们自己服装上所欣赏的许多时式的变化可以媲美了。

鹭这一科的有些成员在羽色的新奇上所提供的例子比此更为出人意料，而看来它们所领略的就是那么一点点新奇，别无其他用意。苍鹭（乙86）的幼鸟是白的，而成年鸟是石板石似的青灰色的；但一到和它关系相近的一种印度鹭（乙151），不但幼鸟是白的，连成年鸟的冬羽也是白的，而成年的白羽，到了蕃育季节，则转而为大有光泽的淡金黄色。这两个鸟种和同属一科的另外几个鸟种的幼鸟，[56]又有什么特殊的理由一定要有纯白的羽毛呢？这不是在敌人面前自找麻烦么？真教人难以索解。而两种之一的成年鸟，所散布的既明明不是冬天会满地盖上白雪的地方，又为甚要不惮麻烦地特地换上一套白色的冬装，也有些莫名其妙。但转念一想，这是可以理解的：有很好的理由让我们相信，许多鸟种的白色原是作为和性生活有关的一种装饰才取到手的。既然如此，我们不妨得出结论，认为：苍鹭和那种印度鹭的某一代的老祖先最初取得了一套白色的羽毛，以供婚配之用，随后就把这颜色传给了幼鸟；因此幼鸟和成年鸟都变成了白的，像今天某几种白鹭（egret）那样；但后来只是幼鸟保持了白色，而成年鸟自己却又改换成一些更为突出的颜色。但若我们有办法再向过去追溯一下，追溯到这两种鸟的更早的一辈共同祖先，我们大概会看到，这祖先辈的成年鸟的颜色是暗晦的。我是从许多其他鸟种和这两个鸟种的类比而推论出这一情形的，在其他鸟种里，幼鸟是暗晦的，到成年才变白。但推论的尤为重要的根据是另一种鹭——灰鹭（乙88）——灰鹭的颜色变化恰好和苍鹭相反，灰鹭的幼鸟色暗，而成年鸟则色白，幼鸟的暗色原是早先的一个羽毛状态被保持了下来。由此看来，可知在长长的一系列世代的过程之中，苍鹭、印度鹭和若干关系相近的鸟属鸟种的共同祖先，在成年的羽色上，经历过如下的三个阶段：第一阶段，灰暗；第二阶段，纯白：而第三阶段，由于时式（如果我可以用这样一个词来说明问题的话）的又一次改变，终于成为今天的石板石似的灰中带青、或灰中带赤，或浅黄色。这些连续的变化只能根据一个道理才讲得通，就是，喜爱新奇，而新奇本身就是目的。

有好几位著作家根本反对性选择的理论，他们假定，就动物和野蛮人而言，雌性动物和女子对某些颜色或其他用来修饰的东西的嗜好不可能经历许多世代而一成不变；受到爱好的颜色先是某一种，后来又是另一种，因此，经久的影响是无从产生的。我们可以承认，嗜好这样东西是变动不居的，但也并不那么随便。嗜好的养成，很大一部分要看习惯，像我们在人类中看到的那样；据理言之，在鸟类和其他动物中大概也是如此。即便就我们自己的服装来说，服装的一般性状可以维持很久，而变化之来，在

642

一定程度上，是逐步逐步的。我们将在下文的有一章里，在两个场合，举出丰富的例证，来说明许多民族的野蛮人曾经世世代代地欣赏过同样的用力在皮肤上斫出的瘢痕，同样的又丑又可怕的穿了窟窿的嘴唇、鼻孔和耳朵，同样的通过压力而变了形的脑壳，等等，而这些人为的变形或残缺，在一定程度上是可以和各种动物的自然的装饰相类比的。然而野蛮人的这些时尚也不是永远不变的：在同一个大陆上，在关系相近的若干部落之间，同一种为了装饰的人工毁伤也可以有许多变化，它们既可以因地而不同，可知也未尝不曾因时而有所不同了。再如饲养玩赏动物的人，他们当然特别爱好某些品种，世世代代地维护着这些品种的特色，不使发生变化，同时却也急切地盼望不变之中会发生些轻微的小花样，来表示有所改进。但太大、太剧烈的变化是要不得的，被认为是最大的倒霉。就生活在自然状态中的鸟类而论，即便大些和剧烈些的变异时常出现，我们却没有理由设想它们会欢迎一套在格调上完全不同于既往的羽毛颜色。这种设想是完全要落空的。我们知道，寻常鸽舍里的鸽子是不会自愿地同供玩赏而花样翻新的品种的鸽子来往的。我们也知道，白色的鸟一般不容易找到配偶；我们在上文也已听说过，费罗（Feroe）诸岛上的渡鸟（raven）要把羽色黑白相间的同类哄走。但剧烈的变化是一事，轻微的变化却是另一事，对前者的厌恶并不排斥对后者的欢迎；人类固然如此，鸟类也当更不例外。总之，嗜好所由养成的因素虽不一而足，其中一部分的因素离不开习惯，而另一部分又不外对新奇的喜爱；据此而论一般的动物，可知不是不可能的一种情况是，它们一面能长期欣赏一种装饰或其他美好事物的一般风格，而另一面却也能领会在颜色、形态或音声上所发生的一些分量很小的变化。

论鸟四章总说。——许多鸟种的雄鸟是在蕃育季节里高度地好勇斗狠的，而其中若干种还备有适应与其他雄鸟为争取雌鸟而进行斗争的武器。但最善斗和武器最好的雄鸟，也难于或不可能专凭武力把情敌哄走或除掉而取得胜利，还须有些诱引雌鸟的特殊手段。因此，有的鸟会唱，有的会发出怪叫，有的会奏出器乐，其结果是雄鸟在发音器官和某些羽毛的结构上便和雌鸟有所不同。根据产生各式各样音声的五花八门的手段，我们在认识上有所提高而得出一个概念，即，这一种求爱的手段是何等地关系重大。许多鸟种又试图用舞蹈或耍小把戏的方式来达成这个目的，所用的场合不一，地面上、半空中，间或也有一些预先准备好了的特定的地点。但最为普通而比上面所说的要多出许多的手段是在装饰一方面，其中包括各种最艳丽的颜色、顶冠、垂肉、美丽的一般羽毛、特别长的翎羽、顶结，等等，不胜枚举。在有些例子里，光靠一点点新奇或新鲜似乎就足以发挥诱惑的作用。雄鸟的装饰，对他们自己来说，一定是非同小可的，因为在少数个别的例子里，这种装饰手段的取得是冒着生命危险的，装饰得越是突出，就越容易招来敌人，甚至在和同类对手斗争之际，也不免付出实力上要打些折扣的代价。许许多多鸟种的雄鸟要到成熟的年龄才装备上有文采的服饰，或者只是在繁育季节里才换上，或者只是在这季节里把平时的羽色变得更为鲜明生动一些。在求爱的行动过程中，某些装饰性的附赘悬疣也变得放大、充血而变硬，颜色也变得更为鲜明。雄鸟在这过程中，总要把他们一切有诱惑力的装备认真仔细地展示出来，以取得最好的效果，而这当然是在雌鸟面前进行的。求爱的过程有时候拖得很长，为此，许多雌雄鸟要集中到一个特别的场合。如果我们认为雌鸟不懂得领略雄鸟之美，那就等于承认，后者的华丽的装扮，全部的排场和演出，白费工夫，一无用处，而这是不能相信的。鸟类是有细微的辨别能力的，而在某些少数的例子，我们可以明白指证它们是有些审美能力的。不仅如此，有人知道雌鸟对某些个别的雄鸟有时候还会显著地表示出一番赏识或厌恶的心情。

如果我们承认雌鸟会赏识而选取更为美丽的雄鸟，或者会不自觉地为这种雄鸟所激发而动情，那么雄鸟就会通过性选择慢慢地、而却稳步地变得越来越美。在进化过程中，两性之中经历过变化的一性主要是雄鸟，而不是雌鸟；这样一个推论是有事实根据的，就是，在两性之间具有差别的几乎每一个鸟属里，这一个种的雄鸟与那一个种的雄鸟之间的差别要比雌

鸟之间的差别大得多。而很能说明这一点的是，在某几个关系近密而互有
代表性的鸟种之间，彼此的雌鸟几乎是无法辨认，而雄鸟则较然分明，一
望可知。生活在自然状态中的鸟类经常提供一些个体的差别，使性选择有
足够广阔的用武之地。但我们也看到，它们也不时再三提供一些更为强烈
而突出的变异，而如果这些变异对雌鸟有些诱惑的作用，它们也就会立刻
受到选择而被固定下来。有关变异的一些法则，对最初一些变化的性质，
肯定地有其决定的力量，而对于变化之终于被固定下来而成为特征，也肯
定地提供了重大的影响。我们在关系相近的各个鸟种的雄鸟身上所观察到
的某一特征之深浅不同的层次，指证了连续变异所曾经历的一些步骤的性
质。这种变异也极其有趣地说明了某些特征最初是怎样开始的，例如雄孔
雀尾羽上含有锯齿形的单眼纹，和印度百眼雉翼羽上的球臼关节状的单眼
纹。不言而喻的是，许多种雄鸟的鲜明彩色、顶结、漂亮的羽毛等等，不
可能是作为自我保护的手段而取得的；说句实在话，这一类特征有时候还
要招来横祸。我们也可以有把握地认为，它们的形成和生活条件直接而具
体的作用无干，因为雌鸟是在同样的生活条件之下过日子的，而在特征上
却往往和雄鸟有着极大程度的差别。环境条件的变迁，经过长时期的发挥
作用之后，在某些情况下，有可能在雌雄两性身上，有时候也可能只在一
性身上，产生一些具体的影响；但这一类的影响是次要的，环境条件所产
生的更为重要的结果是促进了变异的趋势，或提供比寻常更为突出的一些
个体身上的差别，而这些差别便构成一个极好基础，使性选择得以发挥
作用。

　　再论与选择不属于一回事的一些遗传法则。雄鸟所取得的一些特征，
装饰性的也罢，有关发出各种音声的也罢，旨在便利在同类中进行斗争的
也罢，在往下递给后一代的时候，究竟只递给一性呢，还是同样地递给两
性呢，而在递到之后，特征的表现究竟是经久的呢，还是只限于一年之中
一定的季节呢——对于这些，作出决定的看来是这些遗传的法则。为什么
各种不同的特征，在向下一代进行传递之际，有时候是这样，有时候是那
样，就多数例子而言，我们还不清楚，但可得而言的是变异性活动的迟早

往往像是个决定的原因。如果两性把上代所有特征都同样地遗传到手，它们必然会彼此相像；但由于上代的一些连续变异的向下传递是不一律的，是参差不齐的，其在下一代各个个体身上的表现，即使在同隶一属的各个鸟种里，就会有种种大小或浅深不一的程度或层次，因此，雌雄鸟之间，从最近密的相似到最悬殊的相异，也就差等不一了。就许多关系近密而生活条件也大致相同的鸟种说，雄鸟与雄鸟之间之所以变得彼此不同，主要是通过了性选择的作用的；至于雌鸟之间的所以不同，主要是由于或多或少地各自分享了本种的雄鸟通过这一途径所取得的特征。雌鸟所不同于雄鸟的还有一点，就是，生活条件的具体作用在雌鸟身上的影响是得不到掩饰的，不像雄鸟那样，既备有种种强烈突出的色彩和其他装饰性的特征，而这些又会通过性选择而不断地积累起来，其结果是把这种影响掩饰得看不见了。一个种之中两性的一切个体，无论所受的影响如何，在每一个连续的世代之内，总还是维持一律，或几乎一律，这是由于许多个体不断自由交配的缘故。

在两性之间有差别的一些鸟种里，理论上有可能、而实际上也会发生这一情形，即，某一些连续变异，往往倾向于均等地传递给下一代的雌雄鸟，不过如果真有这种情况发生，雌鸟由于孵卵期间所难于避免的毁灭，是不可能从雄鸟那边分取到鲜艳的色彩的。我们没有证据表明自然选择有可能把一种传递方式转换成另一种传递方式。但通过对一些连续变异的选择，要使雌鸟的颜色变成呆板，而同时让雄鸟依然保有他的颜色鲜美，却是毫无困难之处，因为这些变异在传递的方式上原是一开始就是限于雄性这一边的。许多鸟种的雌鸟实际上是不是真的这样地经历过变化，在目前还只能是个存疑的问题；如果，通过特征的"两性均等遗传"这一法则，而雌鸟的颜色变得和雄鸟一样地显眼，那么，看来她们往往会在本能上也经历一些变化，导致她们在营巢的时候，不营一般露天的巢，而是有顶盖而可以把自己隐蔽起来的巢。

在数量不大而很奇特的一类例子里，两性的特征和习性全部调了一个个儿，雌鸟要比雄鸟高大些、强壮些、嘈杂些，颜色也鲜美些。她们也变得如此其喜爱吵闹，至于为了占有雄鸟而时常厮打，像在其他好斗的鸟种里雄鸟为了占有雌鸟而厮打一样。看来大概会有这样的情况：如果这样的雌鸟习惯于把对手们、即其他的雌鸟轰走，又通过卖弄她们的色彩和其他诱惑的手段努力把雄鸟吸引到自己一边，我们当可以理解她们是怎样地通过性选择和性限遗传而逐渐地比雄鸟变得更为美丽起来——而雄鸟则停留在一边，没有经历过什么变化，或只经历过少量的变化。

凡在异代同龄的遗传法则进行活动而性限遗传的法则不活动的情况下，如果发生在父母身上的变异发生得较晚一些——而我们知道，这在家禽和其他鸟类是常有的事——则下一代的幼鸟，作为幼鸟，将不会随同起变化，起变化的是下一代的成年鸟，雌鸟雄鸟都是一样。如果这两条遗传法则都流行，而父母一代的父或母在较晚的年龄发生变异，则下一代随同变化的只是同于父或母的那一性，即，父变子亦变，或母变女亦变，而另一性成年鸟和所有的幼鸟则不受影响。如果有关鲜美的颜色或其他显著特征的一些变异发生得早，而这无疑也是常有的事，则幼鸟都可以遗传到手，而由于尚未进入生殖年龄，性选择对它们是不起作用的；因此，如果其中有些对幼鸟有危险性的变异，即一些足以招来祸患的特征，则它们就会通过自然选择而遭受淘汰。这样我们就可以理解为什么在生命期中发生得比较晚一些的变异，往往为了雄鸟的装饰的目的而被保存了下来，而雌鸟和幼鸟则几乎完全被搁过一边，不受影响，而因此，它们之间是彼此相像的。就冬夏两季各有一套羽毛的鸟种说，就中雌雄成年鸟之间，或冬夏皆同，或冬夏皆异，或只夏羽有所不同，则幼鸟和成年鸟之间的同，似可以有各种不同的程度和类别，极尽复杂之能事，而此种复杂性，经过分析，也还显然离不开如下的过程，即，首先由雄鸟取得的一些特征作为基础，其次，这些特征向下代遗传之际，由于受到年龄、性别和季节的限制，采取了多种多样的方式和深浅不同的程度。

由于如此多的鸟种的幼鸟，在颜色上，在其他装饰手段上，没有经历过多少变化，我们就有可能对它们早期祖先辈的羽毛状态加以窥测，而作出一些判断。而根据幼鸟未成熟的羽毛所提供的间接的记录，我们又得以作出推论，认为自从那些祖先辈所存活的年代以来，纵观鸟类这一整个的纲，今昔一路相比，羽毛之美是大大地增进了的。在许多鸟种，尤其是那些主要是在地面上讨生活的鸟种，为了自我保护，羽毛和颜色无疑地是要暗淡一些。在有些例子里，雌雄鸟背部暴露在外的羽毛是暗晦的，而雄鸟的胸腹部却还通过性选择而维持着花色不同而有装饰之用的一些羽毛。最后，根据四章中所列举的事实，我们可以作出结论，认为战斗用的武器、发声用的器官、种类繁多的装饰手段、鲜明和显眼的颜色，一般总是通过变异与性选择由雄鸟首先取得，然后依据若干条遗传法则，以种种不同的方式传递给后代——雌鸟和幼鸟是被搁过一边，而比较起来只经历过极为有限的变化的。[57]

原　注：

[1] 关于鸫类、伯劳类、和啄木鸟类，见 Mr. Blyth 文，载《查氏自然史杂志》（丙44），第一卷，1837 年，304 页；又见其所译居维叶著《动物界》，159 页，注。我所举关于交喙鸟、即鹦（乙 572）的例子就以 Mr. Blyth 的资料为依据。关于鸫类，又见奥杜邦，《鸟类列传》，第二卷，195 页。关于印度金色杜鹃（乙 251）和金鸠属（乙 222），亦出 Mr. Blyth，而见引于 Jerdon，《印度的鸟类》，第三卷，485 页。关于印度雁，见 Mr. Blyth 文，载《朱鹭》（丙 66），1867 年卷，175 页。

[2] 可参阅的文字不一而足，例如，Mr. Gould 所作（载《澳洲鸟类手册》，第一卷，133 页）关于翠鸟的一个属（乙 301）的记述，不过，在这里，雄的幼鸟虽和雌的成年鸟相像，颜色鲜艳的程度却要差些。在翠鸟或鱼狗的又一个属，笑鸮属（乙332）的一些种里，雄鸟的尾巴是蓝色的，而雌鸟是棕色的；而 Mr. R. B. Sharpe 告诉我，在笑鸮的一个种，棕腹笑翠鸟（乙 333），雄性幼鸟的尾巴起先也是棕色的。Mr. Gould 也曾叙述到（同上注 1 所引书，第二卷，14、20、37 页）某几种黑鹦（black Cockatoo）和朝霞鹦鹉（"King Lory"）的雌雄成年鸟，说它们中间行的是同样的一个规矩。又 Jerdon，《印度的鸟类》，第一卷，260 页）论到红鹦哥（乙 707），说幼鸟像母鸟比像父鸟为多。奥杜邦（《鸟类列传》，第二卷，475 页）也说到过鸽子的一个种（乙 271）的雌雄成年鸽和幼鸽的情况。

[3] 这一份资料是 Mr. Gould 惠然提供给我的，他还让我观看了标本；又见他所著《蜂鸟科（乙 969）引论》，1861 年，120 页。

[4] 见 Macgillivray，《不列颠鸟类史》，第五卷，207—214 页。

[5] 见所著的那篇值得赞赏的论文，载《孟加拉亚洲学会会刊》（丙 74），第十九卷，1850 年，223 页。又见 Jerdon，《印度的鸟类》，第一卷，序 29 页。关于下面所说的翠鸟属仙翡翠属（乙 919），Prof. Schlegel 向 Mr. Blyth 谈到过，他只要把成年雄鸟比较一下，就可以分出好几个种族。

[6] 亦见 Mr. Swinhoe 文，载《朱鹭》（丙 66），1863 年 7 月，131 页；又早先另一论文，载《朱鹭》，1861 年 1 月，文中 25 页上并有 Mr. Blyth 给他的书札的一个摘要。

[7] 见华莱士，《马来群岛》，第二卷，1869 年，394 页。

[8] M. F. Pollen 在《朱鹭》（1866 年卷，275 页）曾描写过这些鸟种，并有彩色插图。

[9] 见《家养动植物的变异》，第一卷，251 页。

[10] Macgillivray，《不列颠鸟类史》，第一卷，172—174 页。

[11] 关于这一题目，参见《家养动植物的变异》，第二十三章。

[12] 奥杜邦，《鸟类列传》，第一卷，193 页。又 Macgillivray，《不列颠鸟类史》，第三卷，85 页。又参看以前举过的关于印度啄木鸟（乙 516）的例子（见第十五章——译者注）。

[13] 见《威斯敏斯特评论》（丙 153），1867 年 7 月，和 A. Murray 文，载《旅行杂志》（丙 84），1868 年卷，83 页。

[14] 关于澳洲的这方面的鸟种，见 Mr. Gould，《澳洲鸟类手册》，第二卷，178、180、186 和 188 页。在不列颠博物馆里，我们可以看到澳洲游原鸟（Plain-wanderer，即乙 731）的一些标本表现着相似的两性差别。

[15] Jerdon，《印度的鸟类》，第三卷，596 页。又 Mr. Swinhoe 文，《朱鹭》，1865 年卷，542 页；又 1866 年卷，131、405 页。

[16] Jerdon，《印度的鸟类》，第三卷，677 页。

[17] Mr. Gould，《澳洲鸟类手册》，第二卷，275 页。

[18] 《印度田野》（The Indian Field，丙 67），1858 年 9 月，3 页。

[19] 《朱鹭》，1866 年卷，298 页。

[20] 这里所叙述到的若干个实例系采自 Mr. Gould《大不列颠的鸟类》。牛顿教授对我

说，根据他自己和别人的观察，很早就肯定地认识到，在上述两种鸟类，雄鸟是把抱卵的任务全部或大部分承担了下来的，并且说他们"遇有危险，比雌鸟更能表现对幼鸟的悉心爱护。"关于欧西北鹬（乙 557）以及其他少数几个种的涉水鸟，他所告诉我的话也是如此，而在这些鸟种，雌鸟也比雄鸟要大些，羽毛上不同颜色的对照也要鲜明些。

[21] 马六甲的西兰岛（Ceram）的当地居民肯定地说（华莱士，《马来群岛》，第二卷，150 页），抱卵期间，雄鸟和雌鸟是轮流伏在卵上的；但 Mr. Bartlett 认为这话也许不确，雌鸟在这时期里随时要到窝里来，为的是下卵，不是孵卵。

[22]《学者》（丙 140），1870 年 4 月，124 页。

[23] 关于这一种鸸鹋在笼居生活中的习性，Mr. A. W. Bennett 写过一篇出色的记录，见《陆与水》（丙 87），1868 年 5 月，233 页。

[24] 关于各个种的非洲鸵鸟（乙 903）的抱卵习性，见 Mr. Sclater 文，《动物学会会刊》（丙 122），1863 年 6 月 9 日。达氏美洲鸵，一称游鸵（乙 831）的情况也是如此；Captain Musters 说（《和巴塔哥尼亚人在一起》，1871 年，128 页），雄鸟比雌鸟高大些、强壮些、跑起来快些，颜色也稍微深些；然而抱卵和保养幼鸟却全部是他的职守，像鸸鹋（乙 830）、即普通的美洲鸵鸟一样。

[25] 关于叫隼属（乙 619）的一些鸟种，见《贝格尔号航程中的动物学·鸟类之部》，1841 年，16 页。关于旋木雀和欧夜鹰的一个属，毛腿夜鹰属（乙 402），见 Gould，《澳洲鸟类手册》，第一卷，602 页，又 97 页。溪凫的一个种，新西兰的盾耙凫（shield rake，即乙 914）提供了一个不循常规的例子；雌鸟的头部是纯白的，而背部比雄鸟更红些；雄鸟的头部则作浓密的深青铜色，而背部则披有一层有细线纹的石板石似的青灰色羽毛，所以总起来看，两性之中，他可以被认为是更好看的一性。他也比雌鸟大些，更好斗些，也不管抱卵的事。因此从各方面看来，这一鸟种理应被纳入我们的第一类例子之中；但 Mr. Sclater（文见《动物学会会刊》（丙 122），1856 年卷，150 页）大非意料所及地观察到这种鸟的两性幼鸟，在孵出后约三个月的时候，头部和背部的暗晦的颜色是像成年的雄鸟而不像雌鸟的：因此，就这例子说，看来经历过变化的是雌鸟，而雄鸟和幼鸟则一直保持着早先的羽毛状态。

[26] Jerdon，《印度的鸟类》，第三卷，598 页。

[27] Jerdon，同上引书，第一卷，222、228 页。又 Mr. Gould，《澳洲鸟类手册》，第

一卷，124、130 页。

[28] Mr. Gould，同上引书，第二卷，37、46、56 页。

[29] 奥杜邦，《鸟类列传》，第二卷，55 页。

[30] 《家养动植物的变异》，第二卷，79 页。

[31] 《查氏自然史杂志》（丙 44），1837 年卷，305、306 页。

[32] 见《瓦勒度（Vaudoise，意、法等国的一个基督教新教教派——译者）宗派信徒自然科学会会报》（丙 41），第十卷，1869 年，132 页。波兰鹄（天鹅），即 Yarrell 分类中所称的不变鹄（乙 306）的幼鸟总是白的；但据 Sclater 先生对我说，这种天鹅实际上是家养天鹅（乙 307）的一个亚种而已。

[33] 关于燕雀属的资料，我是从 Mr. Blyth 那里得来的，谨在此致谢意。巴勒斯坦的麻雀在分类上是这一属的一个亚属，石雀亚属（乙 744）。

[34] 例如，夏红鸟（乙 916）和蓝碛鹀（乙 419）的雄鸟须要三年，碛鹀的一个种（乙 418）的雄鸟需要四年，他们美丽的羽毛才能完全长成（见奥杜邦，《鸟类列传》，第一卷，233、280、378 页）。斑斓鸭，即晨凫（harlequin duck），要三年（同上引书，第三卷，614 页）。我从 Mr. Sclater 那里听说，金雉或锦鸡（Gold pheasant）的雄鸟，在孵出后大约三个月，便可以同雌鸟分得出来，但一直要到次年九月，才取得饱满的色泽。

[35] 例如，彩鹳（乙 509）和美洲鹤（乙 457）都要四年，羽毛才长得丰满。火烈鸟要好几年，卢氏鹭（乙 90）要两年。见奥杜邦，《鸟类列传》，第一卷，221 页；第三卷，133、139、211 页。

[36] 见 Mr. Blyth 文，载《查氏自然史杂志》（丙 44），第一卷，1837 年，300 页。关于金雉的话，是 Mr. Bartlett 对我说的。

[37] 在奥杜邦的《鸟类列传》里，我注意到如下的几个例子。美洲的朗鹟（redstart，即乙 641），第一卷，203 页。彩鹳（乙 509），要四年才完全成熟，但有时候在第二年已能孵育幼鸟（第三卷，133 页）。美洲鹤（乙 457）也要这么多时间才成熟，但在取得长足的羽毛以前便已蓄育下代（第三卷，211 页）。鹭的一个种（乙 87），成年鸟是蓝色的，而幼鸟则白色而有些麻栗；成熟而变为蓝色的都可以被看到一起在蓄育下一代（第四卷，58 页）；但 Mr. Blyth 告诉我，某几种鹭的雄鸟看来是两形的（dimorphic），同年龄的白色鸟和有色鸟都可以看得到。斑斓鸭，即晨凫（Harlequin duck，即乙 33）要三年才取得长足的羽毛，但许多个体到第

二年已能蕃育（第三卷，614 页）。白头隼（乙 405），有人知道，也有在未成熟状态下蕃育下代的（第三卷，210 页）。金莺属（乙 678）里有几个种［据 Mr. Blyth 先生和 Mr. Swinhoe 在《朱鹭》（丙 66），1863 年 7 月，68 页］也在达成羽毛完全成熟的年龄之前便已能蕃育了。

[38] 参看本章的最后一个注。

[39] 属于很不相同的其他几个纲的动物也有这情况，有的在完全取得他们成年的种种特征之前已能习惯于蕃育后一代，有的则偶一为之，并不经常。在鱼类里，斑鳟（salmon）的幼公鱼就有这情况。有人了解，若干种两栖动物，在还保持着未经蜕变以前的结构的情况之下，便已蕃育起来。Fritz Müller 指出（《有利于达尔文的种种事实与论点》，英译本，1869 年，79 页），若干种片脚类甲壳动物（amphipod crustaceans）的雄者，虽尚幼小，性方面便已成熟；我因此推论，这是早熟的蕃育的一个例子，因为这时候它们用来抓住异性的钳（clasper）还没有发育完成。所有这些事实是值得深思的，因为它们和这样一个道理有关，就是通过不同的手段，物种在特征上可以起巨大的变化，而早熟的蕃育就是此种手段之一了。

[40] Jerdon，《印度的鸟类》，第三卷，507 页，有关于孔雀的话。Dr. Marshall 认为，在风鸟的雄鸟中，老成而更为鲜艳的要比幼鸟更占便宜；见《荷兰文库》（法文），第六卷，1871 年。关于鹭属（乙 85），见奥杜邦，同上引书，第三卷，139 页。

[41] 如需要足以说明情况的例子，可参看 Macgillivray，《不列颠鸟类史》，第四卷，论鹬的一个属（乙 961），等等，229、271 页；论弯刁鸟属（乙 589），172 页；论鸻的一个种，剑鸻（乙 231），118 页；论鸻的又一个种，雨鸻（乙 232），94 页。

[42] 关于北美洲的金磧鹩或金翅雀（goldfinch，即暗色燕雀，乙 422），见奥杜邦，《鸟类列传》，第一卷，172 页。关于细尾鹩莺属（乙 596），见 Mr. Gould，《澳洲鸟类手册》，第一卷，318 页。

[43] 关于印度鹭属（乙 150）的资料，我要感谢 Mr. Blyth；亦见 Jerdon，《印度的鸟类》，第三卷，749 页。关于张口鹳属（乙 35），见 Mr. Blyth，同上引书，1867 年，173 页。

[44] 关于"剃刀嘴"，见 Macgillivray，《不列颠鸟类史》，第五卷，342 页。关于白项磧鹩，见奥杜邦，同上引书，第一卷，89 页。我在下面还须提到某几种鹭（her-

on）和白鹭（egret）是白的。

[45] 见《不列颠鸟类史》，1839 年，159 页。

[46] 奥杜邦，《鸟类列传》，第一卷，113 页。

[47] 见 Mr. C. A. Wright 文，载《朱鹭》（丙 66），第六卷，1864 年，65 页。又 Jerdon，《印度的鸟类》，第一卷，515 页。关于鼯鸟，又见 Mr. Blyth 文，载《查氏自然史杂志》（丙 44），第一卷，1837 年，113 页。

[48] 还不妨在这里补举如下的一些例子：美洲红鹟（乙 917）的雄性幼鸟是可以同雌的分得出来的（奥杜邦，《鸟类列传》，第四卷，392 页），而印度的一种蓝色的五十雀（nuthatch，即乙 342），幼雏的情况也是如此（Jerdon，《印度的鸟类》，第一卷，389 页）。Mr. Blyth 也告诉我，岩鹟（stonechat，即乙 856）的雌雄鸟在很早的年龄里就可以辨认出来。Mr. Salvin［《动物学会会刊》（丙 122），1870 年，206 页］举了一个有关一种蜂鸟的例子，情况和上文叙到过的有关另一个属（乙 404）的蜂鸟的例子相似。

[49] 见《威斯敏斯特评论》（丙 153），1867 年 7 月，5 页。

[50] 见《朱鹭》（丙 66），1859 年，第一卷，429 页及其后的若干页。不过 Dr. Rohlfs 在一封信里对我说，根据他对于撒哈拉沙漠的经验，这话是说得过重了些。

[51] 关于巨嘴鸟的喙之所以如此之大，一直没有满意的解释，至于巨喙上的鲜艳的色彩，解释就更难令人满意了。Mr. Bates（《博物学家在亚马孙河上》，第二卷，1863 年，341 页）说，巨喙是用来够到和啄取高枝尽头的果实的；而别的一些著作家也说，是用来向别的鸟的巢里啄取鸟卵和小鸟的。但 Mr. Bates 也承认，"为了适应这样一个用途，巨喙也很难说是一件完美无缺的工具。"喙的体积太大，无论从宽度、深度，或长度来看，单单作为把握用的器官看待，实在难于理解。Mr. Belt 相信（《博物学家在尼加拉瓜》，197 页），巨喙的主要用处是防卫，特别是当雌鸟在树洞中保育幼鸟的时候。

[52] 这鸟是巨嘴鸟或鹦鹉的一个种（乙 829），见 Mr. Gould，《鹦鹉科（乙 828）专论》。

[53] 关于鸥（乙 540）、小海鸥属（乙 443）、燕鸥或鸶）（乙 900）诸属，见 Macgillivray，《不列颠鸟类史》，第五卷，515、584、626 页。关于雪雁（乙 48），见奥杜邦，《鸟类列传》，第四卷，562 页。关于张口鹳属（乙 35），见 Mr. Blyth 文，《朱鹭》，1867 年卷，173 页。

［54］在这里我们不妨也提一下在陆上高空翱翔的面很广而和洋面上的一些水鸟可以相比的各种兀鹰（vulture）里，三种或四种是几乎全白的或主要是白色的，而其余的许多种是黑的。因此我们又不免想到，显眼的颜色对雌雄鸟在蕃育季节里的彼此寻觅，可能有些帮助。

［55］关于这一属鹦鹉，即鹦哥属（乙705），见 Jerdon，《印度的鸟类》，第一卷，258—260 页。

［56］美国产的鸡鹬（乙92）和与它隶于同一个属的一种鹭（乙87）的幼鸟也都是白的，而成年鸟则各自有其颜色，如两种的分类专名中所表示的那样（按前者带红色，后者带蓝色——译者）。奥杜邦（《鸟类列传》，第三卷，416 页；第四卷，58 页）叙述到这里，似乎有些高兴，因为他想到，这种羽毛颜色的变化莫测不免"把分类学者们弄得很窘。"

［57］Mr. Sclater 为我审阅过关于鸟类的这四章和下面关于哺乳类的几章的稿子，这才使我对若干鸟种的名称避免了错误，也使我不至于把错误的东西当作事实介绍出来——这一类的错误，在他这样一位声誉卓著的博物学家是一看就知道的。我要在此向他表示深厚的谢意。不过我在这里征引了许多不同著作家的话，其间如果有任何不够准确的地方，Mr. Sclater 当然是完全没有责任的。

第十七章
哺乳类的第二性征

战斗的法则——只是公兽有特殊的进攻用的武器——母兽所以没有武器的原因——两性都备有武器，但首先取得的还是公兽——这类武器的其他用途——武器的高度重要性——公兽的体型更为高大——自卫的手段——论四足类动物，即兽类，无论公母，在求偶时都有爱挑选的表示

就哺乳动物说，公兽在赢取母兽的过程中，通过战斗法则的成分，看来要比通过卖弄风情的成分为多。在恋爱的季节里，哪怕是没有任何武器装备而平时见得最胆怯的一些动物，也会进行你死我活的搏斗。有人目击过两只野兔相斗，直到一只被斗死为止；鼹鼠也往往相斗，结果也时有死亡；雄松鼠也时常斗得不可开交，"往往双方都受到重伤"；雄海狸也是如此，因此，"没有伤疤的海狸皮张几乎是一张都找不到的。"[1] 我在南美巴塔哥尼亚时，在驼羊（guanaco）的皮张上也曾观察到同样的事实；而有一

次我还目击到几只驼羊酣斗，斗得如此其酣，竟至旁若无人地在我身边追逐而过。利文斯通谈到南非洲许多动物的雄者，说它们几乎全部表现一些过去的搏斗所留下的伤疤。

在水生哺乳动物中间，战斗的法则是像在陆生哺乳动物中间一样通行的。在蕃育季节里，海豹的自相搏斗是如何地爪牙并用、不顾死活，是谁都再三听说而有些厌烦了的，而它们的皮张也一样地往往是布满了疤痕。在这季节里，公的抹香鲸（sperm-whale）是彼此很相猜忌的，而在搏斗之际，"它们的牙床往往交相锁紧不放，而侧翻了的身体也绞在一起"，因此，它们的下牙床往往发生变形的情况。[2]

一般都知道，凡是备有特殊的斗打武器的雄性动物都会进行凶狠的战斗。牡鹿的好勇斗狠是常见于记载的事；在世界各地所发现的鹿的骨骼，时常有两副牡鹿头角难解难分地交锁在一起的情况，说明着当初这两只鹿，不论谁胜谁负，是怎样悲惨地同归于尽的。[3]大象在繁殖季节中最为可怕，世界上另外是找不到像正在繁殖期中的大象那样危险的动物了。坦克维尔勋爵曾经就奇林根苑圃（Chillingham Park）里野牛战斗的景况向我提供过一个书面的描述，说明硕大无比的原生牛（乙133）的子孙，在身材上尽管已经退化，在勇气上却还不减祖风。1861年，苑里的若干只野牛互争雄长，有人观察到，青年的公牛之中有两只合力攻击一向带领群牛的老公牛，把他打倒，使其丧失战斗力。守苑的人认为他躺在附近的丛林里身负重伤奄奄待毙而已；哪知道不几天之后，当打败他的那两只青年公牛中的一只独自走近丛林的时候，这"猎场之王"早已策励自己作好复仇的准备，奔出林来，很快地把对手杀了。接着他就悄悄地回到苑中的牛群里，依然当他的把头，好久谁也没有敢再碰他。海军司令沙利文爵士告诉我，当他驻扎在福克兰诸岛的期间，他把一匹英国产的年轻的牡马运进岛上，平时和八匹牝马一起在威廉港附近的小山里就食。山里原有两匹野的牡马，各带领一小队牝马；"可以肯定的是，平时这两匹野牡马是从来不在一起的，在一起就要打架；两匹野牡马先后试图和英国马较量一番，并占有他的牝马，但都失败了。有一天，这两匹马**结伴**而来，合力攻击英国马。负有管马责任的那个上尉军官望见了这个情况，骑马到场，发现两马之一正和英国马厮打，而另一只正在把牝马赶走，并且已经有四匹被他赶开。上尉把全部马匹，野的家的，牡的牝的，一起赶回了马栏，解决了这问题。野牡马何以也听命了呢？原来他们不愿离开自己的牝马。"

备有为了日常生活目的之用的牙齿的雄性动物，如在食肉类（乙176）、食虫类（乙517）和啮齿类（乙840），可以用牙齿来切断，或撕破，效率很高，这几类的动物一般就不具备用于同类争雄的特殊武器。在许多其他动物的雄性方面，情况便与此很不相同。我们看到了各种鹿和某几种羚羊，公的有角，而母的没有，就明白这一点了。有许多动物中间，公的和母的在犬牙上有差别，公的上犬牙、或下犬牙要比母的为大，或上下犬牙都要大些，母的甚至根本没有犬牙，或虽有而只是一个残留，隐而不显。某几种羚羊、麝、骆驼、马、野猪、各种类人猿、各种海豹和海象，都是例子。雌海象有时候是看不出有什么长牙的。[4] 在印度产的大象，在儒艮，即人鱼，[5] 雄者的上门牙成了进攻性的武器。一角鲸（narwhal）的雄者，左边的上犬牙发展成为有名的螺旋针形的所谓角，有时候可以长九英尺到十英尺。一般相信公鲸用这"角"来互相厮打；因为，"被捞捕到的鲸的'角'难得有不破损的，而间或又发现一两支破损处夹有别的'角'的碎片的'角'。"[6] 这鲸的同一边的下犬牙却只是一个残留，不过十英寸长，深藏在下牙床里；但左边上下犬牙同样发达的例子也不是没有，不过极其难得。至于母鲸，则这两只牙全都是发育不全的残留。雄性真甲鲸（cachalot）的头比雌的为大，这无疑地有助于他在海中的战斗。最后一例，鸭獭（乙681）的成年雄兽，前腿上有一个奇特的装备，一种距一般的东西，和毒蛇的毒牙很相像，但据哈廷说，这个距虽然也备有腺体，分泌物却并不毒；母獭的腿上则相应地有一个凹处，显然是交尾拥抱时用来接纳这个距的。[7]

如果公的备有武器，而母的没有，这就几乎没有疑问地说明武器是用来和其他雄兽进行战斗的；也说明它们之所由取得是通过了性选择的，并且在遗传之际，只传子而不传女。母的为什么没有取得这类武器呢？是因为对她们没有用处么、多余而累赘么、甚至反而有害么？这大概不是，至少就大多数的例子来说不是。我们应该反过来想，因为，即便在公的，用处也往往不止一端，同类相斗之外，主要是用来招架异类的敌人，保卫自己，难道母的就不需要自卫了么？因此，我们应该感觉到奇怪的是，为什么在许多动物雌性身上，这类武器是如此得不到发展，或甚至几乎完全没有呢。就牝鹿来说，要一年一度地长出一副庞大而有桠权的角来，或就母象来说，长一对又长又大的象牙，将会是颇消耗能量的事情，而如果一无用处，更将是一大浪费。因此，可以设想，其他动物的雌性当初也可能有过这一类装备，但后来通过自然选择，就逐渐地趋向于被淘汰掉了。那就是说，这种导致淘汰的逐步变异的遗传，是只限于雌性这一性的；设或不然，设或也牵涉到雄性一边的遗传，那公的就不免受到有害的影响，而雄者的武器如果遭到减削，那将是一件更大的坏事，为事理所不能容许。因此，就一般的情况说，再根据下面所要叙到的事实加以考虑，看来实际的情况可能是，如果两性在武器的配备上有所不同，这种不同一般是以一向通行的那种遗传方式为依据的，也就是限于性别的那种遗传方式。

在整个的鹿科里，牡鹿牝鹿都装备有角的仅仅只有驯鹿（reindeer）一种，尽管牝鹿的角似乎要小些细些，桠权也不那么多。既然有此情况，我们就自然地会想到，至少就这一个例子来说，角在牝鹿的生活里总还有一些特别的用处。牝鹿的角的完全成长是在每年的九月，从这时候起，经过一冬，直到来年四月或五月产出小鹿的时候，她一直是有角的。克罗契先生曾在挪威为我特别进行过查访，据他说，在生育的季节里，看来牝鹿为了产子，要躲起来约两个星期，产后再露面，就不再有角了。但在新斯科舍，①据里克斯先生对我说，牝鹿保持角的时期有时候比这还要久一些。在牡鹿一方，角的脱落却要早得多，将近十一月底就脱落了。牝牡两性对生活的要求和在生活习惯上既然一样，而在冬季，牡鹿也既然不再有角，则牝鹿之冬季有角，而冬季要占她全部有角时期的一半以上，看来是说不上有什么特别用途的了。由于全球各地其他鹿种的牝鹿都没有角，看来驯

---

① Nova Scotia, 加拿大东部滨海省区。

鹿的牝鹿的角也不会是鹿科中某一老祖先所遗传下来的特征；因此，我们不妨作出结论，认为它是这一群动物在形成鹿科以前的更为原始的一个特征。[8] 驯鹿的角的出现，在年龄上是特别早的，早得异乎寻常；但特早的原因何在，我们不知道。而特早的后果，显然是使下一代的两性都把角传受到了。我们应该记住，就任何鹿种说，角的传递，总得通过母体，而母体自己也未尝没有发展角的潜在的能力，老牝鹿生角，或病的牝鹿生角，我们都是看到过的。[9] 还有一层，有些别的鹿种的牝鹿正常地或偶然地表现角的残留；例如麝（乙 216）的牝麝就有"几撮直挺的刚毛，不长成角，而在尖头上合成一个圆球"；而"在加拿大马鹿（乙 212）的雌者，大多数标本在角的部位上都表现有一个尖的骨质隆起。"[10] 根据这些方面的考虑，我们不妨作出结论，认为牝的驯鹿之所以获有比较发达的角，首先是由于最初的牡鹿，因为有和其他牡鹿斗争的需要，作为武器取得了这种角；这是第一性的根源；其次，又由于角在牡鹿身上发展出来的年龄特别早，尽管我们对这种特早的原因现在还不知道，而只知道，唯因其早，所以终于能在遗传的时候，也分移到了牝鹿身上；这是第二性的根源。由于这第二性的根源，于是两性才都有了角。

转到另一种角，即反刍类的鞘状的角。就羚羊类来说，我们在这方面可以排成一个循序渐进的系列：以母羊完全没有角的一些羚羊种开始——中间经过母羊角极小、小得近乎残留的另一些羊种，例如美洲叉角羚（Antilocapra americana）的母羚，但并不全有，大约四只或五只中有一只有之[11]——再经过母羚的角虽比较发达而比起公羚的来明显地要小些、细些，而有时候形状也还有所不同的一些羚羊种[12]——最后以两性具有同样发达、同等大小的角的一些羚羊种而告终。像驯鹿的情况一样，在羚羊方面，上文已经指出过，我们也可以看到，角的发展而出现的迟早，和它在遗传之际只传给一性、或兼传给两性，这两者之间是存在着某种关系的。因此，某些羚羊种的母羚之有或没有角，以及另一些羚羊种的母羚有着发展程度不同的角，所依凭的，不在角的有无特殊用途，而单单在遗传的方式。即便在同一个范围有限的属以内，在有些羚羊种里光是公羚有角，而在另一些里，则两性都有角——有了上面所说的看法，这一事实也就见得理有固然，并不奇怪了。另一个引人注意的事实是，尽管粪石羊（乙 59）的母羚正常情况下是没有角的，布莱斯先生却见到过不下于三只有角的这种羚的母羚，而我们又没有什么理由来推测这几只羚羊是老了，或有病态，才长出角来。

在所有野生的山羊和绵羊种里，公羊的角都要比母羊的为大，有时候母羊的角可以小到几乎等于没有。[13] 在家养的山羊和绵羊里，有若干品种光是公羊有角；而在有些品种里，例如北威尔士的绵羊，尽管两性都是正常地有角的，母羊时常也发生不生角的情况。有一位可靠的有亲身经历的人，在有目的地视察了这一品种的绵羊正当产育季节里的一个羊群之后告诉我，初生的公羊的角一般要比初生母羊的发展得更为充分。皮尔先生给几个绵羊品种配了种，一种是他自己一向畜养的两性都有角的郎克羊（Lonk sheep），作为一方，另两种是勒斯特羊（Leicester）和希洛普郡草原羊（Shropshire Downs），都是无角的，作为另一方。结果是，下一代公羊的角都缩小了不少，而母羊则完全没有角。这几桩事实都指明，就绵羊而言，母羊的角之为一个特征，比起公羊的来，要不稳定得多，而这也使得我们想到，角这样东西是名分专属的起源于公的一性的。

在成年的麝牛（乙 698），公牛的角要比母牛的为大，而母牛的双角的底部不相接触。[14] 至于寻常的各个牛种，布莱斯先生说，"在大多数的野生牛种里，公牛的角要比母牛的长些粗些，而'班腾'牛（banteng，马来群岛一带土名，即爪哇牛，乙 134）的母牛角特别小，并且向后倾斜得很厉害。在家养的各个牛种里，包括项部作瘤状或不作瘤状的各类型在内，公牛的角短而粗，母牛和骟牛的角长而细；而在印度的已驯化的野牛种（Indian buffalo），公牛的角是较短较粗，而母牛的较长较细。其在野生而未驯化的'高厄尔'牛（gaour，即犦，乙 131），大多数公牛的角要比母牛的为长为粗。"[15] 梅杰博士也告诉我，新近在阿尔诺河谷①发见了一具化石

---

① Val d'Arno，意大利中北部。

的颅骨，据信是一只无角牛（乙 130）的母牛的，而这种牛是完全没有角的。我不妨再加一例，在白犀牛（乙 834），母犀的角一般比公犀的为细长有余而强劲不足；而在另几个犀牛种里，据说母犀的角要短些。[16] 从这些来自各方面的事实出发，我们不妨作出推论，认为一切种类的角，即便是两性发展得大小强弱相等的那一种角，就其根源来说，也还是由雄兽为了战胜其他雄兽而首先取得的，而随后又传给了母兽，有的传得完整些，有的不那么完整。

　　阉割的影响是值得注意的，因为它对这问题有启发。牡鹿一经阉割的手术，就再也不换新角了。但驯鹿的牡鹿必须除外，因为虽经阉割，他也照样换角。这一例外的事实，结合在这一鹿种里两性都有角的事实，乍然看去，似乎可以证明，这一鹿种的角并不构成一个性的特征；[17] 但驯鹿的角既然发展而出现得特别早，早在两性的体质尚未分异之前，则阉割之所以对他们不发生影响，也就不足为怪了；尽管驯鹿的角最初也是由牡鹿首先取得，而后来才传到牝鹿身上，也不妨碍这一解释。就绵羊论，两性正常是都有角的；而有人告诉过我，英国威尔士绵羊（Welsh）的公羊，一经阉割，换出的新角就要小不少，但究竟小多少，很大一部分要看阉割的手术是在什么年龄施行的，而这是其他动物也未尝不表现的一种情形。美利奴绵羊（Merino）的公羊角很大，而母羊则"一般说来没有角"。在这一品种里，阉割所产生的影响似乎要大些，所以如果手术施行得早，角就"几乎完全不生出来了"。[18] 在几内亚滨海，有一个绵羊品种的母羊是从来不生角的，而经过阉割的公羊，据里德先生向我说，也就几乎是全不生角了。至于牛类，公牛经过阉割以后，角会发生很大的变化，它们不再是短而粗，而变为细而长，和母牛的相似，而长度则还是超过了母牛。羚羊类中的粪石羚（乙 59）提供了与此大致可以类比的例子：公羚的角长而直，作螺旋形，几乎是并行地向后伸展；母羚一般没有角，间或有少数有角的，角的形状很不同，不作螺旋形，不向后而向左右伸展，最后又弯过来而使角尖指向前。到此值得特别注意的是，在经过阉割的这种羚羊的雄者，角的形状变了，变得和母羚的一样奇特，所不同的只是更长些粗些。

如果我们可以根据类比而作出判断，似可以说，就这里所讨论的牛和羚羊的两个例子而言，母牛和母羚羊的角所代表的有可能是更为古老的一种情形，即各自表现着早期某一代祖先的角的形态。但对于阉割之举何以会使一种古老的状态重新出现，我们就很难提出任何肯定的解释了。尽管如此，有这样一个可能的解释，就是，这是体质受到了扰乱所致；我们知道，种与种的杂交，或亚种与亚种的杂交，都可以引起这种扰乱，而往往在后一代身上导致某些丢失已久的特征的重新出现；[19] 如今阉割也造成了体质上的扰乱，因此也就产生了同样的效果。

大象的长牙，在各个不同的象种或亚种里，各有不同，其不同的程度和反刍类的角几乎一样。在印度和马六甲的大象，只有雄者有很发达的长牙。大多数博物学家认为，锡兰的大象属于另一个亚种，有几个博物学家更认为是属于另一个种，不同于印度和马六甲的，而在这里，"一百只象中找不到一只有长牙的，而极少数有长牙的象则全都是公的。"[20] 非洲的大象无疑地是又一类，和亚洲的截然分明，这里的母象也有巨大而发展得很好的长牙，尽管比起公象来还是小一些。

所有这些：各种与各亚种的象在长牙上的差别——各种鹿在角一方面的巨大的变异多端，尤其是野生的驯鹿所表现的那种情况——羚羊类中粪石羚的母羚之偶然有角，以及美洲叉角羚（乙 58）的母羊之时常没有角——极少数的一角鲸的公鲸竟然会有上下两只长牙——有些母海象会完全没有长牙——凡此，全都是例子，说明第二性征可以有极大的变异性，以致在关系很近密的若干动物形态中，也有随时发生差别的倾向。

长牙与锐角的发展，尽管在所有的例子里看来首先和主要是作为同类相攻的武器、而与性的功能分不开，却往往也还有些别的用途。大象用长牙来攻击老虎；据布鲁斯说，他也用它来把大树干刻画出一道深痕，使可以被一拉便倒；也可以用来挖取棕榈树干中心的粉质；而在非洲，他又时常用一只牙，而且总是那一只，来试探所经过的地面的虚实，看能不能承担他全身的重量。普通的公牛用角来保卫他的牛群；而瑞典的大麋（elk），据劳伊德说，有人知道，曾经用大角的一击打死一只狼。诸如此类可举的事实很多。在动物的角也间或可以有这一类次要用途的例子里，最奇特的是赫顿上尉所观察到的关于喜马拉雅山区的野山羊、即角羱（乙 167）的一个种，[21]他看到一只公羊失足而从高处往下坠，这羊在空中就把头向里弯，好让大角先着地，用角的弹性来抵销冲击的力量。而据别人说，另一个种的野山羊大角羊（乙 507）也用这办法。这办法对母羊来说是不适用的，因为她的角小，但母羊的性情比较文静，不大需要这种用角作为盾牌的做法。

每一只雄兽都有他自己使用武器的特殊方式。普通的公羊总是先来一个冲锋，用他双角的根部顶撞，力量之大，足以把一个强壮有力的男子像一个小孩似地撞一个四脚朝天，这是我亲眼看到过的。各种山羊和有几种绵羊，例如阿富汗的旋角羊（乙 699）[22]则先把前脚腾空，然后不但顶撞，"并且用他的形同偃月刀而前面又像九节鞭似的角向下砍一下，再向上抽一下，正像我们用佩刀一样。一只家养的身材高大的普通山羊的公羊，平时以斗争中善于折伤别的羊得名，有一次和一只这种旋角羊相遇，后者进行攻击，一战就把家羊打败，而其所以取胜之道全凭他的战术的新颖，使家羊措手不及。他一上场，总是立刻向对手一方迎上前去，作出对垒的把势，把头角在敌方的头脸鼻子上面伸将过去，把敌方夹住，然后急剧的向后一抽，予敌方以惩创之后，紧接着就蹦的一下，跳出场合，敌人想要还击，已经来不及了。"英国彭布罗克郡（Pembrokeshire）有一群山羊，在好几代以前脱离家养，变成野生，群中有一只公羊，是一群的盟主，有人知道他和其他公羊单独作战时杀死过好几只对手。这羊的角特别巨大，两角的角尖直线相距宽达三十九英寸。谁都知道，普通的公牛用角刺进敌方身体，然后把它挑起来，向空一抛。但据说意大利的野牛种从来不用他的角来战斗，而是用他凸出的前额先来一个沉重的撞击，然后用两膝向倒在地上的对手乱踩一顿——这是普通公牛所没有的一种本领。[23]因此，一只用咬住鼻子不放的方法来钉住这种牛的狗会立刻被他踩死。但我们必须记得，意大利的野牛种是早经养驯了的，他的野生的远祖当年是不是也有这样一双备而不用的角，我们是无法断定的。巴特利特先生向我谈过一个例子：当一只好望角野牛种的母牛，一称猴犼（乙141），被放进一个围场而和一只同种而已家养的公牛同处的时候，她立即向公牛进攻，公牛很粗暴地向她反攻，但只是把她东推西挤而已。巴特利特先生看得很清楚，认为要不是因为家养的那只公牛自认为有身份、能克制，只须用他的粗大的尖角横里一挑，就可以很容易地把她弄死。长颈鹿的角不长，外面又有皮和短毛包住，牡鹿的角比牝鹿的要略微长些；牡鹿也会用角来攻击，但由于脖子长，用法很奇特，他把头向前沉倒，然后用脖子左右摇晃，而劲头甚大，我曾经看到，由于他的角的一击，一条硬木板上平添了一道陷得很深的印痕。

　　就羚羊一类说，有时候我们很难设想它们究竟有什么好的方法来使用各式奇形异状的角。例如南非的跳羚（springboc，即63）的角相当短，向上直挺，但角尖是向里弯的，几乎弯成九十度直角，两个角尖彼此相对，巴特利特先生不知道这里是怎样使用的，但他有个想法，认为攻打时它们可以在敌手的脸部两侧造成惨重的创伤。阿拉伯大羚羊（乙691，图63）的角是轻微地弯弯的，很长，几乎是并行地向后伸展，角尖一直越过背脊的中部。这样的角看来是特别地不合于战斗之用；但巴特利特先生告诉我，当两只这种的羊准备战斗的时候，他们都跪下，把头倒伸进前腿之间，在这样一个姿势之下，双角就贴近地面，并且几乎和地面平行，这样，角就展向前面，而角尖稍稍向上翘起。然后双方慢慢地向前挪动，越

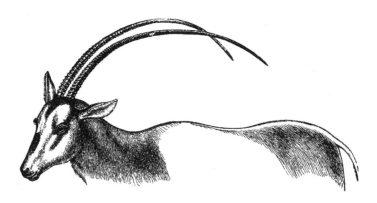

图63　阿拉伯大羚羊（乙691）的公羚的头。采自诺士雷（Knowsley）动物苑

来越靠近，彼此都试图把翘起的角尖伸到对方的腹部下面，如果一方成功，他就突然蹦起来，同时把头向上一摔，这样，就可以使对方受伤，甚至洞穿对方的肚子。两羚相对，总是各先跪下，这样才能尽量地防护自己被挑，而也可以挑刺对方。有人记录到过，一只这种羚羊曾经运用这种武术，而有效地应付过一只狮子；但由于他为了使角尖向前向上而不得不把头倒夹在前腿中间，在受到任何别种动物攻击的时候，他的地位是很不利而不免吃大亏的。因此可知，他们的角之所以变化，而取得今天的特长的尺寸和奇特的部位，看来大概是和抵御猛禽猛兽的目的并不相干的。然就同种内部的斗争来说，我们可以设想，当初这种羚羊的某一代祖先一旦取得了比较长而不太长，且又稍稍向后伸展的角，他在和别的公羚打架的时候，就不得不把头向里弯些，也就是向下弯些，像今天有几种鹿的牡鹿那样。而这样就牵连到又一个可能的情况，就是，为了更便于使用这样的角，他最好下跪，起初只是偶一下跪，后来经常下跪，终于取得了下跪的习性。在这样的情况之下，我们又几乎可以肯定地认为，长角的公羚要比短角的占便宜，越长就便宜越大。于是，通过性选择，角的长度就渐渐地变得越来越大，直到今天，就取得了现在的异乎寻常的长度和部位。

就许多鹿种来说，牡鹿的分枝形的角提出了一些特别困难的问题。因为，就战斗的需要而言，一支单一的直而尖的武器，要比分枝而多头的武器更有巨大的杀伤威力。在埃格顿爵士的私人博物室里，陈列有一支赤鹿或红鹿（乙 213）的角，长三十英寸，和"不下于十五个分枝"；而在德国莫里兹堡①至今还保存着一对红鹿的角，是 1699 年腓特烈一世（Frederick Ⅰ）的猎获物，其中一支有三十三个分权，真是多得出奇，另一支也有二十七个权，一起共六十个分权。理查森画有一幅一对野生驯鹿的角，一起也有二十九个尖头。[24] 根据鹿角的分权的方式，特别是根据有些人所知道的情况，表明两鹿相斗，有时候是用前脚相踢，[25] 而不一定用角，贝利竟然得出这样一个结论，认为角之于鹿，害处比用处还大！不过，这位著作

---

① Moritzburg，古堡垒建筑，在今德国西部哈勒城（Halle）。

家忽视了牡鹿之间认真而拼死的战斗的一面。我自己也曾为鹿角的分权的用途或好处而很感到迷惑不解，因此，曾向科隆塞①的麦克尼尔先生请教，他对于红鹿的习性作过长期和仔细的观察；他回答我说，他从来没有看到某一些分支被派到过用处，但角的第一支或最靠近额部的一支，由于它向下倾斜，对额部有很大的保护之用，而这一支上的几个分尖也可以用来攻击。埃格顿也为我谈到红鹿和小红鹿（fallow deer）的情况，说，相斗的时候，双方突然对冲，各用角把对方的身体顶住，然后不顾死活地厮打起来。到一方最后被迫屈服而掉头逃跑的时候，胜利的一方就试图用两角的第一支戳进他的已经被打垮了的身体。这样看来，似乎角的上部的一些分权是主要或专门用来顶撞和抵御的。然而在有的鹿种里，这些在上部的分权也未尝不用来作为进攻的武器；有一次在加拿大渥太华城的法官卡顿的园子里，一个人遭到了一只加拿大马鹿（即乙212）的袭击，好几个人想走过去救他，而这只牡麋"一直没有把他的头从地上抬起来；不仅如此，连他的脸都一点没有动，一直几乎紧贴着地面，鼻子几乎是夹在两蹄之间；他只有一次把头向旁边晃了一下，但那是为了向蹄下的人进行一度刺击之前，先要看一看准"，而不是为了别的。原来在这样一个按兵不动的姿势之下，他的角的各个分尖正好针对着前来营救的人。"他在把头晃一下的时候，他必然要把头略微抬高一些，因为他的角实在长，如果只晃而不抬，一边的角势必与地面相碰。"这只牡麋，通过这样一个架势，渐渐地教营救的队伍知难而退，退在一百五十到二百英尺之外，而那个受袭击的人终于遭到杀害。[26]

牡鹿的角尽管是件用之有效的武器，我还是毫不迟疑地认为，备有一个单一矛头的武器要比一支分权的鹿角更足以制胜。法官卡顿对于鹿类有很丰富的经验，完全同意我这个论断。还有一层，分权的角，作为牡鹿之间进行战斗的一个自卫手段，尽管有其高度的重要性，却也还有缺点，就是，即使为了自卫的目的，它也还有不尽适应之处，因为两个鹿的角容易

---

① Colonsay，小岛名，苏格兰地西。

交相锁住，固结不解。因此，在我的思想活动里就油然涌现一种猜测性的想法，就是，角的用途之中，可能还有装饰的一途。牡鹿的分权的角，某几种羚羊的有琴弦纹的角，加上这种角的双重或双重以上的左右弯曲（图64），即使用我们人的眼光来看，也很漂亮、很美妙，其为有装饰的意味，谁也不能否认。如果是这样，即如果角这样东西，像中古时代武士身上的装束和其他点缀那样，足以对鹿和羚羊的华贵的形相有所增加，那么，尽管它们实际的用途是在战斗一方面，它们有可能在装饰的一面，也即为了装饰的目的，而在进化的过程中发生过相应的变化，正未可知。但这只是我的想法，我还拿不出什么证据来。

图64　纰角鹿（实羚羊的一个种，南非捻角羚羊，乙901）的头角。采自史密斯爵士，《南非洲动物学》

最近有人发表了一个有趣的例子，从这例子看来，在美国的某一个地区里，有一种鹿的角似乎正在通过性选择与自然选择而发生着变化。有一位著作家在一种出色的美国刊物[27]上说，他在过去二十一年中一直在弗吉尼亚鹿或白尾鹿（乙219）的集中产地阿迪郎代克山区①行猎。大约在十四年前，他第一次听到"钉角鹿"（spike-horn buck）这个名称。年来年去，这种鹿繁殖得越来越多，大约五年前他打到了一只，后来又是一只，现在时常有所猎获。"所猎获的鹿的钉角和一般弗吉尼亚鹿的角有着很大的差别。钉角由一根单一的大钉似的结构构成，比这种鹿的普通的角要细，长

———————————
①　Adirondacks，美国东北境山脉。

也只有普通角的一半，还不到一些，从额角上向前方伸展，末梢特别尖锐。这种钉状角比一般弗吉尼亚鹿的角要更为轻便合用。钉角鹿在密林和灌木丛中来去，因此而可以跑得快些（凡是行猎的人，都知道牝鹿和不到两岁的小牡鹿要比长有重笨的角的大牡鹿跑得快得多）。此外，钉角比起这种鹿的普通的角来，也是一件效用更高的武器。有了这样一个便利，钉角鹿的数量就逐年赶上和赶过了普通的弗吉尼亚鹿，而迟早要在阿迪郎代克山区里完全取而代之。毫无疑问的是，第一只钉角鹿只是造化出了差错，是自然界的一个畸形物体，是完全偶然的。但钉角既为他敞开了方便之门，他就有了更大的蕃育后一代的机会。他的子孙，既然有同样的便利，也就随着比例的级数繁殖得越来越多，其随身的便利也越推越广，终于要逐渐地把他们所生聚的地区里原有的长有普通角的鹿种排挤出去。"有一个评论家对上面这一篇记录提出了不同的意见，他提得很不错；他质问说，简单的钉角既然如此地大有好处，那么，其所从来的那种分权型的亲源形态，以前又怎样会发展出来的呢？对于这样一个问题，我只能答复说，用一种新的武器来进行一种新的攻击方式大概是一个巨大的便利，上面所举的旋角羊（乙699）就是这样地把一只家养的公羊战败，而这只家羊一向是个有名的打手，已经是一个这一类的例子了。一只有权型角的牡鹿，在和同类的其他牡鹿相斗的时候，尽管可以适应得很好；有简单的丫叉式的角的一派鹿，逐步演进而终于取得又长而分权又多的角，如果他所与竞争的始终只是同类的一些其他牡鹿，尽管也可能有些好处；但如果所相与周旋的，或想要击败的是武装得很不相同的一个对手，那么，复杂的、分权分得多的角就不一定同样地适合和有利了。就阿拉伯大羚羊（乙691）的例子说，我们几乎可以确认，胜利之所归属，该是角短些的那一只羚羊，该是正为角短而用不着下跪的那一只羚羊；在所与战斗的只是一些同类对手的情况之下，保持原有的长角，乃至发展了更长的角，尽管对这种羚羊还可能有些好处，我们刚才提出的一个比较还是站得住的。

备有长牙的四足类雄兽使用长牙的方式也不相同，像角一样。野猪用它来横击和向上冲击；麝用来向下戳，效果很大。[28]海象尽管脖子短，身体笨重，难于转动，"长牙却十分灵活，上下左右同样地运用自如。"[29]不久以前去世的福尔克纳博士告诉过我，由于长牙发展得各不相同，印度大象在战斗中用牙的方式也不一，要看牙的位置和弯向而定。如果牙尖发展得向前向上，他可以把一只老虎挑起来，扔出去——据说可以远到三十英尺之外，如果牙不太长而牙尖又向下，他就试图出其不意地把老虎钉住在地上，因此，对骑象打猎的人这是一种危险，如不警惕，可以从象背椅子上被摔出来。[30]

四足类动物的雄者，很少为了适应与同类相斗的用途而备有两种特殊的、性能不同的武器。但爪哇小鹿或羌鹿一属（muntjac-deer，即乙 207）的牡鹿是个例外，他既有角，又有向嘴外突出的犬牙。不过根据下面所要说的话，我们不妨先作出推论，认为两种武器不是并存，而是在交替的过程之中；在漫长的演进年代中，一种方式的武器被另一种所替代是常有的事。就反刍类动物而言，角的发展，一般地说，和犬牙的发展，哪怕是不太发达的犬牙，两者之间存在着一种反比例的关系。例如骆驼、骆羊（guanaco）、香鹿（chevrotain）、麝等，都没有角，而有很顶用的犬牙。这些犬牙"在雄兽身上总是要比雌兽的大些。"骆驼科的动物（乙 161），真性的犬牙而外，在上颚还有犬牙形的一对门牙。[31]其他鹿种的牡鹿和各种羚羊的公羊是有角的，而一般没有犬牙，有犬牙是极少见的，而如果有，也总是非常之小，是不是在战斗中会起什么作用，是个问题。在高山羚（乙 65），幼公羚有犬牙，但只是一个残留，一长大就消失不见了，而在母羚是终其身不出现的；但据有人知道，在有几个别的羚羊种和鹿种里，母羚和牝鹿也间或表现一些犬牙的残留。[32]公马有犬牙，不大，而母马则几乎完全没有，或至多有些残留。但看来公马是不用犬牙来打架的，他平时咬东西，用的也只是门牙，而在战斗时也不像骆驼和驼羊那样把嘴张得大大的。凡是成年的雄者有犬牙，但现在已不甚中用，而雌者不是没有，便是只有些残留：我们遇到这种情况时，就不妨作出结论，认为有关物种的祖先当初是有过中用的犬牙、而且也曾部分地分移给雌兽的。而雄兽的犬牙之所以减削，似乎是由于战斗的方式有了改变，而战斗方式之所以改变，则往往由于新的武器有了发展（马当然不在此例）。

长牙大角，对持有它们的动物来说，显然有高度的重要性，因为它们的发展要消耗很多有机物质。亚洲产的一种大象——这是带长毛的一种，现在已经灭绝——的长牙，和非洲产的另一种大象的长牙，据有人知道，一支可以重到一百五十、一百六十、乃至一百八十磅；而有几位著作家所记录到的象牙的分量，甚至还有大于一百八十磅的。[33] 鹿的角是一年要换一次的，因此，对体质的消耗必然更大；例如美洲麋（moose）的一对角重五十到六十磅，而一种已经灭绝的爱尔兰麋（elk）的双角，重量是在六十到七十磅之间——而与此成对照的是，这种鹿的去了角的整个的颅骨平均只重五磅又四分之一。绵羊的角虽不逐年更换，但据许多农学家的意见看来，这种角的发展对育种的人来说也还多少是个赔累。就牡鹿来说，角更是一个麻烦，他们在躲避想捕捉他们作为食物的猛兽的时候，角是一个额外的负担，势必影响着逃跑的速度，而在穿过树丛密林的地带时，更是一个很大的包袱，阻碍着前进。例如在美洲麋，两角角尖之间可以宽到五英尺半，平时闲步，尽管优游自在，左右逢源，连一根小树枝都不碰磕，而在一伙狼猛力追逐而不得不逃命的情况之下，却就不那么灵便了。“当他前进的时候，他仰着头，鼻子朝天，两支大角横搭在后面。在这样一个姿势下，他连地面都瞧不清楚”，[34] 不要说别的了。爱尔兰大麋的角更伟大，角端相距不折不扣地足有八英尺，情况一定是更糟了！在红鹿，在约有十二个星期的时间里，角是包在一层丝绒似的茸毛里的，感觉特别灵敏，经不起撞击，因此，在德国，这种鹿的牡鹿在这时期里多少要改变一些生活习惯，避开浓密的老林，而在小树林和灌木丛中来往。[35] 这些事实使我回想起，有的鸟类的雄鸟为了取得羽毛之美，不免要付出降低飞行速度的代价；而为了取得其他方式的一些装饰，又不免在和同类中其他雄鸟进行斗争的时候，要付出战斗力打些折扣的代价。

在哺乳动物中间，如果两性的身材大小不同，而这是常有的情况，则几乎总是公的要比母的长大些、强壮些。古尔德先生告诉我，这一比较，就澳洲的有袋类（乙 600）动物来说是特别适用的。这一类动物的雄者看来似乎一直在长高长大，直到一个非常晚的年龄才停止。但两性大小悬殊得最为出奇的例子来自海豹类的动物。在硬鼻海豹（乙 158），一只长足的雌兽，比起一只长足的雄兽来，在重量上还不到六分之一。[36]吉尔博士说，在以雄兽之间相斗得很野蛮而出名的那些一夫多妻的各种海豹中，公的要比母的高大得多，而在实行一夫一妻的各种海豹里，两性的大小则是差不多的。鲸类（即游水类，乙 221）也提供一些证据，说明在公鲸的好斗性，和他的身材之大于母鲸，两事之间存在着一些关系。正鲸（right-whale）的公鲸是不相斗的，他们不但不比母鲸为大，反而似乎小一些；另一方面，抹香鲸（sperm-whale）的公鲸是相斗得很厉害的，他们身上"往往被发现带有不少的别的公鲸所咬出来的伤疤，牙齿的印痕赫然可见"，而这种鲸的公鲸要比母鲸大一倍。至于雄兽体力更大，则亨特很早就说到过，[37]总是没有例外地表现在和其他雄兽战斗之际用得最多的一些身体的部分——例如公牛的大大有分量的脖子。四足类动物的雄者，比起雌者来，也有更大的勇气和更强的好斗性。我们几乎可以毫无疑问地认为，所有这些特征的所以被取得，部分是通过了性选择，也就是，由于比较强壮而勇敢的雄兽在和比较柔弱、比较胆怯的对手的战斗中不断地赢得了胜利，而部分则通过不断使用所引起的遗传的影响。体力、身材、勇气等方面的再三连续的变异，出乎单纯的变异性也罢，或由于长期使用的影响也罢，总是逐渐累积起来而成为四足类的雄兽所取得的这些有标志性的特点，但这一类变异的发生，总要在生命的一个略微晚些的时期里，所以，遗传之际才在很大的一个程度上只传给同性的后代——这样一个看法大概也是对的。

由于我有这些考虑，我渴望要在苏格兰产的猎鹿犬或鹿猩（deer-hound）方面收集一些资料，因为这种狗的两性在身材上的差别要比任何其他狗的品种为大（尽管在另一种猎犬，血猎犬——blood-hound，两性的差别也相当大），也比我所知道的任何野生的狗种为大。因此，我就向科普尔斯先生请教，这位先生是以善于蕃育这品种的猎犬知名于世的；他曾经称量过自己养的许多狗，也曾很费心思地从许多不同的来源为我收集到如下的一些事实。发育良好的雄性猎鹿犬，从地面到肩头的身高，高低不等，从最低的二十八英寸到最高的三十三英寸，甚至有三十四英寸的；体重则从最轻的八十磅到最重的一百二十磅，也还有比这更重的。母狗的身高则最低的为二十三英寸，而最高的二十七英寸；体重则从五十到七十磅，个别的也有重到八十磅的。[38]科普尔斯先生的结论是，公狗平均体重九十五到一百磅，而母狗平均体重七十磅，这样两个平均数，虽非绝对准确，也大致不差；但也还有理由教我们认为，以前有过一个时期这种狗的两性的体重要比现在为大。科普尔斯先生曾经称过出生满两星期的一窝小狗，四只小公狗的平均体重，比两只小母狗的要多出六英两（ounce）半；在另一窝，四只小公狗的平均体重比一只小母狗的体重要多一两不到一点；出生满三星期后再称，则两窝小公狗所越出于小母狗的平均重量是七两半；而一满六星期，两性重量的平均差数是将近十四两。耶尔德斯雷庄（Yeldersley House）的赖特先生写信给科普尔斯先生说：“我曾就许多窝小狗把身材和体重记录下来，而据我的阅历所及，我发现在出生满五个月或六个月以前，小公狗和小母狗的差别一般是很小的；满五、六个月以后，小公狗就开始在身材与体重上长得很快，显著地赶过了小母狗。初生时，和在后来的几个星期里，有个别小母狗可以比所有的小公狗为大些、重些，但后来总是要被他们赶上和赶过的。”克伦赛庄（Colonsay，亦小岛名，已见上——译者）麦克尼尔先生所得出的结论是，“小公狗要到满两岁以上才充分地生长成熟，而小母狗的完全成长则比他要早。”根据科普尔斯先生的经验，小公狗的身材的成长一直要到出生后十二个到十八个月才到顶点，而体重的增长则一直到出生后满十八个月至二十四个月才停止；而小母狗则比此为早，身材是从出生后九到十四或十五个月，而体重则从出生后十二到十五个月，过此便不再增加了。根据这些来自不同方面的结论，我们可以清楚地看到，苏格兰猎鹿犬两性之间的差别，一直要到生命的相当晚的一个段落才充分地达成而表现出来。在打猎的时候，人们用来逐鹿的差不多全是公狗，因为，像麦克尼尔先生对我说的那样，母狗的体力和分量都差，不足以拖垮一只长成的鹿。我也从科普尔斯先生那里听说到，从传说里所留下的许多狗的名字，可知在很古老的年代里，享有盛名的是些公狗，而母狗只是作为这些名狗的母亲才被提到。由此可知，许多世代以来，只是这种猎狗的雄者才主要地在体力、身材、疾走和勇气等方面受到过考验，而最经得起考验的、最优良的才被用来蕃殖后一代。但公狗既然一直要到相当晚的年龄才充分建成他们的高大与分量，他们就倾向于按照我们一再指出的那条法则办事，就是，把他们的特征只传给他们的雄性后代；在苏格兰猎鹿犬的两性之间为什么会在身材上表现这样大的不平等，这大概就是一个解释了。

　　少数几种四足类动物的雄者备有专供自卫和提防其他雄兽侵犯的一些器官或部分。我们已经看到，有几种鹿用他们角上的长在高处的一些分权来保护自己，这是这些分权的主要用途，甚至是唯一的用途。而大羚羊属（乙690），据巴特利特先生告诉我，也善于运用他的细长而微微作月牙形的角来防卫自己，不过他的角同时也是进攻的工具。这同一个观察者也说到，犀牛在相斗的时候，也各自用角来挡住对方从侧面来的进攻，两角相击，作很大的格格声。野猪用长牙相斗，也作此声响。野猪相斗，尽管不顾死活，然据布雷姆说，任何一方受到致命创伤的事情倒也是难得发生的，因为承受对方的长牙的不是别的，就是此一方自己的长牙，或肩膀上那块像软骨似的、被德国猎人称为"盾牌"的厚皮；而在这里，我们就找到为了防御之用而特殊变化出来的身体的一个部分的例子了。在正当壮年的野猪（见图65），下颚的两支长牙是用来战斗的，但到了老年，据布雷姆说，它们变得越来越向里和向上弯曲，其尖端转到了鼻子的上面，就不再能这样使用了。但反攻为守的用处还是有的，甚至还

图65　普通正在壮年的野猪的头。采自布雷姆

更为有效。作为一种补偿——补偿长牙不再能作为攻击的损失—— 一直是向左右两旁突出一些的上颚的长牙，到了老年，就越长越长，也越向上弯曲，适合于攻击之用。尽管如此，一只老野猪，比起六七岁大的野猪来，对人来说，毕竟是不那么可怕了。[39]

就西里伯斯（Celebes）产的马来野猪，一称豚鹿（乙 109）的成年公猪（图 66）来说，下颚的长牙真是令人望而生畏的一种武器，像欧洲的壮年的雄野猪一样；而上颚的长牙，由于太长，牙尖也太往里面卷，卷得有时候可以接上前额，却完全不能用来作为进攻的武器。它们已经不大像牙齿，而更像一对角，而作为牙齿，又显然如此地一无用处，以致有人曾经认为，野猪在休息的时候，会用它们来把头钩挂在树枝上！但如果野猪把头稍稍向横里转一下，这对长牙向前凸出的一面却有出色的守护作用了；在被猎获的年老的野猪头上，这对牙"一般像是经历过战斗而已经折断了似的"，[40]看来原因大概就在这里。这里，我们在马来野猪身上，在它当壮年时期一直具备的上长牙上面，找到了一个奇特的例证，说明这一类的武器，由于它们的结构特殊，显然只能适合于防卫之用。其在欧洲的雄野

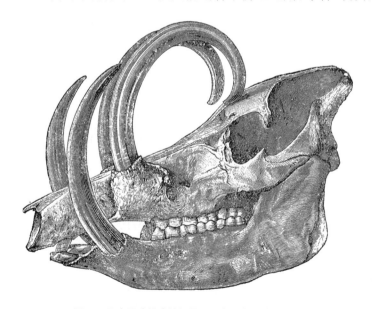

图 66　马来野猪雄猪的颅骨（采自《皇家博物志》）

猪，情况与此略微有些相反。欧洲野猪一到老年，下长牙变得更长更弯而不得不改变用途、反攻为守，唯长与弯的程度不如马来野猪那么厉害罢了。

在非洲的疣头猪（wart-hog，即乙 745，图 67），公猪的上长牙在壮年时期是向上弯的，而由于牙尖相当锋利，也是很可怕的进攻性武器。下牙床的长牙比上牙床的更为犀利，但太短，似乎很难用来进行攻击。但由于平时的磨用，使牙尖可以服贴地抵住上长牙的牙根，所以在战斗的时候，一定可以大大地加强上长牙的力量。无论上长牙还是下长牙，看来都没有经过什么特殊的变化而使它们适合于防御之用，尽管它们在某种程度上是不成问题地有这方面的用处。但马来野猪并不缺乏其他特殊的自卫手段；在他的脸部两边，在眼睛下面，各有一块长方形的、既相当坚硬而又有弹性的由软骨构成的垫子（图 67），向外突出约有两三英寸。当巴特利特先生和我一同观看这种公猪的一头活标本的时候，我们都认为，如果这头猪受到敌手的长牙的自下而上的攻打，这两块垫子就向上翻，从而配合得很好，使多少有些鼓出的眼部可以得到保护。我还可根据巴特利特先生

图 67　非洲疣头猪的母猪的头（采自《动物学会会刊》，丙 122，1869 年卷）。所示特征和公猪的一样，只是尺寸小些而已。——注：当这幅图制成铜版的时候，我错误地认为这是公猪的头

的富有权威的话在这里添上一句：这种野猪相斗起来是取一个直接面对面的姿势的。

最后，非洲的河猪（river-hog，即乙801）在脸部眼睛之下左右各有坚挺的由软骨构成的球状突出，在部位与性质上都相当于疣头猪的有弹性的垫子；在上颚骨上，在鼻孔上面一点点，他又有两个骨质的隆起。不久以前，动物园所畜的一只河猪突破栅栏而进入了疣头猪的笼子。他们斗了一整夜，到第二天被发现时，双方都已精疲力竭，但都没有受什么重伤。不过河猪的球状突出和骨质隆起上面满是血，划开和擦破的痕迹七横八竖、模糊难辨，疣头猪的脸部也是如此，这一层倒是有意义的，因为它正好说明了这些鼓鼓囊囊的结构起了保护的作用。

尽管猪这一科的许多成员的雄者都装备有一些进攻的武器以及我们在上面刚刚看到的一些防御手段，这些武器和手段的取得，就地质年代来说，似乎是相当晚的。梅杰博士分别叙录过[41]好几个中新世的猪种，而在这些猪种里，在公猪方面，看来都还没有发展出很大的长牙来，一种也没有，而吕蒂迈耶教授对这桩事实也表示有过深刻的感受。

公狮子的长鬣也构成一个良好的自卫性的装备来应付其他公狮子的攻击，而对他作为兽中之王来说，那也是唯一的危险了。因为，据史密斯爵士告诉我，公狮子之间所进行的战斗是很可怕的；一只幼小的公狮子对老的公狮子望而生畏，不敢靠近。1857年，在布朗姆威奇（Bromwich）动物园，一只老虎突入了一只狮子的笼子，一场恶战展开了；"狮子由于长鬣的掩护，颈部和头部算是保全了，受了些轻伤，但最后老虎终于成功地撕破了狮子的肚皮，而在几分钟之内狮子就死掉了。"[42]加拿大的林狸或大山猫（Lynx，即乙409），脖子上和项下有宽宽的一圈颈毛，很长，公猫的比母猫的更要长些。但这是不是也起保护的作用，我不知道。海豹类动物的雄者也以彼此拼死相斗出名，而在有的海豹，例如海狮（乙694），[43]公的有长大的鬣，而母的则很短小，或者没有。在好望角一带的大狒狒（乙319），公狒狒的鬣和犬牙要比母狒狒的长大得多，而鬣的用处大概也就在保护；为此我曾经问过动物园的管理人员，而没有向他们透露我所以提出问题的目的，我问的是：各种猿猴之中，每种在自己之间相斗的时候，有没有哪一种特别爱向对方脖子的背部进攻，而我得到的回答是，谁都不爱这样攻击，但有一个例外，就是上面所说的那种狒狒。关于另一个种的狒狒，树灵狒狒（乙316），爱伦堡曾经以成年公狒狒的鬣和幼小的公狮子的鬣相比，认为大小差不多，而幼小的狒狒，不论公母，和母狒狒都是几乎不长鬣的。

在美洲的野牛或駮犛（乙116），公牛有巨大的鬣，比母牛的要发达得多，蓬蓬松松又长又软的一大堆，几乎挂到了地面，依我看来，这在他们之间的狠斗中大概也起保护的作用。但一位有经验的猎手对法官卡顿说，他从来没有观察到过任何有利于这样一个看法的情况。牡马的鬣要比牝马的更为浓密与饱满，我在这方面曾向经管过许多全马（未经阉割的马）的两位兼营训练和育种的马师打听过，他们确凿地告诉我说，牡马彼此厮打，总是"毫不例外地试图咬住对方的脖子。"但这样一句话并不一定说明，尽管脖子上的长毛有时候起些保护的作用，其当初之所以发展，目的正是在此。在有的例子里，这保护的目的是比较清楚，大概可以肯定下来的，例如上文已说过的公狮子的长鬣，但不是一切例子都是如此。麦克尼尔先生向我说过，在赤鹿（乙213）的牡鹿，喉部的长毛大有保护的作用，因为在围场上，追逐他的猎犬一般都试图一口咬住他的喉部；但如果说牡鹿喉部的长毛所以发展的目的也正在防狗咬，那看来也不是事实，因为如果是，那么幼鹿和牝鹿也该有同样的保护措施才行；但他们是没有的。

四足类动物，无论公的或母的，在求偶时要进行挑选。——我在下章中将进而叙述四足类动物的两性之间在喉音、臭气的发放和各种装饰配备等方面的差别。在那之前，现在是个方便的时机先来考虑一下，两性的动物，在交配之前，是不是要进行一番挑选。在若干只雄兽，为了争取优胜，有可能进行一场战斗之前，或之后，一只雌兽是不是会看中其中某一只特定的雄兽？也可以这样问，一只雄兽，如果他不是个一夫多妻者，是不是也会看中某一只特定的雌兽？育种家中间，一般的印象似乎是，雄兽可以接纳任何雌兽，而这一印象，由于雄兽在情欲上特为迫切，就大多数的例子说，大概是正确的。但，反过来，作为一个通例，雌兽是不是也这样随便，可以接纳任何雄兽，那就值得怀疑的多了。在上文第十四章里，论到鸟类，我们提出了很不小的一批直接与间接的例证，说明雌鸟对她的配偶是要进行选择的；鸟类既然如此，如果在进化的阶梯上站得更进了一步、而具有更高的心理能力的四足类动物的雌者却一般地，或至少经常地，不进行某些程度的这种挑选，那倒是有乖常理的一件奇事了。如果一只求爱的雄兽取不到雌兽的欢心，也没有能力激发她的情欲，就大多数的例子说，雌兽总可以躲开不管；如果追求她的是好几只雄兽，而这是通常发生的情况，她在他们正在争雄斗胜的当儿，往往有机会和其中某一只雄兽相率溜出场合，结成配偶，或者至少和他临时地合在一起。这后一种情况，据埃格顿爵士和另外一些人告诉我，在苏格兰的红鹿的母鹿中间，是常常可以观察得到的。[44]

在自然状态之下，四足类动物的雌者究竟做些什么来挑选她们的配偶，关于这一点，我们势必不可能知道得太多。下面关于有耳海豹的一个种，硬鼻海豹（乙158）在求爱过程中有奇趣的详细情况是有来历的，[45]布莱恩特上尉在这方面有过广泛的观察的机会，而这就是他的话，他说："许多母海豹在到达她们准备在那里蕃育的岛屿之后，看来都渴望和某一只特定的公海豹重新团聚。她们时常爬上四周的大石边缘，向附近海中嶙峋的石堆张望，叫叫、听听，像是期待着一个熟悉的回音。期待不着，又转移到另一处，照样地叫着、听着……。期待有着，母海豹便下到岸边，最靠近的一只公海豹就从石上下来和她相会，一面走，一面像母鸡呼小鸡似地咯咯作声。他向她鞠着躬，不断地抚慰、引逗，直到让自己把稳了介乎海水和母海豹之间的一个地位，使她无法下水脱逃。到此，他的态度一变，作狼一般的噪声，粗犷而低沉得可畏，然后把母海豹赶到作为他的后宫似的母海豹集中的地方。这种后宫分高低不等的几排，上面所说的作法一直要进行到低的一排将近排满为止。后宫是随时需要防卫的，一有疏忽，蹲在高处而求偶不那么幸运的另一些公海豹，就会看准时间下来偷取集中的母海豹。他们是这样偷的：先把要偷取的母的用嘴咬住，高高举起，掠过同排的其他母海豹的头顶，然后放进他们自己的那排后宫里去，全部过程正像母猫搬运小猫一般。更在高处的公海豹也来这一套，一直到整块地面挤得满满时才停止。两只公海豹之间，为了争夺同一只母海豹，也时常发生战斗，彼此把母的咬住不放，几乎要把她扯成两半，或至少把她咬得遍体鳞伤。到整块地面装满之后，作为一群之主的老的公海豹就到场巡行一周，踌躇满志地把全部家眷检阅一番，把拥挤和捣乱的分子责骂一顿，把所有不属于这一群体而闯进来的分子轰出去，这种巡查使他不停地忙忙碌碌。"

对自然状态中的动物的求爱情况既然不可多得，我就转向家养的四足类动物一方面，试图发现它们在求偶这件事上，是不是表现出有所挑选。狗提供了最良好的观察机会，因为它们经常受到人的细心照管，人对它们也很熟悉。而在这问题上，许多育种家也曾表示过一些坚定不移的看法。例如，梅休先生说："母狗是懂得表示情爱的；而过去的一些温存的回忆，像我们所知的属于其他高等动物的一些例子一样，对她们是可以发生作用的。但母狗在恋爱生活里，却不一定那么懂得好歹，她们很容易和低级的草狗往来，而委身给他们。和体貌粗俗的公狗养在一起，双方会打得火热，而且那份感情可以维持得很久，时间再长也冷不下来。而这种感情的长期维系变得要比浪漫的爱更为强烈一些，简直就是热爱，只有热爱的说法才名副其实。"梅休先生所经营的主要是些较小的品种，他肯定地认为，身材高大的公狗对这些品种的母狗有着强大的吸引力。[46]知名的兽医布莱恩说，[47]他自己畜养的一只雌性狮鼻狗（pug）看上了一只长毛狗（Spaniel），还有一只母的立指犬（setter）看中了一只草狗，都搞得难解难分，一直过了好几个星期，才肯和他们自己品种的公狗相配。我又收到过性质相同而也真实可靠的两份记录，分别说到一只雌性回猎犬（retriever）和一只雌性长毛狗都倾倒于另一品种的猎犬，搜穴狗（terrier）。

下面所举的例子就更奇特了，而科普尔斯先生向我说明，他本人可以担保所说的有关情况是确凿可靠的。一只名贵而伶俐得出奇的雌性搜穴狗爱上了邻家的一只血猎犬，形影不离，弄得主人时常要把她从血猎犬那里硬拖回来。后来算是终于分开了，不再来往，但从此以后，尽管她的乳头上时常分泌出一些乳汁，她再也不接受任何其他公狗的求爱，而很教她的主人懊丧不已的是，她再也不生小狗了。科普尔斯先生也说，1868年，在他的狗窠里，有一只雌性猎鹿犬生了三窝小狗，每次在怀胎以前，对同窠的四只雄性猎鹿犬的态度是不一样的；这四只狗都正在壮年，她所特别垂青的是其中最高大、最漂亮而对于调情求爱却最不热心的那一只。科普尔斯先生又观察到，母狗一般喜欢同相处已久而两相熟悉的公狗相配，她的羞涩和畏怯，在求偶的初期里，倾向于使她拒绝一只陌生的公狗。而公狗则与此相反，似乎更愿意和不相熟的母狗相配。公狗拒绝和任何特定的母狗相配的情况，看来是很难得的，但耶尔德斯雷庄（Yeldersley House）的赖特先生，以对蕃育狗种有巨大经验的专家的资格对我说，他知道这种例子还是有一些的，他举了一个，是他自己的若干猎鹿犬中的一只；这只公狗对准备和他相配的一只特定的母獒（mas-tiff）连瞧一下都不干，结果只好另换一只公的猎鹿犬来和这只母獒配对。可举的其他例子还有些，但这些已经是足够了。我只再添一个，巴尔先生细心地繁育过许多血猎犬（bloodhound），说在几乎每一个作配成功的例子里，公狗与母狗彼此都很清楚的表现出恰如心愿，没有配错。最后，科普尔斯先生，在又为我花上一年的工夫注意这个题目之后，写信告诉我，"我以前说过，狗在相配而准备繁育的时候，公母之间，是肯定地互相挑选、要彼此中意才行的，而影响它们挑选的往往是身材的大小、颜色的明晦等等个体特征，以及在相配以前彼此熟悉的程度；现在我可以更充分地证实这个说法了。"

关于马，当世最大的赛马育种家布伦吉隆先生告诉我，牡马在选择对象的时候常常三心两意、不可捉摸，拒绝这一匹牝马，接受另一匹牝马，都看不出有什么理由来，因此，我们在配种的时候，不得不习惯于装些假相、玩些花样。例如，著名的赛马"马王"（"Monarque"）从来不肯向产生另一匹名赛马"角斗士"（"Gladiateur"）的那匹种母马自觉地瞧上一眼，逼得人们不能不玩个手法，才使配种得以完成。我们从牡马对于选择配种对象之如此挑剔，多少可以看到一些为什么名贵的赛马种的牡马，各方面的要求既如此之大，至于供不应求，却有绝种的危险的理由。据布伦吉隆先生的经验，他就从来不知有牝马拒绝牡马的任何例子。但这也不尽然，赖特先生的马厩里就发生过这种情况，结果是必须设法把牝马欺骗一下，她才肯配。吕卡在征引了许多来自不同方面的法国著作家的话之后，说：[48]"我们看到，一匹牡马只要一爱上一匹牝马，就把其他的牝马全都抛撇了。"接着他又根据贝伦的资料列举了一些事实，说明公牛也有同样的情况，而里克斯先生也确凿地向我说到，属于他父亲的一头有名的短角种公牛"一贯地拒绝和一头黑色的母牛相配。"霍夫贝格在叙述拉普兰（Lapland）的家养的驯鹿时说：[49]"牝鹿比较喜欢让更强壮有力的牡鹿接近，趋之若鹜，而避免同那些年轻牡鹿纠缠，迫使它们逃窜。"有一位蕃育过许多猪的教会中人说，母猪往往在拒绝一只公猪之后，立刻把另一只接受下来。

根据上面这些事实，我们可以毫无疑问地认为，就大多数家养的四足类动物而言，在求偶之际，两性的个体时常表现强烈的爱憎或好恶的心情，而雌兽所表现的比雄兽要更为普通得多。既然如此，则在自然状态中的四足类动物大概不会把求偶这件事完全付诸机遇，一凭碰巧了。不会的，更有可能的实际情况是，雌兽要被那些在更高的程度上具有某些特征的特定的雄兽，而不是一般的雄兽，所吸引，所激发，而终于结成配偶；至于这些特征究竟是什么，我们就很难、甚至永远不可能十分确切地发现出来。

原 注：

[1] 关于两只野兔的战斗，见 Waterton 文，载《动物学人》（丙 157），第一卷，1843年，211 页。关于鼹鼠，见 Bell，《不列颠四足类动物史》，第一版，100 页。关于松鼠，见 Audubon and Bachman，《北美洲的胎生四足类动物》（Viviparous Quad-

rupeds of N. America），1846 年，269 页。关于海狸，见 Mr. A. H. Green 文，载《林奈学会会刊·动物学之部》（丙 76），第十卷，1869 年，362 页。

［2］叙述海豹相斗，见 Capt. C. Abbott 文，载《动物学会会刊》（丙 122），1868 年卷，191 页；亦见 Mr. R. Brown 文，同上刊物，同年卷，436 页；亦见 L. Lloyd，《瑞典境内可供弋猎的鸟类》，1867 年，412 页；亦见 Pennant 文（文载何处，未详——译者注）。叙抹香鲸，见 Mr. J. H. Thompson 文，载《动物学会会刊》（丙 122），1867 年，246 页。

［3］关于红鹿（Cervus elaphus）相斗时角的交锁，见 Scrope，《猎鹿追踪术》，17 页。Richardson 在《北美洲动物志》（1829 年，252 页）里说，不同的麋种和野生驯鹿的角都有时相交锁而分解不开的情形。Sir A. Smith 在非洲好望角发现两只角马（gnu）的骨骼的情况也是这样。

［4］Mr. Lamont［《同海马在一起的几个季节》（Seasons with the Sea-Horses），1861 年，143 页］说，一只公海象（即海马，皆 walrus 一字的意译，此种动物英语普通亦称 Sea-Horse，Lamont 书名中用之，当是因其比 walrus 更为通俗易晓——译者）的长牙，生长得好的，重四磅，比母海象的要长些，母海象的重约三磅。他也说公海象相斗是很凶狠的。关于母海象有时候缺乏长牙，见 Mr. R. Brown 文，载《动物学会会刊》（丙 122），1868 年卷，429 页。

［5］欧文，《脊椎动物解剖学》，第三卷，283 页。

［6］见 Mr. R. Brown 先生文，载《动物学会会刊》（丙 122），1869 年卷，553 页。关于这些长牙的同源（homological）性质，见 Prof. Turner 文，载《解剖学与生理学刊》（丙 77），1872 年卷，76 页。又关于雄兽身上两支长牙的发展，见 Mr. J. W. Clarke 文，载《动物学会会刊》（丙 122），1871 年卷，42 页。

［7］关于真甲鲸和鸭獭，见欧文，同上注 5 中所引书，第三卷，638、641 页。Harting 的话，见引于 Dr. Zouteveen 所做的本书荷兰文译本，第二卷，292 页。

［8］关于驯鹿的角的结构和脱换，见 Hoffberg 文，载《适意学会》会刊（丙 5），第四卷，1788 年，149 页。关于美洲的驯鹿种或亚种的这方面的情况，见 Richardson，《北美洲动物志》，241 页；亦见 Major W. Ross King，《行猎者在加拿大》，1866 年，80 页。

［9］见 Isidore Geoffroy St. Hilaire，《普通动物学论》（Essais de Zoolog. Générale），1841 年，513 页。角以外的其他雄兽的特征有时候也被转移到母的身上，例如

Mr. Boner［《巴威山中猎羚记》(Chamois Hunting in the Mountains of Bavaria)，1860 年，第二版，363 页］谈到臆羚（chamois）的母羚时说："不但她的头看去很像公羚的头，而且沿着背脊也有寻常只有公羊有的由长毛构成的那么一条隆起。"

[10] 关于爪哇小鹿或羌鹿（乙 207），见 Dr. Gray，《不列颠博物馆哺乳类标本目录》，第三篇，220 页。关于美洲麋，见法官 D. Caton 文，载《渥太华自然科学院》院刊（丙 106），1868 年 5 月，9 页。

[11] 这一项资料来自 Dr. Canfield，我谨在此致谢意；又见他所著文，载《动物学会会刊》（丙 122），1866 年卷，105 页。

[12] 例如南非跳羚（乙 63）的母羊的角就和分明是另一种的羚羊角相似，就是善女羚（乙 61）的一个亚种（乙 62），见 Desmarest，《哺乳动物学》(Mammalogie)，455 页。

[13] 见 Gray，同上《……标本目录》，第三卷，1852 年，160 页。

[14] Richardson，《北美洲动物志》，278 页。

[15] 见所著文，载《陆与水》（丙 87），1867 年卷，346 页。

[16] D. Caton，《南非洲动物学》，图片第十九，又欧文，《脊椎动物解剖学》，第三卷，624 页。

[17] 这是 Seidlitz 的结论，见所著《达尔文学说》(Die Darwinsche Theorie)，1871 年，47 页。

[18] 在这里我很要感谢一下 Prof. Victor Carus，因为他为我就这题目在德国撒克逊尼（Saxony）进行过查访。H. von Nathusius 在《家畜饲养学》(Viehzucht)，1872 年版，64 页上说，阉割得早的绵羊要么不长角，要么只长出一些残留来；但我不知道他指的是美利奴羊，还是普通品种的绵羊。

[19] 我在我的《家养动植物的变异》，第二卷，1868 年，39－47 页上列举了许多试验和其他证据，说明情况是这样的。

[20] 见 Sir J. Emerson Tennent，《锡兰》，1859 年版，第二卷，247 页。关于马六甲（Malacca），见《印度群岛杂志》（丙 81），第四卷，357 页。

[21] 见《加尔各答自然史刊》（丙 43），第二卷，1843 年，526 页。

[22] 见 Mr. Blyth 文，载《陆与水》（丙 87），1867 年 5 月，134 页；他所根据的资料来自 Capt. Hutton 和另外几个著作家。关于彭布洛克郡（Pembrokeshire）的野山羊，见《田野》（丙 59），1869 年卷，150 页。

[23] 见 M. E. M. Bailly 文《论角的用法》(Sur l'usage des Cornes)，载《自然科学纪事刊》(丙 9)，第二卷，1824 年，369 页。

[24] 关于红鹿的角，见欧文，《不列颠化石的哺乳动物》，1840 年版，478 页；Richardson 论驯鹿的角，见《北美洲动物志》，1829 年，240 页。关于莫里兹堡(Moritzburg) 的资料是 Prof. Victor Carus 所提供的，我感谢他的雅意。

[25] 法官 D. Caton [《渥太华自然科学院》院刊 (丙 106)，1868 年 5 月] 说，美洲的鹿，在"一群之中谁是最为优越的问题一经解决而得到公认"之后，就不再用角，而用前腿来相斗了。又参见上注 23 所引文，371 页。

[26] 见我所已征引过的法官 D. Caton 的那篇论文的附录中一段极为有趣的记录（参见上注 10 和 25——译者）。

[27] 见《美国自然学人》(丙 8)，1869 年 12 月，552 页。

[28] 见 Pallas，《动物学拾遗集》(Spicilegia Zoologica)，第十三分册，1779 年（按似应作 1799 年，1779 年为第八分册——译者），18 页。

[29] Lamont，同上注 4 所引书，141 页。

[30] 关于长牙不太长的那种大象，即所称"莫克那"(Mooknah) 象，用长牙来攻击其他象的方式，亦见 Corse 所著文，载《哲学会会报》(丙 149)，1799 年卷，212 页。

[31] 欧文，《脊椎动物解剖学》，第三卷，349 页。

[32] 关于鹿和羚羊的犬牙，外加 Mr. Martin 关于一只美洲母鹿的附识，见 Rüppell 文，载《动物学会会刊》(丙 122)，1836 年 1 月 12 日，3 页。亦见 Falconer 单叙一只成年母鹿的犬牙的话（《古生物学的回忆与集录》，第一卷，1868 年，576 页）。公麝到了老年，犬牙有时候可以长到三英寸，而在老年母麝，作为残留而突出于龈肉之外的犬牙还不到半英寸（见 Pallas，《动物学拾遗集》，第十三分册，1779 (? 1799) 年，18 页）。

[33] Emerson Tennent，《锡兰》，第二卷，275 页；欧文，《不列颠化石的哺乳动物》，1846 年，245 页。

[34] Richardson，在《北美洲动物志》(236、237 页) 中，也曾叙到美洲的一个麋种，掌状角麋 (乙 21)。关于双角左右撑开之广，见《陆与水》(丙 87)，1869 年卷，143 页；关于爱尔兰大麋，亦见欧文，《不列颠化石的哺乳动物》，447、455 页。

[35] 见 C. Boner，《林居动物》(Forest Creatures)，1861 年，60 页。

[36] 见 Mr. J. A. Allen 所著的一篇很有趣的论文，载美国剑桥哈佛学院《比较动物学博物馆馆刊》（即丙 38），第二卷，第一期，82 页。其中所叙述的体重又曾经一位平素细心的观察者 Capt. Bryant 核对无误。亦见 Dr. Gill 文，载《美国自然学人》（丙 8）。1871 年 1 月。（原注无"亦见"二字，文义未全，疑有脱误，联系上文斟酌，应补此二字较妥。——译者）关于鲸鱼的两性在身材上的比较，见 Prof. Shaler 文，载《美国自然学人》1873 年 1 月。

[37]《动物经济学》（Animal Economy），45 页。

[38] 亦见 Richardson，《养狗手册》，59 页。在 Scrope 所著《猎鹿追踪术》一书中，有着 Mr. McNeill 所提供的关于苏格兰猎鹿犬的不少的宝贵资料；猎鹿犬两性之间在身材上的差等这一点，实际上也是 Mr. McNeill 首先提付大家注意的。Mr. Cupples 打算把这一著名品种的情况和历史详细写出，公之于世，我在此表示希望，他不要放弃这个计划。

[39] Brehm，《动物生活图说》，第二卷，729－732 页。

[40] 见华莱士先生关于这一动物的一段有趣的记载，《马来群岛》，1869 年，第一卷，435 页。

[41] 见《意大利自然科学会会刊》（丙 29），1873 年，第十五卷，第四分册。

[42] 见《泰晤士报》（丙 142），1857 年 11 月 10 日。关于加拿大的大山猫，见奥杜邦与 Bachman，《北美洲的四足类动物》，1846 年，39 页。

[43] 关于海狮或海驴属（乙 693）动物，见 Dr. Murie 文，载《动物学会会刊》（丙 122），1869 年卷，109 页。Mr. J. A. Allen 在上面已经引过的那篇论文（参见上注 36——译者）中对于此种动物的颈毛在公的要比母的为长、而被称为"鬣"这一点表示怀疑，认为颈毛虽长，不一定就构成为鬣。

[44] Mr. Boner，在他那段关于德国红鹿生活习性的出色的描写（《林居动物》，1861 年版，81 页）里说："正当群中的牡鹿，为了维护他的权利向进犯者中的一个撑拒的时候，另一个进犯者已侵入他的神圣的'后宫'，把胜利品一只一只劫取出来。"如今海豹的情况恰好也是如此；参见 Mr. J. A. Allen，同上引文，100 页。

[45] 见 Mr. J. A. Allen，同上引文，99 页。

[46] E. Mayhew（皇家兽医外科学会会员），《狗与狗的管理》（Dogs：their Management），第二版，1864 年，187－192 页。

[47] 见引于 Walker，《异种婚配论》（On Intermarriage），1838 年，276 页；又参见

244 页。

［48］《自然遗传学专论》(Traité de l'Héréd. Nat.)，第二卷，1850 年，296 页。

［49］见《适意学会》会刊（丙 5），第四卷，1788 年，160 页。

第十八章

哺乳类的第二性征（续）

嗓音——海豹类的一些突出的性征性特点——臭气——毛的发展——毛色和肤色——有背常例的母兽比公兽更为盛装的例子——颜色与一些装饰由性选择而来——为了保护而取得的颜色——为两性所共有的颜色也往往来自性选择——关于四足类动物身上的一些斑点、条纹在成年后的消失——关于四手类动物，即猿猴类的颜色和装饰——哺乳类总说

四足类动物的嗓音用途不一：危险当前，用来作为信号；同一队伍中的成员彼此招呼，或母亲寻觅不见了的子女，或子女寻求母亲的保护，都用嗓音来相唤；但这些用途无需我们在这里考虑。我们所关心的只是两性之间在嗓音上的差别，例如公狮子和母狮子、公牛和母牛之间在这方面的不同。几乎所有的雄兽，在叫春的季节里都要大用其嗓音，比任何别的时候要多得多，而有的动物，例如长颈鹿和箭猪，[1]据说除了叫春时节之外

是完全像哑巴似的。牡鹿的咽喉（合喉头与甲状腺而言[2]），一到蕃育季节开始，总要一年一度的放大，据此，也许有人就以为牡鹿的强大的嗓音一定有什么非同小可的作用；但这一想法是很有问题的。据两位有经验的观察者，麦克尼尔先生和埃格顿爵士所提供给我的资料看来，三岁以下的小牡鹿是不鸣的，而三岁以上的，在进入蕃育季节的时候，为了寻找牝鹿，烦躁不安地东西流浪，才开始呦呦地鸣，而起初也不常鸣，鸣声也不大。和情敌作战的序幕却是用大鸣特鸣揭开的，鸣声不但洪亮，并且持续不休，但在实际的战斗中却又不则声了。习惯于使用嗓音的所有动物，在强烈的情绪的激动之下，例如在被激怒和准备战斗的时候，总要迸发出各种不同的声音来。但这也许只不过是神经紧张的结果，神经的紧张导致了几乎全身所有肌肉的痉挛性收缩，而此种收缩引起了嗓音的迸发；一个人在盛怒或极端苦恼之下，不免咬牙切齿、紧握两拳，也是这个道理。牡鹿用鸣声来彼此挑战，而进行拼死的斗争，这是无疑的，但嗓音强大的牡鹿，除非同时在体力上、在蹄角的装备上、在勇敢上，也高出一筹，在情敌面前是不能操任何胜算的。

雄狮之吼可能也有同样的用途，就是，先声夺敌方之气，因为当他被激怒的时候，他同样地会把鬣竖起来，从而出乎本能地试图在敌手面前见得越威风越好。牡鹿像牛哞似的鸣声，尽管或许也有这种用途，我们也还很难设想，他这用途居然如此其重大，以至有必要使咽喉发生季节性的扩大。有些著作家提出，牡鹿之所以高鸣是为了叫唤牝鹿，但上文所已经提到的两位有经验的观察者告诉过我，尽管牡鹿一心一意地要搜寻牝鹿——而这一点，说实在话，原是意料之中的，因为我们知道，其他四足类动物的雄者都有这个习惯——而牝鹿却不找牡鹿。但牝鹿的鸣声很快地会把一只或不止一只的牡鹿引到她那里，[3]而这是习惯于山林生活而能模拟她的鸣声的猎人们所熟悉的事。如果我们可以这样设想，认为牡鹿通过他的鸣声就足以打动和诱致牝鹿，那么，根据性选择的原理、以及这种由选择而来的特征会传给同性后代，和在后一代身上在同年齿同季节里出现等道理，我们就不难理解他的发音器官为什么要一年一度地扩大了；但可惜我们没有什么证据来支持这一想法。目前可以肯定的情况是，牡鹿在蕃育季节里的高鸣看来不像有任何特别的作用，为求爱、为与情敌周旋、为任何其他目的，都没有什么用处。但难道我们就不能设想，认为在恋爱、嫉妒和愤怒的强烈的刺激之下，嗓音的长期使用，持续到许多世代之久，最后还是有可能在牡鹿的发音器官上产生一番遗传的影响，别的雄兽既大都如此，牡鹿就该例外么？是的，在我们目前的知识情况之下，我个人认为这是最接近事实的看法。

成年雄性大猩猩（gorilla）的嗓音大得惊人，而像成年的雄猩猩（orang）一样，[4]他具有一只喉头囊。长臂猿之属（gibbon，即乙419）也是在啼声最为响亮的猿类之列的，而在苏门答腊的一个种，叫联趾猿的（乙499），也备有一只空气囊；但有过许多实地观察机会的布莱斯先生并不认为这种猿的雄者比雌者叫得更响。因此，这后一类的猿猴有可能以嗓音作为两性之间互相叫唤之用，而这在某些四足类动物是肯定地这样的，例如海狸。[5]长臂猿属的另一个种，敏猿（乙495）是特别引人注意的，它有能力完全而正确地提供整个八音程的音乐声调，[6]而我们可以合情合理地来推测这是有取媚于异性的用处的，但我在下章还要谈到这个题目，现在姑不多说。在美洲吼猴的一个种，卡拉亚吼猴（乙647），公猴的发音器官要比母猴的大出三分之一，叫起来非常有劲。一到暖季，清早和夜晚，满林全是这种猴子的啼声，此呼彼应，嘈杂不堪，掩盖了其他一切声响。在这可怕的音乐会里，开场的是公猴子，而一开场要持续好几个钟头，母猴子有时候也应和进来，声音要小一些。仑格尔[7]是一位出色的观察者，却没有能看到这些猴子之所以开始叫嚷是由任何具体的原因激发出来的，他只认为，它们像许多鸟类一样，喜欢听自己的音乐，并且试图各献身手，互相较量而已。上面所说的各种猿猴，就其大多数而言，它们强大的啼声之所以取得，究竟是不是为了互相争胜，为了媚惑异性，而它们的发音器官之所以加强与扩大，又究竟是不是由于长期持续使用所引起的遗传影响，而此种加强与扩大却又不提供任何特别的好处——关于这些，我不敢强作解人地提出回答；但这两个看法之中，我看前一个看法，即有所为而为的看法，至少就敏猿的例子而言，是最近乎实情的。

我在这里不妨把海豹类所具有的两个很奇特的性的特点提一下，因为有些著作家认为它们对海豹的嗓音有影响。海象，即海伽耶（乙592）的雄者，一到蕃育季节，鼻子要变得大大地拉长，而且能挺直起来，而一挺直，有时候可以长到一英尺，而母海象则终身没有这种变化。雄者吼声粗野，咯咯作响，像发自一张大破嗓子，很远都听得到，有人认为这是长鼻子把它加强了的缘故，而雌者嗓音便不然。莱森把长鼻的挺直和家鸡类公鸡项下的垂肉的胀满相比，因为这种胀满也发生在求爱的时候。另一种与海伽耶相近的海豹，叫做冠海豹或袋鼻海豹的（乙331），头上盖着一大块巾状或囊状的东西，巾状物的支柱就是鼻子中间的隔膜，隔膜向后伸展得特别长，到尽头处又上升而为一个隐而不见、而高可达七英寸的峰状的东西，这就是头巾的支柱了。头巾外有毛发，内有肌肉，里面可以鼓气而成囊，鼓足了气的囊比头本身还要大些！当叫春的时节，雄性冠海豹在冰上斗得很凶，他们的吼声"之大，据说有时候四英里之外还可以听见。"在受到攻击的时候，他们也吼；而凡是在被激怒的情况之下，鼻囊就鼓气胀大，并且会颤动不休。有些博物学家把这种海豹的嗓音之所以强大归因于这个异乎寻常的结构。但它的用处似乎不限于这一端。R. 布朗先生认为在各式各样的危险或不测的情况里、它起保护的作用；但这看法怕是不对的，因为拉芒特先生确凿地对我说过，母海豹的鼻囊只是一个发育不全的残留，而公的在幼小的时候又还没有发展出来，可见是和保护作用很不相干的了。拉芒特先生在这方面是个很有经验的人，经他手猎杀的冠海豹有六百头之多。[8]

臭气。——对有几种动物，例如美洲臭名远扬的黄鼠狼，亦称臭鼬（skunk），所放出的压倒一切的臭气似乎除了保护自己之外，别无用处。在鼩鼱，亦称腺鼠（乙886），两性的腹部都有腺腺，肉食的猛禽猛兽都避而远之，不吃它的肉，看来它的臭气有保护的作用是可以无疑的，但作用并不止此。雄鼩鼱到了蕃育的时节，腺腺也会变大。在许多其他四足类动物，两性身上的这种腺体是一般大的，[9]但它们的用途还不清楚。在一些别的物种里，或者只有公的有这种腺，或者两性都有而公的尤为发达；而不论哪一种情况，到了叫春时节，几乎全都要变得更为活跃一些。在这季节里，公象脸边的臭腺会放大，而发出一种有强烈的麝香味道的臭气。在许多种类的蝙蝠中，雄者在身体的这一部分或那一部分都有腺和可以鼓气的囊，而雌者则一般没有，有人认为这种腺与囊是会发放臭气的。

公山羊的强烈膻气是人所熟知的，而某几种鹿的公鹿臊味特别大，并且历久不散。我在拉普拉塔河（La Plata，乌拉圭与阿根廷两国间——译者）两岸发现附近有一群原野鹿（乙 211），而下风半英里之内的空气里便充塞着公鹿的臭味；我的一块丝手帕，当时曾用来包一小片鹿皮，回家以后，经过许多次的用和洗，而每次打开，总还会放出些微臊味，直到一年又七个月之后，才不再闻到。这种鹿要长大到一岁以上才会放出强烈的臊气，但若在此以前即加以阉割，他就一辈子不放了。[10]某几种反刍类动物，（例如麝香牛，乙 132），在蕃育季节里，除了通身渗透着臊味之外，好几种鹿、羚羊、绵羊和山羊，在不同的身体部分，都备有臭腺，但以在脸部的为多；所称泪囊，或眼下孔穴，也属于这一类。这些腺体分泌一种半液体而有臭味的物质，有时候分量很多，可以流得满脸，我自己在一只羚羊的脸上就看到过这一情况。雄者身上的这种腺体"通常要比雌者身上的为大，而雄者一经阉割，它们的发育就停止了。"[11]据德马瑞说，羚羊属中的一个种，香泪羚（乙 71），母羚是完全没有这种腺体的。由此看来，它们和生殖的功能有着密切的关系是可以无疑的了。在和这些动物在演化关系上很相近的其他动物形态里，有的有这种腺体，有的没有。在成年的雄麝（乙 631），尾巴桩周围有块不长毛的空白，总是湿潮潮地分泌着一种有臭气的液体，而在成年的母麝和不满两周岁的幼公麝，这块空白的地位上是有毛的，也不发放什么臭气。麝所长有的麝香囊，由于它所处的身体部位，必然地是只有公麝才能有，而这是上述尾巴根之外的又一个发臭器官。有些奇怪的一点是，据帕拉斯说，麝香腺所分泌的物质，在叫春的季节里，性质上既无所变化，分量上也无所增加；然而这位博物学家也承认，腺的存在和生殖的活动还是有某些说不清楚的联系的。但他对于这一用途只提出了一些猜测性而不能教人满意的解释。[12]

在大多数例子里，如果只有雄兽在繁育季节里放出强烈的臭气，这种臭气的作用大概是在激发和引诱母兽。在这一问题上，我们决不能用我们自己的好恶来作出判断，因为我们都知道，普通的耗子为某几种植物香精油所吸引，猫喜爱缬草香，而我们对于这些有臭味的物质都不爱闻；狗虽不吃死动物，却爱用鼻子去嗅它们或在它们上面打滚。我们在上面讨论牡鹿的喉音的时候，曾经提出过一些理由，如今我们根据同样的理由，认为我们得放弃这样一个看法，以为这一类的臭气可以从远处把雌兽招引过来。像在讨论发音器官时所说的长期而活跃的使用所起的作用这一点，在这里是不适用的。但对雄兽来说，这一类臭气的放出一定有相当大的重要性，否则，又大又复杂的腺体，为了使气囊可以翻出的一些肌肉装备，以至在有的例子里，气囊上所发展的可以开关的口子，都将成为全无意义的东西了。但通过性选择的原理，可知这些器官的发展是可以理解的，那就是说，越是臭气多而强烈的雄兽便越能赢取雌兽，而能产生越多的后代来把越来越完善的腺体和越来越浓郁的臭气传递下去。

毛的发展。——我们已经看到，雄性四足类动物脖子和肩膀上的毛往往要比母的发达得多；我们已经举过不少例子，可举而不必举的例子还不一而足。这对雄兽有时候在战斗中可以起保护的作用；但在大多数例子里，这些部分的毛之所以特别发达，是不是端的为了这个目的，是很可以怀疑的。如果肩膀上的毛只是薄薄的一层而脖子和背上的也只是窄窄不大高的一条，那我们感觉到我们几乎可以肯定是和这一目的不相干的，因为这样窄的一撮毛，这样一条鬣，很难提供任何掩护，何况背脊又不是轻易会受到伤害的一个地方呢。尽管如此，这种鬣有时候却只有雄兽有，或两性虽都有，而在雄性一方要发达得多。有两个种的羚羊，一个种是丛灌羚（乙 954，[13] 见图 70），又一个种是巨羚羊（乙 799），不妨举出来作为例子。如果牡鹿被激得发怒，或突然受惊，鬣毛就会竖得笔直，雄性野山羊也是如此。[14]但我们不能因此而认为这种鬣毛之所以得到发展，仅仅是为了向敌方示威。后一种的羚羊，大羚羊在项下还有一大把分明像帚子似的黑毛，也是两性都有，而公羚的要大得多。北非洲有一个种的绵羊，叫砂羊（乙26），前腿的下半几乎完全被一大撮从脖子和前腿上半部挂下来的又长又密的毛遮得看不出来，而这也是在公羊身上特别发达，但巴特勒先生认为，这一件斗篷似的东西对公羊的生活是毫无用处的。

许多种四足类的动物的雄者，在脸的某些部分，比雌者有着更多的毛，或不同形色的毛；例如只有公牛在额上有一撮鬈毛，[15]而母牛没有。在山羊科下面有三个关系很近密的亚属里，只公羊有须，普通称羊胡子，有时候很长；在另外两个亚属里，公羊母羊都有须，但在有几个家养的山羊品种里，现在已消失不见了，所以短角羊（乙473）的公母两性都没有须。大角野山羊（乙507）在夏季没有须，在别的时候也长得很短，可以说是一种残留。[16]在许多种猿猴里，只公的有须，例如猩猩，或公的要比母的长得多，例如上文提到过的吼猴属的一个种（乙646）和丛尾猴属（乙772）的魔猴（乙775，图68）。有几个猕猴属（乙581）猴子的颊须也有同样的情况，[17]而有几种狒狒的鬣毛也是如此，这是我们在上面已经看到了的。不过就大多数种类的猿猴而言，两性之间脸部与头部一撮一撮的毛是没有什么差别的。

牛科（乙135）各属成员的雄者以及某几个羚羊种的雄者都备有牛胡，即脖子下面挂着的一大片垂肉或皮折，这在母的也是要小得多。

如今我对这一类的性的差别又能下什么结论呢？没有人敢说，某几种山羊的公羊的须，或公牛的牛胡、或某几种羚羊的公羊的鬣，在日常生活里，对这些动物会有任何用处。雄性魔猴的庞大的胡须，以及公猩猩的也不算小的须髯，有可能在战斗的时候对喉部起些保护作用，因为动物园的管理人员告诉我，猿猴打架，彼此爱向对方的喉部进攻。但若说须的发展只有这样一个分明的目的，而和颊须、髭、以及脸部其他一撮一撮的毛之所以发展的目的是截然两事，看来也不像。谁也不会认为这些不同部位的毛也都有什么保护的作用。我们又能不能把雄兽的毛或皮这一方面的一切

图 68　魔猴，雄者（采自《皇家博物志》）

附赘悬疣全都推到漫无目的的变异性而不加深究了呢？不可否认这是有可能的，因为在许多种家养四足类动物里，某些显然不是通过返祖遗传、即追回到任何野生的祖代形态而得来的特征是只有雄性才有，或虽两性都有，而在雄性一方要更为发达——例如，印度产的瘤牛（Zebu-cattle），公牛肩上的大瘤、肥尾羊公羊的尾巴、好几种绵羊品种中公羊的穹形的前额、以及，最后，柏布拉①（Berbura）山羊的公羊的鬣、后腿上的长毛和项下的垂肉。[18]非洲产的绵羊品种也只是公羊有鬣；鬣是一个真正的第二性征，因为我从里德先生那里听说过，骟过的公羊是不长鬣的。像我在我的另一本著作《家养动植物的变异》里说过的那样，我们应该特别小心，不要轻易下结论，认为任何特征，即便是半文明民族所养的家畜身上的特征，都没有经受过人工的选择并从而得到增强；尽管如此，在上面刚刚说过的那些具体的例子里，这是不大可能的，尤其是因为在这里所说的一些

---

① Berbura，疑即 Berbera，东非索马里地名，当是此种山羊产地。

特征是只限于雄性才有，或虽不这样限制，而在雄的一性要更为发达些。如果我们有方法可以确切地知道上面所说的那种非洲绵羊的公羊是和其他品种的绵羊出自同一个原始的种系，即同为这一种系的子孙，又如果上面所说的带鬣、带垂肉等等的那头柏布拉公山羊也和其他品种的山羊有着同一的来源，那么，在人工选择从未适用到过这些特征的假定之下，所由造成它们的只能是单纯的变异性，结合上限于性别的遗传了。

我们似乎还可以把"只牵涉单纯的变异性"这个看法引伸到生活在自然状态里的动物身上，而也不觉得没有什么不合情理之处。尽管如此，我还是不敢相信这可以适用于一切情况，如上面所说的砂羊（乙26）的公羊项下和前腿的毛斗篷，或魔猴额下的大胡子。我对自然界所能作出的研究，尽管有限，却使我相信，凡是高度发展的身体的某些部分或某些器官，这种高度的发展是在进化的一定时期里为了一定的目的而取得的。有几个羚羊种的成年公羊比母羊的颜色来得深，有几个猿猴种的公猴子，脸上的毛安排得很漂亮，并且有各种不同的颜色，就这些来说，特别是就公猴子脸上的一丛一丛或一绺一绺的毛来说，其为装饰的目的而取得，看来是有可能的，而我知道有几位博物学家也有同样的意见。如果这意见是正确的，则我们几乎可以毫不怀疑地认为，这些特征之所以取得，或至少，所以起了些变化，是通过了性选择的。但这样一个看法，就其他哺乳类动物来说，究竟能引申而适用得多远，也还是一个问题。

毛和裸皮的颜色。——我首先简要地把我所知道的四足类动物中公母之间颜色不同的事例列举出来。就有袋类（乙600）动物说，据古尔德先生告诉我，两性之间在这方面难得有什么不同，但是体型巨大的赤袋鼠是个突出的例外，"母袋鼠身上某几块通常是嫩青色的部分，在公袋鼠身上却是红的。"[19] 在该岩① （Cayenne）出产的有袋负鼠，一称鼩（乙348）的母鼠，据说要比公鼠红得多些。关于啮齿类（乙840），格瑞博士说："非

---

① Cayenne，南美圭亚那地区小岛。

洲产的各种松鼠，尤其是在热带地区所见到的几个种，毛色在一年之中的某些时候要比别的时候见得鲜明生动，而公的毛色一般要比母的更为鲜明。"[20]格瑞博士对我说，他特别把非洲产的松鼠提出来，因为在其不寻常的鲜明的毛色这一点上，它们最能表现两性的不同。在鼠属的俄国产的一种么鼠或巢鼠（乙636），母鼠的颜色比公鼠更为苍白，更见得龌龊相。在许多种的蝙蝠里，雄蝠的毛色比雌的要浅淡一些。[21]多布森先生也说，关于这些动物，"有的雄蝠比雌的毛色要鲜明得多，有的雄蝠身上还有些颜色深浅不同的点点条条之类的标志，更有些雄蝠在身体某些部分的毛长得特别长些，有的专凭上面所说的第一点以别于雌蝠，有的则兼凭后面的两点。诸如此类明显可辨程度的两性差别，只有在果食而视力有了良好发展的蝙蝠中间才碰得到。"最后这一句话是值得注意的，因为它关涉到鲜明的颜色是否因为有装饰的作用能为雄兽提供一些好处这样一个问题。在树懒类（sloth）的有一个属里，也据格瑞博士说，现在已经确定，"雄兽和雌兽打扮得不一样——那就是说，雄兽在两肩之间有一小片软而短的细毛，一般多少是橙黄色的，而在有一种树懒里，是纯白的。而在雌兽，则没有这样一个标记。"

陆地上的肉食类和食虫类动物难得表现任何方式的性的差别，颜色也不例外。但墨西哥产的豹猫（ocelot，即乙410）却不在此例。雌者斑驳的颜色比起雄者斑驳的颜色来，"不那么显著，黄褐色的部分更暗淡些，白的不那么纯白，条纹不那么粗，而圆斑不那么大。"[22]和豹猫相近的另一个种，山猫（乙411），两性也不相同，但在程度上不及豹猫那样明显，在雌者，颜色一般要浅淡些，而斑点也不那么黑。另一方面，海里的肉食类，即海豹类动物，两性在颜色上的差别有时候大得相当可观，并且，我们已经在上文看到；它们之间还表现一些其他显著的两性差别。例如南半球海驴属或海狮属的褐海狗（乙695），其成年雄性，背上是深棕色的，而成年雌性却是深灰色的，并且要比雄者更早地发展出来，至于幼海狮，则两性都作深的可可色。北半球海豹属的格陵兰海豹（乙758），其雄者是带黄褐色的灰色，而背上有一个颜色更深、式样很奇怪而近乎马鞍形的标记；雌者躯干要小得多，形状也很不相同，而"颜色是灰白的或枯黄的草色，只是背上有些褐黄色"；幼兽则是纯白的，和"周围的冰丘雪地几乎分辨不出来，因而起着保护色的作用。"[23]

就反刍动物说，两性在颜色上的差别比其他各目的任何一目都更为通常。在总称为"纰角鹿"（即南非捻角羚羊乙901之属）的那一类羚羊里，这种两性差别是普遍的，例如印度产的巨羚羊（当地称 nilghau，即乙799），雄羚的青灰色要比母的深得多，而项下那片四方形的白色、蹄上的用白毛构成的一些标记、以及耳朵上用黑毛构成的斑点等都要比雌者明显得多。我们在前面已经看到，在这一个种的羚羊里，一些毛绺毛撮，在有角的公羚要比无角的母羚为发达。布莱斯先生告诉过我，这种动物的雄者不换毛，只是一到蕃育的时候毛色要一年一度地变得深些。幼兽在大约周岁以前，公母是不能用毛色来分辨的，而如果在此年齿之前把雄羚骟一下，也据这同一位权威著作家说，他就再也不会变成成年的毛色了。最后这一点事实，作为巨羚羊的颜色有其性的来源的证据，是重要的；我们曾经听说，[24]弗吉尼亚鹿（即白尾鹿，乙219），虽经阉割而红色的夏服和青色的冬服完全不受影响，两相对照，这一证据的重要性就显而易见了。就丛灌羚属（乙954）的所有或大多数喜爱盛装的羚羊种而言，公羚的颜色都比母羚为深，而毛丛毛撮也长得更为饱满。就那种十分漂亮的南非洲产的称为德贝因（Derbyan）的羚羊、亦即岬麋（俗称 eland）来说，公羚比母羚躯干要更红些，整个脖子要黑些，而把这两种颜色前后分隔开来的白条子要宽阔些。在好望角产的这种羚羊，公的比母的在颜色上也稍微要深一些。[25]

羚羊属中又有印度产的一种黑羚羊（black buck，即粪石羚，乙59），公的颜色很深，几乎是黑的，而没有角的母羚却是淡黄褐色的。像布莱斯先生同我说的那样，我们在这一种黑羚羊的例子里所遇到的一连串的事实和在巨羚羊（乙799）的例子里所遇到的正好完全一样，即公羚一到蕃育季节要换颜色、这种颜色的变换因割阉而受阻，和幼兽的性别难于分辨等事实，无一不同。另一种黑羚羊，黑羚（乙66）的公羊是黑色的，而母羊和幼羊，不分性别，都是棕色的；羚羊属的又一个种，滑腻羚（乙69），公羚的颜色要比无角的母羚鲜明得多，而胸与腹却比母羚的更来得黝黑。在又一个种，狷羚（乙60），身体各部分的标记和条纹，在公羚是黑色的，而在母羚则是棕色的；其在有斑纹的角马或母夜叉羚（gnu，乙64），也是羚羊的一个种，"两性的颜色是几乎一样的，只是公的要深些而更有光泽些。"[26]羚羊方面其他可以类比的例子还多，不一一举了。

马来群岛所产的称为"班腾"的一个种的牛，爪哇牛（乙134），公牛是几乎黑色的，而臀部和四肢是白的；母牛和大约三岁以下幼牛都是鲜明的黄棕色，但小公牛一满三岁就很快地改变了。半途受到阉割的成年公牛会退到母牛和幼牛的颜色。在称为凯玛斯（Kemas）的一种山羊，母羊的颜色要浅淡些。而在山羊属的一个种，角羺羊（乙167），据说母羊全身的颜色要比公羊为平匀一致。鹿类在颜色上很少呈现两性差别。但法官卡顿告诉过我，美洲麋（wapiti，即加拿大马鹿，乙212）的牡麋，比起牝麋来，颈部、腹部和四肢的颜色都要深得多，但一到冬季，这种深颜色会逐渐消退而终于看不出来。我在这里也不妨提一下，法官卡顿在他自己的苑囿里畜养着弗吉尼亚鹿，即白尾鹿的三个亚种，两性的颜色都差不多，所不同的几乎只限于这样的一点，即牡鹿一到冬季将近蕃育的时候，要一度换上青灰色的服装；这使我想起上文讨论马类时的一些例子，认为可以与此相比：在若干关系很相近、可以互为代表的马种里，两性之间的差别也只限于蕃育时期里一部分毛发的变换而已。[27]在另一种鹿，南美洲的泽地鹿（乙217），牝鹿和幼鹿（无论牝牡），都没有成年的牡鹿所具有的特点，就是，鼻子上的黑色条纹和胸前的棕黑色线纹。[28]最后，据布莱斯先生告诉我，在白点鹿（乙210），颜色和斑点很美的成熟的牡鹿，在全部毛色上比牝鹿要深得不少，但一经阉割，这种深度也就永不出现了。

最后我们需要考虑的一个目是灵长目（乙803）。狐猴（乙544）的一个种，黑狐猴（乙543）的公猴一般是黑得像煤的，而母猴则作棕色。[29]在新大陆的四手类动物里，吼猴属（乙646）中的一种，卡拉亚吼猴（乙647），其母猴和幼猴都是灰黄色的，都很相像，但雄性幼猴一到第二岁就

698

变成棕红色，而到了第三年，除了肚子以外，又进而成为黑色，再进而到了第四年或第五年，肚子也变得很黑了。在另外两个种的猴子，赤吼猴（乙 648）和卷尾泣猴（乙 186），两性之间在颜色上的差别是特别显著的，而前一种猴子的幼猴则和母猴相似，我相信后一种也有这情况。在白头丛尾猴（乙 773），幼猴也和母猴相似，都是腰背作棕黑色而胸腹作浅的锈红色，至于公猴，则是全黑的。在蛛猴属的一个种，白颊蛛猴（乙 104），脸部周围的毛，在雄性是黄的，而雌性是白的。以上都是新大陆的。再说旧大陆。阿萨姆长臂猿（乙 496）的雄者，除额上有一条白色带纹而外，全身通是黑的，但母猿则深浅不同，从淡棕到深棕色，有的还夹上一些黑色，但全黑的是没有的。[30]在形态很美的嫦娥猴或白须猴（乙 202），成年公猴的头部作深黑色，母猴则作深灰色；公猴胯下的毛作漂亮的浅黄褐色，母猴的则比较黯淡一些。在长尾猴属（乙 199）的又一个种，即虽美而有些奇特的髭猴（乙 200），两性之间唯一的差别是在尾巴上，公的作栗色而母的作灰色；但巴特勒特先生告诉我，公的一到成年，总的毛色要变得更为突出，而母的则不变，和成年以前一样。据穆勒所提供的彩图，在细猴属（乙 866）的一个种金黑瘦猴（乙 867），公猴是几乎黑的，而母猴是淡的棕灰色。在长尾猴属的另两个种，犬尾猴（乙 201）和青灰猴（乙 203），公的前半身有毛，而毛作极为鲜艳的蓝色或绿色，与后部无毛而作血红的肤色合成突出的对比。

最后，说到狒狒这一类（乙 311）。犬面狒狒的一个种，树灵狒狒（乙 316），公狒狒所不同于母狒狒的不止是他有巨大的鬃，并且毛色和无毛而形成了老茧的皮肤的颜色也不很一样。在黑面狒狒（drill，即乙 317），母狒狒和幼狒狒的颜色比成年雄性要黯淡得多，并且不那么绿。成年雄性大狒狒（mandrill），在整个哺乳纲的成员中，其颜色是最为奇峰突出的。他一到成熟的年龄，满脸作纯正的蓝色，而其间的鼻梁和鼻尖却是最鲜明的大红色。据有几位著作家的观察，脸上还有些灰白的条纹，而且也有些因黑色而见得荫翳的地方，不尽是蓝色，看来脸色是因不同的狒狒而有些变异，并不完全一律。额上有一大丛竖起而作冠状的毛，而额下则有一撮黄须。"大腿的上部和面积广大而不生毛的整个臀部是同样的一片鲜艳夺目的红色，又加上混在中间的一些蓝色，合起来看，真不能算不漂亮。"[31] 如果大狒狒因刺激而感到紧张，则凡属无毛而裸露的部分，颜色都变得比平时生动得多。好几位著作家在描绘大狒狒的这些浓艳颜色时，都不吝使用最为强烈的词句，并拿它们来和鸟类的种种奇丽彩色相比。

另一个突出特点是，当这种动物的巨大犬牙完全长好的时候，牙床骨也相应地长得特别大，两颊也就高高地隆起，左右各构成一条上下行的长槽，外面包着一层无毛而斑斓的脸皮，有如上文所说（图 69）。在成年雌性大狒狒和雄雌两性的幼小大狒狒脸上，则左右颊上的隆起是几乎看不出来的，而脸皮的颜色也要朴素得多，是深灰中带蓝。不过成年雌性大狒狒的鼻子，每隔一定的时期，要有规律地变得红一下（按即当其周期性行经的时候，

图 69　雄性大狒狒的头面（采自泽尔费，《哺乳动物自然史》）

达尔文在这些地方说话往往带几分隐讳。——译者）。

我们到此所已列举的例子都表明，雄兽的颜色比雌兽要深些、浓些、或更为鲜艳，而和幼兽，无论性别，也不相同。但也有例外：恒河猴（乙588），猕猴（乙581）的一个种的母猴，在尾巴根周围有一大片无毛的皮肤，作明艳的洋红色，而据动物园的管理人员确切地对我讲，每隔一定时期，红色显得更为生动活泼，脸部也同时呈暗红色。这就和少数几种鸟类中雌鸟要比公鸟为冶丽的情况，可以相比了。因为，在成年公猴和无论哪

700

一性别的幼猴方面（这我自己在动物园里观察到过），尾部裸露的部分和脸部，是一丝一毫红晕都没有的。但据有一些发表出来的记录看去，这种猴子的雄者，偶尔或在一定的季节里也呈露一些。尽管这种公猴子在打扮上比不上母的，然他的更高大的身材、更粗壮的犬牙、更茂盛的颊胡、更突出的眉脊，还是遵循着一条共同的规矩，就是，公的超过母的。

到此，我已经把我所知道的有关哺乳动物两性之间在颜色上有差别的一切例子都列叙完了。其中有些差别有可能是变异的结果，只限于一性有之，而遗传起来，也只限于传给同性后代，有此特征的动物个体也并不因此而得到什么好处，因此，和选择的力量无干。在有几种家养动物里，我们就可以找到这方面的例子，如某些猫，雄者是锈红色的，而雌者是斑驳或所谓玳瑁色的。在自然状态之下，也找得到可以类比的例子。巴特勒特先生曾经看到过许多种黑色的美洲虎（jaguar）、豹、狐尾袋鼠（vulpine phalanger）和袋熊（wombat），而他可以肯定，他们全部或几乎全部是公的。在又一方面，狼、狐狸和美洲的许多种松鼠似乎也有这种情况，公母两性有时候一生出来就是全黑的。因此，很有可能地是，就某些哺乳动物来说，两性之间颜色上的差别，尤其是如果这种差别在初生时便已存在了的话，只不过是进化过程中发生了一次或多次的变异的结果，而不假手于选择的力量，并且一开始这些变异的遗传就是受到性别的限制的，即只限于两性之一。然而问题恐怕不是这么单纯。若说某些四足类动物两性之间在颜色上如此其变化多端、活泼生动、而可以鲜明对照的种种差别，如上文各种猿猴和羚羊所表现的那些，就可以这样地解释开，那大概是做不到的。我们该记住，这些颜色之出现于成年雄性身上，并不在其初生之际，而只是正在或将近成熟的年龄。又有和寻常变异不同的一点是，如果遭到阉割，也就丢失不见了。总起来说，有可能的是，这些雄性四足类动物之彰明较著的色彩以及其他有装饰之用的特征，大概对他们在和其他雄性同类争雄之际总有几分好处，因而才能通过性选择而被接受下来。可以进一步加强这一看法的是，我们从上文所收集的事例中可以看到，这一类两性之间色彩差别的出现和分布并不是泛泛的，而是几乎只限于哺乳类的某几个目与科、乃至比目与科更要小的群体范围以内，而这些哺乳动物在色彩之外，同时又显著地表现有其他方面的种种第二性征，并且这些性征也是同样地通过性选择而取得的。

四足类动物显然是懂得辨别颜色的。贝克爵士屡次观察到，非洲的大象和犀牛攻击起马群来，对白马和灰马特别凶狠。我在别处[32]曾经指出过，在半家半野的马群中间，公马显得喜欢同自己颜色相同的母马相配，而不同颜色的苍鹿（fallow deer）群，虽生活在一起，平时却总会自动地分成以毛色为依据的若干小队伍，经久不乱。更有意义的一个事例是，一只母斑马起初拒绝一只公驴子的亲近，后来人们在驴子身上画上条条，多少像只斑马，于是，据亨特说，"她很容易就把他接受了下来。在这桩有趣的事实里，我们看到本能的激发是单凭颜色的，颜色之足以产生强烈的效果真是胜过了其他一切。但雄兽却不要求这一点，只要雌兽是多少有些像他自己这样一种动物，就足够把他激发起来了。"[33]

在前面有一章里，我们曾经看到，高等动物的心理能力，和人在这方面的能力比起来，特别是和低等而半开化的人的各种族相比，在性质上没有分别，而在程度上则有很大差距。现在看来，在美的欣赏能力一方面，它们似乎和四手类的动物相去也不太悬殊。正好像非洲的黑人那样把脸上的肉提得高高的，成为若干条并行的脊梁，"也就是，刻画出若干高出于脸的平面的长条瘢痕，而把我们所认为很丑陋的毁伤看作修容上的一大美事；"[34]——又好像黑人和世界许多地方的野蛮人那样，满脸画上红的、蓝的、白的，或黑的横条纹——非洲的大狒狒看来也就是这样地为了使自己更能赢得母狒狒的欢心而终于取得了他那副丘壑高深而彩色斑斓的嘴脸。野蛮人也喜爱在身体的下部涂上颜色，作为装饰，甚至比脸上涂得更为陆离光怪，这在我们看来也一定以为是异想天开、莫名其妙，但等到我们看见许多鸟种也特别喜欢在尾巴上做工夫，来打扮自己，以此喻彼，也就不以为奇了。

就哺乳动物说，我们现在还不占有任何证据，说明雄兽会不遗余力地把他们的色相在雌兽面前炫耀出来；雌性懂得欣赏在她们面前所展示的各种色彩和各式打扮，并且能感受到它们的激发，这样一个信念所要求的证据，最强有力者还是由鸟类和其他动物提供的。但在哺乳类与鸟类之间，在它们所有的一切第二性征上面，如情敌之间为战斗而使用的武器、如供装饰之用的许多附赘悬疣、如各种色彩，一种并行现象是显著地存在的。在这两个纲里，如果成年的两性之间有所不同，不成年的幼者的两性之间则几乎总是彼此相似的，而在很大的一个多数的例子里，这幼小的两性又和成年的雌兽相近似。也在这两个纲里，雄兽都是在进入生殖年龄不久之前才表现其所属性别所应有的种种特征，而如果在此以前遭到阉割，这些特征就再也不出现了。也在这两个纲里，颜色的变换有时是按季节的，而裸露无毛的各部分所呈现的色泽，在叫春的活动期间有时会变得更为鲜明生动。也同样地在这两个纲里，雄性的颜色几乎总是比雌性要更为活泛、更为浓烈，而装饰用的毛丛羽撮以及其他附丽的结构也要丰盛壮大一些。这两个纲在这方面也同样地各有其少数的例外，就是雌性要比雄性装饰得反而更为富丽一些。就许多种哺乳类动物和至少一种鸟类的例子来说，雄者的臭气或腺味要比雌性的为大。也同样地在这两个纲里，雄者的嗓音或鸣声要比雌者的更为强劲有力。这些都是并行现象的部分，一经考虑到这种并行现象，我们就会想到，同样的一个原因，初不论这原因是什么，几乎是毫无疑问地在哺乳类和鸟类身上起过作用。而此种作用，至少就有关装饰的种种特征而言，终于归结到这样一个情况，就是，一性之中的某些个体对另一性之中的某些个体进行长期持续的挑选，而于挑取之后成功地留下了更大数量的后代来将其更为优越的特征传递了下来。

装饰性诸特征之不分性别地向后代传递。——就许多种的鸟来说，和其他动物类比之后，我们相信，它们种种装饰性的特征原先是由雄的一性取到手，而不分性别或几乎不分地传给下一代的，说明已见上文。现在我们要问，这样一个看法是不是也适用于哺乳动物，适用的程度又如何。就很可观的一部分哺乳类物种说，特别是体格较小的一些物种，两性都是带些颜色的，这是为了保护自己，与性选择无干。但根据我的知识所能作出的判断，我以为这种情况虽存在，比起大多数更低等的各个纲来，例子却不那么多，程度也不那么显著。奥杜邦说，他时常把蹲在浊流河滩的麝鼠（musk-rat）[35]当作一小堆土，彼此实在是十分相像，难于分辨。一只快跑的野兔子是利用颜色而得到掩护的一个众所熟悉的例子。但就和它关系很近密的另一个兔种，家兔而言，这原则就不完全适用了，因为当它向地洞跑的时候，它的白尾巴要高高竖起，从而把自己暴露给追逐它的人或搏噬它的兽类。没有人怀疑，居住在盖满了雪的地区，四足类动物自身也变得通体雪白，一则便于保护自己，使不受敌人的侵害，再则便于自己向所要捕食的动物偷袭。在融雪斑驳的地方，一身白毛却要招来祸害；因此在世界比较温暖的各地带，这一颜色的物种是极少见的。值得注意的是，居住在不太寒冷的地带的四足类，尽管不穿白的服装，一到冬季，毛色也要变得苍白一些，而这显然是它们长期以来所相与周旋的环境条件的直接结果。帕拉斯[36]说，在西伯利亚，发生这种性质的变化的有狼，有两个种的鼬鼠（属乙 643）、有家养马、有塞驴（Equus hemionus）、有家养牛、有两个种的羚羊、有麝鹿、有西伯利亚鹿、有麋、有驯鹿。例如，西伯利亚鹿的夏装是红的，而冬装是灰白的。冬装的用途也许就是在于自我保护，好让它在木叶尽脱而洒遍旧霜新雪的灌木丛中往来游荡，而不受干扰。如果上面所说的各种动物有机会逐渐扩大其分布范围而进入经年积雪的地区，它们灰白的冬装大概就会通过自然选择变得愈来愈白，直到像雪一般为止。

里克斯先生曾经提供给我一个奇特的例子，说明一种动物凭借身体的特殊颜色而得到了好处。他在一个围着高墙的果园里饲养过五十到六十只棕白二色相杂的所谓花豹兔（piebald rabbit），同时在屋里又养有几只同样杂色的猫。我自己见过，这种猫在白天是很显眼的，但一到黄昏，当然就难辨了；一到这时候，这几只猫总是要到兔子洞口守着，兔子见了不辨，以为是自己的同类。结果是，十八个月之后，花豹兔都没了，显然是猫干的事。又一例，颜色似乎对黄鼠狼，即黄鼬，也有便利，其实这一类便利之处在其他纲的动物中也不一其例。由于黄鼠狼在受到刺激时要放出臭气，平时没有动物会自动地向它进攻。但黄昏以后，臭气虽照放，黄鼠狼究竟在哪里是看不清楚的，因而还是有被其他动物袭击的危险。贝尔特先生认为，[37] 因此，黄鼠狼才备有一大根白色的蓬蓬松松的尾巴，可以用作显明的警告。

　　尽管我们不得不承认，许多四足类动物之所以取得现有的颜色是为了保护自己，或为了迷惑所要捕捉的其他动物，我们却要知道，就一大堆的物种来说，其颜色实在太显著，而且安排得太奇特，单单用这两个用途来解释是很有困难的。我们不妨举某几种羚羊作为例子来说明这一点：当我们看到羚羊项下那片四方的白毛、蹄上白毛所构成的一些标志、耳朵上的一些圆的黑斑——而这些在大羚羊（乙 799）都是公羚比母羚更为显著——的时候；又当我们看到岬羚的一个种，德比大角斑羚（乙 677）的公羚比母羚有着更为生动的颜色，和身体两侧上下行的细白条纹和肩头的宽白横纹更为分明的时候；再当我们在打扮得很奇怪的丛灌羚的一个种（乙 954，图 70）的身上看到两性之间也有这一类浅深明晦的差别的时候——我们很难相信，这一类差别对两性中的任何一性在日常生活之中会

图 70　丛灌羚（乙 954），公羚（采自诺士雷 Knowsley 动物苑）

有什么用处。看来可能性要大得多的结论是，这些斑纹是最先由公羊取得的，斑纹的颜色随后又通过性选择而得到了加深，而在遗传之际又把斑纹部分地转移给了母羊。如果我们承认这个看法，则几乎可以肯定地认为，其他许多种羚羊所同具而各有其特点的色泽和斑纹，哪怕是两性之间没有差别，大概也是这样得来，而以同样方式遗传与转移的。说两性的花色没有差别，可举称为纰角鹿（Koodoo，即901，图64）的那一种羚羊为例。这种羊两性的身体两侧后半部都有几根白色的直线纹，而在额上都有漂亮的带有棱角的白色标记。又如白额羚属（乙334）的各种羚羊，两性颜色的配备一样地很奇特。在其中的一个种（乙336），背部和颈部都是紫红色，下至身体两侧，则紫红逐渐转成黑色，而一到腹部和臀部则又截然成为白色，臀部虽非全白，却有一大片平面是白的；至于头部，安排就更奇特了：脸部正中是一大块长方形的白色；上自眼际，下至鼻尖，还镶上一圈窄窄的黑边，活像一副面具（图71）；额上有三道白纹，耳朵上也有些白的标记。这种羚羊的幼羊是一色的浅棕黄。又如这一羚羊属的另一个种，即名实更相副的白额羚或白耳达玛利斯羚（乙335），颜色的安排与刚才那一个种略有不同，额上的白纹不是三道，而是一道，而耳朵则几乎是全白的。[38] 在把包括所有的纲在内的各类

图71 白额羚的一个种（乙336），公羚（采自诺士雷动物苑）

动物的两性差别竭我的能力作了研究之后，我无法避免地得出这样一个结论，就是：许多种羚羊安排得很奇特的颜色，尽管两性之间没有什么不同，也还是性选择首先适用到雄兽而随后又推广到雌兽的一个结果。

同样的结论或许对老虎也可以适用：老虎是世界上最美的动物之一，

706

公母颜色是一样的，即便在捕猎野兽和贩卖皮张的人也不能用花色来区别公母。华莱士先生认为，[39]虎皮上的条纹"对竹林中一竿一竿的笔直的竹子模拟得如此其逼真，有力地帮助了它，使它可以不被它所要捕食而已近在咫尺的动物所发现。"但我认为这看法还不能令人满意。我们有一点点证据来说明老虎之美也还可能和性选择分不开，因为在猫属（乙408）里有两种具有可以和老虎相类比的条纹，而这两个种的雄者在颜色与斑纹上似乎比雌者多少要更为鲜明一些。斑马的条纹是突出地显眼的，照说这种条纹在南非洲宽敞的原野之上是不可能提供任何保护作用的。伯切尔在叙述一群斑马的时候说，[40]"它们平滑的肋部在太阳里闪闪发光，它们有条纹的服装，如此其鲜明，如此其齐整，所提供的那幅图画的奇美，怕是没有任何其他的四足类动物所能出其右的。"不过马科（乙385）所包括的一整批动物里，两性在颜色上是完全一致的，我们在这里当然找不到性选择的证据。然而，凡是把各种羚羊身上左右两侧黑白相间的直条纹归因于性选择过程的人，大概会把自己的看法引伸而适用到上面两种动物，一是兽中之王，一是马中之美。

我们在上面有一章里已经看到，不论所属的是那一个纲，如果一个物种的幼小动物，一面在生活条件和习惯上和它的父母没有多大的分别，而另一面在颜色的配备上却又和父母不同，我们就不妨作出推论，认为它们是把某一辈古老而早已失传的祖先的颜色配备保留了下来。在猪一科里，和在貘类（tapir）动物里，幼兽身上有些纵的条纹，这是和现在存活的属于这两类的各个物种的成年兽全不相同的。在许多种的鹿中间，幼鹿身上有许多漂亮的白点，而在它们的父母身上，是连斑点的痕迹都没有的。从白点鹿起，到另外几个鹿种止，我们可以就这一个特征排成一个循序渐进的系列，在白点鹿，不论是何年龄，也不论是何季节，两性都有很美的白点（牡鹿比牝鹿在深浅上要略微更显著一些），而在系列末尾的一些鹿种，无论壮少，都没有白点。我准备就系列中间的有几个步骤，作些具体的介绍。满洲鹿（乙215）是常年有白点的，但据我在动物园里所见，当夏季通身的颜色淡些的时候，白点要清楚得多，而到了冬季，通身颜色变深了，角也长足了，白点就不那么清楚。豚鹿（乙491）当夏天通身作红棕色的时候，白点十分鲜明，一到冬天通身变成棕色的时候，就隐约得几乎看不见了。[41] 在这两个鹿种里，幼鹿是都有白点的。在弗吉尼亚鹿，即白尾鹿（乙219），幼鹿也是有白点的。至于成年的鹿，据法官卡顿告诉我，在他的苑囿里，这种鹿中间，约有五分之一，一到红色的夏季服装正要换成青灰色的冬季服装的时候，左右两侧各有一排白点要出现一个短暂的时期，清楚的程度虽大有不齐，点的数目却是一定的。从这一情况再进一小步，就到了有些鹿种，只是幼鹿有白点，而成年的则完全没有，也不论季节间的变化了；而最后便是不论年龄、不论季节都没有白点的那些鹿种的情况了。由于这样一个整整齐齐的系列的存在，尤其是由于这么多的鹿种其幼鹿拥有白点，我们可以得出结论，认为鹿科中现在存活的所有成员是从某一个，像白点鹿（乙210）那样，不分年龄、不分季节都表现有白点的古老鹿种传布下来的。比这个古老的鹿祖先更为古老的一个祖先，大概是或多或少像现存的原鹿（乙503）那样的一种动物——因为这种动物是有斑点的，而没有角的雄鹿却有突出嘴外的大犬牙，并且这一特点至今还有少数几种真正的鹿保存着一些残留。这原鹿属（乙502）的动物，作为把两大类别的动物联系起来的一个居间形态，也是一个有趣的例子，原来在某些骨骼的特征上，它的地位恰好在厚皮类（乙701）动物和反刍类（乙841）动物之间，而在这一层被发现以前，这两类动物是被认为彼此截然分开，不相关涉的。[42]

这里就发生一个奇异的困难问题。如果有颜色的点点条条是首先作为装饰取得的，那么为什么由有斑点的始祖所传下来的今天许多的鹿种、和由有条纹的始祖所传下来的今天所有的猪种和貘种，一到成年，就失掉这些原先有过的装饰了呢？我不能圆满地答复这个问题。我们可以感觉到几乎不成问题的是，在今天这些物种的始祖身上，在当初，一到成年，或将近成年，这些点点条条就已经掉了，也只是在幼小时期保留不失而已，而根据年龄上相呼应这一遗传法则，世代相传，也只以幼小的一段时期为限。斑纹的存在与否是牵涉到利害问题的。即以狮子和南美洲豹（puma）

为例，它们是以空阔的原野为家的，容易被它们所要捕食的动物所发现，因此，条纹的失落，对它们来说，会是一个很大的好处；而如果这种失落的过程，亦即取得此种好处的过程，通过连续不断的变异，发生在狮和豹生命的较晚时期，那么，在幼狮和幼豹身上还会保留这些条纹，而现在实际的情况就是如此。至于鹿、猪和貘，穆勒曾经向我提过这样一个看法：这些动物通过自然选择而卸下了点点条条，这就使得它们不太容易被敌人看到；他又提到，当第三纪的各个时代里，肉食类的动物正开始进化得越来越高大，数量也越来越繁多，这样一种保护作用就见得更有必要。这解释可能是正确的，但不可解的是，为什么幼小的动物并没有放弃这些斑纹，难道它们就不需要保护了么？更不可解的是，为什么至今有些物种的成年动物，每年在一定的一个时期之中，还部分或全部地保持着这些点点条条呢？我们知道，当家养的驴子发生变异，而变成红棕色、灰色、或黑色的时候，肩膀上、甚至背脊上的条纹常常会消失不见；但原因何在，我们也是说不上来的。除了黄棕色一路的马而外，现在在身体不拘任何部分还有条纹的马是极少的了，但我有良好的理由可以相信，原始的马在腿上、背脊上、并且可能在肩膀上都是有条纹的。[43]因此，我们今天的成年的鹿、猪、貘的点点条条之所以失落，也许是由于通身的颜色起了变化的缘故，但这一变化又从何而来，是由于性选择抑或自然选择，还是由于生活条件的直接影响，或者是由于其他一些我们所不了解的原因，我们就无从判定了。斯克雷特先生所作的一番观察很能说明我们对于调节此种斑纹的发展和消退的那些法则是如何地茫然无知了。他看到，生活在亚洲大陆上的各种驴子（乙100）是完全不长条纹的，连横过肩头的那一条都没有，而生活在非洲的各个种，除只有称为半斑马的一个种（乙101）以外，都有很清楚的条纹，而半斑马或驴也不完全例外，因为它未尝没有肩膀上的那条条纹，而一般在腿上也还有些横条，只是隐约模糊而已。有趣的是，这一驴种的产地是几乎正介于亚非两洲之间的上埃及和阿比西尼亚。[44]

四手类动物。（乙816）——在结束以前，我们不妨就猴子的装饰作一

图 72　红细猴或皂隶猴（乙 872）的头面。这图
和下图都采自泽尔费教授，以示头毛在部署和发
展上的奇特

个简短的讨论。在大多数猿猴种里，两性在颜色上是彼此相似的，但我们已经看到，在有几个种里，两性是有差别的，尤其是在裸露无毛部分的颜色、以及在须、颊须、和鬣的发展等方面。许多种猴子的颜色是如此其异乎寻常与搭配得如此其冶丽袭人，再加上奇特而也悦目的东一撮西一绺成峰成岭的丛毛的点缀，使我们再也不能避免把这一类的特征看成是其来有自、决不偶然，就是，为了装饰才取到手的。文中几幅附图（图 72 到 76）就是用来表明这些毛丛在好几种猴子的头上与脸部是如何安排的。很难想象，这些像小峰小岭似的东西，以及毛和皮肤的种种颜色的强烈对照，只不过是变异性的结果，而和选择的推动全不相干；也不能想象，它们对这些动物会在日常生活里有任何实际的用处。果如此，则它们之所以被取得，大概是通过性选择了，尽管在遗传的时候两性是几乎同等地传到的，也不妨碍这样一个结论。就四手类的许多种动物说，我们还有更多的证据来说明性选择的作用，诸如雄者比雌者身材高大些、体力强壮些、犬牙也更为发达些等等。

只须少数几个例子就足够说明，有些猿猴种的两性在颜色的配备上以奇胜，而另一些则以美胜。小白鼻猴（乙 204，图 77）是漆黑的，而须与颊须是白的，鼻子上还有一个界限分明的白圆点，由一小片短白毛构成，给这种猴子以几乎可以引人发笑的一面。细猴的又一个种，秃额猴（乙 869）也有一副相当黑的脸，长长的黑须，额上有一大片没有毛的皮肤，颜

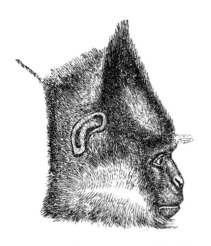

图 73　细猴的一个种（乙 868）的头面

图 74　卷尾泣猴（乙 186）的头面

图 75　白颊蛛猴（乙 104）的头面

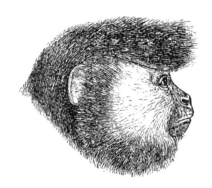

图 76　鬈泣猴（乙 187）的头面

色是蓝里带白。在猕猴属中有一个种（乙 584），脸是一种龌龊的肉色，两颊各有一个界限分明的圆形红斑。长尾泣猴属的一个种，埃及南部的白眉猴（乙 197），形貌是难以名状的，黑脸，白颊须，白领圈，头毛是栗色的，左右上眼皮上面各有一个大圆斑，无毛而作白色。在很多的猴种里，须、颊须、和脸部四周作山岳形的毛圈，颜色是和其他头毛不同的，不同在比其他头毛的颜色总要浅淡一些，[45] 往往有淡到纯白的，有时候也作金黄色或带些红色。南美洲产的短尾猴或突额猴（乙 139），整个的脸作"猩红色，烨烨有光"，但要到这种动物将近成熟的时候，这种色泽才出现。[46] 不同猴种的无毛的脸皮各有不同的颜色，不同得出奇。这部分的颜

图 77　小白鼻猴（乙 204）。采自布雷姆

色往往是棕色或肉色，其间有些纯白的部分，也往往有像最黑的黑人似
的、同样是烟煤一般的黑。在短尾猴或突额猴属（乙 138），猩红的脸色比
欧罗巴的妙龄女子因羞赧无地而面红的红还要红得有光彩。猴子脸也有橙
黄的，橙黄得比任何蒙古利亚人更要显明，而若干猴种脸色是蓝的，更有

转成紫色或灰色的。在巴特勒特先生所熟悉的雄雌两性都有浓烈的有色脸皮的所有猴种里，幼猴的脸皮总是黯淡的，或说不上有什么特别的颜色。这一观察也适用于大狒狒（乙318）和恒河猴属（乙832）的各个猴种，在这两类猴子里，脸和身体后部的颜色都很鲜艳，不过只两性之一有这种特征，不是两性都有。就这后面两类猴子说，我们有理由认为这种颜色是通过性选择才取得的。而从这个据点出发，我们就自然而然地倾向于把我们的看法引伸而适用到上面所曾叙述到的一切猴种，尽管在它们中间，成年猴子的脸皮颜色并不因性别而有所不同。

　　尽管许多种猴子，用我们的鉴赏标准来衡量，远远不能算美，有几种却不然，形貌的美丽和颜色的鲜艳是人人称赞的。细猴属的又一个种，圈胡猴（乙871），虽然颜色有些奇怪，却是极其好看的；橙黄的脸，边上镶着一大圈又长又白丝绒一般发亮的胡子，眉毛上面有一道栗红色的线纹；背上的毛作嫩灰色，左右腰各有四方的一块、尾巴和前半臂却是一种纯白；一片栗红色的毛像护胸甲似的包围着前胸，大腿是黑的，小腿也作栗红色。我只再谈两个其他的猴种，来说明它们的美。我挑选的例子是两性在颜色上略有不同的，而这种不同在某种程度上也可以说明两性之所以各有其美，是要归功于性选择的。在髭猴（乙200），通身的毛作一种驳杂的绿色，而喉部则是白的；公猴子的尾巴尖是栗色的，但打扮得最多的是脸：脸皮主要是青灰色，自两颊上行，直抵眼下，逐渐变得发黑，而下行至上唇，是一片嫩青色，直到唇边的一横道短而稀疏的黑髭为止；颊须作橙黄色，但上半段也是黑的，构成一条宽阔的横幅，直伸到耳朵背后，而耳朵上的毛却是白的。在动物学会所附设的兽苑里，我时常从旁听到参观的客人们称赏另一种猴子，嫦娥猴或白须猴（乙202，图78）之美，嫦娥之称可以说是实至名归的：通身的毛是灰色的，胸部和前腿的阴面是白的，背上的后半部有一个大三角，界限分明，而毛是浓棕色的；在公猴子，大腿的阴面和腹部是嫩茶色，而头顶是黑的，脸和两耳是乌黑的，和眉上一横条小山岭似的白毛、以及根黑梢白的倒圆锥形的长须，成为很好的一个对照。[47]

图 78　黄眉长尾猴和嫦娥猴（采自《皇家博物志》）

在这些以及其他猴种里，颜色的美好和在身体各部分安排的奇特，而尤其是头部种种成峰成帚的毛的部署，迫使我们不得不心悦诚服地认为，这些特征端的是为了装饰之用、通过性选择而取得的。

总说。——为了占有雌兽而进行战斗这一法则看来是在整个哺乳动物一大纲里通行无阻的。大多数博物学家会承认，雄兽的较大身材、体力、勇气和好斗，进攻用的武器，以及种种特殊自卫手段之所以取得，或所由变化得越来越合适，是通过了我所称为性选择的那一种选择方式的。这种选择所凭借的，不在一般生存竞争中的优势，而在两性之一，一般是雄性中的某些个体，在和其他雄性个体的战斗中，取得了成功，从而比那些不那么成功的雄性个体遗留下更大数量的后代来传递他们的优越性。

也还存在着另一种比较和平的竞争或竞赛的方法，就是雄兽用不同的媚惑手段来试图激发和引诱母兽。在有些例子里，这大概是由雄兽在蕃育季节里通过发放强烈的臭气来进行的，而制造与盛发臭气的臭腺也是通过性选择而早已取得了的。同样的看法是不是可以被引伸而适用于嗓音，是不这么肯定的，因为雄兽的发音器官不那么现成，一定要在成熟的年龄之内，在恋爱、嫉妒、或盛怒的强烈刺激之下，不断地使用而取得加强，然后又把这个结果传给下一代的雄兽。种种不同的像小山峰、像拂帚、像斗篷之类的毛丛，有的只限于雄兽有，有的以雄兽为更发达，在大多数例子里似乎只有装饰之用，但有的在和对手们战斗之际也有些保护的用处。我们甚至有理由猜想，牡鹿的杈枒繁复的角、某几种羚羊长得很漂亮的角，尽管正常是攻守用的武器，也曾为了装饰的用途而经历过一些变化。

如果雄雌两性的颜色有所不同，一般总是雄者要表现得更浓厚些或不同颜色之间的对照更强烈些。我们在这一个纲里，一般碰不到鸟类和其他许多动物的雄者所表现得如此其普遍的那种鲜明纯正的红、蓝、黄、绿等颜色。但这只是就毛色而言；若就无毛部分的肤色而言，则某几种四手类动物必须除外，因为，在有些动物里，这些部分，往往也是在部位上很古怪的部分，是很鲜艳的。在一些别的例子里，雄兽的颜色也许由单纯的变异所造成，和选择的推动力量并不相干。但若一身之上的颜色是多种多样，而其中有的又是特别鲜明浓郁，其出现与发达又必须迟到将近成熟的年龄，而阉割的手术又一定会把它们弄得遁形匿迹，永不出现，那么，我们就很难躲开这样一个结论，就是，它们之所以被取得是作为装饰品而通

715

过了性选择的，并且，在遗传的时候，是专传给同一性别的后代的；也有不专的，但不专的例外绝少。如果两性颜色相同，包括花色的相同在内，而不同的颜色在程度上既深浅分明、在部署上又离奇古怪，显然说不上有丝毫保护之用；并且尤其值得注意的是，和颜色同时存在而结合在一起的，还有其他各种不同的装饰品如毛丛、如各种附赘悬疣之类，那么，通过类比的推论法，我们也就被带领到和上面所说的同一个结论，就是，它们之所以成为特征，也未尝不是通过了性选择的，尽管在遗传的时候，不同性别的后代同样地传受得到，也无伤于这一结论。显豁和花样多端的颜色配备，无论限于一性或为两性所共有，在同属于一目、或同属于一科、一属的动物里，一般成为例规的同其他服务于战斗或服务于美观的第二性征结合在一起——这样一个事实初不限于少数的例子；我们只须回头看一下，在本章中所已叙述到的许多不同的例子，和将来在末章中将要看到的一些例子里，这些情况是很常见的。

特征对两性同等遗传而不分轩轾这一法则，至少就颜色和其他装饰性特点而言，在哺乳类中的流行要比在鸟类中远为广泛得多；但哺乳动物的武器如锐角长牙之类往往只传给雄兽，或在雄兽身上的发展要比雌兽身上完整得多。这是有些奇怪的，因为雄兽既一般地使用这些武器在各式各样的敌人面前保卫自己，这种武器照说对雌兽也该有用。就我们所能认识到的来说，雌兽之所以没有这种武器，或有而不全，只能说是由于在这方面所通行的那种遗传方式的限制，此外就不好解释了。最后，在四足类中间，同一性别之间个体与个体的竞争，和平的也好，流血的也好，除了极少数例外不论，总是限于雄兽一方，因此他们通过性选择而经历到的特征上的变化，无论变化的目的是为了彼此之间的战争，或者为了引诱异性，都要比雌兽一方远为通常得多。

原　注：

[1] 欧文，《脊椎动物解剖学》，第三卷，585 页。

[2] 同上书，595 页。

[3] 关于麋和野生驯鹿的习性，见 Major W. Ross King，《行猎者在加拿大》，1866 年，53、131 页。

[4] 同上注 1、2 所引书，第三卷，600 页。

[5] 见 Mr. Green 文，载《林奈学会会刊》（丙 76），第十卷，动物学之部，1869 年，362 页。

[6] C. L. Martin，《哺乳动物自然史绪论》（General Introduction to the Nat. Hist. of Mamm. Animals），1841 年，431 页。

[7] 见所著《巴拉圭境内哺乳动物自然史》，1830 年版，15、21 页。

[8] 关于海象，见 Lesson 所著条，载《自然史分类词典》，第十三卷，418 页。关于冠类海豹（乙 331，此属属名亦作乙 897），见 Dr. Dekay 文，载《纽约自然史学园纪事刊》（丙 11），第一卷，1824 年，94 页。Pennant 也曾就这一类动物从海上捕猎的人那里收集了一些资料，但 Mr. Brown 在这方面的记载最称详备，载《动物学会会刊》（丙 122），1868 年卷，435 页。

[9] 海狸用来分泌海狸香的腺就是这样，见摩尔根先生所著极为有趣的一本书，《美洲的海狸》，1868 年版，300 页。Pallas 对哺乳动物的臭腺的讨论也相当好（《动物学拾遗集》，第八分册，1779 年，23 页）。欧文（《脊椎动物解剖学》，第三卷，634 页）也叙到这些臭腺，包括大象的和（763 页）鼹鼠的在内。关于蝙蝠，见 Mr. Dobson 文，载《动物学会会刊》（丙 122），1873 年卷，241 页。

[10] Rengger，《巴拉圭境内哺乳动物自然史》，1830 年版，355 页。这位观察者也曾就臭气举了一些奇特的具体资料。

[11] 欧文，《脊椎动物解剖学》，第三卷，632 页。参看 Dr. Murie 对这些腺体的一些观察，载《动物学会会刊》（丙 122），1870 年卷，340 页。紧接着的下文中所引 Desmarest 的观察，见《哺乳动物学》（Mammalogie），1820 年版，455 页。

[12] Pallas，同上注 9 中所引书，第八分册，1799 年（注 9 中作 1779 年，似刊误——译者），24 页。又 Desmoulins 所著条，载《自然史分类词典》，第三卷，586 页。

[13] Dr. Gray，《诺士雷动物苑观赏掇拾录》（Gleanings from the Menagerie at Knowsley），图片第 28。

[14] 法官 Caton 关于美洲麋的观察，见《渥太华自然科学院》院刊（丙 106），1868 年，36、40 页。关于山羊属中的角羚（乙 167）也有这种表现，见 Blyth 文，《陆

与水》（丙87），1867年，37页。

[15] 见欧文编、Hunter 著，《议论与观察》（Essays and Observations），1861年，第一卷，236页。

[16] 见 Dr. Gray，《不列颠博物馆哺乳动物目录》，第三篇，1852年，144页。

[17] Rengger，《巴拉圭境内哺乳动物自然史》，14页。又 Desmarest，《哺乳动物学》（Mammalogie），66页。

[18] 见我所著《家养动植物的变异》第一卷有关这几种动物的各章；又第二卷，73页；又关于半文明的民族也进行人工选择，见第二卷第二十章。关于柏布拉山羊（the Berbura goat），见 Dr. Gray，上引《……目录》，157页。

[19] 赤袋鼠（乙692），见 Gould，《澳大利亚的哺乳动物》，1863年，第二卷。关于下文的有袋负鼠，见 Desmarest，《哺乳动物学》（Mammalogie），256页。

[20] 见《自然史纪事与杂志》（丙10），1867年11月，325页。关于巢鼠，见 Desmarest，同上引书，304页。

[21] 见 J. A. Allen 文，载《美国剑桥比较动物学博物馆公报》（即丙38），1869年，207页。多布森蝙蝠类（乙237）的性征，见文，载《动物学会会刊》（丙122），1873年卷，241页。Dr. Gray 论树懒，见同上引书，1871年卷，436页。

[22] Desmarest，《哺乳动物学》，1820年，220页。关于山猫（乙411），见 Rengger，同上书，194页。

[23] Dr. Murie（见上注11）论海狮，见《动物学会会刊》（丙122），1869年卷，108页。关于格陵兰海豹，见 Mr. R. Brown，同上引书，1868年，417页。关于海豹类的颜色，亦见 Desmarest，同上引书，243、249页。

[24] 见法官 Caton（见上注24）文，载同上刊物，1868年卷，4页。

[25] Dr. Gray，同上《……目录》，第三篇，1852年，134、142页；亦见 Dr. Gray，《诺士雷动物苑观赏撷拾录》，其中有关于德比大角斑羚（乙677）的一幅图，画得甚是逼真；又有关于丛灌羚（乙954）的一段文字。关于好望角产的岬麋（乙676），见 Andrew Smith，《南非洲动物学》，图片41、42。在我们的动物园里，也畜养着这里所叙到的羚羊类里的好多个种。

[26] 关于黑羚（乙66），见《动物学会会刊》（丙122），1850年卷，133页。又关于与此关系相近、而两性之间在颜色上的差别也相等的另一种羚羊，见 Sir S. Baker，《阿尔伯特湖》（The Albert Nyanza），1866年版，第二卷，327页。关于滑腻羚

（乙 69），见 Dr. Gray，同上《……目录》，100 页。又 Desmarest 尝论到狷羚（乙 60），见《哺乳动物学》，468 页。又 Andrew Smith，《南非洲动物学》中也叙到了角马。

[27] 见《渥太华自然科学院》院刊（丙 105），1868 年 5 月 21 目，3、5 页。

[28] 关于"斑腾牛"（the Banteng），见 Müller，载《印度洋群岛动物学》（Zoog. Indischen Archipel.），1839~1844 年，分册 35；亦见 Mr. Blyth 文，《陆与水》（丙 87，1867 年，476 页）中所引 Raffles 的话。关于各种山羊，参见 Dr. Gray，《……目录》，146 页；与 Desmarest，《哺乳动物学》，482 页。关于泽地鹿（乙 217），见 Rengger，同上引书，345 页。

[29] 见 Sclater 文，载《动物学会会刊》（丙 122），1866 年卷，1 页。Pollen 和 van Dam 两先生亦曾对这一事实充分地加以确定。亦见 Dr. Gray，文，载《自然史纪事与杂志》（丙 10），1871 年 5 月，340 页。

[30] 关于吼猴属，见 Rengger，同上书，14 页；和 Brehm，《动物生活图说》，第一卷，96、107 页。关于蛛猴属，见 Desmarest，《哺乳动物学》，75 页。关于长臂猿属，见 Blyth 文，《陆与水》（丙 87），1867 年，135 页。关于细猴属，见 S. Müller，注 28 已引书，分册 10。

[31] 见 Gervais，《哺乳动物自然史》（Hist. Nat. des Mammifères），1854 年，103 页。书中并附有公狒狒的头颅的图，不止一幅。亦见 Desmarest，《哺乳动物学》，70 页。又见 Geoffroy St. -Hilaire 和 F. Cuvier，《哺乳动物自然史》（Hist. Nat. des Mamm.），1824 年版，第一卷。

[32]《家养动植物的变异》，1868 年，第二卷，102、103 页。

[33] 欧文编、J. Hunter 著，《议论与观察》，1861 年，第一卷，194 页。

[34] Sir S. Baker，《在阿比西尼亚境内的尼罗河各支流》（The Nile Tributaries of Abyssinia），1867 年版。

[35] 麝鼠一称麝鼹（即乙 412），见奥杜邦与 Bachman 合著，《北美洲的四足类动物》，1846 年，109 页。

[36] 见 Pallas，《从睡鼠目出来的四足类新种》（Novæ species Quadrupedum e Glirium ordine），1778 年，7 页。我在这里所称的 roe（译文作"西比利亚鹿"——译者），在 Pallas 是 Capreolus sibiricus subecaudatus。

[37] 见其所著《博物学家在尼加拉瓜》，249 页。

[38] 见 A. Smith，《南非洲的动物学》中的一些很好的图片，和 Dr. Gray，《诺士雷动物苑观赏掇拾录》。

[39] 见《威斯敏斯特评论》（丙 153），1867 年 7 月 1 日，5 页。

[40] 见所著，《南非洲旅行记》，1824 年版，第二卷，315 页。

[41] Dr. Gray，《诺士雷动物苑观赏掇拾录》，64 页。Mr. Blyth 在谈到锡兰的豚鹿（hog-deer）的时候，说这种鹿在换新角的季节，白斑点要比一般的豚鹿见得更为鲜明，见文，载《陆与水》（丙 87），1869 年，242 页。

[42] 参见 Falconer 和 Cautley 合著文，载《地质学会会刊》（丙 117），1843 年卷：又 Falconer，《古生物学回忆录》（Pal. Memoirs），第一卷，196 页。

[43]《家养动植物的变异》，1868 年，第一卷，61－64 页。

[44] Sclater 文，载《动物学会会刊》（丙 122），1862 年卷，164 页。又参看 Dr. Hartmann，《农业纪事刊》（丙 13），第四十三卷，222 页。

[45] 我自己在动物学会的动物园里观察到这一事实；而在 Geoffroy St. -Hilaire 和 F. Cuvier 所著《哺乳动物自然史》（第一卷，1824 年）的彩色图片中，也可以看到许多例子。

[46] 见 Bates，《博物学家在亚马孙河上》，1863 年，第二卷，310 页。

[47] 我在动物学会的动物园里看到过文中所叙的各个猿猴种的大多数，未见的只是少数。关于圈胡猴（乙 871）的一段话采自 Mr. W. C. Martin 的《哺乳类自然史》，1841 年版，460 页；同书 475、523 页，也可以参看。（即上注 6 中的作者与书。——译者）

第三篇

性选择与人类的关系，并结论

第十九章

人类的第二性征

男女之间的差别——这一类的差别以及两性所共有的某些性状，是怎样来的——战斗的法则——心理能力方面的一些差别，与嗓音——论姿色之美对决定人类婚姻的影响——野蛮人对装饰手段的注意——野蛮人心目中的女子美——夸大本种族每一个独特之点的倾向

在人类，两性的差别比大多数四手类（乙 816）动物要大些，但比起某几个种来，却要小些，例如大狒狒（即乙 318）。男子平均颇为明显地要比女子高些、重些、力气大些、肩膀方些、而肌肉鼓得更为清楚些。由于肌肉发达和前额突出之间所存在的关系，[1]男子的眉脊一般要比女子的更为显著。男子身上、尤其是脸上，有着更多的毛；喉音也不同，男音的声调更为重厚有力。在某些族类里，据说女子在肤色上和男子有轻微的差别。例如，施魏因富尔特在谈到聚居在赤道以北只有几个纬度的非洲腹地的一族黑人、叫做孟勃图人（Monbuttoos）中的一个妇女时说，"像她族

中所有的女子一样，她的皮肤要比她丈夫的浅上好几度，多少有几分像烤得半熟的咖啡的颜色。"[2]但妇女们在田地里劳动，而且不穿什么，照说不会因风吹日晒较少而和男子的肤色有所不同。欧洲的妇女，在两性之中，也许是肤色较为浅淡的一性，在两性同受风吹日晒的情况下，也是可以看出来的。

男子比女子更为勇敢、好斗，更有精力，而在发明的天才上，也要强些。他的脑子是绝对地要大些，但他的身体既然也高大些，据我所知，这些较大较强的情况是不是光表示一个比例的关系，还没有得到充分的确定。在女子，面部要圆浑些，上下颚和头颅的底部要小些，躯干的轮廓也圆浑些，而某些部分突出得多些，骨盆要比男子的宽阔些，[3]但后面这一特征也许不该算作第二性征，而更恰当地说是第一性征。女子发育成熟的年龄要比男子为早。

雄性动物的一些足供辨别其为雄性的特征一直要到将近成熟的年龄才充分发展出来，不论属于哪一纲的动物全是如此，人也不例外；但若中途受到阉割，它们就再也不出现了。举胡髭为例，胡髭是第二性征，男孩子是没有胡髭的，尽管从幼小的年龄起，头上的毛发就一直很多，却不生髭。在生命过程中，有些陆续发生的变异是出现得比较晚的；通过这一类的变异，男子才取得了男性的一些特征，而大概也正因为出现得晚，所以只传男而不传女，胡须就是一个例子了。男孩和女孩是彼此很相像的，好比许多其他动物的幼者一样，而这些动物，一到成年，公母之间是有很大差别的。男女孩和成熟的男子或女子相比，则与后者的相像程度要比与前者的相像程度高得多，幼小的雄兽和雌兽也有这种情况。但女孩子终于成长而取得某些分明的特征，而就她的颅骨的形成而言，据专家说，她所处的是儿童和成年男子之间的一个中间状态。[4]再有一点，在相近而不同的物种之间，幼者和幼者相比，差别虽大，却不如成年者和成年者相比之为甚。如今人的各个不同族类之间的孩子也有同样的情况。有些人甚至主张，我们无法从婴儿的颅骨上发现种族的差别。[5]至于肤色，新生的黑人婴儿是红润的胡桃色，不久便转成石板石似的灰色，至于充分发展成为黑色，在苏丹，约在出生后一年之内，而在埃及，则要三年。黑人眼睛的颜色起初是蓝的，而头发则与其说是黑的，不如说是栗色的，而起初也只是发梢有些鬈曲。澳大利亚土著居民的孩子初生时是带黄的棕色，后来才变黑的。巴拉圭的瓜拉尼人①的初生儿是淡黄色的，要几个星期以后才取得和它父母一样的棕里带黄的肤色。在美洲其他地区，有人观察到与此相类似的情况。[6]

我在上文具体地说明了人类男女两性的一些差别，因为这些差别和四手类动物雄雌之间的差别有着奇特的相似之处。在这些动物里，雌兽也比雄兽成熟得早，至少泣猴属的一个种，阿氏泣猴（乙185），是一个可以肯定的例子。[7]大多数四手类物种的雄兽比雌兽要高大和强壮些，在这一方面大猩猩（gorilla）提供了一个大家所熟悉的例子。即便在这样一个微不足道的特征如眉脊，在某几种猴子里，也是公的要比母的更显得突出，[8]和人一样。大猩猩和另外几个种的猿猴，成年时公的在颅盖骨上呈露着一条平分左右的冠状突起，极为显著，母的却是没有的，而埃克尔在澳大利亚土著居民的两性中间发现了这一差别的痕迹。[9]在猿猴中间，如果公母之间在喉音或叫声上有任何差别的话，总是公的更为洪亮一些。我们已经看到过，某几个猿猴种的公猴长有很好的胡子，而在母的，不是没有，便是有而很不发达。母猴的须、胡、或髭比公猴长得还要盛大的例子还没有听说过，一例也没有。甚至在胡须的颜色上，在人与四手类之间也存在有趣的并行现象。因为就人说，如果须色和发色不同，而这是普通的事，据我了解，须色几乎总是要浅些，往往带点红。我在英国屡屡观察到这一事实，但有两位先生最近写信给我，说这些是例外，不是通例。其中一位对这种例外还有个解释，认为这是由于一家的父母两方在须发的颜色上原有很大差别的缘故。两位又说，他们长期以来一直觉察到这个须发不同的特点（有人再三指斥其中的一位自己的胡子是染过的），因而在别人身上随时注意观察，终于得到确定，认为这种例外是很难得的。胡克博士为我在

---

① Guarany，印第安人的一个族类。

俄国留心到这个小问题，发现没有任何例外。在加尔各答植物园里任职的J.司各特先生惠然见许，替我观察那里来往的各个族类的人，同时也注意到印度内外其他地区的人，如锡金的两个族类，又如蕃提亚人（Bho-teas）、① 天竺人、缅甸人、中国人，这些民族的脸部大多数是很少有毛的，而他的发现是，凡遇有须发颜色有所不同的例子，总是须的颜色要浅淡些，绝无例外。如今上面所说到的猿猴也正是如此，胡须的颜色常常和头毛的颜色迥然不同，总是要淡些，往往有淡到纯白的，有时候是黄的或带红的。[10]

至于体毛之有无和多少的一般情况，在所有的种族里，女子都比男子为少。而就少数几种四手类动物而言，雌兽腹部的毛要比雄兽为少。[11]最后，各种猿猴的雄者，像男人一样，比雌者要勇敢些、凶猛些。在队伍中，他们是带头者，遇有危险，就直前挡头阵。从这些，我们看到人的两性差别与四手类的两性差别之间所存在的并行现象是如何地亦步亦趋了。但在不多的几个物种里，如某几个种的狒狒、如猩猩、如大猩猩，雄雌之间的差别要明显地大得更多，例如雄者有更大的犬牙、毛的发展和颜色也浓密些，而尤其显著的是，不生毛的部分的皮肤来得特别浓艳，而这些，人类男女之间不是没有，就是要差得多。

人类所有的第二性征，即使在同一种族的范围之内，也有高度的变异性，而在种族与种族之间，第二性征的差别是大的。这两条规则本来是一般地适用于全部的动物界的，人类自不例外。在诺伐拉号（Novara）船上所作出的种种观察里，[12]我们看到澳大利亚土著居民的男子在身材上比女子只高出65毫米，而在爪哇人，则男子平均要超过218毫米，因此，爪哇人在身材上的两性差别比澳大利亚人要大三倍而有余。在各个不同的种族里，人们对身材、颈围、胸围、背脊长、臂长等等作出了许许多多次的仔细测定，而几乎所有测定都表明，男子与男子之间的差别比女子与女子之

---

① 印度称我国藏族人用此名，尤其是藏人的居住在印度、尼泊尔、不丹、锡金等境内者。译音"蕃提亚"的"蕃"应读如藏族人读"吐蕃"之音中的"蕃"。

间的要大得多。这一事实指示出来，至少就这一类业经测定的特征而论，自这若干种族从一个共同的祖系分化而出以来，主要是男子一方起过许多变化。

在不同种族的男子身上，胡须和体毛的发展有着显著差别，即便在属于同一种族的各个部落或家族之间亦复如此。我们欧洲人在自己中间就可以看到这一点。在圣吉尔达岛①上，据马丁说，[13]男子一直要到三十岁或过三十岁才生出须来，而在这年龄里还只是疏疏落落的几根。在欧亚大陆上，自西往东，胡须的盛行，一直到走出印度境外才告一段落，尽管作为印度范围以内之锡兰的土著居民的须是往往不长的；远在古代，迪奥多茹斯便已注意到这一点。[14]印度以东，多须的情况就不见了：暹罗人、马来人、卡尔穆克人（Kalmucks）、中国人和日本人都是如此。然而一到日本群岛极北诸岛上的虾夷人（Ainos），[15]我们却碰上了世界上最多毛的男子。黑人的须是很少的，或者没有，颊须或严格的胡子是难得的；黑人的男女两性在身体上也几乎完全缺乏那层细软的茸毛。[16]反之，马来群岛上的巴布亚人（Papuans），论肤色是几乎同黑人一样的黑，却有很发达的胡须。[17]在太平洋区域以内，斐济（Fiji）群岛的居民有着蓬蓬松松的大胡须，而相去不太远的汤加（Tonga）和萨摩亚（Samoa）两个岛群上的居民是没有几根的，但这几种人是分属于几个不同的种族的。至于埃利斯群岛②上的居民则全都属于同一个种族，而单单在其中的一个岛，即努尼马亚岛上（Nunemaya），"男子们长着极为漂亮的胡须"，同时在其余的岛屿上，男子们却只有寥寥的十几茎，也算是胡子了。[18]

在整个广大的美洲大陆上，男子可以说是没有胡须的，但在几乎所有部落③里，男子脸上都会长几根短毛，尤其是一到老年。就北美洲的一些部落说，卡特林估计，二十个男子中有十八个是天生的完全不长胡须的，

---

① St. Kilda，苏格兰地西海中，居民为少数操凯尔特（Celt 或 Gaelic）语的人。
② Ellice，太平洋西南部。
③ 全部指印第安人。

但间或可以看到个把男子，由于在发育的时候忽略了把几根嘴边的毛拔除，居然有一撮细软的长不过一两英寸的小胡子。巴拉圭（此下皆南美洲的印第安人——译者）的瓜拉尼人①（Guaranys），和他们周围的所有部落不同，也有一小撮短须，甚至体毛也有一些，但没有颊须。[19]福布斯先生特别留意过这问题，他告诉我，山岭区域的亚马拉人（Aymaras）和奇楚亚人（Quichuas）是特别地少毛的，但到了老年，下额上间或出现零落的几茎。在这两个部落的男子身上，连欧洲人长毛长得很多的某些部分也只有很少的毛，妇女在这些相应的部分则根本没有。然而男女两性的头发却都长得异乎寻常的长，差不多可以挂到地面上。北美洲的有些部落也有同样的情况。在毛量的多寡上，在身体的一般形状上，美洲土著居民男女两性之间的差别，比大多数的种族要小些。[20]这一事实和某几种关系相近的猿猴类的情况也可以相提并论：例如黑猩猩（chimpanzee）雄雌之间的差别就没有猩猩（orang）或大猩猩（gorilla）的雄雌之间那么大。[21]

在前面几章里我们已经看到，就哺乳、鸟、鱼、昆虫等等各类动物而言，种种理由使我们相信，许多特征是通过性选择由两性之一取得，然后又分移到另一性身上。而就人类来说，同样方式的传递既然也显然地流行过，并且所牵涉到的特征也不少，我们在讨论男性所独具的一些特征的起源、并兼论两性所共有的某些其他特征的时候，就可以省去一些无谓的重复的话了。

战斗的法则。——在野蛮人中间，即以澳大利亚土著居民为例，妇女成为部落成员之间和部落与部落之间所由发生战斗的经常的原因。我们自己古代的情况无疑也是如此；"因为早在海伦（Helen）以前，妇人就是可怕的战争之源了。"在有些北美印第安人中间，这种战争已经被提炼成为有系统的一套，据那位出色的观察者赫恩说：[22]"在这些人中间一向有这

---

① Guarany，今都写作 Guarani，南美洲的印第安人，下面的亚马拉人和奇楚亚人也是印第安人。

样一个风俗，就是，男子们为所系恋的女子彼此进行角力，而终于把胜利果实带走的当然总是最健壮有力的一方了。一个软弱的男子，除非是个好猎手，而要赢得女子的欢心，要保持一个别的男子认为值得注意的老婆，是难得有的事。这一风俗在所有部落里全都通行，成为青年人中间一股巨大的鼓舞和效法的力量，使他们从儿童时代起，一遇逢年过节的机会，就相聚角力，一试身手。"南美洲的瓜那人（Guanas），据阿扎拉说，男子在二十或二十多岁以前是难得结婚的，因为在此以前，他们不可能把情敌们打下去。

可供列举的其他类似的事实也还有。但即使我们在这方面没有什么例证，我们根据较高等的四手类动物所提供的可以相比的材料，[23]也就几乎可以肯定，人在他早期的若干发展阶段里，也一般地遵行过这条战斗的法则。即在今天，我们还间或发现有人的犬牙或虎牙特别发达，比其他的牙齿突出得多，并且牙端还有供上下犬牙扣合之用的锯齿状空隙，这完全有可能是一个返祖遗传的性状，退回到当初我们的祖先、像今天还存活的许多四手类的雄兽一样、经常装备着这些武器的那个状态。我们在上文有一章里已经说过，当人逐渐地变得直立，而为了战斗和其他的生活目的不断地用手和臂来掌握木棍和石块时，上下颚和齿牙就用得愈来愈少了。这一来，上下颚和有关的肌肉，不用则退，就缩减下去，而齿牙，通过我们还不很了解的相关原理和生长中节约的原理，也是如此，因为我们到处看到，身体上凡是已经不再派用处的部分都要减缩。通过这一类步骤，人类两性之间在上下颚与齿牙方面原先存在的不平等就终于消除了。这一情况和许多雄性反刍类动物的情况几乎也成一个并行现象，在后者，显然是由于角的发展，原有的犬牙不是减成一些残留，便是根本不见了。在猩猩和大猩猩，雄雌两性的颅骨是大小悬殊的，而这一情况又和雄猩猩的巨大犬牙的发展有着密切的关系；既然如此，我们就可以作出推论，认为人类早期男祖先的上下颚的减削，对于他的面貌，一定引起了一番最显著而有利的变化。

男子与女子相比，有较大的身材和体力，又有更宽阔的肩膀、更发达的肌肉、棱角更多的全身轮廓、更勇敢好斗，所有这一切，我们可以了无疑义地认为主要是从他那半人半兽的男祖先那里遗传而来的。但这些特征，在人的漫长的野蛮生活年代里，通过最壮健、最勇敢的男子们，不仅在一般的生存竞争中，并且在为取得妻子的争夺战中——双重的成功，而保存了下来，甚至还有所加强，因为这种成功保证了他们能够比同辈中不那么壮勇的弟兄留传下更多的后代。有一种看法认为，男子体力之所以较强，主要是由于他，为了自己与家小的生活，比女子劳动得更辛勤些，而辛勤劳动的影响终于遗传了下来；我认为这样一个看法大概是不对的，因为在所有半开化的种族里，妇女被迫而劳动的辛勤程度并不亚于男子，或且过之。一到文明的种族里，依靠战斗作为仲裁方法来取得妻子的作风早就废止不行。但到此，作为一个通例来说，男子为了养活一家大小，却要比妇女付出更为辛勤的劳力，而他们的更大的体力却也因此而得以维持不变。

两性在心理能力方面的一些差别。——这一性质上的男女差别，性选择有可能起过一番高度重要的作用。我知道，有些著作家怀疑在这一方面究竟存不存在任何内在的差别，但和呈现着其他一些第二性征的低于人的动物相形之下，或略作比拟之后，我们至少得承认，这一性质的差别是可能存在的。谁也不会争辩，公牛在性情上和母牛不一样，公野猪和母猪、牡马和牝马也不相同，而据动物园管理人员所熟悉的而言，在几种较大的猿猴里，公的和母的也有差别。女子的心理倾向似乎是和男子的有些不同，主要表现在更为温柔和不那么自私等方面。而这话甚至也适用于野蛮人，帕克的《旅行记》里有一段大家所熟悉的文字以及其他许多旅行家的话都能证明这一点。由于一些有关母性的本能，妇女通常要向她的婴儿极为突出地表现这些品质，因而就有可能把它们引申而适用到其他同类。而男子则不然，他是其他男子的对手，他和别人进行竞争而引以为快事，而这就可以引起野心，再从野心过渡到自私自利是太容易的事了。对他来说，这些品质似乎是些自然的东西，而不幸也是与生俱来而又分有应得的东西。一般也承认，女子在直觉，在辨认事物的敏捷、以及也许在模仿或模拟等方面，能力要比男子更为显著。但这些官能中，至少有一部分标志着较低的种族的一些特点，因而是属于一个过去而较低的文明状态的。

两性之间在理智能力方面主要的区别是，男子无论从事什么，造诣所及，都要比女子高出一筹——所从事的业务所要求的或许是深沉的思考，是推理、是想象，或许只是感官及两手的运用，都是一样。如果我们选编两张名单，一张男的，一张女的，把历来最杰出的诗人画家、雕塑家、音乐家（包括作曲和演奏在内），每一类下面都选列半打人名，这两张单子是经不起一比的。我们又不妨根据平均离差这一法则，有如高尔顿先生在他的著作《遗传的天才》中所曾一清二楚地表明的那样，而加以推论，认为如果一部分男子在许多学科上有能力比一部分女子达到一个无可置疑的高度的话，那么一般男子的平均心理能力一定要在一般女子的平均之上了。

在人的人兽参半的祖先中间，和在野蛮人中间，男子久历世代地为了占有女子而一直进行过竞争。但只靠身材之高与体力之大是不能保证胜利的，除非同时结合上勇敢、毅力、有不挠的精力等品质。在社会性动物中间，在赢得一个雌性作配之前，年轻一代雄性必须经历许多次战斗，而年老一辈雄者，为保持他们的雌者，也须重新参加一些战斗。到了人类，他们还有必要保卫妻小，使不遭各种敌人与野兽的侵袭，同时又要猎取食物来养活全家。但要避免敌害，或成功地攻击它们，要捕取飞禽走兽，要制作武器，就不能没有较高的心理性能诸如观察，推理、发明、想象等的帮助。这些品性，在一个人的成年时期里，会不断地受到考验而被选择到手，而同时，即在生命的同一时期内，又因随时运用而得到加强。其结果是，按照我们再三引用到的那条原理，我们可以指望它们至少会倾向于传给主要是男性的下一代，而在下一代的同一个年龄期内表现出来。

如今让我们设想，如果把两个男子，或一男一女，安放在一个相竞争的境地之中，而这两个人，在每一种心理品质上，都是一模一样地完善无缺，所不同的只是其中的一个精力多些、毅力强些、而勇气大些，竞争的结果是可想而知的：大抵精力和勇毅过人的那一个，不论所从事的是什么行道，会崭露头角而出一头地。[24] 这个人简直不妨说是拥有天才——因为有一位伟大的权威曾经宣称过，天才就是忍耐；而忍耐，在这里，就意味着不屈不挠、无所畏惧的毅力。但这样一个对于天才的看法也许是有缺点的；因为如果没有比较高度的想象能力和推理能力，谁也不可能在许多科目方面取得卓越的成功。后面这两个性能，想象与推理，跟忍耐一样，之所以在人身上得到发展，部分是通过了性选择，那就是，通过敌对男子之间的竞争，而部分也通过了自然选择，那就是，由于在一般生存竞争中的成功；而这两种选择所牵涉到的竞争既然都须要在生命的成熟期内进行，则所取得的特征在往下代传的时候，传到得更充分些的大概是男的一性，而不是女的一性了。我们的种种心理性能有许多是通过性选择而发生变化与得到加强的这样一个看法，是和下面两个情况十分明显地吻合的：第一，这些性能在春机发轫期（puberty）会经历相当大的改变，[25] 这是尽人皆知的一件事；第二，太监或其他受过阉割的男子，在这些性能上，一辈子要比别人为低劣，不能发展。总之，男子就是这样地终于变得比女子更为优越。但，就总的情况来说，幸运的是，在一切哺乳动物中间，更为广泛流行的是两性遗传均等这一法则。否则，男子在心理天赋上的超越于女子就有可能像雄孔雀在翎毛装饰上之超越于雌孔雀一般，那就不免太悬殊了。

我们必须记住：两性中此一性或彼一性在生命较晚时期所取得的特征或性状倾向于只传给同一性别的后代，即父则传子，母则传女，而在子或女的身上在同样的年龄发展出来，而较早取得的特征则所传不分性别，即子女都可以传到——这些，尽管是两条一般的规则，却未必一贯地通行。如果一贯通行，我们就不妨作出结论（但在这里我的话是越出了我应份的范围的），认为男女孩子早年教育的影响会在结婚以后同样地传给他们的子女。因此，目前存在于两性之间的心理能力上的不平等就不能用同样或大致相似的一套早年训练的课程来加以消除。反过来，如果课程有两套，男女不同，这种不同也不可能成为导致两性在心理能力上所以不平等的原因。为了使女子够得上和男子同等的标准，她在将近成年的时候，应该在加强魄力和毅力方面受些特殊的训练，而她的推理和想象的能力也须通过锻炼，尽量提高，这样，她也许有可能把这些品质主要地传给她的成年的女儿。但不是所有的女子都可以这样地提升起来，除非，在许多世代之内，凡是具有上述这些强毅品德的女子，都能够结婚，而比起别的女子来，能够生育更多的子女才行。像上文讨论体力时所已说过的那样，尽管今日之下，男子已不再为妻子而进行斗争，因而这一方式的选择已一去不返，但是，他们在成人之后，为了维持自己和家庭，一般还须经历一番严厉的竞争；而这就倾向于把他们的心理能力保持不败，甚或还有所加强，而这样一来，目前存在于两性之间的不平等也就得到了保持，甚至有些变本加厉。[26]

嗓音与音乐能力。——在有几种四手类动物里，成年的雄雌之间在发音能力与发音器官上有着巨大的差别。人在这方面的类似差别，看来是从他的早期祖先那里传下来的。成年男子的声带，比成年女子的，或比男孩子的，约长出三分之一，而阉割对他的影响是和对低于他的动物的影响一样的，就是"使甲状腺等应有的突出的发展中途停止下来，而这些结构的发展原是和声带的延伸同时并进的。"[27]至于这一差别所由来的原因，我在前章已经说过，大概是由于雄兽，在恋爱、暴怒、嫉妒等心情的刺激之下，经常不断地使用发音器官所致，此外我更没有什么可以补充的话。据吉布爵士的研究，[28]嗓音和喉头的形态在人类的各个种族里各有不同。但据说在鞑靼人、中国人，以及其他一些民族间，比起大多数别的种族来，男、女声的差别不那么大。

歌唱或音乐的爱好和在这一方面的能力，虽不是一个性的特征，我们在这里却决不能轻轻放过。一切动物发声的目的尽管不止一端，我们却有充分的理由认为，发音器官的用途及其发展之趋于完善，是和有关物种的繁殖分不开的。各种昆虫和少数几种蜘蛛是能够自主发出够得上称为声音的几种最低等的动物，而这是通过构造精美的磨音器官发出的，并且往往只有雄虫才有这种器官。所发出的声音，据我了解，全都是由同一个音符构成，通过重复而产生节拍，[29]这种鸣声有时候对人也颇为悦耳。在有些例子里，鸣声的主要目的，乃至唯一的目的，像是在对异性发出呼唤或施加引逗。

鱼类的叫声，据说在有些例子里只有雄鱼才能发出，而且只限于蕃育季节。一切呼吸空气的脊椎动物必然有一套把空气吸进来与呼出去的器官，备有一根在一端可以关闭的管道。因此，当脊椎动物最原始的成员受到强烈的刺激而肌肉突然收缩的时候，几乎肯定会发出一些没有目的而不由自主的声音来，而这些声音，如果经验证明多少有些用处，就会很容易通过适合者存的道理——即凡是能作出正常适应的各种变异得到保存的道理——而不断地逐步变化或得到加强。直接呼吸空气的最低等的脊椎动物是两栖类，而此类之中，蛙类和蟾蜍类是备有发音器官的，一到蕃育季节，就昼夜不休地使用上了，而就两性比较起来，雄性的发音器官往往要比雌性的更为发达。在龟类，只有雄龟能鸣，而这也只在求爱的季节里。在同一季节里，雄鳄鱼能作牛鸣一样的吼声。谁都知道，作为调情的手段，鸟类是怎样不惮厌烦地运转它们的歌喉，而有几种鸟还能演奏不妨称为器乐一类的音乐。

我们在这里所更为特别注意的哺乳类这一纲中间，几乎所有物种的雄者，一到蕃育季节，总要使劲地运用嗓音，用得比任何时候多得多，而有几种动物的雄者，一过这个季节，便绝对不发声。在别的一些物种里，则雄雌两性，或只有雌性，把嗓音用作恋爱的号角。我们在考虑到这些事实之后，再想到在有些四足类动物里，雄性的发音器官比雌性的要发达得多，有的是个经久的现象，有的是短期的，只限于繁育的一季，再联想到在大多数低于哺乳类的各类动物里，雄性所发出的声音，用处不仅在于叫唤对象，而且要激发她、诱惑她——既考虑到这些，我们感觉到奇怪的是，为什么直到今天，我们还没有取得良好的例证来说明，雄性哺乳动物的发音器官也未尝没有类似的用途。卡拉亚吼猴（乙647）在这方面也许构成一个例外，而和人相接近的人猿、长臂猿的一个种，敏猿（乙495），或许也是。这种长臂猿的嗓音是极其响亮而富有音乐味的。沃特豪斯先生说,[30]"据我听来,猿啼在音阶上的抑扬上下之间,每一顿挫总是不超过、也不少于半音,而我可以肯定他说,啼声中最高音与最低音之间恰好相差八度。各个音的品质是好的,很有音乐韵味,我不怀疑一个有功力的提琴家会在他的乐器上把长臂猿的曲谱示意性、却也准确地演奏出来,所差的只是嘹亮的程度不及而已。"沃特豪斯先生接着又把啼声用音符录了出来。解剖学家欧文教授同时也是个音乐家,坐实了上引的话,并且说,这只长臂猿"是野兽之中堪称真正能唱的绝无仅有的一例了。"这样说当然是错了的。这只人猿曾当众表演过,而在表演之后显得很紧张。不幸的是,对这一猿类在自然状态中的生活习惯从未有人作过仔细的观察,不过,和其他动物相比而加以推测,可知他大概也是把音乐才能主要用于求爱的季节里的。

但长臂猿属中能唱的还不光是这一个种,因为我的儿子 F. 达尔文曾在动物园里悉心倾听过另一个种,银猿(乙 498),歌唱一只三个音的调子,真是音程匀整,有着清切的音乐韵味。更教人惊奇的一个事实是,某几种啮齿类(乙 840)动物也能发出音乐的声音。常有人谈起或展览能唱歌的小老鼠,但也常有人怀疑这是骗人的玩意儿。但我们最后却也看到一个有名的观察者,洛克伍德牧师[31]所写的一篇清楚的记载,说到美洲的一个小型的鼠种,鸣鼠(乙 476)的音乐能力,这种小鼠是和英国普通的小型鼠种不同一属的。这只小动物是有人养着的,曾经屡次表演给人听。她在唱两支主要的歌曲中的一支时,"往往把最后一小节拉到两小节或三小节那么长,而有时候她还要从升 C 音和 D 音改变到 C 本音和 D 音,然后又在这两个音调上颤抖着嗓音流连一个时候,而终于在原来的升 C 音和 D 音上"啾"的一声而戛然收场。半音与半音之间界限分明,毫不含糊,也是很显著的一点,在耳朵有训练的人很容易领会。"洛克伍德先生把这两只歌曲都谱了出来,并且说,这只小老鼠虽"没有辨别节拍的耳朵,她却懂得守住 B 的音符(两个降半音)和严格维持在一个主调之内……。她的柔软而清楚的嗓音每下降八度时,是降得再精确没有的;然后,在收场时,嗓音又转而上升，在升C音和D音上发出突然的颤声而结束。"

一个评论家曾提出问题：人的耳朵（也应当同时提到其他动物的耳朵）怎么会通过选择而终于能对音乐上音的辨别作出适应。但这个问题说明，提出的人思想上有些混乱。首先应该知道什么是声：空气中若干"单纯的震荡"的同时存在所造成的一个感觉就是一个声；各个震荡的周期不同，而彼此又如此其不断交错，致使我们的耳朵无从辨认它们个别的存在，所以听去只是一声。只是在这些震荡断而不续、和各个震荡之间缺乏和谐的两种情况之下，声始终只是声，而不成音乐的所谓音。所以，凡是有能力辨声的耳朵——而大家都承认，对一切动物来说，这样一种能力有其高度的重要性——也就能感觉到乐音（也就是知音）。即便在动物阶梯的各个低下的级层里，我们也可以找到这种能力的例证。即如甲壳类动物就备有若干根长短不同的为听觉服务的毛，有人看到过，只要适合的乐音一响，这些毛就颤动起来。[32]上文有一章里已经说到过，对蚊蚋触须上的细毛，也有人观察到同样的情况。另一些可以信赖的观察者也曾确凿地说，蜘蛛也能接受音乐的吸引。很多人也熟悉，有的狗在听到某些特别的音调时会吠叫起来。[33]看来海豹也能领会音乐，海豹对音乐的爱好是"古代人便已熟悉的事，而直到今天，还时常为海上猎人所利用。"[34]

因此，只就对乐音的单纯辨认而论，无论所说的是人也好，是其他动物也好，我们似乎没有什么特别的困难。赫姆霍尔兹曾根据生理学的原理，来解释为什么人的耳朵听到和协的音调就觉得舒服，而不协和的则不舒服。但这与我们没有多大关系，因为音乐讲求和谐毕竟是近代的一个发明。我们更关心的是旋律，而在这里，也以赫姆霍尔兹为据，为什么我们要用到音阶上的各个音，也是不难理解的。原来我们的耳朵总要把一切声响分解成为所由构成它们的许多"单纯的震荡"，尽管人并不觉察到这种分解的过程，分解总是经常进行着的。在一个乐音中间，各个震荡之中调子最低的那个震荡一般总是最占优势，而其他不那么显著的一些是第八音、第十二音、第十六音，等等，对那个基本而占优势的低调都是谐和得来的。在我们音阶上的任何两个音都有许多共同的可以谐合的泛音。如此一说，我们似乎可以看得很清楚，如果一只动物老爱唱某一只歌曲，而且总是这一只，它就会就那些拥有许多共同的泛音的音连续不断地加以试发这样一个方向来引导自己——那就是说，它会替它的歌曲挑选那些属于人类所用音阶的一些音。

但若有人进一步问，为什么音调这样东西，排成了一定的次序，具备了一定的节奏，就会引起人和其他动物的快感，那我们所能提出的理由就和某些滋味、某些香气之所以能引起快感一样，再多也就说不上了。但音调确乎能为动物提供某种快感是不成问题的；在求爱的季节里，许多种昆虫、蜘蛛、鱼、两栖类和鸟类动物都能产生音调，我们认为不成问题的根据就在这里。因为，如果这些动物的雌者不懂得领会这些音声，又不从而得到激发、受到媚惑的话，那么，雄者一方的一番苦心孤诣，以及那些往往为雄性一方所独具的复杂的发音结构就成为徒劳无用；而这是不能想象的。

一般都承认人的歌唱是器乐的基础或起源。乐音的人工生产或创制是有其乐趣的，也是需要能力的，此种乐趣与能力是心理性能的一部分。但这两个性能，就人的日常生活习惯来说，可以说是最没有什么用处的；既然如此，我们就不得不把它们纳入人的种种天赋中若干最神奇而不可理解的天赋之列。这种制造器乐的爱好与能力，是在一切种族的人中间都可以找到的，哪怕是最野蛮的，尽管最初的制作是很粗糙的；完全不能制作的例子是没有的。但各个种族对器乐的欣赏能力却又大不相同，我们的器乐不能为野蛮人提供任何乐趣，而他们的器乐对我们来说也是不堪入耳和不知所云。西曼博士在这题目上说过一些有趣的话，[35]他说："即便在西欧的若干民族中间，尽管由于近便与经常的来往而彼此之间有着密切的联系，其中任何一个民族的器乐，如果交给其他各个民族来欣赏，而把体会说出来，体会到的意义是不是和本民族的体会相同，是可以怀疑的。更由此向东旅行，我们发现所遇到的肯定地是一种不同的音乐语言。表示欢乐的歌唱和舞蹈的伴奏不再像我们一样使用大调，而总是维持在小调之内。"不论人的半人半兽的祖先是不是像雅擅歌唱的长臂猿一样，具有发出乐音的能力和因而也有领会音律的能力，反正我们知道，它之开始具备此种能力在时代上还是很早很早的。拉尔代先生曾经叙述到用驯鹿的骨与角制成的两支笛子，它们是在洞穴里发现的，和火石制的工具以及早已灭绝的动物的骨殖在一起。总之，歌唱和舞蹈的艺术都很古老，而今天，全部或几乎全部最低等的种类或多或少都能歌善舞。诗的艺术可以看作是从歌唱的艺术演进而来的，也是极为古老；许多人看到诗的兴起极早，早在我们有任何材料可资参证的时代便已有了诗篇的记录，而为之感到惊奇。

我们看到，任何种族都具有的或多或少的音乐性能是可以很快而在短期之内获得高度发展的，例如霍屯督人①和其他的黑人，尽管在他们本土难得从事于我们所承认为音乐的东西，然已经有成为出色的音乐家的。但施魏因富尔特表示，他对在非洲内地所听到的一些简单的带旋律的歌曲感到愉快。不过，在人中间，音乐性能暂时蛰伏而不发展的情况是不足为怪的；动物中也有这种情况，有几种在自然状态中向来不鸣的鸟，通过教练，也会唱，而且教练起来并无多大困难。例如一只普通的麻雀就曾学会红雀（linnet）的鸣声。这两个鸟种既然有近密的亲族关系，并且同属于一个目，鸣禽目（乙 518），而这一目包括世界上几乎所有能歌唱的鸟类在内，有可能麻雀的老祖先本来是个歌手。各种鹦鹉就更奇了，它们是鸣禽类以外的另一类鸟种，发音器官的构造也不一样，经过教练，它们不但会说话，并且会歌唱或歌啸人所创制的曲调，这说明它们不可能没有一定的音乐能力。但若我们遂因此而假定鹦鹉也是从某种古老的能歌唱的飞禽嬗递而来，那就很冒失了。我们可以提出许多例证，来说明原先为了某一目的而发展出来的器官和本能后来被运用于另一个目的。[36]因此，各个种族的野蛮人所具有的可以高度发展的音乐能力就可以有两个不同的由来：或者是由于我们人兽参半的祖先们本来就习于一些粗浅形式的音乐，或者仅仅是由于他们取得了一副虽然适合于声音的发展而本来的目的却不在此的发音器官。不过为了后一由来之说得以成立，我们还必须补充假定——像上文说到的鹦鹉的例子那样，而在动物之中同样的例子似乎还有许多——

---

① Hottentot，南非的一个黑人种族。

738

就是我们半人半兽的先辈当时也已经具有对于音调的一些感受力。

音乐在我们身上唤起种种情绪，但惊骇、恐惧、暴怒等等更为可怕的情绪不在其内。它所唤醒的是一些比较文雅的情感，如温柔、如恋爱，而这些又很容易转进到忠恳（devotion）。中国史籍里有这样一句话："音乐有力量使天神降到地上。"① 它也能从我们心上激发胜利感和光荣的战斗热情。这些有力而融合在一起的感情很有可能进而产生崇高与壮烈之感。像西曼博士说的那样，我们仅仅在一单个乐音之中，就可以比在连篇累牍的文字之中集结更为浓厚的感情。当一只雄鸟，在和他的情敌争风斗胜之中，把他的全部歌曲向雌鸟倾倒从而把她争取到手的时候，我们设想他所感觉到的大概几乎是同样的一些情绪，只是强度和复杂程度要低得多罢了。在我们的歌曲里，恋爱至今还是最普通的主题。像斯宾塞说的那样，"音乐唤起一些蛰伏着的感情，在唤起以前，我们连它们的可能存在都认为不可思议，我们也不了解它们有什么意义。或者像里希特说的，音乐把我们所从未看到而也不会看到的东西告诉我们。"和这一过程相反，当一个演说家感觉而表达一些生动的感情的时候，乃至在寻常谈话之间遇到同样的情况时，音乐的抑扬顿挫和一些节拍就会出乎本能地被运用出来。非洲的黑人，感情一激动，往往会不由自主地唱起歌来，而"另一个黑人即会用歌唱来回答，霎时间，在场的同类，像触了电似的，会异口同声、谐和无间地哼出一支乐曲来。"[37]甚至猴子也用不同的声调来表达强烈的感情，愤怒和躁急用低调，恐惧和痛苦则用高调。[38]音乐，或讲演中所表现的高下徐疾的声调，在我们身上所激起的感觉和意念，因其模糊不清而却又发乎心灵深处，看去像是退回到了一个已经过去得很悠久的时代里的一些情绪和思想。

如果我们可以假定，当初我们人兽参半的祖先辈，在求爱的季节里，像其他一切种类的动物一样，不但由于恋爱的刺激，并且受到嫉妒、争风

---

① 此语出处未详。疑出《周礼》春官，春官司乐下说："乐变而致象物及天神"；又说，"若乐六变，则天神皆降，皆得而礼矣。"引语应是此二语，尤其是后一语的意译。

和赢得胜利等强烈情欲的鼓动，而用到过音乐的声调和节奏的话，我们对上文所说的关于音乐和富有情感内容的言辞的种种事实，就在一定程度上容易理解了。由于"牵连遗传"（inherited association）这一深藏在底的原理，音乐的声调到这里就会模模糊糊地、隐隐约约地唤起千百万年以前的种种强烈的情绪。我们既然有一切的理由来认为有音节的语言是人所取得的最晚近、而也肯定地是最高级的艺术之一，而发为音调和节奏的本能性的才力又既然是在动物系列的基层里便已发展了出来，那么，如果我们承认，人的音乐能力是从带有情感的语调中发展而来的话，我们将完全违反进化的原理。不，我们必须倒转过来，而认为演讲中的抑扬顿挫是从早经发展了的音乐才能之中派生出来的。[39] 这样我们就可以懂得为什么音乐、舞蹈、歌曲、诗词会是如此其十分古老的艺术。甚至我们还可以比此更进一步，而像上文有一章里所已说到的那样，认为音乐的声调为语言文字的发展提供了一个基础。[40]

既然好几种四手类动物的雄性有着比雌性远为发达的发音器官，而其中之一，也是似人的猿类之一，长臂猿，又既然能倾泻一整套八度的音调，而居然可以擅歌手之名，那么，我们人的祖先辈，无论男女，在取得具有音节的语言来表达相互爱慕的能力之前，看来大概也曾试图用音调和有节奏的发声来彼此互相诱引。可惜我们对于四手类动物在恋爱季节里如何运用嗓音这一方面知道得实在太少，使得我们无从判断，当初我们祖先中开始取得歌唱习惯的究竟是男方还是女方。一般认为女子的嗓音要比男子为甜美；如果这一点可以作为任何线索的话，我们不妨认为女子为了吸引男子，是首先取得音乐才能的。[41] 但如果我们推测的对，这一情况的发生一定也是很早很早的，大抵要在我们的祖先完全变成人而懂得把女子只当作有用的奴隶之前。后世情词并美的演说家、游方的歌手，或器乐演奏家，当他们用音调铿锵的歌词或言辞在听众中激起各种最强烈的情绪的时候，大概决不会想到他所用的方法正是他的半人半兽的祖先，在求爱和对付情敌的时候，用来把彼此的情欲打动得火热的方法。

美貌对决定人类婚姻的影响。——在文明生活里，男子在选择妻子的时候，左右他的影响主要是女子的外貌，当然也不排斥其他的影响；但我们在这里所关心的主要是原始时代的情况，而要在这题目上作出判断，唯一的方法是研究当前还存在的一些半文明和野蛮民族的习惯。如果我们可以指明，在这些不同的民族里，男子所看中的是具有各式各样特点的女子，而女子对男子亦复如此，我们接着就可以探问，这样的彼此挑选在持续了许多世代之后，会不会按照遗传所进行的不同方式，只在一性身上，或兼在两性身上，产生一些可以感觉得出的种族方面的影响。

首先，我们不妨比较详细地指出，野蛮人是极其注意个人的外表的。[42]他们渴爱打扮是无人不知、无人不晓的；一个英国哲学家甚至于发为理论说，衣服的创制不是为了保暖，而是为了装饰。像伐伊兹教授说的那样，"无论一个人如何穷愁潦倒，对打扮自己总感到一分乐趣。"这有一个例子可以说明。南美洲裸体的印第安人真是不惜工本地装潢自己；"一个身材高大的男子，不辞两星期的辛勤劳动，来赚取足够的交换价值，为的是换得把他全身涂成红色的必要的'赤卡'（chica）①。"[43]在驯鹿时代里，欧洲古代的半开化人把碰上而捡到的任何有采色或奇特的东西带回洞穴里。今天，各地的野蛮人都用羽毛、颈圈、手镯、耳环等等装点自己。他们在自己身上脸上涂满各种颜色、涂成各式花样。洪堡说得好："如果涂身文面的各民族像穿衫着裤的各民族在我们的研究里得到同样的注意的话，我们会认识到最丰富多采的想象和千奇百怪的巧思曾经活动过而创出了这些涂身文面的时髦的式样来，与服装式样的由来初无二致。"

在非洲有一个地区，人们要在上下眼皮上涂抹黑色；在另一个地区，男子的眼皮是涂黄色或紫色的。在许多地方，头发是要染的，颜色各有不同。在许多不同的邦国里，牙齿要染过，有黑的、红的、蓝的，等等，而在马来群岛，人而有"像狗那样的"白牙齿是被认为可耻的事。北从北极圈各地区，南至新西兰，任何大地方的土著居民，都是文身的，无有例

---

① 一种从植物叶提取的橙红色染料。

外。古代的犹太人和不列登人①也有过这个习俗。在非洲，有些土著居民也文身，但更为普遍得多的，是在身上不同的地方用刀划开，在划处抹进盐，从而造成若干隆起的长条疙瘩；而这一类的疙瘩，在考尔多番（Kordofan）和达尔佛尔（Darfur）②等地方的居民心目中是"最给姿容增色的东西"。在各个阿拉伯国家里，如果脸庞上和"两鬓上没有划上几条刀痕"，[44]则美中还有所不足，最是遗憾。洪堡说，在南美洲，"如果做母亲的忽略了用人工的方法把小孩小腿上的那块肉弄成当地所要求的那个式样，她就是犯了对下一代漠不关心的罪过，要受到指责。"在新旧两大陆，以前都有人要在婴儿时期把头颅挤压成各种奇形异状；至今在不少地方，也还有这种风尚，而这种变形的头颅是被认为有美容的作用的。哥伦比亚的野蛮人[45]就是这方面的一个例子，他们认为压得很扁的脑袋是"美的一个主要组成部分"。

在许多地方，头发的处理是特别仔细的；有的让它长长，以至于拖到地上；有的把它梳成"紧凑而鬈曲蓬松的帚状的一大把，例如巴布亚人③便把这种发式看作一种骄傲和光荣。"[46]在北非洲，"一个男子需要费上八年到十年的工夫来完成他的发式。"还有一些民族，头是剃光的，而在南美洲和非洲的有些地方，甚至连眉毛和睫毛都给取消了。尼罗河上游的土著居民把四只门牙打掉，说他们不愿意像野兽那样呲牙咧嘴。更往南，巴托卡人④只敲掉上面的两个门牙，据利文斯通说，[47]这使得他们的脸见得非常难看，因为这样一来，下颚就显得更为突出，而他们自己却认为，这两只门牙的存在是最不雅观的事，而在见到欧洲人的时候，会叫嚷着说，"瞧那大牙！"他们的首领，塞比图尼试图改变这个风气，但没有成功。在非洲和马来群岛的一些地方，土著居民在门牙上锉出若干尖头，像锯子的锯齿，或者钻个窟窿，镶上扣子。

---

① Briton，盎格鲁-撒克逊人到达英伦时当地原有的土著居民。
② Kordofan 和 Darfur 两地均在苏丹。
③ Papuan，在旧称新几内亚岛东部，今印度尼西亚的西伊里安迤东。
④ Batoka，在津巴布韦境内。

我们文明人讲美貌，把脸当作鉴赏的中心；野蛮人也是如此，于是脸就成为斫丧的集中之所。在世界各地，鼻梁或鼻的两翼上要戳洞，鼻梁上更是普通，然后在洞里贯穿上圈圈、小棍子、羽毛和其他饰物。耳朵是到处要穿孔而同样地加上装饰品的，而在南美洲的波托库多人①和伦瓜亚人中间，耳朵上的窟窿被这些装饰品弄得越来越大，其下面的边缘可以碰到肩膀。在南、北美洲和非洲，上唇或下唇要穿孔，而也是在波托库多人中间，下唇的窟窿大得可以嵌进一个直径四英寸的木制饼。曼特加沙有过一段有趣的记录，说到一个南美印第安人，在把他的"滕姆巴他"（tembe-ta）——即用来穿过耳朵的大片涂色的木头——卖掉之后，是如何地难以为情和如何地受到旁人的奚落。在中非洲，女子在下唇上穿窟窿，窟窿里带上一块水晶，"说话的时候，由于舌头转动，这块水晶也就跟着蠕动，那股蠢劲真是无法形容地可笑。"拉图卡（Latooka）部落的酋长的妻子对贝克爵士说，[48]如果爵士夫人肯把下颚的四只门牙拔掉，然后在下唇上穿戴一根尖长而磨光的水晶，她就会漂亮得多。"由此更往南，到麦卡罗罗人（Makalolos）中间，穿孔的是上唇，而孔中穿过的是金属和竹制的一只大环，叫做"贝勒雷"（pelelé）。"在有一个例子里，这使得上唇向前突出，超出了鼻尖有两英寸之远，而当这位女主人嫣然一笑的时候，肌肉的收缩更把它抬起，抬得比眼睛还要高些。有人向年高德劭的酋长琴塞尔迪发问："为什么妇女要穿戴这些东西？"这位酋长很诧异的回答说："为了好看呀！妇女们所有美丽的东西就是这些；男人有须，女人没有。如果没有了'贝勒雷'，她会是什么样的人呢？嘴和男人一样，却又没有须，她就根本不成其为一个女人了。"这位酋长之所以表示诧异，显然是因为他觉得客人的问题提得太蠢。[49]

但全身的各部分都可以成为这种不自然的变革的对象，几乎没有一处得以幸免。这种变革所造成的痛楚，在分量上一定是极大的，因为有的手

---

① Botocudos，印第安人的一个族，在巴西东部。下文的楞古亚人（Lenguas）也是印第安人的一个族，具体居地未详。

术需要好几年才能完成，而从此也就可以知道，对这些种族来说，这一类习惯在观念上是如何必要而不容违拗。它们的动机当然不止一端。男子通身涂上颜色，在战争中可以见得狰狞可怕；某几种肢体的毁伤是和宗教礼俗分不开的；有些是男子进入发育年龄、或男子达成某种品级的标志，有些则用来区别不同的部落，成为部落的番号。在野蛮人中间，一种时行的习尚，其所谓"时"是拖得很久的，[50]因此任何身体上的毁伤，初不论起因如何，一经作出，不久就受到重视而成为所以别异于一般人的标志。但自我修饰、虚荣心，和邀取别人的赞赏，似乎是些最普通的动机。关于文身文面，在新西兰的传教士们对我说过，当他们试图劝说土著的年轻女子放弃这一类习惯的时候，她们的回答是："我们在嘴唇上总得有上几个条条；要不然，我们一到老年，就会变得很丑。"至于新西兰的男子，一位最有判断能力的人士[51]告诉我们："文面要文得好是年轻男子的一大雄心，一则它可以使自己取得姑娘们的欢心，再则使自己在战场上见得头角峥嵘。"在非洲有一个地方，男子额上雕一个星星，下颌上刻一个点点，这在被追求的女子看来，有着无法抗拒的美的威力。[52]在全世界大多数地方，但不是所有地方，男子要比女子打扮得更多一些，而且男子与男子之间往往打扮得不一样。有时候，女子几乎是全不打扮，但这种情况是难得的。野蛮人既然让女人负起绝大部分劳作的责任，又不让她们享受最好的食物，那么，他们也就不会让女人取得和使用上等的装饰品了，因为这样做，都是符合于男子的自私自利的特性的。最后，上面所征引的种种，也证明一个显著的总的事实，就是，在改变头颅的形状上，在头发的打扮上，在涂色、文身、穿鼻、穿唇、穿耳上，在打牙、锉牙等等上，同样的一些形式曾在全世界相距极远的各个地区里长期地流行过，而有的地方至今还在流行。若说那么多不同的民族中所曾通行过或尚在通行的这些习俗是由一个同源的传统而来，那是极度不可能的事。不，它们所指证的是，尽管分成了若干种族而各有所隶属，人在心理方面仍有着密切的相类似的性格，其他一些几乎是普遍通行的习尚如舞蹈、假面剧，和粗率的绘画等所指证的，也无非是人心相同这一层道理。

关于野蛮人对各式各样文饰的事物所感觉到的爱慕，乃至对我们所认为极其难看的身体上的伤残也艳羡不已，我们已经说了这些为下文作准备的话，现在让我们看一看，在男子方面又是怎样地为他们的女子之美所吸引的，而他们的美的观念又是些什么。我曾经听说，有人认为，野蛮人对他们妇女的美不美是很冷漠而不关心的，仅仅是因为她们可以用作奴隶才看重她们；我们不妨首先说明，这样一个结论性的主张是与实际不符的，她们实际上很费心力地打扮自己，或者说，实际上她们也有虚荣心。伯切尔[53]有过一段教人发笑的记录，说一个布什曼人妇女①所用的油膏、赭土，和发亮的粉，其分量之大，"足以使一个普通而不是很富有的丈夫宣告破产。"她在神情上也表现得"很爱虚荣，并且毫不掩饰她那种自觉的优越感。"里德先生告诉我，非洲西海岸的黑人时常谈论他们的妇女之美。有几个有资格的观察者曾经把流行得可怕的溺婴的风俗部分地归因到妇女自己，说她们感觉到一种愿望，要更长久保持自己的美貌。[54]在若干地区，妇女身上带有各种符咒之类的迷人之物，还有媚药之类，为的是要取得男子的欢心。布朗先生数说到，北美洲西北部的土著妇女备有四种被认为足以媚人的植物。[55]

赫恩[56]是个出色的观察者，曾同美洲印第安人多年生活在一起，他说，谈到女人，"试问一个北部的印第安男子什么是美女，他会回答说：一副宽阔而扁平的脸；小眼睛，高颧骨，左右两颊各有三四条宽黑的横纹；低平的额角、又大又宽的下颚、重厚的鹰勾鼻子、一身黄褐色的皮肤，和一对长长的、可以下垂到裤腰带的乳房。"帕拉斯访问过中华帝国的北方地区，说，"那些长得有些像满洲（Mandschú）人的女子容易被人看中；那就是说，脸要宽，颧骨要高，鼻子要很阔，耳朵要特别大。"[57]而据沃格特说，中国人和日本人原有的外梢斜上的眼睛在图画上是被夸大了

---

　　①　Bushwoman，布什曼人是南非的一个黑人的族。

的，为的是，据他"看来，要展示它的美，恰好和红毛番人①眼睛的不美成个对照。"像胡克再三说过的那样，许多人都知道，内地的中国人认为欧洲人白皮肤、高鼻子，丑得可怕。按照我们的观念，锡兰土著居民的鼻子远不能算太高，然而"第七世纪的中国人，习惯于看到蒙古②各族的扁平的面貌，对僧伽罗人（Cingalese）的高鼻子不免表示惊讶，而奘（Th-sang）甚至于用'鸟喙而人身'的话来描绘他们。"③

在极为详细地叙述了交趾支那的各族人民之后，芬利森说，圆圆的头和脸是这些人的主要特点。他又说，"全部面貌的浑圆在女子方面尤为显著，女子越是能表现这一形态的脸，就越以美貌见称。"暹罗人的鼻子是小的，两个鼻孔有些左右岔开，嘴宽，嘴唇相当厚，脸特别大，颊骨很高、很宽阔。因此，不足为怪的是，"我们所了解的美对他们说来是陌生的。然而他们认为他们自己的女子要比欧洲的女子美丽得多。"[58]

很多人都知道，在霍屯督人（Hottentots）中间，许多妇女躯干的后部是鼓出得很奇特的，她们具有所谓脂肪臀（steatopygous）。而史密斯爵士肯定地知道，这一特点是当地男子们所大大赞赏的。[59]他有一次看到一个被公认是个美人的妇女，臀部发展得如此之大，使她在平地上坐下来以后无法再站起来，只好向前匍匐一段距离，直到有高坡的地方才行。在若干不同的黑人部落里，有的妇女也有同样的特点。而据伯顿说，索马里的男子（the Somal men）"在挑选女子为妻的时候，据说要把她们列成一排，然后就其中挑取背面鼓出得最远的那一位。对这里的黑人男子来说，没有比这种形态的反面更为可憎的了。"[60]

至于皮肤的颜色，黑人们曾经取笑过 M. 帕克的白皮肤和高鼻子，他

---

① 指当时中国人眼中的西欧人。

② 应作"蒙古利亚"（Mongolia）。

③ 语出坦南特《锡兰》一书，见原注 57；坦南特语盖本《大唐西域记》。《大唐西域记》卷十一僧伽罗国下说，"国南浮海数千里，至那罗稽罗洲，洲人卑小，长余三尺，人身鸟喙，……"然据此，此种人所居在僧伽罗国南逾海数千里，不一定就是僧伽罗人。这说明，要么此语尚别有出处，要么《锡兰》一书作者粗疏不察。文中"Thsang"自是人名，且为中国人，疑即"玄奘"的脱译，姑译作"奘"。

们认为这两样东西都是"既不雅观又不天然的构造。"M. 帕克却报以一番称赞，说润泽有光的漆黑的皮肤和平陷的鼻子是如何地可爱；黑人们说，这是"嘴甜"挖苦人，但他们还是给了他吃的。非洲的摩尔人①见了 M. 帕克的白皮肤，也"皱着眉头，并且还像有些发抖。"非洲东海岸的黑人男孩子们，当他们看到伯顿的时候，嚷着说，"瞧那白人，他岂不是像一只白的猩猩么？"在西海岸，据里德对我说，黑人对皮肤很黑的人，要比对任何浅色皮肤的更为赞赏。但他们之所以憎厌白色，据这个旅行家的意见，也是有缘故的，部分是由于大多数黑人相信精灵鬼怪都是白色的，部分则因为他们认为白皮肤是健康不佳的标志。

巴尼埃人（Banyais）是非洲更迤南地区的黑人。名为黑人，"其中很大一部分人的肤色却是像咖啡加上牛奶的一种浅褐色，而且，说实在话，这在当地整个区域里被公认是漂亮的"；这一来我们就又有了一个鉴赏的标准了。喀菲尔人（Kaffirs）是和黑人很不相同的，"他们的肤色，除了靠近德拉哥亚湾②的一些部落之外，通常不是黑色，而是红黑相混，最普通的是可可色。这样深色的脸既然最为普通，自然而然地是最受人赏识。如果有人被别人说到肤色很浅，像一个白人，这在喀菲尔人听来是句很不高明的恭维话。我曾经听说过一个不幸的男子，因为皮肤实在太白，弄得没有女子肯嫁给他。"祖鲁人③的国王的尊号里，有一个便是"黑殿下"。[61]高尔顿先生向我谈到南非洲的土著居民，说他们的美的观念似乎和我们的很不相同；因为在有一个部落里，有两个苗条、纤小而可爱的女子受到部落中人的冷待。

转到世界上的另外一些地区，在爪哇，据法伊弗尔夫人说，黄皮肤的女子是美人，而白皮肤的不是。一个交趾支那的男子"用瞧不起的口气说到英国大使的夫人，说她牙齿白得像狗牙，而皮肤红得像马铃薯花。"我

---

① Moors，非洲西北地区阿拉伯人的一个族。
② Delagoa Bay，地处东非，入印度洋。
③ Zulus，南非的一个族。

们已经看到，中国人是不喜欢我们的白皮肤的，而北美洲的印第安人则赏识"一张黄褐色的皮"。在南美洲，住在东部连山叠岭地区阴翳而潮湿的山坡上的尤拉卡拉人（Yuracaras），有着很苍白的肤色，而他们自己的名称，在他们的语言里就表示了这一点；然而在他们的眼光里，欧洲女子终是远不如他们自己的女子为美。[62]

在北美洲的若干部落里，头发可以长得出奇地长。卡特林提供过一个有趣的例证，说明长发是何等地受到重视，原来克茹人（Crows）的酋长就是因为他在全部落的男子中长着最长的头发而被推举出来的，他的发长是十英尺七英寸。南美洲的亚马拉人（Aymaras）和奇楚亚人（Quichuas）头发也很长，据福布斯先生告诉我，头发之美是如此其可贵，使得他可以用割发作为最严厉的刑罚来对付他们。在美洲的南北各一半的大陆上，土著居民有时候还要用各种纤维编进头发使它显得格外地长。尽管头上之发是如此其受到爱护，而嘴脸上的毛，在北美洲印第安人眼中却是"俗不可耐"，有一根要拔一根的。拔须的风俗事实上通行于美洲大陆全境，北自温哥华岛，南至火地岛，没有例外。贝格尔号船（The Beagle）上所带的明斯特是一个火地人，当他被遣回家乡的时候，当地人告诉他应该把脸上的几根短毛拔掉。这些人也曾威胁过暂时独自留在当地的一个年轻的传教士，要剥光他的衣服，拔他脸上和身上的毛，而这个年轻人根本不是一个多毛和多须的人。流风所至，巴拉圭的印第安人竟然把眉毛和睫毛也拔得一干二净，说是他们不愿意像马那样浑身是毛。[63]

值得注意的是，世界上凡是几乎完全没有胡须的各个种族，都不喜欢脸上和身上有毛，总是竭力把它清除掉。卡尔穆克人①是没有胡须的，而他们出名的一件事就是，像美利坚土著居民一样，要把零星出现的毛完全拔光；波利尼西亚人②、某些马来人、以及暹罗人，也是如此。维奇先生说，日本姑娘"全部反对我们的络腮胡子，认为很丑，要我们剃光，学日

---

① Kalmuck，西伯利亚的一个族。
② Polynesian，太平洋中区岛民总称。

本男子那样。"新西兰的土著居民现在蓄有短而鬈曲的须，但在从前，他们也是要择掉的。他们有一句俗话说，"世上没有女子要配一个多毛的男子。"但看来也许是由于来了欧洲人，新西兰原有的风气已经变了，有人肯定地告诉我，毛利人（Maories，即新西兰土著居民。——译者）现在对胡须是欣赏的。[64]

　　反过来，凡是有须的种族都赞赏和十分珍爱他们的胡须；在盎格鲁-撒克逊人中间，身体的每一部分都有一定公认的价格，"弄掉人家的胡须估计要赔二十辨士，而折断大腿只定为十二辨士。"[65]在东方，人们用胡须来赌咒。我们已经看到，非洲麦卡罗罗人（Makalolos）的酋长琴塞尔迪认为胡须是一大美饰。在太平洋区，斐济人（Fijians）的胡须是"茂密而蓬松的，是他们最引以为自豪的东西"；而邻近的汤加（Tonga）和萨摩亚（Samoa）两处群岛的人是"没有胡须而怕见一个毛糙的下颌的。"而在埃利斯（Ellice）岛群中，仅就一个岛而言，"男子都有大胡须，而不免为此夸耀一番。"[66]

　　这样一看，我们就知道不同的族类对于什么是美在看法上是如何大相径庭了。每一个文明有了足够进展的民族，都要为他们的神道或神化了的帝王造像，造像的雕塑匠无疑会试图把他们的美丽和庄严的最高理想表达出来。[67]在这样一个观点之下，我们不妨在我们心里把古希腊人的朱庇特或阿波罗①与埃及人或亚述人在这方面的造像在想象中比拟一下，再把这些和中美洲残存的建筑上面的狰狞可怕的浮雕来一个比较。

　　我所碰到的反对"美的观念各有不同"这一结论的说法是绝少的。但里德先生的说法不同，他曾经有过广泛的观察机会，他观察所及的黑人，不但有非洲西海岸的、并且有从来没和欧洲人来往过的非洲内地的黑人，他肯定地认为，他们的一些美的观念，总起来看，和我们的没有什么不同。而罗尔夫斯博士写信给我，就波尔诺人（Bornus）和泊罗人（Pullos）诸部落所居住的各个地区的情况说话，所见和里德相同。里德发现，在对

---

　　①　朱庇特（Jupiter）和阿波罗（Apollo）均为希腊神话中的天神名。

当地土著女子的美的估计上，他是和黑人男子们不约而同的；又发现，他们对欧洲女子之美的领会，跟我们自己的也没有什么不符。他们也赞成头发要长，并且还用人为的方法使头发见得丰盈；他们自己的胡须虽然很稀少，却也欣赏别人有好胡子。到底哪一种鼻子最受欢迎，在这点上里德先生没有太搞清楚；但他说有人听到一个女子说，"我不爱同他结婚，他没有鼻子。"这说明过于扁平的鼻子是不受欢迎的。但我们应当记住，在非洲的居民里，西海岸黑人的宽扁鼻子和突出的上下颚，也毕竟是些例外的类型，因而受到拒绝。但尽管有上述的这些话，里德先生也承认，黑人是"不喜欢我们的肤色的；他们用猜疑的眼光来看我们的蓝眼睛，他们又认为我们的鼻子太长而嘴唇太薄。"他又认为，仅仅根据体格之美，黑人大概宁愿看中一个好看的黑人女子，而不会看中一个最美的欧洲女子。[68]

好久以前，洪堡[69]所坚持的原则——就是，人总是要对自然所赋予他的任何特征表示赞赏，并且往往还要试图加以夸大——一般说来，是真实不虚的，这从许多方面可以得到说明。无须的种族习惯于清扫任何须髭的痕迹，甚至往往殃及身上所有的毛发，就是一个例证。古今各时代里，在许多民族手里，头颅经历过很大的变化。无疑地是，这种人为的矫揉造作之所以也成为一种习尚，尤其是在南、北美洲，无非是要把某一个自然而受人赞赏的特点变本加厉地夸大出来。有人知道，不少印第安人称赏扁到极度而在我们看来却认为一个白痴才会有的脑袋。美洲西北海岸的土著居民把脑袋挤压成尖顶的圆锥体，又惯于把头发在颅顶上打成一个结，为的是，像威尔逊博士所说的那样，"使他们所喜爱的圆锥体可以见得特别高耸。"阿腊克罕地方①的居民"赞赏一个宽阔而光滑的前额，而为了塑造它，他们在新生儿的头上绑上一块铅板。"另一方面，斐济诸岛上的土著居民却以"一个宽阔而圆浑的后脑包为绝美。"[70]

头颅如此，鼻子也如此。阿蒂拉（Attila）年代②的古匈奴人习惯于用

---

① Arakhan，在南美洲西部，其人即称阿腊克罕人。

② 公元第五世纪前半叶。

绷带把婴儿的鼻子捆得扁扁的，"为的是夸大一个自然生成的形态。"在大溪地人中间，"长鼻子"是个骂人话，所以他们为了美观要把小孩的鼻子和前额加以压缩。苏门答腊的马来人、霍屯督人、某几种黑人，和巴西的土著居民，[71]也是如此。中国人的脚生来就是异乎寻常地小的，[72]而大家都熟悉，他们的上层妇女还要使它变形而缩得更小。最后，洪堡认为，美洲印第安人之所以要用红色涂料涂遍全身，也无非是为了要夸大他们天然的肤色，而直到不久以前，欧洲的女子也喜欢在天然鲜明的颜色之上变本加厉地添些胭脂白粉，① 但一般半开化的种族是不是也有这一类涂脂抹粉的要求是可以怀疑的。

在我们自己的服装时式方面，我们所看到的也恰恰是同样的一条原则和把一切特点推向极端的同样的愿望：我们也表现同样的争奇斗胜的精神。但野蛮人的时式要比我们的远为持久得多，而凡是牵涉到要用人工来改变身体形态的一些时式势所必至地要维持很长的时期。尼罗河上游的阿拉伯妇女要花差不多三天的工夫梳一个头；她们从来不模仿其他的部落，"而只是在自己人中间，在自己的梳妆风格上争奇斗胜。"威尔逊博士，在谈到各个美洲种族挤压头颅的风俗时说，"这一类习俗是在最不容易根除之列的，革命的震撼可以改朝换代，可以扫清一些更为重大的民族特点，而这一类习俗却可以安然无恙。"[73]在育种的艺术里，同一个原则也在起作用；明白了这条原则，我们也就不难了解，像我在别一场合已经说明的那样，[74]为什么许多只供观赏的动植物品种会取得如此其惊人的发展了。好奇猎艳的育种家总希望每一个特征多少再加强一点点，或提高一点点；他们不赞成任何中平的标准，当然也不指望他们的品种在特征上发生巨大与突然的变化；他们只欣赏所已习惯于欣赏的特点，而渴望此种特点在每一个世代里多发展那么一小点。

人和低等动物的感官组成似乎有这样一个特质，使鲜艳的颜色、某些

---

① 我国南北朝年代，南朝统治阶层有一段时期流行"匀面尚黄"，男女皆然，见《颜氏家训》等书，恐亦是此意。

形态或式样，以及和谐而有节奏的音声可以提供愉快而被称为美；但为什么会如此，我们就不知道了。若说人对于自己的身体，在心理上自有一个普遍的美的标准，初不管这标准是什么，那肯定是不真实的。但，有可能的是，经过漫长的时间，某些鉴赏的能力或许会变得能够遗传，尽管现在还没有有利于这样一个信念的证据；而如果真可以遗传的话，每一个族就会有自己内在而固有的审美理想标准。有人提出过这样一个论点，[75]认为丑之所以为丑，是由于人身的结构有接近于低等动物之处，人其名，兽其实，所以丑；这一论点，就文明已经相当发达而能以理智为重的民族来说，无疑地有一部分正确性；但要解释一切方式的丑，这就大有困难了。每一个种族的男子总是看中平时所习惯的东西；他们不能忍受任何太大或急剧的变更；但他们也喜欢变化和赞赏有所推进而不走极端的每一个特点。[76]有的人习惯于几乎是椭圆的脸形、平直而端正的面貌、和鲜明的肤色，而如果这些特点发展得更显著一些，他们就要进而加以赞美：我们欧洲人就是这样。另一方面，人们则习惯于宽阔的脸、高颧骨、扁平的鼻子，黑皮肤，而如果这些特点发展得强烈一些，他们也要加以欣赏。一切特征，如果发展过分，则反而成为不美，这也是无疑的。因此，一个完整无缺的美人，即所以成其为美的许多特征全都发展得恰如其分，在任何种族里却是个绝无仅有的尤物。像大解剖学家比夏很久以前说过的那样，如果每一个人都是用同一个模子陶铸出来的话，那世间就不会有所谓美这件事了。如果每一个女子都变得像梅第奇年代所发现的维纳斯造像（Venus de Medici）那样美，我们在一定时期之内自会目眩神迷，但不久之后，我们又将要求来些变化，而一旦有了变化，我们很快又愿意看到某些特点能够比现有的寻常标准再略微夸大一些。

原 注：

[1] 见英译 Schaaffhausen 所著文，载《人类学评论》（丙 21），1868 年 10 月，419、
    420、427 页。

[2]《非洲的心脏》（The Heart of Africa），英译本，1873 年版，第一卷，544 页。

[3] 见英译 Ecker 文，载《人类学评论》（丙 21），1868 年 10 月，351－356 页。Ecker
之后，这一项男女颅形的比较研究由 Welcker 继续进行，工作很是周密。

[4] 同上注 3 文，352、355 页。又 Vogt《关于人的演讲录》（Lectures on Man），英译
本，81 页。

[5] 同上注 1 文，429 页。

[6] 见 Vogt《关于人的演讲录》，英译本，1864 年，189 页引 Pruner-Bey 论黑人婴儿
的话。欲知关于黑人婴儿的更多的事实，参看 Lawrence《生理学……演讲集》
（Lectures on Physiology），1822 年，451 页所引 Winterbottom and Camper 的资料。
关于瓜拉尼人 Guaranys 的婴儿，参 Rengger，《哺乳类动物……》（Säugethiere），
3 页。亦见 Godron《人种论》（De l'Espèce），第二卷，1859 年版，253 页。关于澳
大利亚土著居民，见 Waitz《人类学引论》（Introduct. to Anthropology），英译本，
1863 年，99 页。

[7] Rengger，《哺乳类动物……》，1830 年版，49 页。

[8] 例如猕猴属的爪哇猕猴（乙 583），见 Desmarest，《哺乳动物学》，65 页；又如敏
猿（乙 495），见 Geoffroy St.-Hilaire and F. Cuvier，《哺乳动物自然史》，1824 年
版，第一卷，2 页。

[9]《人类学评论》（丙 21），1868 年 10 月，353 页。

[10] Mr. Blyth 先生告诉我，猴子有须、颊须，等等的例子，他只见过一个，而由于
年龄已老，须髭已在变白，像人到老年的情况一样。但这事发生在一只关在笼子
里的老年的猕猴属的爪哇猕猴（乙 583）身上，它的上唇的髭特别长，而且很像
人的髭。这只猴子的总的面貌和同时在位的一个欧洲的君主有着十分可笑的相似
之处，因而一般都用这个君主的尊号作为诨名来称呼它。在人的某些种族里，头
发几乎永不变灰变白，例如在亚马拉人（Aymaras）和奇楚亚人（Quichuas）中
间，据 Mr. D. Forbes 告诉我，他从来没有见到过任何例子。

[11] 好几个种的长臂猿（乙 494）的母猿就是如此；见 Geoffroy St.-Hilaire 和 F.
Cuvier，《哺乳动物自然史》，第一卷。又，关于白掌猿（乙 497），见《小百科词
典》（Penny Cyclopedia），第二卷，149、150 页。

[12] 这些结果是由 Dr. Weisbach 从 Drs. K. Scherzer 和 Schwarz 所作的测定推究出来
的，见《诺伐拉号航海志：人类学之部》，1867 年，216、231、234、236、239、

269 页。

[13] 《圣克尔达岛行程记》(Voyage to St. Kilda) 第二版，1753 年，37 页。

[14] 坦南特爵士，《锡兰》，第二卷，1859 年，107 页。

[15] Quatrefages 文，载《科学之路评论》（丙 127），1858 年 8 月 29 日，630 页；又 Vogt，《关于人的演讲录》，英译本，127 页。

[16] 关于黑人的胡须，见 Vogt，《……演讲录》，127 页；Waitz，《人类学引论》，英译本，1863 年，第一卷，96 页。又值得注意的是，在美国（《美国士兵军事学与人类学的统计调查》，1869 年，569 页），纯种的黑人和他们的混血的后代，身上似乎像欧洲人一样地多毛。

[17] 华莱士，《马来群岛》，第二卷，1869 年，178 页。

[18] Dr. J. Barnard Davis，《关于大洋洲的诸种族》(On Oceanic Races)，载《人类学评论》（丙 21），1870 年 4 月。185、191 页。

[19] Catlin，《北美洲的印第安人》(North American Indians)，第三版，1842 年，第二卷，227 页。关于瓜拉尼人，见阿扎拉，《南美洲旅行记》(Voyages dans l'Amérique Mérid)，第二卷，1809 年，58 页；又见 Rengger，《巴拉圭的哺乳动物》，3 页。

[20] Agassiz 教授和夫人（《巴西行记》，530 页）说，美洲印第安人两性之间的差别比黑人和各较高种族的两性之间的差别为小。关于瓜拉尼人，亦见 Rengger，同上书，3 页。

[21] Rütimeyer，《动物世界的界限；一个合于达尔文学说的看法》(Die Grenzen der Thierwelt；eine Betrachtung zu Darwin's Lehre)，1868 年版，54 页。

[22] 见《发自威尔士太子堡行程记》(A Journey from Prince of Wales Fort)，八开本，都柏林版，1796 年，104 页。Sir. J. Lubbock（《文明的起源》，1870 年版，69 页）提供了北美洲的其他而同样的一些例子。关于南美洲的瓜那人（Guanas），见阿扎拉，《……旅行记》，第二卷，94 页。

[23] 关于雄性大猩猩之间的斗争，见 Dr. Savage 所著文，载《波士顿自然史刊》（丙 34），第五卷，1847 年，423 页。关于髦猴或龄猴属的一个种（乙 802），参《印度田野》（丙 67），1859 年卷，146 页。

[24] J. Stuart Mill 说［《妇女的屈服》(The Subjection of Women)，1869 年版，122 页］，"男子最超越于女子的是那些要求最黾勉不休的脑力劳动和在一定思考范围

754

内千锤百炼的事物。"这是什么？还不是精力和毅力么？

[25] 见 Maudsley，《心与身》，31 页。

[26] Vogt 有一段观察所及的话和这题目有关，他说："值得注意的一个情况是，就脑腔来说，两性之间的差别是随种族的演进而俱进的，所以欧罗巴人的男子所超越于欧罗巴人女子的，比黑人男子所超越于黑人女子的要多得不止一点。这原是 Huschke 的一个说法，Welcker 根据他对于黑人和德国人头颅的测定又曾加以坐实。"但 Vogt 也承认（《关于人的演讲录》，英译本，1864 年，81 页），在这一点上，还需要作更多的观察。

[27] 见欧文，《脊椎动物解剖学》，第三卷，603 页。

[28] 文载《人类学会会刊》（丙 73），1869 年 4 月，序 57、66 页。

[29] 见 Dr. Scudder，《虫鸣（磨刮作声）札记》（Notes on Stridulation），载《波士顿自然史学会纪事刊》（丙 113），第十一卷，1868 年 4 月。

[30] 见引于 W. C. L. Martin，《哺乳动物自然史绪论》，1841 年版，432 页；亦见欧文，《脊椎动物解剖学》，第三卷，600 页。

[31] 见《美国自然学人》（丙 8），1871 年卷，761 页。

[32] 见 Helmholtz，《音乐的生理学说》（Théorie Phys. de la Musique），1868 年，187 页。

[33] 与此有着同样意义而业已发表的记录已经有好几篇。Mr. Peach 写信给我说，他屡次发现，他那只畜养已久的狗一听到笛子吹 B 低半音就要叫，而对其他的音则无此反应。我自己还可以举另一只狗的例子，这只狗听到有人拉一只某一个音走调的手风琴的时候，总要呜呜咽咽地叫起来。

[34] 见 Mr. R. Brown 文，载《动物学会会刊》（丙 122），1868 年，419 页。

[35] 见《人类学会会刊》（丙 73），1870 年 10 月，序 155 页。又可参看 Sir John Lubbock，《史前时代》（第二版，1869 年）的后面几章，其中包含有关野蛮人风俗习惯的很值得称赞的一些记录。

[36] 本章付印之后，我又看到 Mr. Chauncey Wright 的一篇有价值的文章［载《北美评论》（丙 104），1870 年 10 月，293 页］，他在讨论到上述题目时说："自然界的一些最终极的法则或一致性有着许多后果，通过这些后果，一项有用的能力的取得会带来许多好处，同时也造成许多可能的或实际的有限制性的不利之处，而这是功利的原则在其活动中所未必能包括进去的事。"像我在本书前半有一章里所

试图说明的那样，这条原则对于人在心理方面取得某些特点是有重要的关系的。

[37] 出 Winwood Reade，《人的殉道》（The Martyrdom of Man），1872 年，441 页，和《非洲挦掌录》（African Sketch Book），1873 年，第二卷，313 页。

[38] Rengger《巴拉圭的哺乳动物》，49 页。

[39] 参看斯宾塞先生《文集》（Essays）1858 年，359 页中关于"音乐的起源与功用"（Origin and Function of Music）那篇很有趣味的讨论。斯宾塞先生所得出的结论和我所达成的恰恰相反。他所说的和从前狄德罗（Diderot）所说的一样，认为富有情感的演说中所用的抑扬徐疾的声调提供了音乐所由发展的基础；而我却说，音律和节奏是首先由人类的男祖先或女祖先，作为引诱异性的手段，而取得的一些特征。因此，音乐的音调和一只动物所力能感受到的最为强烈的某些情欲变得十分固结，难解难分，而当语言之际有需要表现强烈的情绪的时候，它们也就出乎本能的，或者是通过联想作用，而被运用起来。斯宾塞先生没有能，而我也没有，提出任何满意的解释，为什么，对人和对低于人的动物一样，高昂或低沉的音调最能表达某些情绪。斯宾塞先生对于诗，朗诵，和歌咏之间的关系也作了一番有趣味的讨论。

[40] 我在 Lord Monboddo 的《语言的起源》（Origin of Language），第一卷（1774 年），469 页中发现，Dr. Blacklock 也认为，"人类中间最早的语言就是音乐，而在用有音节的发声来表达我们的意念之前，我们只根据不同的严重程度或尖锐程度用些声调来予以传达而已。"

[41] 参 Häckel 在《普通形态学》（Generelle Morph.），第二卷，1866 年版，246 页上关于这题目的一段有趣味的讨论。

[42] 全世界各地的野蛮人是怎样打扮自己的，意大利旅行家 Prof. Mantegazza 在《拉普拉塔河：南方旅行记》（Rio de la Plata, Viaggi e Studi），1867 年，525—545 页，有一长篇充分而出色的记载。这里和下文所引各事例，除非另外注明出处，全都是从这书中征引而来的。（拉普拉塔河在乌拉圭与阿根廷之间——译者）同时可看 Waitz《人类学引论》，英译本，第一卷，1863 年，275 页，又散见别页。劳伦斯在他的《生理学……演讲集》（1822 年）里也作了很详细的介绍。自从我写完这一章之后，Sir J. Lubbock 的《文明的起源》出版了（1870 年），这书中有富有趣味的一章是专叙我们当前的题目的；我的书里关于野蛮人染牙、染发和牙上钻孔的有一些事例是采自这章书里的（42、48 页）。

[43] 见洪堡，《见闻随笔》，英译本，第四卷，515 页；关于涂身所表现的想象能力，见 522 页；关于使小腿的肌肉变形，见 466 页。

[44] 见《尼罗河各支流》（The Nile Tributaries），1867 年版；又《阿尔伯特湖》（The Albert N'yanza），1866 年版，第一卷，218 页。

[45] Prichard，《体质的人类史》（Phys. Hist. of Mankind），第四版，第一卷，1851 年，321 页上引此。

[46] 关于巴布亚人（Papuans），见华莱士，《马来群岛》，第二卷，445 页。关于非洲人的发式，见 Sir S. Baker，《阿尔伯特湖》，第一卷，210 页。

[47] 见所著《旅行记》（Travels），533 页。

[48] 见《阿尔伯特湖》，1866 年，第一卷，217 页。

[49] 见 Livingstone 所为文，载《不列颠科协》会刊（丙 35），1860 年；又报告，载《学艺》（丙 28），1860 年，7 月 7 日，29 页。

[50] Sir S. Baker（同上引书，第一卷，21 页）谈到中非洲的土著居民，说 "每一个部落有它的不同而也不变的梳理头发的式样。" 关于亚马孙河流域印第安人文身式样的持久不变，见 Agassiz，[《巴西行记》（Journey in Brazil），1868 年，318 页]。

[51] 见 R. Taylor 牧师，《新西兰与其居民》（New Zealand and its Inhabitants），1855 年，152 页。

[52] Mantegazza，《……南方旅行记》（Viaggi e Studi），542 页。

[53] 见所著《南非洲旅行记》，1824 年，第一卷，414 页。

[54] 此方面参考书文，见 Gerland，《关于野蛮民族的族外婚》（Ueber das Aussterben der Naturvölker），1868 年，51、53、55 页；又阿扎拉，《……旅行记》，第二卷，116 页。

[55] 关于北美西北部印第安人所用的植物性媚药，见《制药学刊》（丙 107），第十卷所载文。

[56] 见《发自威尔士太子堡行程记》，八开本版，1796 年，89 页。

[57] 见引于 Prichard，《体质的人类史》（Phys. Hist. of Mankind），第三版，第四卷，1844 年，519 页；又 Vogt，《关于人的演讲录》，英译本，129 页。关于中国人对僧伽罗人的意见，见 E. Tennent，《锡兰》，1859 年版，第二卷，107 页。

[58] Prichard [《体质的人类史》（Phys. Hist. of Mankind），第四卷，534、535 页] 引自 Crawfurd 和 Finlayson。

[59] 同是这一位著名的旅行家告诉过我，从前，这种妇人的腰围或坐臀，虽然在我们看来是很丑恶可怕的，却受到本部落人们的高度赞赏。现在情况改变了，人们已经非常不喜欢这种体态了。

[60] 见《人类学评论》（丙 21），1864 年 11 月，237 页。更多的参考资料见 Waitz，《人类学引论》，英译本，1863 年，第一卷，105 页。

[61] Mungo Park，《非洲旅行记》（Travels in Africa），四开本，1816 年，53、131 页。Burton 的话则见引于 Schaaffhausen（见注 1）文，载《人类学文库》（丙 24），1866 年，163 页。关于 Banyai 人，见 Livingstone，《旅行记》，64 页。关于喀菲尔人，见 J. Shooter 牧师，《纳塔尔的喀菲尔人与祖鲁人的乡土》（The Kafirs of Natal and the Zulu Country），1857 年版，1 页。

[62] 关于爪哇人（the Javans）和交趾支那人（Cochin-Chinese），见 Waitz，《人类学引论》，英译本，第一卷，305 页。关于尤拉卡拉人（the Yura-caras），见 Prichard，《体质的人类史》（Phys. Hist. of Mankind）第五卷，第三版，476 页引 A. d'Orbigny 的话。

[63] 见 G. Catlin，《北美洲的印第安人》（North American Indians），第三版，1842 年，第一卷，49 页；又第二卷，227 页。关于温哥华岛的土著居民，见 Sproat，《对野蛮人生活的见闻与研究》（Scenes and Studies of Savage Life），1868 年，25 页。关于巴拉圭的印第安人，见阿扎拉《……旅行记》，第二卷，105 页。

[64] 关于暹罗人，见 Prichard，同上引书，第四卷，533 页。关于日本人，见《圃人载记》（Gardeners' Chronicle）（丙 62，1860 年，1104 页）所载 Veitch 的纪录。关于新西兰人，见 Mantegazza，《……南方旅行记》，1867 年，526 页。此处所讨论到的各民族，见 Lawrence，《生理学、……演讲集》，1822 年，272 页所引资料。

[65] 见 Lubbock，《文明的起源》，1870 年，321 页。

[66] 这些关于波利尼西亚人的事例是 Dr. Barnard Davis 从 Mr. Prichard 和其他著作家那里引来的，Davis 文载《人类学评论》（丙 21），1870 年 4 月，185、191 页。

[67] Ch. Comte 在他的《立法专论》（Traité de Législation），第三版，1837 年，136 页中表示了同样的意见。

[68] 见《非洲拊掌录》，第二卷，1873 年，253、394、521 页。一个在火地人中间住过很久的传教士告诉我，火地人认为欧洲女子是绝美的；但从我们所已见到的其他美洲土著民族在这方面所表示的判断看来，我不能不认为这一定是个错误，除

非他这话是指同欧洲人相处过一些时候，而把我们看作超出于他们而比人还要高的一类东西的那些火地人，但这是为数不多的。我不妨指出，Capt. Burton，一位最有经验的观察者，相信凡是我们所认为美的女子，全世界的人也都是承认为美的，见《人类学评论》（丙 21），1864 年 3 月，245 页。

[69] 见《见闻随笔》（Personal Narrative），英译本，第四卷，518 页，又散见他页。又 Mantegazza 在他的《……南方旅行记》（1867 年）中同样坚持这一条原理。

[70] 关于美洲各部落的头颅，见 Nott 与 Gliddon 合著，《人类的诸种类型》（Types of Mankind），1854 年，440 页；又 Prichard，《体质的人类史》，第一卷，第三版，321 页；关于阿腊克罕（Arakhan）的土著居民，见同书、第四卷，537 页。又 Wilson，《体质民族学》（Physical Ethnology），史密森学会版（Smithsonian Institution），1863 年，288 页：关于斐济人，290 页。Sir J. Lubbock（《史前时代》，第二版，1869 年，506 页）在这题目上提供了一个出色的提要。

[71] 关于匈奴人，见 Godron（见注 6），《人种论》（De l'Espèce），第二卷，1859 年，300 页。关于大溪地人（Tahitians），见 Waitz，《人类学引论》，英译本，第一卷，305 页；又 Prichard，《体质的人类史》（第三版，第五卷，67 页）又引有 Marsden 的话。又 Lawrence，《生理学、……演讲集》（Lectures on Physiology），337 页。

[72] 这一事实载《诺伐拉号航海志：人类学之部》，1867 年，265 页上，经 Dr. Weisbach（见上注 12）的手而得到了确定。

[73] 见《史密森学会》报告（丙 134），1863 年，289 页。关于阿拉伯妇女的发式，见 Sir S. Baker，《尼罗河诸支流》，1867 年，121 页。

[74]《家养动植物的变异》，第一卷，214 页；第二卷，240 页。

[75] 见 Schaaffhausen 文，《人类学文库》（丙 24），1860 年，164 页。

[76] Mr. Bain（《心理与道德科学》，1868 年版，304—314 页）收集了十个以上多少各有不同的有关美的观念的学说；其中没有一个和这里所说的完全一样。

第二十章
人类的第二性征（续）

关于不同种族的不同审美标准对女子的长期持续的选择所产生的影响——关于文明和野蛮种族中干扰性选择的一些因素——原始时代对性选择的若干有利条件——关于性选择在人类中的活动方式——关于野蛮部落中女子所拥有的挑选丈夫的某些权力——体毛的缺乏，与胡髭的发展——皮肤的颜色——两章总述

我们在前一章里已经看到，就所有的未开化种族来说，饰物、服装和外貌都是受到高度重视的东西。也看到，各族男子对妇女的所以为美，各有不同的评判标准。现在我们有必要探讨一下，这种男子对妇女的美丑之辨，与从而产生的取舍之别，而所取的当然是在男子眼里最为美丽的一些妇女，经过了许多世代之后，在各族之中，究竟在妇女一性身上，或男女两性身上，引起了性状上的改变没有。就哺乳动物而言，一般的规矩似乎是，不论哪一类的特征，公母两性都是同样遗传到的；因此，我们可以指

望，在人类，男子一方或女子一方通过性选择所取得的任何特征也一般地会被转移到后一代，不分子女。如果性选择确曾这样地引起过任何改变，则几乎可以肯定的情况是，由于不同的种族有着各不相同的美的标准，它们也就不免于发生各不相同的变化。

就人类说，特别是就野蛮人说，许多原因可以干扰性选择在体格或形态方面的活动。文明社会里的男子被女子所吸引，主要是通过她们精神方面的一些美点、通过她们的财富，尤其是通过她们的社会地位。原因是这种社会里的男子看重社会等级，难得和比他自己的阶层低得太多的女子通婚。能娶上更美貌的女子为妻的男子，比起娶上平常些的女子为妻的其他男子来，未必有更好的机会留下一大串子孙，其中只有要按照长子继承制来处理遗产的少数男子不在此限。至于与此相对的选择方式，即女子对更为美好的男子所进行的选择，则文明民族的女子有着完全自由或接近于完全的自由来从事，而半开化种族的女子则不然。然而在有选择自由的女子，当进行选择之际，在很大程度上也要受到男子的社会地位和财富的影响，而此种男子之所以有此地位和财富，多半是凭借了他们的智能和精力，或者凭借了他们的先辈的智能精力所产生的成果。在这题目上多作些讨论是用不着请求谅解的，因为，像德国哲学家叔本华说过的那样，"一切恋爱公案的目的，无论公案是喜剧性的或悲剧性的，实际上要比人生任何其他目的的尤为重要。原来一桩公案转来转去，终于要转进下一代的组成这个问题，而不是比它更小的问题。……其为祸为福，不是任何一个人的问题，而是人的种族整个前途的问题。"[1]

尽管如此，我们有理由相信，在某些文明和半文明的民族里，性选择，在一小部分成员的体格和形态方面，是引起过某些变化的。许多人肯定地认为，而在我看来也是有理由的：我们英国的贵族，包括，在这名词之下，一切有财富而长期以来实行长子继承制的家族，由于许多世代以来一直从一切阶层之中挑选更为美貌的女子为妻，已经比中产阶级变得更为漂亮些了，而所谓漂亮，所据的当然是欧洲人的标准，而事实上中产阶级所处的生活环境是同等地有利于身体的完善发展的。库克说到，"在一切岛屿（太平洋各岛屿）上所看到的当地称为'伊瑞'（eree）的人，即贵族分子"，在面貌体态上都要优越一些的这种情况"在桑威奇诸岛也可以看到，并无例外"；但据我看来，这主要是由于他们的食物和生活方式更比别人好些。

老资格的旅行家夏尔丹在叙述到波斯人的时候说，他们的"血统，由于经常和体貌之美冠绝世界的乔其亚人（Georgian）与塞卡斯人（Circassian）那两个民族交相婚配，如今是改良了许多了。有地位的波斯男子几乎没有一个不是由乔其亚或塞卡斯母亲生下来的。"他又说，这些男子之美所以遗传的"并不是他们原有的祖先，因为如果没有上述的混血关系，这些有地位的波斯人将是纯粹的鞑靼人的后裔，而鞑靼人是奇丑的。"[2]下面是更为奇特的一个例子：在西西里的圣朱里亚诺地方（San-Giuliano），古代有座专供爱里西那维纳斯（Venus Erycina）的庙，在庙里侍应的女祭师都是从希腊全境精选出来的美女，她们并不是因供奉香火而守身的童贞女，而据谈到这件事的夏特尔法宜[3]说，到现在，西西里岛上的女子，以出生在圣朱里亚诺的为最有美名，画家们都要找她们当模特儿。但所有这些例子所提供的证据是一望而知靠不住的。

下面一个例，虽是关于野蛮人的，由于它的奇特，是值得提出的。里德先生告诉我说，非洲西海岸一个黑人的部落，交洛富人（Jollofs）"以全都长得很好看而引起人们的注意。"他的一个朋友向他们中间的一个人问道："我所碰到的每一个人都是这样好看，不但你们的男的好看，女的也好看，这是怎么一回事？"那个交洛富人回答说："这是很容易说明的。我们一直有这样一个习惯，就是，把我们最难看的奴隶挑出来卖掉。"在一切野蛮人中，女奴隶总要充小老婆，这一层是几乎用不着再有所说明的。不管这个黑人说得对或不对，他把他的部落之所以长得好看归功于对丑陋女子的长期持续的淘汰这样一个看法，细想起来，倒也并不怎么奇怪，因为我在别处指出过，[4]黑人在繁育家畜的时候，充分理会到选择的重要性，而我从里德先生那里还可以在这题目上提供更多的证据。

野蛮人中阻止或限制性选择作用的一些原因。——主要的几个原因是，第一，所谓共婚（communal marriage）或乱交；第二，溺杀女婴的一些后果；第三，过早的订婚；最后，对女子的贱视，以单纯的奴隶相看待。我们对这四点有必要加以比较详细的考虑。

显然，如果人或其他任何动物，在婚配的时候，把事情全交给机遇，或完全碰巧，而两性中的任何一性全不作取舍的主张，那就没有性选择这回事了；而某些个体，由于这一优点或那一优点而在求爱过程中对别的个体取得胜利，从而在子女身上引起一些影响的事也就无从发生了。如今人类学者已经肯定，今天还存在着实行卢伯克爵士很客气地称为共婚的那种婚姻的一些部落。所谓共婚，指一个部落之中的全部男子和妇女彼此之间都存在着夫妻关系。许多野蛮人的放纵无疑是令人吃惊的，但依我看来，在我们对他们的性交真正是杂乱无章这一点充分地予以接受以前，更多的证据是必要的。不过所有那些最仔细地研究过这题目的人，[5] 他们的判断力要比我自己的高明得多，都认为共婚（这名词是受到各式各样的掩饰的）是全世界初原而普遍的婚姻形态，包括兄妹相婚在内。不久以前去世的史密斯爵士生前曾在南非洲作过广泛的旅行，对当地和其他地方野蛮人的生活习惯知道得很多，他曾经向我表示过一个极为坚决的意见，认为世间绝对不存在把妇女看作大家或社群（community）公产的任何种族。我认为他这个意见大部分是受了婚姻这一名词的涵义的影响而得出的。在下文的全部讨论里，我对这名词的用法和博物学家的用法相同。如博物学家说某些动物是一夫一妻的，意思是指一只雄性动物为一单只雌性动物所接受，或选上了一单只雌性，而少则蓄育季节的一季、多则一年，和她同居，用自然界唯一的法律，强力的法律占有着她；又如他们说某一物种是一夫多妻的，意思是指公的同不止一只母的生活在一起。我们在这里所关心的只有这一种婚姻，因为为了性选择得以起到作用，这已经足够了。但我知道上文所引到的一些著作家里，有几个用到婚姻这一名词时，不是这样，而是把有关部落所要保护的一种被公认的权利包含进去了。

有利于说明从前曾经流行过共婚这一信念的一些间接证据是强有力

的。这种论证所依据的是通用于同一部落成员之间的一些指称亲属关系的称谓名词，而所指称的亲属关系所涉及的不是子女和一对父母的任何一方之间，而是个体与整个部落之间。但在这里，就本书范围而言，这题目太大，也太复杂，即便摘要地加以介绍也是有困难的，我只能有限度地说明几句。有一层是清楚的，就是，在这种婚姻里，或夫妇关系很松弛的其他婚姻形态里，孩子和父亲的关系是无法知道的。但孩子和母亲的关系毕竟与此不同，尤其是在大多数野蛮人部落里，妇女对她们的婴儿要喂上长时期的奶，因此，若说母子关系也竟然会一度被搁过不问，似乎令人完全不能置信。也正因为如此，在许多例子里，世系的推算是仅仅通过母亲一边，父亲一边是受到排斥的。但在其他一些例子里，用作称谓的一些名词只表现了个人和部落的联系，连和母亲的联系都受到了排斥。这似乎说明这样一个可能的情况：一个半开化的部落，到处可以遇到各式各样的危险，同一部落的成员之间，有必要互相保卫，互相帮助，因此，成员与成员之间的联系，比起母亲与孩子的联系来，会显得重要得多，终于促使表达前一种联系的称谓名词成为唯一通行的一套；不过摩尔根先生肯定地认为，这看法无论如何是不够的。

世界各地区所使用的表达亲属关系的称谓名词，据刚刚引过的那个著作家的意见，可以分成两大类，分类性的和叙述性的——我们自己使用的是后一类。人类最初普遍实行过共婚和其他十分松弛的婚姻形态这一信念，正是由前一类、即分类性的称谓体系大力促成的。但据我的愚见所及，单凭这一方面的根据，我们还没有必要的理由相信绝对的乱交曾经存在过；我高兴地发现，卢伯克爵士的看法也是如此。男子和女子，像许多动物的两性一样，当初，在每一次生育后代的时候，也许曾经达成严格但却短暂的结合，在这样一种情况之下，亲属称谓也未尝不可以发生混乱，而其混乱的程度，比起乱交所引起的来，也没有多少差别。单单就性选择而言，只要父母两方在进行结合之前作过一些挑选的努力，便于事已足，至于结合的久暂，终身也好，只是一季也好，意义倒不大。

除了从亲属称谓方面得来的证据而外，还有一些其他方面的论据指明共婚（communal marriage）曾经在从前广泛地通行过。卢伯克爵士就拿共婚主义（communism）作为最原始的婚配形态这一点来解释那奇异而散布得很广的外婚习俗——外婚也者，指男子取妇，不取本部落的女子，而取别一部落的。因此，一个男子除非能从一个旁近而敌对的部落中劫掠到一个女子，他将永远得不到老婆，也因此，这样一个老婆就自然而然成为他所独占而有价值的资产。劫掠而得妻或抢亲的作法大概就是这样开始的，而由于这样的作法有其光采之处，于是最后有可能变成一种普遍的风尚。根据卢伯克爵士的见解，[6] 我们于是也就可以理解，为什么"有必要把婚姻看作对部落礼仪的冒犯而要作出赎罪的表示，原来，根据古老的观念，一个人没有权利把属于整个部落的东西占为己有。"卢伯克爵士随后又提供了一堆奇特的事例，说明，在古代，淫荡不堪的女子享有高度的荣誉，而据他解释，如果我们承认乱交是部落生活中最原始、因而也是长期受到尊重的习俗的话，这是可以理解的。[7]

婚姻关系发展的方式是一个模糊不清的问题：对这个问题作过最细致研究的专家，是摩尔根、麦克勒南先生和卢伯克爵士，三位在若干论点上意见纷歧，我们从中就可以得出这样一个推论。尽管如此，根据上文的讨论以及其他方面的证据，我们承认，这样一种情况似乎是可能的，[8] 就是，婚姻，作为一种习俗，就其严格的意义来说，是逐渐发展出来的；也不妨承认，接近于乱交或高度散漫放纵的性交关系曾经一度在全世界极为普遍地流行过。但由于全部的动物界都表现有强烈的嫉妒感，又由于人和低于他的动物，特别是和人最为接近的那些物种，有着无数可以比拟的地方，我不能相信，在过去，在人达到他在动物阶梯上今天的地位以前不久，真正流行过百分之百的乱交。像我所已试图指出的那样，人肯定地是从某一种类猿的动物传下来的。就现存的四手类而言，也就我们对其生活习惯所已取得的知识而言，有几个物种的雄者是一夫一妻的，但一年之中只有一部分时间和雌者生活在一起，猩猩（orang）似乎就是这方面的例子。有若干种类的猴子，例如印度的和美洲的某几种，是严格的一夫一妻的，而夫妇是经年不相分离的。其他是一夫多妻的，例如大猩猩（gorilla）和几个美洲的猴种，各有各的家族，分开居住。但尽管分居，同一地区之内的一些家族仍可能有些近乎社会性的活动；例如，有人碰见过，黑猩猩（chimpanzee）是不时以大队出来活动的。还有一些物种也是一夫多妻的，但与上面所说的不同，若干只公的，各自携带了好几只母的，合在一起生活，形同一体，有几种狒狒（baboon，即乙311）就是如此。[9]根据我们所知道的关于四足类动物的情形，一则此类动物的雄者全都懂得争风吃醋，再则许多物种的雄者都备有和情敌搏斗的特殊武器，我们甚至可以得出结论，认为在自然状态以内，乱交是极不可能之事。两性的相配虽未必维持到老，或许只以一次生育为限；但如果同类中最为强壮有力，最能保护或通过体力以外的其他手段而最能帮助妻孥的一些雄兽确能挑取到一些更为美好的雌兽，就性选择来说，也就足够了。

因此，如果我们追溯时间的流逝追溯得够远，再结合到人在今日之下的一些社会习惯而作出判断，十分近乎事实的看法是，最原始的人在本地以小群为生活单位，一群构成一个社群，社群之中，每一个男子有一单个妻子，或，如果强有力的话，有几个妻子，他对妻子防卫得十分周密，唯恐别的男子有所觊觎。另一个可能的情况是，他当时还不是一个社会性的动物，而只是和不止一个妻子厮守在一起，有如大猩猩一般。因为所有的土著居民"异口同声地说，在一队大猩猩之中，他们所看到的成年雄性总是只有一只，等到雄性幼兽成长以后，队中就发生争夺霸权的战斗，而其中最强有力的雄性，在把其他雄性杀死和赶走之后，就自立为社群的首脑。"[10]这样被赶走而比较少壮的雄性，经过一段时间的流浪之后，会终于成功地找到一个配偶，别成一个社群的起点，而这样，也就避免了在同一家族之内进行过于近密的近亲婚配。

尽管今天所看到的野蛮人是极度放纵的，也尽管它们从前有可能比较广泛地流行过共婚，许多部落却都按照一定的婚姻形态办事，不是这一种形态，就是那一种形态，这些形态要远比各文明民族所履行的为松懈，但毕竟不是没有形态可言。一夫多妻的婚姻，刚才已经说过，则几乎是每一部落中领导人物的普遍惯例。尽管如此，有一些部落，在进化阶梯上几乎是属于最下层的一些，却实行严格的一夫一妻婚姻。锡兰的维达人（Veddahs）就是这样，又据卢伯克爵士的记述，[11]他们中间有句谚语："只有死才能把夫妻分开。"这一个族住在康提（Kandy）地方的一个聪明的酋长，"本人当然是个一夫多妻者；他对只有一个妻子而且至死不分离那种极端野蛮的风俗极其愤慨"，这，他说，"简直像瘦猴（Wanderoo，产于斯里兰卡——译者）一样。"无论现在实行某些婚姻形态的野蛮人，一夫多妻也好，一夫一妻也好，是不是从远古以来一直保留着各自的习惯，也无论他们是不是在经历过一个乱交的时期之后，又才回到了这些形态，我不敢强不知以为知地加以猜测。

溺婴。——这在今天还是全世界很普遍的习俗，但我们有理由相信，在以前的各个时代里，它的流行比现在还要广泛得多。[12]半开化的朴野人看到养活自己和孩子是件困难的事，而把他们的婴儿杀死，是个简单易行的办法。在南美洲，据阿扎拉说，有的部落以前把婴儿杀得太多了，而且不分男女地杀，弄得几乎灭种。在波利尼西亚各个岛群的岛民中间，有人知道，妇女杀死自己的婴儿，有多至四个、五个，甚至十个的，而据埃利斯说，他没有能发见一个完全没有溺过婴的妇女，所溺的至少一个。在印度东部边境上的一个村子里，麦克洛奇上校连一个女孩子都没能发现。凡是流行溺婴的地方，[13]生存竞争的严酷程度就会相应减轻，而部落中所有的成员便会得到大致同等良好的机会来养大少数留存下来的孩子。在大多数例子里，所溺的女婴要比男婴为多，这显然是因为，对部落来说，男的价值要比女的为大，他们长大以后，既能出力保卫部落，又能养活自己。不过，妇女在抚养子女时所经受的麻烦、她们生男育女之后在容颜上所受的损失、溺杀女婴所造成的女子比数减少和女子的身价有所提高，因而妇女们自己，相形之下，比较幸福的命运等——这些，妇女们自己和各方面的观察者都引以为溺婴的几个辅助的动机。

由于溺杀女婴而一个部落中女子的数量减少，从近邻部落掠取妻子的风气就势必兴起来了。但我们在上面已经看到，卢伯克爵士却把这种习俗主要归因于过去存在过的共婚，又归因于共婚不能独享，男子们在共婚时期里便已开始从其他部落掠取妇女，作为自己的专有财产。也还有些其他可归的原因，例如社群的范围小，适婚年龄的女子往往不够之类。劫掠婚的习俗在过去的不同时代里曾经有过极为广泛的流行，甚至各文明民族的祖先也不例外，我们从保留至今的许多奇特的民风和仪式里就可以得到清楚的证明，而麦克勒南先生就曾经提供一篇有趣的纪录。我们自己婚礼中的"最好的人"（伴郎）似乎原先就是绑架新娘时的主要帮凶。如今我们可以设想，只要人们习惯于通过暴力和机谋来取得妻子，则急不暇择，抓到任何女子，便已心满意足，女子的精粗美丑是在所不计的。但从别的部落获取妻子的方法一旦由劫掠而转为交易或买卖，像现在许多地方正在发生的那样，则凡属成交的女子，一般说来，总该是比较漂亮之辈。然此风一开之后，无论交易所用的方式如何，部落与部落之间婚配频繁，交流不已，则又倾向于使居住在同一地区之内的所有人的性状趋于整齐划一，而这就不免干扰了选择的力量，使不能在各个部落之间起着分化的作用。

溺杀女婴所造成的女子数量的减少又导致另一种习尚，就是一妻多夫的婚姻，这在世界的有几个地区至今还通行，而在以前，据麦克勒南先生的看法，则几乎是普遍流行过的；但摩尔根先生和卢伯克爵士是怀疑这样一个结论性的看法的。[14]在两个或两个以上的男子不得不同娶一个女子为妻的情况之下，可以肯定，部落中所有的妇女是没有一个不结婚的了，而男子对比较美好的女子的选择也就不存在了。但在这些情况之下，女子一方却无疑地会拥有挑选的权力，把比较美好的男子接纳下来。例如阿扎拉就叙述到过瓜那人（Guanas）中间的一个妇女，说她在接纳某一个或不止一个丈夫以前，如何精明地讨价还价，从而取得各式各样的特权，而中选的男子们又如何用心地把自己修饰得格外好看。在印度的托达人（Todas）中间，情况也是如此，这族人也是实行一妻多夫婚的，女子们对任何男子都有取舍之权。[15]在这些例子里，一个很丑的男子大概终身找不到老婆，或很晚才能找到；但由于妻子是几个男子分享的，据我们了解所及，比较美好的丈夫，比起美好程度差些的来，不见得能留下更众多的孩子而把他们的美好遗传下去。

过早订婚和以妇女为奴隶。——许多野蛮人的种族有订婚过早的风俗，女子还在婴儿时期，就已被订上婚约，这就使男女两方都无法根据体貌的美丑而进行挑选。但这并不能阻止比较美好的女子在长成而结婚之后，被强者从她丈夫手里偷走或抢走，而这是在澳洲、美洲和其他地方时常发生的事。另一种情况也或多或少会产生一些性选择的后果，就是，在许多野蛮人中间，妇女之所以为重要，是几乎完全因为她们能当奴隶，或供牛马般地使唤；而我们知道，不论在什么时代里，男子们总是根据自己的审美标准而选取长得最美好的女奴隶的。

我们从上面的讨论看到，野蛮人中间所流行的几种风俗，不是在很大程度上干扰了性选择的作用，就是使这种作用完全停顿。同时在另一方面，野蛮人所不得不经受的种种生活条件，以及他们的某些习惯，却是有利于自然选择的行使。两种选择原是同时进行活动的。我们知道，野蛮人受到接二连三、周而复始的饥荒的严重磨折。他们不会用人工的方法来增加食物，又几乎全部结婚，[16]而且一般结得很早。因此，他们势必随时要受到严酷的生存斗争的摆布，而斗争的结果是只有胜利的才存活下来。

在一个很早的时期里，当人在进化阶梯上到达他今天的位置以前，他的生活条件与情况中有许多是和今天野蛮人所具备的不一样的。根据人和低于他的动物的类比而加以推断，他在当时，不是和一单个雌性生活在一起，便是一个一夫多妻者。其中最强有力和最能干的雄性会在争取美好的雌性的努力中得到最大的成功。在生活的日常竞争中，在保卫妻孥、使免于各方面敌对事物侵袭的努力中，也会得到最大的胜利。在这样早的时期里，人的祖先在智力上还没有进展到一个程度，足以展望前途而预见到种种意外之事；他们不会事前看到孩子生得太多，生一个，养活一个，尤其是女孩子，会使有关部落遭受更为严酷的生存斗争。他们比起今天的野蛮人来，所受到的本能的统治还要多些，而理性的控制还要少些。在那个时期里，他们大概还没有部分地丢失他们和一切低于人的动物所共有的一切本能中最为强有力的一个本能，就是，对婴幼子女的慈爱，因此，他们大概不会溺婴，男的不溺，女的也不溺。这样，妇女也就不会减少，而一妻多夫的婚配就不会实行。因为除了妇女不敷分配这一原因而外，似乎更没有别的原因足以冲破自然而普遍存在的那种情感，嫉妒，和每一个雄性独自占有一个雌性那种愿望。一妻多夫的婚配一旦流行，则由此作为跳板而过渡到共婚或接近于乱交的情况，倒像是很自然的事。尽管，我知道，这方面最好的专家不这样看。他们是认为乱交在时代上比一妻多夫婚为早的。在远古的时代里，过早的订婚是不会有的，因为这里面牵涉到远见的问题。当时，妇女之所以为重，也不会单因为她们能当奴隶，或提供牛马般的劳力。如果男的和女的一样地被容许自主地进行任何选择，两性大概会各自进行，几乎是完全根据外表的体貌，而还不是根据一些心理的优点、资产、社会地位等，来选取配偶。所有成年男女都会进行婚配，而所生的子女，在可能范围以内，都会被养大成人。因此，生存斗争会发生周期性的特别严酷的情况。总起来说，在那些时代里，性选择所遇到的一切条件大概要比后来的一个时期更为有利，在此后的时期里，人在理智能力上是长进了，在本能上却是退步了。因此，无论性选择对于人的各个种族之所由分化、即种族差别的所以产生这一方面，以及对于人与较高级四手类之间的种种差别之所以产生这又一方面，发生过什么影响，多少影响，这种影响大概以发生在更古远的一个时代中的为多，为更有力量，一到今天，尽管这种影响可能还没有完全消失，却是变得弱小了。

人类中性选择的作用方式。——就生活在上述有利条件下的原始人来说，也就今天那些进入某些形态的婚姻关系的野蛮人来说，性选择的行施所采取的方式大概如下文所述，而于其行施之际又不免或多或少要受到溺杀女婴、订婚过早等等的干扰。部落之中，最强有力的男子——也就是那些最能保卫他们的家属，为家属猎取最多的食物，备有最好的武器，占有最多的资产、如大量的狗或其他动物的一些男子——平均会比同部落中柔弱些和穷苦些的成员养育出更大数量的子女。也必定无疑的是，这样的男

子一般会挑上比较美好的女子为妻。即在今日，全世界几乎每一个部落的
酋长或首领们所娶的妻子都在一个以上。曼特尔先生告诉我，直到最近以
前，在新西兰，几乎每一个长得好看些、或有希望长得好看的女孩子都是
某一个首长的"塔布"（tapu，"禁脔"之意——译者），别人不得染指。在
非洲喀菲尔人（Kafirs）中间，据汉密尔顿先生说，[17]"周围许多英里之内
所有的女子，一般都归首领们优先挑选，首领们对这一特权的树立与巩固
是毫不放松的。"我们已经看到，每一个族都有它自己所崇尚的美的风格；
我们也知道，人都有一种自然的倾向，就他的家畜、服装、饰物，和个人
的修饰等方面的每一个特点加以赞赏，只要这些特点之所以为特是在比通
常的程度略胜一筹就行。既然如此，也就是说，如果我们承认上面所提出
的命题，而我又看不出这些命题有什么可疑之处，那么，如果每一部落里
比较有力量的男子挑取了比较美好的女子为妻，从而养育了高出平均的子
女数量，而经过许多世代以后，在这个部落的性状方面，竟然丝毫不引起
一些变化，那真是一个不可解释的情况了。

　　如果一个地域里向来所没有的一个家畜新品种被引进到这地域里来，
或如果一个本地的品种曾经得到长期而仔细的培育，无论是有经济用途的
品种也好，还是供玩赏的也好，人们发现，在若干世代之后，只要有以前
的资料可供比较，便已或多或少起了一些变化。这种变化是一大串世代之
间通过不自觉的选择得来的——所谓不自觉，指育种的人一面把品种中最
惹人喜爱的个体逐代保留下来，而一面却并没有存心指望这样做有什么结
果。由于同样的原因，如果两个精细的育种家，多年培育着同一品种的动
物，而各不相谋，平时彼此之间既不相比较，又都不用一个共同的标准来
准绳，而一旦取来相比，两家的主人会吃惊地发现这品种已经发生了一些
轻微的差别。[18]像纳图休斯所说的那样，每一个育种家已经把他自己心意
上的性状——即自己的赏鉴和判断力——印到了动物身上。那么，我们又
能根据什么理由而说，每一个部落中有能力的男子们，通过长期持续地选
取最引人爱慕的女子为妻，从而生养了较大数量的子女，就不能产生同样
的结果呢？这也未尝不是一种不自觉的选择，因为它所引起的后果是那些

选择美好女子为妻的男子们初料所不及的，是和他们的任何意愿或期待无关的。

让我们设想一下，一个实行着某种婚姻形态的部落，其成员有机会在一个从未有人居住过的大陆上分布开来，不久之后，他们就会分裂成若干分得清楚的原群（horde），彼此被山川之类的阻险所间隔着，尤其是受到半开化民族之间那一类不断的战争的影响，而至于不相往来。这样，各个原群就不得不和各有些不同的环境条件相周旋，并养成各有些不同的生活习惯或风尚，而迟早在各自的性格上变得有些差别，差别的程度起初是不大的。这种情况一经发生，每一个分隔开的由原群变成的部落就会形成一个和别的部落略有不同的审美标准，[19] 而从这时候起，不自觉的选择，通过比较强有力而处领导地位的男子对不同女子的取舍，就开始发生作用了。这一来，部落与部落之间原有的轻微差别，就会逐渐而不可避免地得到不同程度的增加。

就自然状态中的动物说，雄者正常应有的许多特征或性状，如身材、体力、特殊的武器、勇敢、好斗等，是通过战斗的法则取得的。人的半人半兽的祖先，同他的亲族四手类一样，几乎可以肯定地是通过这法则而取得了变化的。而野蛮人，既然一直还为了占有他们的妇女而从事着战斗，一番同样的选择过程大概在不同的程度上一贯进行着，直到今天。其他正常属于低等动物的雄兽的一些特征，如鲜艳的色彩和各式各样的装饰，则通过雌兽的青睐，而为一些更惹喜欢的雄兽所取得。但也有一些例外之例，在这些例子里，公的是选择者，而不是被选择者。通过雌兽的装饰比雄兽还要来得华丽——这种装饰性特征的遗传是仅仅或主要传给了雌性一方的——我们就可以认出这些例外来。在人所归属的这一目之内，就有人叙述过这样一个例外，即恒河猴（乙832）。

男子在身体与心理方面要比女子更为有力量，而在野蛮状态中，男子对女子的欺压与束缚要比任何动物中的雄兽对待雌兽厉害得多，因此，他之所以能取得选择异性的权力是不足为怪的。不论何时何地，女子总是自觉地珍惜自己的美好，而只要条件许可，她们会用各式各样的装饰品打扮自己，而从中取得的快乐要比男子所取得的多得多。她们还向各种雄鸟借取自然所以使他们取媚于雌鸟的翎毛。女子既然曾经长期地因其美丽而受到选择，则下面所要说的全都是意料之中的情况，就不足怪了：一是后来在她们身上所陆续发生的种种变异，在下传之际，有些是只传给女孩子的，男孩子没有份；二是一般的美好，男女后代虽同样地传，但由于刚才所说的传女不传男的情况，女的后代所传到的总要比男的后代略多一些；而由于这些，凡属女子，即使用一般的标准来衡量而不限于各种族自己的标准，要比男子美一些。不过，女子在传代之际，肯定要把大多数特征，其间包括一些美的部分，既传给女，也传给子。因此，每个种族的男子，根据其本族的鉴赏标准，以及长期以来所持续提出的对女性美的要求，势必曾经对种族中所有的个体身上，不分男女，在美的程度上，全都引起过一些变化。

至于另一方式的性选择（这在人以下的动物中间要寻常得多），即以雌性为挑选者而挑选雄性中最善于激发和媚惑她们的那一方式，我们有理由相信以前在我们的祖先中间也活动过。装饰用的胡子，以及也许还有其他一些特征，极有可能就是这样取得的，就是，祖先之中有人有此特征，中了选，把它遗传了下来。但这种方式的选择在后来的时代里也有可能间或地活动过。因为开化程度极低的部落里的女子有权挑选、拒绝和逗引向她们求爱的人，也有权在已婚之后另换丈夫，其权力之大为我们初料所不及。这一层是相当重要的，因此，我准备把我所能收集到的例证详细地提供出来。

赫恩叙述到美洲北极地区一些部落里属于某一个部落的一个妇女如何如何屡次从她丈夫那里逃走而投奔她的情人。而据阿扎拉，在南美洲的卡鲁阿人（Charruas）中间，离婚是颇为随便的。在阿比朋人（Abipones，与卡鲁阿人均为印第安人部落——译者）中间，男子在择偶的时候，在财礼上总要和女方的父母反复地讨价还价，但"受聘的女子可以不认这笔成交的账，坚决不让再提婚姻问题，而这是时常发生的事"；她还往往出走，躲起来，避免对方的纠缠。马斯特斯上尉曾经在巴塔哥尼亚人（Patagonians）中间住过，说到他们的婚姻总是通过当事人的意向而解决的，"如果父母出面订定的婚约违反女儿的意志，而女儿加以拒绝，她从来不会被逼来屈从这桩婚事。"在火地岛（Tierra del Fuego）上，一个青年男子，首先通过为对方的父母做些劳役之事，取得了他们的同意，然后试图把女子带走。"但若女子不愿意，她就到树林中躲起来，直到爱慕她的人疲于寻找而最后心甘情愿放弃为止，但这种事情是难得发生的。"在斐济（Fiji）诸岛上，男子把看中了的妻子人选用暴力或假装用暴力抢走，但"在抢到家以后，如果女子不同意这婚事，她可以投奔某一个能够保护她的人。反之，如果她认为满意，这事情就当场办定了。"在西伯利亚的卡尔穆克人（Kalmuck）中间，未来的新娘与新郎之间竟然进行着一场正规的赛跑，新娘可以先发脚，而克拉克"被肯定地告知，除非女子对追求者已存有几分相悦之心，真正被赶上而抓住的例子是一个也没有的。"在马来群岛上的一些野蛮部落里，也有赛跑为婚之事，但卢伯克爵士说，据包林先生的记录看来，"赛跑的结果'既不是捷足者先登，也不是强壮者必胜'，而是最能取悦于意中新娘的那个青年成了幸运儿。"在东北亚洲的考拉克人（Koraks）里，也通行同样的风俗，其结果也是一样。

再说非洲：喀菲尔人是通过买卖而取得妻子的，如果女子不接受这样选定的丈夫，就要挨她父亲的一顿毒打；然而据牧师休特尔先生所提供的许多事实，显而易见的是，女儿们有着相当大的选择权。因此，有钱而长得很丑的男子娶不到老婆之事是不乏其例的。女子们在同意订婚之前，还要求相亲，强勉求婚的男子表演一番，先看前面，再看背面，还要求他们"展示一下步履的姿态。"有人知道，她们甚至自动向男子提出婚姻的要求，同情人私奔之例也时有所闻。莱斯利先生同喀菲尔人很熟悉，也说到，"如果我们听到一家父亲把女儿卖了，便以为他那种卖法，他作为卖主的权力，和他打发开他的一条牛一样，那就错了。"在南非洲退化了的布什曼人（Bushmen）中间，"如果一个女子已经长大成年而还没有订婚的话——这是不大发生的事，但也还有——她的情人，于取得她父母的许可之外，还必须取得她本人的同意。"[20]里德先生曾为我在西非洲的黑人中间进行走访，告诉我说，"至少在比较聪明的不信基督教的一些部落里，女子要取得合乎自己情意的丈夫，是没有困难的，但若自己向男子提出婚事的要求，那就被认为不是妇道人家该做的事了。她们是很会发生恋爱的，也善于结成温柔、热爱和贞固的姻缘。"其他可以而无须提出的例子也还有些。

由此可见，野蛮人中间的女子在婚姻问题上所处的地位，并不像有人所往往设想的那样低贱与屈辱。她们对所喜爱的男子可以逗引，而对不喜爱的男子有时候也得以拒绝，婚前可，婚后亦可。女子对男子的取舍，而取舍又遵循某些一定的趋向，日子一久，稳步地累积起来，最后就会影响一个部落的性状。因为女子一般所看中的男子不光是最漂亮的，所谓漂亮当然是根据她们自己的鉴赏标准，同时也是最有能力来保护和养活家小的。这样天赋良好的男女配在一起，比天赋不那么好的来，通常会多生养几个子女。如果选择是两方面的话，即不止女选男的美好与能干，而男也选女的美好，所得的结果显而易见是一样的，并且还要见得显著。而这种双重的选择似乎不光是理论，而是真正发生过的情况，尤其是在我们悠久历史的较早几个时期里。

现在我们要比较仔细地考查一下将人的若干种族彼此区别开来，也把人和低于他的动物区别开来的某几个特征，这就是，不同程度的体毛缺乏和皮肤的颜色。各个种族之间面貌和颅形的变化分歧、难以名状——就此我们用不着说什么，我们在前一章里已经看到，面貌与颅形之所谓美好就可以有许多不同的标准。这些特征既如此不同，可知它们也曾通过性选择而可能起过变化，但我们无法判断，选择的活动究竟是从男的一方抑或女的一方入手的。人的音乐才能，我们在上文也已经讨论过了。

体毛的缺乏和面部头部须发的发展。——人的胎儿是全身有毛的，一种茸毛，称为奶毛（lanugo）；人到成熟年龄，全身会零零落落地长出一些发育不全的毛来。从这些，我们可以推论，人是从某种出生时全身有毛而终生如此的动物传下来的。体毛的失落对人是件不方便之事，并且可能会引起伤害，即在炎热的气候里，也没有好处，晴则受烈日的熏灼，阴则容易突然受凉，雨季尤所难免。像华莱士先生说的那样，所有各地方的土著居民都乐于披上一些小东西来保护光着的肩背，谁也不认为光秃秃的皮肤对人有任何直接的好处，因此，人的体毛不可能是通过自然选择的作用才脱落的。[21] 像上文有一章中所指出的那样，我们也没有任何证据，说明此种脱落是由于气候的直接影响，或者说明它是相关发育的结果。

体毛的缺乏，从某种程度上说来，是一个第二性征，因为，不论在世界的任何地区，女子的体毛都比男子为少。因此，我们有理由可以猜想到，这一性征之所以取得是通过了性选择的。我们知道，有几个猿猴种的脸部、和其他几个猿猴种身体后部的大片平面上是光秃的。这些我们可以很放心地归因于性选择，因为这些平面不仅一般地颜色鲜明，并且，有时候，以山魈的雄者和恒河猴的雌者为例，两性之间的色泽深浅大有不同，尤其是在蕃育的季节里。巴特勒特先生告诉我，当这些动物逐渐到达成熟的时候，这几处光秃面，与全身相对地说，变得越来越扩大。但这些地方体毛之所以脱落，看来不是为了要光秃，而是好让皮肤的色泽更充分地显示出来。许多种鸟的情况也是如此，它们头上和脖子上羽毛之所以脱落看来也是通过了性选择，其目的也在于把皮肤的鲜明颜色展览出来。

女子的体毛既然比男子为少，而这一特征又既然是各个种族的共同之点，我们不妨得出结论，认为女子体毛的减少或脱落，最早是发生在我们半人半兽的女祖先身上的，而其时期则在极远的远古，当时人的各个种族还没有从一个共同的种系支分派别出来。我们的女祖先们在逐渐取得这一新的特征、即皮肤变得光秃的同时，也就把这特征传了下去，而且几乎是同等程度地传给了子和女，并且在幼小的子女身上就表现了出来。因此，这份遗传，像许多哺乳类和鸟类动物的装饰品一样，是不受性别或年龄限制的。我们类猿的祖先有可能把体毛的部分失落看作一种装饰，而加以珍爱。这是一点也不奇怪的，因为我们已经看到，各种动物所看重的特征里有数不清的奇奇怪怪的东西，也正唯其受到看重，它们才通过性选择被接纳下来成为特征。也不足为怪的是，一些有着轻微危害性的特征也是这样地被取得了的，例如某几种鸟的长羽和某些牡鹿的大角。

上文有一章里说到过，有几种类人猿的雌性，在腹部上的毛要比雄性似乎少些，在这里我们也许就找到了全部光秃过程的一个起点。至于这过程通过性选择而达成的终点，我们只要记住新西兰的一句谚语就行了："世上没有女子要配一个多毛的男子。"凡是看到过暹罗那一个多毛家族的相片的人会承认，和女子的爱好正好相反而极度的多毛是如何的奇丑，足以使人发噱。据说暹罗国王当初不得不买通一个男子来娶这家的第一个多毛的女子为妻，结果是她把这特征传给了下一代，男孩女孩全都有。[22]

有几个种族的体毛长得特别多，尤其是男子。但我们不该假定，凡是体毛特多的种族，有如欧罗巴人，比起光秃的种族来，比如卡尔穆克人，或美利坚人（印第安人），是更为完整地保存了原始的状态。更可能的是，欧罗巴人的多毛是一个部分返祖遗传的现象；原来在以前某些时代里曾经长期遗传过的一些特征往往有退回来的倾向。我们曾经看到，白痴的体毛往往特别多，而他们也容易返回到某种低于人的类型所具有的其他一些特征。返祖的多毛现象，看来不是寒冷的气候影响所引起的，但在美国生长了若干世代的黑人[23]也许是个例外，而居住在日本群岛北部的若干岛屿上的虾夷人（Aino）也有可能不在此例。不过遗传的法则是如此复杂，我们常常不理解它们是怎样活动的。如果某几个种族之所以特别多毛是个返祖遗传的结果，不受任何方式的选择的遏制，则其变异性之所以极大，甚至在同一种族的范围以内也大有不齐，也就算不得什么特别了。[24]

关于人的须髯，如果先看看我们最好的前驱，即四手类，我们发现在许多物种里，雄雌两性有着同样的发展，另有一些种则只是雄者有，或雄雌都有而雄者更发达些。根据这一事实，再根据许多猿猴种的头部毛发有着一些奇特的部署和鲜明的颜色，我们很有理由像前面所已说明过的那样加以推断，认为大抵公猴子首先通过性选择取得了胡子，作为一种装饰品，然后，在大多数例子里，不分子女地传了下去，有的时候，子女所传的分量一样，有的时候，子所传的分量略多于女。根据埃希里希特，[25]我们知道，人类的胎儿，不分男女，脸部都有不少的毛，尤其是在嘴的周围；这就说明我们是从男女两性都有胡子的祖先传下来的。因此，似乎一望而知有这样一个可能的情况，即，男子从很早的一个时期起便把胡子保留了下来，而女子则是当体毛几乎全部脱落的时候跟着一起脱落了的。甚至我们须髯的颜色也像是从类人猿一般的祖先遗传下来的。因为有时候头发和胡子的颜色不全一样，而在这种情况下，总是胡子的颜色要淡些，而这是人和一切猿猴类所共有的现象。在那些雄性胡子比雌性要大些多些的四手类动物中，这一特征和人类的一模一样，也要到成熟年龄才充分发展出来。而人和猿猴类相比，有可能只是把这发展过程的一些晚期阶段保存了下来。人从很早的一个时期起就一直把胡子保留了下来的这一看法却也还有讲不通的地方，就是胡子的变异性很大，在不同种族之间固然大，在同一种族之内也未尝不大，而变异性之大正好说明了返祖遗传的嫌疑——凡是丢失已久而重新出现的特征，总是很容易发生变异的。

我们也决不该忽略性选择在后来一些时代里所可能起过的作用，因为我们知道，在野蛮人中，胡子少的一些种族，男子把脸上出现的每一根毛都看成是有伤体面而费尽苦心地拔掉，而另一方面，须多髯美的种族的男子却以此自豪，引为莫大的光采。两路种族之中的妇女无疑也具有同样的好恶。既然如此，则性选择就有了用武之地，势必会在后来的时代里产生一些效果。长期持续拔毛的习俗也有可能引起一些遗传的影响。布朗塞夸医师曾经表明过，某些动物，在经受某种方式的手术切除之后，其后代是会受些影响的。其他伤残的影响可以遗传的例子还有，这里不列举了。但不久以前沙尔文先生[26]所曾访查确凿的一个事例跟我们手头的问题有着更为直接的关系，应当提出：他指出，习惯于自己把两根中间尾羽上的羽枝啄掉的修尾鸟（Motmot，即乙 625），其后代身上，这些羽枝自然而然要见得削减些。[27]但就人类来说，拔除须髭和体毛的习俗，大概要到这些须或毛，通过其他途径，已经变得削减之后，才流行起来。

至于头发究竟是怎样在许多种族中发展到今天这样长的长度，要作出任何判断是有困难的。埃希里希特[28]说，人类胎儿长到第五个月时，脸上的毛要比头顶上的毛长得长些；这说明我们半人半兽的祖先是没有一绺一绺的长发的，长发一定是后来才取得的东西。不同种族之中头发的长度悬殊也同样说明了这一点。在黑人中间，头发短得像一片卷毛的毯子似的，我们自己的头发则是很长的，而美利坚土著居民的头发往往长得可以垂地。有几个细猴属（乙 866）的猴种，头顶上盖着的毛是长而又不太长的，这大概是用来作为装饰，也是通过性选择取得的。同样的一个看法也许可以引伸到人类身上，因为我们知道，发长委地一直受到很大的赞赏，以前如此，现在还是如此，而这是几乎在每一个诗人的篇章里都可以看到的。圣保罗说，"女人若有长发，这是她的荣耀"；而我们也曾看到，在北美洲，有一个酋长，不因别的，而单单因为他的头发长，才得到了推举。

皮肤的颜色。——人的肤色也通过了性选择而变成为今天的情形，这方面的最好的证据还很少。因为就大多数种族而言，两性在这方面没有什么差别，而在有的种族，有差别也不大，这我们在上文已有所见闻。但根据已经提到过的许多事实，我们知道，一切种族的男子都把肤色看成为他们所谓美貌的一个高度重要的因素。因此，像在低于人的动物中间所曾发生过的数不清的例子一样，它也未尝不是可以通过选择而起变化的一个特征。说像墨玉一般的黑人之黑也通过性选择而来，乍然听去，不免有些异想天开，但这一看法可以从动物方面许许多多可供类比的事实得到支持，而我们又知道，黑人是赞赏自己的肤色的。在哺乳类动物中，如果两性的颜色不同，雄者往往是黑的，或其他比雌者为深一些的颜色，这只是因为这些颜色或其他色泽，在遗传之际，是兼传给后代的两性，或只传给两性之一，并没有什么奇特之处。丛尾猴属（乙 772）的一个种，叫做魔猴的（乙 775），有着漆黑的皮肤、骨溜溜的白眼珠、和在头顶上左右平分成为两半的长毛，真像是具体而微的一个黑人，看去令人不禁失笑。

脸部肤色的差别，其在各种猿猴类之间的，要比在人的各个种族之间的大得多的多。而我们有些理由可以依据，认为它们脸上的红、蓝、橙黄、近白、近黑等不同的颜色，即使是两性都有，以及它们体毛的各种鲜明的色泽，和头部作为装饰用的一撮一撮的丛毛，全都是通过性选择而取得了的。生长期间个体发育的次序既然一般也标志着一个物种的种种特征在以往的若干世代里先后发展和变化所曾经历的次序，而人的各个种族的新生婴儿，在肤色上，又既然没有太大的差别，比起各个种族成年人的差别来要小一些，尽管在体毛上它们是和成年人一样地光秃——既然如此，我们就有了一些微薄的证据，说明各个种族的肤色是在体毛已经脱落之后的时期里取得的，而这是在人类历史很早的阶段里就发生了的。

总说。——我们可以归结说，男子与女子相比，其身材、体力、勇敢、好斗和精力等特征的更加发达，是首先在原始的一些时期里取得的，到后来，主要是通过了为了占有女子而在情敌之间所发生的竞争而更有所加强。男子方面较强的智力和发明的才能，则大概可以归因到自然选择，结合上习惯所引起的一些遗传的影响，因为最能干的男子，在保护与养活自己和妻孥方面，也会是成就最大的。许多特征的由来问题是极其错综复杂的，但也还能容许我们作出一些判断，即以男子的须髯而论，看来我们的类猿男祖先是把它作为一种装饰品、用来取媚于异性、或激发异性，而终于取得了的，而一经取得，便又转而传给只是属于男性的后一代。体毛的脱落，显然是由女子一方开始的，也是为了性的装饰之用，但在遗传之际，它成了不同性别的后代所共有的特征，其所传到的程度也几乎相等。不是不可能的一个情况是，女子在其他一些方面，为了同样的目的，通过同样的方法，也取得了一些变化，因此，女子的声音比男子要甜些，而体貌也美些。

有一点值得注意，就是，就人类说，在一个很早的时期里，当人刚刚够上人的身份或人的级位的时候，生活情况对性选择在许多方面要比后来的一些时代更为有利得多。因为，我们可以有把握地得出结论，在当时，指导他生活的多半是发乎本能的一些情欲，远见或理性还不很管事。他会性妒而严密防卫他的妻子，一个或一个以上，唯恐有人染指。他不会有杀害婴儿的风俗，也不会把妻子只当做奴隶来使用，也不会在婴儿时期就为她们订上婚约。因此，我们可以推论，就有关性选择的一方面而言，人类各个种族的分化而出，主要是很远古的一个时代里的事。这样一个有结论性的看法是有启发的，就是使我们可以看得更清楚，为什么在有史可稽的最古的时期里，人的各个种族已经变得很不相同，而其不同的程度，比起今天的来，相差不多或几乎一样。

这里所提出的有关性选择在人类历史上所曾起的作用的一些看法是缺乏科学的准确性的。凡是不承认性选择这份力量对低于人的动物起过作用的读者，可能不理会我在最后这几章里所写的有关人的一切。我们无法肯定地说，这个特征是通过性选择才发生了变化，而那个特征不是。但我们却也已经指出，在某些特征上，人的各种族是各有其差别的，而和它们的最近的亲族，四手类动物，也不相同，而这些特征在他们的日常生活中又都是全无用处；这些特征，而不是别的，我们说，是极有可能通过了性选择才变化出来和继续发生着变化的。我们已经看到，在极低级的野蛮人中间，每一个部落的成员总爱赞赏他们自己的一些独特的品质——头和面的形状呀、颧骨突出得如何方正呀、鼻子的高耸或平扁以至于鼻梁的中陷呀、皮肤的色泽呀、头发的修长呀、脸部与通体的光洁无毛呀、胡子之大或须髯之美呀，如此等等。而赞美的结果是，这些以及其他诸如此类的特点，在每一个部落之中，又势必在那些能力强、才干多的男子手里慢慢地、逐步地得到夸大，而这些男子不是别人，正是在每一世代里在选取最富有这类特点、因而也是最美的女子为妻这一方面，和接下来在生养最大量的子女方面，取得成功的人。就我个人的见识所及，我得出的结论是，人的各个种族在体貌上之所以各有差别，以及在一定程度上人和低于人的动物之所以不同，原因固然不一而足，而在一切原因之中，要以性选择为最有效力。

原　注：

[1]《叔本华与达尔文主义》（Schopenhauer and Darwinism），载《人类学刊》（丙 78），

1871 年 1 月，323 页。

[2] 这些引文系录自 Lawrence 著《生理学、……演讲集》，1822 年，393 页。Lawrence 把英国上层阶级的体貌美好归因于阶级中的男子长期选取貌美的女子为妻。

[3]《科学之路评论》（丙 127），《人类学》之部，1868 年 10 月，721 页。

[4]《家养动植物的变异》，第一卷，207 页。

[5] Sir J. Lubbock，《文明的起源》，1870 年版，第三章，60－67 页尤有关。Mr. M'Lennan 在他关于《原始婚姻》（Primitive Marriage）的那本极有价值的著作里（1865 年版，163 页）说到，两性的结合"在最早的若干时代里是松弛、短暂、而在某种程度上是乱交的。"Mr. M'Lennan 和 Sir J. Lubbock 都曾就今天的野蛮人的极度淫乱的情况收集了不少的例证。摩尔根先生在他的关于分类性的亲属称谓体系的有趣的报告［载《美国科学院院刊》（丙 111），第七卷，1868 年 2 月，475 页］里，作结束语说，关于各个原始时代的一夫多妻婚以及所有的婚姻形态，我们还缺乏基本的知识。从 Sir J. Lubbock 在他的著作里所说的话看来，Bachofen 似乎也认为共婚或乱交曾在原始时代流行过。

[6] 不列颠科学协进会会议上的演讲，《关于人类一些低等种族的社会与宗教情况》（Address to British Association On the Social and Religious Condition of the Lower Races of Man），1870 年，20 页。

[7]《文明的起源》，1870 年版，86 页。在上引的若干种著作里，可以找到丰富的例证，说明有的亲属关系的称谓只经历母亲一方，有的只与部落有关。

[8] Mr. C. Staniland Wake 在《人类学报》（丙 20），1874 年 3 月，197 页上，对这三位著作家所持关于以前曾流行过几乎是纯粹的乱交这一意见提出了强烈的不同看法；他认为分类性的亲属称谓体系可以作别的解释，而不是非此不可。

[9] Brehm 在《动物生活图说》第一卷，77 页上说，树灵狒狒（乙 316）一大队一大队地生活在一起，每队包括的成年母狒狒要比成年的公狒狒多出一倍。关于美洲产的一夫多妻的一些猴种，参看 Rengger，而美洲产的一夫一妻的一些猴种，则见欧文（《脊椎动物解剖学》，第三卷，740 页）。其他可供参看的作品还有，不尽举。

[10] 见 Dr. Savage 所著文，载《波士顿自然史刊》（丙 34），第五卷，1845～1847，423 页。

[11] 见《史前时代》，1869 年版，424 页。

[12] Mr. M'Lennan 所著《原始婚姻》，1865 年版。尤其是参看关于族外婚和溺婴的

130、138、165 页。

[13] Dr. Gerland［《关于野蛮民族的族外婚》(Ueber das Aussterben der Naturvölker)，1868 年版］收集了不少有关溺婴的资料，较集中的见于 27、51、54 页。阿扎拉（《……旅行记》，第二卷，94、116 页）对溺婴的各种动机作了详细的讨论。关于印度的一些事例，也可以参阅 Mr. M'Lennan（同上书，139 页）。（本书第二版前几次印刷中，上节中曾羼入格瑞爵士（Sir G. Grey）数语，实属误植，今本已剔除。——校改者据沃本原注加）

[14]《原始婚姻》，208 页；Sir J. Lubbock，《文明的起源》，100 页。关于一妻多夫婚的以前曾经广泛流行，亦见摩尔根先生著同上所引报告。

[15] 阿扎拉，《……旅行记》，第二卷，92－95 页。Colonel Marshall，《和托达人在一起》，212 页。

[16] Burchell［《南非洲旅行记》(Travels in S. Africa)，第二卷，1824 年版，58 页］说，在南非洲的一些野蛮种族中间，无论男女，都从来没有在独身状态中生活的。阿扎拉（《南美洲旅行记》，第二卷，1809 年，21 页）对于南美洲的野蛮的印第安人，说的恰恰是同样的几句话。

[17] 见《人类学评论》（丙 21），1870 年 1 月，序 16 页。

[18] 见《家养动植物的变异》，第二卷，210、217 页。

[19] 一个智巧的著作家，就拉斐尔、鲁本斯和近代法国画家的作品作了比较之后，提出论点，认为美的观念，即在欧洲一洲的范围以内，也不是绝对一致的；见 Bombet（原名 Beyle）著，《海顿与莫扎特合传》，英译本，278 页。

[20] 阿扎拉，《……旅行记》，第二卷，23 页。又 Dobrizhoffer，《阿比朋人记》(An Account of the Abipones)，第二卷，1822 二年版，207 页。Capt. Musters 的话，见《皇家地理学会纪事刊》（丙 118），第十五卷，47 页。关于斐济诸岛岛民的话，本出 Williams 的著作，为 Lubbock 爵士所征引，见《文明的起源》，1870 年版，79 页。关于火地人，见 King 与 Fitzroy 合著《'探险'号与"贝格尔"号二船行程记》(Voyages of the Adventure and Beagle)，第二卷，1839 年，182 页。关于卡尔穆克人（Kalmucks），见 M'Lennan，《原始婚姻》，1865 年版，32 页引自他书之文。关于马来人，见 Lubbock，同上书，76 页。J. Shooter 牧师著有《关于纳塔尔的喀菲尔人》(On the Kafirs of Natal，Natal，南非地区——译者)，1857 年版，引语见 52－60 页。Mr. D. Leslie 著有《喀菲尔人的性格与风俗》

(Kafir Character and Customs)，1871 年版，引文见 4 页。关于布什曼人（Bush-men），见 Burchell，《南非洲旅行记》，第二卷，1824 年版，引文见 59 页。关于考拉克人（Koraks）的话，原出 McKennan，而为 Mr. Wake 所征引［《人类学报》（丙 20），1873 年 10 月，75 页。］

[21] 见所著《对自然选择论的一些贡献》1870 年版，346 页。华莱士先生又相信（350 页），"某一种智慧的力量指导和决定了人的发展"，而他认为皮肤上的无毛状态是这种总的发展的一部分。T. R. Stebbing 牧师对这种看法有所评论（《德文郡科学协会会报》，丙 143，1870 年）说，如果华莱士先生在人的皮肤之所以无毛这一问题上运用了他平时所用的智巧的话，他大概不会不看到，由于无毛比有毛为美，又由于无毛比有毛为清洁，从而有益于健康，它就有可能是选择的结果。"

[22] 见《家养动植物的变异》，第二卷，1868 年版，327 页。

[23] 参 B. A. Gould 所著《美国士兵军事学与人类学的统计调查》，1869 年。563 页上说：调查对 2 129 名黑色及其他有色皮肤的士兵，当他们洗澡的时候，就把他们的体毛，作了仔细的观察；翻看所发表的统计表，"一望可知，在这方面，白种和黑种之间没有什么差别，要有的话，也是微乎其微。"但可以肯定的是，在他们的本土、炎热得多的非洲，黑人的身体是特别光滑的。调查中有一点应该特别指出，即，上面的数字既包括纯黑人，又包括黑白混血的人；而这是一个不幸的情况，因为，按照一条我在别处已经证明其为真实的原理：人的杂交种族特别容易返归到他们早期的类猿祖先所具有的那种原始的多毛状态。

[24] 本书所提出的许多看法中，几乎没有任何一个比此更为不受人欢迎的了［参看，例如，Spengel，《达尔文主义的进展》（Die Fortschritte des Darwinismus），1874 年版，80 页］。人类体毛的所以失落，我们在正文中的解释是，通过了性选择；但对此解释所作出的种种反面论点，依我看来，似乎没有一点在分量上足以和我们所提出的种种事实相提并论；这些事实指出，皮肤的光秃，对人、和对若干种四手类动物，在一定程度上是一个第二性征。

[25] 见《论人体毛发的趋向》（Ueber die Richtung der Haare am Menschlichen Körper），载缪氏《解剖学与生理学文库》（丙 98），1837 年，40 页。

[26]《关于修尾鸟的尾羽》（On the tail-feathers of Momotus），载《动物学会会刊》（丙 122），1873 年，429 页。

［27］Mr. Sproat［《对野蛮人生活的见闻与研究》（Scenes and Studies of Savage Life），
　　　1868 年，25 页］提出与此同样的意见。有几个著名的民族学家，其中包括日内
　　　瓦的 M. Gosse，认为头颅的人工变形有遗传的倾向。

［28］见注 25 所引论文，页亦同。

第二十一章

全书总述与结论

主要结论：人类是从某种低级类型传下来的——发展的方式——
人类的谱系——种种理智的与道德的能力——性选择——结束语

为了便于读者追忆本书中各个比较重要的论点，一个简短的总述也就
足够了。上文所已提出的种种看法里，有许多是属于高度的臆测性的，而
有一些将来无疑会被证明为是错误的。但对于每一个看法，我为什么单把
它提出来，而不提别的，我是把理由都说了的。为了要看进化的原则对于
人的自然史中若干比较复杂的问题能不能有所发现，能有多少发现，我认
为这样一番尝试似乎是值得的。对科学的进步来说，错误的事实有着高度
的危害性，因为它们往往长期以讹传讹，得不到纠正，而有一些证据来支
持的错误看法则害处不大，因为人们全都喜欢把这种错误指证出来，而这
样做是有益的—— 一经指出，引向错误的途径之一便从此关闭，而引向真
理的道路往往就在同一个时候开辟出来了。

　　本书所已达成的主要结论，也是许多有着足够的专长来作出健全判断的博物学家如今也都主张的结论，是：人是从某一种较低级的生命形态传下来的。这个结论的一些基础是永远不会动摇的，因为人和低等的动物相比，在胚胎的发育上，既有着密切的相似性，而在结构和体质上，又有着无数的相似之点，其中有高度重要的，也有微不足道的，例如人体上所保留的种种遗留而发育不全的器官，以及间或发生的一些变态的返祖遗传的现象等——都是无可争辩的事实。这些事实是我们早就知道了的，但直到最近以前，它们对于人的起源，还丝毫未能有所说明。现在，我们用了我们所已有的全部有机世界的知识所给我们的眼光，再来看看它们，它们的意义就十分明白了。如果我们把这一宗一宗的事实和其他一些事实，诸如同一生物群中各个成员之间亲缘关系的远近，它们过去和现在在地理上的分布，以及它们在地质地层里出现的先后承接，结合起来而加以考虑，伟大的进化原则就一清二楚和坚定不移地屹立起来了。若说所有这一切事实说的都是假话，那是无法相信的。一个人只要不像野蛮人那样，而不再满意于把自然界的种种现象看作各不相连，他就再也不会相信，人是造化中跟其他创造不相联系的分别创造的产物。他也就不得不承认，随便举个例子罢，人的胚胎和狗的胚胎之间的密切相似这一事实，其中包括头颅、四肢的构造，以及整个的躯体骨架，不论用途如何，和其他哺乳动物都有着同样的格局，也包括各种不同的结构的间或重新出现，例如有若干根肌肉，对人来说，在正常情况下是没有的，而就四手类所有的物种来说，却是全都有的，此外还有大量可供类比的事实——全部再清楚没地指向这样一个结论，就是人和其他哺乳动物是同属于一个共同祖先的不同支派的后裔。

　　我们已经看到，人，在他的身体的一切部门上面，和在他的心理能力上面，都不断呈现出个人的差别。这些差别或变异，和比较低等的动物的变异，似乎都是由同样而普遍的一些原因所引起，而又遵循着同样的一些法则。人也罢，低于人的动物也罢，在它们中间通行着相类似的一些遗传法则。人在数量上的增长率倾向于比他的生活资料的增长率为快，因此，他时常要受到一番严酷的生存竞争的折磨，而自然选择或自然淘汰就会在它威力所及的范围以内达成它所能达成的效果。自然选择进行工作，不一定要依靠世代相传的一些同性质的特别显著的变异；个体身上一些轻微而波动不定的差别已经是足够了的。我们也没有任何理由来设想，认为在同一个物种之中的一些个体，身体组织的一切部门都倾向于向着同一种程度发生变异。我们也许确实感觉到，身体上某些部门的长期持续使用或废置不用所产生的遗传影响，对自然选择的趋向会起不少的作用，用与废走向哪里，选择也就趋向哪里。过去有过重要作用而后来说不上再有什么用处的某些身体部分的变化是长期地世代嬗递而不消失的。如果身体的某一部分发生变化，一些其他的部分，通过相关的原理，也随之而发生变化，我们在相关的畸形方面就可以找到许多这一类奇特的例子。变化所以发生的缘由，有些也许可以归到生活环境中一些条件的直接而具体的作用，例如，食物的充足、气候的炎热、或空气的湿润；而最后，不少特征，有的在生理上很不重要，有的却也很有些分量，是通过性选择才取得的。

无疑地，以我们有限的知识看来，人，和每一种其他的动物一样，具备着一些现在和早先似乎都是全无用处的结构，就一般生活情况来说没有用，就两性之间彼此的关系来说也没有用。这一类结构，解释起来，既不能说是由于任何形式的选择，也不能说是由于这些结构所在的身体部分的用进废退的遗传影响。不过，我们知道，有许多异乎寻常而又特别显著的结构上的奇形怪态不时在我们的家畜或人工培养的植物里出现，它们所由发生的原因我们还不知道，只知道如果这些原因活动得更为一律的话，则这些特点便会成为一个物种中所有的个体所共有的东西。今后我们可以希望对这一类不时出现的变化所由发生的原因有所了解，特别是通过对畸形的研究这一途径，因此，厚望是寄托在实验科学家的辛勤劳动身上，达瑞斯特先生的工作便是一例。①现

---

① 19世纪70年代以前，西方对畸形现象的研究，只限于解剖学和胚胎学方面的一些现成资料的描绘和叙述。至达瑞斯特才开始进行实验。达尔文十分清楚地看到了这方面的发展前途，所以特地把达瑞斯特的名字一度提出，作为例子。到1891年，达瑞斯特终于把他的实验成果写成专书问世，即《关于畸形现象的人工产生的研究，或畸形发生实验论》，从而实际上在生物科学里创立了一门新的学科，即实验胚胎学。然而达尔文已经不及见了。

下我们只能一般地说，尽管新的和变动了的环境条件对多种多样的有机变化的激发，肯定起着一些重要的作用，但是，每一个微小的变异和每一种畸形所以发生的原因，寄寓在有机体素质内部的，比起在周围条件的性质方面的来，却要多得多。

通过刚才所列举的途径，也许还要加上一些我们如今还没有发现的其他途径，人终于被提升到他目前的地位。但自从他达成人的级位以来，他又分化成为若干界限分明的种族，或者叫得更恰当些，若干亚种。有些亚种，例如尼格罗种（黑人种）和欧罗巴种，是分得如此其清楚，使得一个博物学家，如果面前仅仅看到这两种人的标本，而别无其他的参考资料的话，无疑会把他们看作分属于两个不同的良好而真正的种。尽管如此，所有的种族，在那么多哪怕是不关紧要的结构的细小节目之上，也在那么多的心理特征之上，都是不约而同，这种共同的程度，除了从一个共同的祖先遗传而来这一途而外，是再也无法解释的，而一个有这些身心特征的共同祖先，也许就配得上称为人，够得上人的级位。

我们决不能这样设想，认为人种的某一个亚种与其他亚种的派分而出，乃至所有的亚种从一个共同的祖系派分而出，可以追溯到任何一单对祖考和祖妣身上；事情恰恰与此相反，在变化过程的每一个阶段里，凡是对周围的生活条件适应得更好些的个体，无论适应的方面与程度如何，比起适应得差些的个体来，总会有更大的数量生存下来。人们对动植物进行育种选种，如果所采取的方法不是有意识地专挑几个个体，而是把所有优胜的个体全都保留下来作为育种之用，而把低劣的搁过不问：上面刚说过的自然变化过程便和这样一个育种的过程很相像了。人就是这样慢慢地，但却也是扎实可靠地，使他自己的种系发生变化，而于不知不觉之间形成了一个新的血统。其他不通过选择而取得的变化，情况也是如此，这些变化的产生，有的是发乎有机体的本质的变异和环境条件的作用，有的是由于生活习惯的改变，而无论变化的由来如何，情况是，生活在同一地域以内的许多个体之中，没有任何一对相配的个体会比其他的各对变化得多出许多，这是因为通过自由交配，所有的个体都在不断进行着混合的缘故。

通过对人的胚胎结构的一番考虑，包括他所表现的种种可以和低于他的动物相类比的所谓同源的器官或结构、他所保留的一些遗留而发育不全的器官或结构、以及在他身上可能发生的一些返祖遗传的现象，我们，加上一番想象，就有可能部分地追忆到我们早期的祖先们所原有的状态，并且有可能把他们大致不差地安放在动物系列中应有的地位之上。这样我们也就认识到，人是从一只有毛、有尾巴的四足类或兽类动物传下来的，而在习性上可能是树居的，并且是旧大陆上的一个居民。如果一个博物学家有可能检查到这只动物的全部结构而加以分类的话，它就会被毫不犹豫地纳入四手类（乙 816）或猿猴类之内，一如比它更为古老的一个祖先，即新、旧大陆全部猴类的祖先被纳入那样。四手类和一切高等哺乳动物（乙 597）有可能是从一种古老的有袋类（乙 600）动物派生出来的，而此有袋动物则通过一长串的繁变不同的动物形态，可以追溯到某一种近似两栖类（乙 27）的动物，再由此向前追溯，便要追到一种类似鱼的动物了。回顾荒远难稽的太古，我们也可以看到，所有脊椎动物的共同祖先一定是个水居动物，有着鳃的装备，雌雄同体，而身体中最为主要的器官（诸如脑和心脏）发展得还不完全，甚至根本没有发展。这种水居动物和现有的水居动物相比，似乎是与海鞘（乙 99）的幼虫有着比我们所知的任何其他动物形态或类型更多的相像之处。

在我们势不由己地达到这样一个关于人的起源的结论之后，在我们面前呈现的最大的难题，是我们的高水准的理智能力（intellectual power）和道德品性（moral disposition）又是怎样来的这一个问题。凡承认进化原理的人一定会看到，高等动物的心理能力，和人的比较起来，尽管在程度上如此高下不齐，在性质上却同属一类，因此，低的就有向高处推进的可能。即如，在心理能力上，一只高等类人猿与一条鱼之间，或一只蚂蚁和一只鳞翅类昆虫之间的差距是极大的，然而它们的发展却并不提出任何特殊的困难；原来，即以我们的家畜为例，心理能力是肯定会发生变异的，而变异是遗传的。谁也不怀疑，心理能力，对自然状态中的动物来说，是极关重要的东西。因此，通过自然选择，它们有着向前发展的种种有利条件。同样的结论可以引伸而适用到人；对于人，即使在很荒远的古代，这些能力也是万分重要的，具备了它们，人才能发明和使用语言，才能制作武器、工具、圈套，等等，而通过了这些，又加上他在社会习性方面所得到的协助，人才在很久以来在一切生物之中，成为最能主宰的力量。

一旦半属艺术、半属本能的语言开始通用之后，理智的发展就跨进了一大步，因为语言的持续使用会对大脑发生反作用（react）而产生一番遗传的影响，而这又转而作用（react）到语言的使用，使逐步趋于完善。像赖特先生[1]曾经很好地说过的那样，人的大脑，无论和他自己的躯干相对来说，或者和低于他的动物相比较来说，是特别大的，其主要的原因可以归结到某种简单形式的语言的使用——语言是座奇异的机器，会在各种各类的事物和品质上粘贴不同的符号，从而激发一连串一连串的思想，而仅仅靠感官所得的诸般印象，这样的思想是永远不能引起的，即使引起一些，也是些有头无尾，无法追踪下去的活动。人的一些较高的理智能力，诸如推理、抽象、自觉等的能力，有可能是从其他的一些心理能力不断地改进与练习而发展起来的。

道德品质（moral qualities）的发展是一个更为有趣的问题。这方面的基础要到一些社会性的本能中去寻找，而所谓社会性的本能也包括家庭中的伦常关系在内。这些本能是高度复杂的，而就低于人的动物来说，它们为某些具体的行动（action）指出了一定的趋向，但其中较为重要的因素，不外乎"爱"和另一种分明而觉察得出的情绪——同情心。赋有社会性本能的动物能在相处之中感到伴侣的乐趣；危险当前，能彼此警觉，并多方面地互相保护，互相帮助。这些本能的表现并不扩充到物种的全部成员，而只限于属于同一个聚居区以内的个体。它们既然对有关的物种有着很大的好处，则似乎有一切理由说明，有关的物种会通过自然选择而取得它们，作为遗传品性的一部分。

天地间一个有道德性的生物（a moral being）跟其他生物不同，他懂得回顾他过去的种种行动和这些行动的动机——也就是懂得对某些行为与动机表示同意，而对另一些表示不同意；而人在天地间的一切物体之中是唯一配得上称为有道德性的生物这样一个事实，就构成他和低于他的各种动物之间的一切区别之中的最大区别。但我在上文第四章曾经试图指出，道德感这样东西有着若干不同的来源，首先来自动物界中维持已久而到处都有的种种社会性本能的自然本性，第二来自人对他的同类所表示的赞许或不赞许能有所领会，第三来自他的心理才能的高度活动能力，加上过去生活中种种印象的能够始终维持其极度的生动活泼，而在后述这两方面，他是和低于他的动物不同的。由于这样一种心理状态，人不可能不既要向前看看，又要向后看看，而把过去所接纳的种种印象比较一番。因此，当某些欲望或情欲暂时把他的社会性本能一度制胜之后，他会反省一下，而把这一类已过的情欲冲动在当时业已削弱了的印象为一方，和无时无刻不存在的社会性本能为另一方，进行一番比较，然后他就会感觉到这后一种本能在得不到满足时所遗留在后面的那种不满和歉然的心情，从而下定决心将来决不再那样做——而这就是良心了。任何一种本能，如果比别一个本能一贯地更为强大有力或在时间上维持更久，就会引起一种感觉，使我们，如果要把它表达出来的话，说，我应该听从这本能之命。一只专用鼻子来指点猎物所在方位的猎犬，指猎犬（pointer dog），如果会对它过去的操行作出反省的话，就会自怨自艾地说（事实上我们是这样说到它的），我本应该指向那只野兔，而不应该屈从于想猎获的一时欲望的引诱而把它猎取了下来。

　　社会性的动物在一定程度上要受到一种愿望的推动，来为它们聚居区里的成员出些一般性的彼此协助的力量，但更为普遍的是，它们得作出某些具体的行动来。人也受同样的一般性愿望的驱策来帮助他的同类，但他在这方面几乎没有什么特殊的本能可言，甚至可以说一个都没有。这是他与低于他的动物不相同的。还有不相同的一层是，他有能力用语言来表达他的欲望，语言就这样地成为所责成于他而他所能提供的助力的导引。人为其同类提供助力的动机也有许多变化，而不是一成不变的，它不再单单由一个盲目的本能性的冲动所构成，而是多方面地可以被他的同类的称赞或责怪所影响。称赞或责备的施与受两者俱建立在同情心之上，而我们在上文已经看到，这一情绪是各个社会性本能中最为重要的因素之一。不错，同情心，是作为一种本能而取得的，但它也可以通过练习或习惯而得到不少的加强。既然所有的人都为自己谋求幸福，那么，人们对种种行动和动机所提出的赞许或责备就有了依据，就是它们能否导向幸福这一目的；而幸福又既然是人类共同的好生活的一个精要部分，那么，绝大多数人的最大幸福这一原则便间接地提供了一条接近于稳妥的标准，可以作为判别是非之用。在推理能力向前推进和经验逐步累积的同时，人们认识到了某些操行路线或作风对个人的品格，乃至对大众的利益的一些更为深远的影响，于是一些独善其身的品德就进入了舆论或公议的范围，从而受到称誉，而与之相反的德操，则受到谴责。但在文明不甚发达的民族里，推理往往错误，许多不良的风俗和粗鄙的迷信也就进入了公议的范围，从而作为高尚的品德而获得推崇，而反之，对此类风俗与迷信的违反则成为严重的犯罪行为。

一般总是把道德能力比理智能力看得高些，认为有着更高的价值，而这也是恰当的。不过我们应该记住，心理的活动，由于它能生动地追忆过去的种种印象，对良心的所由兴起来说，其为基础之一，尽管是第二性的，却还是根本的。这就提供了最为强有力的论据要我们千方百计来启发和激励每一个人的理智能力。一个心理上迟钝的人，如果他的种种社会性的爱好和各种同情心得到良好的发展，无疑地也会接受指引而作出良好的行动来，同时也会具有一个相当敏感的良心。但凡属可以使想象力更趋生动活泼、使追忆和对比过去印象的习惯能够得到加强的事物，也会使良心变得更为敏锐，甚至可以敏锐到一个程度，或多或少足以弥补种种社会爱好和同情心的不足。

人的道德性质（moral nature）之所以能达成今日的标准，部分是由于他的推理能力得到了提高和由此而来的公众舆论的日趋正确合理，但更为重要的是，由于他的各种同情心，通过习惯、仿效、教导和反省等多方面的影响，变得更为温柔、更为普及。经过长期实践之后，一些合乎道德的行为趋向会成为遗传的品性，看来这不是不可能的一件事。就一些更为文明的民族来说，对一个无所不察的神的存在的笃信，对于道德的提高，也曾产生过有力的影响。人对于他的同类所表示的赞许或责备是谁都接受的；谁也难于回避这方面的影响；但归根结蒂，这并不是他的行动的唯一指导。最最妥善的行为准则，还须来自他自己的由习惯成自然、而从理智得到控制的一些坚定的信念。到此地步，他的良心才成为最高的判决和警戒的力量。但话得说回来，道德感的最原初的基础，或道德感的起源，要向包括同情心在内的各种社会性本能中去寻找，而这些本能无疑是第一性的东西，在低于人的动物里便已通过自然选择而取得了。

时常有人提出，人有对上帝的信仰，而低于人的动物则无，这不但是两者之间的最大的区别，并且是最完整而截然的区别。但我们已经看到，我们不可能把人的这个信仰说成是先天的或属于本能的东西。但从另一方面看，这一类对一些无所不在的神灵力量的信仰似乎是到处都有；而它的由来一看就像是和人的理性的一定程度的进展，以及和他的想象力、好奇心、在大事物前面表示的惊愕心情这一类比理性更为发展的心理能力有着前因后果的关系。我觉察到，许多人把"对上帝的信仰是出乎人的本能"这一假定用来作为上帝存在的一个论据。但这是一个轻率的论据，因为，这样一来，我们对于那些在威力上仅仅略高于人、即神通并不广大、而却又残暴凶恶的各种精灵鬼怪，也就不得不加以信仰，因为对这些精灵鬼怪的信奉，比起对一个慈爱的天神的信奉来，事实上更为普遍广泛。一个普遍而仁慈的造物主（Creator）这样一个理想，似乎一直要到长期而持续的文化已经把人提高之后，才在人的心理上出现。

凡相信人是从一种低级的组织形态进展而来的人，自然会提出这样一个问题：这和灵魂永生的信仰的关系又是怎样？卢伯克爵士曾经指出过，半开化而朴野的各个种族并不拥有这一类很分明的信仰；但我们刚才已经看到，从野蛮人的原始信仰中得来的一些论据是没有多大用处或全无用处的。几乎没有什么人对如下的这样一个问题感到任何不安，就是，我们没有办法断定，一个人在从一个微小的胚泡（germinal vesicle）的一丝痕迹开始的发育过程中，究竟在哪一个明确的阶段里才成为一个永生的生物；既然如此，那么，"在整个逐渐上升的生物的进化的阶梯之上，有生之物究竟在哪一个段落里才取得永生资格"这一问题的无从断定，也就更没有理由教我们不安了。[2]

我理会到，本书所达到的各个结论将被某些人斥责为严重地违反了宗教。但斥责这些结论的任何人都有责任向我们说明，对于个别的人的出生，我们既然可以根据生殖的一些通常的法则加以解释而不发生反宗教的问题，如今我们根据变异和自然选择的一些法则来解释人，作为一个分明的物种，是怎样从某一种比较低级的形态嬗递演变而取得他的起源，何独就对宗教有所违反了呢？物种的出生和个体的出生，同样是古往今来那伟大的一系列事件推移的部分，我们对此，衷心地不甘于承认是盲目机遇的结果。有人说，结构上每一个轻微的变异——每一对婚姻的结合——每一颗种子的散播——和诸如此类的其他事件，全都是为了某些特殊的目的由神道注定的；对这话我们或许能相信，或许不能相信；但对"一切事物产生于盲目的几率"这样一个结论，我们的理解力却只有起而反抗的一途。

在本书里，我对性选择作了不厌其详的处理，因为，我在上文已经试图加以说明，它在生物世界的历史里曾经起过重要的作用。我也觉察到，这里面可疑的地方还是不少，但我已经尽力对整个问题提供了一个公平的看法。在动物界的较低的各部门里，性选择似乎没有什么作为：这些部门里的动物有的往往终身胶着而停留在一个地点之上，有的是雌雄同体的，而尤其重要的是，有的连觉察和理智的能力还没有进展到足以产生恋爱和嫉妒的感觉、或拥有足够的能力对异性对象进行挑选的那样一个地步。然而，当我们进行到节肢动物（乙 97）和脊椎动物（乙 995），哪怕是这两大亚界中的最低级的几个纲的时候，我们便看到性选择作出了不少的成就。

　　在动物界的几个大的纲——即哺乳类、鸟类、爬行类、鱼类、昆虫类，和甚至甲壳类——中间，两性的差别所遵循的规矩几乎是一样的。调情求爱的一方几乎总是公的或雄的。也只有公的或雄的才装备有向他们的情敌进行战斗的特殊武器。他们一般要比母的或雌的长得强壮些、高大些，并且天生备有勇敢善斗的必要的品质。他们又备有声乐或器乐的器官，有的是独有的，即母的完全没有，有的虽两性都有，然公的所具备的在程度上却要高得多；他们又备有发出臭气的腺体。他们有着光怪陆离的种种附赘悬疣，又有着种种鲜艳夺目的颜色，而这些颜色又往往编排成各种漂亮的花样，而母的却是朴朴素素，全不打扮。如果两性在重要的结构上有所不同，那也总是公的才装备有便于发现对象的特殊的感觉器官，和便于追逐她的行动器官，又往往备有便于抓住她的把握器官。这些用来媚惑或抓取雌性动物的形形色色的结构又往往只在每年的某一个时期，即在蕃育的季节里，才发展出来。在许多例子里，这一类的结构在母的身上也或多或少地出现，但往往只是一些发育不全的残留。如果公的经过阉割，这些结构就会消退，或终身不会出现。一般地说，公的也要到生殖年龄以前不久才发展这些结构，在青年的初期里是没有的。因此，就绝大多数的例子说，两性在幼年时代是彼此相像的，而母的毕生就多少和她的幼年子女有几分相像。几乎在每一个大的纲里；少数个别的反常的例子也是有的，甚至发生两性特征几乎是完全对调的情况，母的竟然取得了正常属于雄性动物的一些特征。但总起来说，调节两性差别的一些法则是划一的，而调节的范围既包括这样众多而彼此渺不相涉的纲，这种划一性也是大得出奇的。但如果我们承认一个共同原因的作用，即性选择的作用，这种划一性也就不难理解了。

　　性选择的作用有赖于物种的某些个体，在传代与繁殖方面，在与其他同性个体的竞争中取得了胜利。而自然选择则不然，它的作用有赖于物种中某些个体，不分性别，也不分年龄，在一般生活方面，在对一般生活条件的适应方面，在和其他个体的竞争中，取得了成功。性的竞争有两类：

一类是在同性个体之间，一般是在雄性与雄性之间，为的是要把情敌赶走或除掉，而雌的则始终是被动而观望的。另一类也是在同性个体之间进行的，为的是要激发和媚惑异性的个体，这异性一般总是雌的，到此，雌的也就不再观望，却进而选取更为惬意的配偶了。这后一类性的竞争所产生的选择作用和我们虽无意识却有效地在家养动物身上所起的选择作用有密切的可以比拟之处：人畜养或培育一些生物，对所培养的物种初虽没有加以改变之意，却能把最悦目或最有用的个体长期保存了下来。

遗传的一些法则决定：两性之中不拘哪一性通过性选择所取得的一些特征在向下代传递的时候，是只传给同性，即子或女，抑或不分性别，即子和女；也决定，这些特征，在子女身上，将在什么年龄发展出来。情况似乎是，个体身上出现得晚的一些变异一般只传给同性的后代，即父则传子，母则传女。变异性是选择所由发生作用的必要基础，也是独立于选择作用之外的。正由于这个道理，在物种的繁衍方面，通过性选择的途径，同时又在一般的生活目的方面，即为了更适合于生存，通过自然选择的途径，凡属同样而一般性的种种变异，都往往被利用上而得以累积起来。因此，只有通过一番类比之后，我们才能把两性同样会遗传到的一些第二性征从一些寻常而也可以具体指出的特征之中区别出来。通过性选择所获得的一些变化往往表现得特别显著，显著到可以使人常常把同一物种的两性看成分属于两个不同的种，甚至不同的属。这一类特别鲜明或突出的差别一定有其重要性，哪怕我们还说不清楚它们究竟重要在哪里。我们只知道，就某些例子来说，这些差别的取得是付过代价的，不仅是不方便的代价，甚至是暴露给实际危险的代价。

我们之所以相信性选择的力量，主要是基于如下的几点考虑。某些特征只一性有之，只此一点就有可能说明，就绝大多数例子来说，这种特征是和生殖的举动有关系的。数不清的例子表明，这些特征总要到个体成熟的年龄才十足地发展出来，而且往往只限于每一年的某一个时期，就是蕃育的季节。雄的个体（少数个别的例外搁过不提）在调情过程中是更为主动的一方；他们也是武装得更好，用各式各样的办法打扮得更为漂亮的一方。值得特别注意的是，雄的总要把这些富有诱惑力的特点细心周到地在雌的面前卖弄出来，而一过叫春的季节，却又难得或根本不再卖弄了。我们很难相信所有这一切会是无所为而为的。最后一点，就某些四足类和鸟类动物来说，我们有着确凿的证据，说明此一性别的个体，对于另一性别的某些个体，会有强烈的厌恶或喜爱之感。

记住了这些事实，再加上人在家畜和人工培育的植物身上通过不自觉的选择所取得的一些显著的成果，我看我们几乎可以肯定地认为，如果两性中一性的一些个体，在一长串的世代之中，一贯趋向于和具有某些奇异的特点的异性个体结成配偶，那么，所产生的后代将会慢慢地、但却又拿得稳地，发生变化而表现出同样的特点来。在雄性个体于数量上超过雌性个体、或一夫多妻的配偶方式流行的情况下，上面这番话是可以成立的；但若情况不是如此，则比较漂亮的雄性个体，比起不那么漂亮的来，是不是会成功地留下更多的后代而把优越的装饰和其他能吸引异性的特点遗传下来，是值得怀疑的：这一层我在上文中没有试图加以掩饰。但我也曾指出，这一层也许不必过虑，我们还须转而考虑雌性的一方；雌性的个体，尤其是一些更为健壮的雌性，而这些也正是有更早的机会来开始蕃育后代的雌性，所挑取的，不仅是更为漂亮的雄性，而同时也是更为健壮并在和同辈争雄的过程之中更为优胜的雄性。

尽管我们有一些正面的证据说明鸟类能欣赏鲜明而艳丽的物件，例如澳洲的凉棚鸟（bower-bird），也尽管它们确实能领会歌唱的吸引力，我还须充分地承认，许多鸟类和某些哺乳类的雌者居然会有足够的天赋鉴赏能力来领略装饰之美，总是一件值得惊奇之事，至于所谓天赋，我们有理由认为那就是性选择的创造了。而尤其令人叫绝的是，在爬行类、鱼类，和昆虫类中间也竟然有这种情况。不过我们对于人以下各类动物的心理状况实在了解得太少。例如，我们无从设想，风鸟或孔雀的公鸟会在母鸟面前如此其费尽功夫地把美丽的翎羽竖起、敞开、颤动起来，而全无用心于其间。我们还该记得上文有一章里所叙述到的有着极可靠的权威作后盾的那桩事实，就是，有几只母孔雀，在被拒绝和一只她们所已看中了的公孔雀接近之后，便宁愿守上一整个季节的寡，而不和另一只公孔雀配合。

　　但还有比这更奇特的：在我所知的自然史里，没有比百眼雉（Argus pheasant）的母雉的鉴赏能力更为出奇的了。在这个雉种里，雄雉两翅上的羽毛，呈现着许多由浅入深的球臼扣合型关节状的圆斑，极其精美，而总起来又构成一片漂亮的图案。母雉所欣赏的就是这片圆斑图案。凡是相信自从上帝创造他的日子起，这只雄雉就一直具有像今天这样花色的人一定得承认，上帝把这些奇美的羽毛赋给他，确乎是专门为了打扮他，因为这些羽毛对飞行反而是个累赘，又因为一到求爱的季节，公雉确乎把它们抬出来卖弄一番，而卖弄的姿态又是十分奇特，为这一物种所独有，等到求爱季节一过，这一套却又全都收拾了起来。既然如此，则这个人还须进一步承认，上帝在创造母雉的时候，也一定把欣赏这一类装饰品的能力赋给了她。我的看法有所不同。我确信，公的百眼雉的美丽是通过母雉，在许多世代之中，不断挑取装饰得更为美好的雄雉，而逐渐取得的。而母雉的审美能力则通过练习与习惯而也逐步获得了进展，像我们自己的鉴赏能力逐步得到改进一样。何以知道这类变化是逐步取得的呢？幸运的是，在雄雉两翅上，今天还保留着几根未经变化的羽毛，使我们不难清楚地追踪一下，一些朴素的小圆点，加上配衬在一边的几道暗黄色的浅晕，是怎样一小步一小步地向前发展，而终于有可能达成今天奇美的球臼扣合型关节状的圆斑所构成的花色来的，而实际发展的过程大概也确乎是这样。

　　哺乳、鸟、爬行、鱼等各类动物的雌性能领略雄性的美丽，肯定说明她们的鉴赏力是高的；但为什么这样高，又为什么在审美标准上大致和我们自己的很相符，这一种能力究竟是怎样取得的——对这些问题的答案是不是真像上文所说的那样，这即使在已经接受进化原理的人，也还感觉到很难接受。这样的人应该回想一下，在全部脊椎动物的系列里，上自最高的成员，下至最低的成员，大脑的神经细胞都是从这一庞大的动物界的共同祖先那里派生出来的。因为这样我们才可以看到，无论种类如何不同，无论彼此之间的界限如何分明而各不相涉，某些心理能力（mental faculties）的发展却是采取了几乎是同样的方式，并且达到了几乎是同样的程度。

本书的读者，如果把专门讨论性选择的各章都读过一遍，当能作出判断，我所达成的若干结论所得到的证据的支持究竟充分到什么程度。如果他接受这些结论，我想他会把它们引伸到人类身上，而不至于有阻碍不通的地方。在这里，再把我不久以前已经说过的重复说一遍——说明性选择是用什么方式在人的身上，男人身上和女人身上，显然发挥它的作用，从而使两性之间在体格上与心理上都发生了区别，又使各个种族之间在各方面的特征上也呈现了差异，以及使这些种族与他们古老的、在组织上更为低级的祖先之间也有了不同——是没有必要的了。

凡是承认了性选择的原理的人会被带领到这样一个引人注目的结论，就是，神经系统不仅调节着身体上绝大多数的现有的机能，而且也间接地影响身体上各种结构以及某些心理品质的向前发展。勇敢、好斗、毅力、体力、身体的大小高矮、各种攻守用的武装、声乐和器乐的器官、各种鲜明的颜色、以及装饰用的附带结构，都通过挑选的实行，通过恋爱和妒忌的影响，通过对声音、颜色，或形态之美的领悟，而为这一性别或那一性别的个体所取得，而这些心理上的能力一望而知地有赖于大脑的发展。

人在对他的马、牛、狗进行配种之前，总要不遗余力地把它们的性格和谱系仔细察看一番；但一到他自己的婚姻，却极难得、或从来不肯费上任何这一类的心思。尽管由于他高度地珍赏心理上和道德上的种种优美的品质，他要比这些低于他的动物卓越得多，但就驱使他走上婚姻之路的一些动机而言，他却和不受人工驯育的限制而得以自由选偶的这些动物几乎是一样的。然而人的配偶选择却是另一路的，对他有着强烈的吸引力的未必是一些优美的品质，而是单纯的财富或社会地位。但通过真正的选择，他对他的后代，不仅在体制和身材方面，而且在理智和道德的品质方面，是可以做出一些成就来的。无论男女，如果在身体方面或心理方面有着显著程度的缺陷，便应该自己克制，放弃结婚；但在遗传的法则彻底地被人发现以前，这一类的希望是乌托邦一路的空想，即便是部分地加以实现也是不可能的。任何人能向着这个目的出一点力，就算是有了良好的贡献。有一天人们对育种和遗传的一些原理有了更好的了解，我们将不再听到议院里不学无术的议员先生们，用着嘲笑的态度，把确定近亲结婚是否对人有害的这样一个调查研究计划推出院门之外了。

人类幸福的推进是一个极为错综复杂的问题：为未来的子女设想，凡是没有能力养育它们、无法使它们免于赤贫生活的人全都应该放弃结婚，因为贫困不仅本身是件大坏事，而且通过对婚姻的率意进行，不负责任，倾向于滋长更多的贫困。在另一方面，像高尔顿先生说过的那样，如果能深思远虑的人回避结婚，而凡事漫不经心的人却结了婚，则社会上较差的成员势将取较好的成员而代之。人像其他每一种动物一样，之所以能达到他今天的崇高的地位，无疑地是由于，继他的快速繁殖之后，他曾经阅历过一番生存竞争，而如果他指望百尺竿头更进一步的话，怕还须在严酷的竞争之中继续受些折磨。要不然，人将沉沦于怠惰懦弱，而天赋比较好的，在生存斗争中，比天赋差的未必就取得更大的成功。因此，我们的自然增长率，尽管目前正引向许多明显的弊病，还无论如何不宜于降低得太多。人人应当有公开竞争的机会，而最有能力的人不应当受到法律和习俗的限制，使其不克做到最大的成功和养育最大数目的子女。过去的生存竞争虽然重要，而就在今天，也还并不是不重要，若就人性中最高的一部分的发展而言，还有比它更为重要的一些力量在。各种道德品质的进展，直接间接通过习惯、各种推理的能力、教导、宗教等等的影响而取得的，要比通过自然选择而取得的多得多。不过我们可以有把握地把各种社会性本能的出现归功于自然选择，而这些本能又为道德感的发展提供了基础。

本书所达到的主要结论，即，人是从某种比较低级的生命形态传下来的，我抱憾地想到，对许多人来说，将是不合脾胃的。但我们是从半开化的朴野人传下来的，这总该是无可置疑了罢。我永远不会忘记，当我在一处荒凉而破碎的海岸上，第一次看到一队火地人（Fuegian）的时候所感觉到的一阵惊诧的心情，因为当时立刻涌上心头的想法是——原来这就是我们的祖先。这些人真是一丝不挂，全身涂上颜料，又长又乱的头发纠缠成许多结子，陌生人在他们中间所引起的激动使他们口流白沫，他们的神情是犷野、张皇、而狐疑的。他们几乎没有什么手工艺，并且，像野兽一样，抓到什么就吃什么；他们没有政治组织，除了他们自己的小部落中人以外，对谁都可以加以残杀。任何在其自己的本土见到过一个野蛮人的人，如果被迫而不得不承认在他自己的血脉里也未尝不流动着一些比他自己更为卑微的人的血液，他不会感觉到太多的羞辱。但就我个人而言，如果要我在猿猴类祖先与野蛮人祖先之间作一抉择的话，我宁愿认猿猴，而不愿认野蛮人。有一些真实的故事，说一只英勇的小猴子，为了救他的看守者，冒了自己的生命危险与他的可怕的敌人周旋；又说一只年老的狒狒从山上直冲而下，从一伙惊愕而措手不及的猎犬中间，胜利地把它的年轻同伴抢了回去。而野蛮人呢？他拿虐待敌人、看敌人的婉转哀号自己开心，他用生人作祭品，他没有心肝地维持着溺婴的恶俗，他把众多的妻子当奴隶看待，他不识廉耻为何物，他被一些最粗鄙不堪的迷信弄得失魂落魄。

人这样地兴起而攀登了生物阶梯的顶层，固然并不是由于他自己有意识的努力，但若他为此而感到几分自豪，也是可以理解而得到原谅的；这样地兴起，而不是一开始就现成地被安放在地面上这一事实会给他希望：他还可以提高，提向遥远未来中的一个更大的幸运。但我们在这里所关心的，不是希望与恐惧之类，而只是真理，我们的理性能容许我们发见多少，我们就关心多少，而我也尽力地加以证明了。不过我以为我们总得承认，人，尽管有他的一切华贵的品质，有他高度的同情心，能怜悯到最为下贱的人，有他的慈爱，惠泽所及，不仅是其他的人，还有最卑微的有生之物，有他的上帝一般的智慧，能探索奥秘，而窥测到太阳系的运行和组织——有他这一切一切的崇高的本领，然而，在他的躯体上面，却仍然保留着他出身于寒微的永不磨灭的印记。

原　注：

[1]《关于自然选择的限度》(On the Limits of Natural Selection)，载《北美评论》(丙104)，1870 年 10 月，295 页。

[2] J. A. Picton 牧师，在他所著书《新学说与旧信仰》(New Theories and the Old Faith，1870 年版) 中，讨论及此，看法相同。

补论：

性选择与猿猴的关系

［原载《自然界》（丙 102），1876 年 11 月 2 日，18 页。］

在我的《人类的由来》一书里关于性选择的讨论当中，在许多情况里，最使我感兴趣而又难以索解的情况，莫过于某几种猿猴的颜色鲜艳的臀部和它的周围部分。这些鲜艳的部分既然在两性的身上并不相等，总是一性的尤为鲜艳，顾此种鲜艳的程度，一到恋爱的季节，又变得有所增加，于是我的结论是，这些颜色之所以取得，不是偶然的，而是用来作为诱引异性的一种手段。一只孔雀既然可以卖弄他的壮丽的尾巴，难道一只猿猴就不可以炫耀他的鲜红的臀部么？尽管事同一辙，并不为奇，我当时自己却也充分地理会到，这结论不免贻笑大方。然而在那时候，我还没有能取得什么证据，说明猿猴在调情说爱之际真会把身体的这一部分显示出来；而在鸟类方面，我们知道，这一类的炫耀的手法最能证明雄鸟的种种装饰是旨在引诱或激发雌鸟而对他们自己有用的。最近我读到哥达城

(Gotha，德国中部城市，即《哥达纲领》发表的地点——译者）费希尔在1876 年 4 月一期的《动物学园地》上所发表的一篇文章，专门讨论各种猿猴在不同情绪下所作出的不同表示，很值得留心这一题目的人学习，并从而看出作者是一个眼明心细的观察者。在这篇文章里有这样一段叙述，说一只年轻的雄的大狒狒或山魈（mandrill，即乙 318）初次在一面镜子里看到他自己时的行径，并且说到，他在镜子里照了一会儿之后，转过身来，把鲜红的臀部朝向镜子，接着我就和费希尔先生通信，问他山魈这一奇怪的动作，在他看来，有什么意义。后来我接到了两次很长的回信，连篇累牍地谈到许多新奇的琐细的事实，我希望，将来他会在文章里把它们发表出来。他说他起初对山魈的这一动作莫名其妙，于是带了问题把他家里一直饲养着的其他几种猿类的若干只逐一加以仔细观察。他发现不光是山魈这一个种的狒狒，并且还有黑面狒狒，亦称鬼狒狒（drill，即乙 317），以及其他三种狒狒（树灵狒狒，乙 316；人面狒狒，乙 320；黄狒狒，乙 313），还有黑犬猿（乙 322），恒河猴（乙 588 或乙 832）和又一个种的猕猴（乙 586），如果它们对费希尔自己或其他的人感觉到高兴的话，会把它们这一部分的身体转过来向着他们，表示问候之意，而这几种猿猴的臀部无一不是颜色鲜艳，只是程度略有不同而已。他说他又曾煞费苦心，想把那只已经养了五年的恒河猴的这种不大雅观的习惯破除掉，最后终于成功了。当一只新到的猿猴参加进来的时候，这几种猿猴特别喜欢这样地致意，一面这样做，一面还装着鬼脸，对猿猴中的老朋友，也常常如此。无论对新知旧识，经此相互展示一番而致意之后，就开始一起玩耍了。至于上面所说的那只年轻的山魈，经过一段时间之后，就自动地对主人，即费希尔，放弃了这一套礼数，但对陌生客人和新到的猿猴还是行礼如仪。一只年轻的黑犬猿，除了有一次之外，从来不对主人来这一套，而对陌生客人则往往作此行径，一直不改。根据这些事实，费希尔的结论是，那几种对镜而转身相照的猿猴（计有山魈、鬼狒狒、黑犬猿、恒河猴，和猕猴的一个种）之所以如此，盖由于把自己的照影当作新交的朋友。山魈与鬼狒狒的臀部颜色特别冶丽，装饰性特强，从很年轻的时候，比起别种猿猴来，就更经常地要把它显示出来，并且更能作出卖弄的姿态。其次是树灵狒狒，在其余几个猿猴种，则此种经常的程度都要差些。但同一个猿猴种的成员，在这方面也不尽相同，其中很怕羞的若干只从来不把臀部这样地夸耀出来。特别值得注意的另一方面是，在臀部没有什么好看的颜色的一些猿猴种，费希尔却从来没有看到过有意识地把身体后部提供观瞻的任何例子。这句话适用于爪哇猴（乙583）和长尾猿的一个种（乙198，而这是和上面说过的恒河猴在亲缘关系上十分相近的一个种）的许多个体，也适用于长尾猴属（乙199）中的三个种和若干个新大陆的猴种。以臀部向旧友新知相示的致候的习惯，对我们人来说，像是十分古怪，但我们只要想到许多野蛮族类的相见的礼俗，比如用手来各自抚摩肚子，或彼此以鼻子相磨（我国江南有此习惯，但只行于大人小孩之间，以示亲爱，称为"拧鼻头"——译者），也就不觉得那么古怪了。同一种显示臀部的动作，其在山魈与鬼狒狒，似乎是属于本能的，即出自遗传的，因为很幼小的动物也会这样做。不过，像其他这么多的本能一样，它会通过后天的见闻而起些变化，受些指引，因为费希尔说，这些猿猴也会花些功夫，把夸示的动作做得十分周到；而如果同时有两个观众在场，而对它们的注意力似乎有所不同的话，它们会把这种功夫用在注意力更多的那个观众身上。

关于这一个习惯动作的起源，费希尔说，他所畜的这几种猿猴喜欢把臀部供人敲敲拍拍，并从喉部发出呜呜之声，表示高兴。它们也时常把这一部分身体转向在场的伴侣，让它们把沾上了的脏东西代为剔除，如果戳上了荆刺，无疑地也会如此。但在成年的猿猴，这一习惯动作在一定程度上也和性欲的感觉有联系，因为费希尔曾经通过一扇玻璃门而注视过一只雌的黑犬猿的行径，看到她，在好几天之内，不时要"把肥壮而变得通红的臀部转过来，向雄的黑犬猿展示，一面展示，一面还不断地发出呜呜的喉音来；而这是我在这只动物身上以前所一直没有看到过的。而雄猿见到这光景之后，就向他平时用来蹲着的树根使劲地捶，一面捶，一面也同样的呜呜作声，显然像是在性欲上受到了激发。"费希尔又认为，所有这些臀部的颜色多少有些鲜艳的猿猴种既然生活在树木鲜少而岩石嶙峋的地面，这种颜色可以使两性之一，在一定距离之外显得突出，而为另一性所看到。但这一点看法恐怕不然，因为，依我的想法，这些猿猴既然是成群结队的动物，两性便没有在远距离之外彼此相认的需要。我认为更符合于实际的一个看法也许是，这些鲜艳的颜色，无论是在脸部或臀部，或，如在山魈之例，则两部兼而有之，是用来作为装饰的，是吸引异性的一种手段。无论如何，我们如今既然已经知道，一些猿猴种有这种把臀部转向它们的同类的习惯，我们认为，这些颜色之所以装点在身体的这一部分，而不在其他部分，就丝毫也不足为奇了。据我们现有的知识所及，似乎只有具备这些颜色的安排的几个猿猴种才于彼此相见之际履行上面所说的礼数，这样一个有局限性的事实却引起了一个疑难的问题，就是要问：它们是首先通过某种和两性关系并不相干的缘由而取得了这一习惯，而后来才在这习惯于转动的身体部分上面取得了一些颜色，作为有助于两性关系的装饰的呢；还是这些颜色和转身的习惯当初是通过了变异与性选择的活动而同时取得的，而后来，通过所谓牵连遗传，即，一些牵连的关系亦足以遗传的这一条原理（principle of inherited association），而这习惯被保留了下来，作为表示高兴或相见时致意之用的呢？看来这条原理起作用的机会或场合是不少的：例如，一般都承认鸟类的歌唱主要是在恋爱的季节里作为一种诱引手段之用，而诸如黑松鸡的“勒克”（参上第十四章译注 1），即嘤鸣大会，是和这种鸟的叫春或求爱的活动分不开的。然而在有些鸟种，歌唱的习惯也一直保持了下来，作为心情愉快的一种表示，比如普通的知更鸟；而黑松鸡或雷鸟也把嘤鸣大会保持了下来，在其他季节里也未尝不可以举行，而与叫春的活动无关。

请容许我谈一下与性选择有关系的另外一点：有人提出质难，认为这一方式的选择，至少就雄性的种种色相或装饰手段而言，不得不隐括一个先决条件，就是，凡在同一个地段之内的雌性必须具备、而且发挥同样的赏鉴的能力，一点也不多，一点也不少。关于这个问题，首先应当说明，尽管一个物种的变异的幅度可以很大，却也不是漫无限制的。我在别处曾经就鸽子在这方面提出过一个良好的例子，说到根据颜色的殊异来看鸽子，我们至少可以把它分成一百个变种。而同样地，以家鸡为例，也大约可以分成二十个变种，然而鸽子与家鸡各有其颜色变异的幅度，各自分明，截然不混。由此可知鸽子的原种也好，家鸡的原种也好，对颜色的欣赏能力，也不可能是漫无边际的。其次，我敢说，凡是支持性选择原理的人，谁也不认为，雌性在选择雄性时，是专门挑选他的这一特点之美，或那一特点之美；不是如此，而只是在这一只雄性面前，比在那一只雄性面前，受到更大程度的激动或吸引而已，而这一层所凭借的，特别是在鸟类，似乎往往是鲜艳颜色的总的印象。即便在我们人，也许除了个别的艺术家而外，也不会对他所可能赏识的一个女子的姿色之所以为美，细皮薄切地一小点一小点地加以分析。上文说到的那只雄山魈不但有冶丽的臀部，并且脸部也是采色缤纷，左右颊上又有些斜行而隆起的横条纹，颔下又有一撮黄色的须髯，以及其他一些点缀（商务印书馆编印的《动物学大辞典》附有彩图，北京动物园畜有活标本，可供观赏——译者）。根据在家养动物中间所看到的变异的情况，我们不妨加以推论，认为山魈的这些装饰手段，最初是由某一只个别的雄性朝着某一个方面变异了一小点点，而另一只个别的雄性朝着另一个方面变异了一小点点，这样一步一步地积累，才终于取得的。凡是在雌山魈眼里最为美丽而最有吸引力的雄山魈就会有最多的取得配偶的机会，并且要比其他的雄山魈留下更多的后一代。到了这后一代，无论他们的父亲或他们自己所与交配的是什么样的山魈，他们自己传到而又传与更后一代的，或者就是父亲辈身上的这些特点本身，或者是向着同样一些方面变异的更为加强的倾向，二者必居其一。结果是，凡在同一个地域里生活的全部的雄山魈，由于不断地交配来交配去的影响，倾向于经历一些同样的变化而趋于几乎一致，只是有的在某一个性状或特征方面，而有的在另一个性状方面变化得略微多些罢了，而所有这些变化的过程都是极度缓慢的。到了最后，大抵所有的雄性都通过这一过程而在雌性的眼光里变得更为美好，更有吸引力。这一过程和我以前所提出的所谓不自觉的人工选择有些相像，并且我也曾为此而举过若干例子。其中的一个是，某一个地区或国度的居民喜爱体轻而能疾走的狗或马，而在另一处，则喜爱身体坚实而壮健有力的这类动物，而无论在哪一处，谁也没有花过功夫，专就狗马之中挑取肢体轻快或重实的个体；然而过了相当长的年代之后，我们会发现两地的狗或马，几乎全部成员都起了变化，一则成为轻快，一则成为重实，各自如愿以偿。同一个物种，可以分别生活在两个绝对分开而不相交通的地区里，因此，在漫长的年代里，两地同种的个体不可能发生任何交混的事情，而且，由于地区不同，两处所发生的变异大概也不会完全一样——在这样一个形势之下，性选择有可能使两处的雄性变得不同，而这一来，两处雌性的审美能力也自然而然地不会完全相同了。再有一种想法，据我看来，也不是完全凭空想象的，就是，同一物种的雌性，也可因所处的环境很不相同而分成两批，而正因为两地环境的差别很大，她们对形态、对声音、对颜色，会取得多少有些不同的喜爱的标准。尽管有这一类可能的情况，我在《人类的由来》一书中已经举出过一些例子，说明在生活于很不相同的地域里而亲缘关系十分近密的一些鸟种中间，幼鸟和成年雌鸟是彼此都相像而不易分辨的，而成年雄鸟则因地而有所不同，并且不同的分量还不太小，而这是很可以归因到性选择的作用而不怕离开实际太远的。

潘、胡译《人类的由来》书后

　　胡寿文同志送来他和潘光旦先生共同翻译的达尔文著《人类的由来》一书的清样，并告知此书出版有日矣。他知道我熟悉这书翻译和出版的经过，要我在书后写几句话。这是我义不容辞的事，略写几页以记其始末。

　　这本书的翻译是潘光旦先生一生学术工作中最后完成的一项业绩，充分体现了他锲而不舍、一丝不苟的治学精神。我师从先生近四十年，比邻而居者近二十年。同遭贬批后，更日夕相处，出入相随，执疑问难，说古论今者近十年。这十年中，先生以负辱之身，不怨不尤，孜孜矻矻，勤学不懈，在弃世之前，基本上完成了这部巨著的翻译。

　　记得早在1956年商务印书馆的友人来访，谈及翻译介绍西方学术名著事，先生即推荐达尔文一生的著作，并表示愿意自己担任《人类的由来》的翻译。随后他即函告在国外的友人，嘱代购该书原版。书到之日，他抚摸再四，不忍释手，可见其对该书的情深。先生早岁在美国留学时，学生物学，并亲听遗传学家摩尔根之课。他结合自己人文科学的造诣，发挥优生学原理和人才的研究。后来在执教各大学讲社会学课程，亦特别着重社会现象中人类自然因素的作用。他推崇达尔文由来已久。

达尔文是 19 世纪英国学术上破旧立新的大师。他身患病疾，为探讨自然规律，苦学终身。1859 年他的《物种起源》一书问世，总结了他自己多年在世界各地亲自观察生物界的现象，发现自然选择在物种变化上起的作用，探索了物种的起源和进化的规律。达尔文忠实于反映客观实际，勇于把见到的自然现象公布于世，成为人类共同的知识。尽管达尔文当时并没有把物种起源直接联系于人类，他只说了一句话：通过《物种起源》的发表，"人类的起源，人类历史的开端就会得到一线光明。"但是这书的发表，对上帝造人的宗教神话和靠神造论来支持的封建伦理却不啻发动了空前未有的严重挑战。当时保守势力的反扑顽抗和社会思想界的巨大震动，使一贯注意不越自然科学领域雷池一步的达尔文也不能默然而息。他发愤收集充分的客观事实来揭发人类起源的奥秘。终于在 1871 年（《物种起源》出版后的十二年），发表了《人类的由来》这本巨著，用来阐明他以往已形成的观念，即对于物种起源的一般理论也完全适用于人这样一个自然的物种。他不仅证实了人的生物体是从某些结构上比较低级的形态演进来的，而且进一步认为人类的智力，人类社会道德和感情的心理基础等精神文明的特性也是像人体结构的起源那样，可以追溯到较低等动物的阶段，为把人类归入科学研究的领域奠定了基础。这是人类自觉的历史发展上的一个空前的突破。

一百多年过去了，对人类的由来研究已有许多新的发现，这本书中有些论点很可能已经过时，正如达尔文在本书第二版序言中说过的那样："我作的许多结论中，今后将发现有若干点大概会是，乃至几乎可以肯定会是错了的。一个题目第一次有人承当下来，加以处理，这样的前途也是难以避免的。"这并不是白璧微瑕，人类对客观事物的认识总是这样逐步完善的，难能可贵的正是像达尔文这样，能适应时代的需要，提出新的问题，予以科学的探讨，而取得对基本规律不可撼摇的认识。这一代科学巨匠和伟大思想家所留下《人类的由来》一书，一个世纪来毫不减色地称得上是科学研究人类的起点。对达尔文这种贡献的倾心推崇，促使潘光旦先生决心要翻译这本书，使它成为推动中国科学发展的一个力量，他也愿意用这个艰巨的工作来为我国现代化的社会主义建设事业作出一点贡献。

翻译像《人类的由来》这样一本学术上的经典著作，毫无疑问地是一件艰巨的工作。没有坚持长期高度脑力劳动的决心是不会敢于尝试的，即使上了马也难于始终一致地毕其功于一生的。潘先生不仅在学术上有担任这项工作的准备，而且具有完成这项工作的修养。从业务上说，达尔文的博学多才，广征博引，牵涉到自然、人文、社会的各门学科，要能一字一句地理解原意，又要能用中文正确表达出来，不是一般专业人才所能胜任的。潘先生之于国学有其家学渊源的，他自幼受到严格的庭训，加上他一生的自学不倦，造诣过人。他在清华留美预备班学习时即受知于国学大师梁启超，梁在他课卷的批语中，曾鼓励他不要辜负其独厚的才能。学成返国后，他对我国传统学术的研究也从来没有间断过。一有余力就收购古籍，以置身于书城为乐。他几经离乱，藏书多次散失，但最后被抄封的图书还有万册。他收书不是为了风雅，而是为了学习。在一生中的最后十年，为了摘录有关中国少数民族史料，他又从头至尾地重读了一遍二十四史。他所摘录和加上注释的卡片积满一柜，可惜天不予时，他已不能亲自整理成文了。

在他同代的学者中，在国学的造诣上超过潘先生的固然不少，但同时兼通西学者则屈指难计。他弱冠入清华受业，清华当时是专为留美学生作准备的学校，所以对学生的外文训练要求极严。他在校期间，因体育事故，断一腿，成残废，而依然保送出国留学者，是因为他学业成绩优异，学校和老师不忍割爱。据说他英语之熟练，发音之准确，隔室不能辨其为华人。返国后，他曾在上海执教，又兼任著名英文杂志《中国评论周报》的编辑。他所写的社论，传诵一时。文采风流，中西并茂，用在他的身上实非过誉。他自荐担任翻译达尔文这部巨著，是他审才量力的结果，有自知之明。朋辈得知此事，没有不称赞译事得人，文坛之幸的。

我常谓翻译难于创作。创作是以我为主，有什么写什么。而翻译则既

要从人，又要化人为己，文从己出，是有拘束的创作。信达雅的信，就是
要按原文的一字一句不能多不能少地和盘译出。译者要紧跟密随著者的思
路和文采，不允许有半点造作和走样。凡是有含混遗漏的，就成败笔；凡
是达意而不能传情的，就是次品。翻译的困难就在此，好比山山要越，关
关要破，无可躲避。翻译的滋味也就在此，每过一山，每破一关，自得其
境，其乐无穷。潘先生每有得意之译，往往衔着烟斗，用他高度近视的眼
睛，瞪视着我，微笑不语。我知道他在邀我拍案叹服，又故意坦然无动于
中，以逗他自白。师生间常以此相娱。此情此景，犹在目前。先生学识的
广博，理解的精辟；文思的流畅，词汇的丰富，我实在没有见过有能与他
匹敌之人。而这还不是他胜人之处，卓越于常人的是他为人治学的韧性。
他的性格是俗言所谓牛皮筋，是屈不折，拉不断，柔中之刚；力不懈，工
不竭，平易中出硕果。

潘先生喜以生物基础来说人的性格，我们也不妨以此道回诸夫子。他
这种韧性和他的体残不可能不存在密切的联系。以他这样一个好动活泼，
多才善辩的性能，配上这样一个四肢不全的躯体，实在是个难于调和的矛
盾。他在缺陷面前从不低头，他一生没有用体残为借口而自宥；相反的，
凡是别人认为一条腿的人所不能做的事，他偏要做。在留美期间，他挂杖
爬雪，不肯后人。在昆明联大期间，骑马入鸡足山访古，露宿荒野，狼嚎
终夜而不惧。在民族学院工作时期，为了民族调查偕一二随从伏马背出入
湘鄂山区者逾月。这些都表示他有意识地和自己的缺陷作斗争的不认输的
精神。但是另一面，他也能善于顺从难于改变的客观条件来做到平常人不
易做到的事，那就是身静手勤脑不停。他可以夜以继日的安坐在书桌前埋
头阅读和写作，进行长时间的高度集中的脑力劳动而不感疲乏。我常说，
他确实做到了出如脱兔，静如处女。所以能如是者体残其故欤？没有这种
修养，要承担翻译这一本难度很高、分量极重的科学巨著是决不能胜任
的，事实确是如是，即以潘先生这样的才能和韧性，在这件工作上所费的
时间，几近十年。现在还有多少学者能为一项学术工作坚持不懈达十年之
久的呢？

潘先生从事翻译这本书的十年并不是风平浪静的十年。文章憎命达，风波平地起。1957年，他承担翻译这巨著的翌年，反右扩大化的狂潮累及先生。我和他比邻，从此难师难徒，同遭这一历史上的灾难。可是我们的确没有发过任何怨言，这不能不说是出于先生的循循善诱以身作则的缘故。他的韧性在这种处境里又显出了作用。对待不是出于自己的过失而遭到的祸害，应当处之坦然。不仅不应仓皇失措，自犯错误，而应顺势利导，做一些当时条件所能做的有益的事。他等狂潮稍息，能正常工作时，就认为这是完成翻译达尔文这部巨著的机会到来了。我当然还记得曾有人提醒他，这书即便翻译了出来，还会有出版的可能么？这似乎是一个现实的问题，但是先生一笑置之。我体会到在他的心目中，乌云是不可能永远掩住太阳的，有益于人民的事不会永远埋没的。司马迁著《史记》岂怕后世之不得传行？只有视一时的荣辱如浮云的人才能有这种信心，而我则得之于先生。他从戴上右派帽子后，十年中勤勤恳恳做了两件事，一件就是上面提到的重读二十四史，一件就是翻译本书。这两件事都是耗时费日的重头工作，正需要个没有干扰的可以静心精磨细琢的环境，政治上的孤立正提供这种条件。当然，他之能利用这个条件来完成这些工作，正说明了他胸怀坦白，心无杂念。

在着手翻译时，他就得其长婿胡寿文同志参预其事。翻译这样的名著，一般是不宜别人插手的，凡从事过翻译工作的人必然懂得最怕是校阅别人的译稿。认真的校阅别人的译文，不仅要摸透原文还要摸透需要校阅的译文，多此一番手脚，何如自己动手之便？各人行文笔法总是不同，如果多人执笔，势必使全书笔调驳杂，降低质量。先生不避此忌而得胡共译，目的当然不在减轻自己的工作量，而实在于培养青年人。以我目击而言，他先是对胡就原文反复讲解，然后对胡所交译稿逐字逐句地修改，又要向胡逐一讲明修改的原因，再发回重抄。先生所费之力倍于自译。他循循善诱，不厌其烦地进行面对面的教育者，除对下一代的栽培外，岂有他哉？他在胡寿文同志身上用这工夫，当然不能说其中没有亲属之谊的成分，但是与他对其他学生的态度并无不同。以他对我来说，我们长期比邻，以致我每有疑难常常懒于去查书推敲，总是一溜烟地到隔壁去找"活辞海"。他无论自己的工作多忙，没有不为我详细解释，甚至挂着杖在书架前，摸来摸去地找书作答。这样养成了我的依赖性，当他去世后，我竟时时感到丢了拐杖似地寸步难行。

邀胡参预译事，加以培养，主要是因为胡原在清华大学学生物学，后来留北京大学执教。先生认为一个学生物学的人，对这门学科的历史如果心中无底，必然难于深造。在生物学中像达尔文的著作那样丰富的智力宝库更有熟读的必要。他希望于胡寿文同志那样的青年，不应满足于成为一个已有知识的传递者，而应当以一个继往开来的学术环节自任。要培养这样的学者，就得要让他重复一次这门学科前人所走过的道路，才能懂得什么叫推陈出新。胡寿文同志这一代人在校期间所得到的营养不如前一代，特别于外文缺少工夫，所以先生用参预译事的机会，亲自指导他补足其短缺。这番用心，其意深远。

先生平素主张通才教育，那就是认为做任何学术领域里的专业研究必须具备广泛的知识基础。他本人能游刃于自然、人文、社会诸学科之间，而无不运用自如者，正得力于基础较广的学术底子。这种主张在建国初年正与当时流行的专业训练相左，他也因此受到批判。三十年后，这种理工分离，文理分离的教育体制已成了必须通过实践进行检验的对象，到了我们有必要破除成见重新对通才教育加以认真考虑的时候。先生之译达尔文名著，推其意当不在仅仅传播一些一百年前达尔文得到的科学知识，而是瞩望于我们国家的新一代中能产生自己的达尔文。达尔文正是他所说通才教育的标本。

1966年初潘先生和我一起瞻仰革命圣地井冈山返京。他干劲百倍地急忙整理抄写他业已基本译成的这部译稿。他的文章原稿都要自己誊写。蝇头小楷，句逗分明。他高度近视，老来目力日衰，伏案绝书，鼻端离纸仅寸许。最后除了一些有待请教专家协助的原著中拉丁文和法文引文外，全稿杀青。敝帚自珍，按他的习惯必定要亲自把全稿整整齐齐地用中国的传统款式分装成册。藏入一个红木的书匣里，搁在案头。他养神的时候，就用手摸摸这个木匣，目半闭，洋洋自得，流露出一种知我者谁的神气。

晴天霹雳，浩劫开始。1966年9月1日，红卫兵一声令下，我们这些所谓"摘帽右派"全成阶下囚。潘先生的书房卧室全部被封，被迫席地卧于厨房外的小间里。每日劳改不因其残废而宽待。到翌年6月10日因坐地劳动受寒，膀胱发炎，缺医无药，竟至不起。我日夕旁侍，无力拯援，悽风惨雨，徒呼奈何。

先生既没，其住所将启封作另用，其女入室清理，见遗稿木匣被弃地下，稿文未散失，但被水浸，部分纸章已经破烂，急携归保存。当是时，林江妖氛正浓，潘氏一门全被打成"黑帮"，批斗方剧。这部遗稿能存于世，实属侥幸。1972年胡寿文同志从江西返京，才有机会于劳动之余着手整理这部遗稿，破烂部分重新翻译补足。1974年又参照德文和俄文两种译本加以对校，作了一些订正。然后发动在京亲属，重予抄写。劫后存稿，总予复全。

1976年粉碎"四人帮"之后，胡寿文同志来商此书出版事宜。诸友好为此奔走，到1979年三中全会后才取得商务印书馆的同意，恢复早年的合同，安排出版。1982年见到清样。果然实现了潘先生动手翻译时的信念。这是一场保全文化和摧残文化的大搏斗，乌云总究是乌云，不会永远遮住光明的。此书的出版，至少对于我，是这个真理的见证，我相信一切善良的人们一定能从中取得启发。

费孝通

1982年5月19日于

东方红37号长江轮

附录一

译名对照表

译者说明

一、本书原书篇末备有冗长的索引，约占全书总篇幅的 14％；兹利用它的内容编成两个译名对照表：甲、人名；乙、动物名。

二、本书征引浩繁。书目虽多，比较冗长的书题却往往不完全照录，除在有关原注中依其不完全的程度照译外，译文中不另附原题文字，亦不另立对照表。所援引论文更多，惟十九不提论文题目，而只提论文所从出的刊物，前后多至一百五六十种，散见各章原注中。兹逐一摘出，别立第三个对照表：丙、刊物名。

三、全书所援引的人名约七百十余个。索引所列虽已详尽，漏列的也还不少；于校读译稿时已为之一一检出，补入甲表。如此，甲表中所列人名数溢出于原书索引所列的约为 13％。

四、乙表，动物名，所列以分类用的专门名词为限。其他如日常通用的名称、地方特有的土名、家养动物的品种或变种的名称，无论译意或译音，其原称，尤其是不常经见的一些，皆随文附见，不入此表，亦不另列表。

五、乙表所列分类用名词共约一千有零。其中一些较小的、即有关属或种的，译名是颇有问题的。我国或不产这一种、甚或这一个属的动物，汉语中自不可能有其相应的现成的名称；是不是已有经规定而受到公认的译名，一时也无从查考，至少目前通用的动物学辞书里是不列的。也间或有这种情况，即，已有此种译名，然百年以来，或从林奈的年代以来，分类名词颇多改易，又不尽统一，同指一个物属或物种，专名往往不止一个，而新旧又复往往互用，在未能访求足以核对的资料的情况之下，即有现成译名，亦复无法采用。凡此之例，或据西文专名所由命定的原义，勉就所知，酌定临时译名，或只注明其在分类中的隶属关系，或根本暂阙，留待将来补订。

此千余名词中，约有 16％至 17％为原书索引所漏列。

六、人类或人种分化而成为许多族类，大自达尔文在书中所称的亚种，中经一些民族，小至各地的部落，索引中所列约有六七十个，其中不常见的约有四十个；它们的译名、原名、和少量必要的说明也随文附见，不另立表。

七、本书所涉及的地名虽亦不少，大部分是常见的一些；至于其中较小、较偏僻而不常见的一些，有关译名、原名、所在、及其他少量必要的说明亦只随文附见，不另立表。

八、译名表所以便读者核对西文原名，然究应如何排列，才便于检视，是一个问题。经再三斟酌，决定仍以英文字母的次序为本，别立号码，列为对照表的第一栏；读者于译文（正文或注文）中遇到"甲 1"、"乙 2"、或"丙 3"一类字样时，如有必要，按号查阅，一索可得。

九、凡译音的译名，所用汉字基本上采用近年来报刊译文所通用的字眼；但为了力求接近原有的音读，也间或作了些变通，读者谅之。

甲、人 名

（潘、胡原译中，此表与乙、丙两个表一样，亦按英文字母顺序排列，而于汉译名前加数字序号。正文中遇人名处随注甲表中序号，检索极易。唯大量人名见于注释文字，而注释中再出注，令人检索，则似乎叠床架屋。今于注释中径出英文原文，无需检索。见于正文中者，改为汉文音序排列，对于熟悉英文字母表的读者，检索亦不甚难，而收俭省正文篇幅之利。读者朋友幸察焉。原表列731名，今表列483名。——校订者）

A

阿盖尔公爵 Argyll, Duke of

阿加西斯 Agassiz, L.

阿扎拉 Azara

埃尔芬斯通 Elphinstone

埃格顿 Egerton, P.

埃克尔 Ecker

埃克斯特伦 Ekström

埃利斯 Ellis

埃希里希特 Eschricht

埃斯奎兰特 Esquilant

艾伦 Allen, J. A.

艾伦 Allen, S.

艾略特 Elliot, D. G.

艾略特 Elliot, R.

艾略特 Elliot, W.

爱德华兹 Edwards

爱伦堡 Ehrenberg

安德森 Anderson

奥杜邦 Audubon, J. J.

奥杜因 Audouin, V.

奥尔德 Alder

奥盖 Aughey

奥瑞流斯 Marcus Aurelius

奥斯汀 Austen, N. L.

B

巴尔 Barr

巴赫曼 Bachman

巴克兰 Buckland, F.

巴克兰 Buckland, W.

巴克勒 Buckler, W.

巴克斯顿 Buxton, C.

巴林顿 Barrington, D.

巴斯克 Busk

巴特兰姆 Bartram

巴特勒 Butler, A. G.

巴特勒特 Bartlett, A. D.

拜尔 Baer, K. E. von

拜伦 Byron

拜诺 Bynoe

邦德 Bond, F.

邦威克 Bonwick, J.

包尔德曼 Boardman

包林 Bourien

包伊塔 Boitard

鲍威尔 Powell

贝茨 Bates，H. W.

贝恩 Bain，A.

贝尔 Bell，C.

贝尔 Bell，T.

贝尔 Bert

贝尔德 Baird，W.

贝尔桑纳 Personnat

贝尔特 Belt

贝克 Baker，S.

贝利 Bailly，E. M.

贝隆 Péron

贝伦 Baëlen

贝奈特 Bennett，A.

贝奇斯坦 Bechstein

贝却特 Bagehot，W.

贝特 Bate，C. S.

比多 Beddoe

比克斯 Bickes

比希纳 Büchner，L.

比夏 Bichat

比肖夫 Bischoff

比肖普 Bishop，A.

比肖普 Bishop，J.

伯顿 Burton

伯克 Burke

伯克贝克 Birkbeck

伯尼斯 Bernys

伯切尔 Burchell

勃兰特 Brandt，Alex.

勃瑞斯 Brace

卜吕奈尔贝 Pruner-Bey

布丰 Buffon

布莱恩 Blaine

布莱恩特 Bryant

布莱尔 Blair

布莱克瓦尔 Blackwall，J.

布莱斯 Blyth，E.

布朗 Brown，H. G.

布朗 Brown，R.

布朗 Browne，C.

布朗塞夸 Brown-Séquard

布劳巴赫 Braubach

布劳尔 Brauer，F.

布勒 Buller

布雷德利 Bradley

布雷姆 Brehm，A.

布雷姆 Brehm，C. L.

布里奇曼 Bridgman，L.

布鲁门巴赫 Blumenbach

布鲁斯 Bruce

布伦吉隆 Blenkiron

布伦特 Brent

布罗卡 Broca，P.

布吕尼赫 Brünnich

布律勒里 Brulerie，P.

布歇·德·佩塞 Boucher de Perthes，J.

布谢 Pouchet，G.

布伊斯特 Buist，R.

D

达尔文 Darwin，F.

达瑞斯特 Dareste，Camille

达文波特 Davenport，C. D.

戴维斯 Davis，A. H.

戴维斯 Davis，J. B.

丹尼 Denny，H.

丹尼尔 Daniell

道博尔第 Doubleday，E.

道博尔第 Doubleday，H.

道尔比尼 D'Orbigny，A.

道格拉斯 Douglas，J. W.

德奥卡 Montes de Oca

德吉尔 De Geer，C.

德康多尔 de Candolle，A.

德马瑞 Desmarest

德斯莫林 Desmoulins

德索尔 Desor

邓肯 Duncan

迪奥多茹斯 Diodorus

迪克森 Dixon，E. S.

杜邦 Dupont

杜福赛 Dufossé

杜瓦塞尔 Duvaucel

多布森 Dobson

E

恩格尔哈特 Engleheart

F

伐伊兹 Waitz

法布尔 Fabre

法布里修斯 Fabricius

法尔 Farr

法尔 Farre

法拉尔 Farrar，F. W.

法伊弗尔 Pfeiffer，Ida

菲伊 Faye

费希尔 Fischer，J. von

芬顿 Fenton

芬利森 Finlayson

弗格森 Ferguson

弗拉科维奇 Vlacovich

弗劳尔 Flower

弗雷泽 Fraser，Ch.

弗雷泽 Fraser，G.

福布斯 Forbes，D.

福尔克纳 Falconer，H.

福克斯 Fox，W. D.

福勒尔 Forel，F.

福特 Ford，G.

G

盖内 Guenée，A.

高比耶 Corbie

高德瑞 Gaudry

高尔顿 Galton

高斯 Gosse，M.

高斯 Gosse, P. H.

戈德隆 Godron

格拉伯 Graba

格拉休雷 Gratiolet

格里高利 Gregory

格鲁伯 Gruber

格瑞 Gray, Asa

格瑞 Gray, J. E.

格瑞格 Greg, W. R.

根瑟 Günther

古德瑟 Goodsir

古尔德 Gould, B. A.

古尔德 Gould, J.

古罗 Goureaux

H

哈里斯 Harris, J. M.

哈里斯 Harris, T. W.

哈钦森 Hutchinson

哈特曼 Hartman

哈特曼 Hartmann

哈特肖翁 Hartshorne

哈廷 Harting

海克尔 Häckel, E.

汉考克 Hancock, A.

汉密尔顿 Hamilton, C.

豪沃思 Howorth, H. H.

赫顿 Hutton

赫恩 Hearne

赫伦 Heron, R.

赫姆霍尔兹 Helmholtz

赫西 Hussey

赫胥黎 Huxley, T. H.

黑林斯 Hellins, J.

黑蒙德 Haymond, R.

黑斯 Hayes

亨特 Hunter, J.

亨特 Hunter, W. W.

洪堡 Humboldt, A. von

胡克 Hooker

胡克 Huc

华莱士 Wallace, A.

华莱士 Wallace, A. R.

怀特 White, F. B.

怀特 White, G.

霍夫 Hough, S.

霍夫贝格 Hoffberg

霍夫曼 Hoffmann（英文原著中并有 Hoff-
man，且可能指同一人）

霍伍德 Howard

J

吉布 Gibbs, D

吉尔 Gill

加德纳 Gardner

加特纳 Gärtner

戛特尔法宜 Quatrefages, A. de

贾尔 Giard

贾维斯 Jarves

杰尔登 Jerdon

822

杰弗里斯 Jeffreys, J. G.

杰米·纽儿 Jemmy Button

津克 Zincke

靳纳尔 Jenner

居维叶 Cuvier, F.

居维叶 Cuvier, G.

K

卡邦尼尔 Carbonnier

卡顿 Caton, J. D.

卡奈斯特里尼 Canestrini, G.

卡特林 Catlin, G.

坎贝尔 Campbell, J.

坎布里奇 Cambridge, O. P.

康德 Kant, I.

考勃 Cobbe

考尔孔 Colquhoun

考林伍德 Collingword, C.

柯蒂斯 Curtis, J.

柯瓦列夫斯基 Kovalevsky, M.

柯瓦列夫斯基 Kovalevsky, W.

科比 Kirby

科内利乌斯 Cornelius

科普 Cope, E. D.

科普尔斯 Cupples

克尔特 Körte

克拉克 Clarke, J. W.

克拉克森 Clarkson

克兰兹 Cranz

克劳弗德 Crawfurd

克劳斯 Claus, C.

克劳斯 Krause

克利克尔 Kölliker

克罗契 Crotch, G. R.

克塞那库斯 Xenarchus

肯特 Kent, W. S.

寇恩 Coan

库尔特 Coulter

库克 Cook

库普弗尔 Kupffer

L

拉尔代 Lartet, E.

拉斐尔 Raphael

拉马克 Lamarck

拉芒特 Lamont

拉姆齐 Ramsay

腊米西斯二世 Rameses Ⅱ

莱森 Lesson

莱斯利 Leslie, D.

莱亚德 Layard, E. L.

赖利 Riley

赖特 Wright

赖特 Wright, C. A.

赖特 Wright, Chauncey（原文 Chuancey）

赖特 Wright, Wm. von

赖伊尔 Lyell

兰德尔 Landor

兰杜沃 Landois, H.

兰格尔 Langer

兰克斯特 Lankester，E. R.

朗斯代尔 Lonsdale

劳尔德 Lord，J. K.

劳伊德 Lloyd，L.

勒盖 Leguay

勒孔特 Leconte，J. L.

勒鲁瓦 Leroy

李 Lee，H.

里德 Reade，W.

里克斯 Reeks，H.

里希特 Richter，J. P.

理查森 Richardson，J.

利尔福 Lilfold

利文斯通 Livingstone

利希滕斯坦 Lichtenstein

林奈 Linnaeus

卢伯克 Lubbock，J.

卢森堡 Ruschenberger

鲁本斯 Rubens

鲁道菲 Rudolphi

路希卡 Luschka

仑格尔 Rengger

伦德 Lund

罗尔 Rolle，F.

罗尔夫斯 Rohlfs

罗尔斯顿 Rolleston

罗斯勒 Rössler

洛克伍德 Lockwood，S.

洛伊卡特 Leuckart，R.

吕蒂迈耶 Rütimeyer

吕卡 Lucas，P.

M

马丁 Martin，W. C. L.

马尔 Dureau de la Malle

马尔萨斯 Malthus，T.

马勒布 Malherbe

马斯特斯 Musters

马歇尔 Marshall，W.

迈耶 Meyer，A.

迈耶 Meyer，L.

迈伊尔 Mayer

麦金托什 Mackintosh

麦金托什 McIntosh

麦克吉利弗瑞 Macgillivray，W.

麦克拉克兰 MacLachlan，R.

麦克勒兰德 McClelland，J.

麦克勒南 McLennan

麦克利斯特 Macalister

麦克洛奇 Macculloch

麦克纳马拉 Macnamara

麦克尼尔 McNeill

曼特尔 Mantell，W.

梅尔多拉 Meldola

梅克尔 Hemsbach，Meckel von

梅杰 Major，C. Forsyth

梅拉德 Maillard

梅休 Mayhew，E.

梅因 Maine，H.

蒙塔古 Montagu，G.

米尔恩埃德沃兹 Milne—Edwards，H.

米伐特 Mivart，St. G.

米弗斯 Meves

明斯特 Minster，York

摩尔根 Morgan，L. H.

莫顿 Morton

莫兹利 Maudsley

默比乌斯 Möbius

默瑞 Murie，J.

默瑞 Murray，A.

默瑞 Murray，T. A.

穆勒 Mill，J. S.

穆勒 Müller，Ferd.

穆勒 Müller，Fritz

穆勒 Müller，Max

穆勒 Müller，S.

穆勒，H. Müller，Hermann

穆勒，J. Müller，J.

N

纳图休斯 Nathusius，H. von

奈盖利 Nägeli

尼茨 Nitsche

尼茨 Nitzsch，C. L.

尼尔逊 Nilsson

尼科尔森 Nicholson

牛顿 Newton，A.

牛顿 Newton，I.

纽儿 Button，Jemmy

诺克斯 Knox，R.

诺伊迈斯特尔 Neumeister

O

欧文 Owen

P

帕克 Park，Mungo

帕克尔 Parker

帕拉斯 Pallas

帕特森 Patterson

帕特森 Patteson，J. C.

帕威斯 Powys

帕沃尔 Power

潘希 Pansch

培根 Bacon

佩吉特 Paget，J.

佩塞 Perthes，B. d.

皮尔 Peel，J.

皮克林 Pickering

朴茨茅斯 Portsmouth

普里查德 Prichard

普瑞尔 Preyer

Q

琴塞尔迪 Chinsurdi

琼斯 Jones，A.

R

瑞巴（马国贤）Rip［p］a

瑞德尔 Riedel

S

萨姆纳 Sumner

塞保德 Siebold，C. T.

塞比图尼 Sebituani

沙尔文 Salvin，O.

沙夫豪森 Schaaffhausen

沙利文 Sulivan，B. J.（原文 Sullivan；英
 文原著正文中名顺序为 J. B.，与索引冲
 突）

尚伯克 Schomburgk

圣保罗 St. Paul

圣迪莱尔 St. Hilaire，I. G.

圣文森特 Bory St. Vincent

圣约翰 St. John

施莱格尔 Schlegel，F.

施莱歇尔 Schleicher，Aug.

施密特 Schmidt

施魏因富尔特 Schweinfurth

史密斯 Smith，And.

史密斯 Smith，F.

叔本华 Schopenhauer

司各特 Scott，J.

斯宾塞 Spencer，H.

斯卡德 Scudder，S. H.

斯克雷特 Sclater，P. L.

斯库克拉夫特 Schoolcraft

斯普若特 Sproat

斯塔克 Stark

斯泰雷 Staley

斯坦顿 Stainton，H. T.

斯坦斯伯里 Stansbury

斯汤顿 Staunton

斯特仑奇 Strange

斯特茹瑟斯 Struthers

斯特瑞奇 Stretch

斯蒂芬 Stephen，L.

斯廷斯特拉普 Steenstrup

斯托丁格尔 Staudinger

斯托克斯 Stokes

斯托瑞 Story

斯威斯兰 Swaysland

斯温赫 Swinhoe，R.

T

泰勒 Taylor，G.

泰勒 Taylor，R.

泰勒 Tylor，E. B.

泰特 Tait，L.

泰伊勒 Theile

坦克维尔 Tankerville

坦南特 Tennent，J. E.

汤姆森 Thompson，J. H.

汤姆森 Thompson，W.

唐恩 Down，L.

唐宁 Downing，J.

特格梅尔 Tegetmeier

特里斯特拉姆 Tristram，H. B.

特纳 Turner，W.

特瑞门 Trimen，R.

图克 Tooke，Horne

托因比 Toynbee，J.

W

瓦尔德 Wilder，Burt

瓦尔克纳 Walckenaer

瓦格纳 Wagner，R.

瓦伊曼 Wyman，J.

万松 Vinson，Aug.

威尔 Weir，H.

威尔 Weir，J. J.

威尔逊 Wilson

威勒 Weale，J.

威奇伍德 Wedgwood，H.

威斯特仑 Westring

威斯特若普 Westropp

威斯特伍德 Westwood，J. O.

韦德伯恩 Wedderburn

韦尔克尔 Welcker

韦尔斯 Wells

韦罗 Verreaux

维奇 Veitch

维瑞 Virey

魏斯曼 Weismann

翁福尔 Wonfor

沃尔德 Ward

沃尔夫 Wolf

沃尔什 Walsh，B. D.

沃格特 Vogt，Carl

沃克尔 Walker，Alex.

沃克尔 Walker，F.

沃拉斯顿 Wollaston

沃灵顿 Warington，R.

沃特顿 Waterton，C.

沃特豪斯 Waterhouse，C. O.

沃特豪斯 Waterhouse，G. R.

乌泽 Houzeau

吴夫 Wolff

伍德 Wood，J.

伍德 Wood，T. W.

伍德利 Whately

伍尔纳 Woolner

X

西曼 Seemann

席佩尔 Schimper

夏布伊 Chapuis

夏尔丹 Chardin

夏普 Sharpe，R. B.

肖 Shaw，J.

谢尔沃 Schelver

欣佩尔 Schimper

休厄尔 Whewell

休特尔 Shooter，J.

休伊特 Hewitt

Y

雅利尔 Yarrell，W.

亚当斯 Adams，A. L.

亚当斯密 Smith，Adam

亚基诺 Jacquinot

耶格尔 Jaeger

伊贝 Aeby

尤勒 Euler

迁贝尔 Huber，P.

于尔皮安 Vulpian

Z

泽尔费 Gervais，P.

詹森 Janson，E. W.

乙、动物名

A

1 欧鳊 Abramis brama

2 仙人掌象虫属 Acalles

3 扁虱属 Acarus

4 棘趾蜥 Acanthodactylus capensis

5 硬鳍鱼类 Acanthopterigii

6 篱鹪 Accentor modularis

7 蟋蟀科 Achetidae

8 条纹龙虱 Acilius sulcatus

9 团扇雉 Acomus

10 飞蝗科 Acridiidae

11 海葵属 Actinia

12 红翼欧椋鸟（北美）Ageloeus phoeni-
　　ceus

13 蝶类的一个种（南美）Ageronia feronia

14 色螅属 Agrion

15 阮氏螅 Agrion ramburii

16 色螅科 Agrionidae

17 鸣夜蛾 Agrotis exclamationis

18 亮羽蜂鸟 Aïthurus polytmus

19 剃刀嘴鸟 Alca torda

20 鱼狗属 Alcedo

21 掌状角麋 Alces palmata

22 环喉雀 Amadina

23 赖氏纺织鸟 Amadina lathami

24 纺织鸟的一个种 Amadina castanotis

25 蠮螉 Ammophila

26 砂羊 Ammotragus tragelaphus

27 两栖类 Amphibia

28 蛞蝓鱼属 Amphioxus

29 端足类 Amphipoda

30 凫属 Anas

31 针尾凫 Anas acuta

32 鸭 Anas boschas

33 晨凫 Anas histrionica

34 斑凫 Anas punctata

35 张口鹳属 Anastomus

36 懒钳嘴鸭 Anastomus oscitans

37 凫鸭科 Anatidae

38 狸蜓属 Anax

39 狸蜓的一个种 Anax junius

40 金黄地花蜂 Andraena fulva

41 环节类 Annelida

42 方格斑纹窃蠹虫 Anobium tessellatum

43 树蜥蜴属 Anolis

44 冠饰安乐蜥 Anolis cristatellus

45 三斜尾属 Anorthura

46 加拿大雁 Anser canadensis

47 中国鹅 Anser cygnoides

48 雪雁 Anser hyperboreus

49 长袖切叶蜂 Anthidium manicatum

50 黄斑襟粉蝶 Anthocharis cardamines

51 同上的又一个种 Anthocharis genutia

52 同上的又一个种 Anthocharis sara

53 毛花蜂 Anthophora acervorum

54 青条花蜂 Anthophora retusa

55 人亚目或亚科 Anthropidae（赫胥黎）

56 类人猿猴类 Anthropomorpha

57 木鹨属 Anthus

58 美洲叉角羚 Antilocapra americana

59 粪石羚 Antilope bezoartica

60 狷羚 Antilope caama

61 善女羚 Antilope dorcas

62 善女羚的一个变种 Antilope dorcascorine

63 跳羚（南非）Antilope euchore

64 角马（非）Antilope gorgon

65 高山羚 Antilope montana

66 黑羚 Antilope niger

67 岬麋 Antilope oreas

68 亚北羚 Antilope saiga

69 滑腻羚（非）Antilope sing-sing

70 捻角羚，或纰角羚 Antilope strepsiceros

71 香泪羚 Antilope subgutturosa

72 无尾类，蛙类 Anura

73 异幻吸虫 Apatania muliebris

74 蜜蜂类的一个属 Apathus

75 闪紫蝶 Apatura iris

76 蜜蜂 Apis mellifica

77 朝霞鹦鹉 Aprosmictus scapulatus

78 鲎虫属 Apus

79 鹫 Aquila chrysaätos

80 蜘蛛类 Arachnida

81 树鹧鸪属 Arboricola

82 始祖鸟 Archaeopteryx

83 灯蛾科 Arctiidae

84 钩爪类（猿猴）Arctopitheci

85 鹭类的一个属 Ardea

86 苍鹭 Ardea asha

87 青鹭 Ardea coerulea

88 灰鹭 Ardea gularis

89 大白鹭 Ardea herodias

90 卢氏鹭 Ardea ludoviciana

91 苍鸦 Ardea nycticorax

92 鸩鹣 Ardea rufescens

93 鹭类的一个属 Ardeola

94 麻鸭属 Ardetta

95 豹蝶属 Argynnis

96 蝶类的一个种 Aricoris epitus

97 节肢动物 Arthropoda

98 关节动物 Articulata

99 海鞘类 Ascidia

100 驴属 Asinus

101 半斑马 Asinus taeniopus

102 蛛猴属 Ateles

103 氄蛛猴 Ateles beelzebuth

104 白颊蛛猴 Ateles marginatus

105 瓣角甲虫的一个属 Ateuchus

106 疤痕金龟子 Ateuchus cicatricosus

107 芜菁蜂属 Athalia

108 白书生 Atropus pulsatorius

B

109 野猪的一个属，豚鹿 Babirusa

110 蛙类 Batrachia

111 南冰洋雁 Bernicla antarctica

112 卷尾燕雀属 Bhringa

113 毛蝇属 Bibio

114 两手类 Bimana

115 桓螯 Birgus latro

116 驽犁属 Bison

117 麝凫属（澳）Biziura

118 澳洲麝凫 Biziura lobata

119 隐翅虫的一个属 Bledius

120 同上属的一个种 Bledius taurus

121 蚊科的一个种，繁星虫 Blethisa multipunctata

122 圆花蜂属 Bombus

123 蚕蛾科 Bombycidae

124 念珠鸟 Bombycilla carolinensis

125 樗蚕蛾 Bombyx cynthia

126 家蚕蛾 Bombyx mori

127 柞蚕蛾 Bombyx pernyi

128 日本天蚕蛾 Bombyx yamamai

129 雪蝎蛉 Boreus hyemalis

130 无角牛 Bos etruscus

131 犏 Bos gaurus

132 麝香牛 Bos moschatus

133 原生牛 Bos primigenius

134 爪哇牛 Bos sondaicus

135 牛科 Bovidae

136 腕足类 Brachiopoda

137 短尾类 Brachyura

138 突额猴属（南美）Brachyurus

139 短尾猴 Brachyurus calvus

140 胸角甲虫 Bubas bison

141 猴犽（南非）Bubalus caffer

142 骏马蛇（南非）Bucephalus capensis

143 犀鸟的一个属 Buceros

144 二角犀鸟 Buceros bicornis

145 槽喙犀鸟 Buceros corrugatus

146 垂肉犀鸟 Bucorax abyssinicus

147 槽颚犀鸟 Bucorax corrugatus

148 瑞氏鹡鸰 Budytes raii

149 锡金蟾蜍 Bufo sikkimmensis

150 印度鹭属 Buphus

151 同上属的一种 Buphus oaromandus

C

152 麝香凫 Cairima moschatus

153 异螯虾属（亦名美人虾属）Callianassa

154 仙女蝶属 Callidryas

155 鼠䲁属 Callionymus

156 琴䲁 Callionymus lyra

157 小泣猴 Callithrix

158 硬鼻海豹 Callorhinus ursinus

159 卡西树蜥 Calotes maria

160 黑吻蜥 Calotes nigrilabris

161 骆驼科 Camelidae

162 半白尾蜂鸟 Campylopterus hemileucurus

163 黄道蟹 Cancer pagurus

164 萤的一个属 Cantharis

165 脚杯鱼 Cantharus lineatus

166 三宝鸟科 Capitonidae

167 角羱 Capra aegagrus

168 麅 Capreolus sibiricus subcaudatus

169 夜鹰属 Caprimolgus

170 弗吉尼亚夜鹰 Caprimulgus virginianus

171 蚊科，或步甲科 Carabidae

172 翠鸟的一个属 Carcineutes

173 岸蟹 Carcinus maenas

174 北美红雀 Cardinalis virginianux

175 金翅雀（欧）Caraduelis elegans

176 肉食类 Carnivora

177 蝶蛾 Castnia

178 普通食火鸡 Casuarius galeatus

179 狭鼻类 Catarrhini

180 红头美洲鹫 Cathartes aura

181 兀鹫 Cathartes jota

182 泣猴科 Cebidae

183 泣猴属（南美）Cebus

184 卷尾猴 Cebus apella

185 阿扎拉氏泣猴 Cebus azarae

186 卷尾泣猴 Cebus capucinus

187 氄泣猴 Cebus vellerosus

188 瘿蝇科 Cecidomyiidae

189 头足类 Cephalopoda

190 顶伞鸟 Cephalopterus ornatus

191 领巾鸟 Cephalopterus penduliger

192 英雄天牛 Cerambyx heros

193 澳洲肺鱼 Ceratodus

194 粗糙角吻蜥 Ceratophora aspera

195 斯氏角蜥蜴 Ceratophora stoddartii

196 砂蜂属 Cerceris

197 埃及南部白眉猴 Cercocebus aethiops

198 白眉猴 Cercocebus radiatus

199 长尾猴属（东非）Cercopithecus

200 髭猴 Cercopithecus cephus

201 犬尾猴 Cercopithecus cynosurus

202 白须猴 Cercopithecus diana

203 青灰猴 Cercopithecus griseo-viridis

204 小白鼻猴 Cercopithecus petaurista

205 牧羊神雉 Ceriornis temminckii

206 旋木雀属 Certhia

207 羌鹿属（东亚）Cervulus

208 麝羌鹿 Cervulus moschatus

209 北美麋 Cervulus alces

210 白点鹿 Cervulus axis

211 原野鹿 Cervulus campsetris

212 加拿大马鹿 Cervus canadensis

213 赤鹿 Cervus elaphus

214 缅甸鹿 Cervus eldi

215 满洲鹿 Cervus mantchuricus

216 麝 Cervus moschatus

217 泽地鹿（南美）Cervus paludosus

218 九转角鹿 Cervus strongyloceros

219 白尾鹿 Cervus virginianus

220 斑鸫属 Ceryle

221 游水类 Cetacea

222 金鸠属 Chalcophaps

223 印度金鸠 Chalcophaps indicus

224 铜甲虫 Chalcosoma atlas

225 避役属 Chamaeleo

226 叉头避役 Chamaeleo bifurcus

227 欧氏避役 Chamaeleo owenii

228 南非避役 Chamaeleo pumilus

229 单色镰翅冠雉 Chamaepetes unicolor

230 臆羚 Chamois

231 剑鸻 Charadrius hiaticula

232 雨鸻 Charadrius pluvialis

233 铃声鸟属（南美）Chasmorhynchus

234 白羽铃声鸟 Chasmorhynchus nireus

235 秃颈铃声鸟 Chasmorhynchus nudicollis

236 三疣铃声鸟 Chasmorhynchus tricarun-
culatus

237 翼手类，即蝙蝠类 Cheiroptera

238 蠵龟类 Chelonia

239 埃及鹅 Chenalopex aegyptiacus

240 寡妇鸟（南非）Chera progne

241 大颚甲虫的一个属（南美）Chiasog-
nathus

242 格氏交颚虫 Chiasognathus grantii

243 怪（利鱼）Chimaera monstrosa

244 点斑大亭鸟 Chlamydera maculate

245 牧女蜉蝣属 Chloëon

246 草雁属 Chloephaga

247 螽斯的一个种 Chlorocoelus tanana

248 雀鲷科 Chromidae

249 泥鳖（北美）Chrysemys picta

250 青蜂属 Chrysis

251 印度金色杜鹃 Chrysococcyx

252 金花虫科 Chrysomelidae

253 蝉属 Cicada

254 敷粉蝉 Cicada pruimosa

255 十七年蝉 Cicada septemdecim

256 蝉科 Cicadidae

257 丽鱼属 Cichla

258 褐鹨 Cincloramphus cruralis

259 河乌属 Cinclus

260 鹩凫 Cinclus aquaticus

261 蔓脚类 Cirripedia

262 红眉短嘴旋木雀 Climacteris erythrops

263 四星蜣 Clythra 4-punctata

264 胭脂虫属 Coccus

265 腔肠动物 Coelenterata

266 鞘翅类 Coleoptera

267 可食粉蝶 Colias edusa

268 越年蝶 Colias hyale

269 疣猴属 Colobus

270 鸽属 Columba

271 鸽的一个种 Columba passerina

272 绯色阿比 Colymbus glacialis

273 桡脚类 Copepoda

274 锡兰蜥蜴 Cophotis ceylanica

275 小犀头科 Copridae

276 小犀头属 Copris

277 同上属的一个种 Copris isidis

278 镰刀形角金龟子 Copris lunaris

279 佛法僧属 Coracias

280 南非绳蜥 Cordylus

281 乌鸦 Corvus corone

282 黄嘴山鸦 Corvus graculus，Linn.

283 喜鹊 Corvus pica（林）

284 具角鱼蛉 Corydalis cornutus

285 夜鹰属 Cosmetornis

286 夜鹰的一个种（非）Cosmetornis vex-
   illarius

287 黄连雀科 Cotingidae

288 蝎杜父鱼 Cottus scorpius

289 细腰蜂 Crabro cribrarius

290 锯隆头鱼 Crenilabrus massa

291 圆齿隆头鱼 Crenilabrus melops

292 海百合类 Crinoidea

293 羊角虫类 Crioceridae

294 鳄类 Crocodilia

295 耳雉 Crossoptilon auritum

296 响蛇属 Crotalus

297 甲壳类 Crustacea

298 蚊科 Culicidae

299 象甲虫科 Curculionidae

300 走禽类 Cursores

301 翠鸟的一个属（澳）Cyanalcyon

302 瑞士蓝胸雀 Cyanecula suesica

303 驼� Cychrus

304 战神子蛾（欧）Cycnia mendica

305 野天鹅 Cygnus ferus

306 同上的又一个种 Cygnus immutabilis

307 普通天鹅 Cygnus olor

308 母后蝶（南非）Cyllo leda

309 阔嘴蜂鸟属 Cynanthus

310 没食子蜂科 Cynipidae

311 狒狒属 Cynocephalus

312 尖嘴狒狒（北非）Cynocephalus anubis

313 黄狒狒 Cynocephalus babouin

314 山都的一个种 Cynocephalus chacma

315 狒狒的一个种 Cynocephalus gelada

316 树灵狒狒 Cynocephalus hamadryas

317 鬼狒狒，或黑面狒狒 Cynocephalus
   leucophacus

318 大狒狒，山魈 Cynocephalus mormon

319 山都 Cynocephalus porcarius

320 人面狒狒 Cynocephalus sphinx

321 类犬猿猴类 Cynomorpha

322 黑犬猿 Cynopithecus niger

323 海萤的一个属（南美）Cypridina

324 鲤科 Cyprinidae

325 软鳍鱼科 Cyprinodontidae

326 金鲤鱼 Cyprinus auratus

327 普通鲤鱼 Cyprinus carpio

328 腺状介虫属 Cypris

329 雨燕属 Cypsalus

330 弓趾蜥蜴 Cyrtodactylus rubidus

386 塞驴 Equus hemiones

387 枪刺蛾的一个属 Erateina

388 蜂蝇 Eristalis

389 鸲属 Erithacus

390 斑蛾属 Esmeralda

391 白斑狗鱼 Esox lucius

392 同上的又一个种 Esox reticulata

393 梅花雀 Estrelda amandava

394 蝶类的一个属 Eubagis

395 长角甲虫的一个种，长臂虫 Euchirus
　　longimanus

396 小咪鸻 Eudromias morinellus

397 紫喉加利蜂鸟 Eulampis jugularis

398 修尾鸟（中美）Eumomota superciliaris

399 大尾蜂鸟 Eupetomena macroura

400 一种鹦鹉 Euphema splendida

401 火背鸡 Euplocamus erythropthalmus

402 毛腿夜鹰属 Eurostopodus

403 广齿虫属 Eurygnathus

404 蜂鸟的一个属 Eustophanus

F

405 白头隼 Falco leucocephalus

406 普通隼 Falco peregrinus

407 茶隼 Falco tinnunelus

408 猫属 Felis

409 加拿大猞 Felis canadensis

410 豹猫 Felis pardalis

411 山猫 Felis mitis

412 麝香鼹 Fiber zibethicus

413 白颈蜂鸟 Florisuga mellivora

414 蚰蜒属 Forficula

415 赤蚁 Formica rufa

416 掘沙蜂类 Fossores

417 碛鶸的一个种 Fringilla cannabina

418 同上的又一个种 Fringilla ciris

419 蓝碛鶸 Fringilla cyanea

420 北美白冠燕雀 Fringilla leucophrys

421 金翅雀 Fringilla spinus

422 暗色燕雀 Fringilla tristis

423 雀科 Fringillidae

424 灌木鹞属 Fruticola

425 白蜡虫科或光蝉科 Fulgoridae

G

426 凫翁属 Gallicrex

427 凤头董鸡 Gallicrex cristatus

428 鹑鸡类 Gallinaceae

429 秧鸡，或鹬 Gallinula chloropus

430 鹧鸪鸡属 Galloperdix

431 卡立奇雉 Gallophasis

432 鸡属 Gallus

433 原鸡 Gallus bankiva

434 斯坦雷氏鸡 Gallus stanleyi

435 钩虾属 Gammarus

436 海岸钩虾 Gammarus marinus

437 松鸦 Garrulus glandarius

438 腹足类 Gasteropoda

439 丝鱼属 Gasterosteus

440 光尾刺鱼 Gasterosteus leiurus

498 银猿 Hylobates leuciscus

499 骈联趾猿 Hylobates syndactylus

500 草绿蛾 Hylophila prasinana

501 膜翅类 Hymenoptera

502 原鹿属 Hyomoschus

503 原鹿 Hyomoschus aquaticus

504 红蛾 Hyperythra

505 半裸蛾 Hypogymna dispar

506 合欢蛾属 Hypopyra

I

507 大角野山羊的一个属 Ibex

508 朱鹭，或红鹤 Ibis

509 彩鹳 Ibis tantalus

510 姬蜂类 Ichneumonidae

511 鱼鳍类 Ichthyopterygia

512 鱼龙类 Ichthyosauria

513 鬣蜥属 Iguana

514 瘤疣鬣鳞蜥 Iguana tuberculata

515 无胎盘类 Implacentata

516 印度啄木鸟 Indopicus cartotta

517 食虫类 Insectivora

518 鸣禽类 Insessores

519 齿小蠹 Iphias glaucippe

520 血雉属 Ithaginis

521 血雉 Ithaginis cruentus

J

522 乌陆属 Julus

523 天后胥属 Junonia

524 同上属的一个种 Junonia andremiaja

525 酒胥 Junonia cenone

K

526 木叶蝶属 Kallima

527 袋熊属 Koala

528 南非水羚羊 Kobus ellipsiprymnus

L

529 达尔文氏虾 Labidocera darwinii

530 隆头鱼的一个属 Labrus

531 杂种隆头鱼 Labrus mixtus

532 孔雀隆头鱼 Labrus paro

533 蜥蜴类 Lacertilia

534 瓣鳃类 Lamellibranchiata

535 瓣角甲虫 Lamellicornia

536 宝石蜂鸟 Lampornis porphyrurus

537 萤科 Lampyridae

538 伯劳，或鸭属 Lanius

539 赤褐鸭 Lanius rufus

540 鸥属 Larus

541 栎枯叶蛾 Lasiocampa quercus

542 狐猴属 Lemur

543 黑狐猴 Lemur macaco

544 狐猴科 Lemuridae

545 狐猴类 Lemuroidea

546 鳞翅类 Lepidoptera

547 南美肺鱼 Lepidosiren

548 粉蝶的一个属 Leptalis

549 长吻甲虫 Leptorhynchus augustatus

607 地胆属 Melöe

608 琴鸟属 Menura

609 阿氏琴鸟 Menura alberti

610 琴鸟 Menura superba

611 秋沙鸭属 Merganser（旧称）

612 海鸭 Merganser serrator

613 秋沙鸭属 Mergus

614 镜冠秋沙鸭 Mergus cucullatus

615 秋沙鸭 Mergus merganser

616 蜂虎属 Merops

617 蜂鸟的一个属，金光尾属 Metallura

618 艳蚁蜂 Methoca ichneumonides

619 叫隼属 Milvago

620 鸢 Milvago leucurus

621 反舌鸟（北美）Mimus polyglottus

622 黑帆鳉 Mollienesia petenensis

623 软体动物 Mollusca

624 拟软体动物 Molluscoida

625 修尾鸟属 Momotus

626 毡毛单角鲀 Monacanthus scopas

627 贝氏鲀 Monacanthus peronii

628 象虫的一个种 Mononychus pseudacori

629 单孔类 Monotremata

630 岩鸫 Monticola cyanea

631 麝 Moschus moschiferus

632 鹡鸰属 Motacilla

633 白鹡 Motacilla alba

634 黄鹡 Motacilla boarula

635 国姓爷鼠 Mus coxinga

636 巢鼠 Mus minutus

637 大苍蝇 Musca vomitoria

638 鹟属 Muscicapa

639 普通食虫鹟 Muscicapa grisola

640 斑鹟 Muscicapa luctuosa

641 鹟的一个种 Muscicapa ruticilla

642 食蕉鸟属（非）Musophaga

643 鼬鼠属 Mustela

644 欧洲蚁蜂 Mutilla europaea

645 蚁蜂科 Mutillidae

646 吼猴属 Mycetes

647 卡拉亚吼猴 Mycetes caraya

648 赤吼猴 Mycetes seniculus

649 多足类 Myriapoda

N

650 蚖属，或埋葬虫属 Necrophorus

651 绣眼儿科 Nectariniae

652 条虫或纽虫类 Nemertini

653 新态鸟 Neomorpha

654 络新妇属 Nephila

655 脉翅类 Neuroptera

656 网翅属 Neurothemis

657 地蚕属 Noctua

658 夜蛾科 Noctuidae

659 裸鳃类 Nudibranchiata

O

660 冠毛野鸽 Ocyphaps lophotes

661 蜻蛉类 Odonata

662 薯蛄蜥 Odonestis potatoria

718 山雀科 Parinae
719 山雀属 Parus
720 青山雀 Parus coeruleus
721 荏雀 Parus major
722 麻雀属 Passer
723 短趾雀（西亚）Passer brachydactylus
724 家雀 Passer domesticus
725 树雀 Passer montanus
726 白头翁的一个属 Pastor
727 孔雀 Pavo cristatus
728 爪哇孔雀 Pavo muticus
729 黑羽孔雀 Pavo nigripennis
730 虱属 Pediculus
731 游原鸟（澳）Pedionomus torquatus
732 鹈鹕属 Pelecanus
733 红喙鹈鹕 Pelecanus erythrorhynchus
734 鹈鹕 Pelecanus onocrotalus
735 水甲虫的一个属 Pelobius
736 赫氏龙虱 Pelobius hermanni
737 黑山冠雉 Penelope nigra
738 霉蛰属 Penthe
739 加拿大樫鸟 Perisoreus canadensis
740 旋毛蚊属 Peritrichia
741 蜜鸢（印度）Pernis cristata
742 石鸫 Petrocincla cyanea
743 鹟科的一种鸟 Petrocossyphus
744 石雀属 Petronia
745 疣头猪 Phacochaerus aethiopicus
746 鳍鹬 Phalaropus fulicarius
747 红领鹬 Phalaropus hyperboreus
748 亮蜣螂 Phanaeus
749 闪亮蜣螂 Phanaeus carnifex
750 同上属的一个种 Phanaeus faunus
751 针角亮蜣螂 Phanaeus lancifer
752 袋熊（澳）Phaseolarctus cinereus
753 普通绿螽斯 Phasgonura viridissima
754 赤翟雉 Phasianus soemmeringii
755 东雉 Phasianus versicolor
756 瓦氏雉 Phasianus wallichii
757 竹节虫科 Phasmidae
758 格林兰海豹 Phoca graenlandica
759 凤尾朗鹟 Phoenicura ruticilla
760 石蚕科 Phryganidae
761 黑蟾蜍 Phryniscus nigricans
762 啄木鸟科 Picidae
763 啄木鸟属或鴷属 Picus
764 金黄啄木鸟 Picus auratus
765 赤鴷 Picus major
766 粉蝶科 Pieridae
767 粉蝶 Pieris
768 嘀嗒虫的一个种 Pimelia striata
769 侏儒鸟（中南美）Pipra
770 同上属的一个种 Pipra deliciosa
771 唧蝓 Pirates stridulus
772 丛尾猴属 Pithecia
773 白头丛尾猴 Pithecia leucocephala
774 绵猴 Pithecia monarchus
775 魔猴 Pithecia satanus
776 八色鸫科 Pittidae
777 有胎盘类 Placentata

778 片蛭属 Planaria

779 篦鹭属 Platalea

780 蟋蟀的一个属 Platyblemus

781 玫瑰鹦鹉属 Platycercus

782 穴居扁叶螽斯 Platyphyllum concavum

783 广鼻类 Platyrohini

784 吸口鲇属 Plecostomus

785 胡嘴鱼 Plecostomus barbatus

786 距翼雁 Plectropterus gambensis

787 织布鸟属（南亚）Ploceus

788 牛蝗属 Pneumora

789 日鹛科一属 Podica

790 孔雀雉属 Polyplectron

791 同上属的一个种 Polyplectron chinquis

792 同上属的一个种 Polyplectron hard-
    wickii

793 凤冠孔雀雉 Polyplectron malaccense

794 同上属的一个种 Polyplectron napoleonis

795 苔藓虫类 Polyzoa

796 刺盖日鲈 Pomotis

797 甲壳类的一个种（西北欧）Ponto-
    poreia affinis

798 银币水母 Porpita

799 巨羚羊 Portax picta

800 梭子蟹 Portunus puber

801 河猪（非）Potamochaerus penicillatus

802 叶猴的一个种 Presbytis entellus

803 灵长类 Primates

804 锯蟹科 Prionidae

805 斑点蜥蜴 Proctotretus multimaculatus

806 瘦蜥蜴 Proctotretus tenuis

807 原生动物 Protozoa

808 拟脉翅类 Pseudonouroptera

809 啮虫科 Psocidae

810 啮虫属 Psocus

811 红鹎 Pycnonotus haemorrhous

812 夏红雀（北美）Pyranga aestiva

813 赤翅虫属 Pyrodes

814 同上属的一个种 Pyrodes pulcherrhinus

815 蚺蛇属 Python

Q

816 四手类 Quadrumana

817 针尾凫 Querquedula acuta

818 船形鸟（中美）Quiscalus major

R

819 鲅魟属 Raia

820 鲅魟的一个种 Raia batis

821 刺背鳐鱼 Raia clavata

822 鲅魟的一个种 Raia maculata

823 蛙 Rana esculenta

824 食虫椿象科或蝽科或猎椿科 Reduvidae

825 盛装猎蝽 Reduvius personatus

826 爬行类 Reptilia

827 空锥型甲虫属 Rhagium

828 巨嘴鸟或鵎鵼科 Rhamphastidae

829 巨嘴鸟或鵎鵼的一个种（中南美）
    Rhamphastos carinatus

830 美洲鸵鸟 Rhea

831 游鸵 Rhea darwinii

832 恒河猴属 Rhesus

833 犀属 Rhinoceros

834 白犀 Rhinoceros simus

835 蝶类 Rhopalocera

836 玉鹬或彩鹬属 Rhynchaea

837 澳洲玉鹬 Rhynchaea australis

838 孟加剌玉鹬 Rhynchaea bengalensis

839 南非玉鹬 Rhynchaea capensis

840 啮齿类 Rodentia

841 反刍类 Ruminantia

842 美洲巨冠黄鸟 Rupicola crocea

843 朗鹟属 Ruticilla

S

844 松鼠猴属 Saimiri

845 大南乳鱼 Salmo eriox

846 狼鲑 Salmo lycaodon

847 斑鳟 Salmo salar

848 斑鳟的一个种 Salmo umbla

849 鲑科 Salmonidae

850 叶剑水蚤属 Saphirina

851 印度瘤雁 Sarkidiornis melanonotus (melanotos)

852 鹅耳枥天蚕蛾 Saturnia carpini

853 河神天蚕蛾 Saturnia io

854 天蚕蛾科 Saturniidae

855 岩鹟属 Saxicola

856 同上属的一个种 Saxicola rubicola

857 石首鱼的一个种 Sciaena aquila

858 无环节蠕形动物 Scolecida

859 山鹬的一个种 Scolopax frenata

860 普通鹬 Scolopax gallinago

861 爪哇鹬 Scolopax javensis

862 山鹬的一个种 Scolopax major

863 威氏鹬 Scolopax wilsonii

864 杜松螽属 Scolytus

865 宽尾煌蜂鸟 Selasphorus platycercus

866 细猴属 Semnopithecus

867 金黑瘦猴 Semnopithecus chrysomelas

868 细猴的一个种 Semnopithecus comatus

869 秃额猴 Semnopithecus frontalis

870 天狗猴 Semnopithecus nasica

871 圈胡猴 Semnopithecus nemaeus

872 皂隶猴 Semnopithecus rubicundus

873 鲈属 Serranus

874 魔神蛾属 Setina

875 扁蝨属 Siagonium

876 鲶或鲇属 Siluridae

877 猿猴科 Simiadae

878 海牛类 Sirenia

879 钢青小树蜂 Sirex juvencus

880 树蜂科 Siricidae

881 英雄蜥 Sitana

882 小英雄蜥 Sitana minor

883 黄圆跳虫 Smynthurus luteus

884 鸤属 Sitta

885 漂潮鱼或剃刀鱼属 Solenostoma

886 鼩鼱属 Sorex

887 绿色遁蛛 Sparassus smaragdulus

888 蜂鸟的一个种 Spathura underwoodi

889 竹节虫的一个种 Spectrum femoratum

890 天蛾科 Sphingidae

891 樱截蛾 Spilosoma menthastri

892 靛兰彩鹀 Spiza cyanea

893 丽色彩鹀 Spiza ciris

894 虾蛄属 Squilla

895 同上属的一个种 Squilla stylifera

896 隐翅虫科 Staphylinidae

897 冠海豹属 Stemmatopus

898 蜢母 Stenobothrus pratorum

899 懒猴 Stenops（＝Loris）

900 燕鸥或鸳属 Sterna

901 南非捻角羚羊 Strepsiceros kudu

902 白鸥鸺 Strix flammea

903 鸵鸟属 Struthio

904 草地鹨 Sturnella ludoviciana

905 白头翁属 Sturnus

906 紫翅椋鸟 Sturnus vulgaris

907 野猪科 Suidae

908 莺属 Sylvia

909 黑冠莺 Sylvia atricapilla

910 英国小白喉林莺 Sylvia cinerea

911 合一海鞘属 Synoicum

912 鸨的一个种（印度）Sypheotides auritus

T

913 虻科 Tabanidae

914 盾耙凫 Tadorna variegata

915 麻鸭 Tadorna vulpanser

916 夏红鸟 Tanagra aestiva

917 美洲红鹀 Tanagra rubra

918 异足水虱属 Tanais

919 仙翡翠属 Tanysiptera

920 白尾极乐翡翠 Tanysiptera sylvia

921 畸嘴甲虫 Taphroderes distortus

922 跗猴 Tarsius

923 拟蚊科 Tenebrionidae

924 锯蜂科 Tenthredinidae

925 钩嘴林鵙属 Tephrodornis

926 白蚁科 Termitidae

927 丽陆龟 Testudo elegans

928 黑陆龟 Testudo nigra

929 松鸡属 Tetrao

930 狂热松鸡 Tetrao cupido

931 雉型鶲鸪 Tetrao phasianellus

932 红松鸡 Tetrao scoticus

933 黑松鸡 Tetrao tetrix

934 伞松鸡 Tetrao umbellus

935 准鸡尾雷鸟 Tetrao urogalloides

936 鸡尾雷鸟 Tetrao urogallus

937 雉尾松鸡 Tetrao uroplasianus

938 黄连雀的一个属 Thamnobia

939 蚬蝶属 Thecla

940 红纹蚬蝶 Thecla rubi

941 窝茧蛾 Thecophora fovea

942 球腹蛛属 Theridion

943 条纹球腹蛛 Theridion lineatum

944 蟹蛛属 Thomisus

945 弓足梢蛛 Thomisus citreus

946 同上属的一个种 Thomisus floricolens

947 袋狼 Thylacinus

948 缨尾目 Thysanura

949 裂口甲虫 Tillus elongatus

950 长命鱼 Tinca vulgaris

951 大蚊属 Tipula

952 多毛髓虫 Tomicus villosus

953 红脚鹬属 Totanus

954 丛灌羚 Tragelaphus

955 薮羚 Tragelaphus scriptus

956 蛇类的一个种（印度）Tragops dispar

957 鸽形树蜂 Tremex columba

958 毛蛱 Trichius

959 竹麦鱼 Trigla

960 蝮蛇属 Trigonocephalus

961 鹬类的一个属 Tringa

962 漂鹬 Tringa canutus

963 后翅黄属 Triphaena

964 同上属的一个种 Triphaena fimbria

965 黄毛夜蛾 Triphaena pronuba

966 高脊螈 Triton cristatus

967 蹼足螈 Triton palmipes

968 斑点螈 Triton punctatus

969 蜂鸟科 Trochilidae

970 非洲猩猩属 Troglodytes

971 鹪鹩属 Troglodytes

972 普通欧鹪鹩 Troglodytes vulgaris

973 热带啄木鸟科（美）Trigonidae

974 瘤蛱 Trox sabulosus

975 金牛鸫属 Turdus

976 黑鸟 Turdus merula

977 美鸫 Turdus migratorius

978 普通鸫 Turdus musicus

979 效舌鸫 Turdus polyglottus（林）

980 环颈鸫 Turdus torquatus

981 三斑鹑属 Turnix

982 印度三趾鹑 Turnix taigoor

983 歹粪金龟属 Typhoeus

U

984 石首鱼属 Umbrina

985 戴胜属 Upopa

986 戴胜 Upopa epops

987 燕蛾科 Uraniidae

988 海鸠 Uria troile

989 有尾类 Urodela

990 白尾梢蜂鸟属 Urosticte

991 白尾梢蜂鸟 Urosticte benjamini

V

992 田凫 Vanellus cristatus

993 胥属或蛱蝶属 Vanessa

994 蠕形动物 Vermes

995 脊椎动物 Vertebrata

996 寡妇鸟属 Vidua

997 同上属的一个种 Vidua axillaris

998 维多崖燕 Vidua progne

Y

999 鹀鹩属 Yunx

丙、刊物名

21 《人类学评论》Anthropological Review

22 《实验动物学文库》（法）Archives de Zoologie Expérimentale

23 《荷兰文库》Archives Néerlandaises

24 《人类学文库》（德）Archiv für Anthropologie

25 《病理学、解剖学、与生理学文库》（德）Archiv für Path. Anat. und Phys.

26 《人类学文库》（意）Archivio per l'Anthropologia

27 《亚洲研究》丛刊 Asiatic Researches

28 《学艺》Athenæum

29 《意大利自然科学会会刊》Atti della Soc. Italiana di Sc. Nat.

30 《威尼斯、特伦蒂诺自然科学会会刊》（意）Atti della Soc. Veneto-Trentina di Sc. Nat. Padova

31 《澳亚》杂志 Australasian

32 《伯明翰新闻》Birmingham News

33 《万有文刊》Bibliothèque Universelle

34 《波士顿自然史刊》（美）Boston Journal of Nat. Hist.

35 《不列颠科学促进协会》会刊 British Association for the Advancement of Science

36 《不列颠国内外医学与外科学评论》British and Foreign Medico-Chirurg. Review

37 《不列颠评论季刊》British Quarterly Review

38 哈佛学院《比较动物学公报》（美）Bull. Comp. Zoology，Harvard College

39 《圣彼得堡皇家学院公报》（俄）Bulletin de l'Acad. Imp. de St. Pétersbourg

40 《水土适应学会公报》（法）Bull. de la Soc. D'Ac. climat

41 《瓦勒度宗派信徒自然科学会会报》（意）Bulletin de la Soc. Vaudoise des Sc. Nat.

42 莫斯科《皇家自然学人会公报》Bull. Soc. Imp. des Nat. Moscou

43 《加尔各答自然史刊》（印）Calcutta Journal of Nat. Hist.

44 《查氏自然史杂志》Charlesworth's Mag. of Nat. Hist.

45 《中华纪实探疑报》（香港）Chinese Notes and Queries

46 《基督教审察者报》Christian Examiner

47 《科学、……汇报》（法）Comptes-rendus des Sciences

48 《当代评论》Contemporary Review

49 《每日新闻》Daily News

50　《都柏林医学季刊》（爱尔兰）Dublin Quarterly Journal of Medical Science

51　《爱丁堡科学刊》（苏格兰）Edinburgh Journal of Science

52　《爱丁堡医学刊》（苏格兰）Edinburgh Medical Journal

53　《爱丁堡评论》（苏格兰）Edinburgh Review

54　《爱丁堡兽医学评论》（苏格兰）Edinburgh Veterinary Review

55　《昆虫学杂志》Entomological Magazine

56　《昆虫学人月刊》Entomologist's Monthly Magazine

57　《昆虫学人周报》The Entomologist's Weekly Intelligence

58　《农夫》The Farmer

59　《田野》Field

60　《双周评论》Fortnightly Review

61　《弗氏杂志》Fraser's Magazine

62　《圃人载记》Gardeners' Chronicle

63　都灵《临床公报》（意）Gazzetta delle Cliniche，Turin

64　《哈氏科学闲话》Hardwicke's Science Gossip

65　《火奴鲁鲁报》（檀香山）Honolulu Gazette

66　《朱鹭》（鸟类学刊物）The Ibis

67　《印度田野》The Indian Field

68　《印度医学报》The Indian Medical Gazette

69　《学社》（法）L'Institut

70　《理智的观察家》Intellectual Observer

71　《耶拿时报》（德）Jenaischen Zeitschrift

72　《林奈学会文刊与事志》Journal of Proc. Linn. Soc.

73　《人类学会会刊》Journal of Anthropolog. Soc.

74　《孟加拉亚洲学会会刊》（印）Journal of Asiatic Soc. of Bengal

75　《昆虫学会会刊》Journ.，Entomolog. Soc.

76　《林奈学会会刊》Journal of Linn. Soc.

77　《解剖学与生理学刊》Journal of Anatomy and Physiology

78　《人类学刊》Journal of Anthropology

79　伦敦《民族学会会刊》Journal of the Ethnological Soc. of London

80　《园艺学刊》Journal of Horticulture

81　《印度群岛杂志》Journal of Indian Archipelago

82　《心理科学刊》Journal of Mental Science

83　《昆虫学会纪事刊》Journal of Proc. of Entomolog. Soc.

84　《旅行杂志》Journal of Travel

85　《皇家地理学会会刊》Journal of R. Geograph. Soc.

86　《柳叶刀》(外科刊物) Lancet

87　《陆与水》Land and Water

88　《农业周报》(德) Landwirthschaft. Wochenblatt

89　《娄氏自然史杂志》Loudon's Mag. of Nat. Hist.

90　《麦氏杂志》Macmillan's Magazine

91　《麻省医学会》会报 Massachusetts Medical Soc.

92　《医学时报》Medical Times

93　伦敦《医学与外科学报》Medico- Chirurgical Transactions，London

94　《人类学会报告》Memoirs，Anthropolog. Soc.

95　《圣彼得堡科学院报告》(俄) Mémoires de l'Acad. des Sciences de St. Pétersbourg

96　巴黎《人类学会报告》(法) Mém. de la Société d'Anthropologie de Paris

97　《普鲁士皇家学院月报》(德) Monatsbericht K. Preuss. Akad.

98　《缪氏解剖学与生理学文库》(德) Müller's Archiv für Anat. und Phys.

99　《全国社会科学促进协会》会刊 Nat. Assoc. for the Promotion of Social Science

100　《自然史评论》Nat. Hist. Review

101　《自然史时报》Nat. Tidskrift

102　《自然界》Nature

103　《荷兰动物学文库》(荷) Niederlandischen Archiv für Zoologie

104　《北美评论》North American Review

105　《北不列颠评论》North British Review

106　《渥太华自然科学院》院刊 (加拿大) Ottawa Acad. of Nat. Sc.

107　《制药学刊》Pharmaceutical Journal

108　《大众科学评论》Popular Science Review

109　费城《实用昆虫学人》(美) The Practical Entomologist，Philadelphia

110   费城《自然科学院院刊》（美）Proc. Acad. Nat. Sc. ，Philadelphia

111   《美国科学院院刊》Proc. American Acad. of Sciences

112   《孟加拉亚洲学会纪事刊》Proc. Asiatic Soc. of Bengal

113   《波士顿自然史学会纪事刊》（美）Proc. Boston Soc. of Nat. Hist.

114   伦敦《昆虫学会纪事刊》Proc. Ent. Soc. London

115   费城《昆虫学会会刊》（美）Proc. Ent. Soc. of Philadelphia

116   《民族学会纪事刊》Proc. Ethnological Soc.

117   《地质学会会刊》Proc. Geolog. Soc.

118   《皇家地理学会纪事刊》Proc. R. Geograph. Soc.

119   《皇家爱尔兰学院院刊》Proc. Royal Irish Academy

120   《皇家学会会刊》Proc. Royal Soc.

121   爱丁堡《皇家学会会刊》（苏格兰）Proc. Royal Soc. Edinburgh

122   《动物学会会刊》Proceedings of the Zoological Society

123   《科学季刊》Q. Journal of Science

124   《动物学文献汇刊》Record of Zoological Literature

125   《赖氏与杜氏文库》Reichert's and du Bois-Reymond's Archiv.

126   《人类学评论》（法）La Revue d'Anthropologie

127   《科学之路评论》（法）Revue des Cours Scientifiques

128   《新旧两世界评论》（法）Revue des Deux Mondes

129   《科学评论》（法）Revue Scientifique

130   《大不列颠皇家学社》社刊 Royal Institution of Great Britain

131   《科学意见》Scientific Opinion

132   《苏格兰自然学人》The Scottish Naturalist

133   《西氏北美科学杂志》Silliman's North American Journal of Science

134   《史密森学社》报告（美）Smithsonian Institution

135   《法兰西昆虫学会》会刊 Soc. Ent. de France

136   费城《社会科学协会》会刊（美）Social Science Assoc. of Philadelphia

137   《意大利自然科学会》会刊 Soc. Ital. des Sc. Nat.

138   《旁观者》Spectator

139   《斯德丁昆虫学时报》（德）Stett. Ent. Zeitung

140 《学者》The Student

141 《神学评论》Theological Review

142 《泰晤士报》The Times

143 《德文郡科学协会会报》Transactions of Devonshire Assoc. for Science

144 《荷兰科学院院报》Transact. of the Dutch Acad. of Sciences

145 伦敦《昆虫学会会报》Transact. Entomolog. Soc. of London

146 《国际史前考古学会议报告》Transact. Internat. Congress of Prehist. Arch.

147 《林奈学会会报》Transact. Linn. Soc.

148 《新西兰学院院报》Transact. New Zealand Institute

149 《哲学会会报》Transact. Philosoph. Soc.

150 爱丁堡《皇家学会会报》（苏格兰）Transact. Royal Soc. Edinburgh

151 《动物学会会报》Transact. Zoolog. Soc.

152 《自然科学协会会刊》（德）Verh. d. n. V. Jahrg.

153 《威斯敏斯特评论》Westminster Review

154 《西马场疯人院报告》West Riding Lunatic Asylum Reports

155 《动物科学时报》（德）Zeitschrift für wissenschaft Zoolog.

156 《动物学纪录报》Zoological Record

157 《动物学人》The Zoologist

附录二
一些不常见和容易读错的字

虫之部

蚑（qí，读如歧），即蟏蛸，长脚蜘蛛；拟蚑科

蚬（xiǎn，读如显），蛤蜊类水生软体动物；蚬子

衄（nù，读如衄），见衄蚭

蛂（bié，读如别），即金龟子；黑团蛂

蛅（zhān，读如沾），一种毛虫；虎蛅蟖

蛆（qū，读如区），一种蛀虫；本书中有蛆蝶

蚎（xué，读如学），虫名

蚭（ní，读如尼）；衄蚭，即蚰蜒

蛠（dāng，读如当）；蟷蛠，一种生活在地下的蜘蛛，即戴氏垃土蛛

蚨（fǔ，读如府），即金花虫；四星蚨

蜪（táo，读如陶），蝗虫的幼虫（若虫）；蜪母

蠀（cì，读如刺），黄刺蛾幼虫；通蛓；合欢蠀

852

蛬（qióng，读如穷），同蛩，即蟋蟀；田蛬

螉（wēng，读如翁），蠮螉，一种泥蜂科昆虫

蝨（shī，读如师），即虱子

蟌（cōng，读如聪），蜻蜓；色蟌属

蟜（dié，读如迭），见螲蟷

螄（sī，读如斯）；虎蚷螄

蠸（zú，读如卒），即尺蠖；枪刺蠸

蠋（zhú，读如烛），蝶蛾等的幼虫

蠰（shāng，读如伤；或 xiǎng，读如享），虫名，似天牛，角长，有白点，啮桑；锯
　蠰科

蠮（yē，读如噎），见蠮螉

蛓（cì，读如刺），毛虫，有毒螫人；樱蛓蛾

蠹（dù，读如杜），同蠹

蟁（wén，读如文），同蚊

枹（bāo，读如包），橡树类

鱼之部

魟（hóng，读如红），海生鱼类，体扁平，略呈方形或圆形，尾呈鞭状，有毒刺；耙魟

鲛（jiāo，读如交），即鲨鱼；本书中有银鲛，为另一种软骨鱼类

鳊（biān，读如边），淡水鱼类，体侧扁，头小而尖；齿鳊

鳒（xián，读如咸），温热带近海底层小鱼类，体延长，平扁，眼上位，口小，能伸
　缩；琴鳒

鲞（xiǎng，读如想），一种鱼；本书中有鲞蠹

鲡（lí，读如犁），海生鱼类，似鳊而小，即鲥鱼；鲡鱼

鸟之部

鸤（shī，读如尸）；鸤鸠，即布谷鸟

鹣（jiān，读如尖），鹭科鸟类；苍鹣

鸼（shī，读如师），小型树栖鸟类

鵙（jú，读如菊），即伯劳

鸲（qú，读如渠），同鸲

鸱（chī，读如痴），见鸱鸺

鴗（lì，读如立），即翠鸟；斑鴗

鴢（yǎo，读如咬），似凫水鸟；鴢鹀

鸺（xīu，读如休），鸱鸺，即鸮鹰

鸻（héng，读如恒），较小海滨鸟种，无后趾；燕鸻

鵁（jiāo，读如交），见鵁鶄

鹲（mài，读如麦），见鹲鹡

鹀（wū，读如巫），一种雀科鸟

鶆（lái，读如来），见鶆鷎

鵎（tuō，读如脱），见鵎鵼

鶄（jīng，读如京）；鵁鶄，即池鹭

鹎（bēi，读如卑）；小型鸟类；白头鹎，即白头翁

鵼（kōng，读如空）；鵎鵼，即巨嘴鸟；或为英文 toucan 的拟音字

鹖（hé，读如河），一种善斗的鸟

鹟（wēng，读如翁），小型林鸟，食虫

鶸（ruò，读如弱）；碛鶸，雀类鸣禽。或为拟音字

鹌（ān，读如安），同鹌

鹨（liù，读如六），一种鹡鸰科鸟类

鹩（liáo，读如辽），鹪鹩，小型鸟类；鹩凫，大概是喜欢水居的小鸟

䴉（huán，读如环），似鹭涉禽；朱䴉

䴓（fán，读如凡），即骨顶鸡，秧鸡

鹱（hù，读如户），大型海鸟；管鼻鹱

鸰（líng，读如零），同鸰；黄鸰

鹡（gāo，读如高）；鹲鹡，即金刚鹦鹉；或为英文 macaw 的拟音字

鷎（ào，读如奥）鶆鷎，即美洲鸵；或为英文 rhea 的谐音字

鸴（xué，读如学），灰雀类鸟；照鸴

䴖（qióng，读如穷），燕鸥类旧称

䴕（liè，读如列），即啄木鸟

鵟（kuáng，读如狂），一种鹰类鸟

咮（zhōu，读如周），鸟嘴；小咮鸲

樫（jiān，读如坚），雀形鸟类；或为英文 jay 的谐音字；樫鸟

椋（liáng，读如凉），中型鸣禽，性喜群飞；欧椋鸟

碛（qì，读如气），见碛鹨

黓（yì，读如义），深黑色；黓鸟

翾（huán，读如环），禽鸟飞绕貌；翾鸰

兽之部

犺（kàng，读如抗），兽名，性状如猿猱，可供驱使；猴犺

狨（róng，读如绒），猴的一种

貖（yì，读如义），即猞猁；本书中有林貖

猄（gēng，读如耕），一种猎犬；猄犬

猠（tí，读如提），一种体型细长的猎犬；灵猠

猨（yuán，读如袁），通猿

騣（zōng，读如宗），即马鬃

犎（fēng，读如封）；騣犎，一种野牛

犗（jiān，读如坚），同犍

羖（gǔ，读如骨），羊名；角羖

鼲（píng，读如平），仓鼠科动物，体粗胖，长约十厘米，尾短而细，长约三厘米

鼩（qú，读如渠）；见鼩鼱

鼱（jīng，读如京）；鼩鼱，哺乳动物，体小，似鼠，但吻部细而尖

鼳（ér，读如儿），即负鼠；鼳鼠

其 他

剒（cuò，读如错），通锉；本书中用来指称摩刮发声的动作

毿（sān，读如三），毛发长的样子；毿蛛猴

髁（kē，读如棵），骨头的突起，多在骨头的两端；髁上孔

译校者赘言

我们这套书，就要交给亲爱的读友，由他们去消受和评判了。四部书的三部里，校订者都附说了一些话；另一部，《贝格尔号航海志》，因是自己操刀翻译的，还说了很多的话。当此全辑杀青之际，译校者还想赘言几句，一来对自己的某些处理方法做些说明或辩解，二来也借此机会，对诸多帮助我做成这件工作的师友和家人表达谢意。

首先，译校者对自己的工作是不满意的。比起前辈诸位译者，自己于达尔文之学既无根底，又没有他们那样用功。作为结果，举一个末节，就是没有做到四部书译名统一，学名没有，专名也没有。开始的时候，还很有想法，在生物学学名方面，要做到"最科学，最时新，最通用"的。动手之后，很快就发现，自己做不到。植物学学名，还比较有谱些，参考资料较为全备而权威，而且身边还有专家朋友可以请教。而动物学学名，就不是这样了。并没有统一的标准可以依据，而要从官私专业网站去多方搜求；各家不一致的时候，自己没有能力去判别取舍；查不到的时候，也没

856

有能力根据拉丁文意思擅自拟造。许多名目，仅见于达尔文之书，译法则仅有历来达尔文汉译者之作，而即是出自强势动物学者之手的学名译名，亦不尽符合时下的标准。所以，最终决定放弃初衷，不求统一，在尽量利用专业网站的同时，适当因循前人的、首先是动物学专家的译法，保留不同，自我解嘲曰"保留译法的多样性"，以待后来者决定取舍或改作。

这个偷懒的主义，是经过认真考虑的。在缺乏标准译名的时候，是盲目地强行统一，"面上光"，还是保留一些多样性？我是倾向于后者的。简化和简单化，固然对孩童学习者有利而为他们所喜，并且似乎是人心之所向、大势之所趋；然而，却不是所有人都这么想。我本人就是喜欢丰富多样的。所以，不但学名，因没有更好的办法而宁愿保留多样，即是俗名，本来很可以统一的，也决计尽量依从前人原译，并尽量保留古老的译名。这方面我是孔夫子的信徒，打算让小学生看了达尔文的书，于别的收益之外，还会"多识于鸟兽草木之名"。买书的朋友们，或能见谅吧。

附带说一下专名，主要是人名和地名，译校者也没有刻意去作统一。大的地名和最重要的人名，自然是尽量地统一了，依从标准也好，依从习惯也好；小地名和不甚重要的人名，则仍原译之旧，"述而不作"；偶尔有作，或许会作的有趣些，也就是"文学化"些。对于这一辑书，我和责编有两点共识：第一，我们要做的更加可读，不然就没必要费事搞这番"刷新"了；第二，我们不强求面向大众，所以就没必要像"媒体"语言那样"正确"和随俗；相反，我们的书，不妨是面向"小众"，也就是供那些广义的"爱书人"，"小资"，闲情逸致来时，可有可无地把玩。这样，也就允许译校者多少有些随意随性，表现些个人的面目，或者反倒能较多地收获些不可预期的会心？

买书的朋友，可以不必担心这几部书会给弄得多"不忠实"。不，不是这样。相反，我可以拿自己菲薄的人格担保，我们的产品，至少比前人所有的译本，其忠实可信，只有过之而并无不及。即使读者中当真有博物家和生物学家，我们的本子也是尽可以信赖的。"美言不信，信言不美"，大有道理，然亦有例外。自古的文学家，就是拼了命要去做这个例外的。

相信有缘的读友，会心无须多言。至于译名，我们的几种书或在书后附有译名对照表，或在正文中随注原文，遇到混淆可疑处，很容易查考明白。

最后，该好好地搞一下鸣谢了。第一，感谢前人古人，作了那么多、那么好的工作，使我得以站到他们踏实的肩膀上，搞这次刷新；没有他们的劳作，我绝不敢妄想去碰如此重大的课题的。第二，感谢在各方面，从学术上，从技术上，从精神上，帮助过我的诸多师友！没有他们的倾心相助，我的工作既不会这样顺利，也不会有这样的品质。首先是吴忠超老先生的厚望和督促；多年来，我是把老先生当作自己的精神导师的；这一回，辗转为我从海外买书的事情，已经在《航海志》译后记中申述过了；然后是责编孙桂均女士和吴炜女士的信任和宽容；她们定下了选题，购买了版权，等我签工作之约，一等就是两年半。文风上也准许我自由发挥。她们是我的"知音"。我校（山东大学威海）海洋学院的赵宏老师，是我的亦师亦友。他鼓励、支持我的工作，仔细审读了我自己操刀翻译的《航海志》，又百忙之中，多次为我精心翻拍插图用的大量图片，让我铭感。同门好友，山东师大的徐彬、贾磊（也称得上同门），是海内知名的机辅翻译高手，率领他们的众位高徒，为我作扫描识别，逐句对照，大大提高了我的工效和质量。我校图书馆胡水亮君，帮我查书，帮我寻找、下载原书版本，不厌其烦，解决了很多问题。我的几个门生，周聪，吴作栋，张亚楠，还有周聪那个班的全体研究生同学，为我录入、核对了译名对照表；特别是周聪，学识丰富，态度严谨，在名物的考订方面，出力尤大，帮助尤多。儿子李超，在我校生物系研究生闫晨曦同学的指导下，为我查考了部分学名；他做的部分，量不甚大，却是我最信赖的。最后，破例一下吧：老妻张蔚蔚女士，在我辛苦工作期间，承担家务劬劳，并经常为我借书还书，也应该表示感谢。

高密李绍明

2013 年 11 月 8 日

济南寓中

还得声明： 本版本辑四部书的插图，除沃森版 *The Indelible Stamp*（不可抹灭的印记）外，还来自以下各书：1. R. 莱迪克氏所著《皇家博物志》（R. ydekker：*The Royal Natural History*）；2. 黄素封译《达尔文日记——乘军舰比格尔号环球世界一周考察博物地质记》，1955 年商务二版；3. 周邦立译《一个自然学家在贝格尔舰上的环球旅行记》，1957 年科学出版社初版；4. 叶笃庄译《人类的由来及性选择》，北京大学出版社；5. 肖家延译《达尔文在路上看到了什么》，上海科学技术文献出版社，2010 年；6. 华秀林等译《达尔文：进化论之父》，上海译文出版社，2005 年；7. 周建侯译《人类与动物的表情》；8. 曹骥本表情，共九种。其中，有些图片，原书中注明了作者和出处，本辑中依样照搬。没有注明的，则付之阙如。又。《航海志》一书中，有一幅世界珊瑚礁和火山岛分布图，是根据周邦立本的黑白附图制作的。周本所依据的原本里，该图是彩图；为便于印制，简略为黑白图。今参照达尔文书中的描述，还原为彩图。个别地方，校订者依据美国国家地理出版社出版的世界火山分布图作了增补。

2013 年 11 月 14 日补记

鸣　谢

本编之成，实赖乎众多才士襄助之力。自始至终，各阶段皆得其人。下述诸君子出力尤多，特为铭记。Carlo DeVito，原系 Running Press 创意部主任；Jan A. Witkowski 博士，Cold Spring Harbor Laboratory，Banbury Center 执行主任；Scribe Inc. 出版团队之 David Rech，Andy Brown，Susan Hom 等。该团队尚有其他成员参与其事，并申谢意。

推荐书目

关于达尔文氏的研究著作汗牛充栋，世人戏称为"达尔文产业"。然其中仍有一些脱颖而出。达氏之传记以 Janet Browne 所著为翘楚。缕述达氏生平事业，内容文笔，共称佳妙，且新见迭出，特为推荐。

Randal Keynes 所著 *Annie's Box*（安妮的盒子）记述达氏夫妇如何撑过丧女之痛，达氏之人生于此可以深窥一管焉。

Richard Maynard Keynes 关于达尔文航海历程的大著将费茨罗伊船长的官方记录与达氏的日志熔于一炉，读来益令人不能释卷。是书插图丰富，其中许多幅水彩画出于"贝格尔"号随行官方画家 Conrad Martens 之手，美轮美奂，颇为是书增色。

达氏的通信正由"达尔文通信出版项目"陆续刊出，题为 *The Correspondence of Charles Darwin*（查尔斯·达尔文通信集）。是编规模宏大，囊括达氏与其通信者两方往来书信一万五千通，预计将出煌煌三十卷。至沃森氏本编发稿之际，《通信集》方刊出第十三卷，是为 1865 年之卷。

令人纳罕的是，对于进化论的抨击至今不断。两百年前，曾有 William Paley 的 *Natural Theology*：*or*，*Evidence of the Existence and Attributes of the Deity*，*Collected from the Appearances of Nature*（自然神学，或曰自然现象见证神之存在和属性）；于今的高论，无非旧版翻新，新意缺缺。Michael Behe 所著 *Darwin's Black Box*（达尔文的黑匣子）即是一例。与此相反，达氏的捍卫者倒是一向做的不坏。古有斗犬赫胥黎，今乃有 Richard Dawkins，Daniel Dennett 和 Philip Kitcher 诸子，横刀而出，杀的神创之说丢盔卸甲，并无还手之力。

兹开列推荐书目如次：

E. Janet Browne. *Charles Darwin*：*Voyaging*（查尔斯·达尔文：航海历程）. London，Jonathan Cape，1995.

E. Janet Browne. *Charles Darwin*：*The Power of Place*（查尔斯·达尔文：亲历的力量）. London，Jonathan Cape，2002.

Richard D. Keynes. *Beagle Record*：*Selections from the Original Pictorial Records and Written Accounts of the Voyage of H. M. S. Beagle*（"贝格尔"号记录："贝格尔"号原始图志辑略）. Cambridge University Press，1979.

Randal Keynes. *Annie's Box*：*Charles Darwin*，*His Daughter and Human Evolution*（安妮的盒子：查尔斯·达尔文，他的爱女及人类进化）. London，Fourth Estate，2002.

Frederick Burkhardt. *Selected Letters of Charles Darwin*（查尔斯·达尔文书信选）. Cambridge University Press，1996.

Michael J. Behe. *Darwin's Black Box*：*The Biochemical Challenge to Evolution*（达尔文的黑匣子：对于进化论的生物化学挑战）. New York，Simon & Schuster，1998.

Richard Dawkins. *The Blind Watchmaker*：*Why Evidence of Evolution Reveals a Universe Without Design*（盲目的钟表匠：为什么进化证据显现一个无需设计的宇宙）. New York，W. W. Norton & Company，1996

（重刊）.

Richard Dawkins. *Climbing Mount Improbable* （攀登"不可能"峰）. New York，W. W. Norton & Company，1996.

Daniel Dennett. *Darwin's Dangerous Idea*：*Evolution and the Meanings of Life* （达尔文的危险思想：进化论与生命意义）. New York，Simon & Schuster，1995.

Philip Kitcher. *Abusing Science*：*The Case Against Creationism* （滥用科学：反神创论）. Cambridge，The MIT Press，1983.

图书在版编目（CIP）数据

　　不可抹灭的印记之　人类的由来及性选择 ／（英）达尔文（Darwin, C. R.）著；
潘光旦，胡寿文原译；李绍明校订. -- 长沙 ：湖南科学技术出版社，2015.7
　　（智慧巨人书系）
　　ISBN 978-7-5357-8630-2

　　Ⅰ．①人… Ⅱ．①达… ②潘… ③胡… ④李… Ⅲ．①人类起源－研究②达尔文学
说 Ⅳ．①Q981.1②Q111.2
　　中国版本图书馆 CIP 数据核字（2015）第 028691 号

The Indelible Stamp:The Evolution of an Idea by James D.Watson
Foreword and commentary © 2005 by James D.Watson
Darwin: The Indelible Stamp © 2005 by Running Press Book Publishers
Simplified Chinese translation copyright © 2015 by Hunan Science & Technology Press
Published by arrangement with Running Press,a Member of Perseus Books Group
ALL RIGHTS RESERVED.
湖南科学技术出版社通过博达著作权代理公司获得本书中文简体版中国大陆出版发行权。
著作权合同登记号：18-2009-045
出版者启：由于一直无法联系本书原译潘光旦、胡寿文两位先生及其著作权代理人，在此
致歉！并请知其联络方式的读者告知我们，以便支付稿酬。

智慧巨人书系
不可抹灭的印记之　人类的由来及性选择
著　　者：〔英〕查尔斯·达尔文
导　　读：〔美〕詹姆斯·D.沃森
原　　译：潘光旦　胡寿文
校　　订：李绍明
责任编辑：孙桂均　吴　炜
文字编辑：陈一心
出版发行：湖南科学技术出版社
社　　址：长沙市湘雅路 276 号
网　　址：http://www.hnstp.com
湖南科学技术出版社天猫旗舰店网址：
　　　　　http://hnkjcbs.tmall.com
印　　刷：湖南省众鑫印务有限责任公司
　　　　　（印装质量问题请直接与本厂联系）
厂　　址：长沙县榔梨镇保家村工业园
邮　　编：410129
出版日期：2015 年 7 月第 1 版第 1 次
开　　本：710mm×1000mm　1/16
印　　张：55.25
插　　页：6
字　　数：770000
书　　号：ISBN 978-7-5357-8630-2
定　　价：128.00 元